한솔아카데미가 ...

공조냉동기계기... 강좌

공조냉동기계기사 합격은 한솔아카데미가 가장 잘하는 일 입니다.

강의수강 중 학습관련 문의사항, 성심성의껏 답변드리겠습니다.

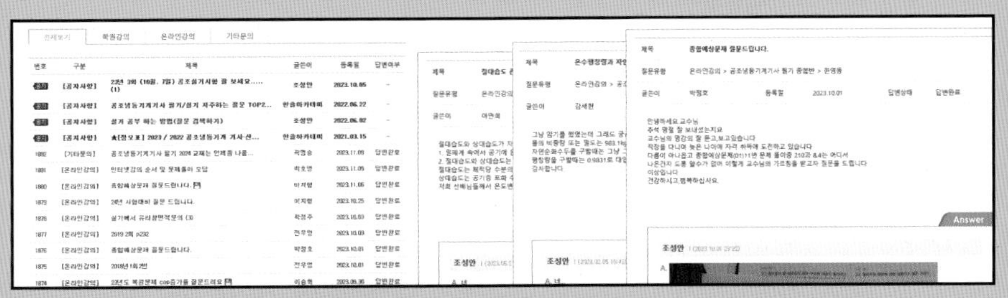

공조냉동기계기사 실기 유료 동영상 강의

구 분	과 목	담당강사	강의시간	동영상	교 재
필 기	출제경향분석	강희중	31분		
	냉동공학	강희중	약 18시간		
	공조부하계산	강희중	약 9시간		
	습공기선도	강희중	약 9시간		
	덕트	강희중	약 5시간		
	난방설비	강희중	약 9시간		
	원가,설계,에너지관리 등	강희중	약 3시간		
	과년도 기출문제	과목별 담당교수	약 40시간		

• 할인혜택 : 동일강좌 재수강시 **50% 할인**, 다른 강좌 수강시 **10% 할인**

합격! 한솔아카데미가 답이다

본 도서를 구입시 드리는 통~큰 혜택!

핵심이론 무료 동영상

공조냉동기계기사실기

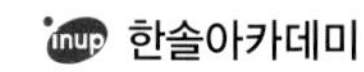

SI단위 전과목 적용

① 출제분석에 따른 출제경향 오리엔테이션
② 각 단원마다 요점정리 & 예제정리
③ 새 출제에 맞춘 출제경향을 기준으로
원가산출분야와 실제도서작성 및 에너지관리
강의 제공

복원기출문제 무료 동영상

공조냉동기계기사실기

복원기출문제

한솔아카데미

복원기출문제(2019~2024년)

① 복원기출문제를 통해 최신출제경향 파악 강의제공
② 특히 2019년 2회 시험부터 SI단위로 출제된 강의제공
③ 복원기출문제 자세하게 해설강의

※ 위 내용의 무료 동영상 강좌의 수강기간은 3개월입니다.

학습내용 질의응답

한솔아카데미 홈페이지(www.inup.co.kr)

공조냉동기계기사 게시판에 질문을 하실 수 있으며 함께 공부하시는 분들의 공통적인 질의응답을 통해 보다 효과적인 학습이 되도록 합니다.

수강신청 방법

도서구매 후 뒷 표지 회원등록 인증번호 확인

홈페이지 회원가입 ▶ 마이페이지 접속 ▶ 쿠폰등록/내역 ▶ 도서 인증번호 입력 ▶ 나의 강의실에서 수강이 가능합니다.

교재 인증번호 등록을 통한 학습관리 시스템

❶ 출제 경향 분석 오리엔테이션 ❷ 핵심이론 전과목 무료 동영상
❸ 복원기출문제 무료 동영상 ❹ 학습 질의응답

인터넷 주소창에 **https://www.inup.co.kr** 을 입력하여 한솔아카데미 홈페이지에 접속합니다.

홈페이지 우측 상단에 있는 **회원가입** 또는 아이디로 **로그인**을 한 후, **공조냉동** 사이트로 접속을 합니다.

나의강의실로 접속하여 왼쪽 메뉴에 있는 **[쿠폰/포인트관리]-[쿠폰등록/내역]**을 클릭합니다.

04
쿠폰
등록

도서에 기입된 **인증번호 12자리** 입력(-표시 제외)이 완료되면 **[나의강의실]**에서 학습가이드 관련 응시가 가능합니다.

■ 모바일 동영상 수강방법 안내

❶ QR코드 이미지를 모바일로 촬영합니다.
❷ 회원가입 및 로그인 후, 쿠폰 인증번호를 입력합니다.
❸ 인증번호 입력이 완료되면 [나의강의실]에서 강의 수강이 가능합니다.

※ QR코드를 찍을 수 있는 앱을 다운받으신 후 진행하시길 바랍니다.

2024

단기완성의 신개념 교재
지금부터 시작합니다!!

머리말

공기조화 냉동기계 산업은 공기조화설비, 냉동설비, 위생설비, 환경설비, 플랜트설비 등 각종 건축 및 기계 설비를 설계, 공사, 감리, TAB(시험, 평가, 조정) 등의 업무분야와 기계, 화학, 섬유, 식품, 제약 등 모든 산업분야의 응용기기로써 생산 공정에 필수적으로 활용되고 있다. 더불어 사무자동화의 발전과 함께 정보의 수집, 처리 업무가 중요한 위치를 차지하고 있다. 인텔리젼트 빌딩의 출연은 업무자의 창조적 능력을 발휘하고 생산성을 높일 수 있는 효율적인 업무 환경을 갖는 건축설비 및 전자 산업의 급성장을 불러 일으켰다. 또한 반도체 생산 공정, Biotechnology 관련시설(제약, 식품) 등 고도의 청정조건을 요구하는 클린룸 역시 수요가 증대되고 있다.

따라서 공기조화 냉동기계 산업은 쾌적한 인간생활과 고도화된 각종 산업 환경을 위하여 그 응용 범위가 날로 확대되고 있는 현대생활 및 산업의 필수분야이다. 냉동 공조산업의 발전은 한 나라의 문명 발전의 척도라 할 수 있다. 최근 소득수준의 향상과 선진국형 산업구조의 전환에 따라 냉동, 공조산업 분야의 장치와 설비가 급격한 보급증가를 이루고 있다. 이에 따라 이 분야의 전문적인 기술 인력의 양성을 위해 공기조화 냉동기계 분야의 자격증이 탄생 되었다.

이에 대비할 수 있는 전문서적이 그동안 다수 출판되었다. 따라서 본 저자도 그동안 출간했던 서적들과 여러 해 동안 강의해 오면서 수집한 각종 자료를 바탕으로 공조 냉동기계 기사를 위한 본 교재를 엮었다. 그 동안 공조냉동기사 실기 분야는 공학단위로 중력단위를 위주로 출제되어 왔으나 2019년 2회 시험부터 본격적으로 SI(국제실용단위)단위로 출제가 본격화 되고 있어 본 교재의 모든 단위는 SI단위로 구성하였다.

본교재의 특징

① 각 단원마다 요점 정리를 두어 먼저 이론을 정립할 수 있도록 하였다.
② 모든 단위를 SI단위로 구성하였다.
③ 2022년부터 공조냉동기계기사 실기시험 출제기준이 변경되어 실행되며 본교재는 출제기준을 분석하여 핵심내용위주로 핵심이론을 정리하였고 2013년부터 2024년1회까지 11년간 기출문제를 해설하여 수록하였다.
④ 과년도 출제문제를 수록하여 출제경향 파악에 힘썼다.
⑤ 과년도 문제는 일부 내용이 일치하지 않는 부분이 있을 수 있다.(수험자의 기억에 의존하여 문제를 복원하였기 때문)

이 책을 엮기 위해 여러 참고문헌을 이용하였고 내용의 일부는 저자의 주관적인 생각의 일부가 반영되어 있을 수도 있습니다. 이러한 점은 계속 수정 보완할 것을 약속드리며 본 교재가 수험생 여러분들에게 보탬이 되어 자격증을 취득하시는데 도움이 되길 바라며, 끝으로 이 책이 나오기 까지 협조해 주신 한솔아카데미 편집부의 안주현 부장님, 한민정 주임님 그리고 이종권 전무님, 한병천 대표님의 노고에 깊은 감사를 드립니다.

저자 드림

출 제 기 준

중직무분야	기계장비설비·설치	자격종목	공조냉동기계기사	적용기간	2022.1.1 ~ 2024.12.31

○ 직무내용 : 산업현장, 건축물의 실내 환경을 최적으로 조성하고, 냉동냉장설비 및 기타공작물을 주어진 조건으로 유지하기 위해 공학적 이론을 바탕으로 공조냉동, 유틸리티 등 필요한 설비를 계획, 설계, 시공관리 하는 직무이다.

실기검정방법	필답형	시험시간	3시간

실기과목명	주요항목	세부항목
공조냉동 설계 실무	1. 장비용량계산	1. 열원장비 계산하기 2. 공조장비 계산하기
	2. 부속기기 산정	1. 반송기기 용량 계산하기 2. 부속기기 선정하기
	3. 설비인계인수	1. 준공도서 작성하기 2. 준공 검사하기 3. 운전 교육하기
	4. 공사관리	1. 관련법규 파악하기 2. 시공 관리하기 3. 기자재 관리하기 4. 공정 관리하기
	5. 유지보수공사 및 검사 계획수립	1. 유지보수공사 관리하기 2. 냉동기 정비·세관작업 관리하기 3. 보일러 정비·세관작업 관리하기 4. 검사 관리하기 5. 시운전하기
	6. 보일러설비 유지보수공사	1. 보일러설비 유지 2. 보일러설비 유지보수공사 관리하기 3. 보수공사 검토하기
	7. 냉동설비 유지보수공사	1. 냉동설비 유지보수공사 검토하기 2. 냉동설비 유지보수공사 관리하기
	8. 공조설비 유지보수공사	1. 공조설비 유지보수공사 검토하기 2. 공조설비 유지보수공사 관리하기
	9. 배관설비 유지보수공사	1. 배관설비 유지보수공사 검토하기 2. 배관설비 유지보수공사 관리하기
	10. 덕트설비 유지보수공사	1. 덕트설비 유지보수공사 검토하기 2. 덕트설비 유지보수공사 관리하기
	11. 운영안전관리	1. 안전보건관리하기 2. 분야별안전관리하기
	12. 원가관리	1. 원가관리하기 2. 설계 VE 검토하기
	13. 에너지관리	1. 단열성능관리하기 2. 에너지사용량 분석하기 3. 냉각수, 냉수, 증기사용량 분석하기 4. T.A.B 공사하기

[계산기 f_x570 ES] SOLVE사용법

공학용계산기 기종 허용군

연번	제조사	허용기종군	[예] FX-570 ES PLUS 계산기
1	카시오(CASIO)	FX-901 ~ 999	
2	카시오(CASIO)	FX-501 ~ 599	
3	카시오(CASIO)	FX-301 ~ 399	
4	카시오(CASIO)	FX-80 ~ 120	
5	샤프(SHARP)	EL-501 ~ 599	
6	샤프(SHARP)	EL-5100, EL-5230, EL-5250, EL-5500	
7	유니원(UNIONE)	UC-600E, UC-400M	
8	캐논(Canon)	F-715SG, F-788SG, F-792SGA	

1 $14.4B^3+62.1B^2-600=0$

먼저 $14.4\times ALPHA\,X^3+62.1\times ALPHA\,X^2-600$

☞ ALPHA ☞ SOLVE ☞

$14.4\times ALPHA\,X^3+62.1\times ALPHA\,X^2-600=0$

SHIFT ☞ SOLVE ☞ = ☞ 잠시 기다리면

$X=2.47724$ $\therefore$ $B=2.48\text{m}$

2 $F_S=\dfrac{(6+2d)(1.7-1)}{6\times 1}=2$

먼저 $\dfrac{(6+2\,ALPHA\,X)(1.7-1)}{6\times 1}$

☞ ALPHA ☞ SOLVE ☞

$\dfrac{(6+2\,ALPHA\,X)(1.7-1)}{6\times 1}=2$

SHIFT ☞ SOLVE ☞ = ☞ 잠시 기다리면

$X=5.571$ $\therefore$ $d=5.57\text{m}$

책의 구성

01 SI 단위 환산표

- 시험출제가 중력단위에서 SI단위로 바뀌어서 출제되므로 SI단위가 익숙할 수 있도록 하였다.
- 일부는 공학단위로 중력단위가 출제될 수가 있기 때문에 공학단위를 SI단위로 SI단위를 공학단위로 자유롭게 환산할 수 있도록 상수 화하여 표시하였다.

02 더 알아두기

- 기억(remember) : 이론내용을 가능하면 알기쉽게 요약정리하여 기억하도록 하였다.

03 핵심 예상문제

- 2000년 이후 출제되었던 대부분의 문제로 구성하여 실전에 대한 감각을 자연스럽고 확실하게 터득할 수 있도록 하였다.
- 산출근거를 요구하는 문제는 먼저 공식을 제시하여 답안 작성법을 익히도록 하였다.

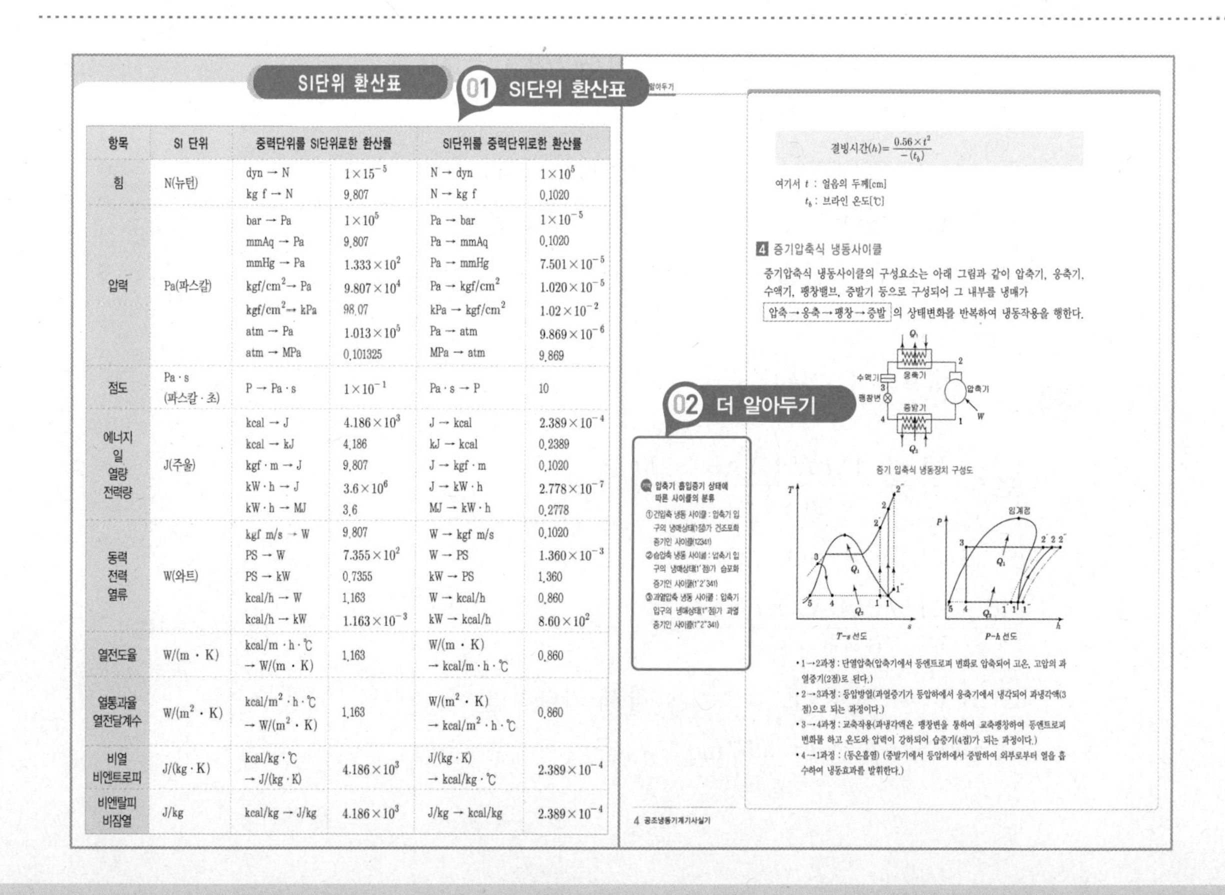

01 SI단위 환산표

SI단위 환산표

항목	SI 단위	중력단위를 SI단위로한 환산률		SI단위를 중력단위로한 환산률	
힘	N(뉴턴)	dyn → N kg f → N	1×15^{-5} 9.807	N → dyn N → kg f	1×10^{5} 0.1020
압력	Pa(파스칼)	bar → Pa mmAq → Pa mmHg → Pa kgf/cm² → Pa kgf/cm² → kPa atm → Pa atm → MPa	1×10^{5} 9.807 1.333×10^{2} 9.807×10^{4} 98.07 1.013×10^{5} 0.101325	Pa → bar Pa → mmAq Pa → mmHg Pa → kgf/cm² kPa → kgf/cm² Pa → atm MPa → atm	1×10^{-5} 0.1020 7.501×10^{-5} 1.020×10^{-5} 1.02×10^{-2} 9.869×10^{-6} 9.869
점도	Pa · s (파스칼 · 초)	P → Pa · s	1×10^{-1}	Pa · s → P	10
에너지 일 열량 전력량	J(주울)	kcal → J kcal → kJ kgf · m → J kW · h → J kW · h → MJ	4.186×10^{3} 4.186 9.807 3.6×10^{6} 3.6	J → kcal kJ → kcal J → kgf · m J → kW · h MJ → kW · h	2.389×10^{-4} 0.2389 0.1020 2.778×10^{-7} 0.2778
동력 전력 열류	W(와트)	kgf m/s → W PS → W PS → kW kcal/h → W kcal/h → kW	9.807 7.355×10^{2} 0.7355 1.163 1.163×10^{-3}	W → kgf m/s W → PS kW → PS W → kcal/h kW → kcal/h	0.1020 1.360×10^{-3} 1.360 0.860 8.60×10^{2}
열전도율	W/(m · K)	kcal/m · h · ℃ → W/(m · K)	1.163	W/(m · K) → kcal/m · h · ℃	0.860
열통과율 열전달계수	W/(m² · K)	kcal/m² · h · ℃ → W/(m² · K)	1.163	W/(m² · K) → kcal/m² · h · ℃	0.860
비열 비엔트로피	J/(kg · K)	kcal/kg · ℃ → J/(kg · K)	4.186×10^{3}	J/(kg · K) → kcal/kg · ℃	2.389×10^{-4}
비엔탈피 비잠열	J/kg	kcal/kg → J/kg	4.186×10^{3}	J/kg → kcal/kg	2.389×10^{-4}

$$결빙시간(h)=\frac{0.56\times t^2}{-(t_b)}$$

여기서 t : 얼음의 두께[cm]

t_b : 브라인 온도[℃]

4 증기압축식 냉동사이클

증기압축식 냉동사이클의 구성요소는 아래 그림과 같이 압축기, 응축기, 수액기, 팽창밸브, 증발기 등으로 구성되어 그 내부를 냉매가 [압축 → 응축 → 팽창 → 증발] 의 상태변화를 반복하여 냉동작용을 행한다.

증기 압축식 냉동장치 구성도

T-s 선도　　P-h 선도

- 1→2과정 : 단열압축(압축기에서 등엔트로피 변화로 압축되어 고온, 고압의 과열증기(2점)로 된다.)
- 2→3과정 : 등압방열(과열증기가 등압하에서 응축기에서 냉각되어 과냉각액(3점)으로 되는 과정이다.)
- 3→4과정 : 교축작용(과냉각액은 팽창변을 통하여 교축팽창하여 등엔트로피 변화를 하고 온도와 압력이 강하되어 습증기(4점)가 되는 과정이다.)
- 4→1과정 : (등온흡열) (증발기에서 등압하에서 증발하여 외부로부터 열을 흡수하여 냉동효과를 발휘한다.)

02 더 알아두기

압축기 흡입증기 상태에 따른 사이클의 분류

① 건압축 냉동 사이클 : 압축기 입구의 냉매상태(1점)가 건조포화증기인 사이클(12341)

② 습압축 냉동 사이클 : 압축기 입구의 냉매상태(1′점)가 습포화증기인 사이클(1′2′341)

③ 과열압축 냉동 사이클 : 압축기 입구의 냉매상태(1″점)가 과열증기인 사이클(1″2″341)

- 2000년부터 2023년까지의 출제된 문제를 각 문제마다 해당 연도를 표시하여 출제 빈도를 수험자가 직접 파악할 수 있도록 하였다.
- 출제연도를 파악하면 최근에 출제된 문제와 바뀐 출제문제를 파악할 수 있다.
- Chapter마다 2000년 이후 대부분 출제되었던 문제로 구성하여 과년도 출제되었던 한 문제도 놓치지 않도록 하였다.

05

11개년 과년도 문제

- 2013~2024년1회까지 SI단위로 수정하여 기출문제를 통해 실전 감각을 익힐 수 있게 하였다.
- 자주 보고 여러 번 익히다 보면 자연스럽게 암기할 수 있도록 하였다.

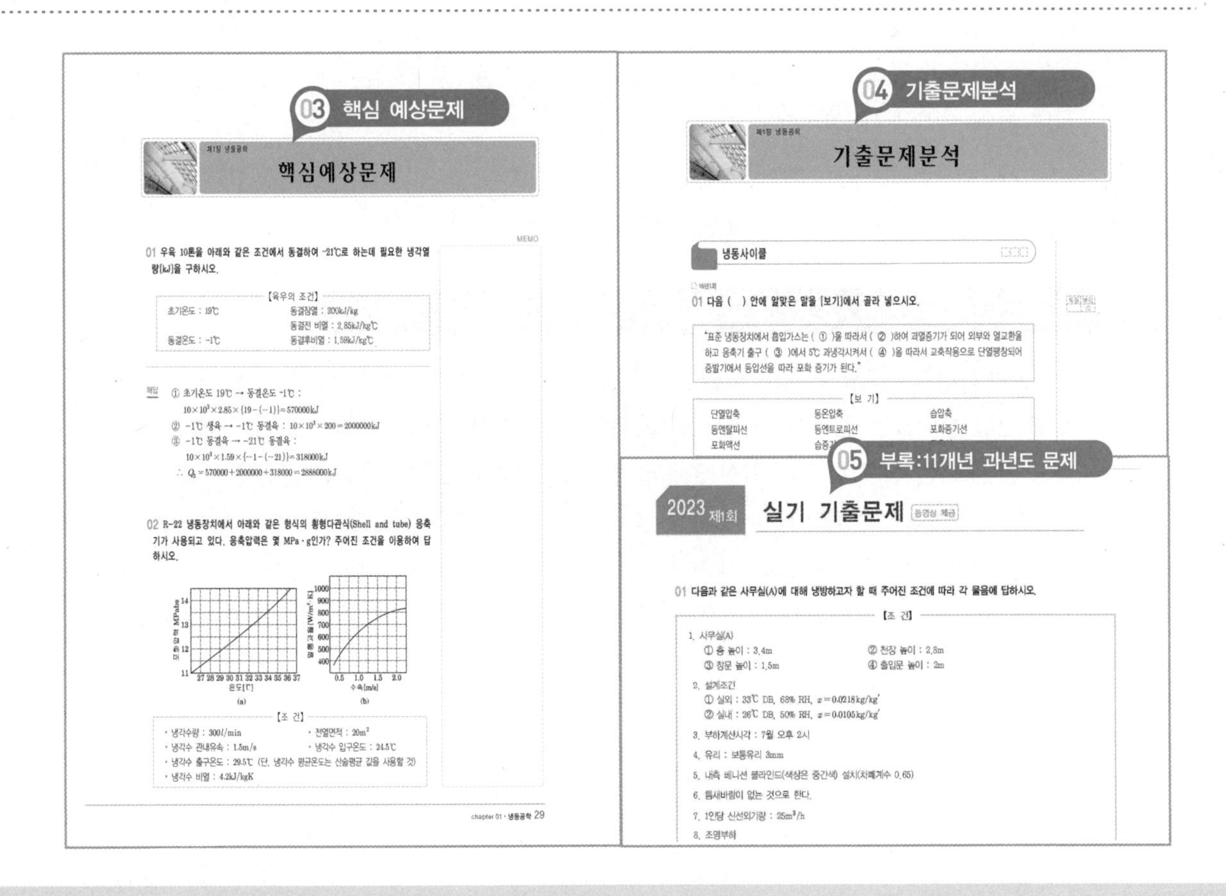

득점 높이는 방법

01 점수 배점이 높고 풀 수 있는 문제부터 푼다.

2차 시험(실기)은 계산문제가 80% 이상인 주관식 문제로 점수 배점이 높고 풀이에 많은 시간이 걸리지 않는 문제를 먼저 풀고 시간이 오래 걸리는 문제나 어려운 문제는 뒤에 풀어서 시험 시간이 부족할 때를 대비하여야 한다.

02 계산기 사용을 일상 생활화한다.

앞에서 언급한 바와 같이 특히 2차 실기는 계산문제가 80% 이상이므로 계산기를 자유롭게 다룰 수 있지 않으면 실패할 확률이 높다. 문제 풀이를 하는 데에 가장 많은 영향을 주는 것이 계산기를 다루는 것이다. 일반적으로 학생들이 공부하는 것을 살펴보면 계산기를 잘 사용하지 않고 문제집의 문제를 눈으로만 풀다가 실제시험에서는 계산기를 사용하면 계산기의 기능 숙지 미숙이나 속도가 느려서 틀리거나 풀이 시간을 지체시키는 경우가 많이 발생한다. 따라서 모든 문제풀이를 할 때에는 계산기를 항상 사용하여 손에 익숙해지도록 하는 것이 중요하다.

03 주어진 문제를 도면, 조건 등을 철저히 본 후에 풀이를 한다.

공조냉동기계기사 2차 실기는 도면 및 조건이 주어진 문제가 많이 출제되는데 도면 속에 조건이 숨어있는 경우도 있어서 이를 파악하지 못하면 풀이가 어렵거나 시간이 지체되는 원인이 된다. 그리고 주어진 조건을 철저히 분석하여야 문제풀이에 유용한 조건을 발견할 수 있다. 즉, 출제자는 조건을 통하여 그 문제를 용이하게 풀 수 있도록 하고 있으므로 이를 파악한 뒤, 풀이해야 한다.

04 단위환산을 철저히 한다.

본서의 내용은 2차 실기 문제가 공학단위로 중력단위에서 SI단위(국제실용단위)로 바뀌어 출제되므로(아직 일부는 중력단위로 출제될 수도 있음) 학생들이 SI단위에 익숙할 수 있도록 기출문제도 모두 SI단위로 환산하여 놓았다. 그러므로 공부하시는 수험생분들께서는 교재를 철저히 공부하시어 단위환산을 잘못하여 실수하지 않도록 해야 한다.

05 마음을 안정시킨다.

시험장에 들어서면 마음이 불안정하여 실제로 아는 문제도 생각이 나지 않아 틀리는 경우가 많다. 때로는 계산기 누름도 일정치 않아 답이 계속해서 다르게 도출되어 시간이 지체되기도 한다. 따라서 시험장에 들어가면 마음을 안정시키는 것이 가장 중요하다. 긴장될 때는 잠시 눈을 감고 심호흡을 해보면 좋겠다.

여러분의 건승을 빕니다.

CONTENTS

PART 1 핵 심 이 론

Chapter 3 습공기선도

Chapter 4 덕트(Duct)

CONTENTS

PART 2 복원 기출문제

Chapter 7 복원기출문제

SI단위 환산표

항목	SI 단위	중력단위를 SI단위로 한 환산률		SI단위를 중력단위로 한 환산률	
힘	N(뉴턴)	dyn → N kg f → N	1×15^{-5} 9.807	N → dyn N → kg f	1×10^{5} 0.1020
압력	Pa(파스칼)	bar → Pa mmAq → Pa mmHg → Pa kgf/cm^2→ Pa kgf/cm^2→ kPa atm → Pa atm → MPa	1×10^{5} 9.807 1.333×10^{2} 9.807×10^{4} 98.07 1.013×10^{5} 0.101325	Pa → bar Pa → mmAq Pa → mmHg Pa → kgf/cm^2 kPa → kgf/cm^2 Pa → atm MPa → atm	1×10^{-5} 0.1020 7.501×10^{-5} 1.020×10^{-5} 1.02×10^{-2} 9.869×10^{-6} 9.869
점도	Pa · s (파스칼 · 초)	P → Pa · s	1×10^{-1}	Pa · s → P	10
에너지 일 열량 전력량	J(주울)	kcal → J kcal → kJ kgf · m → J kW · h → J kW · h → MJ	4.186×10^{3} 4.186 9.807 3.6×10^{6} 3.6	J → kcal kJ → kcal J → kgf · m J → kW · h MJ → kW · h	2.389×10^{-4} 0.2389 0.1020 2.778×10^{-7} 0.2778
동력 전력 열류	W(와트)	kgf m/s → W PS → W PS → kW kcal/h → W kcal/h → kW	9.807 7.355×10^{2} 0.7355 1.163 1.163×10^{-3}	W → kgf m/s W → PS kW → PS W → kcal/h kW → kcal/h	0.1020 1.360×10^{-3} 1.360 0.860 8.60×10^{2}
열전도율	W/(m · K)	kcal/m · h · ℃ → W/(m · K)	1.163	W/(m · K) → kcal/m · h · ℃	0.860
열통과율 열전달계수	W/(m^2 · K)	kcal/m^2 · h · ℃ → W/(m^2 · K)	1.163	W/(m^2 · K) → kcal/m^2 · h · ℃	0.860
비열 비엔트로피	J/(kg · K)	kcal/kg · ℃ → J/(kg · K)	4.186×10^{3}	J/(kg · K) → kcal/kg · ℃	2.389×10^{-4}
비엔탈피 비잠열	J/kg	kcal/kg → J/kg	4.186×10^{3}	J/kg → kcal/kg	2.389×10^{-4}

습공기선도

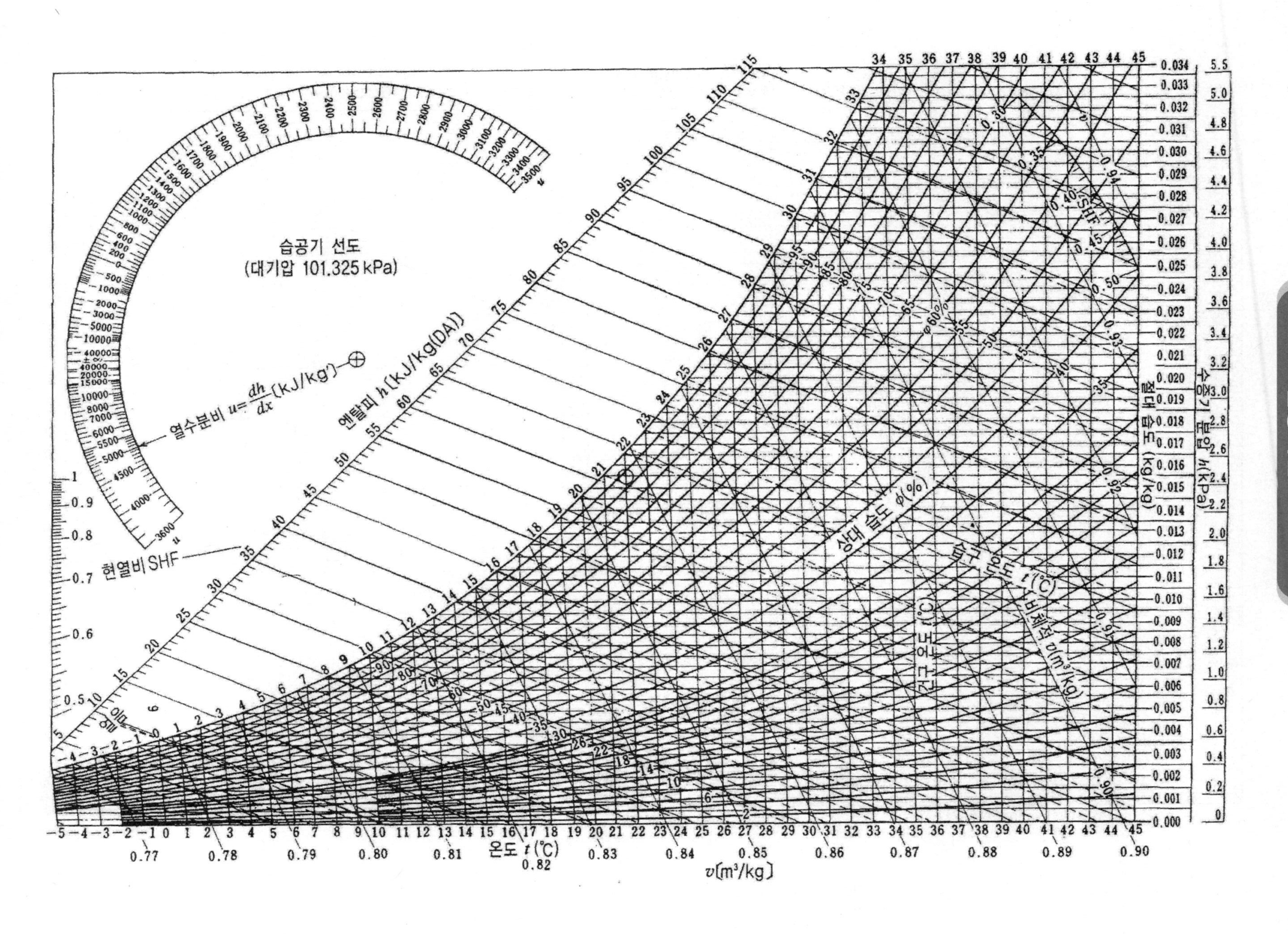

습공기 선도
(대기압 101.325 kPa)
열수분비 u = dh/dx (kJ/kg')
엔탈피 h (kJ/kg(DA))
현열비 SHF
상대 습도 φ(%)
습구 온도 t'(℃)
건구 온도 t(℃)
비체적 v(m³/kg)
절대 습도 (kg/kg)
수증기 분압 h(kPa)
온도 t(℃)
v(m³/kg)

냉매 R-410A P-H 선도

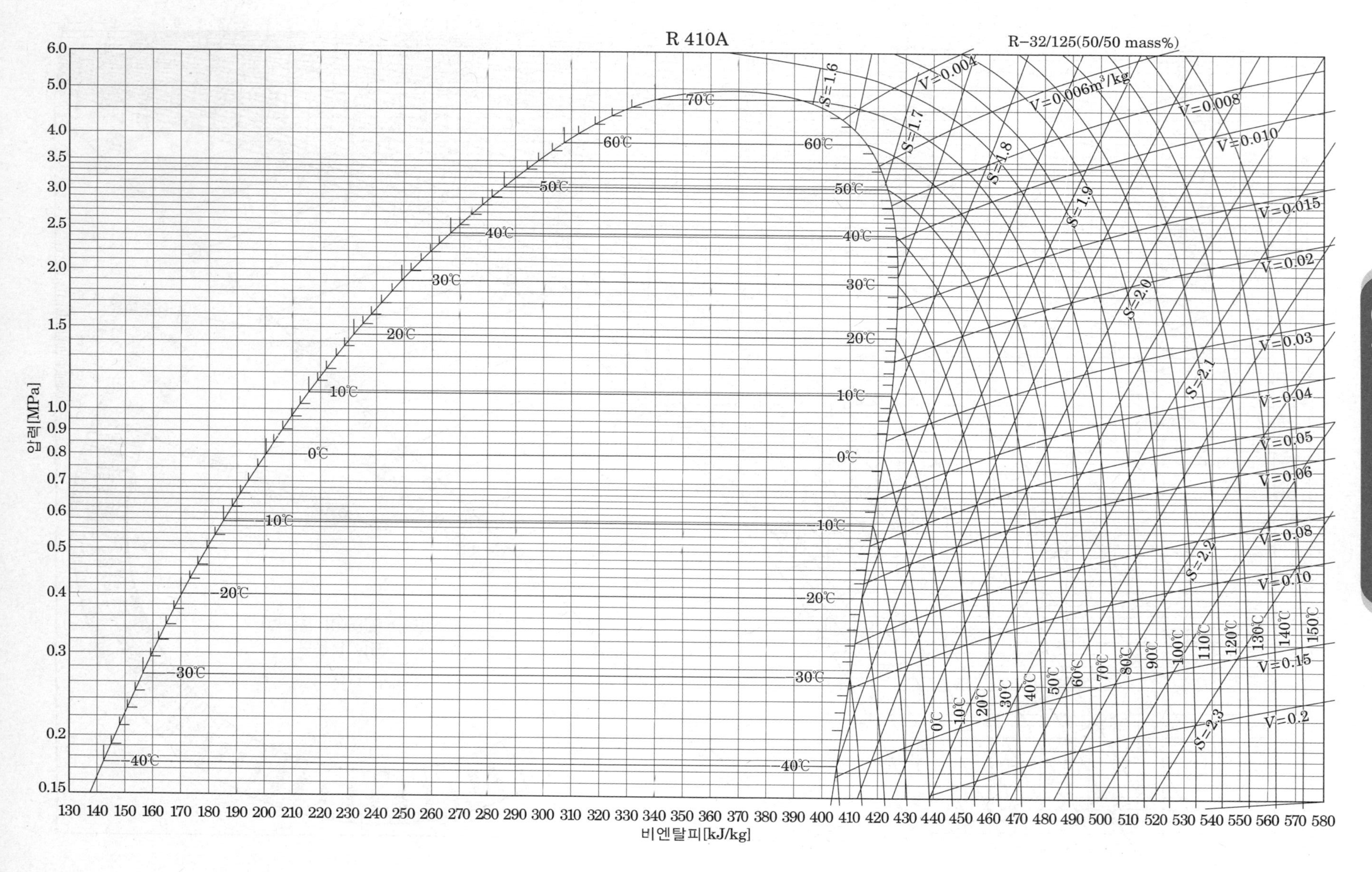

냉매 R-22A P-H 선도

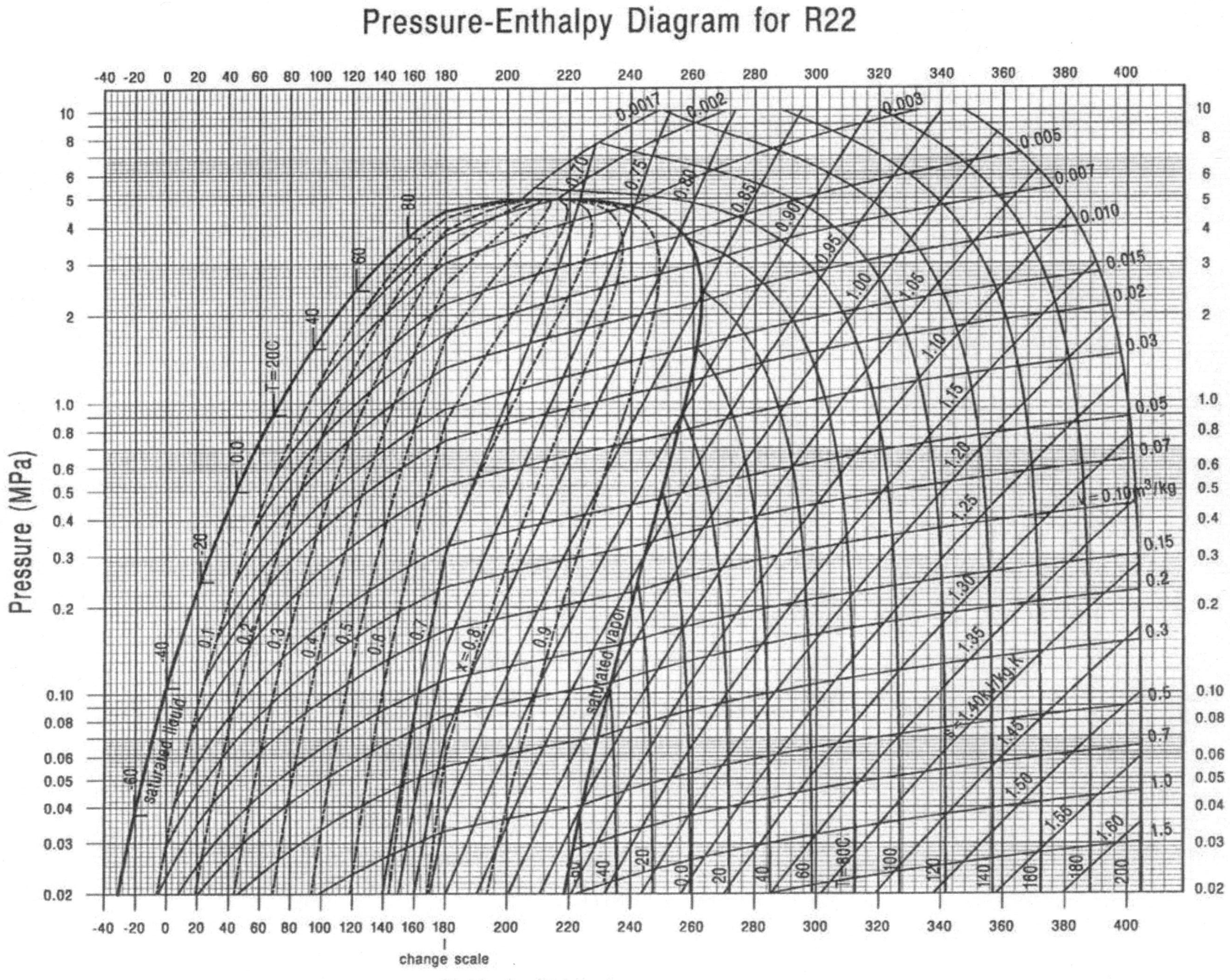

Pressure-Enthalpy Diagram for R22
Pressure (MPa)
Enthalpy(kJ/kg) above saturated liquid at -40C
change scale
saturated liquid
saturated vapor
T=20C
T=80C
s=1.40kJ/kg.K
v=0.10m^3/kg
x=0.8

냉매 R-717 P-H 선도

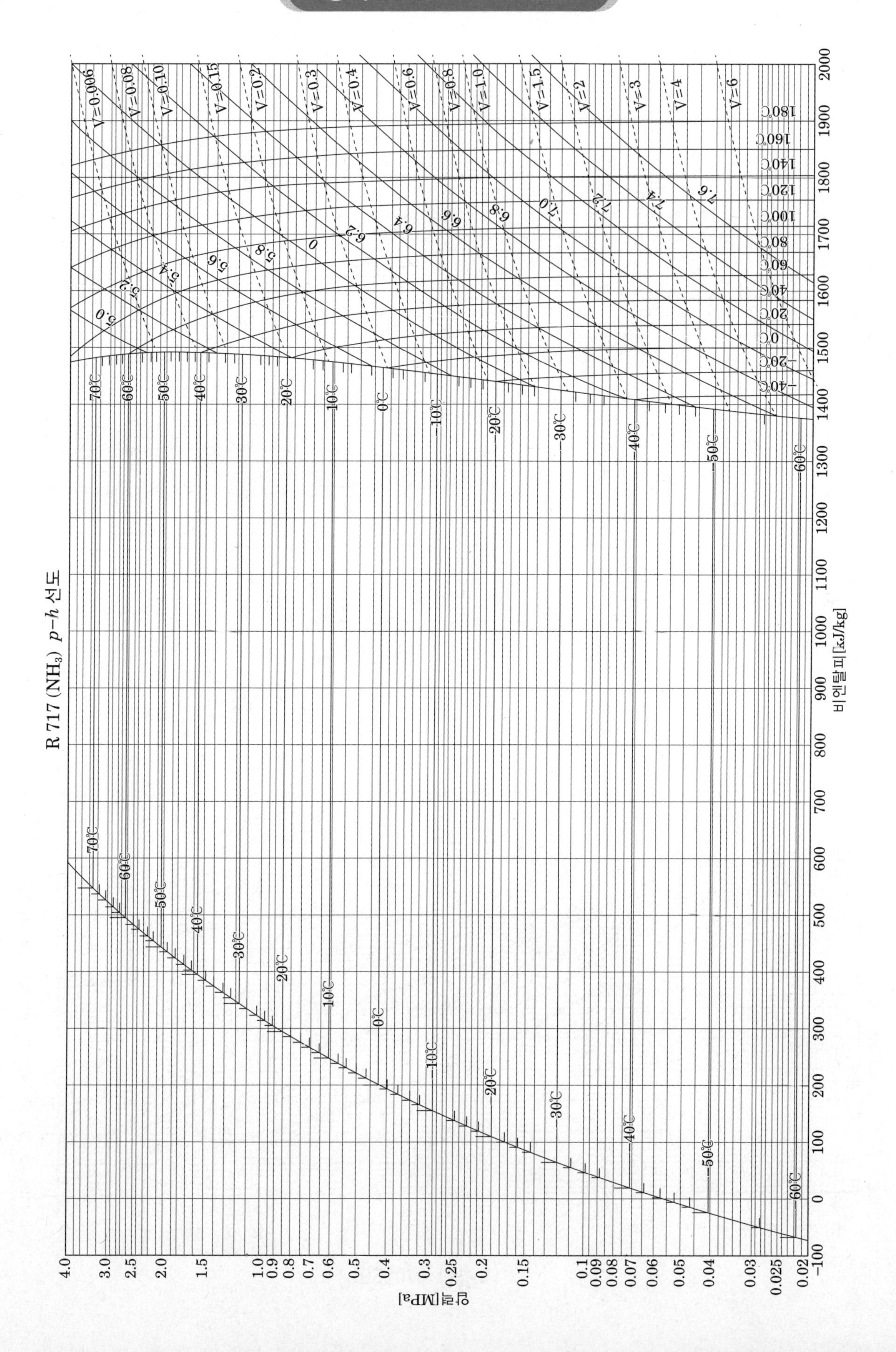

냉매 R-134a P-H 선도

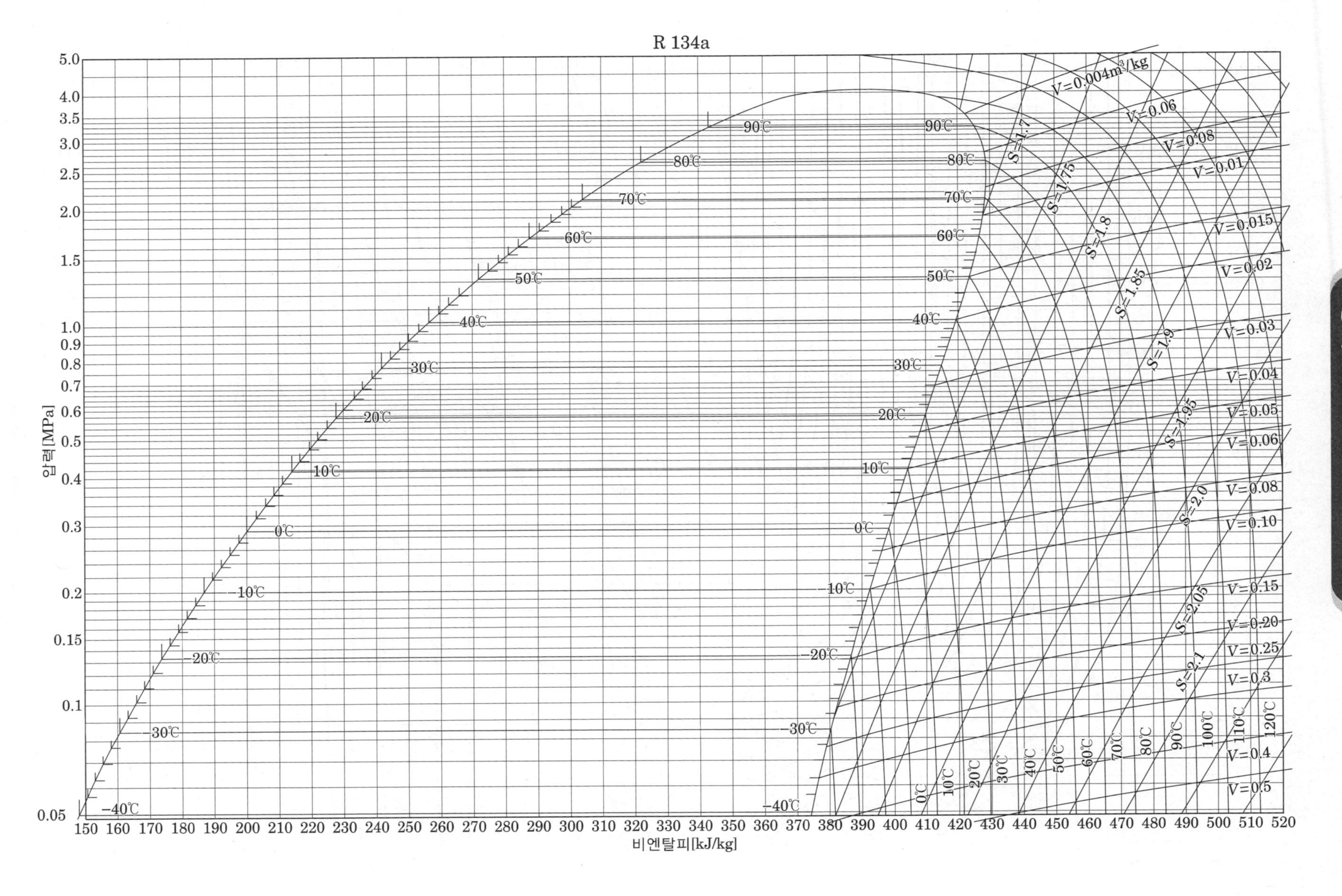

몰리에선도

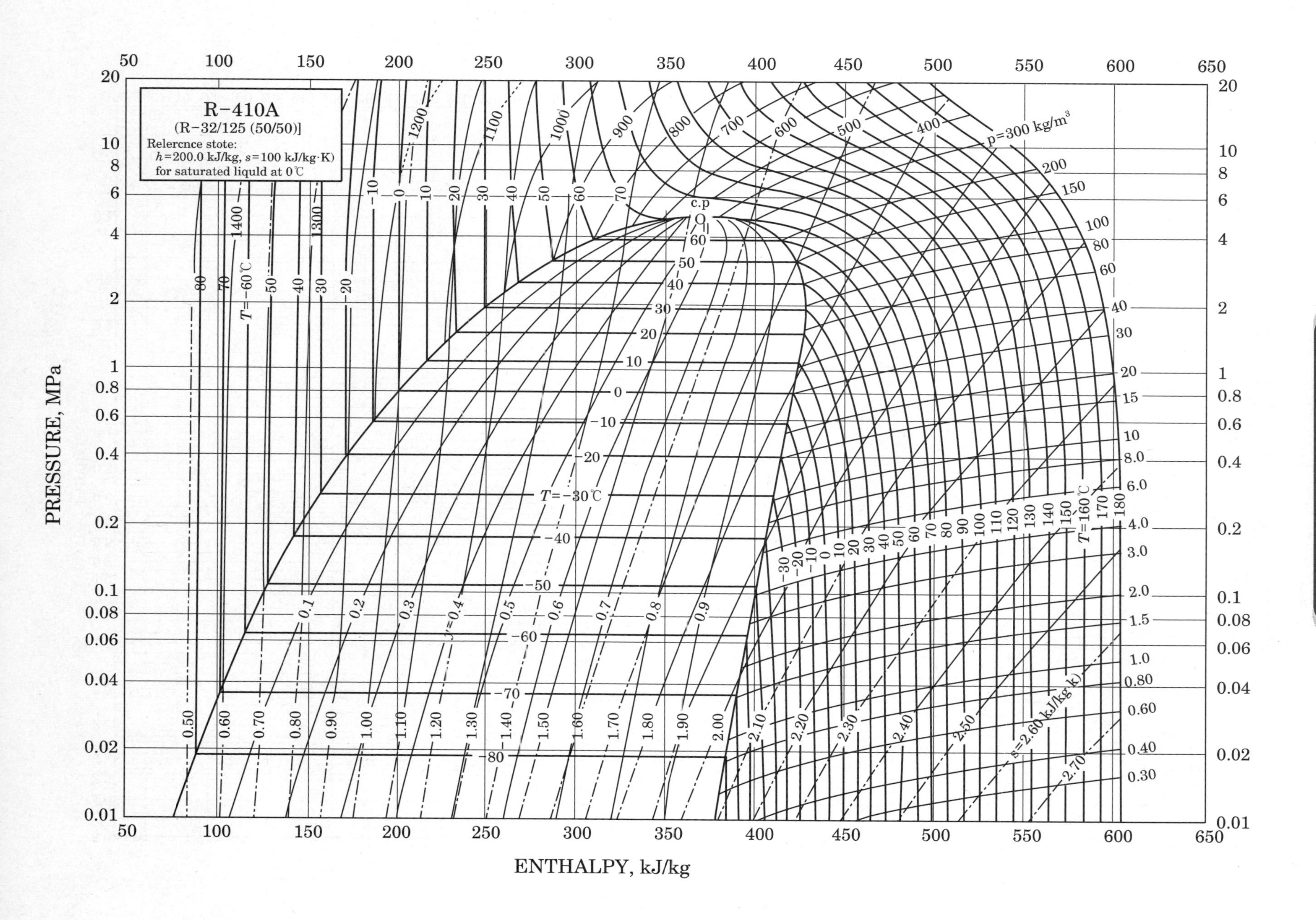
R−410A
(R−32/125 (50/50)]
Relercnce stote:
h=200.0 kJ/kg, s=100 kJ/kg·K)
for saturated liquld at 0℃
PRESSURE, MPa
ENTHALPY, kJ/kg
p=300 kg/m3
s=2.60 kJ/kg·k)
T=160℃
T=−30℃
T=−60℃
c.p

배관유량선도(kPa)

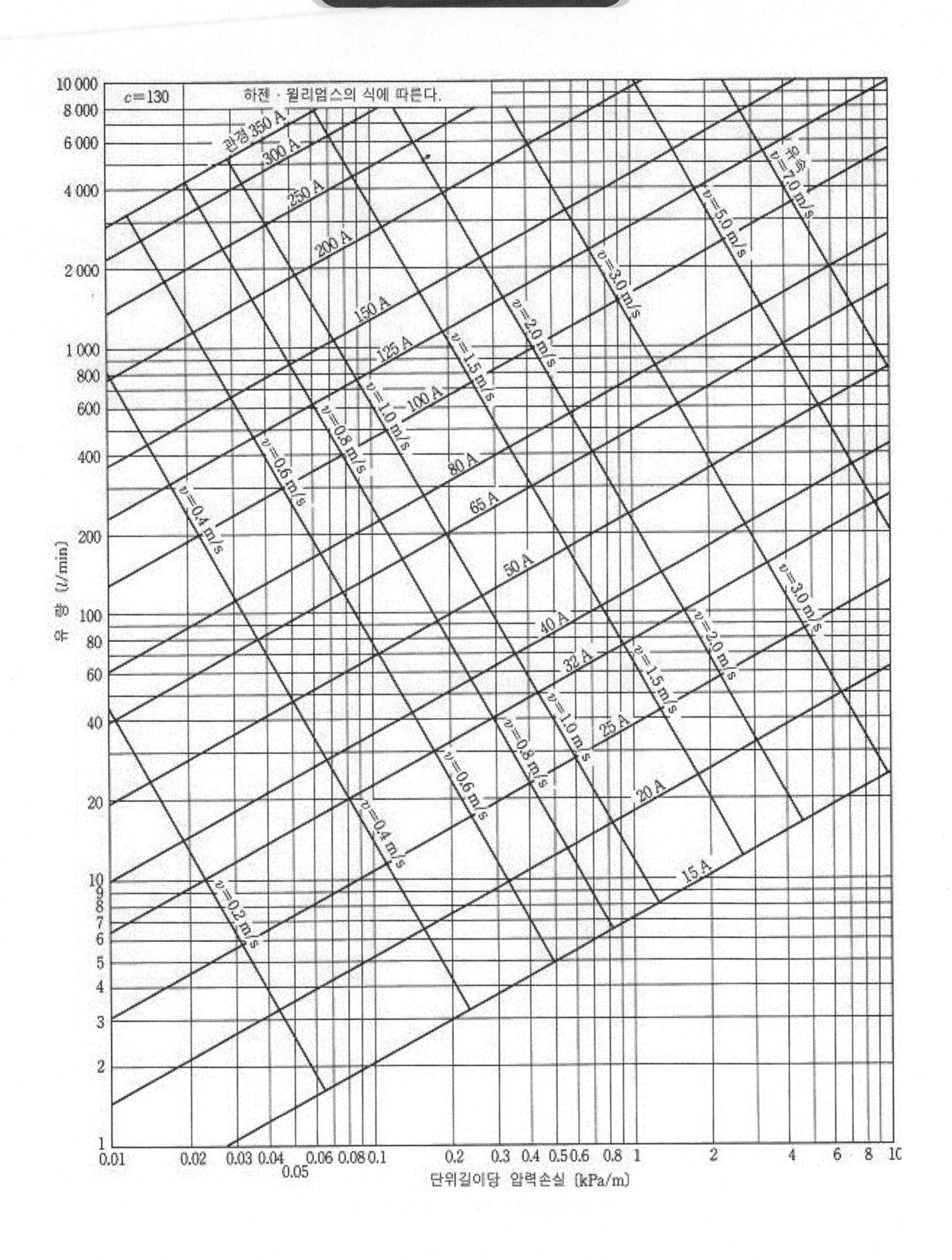
c=130
하젠 · 윌리엄스의 식에 따른다.
관경 350 A
300 A
250 A
200 A
150 A
125 A
100 A
80 A
65 A
50 A
40 A
32 A
25 A
20 A
15 A
유속 v=7.0 m/s
v=5.0 m/s
v=3.0 m/s
v=2.0 m/s
v=1.5 m/s
v=1.0 m/s
v=0.8 m/s
v=0.6 m/s
v=0.4 m/s
v=0.2 m/s
유 량 (l/min)
단위길이당 압력손실 (kPa/m)
10 000
8 000
6 000
4 000
2 000
1 000
800
600
400
200
100
80
60
40
20
10
9
8
7
6
5
4
3
2
1
0.01
0.02
0.03
0.04
0.05
0.06
0.08
0.1
0.2
0.3
0.4
0.5
0.6
0.8
1
2
4
6
8
10

배관유량선도(mmAq)

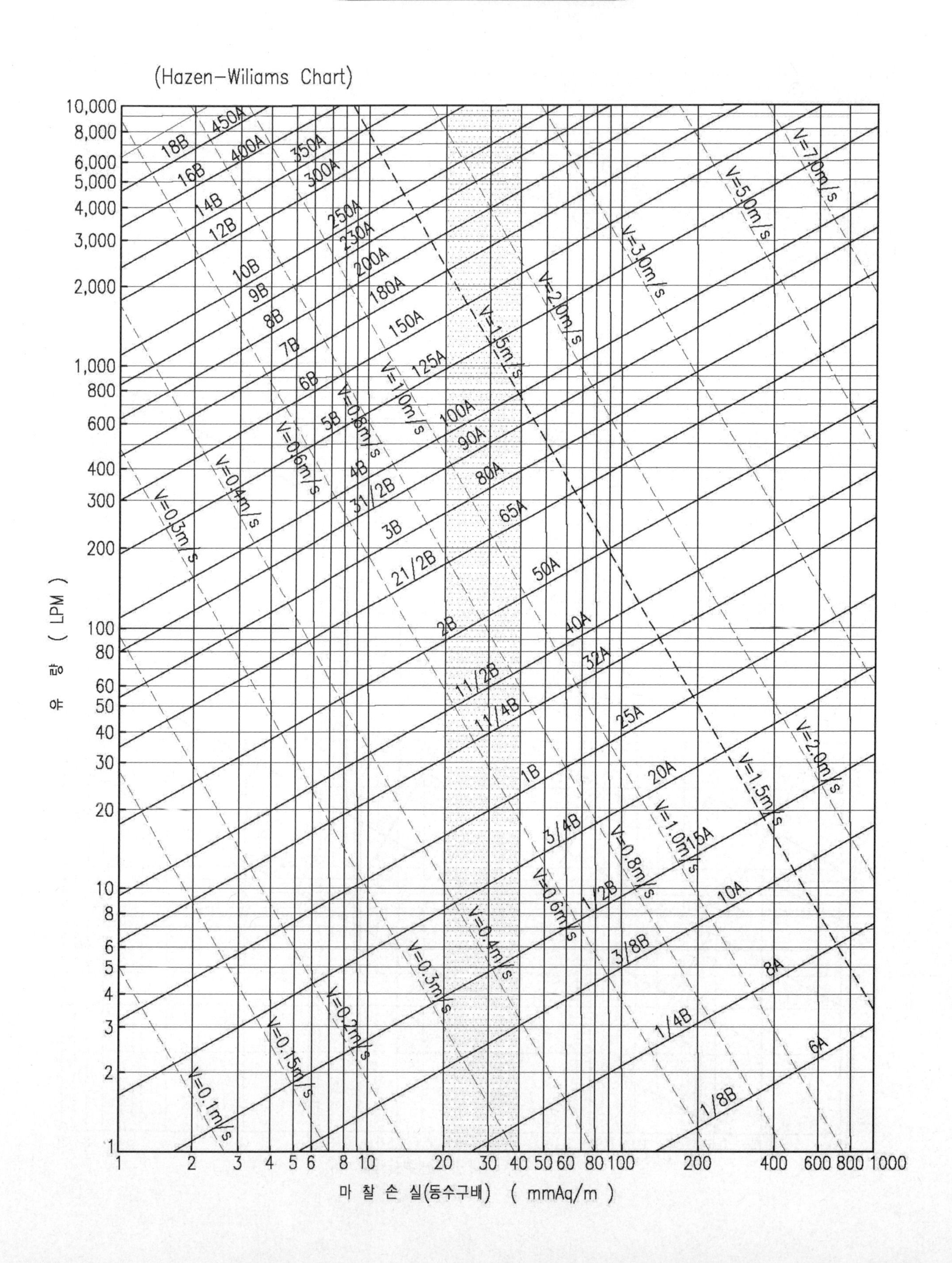

(Hazen-Wiliams Chart)
10,000
8,000
6,000
5,000
4,000
3,000
2,000
1,000
800
600
400
300
200
100
80
60
50
40
30
20
10
8
6
5
4
3
2
1
유 량 (LPM)
1
2
3
4
5
6
8
10
20
30
40
50
60
80
100
200
400
600
800
1000
마 찰 손 실(동수구배) (mmAq/m)
18B
450A
16B
400A
350A
300A
14B
12B
250A
230A
200A
10B
9B
180A
8B
150A
7B
125A
6B
100A
5B
90A
4B
80A
31/2B
3B
65A
21/2B
50A
2B
40A
32A
11/2B
11/4B
25A
1B
20A
3/4B
15A
1/2B
10A
3/8B
8A
1/4B
6A
1/8B
V=0.1m/s
V=0.15m/s
V=0.2m/s
V=0.3m/s
V=0.4m/s
V=0.6m/s
V=0.8m/s
V=1.0m/s
V=1.5m/s
V=2.0m/s
V=3.0m/s
V=5.0m/s
V=7.0m/s

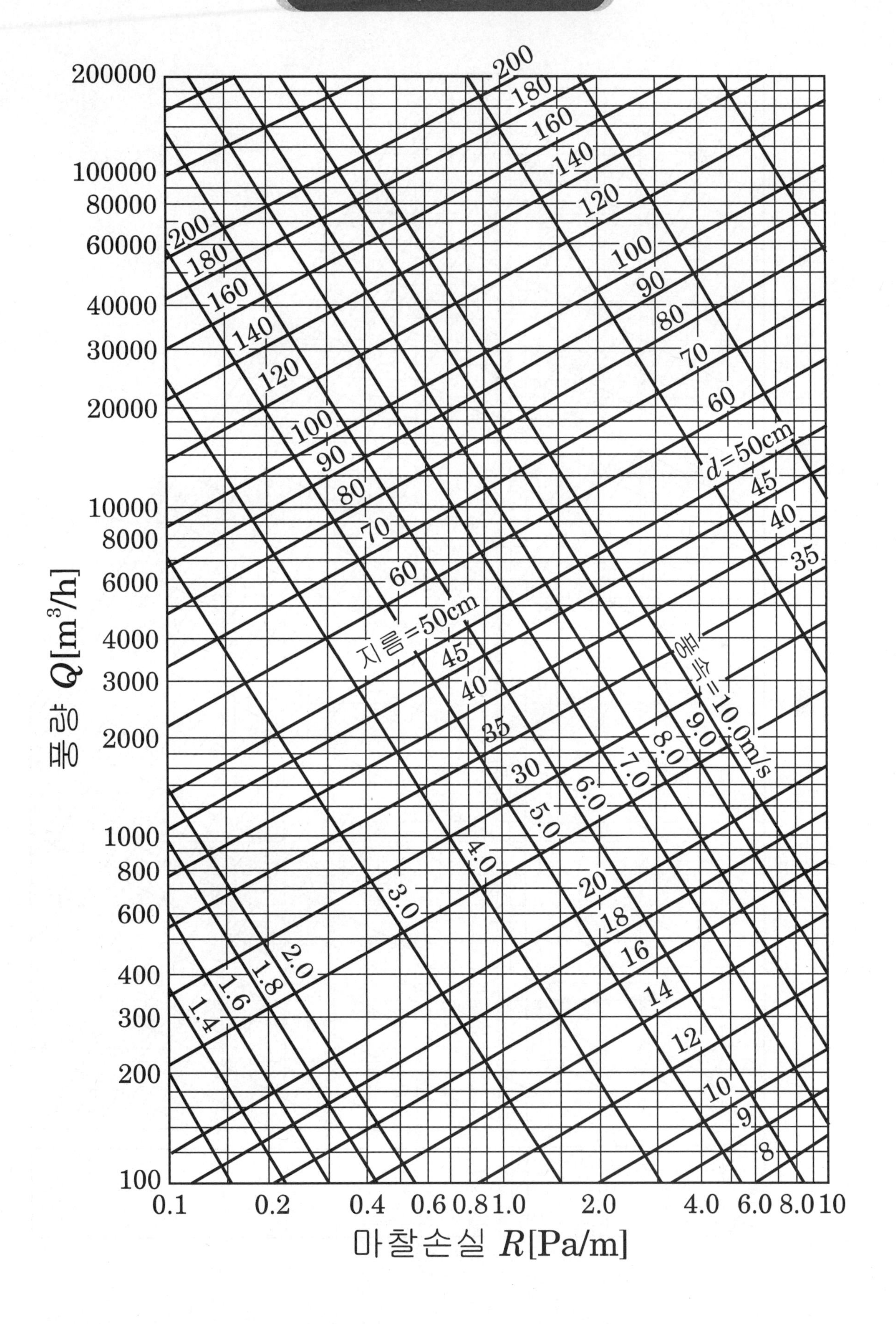

200000
100000
80000
60000
40000
30000
20000
10000
8000
6000
4000
3000
2000
1000
800
600
400
300
200
100
풍량 Q[m³/h]
0.1
0.2
0.4
0.6
0.8
1.0
2.0
4.0
6.0
8.0
10
마찰손실 R[Pa/m]
지름=50cm
d=50cm
풍속=10.0m/s

덕트선도(mmAq)

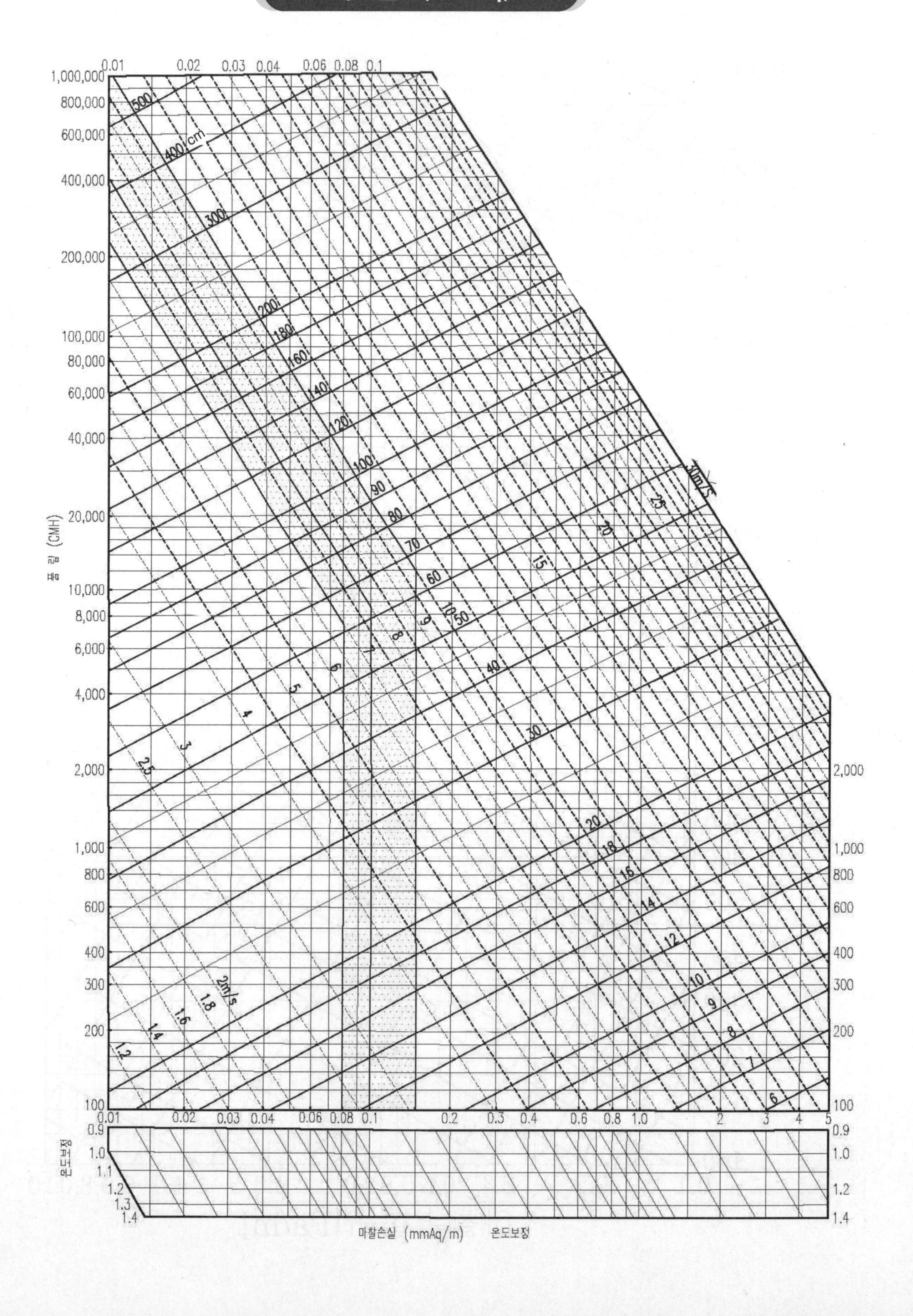

덕트 환산표

장변 \ 단변	10	15	20	25	30	35	40	45	50	55	60	65	70	75	80	85	90	95	100
10	10.9																		
15	13.3	16.4																	
20	15.2	18.9	21.9																
25	16.9	21.0	24.4	27.3															
30	18.3	22.9	26.6	29.9	32.8														
35	19.5	24.5	28.6	32.2	35.4	38.3													
40	20.7	26.0	30.5	34.3	37.8	40.9	43.7												
45	21.7	27.4	32.1	36.3	40.0	43.3	46.4	49.2											
50	22.7	28.7	33.7	38.1	42.0	45.6	48.8	51.8	54.7										
55	23.6	29.9	35.1	39.8	43.9	47.7	51.1	54.3	57.3	60.1									
60	24.5	31.0	36.5	41.4	45.7	49.6	53.3	56.7	59.8	62.8	65.6								
65	25.3	32.1	37.8	42.9	47.4	51.5	55.3	58.9	62.2	65.3	68.3	71.1							
70	26.1	33.1	39.1	44.3	49.0	53.3	57.3	61.0	64.4	67.7	70.8	73.7	76.5						
75	26.8	34.1	40.2	45.7	50.6	55.0	59.2	63.0	66.6	69.7	73.2	76.3	79.2	82.0					
80	27.5	35.0	41.4	47.0	52.0	56.7	60.9	64.9	68.7	72.2	75.5	78.7	81.8	84.7	87.5				
85	28.2	35.9	42.4	48.2	53.4	58.2	62.6	66.8	70.6	74.3	77.8	81.1	84.2	87.2	90.1	92.9			
90	28.9	36.7	43.5	49.4	54.8	59.7	64.2	68.6	72.6	76.3	79.9	83.3	86.9	89.7	92.7	95.6	198.4		
95	29.5	37.5	44.5	50.6	56.1	61.1	65.9	70.3	74.4	78.3	82.0	85.5	88.9	92.1	95.2	98.2	101.1	103.9	
100	30.1	38.4	45.4	51.7	57.4	62.6	67.4	71.9	76.2	80.2	84.0	87.6	91.1	94.4	97.6	100.7	103.7	106.5	109.3
105	30.7	39.1	46.4	52.8	58.6	64.0	68.9	73.5	77.8	82.0	85.9	89.7	93.2	96.7	100.0	103.1	106.2	109.1	112.0
110	31.3	39.9	47.3	53.8	59.8	65.2	70.3	75.1	79.6	83.8	87.8	91.6	95.3	98.8	102.2	105.5	108.6	111.7	114.6
115	31.8	40.6	48.1	54.8	60.9	66.5	71.7	76.6	81.2	85.5	89.6	93.6	97.3	100.9	104.4	107.8	111.0	114.1	117.2
120	32.4	41.3	49.0	55.8	62.0	67.7	73.1	78.0	82.7	87.2	91.4	95.4	99.3	103.0	106.6	110.0	113.3	116.5	119.6
158	32.9	42.0	49.9	56.8	63.1	68.9	74.4	79.5	84.3	88.8	93.1	97.3	101.2	105.0	108.6	112.2	115.6	118.8	122.0
130	33.4	42.6	50.6	57.7	64.2	70.1	75.7	80.8	85.7	90.4	94.8	99.0	103.1	106.9	110.7	114.3	117.7	121.1	124.4
135	33.9	43.3	51.4	58.6	65.2	71.3	76.9	82.2	87.2	91.9	96.4	100.7	104.9	108.8	112.6	116.3	119.9	123.3	126.7
140	34.4	43.9	52.2	59.5	66.2	72.4	78.1	83.5	88.6	93.4	98.0	102.4	106.6	110.7	114.6	118.3	122.0	125.5	128.9
145	34.9	44.5	52.9	60.4	67.2	73.5	79.3	84.8	90.0	94.9	99.6	104.1	108.4	112.5	116.5	120.3	124.0	127.6	131.1
150	35.3	45.2	53.6	61.2	68.1	74.5	80.5	86.1	91.3	96.3	101.1	105.7	110.0	114.3	118.3	122.2	126.0	129.7	133.2
155	35.8	45.7	54.4	62.1	69.1	75.6	81.6	87.3	92.6	97.4	102.6	107.2	111.7	116.0	120.1	124.1	127.9	131.7	135.3
160	36.2	46.3	55.1	62.9	70.6	76.6	82.7	88.5	93.9	99.1	104.1	108.8	113.3	117.7	121.9	125.9	129.8	133.6	137.3
165	36.7	46.9	55.7	63.7	70.9	77.6	83.8	89.7	95.2	100.5	105.5	110.3	114.9	119.3	123.6	127.7	131.7	135.3	139.3
170	37.1	47.5	56.4	64.4	71.8	78.5	84.9	90.8	96.4	101.8	106.9	111.8	116.4	120.9	125.3	129.5	133.5	137.5	141.3

포화증기표(압력기준)

포화압력 kPa	온도 ℃	비체적(m^3/kg)		내부에너지(kJ/kg)			엔탈피(kJ/kg)			엔트로피(kg/(kg · K))		
		포화액	포화증기	포화액	증발	포화증기	포화액	증발	포화증기	포화액	증발	포화증기
0.6113	0.01	0.001000	206.14	0.00	2375.3	2375.3	0.01	2501.3	2501.4	0.0000	9.1562	9.1562
1.0	6.98	0.001000	129.21	29.30	2355.7	2385.0	29.30	2484.9	2514.2	0.1059	8.8697	8.9756
1.5	13.03	0.001001	87.98	54.71	2338.6	2393.3	54.71	2470.6	2525.3	0.1957	8.6322	8.8279
2.0	17.50	0.001001	67.00	73.48	2326.0	2399.5	73.48	2460.0	2533.5	0.2607	8.4629	8.7237
2.5	21.08	0.001002	54.25	88.48	2315.9	2404.4	88.49	2451.6	2540.0	0.3120	8.3311	8.6432
3.0	24.08	0.001003	45.67	101.04	2307.5	2408.5	101.05	2444.5	2545.5	0.3545	8.2231	8.5776
4.0	28.96	0.001004	34.80	121.45	2293.7	2415.2	121.46	2432.9	2554.4	0.4226	8.0520	8.4746
5.0	32.88	0.001005	28.19	137.81	2282.7	2420.5	137.82	2423.7	2561.5	0.4764	7.9187	8.3951
7.5	40.29	0.001008	19.24	168.78	2261.7	2430.5	168.79	2406.0	2574.8	0.5764	7.6750	8.2515
10	45.81	0.001010	14.67	191.82	2246.1	2437.9	191.83	2392.8	2584.7	0.6493	7.5009	8.1502
15	53.97	0.001014	10.02	225.92	2222.8	2448.7	225.94	2373.1	2599.1	0.7549	7.2536	8.0085
20	60.06	0.001017	7.649	251.38	2205.4	2456.7	251.40	2358.3	2609.7	0.8320	7.0766	7.9085
25	64.97	0.001020	6.204	271.90	2191.2	2463.1	271.93	2346.3	2618.2	0.8931	6.9383	7.8314
30	69.10	0.001022	5.229	289.20	2179.2	2468.4	289.23	2336.1	2625.3	0.9439	6.8247	7.7686
40	75.87	0.001027	3.993	317.53	2159.5	2477.0	317.58	2319.2	2636.8	1.0259	6.6441	7.6700
50	81.33	0.001030	3.240	340.44	2143.4	2483.9	340.49	2305.4	2645.9	1.0910	6.5029	7.5939
75	91.78	0.001037	2.217	384.31	2112.4	2496.7	384.39	2278.6	2663.0	1.2130	6.2434	7.4564

포화압력 kPa	온도 ℃	비체적(m^3/kg)		내부에너지(kJ/kg)			엔탈피(kJ/kg)			엔트로피(kg/(kg · K))		
		포화액	포화증기	포화액	증발	포화증기	포화액	증발	포화증기	포화액	증발	포화증기
0.100	99.63	0.001043	1.6940	417.36	2088.7	2506.1	417.46	2258.0	2675.5	1.3026	6.0568	7.3594
0.125	105.99	0.001048	1.3749	444.19	2069.3	2513.5	444.32	2241.0	2685.4	1.3740	5.9104	7.2844
0.150	111.37	0.001053	1.1593	466.94	2052.7	2519.7	467.11	2226.5	2693.6	1.4336	5.7897	7.2233
0.175	116.06	0.001057	1.0036	486.80	2038.1	2524.9	486.99	2213.6	2700.6	1.4849	6.6868	7.1717
0.200	120.23	0.001061	0.8857	504.49	2025.0	2529.5	504.70	2201.9	2706.7	1.5301	5.5970	7.1271
0.225	124.00	0.001064	0.7933	520.47	2013.1	2533.6	520.72	2191.3	2712.1	1.5706	5.5173	7.0878
0.250	127.44	0.001067	0.7187	535.10	2002.1	2537.2	535.37	2181.5	2716.9	1.6072	5.4455	7.0527
0.275	130.60	0.001070	0.6573	548.59	1991.9	2540.5	548.89	2172.4	2721.3	1.6408	5.3801	7.0209
0.300	133.55	0.001073	0.6058	561.15	1982.4	2543.6	561.47	2163.8	2725.3	1.6718	5.3201	6.9919
0.325	136.30	0.001076	0.5620	572.90	1973.5	2546.4	573.25	2155.8	2729.0	1.7006	5.2646	6.9652
0.350	138.88	0.001079	0.5243	583.95	1965.0	2548.9	584.33	5148.1	2732.4	1.7275	5.2130	6.9405
0.375	141.32	0.001081	0.4914	594.40	1956.9	2551.3	594.81	2140.8	2735.6	1.7528	5.1647	6.9175
0.40	143.63	0.001084	0.4625	604.31	1949.3	2553.6	604.74	2133.8	2738.6	1.7766	5.1193	6.8959
0.45	147.93	0.001088	0.4140	622.77	1934.9	2557.6	623.25	2120.7	2743.9	1.8207	5.0359	6.8565
0.50	151.86	0.001093	0.3749	639.68	1921.6	2561.2	640.23	2108.5	2748.7	1.8607	4.9606	6.8213
0.55	155.48	0.001097	0.3427	655.32	1909.2	2564.5	665.93	2097.0	2753.0	1.8973	4.8920	6.7893
0.60	158.85	0.001101	0.3157	669.90	1897.5	2567.4	670.56	2086.3	2756.8	1.9312	4.8288	6.7600
0.65	162.01	0.001104	0.2927	683.56	1886.5	2570.1	684.28	2076.0	2760.3	1.9627	4.7703	6.7331
0.70	164.97	0.001108	0.2729	696.44	1876.1	2572.5	697.22	2066.3	2763.5	1.9922	4.7158	6.7080
0.75	167.78	0.001112	0.2556	708.64	1866.1	2574.7	709.47	2057.0	2766.4	2.0200	4.6647	6.6847
0.80	170.43	0.001115	0.2404	720.22	1856.6	2576.8	721.11	2048.0	2769.1	2.0462	4.6166	6.6628
0.85	172.96	0.001118	0.2270	731.27	1847.4	2578.7	732.22	2039.4	2771.6	2.0710	4.5711	6.6421
0.90	175.38	0.001121	0.2150	741.83	1838.6	2580.5	742.83	2031.1	2773.9	2.0946	4.5280	6.6226
0.95	177.69	0.001124	0.2042	751.95	1830.2	2582.1	753.02	2023.1	2776.1	2.1172	4.4869	6.6041
1.00	179.91	0.001127	0.19444	761.68	1822.0	2583.6	762.81	2015.3	2778.1	2.1387	4.4478	6.5865
1.10	184.09	0.001133	0.11753	780.09	1806.3	2586.4	781.34	2000.4	2781.7	2.1792	4.3744	6.5536
1.20	187.99	0.001139	0.16333	797.29	1791.5	2588.8	798.65	1986.2	2784.8	2.2166	4.3067	6.5233
1.30	191.64	0.001144	0.15125	813.44	1777.5	2591.0	814.93	1972.7	2787.6	2.2515	4.2438	6.4953

포화압력 kPa	온도 ℃	비체적(m^3/kg)		내부에너지(kJ/kg)			엔탈피(kJ/kg)			엔트로피(kg/(kg · K))		
		포화액	포화증기	포화액	증발	포화증기	포화액	증발	포화증기	포화액	증발	포화증기
1.40	195.07	0.001149	0.14084	828.70	1764.1	2592.8	830.30	1959.7	2790.0	2.2842	4.1850	6.4693
1.50	198.32	0.001154	0.13177	843.16	1751.3	2594.5	844.89	1947.3	2792.2	2.3150	4.1298	6.4448
1.75	205.76	0.001166	0.11349	876.46	1721.4	2597.8	878.50	1917.9	2796.4	2.3851	4.0044	6.3896
2.00	212.42	0.001177	0.09963	906.44	1693.8	2600.3	908.79	1890.7	2799.5	2.4474	3.8935	6.3409
2.25	218.45	0.001187	0.08875	933.83	1668.2	2602.0	936.49	1865.2	2801.7	2.5035	3.7937	6.2972
2.5	223.99	0.001197	0.07998	959.11	1644.0	2603.1	962.11	1841.0	2803.1	2.5547	3.7028	6.2575
3.0	233.90	0.001217	0.06668	1004.78	1599.3	2604.1	1008.42	1795.7	2804.2	2.6457	3.5412	6.1869
3.5	242.60	0.001235	0.05707	1045.43	1558.3	2603.7	1049.75	1753.7	2803.4	2.7253	3.4000	6.1253
4	250.40	0.001252	0.04978	1082.31	1520.0	2602.3	1087.31	1714.1	2801.4	2.7964	3.2737	6.0701
5	263.99	0.001286	0.03944	1147.81	1449.3	2597.1	1154.23	1640.1	2794.3	2.9202	3.0532	5.9734
6	275.64	0.001319	0.03244	1205.44	1384.3	2589.7	1213.35	1571.0	2784.3	3.0267	2.8625	5.8892
7	285.88	0.001351	0.02737	1257.55	1323.0	2580.5	1267.00	1505.1	2772.2	3.1211	2.6922	5.8133
8	295.06	0.001384	0.02352	1305.57	1264.2	2569.8	1316.64	1441.3	2758.0	3.2068	2.5364	5.7432
9	303.40	0.001418	0.02048	1350.51	1207.3	2557.8	1363.26	1378.9	2742.1	3.2858	2.3915	5.6722
10	311.06	0.001452	0.018026	1393.04	1151.4	2544.4	1407.56	1317.1	2724.7	3.3596	2.2544	5.6141
11	318.15	0.001489	0.015987	1433.7	1096.0	2529.8	1450.1	1255.5	2705.6	3.4295	2.1233	5.5527
12	324.75	0.001527	0.014263	1473.0	1040.7	2513.7	1491.3	1193.3	2684.9	3.4962	1.9962	5.4924
13	330.93	0.001567	0.012780	1511.1	985.0	2496.1	1531.5	1130.7	2662.2	3.5606	1.8718	5.4323
14	336.75	0.001611	0.011485	1548.6	928.2	2476.8	1571.1	1066.5	2637.6	3.6232	1.7485	5.3717
15	342.24	0.001658	0.010337	1585.6	869.8	2455.5	1610.5	1000.0	2610.5	3.6848	1.6249	5.3098
16	347.44	0.001711	0.009306	1622.7	809.0	2431.7	1650.1	930.6	2580.6	3.7461	1.4994	5.2455
17	352.37	0.001770	0.008364	1660.2	744.8	2405.0	1690.3	856.9	2547.2	3.8079	1.3698	5.1777
18	357.06	0.001840	0.007489	1698.9	675.4	2374.3	1732.0	777.1	2509.1	3.8715	1.2329	5.1044
19	361.54	0.001924	0.006657	1739.9	598.1	2338.1	1776.5	688.0	2464.5	3.9388	1.0839	5.0228
20	365.81	0.002036	0.005834	1785.6	507.5	2293.0	1826.3	583.4	2409.7	4.0139	0.9130	4.9269
21	369.89	0.002207	0.004952	1842.1	388.5	2230.6	1888.4	446.2	2334.6	4.1075	0.6938	4.8013
22	373.80	0.002742	0.003568	1961.9	125.2	2087.1	2022.2	143.4	2165.6	4.3110	0.2216	4.5327
22.09	374.14	0.003155	0.003155	2029.6	0	2029.6	2099.3	0	2099.3	4.4298	0	4.4298

1 chapter

냉동공학

01 냉동공학

더 알아두기

01 냉동 사이클

1 냉동 시스템의 개요

냉동이란 빙점이하로 물체나 계의 온도를 낮게 하는 조작을 말하는 것으로 넓은 의미에서는 외기의 온도이하로 낮추는 조작을 의미한다. 얼음의 융해열이나 드라이아이스(고체 CO_2)의 승화, 액체질소의 증발 등에 의해서 달성될 수 있으나 얼음 등이 없어지면 바로 냉동효과가 없어지게 된다. 이에 대하여 동작물질을 순환시켜 열을 저온에서 고온으로 운반하는 장치인 냉동기(refrigerating machine)는 냉동작용을 계속시킬 수 있는 열역학적 사이클이 된다. 이와 같은 사이클을 냉동 사이클이라 한다.

(1) 냉동기를 그 구동에너지로 구분하면 다음과 같다.

① 기계적에너지를 이용하는 것 : 왕복동식, 회전식, 원심식, 스크류식 등
② 열에너지를 이용하는 것 : 흡수식, 흡착식
③ 전기에너지를 이용하는 것 : 전자냉동

(2) 냉매의 종류에 의한 구분

① 가스를 이용하는 것 : 가스 냉동기(공기 압축식 냉동기)
② 증기를 이용하는 것 : 증기 압축식, 증기 분사식, 흡수식, 흡착식 등

2 열기관과 열펌프(heat pump)의 차이점

(1) 열기관

외부에서 열을 가하여 동력을 발생하는 장치이다.

(2) 작업기(working machine)

외부에서 일이나 열을 가하여 저온부에서 고온부로 열을 운반하는 장치로 냉동기와 열펌프가 있다.

① 냉동기 : 저온부에서 흡열을 목적으로 하는 장치
② 열펌프(heat pump) : 고온부에 열을 공급하는 것을 목적으로 하는 장치

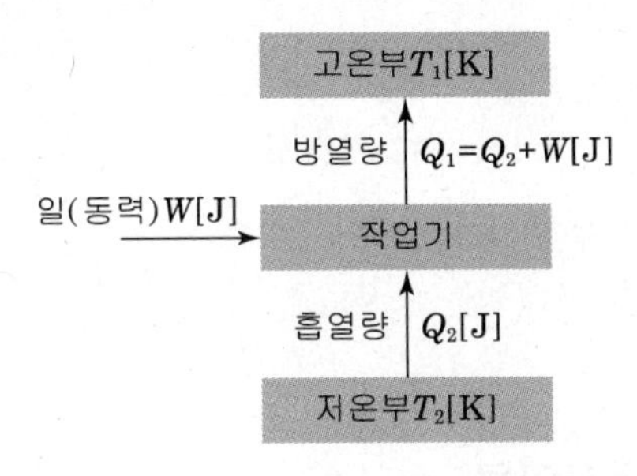

히트펌프의 원리

(3) **성능계수(coefficient of performance, COP)** : 냉동기나 열펌프의 효율

① 냉동기 성능계수 $COP_R = \frac{Q_2}{W} = \frac{Q_2}{Q_1 - Q_2}$

② 열펌프 성능계수 $COP_H = \frac{Q_1}{W} = \frac{Q_1}{Q_1 - Q_2} = COP+1$ (동일한 운전 조건)

3 기준냉동 사이클과 냉동능력

(1) 기준냉동 사이클

① 고온원 온도(응축온도) : 30℃

② 저온원 온도(증발온도) : −15℃(냉방에서는 5℃)

③ 기준 과냉각도 : 5℃(=5K)

④ 압축기 흡입가스 상태 : 건조포화증기

(2) 냉동능력(refrigeration ton, RT)

① 한국 RT : 0℃의 물 1ton(1000kg)을 24시간 동안에 0℃의 얼음으로 만들 때 제거해야 할 열량

- $1\text{RT} = 1{,}000 \times 333.6 = 333600\text{kJ/day} ≒ 3.86\text{kW}$

② 미국 RT(US RT) : 32°F의 물 2000Lb을 24시간 동안에 32°F의 얼음으로 만들 때 제거해야 할 기본적인 열량

- $1\text{US RT} = 2000 \times 144 = 288000\text{BTU/day} = 12000\text{BTU/h}$
  $= 12660.72\text{kJ/h} ≒ 3.52\text{kW}$

③ 제빙톤 : 25℃의 원료수 1ton을 -9℃의 얼음으로 만드는데 제거해야 할 열량 (단, 제조과정의 열손실 20%를 가산한다.)

- $1\text{제빙톤} = 1000 \times (4.19 \times 25 + 333.6 + 2.09 \times 9) \times 1.2 = 548592\text{kJ/day}$
  $= 6.35\text{kW}$
- $1\text{제빙톤} ≒ 1.65\text{RT}$

기억 냉동능력(SI 단위)

① 0℃ 물의 응고열 : 333.6kJ/kg

② $1\text{RT} = \frac{1000 \times 333.6}{24}$
$= 13900[\text{kJ/h}] = \frac{13900}{3600}[\text{kJ/s}]$
$≒ 3.861[\text{kW}]$

③ 장치의 냉동능력 Q_2[kJ/s]을 다음 식에 의해 냉동톤으로 환산한다.

$\text{RT} = \frac{Q_2}{3.86}$

- 1BTU = 0.252 kcal
  = 1.05506 kJ
- 물의 비열 : 4.19kJ/kg · K
- 0℃ 물의 융해잠열 : 333.6kJ/kg
- 얼음의 비열 : 2.09kJ/kg

$$\text{결빙시간}(h) = \frac{0.56 \times t^2}{-(t_b)}$$

여기서 t : 얼음의 두께[cm]
t_b : 브라인 온도[℃]

4 증기압축식 냉동사이클

증기압축식 냉동사이클의 구성요소는 아래 그림과 같이 압축기, 응축기, 수액기, 팽창밸브, 증발기 등으로 구성되어 그 내부를 냉매가 압축 → 응축 → 팽창 → 증발 의 상태변화를 반복하여 냉동작용을 행한다.

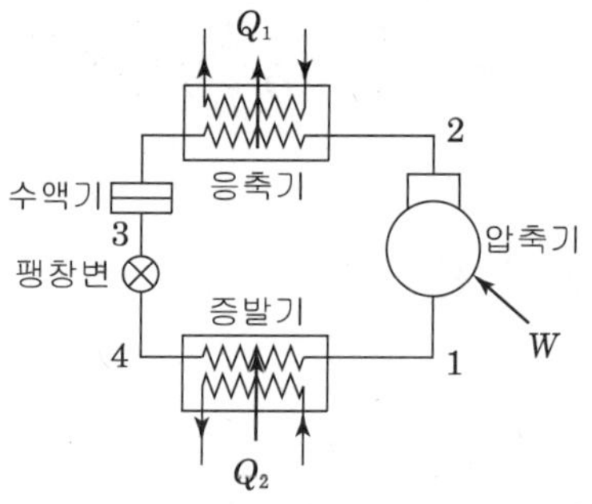
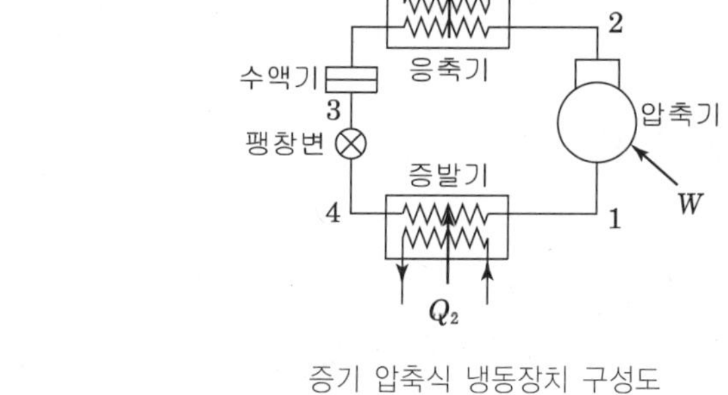

증기 압축식 냉동장치 구성도

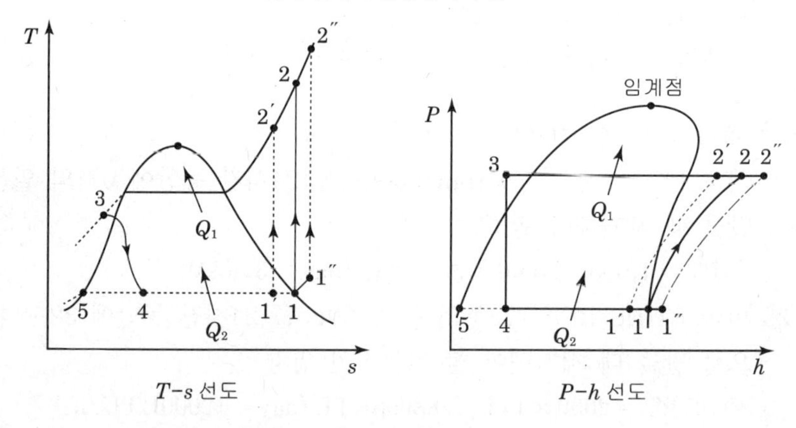

> **기억 압축기 흡입증기 상태에 따른 사이클의 분류**
> ① 건압축 냉동 사이클 : 압축기 입구의 냉매상태(1점)가 건조 포화증기인 사이클(12341)
> ② 습압축 냉동 사이클 : 압축기 입구의 냉매상태(1′점)가 습포화증기인 사이클(1′2′341)
> ③ 과열압축 냉동 사이클 : 압축기 입구의 냉매상태(1″점)가 과열증기인 사이클(1″2″341)

- 1 → 2과정 : 단열압축(압축기에서 등엔트로피 변화로 압축되어 고온, 고압의 과열증기(2점)로 된다.)
- 2 → 3과정 : 등압방열(과열증기가 등압하에서 응축기에서 냉각되어 과냉각액(3점)으로 되는 과정이다.)
- 3 → 4과정 : 교축작용(과냉각액은 팽창변을 통하여 교축팽창하여 등엔탈피 변화를 하고 온도와 압력이 강하되어 습증기(4점)가 되는 과정이다.)
- 4 → 1과정 : (등온흡열) (증발기에서 등압하에서 증발하여 외부로부터 열을 흡수하여 냉동효과를 발휘한다.)

(1) 냉동효과 q_2 [kJ/kg]

$q_2 = h_1 - h_4$(건압축)

$q_2 = h_{1'} - h_4$(습압축)

$q_2 = h_{1''} - h_4$(과열압축)

(2) 응축기 방열량 q_1 [kJ/kg]

$q_1 = h_2 - h_3$(건압축)

$q_1 = h_{2'} - h_3$(습압축)

$q_1 = h_{2''} - h_3$(과열압축)

(3) 이론 단열 압축일(압축에 필요한 일량) w [kJ/kg]

$w = h_2 - h_1$(건압축)

$w = h_{2'} - h_{1'}$(습압축)

$w = h_{2''} - h_{1''}$(과열압축)

(4) 플래시(flash) 가스 발생열량 q_f [kJ/kg]

$q_f = h_4 - h_5$

(5) 증발잠열 r [kJ/kg]

$r = h_5 - h_1$

(6) 압축비

$$m = \frac{P_2}{P_1} = \frac{\text{고압측 절대압력}}{\text{저압측 절대압력}}$$

- 냉동능력 $Q_2 = G \times q_2 = G \times (h_1 - h_4)$[kW]
- 소요동력 $AW = G \times Aw = G \times (h_2 - h_1)$[kW]
- 응축부하 $Q_1 = G \times q_1 = G \times (h_2 - h_3)$[kW]

여기서, G : 냉매 순환량 [kg/s]

h_1 : 증발기 출구(압축기 입구) 엔탈피[kJ/kg]

h_2 : 압축기 출구(응축기 입구) 엔탈피[kJ/kg]

h_3 : 응축기 출구(팽창변 입구) 엔탈피[kJ/kg]

h_4 : 팽창 변출구(증발기 입구) 엔탈피[kJ/kg]

(7) 성능계수 COP

① 냉동기 성능계수 $COP_R = \dfrac{h_1 - h_4}{h_2 - h_1}$ (건압축)

$$COP_R = \frac{h_{1'} - h_4}{h_{2'} - h_{1'}} \text{ (습압축)}$$

$$COP_R = \frac{h_{1''} - h_4}{h_{2''} - h_{1''}} \text{ (과열압축)}$$

② 열펌프 성능계수 $COP_H = \dfrac{h_2 - h_3}{h_2 - h_1}$ (건압축)

$$COP_H = \frac{h_{2'} - h_3}{h_{2'} - h_{1'}} \text{ (습압축)}$$

$$COP_H = \frac{h_{2''} - h_3}{h_{2''} - h_{1''}} \text{ (과열압축)}$$

02 압축 냉동장치의 계산

1 압축기 크기에 따른 피스톤 압출량 V_a [m³/s]

(1) 왕복동 압축기

$$V_a = \frac{\pi D^2}{4} \cdot L \cdot N \cdot R \cdot \frac{1}{60}$$

여기서, V_a : 이론적 피스톤 압출량(이론 흡입가스 체적) : [m³/s]
D : 피스톤 지름[m]
L : 피스톤 행정[m]
N : 기통수(실린더 수)
R : 분당회전수[rpm]

(2) 회전식 압축기

$$V_a = \frac{\pi (D^2 - d^2)}{4} \cdot t \cdot n \cdot \frac{1}{60}$$

여기서, D : 실린더 내경[m]
d : 피스톤 외경[m]
t : 피스톤 두께(가스 압축부 두께)[m]
n : 분당회전수[rpm]

2 체적효율(η_v), 압축효율(η_c), 기계효율(η_m)

$$\eta_v = \frac{V_g}{V_a}$$

여기서, V_g : 실제 피스톤 토출량(실제 흡입가스 체적)[m³/s]
기통 1개의 체적이 5000(cm³) 미만일 때 체적효율 η_v : 0.75 정도
기통 1개의 체적이 5000(cm³) 이상일 때 체적효율 η_v : 0.8 정도

$$\eta_c = \frac{\text{이론적 지시동력}}{\text{실제적 소요동력}}$$

$$\eta_m = \frac{\text{실제적 소요동력}}{\text{운전소요동력}}$$

기억 왕복동 압축기

$$V_a = \frac{\pi D^2}{4} \cdot L \cdot N \cdot R \cdot 60 [\text{m}^3/\text{h}]$$

기억 회전식 압축기

$$V_a = \frac{\pi (D^2 - d^2)}{4} \cdot \text{t} \cdot n \cdot 60 [\text{m}^3/\text{h}]$$

3 냉매순환량 G[kg/s]

요구하는 냉동능력을 얻기 위하여 단위시간당 증발기에 공급하는 냉매량

$$G = \frac{V_a \times \eta_v}{v}$$

여기서 V_a : 이론적 피스톤 압출량[m³/s]

η_v : 체적효율

v : 압축기 흡입가스 비체적[m³/kg]

$$G = \frac{Q_2}{q_2}$$

여기서 Q_2 : 냉동능력[kW]

q_2 : 냉동효과[kJ/kg]

4 냉동능력 Q_2[kW]

냉동기(증발기)에서 단위시간당 제거하는 열량[kW]

RT = 3.86kW

$$Q_2 = G \times q_2 = \frac{V_a \times \eta_v}{v} \times q_2$$

$$R = \frac{Q_2}{3.86} = \frac{G \times q_2}{3.86} = \frac{V_a \times \eta_v \times q_2}{v \times 3.86} \text{[RT]}$$

$$R = \frac{V_a}{C}$$ 에서 $C = \dfrac{v \times 3.86}{\eta_v \times q_2}$

$$R = C \cdot V_a \cdot \eta_v$$ 에서 $C = \dfrac{q_2}{v \times 3.86}$

5 소요동력

(1) 이론지시(소요)동력 W[kW]

$$W = G \cdot w = \frac{V_a \cdot \eta_v}{v} \cdot w = \frac{V_a \cdot \eta_v}{v} \cdot w = \frac{V_a \cdot \eta_v}{v}(h_2 - h_1)$$

여기서, w : 이론 단열 압축일(압축에 필요한 일량)[kJ/kg]

$$w = h_2 - h_1$$

h_2 : 압축기 출구 엔탈피[kJ/kg]

h_1 : 압축기 입구 엔탈피[kJ/kg]

(2) 축동력 L_S[kW]

$$L_S = \frac{W}{\eta_c \times \eta_m} = \frac{G \cdot w}{\eta_c \times \eta_m} = \frac{V_a \times \eta_v \times (h_2 - h_1)}{v \times \eta_c \times \eta_m}$$

여기서, η_c : 압축효율

η_m : 기계효율

기억 축동력 L_s[kW]

$$L_s = \frac{G \cdot w}{\eta_c \cdot \eta_m} = \frac{V_a \times \eta_v \cdot w}{v \times \eta_c \times \eta_m} = \frac{V_a \times \eta_v \times (h_2 - h_1)}{v \times \eta_c \times \eta_m}$$

여기서

V_a : 이론적 피스톤압출량[m^3/s]

h_2 : 압축기 출구엔탈피[kJ/kg]

h_1 : 압축기 입구 엔탈피[kJ/kg]

v : 흡입가스비체적[m^3/kg]

6 성적계수(COP : Coefficient of performance)

(1) 이론 성적계수 COP

$$COP = \frac{\text{냉동능력}}{\text{이론압축 소요동력}} = \frac{Q_2}{W} = \frac{Q_2}{Q_1 - Q_2}$$

(2) 실제 성적계수 COP'

$$COP' = \frac{\text{냉동능력}}{\text{실제압축 소요동력}} = \frac{Q_2}{W} \cdot \eta_c \cdot \eta_m = COP \cdot \eta_c \cdot \eta_m$$

여기서, Q_1 : 응축부하[kW]

Q_2 : 냉동능력[kW]

W : 이론소요동력[kW]

기억 역 Bryton cycle (역 Joule cycle)

: 2개의 등압과정과 2개의 단열과정으로 이루어진 사이클

03 역브레이톤 사이클과 공기압축 냉동기

1 역브레이톤 사이클

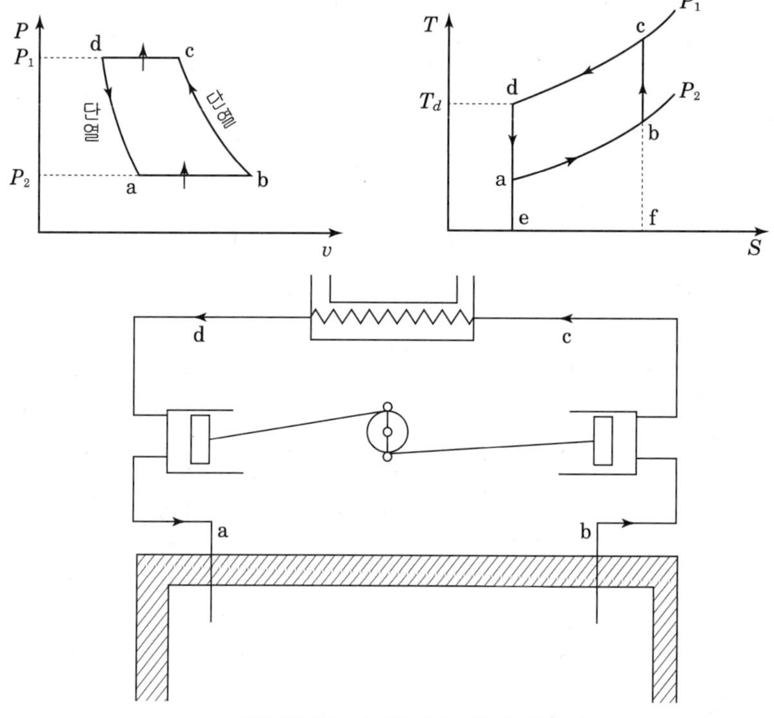

역브레이톤 사이클과 공기압축 냉동기

2 공기압축 냉동기(개방식)

역브레이톤 사이클은 그림과 같이 단열과정과 등압과정의 조합으로 되어있다.

a → b : 등압 흡열과정

b → c : 단열 압축과정

c → d : 등압 방열과정

d → a : 단열 팽창과정

이론 흡열량 q_2 = 면적 abfe $= C_p(T_b - T_a)$[kJ/kg]

이론 방출열량 q_1 = 면적 cdef $= C_p(T_c - T_d)$[kJ/kg]

이론 소요능력 Aw = 면적 abcd $= q_1 - q_2$[kJ/kg]

$$= C_p(T_c - T_d) - C_p(T_b - T_a)$$

역브레이톤 사이클의 성적계수 COP

$$COP = \frac{q_2}{w} = \frac{q_2}{q_1 - q_2}$$

$$= \frac{T_b - T_a}{(T_c - T_d) - (T_b - T_a)} = \frac{T_a\left(\frac{T_b}{T_a} - 1\right)}{T_d\left(\frac{T_c}{T_d} - 1\right) - T_a\left(\frac{T_b}{T_a} - 1\right)}$$

여기서 $\frac{T_b}{T_a} = \frac{T_c}{T_d}$ 이므로

$$COP = \frac{T_a}{T_d - T_a} = \frac{T_b}{T_c - T_b}$$

또한 $\frac{T_d}{T_a} = \left(\frac{P_1}{P_2}\right)^{\frac{k-1}{k}} = \frac{T_c}{T_b}$ 이므로

$$Cop = \frac{1}{\left(\frac{P_1}{P_2}\right)^{\frac{k-1}{k}} - 1}$$

공기압축식 냉동기(air refrigerating machine)는 공기를 냉매로 하여 역브레이톤(Brayton) 사이클로 작동하는 냉동기이다.

04 2단 압축 냉동사이클

기억 다단 압축 냉동 cycle

: 1단 압축인 경우 고온과 저온의 온도차가 크면 압축기의 압축비가 크게 된다. 이렇게 압축비가 커지면 작동압력이 높게 되어 토출가스 온도가 상승하고 체적효율이 감소되어 냉동능력이 저하하며 소요동력이 현저히 증가하므로 압축을 여러 단으로 나누어 압축하는 방식이다.

냉동기의 증발온도가 너무 낮으면 이에 따라 증발압력이 저하하므로 저압가스를 1대의 압축기로 압축할 경우 압축비가 커지게 된다. 이렇게 압축비가 커지면 압축기의 토출가스온도가 높아지고 체적효율이 감소하여 냉동능력이 감소하며 소요동력이 현저히 증가하므로 동력이 소비가 크게 된다. 이러한 현상을 방지하기 위하여 저압냉매를 2단으로 나누어 압축하는 방식을 채택하는 것이다.

1 2단압축의 채용 한계

(1) 증발온도 [NH_3 : −35℃ / Freon : −50℃] 이하일 때

(2) 압축비가 6보다 클 때

(3) 중간압력 $P_m = \sqrt{P_1 \times P_2}$ (압력은 절대압력)

2 2단 압축사이클

(1) 2단 압축 1단 팽창

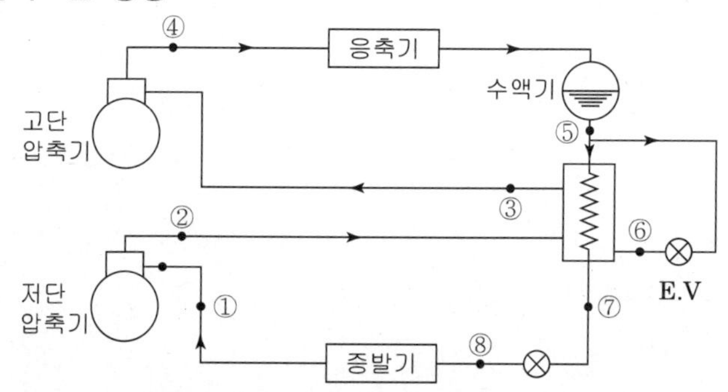

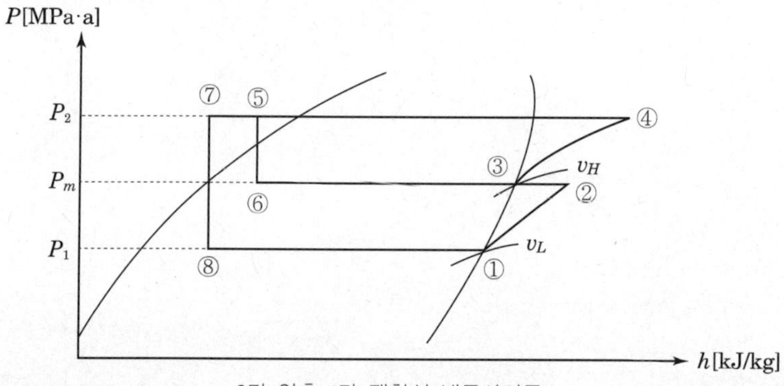

2단 압축 1단 팽창식 냉동사이클

(2) 2단 압축 2단 팽창

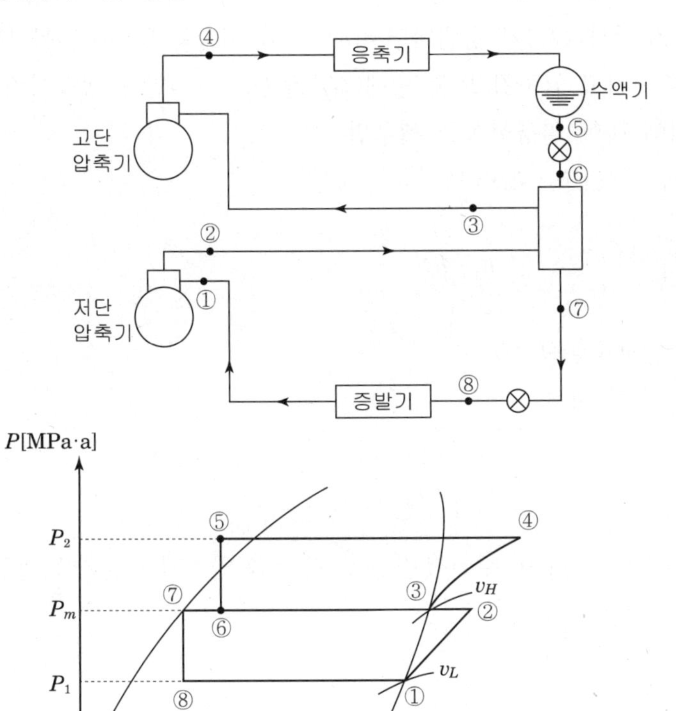

2단 압축 2단 팽창식 냉동사이클

3 기본식

(1) 냉동효과

$q_2 = h_1 - h_8$

(2) 저단측 냉매순환량 G_L[kg/s]

$$G_L = \frac{V_{aL} \times \eta_{vL}}{v_L}$$

$$G_L = \frac{Q_2}{q_2}$$

여기서 V_{aL} : 저단측 이론적 피스톤 압출량[m^3/s]

η_{vL} : 저단측 압축기 체적효율

v_L : 저단측 압축기 흡입가스 비체적[m^3/kg]

Q_2 : 냉동능력[kW]

(3) 중간냉각기 냉매순환량 G_m

중간냉각기 냉매(G_m)가 증발하면서($h_3 - h_6$) 저단측 냉매(G_L)를 ($h_5 - h_7$) 만큼 냉각시키고 압축기 토출 냉매(G_L)를 ($h_2 - h_3$)만큼 냉각시키므로 중간냉각기에 대한 열평형식을 세우면

$G_m(h_3 - h_6) = G_L\{(h_2 - h_3) + (h_5 - h_7)\}$ 에서

$$G_m = G_L \cdot \frac{(h_2 - h_3) + (h_5 - h_7)}{h_3 - h_6}$$

(4) 고단측 냉매순환량 G_H

$G_H = G_L + G_m$ 에서

$$G_H = G_L + G_L\frac{(h_2 - h_3) + (h_5 - h_7)}{h_3 - h_6} = G_L \cdot \frac{h_2 - h_7}{h_3 - h_6}$$

저단측 압축효율 η_{cL} 이 주어졌을 경우 저단 측 압축기 토출가스 엔탈피 h_2'

$h_2' = h_1 + \frac{h_2 - h_1}{\eta_{cL}}$ 이므로

$$G_H = G_L\frac{h_2' - h_7}{h_3 - h_6}\ (G_H : G_L = (h_2' - h_7) : (h_3 - h_6))$$

(5) 압축일량(소요동력)

① 저단측 압축기 축동력

$$L_{S_L} = \frac{G_L \times (h_2 - h_1)}{\eta_{cL} \times \eta_{mL}}[\text{kW}]$$

② 고단측 압축기 축동력

$$L_{S_H} = \frac{G_H \times (h_4 - h_3)}{\eta_{cH} \times \eta_{mH}}[\text{kW}]$$

$\therefore\ L_S = L_{S_L} + L_{S_H}$

(6) 성적계수 COP

$$COP = \frac{Q_2}{W_L + W_H} = \frac{G_L \cdot (h_1 - h_8)}{G_L(h_2 - h_1) + G_H(h_4 - h_3)} = \frac{h_1 - h_8}{(h_2 - h_1) + \frac{h_2 - h_7}{h_3 - h_6}(h_4 - h_3)}$$

05 2원 냉동사이클(binary refrigeration cycle)

극히 낮은 저온을 얻고자 할 경우 냉동기를 저온용, 고온용으로 나눈 2개의 독립된 냉동기로 구성되어 있어 저온냉동기 응축기의 냉각을 고온냉동기의 증발기로 행하는 방식이다.

1 2원 냉동방식의 특징

(1) 다단압축 방식보다 저온에서 효율이 좋다.
(2) 냉매의 선택이 자유롭다.
(3) −70℃ 이하의 초저온을 얻을 수 있다. (−100℃ 이하일 경우에는 3원 냉동방식을 채용)
(4) 저온측 응축부하는 고온측 증발부하가 된다.

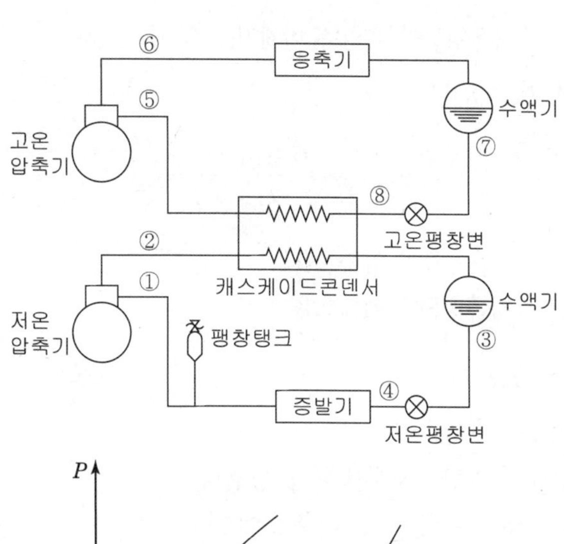

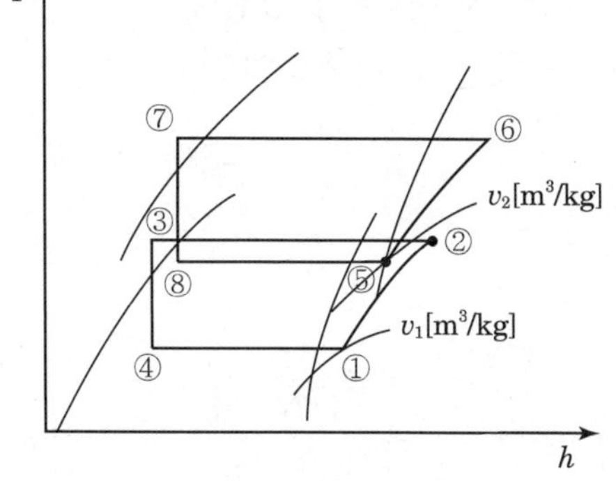

2원 냉동사이클

저온측 냉매 : $R-13$, $R-14$
고온측 냉매 : $R-12$, $R-22$

기억 다원 냉동 cycle

: 냉매는 각각 고유의 포화압력과 포화온도의 관계가 있으므로 단일 냉매를 사용하여 넓은 온도범위로 작동시키면 작동 압력이 극단적으로 높게 되거나 반대로 낮게 되어 고도의 진공이 되어 공기가 침입할 우려가 있다. 극히 낮은 저온을 얻고자 할 경우 고온에서 목적의 저온까지의 온도 범위로 작동하는 냉동사이클을 나누어 운전하는 방식을 말한다.

2 2원 냉동방식의 기본식

(1) 저온 냉동기 계산식

① 냉매순환량 G_L[kg/s]

$$G_L = \frac{Q_2}{h_1 - h_4}$$

여기서, Q_2 : 냉동능력[kW]
h_1 : 저온냉동기 증발기 출구 엔탈피[kJ/kg]
h_2 : 저온냉동기 증발기 입구 엔탈피[kJ/kg]

② 피스톤 압출량 Va_L[m^3/s]

$$V_{aL} = \frac{G_L \cdot v_1}{\eta_{v1}}$$

여기서, η_{v1} : 저온냉동기 체적효율
v_1 : 저온냉동기 흡입측 비체적[m^3/kg]

③ 소요동력 L_S[kW]

$$L_S = \frac{G_L \cdot (h_2 - h_1)}{\eta_{c1} \cdot \eta_{m1}}$$

여기서, η_{c1} : 저온냉동기 압축효율
η_{m1} : 저온냉동기 기계효율

(2) 고온 냉동기 계산식

① 냉매순환량 G_H[kg/s]
고온냉동기 흡열량=저온냉동기 방열량이므로
$G_H \cdot (h_5 - h_8) = G_L \cdot (h_2 - h_3)$ 에서

$$G_H = G_L \cdot \frac{h_2 - h_3}{h_5 - h_8}$$

② 피스톤 압출량 Va_2[m^3/s]

$$V_{a2} = \frac{G_H \cdot v_2}{\eta_{v2}}$$

여기서, η_{v2} : 고온 냉동기 체적효율
v_2 : 고온 냉동기 흡입측 비체적[m^3/kg]

③ 소요동력 L_S[kW]

$$L_S = \frac{G_H \cdot (h_6 - h_5)}{\eta_{c2} \cdot \eta_{m2}}$$

여기서, η_{c2} : 고온냉동기 압축효율
η_{m2} : 고온냉동기 기계효율

(3) 성적계수

① 저온냉동기 성적계수 COP_L

$$COP_L = \frac{h_1 - h_4}{h_2 - h_1} = \frac{q_2}{w_L}$$

② 고온냉동기 성적계수 COP_H

$$COP_H = \frac{h_5 - h_8}{h_6 - h_5} = \frac{q_{2H}}{w_2}$$

③ 종합성적계수 COP

$$COP = \frac{Q_2}{W_L + W_H} = \frac{G_L \cdot q_2}{G_L \cdot w_1 + G_H \cdot w_2}$$

06 추가 압축사이클(plank cycle)

탄산가스[CO_2]와 같이 임계압력이 낮은 냉매에 대하여, 냉각수온도가 높을 때에는 임계압력 이상의 압축사이클이 되는데 응축기를 나온 냉매를 그림과 같이 추가 압축하여 다시 냉각하면 증발기로 들어가는 냉매의 건조도가 적게 되어 냉동능력이 향상된다.

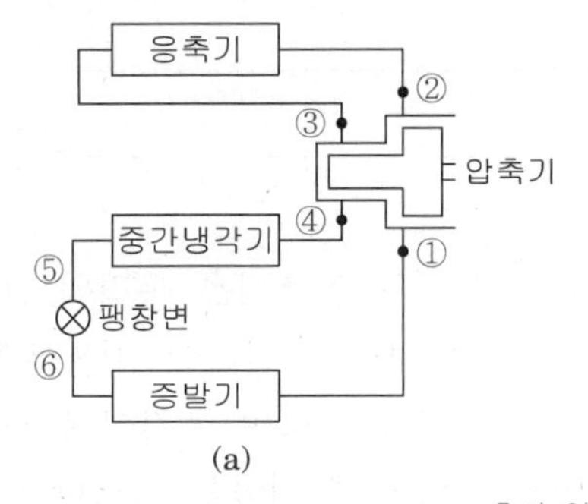

(a)

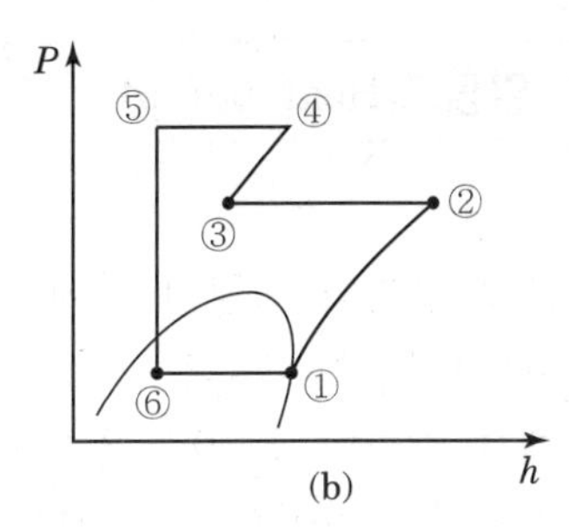

(b)

추가 압축사이클

냉동효과 $q_2 = (h_1 - h_6)$

압축일 Aw=제1단 압축일(Aw_1)+제2단 압축일(Aw_2)

$= (h_2 - h_1) + (h_4 - h_3)$

성적계수 $Cop = \frac{q_2}{w} = \frac{h_1 - h_6}{(h_2 - h_1) + (h_4 - h_3)}$

응축기 방열량 $q_1 = (h_2 - h_3)$

중간냉각기 방열량 $q_m = (h_4 - h_5)$

07 다효 압축사이클(multi effect cycle)

아래 그림의 (a)와 같이 1개의 실린더에서 압력이 다른 증기를 흡입하여 동시에 압축하는 방식의 사이클이다.

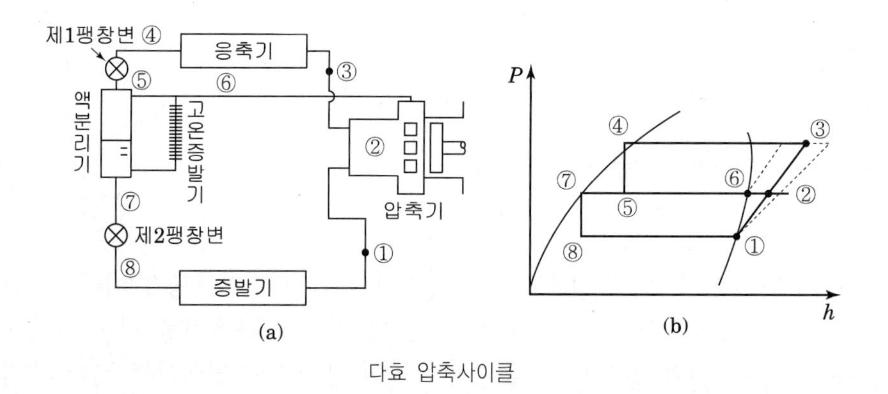

다효 압축사이클

08 열펌프(Heat pump)

공기조화 장치의 냉열원 등에 사용하는 냉동기는 압축기를 동력원으로 하며 냉매가 증발→압축→응축→팽창의 사이클을 순환하여 저온부의 증발기에서 주위의 공기나 물질(물 등)로부터 열을 취하여 냉각함과 동시에 고온부의 응축기에서는 공기나 물로 방열(放熱)하여 이들을 가열한다.

이 응축기에서의 방열을 이용하는 경우의 냉동기를 히트펌프(heat pump)라 한다. 공기조화에 이용하는 히트펌프는 여름은 증발기의 냉각작용을 이용하여 공기나 물을 냉각하여 냉방 행하고 겨울은 응축기의 방열작용을 이용하여 공기나 물을 가열하여 난방을 하는 등 냉각과 가열을 동시에 이용하는 경우도 있다.

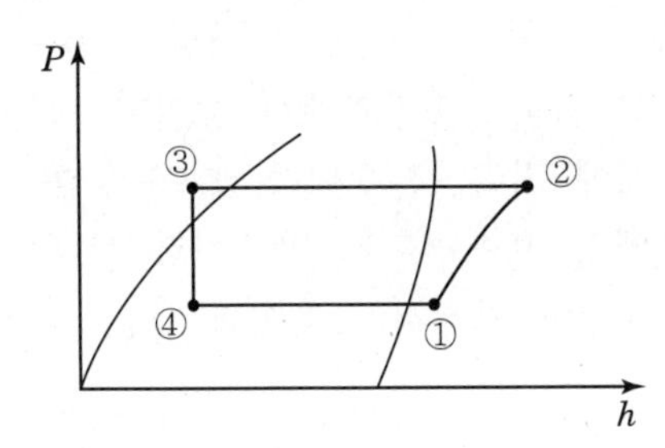

히트펌프 성적계수 COP_H

$$COP_H = \frac{q_1}{Aw} = \frac{h_2 - h_3}{h_2 - h_1} = \frac{q_2 + w}{w} = COP + 1 \text{(여기서 } COP = \text{냉동기 성적계수)}$$

$$= \frac{Q_1}{W} = \frac{Q_1}{Q_1 - Q_2} = \frac{T_1}{T_1 - T_2}$$

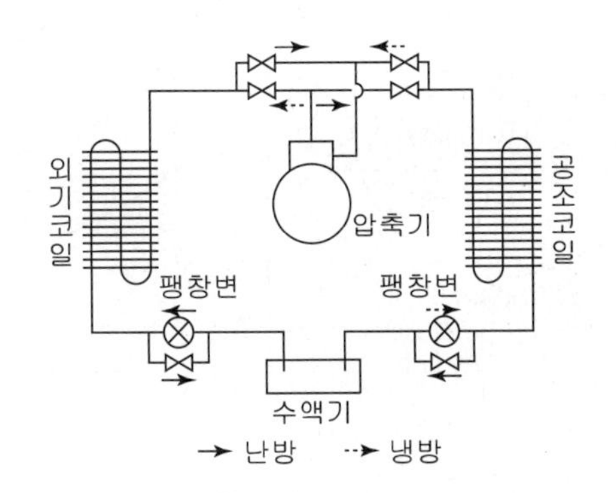

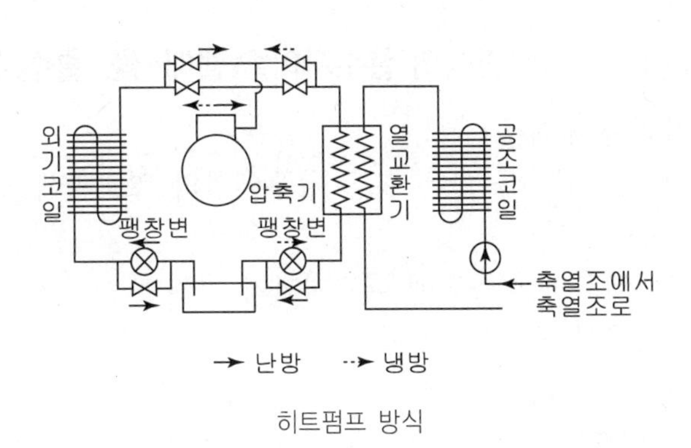

히트펌프 방식

09 흡수식 냉동기

흡수식 냉동기는 저온을 얻기 위해서 기계적일을 사용하지 않고 열에너지를 이용하는 냉동기이다. 압축식 냉동기에서 증발기로부터 증발한 냉매증기를 기계적으로 압축하여 고온고압의 증기를 만드는 것에 대하여 흡수식 냉동기는 증기 압축식 냉동기의 압축기 역할을 흡수기(absorber)와 발생기(generator)가 하고 있다. 증발기에서 증발한 냉동증기는 흡수기 내에서 고농도의 흡수용액에 접촉, 흡수된다. 다음에 이 냉동증기를 흡수하여 저농도로 된 흡수용액을 용액펌프로 발생기로 보내어 가열, 분리시켜 냉동증기는 응축기로 보내어 기계적 압축일과 같은 효과를 얻는 방식이다.

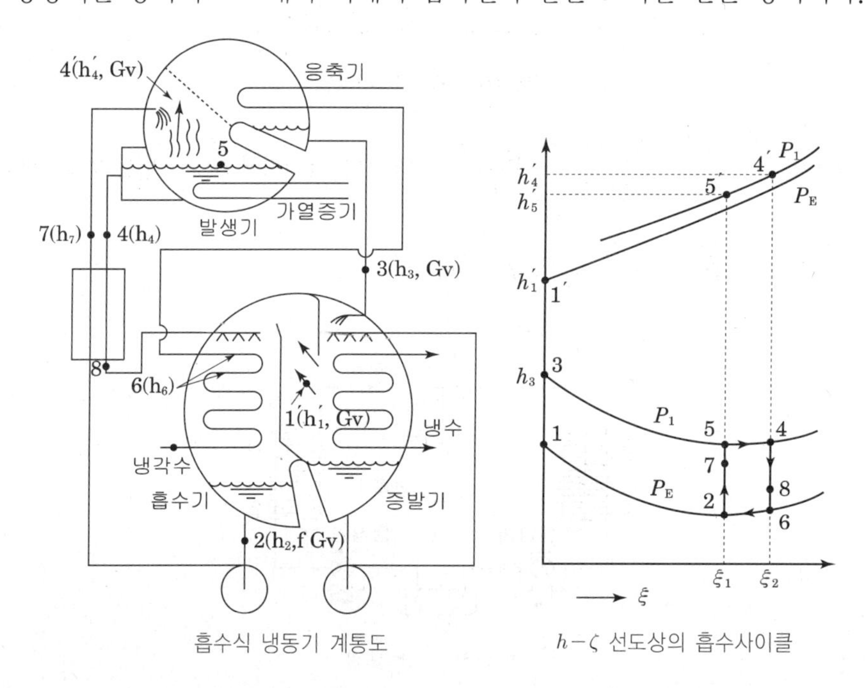

흡수식 냉동기 계통도

$h-\zeta$ 선도상의 흡수사이클

1 단효용(single effect)방식의 흡수사이클(냉매-물, 흡수제-LiBr 기준)

6-2 : 흡수기의 흡수작용
2-7 : 발생기에서 되돌아 오는 고온 농용액과의 열교환에 의한 희용액의 온도상승
7-5 : 발생기내에서의 비등점에 이르기까지 가열
5-4 : 발생기내에서 용액의 농축
4-8 : 흡수기에서 저온 희용액과의 열교환에 의한 농용액의 온도강하
8-6 : 흡수기 외부로 부터의 냉각에 의한 농용액의 온도강하

2 흡수식 냉동기의 기본식

(1) 용액순환비 f

발생기에서 1kg의 냉매증기를 발생하기 위하여 발생기에 보내지 않으면 안 되는 묽은 용액의 양 f kg을 용액순환비라고 한다.

$f\zeta_1 = (f-1)\zeta_2$

$$\text{용액순환비 } f = \frac{\zeta_2}{\zeta_2 - \zeta_1}$$

여기서, ζ_1 : 묽은 용액의 농도

ζ_2 : 진한 용액의 농도

(2) 발생기에서 응축기로 들어가는 증기엔탈피 $h_3{}'$[kJ/kg]

$$h_3{}' = \frac{h_4{}' + h_5{}'}{2}$$

여기서, $h_4{}'$: 최후로 증발하는 증기엔탈피[kJ/kg]

$h_5{}'$: 최초로 증발하는 증기엔탈피[kJ/kg]

$h_4{}' \fallingdotseq h_3{}'$이므로 $h_4{}'$을 사용한다.

(3) 증발기의 냉동능력 Q_E

증발기에서의 열평형식

$Q_E + G_v \cdot h_3 = G_v \cdot h_1{}'$

① $Q_E = G_v \cdot (h_1{}' - h_3)$[kW]

② $q_2 = h_1{}' - h_3$[kJ/kg]

여기서, G_v : 증발기에서 매시 증발하는 냉매증기(수증기)량[kg/s]

q_2 : 냉동효과[kJ/kg]

(4) 용액 열교환기의 열부하 Q_H

순환비를 f라 하면 발생기에서 G_v[kg/s]의 증기를 발생하기 위해, 발생기에 보내지 않으면 안 되는 묽은 용액량을 G[kg/s]는 다음 식으로 나타낸다.

$G = f \cdot G_v$

따라서 발생기에서 나오는 진한 용액량 $G_2 = (f-1)G_v$

$\therefore\ Q_H = (h_4 - h_8)(f-1)G_v = (h_7 - h_2)f \cdot G_v$

기억 용액순환비

$$f = \frac{\zeta_2}{\zeta_2 - \zeta_1}$$

(5) 흡수기에서 제거하는 열량 Q_A

흡수기에서의 열평형식 $(f-1)G_v \cdot h_8 + G_v \cdot h_1{}' = Q_A + f \cdot G_v \cdot h_2$

① $Q_A = G_v \cdot \{h_1{}' + (f-1) \cdot h_8 - f \cdot h_2\}$[kW]

② $q_a = h_1{}' + (f-1)h_8 - f \cdot h_2$ [kJ/kg]

(6) 발생기에서 필요한 가열량 Q_G

발생기에서의 열평형식 $Q_G + fG_v \cdot h_7 = (f-1)G_v \cdot h_4 + G_v \cdot h_4{}'$

① $Q_G = G_v \cdot \{(f-1)h_4 + h_4{}' - f \cdot h_7\}$[kW]

② $q_g = (f-1) \cdot h_4 + h_4{}' - f \cdot h_7$[kJ/kg]

기억 흡수식 냉동사이클의 열평형 관계

① 냉동 시스템에서 흡수하는 열량 $= Q_E + Q_G$

② 냉동 시스템에서 방출하는 열량 $= Q_A + Q_C$

$\therefore Q_E + Q_G = Q_A + Q_C$

(7) 응축기 제거열량(응축부하) Q_C

응축기에서의 열평형식 $Q_C + G_v \cdot h_3 = G_v \cdot h_4{}'$

① $Q_C = G_v \cdot (h_4{}' - h_3)$[kW]

② $q_c = h_4{}' - h_3$[kJ/kg]

(8) 열수지

흡수식 냉동기 전체의 열수지는 다음과 같다.

냉동시스템의 흡수열량$= Q_E + Q_G$

냉동시스템의 방출열량$= Q_A + Q_C$

에서 다음식이 성립한다.

$Q_E + Q_G = Q_A + Q_C$

(9) 흡수식 냉동기 성적계수(성적률) COP

$$COP = \frac{Q_E}{Q_G} = \frac{q_2}{q_g}$$

10 응축기

응축기는 압축기에서 압축된 고온·고압의 냉매가스를 물이나 공기로 냉각·액화시켜 고온·고압의 냉매액으로 하는 열교환기이다. 이때 응축기로부터 제거해야 하는 열량(응축부하) Q_1은 다음 식으로 나타낸다.

1 열통과율 K[kW/m^2 · K]

(1) 나관(裸管)인 경우

$$R = \frac{1}{\alpha_r} + \frac{L_o}{\lambda_o} + \frac{L}{\lambda} + \frac{L_S}{\lambda_S} + \frac{1}{\alpha_w} [\mathrm{m^2 \cdot K/kW}] \quad \frac{L_S}{\lambda_S} = f \text{(오염계수)}$$

$$= \frac{1}{\alpha_r} + \frac{L_o}{\lambda_o} + \frac{L}{\lambda} + f + \frac{1}{\alpha_w} [\mathrm{m^2 \cdot K/kW}]$$

$$K = \frac{1}{R}$$

여기서, α_r : 냉매측 열전달률[kW/m^2·K]

α_w : 수측 열전달률[kW/m^2·K]

L, L_o, L_S : 관, 유막, 물때의 두께[m]

λ, λ_o, λ_S : 관, 유막, 물때의 열전도율[kW/m · K]

(2) 냉각관에 핀(fin)이 부착된 경우

$$m\text{(내외면적비)} = \frac{F_o}{F_i}$$

F_o : 핀의 표면적을 포함한 전열면적[m^2] – 냉매측(관외 측)

F_i : 동일길이에 대한 나관의 외표면적[m^2] – 수측(관내 측)

① 외측기준 열통과율 K_o – 냉매측 기준

$$K_o = \frac{1}{m\left(\frac{1}{\alpha_w} + f\right) + \frac{1}{\alpha_r}}$$

$$Q_1 = K_o F_o (MTD)$$

② 내측기준 열통과율 K_i - 수측기준

$$K_i = \frac{1}{\frac{1}{\alpha_w} + f + \frac{1}{m\alpha_r}}$$

$$Q_1 = K_i F_i (MTD)$$

기억 방열계수 C

응축부하 Q_1와 냉동능력 Q_2의 비 즉, 방열계수는 냉동 · 냉장용과 같이 온도가 낮은 경우와 공기조화와 같이 비교적 온도가 높은 경우에는 차이가 있어서 냉동 · 냉장용은 약 1.3, 공기조화의 경우는 약 1.2정도가 된다.

기억 MTD(평균온도차)

냉동장치의 응축기 및 증발기에서는 산술평균온도차를 많이 사용한다.

2 응축기의 전열작용

① $Q_1 = Q_2 + W$

② $Q_1 = G \cdot q_1$

③ $Q_1 = m \cdot c \cdot (t_{w2} - t_{w1})$

④ $Q_1 = K \cdot A \cdot (MTD)$

⑤ $Q_1 = C \cdot Q_2$

여기서, Q_1 : 응축부하[kW], Q_2 : 냉동능력[kW]
W : 소요동력[kW], G : 냉매순환량[kg/s]
q_1 : 응축기 방열량[kJ/kg], m : 냉각수량[kg/s]
c : 냉각수비열=4.2(kJ/kg · ℃)
t_{w2}, t_{w1} : 응축기 출구, 입구 수온[℃]
K : 냉각관의 열통과율[kW/(m²·K)]
A : 냉각관 전열면적[m²]
MTD : 냉매와 냉각수와의 평균온도차[℃]
C : 방열계수 ┌ 냉동, 냉장 : 1.3
└ 공기조화 : 1.2

(1) 수랭식 응축기의 전열

$Q_1 = K \cdot A \cdot (MTD)$[kW]

여기서, K : 냉각관의 열통과율[kW/(m²·K)]
A : 냉각관 전열면적[m²]
MTD : 냉매와 냉각수와의 산술평균온도차[℃]

$MTD = t_c - \frac{t_{w1} + t_{w2}}{2}$ 이므로

$Q_1 = K \cdot A \cdot \left(t_c - \frac{t_{w1} + t_{w2}}{2}\right)$ 에서

응축온도 $t_c = \frac{Q_1}{K \cdot A} + \frac{t_{w1} + t_{w2}}{2}$ 로 구할 수 있다.

여기서, t_{w1} : 응축기 입구 수온[℃]
t_{w2} : 응축기 출구 수온[℃]

(2) 공랭식 응축기의 전열

$Q_1 = K \cdot A \cdot (MTD)$ [kW]

여기서, K : 냉각관의 열통과율[kW/(m²·K)]

A : 냉각관 전열면적[m²]

MTD : 냉매와 공기와의 산술평균온도차[℃]

$MTD = t_c - \dfrac{t_{a1} + t_{a2}}{2}$ 이므로

$Q_1 = K \cdot A \cdot \left(t_c - \dfrac{t_{a1} + t_{a2}}{2}\right)$ 에서

응축온도 $t_c = \dfrac{Q_1}{K \cdot A} + \dfrac{t_{a1} + t_{a2}}{2}$ 로 구할 수 있다.

여기서, t_{a1} : 냉각공기 입구 온도[℃], t_{a2} : 냉각공기 출구 온도[℃]

11 증발기

1 열통과(관류)율

(1) 나관인 경우

$$K = \frac{1}{\frac{1}{\alpha_o} + \Sigma\frac{d}{\lambda} + \frac{1}{\alpha_i}}$$

(2) fin이 부착된 경우

내외 면적비 $m = \frac{A_o}{A_i}$

① 외측기준 열통과율 K_o

$$K_o = \frac{1}{m\left(\frac{1}{\alpha_i} + f\right) + \frac{1}{\alpha_o}}$$

② 내측기준 열통과율 K_i

$$K_i = \frac{1}{\frac{1}{\alpha_i} + f + \frac{1}{m\alpha_o}}$$

$$Q_2 = K_o \cdot A_o \cdot \Delta t_m$$

$$Q_2 = K_i \cdot A_i \cdot \Delta t_m$$

여기서, α_o : 외측 열전달률[kW/m^2 · K]

α : 열전도율[kW/m·K]

d : 두께[m]

α_i : 내측 열전달률[kW/m^{2}K]

m : 내외면적비

A_o : 외측(핀의 표면적을 포함) 전열면적[m^2]

A_i : 내측 전열면적[m^2]

f : 오염계수[m^{2}K/kW]

증발기의 전열작용

$Q_2 = K \cdot A \cdot \Delta t_m$

K : 열관류율[kW/m² · K]　　A : 전열면적[m²]

$\Delta t_m (MTD)$: (브라인 평균온도-증발온도)[℃]

(1) 건식 플레이트 핀 증발기의 전열작용

건식 플레이트 핀 증발기의 열통과율은 핀을 포함한 냉각관 외표면의 공기측 전열면을 기준으로 서리나 오염물 등의 전열저항을 고려하여 다음 식으로 나타낸다.

$$K = \frac{1}{\frac{1}{\alpha_a} + \frac{d}{\lambda} + \frac{m}{\alpha_r}}$$

α_a : 공기측 열전달률[kW/(m² · K)]　α_r : 냉매측 열전달률[kW/(m² · K)]

λ : 서리의 열전도율[kW/(m · K)]　d : 두께[m]

m : 내외 면적비

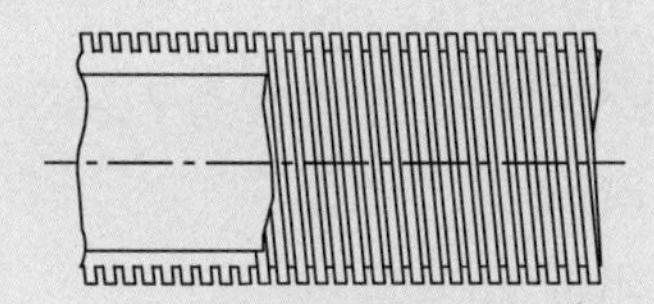

핀 - 튜브식 증발기 구조

(2) 건식 셸 엔 튜브 증발기의 전열

건식 셸 엔 튜브(Shell and tube) 증발기는 냉각관 내면에 핀을 부착한 이너 핀 튜브(inner fin tube)를 사용하는 경우가 많으므로 관외표면적을 기준으로 다음 식으로 나타낸다.

$$K = \frac{1}{\frac{1}{\alpha_w} + f + \frac{1}{m\alpha_r}}$$

α_w : 피냉각물(물, 브라인)의 열전달률[kW/(m² · K)]

α_r : 냉매측(내면) 열전달률[kW/(m² · K)]

f : 피냉각물(물, 브라인)의 오염계수[m² · K/kW]

d : 두께[m]

m : 이너 핀 튜브의 유효 내외 전열 면적비(=2.2~3.4)

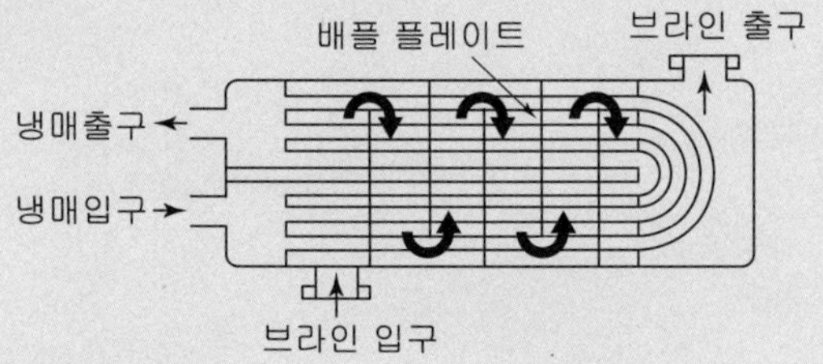

(a) 건식 Shell & Tube식 증발기(배관내부에 냉매)

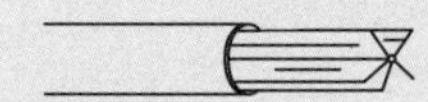

(b) Inner Finnd Tube(튜브 내부에 냉매)

기억 증발기 전열계산

$Q_2 = Q_1 - W$
$Q_2 = G \times q_2$
$Q_2 = m_b \cdot s_b \cdot c_b \cdot \Delta t$
$Q_2 = K \cdot A \cdot \Delta t_m$

2 증발기의 전열계산

$Q_2 = Q_1 - W$

$Q_2 = G \times q_2$

$Q_2 = m_b \cdot s_b \cdot c_b \cdot \Delta t$

$Q_2 = K \cdot A \cdot \Delta t_m$

여기서, Q_2 : 냉동능력[kW]
W : 압축일량[kW]
G : 냉매순환량[kg/s]
q_2 : 냉동효과[kJ/kg]
m_b : 브라인 순환량[L/s]
s_b : 브라인 비중[kg/L]
c_b : 브라인 비열[kJ/kg · K]
Δt : (브라인 입구온도-브라인 출구온도)[℃]
K : 열관류율[kW/m^2 · K]
A : 전열면적[m^2]
$\Delta t_m (MTD)$: (브라인 평균온도-증발온도)[℃]

핵심예상문제

MEMO

01 소고기 10톤을 아래와 같은 조건에서 동결하여 -21℃로 하는데 필요한 냉각열량[kJ]을 구하시오.

【육우의 조건】

초기온도 : 19℃	동결잠열 : 200kJ/kg
	동결 전 비열 : 2.85kJ/kg℃
동결온도 : -1℃	동결 후 비열 : 1.59kJ/kg℃

해답 ① 초기온도 19℃ → 동결온도 -1℃ :

$10\times10^3\times2.85\times\{19-(-1)\}=570000\text{kJ}$

② −1℃ 생육 → −1℃ 동결육 : $10\times10^3\times200=2000000\text{kJ}$

③ −1℃ 동결육 → −21℃ 동결육 :

$10\times10^3\times1.59\times\{-1-(-21)\}=318000\text{kJ}$

∴ 냉각열량 $(Q_2)=570000+2000000+318000=2888000\text{kJ}$

02 R-22 냉동장치에서 아래와 같은 형식의 횡형다관식(Shell and tube) 응축기가 사용되고 있다. 응축압력은 몇 MPa · g인가? 주어진 조건을 이용하여 답하시오.

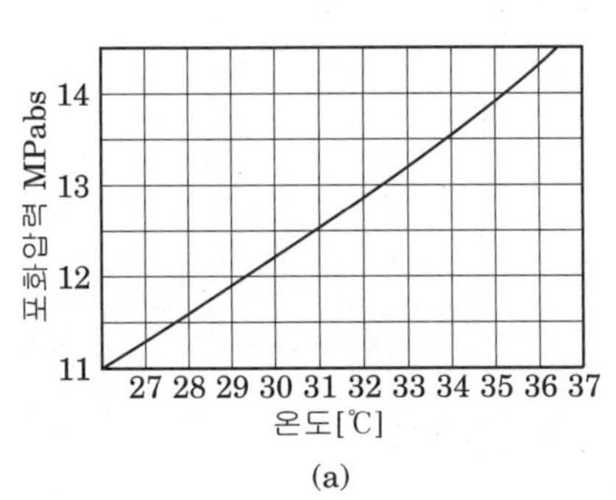

(a)

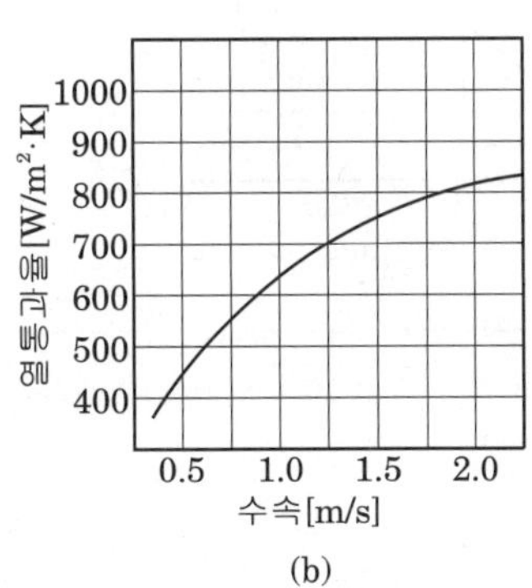

(b)

【조 건】

- 냉각수량 : 300L/min
- 전열면적 : 20m^2
- 냉각수 관내유속 : 1.5m/s
- 냉각수 입구온도 : 24.5℃
- 냉각수 출구온도 : 29.5℃ (단, 냉각수 평균온도는 산술평균 값을 사용할 것)
- 냉각수 비열 : 4.2kJ/kgK

MEMO

해답 ① 응축부하 $Q_1 = mC\Delta t = \frac{300}{60} \times 4.2 \times (29.5 - 24.5) = 105\text{kW}$

② $Q_1 = KA\left(tc - \frac{tw_1 + tw_2}{2}\right)$에서

$$tc = \frac{Q_1}{KA} + \frac{tw_1 + tw_2}{2} = \frac{105 \times 10^3}{750 \times 20} + \frac{24.5 + 29.5}{2} = 34℃$$

열통과율 K는 그림(b)에서 수속 1.5m/s에서 750W/m^{2}K로 한다.
그림 (a)에서 응축압력은 13.5 MPa이므로
게이지압력=절대압력−대기압=13.5−0.1=13.4[MPa · g]

03 R−22 수냉 횡형다관식 응축기에서 냉매측 열전달률 $\alpha_r = 2000\text{W/m}^2\text{K}$, 수측 열전달률 α_w는 그림에 의해서 정하여 지는 것으로 한다. 관 내의 수속은 2.5m/s, 물 때(scale)의 저항은 $8.6 \times 10^{-5}\text{m}^2\text{K/W}$로 할 때, 응축부하 58kW, 냉매와 냉각수의 평균 온도차를 6.5로 하고 냉각관의 내외면적비 $m = 3.5$로 할 때 다음 물음에 답하시오. (단, 응축기에서의 열손실은 없는 것으로 하고 관재료의 열저항은 무시한다.)

(1) 외측기준 열 통과율[W/m^{2}K]을 구하시오.

(2) 냉각관의 외측 전열면적[m^2]을 구하시오.

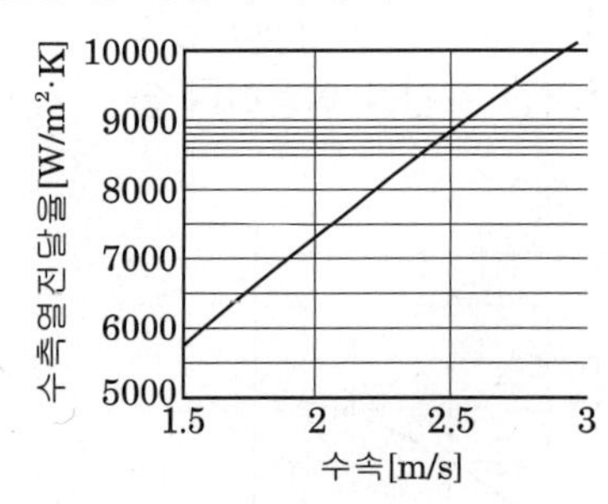

해답 (1) 외측(냉매측)기준 열통과율

$$K_o = \frac{1}{m\left(\frac{1}{\alpha_w} + f\right) + \frac{1}{\alpha_r}} = \frac{1}{3.5\left(\frac{1}{8800} + 8.6 \times 10^{-5}\right) + \frac{1}{2000}} = 834.22[\text{W/m}^2\text{K}]$$

여기서 수속 2.5m/s에 관한 열전달율 α_w는 그림에서 8800[W/m^{2}K]

(2) $Q_1 = K_o F_o (MTD)$에서 $F_o = \frac{58 \times 1000}{834.22 \times 6.5} = 10.696 = 10.70[\text{m}^2]$

MEMO

04 로우 핀 튜브(Low finned tube) 냉각관을 사용하는 프레온 수냉 응축기에 있어서 냉매측 열전달률 $\alpha_r = 1454\ W/m^2K$, 냉각수측 열전달률 $\alpha_w = 5820\ W/m^2K$, 냉각관 내외면적비 $m = 3.5$, 냉각면적(냉매측) $A = 24m^2$ 일 때, 다음 운전 조건에서는 응축온도 tc[℃]는 얼마인가? (단, 기타의 조건은 무시한다.)

【운전조건】

냉동능력 : $25RT$	동력 : 32kW
냉각관 내외면적비 $m = 3.5$	냉각면적(냉매측) $A = 24m^2$
냉각수 평균온도 : 33℃	

해답 응축부하 $Q_1 = Q_2 + W = 25 \times 3.86 + 32 = 128.5$[kW]

$Q_1 = K_o A_o (t_c - t_m)$ 에서

$$t_c = \frac{Q_1}{K \cdot A} + t_m = \frac{128.5 \times 10^3}{775.72 \times 24} + 33 = 39.9℃$$

여기서 $$K_o = \frac{1}{m\left(\frac{1}{\alpha_w} + f\right) + \frac{1}{\alpha_r}} = \frac{1}{3.5 \times \frac{1}{5820} + \frac{1}{1454}} = 775.72[W/m^2\ K]$$

05 R134a를 사용하는 수냉식 응축기가 전열면적 $32m^2$, 응축부하가 180kW, 냉각수 입구 온도는 30℃이다. 전열관(나관)의 전열성능은 아래와 같다. 물음에 답하시오.

【조 건】

- 냉매 측 열전달률 $\alpha_r = 1.47 kW/m^2 \cdot K$
- 냉각수 측 열전달률 $\alpha_w = 2.35 kW/m^2 \cdot K$
- 오염계수 $f = 0.175\ m^2K/kW$

(1) 냉각관의 열관류율(K)을 구하시오.

(2) 냉각수 출구온도 t_{w2}[℃]를 구하시오.(단, 응축온도는 40℃이다.)

(3) 응축온도를 40℃로 하기 위해 필요한 냉각수량 m_w[kg/s]은 얼마인가?
(단, 전열관의 전열저항은 무시하는 것으로 하고, 또한 평균온도차는 산술평균 온도차로 한다. 그리고 냉각수의 비열은 c_w=4.2kJ/kg · K로 일정한 것으로 한다.)

MEMO

해답 (1) $R=\frac{1}{\alpha_r}+m\left(f+\frac{1}{\alpha_w}\right)=\frac{1}{1.47}+1\times\left(0.175+\frac{1}{2.35}\right)=1.281[m^2 K/kW]$

$\therefore K=\frac{1}{R}=\frac{1}{1.281}=0.781\ [kW/m^2\cdot K]$

(2) 응축부하 $Q_1=KA\Delta t_m$ 에서

$\Delta t_m=\frac{Q_1}{KA}=\frac{180}{0.781\times 32}=7.20℃$

그리고 $\Delta t_m=t_c-\frac{t_{w1}+t_{w2}}{2}$ 에서

$t_{w2}=2(t_c-\Delta t_m)-t_{w1}=2\times(40-7.20)-30=35.6℃$

(3) $Q_1=m_w c_w(t_{w2}-t_{w1})$ 에서

$m_w=\frac{Q_1}{c_w(t_{w2}-t_{w1})}=\frac{180}{4.2\times(35.6-30)}=7.65[kg/s]$

06 프레온 냉동장치에 사용되고 있는 횡형원통 다관식 증발기가 있다. 이 증발기가 다음 조건에서 운전된다고 할 때, 증발온도 te[℃]를 구하시오. (단, 냉매온도와 브라인 온도의 온도차는 산술평균 온도차를 사용한다.)

【조 건】

1. 브라인 유량 $B=150L/min$
2. 브라인 입구온도 $t_{b1}=-18℃$
3. 브라인 출구온도 $t_{b2}=-23℃$
4. 브라인 비중량 $S=1.25kg/L$
5. 브라인 비열 $C=2.76kJ/kgK$
6. 냉각면적 $F=18m^2$
7. 열통과율 $K=436W/m^2K$

해답 $Q_2=m\cdot c\cdot\Delta t=\left(\frac{150}{60}\right)\times 1.25\times 2.76\times\{-18-(-23)\}=43.125[kW]$

$Q_2=K\cdot A\left(\frac{t_{b1}+t_{b2}}{2}-t_e\right)$ 에서

$t_e=\frac{t_{b1}-t_{b2}}{2}-\frac{Q_2}{K\cdot A}=\frac{-18+(-23)}{2}-\frac{43.125\times 10^3}{436\times 18}=-26[℃]$

MEMO

07 **냉동능력 $Q_2 = 5.8\text{kW}$의 증발기가 있는데 냉매와 공기의 평균온도차가 8℃로 운전되고 있다. 이 증발기의 내외 표면적비 $m = 7.5$, 공기측 열전달률 $\alpha_a = 35\text{W/m}^2\text{K}$, 냉매측 열전달률 $\alpha_r = 744\text{W/m}^2\text{K}$일 때, 다음 각 물음에 답하시오.**

(1) 증발기 외표면적 기준 열통과율 $K_o[\text{W/m}^2\text{K}]$를 구하시오.

(2) 증발기의 외표면적 $F_o[\text{m}^2]$을 구하시오.

(3) 냉매코일 열수 $n = 4$, 관의 안지름 $d_i = 15\text{mm}$ 일 때 1열당 코일길이 $L[\text{m}]$을 구하시오.

해답 (1) $K_o = \dfrac{1}{m \cdot \dfrac{1}{\alpha_r} + \dfrac{1}{\alpha_a}} = \dfrac{1}{7.5 \times \dfrac{1}{744} + \dfrac{1}{35}} = 25.87[\text{W/m}^2\text{K}]$

(2) $F_o = \dfrac{Q_2}{K_o \Delta tm} = \dfrac{5.8 \times 10^3}{25.87 \times 8} = 28.02[\text{m}^2]$

(3) ① 외표면적 28.02m^2에서 내표면적 F_i는

$m = \dfrac{F_o}{F_i}$ 에서 $F_i = \dfrac{F_o}{m} = \dfrac{28.02}{7.5} = 3.74[\text{m}^2]$

② $F_i = \pi d_i L$에서 $L = \dfrac{F_i}{\pi d_i} = \dfrac{3.74}{\pi \cdot 0.015} = 79.37[\text{m}]$

따라서 1열당 길이 $L = \dfrac{79.37}{4} = 19.84 \fallingdotseq 20[\text{m}]$

08 **R-22 냉동장치에서 응축온도 40℃, 증발온도 -15℃, 압축기 흡입가스는 건조포화증기, 냉동부하가 $10RT$일 때 응축부하는 몇 kW인가? (단, R-22에 대한 아래 그림을 참조하여 구하시오.)**

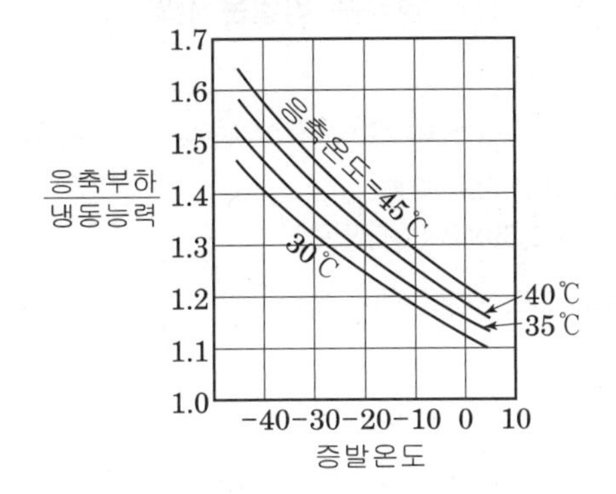

MEMO

해답 $Q_1 = CQ_2 = 1.29 \times 10 \times 3.86 = 49.794[\text{kW}]$

여기서 $C(\text{방열계수}) = \dfrac{\text{응축부하}}{\text{냉동능력}} = \dfrac{Q_1}{Q_2}$

증발온도가 -15℃이므로 그림에서 응축온도 40℃와의 교점을 읽으면 약 1.29가 된다.

09 피스톤 압출량 0.115m³/s인 압축기가 다음과 같은 조건으로 운전되고 있다.

【조 건】

1. 흡입증기 엔탈피 $h_1 = 410[\text{kJ/kg}]$
2. 흡입증기 비체적 $v_1 = 0.07[\text{m}^3/\text{kg}]$
3. 체적효율 $\eta_v = 0.72$
4. 기계효율 $\eta_m = 0.90$
5. 압축효율 $\eta_c = 0.80$

위의 흡입증기 엔탈피와 토출가스는 압력의 측정치로부터 압축기가 단열압축을 하고 있다고 가정할 경우 토출가스 엔탈피 $h_2 = 456$ kJ/kg 이었다. 이 압축기의 소요동력 L_S[kW]을 구하시오.

해답

$$L_S = \frac{W}{\eta_c \times \eta_m} = \frac{G \times w}{\eta_c \times \eta_m} = \frac{Va \times \eta_v \times w}{v \times \eta_c \times \eta_m}$$

$$= \frac{0.115 \times 0.72 \times (456 - 410)}{0.07 \times 0.9 \times 0.8} = 75.57[\text{kW}]$$

10 수액기 겸용의 수냉식 응축기를 사용하는 R-22 냉동장치가 다음과 같은 상태로 운전되고 있다. 이 운전상태가 정상인지 계산을 하여 판정하시오. 또한 정상이 아닌 경우에는 그 원인을 3가지로 열거하시오. (단, 냉각수 비열은 4.2 kJ/kgK이다)

【조 건】

냉각수 입구온도 26℃ 냉각수 출구온도 30℃
냉각수량 500L/min 응축압력 1.69MPa(절대압력)

또한 R-22의 포화온도와 포화압력의 관계는 아래와 같고, 전열면적은 25m², 설계열통과율은 930W/m²K이다.

포화온도℃	26	28	30	32	34	36	38	40	42	44	46
포화압력 MPa · abs	1.07	1.09	1.21	1.25	1.32	1.39	1.46	1.53	1.61	1.69	1.8

MEMO

해답 (1) 응축부하 $Q_1 = m \cdot c \cdot \Delta t = \left(\frac{500}{60}\right) \times 4.2 \times (30-26) = 140[\text{kW}]$

$Q_1 = K \cdot A\left(t_c - \frac{t_{w1}+t_{w2}}{2}\right)$에서

응축온도 $tc = \frac{Q_1}{K \cdot A} + \frac{t_{w1}+t_{w2}}{2} = \frac{140 \times 10^3}{930 \times 25} + \frac{26+30}{2} = 34℃$

계산에서 구한 34℃로 표에서 구한 응축압력은 1.32MPa(abs)
현 운전상태의 응축압력, 절대압력 1.69MPa · abs에서의
포화온도가 44℃로 10℃ 높게 되어 있어 정상이 아니다.

(2) 원인
① 응축기가 물 때(scale) 등으로 오염
② 응축기 내에 불응축가스의 혼입
③ 수액기 겸용 수냉식 응축기기 때문에 냉매가 과충전되었을 때

11 피스톤 압출량 $Va = 100\text{m}^3/\text{h}$의 R-22 압축기를 사용하는 냉동장치가 있다. 응축 압력 $Pc = 1.56\text{MPa} \cdot \text{abs}$, 팽창변 직전의 냉매온도 $tc = 35℃$, 증발압력 $Pe = 0.25\ \text{MPa} \cdot \text{abs}$로 한다. 흡입지변을 교축하여 압축기 흡입압력을 $Pa = 0.2\ \text{MPa} \cdot \text{abs}$로 운전하며, 냉동사이클이 그림(a)의 A, B, C, E, E, A에 의하여 나타내는 경우에 대하여 물음에 답하시오. (단, 체적효율 ηv 및 압축효율 ηc의 값은 그림(b)에 의한다.)

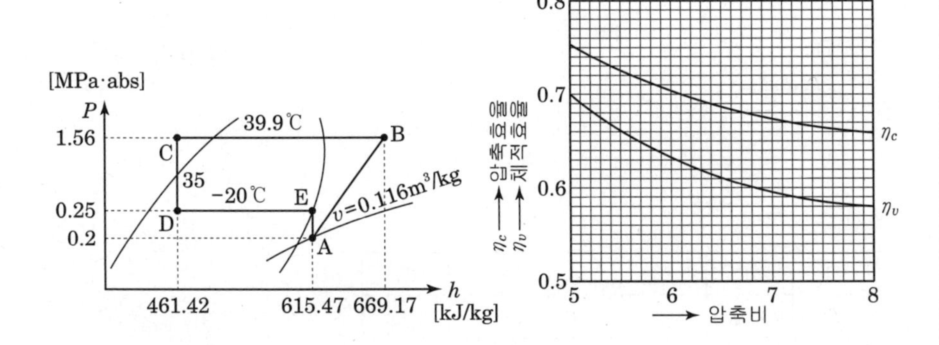

(1) 냉동능력 Q_2[kW]를 구하시오.

(2) 압축동력 L_S[kW]를 구하시오.

MEMO

해답 (1) $Q_2 = G \times q_2 = \dfrac{V_a \cdot \eta_v}{v} \times q_2 = \dfrac{100 \times 0.58}{0.116} \times (615.47 - 461.42) \times \dfrac{1}{3600}$

$= 21.4[\text{kW}]$

(2) $L_S = \dfrac{G \times w}{\eta c} = \dfrac{V_a \times \eta_v \times w}{v \cdot \eta_c} = \dfrac{100 \times 0.58 \times (669.17 - 615.47)}{0.116 \times 0.66 \times 3600} \fallingdotseq 11.3[\text{kW}]$

여기서 이 운전상태에서의 압축비= $\dfrac{1.56}{0.2} = 7.8$ 이므로

그림(b)로부터 $\eta_v = 0.58$, $\eta c = 0.66$

12 그림과 같은 증발기와 팽창밸브가 수액기의 액면보다 15m가 높은 장소에 설치되어 있는 R-22용 냉동장치가 있다. 다음 조건과 같이 운전되고 있을 때 팽창밸브 직전의 액관 중에 플래시가스(flash gas)가 발생되고 있는가를 아래의 특성표를 이용하여 판정하고, 그 방지책 3가지를 쓰시오.
(단, 대기압은 0.1MPa이다)

【운전조 건】

1. 응축압력 : 1.13MPa · g
2. 냉매의 과냉각도(수액기 내) : 4℃
3. 수액기에서 팽창밸브까지의 배관 내 압력손실 : 9.8kPa
4. 냉매액의 비중량 : 11.43kN/m^3

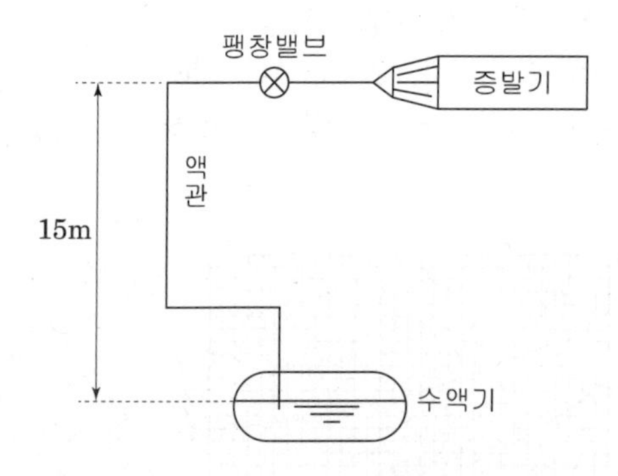

R-22의 포화온도와 포화압력의 관계

포화온도(℃)	22	24	26	28	30	32	34
포화압력(MPa.abs)	0.96	1.02	1.07	1.13	1.2	1.23	1.32

해답 (1) flash gas 발생 유무

① 운전조건에서 응축압력이 1.13MPa · g이므로 절대압력은 1.23MPa 특성표에서 대응하는 온도는 응축온도 32℃

MEMO

② 수액기에서 4℃의 과냉각된 32-4=28℃로 나오고, 28℃ 냉매에 대한 대응압력(포화압력)은 1.13MPa · a
따라서 수액기에서 팽창밸브까지의 허용압력 손실(ΔP)은
ΔP=1.23-1.13=0.1MPa이다.

③ 수액기에서 팽창밸브 직전까지의 압력손실= 15m 액주의 정압손실+배관 내 압력손실
- 액주의 정압손실
  $P = rh = 11.43 \times 15 = 171.45$kPa
- 배관 내 압력손실 : 9.8kPa
  ∴ 전압력 손실= $171.45 + 9.8 = 181.25$kPa ≒ 0.18MPa

④ 허용 압력손실 0.1MPa보다 크므로 flash gas가 발생한다.

(2) 방지책
① 액관의 지나친 입상을 피하고 액관 및 부속지기 등의 지름을 충분한 크기로 선정한다.
② 액, 가스 열교환기를 설치한다.
③ 액관이 외부열에 노출된 경우 보온 및 단열조치를 한다.

13 **(1) 그림 (a)의 냉동장치에 있어서 1~7로 표시된 냉매의 상태를 1~4 및 7은 그림(b)의 $P-h$선도에 표시하였다. 5, 6의 상태가 그림 (b)의 어느 위치에 있는가를 표시하고 각각의 점을 연결하여 $P-h$선도상에 사이클을 완성하시오. (2) 다음과 같은 조건하에서 증발기를 통과하는 냉매순환량 G_e[kg/h] 및 냉동능력 Q_2[kW]을 구하시오.**

【조 건】

1. 압축기를 통과하는 냉매순환량 $G = 1000$[kg/h]
2. ④점의 건조도 $x_4 = 0.27$, ⑦점의 건조도 $x_7 = 0.8$
3. 저압측 압력 P_1에 있어서 포화증기 엔탈피 $h'' = 617.4$kJ/kg,
   포화액 엔탈피 $h' = 401.9$kJ/kg

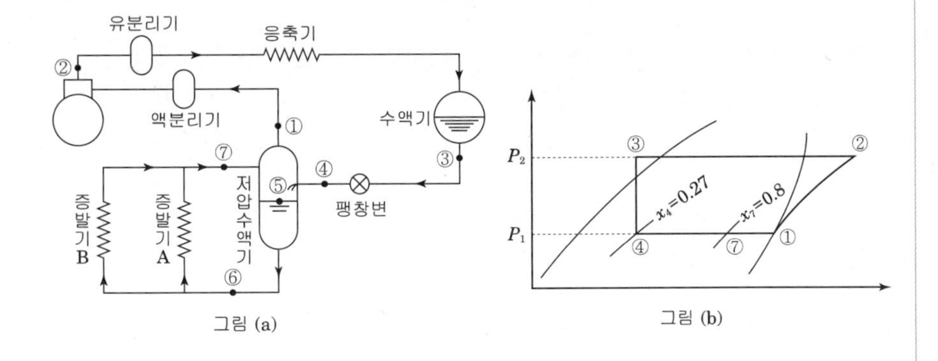

그림 (a)　　　그림 (b)

MEMO

해답 (1)

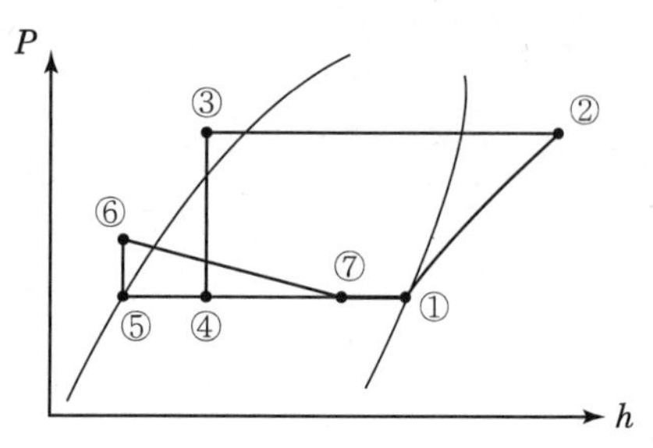

점 ⑤은 증발압력에서의 포화액 상태이고 점 ⑥은 점 ⑤보다 액의 높이에 해당하는 만큼 압력이 높게 된다. 그리고 증발기 중에서 ⑥~⑦로 흐르는 사이에 압력손실이 생겨서 대략 그림과 같은 상태로 변화된다.

(2) 1) 점 ④의 엔탈피

$h_4 = h' + (h'' - h')x_4 = 401.9 + (617.4 - 401.9) \times 0.27 = 460.085\text{kJ/kg}$

점 ⑦의 엔탈피

$h_7 = h' + (h'' - h')x_7 = 401.9 + (617.4 - 401.9) \times 0.8 = 574.3\text{kJ/kg}$

2) 저압수액기에서의 열평형식에 의해

$Gh_4 + G_e h_7 = Gh_1 + G_e h_6$

냉매순환량(증발량)

$$G_e = G\frac{h_1 - h_4}{h_7 - h_6} = 1000 \times \frac{617.4 - 460.085}{574.3 - 401.9} = 912.5[\text{kg}]$$

냉동능력 $Q_2 = G_e \cdot (h_7 - h_5) = 912.5 \times (574.3 - 401.9) = 157315[\text{kJ/h}]$

$\fallingdotseq 43.7[\text{kW}]$

14 공기압축식 냉동기에서 압축기 입구의 온도가 -5℃, 출구가 105℃, 팽창기 입구에서 10℃, 출구에서 -70℃일 경우 다음 물음에 답하시오. (단, 공기의 평균 정압비열은 1.0kJ/kg · K로 한다)

(1) 공기 1kg당 냉동효과

(2) 공기 1kg당 방열량

(3) 성적계수

해답 (1) 냉동효과 $q_2 = C_p(T_b - T_a) = 1.0 \times (268 - 203) = 65[\text{kJ/kg}]$

(2) 방열량 $q_1 = C_p(Tc - Td) = 1.0 \times (378 - 283) = 95[\text{kJ/kg}]$

(3) 성적계수 $COP = \dfrac{q_2}{q_1 - q_2} = \dfrac{65}{95 - 65} = 2.17$

MEMO

15 압력 $P_1 = 1ata$ 및 $P_2 = 5ata$ 사이에서 작동하는 이상적인 공기 냉동기 (역브레이톤 사이클)의 성적계수를 구하시오. (단, 공기의 비열비 $K = 1.4$이다.)

해답 $$COP = \frac{1}{\left(\frac{P_2}{P_1}\right)^{\frac{k-1}{k}} - 1} = \frac{1}{5^{\frac{0.4}{1.4}} - 1} = 1.71$$

16 아래 그림과 같이 R-22를 냉매로 하는 같은 능력을 갖는 수냉식 콘덴싱 유니트(condensing unit) 2대와 공조용 증발기 1기가 동일 기계실에 설치되어 있다. 그림에서 냉각수 배관 이외의 미기입(未記入)의 필요배관(각종 제어기기, 제어밸브 및 정지 밸브 등은 제외)을 그려 배관을 완성하시오. 또한 기입한 배관에 대하여 특히 유의하지 않으면 안 되는 사항 4가지로 들고 설명하시오. (단, 압축기는 25%까지 능력제어를 할 때 1대는 정지할 수 있다.)

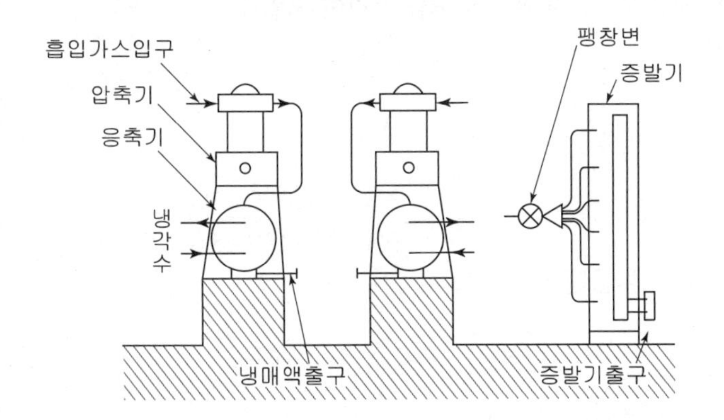

해답 (1)

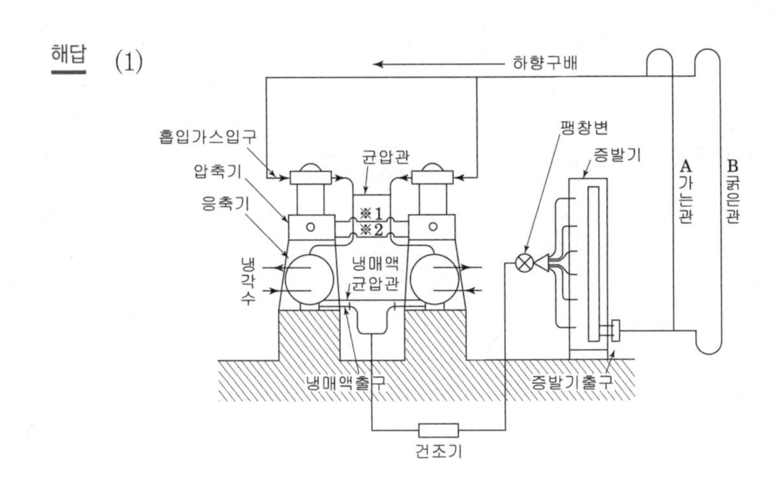

MEMO

(2) ① 압축기 토출배관의 균압관
압축기 토출배관에 균압관을 설치하여 응축기로의 토출가스량을 일정하게 흐르도록 하며 또한 응축압력이 일정하게 되도록 한다.

② 냉매액 균압관
수액기가 없이 응축기가 겸용하는 경우 냉매액 균압관을 설치하여 냉매액면이 한쪽으로 치우치지 않도록 한다.

③ 균유관(均由管)
2대의 압축기의 균유관은 액측(※2)과 가스(※1)측에 설치하여 윤활유의 액면을 일정하게 유지한다. 이때 액측만으로는 액면을 일정하게 유지할 수 없으므로 가스측에도 균압관을 설치하지 않으면 안 된다.

④ 2중 입상배관
프레온의 경우에는 배관을 통하여 오일의 회수가 용이하도록 설계할 필요가 있다. 증발기에서 압축기까지의 배관 중 흡입배관에 입상배관이 있으면 오일을 올릴 필요가 있고 압축기에 언로더(un-loader)가 있을 때 무부하시(un-load) 최소유속에도 오일을 올릴 수 있도록 설계하지 않으면 안 된다. A관은 최소부하일 때 오일을 흡상시킬 수 있도록 관경을 결정하고 B관은 A와 B를 합하여 전부하일 때에 A와 B를 통하여 오일을 흡상시킬 수 있도록 설계한다.

⑤ 건조기 설치
프레온계는 건조기를 설치하여 냉매액중의 수분을 제거한다.

17 다음 그림은 2원 냉동장치의 계통도이다. 물음에 답하시오.

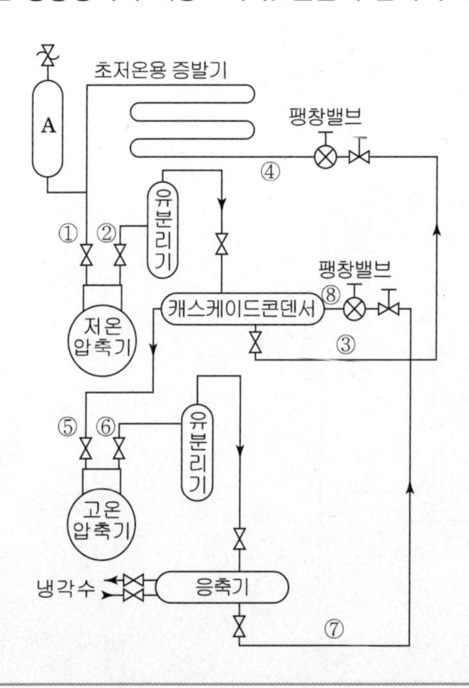

MEMO

(1) 계통도에 맞는 $P-h$ 선도를 그리고 선도상에 ①~⑧점을 표시하시오.
(단, 저온측, 고온측은 같은 냉매를 사용하는 것으로 한다.)

(2) Cascade Condenser를 설명하시오.

(3) 계통도에 표시된 A의 명칭 및 설치목적을 기술하시오.

해답 (1)

(2) 캐스케이드콘덴서는 2원 냉동방식에서 저온측 냉매를 응축액화시키기 위해서 저온측 응축기와 고온측 증발기를 조합시킨 열교환기를 말한다.

(3) ① 명칭 : 팽창탱크
② 설치목적 : 냉동기를 정지하였을 때 저온측 냉매의 증발로 인하여 저온측 냉동장치의 증발기 내 압력이 높아져 증발기 배관을 파괴하는 일이 있는데 이것을 방지하기 위하여 저온측 증발기 출구에 팽창탱크를 설치하여 압력이 일정 이상이 되면 그 압력을 흡수하는 장치이다.

18 다음 그림은 R-22용 단기 2단 압축 1단 팽창식 냉동장치의 계통도이다. $P-h$ 선도상에 냉동사이클을 그리고 ①~⑨점을 표시하시오.

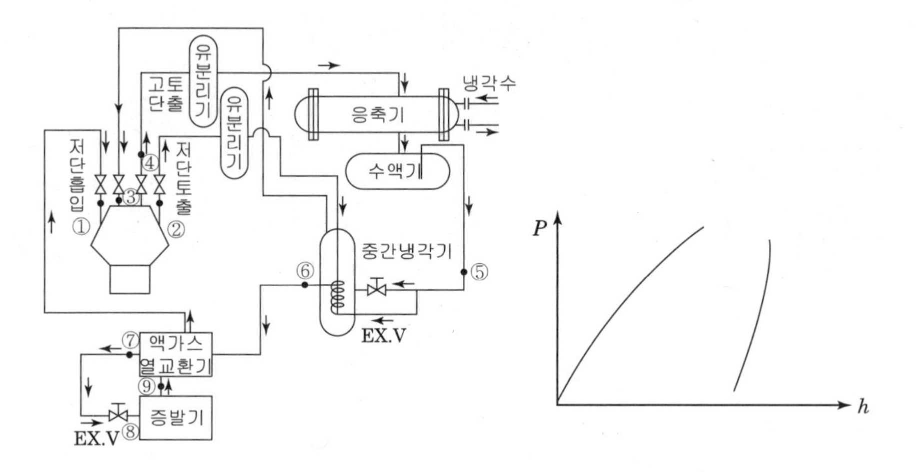

MEMO

해답

19 아래의 계통도를 보고 물음에 답하시오.

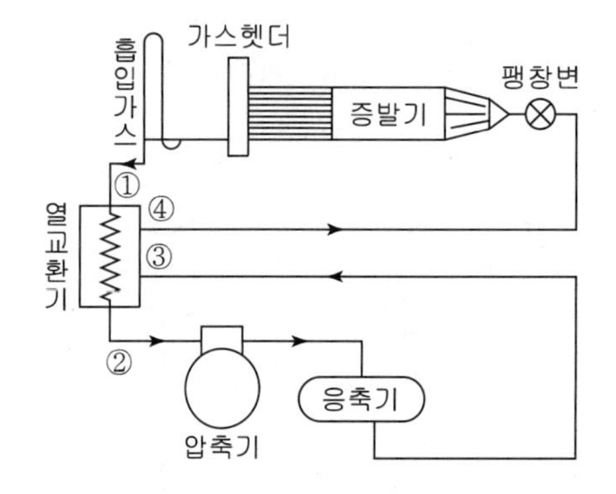

(1) 계통도의 냉매 상태점 ①~④를 $P-h$ 선도상에 표시하시오.

(2) 열교환기의 설치목적을 기술하시오.

해답 (1)

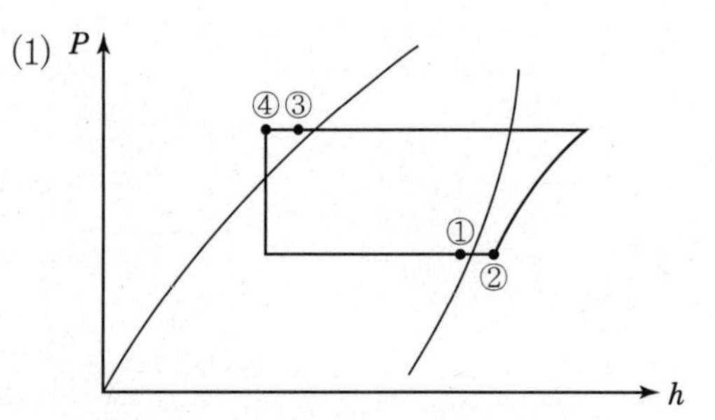

(2) 설치목적

① 냉매액을 과냉각시켜 냉동효과를 증대시킨다.

② 압축기로의 액흡입방지(Liquid back 방지)

③ 성적계수의 증대

MEMO

20 **다음 그림은 소형냉동기의 제상장치 계통도이다. 제상방법과 소공의 역할을 설명하시오.**

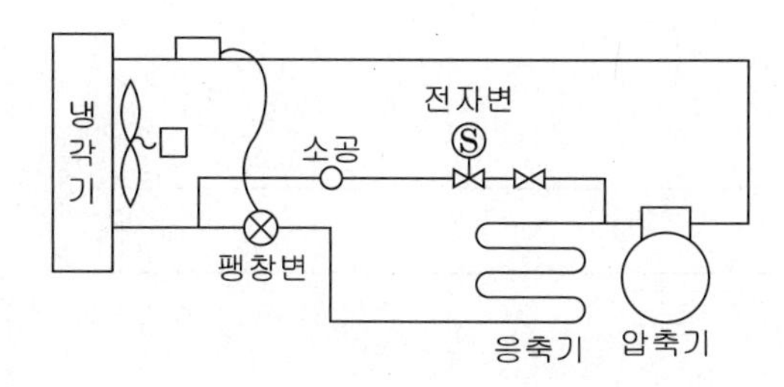

해답 (1) 제상방법

① 제상시기가 되면 타이머에 의해 제상용 전자밸브가 열려 고압가스가 소공을 통하여 증발기로 유입되어 제상한다.

② 제상시간이 끝나면 타이머에 의해 제상용 전자밸브가 닫히고 정상운전된다.

(2) 소공의 역할

증발기로 유입되는 고압가스의 압력을 낮추어 증발기에서 냉매가스가 응축액화되지 않도록 한다.

기출문제분석

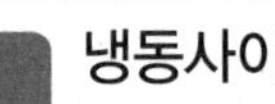

냉동사이클

□ 16년1회

01 다음 (   ) 안에 알맞은 말을 [보기]에서 골라 넣으시오.

득점	배점
	10

> "표준 냉동장치에서 압축기에서 흡입가스는 (①)을 따라서 (②)하여 과열증기가 되어 외부와 열교환을 하고 응축기 출구 (③)에서 5℃ 과냉각시켜서 (④)을 따라서 교축작용으로 단열팽창되어 증발기에서 등압선을 따라 포화 증기가 된다."

【보 기】

단열압축	등온압축	습압축
등엔탈피선	등엔트로피선	포화증기선
포화액선	습증기선	등온선

해설 표준 냉동사이클이란 응축온도 30℃, 증발온도 −15℃, 과냉각도 5℃(팽창변 입구온도 25℃), 압축기 흡입가스 상태는 건조포화증기로 선도에서 표시하면 흡입가스는 ①−②의 등엔트로피 선을 따라 단열 압축되고 응축기에서 응축 액화되어 응축기 출구 포화액선에서 5℃ 과냉각시켜서(②−③과정) 팽창밸브에서 등엔탈피선을 따라 교축 팽창되어(③−④과정) 증발기에 유입되어 등온 · 등압선을 따라서 포화증기(④−①과정)가 된다.

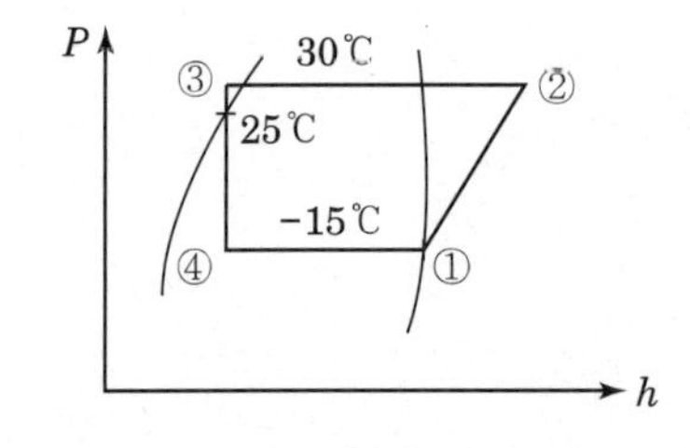

해답 ① 등엔트로피선, ② 단열압축, ③ 포화액선, ④ 등엔탈피선

☐ 12년3회, 16년3회, 17년2회

02 냉매 순환량이 5000kg/h인 표준냉동장치에서 다음 선도를 참고하여 성적계수와 냉동능력[kJ/h]을 구하시오.

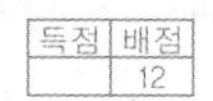

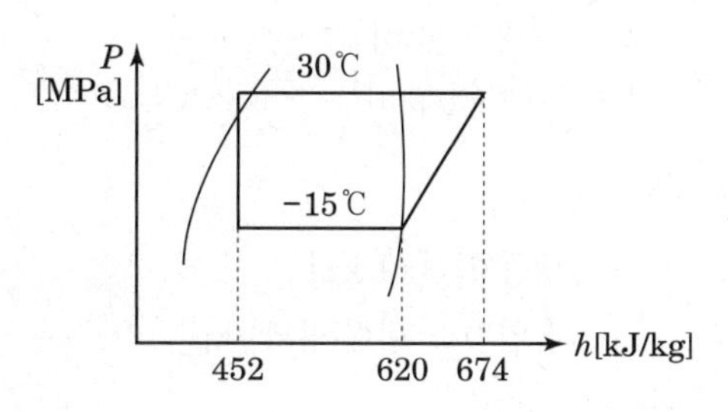

해설 (1) 성적계수$=\dfrac{\text{냉동효과}}{\text{압축일}}$

(2) 냉동능력이란 냉동장치의 증발기에서 냉매가 흡수하는 단위시간당의 열량을 말하며 다음 식으로 나타낸다.

냉동능력 $Q_2 = G \cdot q_2$

여기서, G : 냉매순환량, q_2 : 냉동효과

해답 (1) 성적계수$=\dfrac{\text{냉동효과}}{\text{압축일}}=\dfrac{620-452}{674-620}=3.11$

(2) 냉동능력$=5000\times(620-452)=840000\text{kJ/h}$

☐ 02년1회, 13년1회

03 주어진 조건을 이용하여 R-134a 냉동기의 냉동능력(kW)을 구하시오.

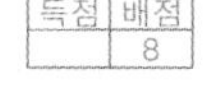

【조 건】

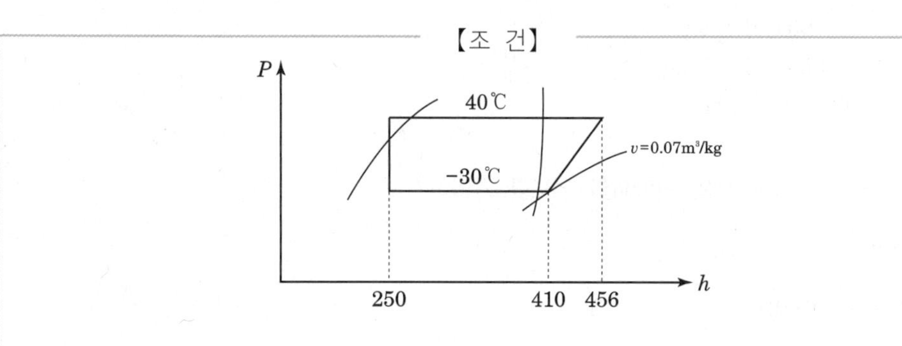

- 실린더 지름 : 80mm
- 행정거리 : 90mm
- 회전수 : 1200rpm
- 체적효율 : 70%
- 기통수 : 4

해답 ① 이론적 피스톤 압출량 $V_a[m^3/s]$

$$Va = \frac{\pi D^2}{4} L \cdot N \cdot R \cdot \frac{1}{60} = \frac{\pi 0.08^2}{4} \times 0.09 \times 4 \times 1200 \times \frac{1}{60} = 0.0362[m^3/s]$$

여기서, D : 실린더 지름[m]　　L : 행정거리[m]

N : 기통수　　R : 회전수[rpm]

② 냉동능력 $Q_2 = G \cdot q_2 = \frac{V_a \cdot \eta_v}{v} \cdot q_2[kW]$

여기서, G : 냉매순환량[kg/s]　　q_2 : 냉동효과[kJ/kg]

η_v : 체적효율　　v : 흡입가스 비체적[m^3/kg]

$$\therefore Q_2 = \frac{0.0362 \times 0.7}{0.07} \times (410 - 250) = 57.92[kW]$$

□ 00년2회

04 Freon-22 **냉동장치에서 응축온도** 20℃, **증발온도** -30℃**이고, 다음과 같은 조건에서 각 물음에 답하시오.**

득점	배점
	3

【조 건】

1. 과냉각도 : 5℃
2. 흡입가스상태 : 과열증기
3. 냉동능력 $Q_e = 20RT$ ($1RT = 3.86kW$)
4. 체적효율 $\eta_v = 0.68$
5. 압축, 기계효율= η_c, $\eta_m = 0.75$
6. 흡입가스 비체적 : $0.14m^3/kg$
7. 각 부분의 엔탈피 값
   ① 압축기의 흡입상태= 617.4kJ/kg
   ② 압축기의 토출가스상태= 661.4kJ/kg
   ③ 팽창밸브 직전 액의 엔탈피= 435kJ/kg
   ④ −30℃ 포화액의 엔탈피= 385kJ/kg

(1) 냉매 선도를 답안지에 그리고, 각 부분의 엔탈피와 온도를 기입하시오.

(2) 압축기의 피스톤 압출량을 구하시오.(m^3/s)

(3) 압축기의 소요 축동력을 몇 kW인가?

(4) 장치의 성적계수를 구하시오.

(5) 응축부하를 구하시오.(kW)

해답 (1) P [kPaabs]

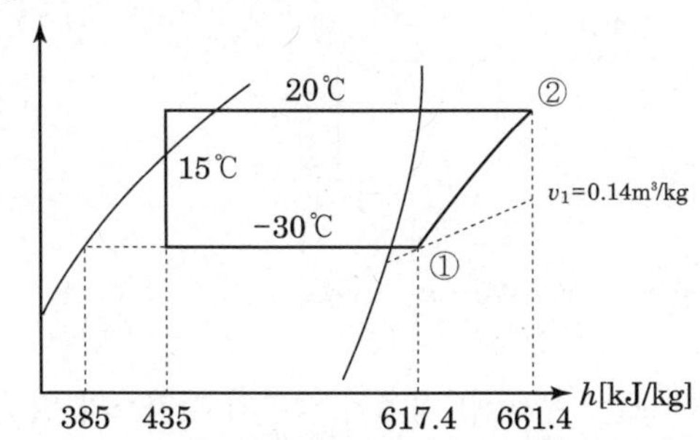

(2) $R_T = \dfrac{V_a \cdot \eta_v \cdot q_2}{v \times 3.86}$ 에서 피스톤이론 압축량 V_a는

$$V_a = \frac{RT \cdot v \cdot 3.86}{\eta_v \cdot q_2} = \frac{20 \times 0.14 \times 3.86}{0.68 \times (617.4 - 435)} = 0.087[\text{m}^3/\text{s}]$$

(3) $L_S = \dfrac{V_a \cdot \eta_v \cdot w}{v \cdot \eta_c \cdot \eta_m} = \dfrac{0.087 \times 0.68 \times (661.4 - 617.4)}{0.14 \times 0.75 \times 0.75} = 33.05[\text{kW}]$

(4) $COP = \dfrac{Q_2}{W} = \dfrac{20 \times 3.86}{33.05} = 2.34$

(5) $Q_1 = G \cdot (h_2' - h_3) = \dfrac{V_a \times \eta_v}{v}(h_2' - h_3)$

$$= \frac{0.087 \times 0.68}{0.14}(676.07 - 435) = 101.87[\text{kW}]$$

여기서 실제 토출가스 엔탈피

$$h_2' = h_1 + \frac{h_2 - h_1}{\eta_c} = 617.4 + \frac{661.4 - 617.4}{0.75} = 676.07[\text{kJ/kg}]$$

☐ 08년1회, 10년3회, 18년3회

05 R-22 냉동장치가 아래 냉동 사이클과 같이 수냉식 응축기로부터 교축 밸브를 통한 핫가스의 일부를 팽창 밸브 출구측에 바이패스하여 용량제어를 행하고 있다. 이 냉동 장치의 냉동능력 R(kW)를 구하시오. (단, 팽창 밸브 출구측의 냉매와 바이패스된 후의 냉매의 혼합엔탈피는 h_5, 핫가스의 엔탈피 $h_6 = 633.3\text{kJ/kg}$이고, 바이패스양은 압축기를 통과하는 냉매유량의 20%이다. 또 압축기의 피스톤 압축량 $V_a = 200\text{m}^3/\text{h}$, 체적 효율 $\eta_v = 0.6$이다.)

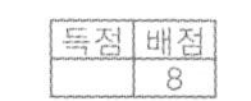

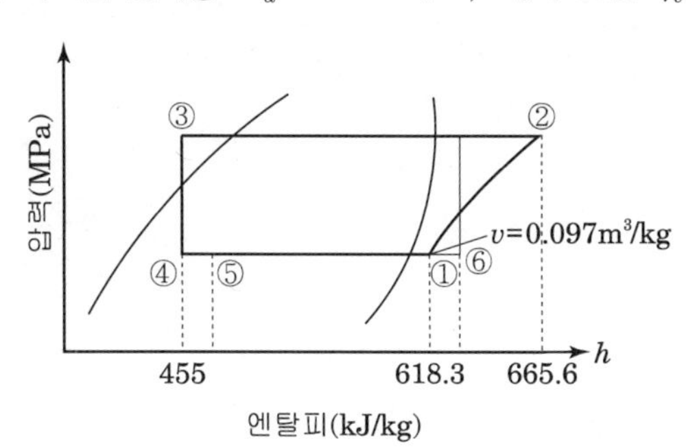

해설 장치도를 그리면 아래와 같다.

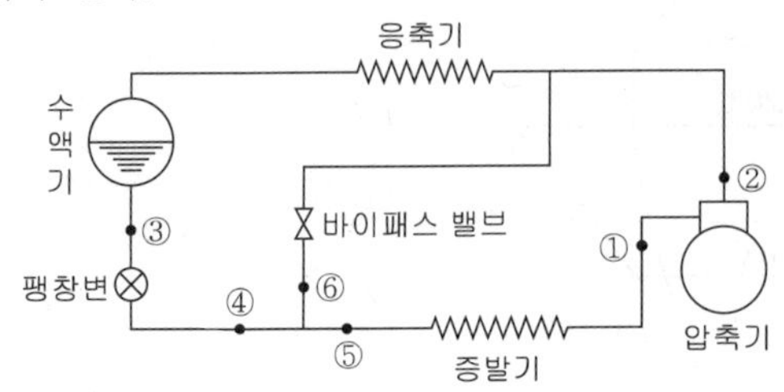

냉동장치의 부하가 감소할 때 압축기 출구 또는 (수냉식) 응축기 상부의 핫가스의 일부를 팽창밸브 출구(증발기 입구)에 바이패스 밸브를 통하여 교축팽창 시켜 용량제어를 행한다. 용량제어시의 냉동능력 Q_2을 구하기 위해서는 먼저 증발기 입구의 냉매의 비엔탈피 h_5는 상태점 4(저압 습증기)의 냉매순환량 80%와 상태점 6(저압 과열증기)의 냉매 순환량 20%가 혼합한 상태이므로 $h_5 = 0.8h_4 + 0.2h_6$이다.

해답 • 혼합 냉매의 엔탈피(증발기 입구 냉매 엔탈피) h_5

$$h_5 = 455 \times 0.8 + 633.3 \times 0.2 = 490.66\text{kJ/kg}$$

$$\therefore \text{ 냉동능력 } R = G \cdot q_2 = \frac{V_a \cdot \eta_v}{v} \cdot (h_1 - h_5)$$

$$= \frac{\left(\frac{200}{3600}\right) \times 0.6}{0.097} \times (618.3 - 490.66) = 43.86[\text{kW}]$$

□ 13년2회

06 **다음 $p-h$ 선도와 같은 조건에서 운전되는 R-502 냉동장치가 있다. 이 장치의 축동력이 7kW, 이론 피스톤 토출량(V_a)이 $0.018\text{m}^3/\text{s}$, $\eta_v = 0.7$일 때 다음 각 물음에 답하시오.**

득점	배점
	16

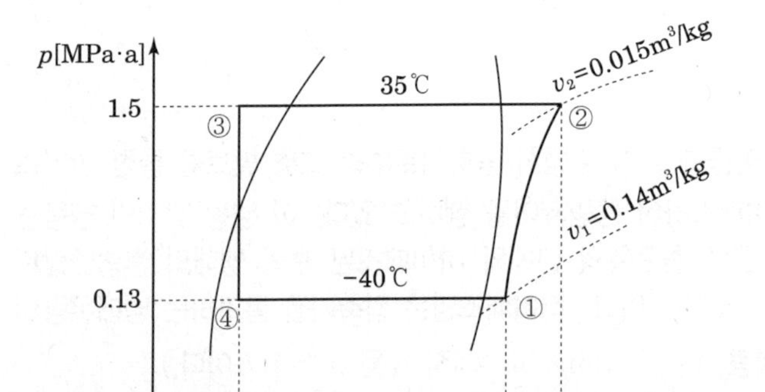

(1) 냉동장치의 냉매순환량(kg/s)을 구하시오.

(2) 냉동능력(kW)을 구하시오.

(3) 냉동장치의 실제 성적계수를 구하시오.

(4) 압축기의 압축비를 구하시오.

해설 (3) 냉동장치의 실제 성적계수는 압축기의 압축효율(단열효율) η_c, 기계효율 η_m의 손실분에 의해서 축동력이 크게 된다. 따라서 실제 성적계수는 이론 성적계수보다 적게 되어 다음 식이 된다.

실제 성적계수 $COP_R = \dfrac{Q_2}{L_s} = \dfrac{Q_2}{\dfrac{L}{\eta_c \cdot \eta_m}} = \dfrac{Q_2}{L}\eta_c \cdot \eta_m = COP \cdot \eta_c \cdot \eta_m$

여기서, Q_2 : 냉동능력[kW], L_s : 축동력[kW],
L : 이론단열압축동력[kW],
η_c : 압축효율, η_m: 기계효율, COP : 이론 성적계수

해답 (1) 냉매순환량 $G = \dfrac{V_a \cdot \eta_v}{v} = \dfrac{0.018 \times 0.7}{0.14} = 0.09\text{kg/s}$

(2) 냉동능력 $Q_2 = G(h_1 - h_4) = 0.09 \times (561 - 448) = 10.17[\text{kW}]$

(3) 실제 성적계수 $COP_R = \dfrac{냉동능력}{압축기\ 축동력} = \dfrac{10.17}{7} = 1.45$

(4) 압축비 $m = \dfrac{고압의\ 절대압력}{저압의\ 절대압력} = \dfrac{P_1}{P_2} = \dfrac{1.5}{0.13} = 11.54$

□ 05년2회, 10년1회

07 1단압축, 1단팽창의 이론 사이클로 운전되고 있는 냉동장치가 있다. 이 냉동장치는 증발온도 -10℃, 응축온도 40℃, 압축기 흡입증기는 과열증기상태이고 엔탈피 및 비체적은 아래 선도와 같으며 냉동능력 80kW일 때 피스톤 토출량 [m³/s]를 구하시오. (단, 체적효율은 60%이다.)

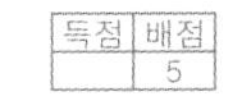

P[MPa]
40℃
0.12[m³/kg]
-10℃
456.5
618.3
667.8
i[kJ/kg]

해설 냉동능력 $Q_2[\text{kW}] = G \times q_2 = \dfrac{V_a \times \eta_v}{v} \times q_2$에서

피스톤 토출량 $V_a = \dfrac{Q_2 \times v}{q_2 \times \eta_v}$

여기서 G: 냉매 순환량[kg/s], q_2 : 냉동효과[kJ/kg],
V_a : 이론적 피스톤 압출량[m³/s],
v : 압축기 흡입가스 비체적[m³/kg], η_v : 체적효율

해답 피스톤 토출량 $V_a = \dfrac{Q_2 \times v}{q_2 \times \eta_v} = \dfrac{80 \times 0.12}{(618.3 - 456.5) \times 0.6} \fallingdotseq 0.1\text{m}^3/\text{s}$

☐ 03년1회

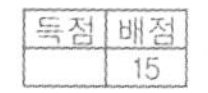

08 **1단 압축, 1단 팽창의 이론사이클로 운전되고 있는 냉동장치가 있다. 이 냉동장치는 증발온도 -10℃, 응축온도 40℃, 압축기 흡입증기의 과열증기 엔탈피 및 비체적은 각각 623.7kJ/kg과 0.066m^3/kg, 압축기 출구증기의 엔탈피 663.6kJ/kg, 팽창변을 통과한 냉매의 엔탈피 462kJ/kg, 팽창변 직전의 냉매는 과냉각 상태이고, 10냉동톤의 냉동능력을 유지하고 있다. 압축기의 체적효율(η_v)은 0.85이고, 압축효율(η_c) 및 기계효율(η_m)의 곱 ($\eta_c \times \eta_m$)이 0.73이라고 할 때 다음 물음에 답하시오.**

(1) 이 냉동장치의 P-h 선도를 그리고 각 상태값을 나타내시오.

(2) 압축기의 피스톤 토출량(m^3/s)을 구하시오. (소숫점 5자리에서 반올림)

(3) 압축기의 소요 축동력(kW)을 구하시오.

(4) 이 냉동장치의 응축부하(kW)을 구하시오.

(5) 이 냉동장치의 성적계수를 구하시오.

해답 (1)

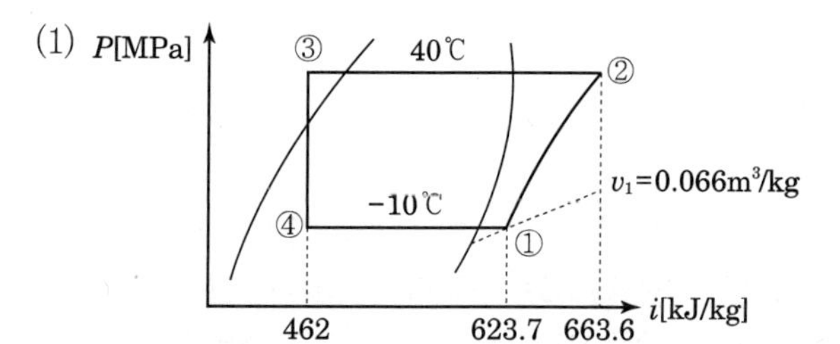

(2) $R = \dfrac{V_a \times \eta_v \times q_2}{v \times 3.86}$ 에서

$$V_a = \frac{R \cdot v \cdot 3.86}{\eta_v \cdot q_2} = \frac{10 \times 0.066 \times 3.86}{0.85 \times (623.7 - 462)} = 0.0185[\mathrm{m^3/s}]$$

(3) 축동력 $L_S = \dfrac{V_a \times \eta_v \times w}{v \times \eta_c \times \eta_m} = \dfrac{0.0185 \times 0.85 \times (663.6 - 623.7)}{0.066 \times 0.73}$

$= 13.02[\mathrm{kW}]$

(4) 응축부하

① 압축효율 : $\eta_c \times \eta_m = 0.73$이므로 $\eta_c = \eta_m$로 보고 $\eta_c = \sqrt{0.73} = 0.8544$

② $h_2' = h_1 + \dfrac{h_2 - h_1}{\eta_c} = 623.7 + \dfrac{663.6 - 623.7}{0.8544} = 670.4[\mathrm{kJ/kg}]$

따라서 응축부하

$$Q_1 = G \cdot (h_2' - h_3) = \frac{V_a \times \eta_v}{v}(h_2' - h_3)[\mathrm{kW}]$$

$$= \frac{0.0185 \times 0.85}{0.066} \times (670.4 - 462) = 49.65[\mathrm{kW}]$$

(5) 성적계수 $COP = \dfrac{10 \times 3.86}{13.02} = 2.96$

☐ 07년3회

09 피스톤 토출량 $0.028m^3/s$ 의 압축기를 사용하는 냉동장치에서 그림의 선도와 같이 운전될 때 냉매를 압축하는 지시동력은 몇 kW인가? (단, 체적효율 0.7, 압축효율 0.8이고 압축기에서 가해지는 일 중에 기계적 손실분은 냉매에 가해지지 않는다.)

득점	배점
	4

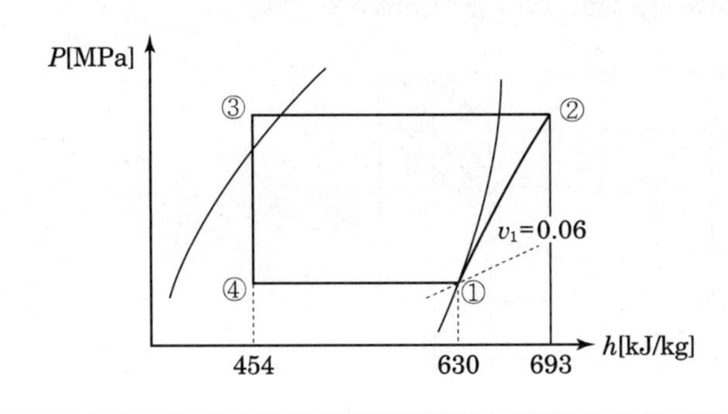

해설 지시동력은 축동력과 같은 용어로 다음 식으로 표현된다.

지시동력 $L_s = \dfrac{\text{이론동력}}{\text{압축효율} \times \text{기계효율}}$ 에서

$$L_s = \frac{L}{\eta_c \cdot \eta_m} = \frac{G \cdot w}{\eta_c \cdot \eta_m} = \frac{V_a \cdot \eta_v}{v} \times \frac{h_2 - h_1}{\eta_c \cdot \eta_m}$$

(여기서 기계효율(기계적 손실분) η_m은 냉매에 가해지지 않으므로 $\eta_m = 1$이다.)

해답 $L_s = \dfrac{0.028 \times 0.7 \times (693 - 630)}{0.06 \times 0.8} = 25.725[\text{kW}]$

□ 01년1회, 05년3회

10 암모니아용 압축기에 대하여 피스톤 압출량 $1m^3$당의 냉동능력 R_1, 증발온도 t_1 및 응축온도 t_2와의 관계는 아래 그림과 같다. 피스톤 압출량 $100m^3$인 압축기가 운전되고 있을 때 저압측 압력계에 0.26MPa, 고압측 압력계에 1.1MPa으로 각각 나타내고 있다. 이 압축기에 대한 냉동부하(RT)는 얼마인가? (단, $1RT$는 3.86kW로 한다.)

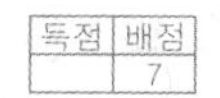

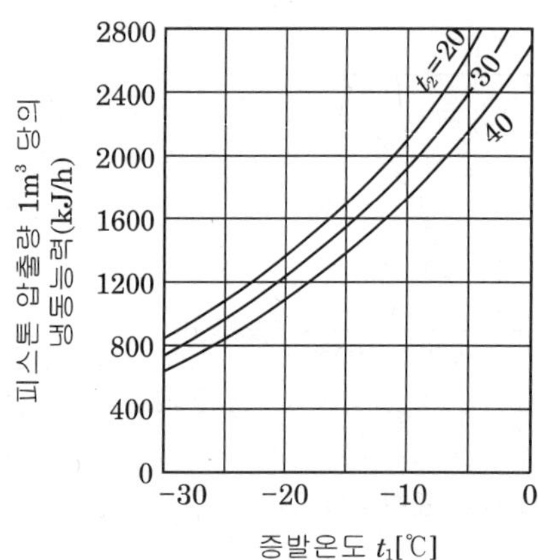

온도(℃)	포화입력(MPa·abs)	온도(℃)	포화입력(MPa ·abs)
40	1.6	-5	0.36
35	1.4	-10	0.3
30	1.2	-15	0.24
25	1.0	-20	0.19

해답 ① 저압측 절대압력 $P_1 = 0.26 + 0.1 = 0.36$MPa abs=증발온도 −5℃

② 고압측 절대압력 $P_2 = 1.1 + 0.1 = 1.2$MPa abs=응축온도 30℃

그러므로 증발온도 -5℃와 응축온도 30℃의 교점에 의해 피스톤 압출량 $1m^3$당 냉동능력은 $2400kJ/m^3$이다.

따라서 냉동능력 $R = \dfrac{100 \times 2400}{3600 \times 3.86} = 17.27RT$

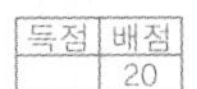

☐ 01년2회, 05년2회

득점	배점
	20

11 **압축기 → 유분리기 → 응축기 → 수액기 → 팽창밸브 → 증발기 → 압축기의 작동순서로 이룬 사이클을 형성하는 단단 압축 냉동장치가 있다. 냉동효과를 증가시키기 위하여 수액기 출구에서 팽창밸브 입구 사이의 냉매액과 증발기 출구에서 압축기 입구 사이의 냉매를 열교환시키며, 열교환은 100% 이루어지고 압축기의 흡입증기는 과열증기이다. 응축온도 40℃, 증발온도 -22℃, 수액기 출구에서 팽창밸브 입구 사이에 있는 열교환기 입구의 냉매 엔탈피 462kJ/kg(응축기 출구와 같은 상태이며, 온도는 34℃), 열교환기 출구의 냉매 엔탈피 441kJ/kg(온도 18℃), 증발기 출구에서 압축기 입구 사이에 있는 열교환기 입구의 냉매 엔탈피(증발기 출구와 같은 상태로서 습증기임) 609kJ/kg, 압축기 토출증기의 엔탈피 693kJ/kg 압축 및 기계효율은 0.65와 0.9이고, 냉매 순환량은 0.139kg/s이며, 배관에서의 열손실은 없는 것으로 가정한다.**

(1) 장치도 및 P-h 선도를 그리시오.

(2) 냉동능력(RT)을 구하시오.

(3) 압축기의 운전 소요동력(kW)을 구하시오.

(4) 응축부하(kW)를 구하시오.

(5) 성적계수(COP)를 구하시오.

해답 (1)

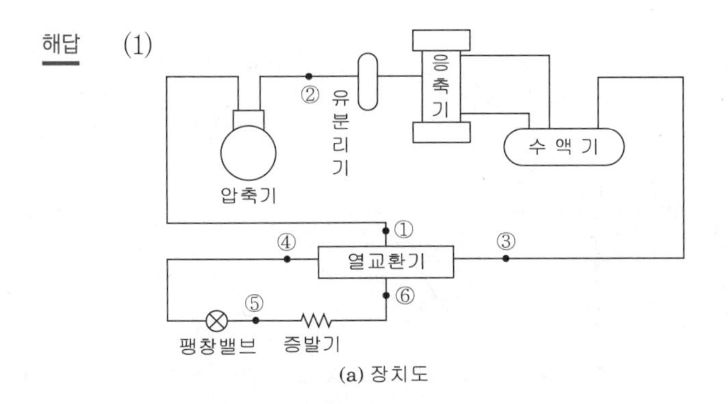

(a) 장치도

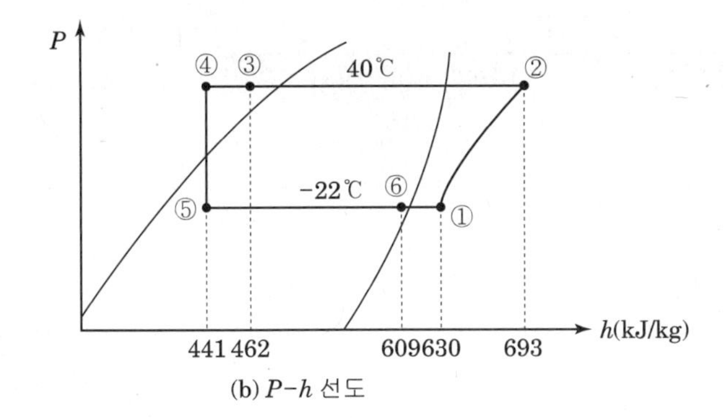

(b) $P-h$ 선도

(2) 냉동능력 $RT = \dfrac{G \cdot q_2}{3.86} = \dfrac{0.139 \times (609 - 441)}{3.86} = 6.05RT$

(3) 소요동력

$$L_S = \frac{W}{\eta_c \cdot \eta_m} = \frac{G \cdot (h_2 - h_1)}{\eta_c \cdot \eta_m} = \frac{0.139 \times (693 - 630)}{0.65 \times 0.9} = 14.97[kW]$$

여기서 $h_1 = 609 + (462 - 441) = 630[kJ/kg]$

(4) 응축부하 $Q_1 = G \cdot (h_2' - h_3) = 0.139 \times (726.92 - 462) = 36.82[kW]$

여기서 $h_2' = h_1 + \dfrac{h_2 - h_1}{\eta c} = 630 + \dfrac{693 - 630}{0.65} = 726.92[kJ/kg]$

(5) 성적계수 $COP = \dfrac{Q_2}{W} = \dfrac{6.05 \times 3.86}{14.97} = 1.56$

□ 07년3회, 15년1회

12 **열교환기를 쓰고 그림 (a)와 같이 구성되는 냉동장치가 있다. 그 압축기 피스톤 압출량 $v_a = 200m^3/h$ 이다. 이 냉동장치의 냉동 사이클은 그림 (b)와 같고 1, 2, 3 …점에서의 각 상태값은 다음 표와 같은 것으로 한다.**

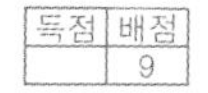

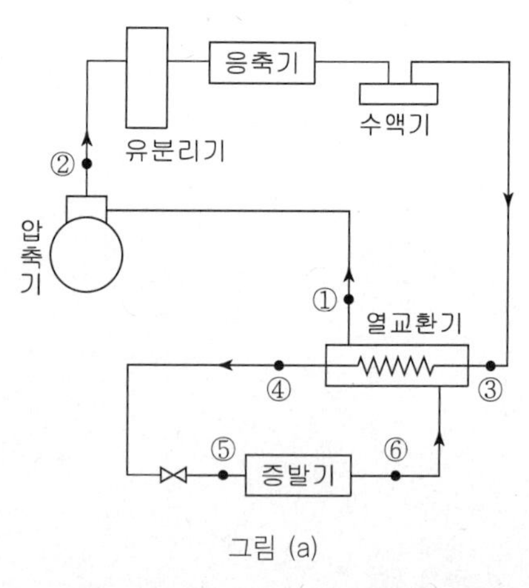

그림 (a)

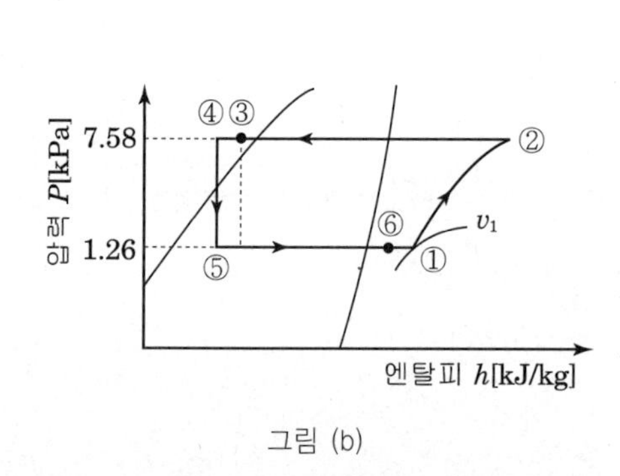

그림 (b)

상태점	엔탈피 h[kJ/kg]	비체적 $v[m^3/kg]$
h_1	565.95	0.125
h_2	609	
h_5	438.27	
h_6	556.5	0.12

위와 같은 운전조건에서 다음 (1), (2), (3)의 값을 계산식을 표시해 산정하시오. (단, 위의 온도조건에서의 체적효율 $\eta_v = 0.64$, 압축효율 $\eta_c = 0.72$로 한다. 또한 성적계수는 소수점 이하 2자리까지 구하고, 그 이하는 반올림한다.)

(1) 압축기의 냉동능력 Q_2[kW]

(2) 이론적 성적계수 COP

(3) 실제적 성적계수 COP'

해설 (3) 냉동장치의 실제 성적계수는 압축기의 압축효율(단열효율) η_c, 기계효율 η_m의 손실분에 의해서 축동력이 크게 된다. 따라서 실제 성적계수는 이론 성적계수보다 적게 되어 다음 식이 된다.

실제 성적계수 $COP_R = \dfrac{Q_2}{L_s} = \dfrac{Q_2}{\dfrac{L}{\eta_c \cdot \eta_m}} = \dfrac{Q_2}{L}\eta_c \cdot \eta_m = COP \cdot \eta_c \cdot \eta_m$

여기서, Q_2 : 냉동능력[kW]

L_s : 축동력[kW]

L : 이론단열압축동력[kW]

η_c : 압축효율

η_m : 기계효율

COP : 이론 성적계수

해답 (1) $Q_2 = G \times q_2 = \dfrac{V_a \times \eta_v}{v_1} \times (h_6 - h_5)$

$$= \frac{\left(\dfrac{200}{3600}\right) \times 0.64}{0.125} \times (556.5 - 438.27) = 33.63[\text{kW}]$$

(2) $COP = \dfrac{q_2}{w} = \dfrac{h_6 - h_5}{h_2 - h_1} = \dfrac{556.5 - 438.27}{609 - 565.95} ≒ 2.75$

(3) $COP' = COP \times \eta_c \times \eta_m = 2.75 \times 0.72 = 1.98$

□ 13년3회

13 **열교환기를 쓰고 그림 (a)와 같이 구성되는 냉동장치 냉동능력이 45kW이고, 이 냉동장치의 냉동 사이클은 그림 (b)와 같고 1, 2, 3, …점에서의 각 상태값은 다음 표와 같은 것으로 한다.**

득점	배점
	20

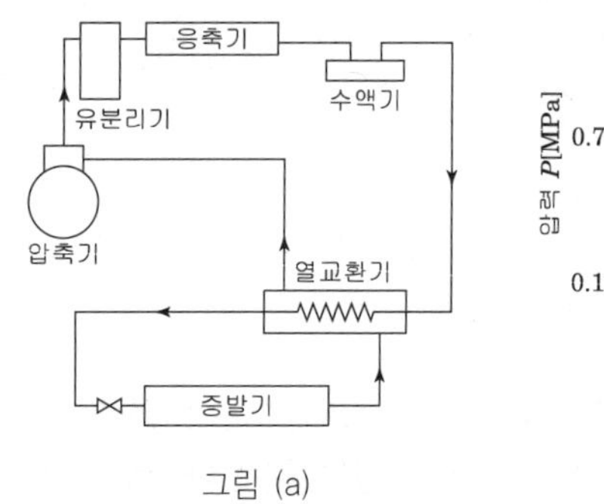

압력 P[MPa]
0.74
0.12
④ ③ ②
⑤ ⑥ ①
V_1
엔탈피 h[kJ/kg]

그림 (a)　　　　　　　그림 (b)

상태점	엔탈피 i [kJ/kg]	비체적 v [m³/kg]
h_1	565.95	0.125
h_2	609	
h_5	438.27	
h_6	556.5	0.12

위와 같은 운전조건에서 다음 (1), (2), (3)의 값을 계산식을 표시해 산정하시오. (단, 위의 온도조건에서의 체적효율 $\eta_v = 0.64$, 압축효율 $\eta_c = 0.72$로 한다. 또한 성적계수는 소숫점 이하 2자리까지 구하고, 그 이하는 반올림한다.)

(1) 장치 3점의 엔탈피(kJ/kg)를 구하시오.(소숫점 3자리에서 반올림)

(2) 장치의 냉매순환량(kg/s)을 계산하시오.(소숫점 3자리에서 반올림)

(3) 피스톤 토출량(m^3/s)을 계산하시오.(소숫점 4자리에서 반올림)

(4) 이론적 성적계수를 구하시오.

(5) 실제적 성적계수를 구하시오.

해설 (1) 장치 3점의 엔탈피는 열교환기에서의 열평형식에 의해 다음과 같다.

$h_3 - h_4 = h_1 - h_6$　따라서 $h_3 = h_{4(5)} + (h_1 - h_6)$

(2) 장치의 냉매순환량 $G = \dfrac{Q_2}{q_2} = \dfrac{Q_2}{h_6 - h_5}$

(3) 피스톤 토출량 V_a 냉매순환량 $G = \dfrac{V_a \cdot \eta_v}{v}$에서 $V_a = \dfrac{G \cdot v}{\eta_v}$

(4) 이론적 성적계수 $COP = \dfrac{q_2}{w} = \dfrac{h_6 - h_5}{h_2 - h_1}$

(5) 실제적 성적계수 $COP' = COP \cdot \eta_c \cdot \eta_m$

해답 (1) 3점의 엔탈피 : $h_3 = 438.27 + (565.95 - 556.5) = 447.72\,\text{kJ/kg}$

(2) 냉매순환량 $= \dfrac{45}{556.5 - 438.27} = 0.38\,\text{kg/s}$

(3) 피스톤 토출량 $= \dfrac{0.38 \times 0.125}{0.64} = 0.074\,\text{m}^3/\text{s}$

(4) 이론적 성적계수 $COP = \dfrac{556.5 - 438.27}{609 - 565.95} = 2.75$

(5) 실제적 성적계수 $COP' = 2.75 \times 0.72 = 1.98$

□ 05년2회, 07년2회

14 다음 냉동장치도를 보고 각 물음에 답하시오.

득점	배점
	8

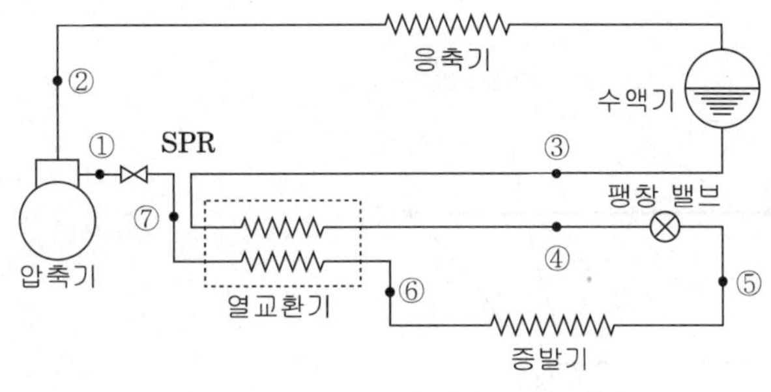

$h_2 = 691\,\text{kJ/kg}$ $h_3 = 454\,\text{kJ/kg}$

$h_4 = 441\,\text{kJ/kg}$ $h_6 = 609\,\text{kJ/kg}$

(1) 장치도의 냉매 상태점 ①~⑦까지를 $P-h$선도 상에 표시하시오.

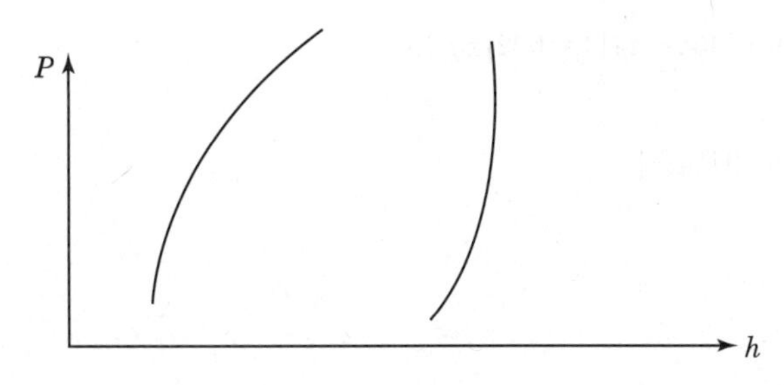

(2) 장치도의 운전 상태가 다음과 같을 때 압축기의 축동력(kW)을 구하시오.

【조 건】

1. 냉매순환량 : 50kg/h 2. 압축효율(η_c) : 0.55 3. 기계효율(η_m) : 0.9

해설 (1) 냉동사이클 : 팽창밸브 직전에 있어서의 냉매의 상태는 ④로 팽창밸브에 의한 교축 팽창에 의해 점⑤의 상태로 된다. 이 냉매가 증발기에서 증발하여 출구점 ⑥의 습증기 상태가 된다. 이 습증기⑥이 열교환기를 경유하여 흡입압력조정밸브(SPR) 입구상태⑦이 되고 흡입압력조정밸브(SPR)에 의해 교축작용을 받아 ⑦에서 엔탈피 일정한 상태로 ①까지 감압되어 압축기에 흡입된다. ①의 냉매 가스는 압축기에 의해 단열압축되어 ②의 상태로 응축기에 들어가 응축 액화되어 ③의 상태로 열교환기를 경유하여 팽창밸브 입구④로 사이클을 이룬다.

(2) 압축기의 축마력(kW)

먼저 열교환기에서의 열평형식 $h_7 - h_6 = h_3 - h_4$에 의해 ⑦점의 엔탈피 h_7을 구하고, $h_7 = h_1$이므로 압축기의 소요동력 L_s

$$L_s = \frac{W}{\eta_c \cdot \eta_m} = \frac{G \cdot (h_2 - h_1)}{\eta_c \cdot \eta_m}$$ 로 구한다.

해답 (1)

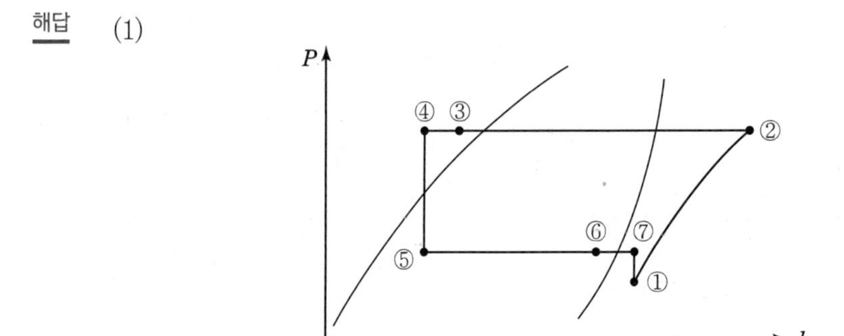

(2) 압축기 흡입증기 엔탈피

$h_7 - h_6 = h_3 - h_4$에서

$h_7 = h_1 = h_6 + (h_3 - h_4) = 609 + (454 - 441) = 622$[kJ/kg]

$$L_S = \frac{\left(\frac{50}{3600}\right) \times (691 - 622)}{0.55 \times 0.9} = 1.94\text{[kW]}$$

□ 08년3회, 11년2회, 19년3회

15 **피스톤 압출량 $50m^3/h$의 압축기를 사용하는 R-22 냉동장치에서 다음과 같은 값으로 운전될 때 각 물음에 답하시오.**

득점	배점
	8

【조 건】

- $v_1 = 0.143m^3/kg$
- $t_3 = 25℃$
- $t_4 = 15℃$
- $h_1 = 619.5kJ/kg$
- $h_4 = 444.4kJ/kg$
- 압축기의 체적 효율 : $\eta_v = 0.68$
- 증발압력에 대한 포화액의 엔탈피 : $h' = 386kJ/kg$
- 증발압력에 대한 포화증기의 엔탈피 : $h'' = 613.2kJ/kg$
- 응축액의 온도에 의한 내부에너지 변화량 : 1.26kJ/kg·℃

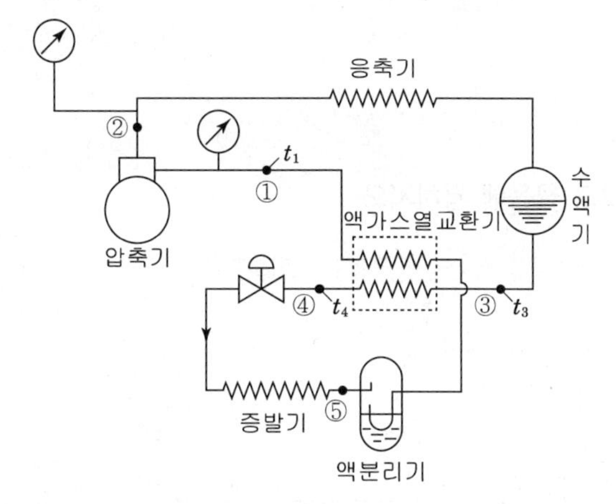

(1) 증발기의 냉동능력(kW)를 구하시오.

(2) 증발기 출구의 냉매증기 건조도(x) 값을 구하시오.

해답 (1) ① P-h 선도상에 1~5점까지의 상태점의 위치를 그리면 다음과 같다.

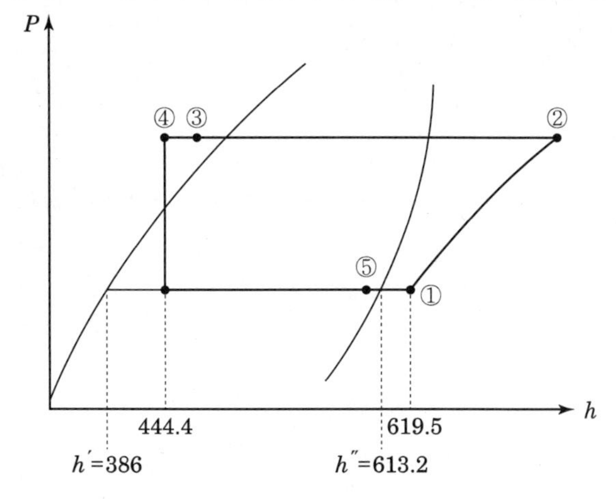

② 3점의 엔탈피 h_3는 4점의 엔탈피 h_4에 열교환기에서 방출한 열량을 더하여 구한다.

$$h_3 = h_4 + C \cdot (t_3 - t_4) = 444.4 + 1.26 \times (25 - 15) = 457[\text{kJ/kg}]$$

③ 열교환기에서의 열평형식에 의해 증발기 출구 5의 엔탈피 h_5는

$h_1 - h_5 = h_3 - h_4$에서

$$h_5 = h_1 - (h_3 - h_4) = 619.5 - (457 - 444.4) = 606.9[\text{kJ/kg}]$$

냉동능력 $Q_2 = G \times q_2 = \dfrac{V_a \times \eta_v}{v} \times q_2 = \dfrac{\left(\dfrac{50}{3600}\right) \times 0.68}{0.143} \times (606.9 - 444.4)$

$= 10.73[\text{kW}]$

(2) $h_5 = h' + (h'' - h')x$에서

건조도 $x = \dfrac{h_5 - h'}{h'' - h'} = \dfrac{606.9 - 386}{613.2 - 386} = 0.97$

□ 10년1회

16 다음 그림과 같은 R-22 장치도를 보고 물음에 답하시오.

득점	배점
	4

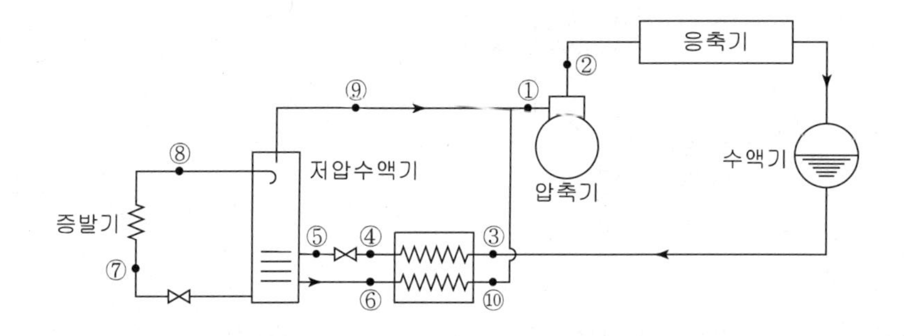

(1) P-h 선도를 그리고 번호를 기입하시오.

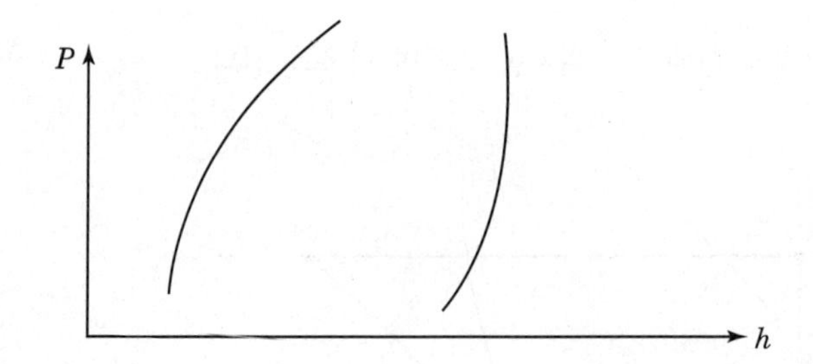

(2) 성능계수(COP)를 구하시오.

해설 (1) 문제의 장치도는 R-22를 냉매로 하는 만액식 증발기의 냉동장치이다. 이 장치에서는 저압수액기 내 액면 부근에 오일의 함유 비율이 비교적 큰 냉매액을 뽑아 열교환기에서 증발시켜 냉매가스는 압축기로 보내고 오일은 회수한다.

해답의 그림에서 ③에서 ④는 열교환기에서 고압액의 변화과정을 나타내고, ⑩에서 ⑥은 열교환기에서 저압 냉매의 변화과정을 나타낸다. 압축기 입구의 상태①은 증발기에서의 저압 포화증기 ⑨와 열교환기에서 나온 저압 과열증기 ⑩의 혼합한 증기 상태가 된다.

(2) 성능계수(COP)

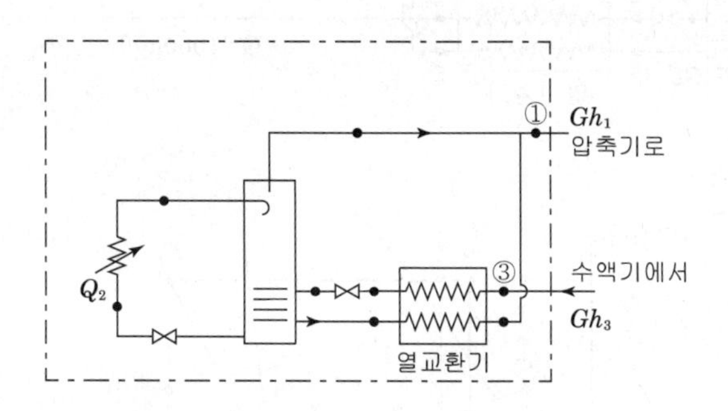

문제의 장치도의 일부인 쇄선을 하나의 계(system)로 보고 계에 유입하는 열량과 유출하는 열량을 고려하여 본다. 먼저 계로 유입하는 열량은 수액기로부터 고압액에 의한 열량 $G \cdot h_3$와 증발기에서 외부로부터 흡수하는 열량 즉 냉동능력 Q_2이고, 계에서 유출하는 열량은 압축기 흡입증기 ①에 의해 인출되는 열량 $G \cdot h_1$이다. 따라서 열평형 식을 세우면 다음과 같다.

$$G \cdot h_3 + Q_2 = G \cdot h_1$$

따라서 냉동능력 $Q_2 = G \cdot (h_1 - h_3)$이 된다.
또한 압축기의 압축일량 $W = G \cdot (h_2 - h_1)$이다.

해답 (1)

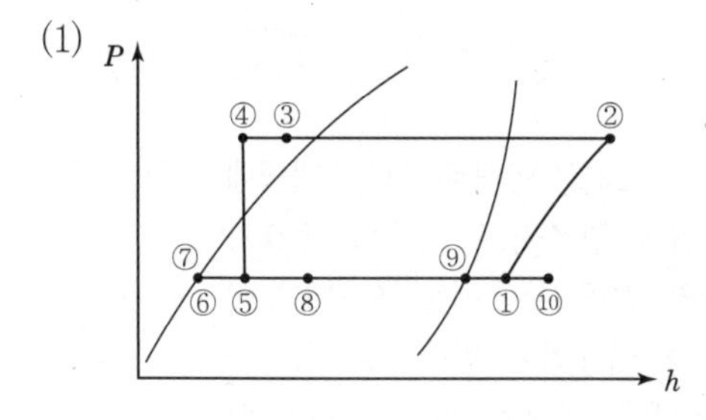

(2) 성능계수(COP)

$$\text{성능계수 } COP = \frac{Q_2}{W} = \frac{G(h_1 - h_3)}{G(h_2 - h_1)} = \frac{h_1 - h_3}{h_2 - h_1}$$

☐ 02년3회

17 다음과 같은 R-22 장치도 및 P-h선도를 보고 물음에 답하시오.

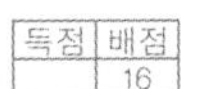

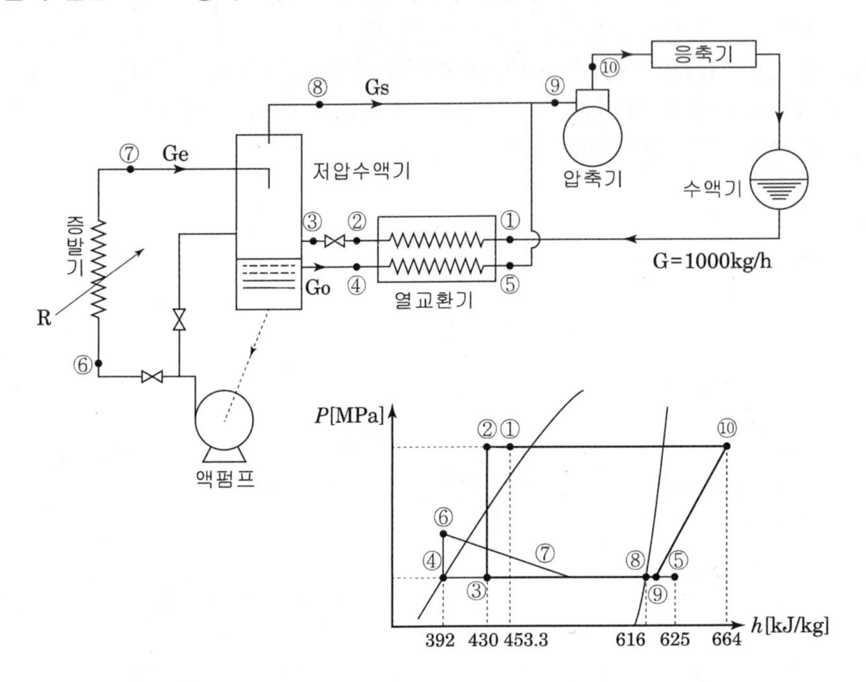

(1) 점 ④→⑤점 ⑤의 냉매순환량(kg/h)을 구하시오.

(2) 증발기에서의 증발량(kg/h)을 구하시오.

(3) 이 냉동장치의 냉동 능력(kW)을 구하시오.

(4) 압축기의 흡입증기 9점의 엔탈피(kJ/kg)을 구하시오.

(5) 이 냉동기의 성적계수(COP)를 구하시오. (단, 압축효율 η_c=0.79로 한다.)

해설 오일 추출장치부착 액 냉매 강제순환식 냉동장치

R-22는 저온에서 오일을 분리하는 성질이 있다. 따라서 R-22를 냉매로 하는 액냉매 강제 순환식 냉동 장치에서는 저압수액기에서 분리된 오일을 압축기로 되돌릴 필요가 있다. 오일의 비중이 R-22보다 작기 때문에 저압수액기의 액면 부근에는 오일성분이 많은 액의 층이 존재하게 된다. 문제의 장치도는 이 현상을 이용하여 압축기로 오일을 회수하는 예이다. 즉, 액면으로부터 취출한 저압액과 고압액을 열교환 시켜, 저압액의 냉매를 증발시켜 오일을 분리하는 동시에 고압액의 과냉각도를 크게하고 있다. 이 장치도에서는 저압수액기의 냉매액은 순환펌프의 정압밸브에 의해서 ⑥의 상태가 되어 증발기에 들어간다. 냉매는 습포화증기 상태 ⑦이 되어 증발기에서 나온다.

(1) 열교환기에서의 열평형식 : $G_o(h_5-h_4)=G(h_1-h_2)$

점 ④→⑤점 ⑤의 냉매순환량 G_o

열교환기에서의 열수지(열평형식) $G_o(h_5-h_4)=G(h_1-h_2)$에서

$$G_o=G\frac{h_1-h_2}{h_5-h_4}$$

(2) 증발기에서의 증발량 G_e

- 팽창밸브 통과 후 액체 냉매의 질량 G'
- 오일을 배출하기 위해 방출한 냉매량 G_o
- $G'=G_e+G_o$이므로

$\therefore G_e=G'-G_o$

여기서 $G'=G\cdot\frac{h_8-h_3}{h_8-h_4}$

증발기의 증발량 $=G\cdot\frac{h_8-h_3}{h_8-h_4}-G_o$

(3) 냉동능력 $Q_2=G_e\times(h_8-h_4)$

(4) 압축기의 흡입증기 ⑨점의 엔탈피(kcal/kg)

$G=G_s+G_o,\ G_s=G-G_o$

$G=G_s+G_o$이므로 $G_s=G-G_o=1000-100=900$

$$h_9=\frac{G_sh_8+G_oh_5}{G}$$

(5) 냉동기의 성적계수 $COP=\frac{Q_2}{W}$

해답

(1) $G_o=G\frac{h_1-h_2}{h_5-h_4}=1000\times\frac{453.3-430}{625-392}=100[\text{kg/h}]$

(2) 증발기의 증발량 G_e

$=G\cdot\frac{h_8-h_3}{h_8-h_4}-G_o=1000\times\frac{616-430}{616-392}-100$

$=730.36[\text{kg/h}]$

(3) 냉동능력 $Q_2=G_e\times(h_8-h_4)=\left(\frac{730.36}{3600}\right)\times(616-392)$

$=45.44[\text{kW}]$

(4) $h_9=\frac{G_sh_8+G_oh_5}{G}=\frac{900\times616+100\times625}{1000}$

$=616.9[\text{kJ/kg}]$

(5) 성적계수 $COP=\frac{Q_2}{W}=\frac{45.44}{\left(\frac{1000}{3600}\right)\times(664-616.9)}\times0.79=2.74$

□ 16년1회

18 다음 물음의 답을 답안지에 써 넣으시오.

득점	배점
	15

【보 기】

그림 (a)는 어느 냉동장치의 계통도이며, 그림 (B)는 이 장치의 평형운전상태에서의 압력(p)－엔탈피(h) 선도이다. 그림 (a)에 있어서 액분리기에서 분리된 액은 열교환기에서 증발하여 ⑨의 상태가 되며, ⑦의 증기와 혼합하여 ①의 증기로 되어 압축기에 흡입된다.

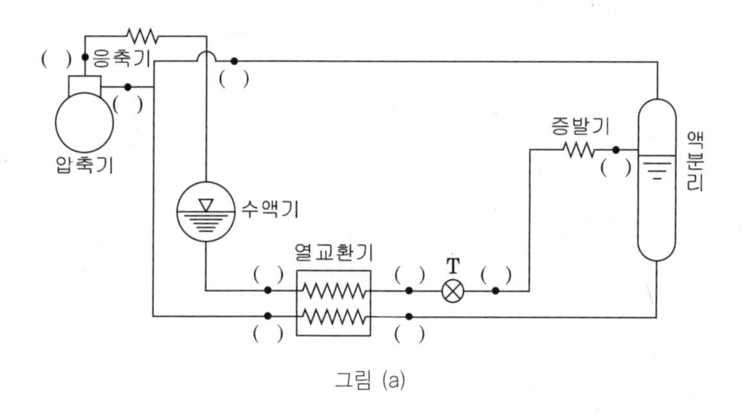

그림 (a)

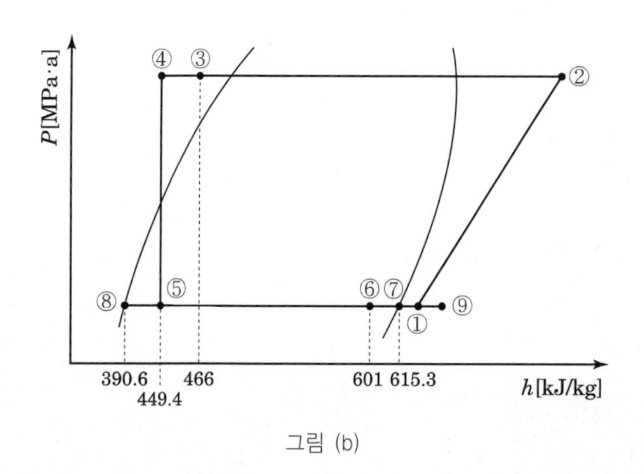

그림 (b)

(1) 그림 (b)의 상태점 ①～⑨를 그림 (a)의 각각에 기입하시오. (단, 흐름방향도 표시할 것)

(2) 그림 (b)에 표시할 각 점의 엔탈피를 이용하여 ⑨점의 엔탈피 h_9를 구하시오.
(단, 액분리에서 분리되는 냉매액은 0.0654kg/h이다.)

해설

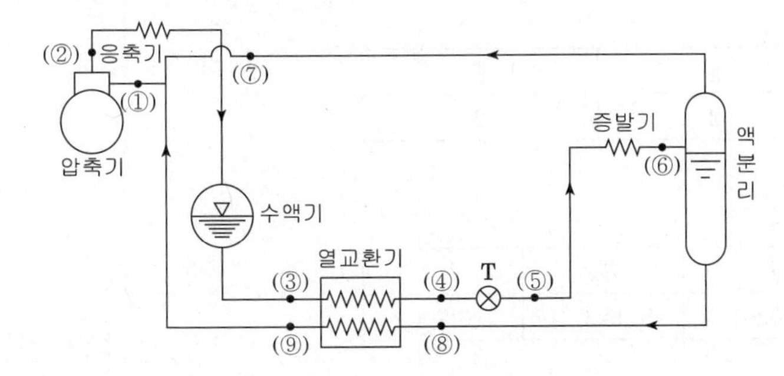

G : 증발기를 통과하는 냉매[kg/h]

G_1 : 액분리기에서 분리되어 압축기로 흡입되는 냉매가스[kg/h]

G_2 : 액분리기에서 분리된 냉매액[kg/h]

(1) 액분리기에서의 물질평형 관계

$G = G_1 + G_2$ ………………… ①

(2) 액분리기에서의 열평형 관계

$Gh_6 = G_1h_7 + G_2h_8$ ……… ②

(3) 열교환기에서의 열평형 관계

$G(h_3 - h_4) = G_2(h_9 - h_8)$ ·· ③

해답 ②식에 의해

$$Gh_6 = G_1h_7 + G_2h_8 = (G - G_2)h_7 + G_2h_8$$

$$G(h_7 - h_6) = G_2(h_7 - h_8)$$

$$\therefore G = G_2\frac{h_7 - h_8}{h_7 - h_6} = 0.0654 \times \frac{615.3 - 390.6}{615.3 - 601} = 1.0276[\text{kg/h}]$$

③식에 의해

$$h_9 = h_8 + \frac{G}{G_2}(h_3 - h_4) = 390.6 + \frac{1.0276}{0.0654}(466 - 449.4) = 651.43[\text{kJ/kg}]$$

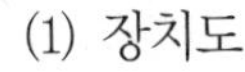
□ 11년1회, 20년1회

19 다음 그림과 같은 냉동장치에서 압축기 축동력은 몇 kW인가?

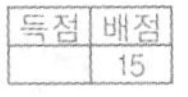

득점	배점
	15

(1) 장치도

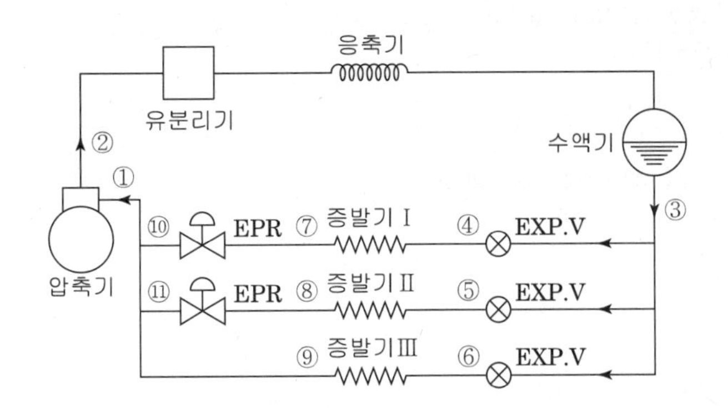

(2) 증발기의 냉동능력(RT)

증발기	Ⅰ	Ⅱ	Ⅲ
냉동톤	1	2	2

(3) 냉매의 엔탈피(kJ/kg)

구분	h_2	h_3	h_7	h_8	h_9
h	681.7	457.8	626	622	617.4

(4) 압축 효율 0.65, 기계효율 0.85

해답 (1) 그림과 같은 냉동장치도를 p-h선도 상에 그리면 다음과 같다.

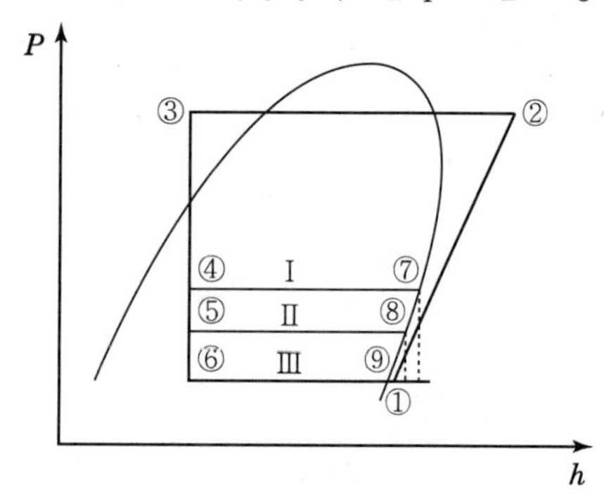

(2) 냉매순환량 $G=\dfrac{\text{냉동능력}}{\text{냉동효과}}$ 에서

① 증발기 Ⅰ $=\dfrac{3.86\times 3600}{626-457.8}=82.62[\text{kg/h}]$

② 증발기 Ⅱ $=\dfrac{2\times 3.86\times 3600}{622-457.8}=169.26[\text{kg/h}]$

③ 증발기 Ⅲ $=\dfrac{2\times 3.86\times 3600}{617.4-457.8}=174.14[\text{kg/h}]$

(3) 흡입가스 엔탈피

$$h_1=\frac{82.62\times 626+169.26\times 622+174.14\times 617.4}{82.62+169.26+174.14}$$

$=620.90[\text{kJ/kg}]$

(4) 축동력$=\dfrac{(82.62+169.26+174.14)\times(681.7-620.90)}{3600\times 0.65\times 0.85}=13.02[\text{kW}]$

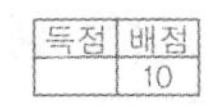

☐ 09년1회

20 **프레온 냉동장치에서 1대의 압축기로 증발온도가 다른 2대의 증발기를 냉각운전하고자 한다. 이때 1대의 증발기에 증발압력 조정밸브를 부착하여 제어하고자 한다면, 아래의 냉동장치는 어디에 증발압력 조정밸브 및 체크밸브를 부착하여야 하는지 흐름도를 완성하시오. 또 증발압력 조정밸브의 기능을 간단히 설명하시오.**

득점	배점
	10

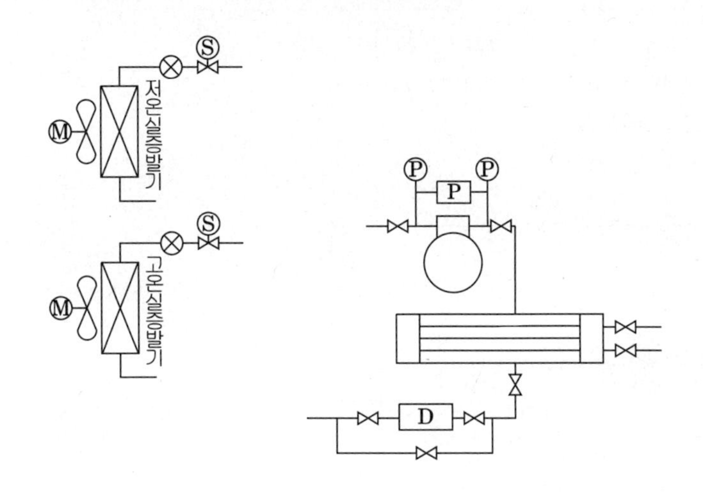

해답 (1)

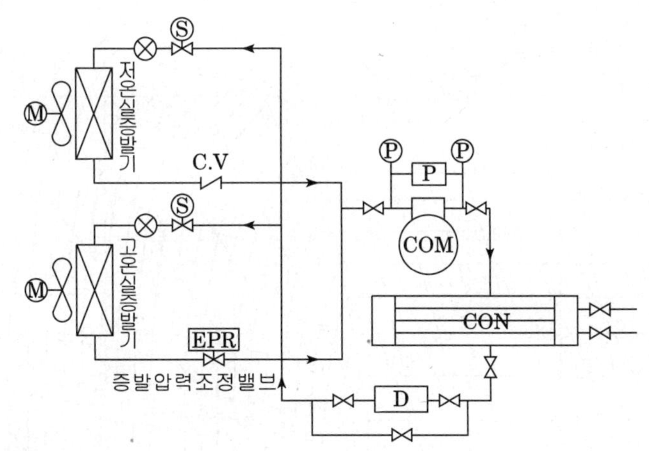

(2) 기능

압축기는 저온실 증발기 내의 압력을 기준으로 하여 운전되고 고온실 증발기 내 압력은 증발압력 조정밸브에 의하여 조정압력 이하로 되지 않도록 제어한다.

□ 01년3회, 13년3회

득점	배점
	10

21 **다음 냉동장치의 P-h 선도(R-410A)를 그리고 각 물음에 답하시오. (단, 압축기의 체적효율 $\eta_v = 0.75$, 압축효율 $\eta_c = 0.75$, 기계효율 $\eta_m = 0.9$ 이고 배관에 있어서 압력손실 및 열손실은 무시한다.)**

【조 건】

1. 증발기 A : 증발온도 -10℃, 과열도 10℃, 냉동부하 $2RT$(한국냉동톤)
2. 증발기 B : 증발온도 -30℃, 과열도 10℃, 냉동부하 $4RT$(한국냉동톤)
3. 팽창밸브 직전의 냉매액 온도 : 30℃
4. 응축온도 : 35℃

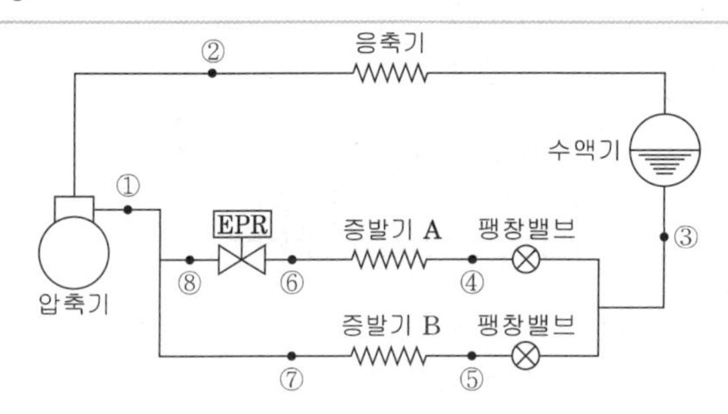

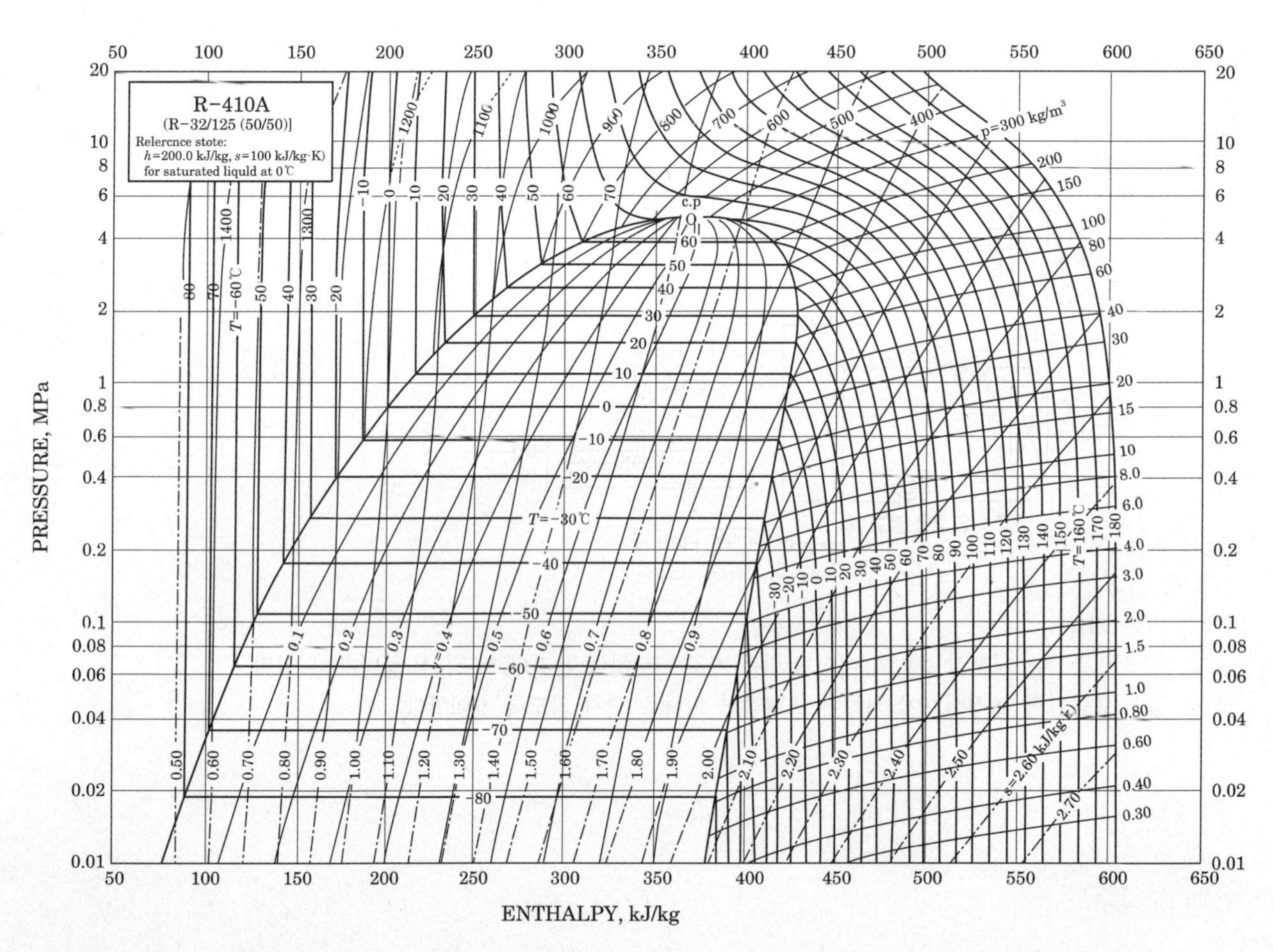

(1) 압축기의 피스톤 압출량(m^3/h)을 구하시오.

(2) 축동력(kW)을 구하시오.

해답 P-h선도를 작도하면 다음과 같다.

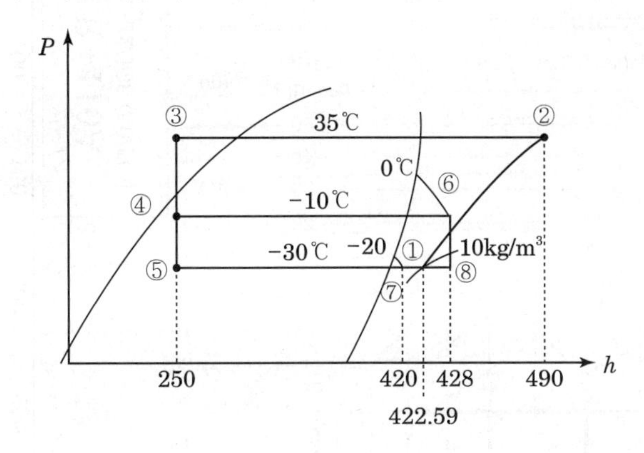

(1) 피스톤 압출량[m^3/h]

1) 냉매순환량 - ① A 증발기 $G_A = \dfrac{Q_2}{h_6 - h_4} = \dfrac{2 \times 3.86 \times 3600}{428 - 250} = 156.13[\text{kg/h}]$

- ② B 증발기 $G_B = \dfrac{Q_2}{h_7 - h_5} = \dfrac{4 \times 3.86 \times 3600}{420 - 250} = 326.96[\text{kg/h}]$

2) 압축기 흡입증기 엔탈피

$$h_1 = \frac{G_A \cdot h_8 + G_B \cdot h_7}{G_A + G_B} = \frac{156.13 \times 428 + 326.96 \times 420}{156.13 + 326.96}$$

$$= 422.59[\text{kJ/kg}]$$

따라서 피스톤 압출량 $Va = \dfrac{G \cdot v}{\eta_v} = \dfrac{(156.13 + 326.96)}{0.75 \times 10} = 64.41[m^3/h]$

여기서 비체적 $v = \dfrac{1}{\rho}$ ρ : 밀도

(2) 축동력

$$L_S = \frac{G \cdot (h_2 - h_1)}{\eta_c \cdot \eta_m} = \frac{(156.13 + 326.96) \times (490 - 422.59)}{3600 \times 0.75 \times 0.9} = 13.40[\text{kW}]$$

선도

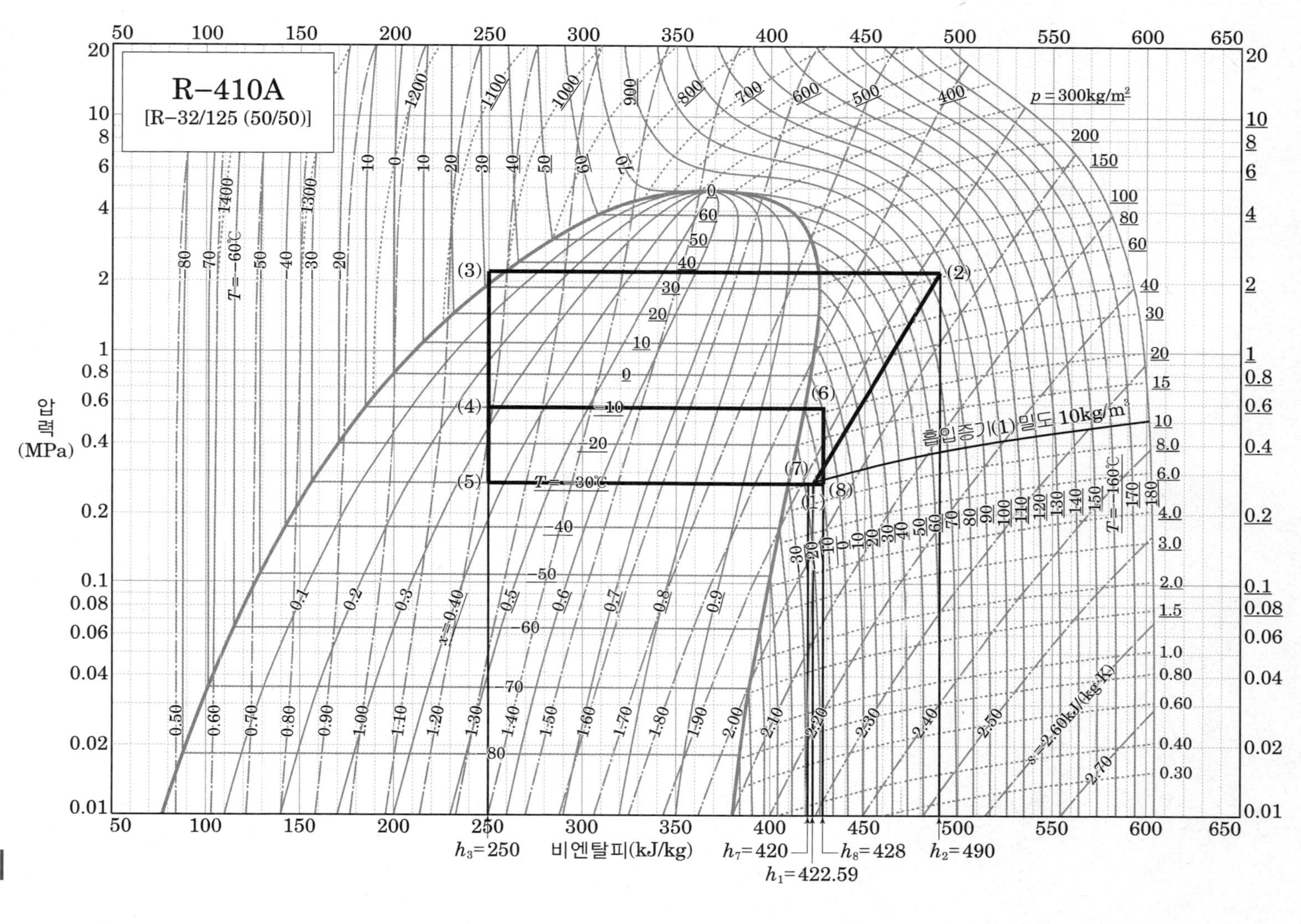
R-410A
[R-32/125 (50/50)]
압력 (MPa)
비엔탈피(kJ/kg)
h3=250
h7=420
h1=422.59
h8=428
h2=490
(1)
(2)
(3)
(4)
(5)
(6)
(7)
(8)
흡입증기(1) 밀도 10kg/m³
p=300kg/m²
s=2.60kJ/(kg·K)
x=0.40
T=-60℃
T=-30℃
T=-160℃

□ 17년1회

22 피스톤 토출량이 $100\text{m}^3/\text{h}$ 냉동장치에서 A사이클(1-2-3-4)로 운전하다 증발온도가 내려가서 B사이클(1'-2'-3-4')로 운전될 때 B사이클의 냉동능력과 소요동력을 A사이클과 비교하여라.

득점	배점
	10

【조 건】

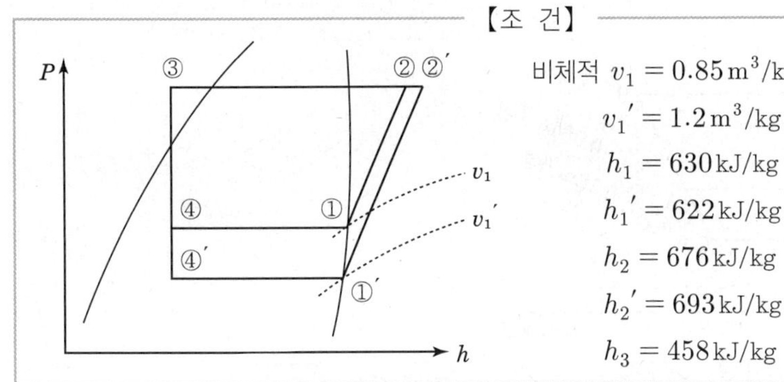

비체적 $v_1 = 0.85\,\text{m}^3/\text{kg}$

$v_1{}' = 1.2\,\text{m}^3/\text{kg}$

$h_1 = 630\,\text{kJ/kg}$

$h_1{}' = 622\,\text{kJ/kg}$

$h_2 = 676\,\text{kJ/kg}$

$h_2{}' = 693\,\text{kJ/kg}$

$h_3 = 458\,\text{kJ/kg}$

온도(℃)	포화압력(MPa·abs)	온도(℃)	포화압력(MPa·abs)
40	1.56	−5	0.35
35	1.36	−10	0.29
30	1.17	−15	0.24
25	1.00	−20	0.18

	체적효율(η_v)	압축효율(η_m)	기계효율(η_c)
A사이클	0.78	0.9	0.85
B사이클	0.72	0.88	0.79

해답 (1) 냉동능력 $Q_2 = G \cdot q_2 = \dfrac{Va \cdot \eta_v}{v} \cdot q_2$에서

① A사이클 $Q_{2A} = \dfrac{100}{0.85} \times 0.78 \times (630 - 458)/3600 = 4.38[\text{kW}]$

② B사이클 $Q_{2B} = \dfrac{100}{1.2} \times 0.72 \times (622 - 458)/3600 = 2.73[\text{kW}]$

∴ B사이클의 냉동능력이 A사이클보다 작다.

(2) 소요동력 $L_S = \dfrac{\text{G} \cdot \text{Aw}}{\eta_c \cdot \eta_m} = \dfrac{V_a \cdot \eta_v \cdot Aw}{v \cdot \eta_c \cdot \eta_m}$ 식에서

① A사이클 $L_{SA} = \dfrac{100}{0.85} \times 0.78 \times \dfrac{676 - 630}{0.9 \times 0.85} \times \dfrac{1}{3600} = 1.53[\text{kW}]$

② B사이클 $L_{SB} = \dfrac{100}{1.2} \times 0.72 \times \dfrac{693 - 622}{0.88 \times 0.79} \times \dfrac{1}{3600} = 1.70[\text{kW}]$

∴ B사이클의 소요동력이 A사이클보다 크다.

□ 06년4회, 14년3회

23 **다음 그림과 같이 ABCD로 운전되는 장치가 운전상태가 변하여 A′BCD′로 사이클이 변동하는 경우 장치의 냉동능력과 소요동력은 몇 % 변화하는가? (단, 압축기는 동일한 상태이고, ABCD 운전과정은 A 사이클 A′BCD′ 운전과정을 B 사이클로 한다.)**

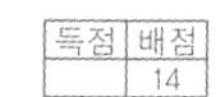

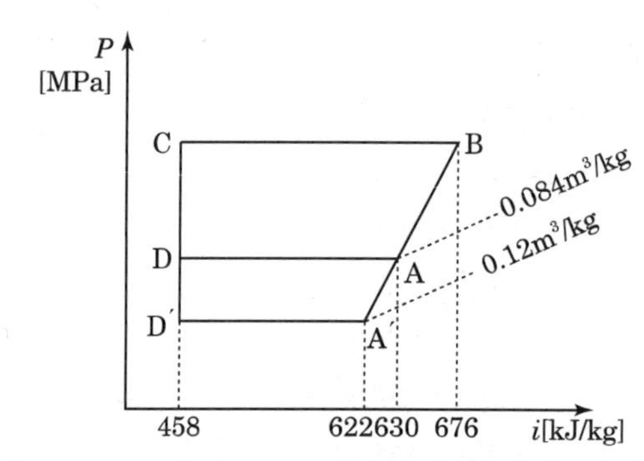

	체적효율	압축효율	기계효율
A	0.70	0.73	0.82
B	0.60	0.63	0.78

해설 (1) 압축기의 피스톤압출량 1m^3당 냉동능력 $Q_R = \dfrac{q_2 \times \eta_v}{v}$ [kJ/m³]

여기서 q_2 : 냉동효과[kJ/kg]

η_v : 체적효율

v : 압축기 흡입가스 비체적[m³/kg]

(2) 소요동력 W[kW]

$$W = \frac{V_a \cdot \eta_v \cdot w}{v \cdot \eta_c \cdot \eta_m}$$

여기서 V_a : 이론적 피스톤 압출량[m³/s]

η_v : 체적효율 　　　　 w : 압축일량[kJ/kg]

η_c : 압축효율 　　　　 η_m : 기계효율

해답 (1) 냉동능력의 변화율

① ABCD 사이클에 있어서 1m^3당

$$\text{냉동능력} = \frac{(630-458)\times 0.7}{0.084} = 1433.33\text{kJ/m}^3$$

② A′BCD′ 사이클에 있어서 1m^3당 냉동능력 $= \dfrac{(622-458)\times 0.6}{0.12} = 820\text{kJ/m}^3$

$$\frac{1433.33-820}{1433.33} \times 100 = 43.19\ \%$$

따라서 냉동사이클 ABCD에서 A′BCD′로 변동 후 냉동능력은

즉, 43.19 % 감소하였다.

(2) 소요동력의 변화율

① ABCD 사이클의 소요동력

$$W_1 = \frac{V_a \cdot \eta_v \cdot w}{v \cdot \eta_c \cdot \eta_m} = \frac{Va \times 0.7 \times (676-630)}{0.084 \times 0.73 \times 0.82} = 640.38\,V_a[\text{kW}]$$

② A′BCD′ 사이클의 소요동력

$$W_2 = \frac{V_a \times 0.6 \times (676-622)}{0.12 \times 0.63 \times 0.78} = 549.45\,V_a[\text{kW}]$$

$$\therefore \frac{640.38\,V_a - 549.45\,V_a}{640.38\,V_a} \times 100 = 14.20\ \%$$

따라서 ABCD 사이클에서 A′BCD′ 사이클로 변동 후 즉, 14.20% 감소하였다.

□ 02년1회, 05년3회, 12년2회, 17년3회

24 다음과 같은 2단 압축 1단 팽창 냉동장치를 보고 P-h 선도 상에 냉동 사이클을 그리고 1~8점을 표시하시오.

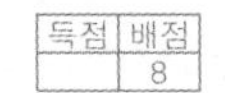

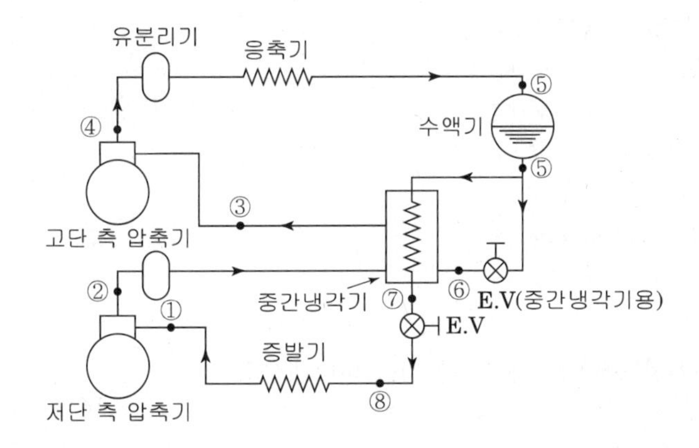

해답

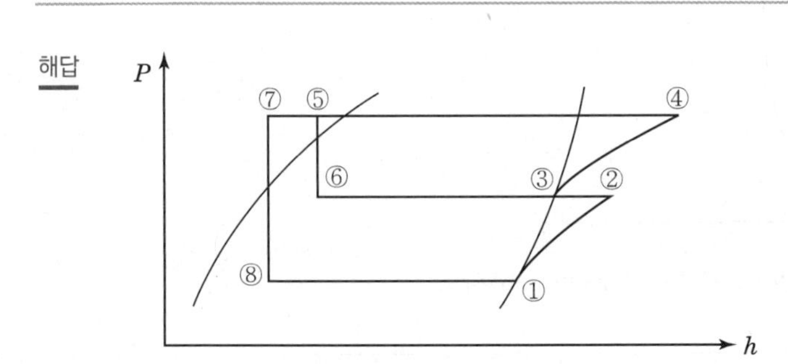

□ 08년2회, 09년3회

25 R-22를 사용하는 2단 압축 1단 팽창 냉동장치가 있다. 압축기는 저단, 고단 모두 건조포화증기를 흡입하여 압축하는 것으로 하고, 운전상태에 있어서의 장치 주요 냉매값은 다음과 같다.

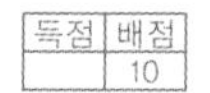

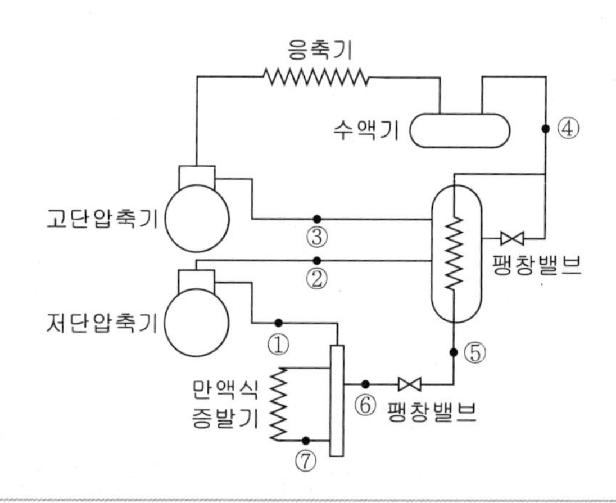

- 증발압력에서의 포화액의 엔탈피 : 380 kJ/kg
- 증발압력에서의 건조포화증기의 엔탈피 : 611 kJ/kg
- 중간냉각기 입구의 냉매액의 엔탈피 : 452.3 kJ/kg
- 중간냉각기 출구의 냉매액의 엔탈피 : 425.9 kJ/kg
- 중간압력에서의 건조포화증기의 엔탈피 : 627.9 kJ/kg
- 저단 압축기에서의 단열 압축열량 : 33.5 kJ/kg
- 저단 압축기의 흡입 증기 비체적 : 0.17 m^3/kg
- 고단 압축기의 흡입 증기 비체적 : 0.05 m^3/kg

(1) 위 장치도의 냉동사이클을 $P-h$선도에 작성하고, 각 점을 나타내시오.

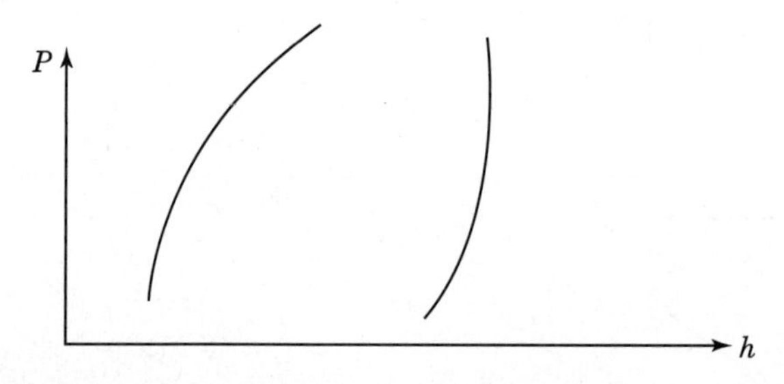

(2) 냉동능력이 10냉동톤일 때 고단 압축기의 피스톤 압출량(m^3/h)을 구하시오.
(단, 압축기의 효율은 다음과 같다.)

압축기	체적효율	압축효율	비체적 (m^3/kg)
저단 압축기	0.75	0.72	0.17
고단 압축기	0.75	0.72	0.05

해설 ① 저단측 냉매 순환량 $G_L = \dfrac{Q_2}{h_1 - h_6}$[kg/s]

② 고단측 냉매 순환량 $G_H = G_L \cdot \dfrac{h_2' - h_5}{h_3 - h_4}$[kg/s]

③ 고단측 압축기 피스톤 배재량 V_H은

고단측 냉매순환량 $G_H = \dfrac{V_H \times \eta_{vH}}{v_H}$으로부터

$$V_H = \frac{G_H \cdot v_H}{\eta_{vH}}$$

해답 (1) $P-h$선도

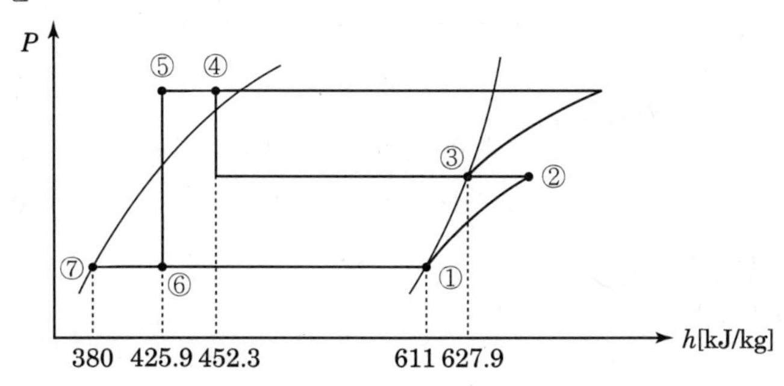

(2) 고단 압축기 피스톤 압출량(m³/h)

① 저단 냉매 순환량 $= \dfrac{10 \times 3.86 \times 3600}{611 - 425.9} = 750.73$[kg/h]

② 고단 압축기 피스톤 압출량

- 저단 압축기 실제 토출 냉매 엔탈피(저단 압축열량 33.5kJ/kg이므로)

  $h_2' = 611 + \dfrac{33.5}{0.72} = 657.53$ [kJ/kg]

- 고단 냉매 순환량 $G_H = G_L \dfrac{h_2' - h_6}{h_3 - h_4}$에서

  $G_H = 750.73 \times \dfrac{657.53 - 425.9}{627.9 - 452.3} = 990.27$ [kg/h]

- 고단 압축기 피스톤 압출량 $V_H = \dfrac{990.27 \times 0.05}{0.75} = 66.02$[m³/h]

□ 09년2회, 12년3회, 17년2회

득점	배점
	15

26 2단 압축 냉동장치의 p-h 선도를 보고 선도 상의 각 상태점을 장치도에 기입하고, 장치 구성 요소명을 (　　)에 쓰시오.

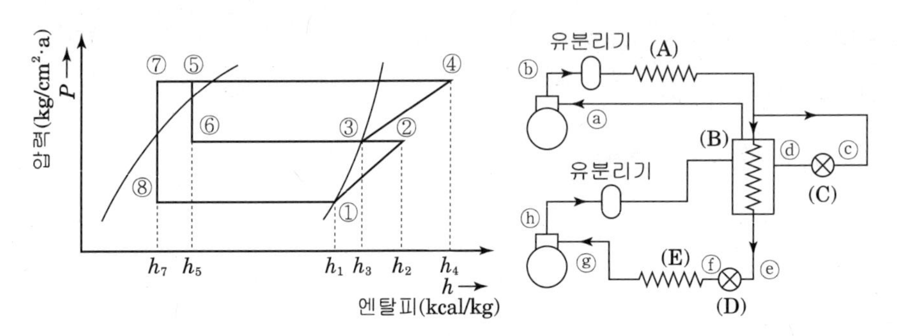

해답

(1) ⓐ－③, ⓑ－④, ⓒ－⑤, ⓓ－⑥, ⓔ－⑦, ⓕ－⑧, ⓖ－①, ⓗ－②

(2) A : 응축기
B : 액가스 중간냉각기
C : 제1팽창밸브(액가스 중간냉각기용)
D : 제2팽창밸브(주팽창밸브)
E : 증발기

☐ 09년1회

27 2단 압축 1단 팽창 냉동장치가 아래 조건의 냉매 상태로 운전되고 있다. 이 냉동장치에서 수냉식 응축기의 냉각수 출입구 온도차 5℃, 냉각수량 1,000L/min일 때 냉동능력(RT)은 얼마인가? (단, 냉각수의 비열은 4.2kJ/kg·K로 한다)

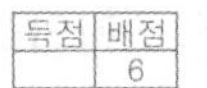

득점	배점
	6

【조 건】

- 증발기 출구(저단 압축기 입구)의 냉매증기 엔탈피 $h_1 = 614.5\text{kJ/kg}$
- 저단 압축기의 냉매 토출가스 엔탈피 $h_2 = 646.8\text{kJ/kg}$
- 고단 압축기의 냉매 흡입가스 엔탈피 $h_3 = 622.5\text{kJ/kg}$
- 고단 압축기의 냉매 토출가스 엔탈피 $h_4 = 658.2\text{kJ/kg}$
- 중간 냉각기용 팽창밸브 직전의 냉매액 엔탈피 $h_5 = 450.3\text{kJ/kg}$
- 증발기 입구의 냉매 엔탈피 $h_8 = 420\text{kJ/kg}$

해답

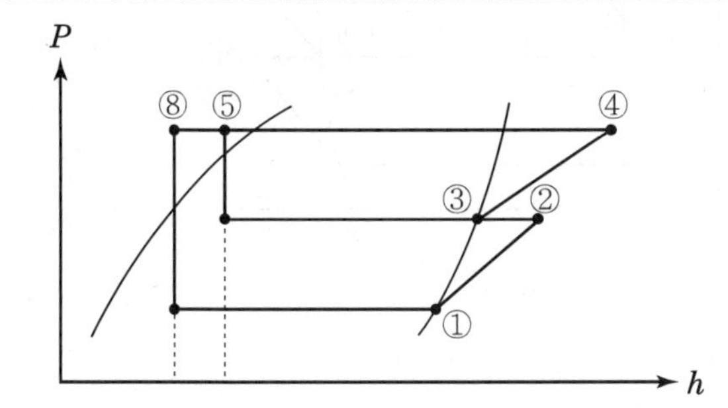

(1) $Q_1 = G_H \times (h_4 - h_5) = m \cdot c \cdot \Delta t$에서

고단측 냉매 순환량 $G_H = \dfrac{m \cdot c \cdot \Delta t}{h_4 - h_5} = \dfrac{\left(\dfrac{1000}{60}\right) \times 4.2 \times 5}{658.2 - 450.3} = 1.6835[\text{kg/s}]$

(2) 저단측 냉매 순환량 G_L

$G_H = G_L \times \dfrac{h_2 - h_8}{h_3 - h_5}$ 에서

$G_L = G_H \times \dfrac{h_3 - h_5}{h_2 - h_8} = \dfrac{1.6835 \times (622.5 - 450.3)}{646.8 - 420} = 1.2782$

∴ 냉동능력(RT)

$= \dfrac{G_L \times (h_1 - h_8)}{3.86} = \dfrac{1.2782 \times (614.5 - 420)}{3.86} = 64.41[\text{RT}]$

□ 14년1회

28 2단압축 2단팽창 냉동장치의 그림을 보고 물음에 답하시오.

득점	배점
	14

(1) 계통도의 상태점을 $p \sim h$ 선도에 기입하시오.

(2) 성적계수를 구하시오. (엔탈피 값은 다음과 같다)

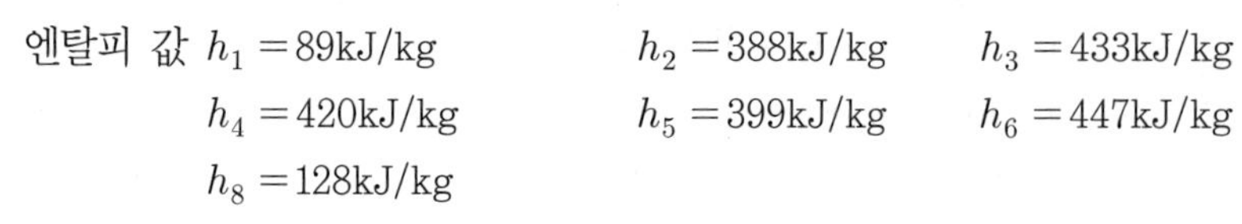

엔탈피 값 $h_1 = 89\text{kJ/kg}$ $\quad h_2 = 388\text{kJ/kg}$ $\quad h_3 = 433\text{kJ/kg}$

$h_4 = 420\text{kJ/kg}$ $\quad h_5 = 399\text{kJ/kg}$ $\quad h_6 = 447\text{kJ/kg}$

$h_8 = 128\text{kJ/kg}$

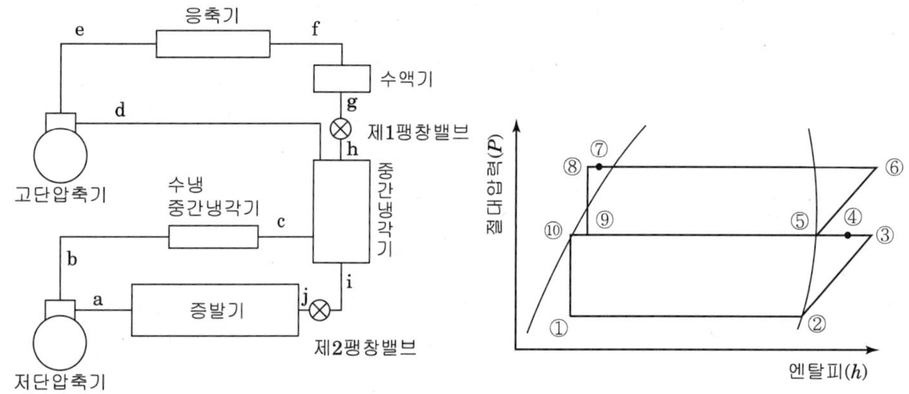

2단압축 2단팽창 계통도 $\qquad$ $P-h$선도

해답 (1) ① − j $\quad$ ② − a $\quad$ ③ − b $\quad$ ④ − c $\quad$ ⑤ − d

⑥ − e $\quad$ ⑦ − f $\quad$ ⑧ − g $\quad$ ⑨ − h $\quad$ ⑩ − i

(2) 1) 중간냉각기에 대한 열평형식을 세우면

$G_H h_9 + G_L h_4 = G_H h_5 + G_L h_{10}$ 에서

$$G_H = G_L \cdot \frac{h_4 - h_{10}}{h_5 - h_9}$$

$$\therefore \frac{G_H}{G_L} = \frac{h_4 - h_{10}}{h_5 - h_9}$$

2) 성적계수 COP

$$COP = \frac{Q_2}{W_L + W_H} = \frac{G_L \cdot (h_2 - h_1)}{G_L(h_3 - h_2) + G_H(h_6 - h_5)}$$

$$= \frac{(h_2 - h_1)}{(h_3 - h_2) + \frac{G_H}{G_L}(h_6 - h_5)} = \frac{h_2 - h_1}{(h_3 - h_2) + \frac{h_4 - h_{10}}{h_5 - h_9}(h_6 - h_5)}$$

$$= \frac{388 - 89}{(433 - 388) + \frac{420 - 89}{399 - 128} \times (447 - 399)} = 2.89$$

☐ 07년2회

29 **2단 압축 1단 팽창 암모니아 냉동장치가 다음과 같은 조건으로 운전될 때 각 물음에 답하시오.**

득점	배점
	10

【조 건】

1. 고·저단 압축효율은 단열압축에 대해 각각 0.75로 한다.
2. 응축온도 35℃, 증발온도 -40℃, 과냉각 5℃, 중간 냉각기의 냉매온도 -10℃, 팽창 밸브 직전의 액온도 -5℃로 한다.
3. 고·저 압축기에서의 흡입가스 상태는 건포화증기로 한다.

(1) 몰리에르 선도상에 냉동 사이클을 나타내시오.

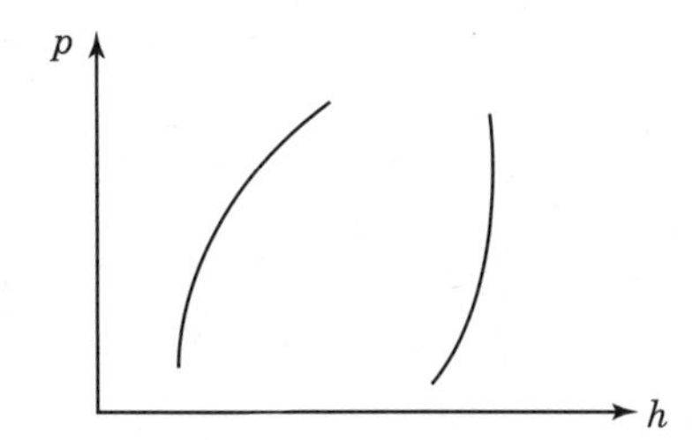

(2) 단위 냉동톤(1 RT)의 냉동효과에 대해서 중간냉각기에서 증발되는 냉매량 G_m[kg/h]을 구하시오.

해답 (1) 모리엘 선도 상에 냉동 사이클을 나타내면 다음과 같다.

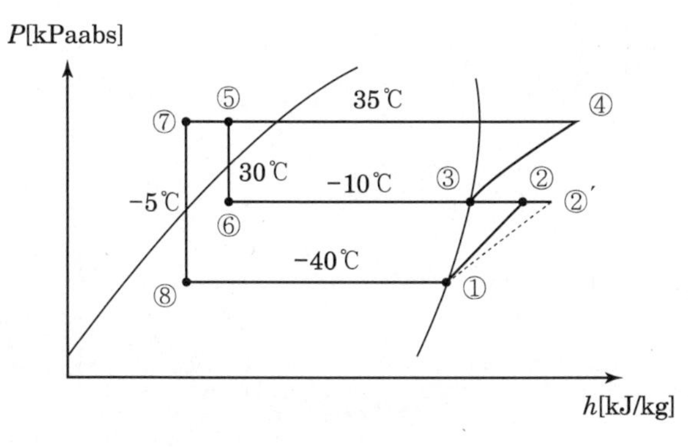

$h_1 = 1630\text{kJ/kg}$

$h_2 = 1820\text{kJ/kg}$

$h_3 = 1672\text{kJ/kg}$

$h_4 = 1903\text{kJ/kg}$

$h_5 = h_6 = 563\text{kJ/kg}$

$h_7 = h_8 = 395\text{kJ/kg}$

(2) 중간 냉각기의 냉매순환량 G_m

2단 압축 1단 팽창 냉동장치의 평형 운전 상태에서는 $P-h$ 선도에서 알 수 있는 바와 같이 중간냉각기 냉매순환량을 G_m이라 하면

$G_m(h_3-h_6)=G_L\{(h_2'-h_3)+(h_5-h_7)\}$이므로

$$G_m=G_L\cdot\frac{(h_2'-h_3)+(h_5-h_7)}{h_3-h_6}$$

$$=\frac{3.86\times3600}{1630-395}\times\frac{(1883.33-1672)+(563-395)}{1672-563}=3.85[\text{kg/h}\cdot\text{RT}]$$

여기서,

1냉동톤 당 저단측 냉매순환량 $G_L[\text{kg/h}]=\frac{3.86\times3600}{q_2}=\frac{3.86\times3600}{h_1-h_8}$

실제 저단 압축기 토출가스엔탈피

$$h_2'=h_1+\frac{(h_2-h_1)}{\eta_c}=1630+\frac{1820-1630}{0.75}=1883.33[\text{kJ/kg}]$$

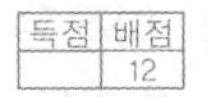

☐ 05년1회, 18년2회

30 다음 그림 (a), (b)는 응축온도 35℃, 증발온도 -35℃로 운전되는 냉동 사이클을 나타낸 것이다. 이 두 냉동 사이클 중 어느 것이 에너지 절약 차원에서 유리한가를 계산하여 비교하시오.

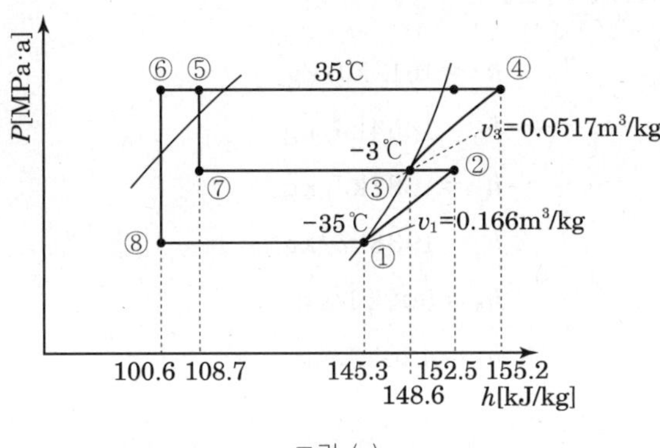

그림 (a)

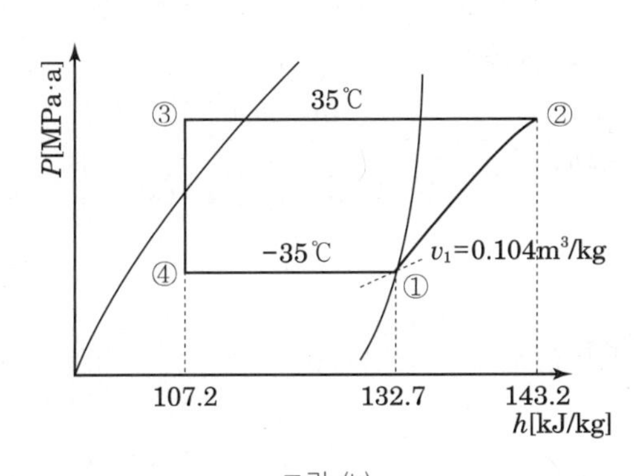

그림 (b)

해답 ① 그림 (a)의 이론 성적계수(2단압축 1단팽창식) $COP_{(a)}$

$$COP_{(a)} = \frac{h_1 - h_8}{(h_2 - h_1) + \frac{(h_2 - h_6)}{(h_3 - h_7)}(h_4 - h_3)}$$

$$= \frac{145.3 - 100.6}{(152.5 - 145.3) + \frac{(152.5 - 100.6)}{(148.6 - 108.7)}(155.2 - 148.6)} = 2.832$$

② 그림(b)의 이론 성적계수(1단 압축식) $COP_{(b)}$

$$COP_{(b)} = \frac{h_1 - h_4}{h_2 - h_1} = \frac{132.7 - 107.2}{143.2 - 132.7} = 2.429$$

따라서 2단압축 1단 팽창식인 (a)그림의 성적계수가 1단 압축식인 (b)의 냉동 사이클에 비하여 크므로 에너지 절약 차원에서 2단압축 1단 팽창식인 (a)냉동 사이클이 유리하다.

□ 03년2회

31 다음은 2단 압축 냉동 사이클을 몰리에르선도(P-h선도)상에 나타낸 것이다. 주어진 엔탈피값을 이용하여 이 사이클의 성적계수를 구하시오.

득점	배점
	10

【조 건】

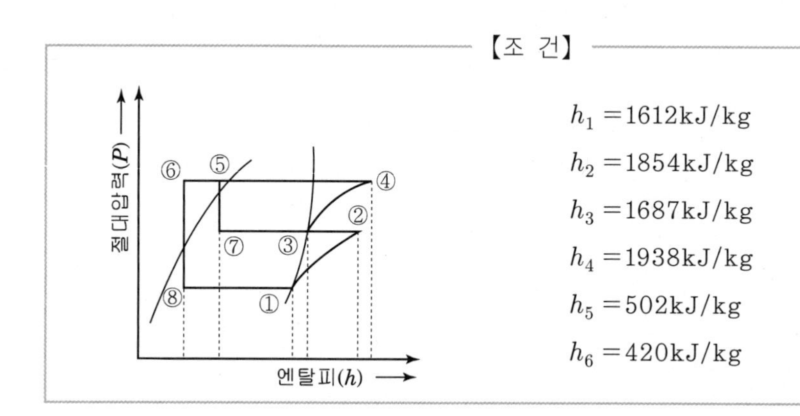

$h_1 = 1612\text{kJ/kg}$

$h_2 = 1854\text{kJ/kg}$

$h_3 = 1687\text{kJ/kg}$

$h_4 = 1938\text{kJ/kg}$

$h_5 = 502\text{kJ/kg}$

$h_6 = 420\text{kJ/kg}$

해설 2단압축1단팽창 냉동장치의 이론성적계수 COP

$$COP = \frac{Q_2}{AW_L + AW_H} = \frac{G_L(h_1 - h_8)}{G_L(h_2 - h_1) + G_H(h_4 - h_3)} = \frac{(h_1 - h_8)}{(h_2 - h_1) + \frac{G_H}{G_L}(h_4 - h_3)}$$

여기서 $\frac{G_H}{G_L} = \frac{h_2 - h_6}{h_3 - h_7}$ 이므로

$$COP = \frac{h_1 - h_8}{(h_2 - h_1) + \frac{h_2 - h_6}{h_3 - h_7}(h_4 - h_3)}$$ 이다.

해답 성적계수 $COP = \frac{1612 - 420}{(1854 - 1612) + \frac{1854 - 420}{1687 - 502}(1938 - 1687)} = 2.184$

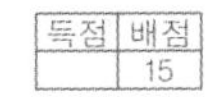

득점	배점
	15

□ 02년2회, 10년2회, 15년2회

32 **2단 압축 1단 팽창 암모니아 냉매를 사용하는 냉동장치가 응축온도 30℃, 증발온도 -32℃, 제 1팽창밸브 직전의 냉매액 온도 25℃, 제 2팽창밸브 직전의 냉매액 온도 0℃, 저단 및 고단 압축기 흡입증기를 건조포화증기라고 할 때 다음 각 물음에 답하시오. (단, 저단 압축기 냉매 순환량은 0.01kg/s 이다.)**

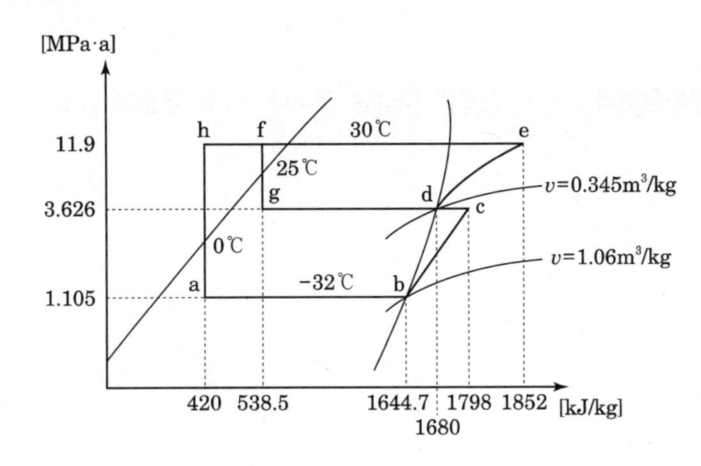

(1) 냉동장치의 장치도를 그리고 각 점(a~h)의 상태를 나타내시오.

(2) 중간 냉각기에서 증발하는 냉매량을 구하시오.

(3) 중간 냉각기의 기능 3가지를 쓰시오.

해답 (1) 장치도

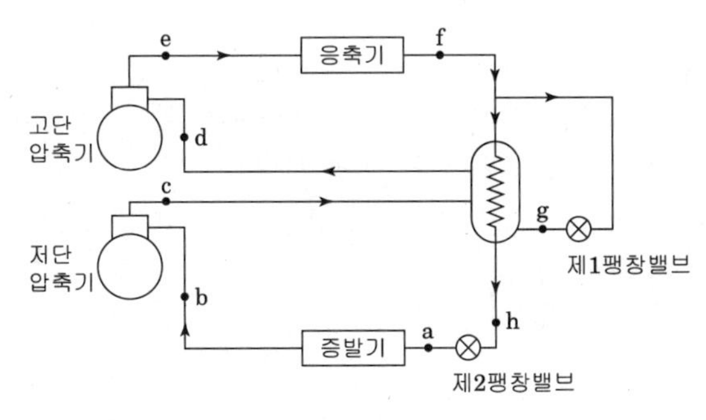

(2) 중간 냉각기 냉매 순환량(증발하는 냉매량) G_m

중간 냉각기에서의 열평형식

$G_m \cdot (h_d - h_g) = G_L \cdot \{(h_c - h_d) + (h_f - h_h)\}$에서

$$G_m = G_L \cdot \frac{(h_c - h_d) + (h_f - h_h)}{h_d - h_g}$$

$$= 0.01 \times \frac{(1798 - 1680) + (538.5 - 420)}{1680 - 538.5} = 2.07 \times 10^{-3} [\text{kg/s}]$$

(3) 중간 냉각기의 기능

① 저단 압축기의 토출가스 과열도를 제거하여 고단 압축기가 과열되는 것을 방지한다.

② 고압 냉매액을 과냉시켜 냉동효과를 증대시킨다.

③ 고단 압축기의 흡입가스 중의 액을 분리, Liquid back을 방지한다.

□ 07년1회, 19년1회

33 다음은 2단 압축 1단 팽창 냉동장치의 $P-h$ 선도를 나타낸 것이다. 다음 물음에 답하시오.

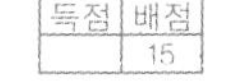

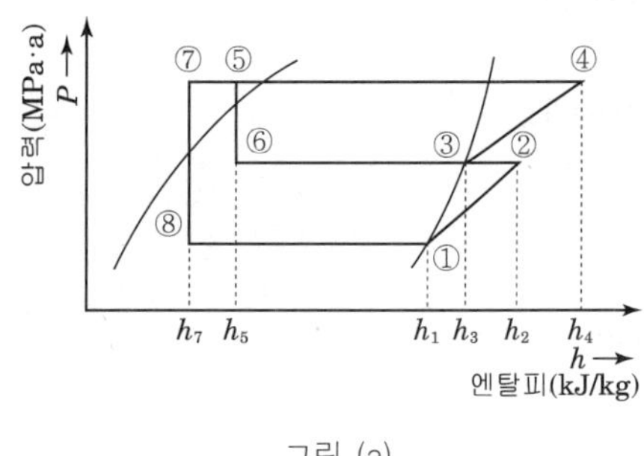

그림 (a)

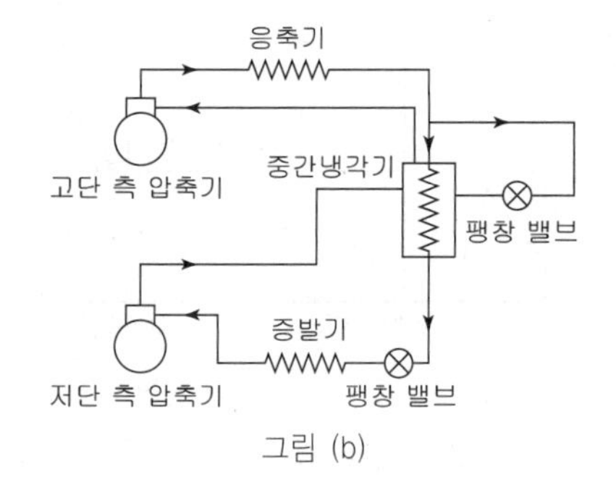

그림 (b)

(1) 그림 (a)의 $P-h$ 선도를 이용하여 각 상태점(1-8)을 그림 (b)의 장치도 상에 나타내시오.

(2) 고단 측 압축기의 냉매순환량 G_H(kg/h)와 저단 측 압축기의 냉매순환량 G_L(kg/h)의 비(G_H/G_L)를 그림 (a)에 표시된 엔탈피(h)에 차로서 나타내시오.

해설 (2) 냉매순환량비 G_H/G_L

2단 압축 1단 팽창 냉동장치의 평형 운전 상태에서는 $P-h$ 선도에서 알 수 있는 바와 같이 중간냉각기 냉매순환량(바이패스 냉매량)을 G_m이라 하면

$G_m(h_3-h_6)=G_L\{(h_5-h_7)+(h_2-h_3)\}$이므로

$$G_H=G_L+G_m=G_L\left(1+\frac{(h_5-h_7)+(h_2-h_3)}{h_3-h_6}\right)$$

$$=G_L\frac{(h_3-h_6)+(h_5-h_7)+(h_2-h_3)}{h_3-h_6}$$

$$=G_L\frac{h_2-h_7}{h_3-h_6}$$

$$\therefore \frac{G_H}{G_L}=\frac{h_2-h_7}{h_3-h_6}$$

해답 (1)

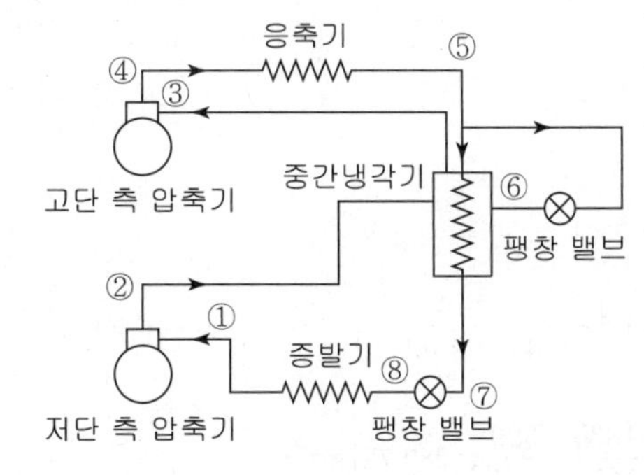

(2) $\dfrac{G_H}{G_L} = \dfrac{h_2 - h_7}{h_3 - h_6}$

☐ 04년3회, 14년2회, 20년3회

34 암모니아를 냉매로 사용한 2단 압축 1단 팽창의 냉동장치에서 운전조건이 다음과 같을 때 저단 및 고단의 피스톤 배제량[m^3/h]을 계산하시오.

득점	배점
	10

【조 건】

- 냉동능력 : 20 한국냉동톤(단, 1RT = 3.86kW)
- 저단 압축기의 체적효율 : 75%
- 고단 압축기의 체적효율 : 80%
- $h_1 = 399$ kJ/kg
- $h_2 = 1651$ kJ/kg
- $h_3 = 1836$ kJ/kg
- $h_4 = 1672$ kJ/kg
- $h_5 = 1924$ kJ/kg
- $h_6 = 571$ kJ/kg
- $v_2 = 1.51 m^3/kg$
- $v_4 = 0.4 m^3/kg$

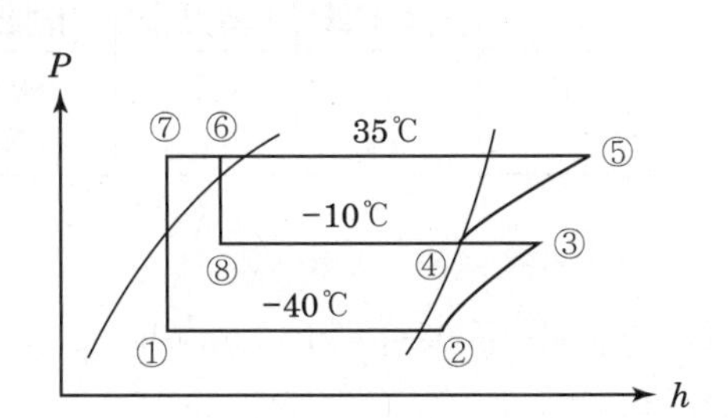

해답 (1) 저단측 냉매순환량 G_L

$$G_L = \frac{Q_2}{h_2 - h_1} = \frac{20 \times 3.86 \times 3600}{1651 - 399} = 221.98[\text{kg/h}]$$

또한 $G_L = \dfrac{V_{aL} \times \eta_{vL}}{v_L}$ 에서

저단측 피스톤 압출량 $Va_L = \dfrac{G_L \cdot v_L}{\eta_{vL}} = \dfrac{221.98 \times 1.51}{0.75} = 446.92[\text{m}^3/\text{h}]$

(2) 고단측 냉매 순환량 $G_H = G_L \cdot \dfrac{h_3 - h_7}{h_4 - h_8} = 221.98 \times \dfrac{1836 - 399}{1672 - 571} = 289.72[\text{kg/h}]$

또한 $G_H = \dfrac{V_{aH} \times \eta_{vH}}{v_H}$ 이므로

따라서 고단측 압축기 피스톤 배재량

$$V_{aH} = \frac{289.72 \times 0.4}{0.8} = 144.86[\text{m}^3/\text{h}]$$

☐ 13년1회, 20년1회

35 2단압축 1단팽창 $P-\text{h}$ 선도와 같은 냉동사이클로 운전되는 장치에서 다음 물음에 답하시오. (단, 냉동능력은 252MJ/h이고 압축기의 효율은 다음 표와 같다.)

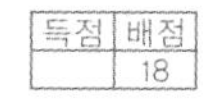

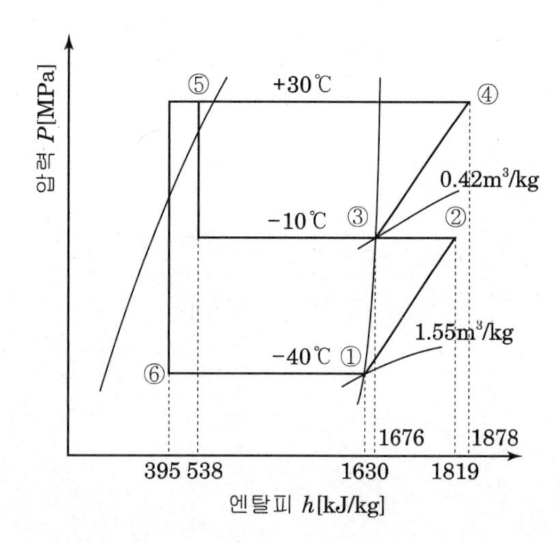

	체적효율	압축효율	기계효율
고단	0.8	0.85	0.93
저단	0.7	0.82	0.95

(1) 저단 냉매 순환량(G_L) kg/h

(2) 서단 피스톤 도출량(V_L) m^3/h

(3) 저단 소요 동력(N_L) kW

(4) 고단 냉매 순환량(G_H) kg/h

(5) 고단 피스톤 압출량(V_H) m^3/h

(6) 고단 소요 동력(N_H) kW

해설 아래 그림은 2단압축 1단팽창 사이클이다. 여기서 실선은 단열압축을 파선은 실제의 압축을 나타낸다.

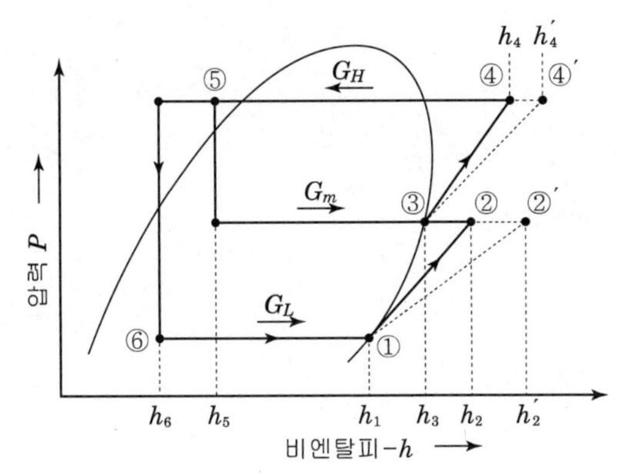

(1) 저단 냉매 순환량 $G_L = \frac{\text{냉동능력}}{\text{냉동효과}} = \frac{Q_2}{h_1 - h_6}$

(2) 저단 피스톤 토출량 $V_L = \frac{G_L \cdot v_1}{\eta_{v_L}}$

(3) 저단 소요 동력

$$N_L = \frac{W_L}{\eta_{c_L} \cdot \eta_{m_L}} = \frac{G_L \cdot (h_2 - h_1)}{\eta_{c_L} \cdot \eta_{m_L}}$$

(4) 고단 냉매 순환량

① 저단 압축기 토출가스 엔탈피

저단 압축기의 압축효율 $\eta_c = \frac{h_2 - h_1}{h_2' - h_1}$ 에서

저단측 압축기 토출가스 엔탈피 $h_2' = h_1 + \frac{h_2 - h_1}{\eta_{c_L}}$ 이다.

② 중간 냉각기의 냉매 순환량 G_m은

중간냉각기에서의 열평형 관계에서

$G_m(h_3 - h_5) = G_L\{(h'_2 - h_3) + (h_5 - h_6)\}$ 에서

$$G_m = G_L \cdot \frac{(h'_2 - h_3) + (h_5 - h_6)}{h_3 - h_5}$$

③ 고단 압축기 냉매 순환량

$$G_H = G_L + G_m = G_L + G_L \cdot \frac{(h'_2 - h_3) + (h_5 - h_6)}{h_3 - h_5}$$

$$= G_L\left\{1 + \frac{(h'_2 - h_3) + (h_5 - h_6)}{h_3 - h_5}\right\} = G_L \times \frac{h_2' - h_6}{h_3 - h_5}$$

(5) 고단 피스톤 압출량

$$V_H = \frac{G_H \cdot v_3}{\eta_{v_H}}$$

(6) 고단 소요 동력

$$N_H = \frac{W_H}{\eta_{c_H} \cdot \eta_{m_H}} = \frac{G_H \cdot (h_4 - h_3)}{\eta_{c_H} \cdot \eta_{m_H}}$$

해답 (1) 저단 냉매 순환량

$$G_L = \frac{Q_2}{h_1 - h_6} = \frac{252 \times 10^3[\text{kJ/h}]}{1630 - 395} = 204.05[\text{kg/h}]$$

(2) 저단 피스톤 토출량

$$V_L = \frac{G_L \cdot v_1}{\eta_{v_L}} = \frac{204.05 \times 1.55}{0.7} = 451.83[\text{m}^3/\text{h}]$$

(3) 저단 소요 동력

$$N_L = \frac{G_L \times (h_2 - h_1)}{\eta_{C_L} \cdot \eta_{m_L}} = \frac{\left(\frac{204.05}{3600}\right) \times (1819 - 1630)}{0.82 \times 0.95} = 13.75[\text{kW}]$$

(4) 고단 냉매 순환량

① 저단 압축기 토출가스 엔탈피

$$h_2' = h_1 + \frac{h_2 - h_1}{\eta_{c_L}} = 1630 + \frac{1819 - 1630}{0.82} = 1860.49[\text{kJ/kg}]$$

② 고단 냉매 순환량

$$G_H = G_L \times \frac{h_2' - h_6}{h_3 - h_5} = 204.05 \times \frac{1860.49 - 395}{1676 - 538} = 262.77[\text{kg/h}]$$

(5) 고단 피스톤 압출량

$$V_H = \frac{G_H \cdot v_3}{\eta_{v_H}} = \frac{262.77 \times 0.42}{0.8} = 137.95[\text{m}^3/\text{h}]$$

(6) 고단 소요 동력

$$N_H = \frac{G_H \times (h_4 - h_3)}{\eta_{c_H} \cdot \eta_{m_H}} = \frac{\left(\frac{262.77}{3600}\right) \times (1878 - 1676)}{0.85 \times 0.93} = 18.65[\text{kW}]$$

☐ 04년1회, 09년2회, 19년2회

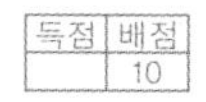

36 **다음은 R-22용 콤파운드 압축기를 이용한 2단 압축 1단 팽창 냉동장치의 이론 냉동사이클을 나타낸 것이다. 이 냉동장치의 냉동능력이 15RT일 때 각 물음에 답하시오. (단, 배관에서의 열손실은 무시한다. 압축기의 체적효율(저단 및 고단) : 0.75, 압축기의 압축효율(저단 및 고단) : 0.73, 압축기의 기계효율(저단 및 고단) : 0.90, 1RT=3.86kW)**

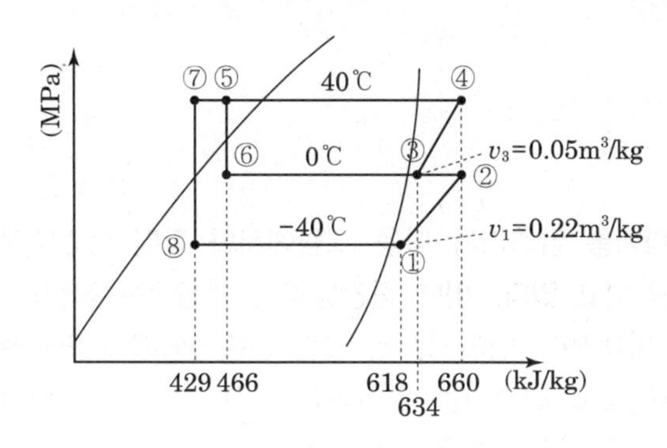

(1) 저단 압축기와 고단 압축기의 기통수비가 얼마인 압축기를 선정해야 하는가?

(2) 압축기의 실제 소요동력(kW)은 얼마인가?

해답 (1) ① 저단측 냉매순환량 G_L은

$$G_L = \frac{Q_2}{h_1 - h_8} = \frac{15 \times 3.86 \times 3600}{618 - 429} = 1102.86[\text{kg/h}]$$

또한 $G_L = \dfrac{V_{aL} \times \eta_{vL}}{v_L}$ 에서

저단측 피스톤 압출량 $Va_L = \dfrac{G_L \cdot v_L}{\eta_{vL}} = \dfrac{1102.86 \times 0.22}{0.75} = 323.51[\text{m}^3/\text{h}]$

② 고단측 냉매순환량 G_H은

$$G_H = G_L \cdot \frac{h_2' - h_7}{h_3 - h_6} = 1102.86 \times \frac{675.53 - 429}{634 - 466} = 1618.38[\text{kg/h}]$$

여기서 실제 저단측 압축기의 토출가스 엔탈피를 h_2'라 하면

$$h_2' = h_1 + \frac{h_2 - h_1}{\eta_{cL}} = 618 + \frac{660 - 618}{0.73} = 675.53[\text{kJ/kg}]$$

고단측 피스톤 압출량 $Va_H = \dfrac{G_H \cdot v_H}{\eta_{vH}} = \dfrac{1618.38 \times 0.05}{0.75} = 107.89[\text{m}^3/\text{h}]$

따라서 기통비= $Va_L : Va_H = 323.51 : 107.89 = 2.999 : 1 ≒ 3 : 1$

(2) 압축기 실제 소요동력 $L_S = L_{SL} + L_{SH}$

① 저단압축기 소요동력 L_{SL}은

$$L_{SL} = \frac{G_L \cdot (h_2 - h_1)}{\eta_c \times \eta_m} = \frac{1102.86 \times (660 - 618)}{3600 \times 0.73 \times 0.9} = 19.58[\text{kW}]$$

② 고단압축기 소요동력 L_{SH}은

$$L_{SH}=\frac{G_H\cdot(h_4-h_3)}{\eta_c\times\eta_m}=\frac{1618.38\times(660-634)}{3600\times0.73\times0.9}=17.79[\text{kW}]$$

따라서 압축기기의 실제 소요동력

$L_S=19.58+17.79=37.37[\text{kW}]$

□ 06년2회

37 **기통비 2인 컴파운드 R-22 고속 다기통 압축기가 다음 그림에서와 같이 중간냉각이 불완전한 2단 압축 1단 팽창식으로 운전되고 있다. 이때 중간냉각기 팽창밸브 직전의 냉매액 온도가 33℃, 저단측 흡입냉매의 비체적이 $0.15\text{m}^3/\text{kg}$, 고단측 흡입냉매의 비체적이 $0.06\text{m}^3/\text{kg}$ 이라고 할 때 저단측의 냉동효과(kJ/kg)는 얼마인가? (단, 고단측과 저단측의 체적효율은 같다.)**

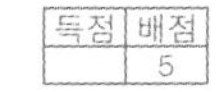

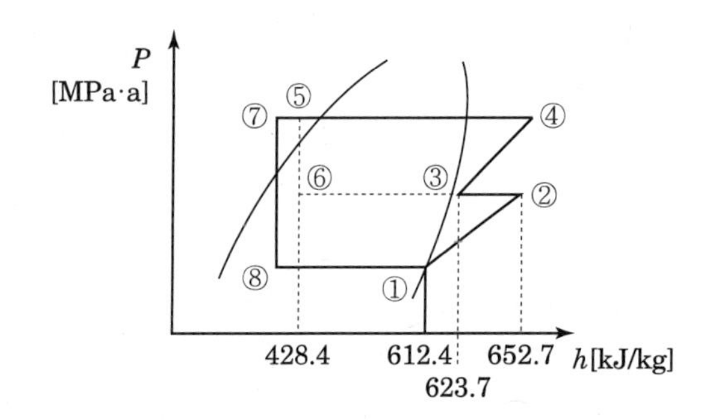

해설 (1) 기통비

2단압축 냉동장치는 2대의 압축기를 사용한다. 단 컴파운드 압축기의 경우에는 단기2단 압축기로 저단측의 압축기 실린더보다 고단측 압축기 실린더가 작다. 이때 기통비는 다음식으로 나타낸다.

$$\text{기통비}=\frac{\text{저단측 압축기의 실린더 체적}}{\text{고단측 압축기의 실린더 체적}}$$

(2) 고단측 냉매순환량 $G_H=G_L\cdot\frac{h_2-h_7}{h_3-h_6}$

여기서 G_L : 저단측 냉매순환량

또한 냉매순환량 $G=\frac{V\cdot\eta_v}{v}$

해답 고단측 냉매순환량 $G_H=G_L\cdot\frac{h_2-h_7}{h_3-h_6}$ 에서

$$h_7 = h_8 = h_2 - \frac{G_H}{G_L}(h_3 - h_6) = h_2 - \frac{\frac{V}{0.06}\eta_v}{\frac{2V}{0.15}\eta_v}(h_3 - h_6)$$

$$= 652.7 - \frac{0.15}{2 \times 0.06} \times (623.7 - 428.4) = 408.575$$

∴ 냉동효과 $q_2 = h_1 - h_8 = 612.4 - 408.575 = 203.83[\text{kJ/kg}]$

☐ 08년1회

38 **R-22를 사용하는 2단 압축 1단 팽창 냉동 사이클의 상태값이 아래와 같다. 저단 압축기의 압축효율이 0.79일 때 실제로 필요한 고단 압축기의 피스톤 압축량은 냉동 사이클에서 구한 값보다 몇 % 증가하는지 계산하시오.**

득점	배점
	9

【조 건】

- 저단측 압축기의 흡입냉매 엔탈피 $h_1 = 617.4\text{kJ/kg}$
- 고단측 압축기의 흡입냉매 엔탈피 $h_2 = 630\text{kJ/kg}$
- 저단측 압축기의 토출측 엔탈피 $h_3 = 638.4\text{kJ/kg}$
- 중간 냉각기의 팽창 밸브 직전 냉매액의 엔탈피 $h_4 = 462\text{kJ/kg}$
- 증발기용 팽창 밸브 직전의 냉매액의 엔탈피 $h_5 = 415.8\text{kJ/kg}$

해설 조건의 장치를 p-h선도에 그리면 다음과 같다.

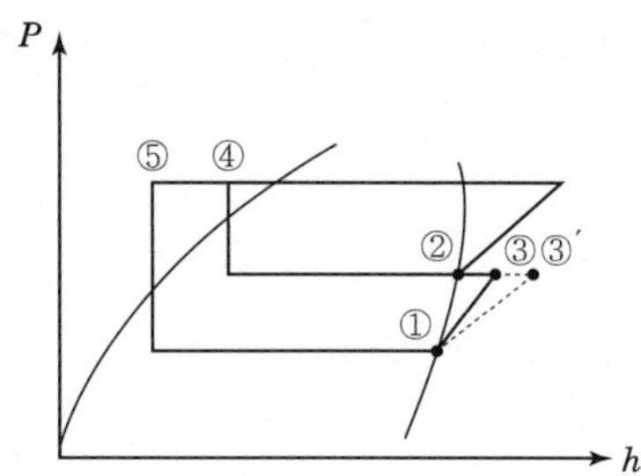

(1) 이론적 고단측 냉매 순환량 $G_h = G_L \cdot \frac{h_3 - h_5}{h_2 - h_4}$

(2) 실제적 고단측 냉매 순환량 $G_h{}' = G_L \cdot \frac{h_3{}' - h_5}{h_2 - h_4}$

여기서 저단 압축기의 압축효율 $\eta_c = \frac{h_3 - h_1}{h_3{}' - h_1}$에서

저단측 압축기 토출가스 엔탈피 $h_3{}' = h_1 + \frac{h_3 - h_1}{\eta_c}$이다.

(3) 피스톤 압축량은 냉매순환량 $G = \frac{V_a \cdot \eta_v}{v}$에서 고단 압축기의 체적효율 η_v과 비체적 v가 같다면 냉매순환량 G와 비례하므로 냉매순환량의 비로 구할 수가 있다.

해답 (1) 이론적 고단측 냉매 순환량 G_h

$$G_h = G_L \cdot \frac{638.4-415.8}{630-462} = 1.325\,G_L[\text{kg/h}]$$

• 저단측 압축기 토출가스 엔탈피(압축효율 고려)

$$h_3' = 617.4 + \frac{638.4-617.4}{0.79} = 643.98[\text{kJ/kg}]$$

(2) 실제적 고단측 냉매 순환량 G_h'

$$G_h' = G_L \cdot \frac{643.98-415.8}{630-462} = 1.358 \cdot G_L[\text{kg/h}]$$

(3) 증가량$= \dfrac{1.358 \cdot G_L - 1.325 \cdot G_L}{1.325 \cdot G_L} \times 100 = 2.49[\%]$

□ 00년3회

득점	배점
	20

39 응축온도 40℃, 증발온도 -40℃, 중간 냉각기 온도-8℃, 중간 냉각기용 팽창밸브 직전의 과냉각된 냉매액 온도 34℃, 증발기용 팽창밸브 직전의 냉매액 온도 7℃, 저단 및 고단 압축기의 흡입증기가 건조포화상태인 R-22 콤파운드 압축기를 사용하는 2단 압축 1단 팽창 냉동장치가 있다. 압축기의 소비전력이 112kW일 때 다음 각 물음에 답하시오. (단, 저단 및 고단 압축기의 압축효율 0.85, 기계효율은 0.9이고 배관의 열손실은 없는 것으로 한다.)

(1) 이 냉동장치의 장치도 및 p-h의 선도를 그리시오.

(2) 저단 및 고단 압축기의 냉매 순환량(kg/h)을 구하시오.

(3) 저단 및 고단 압축기의 압축일량(kW)을 구하시오.

(4) 냉동능력(RT)을 구하시오.

(5) 성적계수(COP)을 구하시오.

해답 (1) 장치도

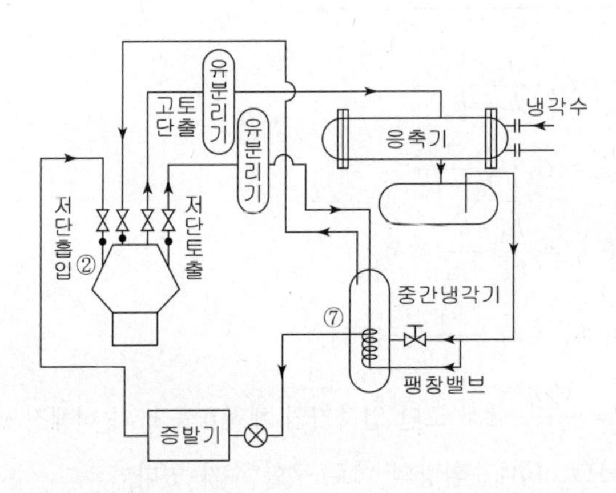

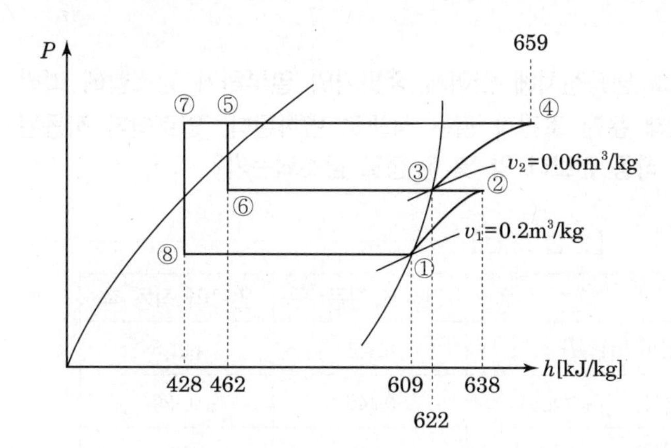

(2) 이 문제는 냉동능력 대신 저단 · 고단 전체 압축동력을 주어진 것으로 문제풀이가 복잡한 편입니다.

① 저단 냉매 순환량 G_L[kg/h]을 구하기 위해

$$L_S = L_{SL} + L_{SH} = \frac{G_L \cdot (h_2 - h_1)}{\eta_c \cdot \eta_m} + \frac{G_H(h_4 - h_3)}{\eta_c \cdot \eta_m}$$ 에서(L_S는 전체 압축동력 112kW)

$$G_H = G_L \frac{h_2' - h_7}{h_3 - h_6}$$ 이므로

$$L_S = \frac{G_L \cdot (h_2 - h_1)}{\eta_c \cdot \eta_m} + \frac{G_L \frac{h_2' - h_7}{h_3 - h_6}(h_4 - h_3)}{\eta_c \cdot \eta_m}$$

$$\therefore G_L = \frac{L_S \cdot \eta_c \cdot \eta_m}{(h_2 - h_1) + (h_4 - h_3) \cdot \frac{h_2' - h_7}{h_3 - h_6}}$$

$$= \frac{112 \times 3600 \times 0.85 \times 0.9}{(638 - 609) + (659 - 622) \times \frac{643.12 - 428}{622 - 462}} = 3916.97[\text{kg/h}]$$

여기서 $h_2' = h_1 + \frac{h_2 - h_1}{\eta c} = 609 + \frac{638 - 609}{0.85} = 643.12[\text{kJ/kg}]$

② 고단 냉매 순환량 G_H[kg/h]

$$G_H = G_L \frac{h_2' - h_7}{h_3 - h_6} = 3916.97 \times \frac{643.12 - 428}{622 - 462} = 5266.37[\text{kg/h}]$$

(3) ① 저단 압축기의 압축일량 L_{SL}[kW]

$$L_{SL} = \frac{G_L \cdot (h_2 - h_1)}{\eta_c \cdot \eta_m} = \frac{3916.97 \times (638 - 609)}{3600 \times 0.85 \times 0.9} = 41.25[\text{kW}]$$

② 고단 압축기의 압축일량 L_{SH}[kW]

$$L_{SH} = L_S - L_{SL} = 112 - 41.25 = 70.75[\text{kW}]$$

(4) 냉동능력 $RT = \frac{Q_2}{3.86} = \frac{G_L \cdot (h_1 - h_8)}{3.86} = \frac{3916.97 \times (609 - 428)}{3.86 \times 3600} = 51.02[\text{RT}]$

(5) 성적계수 $COP = \frac{Q_2}{W} = \frac{51.02 \times 3.86}{112} = 1.76$

□ 02년2회, 10년2회

득점	배점
	9

40 다기통 압축기를 사용한 R-22 냉동장치에 있어서 증발기의 열부하가 감소함에 따라 언로더(unloader)가 작동하면 아래 운전 조건과 같은 상태로 변화된다. 언로더가 작동된 후, 압축기의 소요동력은 언로더 작동 전보다 약 몇 % 정도 감소되는가?

【운전 조건】

항목	언로더 작동 전	언로더 작동 후
압축기 흡입측 냉매증기 엔탈피 h_1[kJ/kg]	619.5	621.6
압축기 흡입측 냉매증기 비체적 v_1[m^3/kg]	0.140	0.120
단열압축 후 압축기 냉매증기 엔탈피 h_2[kJ/kg]	693	686.7
피스톤 압출량 V[m^3/h]	300	200
체적효율 η_v	0.70	0.75
압축효율 η_c	0.75	0.78
기계효율 η_m	0.80	0.82

해설 (1), (2)압축기 소요동력 L_s

$$L_s = \frac{W}{\eta_c \cdot \eta_m} = \frac{G \cdot (h_2 - h_1)}{\eta_c \cdot \eta_m} = \frac{V_a \cdot \eta_v \cdot (h_2 - h_1)}{v \cdot \eta_c \cdot \eta_m}$$

W : 압축일량[kW]
G : 냉매순환량[kg/s]
V_a : 압축기 피스톤 압출량[m^3/s]
h_1, h_2 : 압축기 입구 및 출구엔탈피[kJ/kg]
η_v, η_c, η_m : 체적효율, 압축효율, 기계효율

(3) $감소율 = \frac{언로더\ 작동\ 전\ 소요동력 - 언로더\ 작동\ 후\ 소요동력}{언로더\ 작동\ 전\ 소요동력}$

해답 (1) 언로더 작동 전 소요동력

$$L_{s1} = \frac{300 \times 0.7 \times (693 - 619.5)}{0.14 \times 3600 \times 0.75 \times 0.8} = 51.04[\text{kW}]$$

(2) 언로더 작동 후 소요동력

$$L_{s2} = \frac{200 \times 0.75 \times (686.7 - 621.6)}{0.12 \times 3600 \times 0.78 \times 0.82} = 35.34[\text{kW}]$$

(3) $감소율 = \frac{51.04 - 35.34}{51.04} \times 100 = 30.76[\%]$

□ 00년1회

41 **다음과 같은 2단 압축 2단 팽창 냉동 사이클의 $P-h$ 선도를 보고 각 물음에 답하시오. (단, 냉동능력은 10RT, 1RT=3.86kW이다.)**

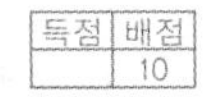

득점	배점
	10

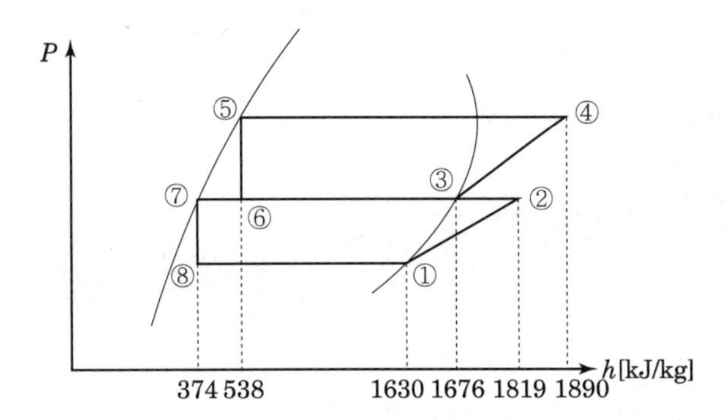

(1) 저단 압축기 냉매 순환량 G_L[kg/h]을 구하시오.

(2) 중간 냉각기의 냉매 순환량 G_M[kg/h]을 구하시오.

(3) 고단 압축기 냉매 순환량 G_H[kg/h]을 구하시오.

(4) 냉동장치의 성적계수(COP)를 구하시오.

(5) 저단 압축기의 소요동력(kW)을 구하시오.

해설 2단 압축 2단 팽창 냉동장치

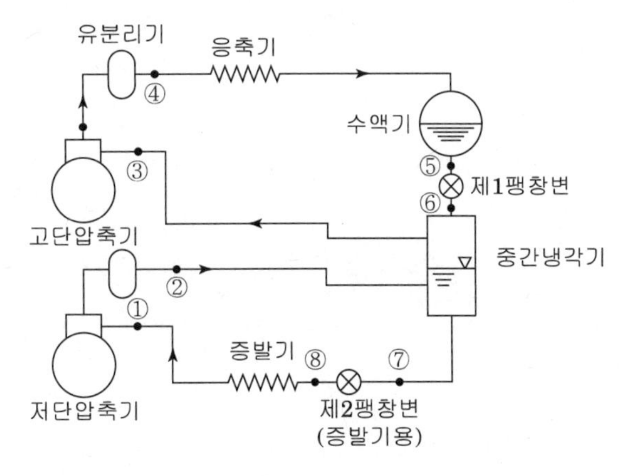

(1) 저단 압축기 냉매 순환량 $G_L = \dfrac{Q_2}{h_1 - h_8}$[kg/h]

(2) 중간 냉각기의 냉매 순환량 G_M

중간냉각기에서의 열평형 관계에서

$G_M(h_3 - h_6) = G_L\{(h_2 - h_3) + (h_6 - h_7)\}$에서

$$G_M = G_L \cdot \frac{(h_2 - h_3) + (h_6 - h_7)}{h_3 - h_6}$$

(3) 고단 압축기 냉매 순환량 $G_H = G_L + G_M$[kg/h]

(4) 냉동장치의 성적계수 $COP = \dfrac{Q_2}{W_L + W_H}$

(5) 저단 압축기의 소요동력(kW) $L_S = G_L(h_2 - h_1)$

해답 (1) $G_L = \dfrac{Q_2}{h_1 - h_8}$ 에서 냉동능력이 10RT이므로

$$G_L = \frac{Q_2}{h_1 - h_8} = \frac{10 \times 3.86 \times 3600}{1630 - 374} = 110.64[\text{kg/h}]$$

(2) $G_M = G_L \cdot \dfrac{(h_2 - h_3) + (h_7 - h_6)}{h_3 - h_7}$

$$= 110.64 \times \frac{(1819 - 1676) + (538 - 374)}{1676 - 538} = 29.85[\text{kg/h}]$$

(3) $G_H = G_L + G_M = 110.64 + 29.85 = 140.49[\text{kg/h}]$

(4) $COP = \dfrac{Q_2}{W_L + W_H}$

$$= \frac{10 \times 3.86 \times 3600}{110.64 \times (1819 - 1630) + 140.49 \times (1890 - 1676)} = 2.73$$

(5) $L_S = \dfrac{110.64 \times (1819 - 1630)}{3600} = 5.81[\text{kW}]$

☐ 06년3회, 16년2회

42 다음과 같은 $P-h$ 선도를 보고 각 물음에 답하시오. (단, 중간 냉각에 냉각수를 사용하지 않는 것으로 하고, 냉동능력은 $1RT(3.86\text{kW})$로 한다.)

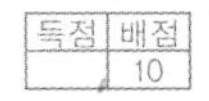

득점	배점
	10

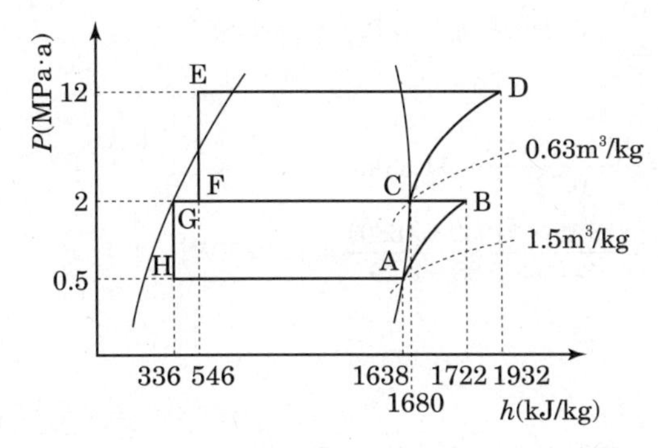

압축비 / 효율	2	4	6	8	10	24
체적효율(η_v)	0.86	0.78	0.72	0.66	0.62	0.48
기계효율(η_m)	0.92	0.90	0.88	0.86	0.84	0.70
압축효율(η_c)	0.90	0.85	0.79	0.73	0.67	0.52

(1) 저단 측의 냉매순환량 G_L[kg/h], 피스톤 토출량 V_L[m^3/h], 압축기 소요동력 N_L[kW]을 구하시오.

(2) 고단 측의 냉매순환량 G_H[kg/h], 피스톤 토출량 V_H[m^3/h], 압축기 소요동력 N_H[kW]을 구하시오.

해답

(1) ① 저단측 냉매순환량 $G_L = \dfrac{Q_2}{q_2} = \dfrac{3.86 \times 3600}{1638 - 336} = 10.67[\text{kg/h}]$

② 저단측 피스톤 토출량 $G_L = \dfrac{V_{aL} \times \eta_{v2}}{v_2}$ 에서

저단 압축기의 압축비는 $\dfrac{2}{0.5} = 4$이므로

$\eta_v = 0.78,\ \eta_m = 0.9,\ \eta_c = 0.85$이다.

$V_{aL} = \dfrac{10.67 \times 1.5}{0.78} = 20.52[\text{m}^3/\text{h}]$

③ 저단측 압축기 소요동력

$N_L = \dfrac{G_L \cdot W_L}{\eta_{cL} \cdot \eta_{mL}} = \dfrac{10.67 \times (1722 - 1638)}{3600 \times 0.9 \times 0.85} = 0.33[\text{kW}]$

(2) ① 고단측 냉매순환량 $G_H = G_L \cdot \dfrac{h'_B - h_G}{h_C - h_F} = 10.67 \times \dfrac{1736.82 - 336}{1680 - 546} = 13.18[\text{kg/h}]$

여기서 저단 압축기 실제 토출가스 엔탈피 $h_B{}'$는

$$h_B{}' = h_A + \frac{h_B - h_A}{\eta_{cL}} = 1638 + \frac{1722 - 1638}{0.85} = 1736.82[\text{kcal/kg}]$$

∴ 고단 압축기의 압축비는 $\frac{12}{2} = 6$이므로 $\eta_v = 0.72$, $\eta_m = 0.88$,

$\eta_c = 0.79$이다.

② 고단측 피스톤 토출량 $V_{aH} = \frac{13.18 \times 0.63}{0.72} = 11.53[\text{m}^3/\text{h}]$

③ 고단측 압축기 소요동력 $N_H = \frac{13.18 \times (1932 - 1680)}{3600 \times 0.88 \times 0.79} = 1.327[\text{kW}]$

□ 01년1회, 05년1회, 12년2회, 14년3회

43 다음 그림은 -100℃ 정도의 증발온도를 필요로 할 때 사용되는 2원 냉동 사이클의 P-h선도이다. P-h선도를 참고로 하여 각 지점의 엔탈피로서 2원 냉동 사이클의 성적계수(ϵ)를 나타내시오. (단, 저온 증발기의 냉동능력 : Q_{2L}, 고온 증발기의 냉동능력 Q_{2H}, 저온부의 냉매 순환량 : G_1, 고온부의 냉매 순환량 : G_2)

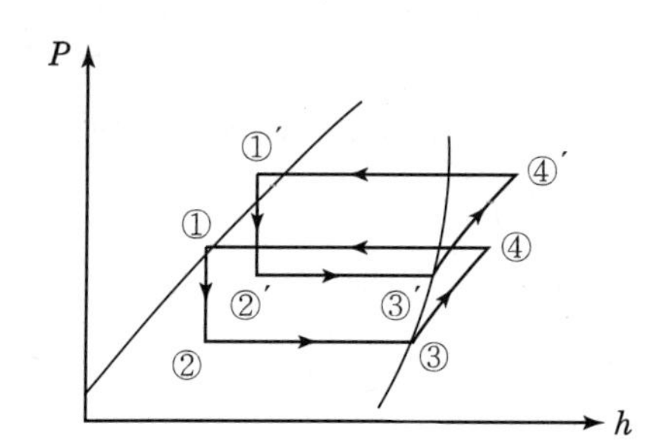

해설 2원 냉동 사이클의 성적계수(ϵ)

(1) 저온 냉동기의 성적계수 $\epsilon_1 = \frac{Q_{2L}}{W_L} = \frac{G_1 \cdot (h_3 - h_2)}{G_1 \cdot (h_4 - h_3)} = \frac{h_3 - h_2}{h_4 - h_3}$

(2) 고온 냉동기의 성적계수 $\epsilon_2 = \frac{Q_{2H}}{W_H} = \frac{G_2 \cdot (h'_3 - h'_2)}{G_2 \cdot (h'_4 - h'_3)} = \frac{h'_3 - h'_2}{h'_4 - h'_3}$

(3) 종합성적계수 $\epsilon = \frac{Q_{2L}}{W_L + W_H} = \frac{\epsilon_1 \cdot \epsilon_2}{1 + \epsilon_1 + \epsilon_2}$

여기서 W_L : 저온 냉동기 소요동력

W_H : 고온 냉동기 소요동력

해답 성적계수 $\epsilon = \frac{Q_{2L}}{G_1(h_4 - h_3) + G_2(h_4{}' - h_3{}')} = \frac{G_1 \cdot (h_3 - h_2)}{G_1(h_4 - h_3) + G_2(h_4{}' - h_3{}')}$

□ 17년2회

44 저온 측 냉매는 R-13으로 증발 온도 -100℃, 응축 온도 -45℃, 액의 과냉각은 없다. 고온 측 냉매는 R22로서 증발 온도 -50℃, 응축 온도 30℃이며, 액은 25℃까지 과냉각된다. 이 2원 냉동 사이클의 1냉동톤당의 성적 계수를 계산하시오.(단, 1RT=3.86kW)

득점	배점
	10

【조 건】

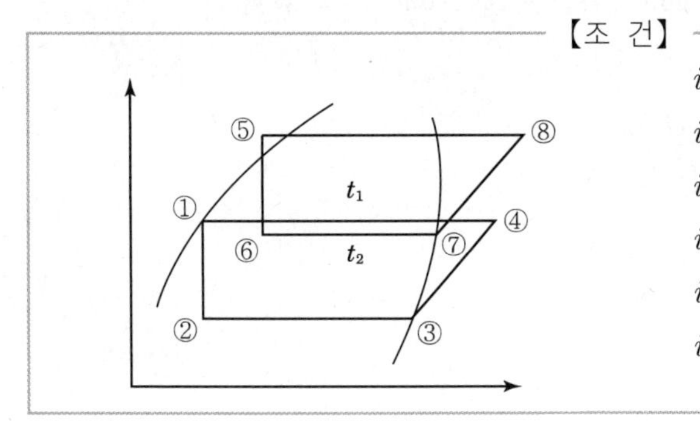

$i_1 = 370.65$[kJ/kg]
$i_3 = 478.17$[kJ/kg]
$i_4 = 522.5$[kJ/kg]
$i_5 = i_6 = 452.59$[kJ/kg]
$i_7 = 604.4$[kJ/kg]
$i_8 = 681.3$[kJ/kg]

해설 2원 냉동방식의 기본식

(1) 저온 냉동기 계산식

① 냉매순환량 G_L[kg/h]

$$G_L = \frac{Q_2}{h_3 - h_2} = \frac{3.86 \times 3600}{478.17 - 370.65} = 129.24[\text{kg/h}]$$

여기서,

Q_2 : 냉동능력[kW]

h_1 : 저온 냉동기 증발기 출구 엔탈피[kJ/kg]

h_2 : 저온 냉동기 증발기 입구 엔탈피[kJ/kg]

(2) 고온 냉동기 계산식

① 냉매순환량 G_H[kg/h]

고온냉동기 흡열량=저온냉동기 방열량이므로

$G_H \cdot (h_7 - h_6) = G_L \cdot (h_4 - h_1)$ 에서

$$G_H = G_L \cdot \frac{h_4 - h_1}{h_7 - h_6} = 129.24 \times \frac{522.5 - 370.65}{604.4 - 452.59} = 129.27$$

해답 (3) 성적계수

종합 성적계수 COP

$$COP = \frac{Q_2}{W_L + W_H} = \frac{Q_2}{G_L \cdot w_1 + G_H \cdot w_2}$$

$$= \frac{3.86 \times 3600}{129.24 \times (522.5 - 478.17) + 129.27 \times (681.3 - 604.4)} = 0.887 ≒ 0.89$$

압축기

□ 14년3회, 17년2회, 17년3회, 20년1회

45 왕복동 압축기의 실린더 지름 120mm, 피스톤 행정 65mm, 회전수 1200rpm, 체적 효율 70% 6기통일 때 다음 물음에 답하시오.

득점	배점
	6

(1) 이론적 압축기 토출량 m^3/h를 구하시오.

(2) 실제적 압축기 토출량 m^3/h를 구하시오.

해설 이론적 압축기 토출량 $V_a = \frac{\pi d^2}{4} \cdot L \cdot N \cdot R \cdot 60$

체적 효율 $= \frac{\text{실제적 압축기 토출량}}{\text{이론적 압축기 토출량}}$

해답 (1) 이론적 토출량 $= \frac{\pi}{4} \times 0.12^2 \times 0.065 \times 1200 \times 6 \times 60 \fallingdotseq 317.58[m^3/h]$

(2) 실제적 토출량 $= 317.58 \times 0.7 = 222.31[m^3/h]$

□ 06년3회, 12년1회, 18년3회

46 어떤 냉동장치의 증발기 출구상태가 건조포화 증기인 냉매를 흡입 압축하는 냉동기가 있다. 증발기의 냉동능력이 10RT, 그리고 압축기의 체적효율이 65%라고 한다면, 이 압축기의 분당 회전수는 얼마인가? (단, 이 압축기는 기통 지름 : 120mm, 행정 : 100mm, 기통수 : 6기통, 압축기 흡입증기의 비체적 : $0.15m^3/kg$, 압축기 흡입증기의 엔탈피 : 626kJ/kg, 압축기 토출증기의 엔탈피 : 689kJ/kg, 팽창밸브 직후의 엔탈피 : 462kJ/kg, 1RT : 3.86kW로 한다)

득점	배점
	6

해설 (1) 냉동능력 $R = \frac{Q_2}{3.86} = \frac{G \cdot q_2}{3.86} = \frac{V_a \times \eta_c \times q_2}{v \times 3.86}$에서

피스톤 압출량 $V_a = \frac{R \times v \times 3.86}{\eta_v \times q_2}$

(2) 피스톤 압출량 $V_a = \frac{\pi D^2}{4} \cdot L \cdot N \cdot R \cdot 60$에서

분당회전수 $R = \frac{V_a \cdot 4}{\pi \cdot D^2 \cdot L \cdot N \cdot 60}$

해답 (1) $V_a = \frac{RT \times v \times 3.86}{\eta_v \times q_2} = \frac{10 \times 0.15 \times 3.86 \times 3600}{0.65 \times (626 - 462)} = 195.53[m^3/h]$

(2) 분당회전수

피스톤 압출량 $V_a = \frac{\pi D^2}{4} \cdot L \cdot N \cdot R \cdot 60$에서

$$R = \frac{V_a \cdot 4}{\pi \cdot D^2 \cdot L \cdot N \cdot 60} = \frac{195.53 \times 4}{\pi \times 0.12^2 \times 0.1 \times 6 \times 60} = 480.24[RPM]$$

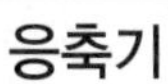

응축기

□ 14년1회

47 **프레온 냉동장치의 수랭식 응축기에 냉각탑을 설치하여 운전상태가 다음과 같을 때 응축기 냉각수의 수량[L/h]을 구하시오.**

득점	배점
	8

【운전 조건】

1. 응축온도 : 38℃	2. 응축기 냉각수 입구온도 : 30℃
3. 응축기 냉각수 출구온도 : 35℃	4. 증발온도 : −15℃
5. 냉동능력 : 50kW	6. 외기 습구온도 : 27℃
7. 압축동력 : 20kW	7. 냉각수 비열 : 4.2kJ/kg · K

해설 (1) $Q_1 = Q_2 + W$

(2) $Q_1 = m \cdot c \cdot (t_{w2} - t_{w1})$

여기서 Q_2 : 냉동부하(냉동능력)[kW]　　W : 압축동력[kW]

m : 냉각수량[kg/s]　　c : 냉각수 비열[kJ/kg · ℃]

t_{w1}, t_{w2} : 냉각수 입구 및 출구온도[℃]

냉각수 순환수량 $m = \dfrac{Q_2 + W}{c \cdot \Delta t}$

해답 냉각수 순환수량 $m = \dfrac{50+20}{4.2 \times (35-30)} \times 3600 = 12000$[kg/h]

□ 17년3회

48 **암모니아 응축기에 있어서 다음과 같은 조건일 경우 필요한 냉각 면적[m^2]으로 구하시오. (단, 냉각관의 열전도 저항은 무시하며 소수점 이하 한 자리까지 구하시오.)**

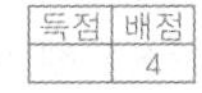

【조 건】

- 냉매 측의 열전달률 $\alpha_r = 7000\,\mathrm{W/m^2K}$
- 냉각수 측의 열전달률 $\alpha_w = 1400\,\mathrm{W/m^2K}$
- 물때의 열저항 $f = 8.6 \times 10^{-5}\,\mathrm{m^2K/W}$
- 냉동 능력 $Q_2 = 25\mathrm{RT}\,(1\mathrm{RT} = 3.86\mathrm{kW})$
- 압축기 소요 동력 $W = 25\mathrm{kW}$
- 냉매와 냉각수의 평균 온도 차 $\Delta t_m = 6$℃

해설 (1) 열통과율 $K=\dfrac{1}{R}=\dfrac{1}{\dfrac{1}{\alpha_r}+f+\dfrac{1}{\alpha_w}}$

(2) 응축부하 $Q_1 = Q_2 + W$

$Q_1 = K \cdot A \cdot \Delta t_m$

따라서 냉각면적 $A=\dfrac{Q_1}{K \cdot \Delta t_m}$

여기서 Q_2 : 냉동부하(냉동능력)[kW]

W: 압축동력[kW]

K: 응축기 열통과율[kW/m^2·K]

Δt_m : 냉매와 냉각수평균온도차[℃]

해답 (1) 열통과율

$$K=\frac{1}{\dfrac{1}{7000}+8.6\times10^{-5}+\dfrac{1}{1400}}=1060.28[\text{W/m}^2\cdot\text{K}]$$

(2) 냉각 면적 $A=\dfrac{25\times3.86+25}{1060.28\times10^{-3}\times6}=19.10[\text{m}^2]$

□ 03년2회

49 암모니아 응축기에 있어서 다음과 같은 조건일 경우 필요한 냉각면적[m^2]을 구하시오. (단, 냉각관의 열전도저항은 무시하며 소수점 이하 한 자리까지 구하시오.)

득점	배점
	8

【조 건】

- 냉매측의 열전달률 $\alpha_r = 6000\,\text{W/m}^2\cdot\text{K}$
- 냉각수측의 열전달률 $\alpha_w = 9300\,\text{W/m}^2\cdot\text{K}$
- 물때의 열저항 $f = 1.72\times10^{-4}\,\text{m}^2\cdot\text{K/W}$
- 냉동능력 $Q_e = 35\,$RT(1RT=3.86kW)
- 압축기 소요동력 $P = 10\,$kW
- 냉매와 냉각수와의 평균온도차 $\Delta t_m = 7$℃

해설 (1) 열통과율 $K=\dfrac{1}{\dfrac{1}{\alpha_r}+f+\dfrac{1}{\alpha_w}}$

(2) 응축부하 $Q_1 = Q_2 + W$

$Q_1 = K \cdot A \cdot \Delta t_m$

따라서 냉각면적 $A=\dfrac{Q_1}{K \cdot \Delta t_m}$

여기서 Q_2 : 냉동부하(냉동능력)[kW]
W : 압축동력[kW]
K : 응축기 열통과율[kW/m²·K]
Δt_m : 냉매와 냉각수평균온도차[℃]

해답 (1) 열통과율

$$K=\frac{1}{\frac{1}{6000}+1.72\times10^{-4}+\frac{1}{9300}}=2241.18[\mathrm{W/m^2\cdot K}]$$

(2) 냉각 면적 $A=\frac{35\times3.86+10}{2241.18\times10^{-3}\times7}=9.25[\mathrm{m^2}]$

□ 01년1회

50 R-134a **냉매를 사용하는 원통 다관식 응축기에서 응축온도** 35℃, **응축기에서 제거해야 할 열량** 60kW, **입구온도** 22℃, **출구온도** 27℃**일 때 각 물음에 답하시오. (단, 물의 속도는** 1.5m/s, **열통과율** $K=0.85\,\mathrm{kW/m^2K}$, **냉각수 비열** $C=4.2\mathrm{kJ/kg\cdot K}$ **이다.)**

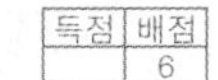

(1) 대수 평균온도차(MTD)를 구하시오.

(2) 전열면적(m²)을 구하시오.

(3) 냉각수량(kg/s)을 구하시오.

해답 (1)

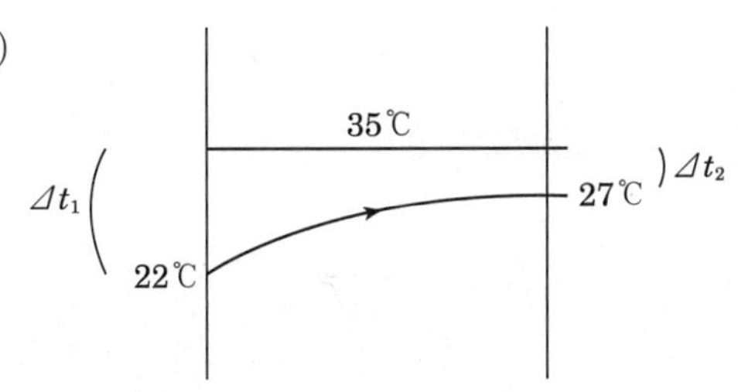

$\Delta t_1=35-22=13℃$

$\Delta t_2=35-27=8℃$

$$MTD=\frac{\Delta t_1-\Delta t_2}{L_n\frac{\Delta t_1}{\Delta t_2}}=\frac{13-8}{L_n\frac{13}{8}}=10.30℃$$

(2) $Q_1=K\cdot A\cdot(MTD)$ 에서 $A=\frac{Q_1}{K\cdot(MTD)}=\frac{60}{0.85\times10.30}=6.85[\mathrm{m^2}]$

(3) $Q_1=m\cdot c\cdot\Delta t$에서 $m=\frac{Q_1}{c\cdot\Delta t}=\frac{60}{4.2\times(27-22)}=2.86[\mathrm{kg/s}]$

□ 10년1회

51 횡형 쉘 앤드 로핀 튜브 수랭식 응축기에서 수측 열전달율(α_w)은 $5.8\text{kW/m}^2\text{K}$, 냉매측 열전달율(α_r)은 $2.4\text{kW/m}^2\text{K}$, 냉각관의 유효 내외 면적비(m)가 3일 때 냉매 전열면 기준 통과율 $\text{kW/m}^2\text{K}$를 구하시오.

득점	배점
	5

해설 로우 핀 튜브 수랭식 응축기의 열통과율

프레온용 수랭식 응축기는 냉각수측 열전달율이 냉매측에 비해서 2배 이상 크므로 전열면적(냉매측에 접한 냉각관 전체의 외표면)을 증대시키기 위해 냉각관의 냉매측에 핀을 부착한 동제품의 로우 핀 튜브를 많이 사용한다. 수랭식 응축기에 사용하는 로우 핀 튜브는 유효 내외면적비 $m = 3.5 \sim 4.2$ 정도 된다. 일반적으로 전열관의 핀측 유효전열면적을 기준으로 하여 전열면적 및 열통과율을 표시하고 있다.

냉각관의 열통과율 K(냉매측 기준)

$$K = \frac{1}{\dfrac{1}{\alpha_r} + \dfrac{d_o}{\lambda_o} + m\left(\dfrac{1}{\alpha_w} + f\right)}$$

- α_r : 냉매측 열전달율[kW/m²K]
- α_w : 수측 열전달율[kW/m²K]
- $\dfrac{d_o}{\lambda_o} = f_o$: 유막에 의한 오염계수(d_o : 두께, λ_o : 열전도율)[m²K/kW]
- $\dfrac{d_w}{\lambda_w} = f$: 물 때에 의한 오염계수(d_o : 두께, λ_o : 열전도율)[m²K/kW]
- m : 내외면적비

해답 냉매전열면 기준 열통과율[K_o](유막이나 물때에 대한 조건은 없으므로)

$$K_o = \frac{1}{\dfrac{1}{\alpha_r} + m\left(\dfrac{1}{\alpha_w}\right)} = \frac{1}{\dfrac{1}{2.4} + 3 \times \dfrac{1}{5.8}} = 1.07[\text{kW/m}^2\text{K}]$$

□ 14년2회

52 냉동능력 20RT인 냉동장치에서 응축온도 37℃, 냉각수 입구 수온 30℃, 출구 수온 35℃, 대기 습구 온도 25℃의 장치에서 냉동기 축동력이 15kW가 소비될 때, (1) 응축부하(kW)를 구하고, (2) 냉각수 증발잠열이 2256kJ/kg일 때 증발되는 냉각수량[kg/h]을 구하시오.(단, 1RT=3.86kW이다)

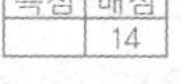

득점	배점
	14

해답 (1) 응축부하$=20\times3.86+15=92.2$[kW]

(2) 냉각수 증발량$=\dfrac{92.2}{2256}\times3600=147.13$[kg/h]

□ 04년3회, 15년3회

53 다음과 같은 조건에 대해 각 물음에 답하시오.(12점)

득점	배점
	12

【조 건】
- 응축기 입구의 냉매가스의 엔탈피 : 1930kJ/kg
- 응축기 출구의 냉매액의 엔탈피 : 650kJ/kg
- 냉매순환량 : 200kg/h
- 응축온도 : 40℃
- 냉각수 평균온도 : 32.5℃
- 응축기의 전열면적 : $12m^2$

(1) 응축기에서 제거해야 할 열량(kW)을 구하시오.

(2) 응축기의 열통과율(kW/m^2K)을 구하시오.

해설 (1) $Q_1=G\cdot q_1$

(2) $Q_1=K\cdot A\cdot\Delta t_m$

$Q_1=K\cdot A\cdot\Delta t_m$에서 $K=\dfrac{Q_1}{A\cdot\Delta t_m}$

여기서 G : 냉매순환량[kg/s]　　q_1 : 응축기 방열량[kW]

K : 열통과율[kW/m^2K]　　A : 전열면적[m^2]

Δt_m : 산술평균온도차[℃]$=t_c-\dfrac{t_{w1}+t_{w2}}{2}$

해답 (1) 응축부하 $Q_1=G\cdot q_1=\left(\dfrac{200}{3600}\right)\times(1930-650)=71.11$[kW]

(2) 열통과율 $K=\dfrac{Q_1}{A\cdot\Delta t_m}=\dfrac{71.11}{12\times(40-32.5)}=0.79$[$kW/m^2K$]

□ 02년3회, 11년2회, 15년2회

54 R-22 **냉동장치에서 응축압력이** 1.43MPa(**포화온도** 40℃), **냉각수량** 800L/min, **냉각수 입구 온도** 32℃, **냉각수 출구온도** 36℃, **열통과율** 900W/m^{2}K **일 때 냉각면적**(m^2)**을 구하시오. (단, 냉매와 냉각수의 평균온도차는 산술평균 온도차로 하며, 냉각수의 비열은** 4.2kJ/kg·K **이고, 밀도는** 1.0kg/L**이다.)**

득점	배점
	6

해설 (3) $Q_1 = K \cdot A \cdot \Delta t_m$

(4) $Q_1 = m \cdot c \cdot (t_{w2} - t_{w1})$

여기서

K : 열통과율[kW/m^{2}K]　　A : 전열면적[m^2]

Δt_m : 산술평균온도차[℃]$= t_c - \dfrac{t_{w1} + t_{w2}}{2}$

m : 냉각수량[kg/s]　　c : 냉각수 비열[kJ/kg · K]

t_{w1}, t_{w2} : 냉각수 입구 및 출구온도[℃]

응축부하 $Q_1 = K \cdot A \cdot \left(t_r - \dfrac{t_{w2} + t_{w1}}{2}\right) = m \cdot c \cdot (t_{w2} - t_{w1})$ 에서

$$A = \frac{m \cdot c \cdot (t_{w2} - t_{w1})}{K \cdot \left(t_r - \dfrac{t_{w1} + tw2}{2}\right)}$$

해답 냉각면적 $A = \dfrac{(\left(\dfrac{800}{60}\right) \times 1) \times 4.2 \times (36 - 32)}{900 \times 10^{-3} \times \left(40 - \dfrac{32 + 36}{2}\right)} = 41.48\text{m}^2$

□ 10년1회, 18년3회

55 응축기의 전열면적 1m^2 **당 송풍량이** 280m^3/h **이고, 열통과율이** 42W/m^{2}K **일 때, 응축기 입구 공기온도가** 20℃, **출구 공기온도가** 26℃**라면 응축온도는 몇 ℃인가? (단, 공기 밀도** 1.2kg/m^3, **비열** 1.0kJ/kg·K **이고 평균온도차는 산술평균온도로 한다.)**

득점	배점
	6

해설 공랭식 응축기의 전열

$Q_1 = c_p \rho Q (t_{a2} - t_{a1})$[kW]

$Q_1 = K \cdot A \cdot (MTD)$[kW]

Q : 송풍량[m^3/s],　　ρ : 공기 밀도[kg/m^3]

c_p : 공기의 비열[kJ/kgK],　　t_{a1} : 냉각공기 입구 온도[℃]

t_{a2} : 냉각공기 출구 온도[℃],　　K : 냉각관의 열통과율[kW/m^{2}K]

A : 냉각관 전열면적[m^2]

MTD : 냉매와 공기와의 산술평균온도차[℃]

$$MTD = t_c - \frac{t_{a1}+t_{a2}}{2}$$ 이므로

$$Q_1 = K \cdot A \cdot \left(t_c - \frac{t_{a1}+t_{a2}}{2}\right)$$ 에서

응축온도 $t_c = \frac{Q_1}{K \cdot A} + \frac{t_{a1}+t_{a2}}{2}$ 로 구할 수 있다.

해답 $$t_c = \frac{1.0\times1.2\times\left(\frac{280}{3600}\right)\times(26-20)}{42\times10^{-3}\times1} + \frac{26+20}{2} = 36.33[℃]$$

☐ 17년1회

56 공조 장치에서 증발기 부하가 100kW이고 냉각수 순환수량이 $0.3m^3/min$, 성적계수가 2.5이고 응축기 산술평균온도 5℃에서 냉각수 입구온도 23℃일 때 (1) 응축 필요부하(kW), (2) 응축기 냉각수 출구온도(℃), (3) 냉매의 응축온도를 구하시오. (단, 냉각수 비열은 4.186kJ/kg·K, 냉매의 냉각수 온도차는 산술평균 온도차로 한다)

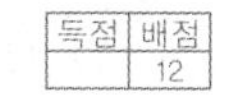

득점	배점
	12

해답 (1) 응축 필요 부하(응축부하 Q_1)

$$Q_1 = Q_2 + W$$

냉동기 성능계수 $COP = \frac{Q_2}{W}$ 에서

$$W = \frac{Q_2}{COP} = \frac{100}{2.5} = 40[kW]$$

$$\therefore Q_1 = 100 + 40 = 140[kW]$$

(2) 응축기 냉각수 출구 온도(t_{w2})

$Q_1 = m \cdot c \cdot (t_{w2} - t_{w1})$ 에서

m : 냉각수량[kg/s]

c : 냉각수 비열4.186[kJ/kg · ℃]

t_{w1} : 냉각수 입구온도[℃]

$$t_{w2} = \frac{Q_1}{m \cdot c} + t_{w1} = \frac{140}{(0.3\times10^3/60)\times4.186} + 23 = 29.69[℃]$$

(3) 냉매의 응축온도

MTD(산술평균 온도차) $= t_c - \frac{t_{w1}+t_{w2}}{2}$ 에서

응축온도 $t_c = MTD + \frac{t_{w1}+t_{w2}}{2} = 5 + \frac{23+29.69}{2} = 31.35[℃]$

□ 05년1회, 08년1회, 17년3회, 19년2회

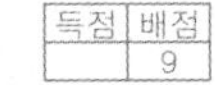

57 응축온도가 43℃인 횡형 수랭 응축기에서 냉각수 입구온도 32℃, 출구온도 37℃, 냉각수 순환수량 300L/min이고 응축기 전열 면적이 20m^{2}일 때 다음 물음에 답하시오. (단, 응축온도와 냉각수의 평균온도차는 산술 평균온도차로 하고 냉각수 비열은 4.2kJ/kg · K로 한다.)

(1) 응축기 냉각열량은 몇 kW인가?

(2) 응축기 열통과율은 몇 kW/m^2·K인가?(소숫점 4자리에서 반올림 할 것)

(3) 냉각수 순환량 400L/min일 때 응축온도는 몇 ℃인가? (단, 응축열량, 냉각수 입구수온, 전열면적, 열통과율은 같은 것으로 한다.)

해설 응축부하(응축열량) Q_1

(1) $Q_1 = m \cdot c \cdot (t_{w2} - t_{w1})$

(2) $Q_1 = K \cdot A \cdot \Delta t_m = K \cdot A \cdot \left(t_c - \dfrac{t_{w1} + t_{w2}}{2}\right)$

여기서 m : 냉각수량[kg/s], c : 냉각수비열[kJ/kg·K],
t_{w1}, t_{w2} : 냉각수 입구 및 출구온도[℃], C : 방열계수,
K : 열통과율[kW/m^2·K], A : 전열면적[m^2],
Δt_m : 산술평균온도차[℃]

해답 (1) 응축기 냉각열량 $Q_1 = \left(\dfrac{300}{60}\right) \times 4.2 \times (37-32) = 105$[kW]

(2) $K = \dfrac{Q_1}{A \cdot \Delta t_m} = \dfrac{105}{20 \times (43 - \dfrac{32+37}{2})} = 0.618$[kW/m^2·K]

(3) 냉각수 출구수온t_{w2}는 $Q_1 = m \cdot c \cdot (t_{w2} - t_{w1})$ 에서

$$t_{w2} = t_{w1} + \frac{Q_1}{m \cdot c} = 32 + \frac{105}{\left(\dfrac{400}{60}\right) \times 4.2} = 35.75\,℃$$

$\therefore$ 응축온도 $t_c = \dfrac{Q_1}{K \cdot A} + \dfrac{t_{w1} + t_{w2}}{2} = \dfrac{105}{0.618 \times 20} + \dfrac{32 + 35.75}{2} = 42.37$[℃]

☐ 10년2회

58 수랭 응축기의 응축온도 43℃, 냉각수 입구온도 32℃, 출구온도 37℃에서 냉각수 순환량이 320L/min이다.

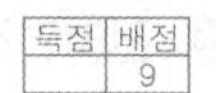

(1) 응축열량(kW)을 구하여라.(단, 냉각수 비열은 4.2kJ/kg · K이다)

(2) 전열면적이 $20m^2$이라면 열통과율은 몇 $W/m^2 \cdot K$인가? (단, 응축온도와 냉각수 평균온도는 산술평균온도차로 한다.)

(3) 응축 조건이 같은 상태에서 냉각수량을 400L/min으로 하면 응축온도는 몇 ℃인가?

해설 응축부하(응축열량) Q_1

(1) $Q_1 = m \cdot c \cdot (t_{w2} - t_{w1})$

(2) $Q_1 = K \cdot A \cdot \Delta t_m = K \cdot A \cdot \left(t_c - \dfrac{t_{w1} + t_{w2}}{2}\right)$

여기서 m : 냉각수량[kg/s], c : 냉각수비열[kJ/kg·K],
t_{w1}, t_{w2} : 냉각수 입구 및 출구온도[℃], C : 방열계수,
K : 열통과율[$kW/m^2 \cdot K$], A : 전열면적[m^2],
Δt_m : 산술평균온도차[℃]

해답 (1) 응축열량 $Q_1 = \left(\dfrac{320}{60}\right) \times 4.2 \times (37 - 32) = 112[kW]$

(2) $Q_1 = K \cdot A \cdot \Delta t_m$에서

$$K = \frac{Q_1}{A \cdot \Delta t_m} = \frac{112 \times 10^3}{20 \times (43 - \frac{32+37}{2})} = 658.82[W/m^2 \cdot K]$$

(3) 응축온도(t_c)

$Q_1 = m \cdot c \cdot (t_{w2} - t_{w1})$ 에서 냉각수 출구수온

$$t_{w2} = t_{w1} + \frac{Q_1}{m \cdot c} = 32 + \frac{112}{\left(\frac{400}{60}\right) \times 4.2} = 36℃$$

또한 $Q_1 = K \cdot A \cdot (t_c - \dfrac{t_{w1} + t_{w2}}{2})$

$$\therefore\ t_c = \frac{Q_1}{K \cdot A} + \frac{t_{w1} + t_{w2}}{2} = \frac{112}{658.82 \times 10^{-3} \times 20} + \frac{32+36}{2} = 42.50[℃]$$

□ 08년3회, 11년2회

59 전열면적 $A=60\text{m}^2$의 수냉응축기가 응축온도 $t_c=32℃$, 냉각수량 $G=500L/\text{min}$, 입구수온 $t_{w1}=26℃$, 출구수온 $t_{w2}=31℃$ 로서 운전되고 있다. 이 응축기를 장기 운전하였을 때 냉각관의 오염이 원인이 되어 냉각수량을 640L/min로 증가하지 않으면 원래의 응축온도를 유지할 수 없게 되었다. 이 상태에 대한 수냉응축기 냉각관의 열통과율은 약 몇 $\text{W/m}^2\cdot\text{K}$ 인지 계산하시오. (단, 냉각수 비열은 4.2kJ/kg · K, 냉매와 냉각수 사이의 온도차는 산술평균 온도차를 사용하고 열통과율과 냉각수량 외의 응축기의 열적상태는 변하지 않는 것으로 한다.)

득점	배점
	6

해답

(1) 응축부하 $Q_1=m\cdot c\cdot(t_{w2}-t_{w1})$

$$Q_1=\frac{500}{60}\times 4.2\times(31-26)=175[\text{kW}]$$

(2) 오염된 후 냉각수 출구 수온 t_{w2}

응축부하 $Q_1=m\cdot c\cdot(t_{w2}-t_{w1})$ 에서

$$t_{w2}=26+\frac{175}{\left(\frac{640}{60}\right)\times 4.2}=29.91℃$$

(3) 열통과율은 응축부하 $Q_1=K\cdot A\cdot\left(t_c-\frac{t_{w1}+t_{w2}}{2}\right)$ 에서

$$\therefore \text{열통과율 } K=\frac{175\times 10^3}{60\times\left(32-\frac{26+29.91}{2}\right)}=721.05[\text{W/m}^2\text{K}]$$

증발기 □□□

□ 01년3회, 14년1회, 15년3회, 20년3회

01 다음과 같은 운전조건을 갖는 브라인 쿨러가 있다. 전열면적이 $25m^2$일 때 각 물음에 답하시오.

득점	배점
	10

【조 건】

1. 브라인 비중 : 1.24	2. 브라인 비열 : 2.8kJ/kg·K
3. 브라인의 유량 : 200L/min	4. 쿨러로 들어가는 브라인 온도 : -18℃
5. 쿨러로 나오는 브라인 온도 : -23℃	6. 쿨러 냉매 증발온도 : -26℃

(1) 브라인 쿨러의 냉동부하(kW)를 구하시오.

(2) 브라인 쿨러의 열통과율(W/m^2K)을 구하시오.

해설 (1) 브라인 쿨러의 냉동부하 Q_2

$$Q_2 = m \cdot c \cdot (t_{b1} - t_{b2})$$

(2) 브라인 쿨러의 열통과율 K

$$Q_2 = K \cdot A \cdot \Delta t_m = K \cdot A \cdot \left(\frac{t_{b1} + t_{b2}}{2} - t_e\right) \text{ 에서}$$

$$K = \frac{Q_2}{A \cdot \Delta t_m} = \frac{Q_2}{A\left(\frac{t_{b1} + t_{b2}}{2} - t_e\right)}$$

여기서 K : 열통과율[$kW/m^2 \cdot K$]
A : 냉각면적[m^2]
Δt_m: 브라인과 냉매의 산술평균온도차[℃]
t_{b1}: 브라인 입구온도[℃]
t_{b2}: 브라인 출구온도[℃]
t_e : 증발온도[℃]
m : 브라인 순환량[kg/s]
c : 브라인비열[kJ/kg·K]

해답 (1) 냉동부하 $Q_2 = \left(\frac{200}{60}\right) \times 1.24 \times 2.8 \times \{-18 - (-23)\} = 57.87[kW]$

(2) $K = \frac{57.87 \times 10^3}{25 \times \left\{\frac{-18 + (-23)}{2} - (-26)\right\}} = 420.87[W/m^2 \cdot K]$

□ 02년1회, 05년3회

득점	배점
	7

02 **프레온 냉동장치에 사용되고 있는 횡형 원통 다관식 증발기가 있다. 이 증발기가 다음 조건에서 운전된다고 할 때 증발온도(℃)를 구하시오. (단, 냉매온도와 브라인 온도의 온도차는 산술평균 온도차를 사용한다.)**

【조 건】

1. 브라인 유량 : 150 L/min
2. 브라인 입구온도 : −18℃
3. 브라인 출구온도 : −23℃
4. 브라인의 밀도 : 1.25kg/L
5. 브라인의 비열 : 2.76kJ/kg·K
6. 냉각면적 : $18m^2$
7. 열통과율 : $436W/m^2 \cdot K$

해설 냉동능력 $Q_2 = K \cdot A \cdot \Delta t_m = K \cdot A \cdot \left(\dfrac{t_{b1}+t_{b2}}{2} - t_e\right)$

$Q_2 = m \cdot c \cdot (t_{b1} - t_{b2})$

여기서 K : 열통과율$[kW/m^2 \cdot K]$

A : 냉각면적$[m^2]$

Δt_m : 브라인과 냉매의 산술평균온도차[℃]

t_{b1} : 브라인 입구온도[℃]

t_{b2} : 브라인 출구온도[℃]

t_e : 증발온도[℃]

m : 브라인순환량[kg/s]

c : 브라인비열[kJ/kg·K]

해답 냉동능력 $Q_2 = K \cdot A \cdot \left(\dfrac{t_{b1}+t_{b2}}{2} - t_e\right) = m \cdot c \cdot (t_{b1} - t_{b2})$

증발온도 $t_e = \dfrac{t_{b_1}+t_{b2}}{2} - \dfrac{m \cdot c \cdot (t_{b_1} - t_{b2})}{K \cdot A}$[℃]

$= \dfrac{-18+(-23)}{2} - \dfrac{\left(\dfrac{150}{60}\right) \times 1.25 \times 2.76 \times \{-18-(23)\}}{436 \times 10^{-3} \times 18}$

$= -26$[℃]

□ 10년2회, 17년1회

03 냉동능력 R=4kW인 R-22 냉동 시스템의 증발기에서 냉매와 공기의 평균온도차가 8℃로 운전되고 있다. 이 증발기는 내외 표면적비 m=8.3, 공기측 열전달률 $\alpha_a = 35\text{W/m}^2\cdot\text{K}$, 냉매측 열전달률 $\alpha_r = 698\text{W/m}^2\cdot\text{K}$ 의 플레이트핀 코일이고, 핀 코일 재료의 열전달 저항은 무시한다. 각 물음에 답하시오.

득점	배점
	12

(1) 증발기의 외표면 기준 열통과율 $K(\text{W/m}^2\cdot\text{K})$은?

(2) 증발기 내경이 23.5mm일 때, 증발기 코일 길이는 몇 m인가?

해설 (1) 건식 플레이트 핀 증발기의 전열 : 건식 플레이트 핀 증발기의 열통과율은 핀을 포함한 냉각관 외표면의 공기측 전열면을 기준으로 하여 착상에 의한 전열저항을 고려하여 다음 식으로 나타낸다.

$$K_o = \frac{1}{\dfrac{m}{\alpha_r} + \dfrac{d}{\lambda} + \dfrac{1}{\alpha_o}}$$

α_r : 냉매측열전달율[kW/m² · K]
α_o : 공기측열전달율[kW/m² · K]
d : 서리의 두께[m]
λ : 서리의 열전도율[kW/m · K]

참고 건식 셸 엔 튜브 증발기의 전열 : 건식 셸 엔 튜브 증발기는 냉각관 내면에 핀을 부착한 inner finnd tube을 사용하는 경우가 많으므로 외표면을 기준으로 하여 다음 식으로 나타낸다.

$$K_o = \frac{1}{\dfrac{1}{m\cdot a_r} + f + \dfrac{1}{\alpha_w}}$$

α_w : 피냉각물(물 or 브라인)측 열전달율[kW/m² · K]
α_r : 냉매(내면)측 열전달율[kW/m² · K]
f : 피냉각물의 오염계수[m² · K/kW]

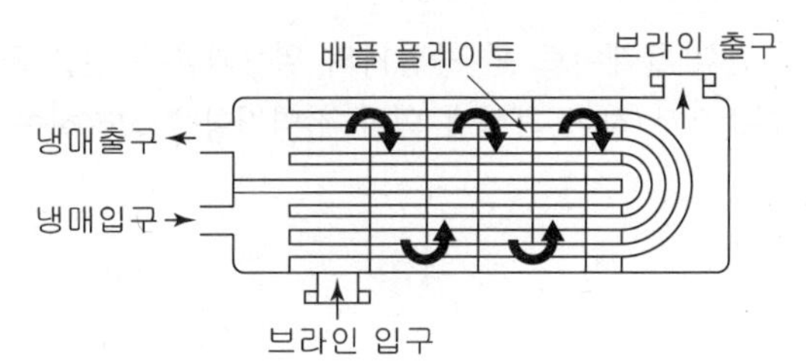

(a) 건식 Shell & Tube식 증발기(배관내부에 냉매)

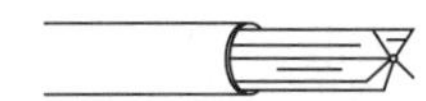
(b) Inner Finnd Tube(튜브 내부에 냉매)

(2) 냉동능력 $Q_2 = K_o \cdot A_o \cdot \Delta_m$에서 외표면적 $A_o = \frac{Q_2}{K_o \Delta t_m}$

내외표면적비 $m = \frac{A_o}{A_i}$에서 $A_i = \frac{A_o}{m}$

∴ 코일의 길이 : $A_i = \pi D_i L$에서 $L = \frac{A_i}{\pi D_i}$

해답 (1) $K_o = \frac{1}{\frac{m}{\alpha_r} + \frac{1}{\alpha_o}} = \frac{1}{\frac{8.3}{698} + \frac{1}{35}} = 24.71\,[\mathrm{W/m^2 \cdot K}]$

(2) 외표면적 $A_o = \frac{Q_2}{K_o \Delta t_m} = \frac{4 \times 10^3}{24.71 \times 8} \fallingdotseq 20.23\,[\mathrm{m^2}]$

내외표면적비 $m = \frac{A_o}{A_i}$에서 $A_i = \frac{A_o}{m} = \frac{20.23}{8.3}$

∴ 코일의 길이 : $L = \frac{A_i}{\pi D_i} = \frac{\frac{20.23}{8.3}}{\pi \times 0.0235} = 33.01\,[\mathrm{m}]$

□ 03년1회, 09년3회, 16년2회

04 냉동능력 $2RT$인 R-22 냉동 시스템의 증발기에서 냉매와 공기의 평균온도 차가 8℃로 운전되고 있다. 이 증발기는 내외 표면적비 $\mathrm{m} = 7.5$, 공기측 열전달률 $\alpha_a = 46.5\mathrm{W/m^2K}$, 냉매측 열전달률 $\alpha_r = 582\,\mathrm{W/m^2 \cdot K}$의 플레이트 핀코일이고, 핀코일 재료의 열전달 저항은 무시한다. 각 물음에 답하시오.

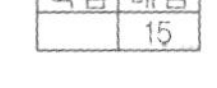

득점	배점
	15

(1) 증발기의 외표면 기준 열통과율 $K_o(\mathrm{W/m^2 \cdot K})$은?

(2) 증발기 외표면적 $F_o(\mathrm{m^2})$는 얼마인가?

(3) 이 증발기의 냉매 회로수 $n = 4$, 관의 안지름이 15mm이라면 1회로당 코일길이 L은 몇 m인가?

해설 건식 플레이트 핀 증발기의 전열 : 건식 플레이트 핀 증발기의 열통과율은 핀을 포함한 냉각관 외표면의 공기측 전열면을 기준으로 하여 착상에 의한 전열저항을 고려하여 다음 식으로 나타낸다.

$$K_o = \frac{1}{\frac{m}{\alpha_r} + \frac{d}{\lambda} + \frac{1}{\alpha_o}}$$

α_r : 냉매측열전달율[kW/m² · K]

α_o : 공기측열전달율[kW/m² · K]

d : 서리의 두께[m]

λ : 서리의 열전도율[kW/m · K]

해답 (1) $K_o = \dfrac{1}{\dfrac{m}{\alpha_r}+\dfrac{1}{\alpha_o}} = \dfrac{1}{\dfrac{7.5}{582}+\dfrac{1}{46.5}} = 29.08[\mathrm{W/m^2 \cdot K}]$

(2) $Q_2 = K_o \cdot A_o \cdot \Delta tm$에서 $F_o = \dfrac{Q_2}{K_o \Delta tm} = \dfrac{2\times 3.86\times 10^3}{29.08\times 8} = 33.18[\mathrm{m^2}]$

(3) 1회로당 코일의 길이

① 내표면적 A_i

m(내외표면적비)$= \dfrac{A_o}{A_i}$ 에서 $A_i = \dfrac{A_o}{m} = \dfrac{33.18}{7.5}[\mathrm{m^2}]$

② 코일의 길이 : $A_i = \pi D_i \ell n$에서 $\ell = \dfrac{A_i}{\pi D n} = \dfrac{\dfrac{33.18}{7.5}}{\pi \times 0.015\times 4} = 23.47[\mathrm{m}]$

□ 08년1회, 11년2회, 13년3회, 17년3회, 20년3회

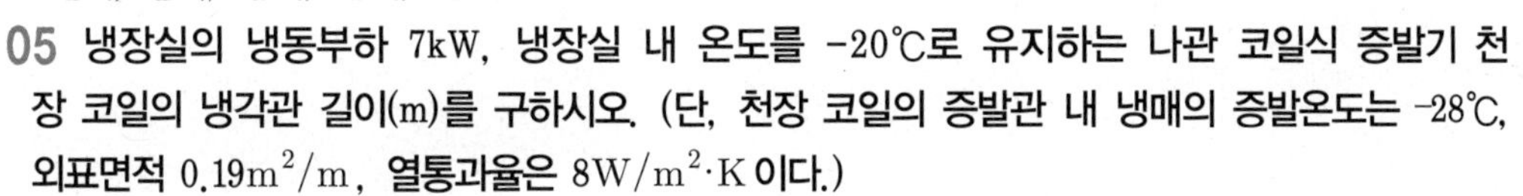
05 냉장실의 냉동부하 7kW, 냉장실 내 온도를 −20℃로 유지하는 나관 코일식 증발기 천장 코일의 냉각관 길이(m)를 구하시오. (단, 천장 코일의 증발관 내 냉매의 증발온도는 −28℃, 외표면적 $0.19\mathrm{m^2/m}$, 열통과율은 $8\mathrm{W/m^2 \cdot K}$ 이다.)

득점	배점
	6

해답 냉동부하 $Q_2 = K \cdot A \cdot (t_a - t_r)$에서

증발기 외표면적 $A = \dfrac{Q_2}{K \cdot (t_a - t_r)} = \dfrac{7\times 10^3}{8\times \{-20-(-28)\}} = 109.375[\mathrm{m^2}]$

∴ 냉각관 길이는 단위길이 당 외표면적 $0.19[\mathrm{m^2/m}]$이므로

$L = \dfrac{109.375}{0.19} = 575.66[\mathrm{m}]$

□ 16년3회

06 다음 길이에 따른 열관류율일 때 길이 10cm의 열관류율은 몇 $W/m^2 \cdot K$인가? (단, 두께 길이에 관계없이 열저항은 일정하다.) 소수점 5째자리에서 반올림하여 4자리까지 구하시오.

독점	배점
	5

길이(cm)	열관류율($W/m^2 \cdot K$)
4	0.071
7.5	0.038

해설 증발기의 전열

열관류율 $K = \dfrac{1}{\dfrac{1}{\alpha_o} + \Sigma\dfrac{d}{\lambda} + \dfrac{1}{\alpha_i}}$ 에서

α_o, α_i : 외측, 내측 열전달율 및 재료의 λ(열전도율)이 동일한 조건으로 보면

$K = \dfrac{1}{\dfrac{d}{\lambda}} = \dfrac{\lambda}{d}$ 에서 $K = \dfrac{1}{d}$로 길이 d에 반비례 한다.

따라서 $K_1 : \dfrac{1}{d_1} = K_2 : \dfrac{1}{d_2}$ 에서 $K_1\dfrac{1}{d_2} = K_2\dfrac{1}{d_1}$ 이므로 $K_2 = K_1\dfrac{d_1}{d_2}$가 된다.

해답 $K_2 = K_1\dfrac{d_1}{d_2} = 0.071 \times \dfrac{4}{10} = 0.0284[W/m^2 \cdot K]$

□ 07년2회, 19년1회

07 냉각능력이 30 RT인 셀 앤 튜브식 브라인 냉각기가 있다. 주어진 조건을 이용하여 물음에 답하시오.

독점	배점
	8

【조 건】

1. 브라인 유량 : 300L/min
2. 브라인 비열 : 3kJ/kg · K
3. 브라인 밀도 : $1190kg/m^3$
4. 브라인 출구온도 : −10℃
5. 냉매의 증발온도 : −15℃
6. 냉각관의 브라인 측 열전달률 : $2.79kW/m^2 \cdot K$
7. 냉각관의 냉매 측 열전달률 : $0.7kW/m^2 \cdot K$
8. 냉각관의 바깥지름 : 32mm, 두께 : 2.4mm
9. 브라인 측의 오염계수 : $0.172m^2 \cdot K/kW$
10. 1RT=3.86kW
11. 평균온도차 : 산술 평균온도차

(1) 브라인의 평균온도(℃)를 구하시오.

(2) 냉각관의 외표면적(m^2)를 구하시오.

해설 증발기의 전열

증발기에서의 전열 즉 냉동능력 Q_2은 다음 식으로 나타낸다.

(1) $Q_2 = G_b \cdot C_b \cdot (t_{b1} - t_{b2})$

Q_2 : 냉동능력[kW]

G_b : 브라인 순환량[kg/s]

C_b : 브라인 비열[kJ/kg · K]

t_{b1}, t_{b2} : 브라인 입구 및 출구온도[℃]

(2) $Q_2 = K \cdot A \cdot \Delta t_m$

K : 열통과율[kW/m^2 · K]

A : 전열면적[m^2]

Δt_m : 냉매와 브라인의 온도차[℃]

해답 (1) $Q_2 = G_b \cdot C_b \cdot (t_{b1} - t_{b2})$에서 브라인 입구온도 t_{b1}은

$$t_{b1} = t_{b2} + \frac{Q_2}{G_b \cdot C_b} = -10 + \frac{30 \times 3.86}{\left(\frac{300}{60}\right) \times 1190 \times 10^{-3} \times 3} = -3.5126[℃]$$

$$\therefore \text{브라인 평균온도} = \frac{-3.5126 + (-10)}{2} = -6.76[℃]$$

(2) ① 열통과율 $K = \frac{1}{R} = \frac{1}{\frac{1}{0.7} + 0.172 + \frac{1}{2.79}} = 0.51[\text{kW/m}^2\text{K}]$

② $Q_2 = K \cdot A \cdot \Delta t_m$에서

외표면적 $A = \frac{Q_2}{K \cdot \Delta t_m} = \frac{30 \times 3.86}{0.51 \times \{-6.76 - (-15)\}} = 27.56[\text{m}^2]$

□ 02년1회, 07년3회, 09년2회, 15년1회, 17년2회, 19년2회

08 **어떤 방열벽의 열통과율이 0.35W/m^2 · K 이며, 벽 면적은 1200m^{2}인 냉장고가 외기 온도 35℃에서 사용되고 있다. 이 냉장고의 증발기는 열통과율이 30W/m^{2}K이고 전열면적은 30m^{2}이다. 이때 각 물음에 답하시오. (단, 이 식품 이외의 냉장고 내 발생열 부하는 무시하며, 증발온도는 -15℃로 한다.)**

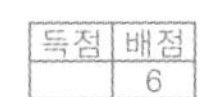

득점	배점
	6

(1) 냉장고 내 온도가 0℃일 때 외기로부터 방열벽을 통해 침입하는 열량은 몇 kW인가?

(2) 냉장고 내 열전달률 5.82W/m^2 · K, 전열면적 600m^2, 온도 10℃인 식품을 보관했을 때 이 식품의 발생열 부하에 의한 고내 온도는 몇 ℃가 되는가?

해답 (1) 방열벽을 통한 침입열량 $Q = K_w \cdot A_w \cdot \Delta t = 0.35 \times 1200 \times (35 - 0) = 14700$[W]$= 14.7$[kW]

(2) 고내온도 t

- Q_2 : 증발기의 냉각능력(냉동능력)[W]
- Q_a : 냉장 식품의 발생열부하[W]
- Q_w : 식품을 보관했을때의 방열벽의 침입열량[W]로 하면

① $Q_2 = KA\Delta t = 30 \times 30 \times \{t - (-15)\} = 900t + 13500$

② $Q_a = \alpha A\Delta t = 5.82 \times 600 \times (10 - t) = 34920 - 3492t$

③ $Q_w = K_w A_w \Delta t = 0.35 \times 1200 \times (35 - t) = 14700 - 420t$

$Q_2 = Q_a + Q_w$ 이어야 하므로

$900t + 13500 = (34920 - 3492t) + (14700 - 420t)$

$(900 + 3492 + 420)t = 34920 + 14700 - 13500$

$4812\,t = 36120$

$\therefore$ 고내온도 $t = \dfrac{36120}{4812} \fallingdotseq 7.51$[℃]

제빙

□ 08년2회

01 20m(가로)×50m(세로)×4m(높이)의 냉동공장에서 주어진 설계조건으로 300t/day의 얼음(-15℃)을 생산하는 경우 다음 각 물음에 답하시오.

득점	배점
	16

【조 건】

1. 원수온도 : 20℃
2. 실내온도 : -20℃
3. 실외온도 : 30℃
4. 환기 : 0.3회/h
5. 형광등 : $15W/m^2$(안정기 계수 1.2)
6. 실내 작업인원 : 15명(발열량 : 370W/인)
7. 실외측 열전달계수 : $23W/m^2 \cdot K$
8. 실내측 열전달계수 : $9.3W/m^2 \cdot K$
9. 잠열부하 및 바닥면으로부터의 열손실은 무시한다.
10. 원수의 비열 : 4.2kJ/kg·K, 얼음의 비열 : 2.09kJ/kg·K, 0℃ 얼음의 응고 잠열 334kJ/kg

[건물구조]

구조	종류	두께 (m)	열전도율 (W/m·K)	구조	종류	두께 (m)	열전도율 (W/m·K)
벽	모르타르	0.01	1.5	천장	모르타르	0.01	1.5
	블록	0.2	1.1		방수층	0.012	0.28
	단열재	0.025	0.07		콘크리트	0.12	1.5
	합판	0.006	0.12		단열재	0.025	0.07

(1) 벽 및 천장의 열통과율($W/m^2 \cdot K$)을 구하시오.

① 벽　　　　　　　　　　② 천장

(2) 제빙부하(kW)를 구하시오.

(3) 벽체부하(kW)를 구하시오.

(4) 천장부하(kW)를 구하시오.

(5) 환기부하(kW)를 구하시오.

(6) 조명부하(kW)를 구하시오.

(7) 인체부하(kW)를 구하시오.

해답 (1) 벽 및 천장의 열통과율(W/m²K)

구조체의 열통과율 $K=\dfrac{1}{\dfrac{1}{\alpha_o}+\sum\dfrac{d}{\lambda}+\dfrac{1}{\alpha_i}}$ 에서

① 벽 : $K=\dfrac{1}{\dfrac{1}{23}+\dfrac{0.01}{1.5}+\dfrac{0.2}{1.1}+\dfrac{0.025}{0.07}+\dfrac{0.006}{0.12}+\dfrac{1}{9.3}}=1.34[\text{W/m}^2\text{K}]$

② 천장 : $K=\dfrac{1}{\dfrac{1}{23}+\dfrac{0.01}{1.5}+\dfrac{0.012}{0.28}+\dfrac{0.12}{1.5}+\dfrac{0.025}{0.07}+\dfrac{1}{9.3}}=1.57[\text{W/m}^2\text{ K}]$

(2) 제빙부하(kW)

$300\times10^3\times\{(4.2\times20)+334+(2.09\times15)\}\times\dfrac{1}{24}\times\dfrac{1}{3600}=1560.24[\text{kW}]$

(3) 벽체부하(kW)

$q_w=K\cdot A\cdot\Delta t=1.34\times10^{-3}\times\{(20+50)\times2\times4\}\times\{30-(-20)\}$
$=37.52[\text{kW}]$

(4) 천장부하(kW)

$q_w=K\cdot A\cdot\Delta t=1.57\times10^{-3}\times(20\times50)\times\{30-(-20)\}=78.5[\text{kW}]$

(5) 환기부하(kW)

$q_I=c_p\cdot\rho\cdot Q\cdot\Delta t=1.0\times1.2\times(0.3\times20\times50\times4)\times\{30-(-20)\}\times\dfrac{1}{3600}$
$=20[\text{kW}]$

(6) 조명부하(kW)

$q_E=(15\times20\times50)\times1.2=18000[\text{W}]=18[\text{kW}]$

(7) 인체부하(kW)

$q_H=SH\times N=370\times15=5550[\text{W}]=5.55[\text{kW}]$

☐ 12년3회, 16년3회

02 다음 조건과 같은 제빙공장에서의 제빙부하(kW)와 냉동부하(RT)를 구하시오.

득점	배점
	7

【조 건】

1. 제빙실 내의 동력부하 : 16.5kW
2. 제빙실의 외부로부터 침입열량 : 15400kJ/h
3. 제빙능력 : 1일 10톤 생산
4. 1일 결빙시간 : 20시간
5. 얼음의 최종온도 : −5℃
6. 원수온도 : 15℃
7. 원수(원료수)의 비열 : 4.19kJ/kg · K
8. 얼음의 비열 : 2.09 kJ/kg · K
9. 얼음의 융해잠열 : 334kJ/kg
10. 안전율 : 10%

해답 (1) 제빙부하 (15℃ 원수를 −5℃의 얼음으로 만드는데 제거해야할 열량)

$$= \frac{10\times10^3\times\{(4.19\times15)+334+(2.09\times5)\}}{20\times3600} = 56.57[\text{kW}]$$

(2) 냉동부하 = 제빙부하 + 동력부하 + 침입열량

$$= \left(56.57+16.5+\frac{15400}{3600}\right)\times1.1\times\frac{1}{3.86} = 22.04[\text{RT}]$$

☐ 10년3회, 12년2회, 19년3회

03 다음 조건과 같은 제빙공장에 대하여 다음 물음에 답하시오.

득점	배점
	12

【조 건】

1. 제빙 실내의 동력 부하 : 5kW×2대
2. 제빙실의 외부부터 침입열량 : 14700kJ/h
3. 운전조건 제빙능력 : ① 1일 5톤 생산　② 1일 결빙 시간 : 8시간　③ 얼음 최종온도 : −10℃　④ 원수온도 : 15℃
4. 원수비열 : 4.2 kJ/kgK
5. 얼음의 비열 : 2.1kJ/kg · K
6. 얼음의 융해 잠열 : 335kJ/kg
7. 안전율 : 10%

가. 제빙부하(kW)를 계산하시오.

나. 냉동능력(RT)을 계산하시오.

해답 가. 제빙부하$= \frac{5\times10^3\times(4.2\times15+335+2.1\times10)}{8\times3600} = 72.74[\text{kW}]$

나. 냉동능력=제빙부하 + 동력부하 + 침입열량

$$= \left(72.74+5\times2+\frac{14700}{3600}\right)\times1.1\times\frac{1}{3.86} = 24.74[\text{RT}]$$

□ 14년1회

04 300kg의 소고기를 18℃에서 4℃까지 냉각하고, 다시 -18℃까지 냉동하려 할 때 필요한 냉동능력을 산출하시오. (단, 소고기의 동결온도는 -2.2℃, 동결 전의 비열은 3.23kJ/kg·K, 동결 후의 비열은 1.68kJ/kg·K, 동결잠열은 232kJ/kg이다.)

득점	배점
	6

해답 ① 18℃에서 -2.2℃까지의 냉각 열량 : $q_1 = \mathrm{m} \cdot \mathrm{c} \cdot \Delta \mathrm{t}$

$q_1 = 300 \times 3.23 \times \{18-(-2.2)\} = 19573.8\mathrm{kJ}$

② -2.2℃의 동결잠열 : $q_2 = \mathrm{m} \cdot \mathrm{r}$

$q_2 = 300 \times 232 = 69600\mathrm{kJ}$

③ -2.2℃에서 -18℃까지의 동결 열량 : $q_3 = \mathrm{m} \cdot \mathrm{c} \cdot \Delta \mathrm{t}$

$q_3 = 300 \times 1.68 \times \{(-2.2)-(-18)\} = 7963.2\mathrm{kJ}$

$\therefore\ q = q_1 + q_2 + q_3$

냉동능력$= 19573.8 + 69600 + 7963.2 = 97137\mathrm{kJ}$

또는 냉동능력$= 300 \times \{(3.23 \times 20.2) + 232 + (1.68 \times 15.8)\} = 97137\mathrm{kJ}$

□ 11년3회

05 냉동창고에 고기 39℃를 5대의 트럭에 실고 24시간 동안 -1℃로 냉장한다. 다음 [조건]과 같을 때 냉동부하(kJ/h)를 구하시오.

득점	배점
	7

【조 건】

- 트럭 질량 130kg/대, 트럭 비열 0.5kJ/kg·K
- 고기 질량 330kg/대, 고기 비열 3.5kJ/kg·K, 고기 동결 온도 -2℃
- 팬의 동력 7.5kW, 조명부하(백열등) 0.2kW
- 환기 횟수 12회/24h, 공기 비열 1kJ/kg·K, 공기 밀도 1.2kg/m^3
- 창고바닥면적 88m^2, 높이 5m
- 외기온도 10℃, 실내(창고)온도 -4℃

상기 외의 열침입은 없는 것으로 한다.

해답 ① 고기 냉각부하$= 330 \times 5 \times 3.5 \times \{39-(-1)\}/24 = 9625\mathrm{kJ/h}$

고기는 동결온도 이상이므로 냉각 현열부하간 계산한다.

② 트럭 냉각부하$= 130 \times 5 \times 0.5 \times \{39-(-1)\}/24 = 541.67\mathrm{kJ/h}$

③ 환기부하$= \dfrac{12}{24} \times (88 \times 5) \times 1.2 \times 1 \times \{10-(-4)\} = 3696\mathrm{kJ/h}$

④ 조명 동력부하$= (7.5+0.2) \times 3600 = 27720\mathrm{kJ/h}$

$\therefore$ 냉동부하$= 9625 + 541.67 + 3696 + 27720 = 41582.67\mathrm{kJ/h}$

참고 $1\mathrm{kW} = 1\mathrm{kJ/s}$ 이다.

냉매

□ 02년2회, 02년3회, 11년2회

01 냉매의 물음에 대해 답하시오.

득점	배점
	12

(1) 냉매의 표준 비점이란 무엇인가 간단히 답하시오.

(2) 표준비점이 낮은 냉매(예를 들면 R-22)를 사용할 경우, 비점이 높은 냉매를 사용할 경우와 비교한 장점과 단점을 설명하시오.

해답 (1) 표준대기압에서의 포화온도를 말한다.

(2) 장점

① 비점이 높은 냉매를 사용하는 경우보다 압축기가 소형이 된다. (피스톤 압출량이 적게 되므로)

② 비점이 높은 냉매를 사용하는 경우보다 진공운전이 되기 어렵다. 따라서 저온용에 적합하다.

(3) 단점

비점이 높은 냉매보다 응축압력이 높게 된다.

□ 16년2회

02 냉매번호 2자리수는 메탄(Methane)계 냉매, 냉매번호 3자리수 중 100단위는 에탄(Ethane)계 냉매, 냉매번호 500단위는 공비 혼합냉매, 냉매번호 700단위는 무기물 냉매이며, 700단위 뒤의 2자리의 결정은 분자량의 값이다. 다음 냉매의 종류에 해당하는 냉매번호를 (　　) 안에 기입하시오.

(1) 메틸클로로아이드(　　)　(2) NH_3(　　)　(3) 탄산가스(　　)

(4) CCl_2F_2(　　)　(5) 아황산가스(　　)　(6) 물(　　)

(7) $C_2H_4F_2$(　　)　(8) $C_2Cl_2F_4$(　　)

해답 (1) R-40　(2) R-717　(3) R-744

(4) R-12　(5) R-764　(6) R-718

(7) R-152　(8) R-114

■ **냉매의 명명법**

(1) 프레온 냉매

1) 메탄계 : 십자리수 냉매(C : 십자리수, H : 십자리수-1, F : 일자리수, Cl : 4-(H+F))

2) 에탄계 : 백자리수 냉매(C_2 : 백자리수, H : 십자리수-1, F : 일자리수, Cl : 6-(H+F))

3) 공비혼합냉매 : 500단위로 표기 R-500, R-501, R-502 등

4) 혼합냉매 : 400단위로 표기 R-404, R-407, R-410 등

(2) 무기물 냉매 : 700단위로 표기 뒤의 2자리는 냉매의 분자량

□ 05년2회

03 냉동장치에 사용되고 있는 NH_3와 R-22 냉매의 특성을 비교하여 빈칸에 기입하시오.

득점	배점
	16

비교사항	암모니아	R-22
대기압상태에서 응고점 고저	①	②
수분과의 용해성 대소	③	④
폭발성 및 가연성 유무	⑤	⑥
누설발견의 난이	⑦	⑧
독성의 여부	⑨	⑩
동에 대한 부식성 대소	⑪	⑫
윤활유와 분리성	⑬	⑭
1 냉동톤당 냉매순환량의 대소	⑮	⑯

해답

① 고　② 저　③ 대　④ 소
⑤ 유　⑥ 무　⑦ 쉽다　⑧ 어렵다
⑨ 있다　⑩ 없다　⑪ 대　⑫ 소
⑬ 분리　⑭ 용해　⑮ 소　⑯ 대

부속장치

□ 01년3회, 10년1회

01 암모니아 냉동장치에서 사용되는 가스 퍼지(불응축가스 분리기)에서 아래의 그림에 있는 접속구 A-E는 각각 어디에 연결되는지 예와 같이 나타내시오.

득점	배점
	15

예 : F-압축기 토출관

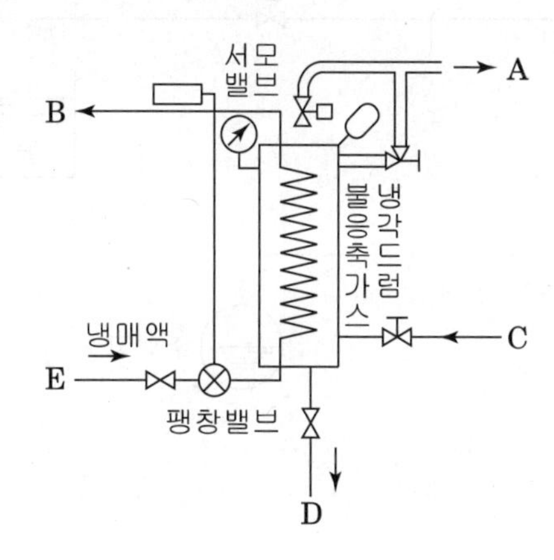

해설 가스퍼저(불응축가스 분리기)주위 배관도

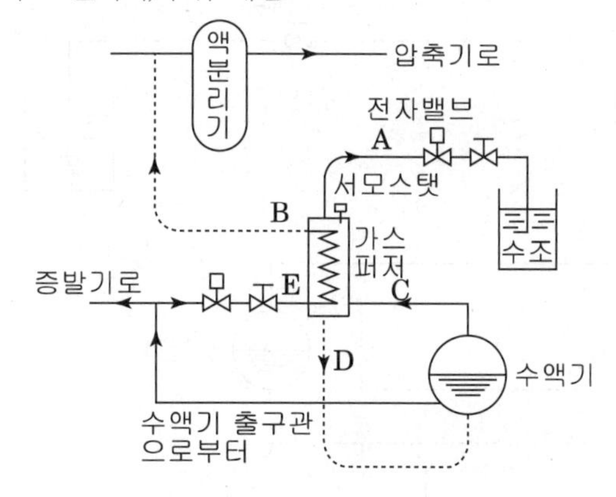

해답 A-수조, B-압축기 흡입관, C-응축기 및 수액기 상부 불응축가스 도입관
D-수액기, E-수액기 (출구 액관)

☐ 12년3회, 18년3회

02 다음의 그림과 같은 암모니아 수동식 가스 퍼저(불응축가스 분리기)에 대한 배관도를 완성하시오. (단, ABC선을 적정한 위치와 점선으로 연결하고, 스톱밸브(stop valve)는 생략한다.)

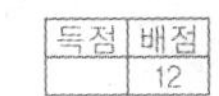

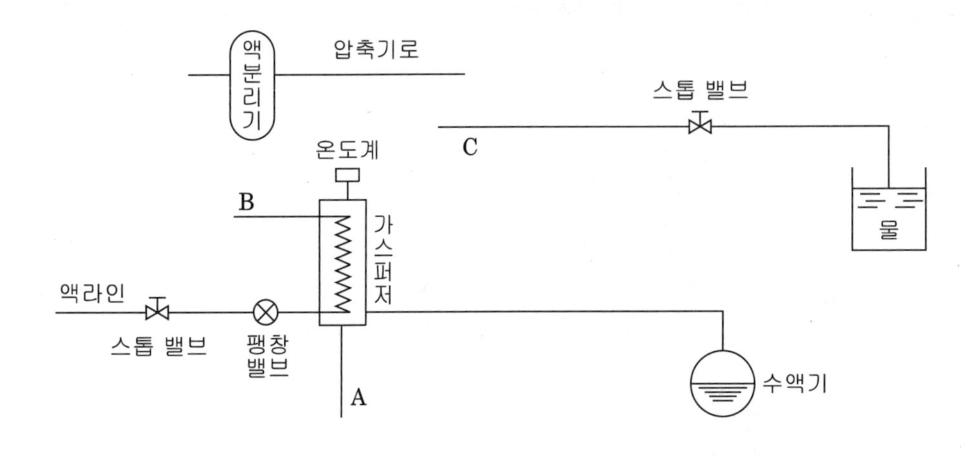

해답

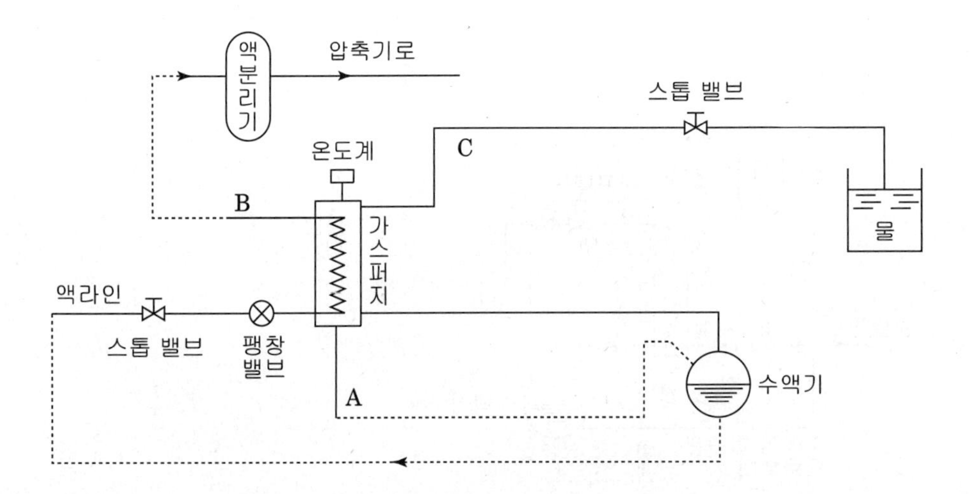

□ 02년2회, 04년3회, 10년3회

03 다음은 액회수 장치도를 나타낸 것이다. 미완성 계통도를 완성시키시오.

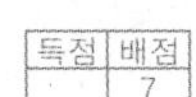

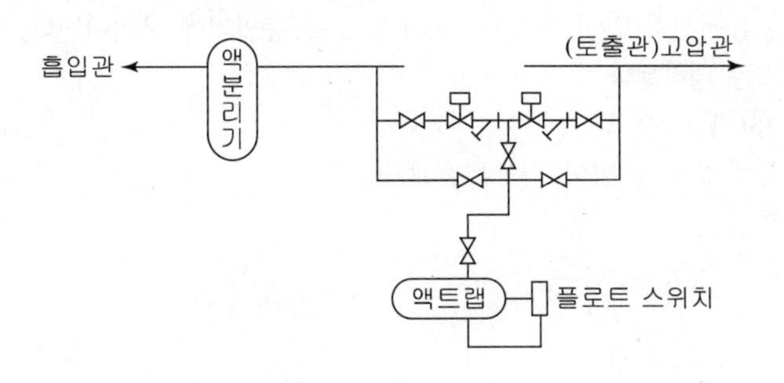

해답

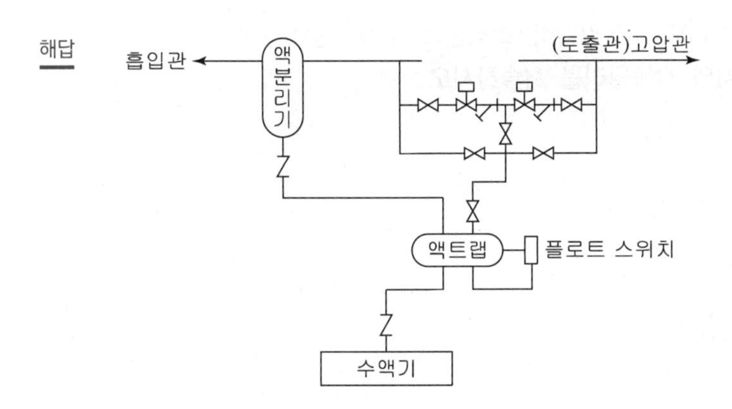

□ 03년1회, 06년2회

04 다음은 핫가스 제상방식의 냉동장치도이다. 제상요령을 설명하시오.

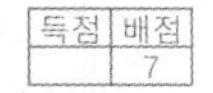

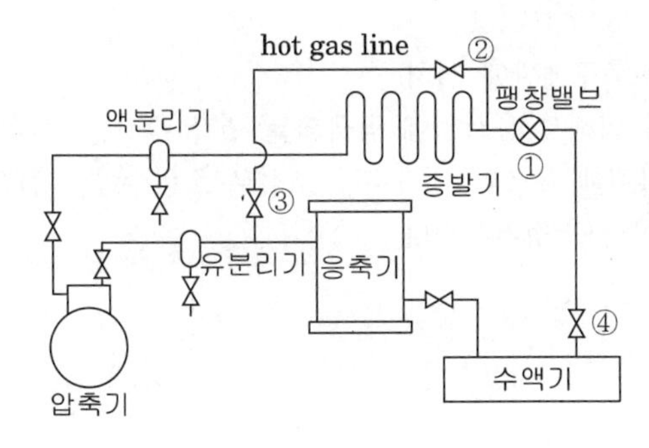

해답 ㉠ 수액기 출구 밸브 ④를 닫아 액관 중의 액을 회수한 후
㉡ 팽창밸브 ①을 닫아 증발기 내의 냉매를 압축기로 흡입시킨다.
㉢ 고압가스 제상지변 ② 및 ③을 서서히 열어 고압가스(hot gas)를 증발기에 유입시킨다.
㉣ 제상이 시작되면서 고압가스는 냉각된다
㉤ 제상이 완료되면 제상지변 ③ 및 ②를 닫고
㉥ 수액이 출구지변 ④ 및 팽창밸브 ①을 열어 정상운전에 들어간다.

□ 15년1회

05 냉동 장치에 사용되는 증발압력 조정밸브(EPR), 흡입압력 조정밸브(SPR), 응축압력 조절밸브(절수밸브 : WRV)에 대해서 설치위치와 작동원리를 서술하시오.

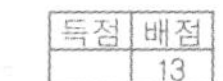

득점	배점
	13

해답 (1) 증발압력 조정밸브(evaporator pressure regulator)
① 설치위치 : 증발기 출구배관에 설치
② 작동원리 : 밸브 입구 압력에 의해서 작동되고 압력이 높으면 열리고, 낮으면 닫혀서 증발압력이 일정압력 이하가 되는 것을 방지한다.

(2) 흡입압력 조정밸브(suction pressure regulator)
① 설치위치 : 압축기 흡입배관에 설치
② 작동원리 : 밸브 출구 압력에 의해서 작동되고 압력이 높으면 닫히고, 낮으면 열려서 흡입압력이 일정압력 이상이 되는 것을 방지한다.

(3) 응축압력 조절밸브(절수밸브)
① 설치위치 : 수냉응축기 냉각수 출구배관에 설치
② 작동원리 : 압축기 토출압력에 의해서 응축기에 공급되는 냉각 수량을 증감시켜서 응축압력을 안정시키고, 응축압력에 대응한 냉각수량 조절로 소비수량을 절감한다. 또한 냉동기 정지 시 냉각수 공급도 정지시킨다.

□ 11년3회

06 **다음과 같이 응축기의 냉각수 배관을 설계하였다. 각 물음에 답하시오.**

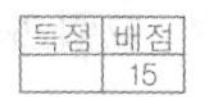

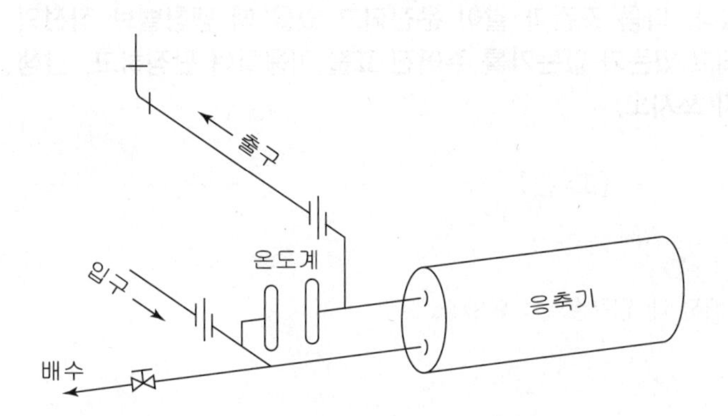

(1) 냉각수 출구배관을 응축기보다 높게 설치한 이유를 설명하시오.

(2) 시수(市水)를 냉각수로 사용할 경우와 사용하지 않을 경우에 따른 자동제어 밸브의 위치는?

① 시수를 냉각수로 사용할 경우

② 시수를 냉각수로 사용하지 않을 경우

(3) 시수(市水)를 냉각수로 사용할 경우 급수배관에 필히 부착하여야 할 것은 무엇인가?

(4) 응축기 입·출구에 유니언 또는 플랜지를 부착하는 이유를 간단히 설명하시오.

해답 (1) 응축기의 냉각수 코일에 체류할 우려가 있는 기포(공기)를 배제하여 순환수의 흐름을 원활하게 하여 전열작용을 양호하게 한다.

(2) ① 시수를 냉각수로 사용하는 경우 : 자동제어 밸브는 응축기 입구에 설치한다.
② 시수를 냉각수로 사용하지 않을 경우 : 자동제어 밸브는 응축기 출구에 설치한다.

(3) 크로스 커넥션(cross connection)을 방지하기 위하여 역류방지밸브(CV)를 설치하여 냉각수가 상수도 배관으로 역류되는 것을 방지한다.

(4) 응축기와 배관의 점검보수 및 세관을 용이하게 하기 위하여 플랜지 또는 유니언 이음을 한다.

참고 응축기에 공급되는 냉각수의 종류에 관계없이 단수 릴레이는 입구측에 부착한다.

□ 02년1회, 19년2회

독점	배점
	12

07 그림과 같은 증발기와 팽창밸브가 수액기의 액면보다 15m가 높은 장소에 설치되어 있는 냉매 R-22용 냉동장치가 있다. 다음 조건과 같이 운전되고 있을 때 팽창밸브 직전의 액관 중에 플래시 가스가 발생되고 있는가 없는가를 주어진 표를 이용하여 판정하고, 발생될 경우에는 그 방지책을 3가지 쓰시오.

【조 건】

1. 응축압력 : 1.16MPa · g
2. 냉매의 과냉각도(수액기 내) : 4℃
3. 수액기에서 팽창밸브까지의 배관 내 압력손실 : 9.8kPa
4. 냉매액의 밀도 : 1.166kg/L
5. 대기압 : 0.1MPa

[R-22의 포화온도와 포화압력의 관계]

포화온도(℃)	22	24	26	28	30	32	34
포화압력(MPa·abs)	0.96	1.02	1.07	1.13	1.2	1.26	1.32

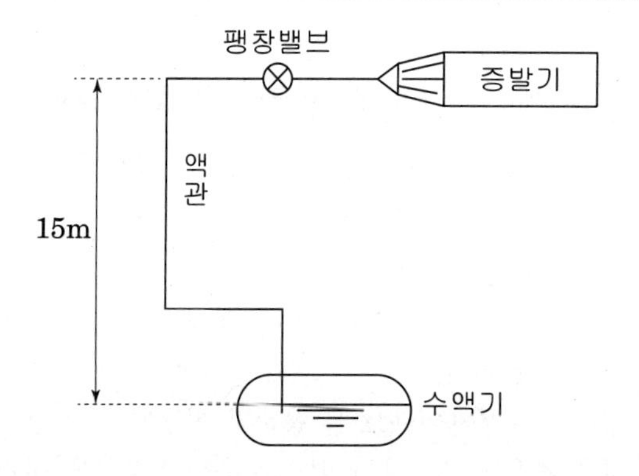

해답 (1) flash gas 발생 유무

① 운전조건에서 응축압력이 1.16MPa 이므로 절대압력은 1.16+0.1=1.26MPa · abs
따라서 [R-22의 포화온도와 포화압력의 관계]에서 대응하는 포화온도는 32℃(응축온도)

② 수액기에서 4℃ 과냉각된 32-4=28℃로 나오고 대응하는 포화압력은 1.13MPa · abs
따라서 수액기에서 팽창밸브까지의 허용압력손실은
1.26-1.13=0.13MPa · abs이다.

③ 수액기에서 팽창밸브 직전까지의 전 압력손실
=액주(15m)의 정압손실+배관내의 압력손실이므로
• 액주(액높이)의 정압손실
$P = rh = \rho gh = 1.166 \times 10^3 \times 9.8 \times 15 = 171402\text{Pa} = 0.17\text{MPa}$
∴ 전압력손실$= 0.17 + 9.8 \times 10^{-3} = 0.1798\text{MPa}$

④ 허용압력손실 0.13MPa 보다 크므로 flash gas가 발생한다.

(2) 방지책
① 액관의 지나친 입상을 피하고 액관 및 부속기기 등의 지름을 충분한 크기로 선정한다.
② 액, 가스 열교환기를 설치한다.
③ 액관이 외부열에 노출될 경우 보온 및 단열조치를 한다.

□ 12년2회

08 플래시 가스(flash gas)의 발생 원인 3가지와 방지책 3가지를 쓰시오.

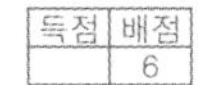

득점	배점
	6

해답 (1) 발생 원인
① 액관이 현저하게 입상된 경우
② 액관 지름이 가늘고 긴 경우
③ 배관 부속품(밸브 등)의 규격이 작은 경우
④ 여과기가 막힌 경우
⑤ 주위 온도(열원 등)에 의해 가열되는 경우
⑥ 수액기에 직사 일광이 비쳤을 때

(2) 방지 대책
① 열교환기 등을 설치하여 액냉매를 과냉각시킨다.
② 액관 지름을 규격에 맞추어 시공하여 압력 손실을 적게 한다.
③ 규격에 맞는 배관 부속품으로 시공한다.
④ 여과기를 청소 및 교체한다.
⑤ 수액기에 차양을 설치한다.(직사일광이 있을 경우)
⑥ 액관을 보온 피복한다.
⑦ 냉각 수온과 수량을 조절한다.

□ 15년2회, 20년1회

09 액압축(liquid back or liquid hammering)의 발생원인 2가지와 액압축 방지(예방)법 4가지 및 압축기에 미치는 영향 2가지를 쓰시오.

득점	배점
	10

해답 (1) 액압축의 발생원인

① 냉동부하가 급격히 변동할 때
② 증발기에 유막이나 적상이 형성되었을 때
③ 액분리기 기능 불량
④ 흡입지변이 갑자기 열렸을 때
⑤ 팽창밸브의 개도가 과대할 때
⑥ 냉매를 과충전 하였을 때

(2) 액압축 방지법

① 냉동 부하의 변동을 적게 한다.
② 제상 및 배유(적상 및 유막 제거)
③ 냉매의 과잉 공급을 피한다.(팽창밸브의 적절한 조정)
④ 극단적인 습압축을 피한다.
⑤ 액분리기 용량을 크게 하여 기능을 좋게 한다.
⑥ 열교환기를 설치하여 흡입가스를 과열시킨다.

(3) 압축기에 미치는 영향

① 압축기 축봉부에 과부하 발생, 압축기에 소음과 진동이 발생
② 압축기가 파손될 우려가 있다.
③ 압축기 헤드에 적상이 형성된다.

□ 06년2회, 12년2회

10 냉동장치에서 액압축을 방지하기 위하여 운전 조작 시 주의해야 할 사항 3가지를 쓰시오.

득점	배점
	6

해답 ① 흡입지변을 조작할 때는 신중을 기할 것(기동조작에 부주의하지 않을 것)
② 팽창밸브 조정에 신중을 기할 것
③ 급격한 부하변동이 일어나지 않도록 할 것

□ 13년3회

11 겨울철에 냉동장치 운전 중에 고압측 압력이 갑자기 낮을 경우 장치 내에서 일어나는 현상을 3가지 쓰고 그 이유를 각각 설명하시오.

득점	배점
	15

해답 ① 냉매 순환량 감소

이유 : 기온저하로 응축온도가 낮아져 충분한 응축 압력을 얻지 못하여 고압과 저압의 차압이 작아지므로 그 결과 팽창변을 통과하는 냉매유량이 감소한다.

② 냉동능력 감소에 의해 냉각작용이 저하

이유 : 냉매 순환량이 감소하면 냉동능력이 감소하여 주위로부터 냉각작용이 잘 이루어지지 않는다.

③ 단위능력당 소요동력 증대

이유 : 냉매순환량 감소로 인하여 냉동능력 감소에 따른 운전시간이 장시간 이어진다.

□ 14년3회

12 냉동장치 운전중에 발생되는 현상과 운전관리에 대한 다음 물음에 답하시오.

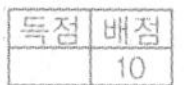

(1) 플래시가스(flash gas)에 대하여 설명하시오.

(2) 액압축(liquid hammer)에 대하여 설명하시오.

(3) 안전두(safety head)에 대하여 설명하시오.

(4) 펌프다운(pump down)에 대하여 설명하시오.

(5) 펌프아웃(pump out)에 대하여 설명하시오.

해답 (1) 플래시가스 : 고압 액 배관에서 냉매액이 온도상승이나 압력강하에 의해 액이 기화하는 것으로 팽창밸브의 냉매유량이 감소하여 냉동능력이 감소하는 등의 문제가 발생한다. 이 때문에 열교환기를 설치하여 냉매를 과냉각 상태로 하여 플래시가스의 발생을 방지한다.

(2) 액압축 : 증발기에서 냉매가스에 냉매액이 혼입하여 압축기가 습운전을 하게 되면 냉매액이 압축기 실린더에 흡입되어 액압축이 일어난다. 액체는 비압축성이므로 극히 큰 압력이 발생하여 소음, 진동에 따른 liquid hammer의 현상으로부터 압축기의 밸브나 실린더헤드의 파손 우려가 있다.

(3) 안전두 : 압축기 실린더 상부 밸브플레이트를 스프링으로 지지시켜 놓은 것으로 이물질 또는 액 냉매가 혼입 시 이상고압에 의한 압축기 두부가 파괴되는 것을 방지하기 위해 설치한 안전장치를 말한다. (작동압력 = 정상고압 + 0.3 MPa)
(4) 펌프다운 : 냉동장치의 저압측(증발기, 흡입 등)을 수리하거나 장기간 휴지 시 냉매를 응축기나 수액기로 회수하는 것을 펌프 다운이라 한다.
(5) 펌프아웃 : 냉동장치 고압측에 냉매 누설이나 이상 발생 시 고압측을 수리하기 위해 고압측 냉매를 저압측(증발기) 또는 외부 용기로 회수하는 작업을 펌프 아웃이라 한다.

□ 13년2회

13 냉동장치의 동 부착(copper plating) 현상에 대하여 서술하시오.

득점	배점
	6

해답 동부착 현상(Copper plating)이란 프레온계 냉매를 사용하는 냉동장치에서 수분이 침입할 경우 수분과 프레온이 반응하여 산이 생성되고 여기에 침입한 산소와 동이 반응하여 석출된 동가루가 냉매와 함께 냉동장치 내를 순환하면서 온도가 높고 잘 연마된 금속부(압축기의 실린더벽, 피스톤, 밸브 등 활동부)에 도금되는 현상을 말한다.

□ 04년3회

14 냉동기의 토출측에 설치한 머플러(gas muffler)의 기능과 설치방법에 대해 설명하시오.

득점	배점
	8

해답 (1) 기능
고압 냉매의 유동속도를 급격하게 감소시켜서 소음을 감소시키며 왕복식 압축기의 경우 고압냉매의 맥동을 완화시킨다.
(2) 설치방법
압축기와 응축기 사이에서 압축기에 근접시켜서 설치하는 것이 좋다.

☐ 14년2회, 19년1회

15 냉각탑(colling tower)의 성능 평가에 대한 다음 물음에 답하시오.

득점	배점
	10

(1) 쿨링 레인지(cooling range)에 대하여 서술하시오.
(2) 쿨링 어프로치(cooling approach)에 대하여 서술하시오.
(3) 냉각탑의 공칭능력을 쓰고 계산하시오.
(4) 냉각탑 설치 시 주의사항 3가지만 쓰시오.

해답 (1) 쿨링 레인지(Cooling range) = 냉각수 입구온도(℃)－냉각수 출구온도(℃)

(2) 쿨링 어프로치(Cooling approach)
= 냉각수 출구온도(℃)－입구공기의 습구온도(℃)

(3) 냉각탑 공칭능력(kJ/h)=냉각수 순환량(L/h)×냉각수 비열×쿨링 레인지
냉각수 순환수량 : 13L/min
냉각탑 냉각수 입구온도 : 37℃, 냉각탑 냉각수 출구온도 : 32℃
∴ 냉각탑 공칭능력 = 13×60×4.2×(37－32) = 16380 kJ/h(=4.55kW)을 1냉각톤이라 한다.

(4) 설치 시 주의사항
① 설치 위치는 급수가 용이하고 공기유통이 좋을 것
② 고온의 배기가스에 의한 영향을 받지 않는 장소일 것
③ 취출공기를 재흡입하지 않도록 할 것
④ 냉각탑에서 비산되는 물방울에 의한 주의 환경 및 소음 방지를 고려할 것
⑤ 2대 이상의 냉각탑을 같은 장소에 설치할 경우에는 상호 2m 이상의 간격을 유지할 것
⑥ 냉동장치로부터의 거리가 되도록 가까운 장소일 것
⑦ 설치 및 보수 점검이 용이한 장소일 것

□ 05년2회

16 냉동장치의 운전상태 및 계산의 활용에 이용되는 몰리에르 선도($P-i$선도)의 구성요소의 명칭과 해당되는 단위를 번호에 맞게 기입하시오.

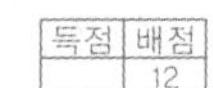

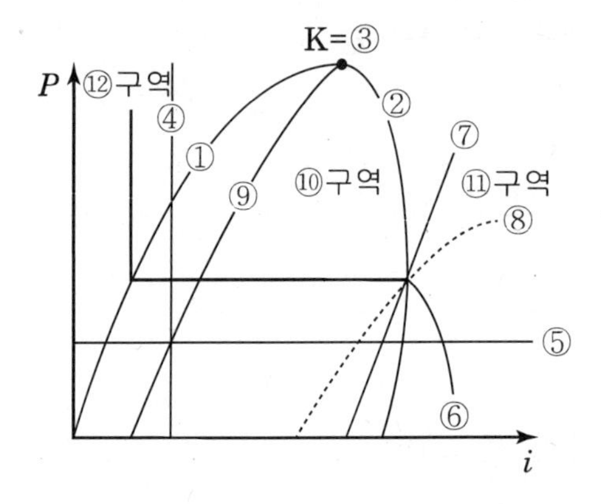

해답

번호	명칭	단위(MKS)
①	포화액선	없음
②	건조포화증기선	없음
③	임계점	℃
④	등엔탈피선	kJ/kg
⑤	등압선	MPa(or kPa)abs
⑥	등온선	℃
⑦	등엔트로피선	kJ/kg·k
⑧	등비체적선	m^3/kg
⑨	등건조도선	%
⑩	습포화증기구역	없음
⑪	과열증기구역	없음
⑫	과냉각구역	없음

□ 13년2회, 19년3회

17 냉동장치 각 기기의 온도변화 시에 이론적인 값이 상승하면 ○, 감소하면 ×, 무관하면 △을 하시오.

득점	배점
	15

온도변화 / 상태변화	응축온도 상승	증발온도 상승	과열도 증가	과냉각도 증가
성적계수				
압축기 토출가스온도				
압축일량				
냉동효과				
압축기 흡입가스 비체적				

해답

온도변화 / 상태변화	응축온도 상승	증발온도 상승	과열도 증가	과냉각도 증가
성적계수	×	○	×	○
압축기 토출가스온도	○	×	○	△
압축일량	○	×	○	△
냉동효과	×	○	○	○
압축기 흡입가스 비체적	△	×	○	△

□ 16년3회

18 냉동능력 360000kJ/h이고 압축기 동력이 20kW이다. 압축효율이 0.8일 때 성능계수를 구하시오.

해답 이론 성능계수 $COP=\frac{Q_2}{W}$

실제 성능계수 $COP'=\frac{Q_2}{W}\times\eta_c\times\eta_m=\frac{360000}{20\times3600}\times0.8=4$

압축효율이 주어졌으므로 실제 성능계수를 구한다.

□ 05년2회, 11년3회, 18년2회

19 24시간 동안에 30℃의 원료수 5000kg을 -10℃의 얼음으로 만들 때 냉동기용량(냉동톤)을 구하시오. (단, 냉동기 안전율을 10%로 하고 물의 응고잠열은 334kJ/kg, 원료수의 비열은 4.2kJ/kg · K, 얼음의 비열은 2.1kJ/kg · K, 1RT=3.86kW이다.)

득점	배점
	5

해답 냉동톤 $RT = \dfrac{5000 \times (4.2 \times 30 + 334 + 2.1 \times 10) \times 1.1}{24 \times 3600 \times 3.86} = 7.93[\text{RT}]$

□ 02년2회, 12년1회

20 15℃의 물을 0℃의 얼음으로 매시간 50kg 만드는 냉동기의 냉동능력은 몇 냉동톤이 되는가? (단, 물의 잠열은 334kJ, 물의 비열은 4.2kJ/kg · ℃라고 한다.)

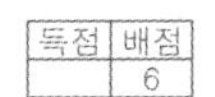

해답

$$RT = \frac{Q_2}{3.86} = \frac{m \cdot c \cdot \Delta t + mr}{3.86}$$

$$= \frac{\left(\frac{50}{3600}\right) \times (4.2 \times 15 + 334)}{3.86} = 1.43[\text{RT}]$$

□ 03년2회, 09년3회, 17년3회

21 다음과 같은 냉방부하를 갖는 건물에서 냉동기 부하(RT)를 구하시오.
(단, 1RT=3.86kW, 안전율은 10%이다.)

실명	냉방부하(kJ/h)		
	8:00	12:00	16:00
A실	30000	20000	20000
B실	25000	30000	40000
C실	10000	10000	10000
계	65000	60000	70000

해답 냉동기 부하는 변풍량 방식이라는 조건이 없으면 정풍량 방식을 기준으로 정한다. 따라서 정풍량 방식은 각 실의 최대부하를 기준으로 냉동기 용량을 결정한다.

최대부하 $= 30000 + 40000 + 10000 = 80000\text{kJ/h}$

냉동기부하 $R_T = \dfrac{Q_2}{3.86 \times 3600} = \dfrac{80000}{3.86 \times 3600} \times 1.1 = 6.33[\text{RT}]$

□ 17년2회

22 **공기 냉동기의 온도에 있어서 압축기 입구가 -5℃, 압축기 출구가 105℃, 팽창기 입구에서 10℃, 팽창기 출구에서 -70℃라면 공기 1kg당의 성적계수와 냉동 효과는 몇 kJ/kg인가? (단, 공기 비열은 1.005kJ/kg·K이다.)**

득점	배점
	6

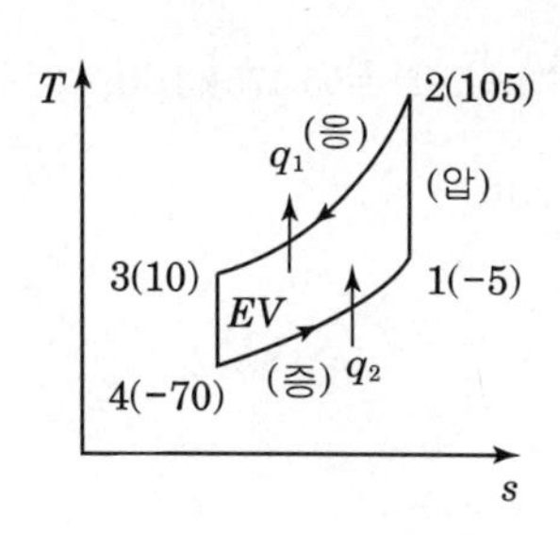

해설 공기냉동사이클의 구성은 다음과 같이 $P-v$선도, $T-s$선도로 표시하면 단열과정과 등압과정을 조합시킨 가역사이클이다.

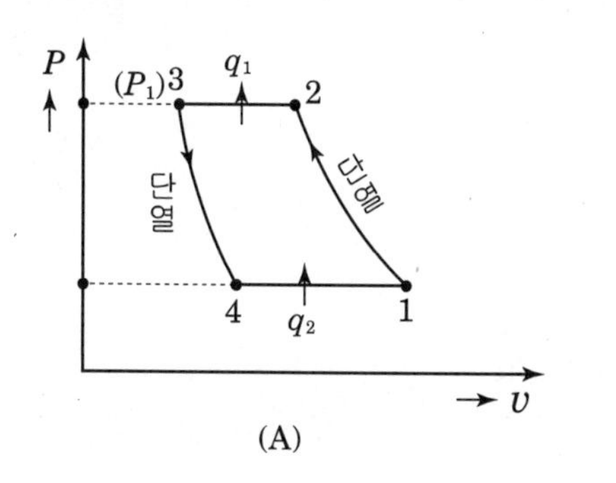

(A)

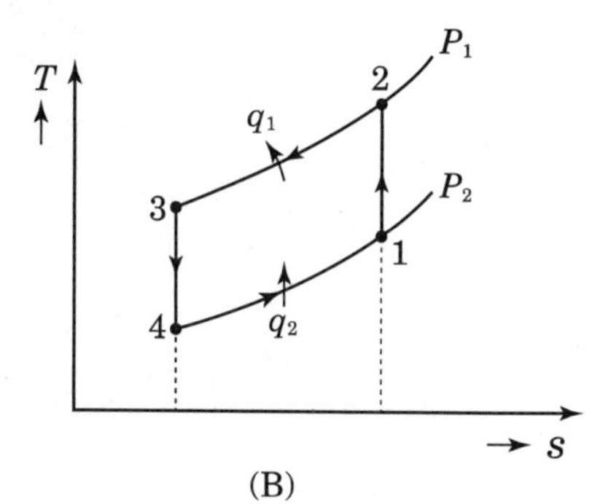

(B)

공기냉동사이클

1 → 2 : 단열압축과정
2 → 3 : 등압방열과정
3 → 4 : 단열팽창과정
4 → 1 : 등압흡열과정이다.

정압비열을 c_p(kJ/kg · K)의 공기를 작업유체로 하면

① 이론흡열열량(냉동효과) $q_2 = c_p(T_1 - T_4)$

② 이론방출열량 $q_1 = c_p(T_2 - T_3)$

③ 이론소요동력 $w = q_1 - q_2 = c_p(T_2 - T_3) - c_p(T_1 - T_4)$

④ 성적계수 $COP = \frac{q_2}{w} = \frac{q_2}{q_1 - q_2}$

해답 (1) 냉동효과(이론흡수열량) $q_2 = C_P(T_1 - T_4)$
$= 1.005 \times \{(273-5)-(273-70)\} = 65.325\,\text{kJ/kg}$

(2) 이론방출열량 $q_1 = C_P(T_2 - T_3)$
$= 1.005 \times \{(273+105)-(273+10)\} = 95.475\,\text{kJ/kg}$

$\therefore$ 성적계수$= \dfrac{q_2}{w} = \dfrac{q_2}{q_1 - q_2} = \dfrac{65.325}{95.475 - 65.325} = 2.167$

흡수식 냉동장치 □□□

□ 15년2회

01 흡수식 냉동장치에서 다음 물음에 답하시오.

득점	배점
	6

(1) 빈칸에 냉매와 흡수제를 쓰시오.

냉매	흡수제

(2) 다음 흡수제의 구비 조건 중 맞으면 ○, 틀리면 ×하고 수정하시오.

① 용액의 증기압이 높을 것 ( )

② 용액의 농도변화에 의한 증가압의 변화가 작을 것 ( )

③ 재생하는 열량이 낮을 것 ( )

④ 점도가 높고 부식성이 높을 것 ( )

해설

냉매	흡수제
H_2O	LiBr, LiCl, H_2SO_4, KOH, NaOH
NH_3	H_2O

[흡수제의 구비조건]
① 용액의 증기압이 낮을 것
② 농도변화에 의한 증기압의 변화가 작을 것
③ 재생에 많은 열량이 필요로 하지 않을 것
④ 점도가 낮을 것
⑤ 부식성이 적을 것
⑥ 냉매와의 비점차가 클 것
⑦ 냉매의 용해도가 클 것
⑧ 열전도율이 높을 것
⑨ 결정을 일으키기 어려울 것
⑩ 독성 및 가연성이 없을 것

해답 (1)

냉매	흡수제
H_2O	LiBr 또는 LiCl
NH_3	H_2O

(2) ① 용액의 증기압이 높을 것(×)
② 용액의 농도변화에 의한 증기압의 변화가 작을 것(O)
③ 재생하는 열량이 낮을 것(O)
④ 점도가 높고 부식성이 높을 것(×)

□ 14년2회

02 일반형 흡수식 냉동기(단중효용식)화 비교한 이중효용 흡수식 냉동장치의 특징(이점) 3가지를 쓰시오.

득점	배점
	6

해답 (1) 제1단의 고온 재생기의 가열에너지는 고온 재생기와 저온 재생기의 2단으로 이용하므로 재생기 가열에 소요되는 연료소비량이 감소된다. (40% 정도)

(2) 이중효용형은 일(단)중효용에 비하여 대폭적으로 효율이 향상되어 COP증가 (약 50%)의 폐열량이 감소한다. (약 30%)

(3) 응축기에서의 냉매 응축량이 감소(저온 재생기에서 일부 응축하므로)하여, 냉각수로의 방열량도 적어진다. 이에 따라 냉각탑(cooling tower)도 적어진다. (75% 정도의 용량)

□ 04년1회

03 흡수식 냉동장치에서 응축기 발열량이 15kW이고 흡수기에 공급되는 냉각수량이 20kg/min이며 냉각수 온도차가 8℃일 때 냉동능력 2RT를 얻기 위하여 발생기에서 가열하는 열량[kJ/h]을 구하시오.(단, 냉각수 비열은 4.2kJ/kg·K, 1RT=3.86kW로 한다)

득점	배점
	5

해설 흡수식 냉동기의 열수지(열평형)식
냉동기 흡수열량=냉동기 방출열량

$Q_E + Q_G = Q_A + Q_C$에서

Q_G : 발생기 가열량[kJ/h]
Q_E : 냉동능력[kJ/h]
Q_A : 흡수기 냉각열량[kJ/h]
Q_C : 응축부하[kJ/h]

흡수식 냉동기에서 냉각수량은 흡수기 → 응축기 → 냉각탑 → 흡수기 순으로 순환하며 냉각수가 흡수하는 총열량은 $(Q_A + Q_C)$이다.

해답 $Q_A(\text{흡수기 냉각열량}) = m \cdot c \cdot \Delta t = 20 \times 60 \times 4.2 \times 8 = 40320[\text{kJ/h}]$

$\therefore Q_G(\text{발생기 가열량}) = Q_A + Q_C - Q_E = 40320 + 15 \times 3600 - 2 \times 3.86 \times 3600$

$= 66528[\text{kJ/h}]$

□ 06년2회

04 냉동능력 70kW인 흡수식 냉동장치에 있어서 냉각수량 20m^3/hr, 냉각수 입구온도가 25℃, 출구온도가 31℃라 할 때 발생기에서의 가열량 Q_G(kJ/hr)를 구하시오. (단, 냉각수 비열은 4.2kJ/kg·K로 한다)

득점	배점
	5

해설 흡수식 냉동기의 열수지(열평형)식
냉동기 흡수열량=냉동기 방출열량

$Q_E + Q_G = Q_A + Q_C$에서

Q_G : 발생기 가열량[kJ/h]
Q_E : 냉동능력[kJ/h]
Q_A : 흡수기 냉각열량[kJ/h]
Q_C : 응축부하[kJ/h]

흡수식 냉동기에서 냉각수량은 흡수기 → 응축기 → 냉각탑 → 흡수기 순으로 순환하며 냉각수가 흡수하는 총열량은 $(Q_A + Q_C)$이다.

해답 발생기 가열량 $Q_G = (Q_A + Q_C) - Q_E = 504000 - 70 \times 3600 = 252000$[kJ/hr]
여기서 $(Q_A + Q_C) = 20 \times 10^3 \times 4.2 \times (31 - 25) = 504000$[kJ/h]

□ 11년3회

05 흡수식 냉동장치의 냉동능력이 120RT이고 재생기의 증기 사용량 950kg/h, 증발 잠열량 2480kJ/kg, 냉수온도 입구 10℃ 출구 5℃, 냉각수온도 입구 32℃ 출구 40℃이고, 물의 비열 4.2kJ/kg·℃, 냉동능력 1RT는 3.86kW, 물의 밀도는 1kg/L이다. 다음 물음에 답하시오.

(1) 냉각수량은 몇 L/min인가?

(2) 냉수량은 몇 L/min인가?

해설 흡수식 냉동기에서 냉각수가 흡수하여 냉각탑에서 방출하는 총열량은 $(Q_A + Q_C)$이다.
이 문제에서는 $Q_A + Q_C$가 주어지지 않았으므로 $Q_E + Q_G = Q_A + Q_C$로 부터 $Q_E + Q_G$을 이용하여 냉각수량을 구한다.

해답 (1) 냉각수량 $= \dfrac{120 \times 3.86 \times 60 + \left(\dfrac{950}{60}\right) \times 2480}{4.2 \times (40 - 32)} = 1995.79$L/min

(2) 냉수량 $= \dfrac{120 \times 3.86 \times 60}{4.2 \times (10 - 5)} = 1323.43$L/min

□ 00년1회

06 다음과 같은 조건하에서 작동하는 냉방용 흡수식 냉동장치에서 증발기가 1RT의 능력을 갖도록 하기 위한 각 물음에 답하시오.

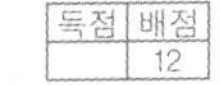

【조 건】

1. 발생기 내의 증기 엔탈피 $h_3' = 3040.7$kJ/kg
2. 증발기를 나오는 증기 엔탈피 $h_1' = 2926.9$kJ/kg
3. 응축기를 나오는 응축수 엔탈피 $h_3 = 545$kJ/kg

상태점	온도(℃)	압력(mmHg)	농도(wt %)	엔탈피(kJ/kg)
4	74	31.8	60.4	316.5
8	46	6.54	60.4	272.9
6	44.2	6.0	60.4	270.4
2	28.0	6.0	51.2	238.6
5	56.5	31.8	51.2	291.3

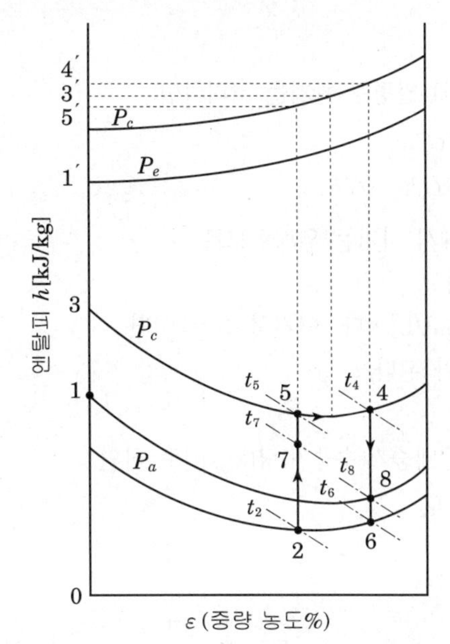

(1) 용액 순환비를 구하시오.

(2) 7점의 엔탈피를 구하시오.

(3) 발생기, 증발기의 열량을 구하시오.

(4) 성적률(COP)을 구하시오.

해설 (1) 용액 순환비란 발생기에서 냉매증기 1 kg을 발생하기 위해 흡수기에서 발생기로 보내지는 희용액의 양 $f$kg을 용액 순환비라 한다. 희용액 $f$kg을 흡수기에서 발생기로 보내면 발생기에서는 1 kg의 증기가 발생하므로 발생기를 나오는 농용액의 양은 $(f-1)$kg이 된다. 또한 발생기에 들어가는 LiBr량과 발생기에서 나오는 LiBr량은 같다. 그러므로 희용액의 농도를 ϵ_1, 농용액의 농도를 ϵ_2라 하면 다음의 식이 성립한다.

$f\epsilon_1 = (f-1)\epsilon_2$

용액순환비 $f = \dfrac{\epsilon_2}{\epsilon_2 - \epsilon_1}$

(2) 용액열교환기에서의 열평형 관계

순환비를 f라 하면 발생기에서 $G_v$kg/h의 증기를 발생하기 위해 발생기에 보내는 희용액의 양 Gkg/h는 다음 식으로 나타낸다.

$G = fG_v$

따라서 발생기에서 나오는 농용액의 양$(G-G_v)=(f-1)G_v$가 된다. 문제 $h-\epsilon$선도 상의 점7 및 점2는 각각 희용액 측 열교환기의 출입구를 표시하는 점이고 점8 및 점4는 농용액 측의 열교환기 출입구를 나타는 점으로 하면 용액 열교환기에서의 열평형 관계는 다음과 같다.

$G(h_7 - h_2) = (G - G_v)(h_4 - h_8)$

$f(h_7 - h_2) = (f-1)(h_4 - h_8)$

(3) 발생기, 증발기의 열량

① 발생기 필요 가열량 : 발생기에서의 열평형 관계를 고려하면

- 발생기에 들어가는 열량= $Q_g + f G_v h_7$
- 발생기에서 나가는 열량= $(f-1) G_v h_4 + G_v h_4'$

발생기에 들어가는 열량=발생기에서 나가는 열량이므로

$Q_g + f G_v h_7 = (f-1) G_v h_4 + G_v h_4'$ 에서

$Q_g = (f-1) G_v h_4 + G_v h_4' - f G_v h_7$ [kJ/h]이다. 여기서 G_v=1이면

$q_g = (f-1) h_4 + h_4' - f h_7$ [kJ/kg]가 된다.

② 증발기의 냉동능력 Q_2

G_v를 증발기에서 매시 증발하는 냉매증기(수증기)량[kg/h]로 하면

- 증발기에 들어가는 열량 $G_v h_3 + Q_2$
- 증발기에서 나가는 열량 $G_v h_1'$

따라서 다음 식이 성립한다.

$G_v h_3 + Q_2 = G_v h_1'$

$Q_2 = G_v h_1' - G_v h_3$ 역시 G_v=1이면

증발기의 냉동효과 $q_2 = h_1' - h_3$

(4) 성적률 $COP = \dfrac{q_2(\text{냉동효과})}{q_g(\text{발생기 가열량})}$

해답

(1) 순환비 $f = \dfrac{\epsilon_2}{\epsilon_2 - \epsilon_1} = \dfrac{60.4}{60.4 - 51.2} = 6.5652 = 6.565$[kg/kg]

(2) 열교환기에서의 열평형 관계에서

$f(h_7 - h_2) = (f-1)(h_4 - h_8)$ 에서

$$h_7 = h_2 + \frac{f-1}{f}(h_4 - h_8) = 238.6 + \frac{6.565-1}{6.565}(316.5 - 272.9) = 275.56\,[\text{kJ/kg}]$$

(3) ① 발생기의 필요 가열량 q_g

$q_g = (f-1) h_4 + h_4' - f h_7$

$= (6.565 - 1) \times 316.5 + 3040.7 - 6.565 \times 275.56 = 2992.97$[kJ/kg]

② 증발기의 냉동효과 q_2

$q_2 = h_1' - h_3 = 2926.9 - 545 = 2381.9$[kJ/kg]

(4) 성적률

$$COP = \frac{q_2}{q_g} = \frac{2381.9}{2992.97} = 0.80$$

□ 08년2회, 12년1회

07 다음과 같은 조건하에서 냉방용 흡수식 냉동장치에서 증발기가 1RT의 능력을 갖도록 하기 위한 각 물음에 답하시오.

득점	배점
	12

【조 건】

1. 냉매와 흡수제 : 물+리튬브로마이드
2. 발생기 공급열원 : 80℃의 폐기가스
3. 용액의 출구온도 : 74℃
4. 냉각수 온도 : 25℃
5. 응축온도 : 30℃(압력 31.8mmHg)
6. 증발온도 : 5℃(압력 6.54mmHg)
7. 흡수기 출구 용액온도 : 28℃
8. 흡수기 압력 : 6mmHg
9. 발생기 내의 증기 엔탈피 $h_3' = 3040.7$kJ/kg
10. 증발기를 나오는 증기 엔탈피 $h_1' = 2926.9$kJ/kg
11. 응축기를 나오는 응축수 엔탈피 $h_3 = 545$kJ/kg
12. 증발기로 들어가는 포화수 엔탈피 $h_1 = 438.3$kJ/kg

상태점	온도(℃)	압력(mmHg)	농도 w_t(%)	엔탈피(kJ/kg)
4	74	31.8	60.4	316.5
8	46	6.54	60.4	272.9
6	44.2	6.0	60.4	270.4
2	28.0	6.0	51.2	238.6
5	56.5	31.8	51.2	291.3

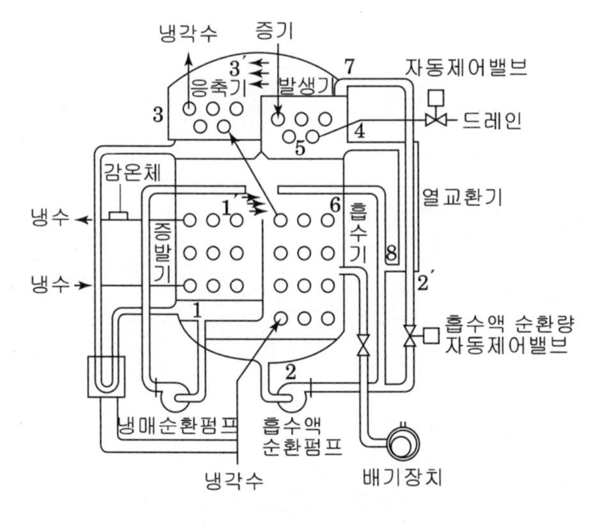

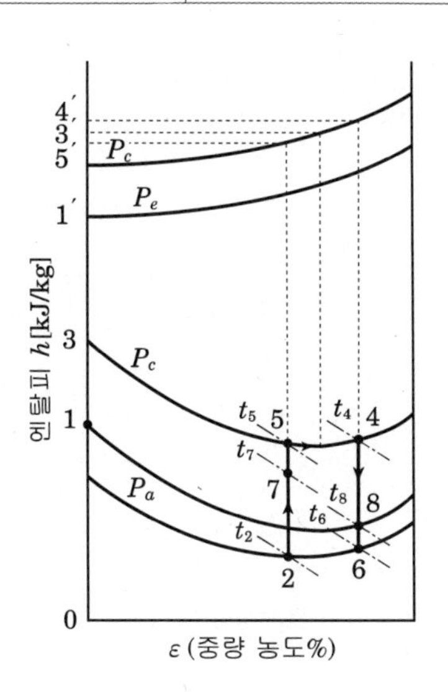

(1) 다음과 같이 나타내는 과정은 어떠한 과정인지 설명하시오.

① 4-8과정 ② 6-2과정 ③ 2-7과정

(2) 응축기, 흡수기 열량을 구하시오.

(3) 1 냉동톤당의 냉매 순환량을 구하시오.

해답 (1) ④~⑧ : 흡수기에서 재생기로 가는 희용액과 열교환하여 농용액의 온도강하 과정

⑥~② : 흡수기에서의 흡수작용

②~⑦ : 재생기에서 흡수기로 되돌아오는 고온 농용액과의 열교환에 의해 희용액의 온도상승

(2) ① 응축열량 $q_c = h_3' - h_3 = 3040.7 - 545 = 2495.7$[kJ/kg]

② 흡수열량

• 용액 순환비 $f = \dfrac{\epsilon_2}{\epsilon_2 - \epsilon_1} = \dfrac{60.4}{60.4 - 51.2} = 6.565$[kg/kg]

• 흡수기 열량

$q_a = (f-1) \cdot h_8 + h_1' - fh_2$

$= \{(6.565-1) \times 272.9\} + 2926.9 - (6.565 \times 238.6) ≒ 2879.18$[kJ/kg]

(3) ① 냉동효과 $q_2 = h_1' - h_1 = 2926.9 - 438.3 = 2488.6$[kJ/kg]

② 냉매 순환량 $G_v = \dfrac{Q_2}{q_2} = \dfrac{3.86 \times 3600}{2488.6} = 5.58$[kg/h]

냉동장치 및 배관

□ 01년1회, 15년1회, 15년3회

01 다음 그림과 같은 중앙식 공기조화설비의 계통도에 각 기기의 명칭을 보기에서 골라 쓰시오.

득점	배점
	10

【보 기】

1. 송풍기	2. 보일러	3. 냉동기
4. 공기조화기	5. 냉수펌프	6. 냉매펌프
7. 냉각수 펌프	8. 냉각탑	9. 공기가열기
10. 에어 필터	11. 응축기	12. 증발기
13. 공기냉각기	14. 냉매건조기	15. 트랩
16. 가습기	17. 보일러 급수펌프	

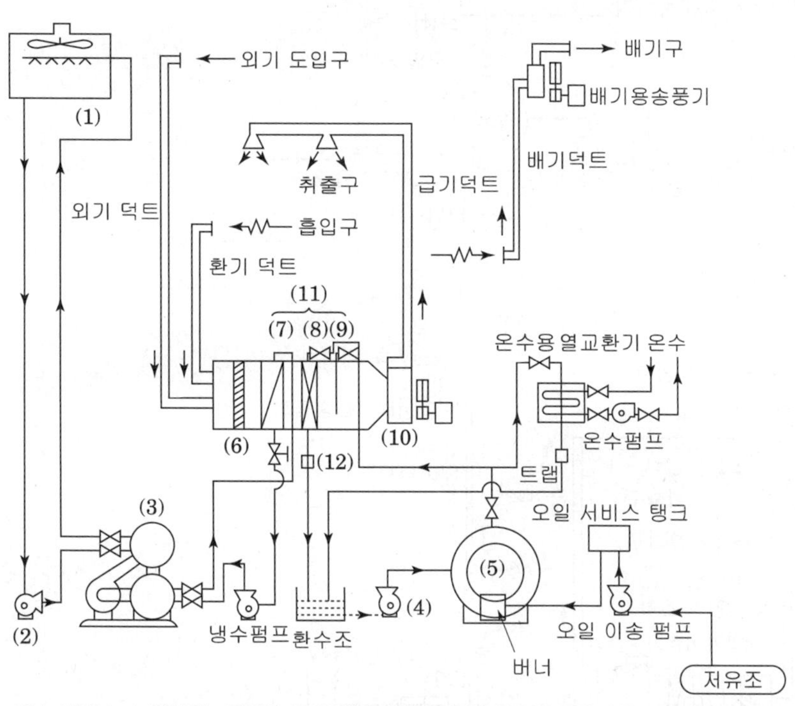

※ 냉수, 냉각수 순환펌프는 저항이 큰 코일(증발기, 응축기) 측으로 토출시키는 것이 원칙이다. 그 이유는 펌프는 흡입측보다 토출측에 압력(저항)이 걸리도록 하여야 압력분포가 안정적이다.

해답

(1) 냉각탑	(2) 냉각수 펌프	(3) 응축기
(4) 보일러 급수펌프	(5) 보일러	(6) 에어 필터
(7) 공기냉각기	(8) 공기가열기	(9) 가습기
(10) 송풍기	(11) 공기조화기	(12) 트랩

☐ 17년3회

02 다음 그림과 같은 중앙식 공기 조화 설비의 계통도에서 미완성된 배관도를 완성하고 유체의 흐르는 방향을 화살표로 표시하시오.

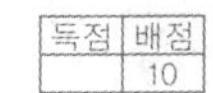

득점	배점
	10

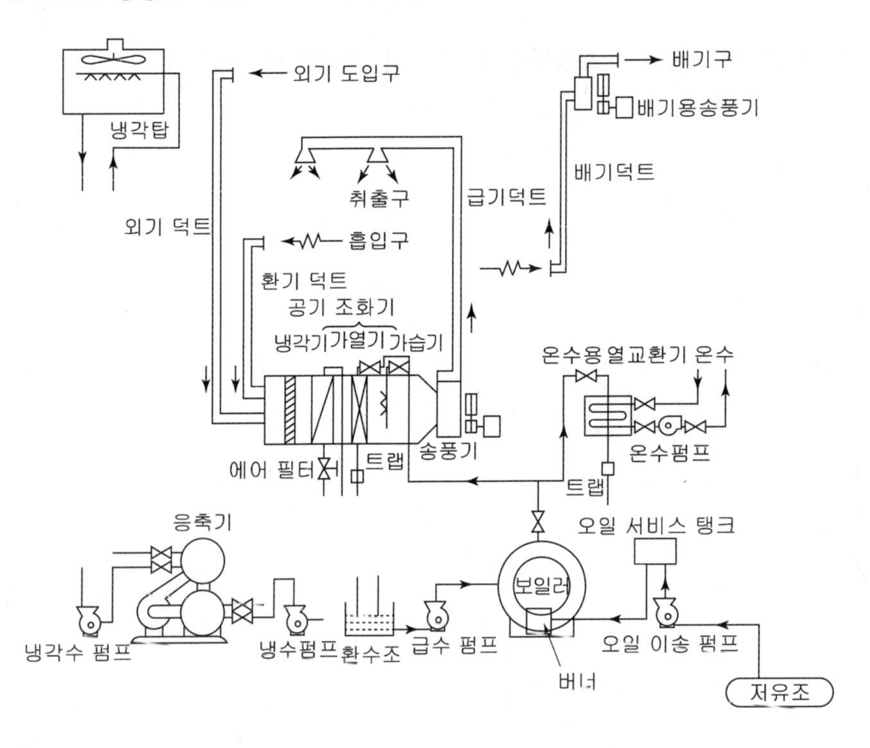

해답

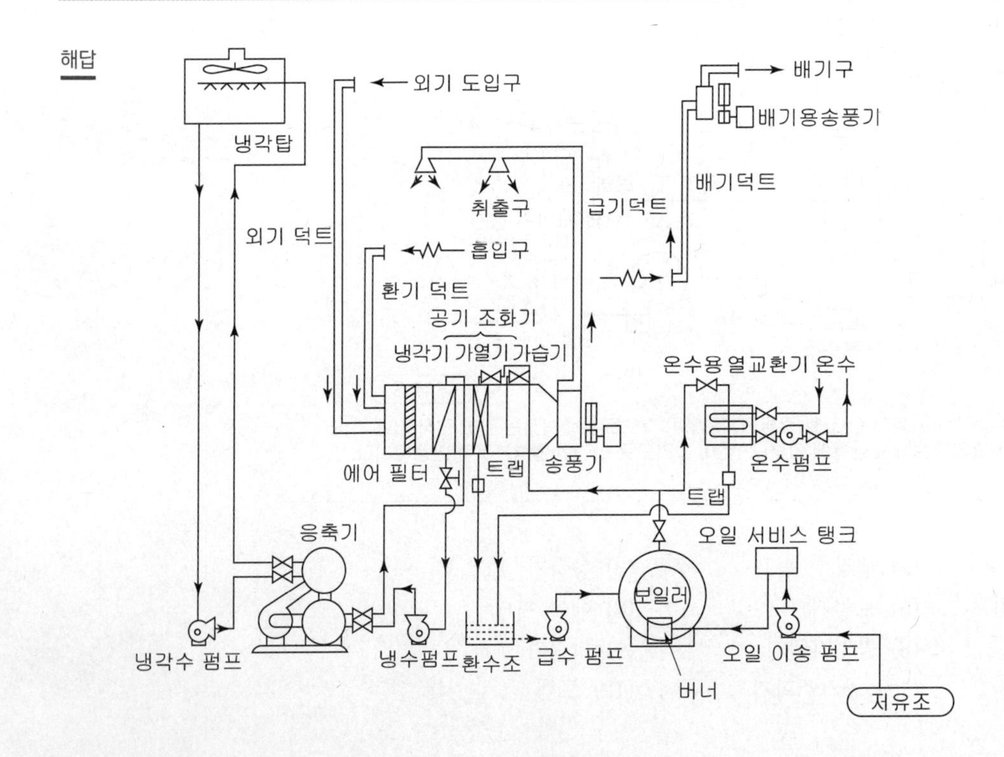

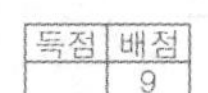

□ 07년1회

03 다음 보기의 기호를 사용하여 공조배관 계통도를 작성하시오. (단, 냉수공급관 및 환수관은 개별식을 배관한다.

득점	배점
	9

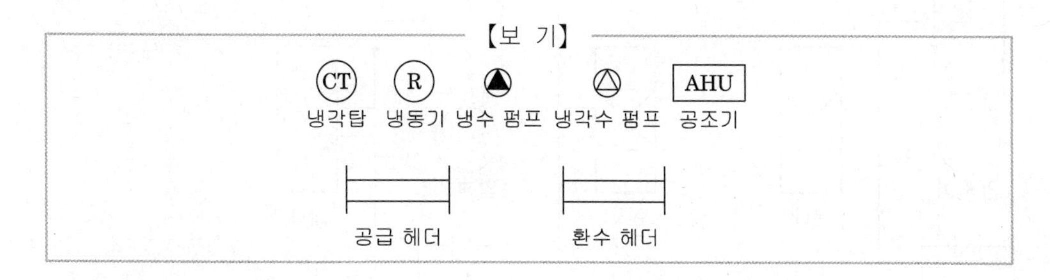

해답

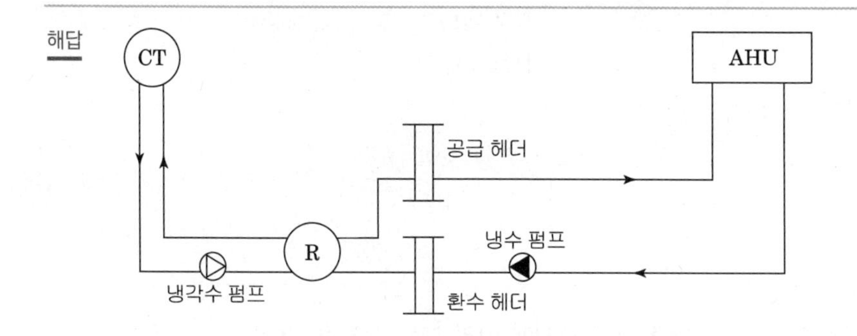

□ 05년3회, 12년1회

04 다음 주어진 공기-공기, 냉매회로 절환방식 히트펌프의 구성요소를 연결하여 냉방 시와 난방 시 각각의 배관흐름도(flow diagram)을 완성하시오. (단, 냉방 및 난방에 따라 배관의 흐름 방향을 정확히 표기하여야 한다.)

득점	배점
	10

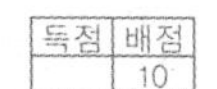

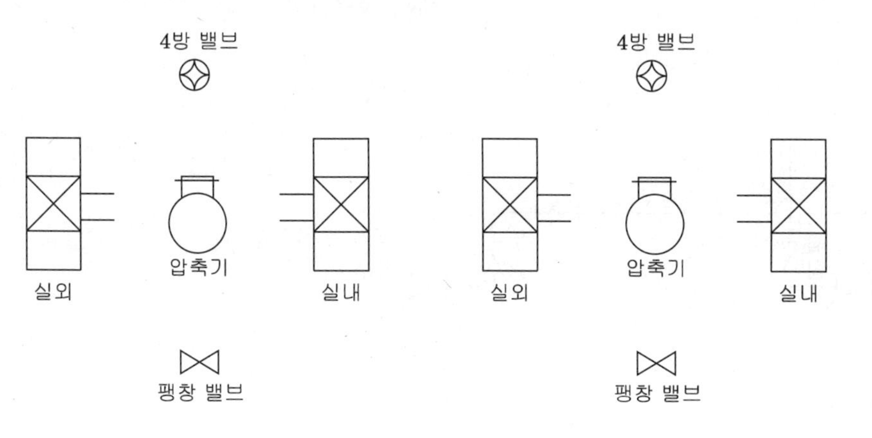

해답

4방 밸브
압축기
실외
실내
팽창 밸브
[냉방시]

4방 밸브
압축기
실외
실내
팽창 밸브
[난방시]

□ 17년3회

05 조건이 다른 2개의 냉장실에 2대의 압축기를 설치하여 필요시에 따라 교체 운전을 할 수 있도록 흡입 배관과 그에 따른 밸브를 설치하고 완성하시오.

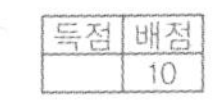

득점	배점
	10

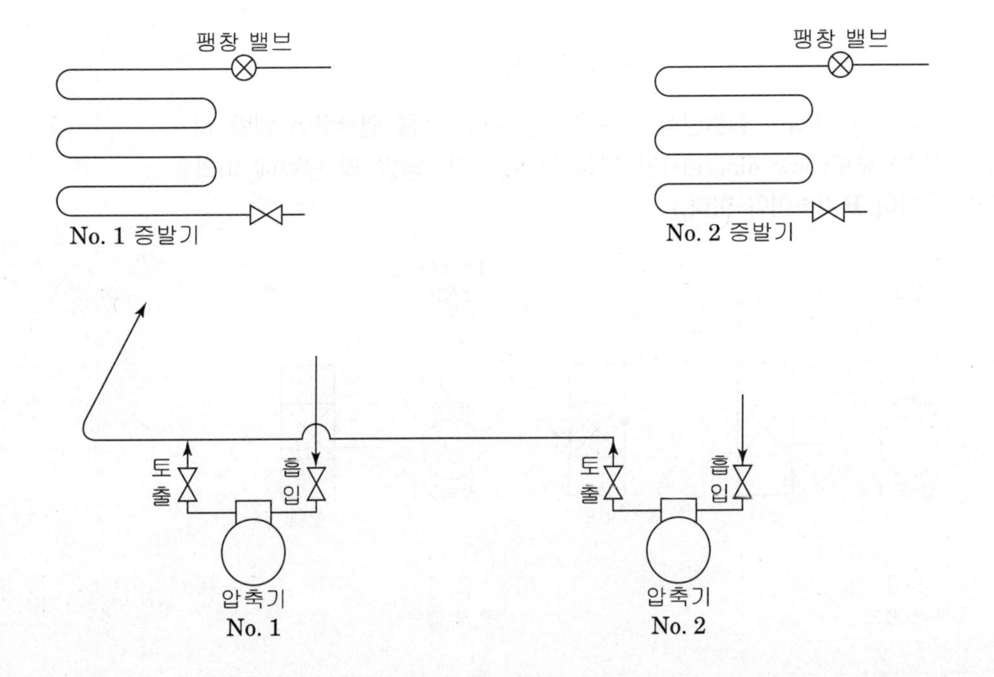

해답

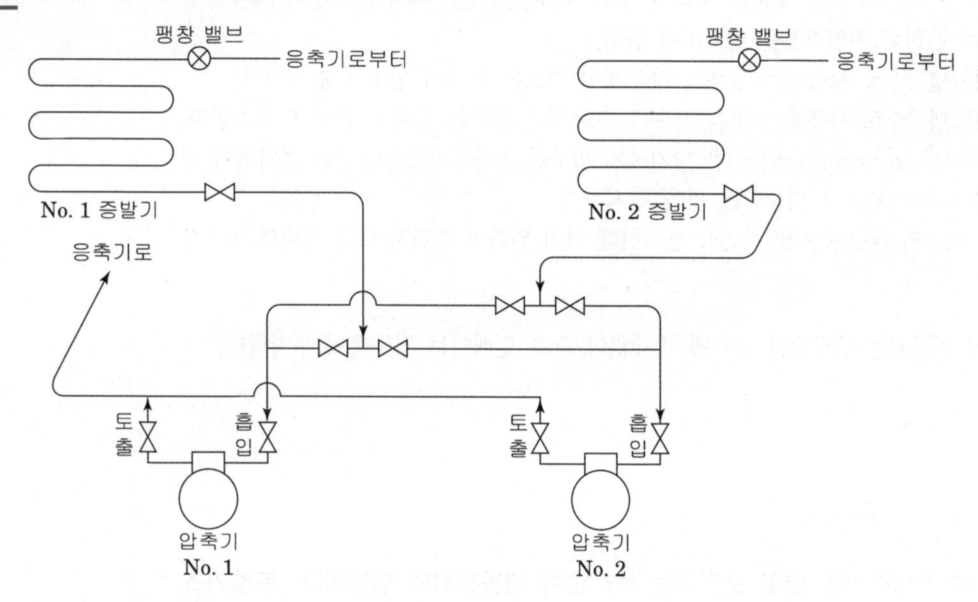

□ 03년2회, 11년3회

06 다음과 같이 응축기의 냉각수 배관을 설계하였다. 각 물음에 답하시오.

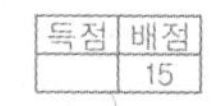

득점	배점
	15

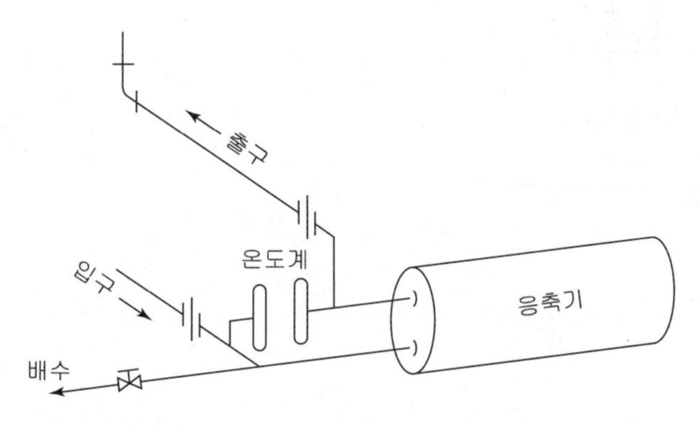

(1) 냉각수 출구배관을 응축기보다 높게 설치한 이유를 설명하시오.

(2) 시수(市水)를 냉각수로 사용할 경우와 사용하지 않을 경우에 따른 자동제어 밸브의 위치는?

① 시수를 냉각수로 사용할 경우

② 시수를 냉각수로 사용하지 않을 경우

(3) 시수(市水)를 냉각수로 사용할 경우 급수배관에 필히 부착하여야 할 것은 무엇인가?

(4) 응축기 입·출구에 유니언 또는 플랜지를 부착하는 이유를 간단히 설명하시오.

해답 (1) 응축기의 냉각수 코일에 체류할 우려가 있는 기포(공기)를 배제하여 순환수의 흐름을 원활하게 하여 전열작용을 양호하게 한다.
(2) ① 시수를 냉각수로 사용하는 경우 : 자동제어 밸브는 응축기 입구에 설치한다.
② 시수를 냉각수로 사용하지 않을 경우 : 자동제어 밸브는 응축기 출구에 설치한다.
(3) 크로스 커넥션(cross connection)을 방지하기 위하여 역류방지밸브(CV)를 설치하여 냉각수가 상수도 배관으로 역류되는 것을 방지한다.
(4) 응축기와 배관의 점검보수 및 세관을 용이하게 하기 위하여 플랜지 또는 유니언 이음을 한다.

참고 응축기에 공급되는 냉각수의 종류에 관계없이 단수 릴레이는 입구측에 부착한다.

□ 15년1회

07 다음 도면은 2대의 압축기를 병렬 운전하는 1단 압축 냉동장치의 일부이다. 토출가스 배관에 유분리기를 설치하여 완성하시오.

득점	배점
	6

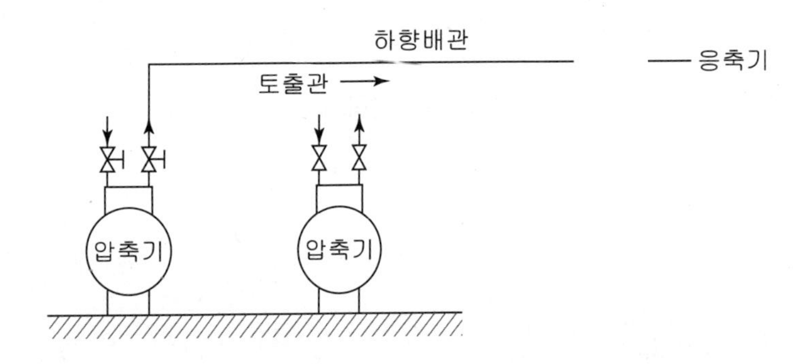

해답

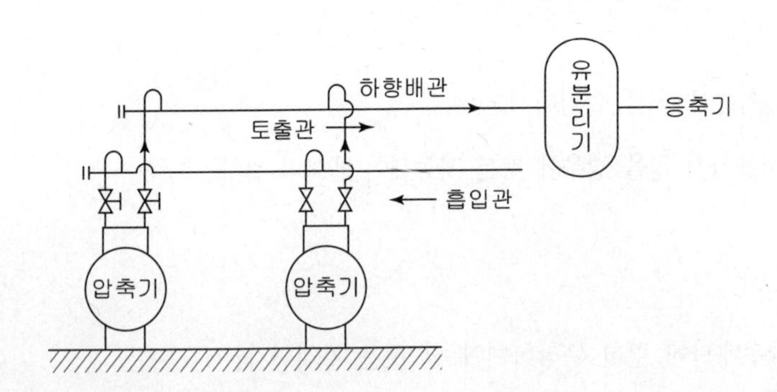

☐ 12년3회

08 프레온 압축기 흡입관(suction riser)에 있어서 이중 입상관(double suction riser)을 사용하는 경우가 있다. 이중 입상관의 배관도를 그리고, 그 역할을 설명하시오.

득점	배점
	16

해설 (1) 배관 방식

그림과 같이 ①은 가는 관으로 압축기 흡입주관의 상부에 접속한다. ②는 굵은 관으로 증발기 출구에 나란히 작은 트랩을 설치한 후 수직으로 압축기 흡입주관의 상부에 접속한다.

(2) 프레온계 냉매는 사용하는 냉동장치에서 용량제어장치가 설치된 경우 전부하일 때와 최소부하일 때는 흡입가스의 속도에 큰 차이가 있다. 따라서 전부하일 때는 그림 ①, ②의 양배관에 흐르고 용량제어 시에는 가는 관에 흘러서 최소증기속도의 확보와 적절한 압력강하가 된다.

해답 (1) 이중 입상관 배관도

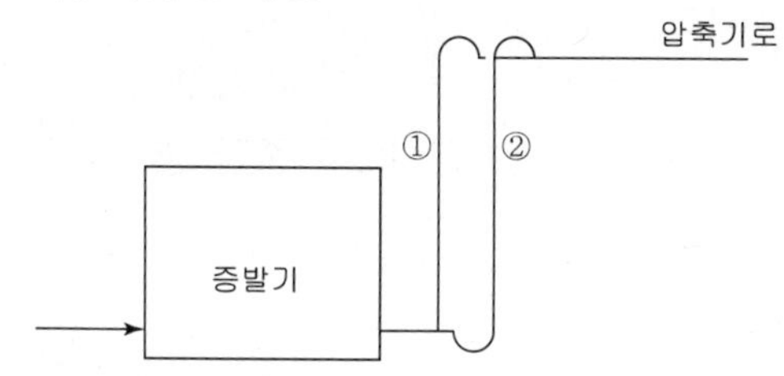

(2) 역할 : 이중입상관은 프레온 냉동장치에서 용량제어장치를 설치한 압축기 흡입관에 사용하여 배관내의 가스 속도를 적절하게 유지하여 오일(oil)의 회수를 용이하게 한다.

☐ 03년2회, 07년2회, 16년1회

09 프레온 냉동장치에서 1대의 압축기로 증발온도가 다른 2대의 증발기를 냉각 운전하고자 한다. 이때 1대의 증발기에 증발압력 조정 밸브를 부착하여 제어하고자 한다면, 아래의 냉동장치는 어디에 증발압력 조정 밸브 및 체크 밸브를 부착하여야 하는지 흐름도를 완성하시오. 또 증발압력 조정 밸브의 기능을 간단히 설명하시오.

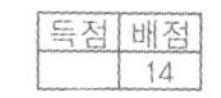
득점	배점
	14

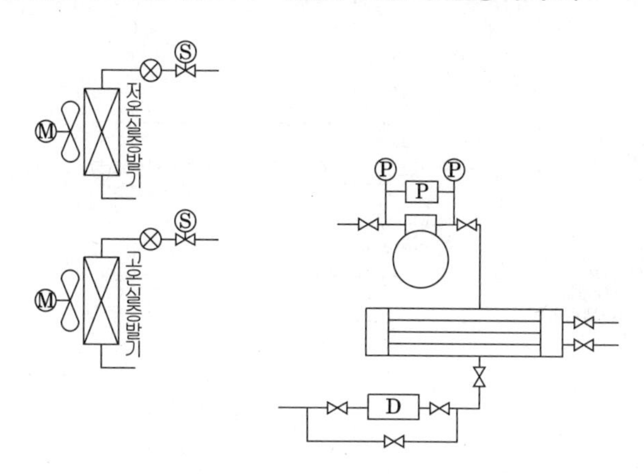

해답 (1) 장치도

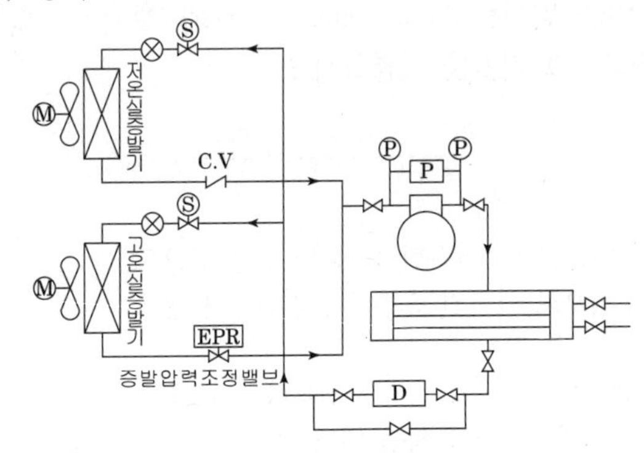

(2) 증발압력조정밸브(EPR)의 기능

증발압력이 설정압력 이하로 되는 것을 방지하기 위해 증발기 출구 배관에 증발압력조정밸브를 설치한다.

□ 10년3회, 20년3회

10 다음은 2단 압축 냉동장치의 개략도이다. 1단 팽창장치 및 2단 팽창장치도를 중간 냉각기, 증발기, 팽창밸브를 그려 넣어 완성하시오.

득점	배점
	10

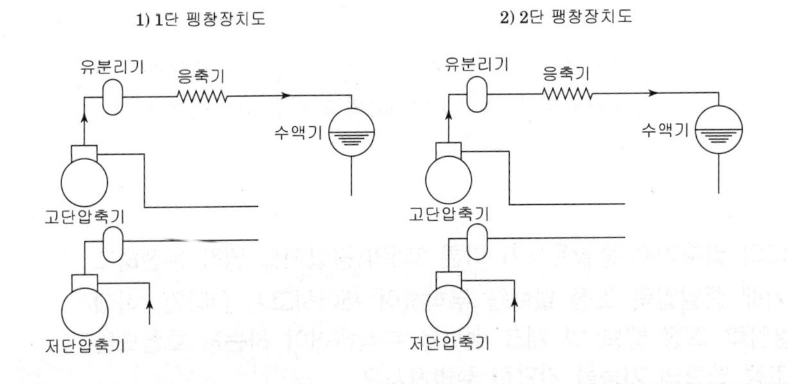

해답

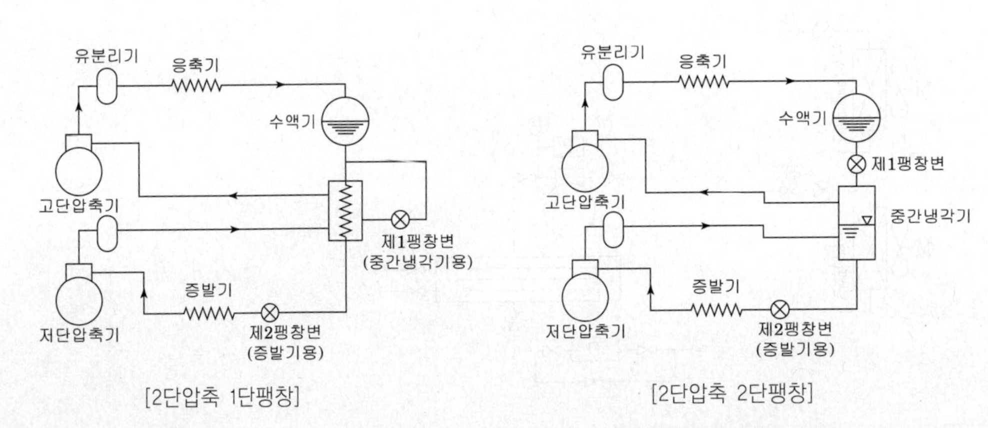

[2단압축 1단팽창] [2단압축 2단팽창]

☐ 07년2회, 10년2회

11 30 RT R-22 냉동장치에서 냉매액관의 각 상당길이가 80m일 때 배관손실을 1℃ 이내로 하기 위한 관지름과 실제 배관손실을 구하시오.

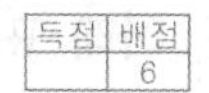

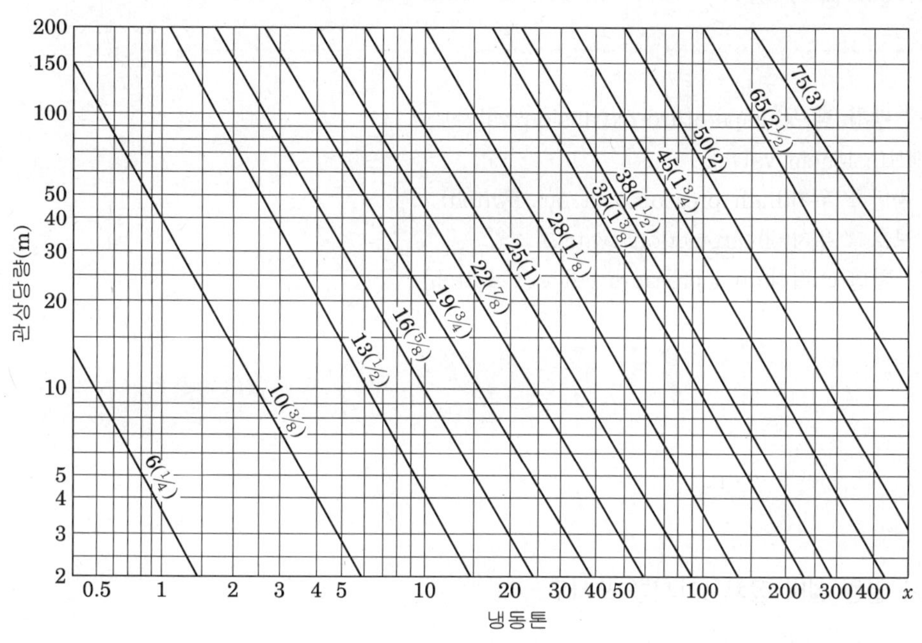

배관손실 1℃에 대한 배관지름(mm)

해답 (1) 배관손실을 1℃ 이내로 하기 위한 관지름

① 30 RT와 관상당길이 80m의 교점을 읽으면 관지름은 35A보다 약간 크다.

② 배관손실을 1℃ 이내로 하기 위해서는 관지름 38A를 선택한다.

답 38A

(2) 실제압력손실

① 관지름 38A로 정하였을 경우 30RT와의 교점을 읽으면 관상당장은 약 118m가 된다.

② 이것은 1℃에 대한 관지름으로 80m일 때의 배관손실은 $1℃ \times \frac{80}{118} = 0.68$이다.

답 0.68℃

☐ 17년3회

12 아래 표기된 제어 기기의 명칭을 쓰시오.

득점	배점
	5

① TEV　② SV　③ HPS　④ OPS　⑤ DPS

해답
① TEV : 온도식 팽창 밸브(temperature expansion valve)
② SV : 전자 밸브(solenoid valve)
③ HPS : 고압 차단 스위치(high pressure cut out switch)
④ OPS : 유압 보호 스위치(oil protection switch)
⑤ DPS : 고저압 차단 스위치(dual pressure cut out switch)

☐ 17년2회

13 공기 조화 장치에서 열원 설비 장치 4가지를 쓰시오.

득점	배점
	4

해답
(1) 냉열원 장치
① 증기 압축식 냉동 장치　② 흡수식 냉동 장치
③ 히트펌프

(2) 온열원 장치
① 보일러 설비　② 히트펌프
③ 흡수식 냉온수발생기　④ 소형열병합발전설비

☐ 07년1회, 11년2회, 17년1회

14 유인 유닛 방식과 팬코일 유닛 방식의 차이점을 설명하시오.

득점	배점
	8

해설 ① 유인 유닛 방식 : 수–공기식의 일종이며, 실내에 유인 유닛을 그리고 중앙 기계실에 1차 공기용 중앙장치를 설치하여, 여기서 조정한 1차 공기를 유인 유닛에 보내 유닛의 노즐에서 불어 냄으로서 2차 공기를 유인하여 유인 공기를 유닛 내의 코일에 의해 냉각, 가열하는 방식이다.

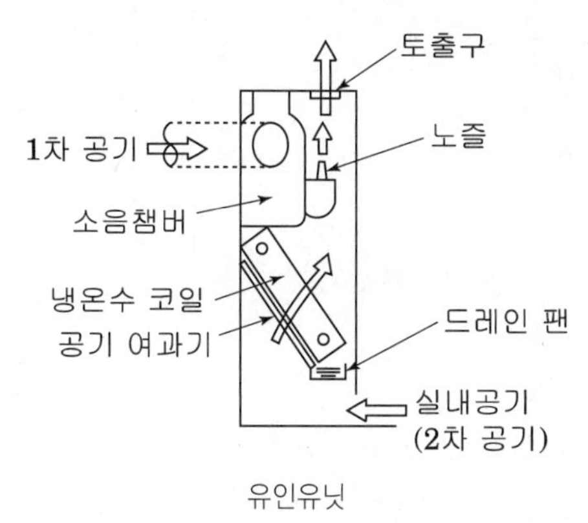

유인유닛

② 팬코일 유닛 방식 : 수·공기 공조방식 중 가장 범용성이 높은 방식으로, 실내 유닛에 냉수 또는 온수를 보내서 내장된 fan 및 coil의 작용으로 실내 공기를 냉각, 가열하여 공조하는 방식이다.

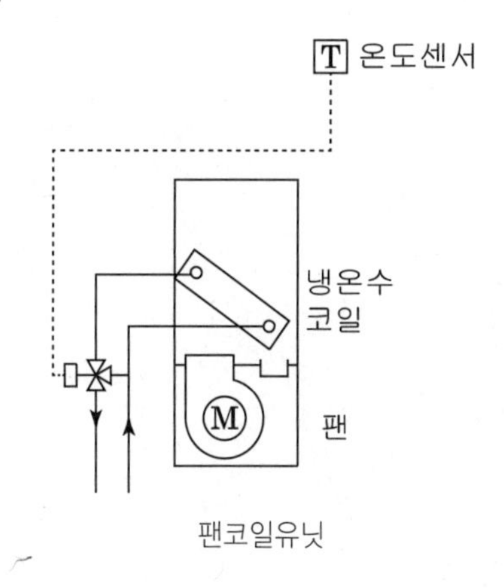

팬코일유닛

해답 차이점

유인 유닛 : 덕트가 유닛에 직접 접속되어 있고 동력배선이 필요 없다.

팬코일 유닛 : 덕트와 유닛이 독립되어 있고 동력배선이 필요하다.

2 chapter

공조부하 계산

02 공조부하 계산

더 알아두기

01 공조부하

냉난방(공조)부하란 목적 공간의 실내환경을 사람이 원하는 상태로 유지하기 위하여 시간당 투입(제거)하여야 하는 에너지양으로 부하계산법으로는 최대열부하계산법과 기간열부하계산법이 있다.

02 냉방부하

(1) 실내 현열부하
① 벽체에서의 취득열량
② 유리에서의 취득열량
③ 인체 현열부하
④ 극간풍에 의한 현열부하
⑤ 기구 발생열량

(2) 실내 잠열부하
① 인체 잠열부하
② 극간풍에 의한 잠열부하
③ 기구 발생 잠열부하
(주방기구 등)

1 냉방부하의 분류

종류	부하의 요소	기호	
		현열	잠열
실내취득열량	벽체에서의 취득열량	q_w	
	유리에서의 취득열량 ┌ 일사 취득열량	q_{gR}	
	유리에서의 취득열량 └ 전도열량	q_{gC}	
	인체의 발생열량	q_{HS}	q_{HL}
	극간풍(틈새바람)에 의한 부하	q_{IS}	q_{IL}
	기구의 발생열량	q_{ES}	q_{EL}
기기부하	송풍기로부터의 취득열량	q_B	
	덕트로부터의 취득열량	q_D	
재열부하		q_R	
외기부하		q_{OS}	q_{OL}

참고

- 외피부하
  - 전열부하(온도차에 의하여 벽체 및 유리 등을 통한 관류열량)
  - 일사에 의한 부하
  - 틈새바람에 의한 부하
- 내부부하 실내 발생열
  - 인체
  - 조명기구
  - 기타 열원기기

실내취득열량, 기기부하 → 송풍기용량
송풍기용량, 재열부하 외기부하 → 냉각코일용량
냉각코일용량, 펌프 및 배관부하 → 냉동기용량
냉동기용량, 여유율 → 냉각탑용량

(1) 송풍기 용량
실내 취득 열량 + 기기부하

(2) 냉각코일 용량
실내 취득열량 + 기기부하 + 재열부하 + 외기부하

(3) 냉동기 용량
실내 취득열량 + 기기부하 + 재열부하 + 외기부하 + 펌프 및 배관부하

2 공조부하계산식

(1) 냉방부하 계산식

1) 벽체로부터의 취득열량

① 외벽, 지붕에서의 취득열량 q_w[W]

$$q_w = K \cdot A \cdot \Delta t_e$$

K : 외벽 또는 지붕의 열통과율[W/m^2·K]
A : 외벽 또는 지붕의 면적[m^2]
Δt_e : 상당온도차[℃, K]

$$K = \frac{1}{\dfrac{1}{\alpha_o} + \sum \dfrac{L}{\lambda} + \dfrac{1}{C} + \dfrac{1}{\alpha_i}}$$

α_0, α_i : 벽체 외측 및 내측의 표면 열전달률[W/m^2·K]
λ : 벽체의 열전도율[W/m·K]
L : 벽체의 두께[m]
C : 공기층의 열전달율[W/m^2·K]

[표 2-1] **구조체의 표면열전달률** $\alpha[W/m^2 \cdot K]$

구조체	열류방향	여름	겨울
외벽	수평	23	32
내벽	수평	9	9
지붕	수직	23	32
바닥, 천정	상향	11	11
	하향	8	8

※ 외벽 면적 $A[m^2]$를 구할 때의 벽면 높이는 층고를 사용한다.

[표 2-2] **공기층의 열저항** $C[m^2K/W]$

공기층의 구조	열류방향	양면 합계 보통 재료		한쪽면 알루미늄박	양쪽면 알루미늄박
		공기층 10mm	20mm 이상	20mm 이상	20mm 이상
수직	수평	0.14	0.17	0.39	0.35
수평	상향	0.13	0.15	0.33	0.34
수평	하향	0.16	0.2	0.82	0.95

상당외기온도(SAT)

: 일사(日射)의 영향을 등가인 온도로 환산하여 외기온도가 마치 상승한 것 같이 나타낸 온도를 상당외기온도 SAT(Solair temperature)라 한다.

(1) 상당외기온도(SAT : Solar Air Temperature)

$$q = \alpha I + \alpha_o(t_o - t_s)$$

α : 외벽 일사흡수율 I : 외벽의 전일사량[w/m²]

α_o : 외 표면 열전달율[W/m²K] t_o : 외기온도(℃) t_s : 표면온도[℃]

이 식을 변형하여

$q = \alpha_o\left\{\left(\frac{\alpha}{\alpha_o}I + t_o\right) - t_s\right\}$ 여기서 $\left(\frac{\alpha}{\alpha_o}I + t_o\right)$=SAT이다.

외벽에 의한 열부하

$$q_w = \alpha_o(SAT - t_s) = K(SAT - t_r)$$

K : 외벽의 열관율[W/m²K]

t_r : 실온[℃]

(2) 상당외기온도차(ETD : Equivalent Temperature Difference, Δt_e)

ETD = Δt_e = $(\frac{\alpha I}{\alpha_o} + t_o) - t_r$로 나타내며 이때 구조체(외기에 직접 면하는 지붕 및 외벽)을 통하는 전열량 q_w [W]은 $q_w = KA(ETD) = KA\Delta t_e$이다.

(3) 수정된 상당외기 온도차

$$\Delta t_e' = \Delta t_e + (t_o' - t_o) - (t_r' - t_r)$$

$\Delta t_e'$: t_o', t_r'일 때의 수정된 상당온도차[℃]

t_o, t_r : 설계 시의 외기온도 및 실내온도[℃]

t_o', t_r' : 다른 조건의 외기온도 및 실내온도[℃]

② 내벽·칸막이벽 또는 바닥에서의 취득열량 q_w[W]

$$q_w = K \cdot A \cdot \Delta t$$

K : 벽체의 열통과율[W/m^2·K]
A : 벽체의 면적[m^2] (내벽인 경우 높이는 천장고를 사용)
Δt : 실내외의 온도차[℃]

[표 2-3] **실내외의 온도차 Δt**

인접실, 상층, 하층의 상태	Δt
인접실, 상층, 하층이 공조되고 있을 때	0
인접실, 상층, 하층이 온도가 t[℃]일 때(t 〉 실온)	t-실온
인접실, 상층, 하층이 공조가 안 된 일반실	(실온-외기온)/2
인접실, 상층, 하층이 보일러실 주방일 때	15~20
지면상 바닥, 바닥 밑에 통풍이 없는 바닥	0

2) 유리에서의 취득열량 q_g[W]

유리로 부터의 열취득은 일사투과 및 흡수에 의한 투과일사열량과 실내외 온도차에 의한 전도열량으로 나눌 수 있다.

$$q_g = q_{gR} + q_{gC}$$

① $q_{gR} = I_{gR} \cdot A_g \cdot k_s$
② $q_{gc} = K_g \cdot A_g \cdot \Delta t$

q_{gR} : 일사취득열량[W]
q_{gc} : 전도에 의한 취득열량[W]
I_{gR} : 일사량[W/m^2]
k_s : 차폐계수
A_g : 유리창 면적[m^2]
K_g : 유리의 열통과율[W/m^2·K]
Δt : 실내외 온도차[℃]

3) 극간풍[틈새바람]에 의한 취득열량 q_I[W]

극간풍이란 유리창의 틈새 또는 출입구 등의 틈새로부터 실내로 침입하는 외기를 말한다. 실내외의 풍압이나 온도차에 의한 연돌효과에 의해 발생한다.

$$q_I = q_{IS} + q_{IL}$$

① $q_{IS} = c_p \cdot G_I \cdot \Delta t = c_p \cdot \rho \cdot Q_I \cdot \Delta t$

② $q_{IL} = r_o \cdot G_I \cdot \Delta x = r_o \cdot \rho \cdot Q_I \cdot \Delta x$

c_p : 공기의 평균 비열=1.005[kJ/kg·K]

G_I : 극간풍량[kg/s]

Q_I : 극간풍량[m^3/s]

r_o : 0℃때의 수증기 증발잠열, [2501kJ/kg]

ρ : 공기의 밀도=1.2[kg/m^3]

Δt : 실내외 온도차[℃]

Δx : 실내외 절대습도차[℃]

- 극간풍량 산정

㉠ 환기 횟수에 의한 방법

$$Q_I = n \cdot V$$

n : 환기 횟수[회/h] V : 실용적[m^3]

㉡ 창면적법

㉢ 틈새 길이법[crack법]

4) 인체의 발생열량 q_H[W]

$$q_H = q_{HS} + q_{HL}$$

① $q_{HS} = H_S \cdot N$

② $q_{HL} = H_L \cdot N$

q_{HS} : 인체에 의한 현열취득량[W]

q_{HL} : 인체에 의한 잠열취득량[W]

N : 재실자 수[인]

H_S : 1인당 발생현열량[W/인]

H_L : 1인당 발생잠열량[W/인]

[표2-4] **재실 인원 1인당의 바닥면적[m^2/인]**

구분	사무소 건축		백화점·상점			레스토랑	극장·영화관의 관람석	학교의 일반교실
	사무실	회의실	평균	혼잡	한산			
일반	4~7	2~5	3~5	0.5~2	4~8	1~2	0.4~0.6	1.3~1.6
설계값	5	2	3.0	1.0	5.0	1.5	0.5	1.4

5) 기구에 의한 취득열량 : q_E[W]

① 조명기구에 의한 발생열

- 백열등 $q_{E1} = W \cdot f_1 \cdot (1-f_2)$
- 형광등 $q_{E2} = 1.2 \times W \cdot f_1 \cdot (1-f_2)$

W : 조명기구의 소비전력[W]

f_1 : 조명기구의 사용률

f_2 : 조명기구의 매입(埋入)제거율~매입되어 있을 경우

② 동력기기에 대한 열부하[W]

㉠ 전동기와 전동기로 구동되는 기계가 같이 실내에 있을 경우

$$q_{Em} = \psi_1 \cdot \psi \cdot P/\eta_m$$

㉡ 전동기는 실외에 기계는 실내에 있을 경우

$$q_{Em} = \psi_1 \cdot \psi_2 \cdot P$$

㉢ 전동기는 실내에 기계는 실외에 있을 경우

$$q_{Em} = \psi_1 \cdot \psi_2 \cdot P/\eta_m(1-\eta_m)$$

여기서, P : 전동기 정격출력[W]

ψ_1 : 전동기 부하율

ψ_2 : 전동기 사용률

η_m : 전동기 효율

③ OA기기 발생 열부하 q_{EM}[W]

$$q_{EM} = E_{OA} \cdot A$$

E_{OA} : 단위면적당 OA기기 부하밀도[W/m^2]

A : 실의 바닥면적[m^2]

6) 외기부하 q_o[W]

실내공기의 청정도를 일정한 수준으로 유지하기 위해 외기를 도입하여 실내에 송풍한다. 외기부하는 극간풍의 경우와 동일하게 다음 식으로 나타낸다.

$$q_o = q_{oS} + q_{oL}$$

① $q_{oS} = c_p \cdot G_o \cdot \Delta t = c_p \cdot \rho \cdot Q_o \cdot \Delta t$

② $q_{oL} = r_o \cdot G_o \cdot \Delta x = r_o \cdot \rho \cdot Q_o \cdot \Delta x$

c_p : 공기의 평균 비열=1.005[kJ/kg·K]
G_o : 외기량[kg/s]
Q_o : 외기량[m^3/s]
r_o : 0℃때의 수증기 증발잠열, [2501kJ/kg]
ρ : 공기의 밀도=1.2[kg/m^3]
Δt : 실내외 온도차[℃]
Δx : 실내외 절대습도차[℃]

※ 전열 교환기가 있을 경우의 외기부하

현열부하 $q_{OS}' = q_{OS}(1-\eta)$
잠열부하 $q_{OL}' = q_{OL}(1-\eta)$

q_{OS}', q_{OL}' : 전열교환기가 있는 경우의 외기부하
q_{OS}, q_{OL} : 전열교환기가 없는 경우의 외기부하
η : 전열교환기효율(일반적으로 0.6)

예제

아래 그림과 같은 사무실에 대하여 주어진 설계조건을 참조하여 물음에 답하시오. (소숫점 4자리에서 반올림 할 것.)

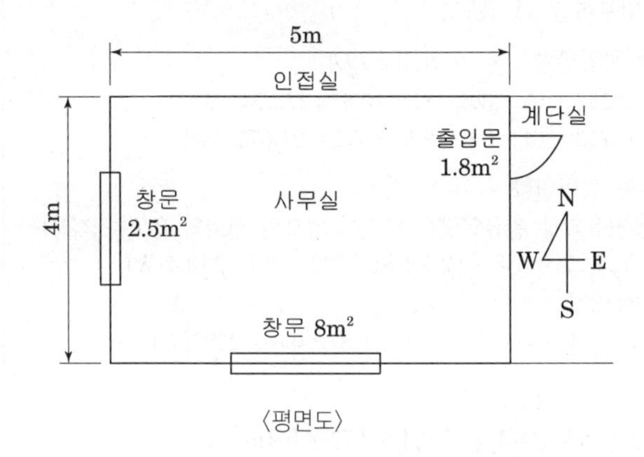

〈평면도〉

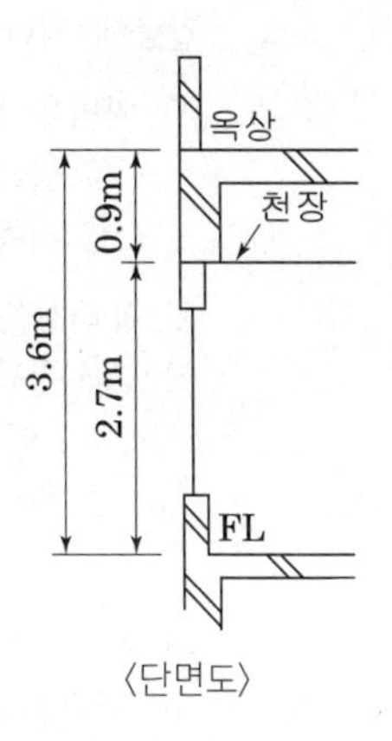

〈단면도〉

【설계조건】

1. 장소 : 서울소재 오피스빌딩 최상층
2. 실내조건 : 26℃ DB, 50% RH, 0.0105kg/kg(DA)
3. 외기조건 : 32℃ DB, 65% RH, 0.0181kg/kg(DA)
4. 상당외기온도차 ETD : 남쪽 10.8K, 서쪽 : 7.2K
5. 재실밀도 : 0.2인/m^2
6. 열관류율($W/m^2 \cdot K$)
   외벽 : 0.253, 유리창 : 1.8
7. 유리창 일사부하 : 400W/m^2(방위와 관계없이 적용)
8. 조명 및 콘센트부하 : 20W/m^2
9. 유리창의 차폐계수 : 0.6
10. 극간풍량 : 환기횟수 : 0.1회
11. 인체부하 : 현열 58W/인, 잠열65W/인
12. 공기의 밀도 : 1.2kg/m^3, 공기의 비열 ; 1.005kJ/kg·K,
    0℃ 물의 증발잠열 : 2501kJ/kg
13. 취출온도차 : 10℃
14. 계단실과 인접실은 동일한 조건으로 공조되고 있는 것으로 하며 기타조건은 무시한다.

(1) 외피부하[W]를 구하시오.

(2) 내부 발생부하[W]를 구하시오.

(3) 전 냉방부하[W]를 구하시오.

(4) 실내 송풍량[m^3/h]을 구하시오.

해설 (1) 외피부하

외피부하는 건물의 외피를 통하여 침입하는 열부하로 벽체, 유리창, 극간풍에 의한 침입부하를 의미한다.

1) 외벽을 통한 침입열량 : $q_w = KA(ETD)$

① 남쪽 : $0.253 \times (5 \times 3.6 - 8) \times 10.8 = 27.324$ [W]

② 서쪽 : $0.253 \times (4 \times 3.6 - 2.5) \times 7.2 = 21.677$ [W]

2) 유리창을 통한 침입열량

① 관류 열량(유리창 관류열량은 조건이 없으면 실내외 온도차 적용)

$q_{gc} = K_g A_g \Delta t = 1.8 \times (2.5 + 8) \times (32 - 26) = 113.4$[W]

② 일사 취득열량 :

$q_{gr} = I_{gr} \cdot A_g \cdot \kappa = 400 \times (2.5 + 8) \times 0.6 = 2520$[W]

3) 극간풍에 의한 침입열량

극간풍량 $Q_f = nV = 0.1 \times (5 \times 4 \times 2.7) = 5.4\text{m}^3/\text{h}$

① 현열부하 $q_{IS} = C_a \cdot \rho_a \cdot Q \cdot \Delta t$ [W]

$= 1.005 \times 1.2 \times 5.4 \times (32 - 26) \times 10^3 / 3600 = 10.854$[W]

② 잠열부하 $q_{IL} = 2501 \cdot \rho_a \cdot Q_f \cdot \Delta x$

$= 2501 \times 1.2 \times 5.4 \times (0.0181 - 0.0105) \times 10^3 / 3600 = 34.214$[W]

∴ 외피부하의 합계 = 27.324 + 21.677 + 113.4 + 2520 + 10.854 + 34.214 = 2727.459[W]

답 2727.459[W]

(2) 내부 발생 열부하

내부 발생부하는 냉방부하에서 실내에서 발생한 열부하를 의미하는 것으로 인체, 조명부하 및 기타 발생 열부하를 의미한다. 이 문제에서는 인체부하와 조명 및 콘센트부하를 의미한다.

1) 인체부하 $q_H = q_{HS} + q_{HL}$

① 현열부하 $q_{HS} = N \cdot q_{HS} = 4 \times 58 = 232$[W]

② 잠열부하 $q_{HL} = N \cdot q_{HL} = 4 \times 65 = 260$[W]

여기서 재실인원 $N = 0.2 \times 20 = 4$인

2) 조명 및 콘센트부하 q_E

$q_E = 20 \times (4 \times 5) = 400$[W]

∴ 내부 발생 열부하 $232 + 260 + 400 = 892$[W]

답 892[W]

(3) 전 냉방부하 = 외피부하 + 내부 발생 열부하

$= 2727.469 + 892 = 3619.469$[W]

답 3619.459[W]

(4) 실내 송풍량 Q[m³/h]

$$Q = \frac{q_s}{c_p \rho \Delta t} = \frac{\{3619.459 - (34.214 + 260)\} \times 3.6}{1.005 \times 1.2 \times 10} = 992.610[\text{m}^3/\text{h}]$$

답 992.610[m³/h]

참고 미국 ASHRAE의 CLTD/SCL/CLF법

전달함수법(TFM법 : Transfer Function Method)을 단순화하여 수계산을 할 수 있도록 한 방법으로 CLTD를 이용하여 외피 구조체의 축열을 고려한 열부하를 계산하고 SCL를 이용하여 유리창의 일사에 의한 열부하를 계산하고 CLF계수를 이용하여 실내발생 열부하를 계산한다.

(1) 구조체를 통한 취득열량
① 외피구조체(지붕, 외벽)의 열부하 $q_W = KA(CLTD)$
② 내부구조체(내벽, 문)의 열부하 $q_W = KA\Delta T$
③ 유리의 전열부하 $q_{GC} = KA(CLTD)$
④ 유리의 일사부하 $q_{GR} = A(SC)(SCL)$

(2) 극간풍에 의한 취득열량
① $q_{IS} = C_P G\Delta t = C_P \rho Q\Delta t$
② $q_{IL} = 2501 G\Delta x = 2501 \rho Q\Delta x$

(3) 실내발생 열부하
① 인체부하
현열 : $q_{HS} = N(SH)(CLF)$
잠열 : $q_{HL} = N(LH)$
② 조명부하 $q_E =$ 조명기구의 출력$(W) \times$ 안정기계수 $\times (CLF)$
③ 동력부하 $q_E =$ 전동기출력$(W) \times$ 사용률 $\times$ 부하율 $\times (CLF)/$전동기효율
④ 실내기구 발생 현열량 = 기구발생 현열량 $\times (CLF)$
⑤ 실내기구 발생 잠열량 = 기구발생 잠열량

(4) 기기내 취득열량(덕트 및 송풍기 부하) : 실내현열부하의 10%정도
① 덕트로 부터의 취득열량 $q_D = \sum(duct\,gain)$
② 송풍기에 의한 취득열량 $q_B = P_{input}(CLF)$

(5) 외기부하
① $q_{OS} = C_P G\Delta t = C_P \rho Q\Delta t$
② $q_{OL} = 2501 G\Delta x = 2501 \rho Q\Delta x$

TIP

※ CLTD(Cooling Load Temperature Difference : 냉방부하 온도차)
지붕, 외벽, 유리창과 같은 건물의 외피를 통한 전도열 계산 시 이용하는 냉방부하 온도차로 상당외기온도차(ETD)와 같은 개념이다.

$q = KA(CLTD)$

※ SCL(Solar Cooling Load : 유리창의 일사냉방부하)
유리창의 일사부하에 영향을 미치는 방위, 시각, 내부마감재 등을 고려한 일사냉방부하

$q = A(SC)(SCL)$

※ CLF(Cooling Load Factor : 냉방부하 계수)
인체, 조명, 동력기기 등의 내부 발열체에 의한 열부하가 바로 실내부하가 되는 것이 아니라 실내구조체의 축열로 구조체의 온도가 상승할 때까지의 시간적 지연을 고려한 계수이다.

① 인체부하

$q_{HS} = N(SH)(CLF)$

$q_{HL} = N(LH)$

※ 잠열부하의 경우 시간지연이 없는 즉시부하로 보고 (CLF)를 적용하지 않는다.

② 조명부하

q_E = 조명기구의 출력(W) × 안정기계수 × (CLF)

③ 동력부하

q_E = 전동기출력(W) × 사용률 × 부하율 × (CLF) / 전동기효율

03 난방부하

1 난방부하

난방부하는 공기조화(또는 직접난방) 장치 중의 보일러 공기조화기(또는 방열기) 등의 기기용량을 결정하는 기초 자료로 활용되며 그 구성요인은 아래와 같다.

난방부하의 구성요인

종 류	내 용	현열	잠열
실내손실부하	• 벽체의 손실부하 (외벽, 유리창, 지붕, 내벽, 바닥, 문 등) • 극간풍에 의한 열부하	q_w q_{IS}	– q_{IL}
기기손실부하	덕트	q_D	–
외기부하		q_{OS}	q_{OL}

전열 손실 열량, 극간풍에 의한 부하 → 실내손실 부하
실내손실 부하, 외기 부하 → 가열 부하
가열 부하, 가습 부하 → 난방 부하

2 난방부하의 계산

1) 전열 손실 열량

① 외벽, 유리창, 지붕의 손실부하 q_{wo}[W]

$$q_{wo} = K \cdot A \cdot (t_r - t_o) \cdot C$$

K : 외벽, 유리창, 지붕의 열관류율[W/m^{2}K]
A : 외벽, 유리창, 지붕의 면적[m^2]
t_r, t_o : 실내, 외기온도[K]
C : 방위별 보정 계수

[표2-5] **방위별 보정계수(외기와 접하는 부위에 적용)**

위치	남	동, 서	북	지붕	바람이 강한 곳	고립된 곳
방위보정계수	1	1.1	1.2	1.2	1.2	1.15

② 내벽, 바닥의 손실 부하 q_{wi}[W]

$$q_{wi} = K \cdot A \cdot (t_r - t_{r'})$$

K : 내벽, 바닥의 열관류율[W/m²K]
A : 내벽, 바닥의 면적[m^2]
t_r, $t_{r'}$: 벽체 내외 온도차[K]

인접실, 위층, 아래층이 난방하고 있는 경우는 열의 출입이 없으므로 부하계산은 불필요하나 난방하지 않는 경우는 부하계산이 필요하다. 이 경우 실내외의 온도차 $\triangle t$는 t_r와 외기온도 t_o의 평균 값으로 하며 다음 식으로 구한다.

$$\text{비난방실 : } \triangle t = \frac{t_r - t_o}{2}$$

2) 극간풍에 의한 손실열량 q_{IS} [W]

$$q_I = q_{IS} + q_{IL}$$

① $q_{IS} = c_p \cdot G_I \cdot \Delta t = c_p \cdot \rho \cdot Q_I \cdot \Delta t$
② $q_{IL} = r_o \cdot G_I \cdot \Delta x = r_o \cdot \rho \cdot Q_I \cdot \Delta x$

c_p : 공기의 평균비열 = 1.005[kJ/kg·K]
G_I : 극간풍량[kg/s]
Q_I : 극간풍량[m^3/s]
r_o : 0℃때의 수증기 증발잠열, [2501kJ/kg]
ρ : 공기의 밀도=1.2[kg/m^3]
Δt : 실내외 온도차[℃]
Δx : 실내외 절대습도차[℃](=$x_i - x_o$)
x_i : 실내공기의 절대습도(kg/kgDA)
x_o : 외기의 절대습도(kg/kgDA)

3) 외기부하 q_o [W]

$$q_o = q_{oS} + q_{oL}$$

① $q_{oS} = c_p \cdot G_o \cdot \Delta t = c_p \cdot \rho \cdot Q_o \cdot \Delta t$
② $q_{oL} = r_o \cdot G_o \cdot \Delta x = r_o \cdot \rho \cdot Q_o \cdot \Delta x$

c_p : 공기의 평균비열 = 1.005[kJ/kg·K]
G_o : 외기량[kg/s]
Q_o : 외기량[m^3/s]
r_o : 0℃때의 수증기 증발잠열, [2501kJ/kg]
ρ : 공기의 밀도=1.2[kg/m^3]
Δt : 실내외 온도차[℃]
Δx : 실내외 절대습도차[℃](=$x_i - x_o$)
x_i : 실내공기의 절대습도(kg/kgDA)
x_o : 외기의 절대습도(kg/kgDA)

4) 가습부하 q_L [W]

① 가습량 L[kg/h]

$L = 1.2 \times$(외기+극간풍)$\times (x_i - x_o)$

여기서, x_i : 실내공기의 절대습도(kg/kgDA)
x_o : 외기의 절대습도(kg/kgDA)

② 가습부하 q_L

$q_L = 2501 \cdot L$ [kJ/h]

이것은 수증기 상태로 공기 중에 가습하는 경우로 만약 수적을 직접 공기 중에 분무하는 경우에는 이것과 동일한 열량만큼 공기를 가열하여야할 필요가 있다.
가습부하의 경우는 극간풍 부하나 외기부하에서 잠열부하를 구할 경우에는 생략한다.

기억 가습량

겨울철(동계)은 가습량을 구한다. 가습량은 극간풍 + 외기량과 실내 공기의 습도차에 의한 실내 공기에 공급하는 수분을 말한다.

3 비난방실의 온도

비난방실의 온도는 다음 식에 의해 구한다.

① 환기가 없는 비난방실의 온도

$$t_u = \frac{\Sigma(K_i A_i)t_i + \Sigma(K_o A_o)t_o}{(K_i A_i) + \Sigma(K_o A_o)} [℃]$$

② 환기가 있는 비난방실의 온도

$$t_u = \frac{\Sigma(K_i \cdot A_i)t_i + \Sigma(K_o \cdot A_o + c_p \cdot \rho \cdot n \cdot V)t_o}{(K_i \cdot A_i) + \Sigma(K_o \cdot A_o + c_p \cdot \rho \cdot n \cdot V)} [℃]$$

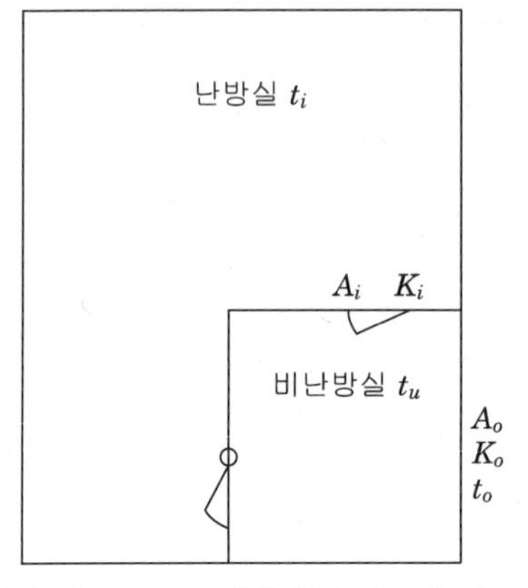

여기서 t_u : 비난방실의 온도[℃]
t_i : 난방실온도[℃]
t_o : 외기온도[℃]
n : 환기 횟수
V : 실의 용적
c_p : 공기의 평균 비열=1.005[kJ/kg·K]
ρ : 공기의 밀도=1.2[kg/m^3]
$\Sigma K_i \cdot A_i$: 난방실과의 경계벽이나 문 등의 면적과 열관류율의 곱의 총계[W/K]
$\Sigma K_o \cdot A_o$: 외벽, 유리창 등의 면적과 열관류율의 곱의 총계[W/K]

예제

다음 설계조건에 대한 난방부하(kW)를 구하시오.
[소숫점 4자리에서 반올림]

【설계조건】

- 난방부하는 외피손실열량과 환기손실열량만 고려함.
  (주어진 조건 외에는 무시)
- 천장고 2.5m
- 부위별 면적표

구분		면적(m^2)	열관류율(W/m^{2}K)
벽체	외기직접	135	0.26
창호	외기직접	90	1.5
지붕	외기직접	500	0.15
바닥	외기직접	500	0.22

- 현열교환기 온도교환효율 70%, 시간당 환기횟수 0.5회
- 외기온도 : −14.7℃
- 실내온도 : 22.0℃
- 공기밀도 : 1.2kg/m^3
- 공기비열 : 1.005kJ/(kg · K)

해설 난방부하 = 외피손실열량 + 환기손실열량

1) 외피손실열량 $q = KA\Delta t$

① 벽체 : $0.26 \times 135 \times \{22.0 - (-14.7)\} \times 10^{-3} = 1.288[\text{kW}]$

② 창호 : $1.5 \times 90 \times \{22.0 - (-14.7)\} \times 10^{-3} = 4.955[\text{kW}]$

③ 지붕 : $0.15 \times 500 \times \{22.0 - (-14.7)\} \times 10^{-3} = 2.753[\text{kW}]$

④ 바닥 : $0.22 \times 500 \times \{22.0 - (-14.7)\} \times 10^{-3} = 4.037[\text{kW}]$

$\therefore$ 외피손실열량 $= 1.288 + 4.955 + 2.753 + 4.037 = 13.033[\text{kW}]$

2) 환기손실열량 $q = c_p \rho Q \Delta t = c_p \rho (n V) \Delta t$

$1.005 \times 1.2 \times (0.5 \times 500 \times 2.5) \times \{22.0 - (-14.7)\} \times (1 - 0.7)/3600$

$= 2.305[\text{kW}]$

$\therefore$ 난방부하 $= 13.033 + 2.305 = 15.338[\text{kW}]$

04 환기 □□□

환기는 신선한 외기를 실내에 급기하여 오염물질을 함유한 실내 공기의 일부 또는 전부를 배기하여 실내 환경을 소정의 조건으로 유지하는 것이다.

1 환기의 목적

① 실내공기의 정화

② 발생열 제거

③ 산소의 공급

④ 습분(수증기) 제거

⑤ 기류의 부여

⑥ 배기의 정화(산업 환기)

2 환기의 종류

① 자연환기와 기계환기
② 전외기환기와 일부재순환 환기
③ 전체환기와 국소환기
④ 혼합환기와 치환환기
- 혼합환기 : 공급된 공기와 실내공기를 충분히 혼합하여 배기하는 환기 방식을 말한다.
- 치환환기 : 공급된 공기와 실내공기를 혼합하지 않고 환기하는 방식으로 일반적으로 실내공기보다 약간 저온의 공기를 바닥으로부터 서서히 공급하여 환기하는 방식을 말한다.

[표 2-6] **자연환기와 기계환기**

구분	개념도	통풍력		용도
		급기측	배기측	
자연환기	(실내)	급기구	배기구	주택, 학교 대량의 열 및 연기가 발생하는 공장
기계환기	(제1종 환기) (실내) 정압 부압	기계력	기계력	사무소, 병원, 집회장, 호텔주방, 린넨실, 공조기실, 옥내주차장, 전기실 자가발전기실
	(제2종 환기) (실내) 정압 자연유 출구	기계력	배기구	사무소 보일러실
	(제3종 환기) (실내) 자연유 입구 부압	급기구	기계력	탕비실 화장실 오일뱅크실 영사실

3 자연환기

자연환기에는 다음의 3가지가 있습니다.
① 풍력환기 : 풍력에 의해서 환기하는 방식
② 온도차 환기 : 실내외 온도차에 의한 부력을 이용한 환기 방식
③ 루프 모니터 환기 : 벤튜리 효과를 이용한 환기 방식

4 필요환기량 계산

1) 풍력환기의 계산방법

건물의 벽면에 바람이 맞을 때 일반적으로 풍상 측에는 정압이 풍하 측에는 부압이 걸린다. 이때의 풍압은 아래의 식으로 나타낸다.

$$P = C \cdot \frac{\rho V^2}{2}$$

P: 풍압[Pa], C: 풍압계수, ρ: 공기의 밀도[kg/m^3], V: 풍속[m/s]

이때 풍력환기에 의한 환기량은 다음의 식으로 표현한다.

$$Q = \alpha \cdot A \cdot V\sqrt{C_1 - C_2} \times 3600 \ [\mathrm{m^3/h}]$$

α : 유량계수(개구부 면적률), A : 개구부 면적[m^2],
C_1 : 유입구의 풍압계수, C_2 : 유출구의 풍압계수

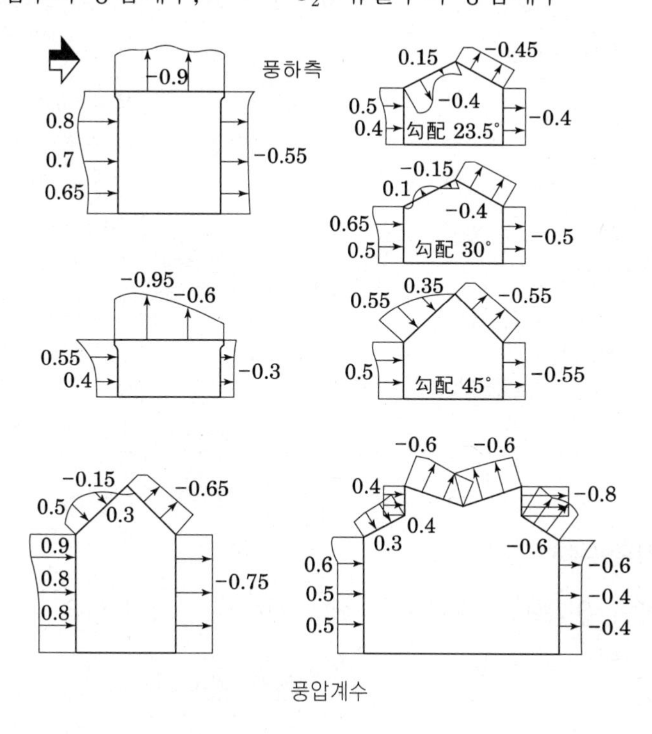

풍압계수

2) 온도차 환기의 계산방법

건물 외부의 바람을 무시할 때 건물의 상하 개구부가 있는 경우 건물 내부의 온도가 외기온도 보다 높으면 실내에서는 위쪽을 향하여 공기의 유동이 생긴다. 이것을 온도차 환기라 한다. 온도차 환기에 의한 환기량은 다음 식으로 나타낸다.

$$Q = \alpha \cdot A\sqrt{2g \cdot h \cdot \Delta t / T_i} \times 3600 \ [\text{m}^3/\text{h}]$$

α : 유량계수(개구부 면적율)
A : 개구부 면적[m^2]
g : 중력가속도[m/s^2]
h : 상하 개구부의 높이차[m]
Δt : 내외 온도차[℃]
T_i : 실내온도[K]

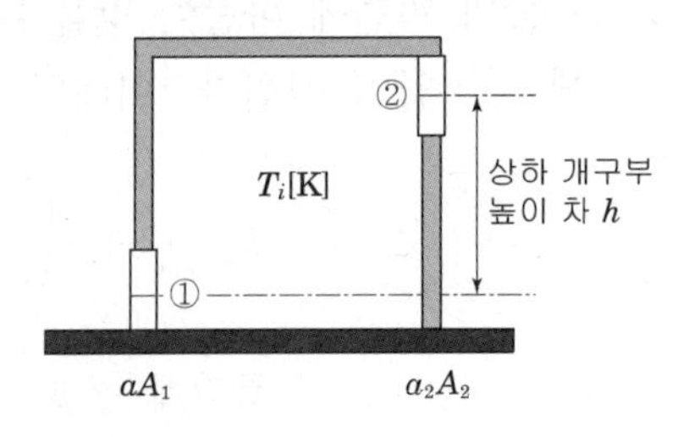

[표 2-7] **환기량 계산법**

점검 사항	점검내용	산출방법 (Q_f : 필요환기량 $\text{m}^3\cdot\text{h}$)	비고
CO_2 농도	① 인체의 호흡에 의한 CO_2 발생량 ② 실내 연소물에 의한 CO_2 발생량	$Q_f = \dfrac{K}{P_a - P_o}$	K : 실내의 CO_2발생량(m^3/h) P_a : CO_2의 허용농도(m^3/m^3) P_o : 외기CO_2농도(m^3/m^3)
발열량	① 인체로부터의 발열량 ② 실내 열원으로부터의 발열량	$Q_f = \dfrac{H_s}{C_P \cdot \rho \cdot (t_a - t_o)}$	H_s : 발열량(현열)(kJ/h) C_P : 공기비열(kJ/kg·℃) ρ : 공기의 밀도(kg/m^3) t_a : 실내온도(℃) t_o : 외기온도(℃)
수증기량	① 인체로부터의 수증기 발생량 ② 실내의 연소물로부터의 수증기 발생량	$Q_f = \dfrac{L}{\rho \cdot (x_a - x_o)}$	L : 수증기 발생량(kg/h) ρ : 공기의 밀도[kg/m^3] x_a : 실내절대습도[kg/kg'] x_o : 외기절대습도[kg/kg']

5 환기횟수

건물의 용적에 대하여 1시간에 교체하는 공기의 비율

$$\text{환기횟수 } n = \frac{\text{환기량 } Q[\text{m}^3/\text{h}]}{\text{실용적 } V[\text{m}^3]}$$

기억 **환기횟수**

: 실용적 $V[\text{m}^3]$의 실내에 환기량 $Q[\text{m}^3/\text{h}]$가 있을 때, Q가 V의 몇 배 인가를 나타내는 수치 N을 환기횟수라 부르고 단위는 [회/h]이다.

예제 1

아래의 도면 (A)는 어느 풍향에 있어서의 건축물의 풍압계수의 분포를 나타낸 것이다. 이 건축물에 그림(B)와 같은 개구부을 설치할 경우 통풍량[m^3/s]을 구하시오. (단, a : 유량계수 0.8, v : 풍속 5[m/s])

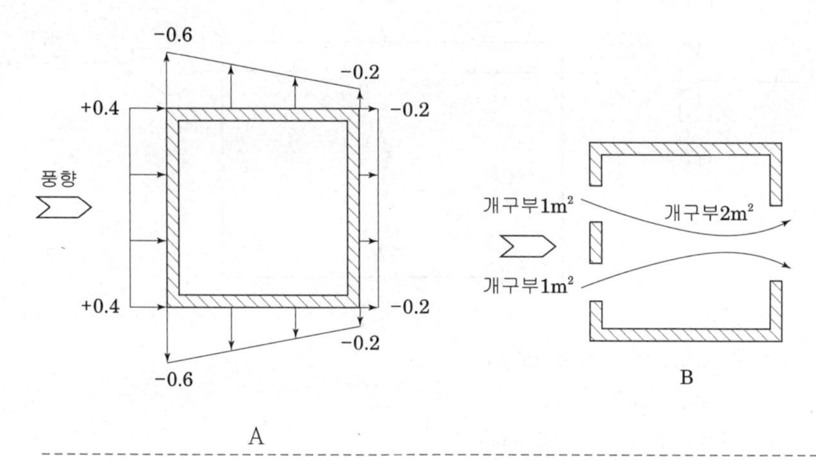

해설 외피부하

바람의 유입구 풍압계수 C_1 유출구의 풍압계수 C_2 일 때, 통풍량(환기량)

$Q = a \cdot A \cdot V\sqrt{C_1 - C_2}$

(a : 유량계수, A : 개구부면적 [m^2], V : 풍속 [m/s])

$= 0.8 \times 2 \times 5\sqrt{0.4-(-0.2)}$

$= 6.196 \fallingdotseq 6.2\,[m^3/s]$

예제 2

일정한 분진을 발생하는 어느 실내에 있어서 그림과 같이 환기설비를 정상적으로 운전하는 경우 아래의 주어진 조건에 의해 실내공기의 분진농도 [mg/m³]을 구하시오.

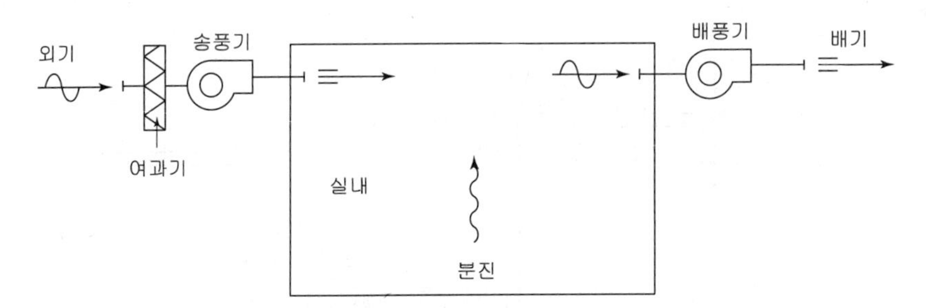

【조 건】

1. 외기 도입량 : 2000 m^3/h
2. 배기량 : 2000 m^3/h
3. 외기 분진 농도 : 0.1 mg/m^3
4. 실내 분진 발생량 : 180 mg/h
5. 여과기 (Air filter)의 분진 포집율 : 0.6

기타 실내의 분진은 일정하게 분포되어 있는 것으로 하고 덕트 및 실내에서의 공기의 누설은 없는 것으로 한다.

해설 송풍기를 통해서 실내로 유입되는 분진량 + 실내 분진 발생량 = 배풍기를 통하여 실내에서 유출되는 분진량

$$(1-\eta) \cdot C_o \cdot Q_o + M = C \cdot Q_E$$

여기서

C : 실내공기의 분진농도 [mg/m^3]

C_o : 외기의 분진농도 [mg/m^3]

Q_o : 외기 도입량 [m^3/h]

Q_E : 배기량 [m^3/h]

M : 실내 분진 발생량[m^3/h]

η : 여과기 분진 포집율

$$\therefore C = \frac{(1-\eta) \cdot C_o \cdot Q_o + M}{Q_E}$$

$$= \frac{(1-0.6) \times 0.1[mg/m^3] \times 2000[m^3/h] + 180[mg/h]}{2000[m^3/h]}$$

$$= 0.13[mg/m^3]$$

핵심예상문제

MEMO

01 아래 그림과 같은 사무실에 대하여 주어진 설계조건을 참조하여 물음에 답하시오. (소숫점 3자리에서 반올림 할 것)

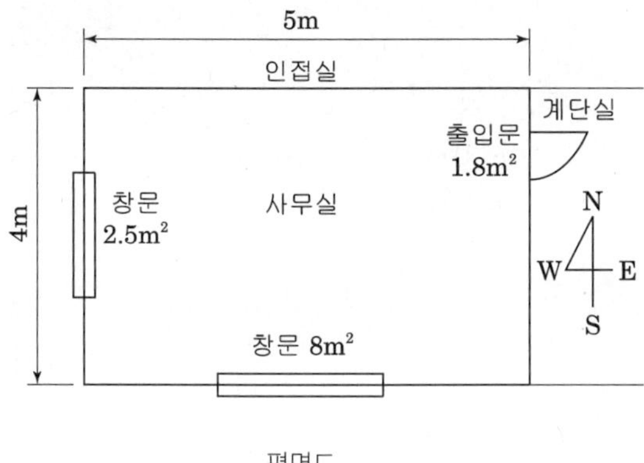

평면도 단면도

【설계 조건】

1. 장소 : 서울소재 오피스빌딩 최상층
2. 실내조건 : 26℃ DB, 50% RH, 0.0105 kg/kg(DA)
3. 외기조건 : 32℃ DB, 65% RH, 0.0181 kg/kg(DA)
4. 상당외기온도차 ETD : 남쪽 10.8K, 서쪽 : 7.2K
5. 재실밀도 : 0.2인/m^2
6. 열관류율 W/m^2 · K
   외벽 : 0.253, 유리창 : 1.8
7. 유리창 일사부하 : 400W/m^2(방위와 관계없이 적용)
8. 조명 및 콘센트부하 : 20W/m^2
9. 유리창의 차폐계수 : 0.6
10. 극간풍량 : 환기횟수 : 0.1회
11. 인체부하 : 현열 58W/인, 잠열 65W/인
12. 공기의 밀도 1.2kg/m^3, 공기의 비열 : 1.005kJ/kg · k,
    0℃물의 증발잠열 : 2501kJ/kg
13. 취출온도차 : 10℃
14. 계단실과 인접실은 동일한 조건으로 공조되고 있으는 것으로 하며 기타조건은 무시한다.

(1) 외피부하[W]를 구하시오.

(2) 내부 발생부하[W]를 구하시오.

(3) 전 냉방부하[W]를 구하시오.

MEMO

(4) 실내 송풍량[m³/h]를 구하시오.

해답 (1) 외피부하

외피부하는 건물의 외피를 통하여 침입하는 열부하로 벽체, 유리창, 극간풍에 의한 침입부하를 의미한다.

1) 외벽을 통한 침입열량 : $q_w = KA(ETD)$

① 남쪽 : $0.253 \times (5 \times 3.6 - 8) \times 10.8 = 27.324$ [W]

② 서쪽 : $0.253 \times (4 \times 3.6 - 2.5) \times 7.2 = 21.677$ [W]

2) 유리창을 통한 침입열량(실내외 온도차 적용)

① 관류 열량 : $q_{gc} = K_g A_g \Delta t = 1.8 \times (2.5 + 8) \times (32 - 26) = 113.4$ [W]

② 일사 취득열량 : $q_{gr} = I_{gr} \cdot A_g \cdot k = 400 \times (2.5 + 8) \times 0.6 = 2520$ [W]

3) 극간풍에 의한 침입열량

극간풍량 $Q_f = nV = 0.1 \times (5 \times 4 \times 2.7) = 5.4$ [m³/h]

① 현열부하 $q_{IS} = C_a \cdot \rho_a \cdot Q \cdot \Delta t$ [W]

$= 1.005 \times 1.2 \times 5.4 \times (32 - 26) \times 10^3 / 3600 = 10.854$ [W]

② 잠열부하 $q_{IL} = 2501 \cdot \rho_a \cdot Q_f \cdot \Delta x$

$= 2501 \times 1.2 \times 5.4 \times (0.0181 - 0.0105) \times 10^3 / 3600 = 34.214$ [W]

∴ 외피부하의 합계

$= 27.324 + 21.677 + 113.4 + 2520 + 10.854 + 34.214 = 2727.47$ [W]

답 2727.47 [W]

(2) 내부 발생 열부하

내부 발생부하는 냉방부하에서 실내에서 발생한 열부하를 의미하는 것으로 인체, 조명부하 및 기타 발생 열부하를 의미한다. 이 문제에서는 인체부하와 조명 및 콘센트부하를 의미한다.

1) 인체부하 $q_H = Q_{HS} + q_{HL}$

① 현열부하 $q_{HS} = N \cdot q_{HS} = 4 \times 58 = 232$ [W]

② 잠열부하 $q_{HL} = N \cdot q_{HL} = 4 \times 65 = 260$ [W]

여기서 재실인원 $N = 0.2 \times 20 = 4$인

2) 조명 및 콘센트부하 q_E

$q_E = 20 \times (4 \times 5) = 400$ [W]

∴ 내부 발생 열부하 $232 + 260 + 400 = 892$ [W]

답 892 [W]

(3) 전 냉방부하 = 외피부하 + 내부 발생 열부하

$= 2727.47 + 892 = 3619.47$ [W]

답 3619.47 [W]

MEMO

(4) 실내 송풍량 Q[m³/h]

$$Q = \frac{q_s}{c_p \rho \Delta t} = \frac{\{3619.47-(34.214+260)\}\times 3.6}{1.005\times 1.2\times 10} = 992.61\,[\text{m}^3/\text{h}]$$

답 992.61 [m³/h]

02 제시된 도면상의 사무실에 대한 다음 조건에 따라 난방부하를 구하시오. (답은 소숫점 3째 자리에서 반올림해서 2째 자리까지 구할 것)

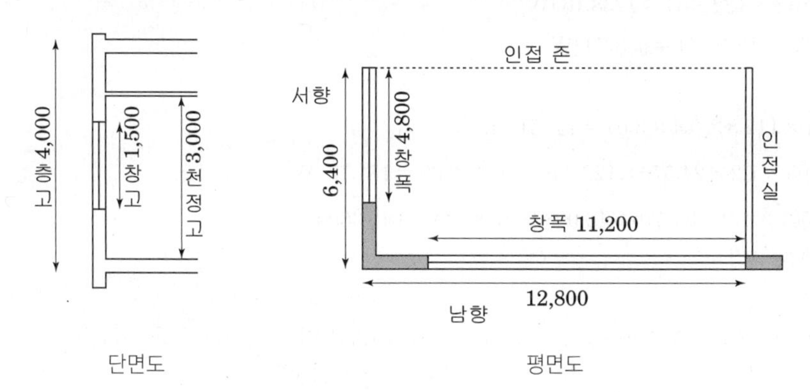

단면도　　　　평면도

【조 건】

1. 실내
   온도 22℃ DB, 절대습도 0.0082kg/kg(DA)
   외기
   온도 0℃ DB, 절대습도 0.0014kg/kg(DA)
2. 극간풍 : 환기횟수 : 0.1회/h
3. 0℃ 물의 증발잠열 : 2501kJ/kg
4. 공기의 정압비열 : 1.005kJ/kg · K
5. 공기의 밀도 : 1.2kg/m³
6. 인접존(난방), 인접실(비난방)
7. 열관류율 W/m³ · K
   외벽 : 0.63, 유리 : 3.35, 내벽 : 2.85
8. 방위계수 k
   남향 : 1.0, 서향 : 1.1

MEMO

해답 (1) 외벽의 손실열량

$q_w = kK_w A_w \Delta t$에서

① 남향 $= 1 \times 0.63 \times 34.4 \times (22-0) = 476.78$ [W]

② 서향 $= 1.1 \times 0.63 \times 18.4 \times (22-0) = 280.53$ [W]

(2) 동향 내벽의 손실열량

$q_w = K_w A_w \Delta t$

$= 2.85 \times 19.2 \times \left(22 - \frac{22+0}{2}\right) = 601.92$ [W]

(3) 유리창의 손실열량

$q_g = kK_g A_g \Delta t$에서

① 남향 $= 1.0 \times 3.35 \times 16.8 \times (22-0) = 1238.16$ [W]

② 서향 $= 1.1 \times 3.35 \times 7.2 \times (22-0) = 583.70$ [W]

(4) 침입외기부하

극간풍량 $Q_f = nV = 0.1 \times (12.8 \times 6.4 \times 3.0) = 24.576$ [m^3/h]

$q_{IS} = c_a \cdot \rho_a \cdot Q \cdot \Delta t = 1.005 \times 1.2 \times 24.576 \times (22-0) \times 10^3/3600 = 181.13$ [W]

$q_{IL} = r_w \cdot \rho_a \cdot Q_f \cdot \Delta x = 2501 \times 1.2 \times 24.576 \times (0.0082 - 0.0014) \times 10^3/3600$

$= 139.32$ [W]

(5) 따라서 전 난방부하는

$476.78 + 280.53 + 601.92 + 1238.16 + 583.70 + 181.13 + 139.32 = 3501.54$ [W]

답 3501.54 [W]

03 아래와 같은 어느 균질한 고체 벽체에 열통과율 $K = 5.0$[$W/m^2 \cdot K$]의 유리창을 설치하여 이 벽면 전체 열통과율 $K = 3.0$[$W/m^2 \cdot K$]로 하고자 할 때 벽면 전체에 대한 창면적비(A_G/A)%를 구하시오.

- A_G : 유리창면적, A_W : 벽체면적, A : 벽체 전면적
- 벽체 재료의 열전도율 : 0.5[W/m · K]
- 벽체의 두께 : 150mm
- 벽체 내표면 열전달율 α_i : 9[$W/m^2 \cdot K$]
- 벽체 외표면 열전달율 α_o : 23[$W/m^2 \cdot K$]

MEMO

해답 (1) 벽면 전체 평균 열통과율은 고체 벽체와 유리창의 면적 가중 평균으로 구한다.

따라서 벽면전체의 평균 열통과율 $K_M = \dfrac{K_W A_W + K_G A_G}{A_W + A_G}$ 이다.

$A_W + A_G = 1$이라 하면

$K_M = K_W A_W + K_G A_G$에서

$3 = 2.20 \times (1 - A_G) + 5.0 \times A_G$에서 $A_G = 0.286$

여기서

벽체의 열통과율 $K_W = \dfrac{1}{\dfrac{1}{\alpha_i} + \dfrac{d}{\lambda} + \dfrac{1}{\alpha_o}} = \dfrac{1}{\dfrac{1}{9} + \dfrac{0.15}{0.5} + \dfrac{1}{23}} = 2.20$

따라서

$A_G / A = \dfrac{0.286}{1} = 0.286 = 28.6\%$

답 28.6%

04 실내온도 20℃, 외기온도 -12℃ 실내공기의 노점온도 18.5℃인 실의 외벽이 다음과 같은 구조로 되어있다. 물음에 답하시오. (단, 외표면 열전달율 $\alpha_o = 23\text{W/m}^2\cdot\text{K}$, 내표면 열전달율 $\alpha_i = 9\text{W/m}^2\cdot\text{K}$로 한다.)

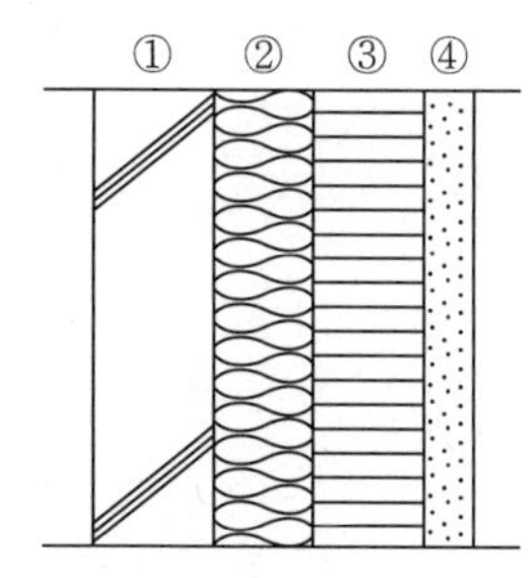

기호	재료명	두께[mm]	열전도율[W/m · K]
①	콘크리트	100	1.6
②	단열재	50	0.035
③	붉은 벽돌	90	0.8
④	몰탈	30	1.5

(1) 실내 벽면에서의 표면결로 발생 여부를 판정하시오.

(2) 결로가 발생한다면 결로 방지를 위한 최소 단열재의 두께는 몇 mm인가?

해답 (1) $\alpha_i A(t_i - t_s) = KA(t_i - t_o)$ 에서

실 내벽 표면온도

$t_s = t_i - \dfrac{K}{\alpha_i}(t_i - t_o) = 20 - \dfrac{0.562}{9} \times \{20 - (-12)\} \fallingdotseq 18.00℃$

여기서 외벽의 열저항 $R = \dfrac{1}{\alpha_i} + \Sigma \dfrac{d}{\lambda} + \dfrac{1}{\alpha_o}$

$= \dfrac{1}{9} + \dfrac{0.1}{1.6} + \dfrac{0.05}{0.035} + \dfrac{0.09}{0.8} + \dfrac{0.03}{1.5} + \dfrac{1}{23} = 1.778$

MEMO

∴ 외벽의 열관률율 $K = \frac{1}{R} = \frac{1}{1.778} = 0.562$ [W/m²·K]

실내 벽 표면온도(18℃)가 실내공기의 노점온도(18.5℃)보다 낮기 때문에 표면결로가 발생한다.

(2) 벽체 내면의 온도$t_s \geq 18.5$를 만족해야 하므로

$K(t_i - t_o) = \alpha_i(t_i - t_s)$에서

$$K = \frac{\alpha_i(t_i - t_s)}{t_i - t_o} = \frac{9(20-18.5)}{20+12} = 0.422$$

처음 $K = 0.562$를 $K' = 0.422$로 만들기 위해 $\frac{1}{K'} = \frac{1}{K} + \frac{\Delta L}{\lambda}$에서

$$\Delta L = \lambda\left(\frac{1}{K'} - \frac{1}{K}\right) = 0.035\left(\frac{1}{0.422} - \frac{1}{0.562}\right) = 0.02066\text{m} = 20.66\text{mm}$$

그러므로 처음 단열재 50mm에 20.66mm 추가하면 단열재두께 70.66mm.

답 70.66mm

05 다음 물음에 답하시오.

(1) 다음 그림은 일사의 영향을 받는 외벽의 정상상태의 온도분포를 나타낸 것이다. 주어진 조건에 의해서 외벽 표면의 온도를 구하시오. (중간 계산과정의 온도는 소숫점 3자리에서 반올림, 열관류저항 및 외표면 열전달저항은 소숫점 4자리에서 반올림, 최종 답은 소숫점 3자리에서 반올림 할 것)

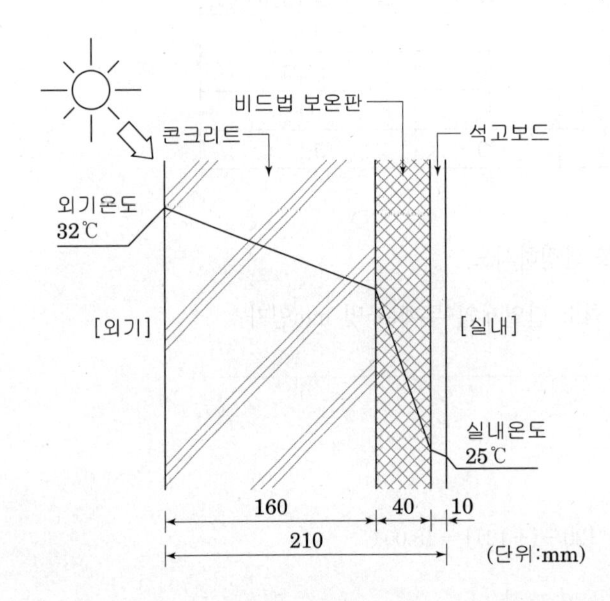

MEMO

【조 건】

1. 외표면 열전달율 : 23 [W/m² · K]
2. 내표면 열전달율 : 9 [W/m² · K]
3. 콘크리트 열전도율 : 1.6 [W/m · K]
4. 비드법 보온판 열전도율 : 0.03 [W/m · K]
5. 석고보드 열전도율 : 0.2 [W/m · K]
6. 외벽면 일사흡수율 : 0.8
7. 일사량 : 710 [W/m²]

(2) 다음 설계조건에 대한 다음 물음에 답하시오.

【조 건】

1. 냉방설계용 온도, 엔탈피조건

	냉 방
외 기	32.5℃ DB, 60% RH, $h_o = 81$ kJ/kg(DA)
실 내	26℃ DB, 50% RH, $h_r = 53$ kJ/kg(DA)
냉각코일 출구공기	14℃ DB, $h_c = 38$ kJ/kg(DA)
냉각코일의 냉수출입구 온도차	5℃
재열코일 출구공기	17℃ DB, $h_s = 41$ kJ/kg(DA)

2. 공조대상의 바닥면적 · 재실인원 : 100m², 52인
3. 외기 도입량 : 25m³/h · 인
4. 벽체 및 유리창부하 : 40W/m²(단위바닥면적당)
5. 조명 및 콘센트부하 : 20W/m²(단위바닥면적당)
6. 인체부하 : 현열 79W/인, 잠열 67W/인
7. 전열교환기 효율 $\eta = 70\%$(현열, 잠열 모두 같음)
8. 공기의 밀도 : $\rho = 1.2$kg/m³, 공기의 정압비열 $C_p = 1.005$ kJ/kg · K
9. 물의 밀도 : $\rho = 1.0$kg/L, 물의 비열 4.2 kJ/kg · K
10. 침입외기부하는 환기횟수 0.5회로 하고 배기는 전부 전열교환기를 경유하는 것으로 하고, 배기량은 외기도입량과 같도록 한다. 또한 천정고는 2.5m로 한다.

1) 송풍량[m³/h]을 구하시오. (정수자리 까지)

2) 냉각코일 입구공기의 비엔탈피[kJ/kg]을 구하시오. (소숫점 3자리에서 반올림)

3) 재열코일의 가열능력[kW]을 구하시오. (소숫점 3자리에서 반올림)

4) 냉각코일의 냉각능력[kW]을 구하시오. (소숫점 3자리에서 반올림)

5) 냉각코일의 순환냉수량[L/min]을 구하시오. (소숫점 3자리에서 반올림)

MEMO

해답 (1)

① 상당외기온도차 SAT의 계산

$$SAT = t_o + \frac{\alpha}{\alpha_o} I$$

여기서, SAT : 상당외기온도 [℃]

t_o : 외기온도[℃]

α : 일사흡수율

α_o : 외표면 열전달율[W/m²·k]

I : 일사량[W/m²]

$$\therefore\ SAT = 32 + \frac{0.8}{23} \times 710 = 56.7[℃]$$

② 열관류저항 R, 외측 열전달저항 r_o의 계산

$$R = \frac{1}{\alpha_o} + \Sigma\frac{d}{\lambda} + \frac{1}{\alpha_r} = \frac{1}{23} + \frac{0.16}{1.6} + \frac{0.04}{0.03} + \frac{0.01}{0.2} + \frac{1}{9} = 1.638$$

$$r_o = \frac{1}{\alpha_o} = \frac{1}{23} = 0.043$$

③ 외표면 온도 t_x의 계산

$$\frac{r_o}{R} = \frac{(SAT - t_x)}{(SAT - t_r)}$$ 에서

$$t_x = SAT - \frac{r_o}{R}(SAT - t_r) = 56.7 - \frac{0.043}{1.638} \times (56.7 - 25) = 55.87[℃]$$

답 55.87[℃]

(2)

1) 송풍량[m³/h]

송풍량은 실내 현열부하로부터 구한다.

① 벽체 및 유리창부하 : 40W/m² × 100m²=4000[W]

② 조명 및 콘센트부하 : 20W/m² × 100m²=2000[W]

③ 인체 현열부하 : 79W/인 × 52인=4108[W]

④ 극간풍에 의한 현열부하 : 1.005 × 1.2 × (0.5 × 100 × 2.5) × (32.5−26) × 10³/3600=272.19[W]

현열부하의 합계는 4000+2000+4108+272.19=10380.19[W]

$$\text{송풍량 } Q - \frac{q_s}{C_p \rho \Delta t} = \frac{10380.19 \times 3.6}{1.005 \times 1.2 \times (26 - 17)} - 3442.85 = 3443[m^3/h]$$

답 3443 [m³/h]

2) 냉각코일 입구공기의 비엔탈피[kJ/kg]

냉각코일 입구공기의 상태점은 순환공기와 전열교환기통과 후 외기와의 믹싱 포인트이다.

따라서 전열교환기통과후의 비엔탈피는 전열교환기효율에 의하여

$$h_{o2} = h_{o1} - \eta(h_{o1} - h_r) = 81 - 0.7 \times (81 - 53) = 61.4\ [kJ/kg]$$

MEMO

또한 외기량은 $25m^3/h \cdot 인 \times 52인 = 1300[m^3/h]$

냉각코일 입구공기의 비엔탈피[kJ/kg]

$$= \frac{1300 \times 61.4 + (3443 - 1300) \times 53}{3443} = 56.17$$

답 56.17 [kJ/kg]

3) 재열코일의 가열능력[kW]

① 엔탈피차로 구한 경우

$q_h = 1.2 \times 3443 \times (41 - 38)/3600 = 3.44$ [kW]

② 온도차로 구한 경우

$q_h = 1.2 \times 3443 \times 1.005 \times (17 - 14)/3600 = 3.46$ [kW]

답 3.44 [kW], 또는 3.46[kW]

4) 냉각코일의 냉각능력[kW]

$q_c = 1.2 \times 3443 \times (56.17 - 38)/3600 = 20.85$ [kW]

답 20.85 [kW]

5) 냉수량[L/min]

$$냉수량 = \frac{20.85 \times 60}{4.2 \times 5 \times 1.0} = 59.57$$

답 59.57 [L/min]

기출문제분석

□ 15년1회, 17년3회

01 공기조화 부하에서 극간풍(틈새바람)을 구하는 방법 3가지와 극간풍(틈새바람)을 방지하는 방법 3가지를 서술하시오.

득점	배점
	6

해답 (1) 틈새바람을 구하는 방법

① 환기횟수법($Q=nV$)

② crack법(극간 길이에 의한 방법)

③ 창면적법

(2) 극간풍(틈새바람)을 방지하는 방법

① 에어 커튼(air curtain)의 설치

② 회전문 설치

③ 충분한 간격을 두고 이중문 설치

④ 실내를 가압하는 방법

□ 01년1회, 05년2회, 11년1회, 13년3회

02 바닥면적 100m², 천장고 3m인 실내에서 재실자 60명과 가스 스토브 1대가 설치되어 있다. 다음 각 물음에 답하시오. (단 외기 CO_2 농도 400ppm, 재실자 1인당 CO_2 발생량 20L/h, 가스스토브 CO_2 발생량 600L/h이다.)

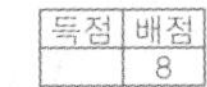

득점	배점
	8

(1) 실내 CO_2 농도를 1000ppm으로 유지하기 위해서 필요한 환기량(m³/h)을 구하시오.

(2) 이때 환기횟수(회/h)를 구하시오.

해설　(1) 환기량 $Q=\dfrac{M}{P_i-P_o}$ [m³/h]

(2) 환기 횟수 $n=\dfrac{Q}{V}$[회]

여기서, Q : 환기량[m^3/h]
M : 실내의 CO_2 발생량[m^3/h]
P_i : CO_2의 허용농도[m^3/m^3]
P_o : 외기의 CO_2농도[m^3/m^3]
V : 실내용적[m^3]

해답　(1) 환기량 $Q=\dfrac{60\times20\times10^{-3}+600\times10^{-3}}{(1000-400)\times10^{-6}}=3000[m^3/h]$

(2) 환기 횟수 $n=\dfrac{3000}{100\times3}=10$회/h

□ 17년2회

03 **바닥 면적 600m², 천장 높이 4m의 자동차 정비공장에서 항상 10대의 자동차가 엔진을 작동한 상태에 있는 것으로 한다. 자동차의 배기가스 중의 일산화탄소량을 1대당 1m³/h, 외기 중의 일산화탄소 농도를 0.0001%(용적실 내의 일산화탄소 허용 농도를 0.01%) 용적이라 하면, 필요 외기량(환기량)은 어느 정도가 되는가? 또, 환기 횟수로 따지면 몇 회가 되는가? (단, 자연 환기는 무시한다.)**

득점	배점
	3

해답　환기량 $Q=\dfrac{M}{P_i-P_o}=\dfrac{1\times10}{(0.01-0.0001)\times10^{-2}}=101010.101[m^3/h]$

환기 횟수 $n=\dfrac{Q}{V}=\dfrac{101010.101}{4\times600}=42.087\fallingdotseq42.09$회

여기서, Q : 환기량[m^3/h]
M : 실내의 CO_2 발생량[m^3/h]
P_i : CO_2의 허용농도[m^3/m^3]
P_o : 외기의 CO_2농도[m^3/m^3]
V : 실내용적[m^3]

☐ 05년1회, 13년1회

04 **재실자 20명이 있는 실내에서 1인당 CO_2 발생량이 0.015m^3/h일 때, 실내 CO_2농도를 1000ppm으로 유지하기 위하여 필요한 환기량을 구하시오.(단 외기의 CO_2농도는 300ppm 이다.)**

득점	배점
	3

해설

환기량 $Q=\dfrac{M}{P_i-P_o}$

여기서, Q : 환기량[m^3/h]

M : 실내의 CO_2 발생량[m^3/h]

P_i : CO_2의 허용농도[m^3/m^3]

P_o : 외기의 CO_2농도[m^3/m^3]

해답

$$Q=\frac{0.015\times20}{(1000-300)\times10^{-6}}=428.571[m^3/h]$$

☐ 11년1회, 19년1회

05 **어떤 사무실의 취득열량 및 외기부하를 산출하였더니, 다음과 같았다. 이 자료에 의해 (1)~(6)의 값을 구하시오. (단, 취출 온도차는 11℃로 하고, 공기의 밀도는 1.2kg/m^3, 공기의 정압비열은 1.0kJ/kg · K로 한다.)**

득점	배점
	20

항목	현(감)열(kJ/h)	잠열(kJ/h)
벽체를 통한 열량	25200	0
유리창을 통한 열량	33600	0
바이패스 외기의 열량	588	2520
재실자의 발열량	4032	5040
형광등의 발열량	10080	0
외기부하	5880	20160

(1) 실내취득 현열량 q_S(kJ/h)을 구하시오. (단, 여유율은 10%로 한다.)

(2) 실내취득 잠열량 q_L(kJ/h)을 구하시오. (단, 여유율은 10%로 한다.)

(3) 송풍기 풍량 Q(m^3/h)을 구하시오.

(4) 냉각 코일부하 q_c(kW)을 구하시오.

(5) 냉동기 용량 q_R(kW)을 구하시오.
(단, 냉동기 용량은 냉각코일 용량의 5%를 가산한 값으로 한다.)

(6) 냉각탑 용량(냉각톤)을 구하시오.
(단, 냉각탑 용량은 냉동기 용량의 20%를 가산한 값으로 하고 1냉각톤은 4.55kW로 한다.)

해답 (1) 실내취득 현열량 = 벽체에서의 취득부하 + 유리창에서의 취득부하 + 극간풍에 의한 현열부하 + 인체의 현열부하 + 기기부하

$q_S = (25200 + 33600 + 588 + 4032 + 10080) \times 1.1 = 80850[\text{kJ/h}]$

(2) 실내취득 잠열량 = 극간풍에 의한 잠열부하 + 인체에 의한 잠열부하

$q_L = (2520 + 5040) \times 1.1 = 8316[\text{kJ/h}]$

※ 외기부하는 실내부하에 포함되지 않는다.

(3) $Q = \dfrac{q_S}{c_p \rho \Delta t} = \dfrac{80850}{1.0 \times 1.2 \times 11} = 6125[\text{m}^3/\text{h}]$

(4) $q_c = q_S + q_L + q_o = (80850 + 8316 + 5880 + 20160)/3600 = 32[\text{kW}]$

(5) $q_R = 32 \times 1.05 = 33.6[\text{kW}]$

(6) 냉각톤$= \dfrac{33.6 \times 1.2}{4.55} \fallingdotseq 8.86$톤

□ 02년2회, 05년2회, 14년2회

06 어떤 사무실의 취득열량 및 외기부하를 산출하였더니, 다음과 같았다. 이 자료에 의해 (1)~(4)을 구하시오. (단, 취출 온도차는 10℃로 하고, 공기의 밀도는 1.2kg/m³, 공기의 정압비열은 1.01kJ/kg · K로 한다.)

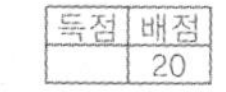

득점	배점
	20

항목	현감열(kJ/h)	잠열(kJ/h)
벽체를 통한 열량	24000	0
유리창을 통한 열량	32000	0
바이패스 외기의 열량	560	2400
재실자의 발열량	4000	5100
형광등의 발열량	10000	0
외기부하	6000	21000

(1) 실내취득 현열량q_S(kJ/h)을 구하시오.

(2) 실내취득 잠열량q_L(kJ/h)을 구하시오.

(3) 송풍기 풍량Q(CMH)을 구하시오.

(4) 냉각 코일부하q_c(kW)을 구하시오.

해답 (1) 실내취득현열량 q_s = 벽체에서의 취득부하 + 유리창에서의 취득부하 + 극간풍에 의한 현열부하 + 인체의 현열부하 + 기기부하

$q_S = 24000 + 32000 + 560 + 4000 + 10000 = 70560[\text{kJ/h}]$

(2) 실내취득잠열량q_L = 극간풍에 의한 잠열부하 + 인체에 의한 잠열부하

$q_L = 2400 + 5100 = 7500[\text{kJ/h}]$

※ 외기부하는 실내부하에 포함되지 않는다.

(3) 냉방풍량 $Q = \dfrac{q_S}{c_p \rho \Delta t} = \dfrac{70560}{1.01 \times 1.2 \times 10} = 5821.78[\text{m}^3/\text{h}]$

(4) 냉각코일부하 $q_c = q_S + q_L + q_o = (70560 + 7500 + 6000 + 21000)/3600$

$= 29.18[\text{kW}]$

□ 07년1회

07 건물의 냉방부하 계산이 다음과 같을 때 물음에 답하시오.

득점	배점
	12

- 벽체 침입열량 : 현열 21000kJ/h
- 유리창 침입열량 : 현열 34000kJ/h
- 극간풍 침입열량 : 현열 2100kJ/h, 잠열 2900kJ/h
- 인체 발생열량 : 현열 3400kJ/h, 잠열 4200kJ/h
- 형광등 발생열량 : 현열 8400kJ/h
- 외기도입 부하 : 현열 5100kJ/h, 잠열 10500kJ/h
- 공기의 정압비열 : 1.0kJ/kg·℃, 공기의 밀도 : 1.2kg/m^3

(1) 실내 취득열량(kJ/h)을 구하시오.

(2) 송풍기 송풍량(m^3/min)을 구하시오. (단, 취출온도차는 10℃이다.)

(3) 냉각 코일 부하(kJ/h)을 구하시오.

(4) 냉동기 용량(RT)을 구하시오. (단, 배관손실 열량은 냉각 코일 부하의 10%로 한다.)

해답 (1) 실내 취득열량(q_T)

① 실내 취득 현열량(q_S) $= 21000 + 34000 + 2100 + 3400 + 8400 = 68900[\text{kJ/h}]$

② 실내 취득 잠열량(q_L) $= 2900 + 4200 = 7100[\text{kJ/h}]$

$\therefore\ q_T = q_S + q_L = 68900 + 7100 = 76000[\text{kJ/h}]$

(2) 송풍량 $Q = \dfrac{q_s}{c_p \cdot \rho \cdot \Delta t \cdot 60} = \dfrac{68900}{1.0 \times 1.2 \times 10 \times 60} = 95.69[\text{m}^3/\text{min}]$

(3) 냉각 코일 부하=실내취득열량+기기부하+재열부하+외기부하에서

기기부하=0, 재열부하=0 이므로

$= 76000 + 5100 + 10500 = 91600[\text{kJ/h}]$

(4) $R = \dfrac{91600 \times 1.1}{3600 \times 3.86} = 7.25[\text{RT}]$

☐ 16년1회, 06년1회, 19년3회

08 어느 냉장고 내에 100W 전등 20개와 2.2kW 송풍기(전동기 효율 0.85) 2기가 설치되어 있고 전등은 1일 4시간 사용, 송풍기는 1일 18시간 사용된다고 할 때, 이들 기기(機器)의 냉동부하(kWh)를 구하시오.

득점	배점
	12

해답 기기부하 $q_E = \frac{100 \times 20}{1000} \times 4 + \frac{2.2}{0.85} \times 2 \times 18 = 101.18[\text{kWh}]$

☐ 09년1회, 19년3회

09 다음과 같은 건물의 A실에 대하여 아래 조건을 이용하여 각 물음에 답하시오. (단, 실 A는 최상층으로 사무실 용도이며, 아래층의 냉·난방 조건은 동일하다.)

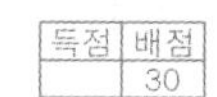

득점	배점
	30

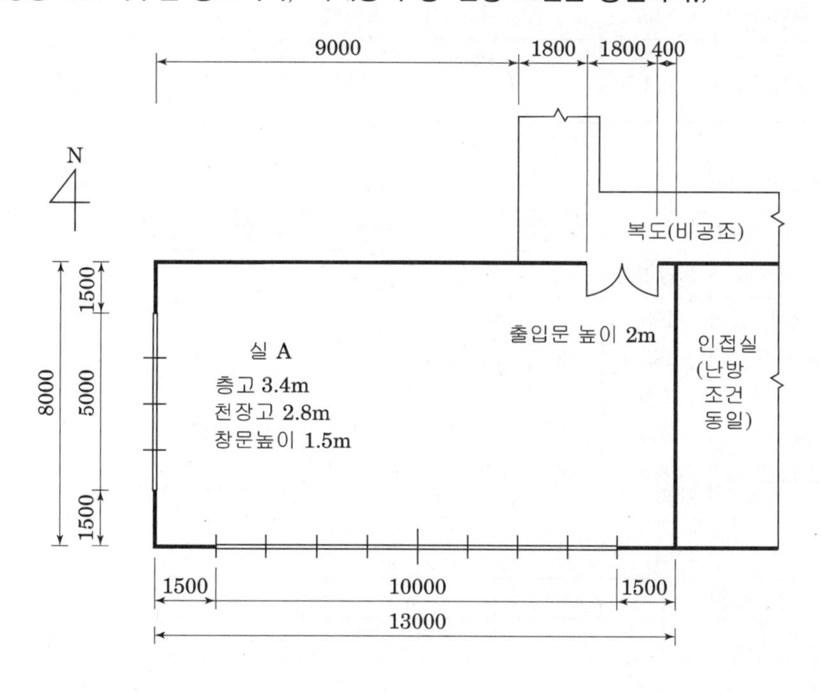

【조 건】

1. 냉·난방 설계용 온·습도

	냉방	난방	비고
실내	26℃ DB, 50%RH, x=0.0105kg/kg′	20℃ DB, 50%RH, x=0.00725kg/kg′	비공조실은 실내·외의 중간온도로 약산함
외기	32℃ DB, 70%RH, x=0.021kg/kg′ (7월 23일, 14:00)	−5℃ DB, 40%RH, x=0.00099kg/kg′	

2. 유리 : 복층유리(공기층 6mm), 블라인드 없음, 열관류율 $K = 3.5\text{W/m}^2 \cdot \text{K}$
   출입문 : 목제 플래시문, 열관류율 $K = 2.2\text{W/m}^2 \cdot \text{K}$
3. 공기의 밀도 $\rho = 1.2\text{kg/m}^3$, 공기의 정압비열 $C_{pa} = 1.01\text{kJ/kg} \cdot \text{K}$
   수분의 증발잠열(상온) $E_a = 2501\text{kJ/kg}$
4. 외기 도입량은 $25\text{m}^3/\text{h}$ · 인 이다.

- 차폐계수

유리	블라인드	차폐계수	유리	블라인드	차폐계수
보통 단층	없음 밝은색 중등색	1.0 0.65 0.75	보통복층 (공기층 6mm)	없음 밝은색 중등색	0.9 0.6 0.7
흡열 단층	없음 밝은색 중등색	0.8 0.55 0.65	외측 흡열 내측 보통	없음 밝은색 중등색	0.75 0.55 0.65
보통 이층 (중간 블라인드)	밝은색	0.4	외측 보통 내측 거울	없음	0.65

- 인체로부터의 발열설계 값(W/ 인)

작업상태	실온		27℃		26℃		21℃	
	예	전발열량	H_S	H_L	H_S	H_L	H_S	H_L
정좌	극장	103	57	46	62	41	76	27
사무소 업무	사무소	132	58	74	63	69	84	48
착석작업	공장의 경작업	220	65	155	72	148	107	113
보행 4.8km/h	공장의 중작업	293	88	205	96	197	135	158
볼링	볼링장	425	135	288	141	284	178	247

- 방위계수

방위	N, 수평	E	W	S
방위계수	1.2	1.1	1.1	1.0

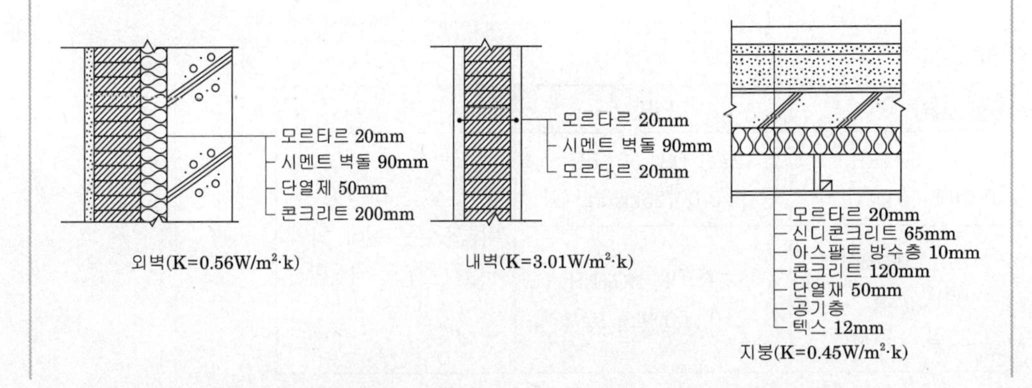

- 벽의 타입 선정

벽의 타입	Ⅱ	Ⅲ	Ⅳ
구조 예	• 목조의 벽, 지붕 • 두께 합계 20~70mm의 중량벽	• Ⅱ+단열층 • 두께합계 70~110mm의 중량벽	• Ⅲ의 중량벽+단열층 • 두께합계 110~160mm의 중량벽
벽의 타입	Ⅴ	Ⅵ	Ⅶ
구조 예	• Ⅳ의 중량벽+단열층 • 두께 합계 160~230mm의 중량벽	• Ⅴ의 중량벽+단열층 • 두께합계 230~300mm의 중량벽	• Ⅵ의 중량벽+단열층 • 두께합계 300~380mm의 중량벽

- 창유리의 표준일사열취득[W/m^2]

계절	방위	시각(태양시)														
		오전								오후						
		5	6	7	8	9	10	11	12	1	2	3	4	5	6	7
여름철 (7월 23일)	수평	1	58	209	379	518	732	816	844	816	732	602	441	209	58	1
	N·그늘	51	73	46	28	34	45	49	50	49	45	40	33	46	73	0
	NE	0	293	384	349	238	117	49	50	49	45	40	33	21	12	0
	E	0	322	476	493	435	363	159	50	49	45	40	33	21	12	0
	SE	0	150	278	343	354	363	255	120	49	45	40	33	21	12	0
	S	0	12	21	28	53	117	164	181	164	117	62	33	21	12	0
	SW	0	12	21	28	34	45	49	120	255	363	412	399	278	150	0
	W	0	12	21	28	34	45	49	50	159	363	506	573	476	322	0
	NW	0	12	21	28	34	45	49	50	49	117	277	406	384	293	0

- 환기횟수

실용적(m^3)	500 미만	500~1000	1000~1500	1500~2000	2000~2500	2500~3000	3000 이상
환기횟수 (회/h)	0.7	0.6	0.55	0.5	0.42	0.40	0.35

- 인원의 참고치

방의 종류	인원(m^2/인)	방의 종류		인원(m^2/인)
사무실(일반)	5.0	백화점	객실	18.0
은행 영업실	5.0		평균	3.0
레스토랑	1.5		혼잡	1.0
상점	3.0		한산	6.0
호텔로비	6.5	극장		0.5

- 조명용 전력의 계산치

방의 종류	조명용 전력[W/m^2]
사무실(일반)	25
은행 영업실	65
레스토랑	25
상점	30

• Δ_{te}(상당 온도차)

구조체의 종류	방위	시각(태양시)												
		오전							오후					
		6	7	8	9	10	11	12	1	2	3	4	5	6
Ⅱ	수평	1.1	4.6	10.7	17.6	24.1	29.3	32.8	34.4	34.2	32.1	28.4	23.0	16.6
	N.그늘	1.3	3.4	4.3	4.8	5.9	7.1	7.9	8.4	8.7	8.8	8.7	8.8	9.1
	NE	3.2	9.9	14.6	16.0	15.0	12.3	9.8	9.1	9.0	9.9	8.7	8.0	6.9
	E	3.4	11.2	17.6	20.8	21.1	18.8	14.6	10.9	9.6	9.1	8.8	8.0	6.9
	SE	1.9	6.6	11.8	15.8	18.1	18.4	16.7	13.6	10.7	9.5	8.9	8.1	7.0
	S	0.3	1.0	2.3	4.7	8.1	11.4	13.7	14.8	14.8	13.6	11.4	9.0	7.3
	SW	0.3	1.0	2.3	4.0	5.7	7.0	9.2	13.0	16.8	19.7	21.0	20.2	17.1
	W	0.3	1.0	2.3	4.0	5.7	7.0	7.9	10.0	14.7	19.6	23.5	25.1	23.1
	NW	0.3	1.0	2.3	4.0	5.7	7.0	7.9	8.4	9.9	13.4	17.3	20.0	19.7
Ⅲ	수평	0.8	2.5	6.4	11.6	17.5	23.0	27.6	30.7	32	32.1	30.3	36.9	22.0
	N.그늘	0.8	2.1	3.2	3.9	4.8	5.9	6.8	7.6	8.1	8.4	8.6	8.6	8.9
	NE	1.6	5.6	10.0	12.8	13.8	13.0	11.4	10.3	9.7	9.4	9.1	8.6	7.8
	E	1.7	5.3	11.7	16.0	18.3	18.5	16.6	13.7	11.8	10.6	9.8	9.0	8.1
	SE	1.1	3.6	7.5	11.4	14.5	16.3	16.4	15.0	12.9	11.3	10.2	8.8	8.2
	S	0.5	0.7	1.5	2.9	5.4	8.2	10.8	12.7	13.6	13.6	12.5	10.8	9.2
	SW	0.5	0.7	1.5	2.7	4.1	5.4	7.1	9.8	13.1	16.2	18.5	19.2	18.2
	W	0.5	0.7	1.5	2.7	4.1	5.4	6.6	8.0	11.1	15.1	19.1	21.9	22.5
	NW	0.5	0.7	1.5	2.7	4.1	5.4	6.6	7.4	8.5	10.7	13.9	16.8	18.2
Ⅴ	수평	3.7	3.6	4.3	6.1	8.7	11.9	15.2	18.4	21.2	23.3	24.6	24.8	23.9
	N.그늘	2.0	2.1	2.4	2.8	3.2	3.8	4.5	5.1	5.7	6.3	6.7	7.1	7.4
	NE	2.2	3.1	4.7	6.5	8.1	9.0	9.4	9.4	9.4	9.3	9.2	9.1	8.8
	E	2.3	3.3	5.3	7.7	10.1	11.7	12.6	12.6	12.2	11.8	11.3	10.8	10.2
	SE	2.2	2.6	3.8	5.5	7.5	9.4	10.8	11.6	11.6	11.4	11.1	10.6	10.1
	S	2.1	1.8	1.8	2.1	2.9	4.1	5.6	7.1	8.4	9.5	10.0	10.0	9.7
	SW	2.8	2.4	2.3	2.5	2.9	3.5	4.3	5.5	7.2	9.1	11.1	12.8	13.8
	W	3.2	2.7	2.5	2.7	3.0	3.6	4.3	5.1	6.4	8.3	10.7	13.1	15.0
	NW	2.8	2.4	2.3	2.4	2.9	3.5	4.1	4.8	5.6	6.7	8.0	10.1	11.5
Ⅵ	수평	6.7	6.1	6.1	6.7	8.0	9.9	12.0	14.3	16.6	18.5	20.0	20.9	21.1
	N.그늘	3.0	2.9	2.9	3.0	3.2	3.6	4.0	4.4	4.9	5.3	5.7	6.1	6.4
	NE	3.3	3.6	4.3	5.4	6.4	7.3	7.8	8.1	8.3	8.4	8.5	8.5	8.5
	E	3.7	3.9	4.9	6.2	7.7	9.1	10.0	10.5	10.7	10.7	10.6	10.4	10.1
	SE	3.5	3.5	4.0	4.9	5.1	7.3	8.5	9.3	9.8	10.0	10.0	9.9	9.7
	S	3.3	4.0	2.8	2.8	3.1	3.7	4.6	5.6	6.6	7.4	8.1	8.4	8.6
	SW	4.5	4.0	3.7	3.5	3.6	3.8	4.2	4.9	5.9	7.2	8.6	9.9	11.0
	W	5.1	4.5	4.1	3.9	3.9	4.1	4.4	4.8	5.6	6.7	8.3	10.0	11.5
	NW	4.3	3.9	3.6	3.4	3.5	3.7	4.1	4.5	5.0	5.6	6.7	7.9	9.2
Ⅶ	수평	10.0	9.4	9.0	9.0	9.4	10.1	11.1	12.2	13.5	14.8	15.9	16.8	17.3
	N.그늘	4.0	3.8	3.7	3.7	3.7	3.8	4.0	4.2	4.4	4.7	4.9	5.2	5.5
	NE	4.7	4.7	4.9	5.3	5.8	6.3	5.5	4.9	7.2	7.3	7.5	7.6	7.7
	E	5.4	5.3	5.6	6.1	6.8	7.6	8.2	8.9	8.9	9.1	9.3	9.3	9.3
	SE	5.2	5.0	5.0	5.3	5.8	6.4	7.1	7.6	8.0	8.3	8.5	8.7	8.7
	S	4.6	4.3	4.1	3.9	3.9	4.1	4.5	4.9	5.6	6.0	6.5	6.8	7.1
	SW	6.1	5.7	5.4	5.1	5.0	4.9	5.0	5.2	5.7	6.3	7.0	7.8	8.5
	W	6.8	6.3	6.0	5.7	5.5	5.4	5.4	5.5	5.8	6.3	7.1	8.0	8.9
	NW	5.7	5.3	5.0	4.8	4.7	4.7	4.7	4.9	5.1	5.4	5.9	5.5	7.3

A실의 7월 23일 14:00 취득열량을
(1) 현열부하와 잠열부하로 구분하여 구하고,
(2) 외기부하를 구하시오.
(단, 덕트 등 기기로부터의 열 취득 및 여유율은 무시한다.)

(1) 실내부하
1) 현열부하
① 태양 복사열(유리창)
② 태양 복사열의 영향을 받는 전도열(지붕, 외벽)
③ 외벽, 지붕 이외의 전도열
④ 틈새바람에 의한 부하
⑤ 인체에 의한 발생열
⑥ 조명에 의한 발생열(형광등)

2) 잠열부하
① 틈새바람에 의한 부하
② 인체에 의한 발생열

(2) 외기부하
① 현열부하
② 잠열부하

해답 (1) 실내부하
1) 현열부하
① 태양 복사열(유리창)
• 남쪽 : $117\times(10\times1.5)\times0.9=1579.5$[W]
• 서쪽 : $363\times(5\times1.5)\times0.9=2450.25$[W]
∴ 태양 복사열 : $1579.5+2450.25=4029.75$[W]
② 태양복사열의 영향을 받는 전열량(지붕, 외벽)
• 지붕 : $q_w=KA(ETD)$
$=0.45\times(13\times8)\times16.6=776.88$[W]
• 외벽 : 남쪽$=0.56\times(13\times3.4-10\times1.5)\times5.6=91.57$[W]
서쪽$=0.56\times(8\times3.4-5\times1.5)\times5.8=63.99$[W]
북쪽$=0.56\times(9\times3.4)\times4.4=75.40$[W]

∴ 지붕 및 외벽의 전열량 : $776.88+91.57+63.99+75.40=1007.84$

※ 여기서 상당온도차(ETD)

지붕(277mm+공기층)=이므로 Ⅵ 타입으로 오후 2시의 수평 Δte =16.6℃
외벽 360mm로 Ⅶ 타입으로 오후 2시의
남쪽 Δte = 5.6℃, 서쪽 Δte = 5.8℃, 북쪽 Δte = 4.4℃

③ 외벽 지붕 이외의 전열량

• 유리창 : 남쪽 $= 3.5 \times (10 \times 1.5) \times (32 - 26) = 315$[W]
서쪽 $= 3.5 \times (5 \times 1.5) \times (32 - 26) = 157.5$[W]

• 내벽$= 3.01 \times (4 \times 2.8 - 2 \times 1.8) \times \left(\dfrac{26+32}{2} - 26\right) = 68.63$[W]

• 문$= 2.2 \times (2 \times 1.8) \times \left(\dfrac{26+32}{2} - 26\right) = 23.76$[W]

∴ 외벽, 지붕 이외의 전열량 : $315 + 157.5 + 68.63 + 23.76 = 564.89$

④ 틈새바람에 의한 부하
환기횟수는 실용적에 따라서 0.7회 이므로
틈새바람에 의한 현열량
$= 1.01 \times 1.2 \times (0.7 \times 13 \times 8 \times 2.8) \times (32 - 26)/3.6 = 411.76$[W]

⑤ 인체에 의한 발생열
재실인원$= \dfrac{13 \times 8}{5} = 20.8$명
인체에 의한 현열발생량$= 20.8 \times 63 = 1310.4$[W]

⑥ 조명에 의한 발생열(형광등)
총 W수 $= 1.2 \times 13 \times 8 \times 25 = 3120$[W]

2) 잠열부하

① 틈새바람에 의한 부하
틈새바람에 의한 잠열부하
$= 2501 \times 1.2 \times (0.7 \times 13 \times 8 \times 2.8) \times (0.021 - 0.0105)/3.6 = 1784.31$[W]

② 인체에 의한 발생열
인체에 의한 잠열부하$= 20.8 \times 69 = 1435.2$[W]

(2) 외기부하

① 현열부하
$q_{os} = 1.01 \times 1.2 \times (25 \times 20.8) \times (32 - 26)/3.6 = 1050.4$[W]

② 잠열부하
$q_{ol} = 2501 \times 1.2 \times (25 \times 20.8) \times (0.021 - 0.0105)/3.6 = 4551.82$[W]

□ 01년1회, 12년2회

10 다음 주어진 조건을 이용하여 최상층에 위치한 사무실 건물의 부하를 구하시오.(13점)

득점	배점
	13

【조 건】

1. 실내 : 26℃ DB, 50% RH, 절대습도 0.0106kg/kg′
2. 외기 : 32℃ DB, 80% RH, 절대습도 0.0248kg/kg′
3. 지붕(천장) : $K=0.15\,W/m^2 \cdot K$
4. 문 : 목재 패널 $K=1.9\,W/m^2 \cdot K$
5. 외벽 : $K=0.26\,W/m^2 \cdot K$
6. 내벽 : $K=0.36\,W/m^2 \cdot K$
7. 바닥 : 하층 공조로 계산(본 사무실과 동일조건)
8. 창문 : 1중 보통 유리(내측 베니션 블라인드 진한 색) : 차폐계수 : 0.9
9. 조명 : 형광등 1800W, 전구 1000W(주간 조명 1/2 점등)
10. 인원수 : 거주 90인
11. 계산 시각 : 오전 8시
12. 환기 횟수 : 0.5회/h
13. 8시 일사량 : 동쪽 646W/m², 남쪽 45W/m²
14. 8시 유리창 전도 열량 : 동쪽 3.2W/m², 남쪽 6.3W/m²
15. 공기의 평균 정압비열 : 1.005kJ/kg · K, 상온 수증기 증발잠열 2501kJ/kg

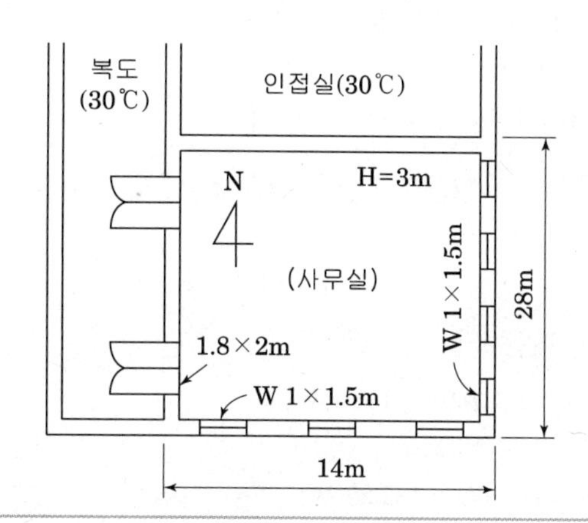

[표 1] 인체로부터의 발열 집계표(W/인)

작업상태	실온		27℃		26℃		21℃	
	예	전발열량	H_S	H_L	H_S	H_L	H_S	H_L
정좌	공장	103	57	46	62	41	76	27
사무소 업무	사무소	132	58	74	63	69	84	48
착석 작업	공장의 경작업	220	65	155	72	148	107	113
보행 4.8km/h	공장의 중작업	293	88	205	96	197	135	158
볼링	볼링장	425	135	288	141	284	178	247

[표 2] 외벽 및 지붕의 상당 외기온도차 $\Delta t_e (t_o : 31.7℃,\ t_i : 26℃)$

구분	시각	H	N	HE	E	SE	S	SW	W	HW	지붕
콘크리트	8	4.7	2.3	4.5	5.0	3.5	1.6	2.4	2.8	2.1	7.5
	9	6.8	3.0	7.5	8.7	5.9	1.9	2.5	2.9	2.5	7.5
	10	10.2	3.6	10.2	12.5	8.9	2.7	3.0	3.3	3.0	8.4
	11	14.5	4.2	12.0	15.5	11.7	4.1	3.7	3.9	3.7	10.2
	12	19.3	4.9	12.6	17.1	14.0	5.9	4.5	4.6	3.4	12.9
	13	24.0	5.6	12.3	17.2	15.3	8.0	5.6	5.4	5.2	16.0
	14	28.2	6.3	11.9	16.4	15.5	9.9	7.5	6.5	6.0	19.4
	15	31.4	6.8	11.4	15.2	14.8	14.4	10.0	8.6	6.9	22.7
	16	33.5	7.3	11.1	14.2	14.0	12.2	12.8	11.6	8.6	25.6
	17	34.2	7.6	10.1	13.3	13.1	12.3	15.3	15.1	11.0	27.7
	18	33.4	7.9	10.3	12.4	12.2	11.8	17.2	18.3	13.6	29.0
	19	31.1	8.3	9.7	11.4	14.3	11.0	17.9	20.4	15.7	29.3
	20	27.7	8.3	8.9	10.3	10.2	9.9	17.1	20.3	16.1	28.5

(1) 외벽체를 통한 부하　　(2) 내벽체를 통한 부하

(3) 극간풍에 의한 부하　　(4) 인체부하

해답 (1) 외벽체를 통한 부하 $q_w = K \cdot A \cdot \Delta t_e'$ 에서

1) 외벽 ① 동쪽$= 0.26 \times \{(28 \times 3) - (1 \times 1.5 \times 4)\} \times 5.3 = 107.484$[W]

② 남쪽$= 0.26 \times \{(14 \times 3) - (1 \times 1.5 \times 3)\} \times 1.9 = 18.525$[W]

∴ 외벽을 통한 부하 $q_w = 107.484 + 18.525 = 126.009$[W]

보정된 외벽의 상당 외기온도 차$\Delta t_e' = \Delta t_e + (t_r' - t_o) - (t_r' - t_r)$에서

$t_r' = t_r$이므로(오전 8시 기준)

- 동쪽 $= 5 + (32 - 31.7) = 5.3℃$
- 남쪽 $= 1.6 + (32 - 31.7) = 1.9℃$

2) 유리창

① 동쪽 = 일사부하 : $646 \times (1.5 \times 4) \times 0.9 = 3488.4$[W]

관류부하 : $3.2 \times (1.5 \times 4) = 19.2$[W]

② 남쪽 = 일사부하 : $45 \times (1.5 \times 3) \times 0.9 = 182.25$[W]

관류부하 : $6.3 \times (1.5 \times 3) = 28.35$[W]

∴ 유리창 부하 $= 3488.4 + 19.2 + 182.25 + 28.35 = 3718.2$[W]

3) 지붕(천장)부하$= 0.15 \times 14 \times 28 \times 7.8 = 458.64$[W]

상당온도차$= 7.5 + (32 - 31.7) = 7.8$

∴ 외벽체를 통한 부하$= 126.009 + 3718.2 + 458.64 = 4302.85$[W]

답 외벽체부하 4302.85[W]

(2) 내벽체를 통한 부하 $q_w = K \cdot A \cdot \Delta t$

① 서쪽$= 0.36 \times \{(28 \times 3) - (1.8 \times 2 \times 2)\} \times (30 - 26) = 110.592$[W]

② 서쪽 문$= 1.9 \times (1.8 \times 2 \times 2) \times (30 - 26) = 54.72$[W]

③ 북쪽$= 0.36 \times (14 \times 3) \times (30 - 26) = 60.48$[W]

∴ 내벽체를 통한 부하 $q_w = 110.592 + 54.72 + 60.48 = 225.792$[W]

답 내벽체 부하 225.79[W]

(3) 극간풍에 의한 부하

① 현열량 $q_{IS} = c_p \cdot \rho \cdot Q_I \cdot \Delta t = 1.005 \times 1.2 \times 588 \times (32-26)/3.6 = 1181.88$[W]

② 잠열량 $q_{IL} = r \cdot \rho \cdot Q_I \cdot \Delta x$

$= 2501 \times 1.2 \times 588 \times (0.0248 - 0.0106)/3.6 = 6960.7832$[W]

∴ 극간부하 $= 1181.88 + 6960.7832 = 8142.663$[W]

여기서, 극간풍량 $Q_I = nV = 0.5 \times (14 \times 28 \times 3) = 588[\text{m}^3/\text{h}]$

답 극간풍 부하 8142.66[W]

(4) 인체부하

① 현열량 $q_{HS} = SH \times$ 인수 $= 63 \times 90 = 5670$[W]

② 잠열량 $q_{HL} = LH \times$ 인수 $= 69 \times 90 = 6210$[W]

∴ 인체부하 $= 5670 + 6210 = 11880$[W]

답 인체부하 11880[W]

□ 02년2회, 07년2회, 16년1회, 19년1회

11 다음 설계조건을 이용하여 각 부분의 냉방열량을 시간별(10시, 12시)로 각각 구하시오.

득점	배점
	20

【조 건】

1. 공조시간 : 10시간
2. 외기 : 10시 31℃, 12시 33℃, 16시 32℃
3. 인원 : 6인
4. 실내설계 온·습도 : 26℃, 50%
6. 각 구조체의 열통과율 K[W/m²·K] : 외벽 0.26, 칸막이벽 0.36, 유리창 3.2
7. 인체에서의 발열량 : 현열 63W/인, 잠열 69W/인
8. 유리 일사량(W/m²)

	10시	12시	16시
일사량	406	52	35

9. 상당 온도차(Δt_e)

	N	E	S	W	유리	내벽온도차
10시	5.5	12.5	3.5	5.0	5.5	2.5
12시	4.7	20.0	6.6	6.4	6.5	3.5
16시	7.5	9.0	13.5	9.0	5.6	3.0

10. 유리창 차폐계수 $K_s = 0.70$
11. 조명(형광등) 20W/m²

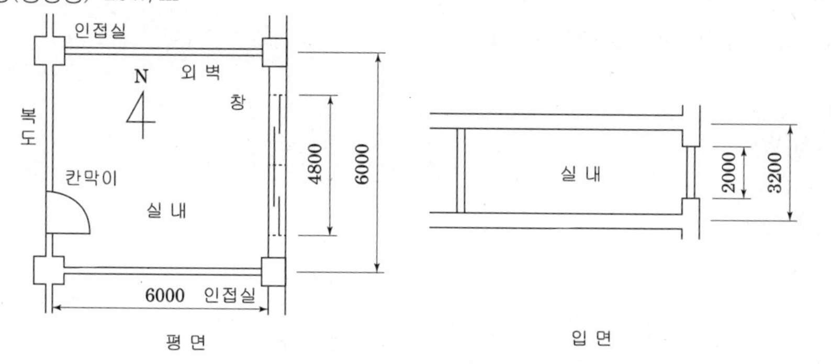

(1) 벽체로 통한 취득열량

① 동쪽 외벽

② 칸막이벽 및 문 (단, 문의 열통과율은 칸막이벽과 동일)

(2) 유리창으로 통한 취득열량

(3) 조명 발생열량

(4) 인체 발생열량

해답 (1) 벽체로 통한 취득열량 q_w

① 동쪽 외벽 $q_w = K_w \cdot A_w \cdot \Delta t_e$에서

- 10시일 때$= 0.26 \times \{(6 \times 3.2) - (4.8 \times 2)\} \times 12.5 = 31.2$[W]
- 12시일 때$= 0.26 \times \{(6 \times 3.2) - (4.8 \times 2)\} \times 20 = 49.92$[W]

② 칸막이벽 및 문 $q_w = K_w \cdot A_w \cdot \Delta t$에서

- 10시일 때$= 0.36 \times (6 \times 3.2) \times 2.5 = 17.28$[W]
- 12시일 때$= 0.36 \times (6 \times 3.2) \times 3.5 = 24.192$[W]

여기서 복도온도[℃] $= \dfrac{31+26}{2} = 28.5$[10시]

$= \dfrac{33+26}{2} = 29.5$[12시]

$\therefore\ \Delta t = 28.5 - 26 = 2.5$[10시]

$= 29.5 - 26 = 3.5$[12시]

(2) 유리창으로 통한 취득열량 q_g

① 일사량 $q_{GR} = I_{gr} \cdot A_g \cdot (SC)$에서

- 10시일 때$= 406 \times (4.8 \times 2) \times 0.70 = 2728.32$[W]
- 12시일 때$= 52 \times (4.8 \times 2) \times 0.70 = 349.44$[W]

② 전도열량 $q_{gc} = K_g \cdot A_g \cdot \Delta t$

- 10시일 때$= 3.2 \times (4.8 \times 2) \times 5.5 = 168.96$[W]
- 12시일 때$= 3.2 \times (4.8 \times 2) \times 6.5 = 199.68$[W]

$\therefore$ 10시일 때 열량$= 2728.32 + 168.96 = 2897.28$[W]

12시일 때 열량$= 349.44 + 199.68 = 549.12$[W]

(3) 조명 발생열량$= (6 \times 6 \times 20) \times 1.2 = 864$[W]

(4) 인체 발생열량 q_H

① 현열$= 63 \times 6 = 378$[W]

② 잠열$= 69 \times 6 = 414$[W]

$\therefore\ q_H = 378 + 414 = 792$[W]

☐ 19년2회

12 다음 그림은 사무소 건물의 기준 층에 위치한 실의 일부를 나타낸 것이다. 각종 설계조건으로부터 대상실의 냉방부하를 산출하고자 한다. 주어진 조건을 이용하여 냉방부하를 계산하시오.

득점	배점
	25

【설계조건】

1. 외기조건 : 32℃ DB, 70% RH
2. 실내 설정조건 : 26℃ DB, 50% RH
3. 열관류율
   ① 외벽 : 0.32W/m^2·K
   ② 유리창 : 4.0W/m^2·K
   ③ 내벽 : 0.38W/m^2·K
   ④ 유리창 차폐계수 = 0.71
4. 재실인원 : 0.2인/m^2
5. 인체 발생열 : 현열 57W/인, 잠열 62W/인
6. 조명부하 : 25W/m^2
7. 틈새바람에 의한 외풍은 없는 것으로 하며, 인접실의 실내조건은 대상실과 동일하다.

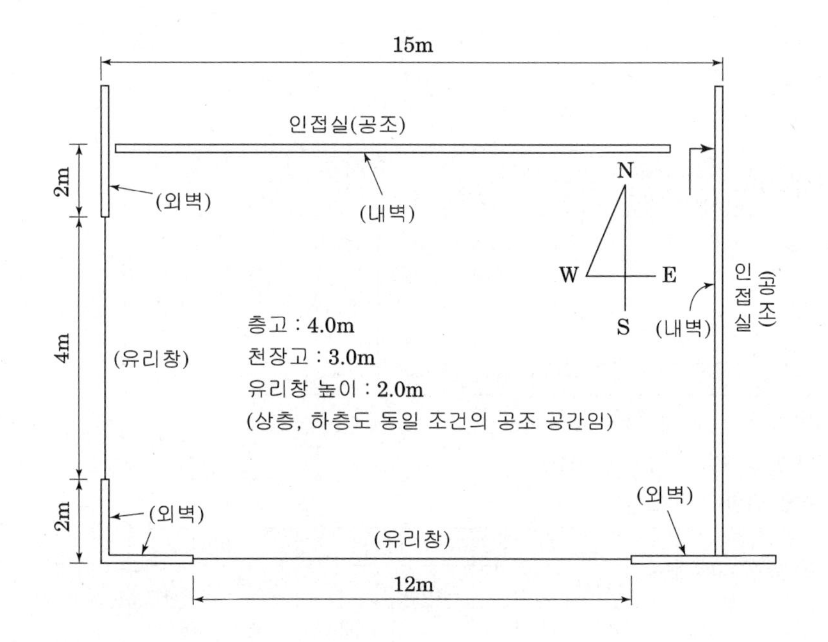

[표 1] 유리창에서의 일사열량(W/m^2)

시간 \ 방위	수평	N	NE	E	SE	S	SW	W	NW
10	732	39	101	312	312	117	39	45	39
12	844	43	43	43	103	181	103	120	43
14	732	39	39	39	39	117	312	363	101
16	441	28	28	28	28	33	343	573	349

[표 2] 상당온도차(하기 냉방용(deg)]

시간 \ 방위	수평	N	NE	E	SE	S	SW	W	NW
10	12.8	3.9	10.9	14.2	11.0	4.0	3.2	3.3	5.2
12	21.4	5.6	10.6	14.9	13.8	8.1	5.6	5.3	5.2
14	27.2	7.0	9.8	12.4	12.6	11.2	10.2	8.7	7.0
16	26.2	7.6	9.4	10.9	11.0	11.6	15.0	15.0	11.2

(1) 설계조건에 의해 12시, 14시, 16시의 냉방부하를 구하시오.
 1) 구조체에서의 부하
 2) 유리를 통한 일사에 의한 열부하
 3) 실내에서의 부하

(2) 실내 냉방부하의 최대 발생시각을 결정하고, 이때의 현열비를 구하시오.

(3) 최대 부하 발생시의 취출풍량(m^3/h)을 구하시오. (단, 취출온도는 15℃, 공기의 비열 1.0kJ/kg·K, 공기의 밀도 1.2kg/m^3로 한다. 또한, 실내의 습도 조절은 고려하지 않는다.

해답 (1) 설계조건에 의해 12시, 14시, 16시의 냉방부하

1) 구조체에서의 부하

종류	방위	면적(m^2)	열관류율 (W/m^2K)	12시		14시		16시	
				Δt	W	Δt	W	Δt	W
외벽	S	36	0.32	8.1	93.31	11.2	129.02	11.6	133.63
유리창	S	24	4.0	6	576	6	576	6	576
외벽	W	24	0.32	5.3	40.7	8.7	66.82	15	115.2
유리창	W	8	4.0	6	192	6	192	6	192
				계	902.01	계	963.84	계	1016.83

여기서, 남측의 외벽면적 $=15\times4-12\times2=36m^2$
 서측의 외벽면적 $8\times4-4\times2=24m^2$

2) 유리를 통한 일사에 의한 취득열량

종류	방위	면적(m^2)	차폐계수	12시		14시		16시	
				일사량	W	일사량	W	일사량	W
유리창	S	24	0.71	181	3084.24	117	1993.68	33	562.32
유리창	W	8	0.71	120	681.6	363	2061.84	573	3254.64
				계	3765.84	계	4055.52	계	3816.96

3) 실내에서의 부하

① 인체부하 : · 현열량 $q_{HS}=SH\times$ 인수 $=57\times24=1368[W]$
 · 잠열량 $q_{HL}=LH\times$ 인수 $=62\times24=1488[W]$
 ∵ 인체부하$=1368+1488=2856[W]$
 여기서, 재실인원 : $15\times8\times0.2=24$인

② 조명부하 : $25 \times (15 \times 8) = 3000$[W]

∴ 실내에서의 부하 $= 2856 + 3000 = 5856$[W]

(2) 실내 냉방부하의 최대 발생시각 및 현열비

1) 최대 부하 발생시각은 14시

2) 현열비

① 현열$= 963.84 + 1368 + (1993.68 + 2061.84) + 3000 = 9387.36$[W]

② 잠열$= 1488$[W]

$$\therefore \text{ 현열비 SHF} = \frac{q_s}{q_s + q_L} = \frac{9387.36}{9387.36 + 1488} = 0.86$$

(3) 최대 부하 발생시의 취출풍량(m^3/h)

$q_S = c_p \cdot \rho \cdot Q(t_r - t_c)$에서

$$Q = \frac{9387.36 \times 10^{-3}}{1.0 \times 1.2 \times (26 - 15)} \times 3600 = 2560.19 m^3/h$$

☐ 15년3회

13 다음 조건에 대하여 물음에 답하시오.

득점	배점
	20

【조 건】

구분	건구온도(℃)	상대습도(%)	절대습도(kg/kg')
실내	27	50	0.0112
실외	32	68	0.0206

1. 상 · 하층은 사무실과 동일한 공조상태이다.
2. 남쪽 및 서쪽벽은 외벽이 40%이고, 창면적이 60%이다.
3. 열관류율

   ① 외벽 : $0.28 W/m^2 \cdot K$　　② 내벽 : $0.36 W/m^2 \cdot K$

   ③ 문 : $1.8 W/m^2 \cdot K$
4. 유리는 6mm 반사유리이고, 차폐계수는 0.65이다.
5. 인체 발열량

   ① 현열 : 55W/인　　② 잠열 : 65W/인
6. 침입외기에 의한 실내환기 횟수 : 0.5회/h
7. 실내 사무기기 : 200W×5개, 실내조명(형광등) : $25 W/m^2$
8. 실내인원 : 0.2인/m^2, 1인당 필요 외기량 : $25 m^3/h$ · 인
9. 공기의 밀도는 $1.2 kg/m^3$, 정압비열은 1.0kJ/kg · K이다.
10. 0℃ 물의 증발잠열 : 2501kJ/kg
11. 보정된 외벽의 상당외기 온도차 : 남쪽 8.4℃, 서쪽 5℃
12. 유리를 통한 열량의 침입

구분 \ 방위	동	서	남	북
직달일사 $I_{GR}[W/m^2]$	336	340	256	138
전도대류 $I_{GC}[W/m^2]$	56.5	108	76	50.2

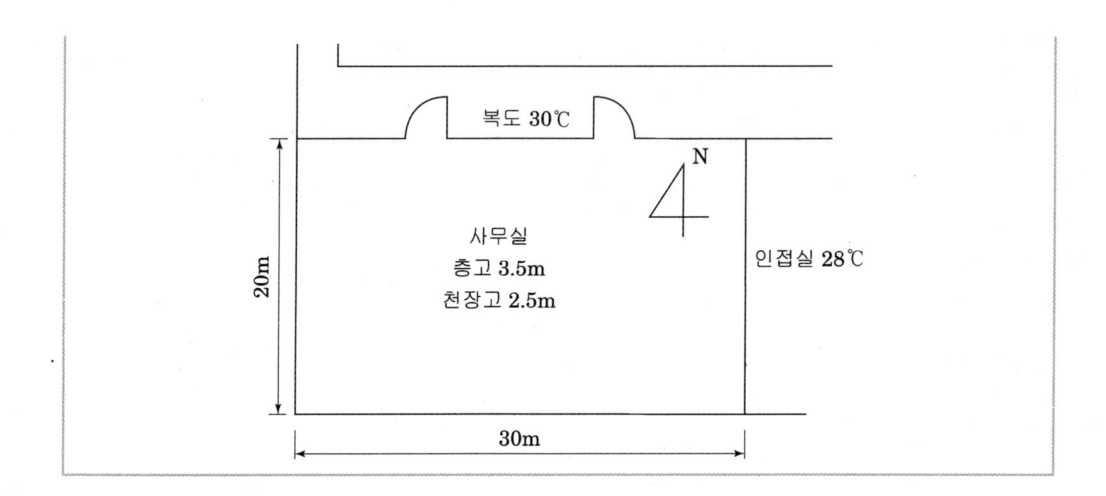

(1) 실내부하를 구하시오.

1) 벽체를 통한 부하
2) 유리를 통한 부하
3) 인체부하
4) 조명부하
5) 실내 사무기기 부하
6) 틈새부하

(2) 실내취출 온도차가 10℃라 할 때 실내의 필요 송풍량(m^3/h)을 구하시오.

(3) 환기와 외기를 혼합하였을 때 혼합온도를 구하시오.

해답 (1) 실내부하

1) 벽체를 통한 부하

① 외벽(남쪽) $= 0.28\times(30\times3.5\times0.4)\times8.4 = 98.784$[W]

② 외벽(서쪽) $= 0.28\times(20\times3.5\times0.4)\times5 = 39.2$[W]

③ 내벽(동쪽) $= 0.36\times(2.5\times20)\times(28-27) = 18$[W]

④ 내벽(북쪽) $= 0.36\times(2.5\times30)\times(30-27) = 81$[W]

∴ 벽체를 통한 부하

$= 98.784+39.2+18+81 = 236.984$[W]

2) 유리를 통한 부하

① 일사부하

• 남쪽 $= (30\times3.5\times0.6)\times256\times0.65 = 10483.2$[W]

• 서쪽 $= (20\times3.5\times0.6)\times340\times0.65 = 9282$[W]

② 관류부하

• 남쪽 $= (30\times3.5\times0.6)\times76 = 4788$[W]

• 서쪽 $= (20\times3.5\times0.6)\times108 = 4536$[W]

∴ 유리를 통한 부하

$= 10483.2+9282+4788+4536 = 29089.2$[W]

3) 인체부하

① 현열 $=55\times120=6600$[W]

② 잠열 $=65\times120=7800$[W]

∴ 인체부하 $=6600+7800=14400$[W]

여기서, 재실인원 : $30\times20\times0.2=120$인

4) 조명부하

$(25\times30\times20)\times1.2=18000$[W]

5) 실내 사무기기 부하

$200\times5=1000$[W]

6) 침입외기부하

① 현열$=1.0\times1.2\times750\times(32-27)/3.6=1250$[W]

② 잠열$=2501\times1.2\times750\times(0.0206-0.0112)/3.6=5877.35$[W]

여기서, 침입외기량$Q=nV=0.5\times(20\times30\times2.5)=750[m^3/h]$

(2) 실내취출 온도차가 10℃라 할 때 실내의 필요 송풍량(m³/h)

$q_s=236.984+29089.2+6600+18000+1000+1250=56176.184$[W]

$$Q=\frac{q_s}{cp\cdot\rho\cdot\Delta t}=\frac{56176.184\times10^{-3}}{1.0\times1.2\times10}\times3600=16852.86[m^3/h]$$

(3) 환기와 외기를 혼합하였을 때 혼합온도

$$t_m=\frac{mt_o+nt_r}{m+n}=\frac{3000\times32+27\times(16852.86-3000)}{16852.86}\fallingdotseq27.89[℃]$$

여기서, 재실인원에 의한 외기 도입량은

$25\times120=3000[m^3/h]$

□ 00년1회, 14년3회, 12년3회

14 다음과 같은 사무실(A)에 대해 주어진 조건에 따라 각 물음에 답하시오.

득점	배점
	28

【조 건】

1. 사무실(A)
   ① 층 높이 : 3.4m ② 천장 높이 : 2.8m
   ③ 창문 높이 : 1.5m ④ 출입문 높이 : 2m
2. 설계조건
   ① 실외 : 33℃ DB, 68% RH, $x=0.0218$kg/kg'
   ② 실내 : 26℃ DB, 50% RH, $x=0.0105$kg/kg'
3. 계산시각 : 오후 2시
4. 유리 : 보통유리 3mm
5. 내측 베니션 블라인드(색상은 중간색) 설치
6. 틈새바람이 없는 것으로 한다.
7. 1인당 신선외기량 : $25m^3/h$
8. 조명
   ① 형광등 $30W/m^2$ ② 천장 매입에 의한 제거율 없음
9. 중앙 공조 시스템이며, 냉동기 +AHU에 의한 전공기방식

10. 벽체 구조

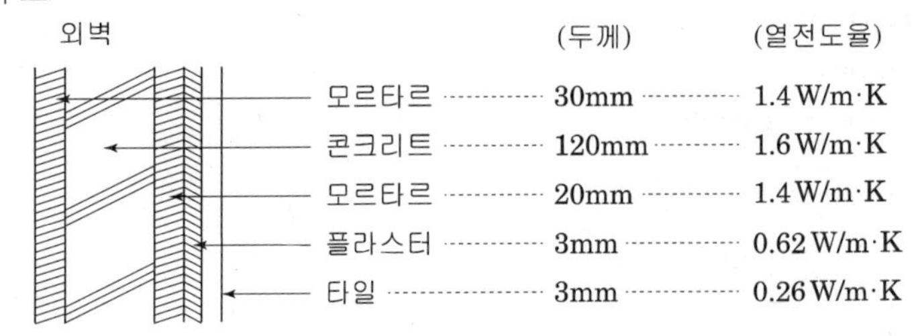

11. 내벽 열통과율 : $1.8\text{W/m}^2\cdot\text{K}$
12. 위 · 아래층은 동일한 공조상태이다.
13. 복도는 28℃이고, 출입문의 열관류율은 $1.9\text{W/m}^2\cdot\text{K}$이다.
14. 공기 밀도$\rho = 1.2\text{kg/m}^3$, 공기의 정압비열 $C_p = 1.01\text{kJ/kg}\cdot\text{K}$이다.
15. 실내측$(\alpha_i) = 9\text{W/m}^2\cdot\text{K}$, 실외측$(\alpha_o) = 23\text{W/m}^2\cdot\text{K}$이다.
16. 실내 취출 공기 온도 16℃

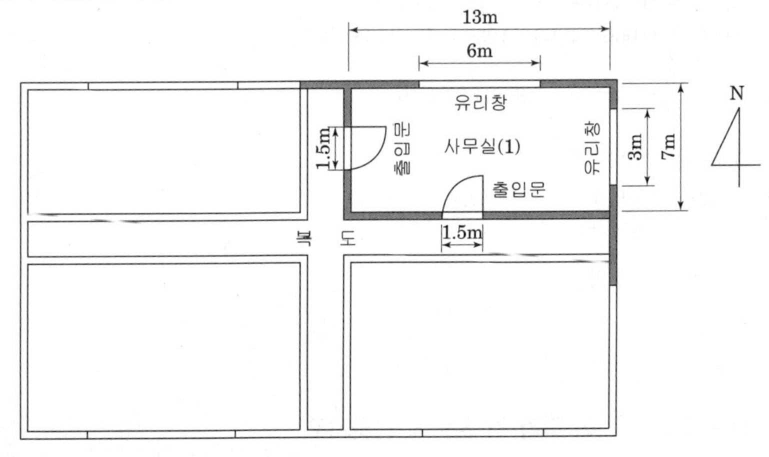

• 재실인원 1인당의 연면적 $A_f[\text{m}^2/\text{인}]$

	사무소건축		백화점, 상점			레스토랑	극장, 영화관의 관객석	학교의 보통교실
	사무실	회의실	평균	혼잡	한산			
일반설계치	5	2	3.0	1.0	5.0	1.5	0.5	1.4

• 인체로부터의 발열설계치(W/인)

작업상태	실온		27℃		26℃		21℃	
	예	전발열량	H_S	H_L	H_S	H_L	H_S	H_L
정좌	극장	103	57	46	62	41	76	27
사무소 업무	사무소	132	58	74	63	69	84	48
착석작업	공장의 경작업	220	65	155	72	148	107	113
보행 4.8km/h	공장의 중작업	293	88	205	96	197	135	158
볼링	볼링장	425	135	288	141	284	178	247

• 외벽의 상당 외기온도차

시각	H	N	NE	E	SE	S	SW	W	NW
8	4.9	2.8	7.5	8.6	5.3	1.2	1.5	1.6	1.5
9	9.3	3.7	11.6	14.0	9.4	2.1	2.2	2.3	2.2
10	15.0	4.4	14.2	18.1	13.3	3.7	3.2	3.3	3.2
11	21.1	5.2	15.0	20.4	16.3	6.1	4.4	4.4	4.4
12	27.0	6.1	14.3	20.5	18.0	8.8	5.6	5.5	5.4
13	32.2	6.9	13.1	18.8	18.8	11.3	7.6	6.6	6.4
14	36.1	7.5	12.2	16.6	16.6	13.2	10.6	8.7	7.3
15	38.3	8.0	11.5	14.8	14.8	14.3	14.1	12.3	9.0
16	38.8	8.4	11.0	13.4	13.4	14.3	17.4	16.6	11.8
17	37.4	8.5	10.4	12.2	12.2	13.3	19.9	20.8	15.1
18	34.1	8.9	9.7	11.0	11.0	11.9	20.9	23.9	18.1

• 창유리의 표준일사열취득 I_{GR}[W/m^2]

계절	방위	시각(태양시)														
		오전								오후						
		5	6	7	8	9	10	11	12	1	2	3	4	5	6	7
여름철 (7월 23일)	수평	1	58	209	379	518	732	816	844	816	732	602	441	209	58	1
	N·그늘	51	73	46	28	34	45	49	50	49	45	40	33	46	73	0
	NE	0	293	384	349	238	117	49	50	49	45	40	33	21	12	0
	E	0	322	476	493	435	363	159	50	49	45	40	33	21	12	0
	SE	0	150	278	343	354	363	255	120	49	45	40	33	21	12	0
	S	0	12	21	28	53	117	164	181	164	117	62	33	21	12	0
	SW	0	12	21	28	34	45	49	120	255	363	412	399	273	150	0
	W	0	12	21	28	34	45	49	50	159	363	506	573	476	322	0
	NW	0	12	21	28	34	45	49	50	49	117	277	406	384	293	0

• 유리창의 관류열량 I_{GC}[W/m^2]

	시각	H	N	NE	E	SE	S	SW	W	NW
I_{GC}	6	2.2	2.4	4.7	4.9	3.4	0.4	0.4	0.4	0.4
	7	12.0	8.7	13.4	14.2	12.3	7.4	7.4	7.4	7.4
	8	23.2	16.7	22.6	24.0	22.5	16.6	16.6	16.6	16.6
	9	32.9	24.7	29.7	31.7	30.9	25.7	24.7	24.7	24.7
	10	40.3	31.1	33.8	36.9	36.9	33.8	31.1	31.1	31.1
	11	44.4	34.5	34.5	38.2	39.2	38.3	34.5	34.5	34.5
	12	47.0	36.8	36.8	36.8	39.5	40.8	39.5	36.8	36.8
	13	47.9	44	44	44	44	41.7	42.6	41.6	37.9
	14	47.1	44	44	44	44	40.7	43.8	43.8	40.7
	15	46.0	44	44	44	44	38.9	44.0	44.8	42.8
	16	39.8	38.6	38.6	38.6	38.6	38.6	39.1	40.6	39.1
	17	33.1	29.8	28.6	28.5	28.5	28.5	33.5	35.4	34.6
	18	23.9	24.2	22.1	22.1	22.1	22.1	25.1	26.7	26.4

• 유리의 차폐계수

종류		
보통유리		1.00
마판유리		0.94
내측 venetian blind(보통유리)	엷은색	0.56
	중간색	0.65
	진한색	0.75
외측 venetian blind(보통유리)	엷은색	0.12
	중간색	0.15
	진한색	0.22

(1) 외벽체 열통과율(K)

(2) 벽체를 통한 부하
① 동 ② 서 ③ 남 ④ 북

(3) 출입문을 통한 부하

(4) 유리를 통한 부하
① 동 ② 북

(5) 인체부하

(6) 조명부하

(7) 송풍량(m^2/h)을 구하시오.
① 현열부하의 총합계(W) ② 송풍량(m^3/h)

해답 (1) 외벽체 열통과율

열통과율 $K=\dfrac{1}{R}=\dfrac{1}{\dfrac{1}{\alpha_o}+\sum\dfrac{d}{\lambda}+\dfrac{1}{\alpha_i}}$

$$=\frac{1}{\frac{1}{23}+\frac{0.03}{1.4}+\frac{0.12}{1.6}+\frac{0.02}{1.4}+\frac{0.003}{0.62}+\frac{0.003}{0.26}+\frac{1}{9}}$$

$\fallingdotseq 3.55[W/m^2 \cdot K]$

(2) 벽체를 통한 부하

1) 외벽체를 통한 부하 $q_w = K \cdot A \cdot \Delta t_e$ 에서

① 동 : $3.55 \times \{(7 \times 3.4)-(3 \times 1.5)\} \times 16.6 \fallingdotseq 1137.349[W]$

② 북 : $3.55 \times \{(13 \times 3.4)-(6 \times 1.5)\} \times 7.5 = 937.2[W]$

2) 내벽체를 통한 부하$q_w = K \cdot A \cdot \Delta t$

③ 남 : $1.8 \times \{(13 \times 2.8) - (1.5 \times 2)\} \times (28 - 26) = 120.24[W]$

④ 서 : $1.8 \times \{(7 \times 2.8) - (1.5 \times 2)\} \times (28 - 26) = 59.76[W]$

(3) 출입문을 통한 부하 $q = K \cdot A \cdot \Delta t$

$= 1.9 \times (1.5 \times 2 \times 2) \times (28 - 26) = 22.8[W]$

(4) 유리를 통한 부하

1) 동쪽

① 일사부하

$q_{GR} = I_{GR} \cdot A_g \cdot (SC) = 45 \times (3 \times 1.5) \times 0.65 = 131.625[W]$

② 관류부하

$q_{GC} = I_{GC} \cdot A_g = 44 \times (3 \times 1.5) = 198[W]$

2) 북쪽

① 일사부하

$q_{GR} = I_{GR} \cdot A_g \cdot (SC) = 45 \times (6 \times 1.5) \times 0.65 = 263.25[W]$

② 관류부하

$q_{GC} = I_{GC} \cdot A_g = 44 \times (6 \times 1.5) = 396[W]$

(5) 인체부하

① 현열$= \dfrac{13 \times 7}{5} \times 63 = 1146.6[W]$

② 잠열$= \dfrac{13 \times 7}{5} \times 69 = 1255.8[W]$

(6) 조명부하$= (13 \times 7 \times 30) \times 1.2 = 3276[W]$

(7) 송풍량

① 현열량$q_s = 1137.349 + 937.2 + 120.24 + 59.76 + 22.8 + 131.625 + 198$

$+ 263.25 + 396 + 1146.6 + 3276 = 7688.824[W]$

② 송풍량$\dfrac{q_s}{cp \cdot \rho \cdot \Delta t} = \dfrac{7688.824 \times 10^{-3}}{1.01 \times 1.2 \times (26 - 16)} \times 3600 = 2283.809[m^3/h]$

득점	배점
	19

15 제시된 평면도상의 사무실에 대해 다음 조건에 따라 물음에 답하시오.

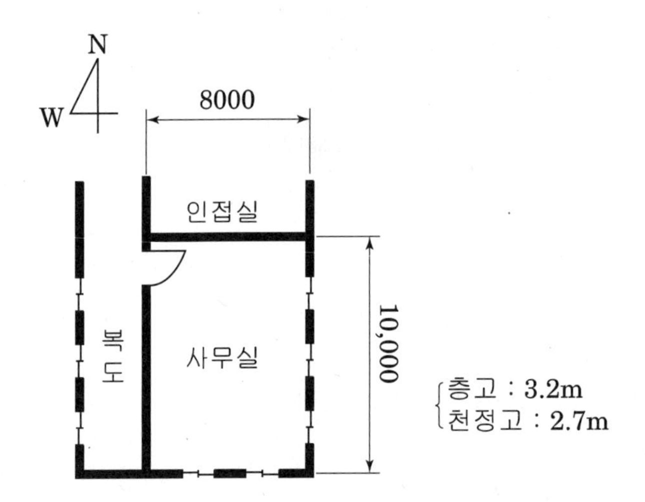

【조 건】

- 14시 기준
- 실내조건 : 27℃(DB), 50%(RH), 0.01kg/kg′
- 외기조건 : 32℃(DB), 68%(RH), 0.02kg/kg′
- 취출공기 온도 : 16℃
- 유리창의 전일사량[W/m^2] : 남쪽 : 117, 동쪽 : 45
- 유리창 크기 : 2m×2m(1개당), SHGC = 0.4
- 열관류율[W/m^2·K] : 외벽=0.253, 내벽=0.2, 유리창=1.8, 문=2.5
- 상당외기온도차[ETD] : 동쪽 : 11.2, 남쪽 : 10.2
- 재실인원 : 0.2인/m^2
- 1인당 현열부하 : 51W/인, 1인당 잠열부하 : 68W/인
- 문의 크기 : 1m×2m
- 침입외기량 : 환기횟수 0.5회
- 조명밀도 : 20W/m^2
- 공기의 밀도 : 1.2kg/m^3, 공기의 정압비열 : 1.005kJ/kg·K
- 0℃물의 증발잠열 : 2500kJ/kg
- 상층, 하층, 인접실, 복도는 사무실과 동일한 조건으로 공조되고 있다.

(1) 유리창 부하를 구하시오.[W]

(2) 벽체로 부터의 취득열량을 구하시오.[W]

(3) 침입외기부하를 구하시오.[W]

(4) 인체로 부터의 취득열량을 구하시오.[W]

(5) 조명부하를 구하시오.[W]

(6) 제시된 도면의 사무실을 전공기방식의 공조로 할 경우 송풍량을 구하시오.[m^3/h]

해답 (1) 유리창 부하

① 관류부하 $q_{gc} = K \cdot A \cdot \Delta t$

- 동쪽 : $1.8 \times (4 \times 3) \times (32 - 27) = 108[W]$
- 남쪽 : $1.8 \times (4 \times 2) \times (32 - 27) = 72[W]$

② 일사부하 $q_{gr} = I_{GR} \cdot A \cdot (SC)$

- 동쪽 : $45 \times (4 \times 3) \times 0.4 = 216[W]$
- 남쪽 : $117 \times (4 \times 2) \times 0.4 = 374.4[W]$

답 770.4[W]

(2) 벽체로 부터의 취득열량

① 동쪽 : $q_w = K \cdot A \cdot \Delta t_e = 0.253 \times (3.2 \times 10 - 4 \times 3) \times 11.2 = 56.67[W]$

② 남쪽 : $= 0.253 \times (3.2 \times 8 - 4 \times 2) \times 10.2 = 45.42[W]$

답 102.09[W]

(3) 침입외기부하

① 현열부하 : $q_{IS} = c_p \cdot \rho \cdot Q \cdot \Delta t$ 에서

$= 1.005 \times 1.2 \times 0.03 \times (32 - 27) = 0.1809[kW] = 180.9[W]$

여기서

침입외기량 $Q = nV = 0.5 \times (10 \times 8 \times 2.7) = 108m^3/h = 0.03m^3/s$

② 잠열부하 : $q_{IL} = r \cdot \rho \cdot Q \cdot \Delta x$ 에서

$= 2500 \times 1.2 \times 0.03 \times (0.02 - 0.01) = 0.9[kW] = 900[W]$

답 1080.9[W]

(4) 인체로 부터의 취득열량

① 현열부하 : $q_{HS} = N \cdot H_S = 16 \times 51 = 816[W]$

② 잠열부하 : $q_{HL} = N \cdot H_L = 16 \times 68 = 1088[W]$

여기서, 재실인원 $N = 0.2 \times 10 \times 8 = 16$

답 1904[W]

(5) 조명부하

$q_E = 20 \times (10 \times 8) = 1600[W]$

답 1600[W]

(6) 송풍량

실내현열부하의 합계 q_s는

$q_s = 770.4 + 102.09 + 180.9 + 816 + 1600 = 3469.39[W]$

송풍량 $Q = \dfrac{q_s}{c_p \rho \Delta t} = \dfrac{3469.39 \times 3.6}{1.005 \times 1.2 \times (27 - 16)} = 941.49[m^3/h]$

답 941.49[m³/h]

☐ 06년2회, 15년1회, 19년2회

득점	배점
	5

16 다음과 같이 3중으로 된 노벽이 있다. 이 노벽의 내부온도를 1370℃, 외부온도를 280℃로 유지하고, 또 정상상태에서 노벽을 통과하는 열량을 4.08kW/m^2로 유지하고자 한다. 이때 사용온도 범위 내에서 노벽 전체의 두께가 최소가 되는 벽의 두께를 결정하시오.

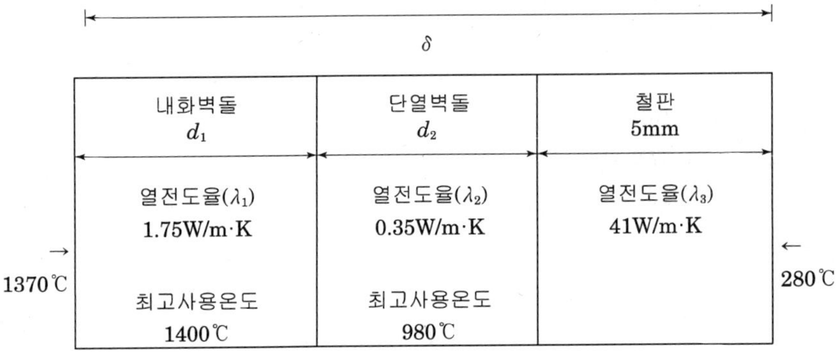
δ
내화벽돌
d_1
단열벽돌
d_2
철판
5mm
열전도율(λ_1)
1.75W/m·K
열전도율(λ_2)
0.35W/m·K
열전도율(λ_3)
41W/m·K
1370℃
280℃
최고사용온도
1400℃
최고사용온도
980℃

해답 $Q = KA\Delta t = \dfrac{\lambda_1 A\Delta t_1}{d_1} = \dfrac{\lambda_2 A\Delta t_2}{d_2}$ 에서 면적A는 동일하므로

① 내화벽돌 두께 $d_1 = \dfrac{1.75\times(1370-980)}{4.08\times10^3} = 0.1672798\text{m} = 167.279[\text{mm}]$

② 단열벽돌과 철판사이온도 $q = \dfrac{\lambda_2 A\Delta t_2}{d_2}$ 에서

$$4.08\times10^3 = \frac{41\times(t_x-280)}{0.005}$$

$$\therefore t_x = \frac{4.08\times10^3\times0.005}{41} + 280 = 280.5[℃]$$

③ 단열벽돌의 두께 $d_2 = \dfrac{0.35\times(980-280.5)}{4.08\times10^3} = 0.060006\text{m} = 60.006[\text{mm}]$

$\therefore$ 노벽 전체의 두께 $d = 167.279 + 60.006 + 5 = 232.285[\text{mm}]$

□ 08년3회

17 주어진 조건을 이용하여 하계 오후 2시의 사무실 부하를 구하시오.

득점	배점
	18

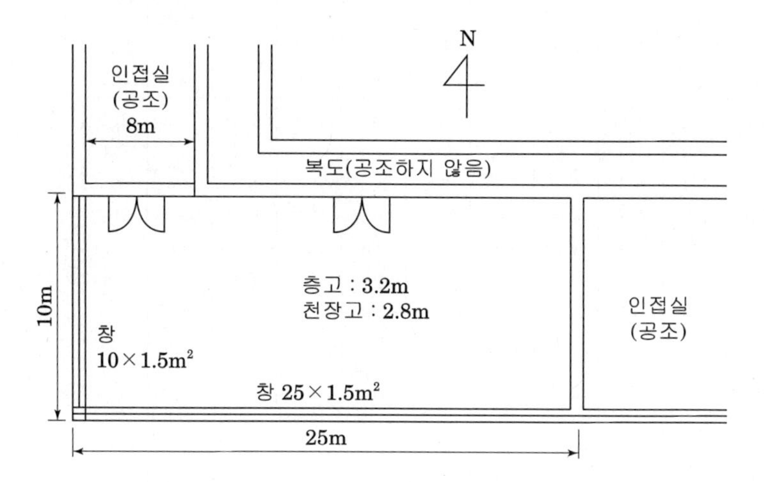

【조 건】

- 장소 : 사무소 빌딩 최상층
- 외기설계온도 : 31℃ DB
- 실내온도 : 26℃ DB, 50% RH
- 재실 인원당 점유면적 : $5m^2$/인
- 조명(형광등) : $25W/m^2$
- 아래층은 동일한 공조상태
- 열관류율 및 구조체 형식
  - 천정 : $0.18W/m^2K$(VI 타입)
  - 내벽 : $2.1W/m^2K$(II 타입)
  - 외벽 : $0.32W/m^2K$(V 타입)
- 유리창 : 2중 유리(공기층 25mm), 브라인드는 밝은 색 : $1.8W/m^2K$, 차폐계수 : 0.65

• 상당온도차(ETD)

구조체의 종류	방위	시각(태양시)												
		오전							오후					
		6	7	8	9	10	11	12	1	2	3	4	5	6
Ⅱ	수평	1.1	4.6	10.7	17.6	24.1	29.3	32.8	34.4	34.2	32.1	28.4	23.0	16.6
	N.그늘	1.3	3.4	4.3	4.8	5.9	7.1	7.9	8.4	8.7	8.8	8.7	8.8	9.1
	NE	3.2	9.9	14.6	16.0	15.0	12.3	9.8	9.1	9.0	9.9	8.7	8.0	6.9
	E	3.4	11.2	17.6	20.8	21.1	18.8	14.6	10.9	9.6	9.1	8.8	8.0	6.9
	SE	1.9	6.6	11.8	15.8	18.1	18.4	16.7	13.6	10.7	9.5	8.9	8.1	7.0
	S	0.3	1.0	2.3	4.7	8.1	11.4	13.7	14.8	14.8	13.6	11.4	9.0	7.3
	SW	0.3	1.0	2.3	4.0	5.7	7.0	9.2	13.0	16.8	19.7	21.0	20.2	17.1
	W	0.3	1.0	2.3	4.0	5.7	7.0	7.9	10.0	14.7	19.6	23.5	25.1	23.1
	NW	0.3	1.0	2.3	4.0	5.7	7.0	7.9	8.4	9.9	13.4	17.3	20.0	19.7
V	수평	3.7	3.6	4.3	6.1	8.7	11.9	15.2	18.4	21.2	23.3	24.6	24.8	23.9
	N.그늘	2.0	2.1	2.4	2.8	3.2	3.8	4.5	5.1	5.7	6.3	6.7	7.1	7.4
	NE	2.2	3.1	4.7	6.5	8.1	9.0	9.4	9.4	9.4	9.3	9.2	9.1	8.8
	E	2.3	3.3	5.3	7.7	10.1	11.7	12.6	12.6	12.2	11.8	11.3	10.8	10.2

	SE	2.2	2.6	3.8	5.5	7.5	9.4	10.8	11.6	11.6	11.4	11.1	10.6	10.1
	S	2.1	1.8	1.8	2.1	2.9	4.1	5.6	7.1	8.4	9.5	10.0	10.0	9.7
	SW	2.8	2.4	2.3	2.5	2.9	3.5	4.3	5.5	7.5	9.1	11.1	12.8	13.8
	W	3.2	2.7	2.5	2.7	3.0	3.6	4.3	5.1	6.4	8.3	10.7	13.1	15.0
	NW	2.8	2.4	2.3	2.4	2.9	3.5	4.1	4.8	5.6	6.7	8.2	10.1	11.8
Ⅵ	수평	6.7	6.1	6.1	6.7	8.0	9.9	12.0	14.3	16.6	18.5	20.0	20.9	21.1
	N.그늘	3.0	2.9	2.9	3.0	3.2	3.6	4.0	4.4	4.9	5.3	5.7	6.1	6.4
	NE	3.3	3.6	4.3	5.4	6.4	7.3	7.8	8.1	8.3	8.4	8.5	8.5	8.5
	E	3.7	3.9	4.9	6.2	7.7	9.1	10.0	10.5	10.7	10.7	10.6	10.4	10.7
	SE	3.5	3.5	4.0	4.9	5.1	7.3	8.5	9.3	9.8	10.0	10.0	9.9	9.7
	S	3.3	4.0	2.8	2.8	3.1	3.7	4.6	5.6	6.6	7.4	8.1	8.4	8.6
	SW	4.5	4.0	3.7	3.5	3.6	3.8	4.2	4.9	5.9	7.2	8.6	9.9	11.0
	W	5.1	4.5	4.1	3.9	3.9	4.1	4.4	4.8	5.6	6.7	8.3	10.0	11.5
	NW	4.3	3.9	3.6	3.4	3.5	3.7	4.1	4.5	5.0	5.6	6.7	7.9	9.2
Ⅶ	수평	10.0	9.4	9.0	9.0	9.4	10.1	11.1	12.2	13.5	14.8	15.9	16.8	17.3
	N.그늘	4.0	3.8	3.7	3.7	3.7	3.8	4.0	4.2	4.4	4.7	4.9	5.2	5.5
	NE	4.7	4.7	4.9	5.3	5.8	6.3	5.5	4.9	7.2	7.3	7.5	7.6	7.7
	E	5.4	5.3	5.6	6.1	6.8	7.6	8.2	8.9	8.9	9.1	9.3	9.3	9.3
	SE	5.2	5.0	5.0	5.3	5.8	6.4	7.1	7.6	8.0	8.3	8.5	8.7	8.7
	S	4.6	4.3	4.1	3.9	3.9	4.1	4.5	4.9	5.6	6.0	6.5	6.8	7.1
	SW	6.1	5.7	5.4	5.1	5.0	4.9	5.0	5.2	5.7	6.3	7.0	7.8	8.5
	W	6.8	6.3	6.0	5.7	5.5	5.4	5.4	5.5	5.8	6.3	7.1	8.0	8.9
	NW	5.7	5.3	5.0	4.8	4.7	4.7	4.7	4.9	5.1	5.4	5.9	5.5	7.3

• 창유리의 표준일사열취득[W/m^2]

계절	방위	시각(태양시)														
		오전								오후						
		5	6	7	8	9	10	11	12	1	2	3	4	5	6	7
여름철 (7월 23일)	수평	1	58	209	379	518	732	816	844	816	732	602	441	209	58	1
	N·그늘	51	73	46	28	34	45	49	50	49	45	40	33	46	73	0
	NE	0	293	384	349	238	117	49	50	49	45	40	33	21	12	0
	E	0	322	476	493	435	363	159	50	49	45	40	33	21	12	0
	SE	0	150	278	343	354	363	255	120	49	45	40	33	21	12	0
	S	0	12	21	28	53	117	164	181	164	117	62	33	21	12	0
	SW	0	12	21	28	34	45	49	120	255	363	412	399	278	150	0
	W	0	12	21	28	34	45	49	50	159	363	506	573	476	322	0
	NW	0	12	21	28	34	45	49	50	49	117	277	406	384	293	0

• 인체로부터의 발열설계치(W/ 인)

작업상태	실온		27℃		26℃		21℃	
	예	전발열량	H_S	H_L	H_S	H_L	H_S	H_L
정좌	극장	88	57	45	62	41	76	27
사무소 업무	사무소	113	58	73	63	69	84	48
착석작업	공장의 경작업	189	65	155	72	148	107	113
보행 4.8km/h	공장의 중작업	252	88	205	97	197	135	158
볼링	볼링장	365	136	288	141	284	178	247

(1) 외벽을 통하는 부하　(2) 유리창을 통하는 부하　(3) 실내부하

① 남 ② 서　① 남 ② 서　① 인체 ② 조명

해답 (1) 외벽을 통하는 부하

① 남 $q_w = K \cdot A \cdot \Delta te = 0.32 \times (25 \times 3.2 - 25 \times 1.5) \times 8.4 = 114.24$ [W]

② 서 $q_w = K \cdot A \cdot \Delta te = 0.32 \times (10 \times 3.2 - 10 \times 1.5) \times 6.4 = 34.82$ [W]

(2) 유리창을 통하는 부하

① 남 q_{gR}(일사부하)$= I_{GR} \cdot A \cdot (SC) = 117 \times (25 \times 1.5) \times 0.65$
$= 2851.875$[W]
$q_g C$(전도부하)$= K \cdot A \cdot \Delta t = 1.8 \times (25 \times 1.5) \times (31 - 26)$
$= 337.5$[W]

② 서 $q_g R$(일사부하)$= I_{GR} \cdot A \cdot (SC) = 363 \times (10 \times 1.5) \times 0.65$
$= 3539.25$[W]
$q_g C$(전도부하)$= K \cdot A \cdot \Delta t = 1.8 \times (10 \times 1.5) \times (31 - 26)$
$= 135$[W]

(3) 실내부하

① 인체 q_H
현혈부하 $q_{HS} = LH \times$ 인$= 63 \times \dfrac{10 \times 25}{5} = 3150$[W]
잠열부하 $q_{HL} = LH \times$ 인$= 69 \times \dfrac{10 \times 25}{5} = 3450$[W]
합계 6600[W]

② 조명부하 $q_E = 25 \times (10 \times 25) \times 1.2 = 7500$[W]

□ 08년1회, 20년1회

18 다음 조건과 같은 사무실 A, B에 대해 물음에 답하시오.

득점	배점
	18

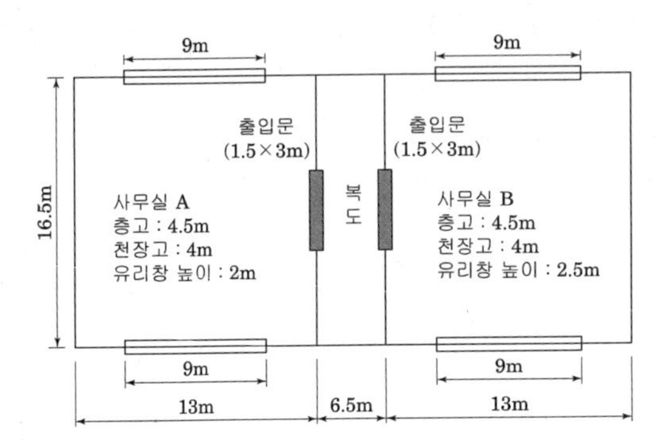

【조 건】

1.

사무실 \ 종류	실내부하(kJ/h) 현열	잠열	전열	기기부하 (kJ/h)	외기부하 (kJ/h)
A	60400	7200	67600	12800	28000
B	45200	4300	49500	8820	21630
계	105600	11500	117100	21620	49630

2. 상 · 하층은 동일한 공조 소건이다.
3. 덕트에서의 열취득은 없는 것으로 한다.
4. 중앙공조 시스템이며 냉동기 + AHU에 의한 전공기 방식이다.
5. 공기의 밀도는 1.2kg/m^3, 정압비열은 1.0kJ/kg · K이다.

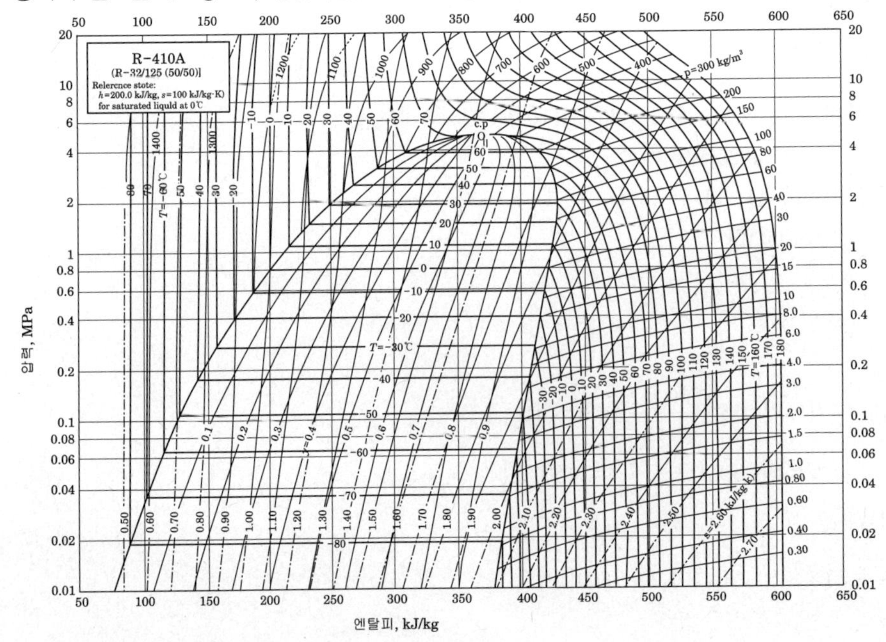

6. 사용냉매는 R-410A이다.

(1) A, B 사무실의 실내 취출온도차가 10℃일 때 각 사무실의 풍량[m^3/h]을 구하시오.

(2) AHU 냉각코일의 열전달율 $K=930\,W/m^2\cdot K$, 냉수의 입구온도 5℃, 출구온도 10℃, 공기의 입구온도 26.3℃, 출구온도 16℃, 코일 통과면풍속은 2.5m/s이고 대향류 열교환기를 사용할 때 A, B 사무실 총계부하에 대한 냉각 코일의 열수(Row)를 구하시오.

(3) 다음 물음에 답하시오. (단, 펌프 및 배관부하는 냉각코일부하의 5%이고 냉동기의 응축온도는 40℃, 증발온도 0℃, 과열 및 냉각도 5℃, 압축기의 체적효율 0.8, 회전수 1800rpm, 기통수 6이다.

① A, B 사무실의 총계부하에 대한 냉동기 부하를 구하시오.

② 이론 냉매순환량[kg/h]을 구하시오.

③ 피스톤의 행정체적[cm^3]을 구하시오.

해답 (1) A, B 사무실의 풍량[m^3/h]

① A 사무실의 풍량 $Q_A=\dfrac{q_s}{c_p\cdot\rho\cdot\Delta t}=\dfrac{60400}{1.0\times1.2\times10}=5033.33[m^3/h]$

② B 사무실의 풍량 $Q_B=\dfrac{q_s}{c_p\cdot\rho\cdot\Delta t}=\dfrac{45200}{1.0\times1.2\times10}=3766.67[m^3/h]$

(2) AHU 냉각코일의 열수N

$N=\dfrac{q_c}{K\cdot C_{ws}\cdot A\cdot(MTD)}$ 에서

여기서, q_c : 냉각열량[kW]

K : 코일의 유효정면면적 $1m^2$, 1열 당의 열통과율 [kW/m^2K]

C_{ws} : 습면보정계수

A : 코일의 유효정면 면적[m^2]

MTD : 대수평균온도차 [℃]

- $q_c=117100+21620+49630=188350[kJ/h]$
- $K=930\,W/m^2K=0.93kW/m^2K$
- $C_{ws}=1$
- $A=\dfrac{Q}{V}=\dfrac{5033.33+3766.67}{2.5\times3600}=0.978[m^2]$
- $MTD=\dfrac{(26.3-10)-(16-5)}{\ln\dfrac{26.3-10}{16-5}}\fallingdotseq 13.48[℃]$

$\therefore N=\dfrac{188350/3600}{0.93\times0.978\times13.48}\fallingdotseq 4.267=5$열

(3) ① A, B 사무실의 총계부하에 대한 냉동기 부하

냉동기부하 = 냉각코일부하×(1+펌프 및 배관부하율)

= 188350×(1+0.05) = 197767.5[kJ/h]

② 이론 냉매순환량[kg/h]

p-h선도를 작도하면 다음과 같다.

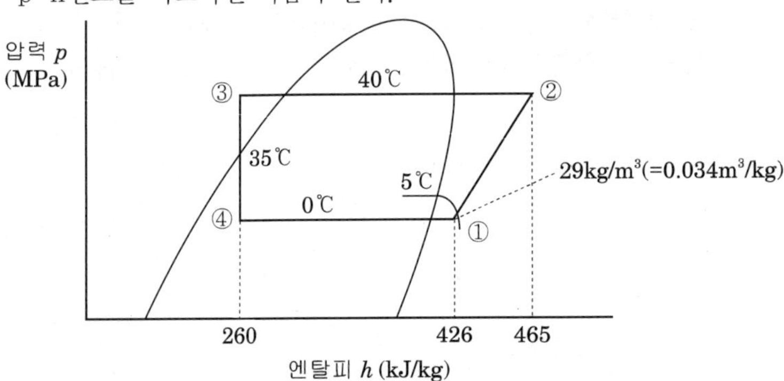

이론냉매순환량 $G = \frac{\text{냉각열량}}{\text{냉동효과}} = \frac{197767.5}{426-260} = 1191.37$[kg/h]

③ 피스톤의 행정체적[m^3]

$G = \frac{V_a \cdot \eta_v}{v}$에서 (선도에서 흡입가스(①) 비중량29kg/m^3=비체적 0.034m^3/kg)

냉매순환량(1191.37kg/h)을 압출량(V_a)으로 환산하면

$$V_a = \frac{G \cdot v}{\eta_v} = \frac{1191.37 \times 0.034}{0.8} = 50.63[m^3/h]$$

또한 $V_a = \frac{\pi D^2}{4} \cdot L \cdot N \cdot R \cdot 60$에서

$$\therefore \text{행정체적} \left(\frac{\pi D^2}{4} \cdot L\right) = \frac{V_a}{N \cdot R \cdot 60} = \frac{50.63}{6 \times 1800 \times 60} = 7.813 \times 10^{-5} m^3 = 78.13 cm^3$$

여기서, G : 이론냉매순환량[kg/h]

V_a : 이론적 피스톤 압출량[m^3/h]

v : 흡입가스 비체적[m^3/kg]

η_v : 체적효율

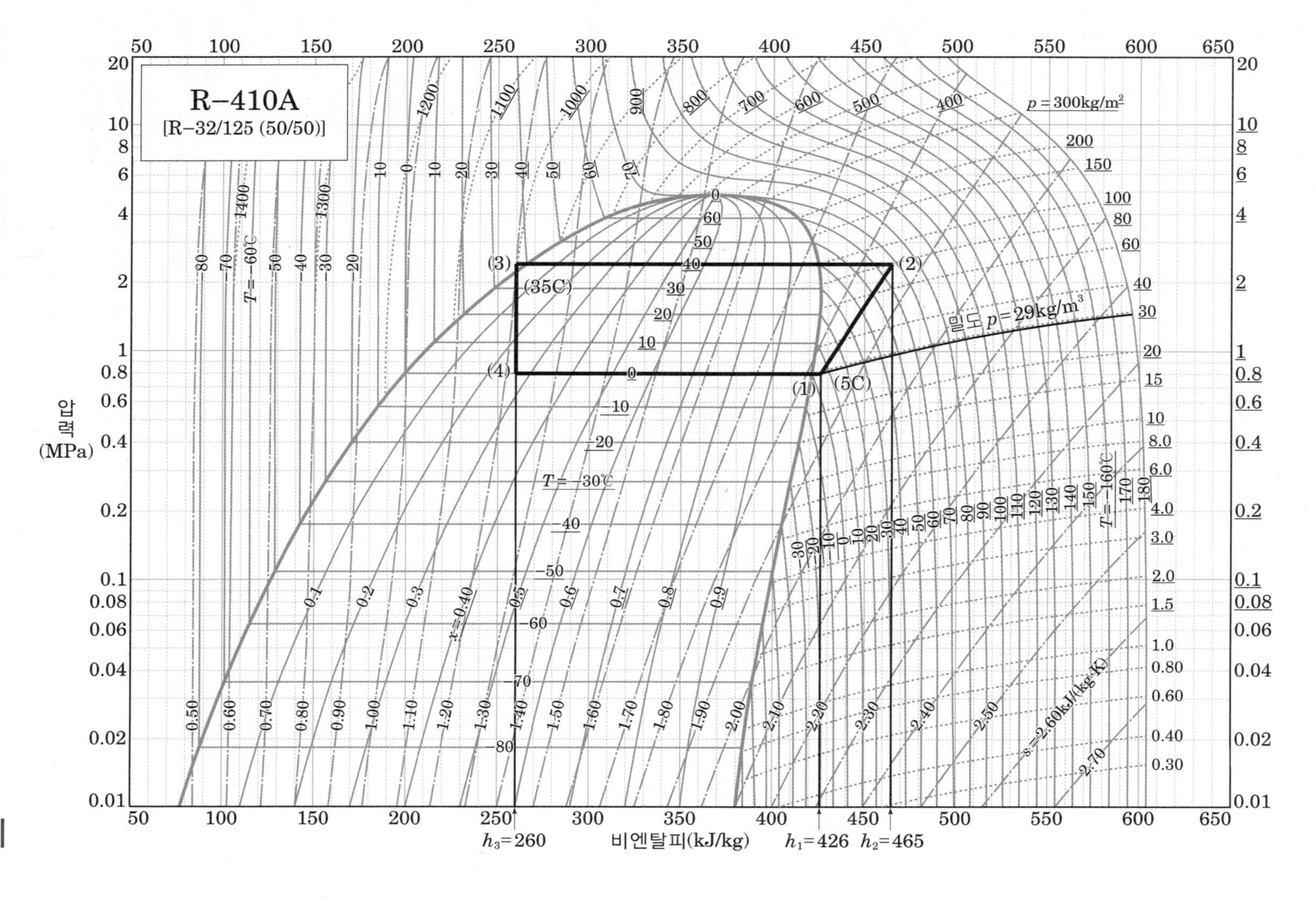

R-410A
[R-32/125 (50/50)]
압력 (MPa)
비엔탈피(kJ/kg)
h3=260
h1=426 h2=465
(1)
(2)
(3)
(4)
(35C)
(5C)
밀도 p=29kg/m3
p=300kg/m2
T=-60℃
T=-30℃
T=-160℃
x=0.40
s=2.60kJ/(kg·K)

선도

□ 07년3회

19 다음 주어진 조건에 따라 사무실 냉방부하를 계산하시오.

득점	배점
	16

【조 건】

1. 천장(옥상층임)의 K=0.23W/m^2·K
2. 바닥 : 하층 공조로 계산(본 사무실과 동일온도 조건임)
3. 문 : 목재 패널 K=2.1W/m^2·K
4. 창문 : 1중 보통 유리, 내측 베니션 블라인드 진한 색
5. 조명 : 30W/m^2(형광등)
6. 인원수 : 5m^2/인
7. 계산시각 : 오후 4:00
8. 층고와 천장고는 동일하게 간주한다.
9. 환기횟수는 [표1]에 따른다.
10. 16시 일사량 서쪽 340W/m^{2}이고, 남쪽 256W/m^2 이다.
11. 16시 유리창 전도 대류열량 서쪽 108W/m^2, 남쪽 76W/m^2 이다.

[표 1] 실내용적에 따른 환기횟수

실내용적 V[m^3]	500 이하	500~1000	1000~2000	2000 이상
환기횟수(회/h)	0.7	0.6	0.5	0.42

[표 2] 인체로부터의 발열 설계치(W/ 인)

작업상태	실온		27℃		26℃		21℃	
	예	전발열량	H_s	H_L	H_s	H_L	H_s	H_L
정좌	극장	103	57	46	62	41	76	27
사무소 업무	사무소	132	58	74	63	69	84	48
착석작업	공장 경작업	220	65	155	72	148	107	113
보행 4.8km/h	공장 중작업	293	88	205	96	197	135	158
볼링	볼링장	425	135	288	141	284	178	247

[표 3] 외벽 및 지붕의 상당 외기 온도차 Δt_e(t_o : 31.7℃, t_i : 26℃)

구분	시각	H	N	NE	E	SE	S	SW	W	HW	지붕
콘크리트	8	4.7	2.3	4.5	5.0	3.5	1.6	2.4	2.8	2.1	7.5
	9	6.8	3.0	7.5	8.7	5.9	1.9	2.5	2.9	2.5	7.5
	10	10.2	3.6	10.2	12.5	8.9	2.7	3.0	3.3	3.0	8.4
	11	14.5	4.2	12.0	15.5	11.7	4.1	3.7	3.9	3.7	10.2
	12	19.3	4.9	12.6	17.1	14.0	5.9	4.5	4.6	3.4	12.9
	13	24.0	5.6	12.3	17.2	15.3	8.0	5.6	5.4	5.2	16.0
	14	28.2	6.3	11.9	16.4	15.5	9.9	7.5	6.5	6.0	19.4
	15	31.4	6.8	11.4	15.2	14.8	14.4	10.0	8.6	6.9	22.7
	16	33.5	7.3	11.1	14.2	14.0	12.2	12.8	11.6	8.6	25.6
	17	34.2	7.6	10.1	13.3	13.1	12.3	15.3	15.1	11.0	27.7
	18	33.4	7.9	10.3	12.4	12.2	11.8	17.2	18.3	13.6	29.0
	19	31.1	8.3	9.7	11.4	14.3	11.0	17.9	20.4	15.7	29.3
	20	27.7	8.3	8.9	10.3	10.2	9.9	17.1	20.3	16.1	28.5

[표 4] 차폐개수(SC)

종류	(SC)
보통판유리	1.00
후판유리	0.91
내측 베니션 블라인드	
(1중 보통유리) 엷은색	0.56
(1중 보통유리) 중간색	0.65
(1중 보통유리) 진한색	0.75
외측 베니션 블라인드	
(1중 보통유리) 엷은색	0.12
(1중 보통유리) 중간색	0.15
(1중 보통유리) 진한색	0.22

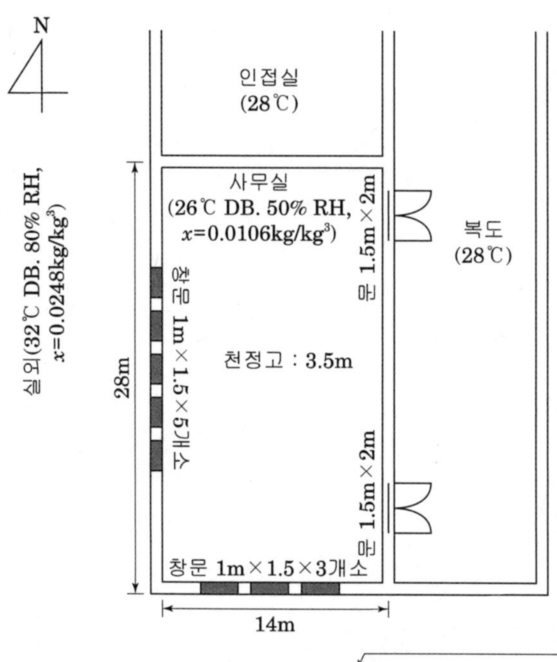

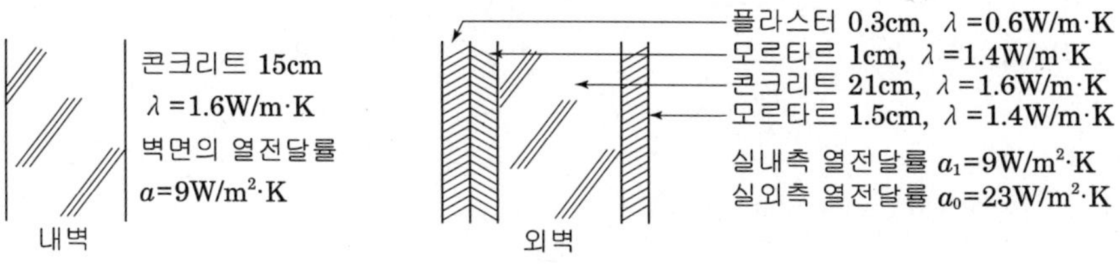

(1) 유리를 통하는 부하[W]

(2) 벽체를 통하는 부하[W]

(3) 환기횟수로 인한 극간부하(단, 공기밀도는 1.2kg/m^3, 정압비열은 1.0kJ/kg·K, 물의 0℃ 잠열은 2500kJ/kg 이다.)[W]

(4) 인체부하[W]

(5) 조명부하[W]

(6) 냉방부하(취득열량의 20% 여유율을 줄 것)[W]

해답 (1) 유리창을 통하는 부하

① 남쪽

q_{gR}(일사부하)$= I_{GR} \cdot A \cdot (SC) = 256 \times (1 \times 1.5 \times 3) \times 0.75 = 864$[W]

$q_g C$(전도부하)$= I_{GC} \cdot A = 76 \times (1 \times 1.5 \times 3) = 342$[W]

② 서쪽

$q_g R$(일사부하)$= I_{GR} \cdot A \cdot (SC) = 340 \times (1 \times 1.5 \times 5) \times 0.75 = 1912.5$[W]

$q_g C$(전도부하)$= I_{GC} \cdot A = 108 \times (1 \times 1.5 \times 5) = 810$[W]

∴ 유리창을 통하는 부하

$= 864 + 342 + 1912.5 + 810 = 3928.5$[W]

(2) 벽체를 통한 부하

- 열통과율 내벽 $K = \frac{1}{R} = \frac{1}{\frac{1}{9} + \frac{0.15}{1.6} + \frac{1}{9}} = 3.165$[W/m^2·K]

외벽 $K = \frac{1}{\frac{1}{23} + \frac{0.015}{1.4} + \frac{0.21}{1.6} + \frac{0.01}{1.4} + \frac{0.003}{0.6} + \frac{1}{9}} = 3.239$[W/m^2·K]

- 상당 외기온도차의 보정

$\Delta te' = \Delta te + (to' - to) - (tr' - tr)$ 에서 $t'_r = t_r$ 이므로

지붕 $\Delta te' = 25.6 + (32 - 31.7) = 25.9$[℃]

남쪽 $\Delta te' = 12.2 + 0.3 = 12.5$[℃]

서쪽 $\Delta te' = 11.6 + 0.3 = 11.9$[℃]

① 지붕$= K \cdot A \cdot \Delta te' = 0.23 \times (28 \times 14) \times 25.9 = 2335.144$[W]

② 외벽

- 남쪽$= K \cdot A \cdot \Delta te' = 3.239 \times (14 \times 3.5 - 1 \times 1.5 \times 3) \times 12.5 = 1801.694$[W]
- 서쪽$= K \cdot A \cdot \Delta te' = 3.239 \times (28 \times 3.5 - 1 \times 1.5 \times 5) \times 11.9 = 3488.241$[W]

③ 내벽

- 동쪽$= K \cdot A \cdot \Delta t = 3.165 \times (28 \times 3.5 - 1.5 \times 2 \times 2) \times (28 - 26) = 582.36$[W]
- 북쪽$= K \cdot A \cdot \Delta t = 3.165 \times (14 \times 3.5) \times (28 - 26) = 310.17$[W]

④ 문 $K \cdot A \cdot \Delta t = 2.1 \times (2 \times 1.5 \times 2) \times (28 - 26) = 25.2$[W]

∴ 벽체를 통한 부하

$= 2335.144 + 1801.694 + 3488.241 + 582.36 + 310.17 + 25.2$

$= 8542.809$[W]

(3) 극간풍 부하 q_I

• 극간풍량 $Q = nV = 0.5 \times (14 \times 28 \times 3.5) = 686$[m³/h]

① q_{IS}(현열부하)$= c_p \rho Q \Delta t = 1.0 \times 1.2 \times 686 \times (32 - 26) = 4939.2$[kJ/h]

$= 1372$[W]

② q_{IL}(잠열부하)

$= 2500 \rho Q \Delta x = 2500 \times 1.2 \times 686 \times (0.0248 - 0.0106) = 29223.6$[kJ/h]

$= 8117.667$[W]

∴ 극간풍 부하 $= 1372 + 18117.667 = 9489.667$[W]

(4) 인체부하 q_H

① $q_{HS} = H_S \times$ 人 $= 63 \times 78.4 = 4939.2$[W]

② $q_{HL} = H_L \times$ 人 $= 69 \times 78.4 = 5409.6$[W]

여기서 재실인원 人$= 28 \times 14/5 = 78.4$人

(5) 조명부하 q_E

$q_E = 30$[W/m²]$\times (14 \times 28)$[m²]$\times 1.2 = 14112$[W]

(6) 냉방부하

RSH(실현열부하)

$= 3928.5 + 8542.809 + 1372 + 4939.2 + 14112 = 32894.509$[W]

RLH(실잠열부하)$= 8117.667 + 5409.6 = 13527.267$[W]

∴ 냉방부하$= (32894.509 + 13527.267) \times 1.2 = 55706.131$[W]

□ 06년2회, 17년3회, 18년2회

득점	배점
	18

20 다음과 같은 건물의 A실에 대하여 아래 조건을 이용하여 각 물음에 답하시오. (단, 실 A는 최상층으로 사무실 용도이며, 아래층의 난방 조건은 동일하다.)

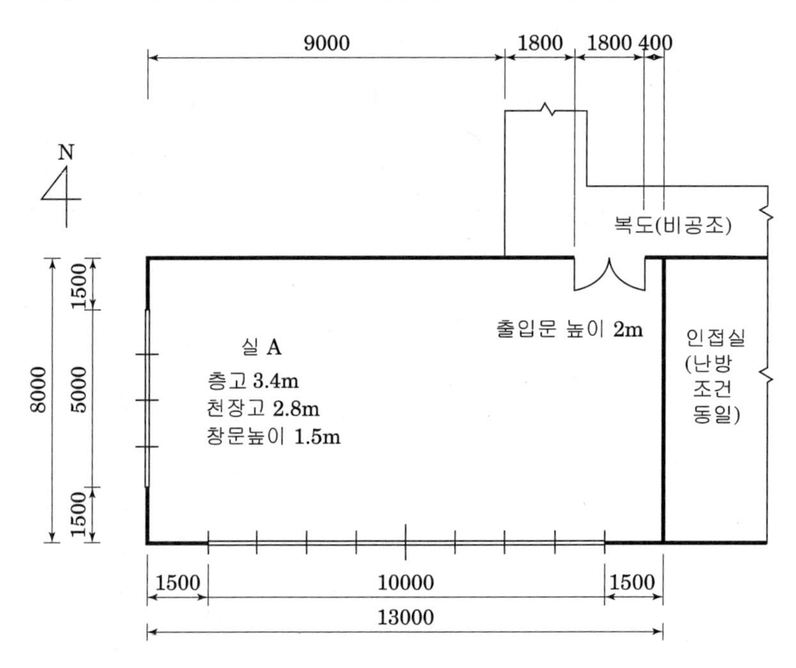

【조 건】

1. 난방 설계용 온·습도

	난방	비고
실내	20℃ DB, 50% RH, $x = 0.0725$ kg/kg'	비공조실은 실내·외의 중간 온도로 약산함
외기	−5℃ BD, 40% RH, $x = 0.00175$ kg/kg'	

2. 유리 : 복층유리(공기층 6mm), 블라인드 없음, 열관류율 $K = 3.5\,\text{W/m}^2\cdot\text{K}$
   출입문 : 목제 플래시문, 열관류율 $K = 2.9\,\text{W/m}^2\cdot\text{K}$
3. 공기의 밀도 $\gamma = 1.2\text{kg/m}^3$, 공기의 정압비열 $C_p = 1.005\,\text{kJ/kg}\cdot\text{K}$
   수분의 증발잠열(상온) $E_a = 2501\,\text{kJ/kg}$,
   100℃ 물의 증발잠열 $E_b = 2256\,\text{kJ/kg}$
4. 외기 도입량은 25㎥/h·인이다.
5. 외벽

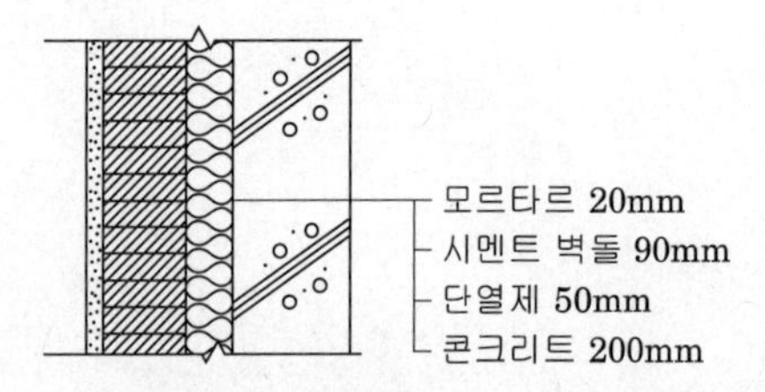

재료명	열전도율(W/m·K)
1. 모르타르	1.4
2. 시멘트 벽돌	1.4
3. 단열제	0.035
4. 콘크리트	1.6

6. 내벽 열관류율 : 2.6W/m^2·K, 지붕 열관류율 : 0.36W/m^2·K

• 표면 열전달율 α_i, α_o[W/m^2·K]

표면의 종류	난방시	냉방시
내면	9	9
외면	24	23

• 방위계수

방위	N, 수평	E	W	S
방위계수	1.2	1.1	1.1	1.0

• 재실인원 1인당 바닥면적(㎡/인)

방의 종류	바닥면적(㎡/인)	방의 종류		바닥면적(㎡/인)
사무실(일반)	5.0	백화점	객실	18.0
은행 영업실	5.0		평균	3.0
레스토랑	1.5		혼잡	1.0
상점	3.0		한산	6.0
호텔로비	6.5		극장	0.5

• 환기횟수

실용적 (m^3)	500 미만	500~1000	1000~1500	1500~2000	2000~2500	2500~3000	3000 이상
환기횟수 (회/h)	0.7	0.6	0.55	0.5	0.42	0.40	0.35

(1) 외벽 열관류율을 구하시오.[W/m^2 · K]

(2) 난방부하를 계산하시오.[W]

① 서측 ② 남측 ③ 북측 ④ 지붕 ⑤ 내벽 ⑥ 출입문

(3) 가습부하를 구하시오.[kW]

해답 (1) 열 저항 $R=\dfrac{1}{\alpha_i}+\sum\dfrac{d}{\lambda}+\dfrac{1}{\alpha_o}$에서

$$=\frac{1}{9}+\frac{0.02}{1.4}+\frac{0.09}{1.4}+\frac{0.05}{0.035}+\frac{0.2}{1.6}+\frac{1}{24}=1.785\text{m}^2\cdot\text{K/W}$$

$$\therefore \text{ 열관류율 } K=\frac{1}{R}=\frac{1}{1.785}=0.560\text{ W/m}^2\cdot\text{K}$$

(2) • 외기에 접하는 외벽 및 지붕 또는 유리창의 부하

$q=K\cdot A\cdot \Delta t\cdot C$

• 외기에 직접 접하지 않는 내벽 또는 문 등의 부하

$q=K\cdot A\cdot \Delta t$

여기서 K : 각 구조체(외벽, 지붕, 유리창, 내벽, 문 등)의 열관류율

A : 각 구조체(외벽, 지붕, 유리창, 내벽, 문 등)의 면적

Δt : 온도차　　　C : 방위별 부가계수

※ 외기에 직접 접하지 않은 북쪽의 내벽 및 출입문에는 방위별 부가계수를 곱하지 않는다.

① 서측

- 외벽 $= 0.56 \times \{(8 \times 3.4) - (5 \times 1.5)\} \times \{20 - (-5)\} \times 1.1$
  $= 303.38[\text{W}]$
- 유리창 $= 3.5 \times (5 \times 1.5) \times \{20 - (-5)\} \times 1.1 = 721.875[\text{W}]$

② 남측

- 외벽 $= 0.56 \times \{(13 \times 3.4) - (10 \times 1.5)\} \times \{20 - (-5)\} \times 1.0$
  $= 408.8[\text{W}]$
- 유리창 $= 3.5 \times (10 \times 1.5) \times \{20 - (-5)\} \times 1.0 = 1312.5[\text{W}]$

③ 북측

- 외벽 $= 0.56 \times (9 \times 3.4) \times \{20 - (-5)\} \times 1.2 = 514.08[\text{W}]$

④ 지붕 $= 0.36 \times (8 \times 13) \times \{20 - (-5)\} \times 1.2 = 1123.2[\text{W}]$

⑤ 내벽 $= 2.6 \times \{(4 \times 2.8) - (1.8 \times 2)\} \times \left\{20 - \frac{20 + (-5)}{2}\right\}$
$= 247[\text{W}]$

⑥ 출입문 $= 2.9 \times (1.8 \times 2) \times \left\{20 - \frac{20 + (-5)}{2}\right\} = 130.5[\text{W}]$

(3) 가습부하

가습부하 $= 2501 \times 1.2 \times (G_o + G_I) \times \Delta x$

외기량 $G_o = 25 \times \frac{13 \times 8}{5} = 520\ \text{m}^3/\text{h}$

극간풍량 $G_I = nv = 0.7 \times (13 \times 8 \times 2.8) = 203.84\,\text{m}^3/\text{h}$

∴ 가습부하 $= 2501 \times 1.2 \times (520 + 203.84) \times (0.0725 - 0.00175)/3600 = 42.69[\text{kW}]$

☐ 04년1회, 06년3회, 13년2회

21 **다음과 같이 주어진 설계조건을 이용하여 사무실 각 부분에 대하여 손실열량을 구하시오.**

득점	배점
	20

【조 건】

- 설계온도(℃) : 실내온도 20℃, 실외온도 0℃, 인접실온도 20℃, 복도온도 10℃, 상층온도 20℃, 하층온도 6℃
- 열통과율($W/m^2 \cdot K$) : 외벽 0.28, 내벽 0.36, 바닥 0.26, 유리(2중) 2.1, 문 1.8
- 방위계수
  - 북쪽, 북서쪽, 북동쪽 : 1.15
  - 동남쪽, 남서쪽 : 1.05
  - 동쪽, 서쪽 : 1.10
  - 남쪽 : 1.0
- 환기횟수 : 0.5회/h
- 천장 높이와 층고는 동일하게 간주한다.
- 공기의 정압비열 : 1.005kJ/kg·K, 공기의 밀도 : 1.2kg/m³

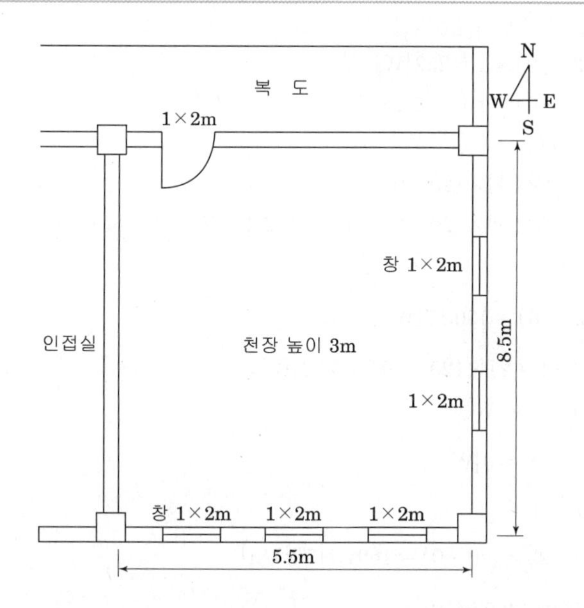

(1) 유리창으로 통한 손실열량(W)을 구하시오.

① 남쪽 ② 동쪽

(2) 외벽을 통한 손실열량(W)을 구하시오.

① 남쪽 ② 동쪽

(3) 내벽을 통한 손실열량(W)을 구하시오.

① 바닥 ② 북쪽 ③ 서쪽

(4) 환기부하(W)을 구하시오.

해설 • 외기에 접하는 외벽 및 지붕 또는 유리창의 부하

$q = K \cdot A \cdot \Delta t \cdot C$

• 외기에 직접 접하지 않는 내벽 또는 문 등의 부하

$q = K \cdot A \cdot \Delta t$

여기서 K : 각 구조체(외벽, 지붕, 유리창, 내벽, 문 등)의 열관류율
A : 각 구조체(외벽, 지붕, 유리창, 내벽, 문 등)의 면적
Δt : 온도차
C : 방위별 부가계수
※ 외기에 직접 접하지 않은 북쪽의 내벽 및 출입문에는 방위별 부가계수를 곱하지 않는다.

해답 (1) 유리창으로 통한 손실열량
① 남쪽 $= 2.1 \times (1 \times 2 \times 3) \times (20-0) \times 1 = 252$ [W]
② 동쪽 $= 2.1 \times (1 \times 2 \times 2) \times (20-0) \times 1.1 = 184.8$ [W]

(2) 외벽을 통한 손실열량
① 남쪽 $= 0.28 \times \{(5.5 \times 3) - (1 \times 2 \times 3)\} \times (20-0) \times 1 = 58.8$ [W]
② 동쪽 $= 0.28 \times \{(8.5 \times 3) - (1 \times 2 \times 2)\} \times (20-0) \times 1.1 = 132.44$ [W]

(3) 내벽을 통한 손실열량
① 바닥 $= 0.26 \times (5.5 \times 8.5) \times (20-6) = 170.17$ [W]
② 북쪽
- 내벽 $= 0.36 \times (5.5 \times 3 - 1 \times 2) \times (20-10) = 52.2$ [W]
- 문 $= 1.8 \times 2 \times (20-10) = 36$ [W]

③ 서쪽 $= 0.36 \times (8.5 \times 3) \times (20-20) = 0$ [W]

(4) 환기부하 $q_{IS} = c_p \cdot \rho \cdot Q \cdot \Delta t$에서
$= 1.005 \times 1.2 \times 70.125 \times (20-0) = 1691.415$ [kJ/h]
$\therefore \dfrac{1691.415}{3600} \times 1000 = 469.84$ [W]

여기서, 환기량 $Q = nV = 0.5 \times (5.5 \times 8.5 \times 3) = 70.125$ [m^3/h]

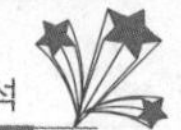

□ 05년1회, 18년1회, 20년3회

22 다음과 같은 조건의 건물 중간층 난방부하를 구하시오.

득점	배점
	30

【조 건】

1. 열관류율($W/m^2 \cdot K$) : 천장(0.45), 바닥(1.9), 문(2.8), 유리창(4.0)
2. 난방실의 실내온도 : 25℃, 비난방실의 온도 : 5℃
   외기온도 : -10℃, 상·하층 난방실의 실내온도 : 25℃
3. 벽체 표면의 열전달률

구분	표면위치	대류의 방향	열전달률($W/m^2 \cdot K$)
실내측	수직	수평(벽면)	9
실외측	수직	수직·수평	23

4. 방위계수

방 위	방위계수
북쪽, 외벽, 창, 문	1.1
남쪽, 외벽, 창, 문, 내벽	1.0
동쪽, 서쪽, 창, 문	1.05

5. 환기횟수 : 난방실 - 1회/h, 비난방실 - 3회/h
6. 공기의 비열 : 1.01kJ/kg·K, 공기 밀도 : 1.2kg/m³

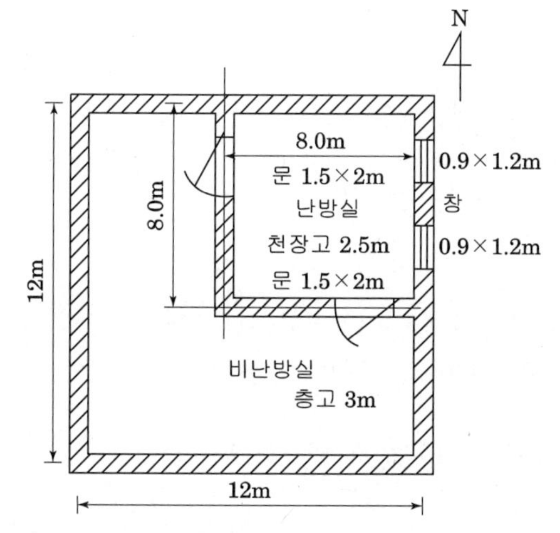

벽체의 종류	구조	재료	두께(mm)	열전도율($W/m^2 \cdot K$)
외벽		타일	10	1.3
		모르타르	15	1.4
		콘크리트	120	1.6
		모르타르	15	1.4
		플라스터	3	0.6
내벽		콘크리트	100	1.4

(1) 외벽과 내벽의 열관류율을 구하시오.(소수 3자리까지 구하시오)

(2) 난방실에 대한 다음 부하계산을 하시오.

1) 벽체를 통한 부하

2) 유리창을 통한 부하

3) 문을 통한 부하

4) 극간풍 부하(환기횟수에 의함)

해답 (1) 열관류율

① 외벽 : $K=\dfrac{1}{\dfrac{1}{9}+\dfrac{0.01}{1.3}+\dfrac{0.015}{1.4}+\dfrac{0.12}{1.6}+\dfrac{0.015}{1.4}+\dfrac{0.003}{0.6}+\dfrac{1}{23}}$

$=3.792[\mathrm{W/m^2K}]$

② 내벽 : $K=\dfrac{1}{\dfrac{1}{9}+\dfrac{0.1}{1.4}+\dfrac{1}{9}}=3.405[\mathrm{W/m^2\cdot K}]$

(2) 부하계산

1) 벽체를 통한 부하

① 외벽

E : $K\cdot A\cdot \Delta t\cdot k=3.792\times(8\times3-0.9\times1.2\times2)\times\{25-(-10)\}\times1.05$

$=3043.535[\mathrm{W}]$

N : $K\cdot F\cdot \Delta t\cdot k=3.792\times(8\times3)\times\{25-(-10)\}\times1.1$

$=3503.808[\mathrm{W}]$

② 내벽

W : $K\cdot A\cdot \Delta t=3.405\times(8\times2.5-1.5\times2)\times(25-5)=1157.7[\mathrm{W}]$

S : $K\cdot A\cdot \Delta t=3.405\times(8\times2.5-1.5\times2)\times(25-5)=1157.7[\mathrm{W}]$

∴ 벽체를 통한 부하

= 3043.535+3503.808+1157.7+1157.7=8862.743[W]

2) 유리창

$q_g=K\cdot A\cdot \Delta t\cdot k=4.0\times(0.9\times1.2\times2)\times\{25-(-10)\}\times1.05$

$=317.52[\mathrm{W}]$

3) 문 : $q_d=K\cdot A\cdot \Delta t=2.8\times(1.5\times2\times2)\times(25-5)=336[\mathrm{W}]$

4) 극간풍 부하 $q_I=c_p\cdot\rho\cdot Q\cdot \Delta t=1.01\times1.2\times160\times\{25-(-10)\}$

$=6787.2[\mathrm{kJ/h}]$

$\therefore\ \dfrac{6787.2}{3600}\times1000=1885.333[\mathrm{W}]$

여기서 $Q=n\cdot V=1\times8\times8\times2.5=160[\mathrm{m^3/h}]$

□ 05년3회

23 다음과 같은 사무실의 난방부하를 주어진 조건을 이용하여 구하시오.

득점	배점
	21

【조 건】

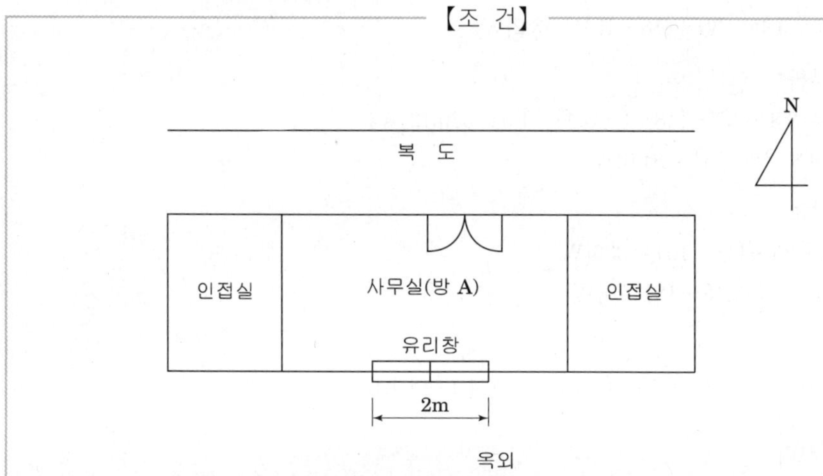

1.

	실내	옥외	하층	인접실	복도	상층
온도 ℃	18	−14	10	18	15	18

2.

방(A)의 구조		면적(m^2)	열통과율($W/m^2 \cdot K$)
외벽(남향)	콘크리트벽	30	0.32
	유리창	3.2	3.8
내벽(복도측)	콘크리트벽	30	0.48
	문	4	1.8
바닥	콘크리트	35	1.2
천정	콘크리트	35	0.26

3. 외기 도입량 : $25m^3/h \cdot$인
4. 방위계수 : 동북, 북서, 북측 : 1.15, 동, 동남, 서, 서남, 남측 : 1.0
5. 재실 인원수 : 6명
6. 유리창 : 높이 1.6m(난간없음), 폭 2m의 두짝 미서기 풍향측장 1개(단, 기밀구조 보통)
7. 창에서의 극간풍은 $7.5m^3/m \cdot h$이다.(크랙길이 법)
8. 공기의 평균 정압비열 : $1.0\,kJ/kg \cdot K$, 공기의 밀도 $1.2kg/m^3$으로 한다.
9. 부하 안전율은 고려하지 않는다.

(1) 벽체를 통한 부하[W]

(2) 유리창 및 문을 통한 부하[W]

(3) 바닥 및 천장을 통한 부하[W]

(4) 극간풍에 의한 부하(극간 길이에 의함)[W]

(5) 외기도입에 의한 부하[W]

해답 (1) 벽체를 통한 부하

① 외벽(남쪽)$= K \cdot A \cdot \Delta t \cdot k = 0.32 \times 30 \times \{18-(-14)\} \times 1.0 = 307.2$[W]

② 내벽(북측)$= K \cdot A \cdot \Delta t = 0.48 \times 30 \times (18-15) = 43.2$[W]

(2) 유리창 및 문을 통한 부하

① 유리창$= K \cdot A \cdot \Delta t \cdot k = 3.8 \times 3.2 \times \{18-(-14)\} \times 1.0 = 389.12$[W]

② 문$= K \cdot A \cdot \Delta t = 1.8 \times 4 \times (18-15) = 21.6$[W]

(3) 바닥 및 천장을 통한 부하

① 바닥$= K \cdot A \cdot \Delta t = 1.2 \times 35 \times (18-10) = 336$[W]

② 천장$= K \cdot A \cdot \Delta t = 0.26 \times 35 \times (18-18) = 0$[W]

(4) 극간풍에 의한 부하

$q_I = c_p \cdot \rho \cdot Q_I \cdot \Delta t = 1.0 \times 1.2 \times 66 \times \{18-(-14)\} = 2534.4$ [kJ/h]

$\therefore \dfrac{2534.4}{3600} \times 1000 = 704$ [W]

여기서 극간풍량$Q_I = 7.5 \times (2 \times 2 + 1.6 \times 3) = 66[\text{m}^3/\text{h}]$

(크랙길이는 세로 1.6×3개, 가로 2×2개이다)

(5) 외기도입에 의한 부하

$q = c_p \cdot \rho \cdot Q \cdot \Delta t = 1.0 \times 1.2 \times (6 \times 25) \times \{18-(-14)\} = 5760$[kJ/h]

$\therefore \dfrac{5760}{3600} \times 1000 = 1600$ [W]

득점	배점
	15

☐ 00년3회, 06년1회

24 다음 [조건]과 같은 3층 공장건물의 3층에 위치한 A실에 대해서 난방부하(W) 및 필요 가습량(kg/h)을 구하시오.

【조 건】

1. 외기 : −14℃ DB, 50% RH, 절대습도(x_0)= 0.00055 kg/kg′
   실내 : 20℃ DB, 50% RH, 절대습도(x_i)= 0.0072 kg/kg′
2. 열관류율(W/m²·K) : 외벽(0.36), 천장(0.45), 바닥(1.2), 유리창(4.0)
3. 창(두 짝 미세기창)에서의 극간풍 : 8m³/h·m
4. 방위계수(k)

방위계수	N, NW, W 천정	SE, E, NE, SW	S
k	1.1	1.05	1.0

5. 공기의 정압비열은 1.005kJ/kg·K, 밀도는 1.2kg/m³이다.
6. 0℃ 수증기의 증발잠열 2501 kJ/kg이다.
7. 인접실은 같은 조건으로 난방되고 있다.
8. 층 높이는 천장 높이와 같은 것으로 본다.

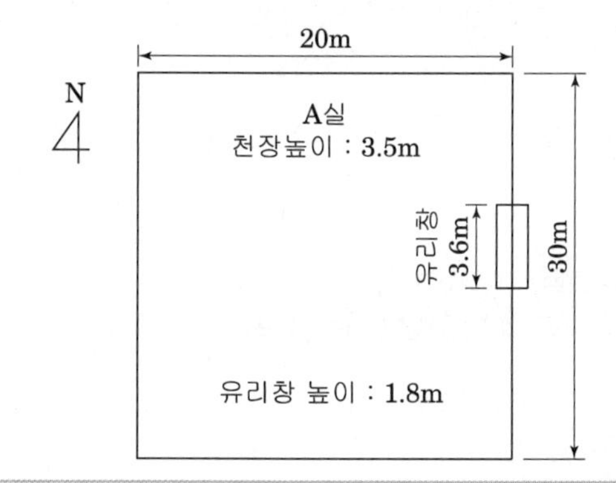

(1) 난방부하를 구하시오.

① 동쪽외벽(q_1)　　② 창(q_2)

③ 천장(q_3)　　④ 극간풍(q_4)

(2) 가습량을 구하시오.

해답 (1) 난방부하

① 동쪽외벽

$q_1 = 0.36 \times (30 \times 3.5 - 3.6 \times 1.8) \times \{20 - (-14)\} \times 1.05 = 1266.179[\text{W}]$

② 창 $q_2 = 4.0 \times (3.6 \times 1.8) \times \{20 - (-14)\} \times 1.05 = 925.344\ [\text{W}]$

③ 천장 $q_3 = 0.45 \times (20 \times 30) \times \{20 - (-14)\} \times 1.1 = 10098[\text{W}]$

④ 극간풍 $q_4 = 1.005 \times 1.2 \times 100.8 \times \{20-(-14)\} = 4133.203[\text{kJ/h}]$

$\therefore \dfrac{4133.203}{3600} \times 1000 = 1148.112[\text{W}]$

$q_4 = 2501 \times 1.2 \times 100.8 \times (0.0072 - 0.00055) = 2011.764[\text{kJ/h}]$

$\therefore \dfrac{1676.470}{3600} \times 1000 = 558.82[\text{W}]$

여기서 극간풍 $Q = (1.8 \times 3 + 3.6 \times 2) \times 8 = 100.8[\text{m}^3/\text{h}]$

(2) 가습량 $L = G_o(x_i - x_o) = \rho Q_o(x_i - x_o) = 1.2 \times 100.8 \times (0.0072 - 0.00055) = 0.804[\text{kg/h}]$

□ 01년3회

25 다음 그림과 같은 실의 손실열량(W)을 구하시오.

득점	배점
	20

【조 건】

1. 온도조건
   ① 외기온도 : −10℃　② 실내온도 : 20℃　③ 복도온도 : 16℃
2. 열관류율
   ① 외벽 : $0.5\text{W/m}^2 \cdot \text{K}$　② 내벽 : $2.5\text{W/m}^2 \cdot \text{K}$
   ③ 문 : $2.0\text{W/m}^2 \cdot \text{K}$　④ 천장 : $2.0\text{W/m}^2 \cdot \text{K}$
   ⑤ 바닥 : $2.0\text{W/m}^2 \cdot \text{K}$　⑥ 유리 : $3.2\text{W/m}^2 \cdot \text{K}$
3. 환기횟수 : 0.5회/h
4. 공기의 비열은 1.005kJ/kg · K, 공기의 밀도는 1.2kg/m^3으로 한다.
5. 기타 : 실내 열취득과 방위계수는 무시한다. 인접실 및 상층과 하층도 20℃로 난방되는 것으로 본다. 천장 및 층고는 3m로 한다.

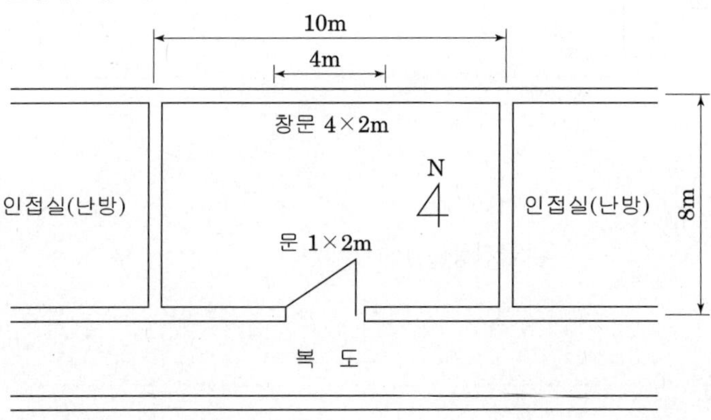

(1) 외벽　(2) 유리　(3) 내벽　(4) 문　(5) 환기

해답

(1) 외벽 $q_w = K \cdot A \cdot \Delta t = 0.5 \times (10 \times 3 - 4 \times 2) \times \{20-(-10)\} = 330[\text{W}]$

(2) 유리 $q_g = K \cdot A \cdot \Delta t = 3.2 \times (4 \times 2) \times \{20-(-10)\} = 768[\text{W}]$

(3) 내벽 $q_w = K \cdot A \cdot \Delta t = 2.5 \times (10 \times 3 - 1 \times 2) \times (20 - 16) = 280[W]$

(4) 문 $q_w = K \cdot A \cdot \Delta t = 2.0 \times 2 \times (20 - 16) = 16[W]$

(5) 환기 $q_I = c_p \cdot \rho \cdot Q_I \cdot \Delta t = 1.005 \times 1.2 \times 120 \times \{20 - (-10)\} = 4341.6[kJ/h]$

$\therefore \dfrac{4341.6}{3600} \times 1000 = 1206[W]$

여기서, 극간풍량 $Q_I = nV = 0.5 \times (10 \times 8 \times 3) = 120[m^3/h]$

□ 11년3회

26 주어진 설계조건을 이용하여 사무실 각 부분에 대하여 손실열량을 구하시오.

득점	배점
	20

【설계조건】

1. 설계온도(℃) : 실내온도 19℃, 실외온도 -1℃, 복도온도 10℃
2. 열통과율($W/m^2 \cdot K$) : 외벽 0.36, 내벽 1.8, 바닥 0.45, 유리(2중) 2.2, 문 2.1
3. 방위계수
   - 북쪽, 북서쪽, 북동쪽 : 1.2
   - 동남쪽, 남서쪽 : 1.05
   - 동쪽, 서쪽 : 1.10
   - 남쪽, 실내쪽 : 1.0
4. 환기횟수 : 0.5회/h
5. 천장 높이와 층고는 동일하게 간주한다.
6. 공기의 정압비열 : 1.01kJ/kg·K, 공기의 밀도 : 1.2kg/m³

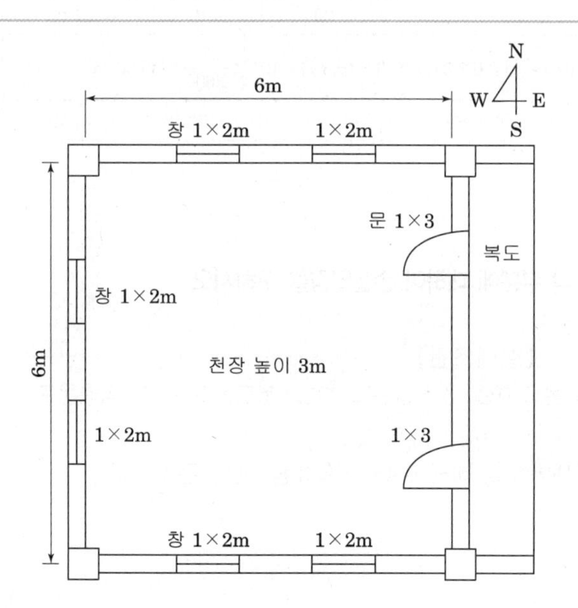

구분	열관류율(W/m²·K)	면적(m²)	온도차(℃)	방위계수	부하(W)
동쪽 내벽					
동쪽 문					
서쪽 외벽					
서쪽 창					
남쪽 외벽					
남쪽 창					
북쪽 외벽					
북쪽 창					
환기부하					
난방부하					

해답

구분	열관류율(W/m²·K)	면적(m²)	온도차(℃)	방위계수	부하(W)
동쪽 내벽	1.8	12	9	1	194.4
동쪽 문	2.1	6	9	1	113.4
서쪽 외벽	0.36	14	20	1.1	110.88
서쪽 창	2.2	4	20	1.1	193.6
남쪽 외벽	0.36	14	20	1	100.8
남쪽 창	2.2	4	20	1	176
북쪽 외벽	0.36	14	20	1.2	120.96
북쪽 창	2.2	4	20	1.2	211.2
환기부하	$1.01\times1.2\times\{0.5\times(6\times6\times3)\}\times\{19-(-1)\}\times10^3\times\frac{1}{3600}=363.6[W]$				
난방부하	194.4+113.4+110.88+193.6+100.8+176+120.96+211.2+363.6=1584.84[W]				

□ 04년1회

27 주어진 설계 조건을 이용하여 사무실 각 부분에 대하여 손실열량을 구하시오.

득점	배점
	18

【설계조건】

- 설계온도(℃) : 실내온도 20℃, 실외온도 0℃, 인접실온도 20℃, 복도온도 10℃, 상층온도 20℃, 하층온도 6℃
- 열통과율(W/m²·K) : 외벽 0.36, 내벽 1.8, 바닥 0.45, 유리(2중) 2.2, 문 2.1
- 방위계수
  - 북쪽, 북서쪽, 북동쪽 : 1.2
  - 동남쪽, 남서쪽 : 1.05
  - 동쪽, 서쪽 : 1.10
- 환기횟수 : 0.1회/h
- 천장 높이와 층고는 동일하게 간주한다.
- 공기의 정압비열 : 1.0kJ/kg·K, 공기의 밀도 : 1.2kg/m³

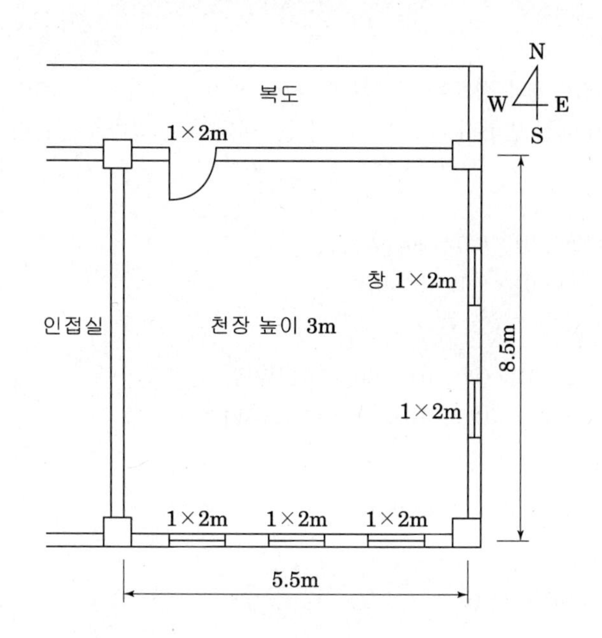

(1) 유리창으로 통한 손실열량(W)을 구하시오.

① 남쪽 ② 동쪽

(2) 외벽을 통한 손실열량(W)을 구하시오.

① 남쪽 ② 동쪽

(3) 내벽을 통한 손실열량(W)을 구하시오.

① 바닥 ② 북쪽 ③ 서쪽

해설 (1) 유리창으로 통한 손실열량(W)

$$q_g = K_g \cdot A_g \cdot (t_r - t_o)k$$

(2) 외벽을 통한 손실열량(W)

$$q_w = K_w \cdot A_w \cdot (t_r - t_o)k$$

(3) 내벽을 통한 손실열량(W)

$$q_w = K_w \cdot A_w' \cdot (t_r - t_o)$$

여기서 $K_{(g,w)}$: 유리, 외벽, 내벽, 바닥의 열관류율[W/m^2·K]

t_r : 실내온도[℃]

t_o : 외기온도[℃]

k : 방위계수

참고

방위계수는 겨울철 풍향에 의한 열손실의 정도를 각 방위에 따라 외기에 직접면한 창이나 외벽에 부가하는 계수이다. 외기에 직접 면하지 않은 내벽이나 문, 바닥 등은 곱하지 않는다.

해답 (1) 유리창으로 통한 손실열량(W)

① 남쪽$=2.2\times(1\times2\times3)\times(20-0)\times1.0=264$[W]

② 동쪽$=2.2\times(1\times2\times2)\times(20-0)\times1.1=193.6$[W]

(2) 외벽을 통한 손실열량(W)

① 남쪽$=0.36\times(5.5\times3-1\times2\times3)\times(20-0)\times1.0=75.6$[W]

② 동쪽$=0.36\times(8.5\times3-1\times2\times2)\times(20-0)\times1.1=170.28$[W]

(3) 내벽을 통한 손실열량(kcal/h)

① 바닥 : $0.45\times(5.5\times8.5)\times(20-6)=294.525$[W]

② 북쪽
- 내벽$=1.8\times(5.5\times3-1\times2)\times(20-10)=52.2$[W]
- 문$=2.1\times2\times(20-10)=42$[W]

③ 서쪽내벽 : $1.8\times(8.5\times3)\times(20-20)=0$[W]

□ 01년1회, 09년1회, 11년1회, 13년2회, 14년3회, 18년3회

28 다음과 같은 벽체의 열관류율(W/m^2·K)을 계산하시오.

득점	배점
	6

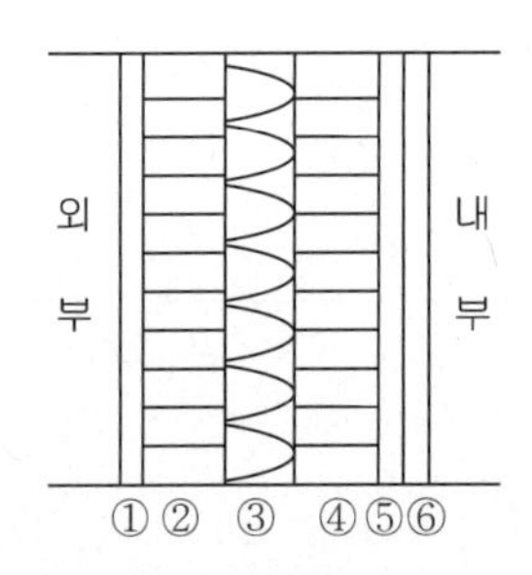

[표1] 재료표

재료 번호	재료 명칭	재료 두께(mm)	열전도율(W/m·K)
①	모르타르	20	1.3
②	시멘트 벽돌	100	0.8
③	글래스 울	50	0.04
④	시멘트 벽돌	100	0.8
⑤	모르타르	20	1.3
⑥	비닐벽지	2	0.24

[표2] 벽 표면의 열전달률(W/m^2·K)

실내측	수직면	9
실외측	수직면	23

해답 $K=\dfrac{1}{R}=\dfrac{1}{\dfrac{1}{\alpha_o}+\Sigma\dfrac{l}{\lambda}+\dfrac{1}{\alpha_i}}$

$$=\frac{1}{\frac{1}{23}+\frac{0.02}{1.3}+\frac{0.1}{0.8}+\frac{0.05}{0.04}+\frac{0.1}{0.8}+\frac{0.02}{1.3}+\frac{0.002}{0.24}+\frac{1}{9}}=0.59[\mathrm{W/m^2K}]$$

□ 05년3회, 18년2회

29 다음과 같은 벽체의 열관류율을 구하시오. (단, 외표면 열전달률 $\alpha_o = 23\,\mathrm{W/m^2 \cdot K}$, 내표면 열전달률 $\alpha_i = 9\,\mathrm{W/m^2 \cdot K}$로 한다.)

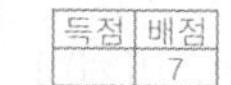

득점	배점
	7

재료명	두께(mm)	열전도율(W/m·K)
1. 모르타르	30	1.4
2. 콘크리트	130	1.6
3. 모르타르	20	1.4
4. 스티로폼	50	0.032
5. 석고보드	10	0.18

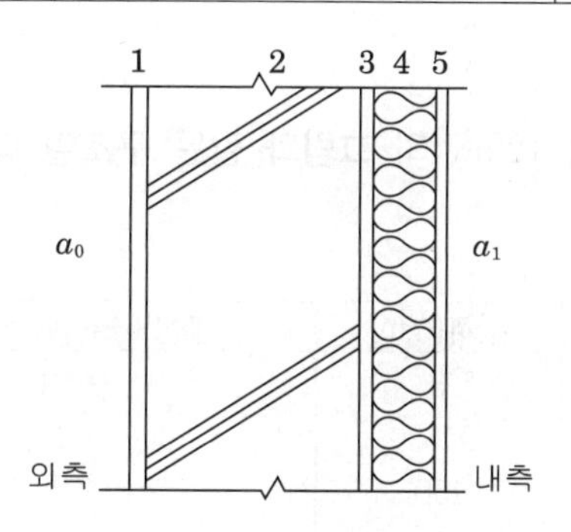

해답 $$K=\frac{1}{\frac{1}{23}+\frac{0.03}{1.4}+\frac{0.13}{1.6}+\frac{0.02}{1.4}+\frac{0.05}{0.032}+\frac{0.01}{0.18}+\frac{1}{9}}=0.529[\mathrm{W/m^2 \cdot K}]$$

□ 10년3회, 11년2회

30 두께 100mm의 콘크리트벽 내면에 200mm 발포스치로폴의 방열시공을 하고 그 위에 10mm 판재로 마감된 냉장고가 있다. 냉장고 내부 온도 -20℃, 외부온도 30℃이며 내부 전체 면적이 $100m^2$일 때 다음 물음에 답하시오.

득점	배점
	10

재료명	열전도율[W/m·K]	벽면	표면열전달률[W/m²·K]
콘크리트	0.95	외벽면	23
발포스치로폴	0.04	내벽면	7
내부판재	0.15		

(1) 냉장고 벽체의 열통과율 $K(W/m^2 \cdot K)$를 구하시오.

(2) 벽체의 전열량(W)을 구하시오.

해답 (1) $K = \frac{1}{R} = \frac{1}{\frac{1}{23} + \frac{0.1}{0.95} + \frac{0.2}{0.04} + \frac{0.01}{0.15} + \frac{1}{7}} = 0.187[W/m^2 \cdot K]$

(2) $Q = K \cdot A \cdot \Delta t = 0.187 \times 100 \times \{30 - (-20)\} = 935[W]$

□ 07년3회, 10년2회

31 외기온도 33℃, 실내온도 27℃, 벽체 면적 $120m^2$의 그림과 같은 구조일 때 열통과율 $(W/m^2 \cdot K)$과 전열량(W)을 구하시오.

득점	배점
	6

번호	재료	두께(mm)	열전도율(W/m·K)
①	플라스터	3	0.52
②	모르타르	15	1.4
③	콘크리트	150	1.6
④	플라스터	3	0.52

표면 열전달률

	열전달율(W/m²·K)
실외	23
실내	9

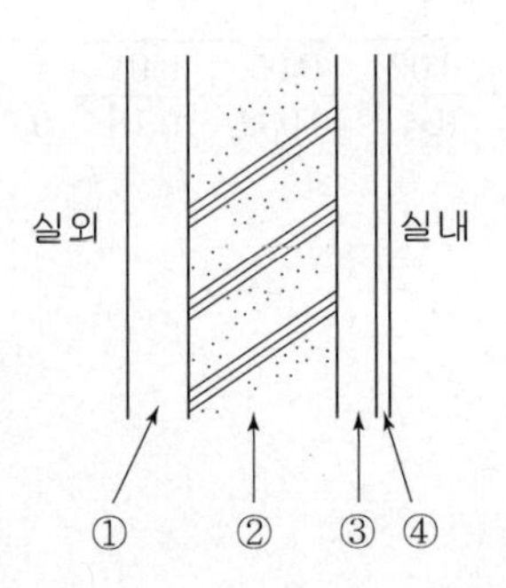

해답 (1) 열통과율 K

$$K=\frac{1}{R}=\frac{1}{\frac{1}{\alpha_o}+\sum\frac{1}{\lambda}+\frac{1}{\alpha_i}}$$

$$=\frac{1}{\frac{1}{23}+\frac{0.003}{0.52}+\frac{0.015}{1.4}+\frac{0.15}{1.6}+\frac{0.003}{0.52}+\frac{1}{9}}=3.7[W/m^2\cdot K]$$

(2) 전열량 q

$$q=KA\Delta t=3.7\times 120\times(33-27)=2664[W]$$

□ 13년1회, 16년3회

32 다음 길이에 따른 열관류율일 때 길이 10cm의 열관류율은 몇 $W/m^2\cdot K$인가? (단, 두께 길이에 관계없이 열저항은 일정하다.) 소수점 5째자리에서 반올림하여 4자리까지 구하시오.

득점	배점
	5

길이(cm)	열관류율($W/m^2\cdot K$)
4	0.061
7.5	0.0325

해설 열관류율 $K=\frac{1}{\frac{1}{\alpha_o}+\sum\frac{d}{\lambda}+\frac{1}{\alpha_i}}$에서

α_o, α_i : 외측, 내측 열전달율 및 재료의 λ(열전도율)이 동일한 조건으로 보면

$K=\frac{1}{\frac{d}{\lambda}}=\frac{\lambda}{d}$에서 $K=\frac{1}{d}$로 길이 d에 반비례 한다.

따라서 $K_1:\frac{1}{d_1}=K_2:\frac{1}{d_2}$에서 $K_1\frac{1}{d_2}=K_2\frac{1}{d_1}$이므로

$K_2=K_1\frac{d_1}{d_2}$가 된다.

해답 $K_2=K_1\frac{d_1}{d_2}=0.061\times\frac{4}{10}=0.0244\ [W/m^2\cdot K]$

□ 11년3회, 16년2회, 17년1회, 19년3회

33 어느 벽체의 구조가 다음과 같은 조건을 갖출 때 각 물음에 답하시오.

득점	배점
	12

【조 건】

1. 실내온도 : 25℃, 외기온도 : −5℃
2. 외벽의 연면적 : $40m^2$
3. 공기층 열 컨덕턴스 : $6.05W/m^2 \cdot K$
4. 벽체의 구조

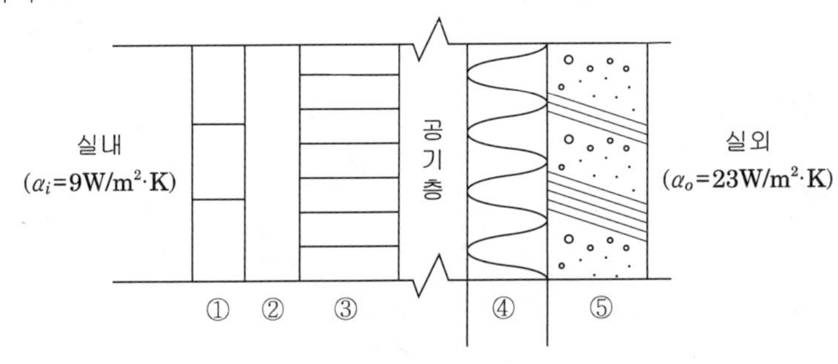

재료	두께(m)	열전도율(W/m·K)
① 타일	0.01	1.3
② 시멘트 모르타르	0.03	1.4
③ 시멘트 벽돌	0.19	0.6
④ 스티로폼	0.05	0.032
⑤ 콘크리트	0.10	1.6

(1) 벽체의 열통과율($W/m^2 \cdot K$)을 구하시오.(반올림하여 3자리까지)

(2) 벽체의 손실열량(W)을 구하시오.

(3) 벽체의 내표면 온도(℃)를 구하시오.

해설 전열량 q

- 열관류량 $q_1 = KA(t_r - t_o)$
- 열전달량 $q_2 = \alpha A(t_r - t_s)$

$q = q_1 = q_2$ 이므로

$q = KA(t_r - t_o) = \alpha A(t_r - t_s)$

해답 (1) 열통과율

$$K = \frac{1}{\frac{1}{\alpha_o} + \Sigma\frac{l}{\lambda} + \frac{1}{\alpha_i}}$$

$$= \frac{1}{\frac{1}{9}+\frac{0.01}{1.3}+\frac{0.03}{1.4}+\frac{0.19}{0.6}+\frac{0.05}{0.032}+\frac{1}{6.05}+\frac{0.1}{1.6}+\frac{1}{23}}$$

$= 0.437[\text{W/m}^2 \cdot \text{K}]$

(2) 손실열량 $q = KA(t_r - t_o) = 0.437 \times 40 \times \{25-(-5)\} = 524.4\ [\text{W}]$

(3) 표면온도는 $q = \alpha A(t_r - t_s)$에서

$524.4 = 9 \times 40 \times (25 - t_s)$

$\therefore t_s = 25 - \frac{524.4}{9 \times 40} = 23.54[℃]$

□ 17년1회

34 어느 벽체의 구조가 다음과 같은 조건을 갖출 때 각 물음에 답하시오.

득점	배점
	9

【조 건】

1. 실내 온도 : 27℃, 외기 온도 : 32℃
2. 벽체의 구조
3. 공기층 열 컨덕턴스 : $6\text{W/m}^2\cdot\text{K}$
4. 외벽의 면적 : 40m^2

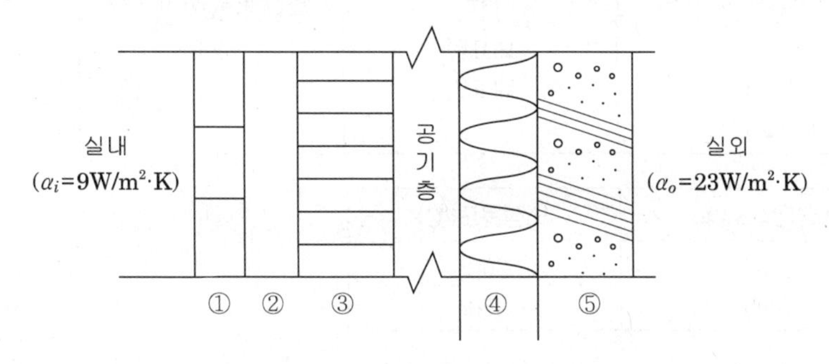

재료	두께(m)	열전도율($\text{W/m}^2\cdot\text{K}$)
① 타일	0.01	1.3
② 시멘트 모르타르	0.03	1.4
③ 시멘트 벽돌	0.19	0.6
④ 스티로폼	0.05	0.16
⑤ 콘크리트	0.10	1.6

(1) 벽체의 열통과율($\text{W/m}^2\cdot\text{K}$)을 구하시오.

(2) 벽체의 침입 열량(W)을 구하시오.

(3) 벽체의 내표면 온도(℃)을 구하시오.

해답 (1) $K=\frac{1}{R}=\frac{1}{\frac{1}{9}+\frac{0.01}{1.3}+\frac{0.03}{1.4}+\frac{0.19}{0.6}+\frac{0.05}{0.16}+\frac{1}{6}+\frac{0.1}{1.6}+\frac{1}{23}}$

$=0.96[\text{W/m}^2\cdot\text{K}]$

(2) $q=KA(t_r-t_o)=0.96\times40\times(32-27)=192[\text{W}]$

(3) 표면온도는 $q=\alpha A(t_s-t_r)$에서

$192=9\times40\times(t_s-27)$

$\therefore t_s=27+\frac{192}{9\times40}=27.53[℃]$

□ 06년1회, 19년2회

득점	배점
	6

35 **다음 그림과 같은 두께 100mm의 콘크리트 벽 내측을 두께 50mm의 방열층으로 시공하고, 그 내면에 두께 15mm의 목재로 마무리한 냉장실 외벽이 있다. 각 층의 열전도율 및 열전달률의 값은 다음 표와 같다.**

재질	열전도율(W/m·K)	벽면	열전달율(W/m^2·K)
콘크리트	1.6	외표면	23
방열재	0.18	내표면	9
목재	0.17		

공기온도(℃)	상대습도(%)	노점온도(℃)
30	80	26.2
30	90	28.2

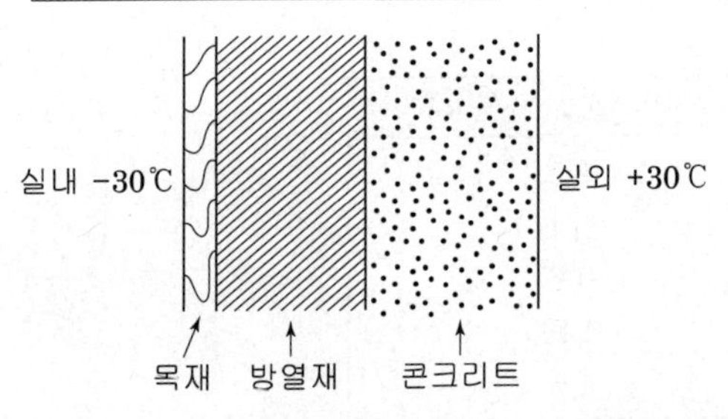

외기온도 30℃, 상대습도 85%, 냉장실 온도 -30℃인 경우 다음 물음에 답하시오.

(1) 열통과량(W)를 구하시오.

(2) 외벽 표면온도를 구하고 응축(결로) 여부를 판결하시오.

해답 (1) ① 열통과율 $K=\dfrac{1}{\dfrac{1}{23}+\dfrac{0.1}{1.6}+\dfrac{0.05}{0.18}+\dfrac{0.015}{0.17}+\dfrac{1}{9}}=1.715[\mathrm{W/m^2\cdot K}]$

(2) 열통과량 $q=KA\Delta t=1.715\times1\times\{30-(-30)\}=102.9[\mathrm{W}]$

① 표면온도는 $q=\alpha A(t_r-t_s)$에서

$102.9=23\times1\times(30-t_s)$

$\therefore t_s=30-\dfrac{102.9}{23\times1}=25.53[℃]$

② 외기온도 30℃, 상대습도 85%의 노점온도 t_{DP}는 보정에 의해

$t_{DP}=26.2+(28.2-26.2)\dfrac{85-80}{90-80}=27.2[℃]$

따라서 외벽 표면온도(25.53℃)가 실외 노점온도(27.2℃)보다 낮아서 결로가 발생한다.

□ 14년2회

36 다음 그림과 같은 두께 100mm의 콘크리트벽 내면에 목재로 마무리한 냉장실 외벽이 있다. 각 층의 열전도율 및 열전달률의 값은 다음 표와 같다.

득점	배점
	5

재질	열전도율(W/m·K)	벽면	열전달률(W/m² · K)
콘크리트	0.85	외표면	20
목재	0.12	내표면	5

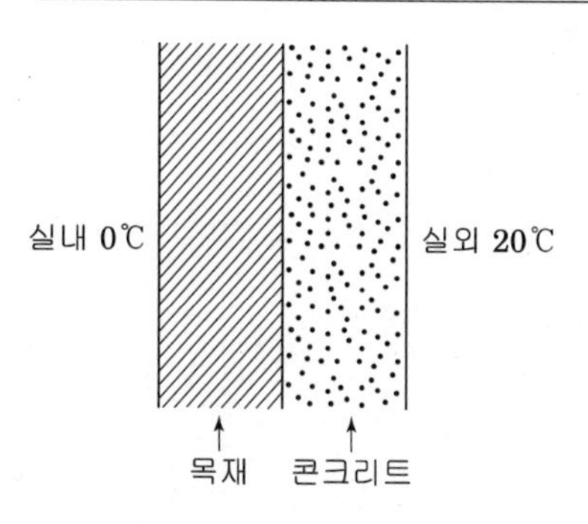

실내온도 0℃, 실외온도 20℃에서 절대습도 0.013kg/kg′일 때 외표면에 결로가 생기지 않는 목재 두께는 몇 mm인가? (단, 노점온도는 공기선도를 이용하시오.)

해답 ① 공기선도에서 절대습도 0.013kg/kg′ 일 때 노점온도는 18.2℃이다.

② 전열량 $q = \alpha A(t_o - t_s) = 20 \times 1 \times (20 - 18.2) = 36[\mathrm{W/m^2}]$

③ 열통과율은 $q = KA(t_o - t_r)$ 에서 $36 = K(20 - 0)$, $A = 1[\mathrm{m^2}]$

$$K = \frac{36}{20} = 1.8 \ [\mathrm{W/m^2 \cdot K}]$$

④ $K = \dfrac{1}{\dfrac{1}{\alpha_o} + \Sigma \dfrac{l}{\lambda} + \dfrac{1}{\alpha_i}}$ 에서

$$1.8 = \frac{1}{\dfrac{1}{20} + \dfrac{0.1}{0.85} + \dfrac{d}{0.12} + \dfrac{1}{5}}$$

목재두께 $d = 0.12 \times \left(\dfrac{1}{1.8} - \dfrac{1}{20} - \dfrac{0.1}{0.85} - \dfrac{1}{5}\right) = 0.022549\mathrm{m} ≒ 22.55[\mathrm{mm}]$

☐ 03년1회, 19년3회

37 실내조건이 건구온도 27℃, 상대습도 60%인 정밀기계 공장 실내에 피복하지 않은 덕트가 노출되어 있다. 결로방지를 위한 보온이 필요한지 여부를 계산과정으로 나타내어 판정하시오. (단, 덕트 내 공기온도를 20℃로 하고 실내 노점온도는 $t''a = 18.5$℃, 덕트 표면 열전달률 $\alpha_o = 9\mathrm{W/m^2 \cdot K}$, 덕트 재료 열관유율을 $K = 0.58\mathrm{W/m^2 \cdot K}$로 한다.)

득점	배점
	6

해설 단층 평면벽의 열이동

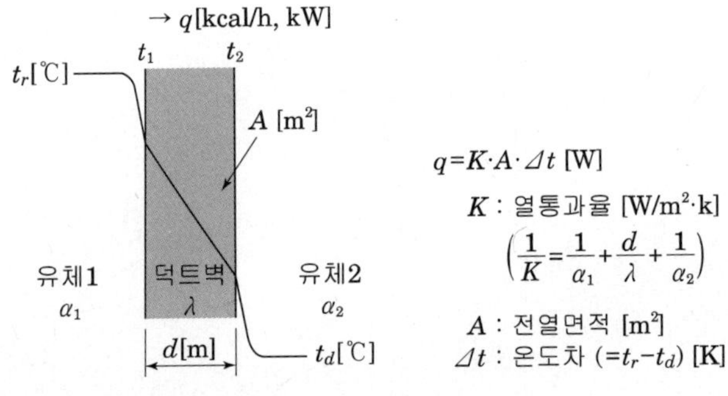

$q_1 = \alpha \cdot A \cdot \Delta t[\mathrm{W}]$
α : 열전달율$[\mathrm{W/m^2 \cdot K}]$
A : 전열면적$[\mathrm{m^2}]$
Δt : 온도차$(= t_r - t_1)$[℃, K]

$q = q_1$ 이므로

$K \cdot A \cdot (t_r - t_d) = \alpha \cdot A \cdot (t_r - t_1)$

해답 $q = K \cdot A \cdot (t_r - t_i) = \alpha \cdot A \cdot (t_r - t_s)$에서 면적 A는 동일하므로

$= 0.58 \times (27-20) = 9 \times (27 - t_1)$

덕트 표면온도 $t_1 = 27 - \dfrac{0.58 \times (27-20)}{9} = 26.55[℃]$

덕트 표면온도(26.55℃)가 실내 노점온도(18.5℃)보다 높아서 결로가 발생하지 않는다. 따라서 보온할 필요가 없다.

□ 02년1회, 07년3회, 09년2회, 15년1회, 17년2회, 19년2회

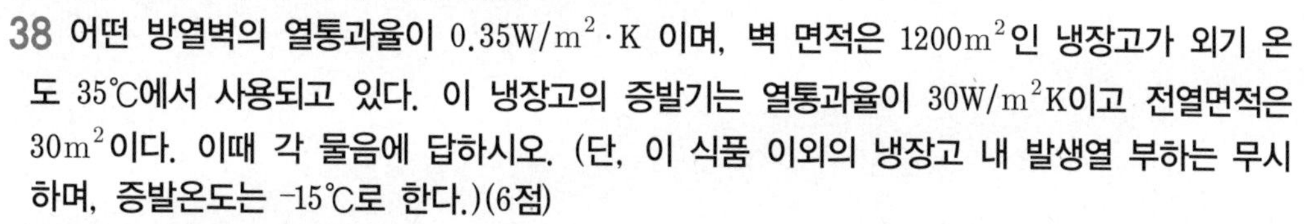

38 어떤 방열벽의 열통과율이 $0.35W/m^2 \cdot K$ 이며, 벽 면적은 $1200m^2$인 냉장고가 외기 온도 35℃에서 사용되고 있다. 이 냉장고의 증발기는 열통과율이 $30W/m^2K$이고 전열면적은 $30m^2$이다. 이때 각 물음에 답하시오. (단, 이 식품 이외의 냉장고 내 발생열 부하는 무시하며, 증발온도는 -15℃로 한다.)(6점)

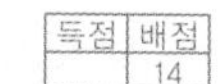

(1) 냉장고 내 온도가 0℃일 때 외기로부터 방열벽을 통해 침입하는 열량은 몇 kW인가?

(2) 냉장고 내 열전달률 $5.82W/m^2 \cdot K$, 전열면적 $600m^2$, 온도 10℃인 식품을 보관했을 때 이 식품의 발생열 부하에 의한 고내 온도는 몇 ℃가 되는가?

해답 (1) 방열벽을 통한 침입열량 $Q = K_w \cdot A_w \cdot \Delta t = 0.35 \times 1200 \times (35-0) = 14700[W] = 14.7[kW]$

(2) 고내온도 t

- Q_2 : 증발기의 냉각능력(냉동능력)[W]
- Q_a : 냉장 식품의 발생열부하[W]
- Q_w : 식품을 보관했을때의 방열벽의 침입열량[W]로 하면

① $Q_2 = KA\Delta t = 30 \times 30 \times \{t-(-15)\} = 900t + 13500$

② $Q_a = \alpha A \Delta t = 5.82 \times 600 \times (10-t) = 34920 - 3492t$

③ $Q_w = K_w A_w \Delta t = 0.35 \times 1200 \times (35-t) = 14700 - 420t$

$Q_2 = Q_a + Q_w$ 이어야 하므로

$900t + 13500 = (34920 - 3492t) + (14700 - 420t)$

$(900 + 3492 + 420)t = 34920 + 14700 - 13500$

$4812\,t = 36120$

$\therefore$ 고내온도 $t = \dfrac{36120}{4812} \fallingdotseq 7.51[℃]$

3 chapter

습공기선도

03 습공기선도

01 습공기선도

더 알아두기

(1) 습공기
건공기 + 수증기의 상태로 존재하는 공기를 말하며 일반적으로 공기라 하면 습공기를 말한다.
지표면 부근의 공기는 수증기를 포함한 습공기로서 수증기의 양에 따라 생활환경에 크게 영향을 미친다.

(2) 습공기의 상태를 표현하는 요소
- 건구온도, 습구온도, 노점온도
- 상대습도, 절대습도, 비교습도
- 비체적
- 엔탈피
- 수증기 분압

1 습공기선도의 종류와 용도

습공기의 상태를 나타낸 그림을 공기선도라 하며 직교 또는 사교축의 성질에 따라

① $h-x$ 선도(엔탈피-절대습도선도)
② $t-x$ 선도(온도-절대습도선도)
③ $t-h$ 선도(온도-엔탈피선도) 등이 있다.

(1) $h-x$ 선도

비엔탈피 h와 절대습도 x를 사교좌표의 형태로 작성한 선도로서 단순히 공기선도라 하면 이 $h-x$선도를 말한다. 이 선도는 건구온도 t, 습구온도 t', 노점온도 t'' 수증기 분압 p_w 상대습도 ψ 절대습도 x 비체적 v 엔탈피 h로 구성되어 있고 이들 가운데 두 개의 값이 정해지면 습공기 선도 상의 상태점이 결정되며 나머지의 상태값을 모두 구할 수 있다. 이 선도는 다른 선도에 비해 이론적 계산을 하는 경우에 우수하고 정확하게 작도할 수 있는 특징이 있다.

(2) $t-x$선도

건구온도 t와 절대습도 x를 직교좌표로 하여 작성된 선도로서 일명 캐리어 선도라고도 한다. 이 선도는 $h-x$ 선도와 거의 같지만 등습구온도선은 비엔탈피선으로 대용하며 실용적인 면에서 사용하기 쉽다는 점에 중점을 두고 있다.

(3) $t-h$ 선도

건구온도 t와 비엔탈피 h를 직교좌표로 하여 작성된 선도로 물과 공기가 접촉되어 있는 상태에서 이용하면 편리하다. (공기 세정기(air washer)나 냉각탑(cooling tower)의 해석 등)

02 습공기선도의 사용법

1 현열비(SHF : sensible heat factor)

전체 열량 변화(현열량 변화+잠열량 변화)에 대한 현열량 변화의 비율을 의미하며 습공기의 상태 변화를 파악하는 데에 이용할 수 있으며 다음과 같이 표현된다.

① 실현열비 : $SHF = \dfrac{q_s}{q_s + q_L}$, (실의 부하를 고려한 현열비)

② 총현열비 : $GSHF = \dfrac{\text{총현열량}}{\text{총현열량} + \text{총잠열량}}$,

(외기와 실의 부하를 고려한 현열비)

③ 유효현열비 : $ESHF = \dfrac{\text{유효실현열량}}{\text{유효실현열량} + \text{유효실잠열량}}$,

(실내측에서 볼 때에 코일을 거쳐 오는 공기 중에서 by-pass하여 오는 공기부하를 고려한 경우)

이 중에 일반적으로 현열비하면 실현열비를 의미 한다.

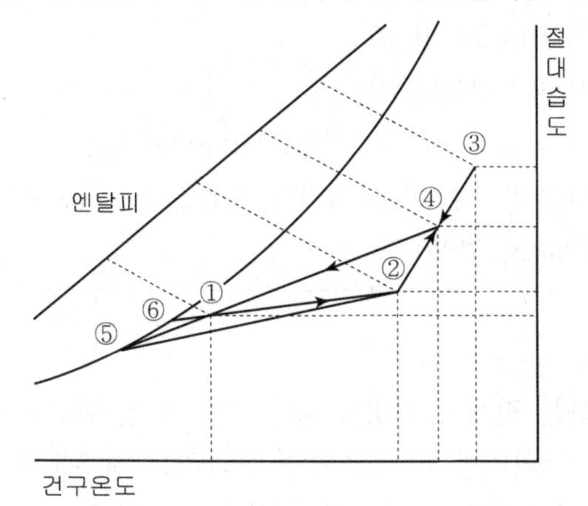

그림에서

실현열비선 : ②-⑥

유효현열비선 : ②-⑤

총현열비선 : ④-⑤

기억 현열비

전열량에 대한 현열량의 비를 말하며 SHF로 표현한다.

현열량 q_s, 잠열량을 q_L로 하면

$SHF = \dfrac{q_s}{q_s + q_L}$ 으로 된다.

참고 유효현열비($ESHF$)

실내현열부하(RSH)와 실내잠열부하(RLH)를 계산할 때 도입외기가 냉각코일 내를 바이패스하는 양(BF : 바이패스 팩터)을 실내부하의 일부로서 RSH 및 RLH에 각각 더하여 계산(이것을 유효현열부하 $ERSH$, 유효잠열부하 $ERLH$)하고 이것에 의하여 구해지는 현열비를 유효현열비($ESHF$)라고 한다. 즉 도입외기 중 냉각코일을 바이패스하여 실내로 유입되는 부분을 극간풍과 동일하게 취급하면 실내 측에서 보면 외기를 취입하지 않고 전외기만으로 공조하는 것으로 볼 수 있다.

$$ESHF = \frac{ERSH}{ERSH + ERLH}$$

$$q_{OBS} = c_p \cdot (BF) \cdot G_o(t_o - t_r)$$

$$q_{OBL} = r_o \cdot (BF) \cdot G_o(x_o - x_r)$$

$$ERSH = RSH(q_S) + q_{OBS}$$

$$ERLH = RLH(q_L) + q_{OBL}$$

여기서,

c_p : 공기의 평균정압비열, 1.005[kJ/kg · K]
r_o : 0℃때의 수증기 증발잠열, 2501[kJ/kg]
G_o : 도입외기량[kg/h], [kg/s]
t_o, t_r : 외기온도와 실내온도[℃]
x_o, x_r : 외기 절대습도, 실내공기 절대습도[kg/kg(DA)]
q_{OBS}, q_{OBL} : 냉각코일을 바이패스하는 외기가 실내에 갖고 들어오는 현열과 잠열[kJ/h], [kW]

④ BF(By-pass Factor)

공기조화기를 통과하는 전체 공기량에 대한 코일과 접촉하지 않고 통과하는 공기의 비율을 의미한다. 공조기를 통과하는 대부분의 공기는 코일 표면과 접촉하여 코일의 표면온도가 되나 일부의 공기는 코일면과 접촉하지 못하고 통과하는데 이는 코일의 열수, 형상, 공기의 유속 등에 따라 달라진다.

$$BF = \frac{\text{바이패스 공기량}}{\text{전공기량}} = \frac{\overline{①⑤}}{\overline{④⑤}} = 1 - CF$$

⑤ 장치의 노점온도 ADP(Apparatus Dew Point)

냉각감습장치를 통과하는 공기가 코일 표면 또는 분무수와 충분히 접촉하면 그 온도를 노점으로 하는 포화상태의 공기가 된다. 이 온도를 코일의 장치의 노점온도라 한다.

이것을 정확하게 구하기는 어렵지만 근사적으로 냉각코일 입구수온과 출구 공기의 습구온도 평균값으로 구하고 있다.

- 실내장치의 노점온도 : 실현열비선과 포화곡선(100%RH)과의 교점(⑥)의 온도로 취출 공기가 실내 잠열부하에 상당하는 수분를 제거하는 데 필요한 코일의 표면온도.
- 코일장치의 노점온도 : 실내상태점을 통과하는 유효현열비선과 포화곡선과의 교점(⑤)의 온도로 취출공기(실내 잠열부하+BF에 의한 잠열부하)에 상당하는 수분을 제거하는데 필요한 코일의 표면온도

2 열수분비(μ : moisture ratio), [kJ/kg]

공기의 상태가 변하고 그때의 열량과 절대습도의 변화량이 Δh, Δx라면 열수분비u는 다음 식으로 정의된다.

$$\mu = \frac{\Delta h}{\Delta x}$$

여기서 Δh : 공기 엔탈피의 변화[kJ/kg]
Δx : 공기 절대습도의 변화[kg/kg′]

열수분비는 주로 가습 조작을 할 경우의 공기 상태변화에 주로 이용되며 수분무 가습시에는 분무수의 엔탈피와 증기 가습에서는 증기의 엔탈피와 같아진다.

기억 열수분비 μ

공기의 상태를 변화시키는 경우 절대습도 변화량에 대한 비엔탈피 변화량의 비를 말하며 $\mu = \Delta h / \Delta x$로 나타낸다.

3 송풍온도(취출 공기 온도)결정

1) 실온과의 온도차에 의한 방법

- 저속덕트 : 10deg 전후
- 고속덕트 : 15deg 전후

유도성능이 우수한 취출구를 사용하면 온도차를 크게 할 수 있기 때문에 풍량을 감소시킬 수 있다.

2) 냉각코일(감습장치) 출구의 상대습도에 의한 법

- 4열 냉각코일 : 80% RH
- 6열 냉각코일 : 90% RH
- 8열 냉각코일 : 95% RH

기억 난방 시와 냉방 시의 송풍량을 같게 하는 이유

: 동일한 송풍기를 사용하는 관계로 냉방부하와 난방부하가 극단적으로 다르지 않는 한 난방 시와 냉방 시의 송풍량은 같게 한다.

4 송풍량

전항에 의하여 송풍상태가 정해지면 다음 식에 의해 송풍량을 구한다.

$$Q = \frac{q_s}{c_p \cdot \rho \cdot (t_r - t_d)}$$

Q : 송풍량[m³/h], [m³/s]

q_S : 실내현열부하[m³/s], [kJ/h], [kW]

c_p : 공기의 평균정압비열, 1.005[kJ/kg · K]

ρ : 공기의 밀도1.2[kg/m³]

t_r : 실내온도[℃]

t_d : 송풍공기온도[℃]

5 장치의 노점온도, 바이패스 팩터(BF), 유효현열비에 의하여 송풍량을 구하는 방법

$$G = \frac{ERSH}{c_p \cdot (1 - BF) \cdot (t_r - t_a)}$$

여기서

G : 송풍량[kg/h]

$ERSH$: 유효 현열 부하[kJ/h]

c_p : 공기의 평균정압비열1.005[kJ/kg · K]

t_r : 실내온도[℃]

t_a : 장치의 노점 온도[℃]

03 공기선도 상의 상태변화 □□□

1 가열

공기를 가열기나 전열기 등으로 가열하는 경우, 공기 중의 수증기량은 변화하지 않고 온도만이 상승하므로 공기선도 상에서는 절대습도는 일정한 상태로 비엔탈피가 증가한다. 이 변화를 공기선도 상에 표시하면 그림 3.3.2과 같다.

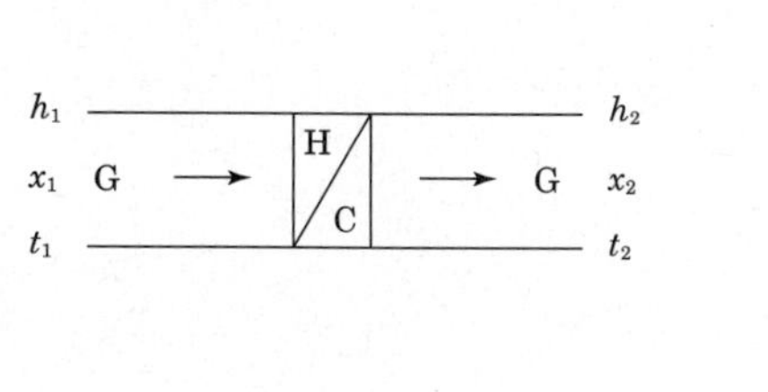

그림 3.3.1

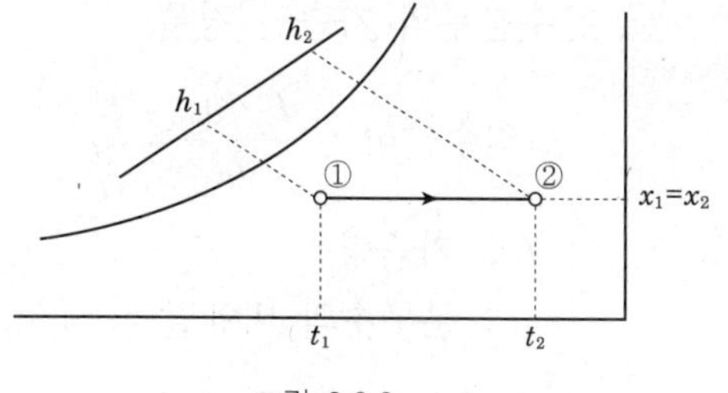

그림 3.3.2

$$q_H = G \cdot (h_2 - h_1) = c_p \cdot G \cdot (t_2 - t_1)$$

여기서 q_H : 가열량[kJ/h], [kW]

G : 풍량[kg/h], [kg/s]

c_p : 공기의 평균정압비열1.005[kJ/kg · K]

h_1, h_2 : 가열코일 입구 및 출구 엔탈피[kJ/kg]

t_1, t_2 : 가열코일 입구 및 출구온도[℃]

기억 **공기가 가열코일을 통과할 경우 절대습도의 변화는 없다.**

: 공기중의 수분량의 변화가 없기 때문에 습공기선도 상에서는 절대습도가 일정한 상태로 온도가 상승하는 오른쪽 방향으로 이동한다.

2 냉각

습공기를 냉각할 경우, 코일의 표면온도가 습공기의 노점온도보다 높을 경우 습공기 중의 수증기량은 변화하지 않고 온도만 강하하므로 습공기선도상에서는 절대습도는 일정한 상태로 건구온도만 가열과 반대방향으로 수평이동한다.

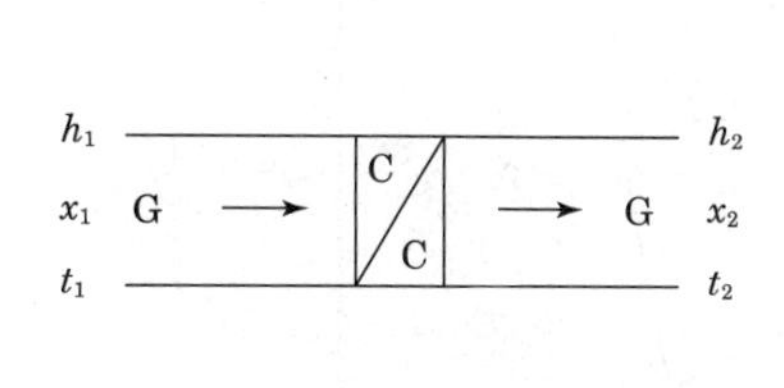

그림 3.3.3

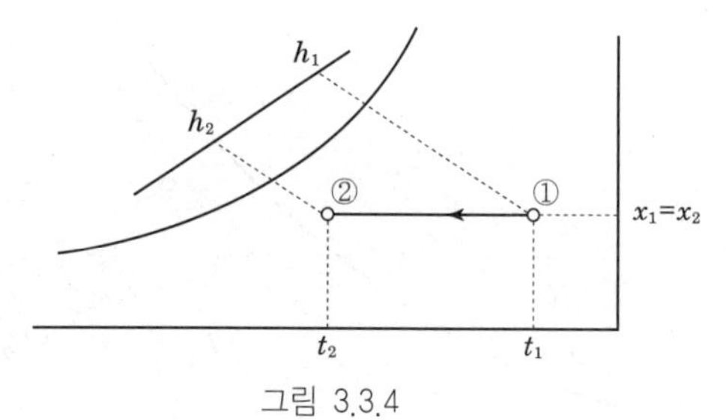

그림 3.3.4

$$q_c = G \cdot (h_1 - h_2) = c_p \cdot G \cdot (t_1 - t_2)$$

3 가습

공기조화에서 일반적인 가열을 동반한 가습방법으로는 다음과 같다.

- 물분무 가습기
- 증기분무식
- 증발접시식(pan형 가습기)

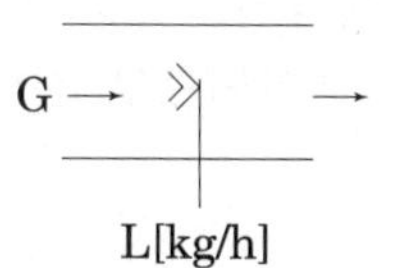

기억 가습조작의 변화에는 열수분비를 이용한다.

: 열수분비는 물분무 가습에서는 분무수의 엔탈피와 증기가습에서는 분무 증기의 엔탈피와 같다. 따라서 가습조작 시 습공기 선도 상에서의 상태변화 방향은 습공기선도 좌측 위쪽에 있는 열수분비 도를 이용하여 작도한다.

① 온수분무의 가습인 경우

$$\mu(\text{열수분비}) = \frac{L \cdot h_L}{L} = h_L$$

L : 가습량

h_L : 분무수의 비엔탈피[kJ/kg]

② 증기 가습인 경우

- $u = 2501 + 1.85t_s$

  t_s : 증기온도[℃]

  ①→② : 물분무 가습인 경우

  ①→③ : 증기분무 가습인 경우

  ①→④ : 팬형 가습기에 의한 가습

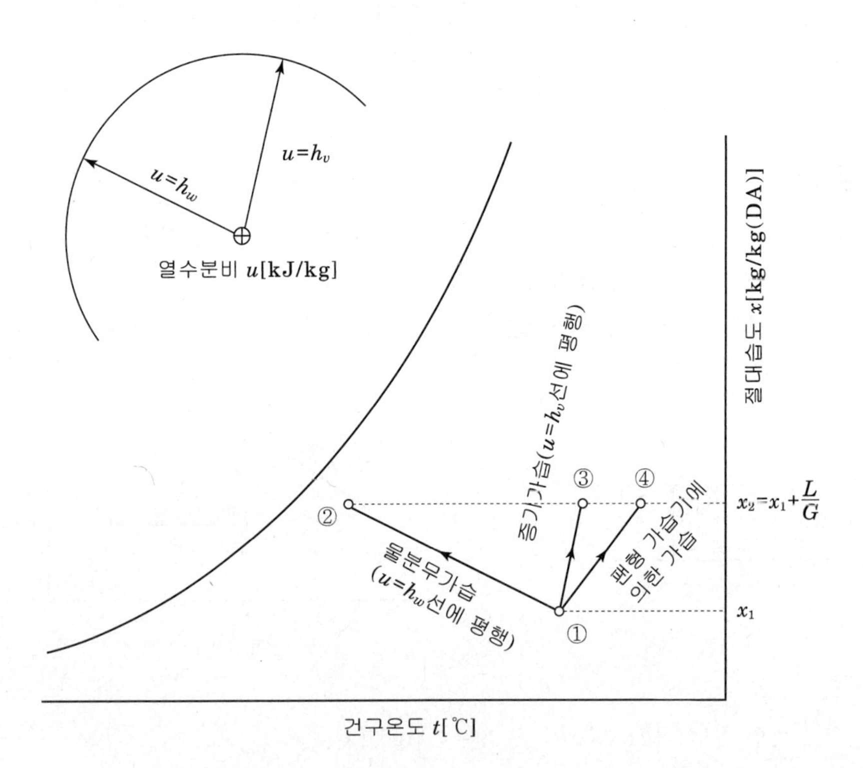

4 냉각감습

습공기를 통과 공기의 노점온도보다 낮은 냉각코일이나 냉수를 분무하는 공기세정기(air washer)를 통과시키면 습공기 중의 수증기 일부가 응축되어 분리되므로 절대습도는 감소된다.

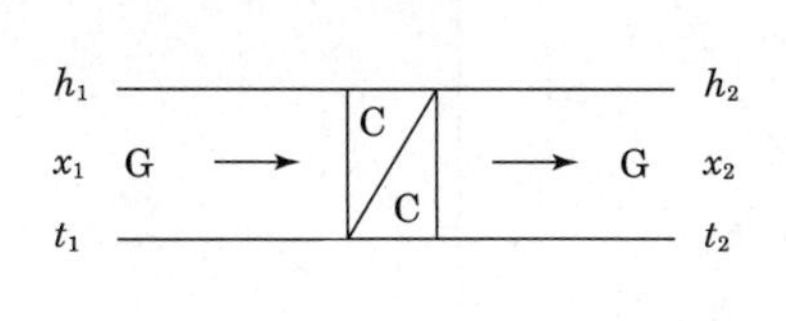

그림 3.3.8

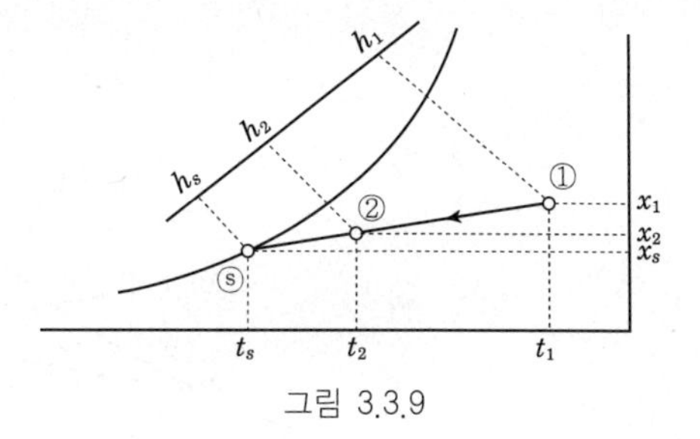

그림 3.3.9

①：코일 입구 상태점

②：코일 출구 상태점

$q_c = G \cdot (h_1 - h_2)$

h_1 ：코일 입구 엔탈피

t_2 ：코일 출구 엔탈피

• 바이패스 펙터(BF)와 콘텍트 펙터(CF)

그림 3.3.9에 나타낸 바와 같이 코일 입구 공기 ①을 냉각코일로 냉각할 경우 코일의 유효표면온도(장치의 노점온도)가 일정하여 코일의 열수가 무한이 많으면 장치의 노점온도(ADP)와 같은 온도의 포화공기 t_s가 된다. 그러나 실제로는 코일의 열수가 한정되므로, 일부의 공기는 코일과 접촉하지 못하고 그대로 지나고 만다. 그 결과 점 ② 상태의 공기가 되어 냉각코일을 나간다.

이러한 의미에서 선분 $\overline{②ⓢ}$와 선분 $\overline{①ⓢ}$의 비를 바이패스 펙터(BF)라 한다.

$$BF = \frac{h_2 - h_s}{h_1 - h_s} = \frac{t_2 - t_s}{t_1 - t_s} = \frac{x_2 - x_s}{x_1 - x_s}$$

$$CF = 1 - BF = \frac{h_1 - h_2}{h_1 - h_s} = \frac{t_1 - t_2}{t_1 - t_s} = \frac{x_1 - x_2}{x_1 - x_s}$$

5 냉각가습

(4)항의 냉각감습의 경우 공기세정기로 다량의 냉수를 분무하여 공기를 냉각할 때 분무수의 온도가 입구공기 ①의 노점온도 t'' 이하일 때는 분무수의 표면에서 결로가 발생하여 냉각감습되는 경우이나 분무수의 온도가 노점온도 이상일 때는 분무수의 일부가 증발하여 공기는 가습이 된다. 이 경우 분무수온도의 변화에 따라 다음과 같이 정리할 수 있다.

기억 감습을 수반하는 냉각

: 냉각코일의 표면온도가 입구공기의 노점온도보다 낮을 때는 코일표면에서 결로가 발생하여 공기중의 수증기량이 감소된다. 따라서 습공기선도 상에서는 건구온도와 절대습도가 함께 저하되는 현상이 일어난다.

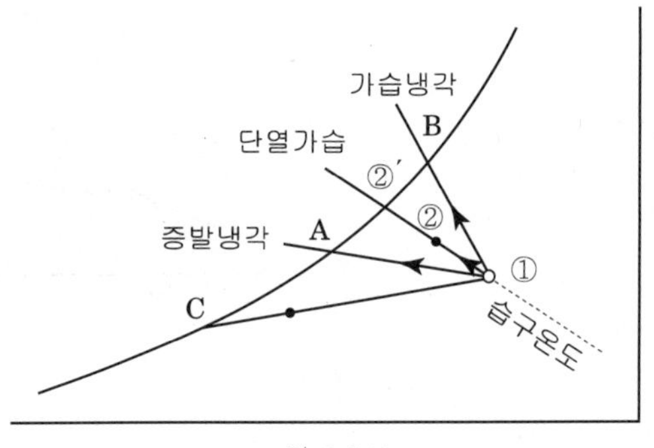

그림 3.3.10

- 냉수분무 : 수온은 입구공기의 노점온도 이하–냉각감습(①–c선)
- 냉수분무 : 수온은 공기의 노점온도 이상 습구온도 이하–증발냉각, 공기의 엔탈피 감소(①–A선)
- 순환수분무 : 분무수는 가열도 냉각도 하지 않는다. 수온=공기의 습구온도–단열가습, 공기엔탈피 거의 일정(①–②′ 선)
- 가열분무 : 수온은 공기의 습구온도 이상(건구온도 이하)–냉각가습, 공기의 엔탈피 증가(①–B선)

6 가열감습(화학감습)

감습에는 냉각감습에서 설명한 냉각코일이나 공기세정기를 사용하는 것 외에 다음과 같은 화학적 감습법이 있다.

① 고체 수분 흡착–예, 실리카겔
② 액체 수분 흡수–예, 염화리듐(Licl)

고체흡착제나 액체흡수제를 공기가 통할 때 공기속의 수증기는 흡착제에 흡착 또는 흡수제에 흡수되어 감습된다. 이때에 침윤열, 용해열 및 수증기의 응축잠열에 의해 공기는 가열되어 공기온도는 상승하므로 가열감습이 이루어진다.

A–B : 고체흡착
A–C : 액체흡수

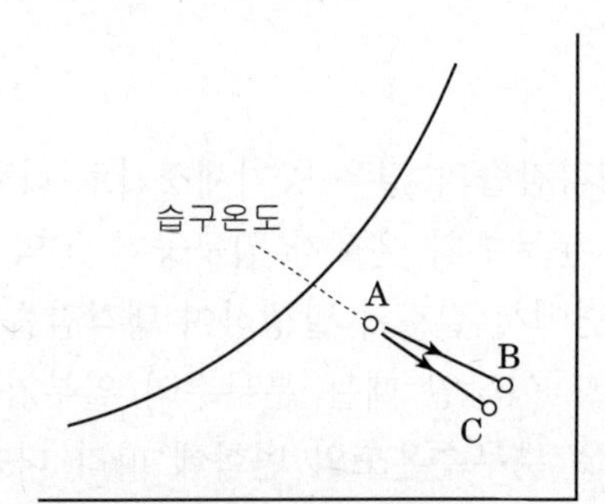

7 혼합

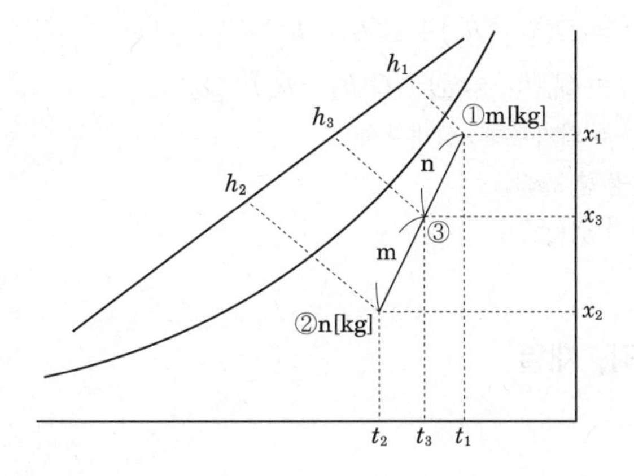

혼합 전의 공기상태점 ①, ②를 직선으로 연결하여 직선상의 점 ③을 선분 $\overline{①③}:\overline{②③} = n:m$로 취하면 이 ③점이 혼합공기 상태를 나타낸다.

$$h_3 = \frac{mh_1 + nh_2}{m+n} \text{(에너지 보존 법칙)}$$

$$x_3 = \frac{mx_1 + nx_2}{m+n} \text{(질량 불변의 법칙)}$$

$$t_3 = \frac{mt_1 + nt_2}{m+n} \text{(근사적 사용)}$$

04 습공기선도 상의 실제변화

기억 외기도입량

보건용 공기조화에서의 외기도입량은 전송풍량의 1/3정도로 취해지는 경우가 많다.

1 혼합, 냉각

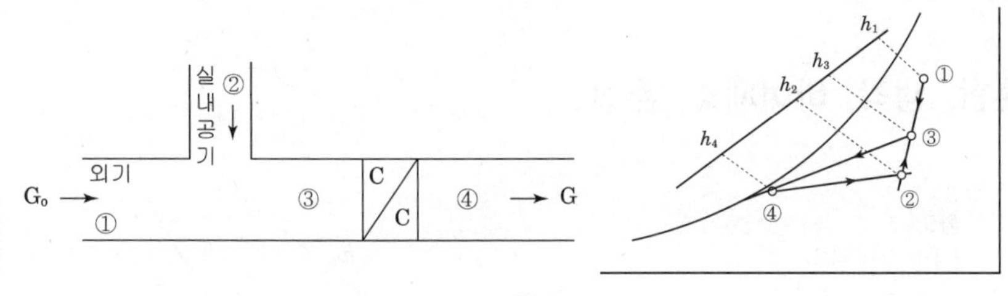

그림 3.4.1

그림 3.4.1과 같이 외기 ①과 실내환기 ②가 혼합되어 점 ③의 상태가 되어 코일에 들어간다.

이것이 코일에서 냉각감습되어 점 ④의 송풍공기가 된다. 이때 점④는 점 ②를 통하는 SHF와 나란한 상태선상에 있게 된다.

냉방시에 취출되는 공기의 상태점

: 목적 공간의 현열부하와 잠열부하를 구하여 현열비를 구하고 설정 실내 상태②를 통과하는 현열비 일정의 상태선을 긋고 이 상태 선상에서 취출되는 온도차가 일반적으로 10~12℃가 되도록 취출공기 상태점을 정한다.

냉각열량 $q_C = G(h_3 - h_4)$

$= G(h_3 - h_2) + G(h_2 - h_4)$

$= G_0(h_1 - h_2) + G(h_2 - h_4)$

= 외기부하+실내부하

G : 송풍량[kg/h]

G_o : 외기량[kg/h]

2 혼합, 냉각, 재열

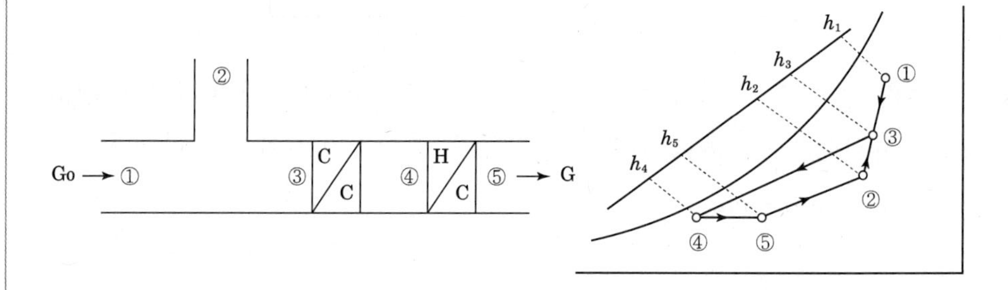

실내의 잠열부하가 극히 클 때나 설계풍량보다 큰 풍량을 사용할 때는 냉각코일의 출구공기를 재열할 필요가 있다. 즉 외기 ①과 실내공기 ②의 혼합공기 ③을 취출구 공기의 절대습도 x_4까지 냉각감습하고 다시 ⑤까지 가열한다.

냉각열량 $q_c = (h_3 - h_4)$

$= G(h_3 - h_2) + G(h_2 - h_5) + G(h_5 - h_4)$

$= G_0(h_1 - h_2) + G(h_2 - h_5) + G(h_5 - h_4)$

= 외기부하+실내부하+재열부하

3 혼합, 냉각, 바이패스, 혼합

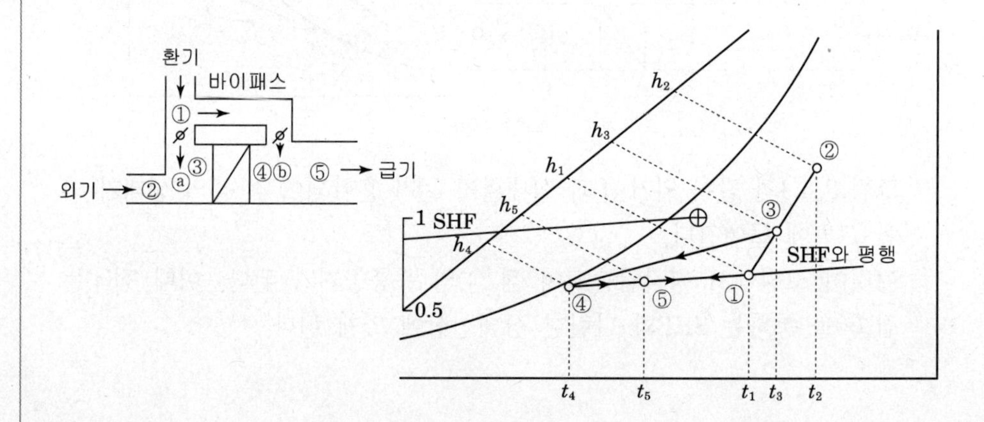

바이패스 풍량을 $k_B \cdot G$[kg/h]라 하면 냉각기를 통과하는 풍량은 $G(1-k_B)$[kg/h]가 되므로 냉각기에서의 냉각열량 q_c[kJ/h], [kW]는 다음과 같이 나타낼 수 있다.

$$q_c = G(1-k_B)(h_3-h_4)$$

여기서 h_3는 그림 ⓐ위치에서, h_4는 ⓑ위치에서의 열평형식에 의해 각각 다음과 같이 나타낼 수 있다.

즉, ⓐ위치에서의 열평형식은

$$G \cdot k_o \cdot h_2 + G(1-k_o-k_B)h_1 = G(1-k_B)h_3$$

$$\therefore\ h_3 = \frac{(1-k_B-k_o)h_1 + k_o \cdot h_2}{(1-k_B)}$$

또 ⓑ위치에서 열평형식은

$$k_B \cdot G \cdot h_1 + G(1-k_B)h_4 = G \cdot h_5$$

$$\therefore\ h_4 = \frac{h_5 - k_B \cdot h_1}{1-k_B}$$

여기서 $k_B = \dfrac{G_B}{G}$, $k_o = \dfrac{G_o}{G}$ 이다.

따라서 냉각열량 g_c는

$$q_c = G(h_1-h_5) + k_o \cdot G(h_2-h_1)$$
$$= (q_s+q_L) + G_o(h_2-h_1) = G(1-k_B)(h_3-h_4)$$

송풍량 G, Q[kg/h, m^3/h]는

$$G = \frac{q_s+q_L}{h_1-h_5} \div \frac{q_s}{C_p(t_1-t_5)}$$

$$Q = \frac{q_s+q_L}{1.2(h_1-h_5)} \div \frac{q_s}{C_p\rho(t_1-t_5)}$$

냉각기에서 감습량 L[kg/h]은

$$L = G(1-k_B)(x_3-x_4)$$
$$= \rho Q(1-k_B)(x_3-x_4)$$

공조기 출구온도 $t_d(=t_5)$

$$t_d = t_1 - \frac{q_s}{C_p G}$$
$$= t_1 - \frac{q_s}{C_P \rho Q}$$

4 예냉, 혼합, 냉각

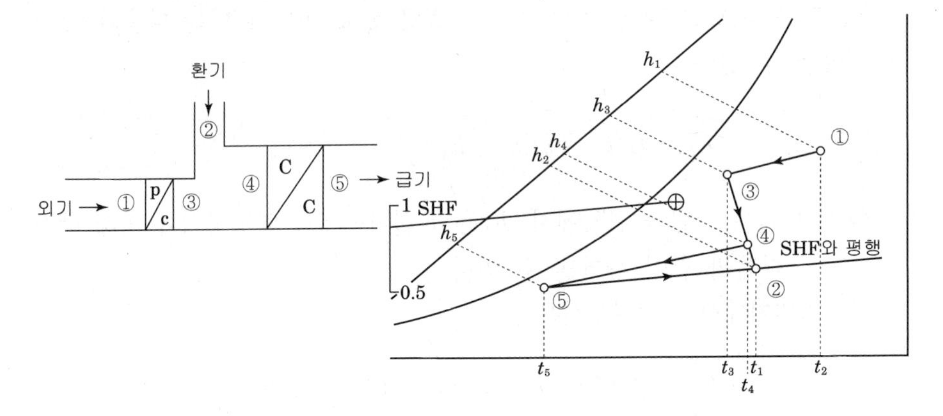

18℃ 이하의 우물물을 냉동기의 응축기 냉각수로 사용하는 경우 응축기 보내기 전에 외기를 예냉하는 것이 경제적이다.

즉 ①의 외기는 예냉되어 ③이 되고 이것을 실내공기 ②와 혼합하여 냉각코일 냉각하는 것이다. 이때의 냉각코일부하는 예냉한 만큼 감소된다.

냉각열량 $q_c = G(h_4 - h_5)$

$$= G(h_4 - h_2) + G(h_2 - h_5)$$

$$= G_o(h_3 - h_2) + G(h_2 - h_5)$$

$$= G_o(h_1 - h_2) - G_o(h_1 - h_3) + G(h_2 - h_5)$$

= 외기부하 − 예냉부하 + 실내부하

5 혼합, 가습, 가열

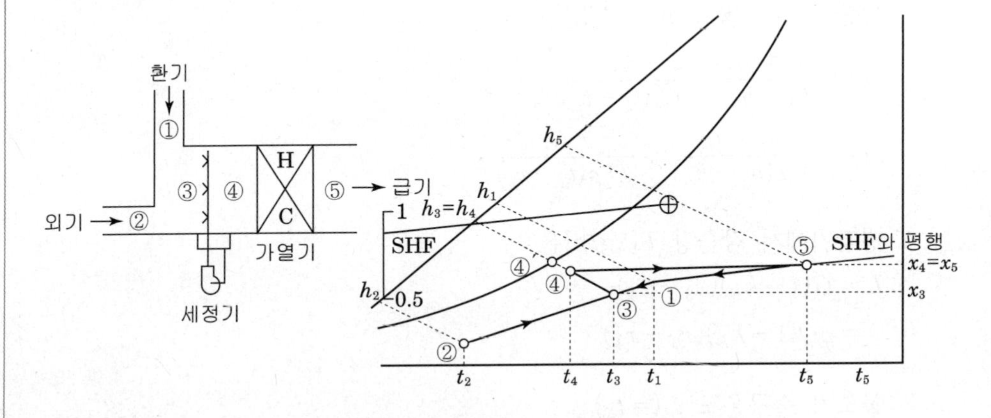

외기 ②와 환기 ①의 혼합공기인 ③을 순환수를 분무하는 공기세정기를 지나게 하면 습구온도가 일정한 선상을 따라 ④가 된다.

이것을 가열기로 가열하면 ⑤의 상태로 실내에 토출한다.

이 경우 $\overline{③④}/\overline{③④'}$를 포화효율(CF : contact factor)이라 한다.

가열량 $q_H = G(h_5 - h_4) = G(h_5 - h_1) + G(h_1 - h_3)$

가습량 $L = G(x_4 - x_3)$

6 혼합, 가열, 가습

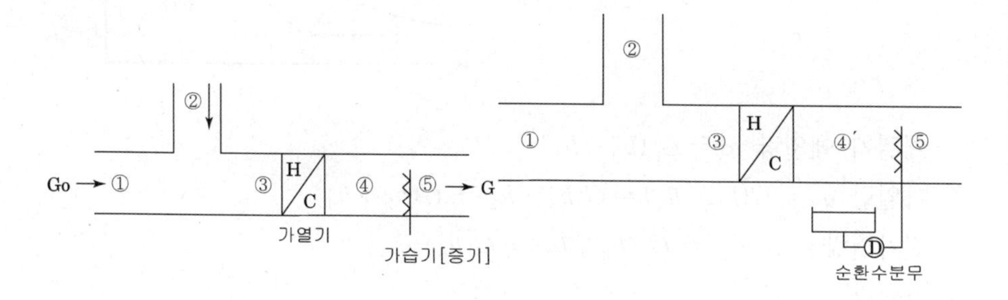

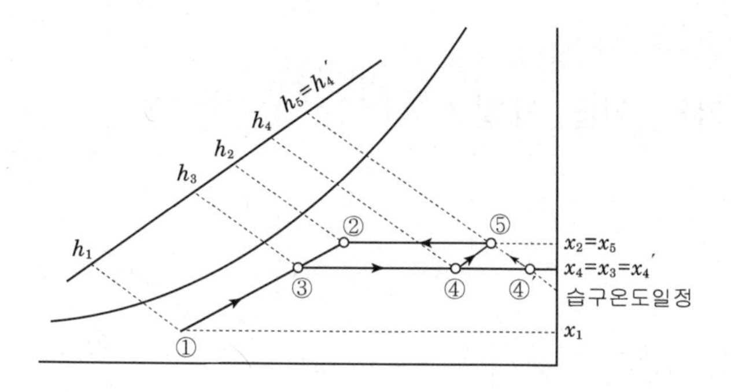

$\overline{④⑤}$: 증기가습

난방부하 $q_H = G(h_5 - h_3)$

$= G(h_5 - h_2) + G(h_2 - h_3)$

$\overline{④'⑤}$: 순환수 분무

난방부하 $q_H = G(h_5 - h_3)$

$= G(h_5 - h_2) + G(h_2 - h_3)$

가습량 $L = G(x_5 - x_4) = G_o(x_2 - x_1)$

가열기가열량

증기가습 : $G(h_4 - h_3)$

순환수분무 : $G(h_{4'} - h_3)$

기억 난방 시 취출공기의 상태점

: 냉방의 경우와 같이 목적공간의 현열부하와 잠열부하에서 현열비를 구하고 현열비 일정선상에서 실내공기상태점을 통하도록 긋고 이 선상에 $q_s = C_p \rho Q \Delta t/3600$에서 구한 취출공기온도 t_d인 점을 산출한다.

기억 가열코일 출구공기의 상태점

: 가습 방식에 의해 분무수 또는 증기의 엔탈피와 같은 열수분비 일정 선이 ⑥을 통과하도록 긋고 이것과 ④를 통과하는 절대습도 일정 선과의 교점으로 ⑤를 정한다.

7 예열, 혼합, 가열, 가습

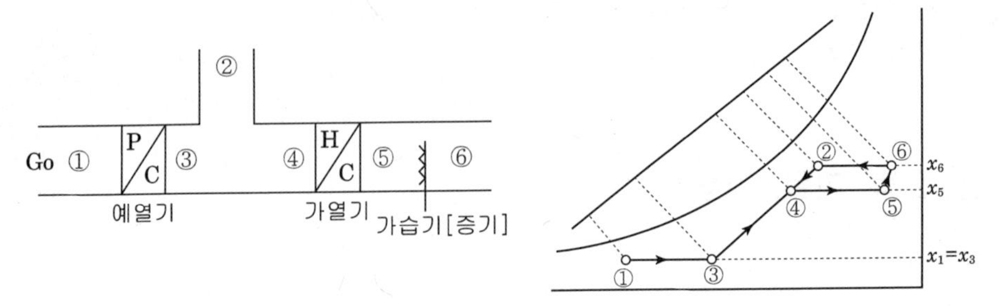

예열기 예열량 $q_p = G_o(h_3 - h_1)$

가열량 $q_h = G(h_6 - h_4) = G(h_6 - h_2) + G(h_2 - h_4)$

전가열량 $= q_p + q_h = G_o(h_3 - h_1) + G(h_6 - h_4)$

가습량 $L = G(x_6 - x_5) = G_o(x_2 - x_1)$

8 혼합, 가열, 가습, 재열

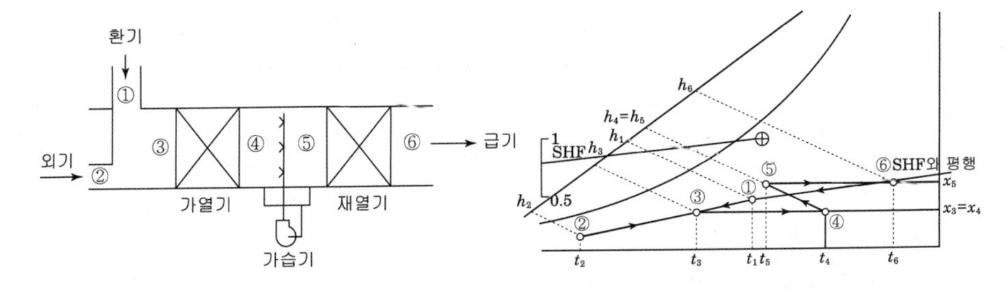

(5)항에서처럼 ③에서 가습을 할 경우 목표의 절대 습도 x_5까지 가습할 수 없을 때에 이 방법을 사용한다.

가열기부하 $q_H = G(h_4 - h_3)$

재열기부하 $q_{HR} = G(h_6 - h_5)$

외기부하 $q_o = G(h_1 - h_3)$

전가열 부하 q_T = 외기부하+실내손실부하

$= q_o + (q_s + q_L)$

= 가열량+재열량

$= q_H + q_{HR}$

9 화학적 감습제에 의한 감습

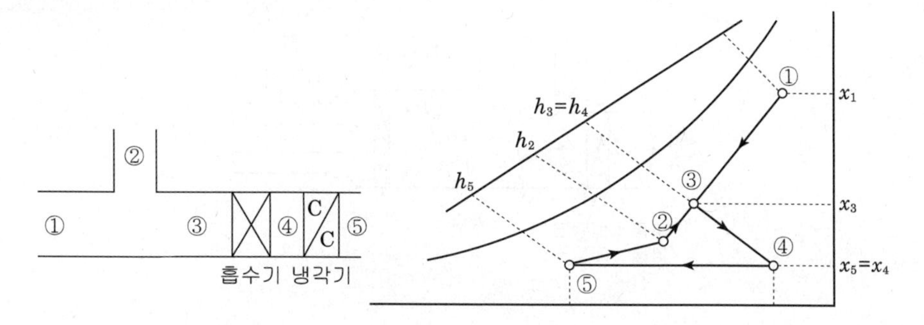

화학적 감습제 사이로 공기를 통과시키면 공기 중의 수분이 흡수됨과 동시에 응축잠열에 의해 공기의 온도가 상승한다. 그 결과 습구온도가 일정한 선상으로 변화한다. 실제 장치에서는 외기 ①과 실내 환기 ②와의 혼합 공기 ③을 화학적 감습제의 내부를 통해 ④점까지 감습한다. 이것을 냉각기로 ⑤까지 냉각하여 실내로 취출한다.

냉각열량 $q_c = G(h_4 - h_5)$

감습량 $L = G(x_3 - x_4)$

10 2중 덕트방식

1) 분리 팬 방식

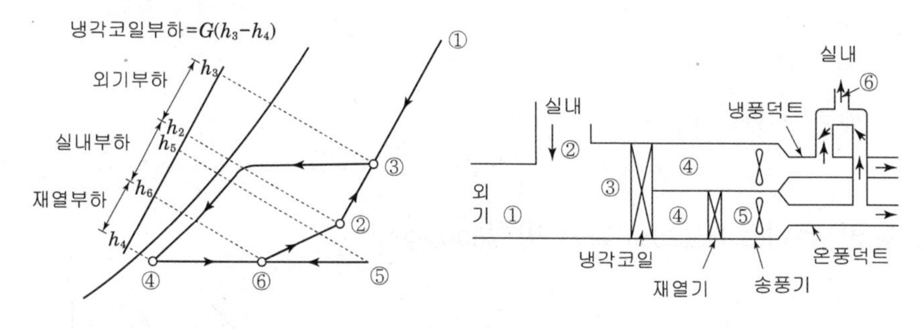

혼합공기인 점 ③의 공기는 냉각코일로 냉각감습되어 ④의 공기가 되고 온풍계통은 재열기로 점 ⑤까지 가열하여 취출구 직전에서 냉풍과 온풍의 혼합비에 따라서 점 ⑥이 된다. 즉 혼합비를 바꾸면 점 ⑥은 $\overline{④⑤}$의 선상에서 이동한다.

$$q_c = G(h_3 - h_4)$$
$$= G(h_3 - h_2) + G(h_2 - h_6) + G(h_6 - h_4)$$

= 외기부하+실내부하+재열부하

2) 공통 팬 방식

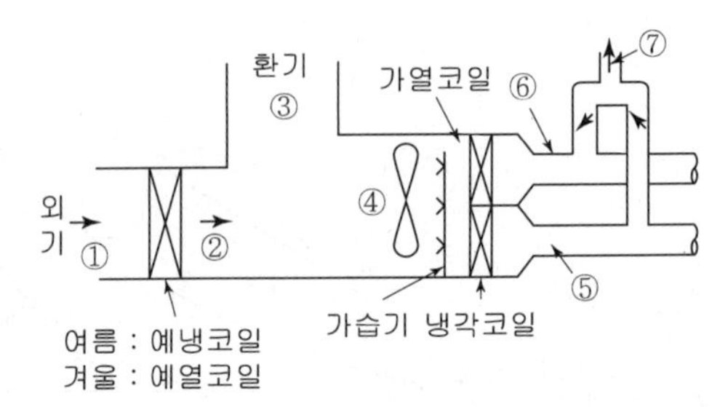

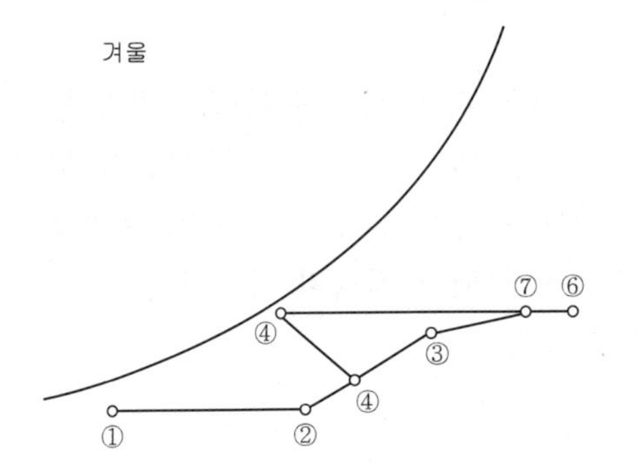

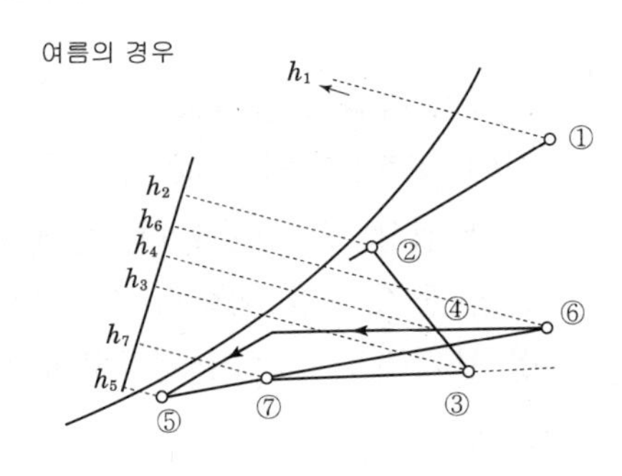

그림과 같이 1대의 팬을 사용하고 팬 출구에 냉각코일과 가열코일을 설치하는 방식을 쓰고 있다.
여름철 냉방 시 ④의 공기가 냉각코일을 통해 ⑤가 되는 풍량비를 k라고 하면 다음 식과 같다.

$$q_c = k \cdot G(h_4 - h_5)$$

$$q_H = (1-k) \cdot G(h_6 - h_4)$$

$$q_o = G_o(h_1 - h_2)$$

11 유인 유니트(induction unit) 방식(IDU 방식)

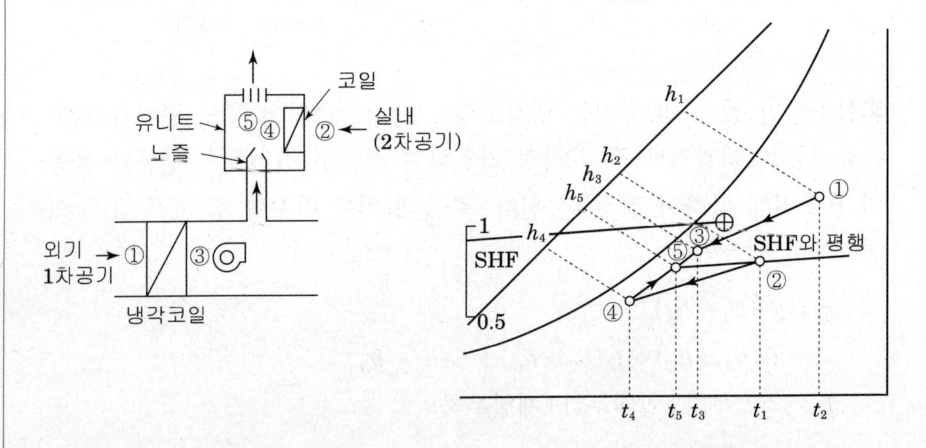

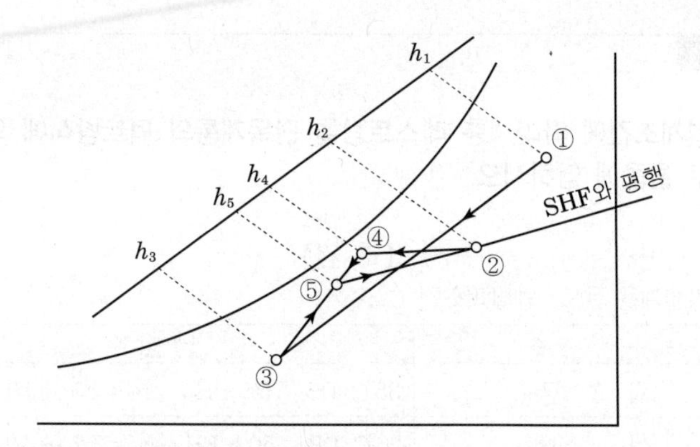

중앙 공기조화기로 냉각감습된 외기 ③과 실내 유니트(IDU)의 냉각코일에 의해 냉각된 2차 공기 ④와의 혼합공기 ⑤가 취출된다. 여기서 실내 냉방부하의 상태에 따라서 실내 유니트의 코일의 수량을 조절하여 점 ④를 이동할 수 있으므로 취출공기 ⑤의 상태를 변화시킬 수가 있다.
실내 취출공기량에 대한 1차 공기의 비를 k라 하면 다음 식과 같다.

$$h_5 = kh_3 + (1-k)h_4$$

$$q_{c1} = kG(h_1 - h_3)$$

$$q_{c2} = G(1-k)(h_2 - h_4)$$

$$q_c = q_{c1} + q_{c_2} = kG(h_1 - h_3) + G(1-k)(h_2 - h_4)$$

$$= G(h_2 - h_5) + kG(h_1 - h_2)$$

$$= \text{실내부하} + \text{외기부하}$$

예제 1

다음의 설계조건에 따라 3층 레스토랑을 단독계통의 덕트방식에 의해 냉방하는 경우 물음에 답하시오.

【조 건】

1. 냉방설계용 온도, 엔탈피조건

	냉 방
외　　기	35℃ DB, 75% RH, h = 85.1kJ/kg(DA)
실　　내	26℃ DB, 50% RH, h = 52.9kJ/kg(DA)
냉각코일 출구공기	14.5℃DB, h = 38.1kJ/kg(DA)
냉각코일의 냉수출입구 온도차	7℃
재열코일 출구공기	17.0℃DB, h = 40.6kJ/kg(DA)

2. 공조대상의 바닥면적 · 재실인원 : $110m^2$, 55인
3. 외기 도입량 : $30m^3/h$ · 인
4. 벽체 및 유리창부하 : $40W/m^2$(단위바닥면적당)
5. 조명 및 콘센트부하 : $20W/m^2$(단위바닥면적당)
6. 인체부하 : 146W/인(현열 79W/인, 잠열 67W/인)
7. 전열교환기 효율 : 70%(현열, 잠열 모두 같음)
8. 공기의 밀도 : ρ=1.2kg/m^3, 공기의 정압비열 C_p=1.0kJ/kg · K
9. 물의 밀도 : ρ=1.0kg/L, 물의 비열 4.2kJ/kg · K
10. 침입외기부하는 없는 것으로 하고 배기는 전부 전열교환기를 경유하는 것으로 하고, 배기량은 외기도입량과 같도록 한다.

(1) 송풍량[m^3/h]을 구하시오.

(2) 냉각코일 입구공기의 비엔탈피[kJ/kg]을 구하시오.

(3) 재열코일의 가열능력[kW]을 구하시오.

(4) 냉각코일의 냉각능력[kW]을 구하시오.

(5) 냉수량[L/min]을 구하시오.

해설 1) 송풍량[m^3/h]

송풍량은 실내 현열부하로부터 구한다.

실내현열부하q_s =(벽체 및 유리창부하40W/m^2+조명 및 콘센트부하 20W/m^2)×110m^2+인체

현열 79W/인×55인= 10945[W]

$$송풍량 Q = \frac{q_s}{C_p \rho \Delta t} = \frac{10945 \times 3.6}{1.0 \times 1.2 \times (26-17)} = 3648.33[m^3/h]$$

(2) 냉각코일 입구공기의 비엔탈피[kJ/kg]

냉각코일 입구공기의 상태점은 순환공기와 전열교환기통과 후 외기와의 믹싱 포인트이다.

따라서 전열교환기통과후의 비엔탈피는 전열교환기효율에 의하여

$$h_{o2} = h_{o1} - \eta(h_{o1} - h_r) = 85.1 - 0.7 \times (85.1 - 52.9) = 62.56[kJ/kg]$$

또한 외기량은 $30m^3/h$ · 인×55인=$1,650m^3/h$

냉각코일 입구공기의

$$비엔탈피[kJ/kg] = \frac{1650 \times 62.56 + (3648.33 - 1650) \times 52.9}{3648.33} = 57.27$$

(3) 재열코일의 가열능력[kW]

① 엔탈피차로 구한경우

$$q_h = 1.2 \times 3648.33(40.6 - 38.1)/3600 = 3.04[kW]$$

② 온도차로 구한 경우

$$q_h = 1.2 \times 3648.33 \times 1.0 \times (17.0 - 14.5)/3600 = 3.04[kW]$$

(4) 냉각코일의 냉각능력[kW]

$$q_c = 1.2 \times 3648.33 \times (57.27 - 38.1)/3600 = 23.31[kW]$$

(5) 냉수량[L/min]

$$냉수량 = \frac{23.31 \times 3600}{4.2 \times 7 \times 1.0 \times 60} = 47.57$$

예제 2

주어진 조건을 이용하여 다음 각 물음에 답하시오. (단, 실내송풍량 G = 5000kg/h, 실내부하의 현열비 SHF = 0.82이고, 공기조화기의 환기 및 전열교환기의 실내측 입구공기의 상태는 실내와 동일하다.)

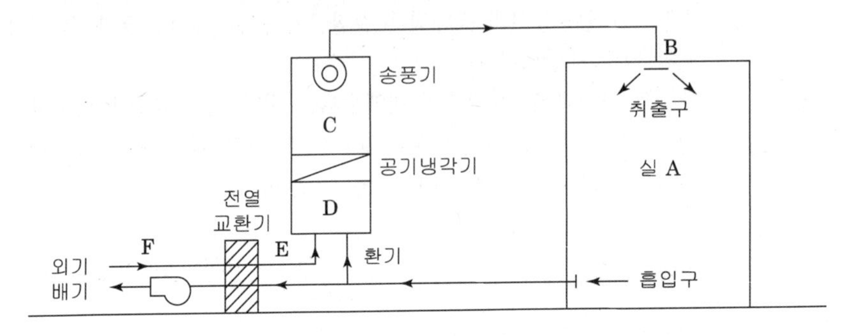

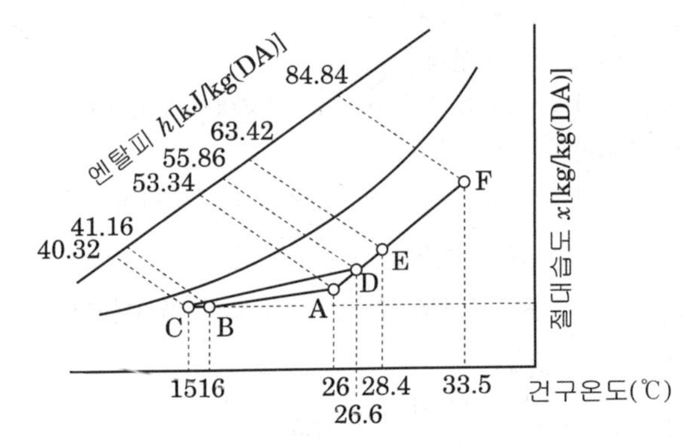

(1) 실내 현열부하 q_s[W]을 구하시오.

(2) 실내 잠열부하 q_L[W]을 구하시오.

(3) 공기 냉각기의 냉각 감습열량 q_c[W]을 구하시오.

(4) 취입 외기량 G_o[kg/h]을 구하시오

(5) 전열교환기의 효율 η[%]을 구하시오.

해설 (1) $q_s = C_P G \Delta t$

$= 1.0 \times 5000 \times (26 - 16)$

$= 50000[\text{kJ/h}] = 13888.89[\text{W}]$

(2) $q_L = q_T - q_s$에서

$q_T = 5000 \times (53.34 - 41.16)$

$= 60900[\text{kJ/h}] = 16916.67[\text{W}]$

$\therefore q_L = 16916.67 - 13888.89 = 3027.78[\text{W}]$

(3) $q_c = G(h_D - h_C) = 5000 \times (55.86 - 40.32) = 77700[\text{kJ/h}]$

$= 21583.33[\text{W}]$

외기(E)와 환기(A)를 혼합할때(D) 외기부하식은

(4) $G_o(h_E - h_A) = G(h_D - h_A)$에서

$$G_o = G\frac{h_D - h_A}{h_E - h_A} = 5000 \times \frac{55.86 - 53.34}{63.42 - 53.34} = 1250[\text{kg/h}]$$

(5)

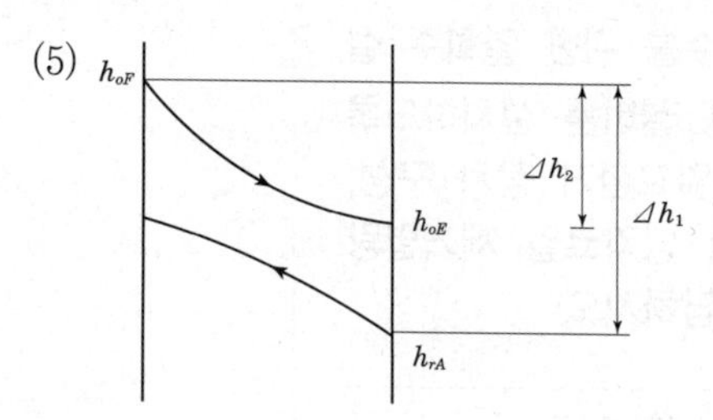

$$\eta = \frac{\Delta h_2}{\Delta h_1} = \frac{h_{oF} - h_{oE}}{h_{oF} - h_{rA}} \times 100 = \frac{84.84 - 63.42}{84.84 - 53.34} \times 100 = 68\%$$

핵심예상문제

MEMO

01 "건축물의 에너지절약 설계기준"에서 공조기의 폐열회수를 위한 열회수 설비를 설치할 때에는 중간기에 대비한 바이패스(by-pass) 설비를 설치하도록 권장하고 있다. 다음 그림은 바이패스 모드가 포함된 전열교환기 장치 구성, 냉방 운전 시 습공기 선도상의 상태변화 과정과 공조기 냉각코일 제거열량($\triangle h$코일)을 표시한 예시이다. 이와 관련한 다음 물음에 답하시오.

바이패스 모드가 포함된 전열교환기 장치의 구성
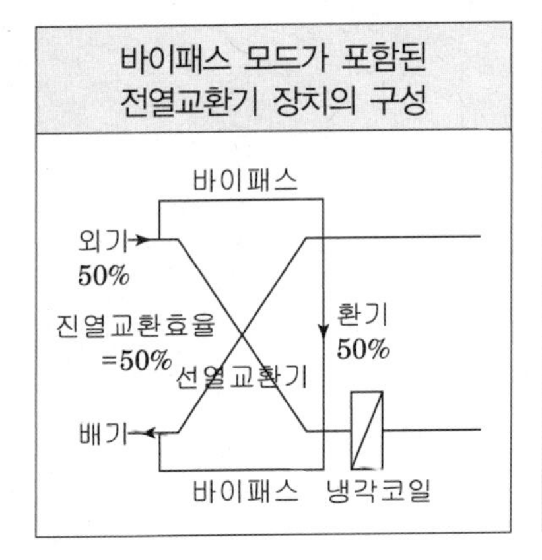

외기조건	전열 교환 모드 시 상태변화과정(예시)
실외온도 > 실내온도 실외엔탈피 > 실내엔탈피	Δh 코일 실외 실내 엔탈피 온도 절대습도

(1) 중간기 냉방 시 바이패스 모드와 전열교환기 모드로 운전하는 경우의 냉각코일 제거열량($\triangle h$코일)을 예시와 같이 습공기 선도상에 표시하시오.

외기조건	프로세스	장치의 구성	상태변화과정
실외온도 < 실내온도 실외엔탈피 < 실내엔탈피	바이패스모드 + 냉방	바이패스 100% 배기 외기 100% 바이패스 냉각코일	엔탈피 실외 실내 온도 절대습도
	전열교환기 + 냉방	외기 50% 진열교환효율 =50% 선열교환기 환기 50% 배기 냉각코일	엔탈피 실외 실내 온도 절대습도

MEMO

(2) 중간기 냉방시 바이패스 모드와 전열교환기 모드 중 에너지 효율적인 운전 모드를 선택하고 그 이유를 간단히 서술하시오.

해답 (1)

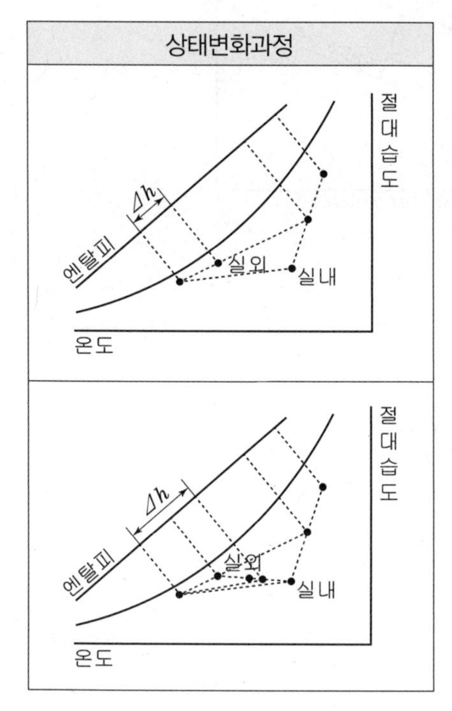

(2)

① 에너지 효율적 운전모드 : 바이패스 모드

② 이유 : (1)에서 습공기 선도상에 표시한 것 같이 전열교환기+냉방 모드의 경우에는 외기가 실내공기와의 열교환에 의해 가열되어 냉각열량이 증대하기 때문에 중간기에 있어서는 전열교환기를 통과하지 않는 바이패스 모드가 에너지 효율적이다.

02 다음 습공기선도 상에서의 공기조화 과정과 조건을 보고 물음에 답하시오.

【조 건】

1. 실의 현열부하 $q_s = 32.83$ [kW]
2. 공기의 밀도 : 1.2 [kg/m^3]
3. 공기의 비열 : 1.005 [kJ/kg · K]
4. 외기량은 송풍량의 25 [%]

MEMO

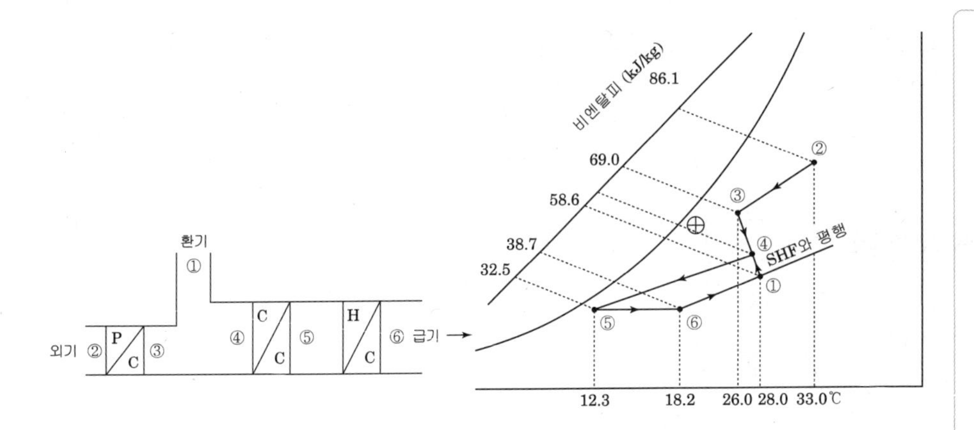

(1) 송풍공기량 Q을 구하시오.[m^3/h]

(2) 혼합 공기④의 비엔탈피를 구하시오.[kJ/kg]

(3) 실내 잠열부하 q_r를 구하시오.[kW]

(4) 냉각코일 부하 q_c를 구하시오.[kW]

(5) 예냉기 부하 q_{pc}를 구하시오.[kW]

(6) 재열부하 q_r를 구하시오.[kW]

해답 (1) 송풍공기량 Q

$$Q = \frac{q_s}{c_p \rho \Delta t} = \frac{32.83 \times 3600}{1.005 \times 1.2 \times (28 - 18.2)} = 10000\ [\mathrm{m^3/h}]$$

(2) 혼합 공기④의 비엔탈피

$0.25 \times 69 + 0.75 \times 58.6 = 61.2$[kJ/kg]

(3) 실내 잠열부하 q_L

$q_L = q_t - q_s$에서 실내 전열부하는 송풍량과 취출엔탈피차로 구한다.

전열부하 $q_t = 1.2 \times 10000 \times (58.6 - 38.7)/3600 = 66.33$

$\therefore\ q_L = 66.33 - 32.83 = 33.5$[kW]

(4) 냉각코일 부하 q_c

$q_c = \rho Q(h_4 - h_3) = 1.2 \times 10000 \times (61.2 - 32.5)/3600 = 95.67$[kW]

(5) 예냉기 부하 q_{pc}

$q_{pc} = \rho Q_o(h_2 - h_3) = 1.2 \times 10000 \times 0.25 \times (86.1 - 69.0)/3600 = 14.25$[kW]

MEMO

(6) 재열부하 q_r

$$q_r = \rho Q(h_6 - h_5) = 1.2 \times 10000 \times (38.7 - 32.5)/3600 = 20.67[\text{kW}]$$

03 다음 습공기선도 상에서의 공기조화 과정과 조건을 보고 물음에 답하시오.

1. 실내현열부하 80400 [kJ/h]
2. 송풍량은 8000 [kg/h]
3. 공기의 평균정압비열 : 1.005 [kJ/kg · K]
4. 외기량은 송풍량의 20%로 한다.

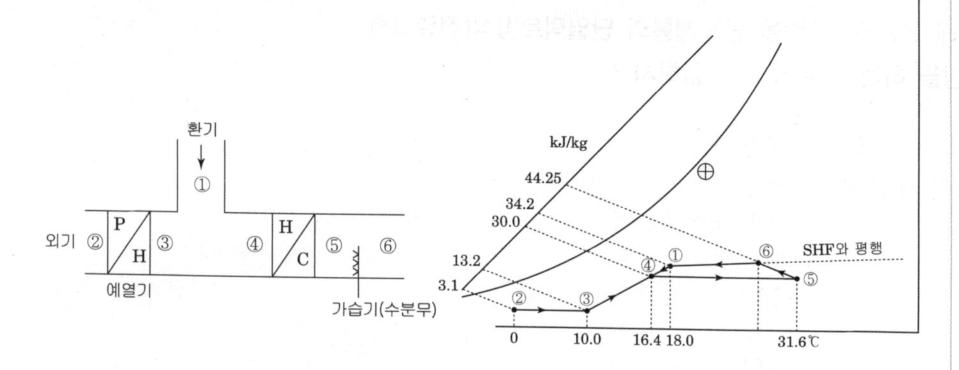

(1) 취출공기온도 t_d을 구하시오.[℃]

(2) 외기부하 q_o을 구하시오.[W]

(3) 예열부하 q_{ph}을 구하시오.[W]

(4) 가열기부하 q_H을 구하시오.[W]

(5) 가습량 L을 구하시오.[kg/h]

(단, 가습기 입구 및 출구의 절대습도는 0.0058, 0.0073 [kg/kg(DA)]이다.

해답 (1) 취출공기온도 t_d [℃]

$$t_d = t_r + \frac{q_s}{c_p \cdot G} = 18 + \frac{80400}{1.005 \times 8000} = 28\ [℃]$$

(2) 외기부하 q_o [W]

$$q_o = G_o(h_1 - h_2) = 8000 \times 0.2 \times (34.2 - 3.1) = 49760\ [\text{kJ/h}]$$
$$= 13822.22\ [\text{W}]$$

MEMO

(3) 예열부하 q_{ph} [W]

$$q_{ph} = G_o(h_3 - h_2) = 8000 \times 0.2 \times (13.2 - 3.1) = 16160\ [\text{kJ/h}]$$
$$= 4488.89\ [\text{W}]$$

(4) 가열기부하 q_H [W]

$$q_H = G(h_5 - h_4) = 8000 \times (44.25 - 30.0) = 114000\ [\text{kJ/h}]$$
$$= 31666.67\ [\text{W}]$$

(5) 가습량 L [kg/h]

$$L = G(x_6 - x_5) = 8000 \times (0.0073 - 0.0058) = 12\ [\text{kg/h}]$$

04 다음의 설계조건에 의해 1층 레스토랑을 단독계통의 단일덕트방식(전열교환기+가열코일)에 의한 난방을 하는 경우 물음에 답하시오.

【설계조건】

1. 공조대상의 바닥면적 및 재실인원 : 113 m^2, 38인
2. 외기 : 공기선도상의 ①점
3. 실내공기 : 공기선도상의 ②점
4. 가열코일 출구공기 : 공기선도상의 ③점
5. 송풍량 : 2,800 m^3/h
6. 외기도입량 : 30 $m^3/(h \cdot 인)$
7. 벽체 및 유리창부하 : 60 W/m^2(바닥면적당)
8. 전열교환기 효율 : 60 %
9. 가습조건 : 수분무 방식
10. 수가습 열수분비 : 0 kJ/kg
11. 공기의 밀도 : 1.2 kg/m^3
12. 공기의 정압비열 : 1.0 $kJ/(kg \cdot K)$
13. 벽체 및 유리창부하 이외의 실내열부하는 없는 것으로 한다.
14. 극간풍에 의한 열부하는 없는 것으로 한다.
15. 공기조화기의 송풍기, 전열교환기, 덕트 등에서의 열취득 및 열손실은 없는 것으로 한다.
16. 덕트계에서의 공기누설은 없는 것으로 한다.
17. 레스토랑의 배기는 모두 전열교환기를 경유하는 것으로 하고 배기량과 외기량은 같은 것으로 한디.
18. 공기조화기 및 전열교환기의 능력에는 여유율은 없는 것으로 한다.

MEMO

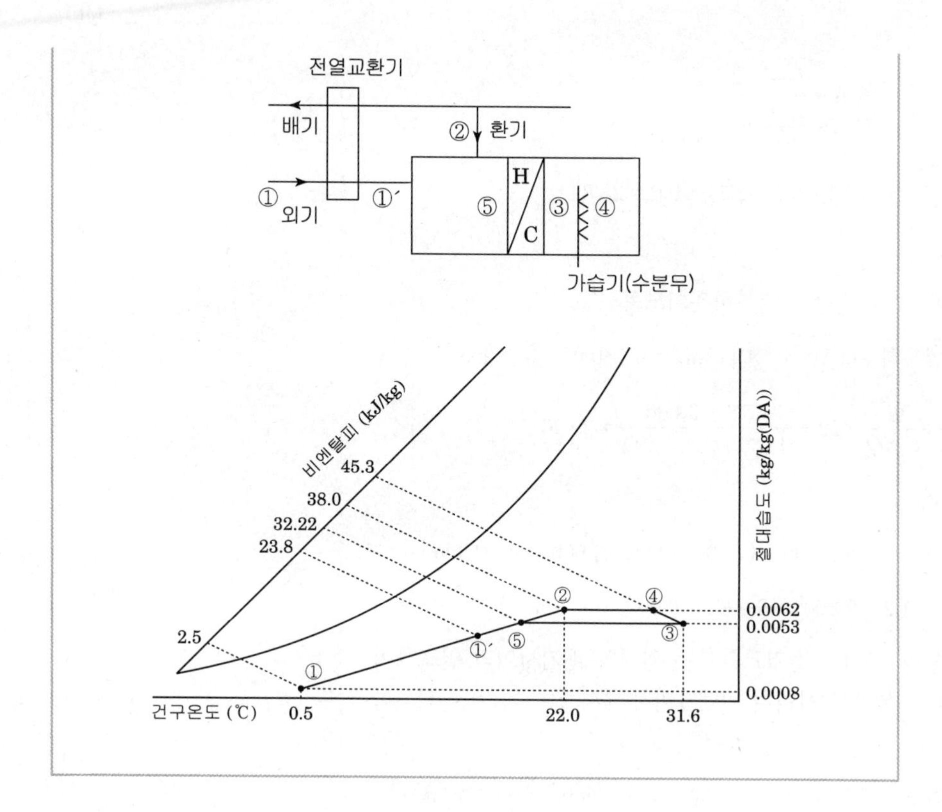

(1) 가열코일 입구 공기 비엔탈피를 구하시오.

(2) 실내 취출공기 온도를 구하시오.

(3) 가열코일의 가열능력 [kW]을 구하시오.

(4) 유효가습량 [kg/h]을 구하시오.

(5) 전열교환기의 회수열량 [kW]을 구하시오.

해답 (1) 가열코일 입구 공기비엔탈피

가열코일의 입구공기 상태점은 전열교환기 통과후의 공기와 실내 환기와의 혼합공기로 외기와 환기와의 비율로부터 구한다. 또한 전열교환기 통과 후의 외기 상태점은 전열교환기 효율로부터 구한다.

외기량 $= 30\text{m}^3/(\text{h}\cdot\text{인}) \times 38\text{인} = 1{,}140[\text{m}^3/\text{h}]$

$\rightarrow$ 외기비율 $1{,}140/2{,}800 = 0.407$

$\therefore$ 가열코일 입구공기 비엔탈피 $= 38.0 - (38.0 - 2.5) \times 0.407 \times (1 - 0.6)$

$= 32.22\ [\text{kJ/kg}]$

또는 전열교환기 통과 엔탈피 23.8을 이용하여

$\therefore\ h = 23.8 \times 0.407 + 38 \times (1 - 0.407) = 32.22$

MEMO

• 전열교환기 효율

$$\eta = \frac{h_1' - h_1}{h_2 - h_1}$$

E.A ② O.A ① ①′

$$h_1' = h_1 + (h_2 - h_1) \times \eta = 2.5 + (38 - 2.5) \times 0.6 = 23.8$$

(2) 실내 취출공기 온도

실내손실열량은 벽체 및 유리창의 열부하뿐이므로

벽체 및 유리창의 열부하 $= 60\,\text{W/m}^2 \times 113\text{m}^3 = 6{,}780\,\text{W} = 6.78[\text{kW}]$

$$\text{취출공기온도} = t_r + \frac{q_s}{C_p \rho Q} = 22 + \frac{6.78 \times 3{,}600}{1.0 \times 1.2 \times 2{,}800} = 29.26℃$$

(3) 가열코일의 가열능력

가열코일의 가열능력 $= 1.2 \times 2{,}800 \times (45.3 - 32.22)/3{,}600 = 12.21[\text{kW}]$

(4) 유효가습량[kg/h] $= 1.2 \times 2{,}800 \times (0.0062 - 0.0053) = 3.0[\text{kg/h}]$

(5) 전열교환기의 회수열량[kW] : 전열교환기는 외기와 배기사이의 열교환이므로 외기량에 실내공기와 외기사이의 비엔탈피차 중에 60%의 열을 회수하므로 다음 식에 의해

전열교환기의 회수열량 $= 1.2 \times 1{,}140 \times (38.0 - 2.5) \times 0.6/3{,}600 = 8.1[\text{kW}]$

기출문제분석

□ 05년2회, 08년1회, 15년3회, 17년3회, 19년1회

01 다음과 같은 공기조화기를 통과할 때 공기상태 변화를 공기선도상에 나타내고 번호를 쓰시오.

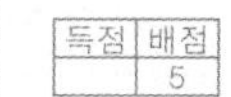

득점	배점
	5

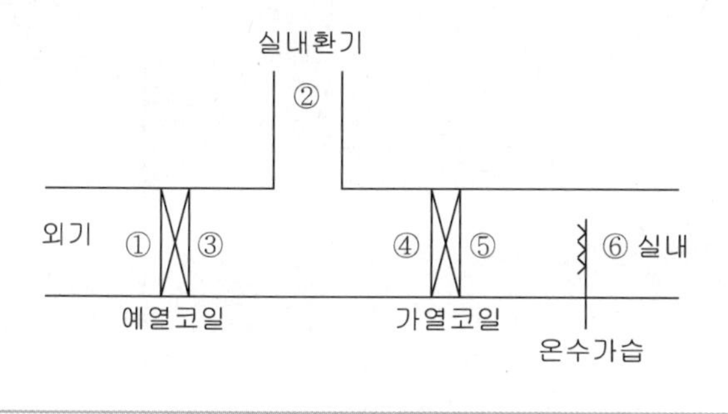

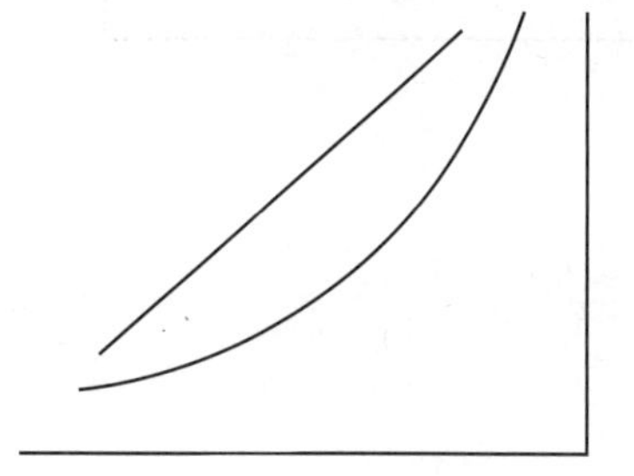

해답

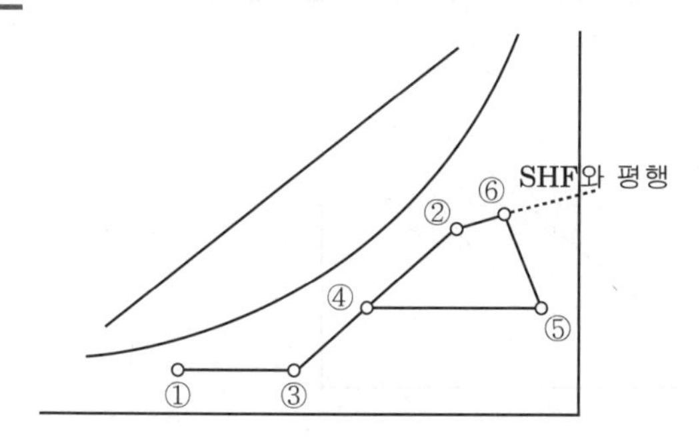

□ 07년1회, 12년3회, 17년1회

02 혼합, 가열, 가습 재열하는 공기조화기를 실내와 외기공기의 혼합 비율이 2 : 1일 때 선도상에 다음 기호를 표시하여 작도하시오.

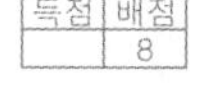

득점	배점
	8

① 외기온도
② 실내온도
③ 혼합 상태
④ 1차 온수 코일 출구 상태
⑤ 가습기 출구 상태
⑥ 재열기 출구 상태

해답

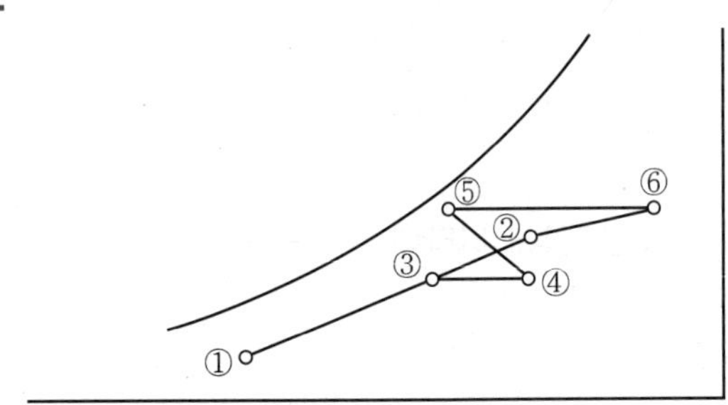

□ 06년3회, 09년3회, 16년3회

03 다음 그림과 같은 2중 덕트 장치도를 보고 공기선도에 각 상태점을 나타내어 흐름도를 완성시키시오.

득점	배점
	8

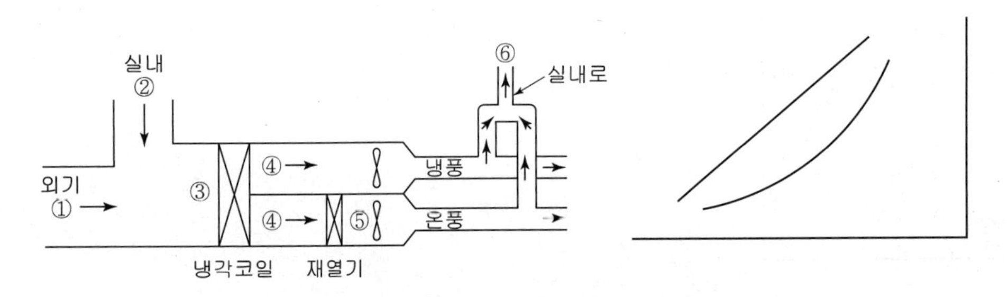

해답

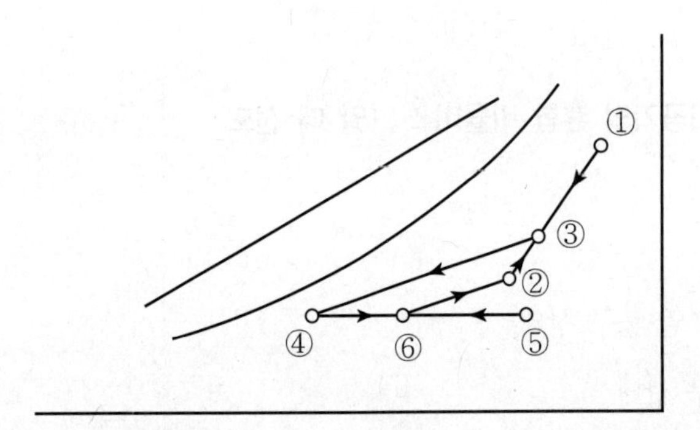

☐ 05년2회, 08년2회, 11년3회, 16년2회, 18년3회

04 **장치노점이 10℃인 냉수 코일이 20℃ 공기를 12℃로 냉각시킬 때 냉수 코일의 Bypass Factor(BF)를 구하시오.**

득점	배점
	5

해설 냉각코일에서의 By-Pass Factor와 Contact Factor

공기가 냉각코일을 통과할 때 전공기량에 대한 코일과 접촉하지 않고 통과하는 공기의 비율을 By-Pass Factor라 하고 접촉하는 공기의 비율을 Contact Factor라 한다.

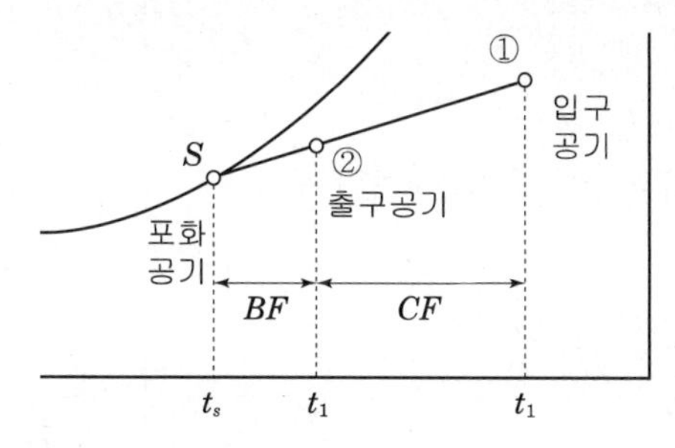

$$BF = \frac{t_2 - t_s}{t_1 - t_s} = \frac{x_2 - x_s}{x_1 - x_s} = \frac{h_2 - h_s}{h_1 - h_s}, \qquad CF = \frac{t_1 - t_2}{t_1 - t_s} = \frac{x_1 - x_2}{x_1 - x_s} = \frac{h_1 - h_2}{h_1 - h_s}$$

해답 $BF = \frac{12 - 10}{20 - 10} = 0.2$

☐ 17년1회

05 **공기조화 장치에서 주어진 [조건]을 참고하여 실내외 혼합 공기상태에 대한 물음에 답하시오.**

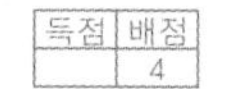

득점	배점
	4

구분	t[℃]	φ[%]	x[kg/kg′]	h[kJ/kg]
실내	26	50	0.0105	53.13
외기	32	65	0.0197	82.83
외기량비	재순환 공기 7kg, 외기도입량 3kg			

(1) 혼합 건구온도 ℃

(2) 혼합 상대습도 %

(3) 혼합 절대습도 kg/kg′

(4) 혼합 엔탈피 kJ/kg

해설 단열혼합(외기와 환기의 혼합)

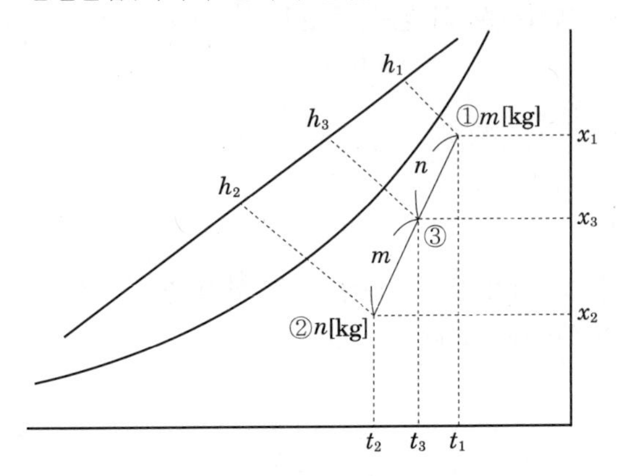

습공기 선도상에서의 혼합은 2상태 점을 직선으로 연결하고 이 직선상에 혼합공기의 상태가 혼합 공기량을 역으로 배분하는 값으로 표시된다.

$$t_3=\frac{mt_1+nt_2}{m+n},\quad h_3=\frac{mh_1+nh_2}{m+n},\quad x_3=\frac{mx_1+nx_2}{m+n}$$

해답 (1) 혼합 건구온도$=\dfrac{32\times3+26\times7}{3+7}=27.8$℃

(2) 혼합 상대습도$=\dfrac{65\times3+50\times7}{3+7}=54.5\%$

(3) 혼합 절대습도$=\dfrac{0.0197\times3+0.0105\times7}{3+7}=0.01326$[kg/kg′]

(4) 혼합 엔탈피$=\dfrac{82.83\times3+53.13\times7}{3+7}=62.04$[kJ/kg]

☐ 04년3회, 07년3회, 10년3회, 15년2회, 18년2회

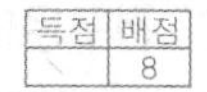

득점	배점
	8

06 ①의 공기상태 $t_1 = 25℃$, $x_1 = 0.022\text{kg/kg}'$, $h_1 = 92\text{kJ/kg}$, ②의 공기상태 $t_2 = 22℃$, $x_2 = 0.006\text{kg/kg}'$, $h_2 = 37.8\text{kJ/kg}$일 때 공기 ①을 25%, 공기 ②를 75%로 혼합한 후의 공기 ③의 상태(t_3, x_3, h_3)를 구하고, 공기 ①과 공기 ③사이의 열수분비를 구하시오.

해설 단열혼합(외기와 환기의 혼합)

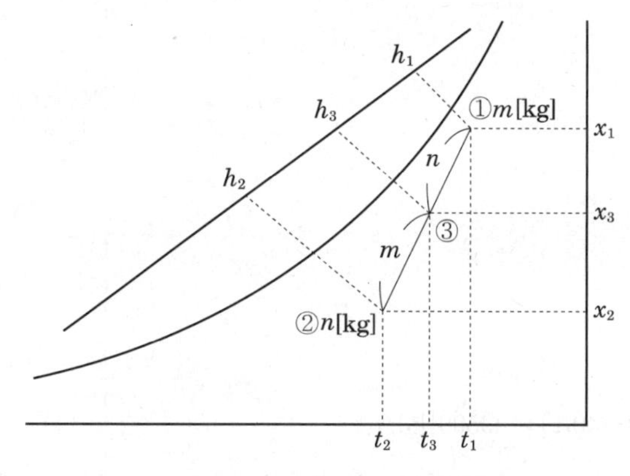

습공기 선도상에서의 혼합은 2상태 점을 직선으로 연결하고 이 직선상에 혼합공기의 상태가 혼합 공기량을 역으로 배분하는 값으로 표시된다.

$$t_3 = \frac{mt_1 + nt_2}{m+n}, \quad h_3 = \frac{mh_1 + nh_2}{m+n}, \quad x_3 = \frac{mx_1 + nx_2}{m+n}$$

해답 (1) 혼합 후 공기 ③의 상태

- $t_3 = 25 \times 0.25 + 22 \times 0.75 = 22.75℃$
- $x_3 = 0.022 \times 0.25 + 0.006 \times 0.75 = 0.01[\text{kg/kg}']$
- $h_3 = 92 \times 0.25 + 37.8 \times 0.75 = 51.35[\text{kJ/kg}]$

(2) 열수분비 $u = \dfrac{h_1 - h_3}{x_1 - x_3} = \dfrac{92 - 51.35}{0.022 - 0.01} = 3387.5[\text{kJ/kg}]$

□ 14년3회, 17년1회

07 건구온도 25℃, 상대습도 50% 5000kg/h의 공기를 15℃로 냉각할 때와 35℃로 가열할 때의 열량을 공기선도에 작도하여 엔탈피로 계산하시오.

득점	배점
	6

해설 공기를 단순히 가열이나 냉각을 할 경우에는 절대습도의 변화 없이 건구온도만 변화한다.

해답

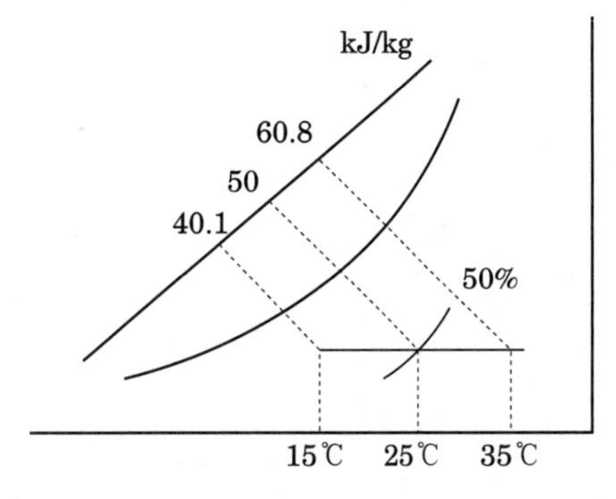

$q = G \cdot \Delta h$에서

(1) 25℃에서 15℃로 냉각할 때의 열량 $= 5000 \times (50 - 40.1) = 49500$[kJ/h]

(2) 25℃에서 35℃로 가열할 때의 열량 $= 5000 \times (60.8 - 50) = 54000$[kJ/h]

□ 02년1회, 11년1회

08 공기 냉각기의 공기유량 1000kg/h, 입구 온·습도 28℃, 60%(엔탈피 63.8kJ/kg), 출구 온·습도 16℃, 60%(엔탈피 34kJ/kg)일 때 냉각기의 냉각열량(kW)은 얼마인가?

득점	배점
	5

해답

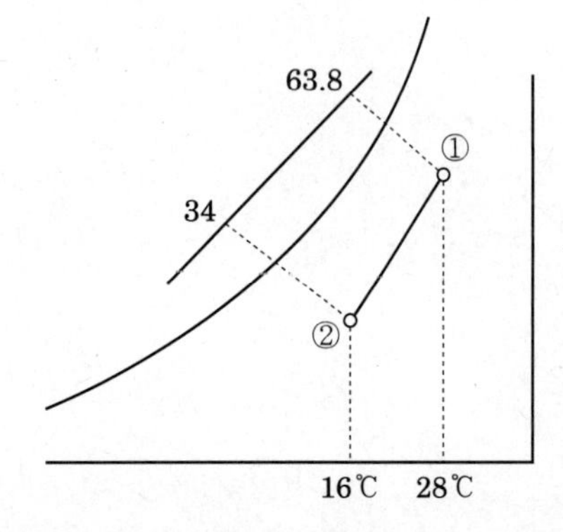

냉각열량 $q_c = G\Delta h = 1000 \times (63.8 - 34)/3600 = 8.28$[kW]

□ 17년1회

09 어느 사무실의 실내 취득 현열량 350kW, 잠열량 150kW 실내 급기온도와 실온 차이가 15℃일 때 송풍량 m^3/h를 계산하시오. (단, 공기의 밀도 $1.2kg/m^3$, 비열 $1.01kJ/kg \cdot K$ 이다.)

득점	배점
	3

해답 송풍량 $Q = \dfrac{q_s \times 3600}{c_p \cdot \rho \cdot \Delta t} = \dfrac{350 \times 3600}{1.01 \times 1.2 \times 15} \fallingdotseq 69306.93[m^3/h]$

여기서 q_s : 실내취득현열량[kW]
c_p : 공기의 정압비열[kJ/kg · K]
ρ : 공기의 밀도[kg/m³]
Δt : 실내온도-급기온도

□ 06년3회, 18년1회

10 다음과 같은 조건하에서 운전되는 공기조화기에서 각 물음에 답하시오. (단, 공기의 밀도 $\rho = 1.2kg/m^3$, 비열 $C_P = 1.005kJ/kg \cdot K$ 이다.)

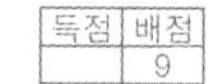

【조 건】

1. 외기 : 32℃ DB, 28℃ WB
2. 실내 : 26℃ DB, 50% RH
3. 실내 현열부하 : 40kW, 실내 잠열부하 : 7kW
4. 외기 도입량 : 2000m³/h

(1) 실내 현열비를 구하시오.

(2) 토출온도와 실내온도의 차를 10.5℃로 할 경우 송풍량(m³/h)을 구하시오.

(3) 혼합점의 온도(℃)을 구하시오.

해답 (1) 현열비$(SHF) \dfrac{q_s}{q_s + q_L} = \dfrac{40}{40+7} \fallingdotseq 0.85$

(2) 송풍량 $Q = \dfrac{q_s}{c_p \cdot \rho \cdot \Delta t} = \dfrac{40 \times 3600}{1.005 \times 1.2 \times 10.5} = 11371.71[m^3/h]$

(3) 혼합점의 온도$= \dfrac{2000 \times 32 + (11371.71 - 2000) \times 26}{11371.71} \fallingdotseq 27.06[℃]$

□ 09년2회

득점	배점
	10

11 다음과 같은 설계조건으로 냉방하고자 할 때 각 물음에 답하시오.
(단, 공기의 밀도 $\rho = 1.2\mathrm{kg/m^3}$, 비열 $c_P = 1.0\mathrm{kJ/kg \cdot K}$ 이다, 별첨 습공기선도 이용)

【조 건】

1. 실내조건 : 26℃ DB, 50% RH, $h_1 = 53$[kJ/kg]
2. 외기조건 : 32.9℃ DB, 27℃ WB, $h_2 = 85$[kJ/kg]
3. 실내부하
   ① 현열부하 : 14[kW]
   ② 잠열부하 : 4.5[kW]
4. 실내 필요 외기량 : 800[m³/h]

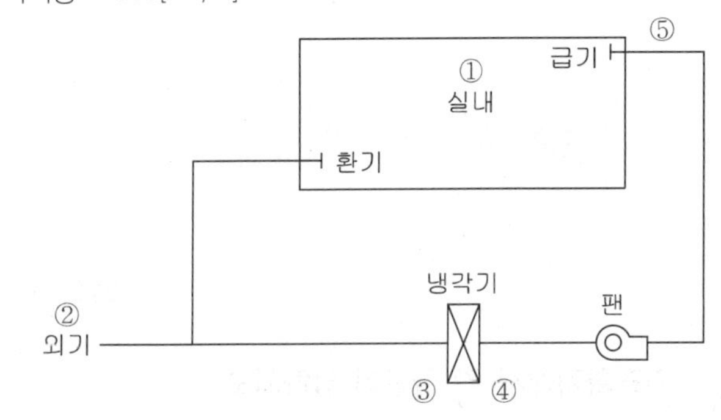

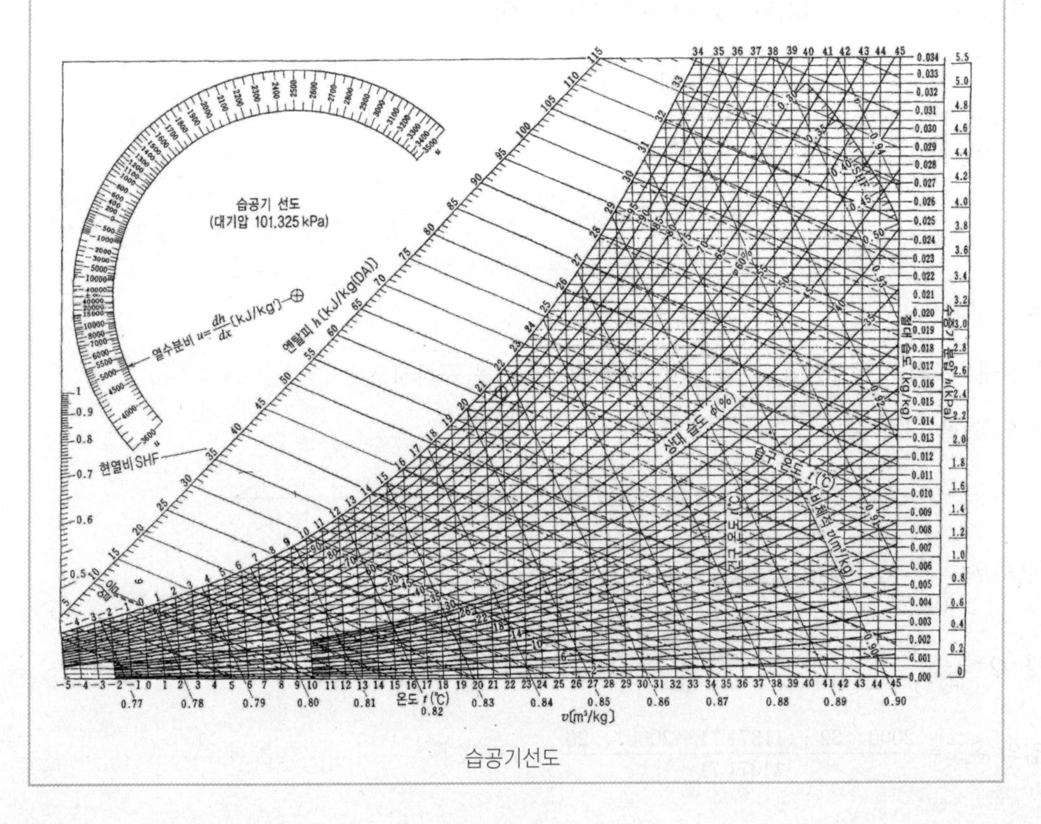

습공기선도

(1) 실내 현열비를 구하시오

(2) 습공기선도를 이용하여 취출공기 상태 (④)의 온도와 엔탈피를 구하시오(단, ④의 공기 상태 RH=90%이다.)

(3) 취출온도차를 이용하여 급기량[m^3/h]을 구하시오.

(4) 혼합공기 ③의 공기상태점(건구온도, 엔탈피)을 구하시오.

(5) 냉각코일의 냉각열량[kW]을 구하시오.

해설 (1) 현열비 $SHF = \dfrac{14}{14+4.5} = 0.757$

(2) 습공기선도 상에 실내점에서 현열비선 0.757선을 긋고 90%상태점 (④)을 잡으면 건구온도 13.5℃, 엔탈피 36kJ/kg을 얻을수 있다.

해답 (3) 급기량Q[m^3/h]은 현열부하와 취출온도차(26-13.5)로 구한다

$$Q = \frac{q_s}{c_p \cdot \rho \cdot \Delta t} = \frac{14 \times 3600}{1.0 \times 1.2 \times (26-13.5)} = 3360[m^3/h]$$

(4) 혼합공기는 송풍량 3360중에 외기량은 800 이므로

$$t_3 = \frac{m_1 t_1 + m_2 t_2}{m_1 + m_2} = \frac{800 \times 32.9 + (3360-800) \times 26}{3360} = 27.64[℃]$$

$$h_3 = \frac{m_1 h_1 + m_2 h_2}{m_1 + m_2} = \frac{800 \times 85 + (3360-800) \times 53}{3360} = 60.62[kJ/kg]$$

(5) 냉각코일의 냉각열량 $q_c = m(h_3 - h_4) = \rho Q(h_3 - h_4)$

$$q_c = 1.2 \times 3360 \times (60.62 - 36) = 99,267.84[kJ/h] = 27.57[kW]$$

참고 1kW=1kJ/s

문제에서 주어진 조건(실내외 온도, 엔탈피등)에 따라 얻어지는 계산값들(t_3, h_3등)은 선도에서 읽는 값과 약간의 차이는 있을 수 있다. 선도 작도에서 얻어지는 값들은 작도하는 사람마다 오차가 발생하며 약 5% 이내의 오차는 인정해 준다.

선도

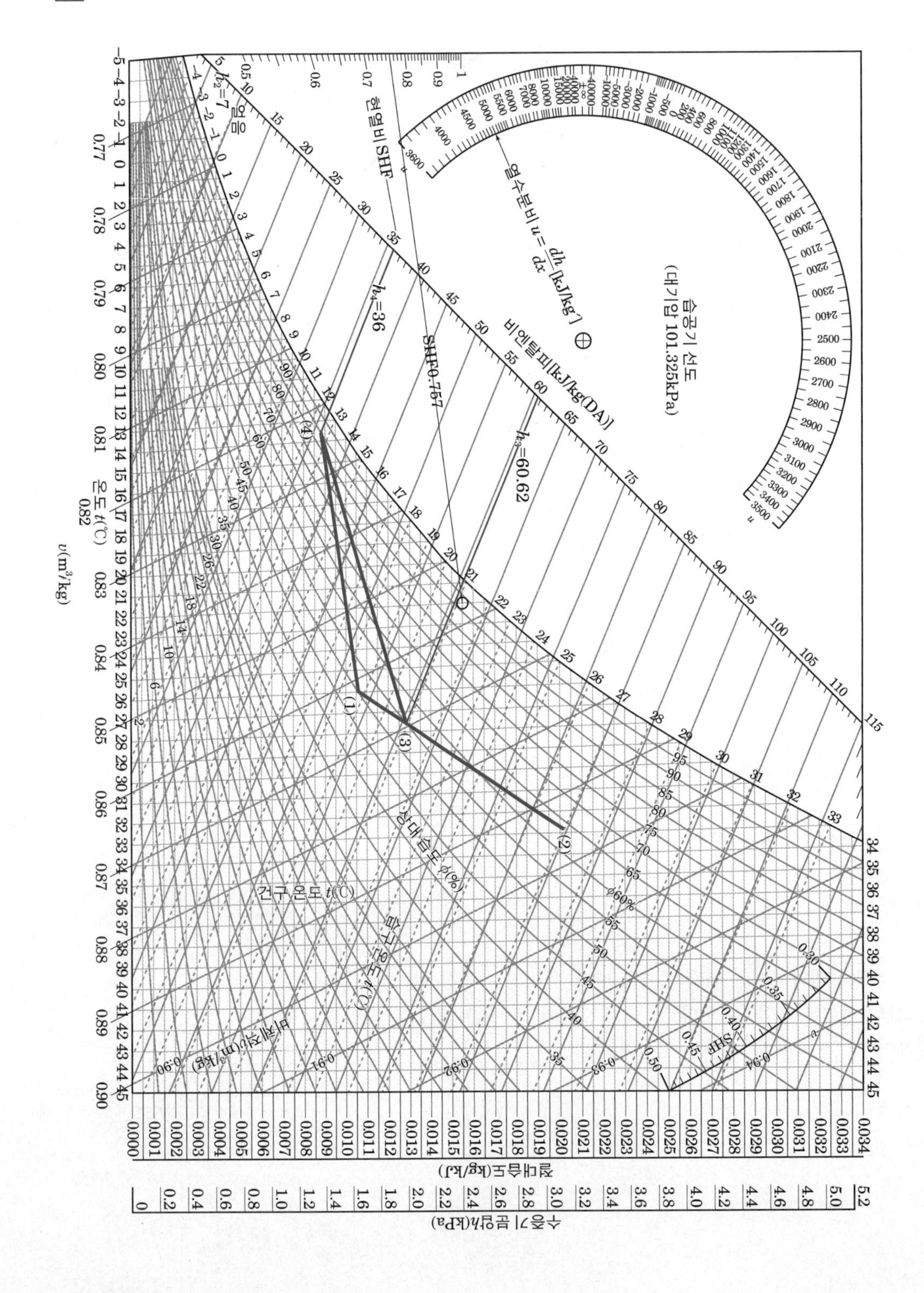
습공기 선도
(대기압 101.325kPa)
열수분비 $u = \frac{dh}{dx}$ [kJ/kg]
현열비 SHF
SHF0.757
h_3=60.62
h_4=36
비엔탈피[kJ/kg(DA)]
(1)
(2)
(3)
(4)
상대 습도 φ(%)
건구 온도 t(℃)
습구 온도 t′(℃)
온도 t(℃)
v(m³/kg)
비체적(m³/kg)
수증기 분압h(kPa)
얼음

☐ 02년3회, 08년1회, 11년2회, 18년1회

12 단일 덕트 방식의 공기조화 시스템을 설계하고자 할 때 어떤 사무소의 냉방부하를 계산한 결과 현열부하 $q_s = 7\text{kW}$, 잠열부하 $q_L = 1.75\text{kW}$ 였다. 주어진 조건을 이용하여 물음에 답하시오.(별첨 습공기 선도 이용)

득점	배점
	10

【조 건】

1. 설계조건
   ① 실내 : 26℃ DB, 50% RH　　② 실외 : 32℃ DB, 70% RH
2. 외기 도입량은 송풍량의 20%로 한다.
3. 공기의 비열 : $C_P = 1.0$[kJ/kg · K]
4. 실내 취출 공기온도 : 16℃
5. 공기의 밀도 : $\rho = 1.2$[kg/m^3]

(1) 냉방 실내 송풍량을 구하시오.[m^3/h]

(2) 현열비를 구하시오

(3) 혼합 공기 온도를 구하시오

(4) 공기조화 프로세스를 (실내-①, 외기-②, 혼합-③, 취출공기-④)로 표기하고 현열비선을 이용하여 습공기선도상에 직접도시하시오.

해답 (1) 냉방 송풍량 Q

$$Q = \frac{q_s}{c_p \cdot \rho \cdot \Delta t} = \frac{7 \times 3600}{1.0 \times 1.2 \times (26-16)} = 2100[\text{m}^3/\text{h}]$$

(2) 현열비 $= \dfrac{q_s}{q_s + q_L} = \dfrac{7}{7+1.75} = 0.8$

(3) 혼합공기온도는 외기가 20%인 경우 환기와 외기가 4:1로 혼합되므로

$$t_3 = \frac{4 \times 26 + 1 \times 32}{4+1} = 27.2℃$$

(4) 습공기선도

선도

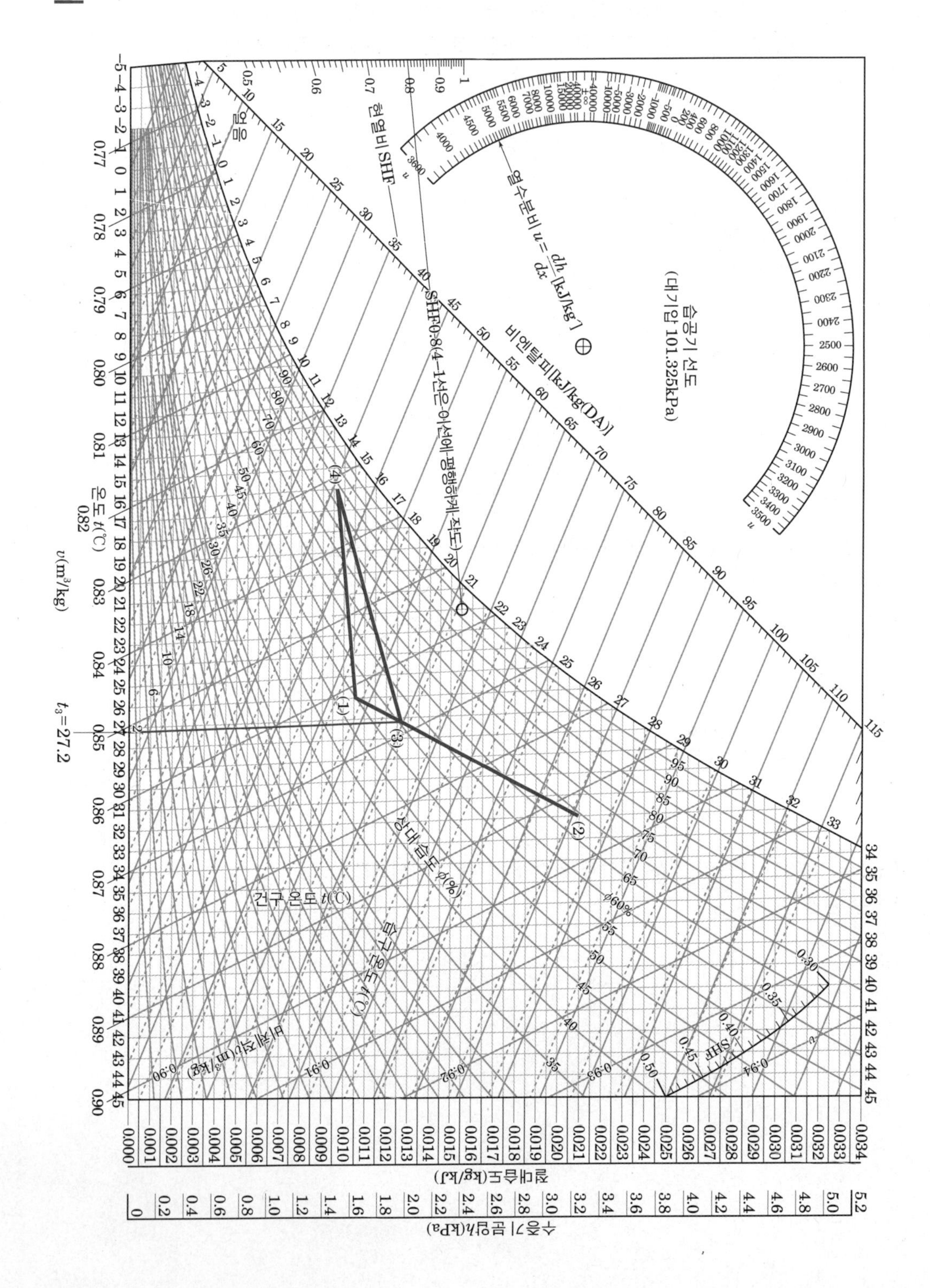
습공기 선도
(대기압 101.325kPa)
비엔탈피[kJ/kg(DA)]
현열비 SHF
SHF0.8(4−1선은 이선에 평행하게 작도)
상대습도 φ(%)
건구 온도 t(℃)
습구 온도 t'(℃)
비체적 v(m³/kg)
온도 t(℃)
v(m³/kg)
t_3=27.2
절대습도(kg/kJ)
수증기 분압h(kPa)
(1)
(2)
(3)
(4)

□ 11년2회, 17년2회

13 다음 [조건]과 같이 혼합, 냉각을 하는 공기조화기가 있다. 이에 대해 다음 각 물음에 답하시오.

득점	배점
	12

【조 건】

1. 외기 : 건구온도 33℃, 상대습도 65%
2. 실내 : 건구온도 27℃, 상대습도 50%
3. 부하 : 실내 전부하 52.5[kW], 실내 잠열부하 14[kW]
4. 송풍기 부하는 실내 취득 현열부하의 12% 가산할 것
5. 실내 필요 외기량은 송풍량의 $\frac{1}{5}$로 하며, 실내인원 120명, 1인당 25.5[m^3/h]
6. 습공기의 비열은 1.005[kJ/kg·K], 비용적을 0.83[m^3/kg(DA)]으로 한다. 여기서, kg(DA)은 습공기 중의 건조공기 중량[kg]을 표시하는 기호이다. 또한, 별첨의 습공기 선도를 사용하여 답은 계산 과정을 기입한다.

(1) 상대습도 90%일 때 실내 송풍온도(취출온도)는 몇 ℃인가?

(2) 실내풍량[m^3/h]을 구하시오.

(3) 냉각코일 입구 혼합온도를 구하시오.

(4) 냉각코일 부하는 몇 [kW]인가?

(5) 외기부하는 몇 [kW]인가?

(6) 냉각코일의 제습량은 몇 [kg/h]인가?

해설 상대습도 90%일 때 실내 송풍온도(취출온도)

송풍기 부하(q_B)의 실내 취득 현열부하에 대한 비율 12%를 포함한 열량은

$$q'_s = 1.12 \times (52.5 - 14) = 43.12[\text{kW}]$$

$$SHF' = \frac{q_s'}{q_s' + q_L} = \frac{43.12}{43.12 + 14} \fallingdotseq 0.75$$

실내 상태점 ②부터 $SHF' = 0.75$의 선을 긋고 이것과 $\varphi = 90\%$와의 교점 ④가 냉각코일 출구상태가 된다. 따라서 송풍기부하를 제외한 실내취득열량에 대한 온도 상승은 $\Delta t_d = (27-15)/1.12 = 10.71$℃가 된다. 그러므로 실내온도(27)-10.71=16.29℃가 송풍기 출구온도가 되고 송풍기에 의한 온도 상승은 ④④´의 거리 $\Delta t = 1.29$℃는 송풍에 의한 재열이 된다.

해답 (1) SHF ′ = 0.75 선과 φ = 90%과의 교점에 의해 15℃ (여기에 송풍기의 온도상승 1.29를 더하여 16.29℃가 송풍온도이다.)

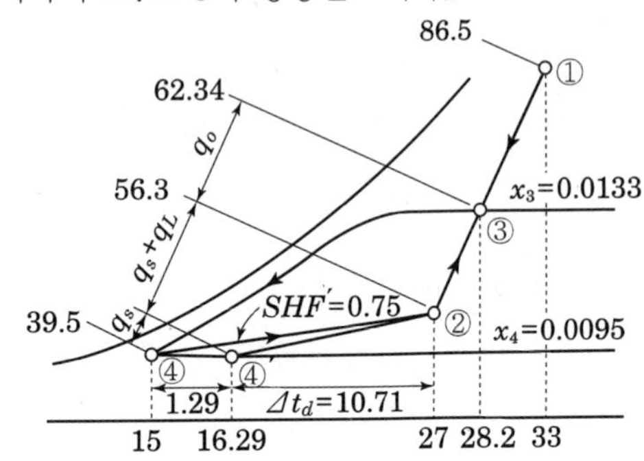

(2) 실내송풍량 $G=\dfrac{q_s{'}}{c_p\cdot(t_r-t_d)}=\dfrac{43.12\times3600}{1.005\times(27-15)}=12871.64[\text{kg/h}]$

$\therefore\ 12871.64\times0.83=10683.46[\text{m}^3/\text{h}]$

(3) 혼합공기온도 : $33\times\dfrac{1}{5}+27\times\dfrac{4}{5}=28.2[℃]$

(4) 냉각코일 부하

$q_C=G(h_3-h_4)=12871.64\times(62.34-39.5)/3600=81.66[\text{kW}]$

(5) 외기부하 $q_O=G_o(h_1-h_2)=12871.64\times\dfrac{1}{5}\times(86.5-56.3)/3600=21.6[\text{kW}]$

또는 $q_o=G(h_3-h_2)=12871.64\times(62.34-56.3)/3600=21.6[\text{kW}]$

(6) 제습량 $L=G(x_3-x_4)=12871.64\times(0.0133-0.0095)=48.91[\text{kg/h}]$

□ 16년1회

14 다음 그림과 같은 공조장치를 아래의 [조건]으로 냉방 운전할 때 공기 선도를 이용하여 공기조화 process에 나타내고, 실내 송풍량[m³/h] 및 공기 냉각기에 공급하는 냉각수량[kg/min]을 계산하시오. (단, 환기덕트에 의한 공기의 온도상승은 무시하고, 풍량은 비체적을 0.83m³/kg(DA)로 계산한다. 별첨 습공기선도 참조)

【조 건】

1. 실내 온습도 : 건구온도 26℃, 상대습도 50%
2. 외기 상태 : 건구온도 33℃, 습구온도 27℃
3. 실내 냉방부하 : 현열부하 12kW, 잠열부하 1.5kW
4. 취입 외기량 : 급기풍량의 25%
5. 실내와 취출공기의 온도차 : 10℃
6. 송풍기 및 급기덕트에 의한 공기의 온도상승 : 1℃
7. 공기의 정압비열 : 1.0kJ/kg · K
8. 냉각수 입출구 온도차 6℃, 비열 : 4.2kJ/kg · K

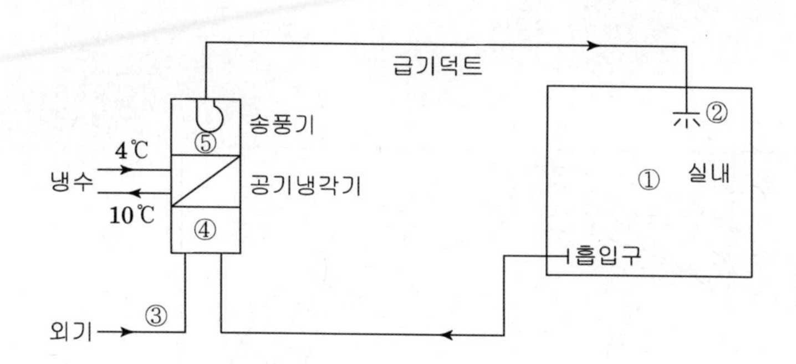

해설

- 현열비 $SHF = \dfrac{12}{12+1.5} ≒ 0.89$
- 혼합 공기온도 $t_4 = 33 \times 0.25 + 26 \times 0.75 = 27.75$℃
- 토출 공기온도 $t_2 = 26 - 10 = 16$℃
- 냉각코일 출구온도 $t_5 = 16 - 1 = 15$℃(덕트 1℃ 상승)
- 주어진 조건과 위의 계산 결과를 이용하여 습공기선도를 작도하면 다음과 같다.

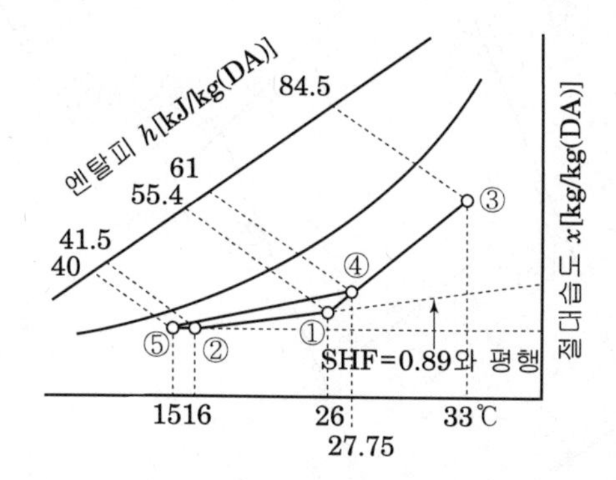

해답

(1) 송풍량 $G = \dfrac{12 \times 3600}{1.0 \times 10} = 4320$[kg/h]

주어진 조건에서 습공기의 비체적은 $0.83m^3/kg(DA)$ 이므로

∴ 송풍량 $Q = G \cdot v = 4320 \times 0.83 = 3585.6[m^3/h]$

(2) 냉각수량은 송풍량과 냉각코일부하$(h_4 - h_5)$로 구한다

$G \cdot (h_4 - h_5) = C_w \cdot L \cdot \Delta t \cdot 60$에서

$L = \dfrac{4320 \times (61-40)}{4.2 \times (10-4) \times 60} = 60$[kg/min]

선도

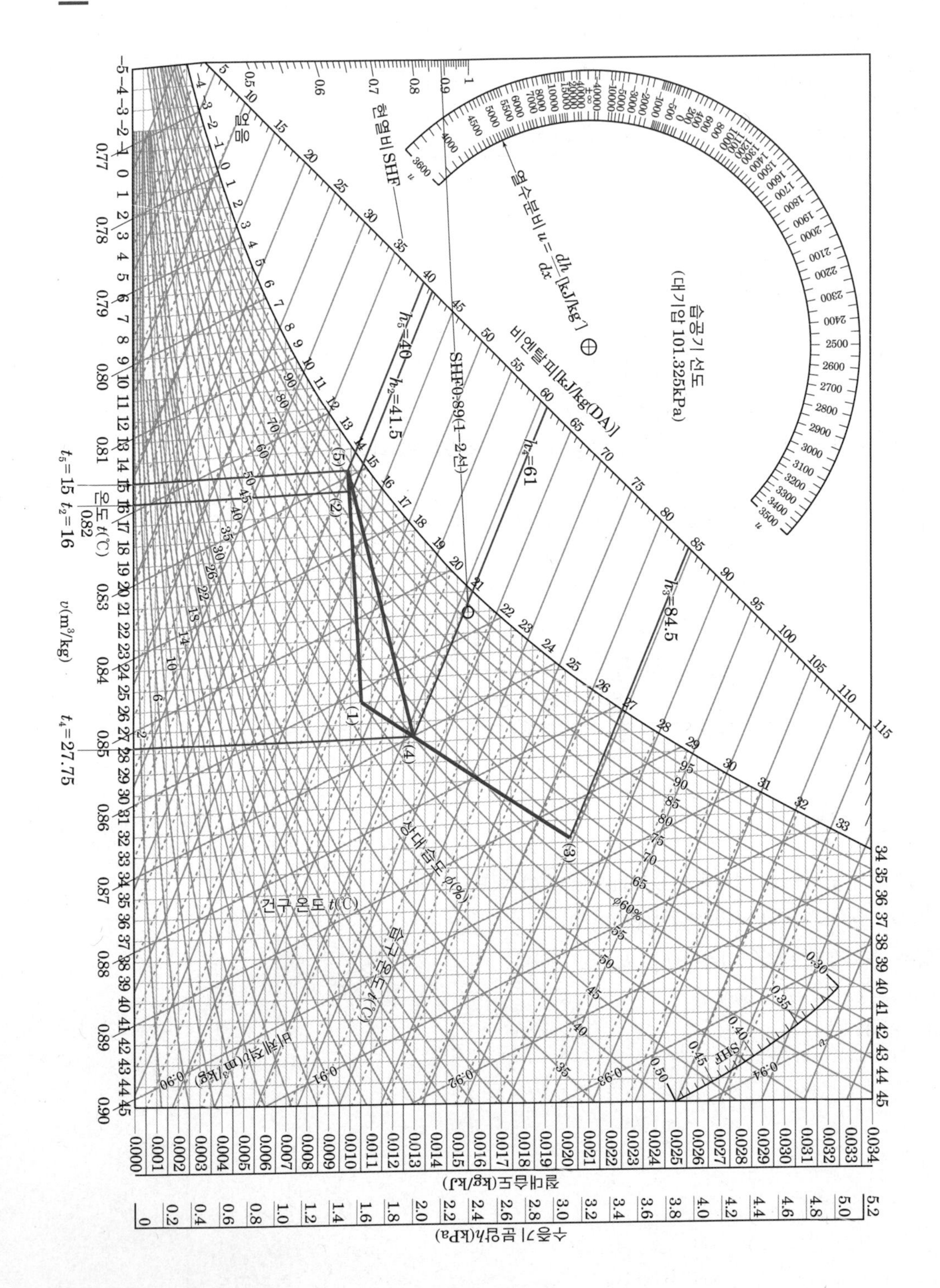
습공기 선도
(대기압 101.325kPa)
열수분비 $u=\frac{dh}{dx}$[kJ/kg]
비엔탈피[kJ/kg(DA)]
현열비SHF
SHF0.89(1−2선)
$h_5=40$
$h_2=41.5$
$h_4=61$
$h_3=84.5$
얼음
상대습도 φ(%)
φ60%
건구 온도 t(℃)
습구온도 t'(℃)
비체적 v(m³/kg)
온도 t(℃)
v(m³/kg)
$t_5=15$ $t_2=16$
$t_4=27.75$
절대습도(kg/kg')
수증기 분압h(kPa)
SHF

□ 13년2회

15 다음 조건과 같은 AHU(공기조화기)의 공기냉각용 냉수코일이 있다. 물음에 답하시오. (단, 장치에서 열손실은 없는 것으로 하고, 공기의 비체적 0.83m³/kg, 비열 1.0 kJ/kg·K, 냉각수 비열은 4.2kJ/kg·K이다. 별첨 습공기선도를 이용하시오)

득점	배점
	20

【조 건】

1. 냉각기의 송풍량 : 14400[m³/h]
2. 냉각능력 : 120[kW]
3. 냉각수량 : 340[L/min]
4. 냉각코일 입구 수온 $t_{w1}=7$℃
5. 냉각코일 출구 공기 건구온도 : 14.2℃
6. 외기 건구온도 32℃, 상대습도 65%
7. 재순환공기 건구온도 26℃, 상대습도 50%
8. 신선 외기량은 송풍량의 30%

(1) 냉각코일 입구의 건구온도와 습구온도는 몇 ℃인가?

(2) 냉각코일 출구의 공기 엔탈피는 몇 kJ/kg인가?

(3) 냉각코일 출구의 냉각수 온도는 몇 ℃인가?

(4) 향류 코일일 때 대수평균온도차(MTD)는 몇 ℃인가?

해답 (1) 냉각코일 입구 상태 건구온도는 혼합비(외기30%, ③)로 구하고 습구온도는 선도에서 ③′점을 읽는다

① 건구온도 $t_3=32\times0.3+26\times0.7=27.8$[℃]

② 습구온도 t'_3 : 21.3℃

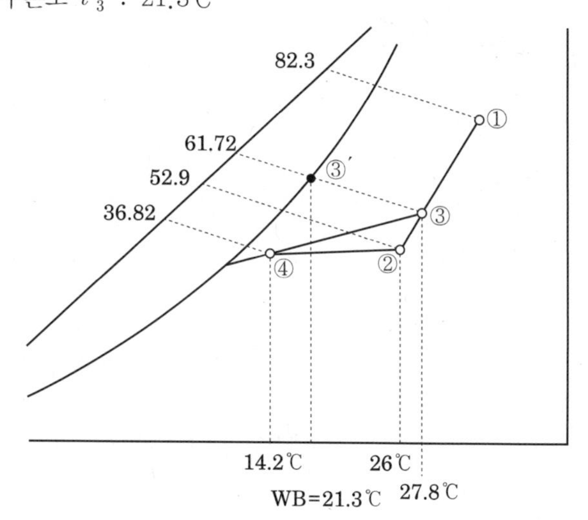

(2) 냉각코일 출구의 공기 엔탈피는 냉각능력(120kW)과 송풍량식에서 구한다

냉각열량 $q_c = G \cdot (h_3 - h_4) = \rho Q(h_3 - h_4)$에서

$$h_4 = h_3 - \frac{q_c}{\rho Q} = 61.72 - \frac{120 \times 3600 \times 0.83}{14400} \fallingdotseq 36.82[\text{kJ/kg}]$$

여기서 냉각코일 입구 공기 엔탈피는 선도에서 ①, ②점 엔탈피를 찾아 계산한다.

$$h_3 = 82.3 \times 0.3 + 52.9 \times 0.7 = 61.72[\text{kJ/kg}]$$

(3) 냉각코일 출구 수온

$q_c = c_w \cdot L \cdot (t_{w2} - t_{w1})$에서

출구수온 $t_{w2} = t_{w1} + \dfrac{q_c}{c_w \cdot L \cdot 60} = 7 + \dfrac{120 \times 3600}{4.2 \times 340 \times 60} \fallingdotseq 12.04℃$

여기서 물의 비중 : 1[kg/L]

(4) 대수평균온도차

① $\Delta_1 = 27.8 - 12 = 15.8℃$

② $\Delta_2 = 14.2 - 7 = 7.2℃$

∴ 대수평균온도차 $= \dfrac{15.8 - 7.2}{\ln \dfrac{15.8}{7.2}} = 10.94℃$

선도

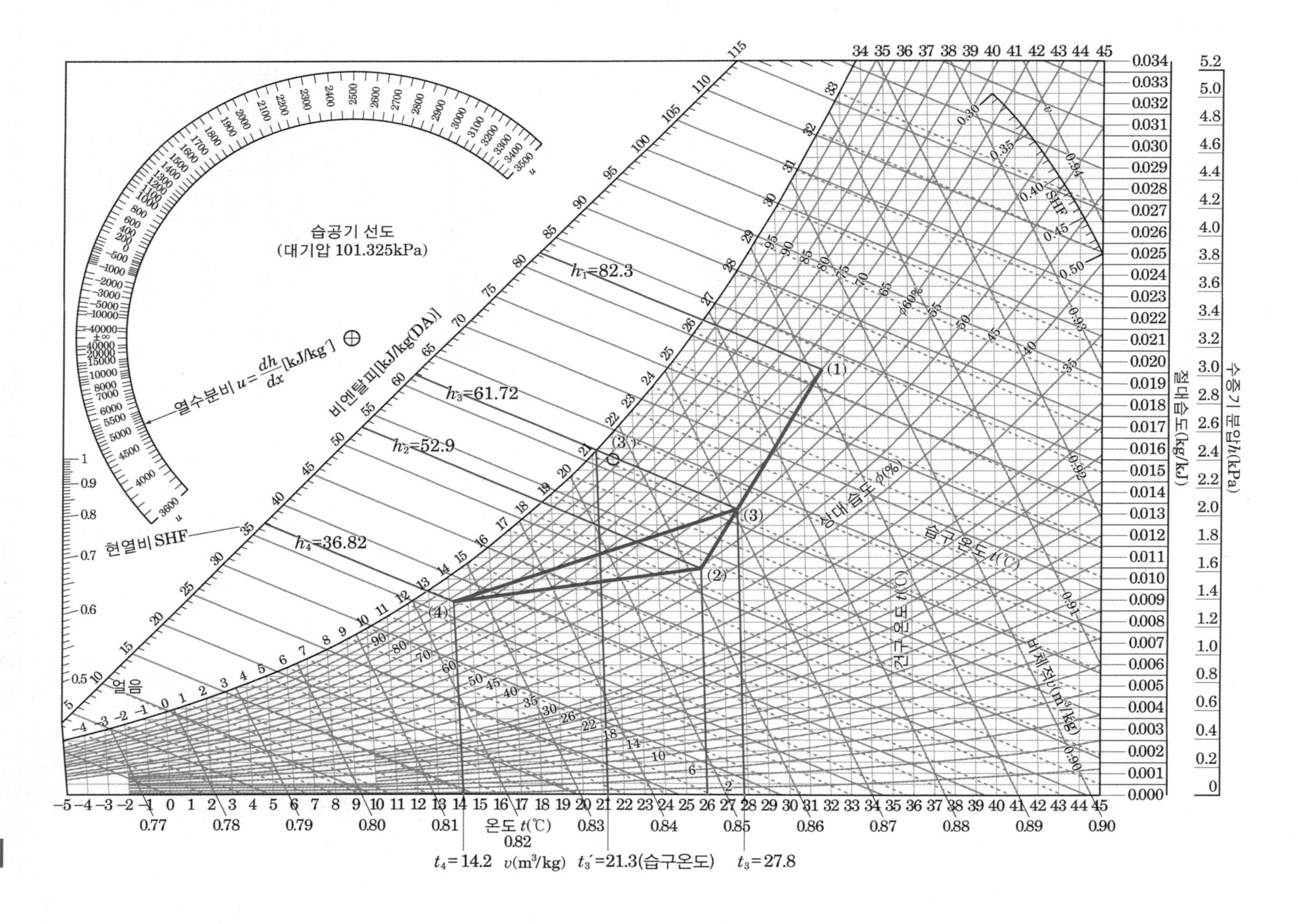

습공기 선도
(대기압 101.325kPa)
열수분비 $u = \frac{dh}{dx}$ [kJ/kg]
현열비 SHF
비엔탈피[kJ/kg(DA)]
h_1=82.3
h_2=52.9
h_3=61.72
h_4=36.82
(1)
(2)
(3)
(3')
(4)
얼음
상대습도 φ(%)
건구 온도 t(℃)
습구온도 t'(℃)
비체적 v(m³/kg)
온도 t(℃)
t_4=14.2
v(m³/kg)
t_3'=21.3(습구온도)
t_3=27.8
절대습도(kg/kJ)
수증기 분압h(kPa)
SHF

□ 13년1회, 19년2회

16 다음 조건에서 이 방을 냉방하는 데에 필요한 송풍량(m^3/h) 및 냉각열량(kW)을 구하시오.

득점	배점
	18

【조 건】

1. 외기조건 : 건구온도 33℃, 노점온도 25℃
2. 실내조건 : 건구온도 26℃, 상대습도 50%
3. 실내부하 : 현열부하 60[kW], 잠열부하 12[kW]
4. 도입 외기량 : 송풍 공기량의 30%
5. 냉각기 출구의 공기상태는 상대습도 90%로 한다.
6. 송풍기 및 덕트 등에서의 열부하는 무시한다.
7. 송풍공기의 비열은 1.01[kJ/kg·K], 밀도 1.2[kg/m^3]로 하여 계산한다.
   또한, 별첨하는 공기 선도를 사용하고, 계산 과정도 기입한다.

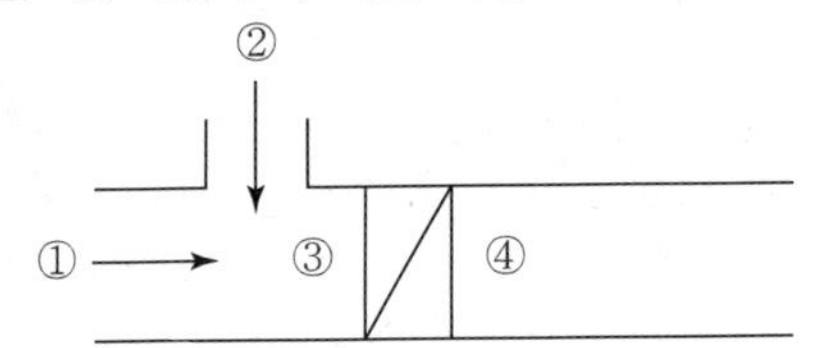

해답

- 현열비 $SHF = \frac{60}{60+12} = 0.833$
- 외기와 환기의 혼합공기 상태

  먼저 혼합공기 온도 $t_3 = 33 \times 0.3 + 26 \times 0.7 = 28.1$℃ 따라서 습공기 선도에 의해 ③ (혼합점)의 엔탈피 $h_3 = 61.5$[kJ/kg]을 읽을 수 있다.

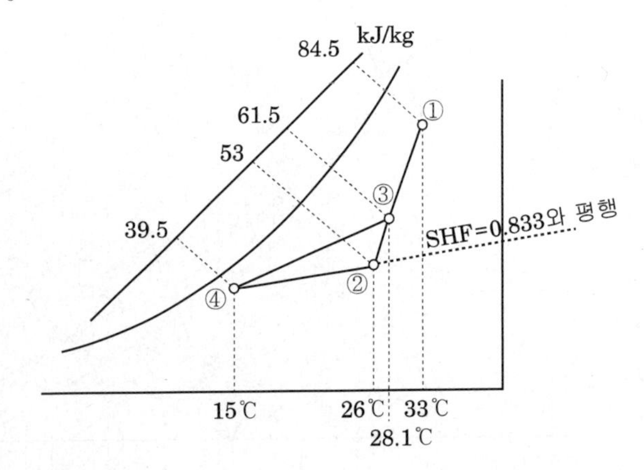

(1) 송풍량은 취출온도차 11℃와 현열부하로 구한다.

$$Q = \frac{q_s}{c_p \cdot \rho \cdot \Delta t} = \frac{60 \times 3600}{1.01 \times 1.2 \times 11} = 16201.62[m^3/h]$$

(2) 냉각열량은 코일 입출구 엔탈피차로 구한다.

$$q_c = G\cdot(h_3 - h_4) = \frac{16201.62\times1.2}{3600}\times(61.5-39.5) = 118.81\,[\mathrm{kW}]$$

선도

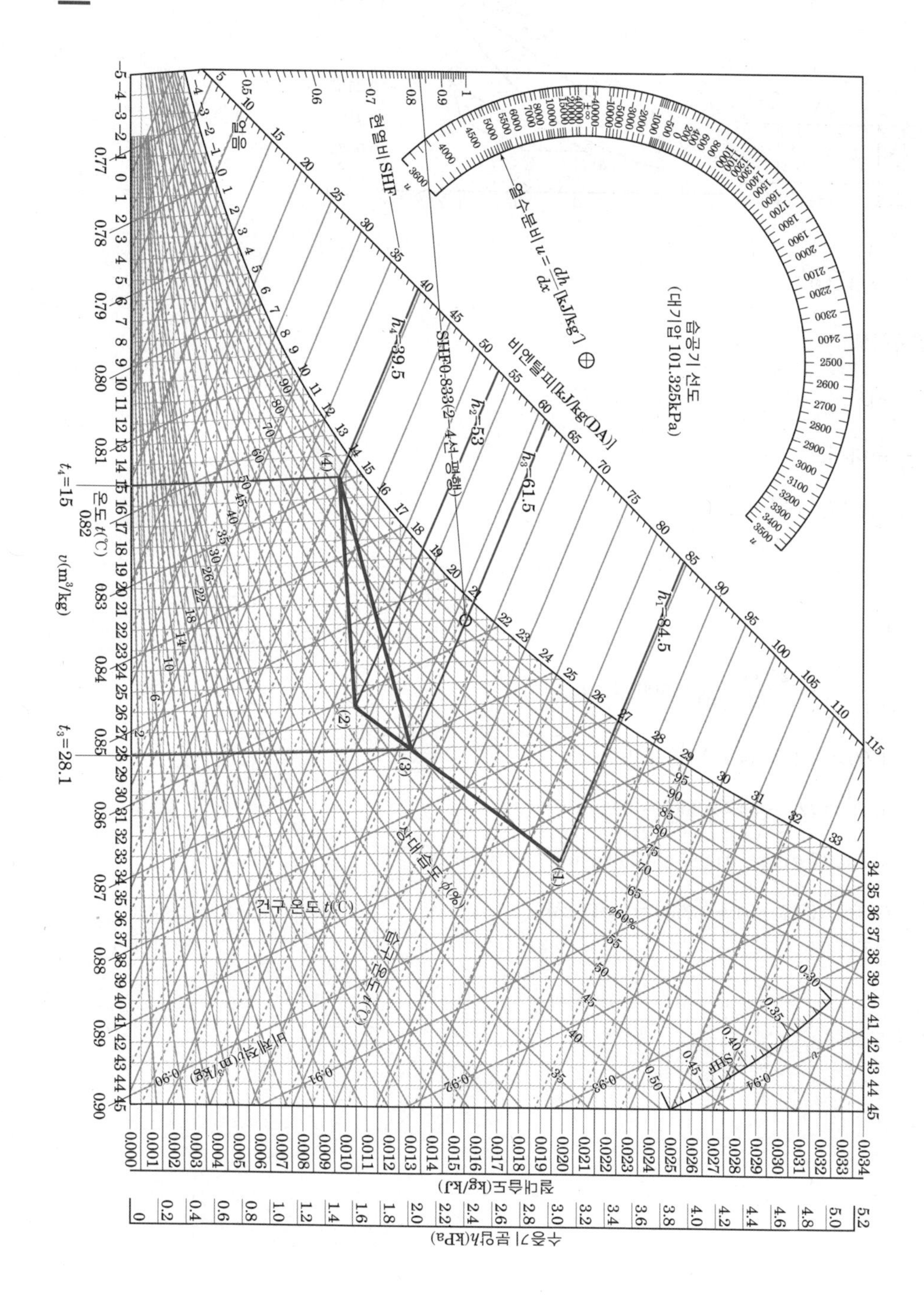

☐ 07년3회

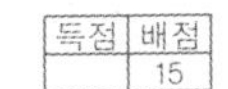

17 **다음 그림 (a)와 같은 공기조화기의 공기 상태 변화를 습공기 선도 상에 나타내면 그림 (b)와 같이 되고 현열부하(q_s)가 24000[kJ/h]라고 할 때 각 물음에 답하시오. (단, 공기의 정압비열은 1.0[kJ/kg · K]로 한다.)**

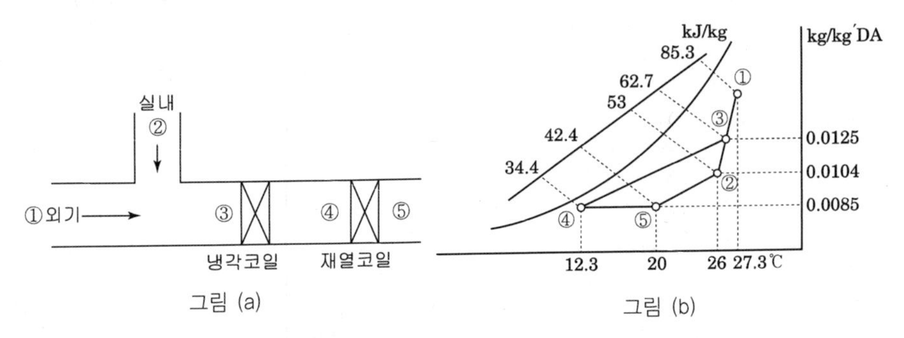

그림 (a) 그림 (b)

(1) 필요 송풍량 G(kg/h)을 구하시오.

(2) 외기부하 q_o(kW)를 구하시오.

(3) 재열부하 q_R(kW)를 구하시오.

(4) 냉각 제습량 L(kg/h)을 구하시오.

(5) 냉각 코일의 냉각부하 q_c(kW)를 구하시오.

해답 (1) $q_s = c_p \cdot G \cdot \Delta t$에서

$$송풍량 G = \frac{q_s}{c_p \cdot (t_2 - t_5)} = \frac{24000}{1.0 \times (26-20)} = 4000[\text{kg/h}]$$

(2) $q_o = G(h_3 - h_2) = 4000 \times (62.7 - 53)/3600 = 10.78[\text{kW}]$

(3) $q_R = G(h_5 - h_4) = 4000 \times (42.4 - 34.4)/3600 = 8.89[\text{kW}]$

(4) $L = G(x_3 - x_4) = 4000 \times (0.0125 - 0.0085) = 16[\text{kg/h}]$

(5) $q_c = G(h_3 - h_4) = 4000 \times (62.7 - 34.4)/3600 = 31.44[\text{kW}]$

□ 00년2회

18 다음 그림과 같은 공기조화장치의 운전상태가 아래의 조건과 같을 때 각 물음에 답하시오. (단, 계산과정에 필요한 사이클을 공기 선도에 반드시 나타내시오.)

득점	배점
	15

【조 건】

1. 실내 온·습도
   ① 건구온도 : 26℃
   ② 상대습도 : 50%
2. 외기 온·습도
   ① 건구온도 : 32℃
   ② 절대습도 : 0.022[kg/kg′]
3. 실내 냉방부하
   ① 현열부하 : 94500[kJ/h]
   ② 잠열부하 : 31500[kJ/h]
4. 취입 외기량은 급기량이 1/3
5. 취출구 공기온도 : 19℃
6. 재열기 출구온도 : 18℃
7. 냉각 코일 출구온도 : 14℃
8. 공기의 비열 : 1.0[kJ/kg·K]
9. 공기의 밀도 : 1.2[kg/m³]

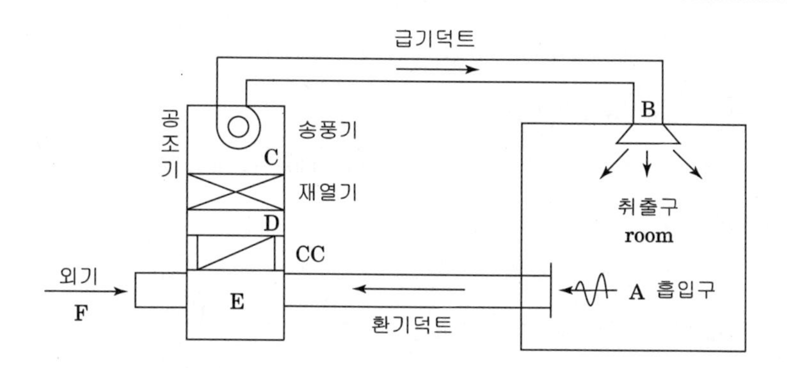

(1) 습공기 선도를 작성하시오.

(2) 실내 송풍량G(kg/h)을 취출온도차로 구하시오.

(3) 냉각 코일 부하q_c[kW]를 구하시오.

(4) 재열부하q_r[kW]를 엔탈피차를 이용하여 구하시오.

(5) 외기부하q_o[kW]를 엔탈피차를 이용하여 구하시오.

해답 (1)

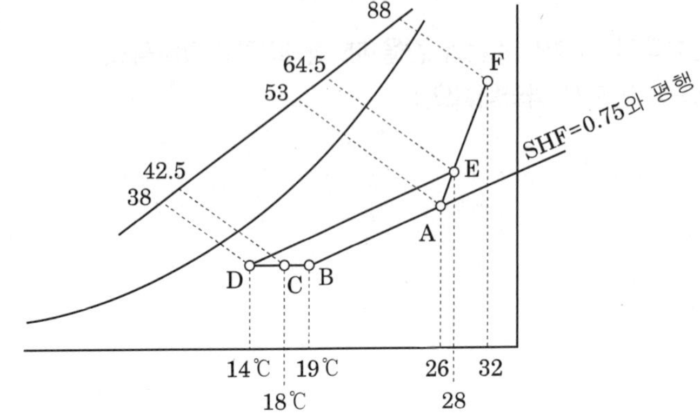

여기서 $SHF=\frac{q_s}{q_s+q_L}=\frac{94500}{94500+31500}=0.75$

E점의 혼합공기 온도 $t_E=26\times\frac{2}{3}+32\times\frac{1}{3}=28℃$

실내공기 상태점 A에서 취출공기 상태점 B까지는 $SHF=0.75$ 선과 평행하게 긋는다. 이 선상에서 19℃가 취출구B점이다. C점과 D점은 B점과 절대습도와 평행한 선상에 있도록 한다. 이선상에서 14℃점이 냉각코일 출구점 D이다. ($\overline{DC}$은 재열과정 $\overline{CB}$는 덕트 및 fan 부하 $\overline{BCD}$과정은 절대습도의 변화가 없다.)

(2) $G=\frac{q_s}{C_p\Delta t}=\frac{94500}{1.0\times(26-19)}=13500[kg/h]$

(3) $q_c=G(h_E-h_D)=13500\times(64.5-38.0)/3600=99.38[kW]$

(4) $q_r=G(h_C-h_D)=13500\times(42.5-38.0)/3600=16.88[kW]$

(만약 온도차로 구하라하면 $q_r=GC\Delta t=13500\times1.0(18-14)/3600=15[kW]$)

(5) 외기부하는 외기량을 이용하는 방법과 전공기량을 이용하는 방법이 있다

① 외기량 이용법

$q_o=G_o(h_F-h_A)=13500\times(1/3)(88-53)/3600=43.75[kW]$

② 전공기량 이용법

$q_o=G(h_E-h_A)=13500\times(64.5-53)/3600=43.13[kW]$

(이때 발생하는 (1)(2)사이 오차는 선도에서 상태값을 읽을 때 발생하는 오차이다)

선도

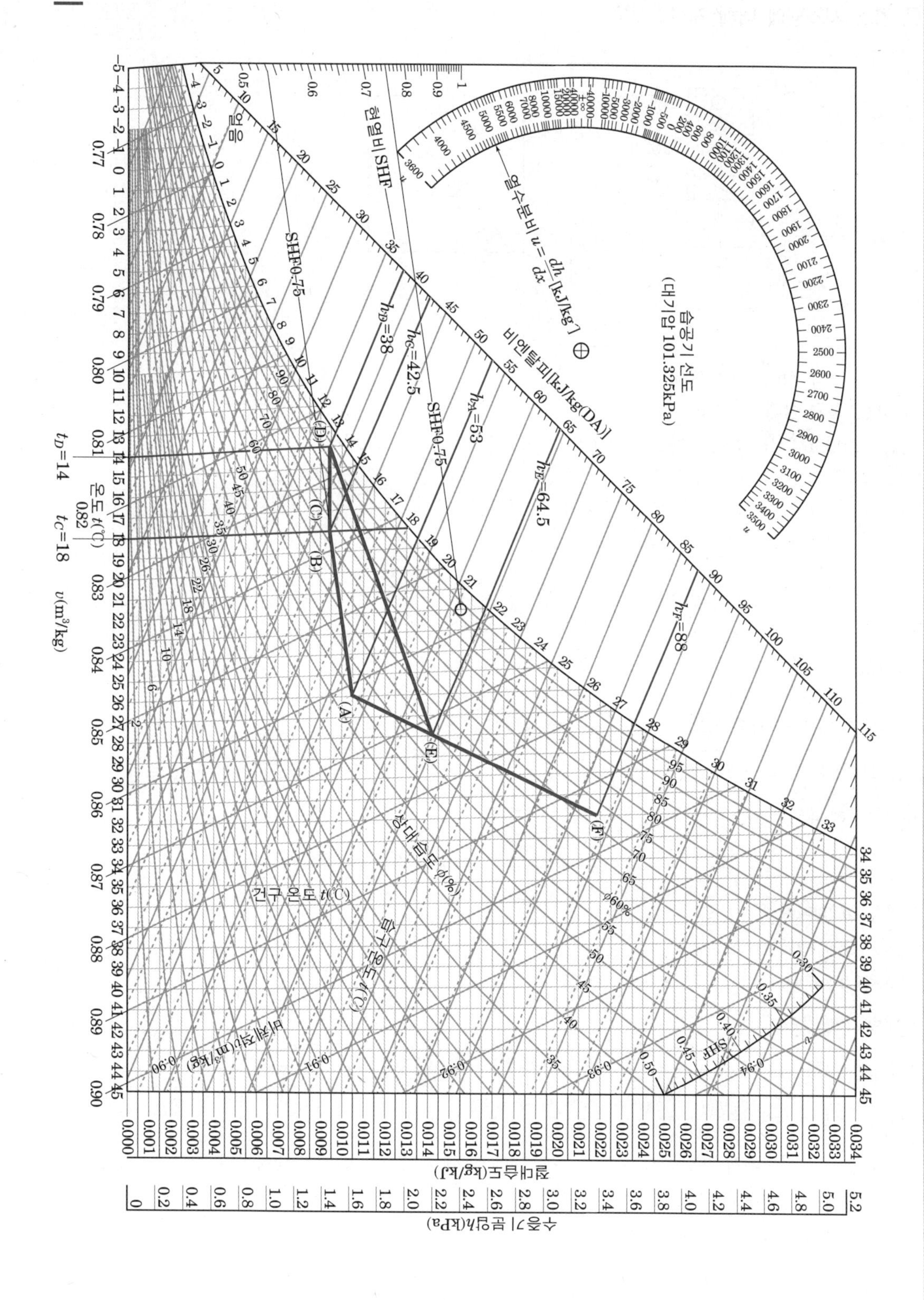
습공기 선도
(대기압 101.325kPa)
열수분비 $u = \frac{dh}{dx}$ [kJ/kg]
현열비 SHF
비엔탈피[kJ/kg(DA)]
h_D=38
h_C=42.5
h_A=53
h_E=64.5
h_F=88
SHF0.75
(A)
(B)
(C)
(D)
(E)
(F)
t_D=14
t_C=18
온도 t(℃)
v(m³/kg)
건구 온도 t(℃)
상대 습도 φ(%)
습구 온도 t'(℃)
비체적 v(m³/kg)
얼음
절대습도(kg/kJ)
수증기 분압 h(kPa)
SHF

☐ 03년1회, 07년2회, 13년3회, 15년3회

득점	배점
	18

19 다음과 같은 공조 시스템에 대해 계산하시오.

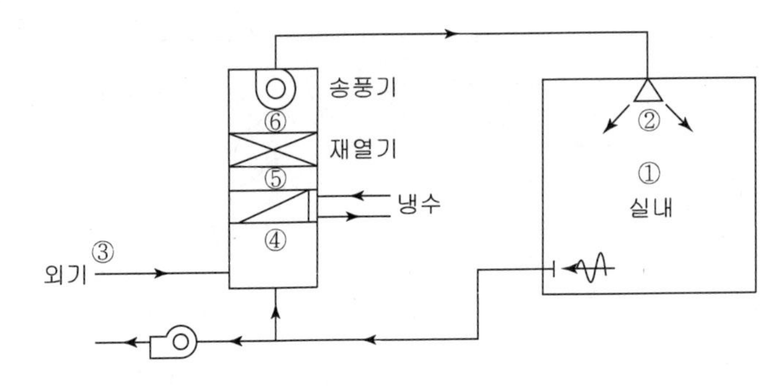

【조 건】

- 실내온도 : 25℃, 실내 상대습도 : 50%
- 외기온도 : 31℃, 외기 상대습도 : 60%
- 실내급기풍량 : $6000\text{m}^3/\text{h}$, 취입외기풍량 : $1000\text{m}^3/\text{h}$, 공기밀도 : $1.2\text{kg}/\text{m}^2$
- 취출공기온도 : 17℃, 공조기 송풍기 입구온도 : 16.5℃
- 공기냉각기 냉수량 : 1.4 L/s, 냉수입구온도(공기냉각기) : 6℃,
  냉수출구온도(공기냉각기) : 12℃
- 재열기(전열기) 소비전력 : 5kW
- 공조기 입구의 환기온도는 실내온도와 같다.
- 공기의 정압비열 : 1.0 kJ/kg·K,
  냉수비열 : 4.2 kJ/kg·K, 0℃의 물의 증발잠열 2500kJ/kg이다.

(1) 실내 냉방 현열부하(kW)를 구하시오.

(2) 실내 냉방 잠열부하(kW)를 구하시오.

(3) 현열비(SHF)를 구하시오.

해답 (1) 실내 냉방 현열부하

$q_s = c_p \cdot \rho \cdot Q(t_r - t_d)$

$= 1.0 \times 1.2 \times 6000 \times (25-17)/3600 = 16[\text{kW}]$

(2) 실내 냉방 잠열부하

① 냉각코일 부하 $q_c = m \cdot c_w \cdot \Delta t = 1.4 \times 4.2 \times (12-6) = 35.28[\text{kW}]$

② 혼합공기온도 $t_4 = \dfrac{mt_1 + mt_2}{m+n} = \dfrac{1000 \times 31 + 5000 \times 25}{6000} = 26[℃]$

③ 여기서 습공기 선도에서 혼합공기 온도 $t_4 = 26℃$에 의해 혼합공기 엔탈피(냉각코일 입구 엔탈피) $h_4 = 54.6[\text{kJ/kg}]$을 읽을 수 있다.

따라서 냉각코일 출구 엔탈피 h_5는 $q_C = G(h_4 - h_5)$에서

$$h_5 = h_4 - \frac{q_C}{G} = 54.6 - \frac{35.28 \times 3600}{1.2 \times 6000} = 36.96[\text{kJ/kg}]$$

④ 냉각코일 출구온도 t_5는 재열기 가열량 $q_R = c_p \cdot G(t_6 - t_5) = c_p \cdot \rho \cdot Q \cdot (t_6 - t_5)$ 에서

$$t_5 = t_6 - \frac{q_n}{c_p \cdot \rho \cdot Q} = 16.5 - \frac{5 \times 3600}{1.0 \times 1.2 \times 6000} = 14[℃]$$

⑤ 지금까지의 조건에 의해 습공기 선도를 작도하면 다음과 같다.(작도법은 앞문제 참조)

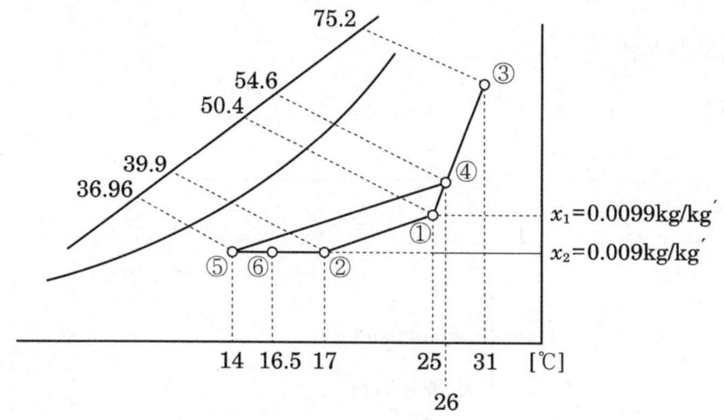

잠열부하 $q_L = 2500\,G(x_1 - x_2)$

$$= 2500 \times 1.2 \times 6000 \times (0.0099 - 0.009)/3600 = 4.5[\text{kW}]$$

(3) $\text{SHF} = \dfrac{q_S}{q_S + q_L} = \dfrac{16}{16 + 4.5} = 0.78$

□ 08년2회

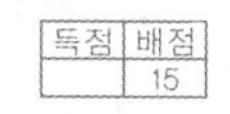

20 다음의 공기조화 장치도는 외기의 건구온도 및 절대습도가 각각 32℃와 0.020kg/kg′, 실내의 건구온도 및 상대습도가 각각 26℃와 50%일 때 여름의 냉방운전을 나타낸 것이다. 실내 현열 및 잠열부하가 34kW와 11.5kW이고 실내 취출 공기온도 20℃, 재열기 출구 공기온도 19℃, 공기냉각기 출구온도가 15℃일 때 다음 물음에 답하시오. (단, 외기량은 급기량의 1/3이고, 공기의 정압비열은 1.0kJ/kg · K이며, 환기의 온도 및 습도는 실내공기와 같다.)

급기
②
취출구
③
재열기
실내 ①
④
흡입구
공기냉각기
⑤
⑥ 외기
환기

(1) 장치도의 각 점을 습공기 선도에 나타내시오.

(2) 실내 송풍량을 구하시오.[kg/h]

(3) 도입 외기량을 구하시오.[kg/h]

(4) 공기냉각기의 냉각열량을 구하시오.[kW]

(5) 재열기의 가열량을 구하시오.[kW]

해답 (1)

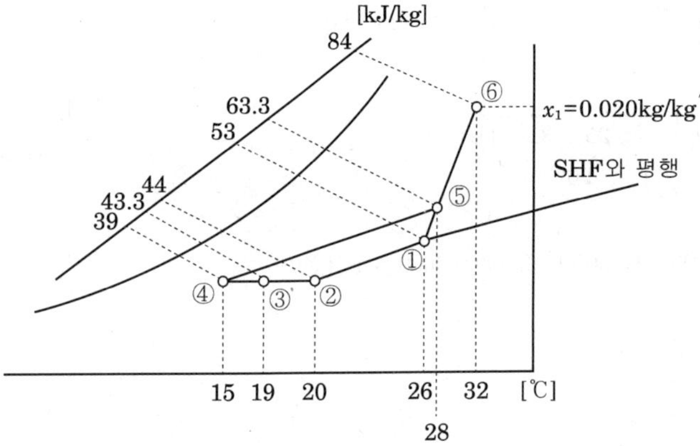

여기서 현열비 $SHF=\dfrac{q_s}{q_s+q_L}=\dfrac{34}{34+11.5}≒0.75$

(작도법은 앞문제 참조)

(2) 실내 송풍량

$$G=\frac{q_s}{c_p \cdot \Delta t}=\frac{34\times3600}{1.0\times(26-20)}=20400[\text{kg/h}]$$

(3) 도입 외기량 G_o

$$G_o=20400\times\frac{1}{3}=6800[\text{kg/h}]$$

(4) 공기냉각기의 냉각열량 q_C

$$q_C=G\cdot(h_5-h_4)=20400\times(63.3-39)/3600=137.7[\text{kW}]$$

(5) 재열기의 가열량 q_R

$$q_R=G\cdot(h_3-h_4)=20400\times(43.3-39)/3600=24.37[\text{kW}]$$

□ 00년3회, 06년2회

21 다음과 같이 급기 덕트에 재열기를 설치한 공조장치가 냉방운전되고 있을 때 각 부분의 상태값을 공기선도상에 나타내었다. 이 공조장치에서 취입외기량(G_2)=2000kg/h, 실내 냉방부하의 현열부하(q_s)=42kW, 잠열부하(q_L)=10.5kW일 때 각 물음에 답하시오.(단, 공기냉각기의 냉각수 출입구 온도차(Δt_C)는 5℃, 재열기 온수출구 입출구 온도차(Δt_H)는 5℃이고, 외기량과 배기량은 같다. 덕트와 송풍기에 의한 열취득(손실)은 무시한다.) (단, 공기정압비열: 1.0kJ/kg·K, 물의 비열 : 4.2kJ/kg·K이다)

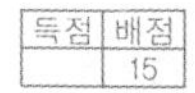

득점	배점
	15

【조 건】

- $t_1 = t_6 = 26℃$, $t_2 = 20℃$, $t_3 = 16℃$, $t_5 = 33℃$, $x_2 = x_3$
- $h_1 = h_6 = 53\text{kJ/kg}$, $h_2 = 44.5\text{kJ/kg}$, $h_3 = 41.2\text{kJ/kg}$,
- $h_4 = 55.27\text{kJ/kg}$, $h_5 = 82.3\text{kJ/kg}$

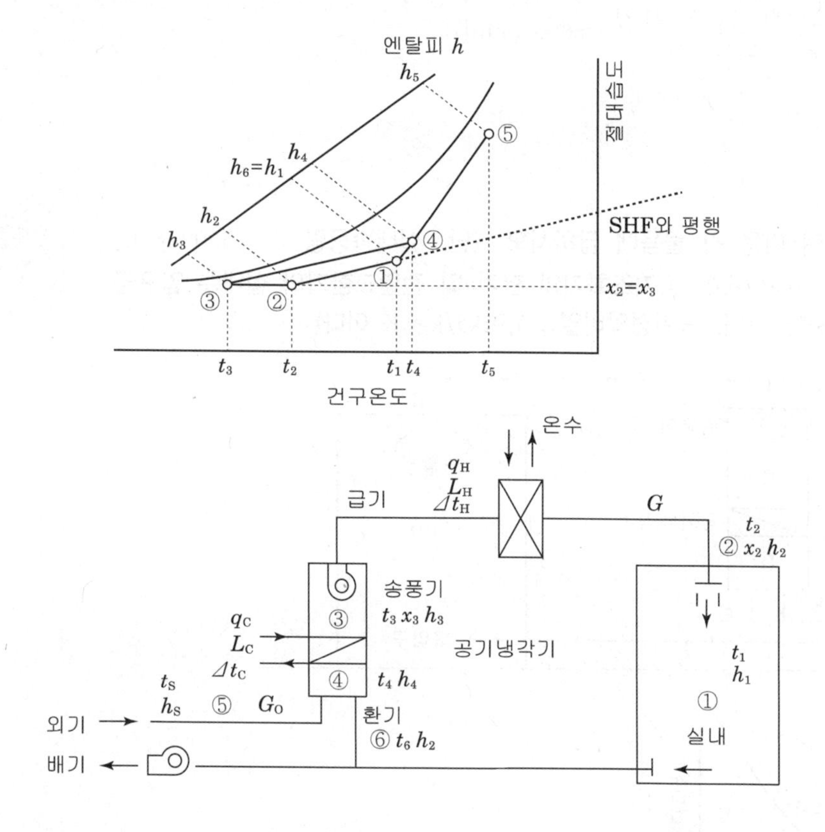

(1) 실내 냉방부하의 현열비(SHF)를 구하시오.

(2) 실내 급기풍량 G(kg/h)를 구하시오.

(3) 공기냉각기의 열량 q_c(kW)를 구하시오.

(4) 공기냉각기의 냉수량 L_c(kg/min)를 구하시오.

(5) 공기재열기의 온수량 L_H(kg/min)를 구하시오.

해답 (1) 현열비 $SHF=\dfrac{q_s}{q_s+q_L}=\dfrac{42}{42+10.5}=0.8$

(2) 급기풍량 $G=\dfrac{q_s}{c_p\cdot(t_1-t_2)}=\dfrac{42\times3600}{1.0\times(26-20)}=25200[\text{kg/h}]$

(3) 냉각열량 $q_C=G_1(h_4-h_3)=25200\times(55.27-41.2)/3600=98.49[\text{kW}]$

(4) 냉각수량 $L_C=\dfrac{q_c}{c\cdot\Delta t_c}=\dfrac{98.49\times60}{4.2\times5}=281.4[\text{kg/min}]$

(5) 공기재열기의 온수량 L_H

재열기 가열량 $q_H=c_w\cdot L_w\cdot\Delta t$에서

$$L_H=\frac{q_H}{c_w\cdot\Delta t}=\frac{25200\times(44.5-41.2)}{4.2\times5\times60}=66[\text{kg/min}]$$

□ 01년1회, 14년2회, 16년3회

22 주어진 조건을 이용하여 다음 각 물음에 답하시오. (단, 실내송풍량 $G=5000\text{kg/h}$, 실내부하의 현열비 SHF = 0.86이고, 공기조화기의 환기 및 전열교환기의 실내측 입구공기의 상태는 실내와 동일하다.) (단, 공기정압비열 : 1.01kJ/kg·K 이다)

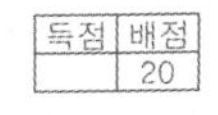

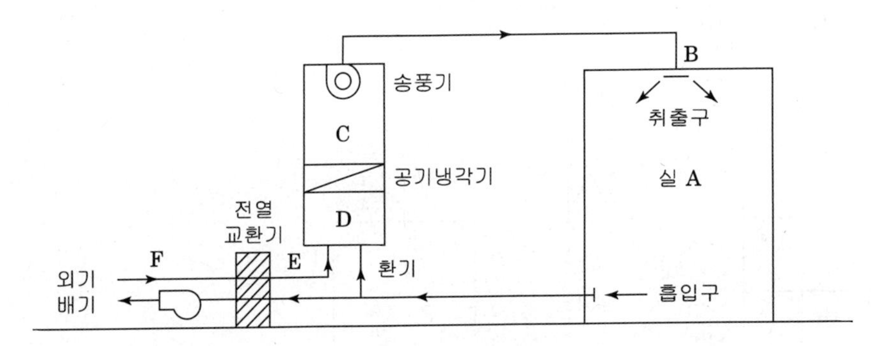

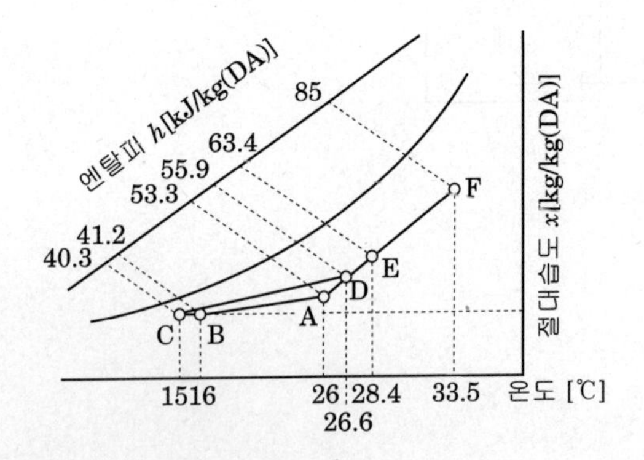

(1) 실내 현열부하 q_s[kW]을 구하시오.

(2) 실내 잠열부하 q_L[kW]을 구하시오.

(3) 공기 냉각기의 냉각 감습열량 q_c[kW]을 구하시오.

(4) 취입 외기량 G_o[kg/h]을 구하시오.

(5) 전열교환기의 효율 η[%]을 구하시오.

해답 (1) 실내 현열부하 $q_s = c_p \cdot G \cdot \Delta t = 1.01 \times 5000 \times (26-16)/3600 = 14.03$[kW]

(2) 실내 잠열부하 $q_L = q_T - q_s = \dfrac{5000 \times (53.3-41.2)}{3600} - 14.03 = 2.78$[kW]

(3) 냉각 코일부하 $q_c = G(h_D - h_C) = 5000 \times (55.9-40.3)/3600 = 21.67$[kW]

(4) 취입 외기량 G_o

외기부하는 G_o(외기량)와 외기−실내($h_E - h_A$) 엔탈피차로 계산하며 또는 G(급기량)과 혼합−실내($h_D - h_A$)엔탈피차로 계산한다.

$G_o(h_E - h_A) = G(h_D - h_A)$ 에서

$$G_o = \frac{G \cdot (h_D - h_A)}{h_E - h_A} = \frac{5000 \times (55.9-53.3)}{63.4-53.3} = 1287.13[\text{kg/h}]$$

(5)

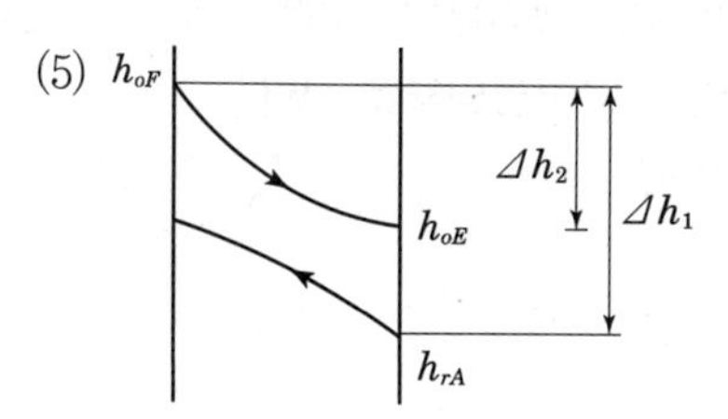

$$\eta = \frac{\Delta h_2}{\Delta h_1} = \frac{h_{oF} - h_{oE}}{h_{oF} - h_{rA}} \times 100 = \frac{85-63.4}{85-53.3} \times 100 = 68.14\%$$

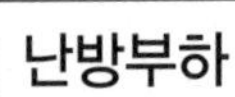

난방부하

☐ 12년3회, 18년1회

득점	배점
	8

01 공기조화기에서 풍량이 $2000m^3/h$, 난방코일 가열량 18kW, 입구온도 10℃일 때 출구온도는 몇 ℃인가? (단, 공기 밀도 $1.2kg/m^3$, 비열 1.0kJ/kg·K이다.)

해답 $q_H = c_p \cdot \rho \cdot Q \cdot (t_2 - t_1)$에서

출구온도 $t_2 = t_1 + \dfrac{q_H}{c_p \cdot \rho \cdot Q} = 10 + \dfrac{18 \times 3600}{1.0 \times 1.2 \times 2000} = 37[℃]$

여기서, q_H : 가열량(난방부하)[kW]

c_p : 공기의 비열[kJ/kg · K]

ρ : 공기의 밀도[kg/m^3]

t_1 : 입구온도[℃]

t_2 : 출구온도[℃]

☐ 04년1회

득점	배점
	6

02 재순환 공기량 4000kg/h, 실내온도 20℃와 신선외기 도입량 2000kg/h, 외기온도 −10℃와 혼합하여 가열기에서 40℃로 가열하여 실내에 급기한다. 혼합온도와 난방코일부하[kW] 및 실내손실열량[kW]을 구하시오.(단, 공기의 정압 비열은 1.0kJ/kg·K)

해답 (1) 혼합공기온도 $t_m = \dfrac{mt_1 + nt_2}{m+n} = \dfrac{2000 \times (-10) + 4000 \times 20}{2000 + 4000} = 10℃$

(2) 난방코일부하

$q_H = c_p \cdot G \cdot (t_d - t_m) = 1.0 \times (4000 + 2000) \times (40 - 10)/3600 = 50[kW]$

(3) 실내손실열량

$q_R = c_p \cdot G \cdot (t_d - t_r) = 1.0 \times (4000 + 2000) \times (40 - 20)/3600 = 33.33[kW]$

여기서 G : 급기량(송풍량)[kg/h]

c_p : 공기의 비열[kJ/kg · K]

t_d : 취출공기온도[℃]

t_m : 혼합공기온도[℃]

t_r : 실내온도[℃]

□ 15년2회, 19년3회

03 **다음 그림과 같이 예열·혼합·순환수분무가습·가열하는 장치에서 실내현열부하가 14.8kW 이고, 잠열부하가 4.2kW일 때 다음 물음에 답하시오. (단, 외기량은 전체 순환량의 25%이다.)**

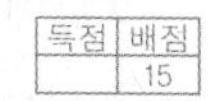

【조 건】

$h_1 = 14\text{kJ/kg}$
$h_2 = 38\text{kJ/kg}$
$h_3 = 24\text{kJ/kg}$
$h_6 = 41.2\text{kJ/kg}$

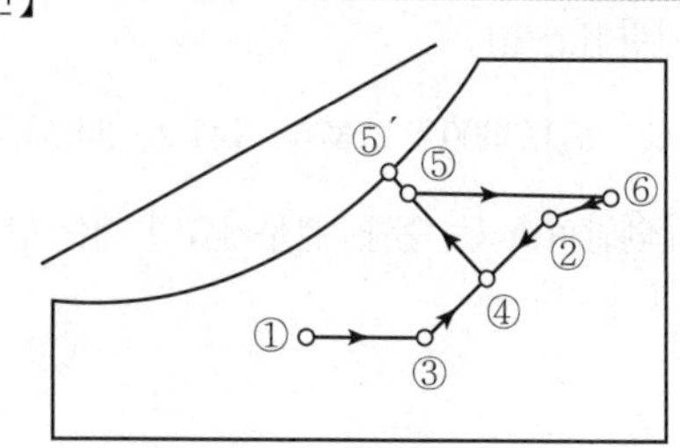

(1) 외기와 환기 혼합 엔탈피 h_4를 구하시오.

(2) 전체 순환공기량(kg/h)을 구하시오.

(3) 예열부하(kW)를 구하시오.

(4) 예열코일 무시하고 외기부하(kW)를 구하시오.

(5) 가열코일부하(kW)를 구하시오.

해답 문제의 습공기 선도를 장치도로 그리면 아래와 같다.

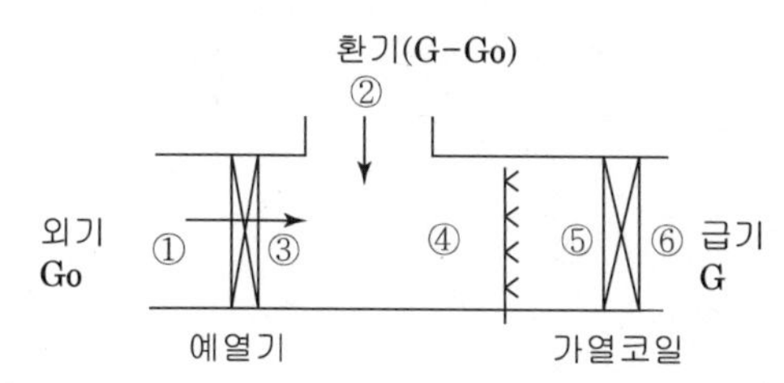

(1) 혼합엔탈피 $h_4 = 24 \times 0.25 + 38 \times 0.75 = 34.5[\text{kJ/kg}]$

(2) 전체 순환공기량 G

실내전열부하 $q_T = G(h_6 - h_2)/3600 = q_S + q_L$ 에서

$$G = \frac{q_S + q_L}{h_6 - h_2} \times 3600 = \frac{14.8 + 4.2}{41.2 - 38} \times 3600 = 21375[\text{kg/h}]$$

여기서 q_T : 실내전열부하[kW=kJ/s]

q_S : 실내현열부하[kW]

q_L : 실내잠열부하[kW]

(3) 예열부하 $G_o(h_3-h_1)/3600 = 21375 \times 0.25 \times (24-14)/3600 ≒ 14.84[kW]$

(4) 외기부하 $G_o(h_2-h_1)/3600 = 21375 \times 0.25 \times (38-14)/3600 ≒ 35.625[kW]$

또는 $G(h_2-h_4)/3600 +$ 예열부하 $= 21375 \times (38-34.5)/3600 + 14.84 ≒ 35.625[kW]$

여기서 G_o : 외기량[kg/h]

(5) 난방코일부하 $G(h_6-h_5)/3600 = 21375 \times (41.2-34.5)/3600 ≒ 39.78[kW]$

여기서 가열기 입구엔탈피 h_5는 순환수분무가습일 때는 단열변화로 $h_4 = h_5$ 엔탈피가 변화가 없이 일정하다.

☐ 08년3회, 11년2회, 17년3회

득점	배점
	6

04 다음과 같은 조건의 어느 실을 난방할 경우 물음에 답하시오. (단, 공기의 밀도는 $1.2kg/m^3$, 공기의 정압 비열은 $1.0kJ/kg \cdot K$ 이다.)

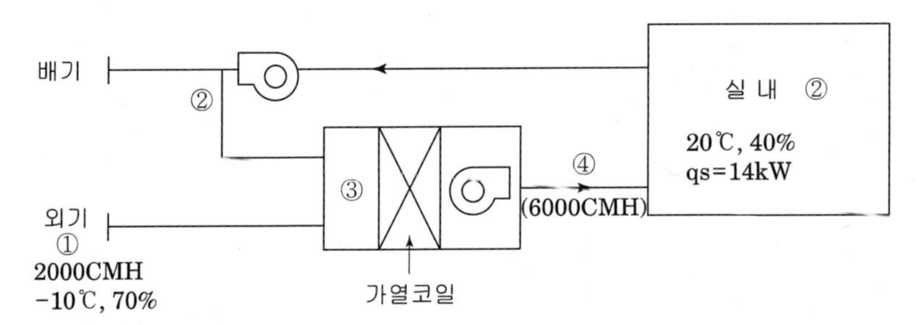

(1) 혼합공기(③점)의 온도를 구하시오.

(2) 취출공기(④점)의 온도를 구하시오.

(3) 가열코일의 용량(kW)을 구하시오.

해답 (1) 혼합공기 ③점의 온도 t_3

$$t_3 = \frac{mt_1 + nt_2}{m+n} = \frac{2000 \times (-10) + 4000 \times 20}{6000} = 10[℃]$$

(2) 취출공기 ④점의 온도 $t_4 = t_d$

$q_s = c_p \cdot \rho \cdot Q(t_d - t_r)$ 에서

$$t_d = t_r(t_2) + \frac{q_s}{c_p \cdot \rho \cdot Q} = 20 + \frac{14 \times 3600}{1.0 \times 1.2 \times 6000} = 27[℃]$$

(3) 가열코일 용량 q_H

$q_H = c_p \cdot \rho \cdot Q(t_4 - t_3) = 1.0 \times 1.2 \times 6000 \times (27-10)/3600 = 34[kW]$

☐ 02년1회, 04년3회, 12년1회, 18년1회, 18년3회

05 **다음은 단일 덕트 공조방식을 나타낸 것이다. 주어진 조건과 습공기 선도를 이용하여 각 물음에 답하시오.**

득점	배점
	18

【조 건】

1. 실내부하
   ① 현열부하(q_S)=30[kW]
   ② 잠열부하(q_l)=5.25[kW]
2. 실내 : 온도 20℃, 상대습도 50%
3. 외기 : 온도 2℃, 상대습도 40%
4. 환기량과 외기량의 비는 3:1이다.
5. 공기의 밀도 : 1.2[kg/m³]
6. 공기의 비열 : 1.0[kJ/kg·K]
7. 실내 송풍량 : 10000[kg/h]
8. 덕트 장치 내의 열취득(손실)을 무시한다.
9. 가습은 순환수 분무로 한다.

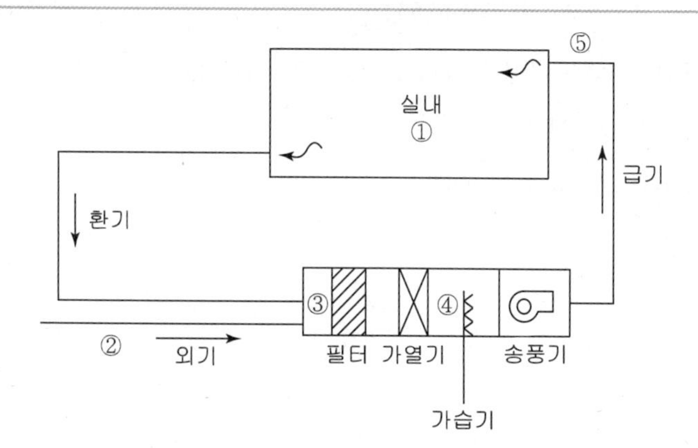

(1) 실내부하의 현열비(SHF)를 구하시오.

(2) 취출공기온도를 구하시오.

(3) 계통도를 보고 공기의 상태변화를 습공기 선도 상에 나타내고, 장치의 각 위치에 대응하는 점(①~⑤)을 표시하시오.

(4) 가열기 용량[kW]을 구하시오.

(5) 가열기 출구 온도를 구하시오.

(6) 가습량[kg/h]을 구하시오.

해답 (1) $SHF = \frac{q_s}{q_s + q_L} = \frac{30}{30+5.25} = 0.85$

(2) $q_s = c_p \cdot G \cdot (t_d - t_r)$ 에서

취출공기온도$t_d = \frac{q_s}{c_p \cdot G} + t_r = \frac{30 \times 3600}{1.0 \times 10000} + 20 = 30.8$℃

(3) 선도작도시 순환수 분무할 때 ④-⑤선은 습구온도선을 따라 변화한다.

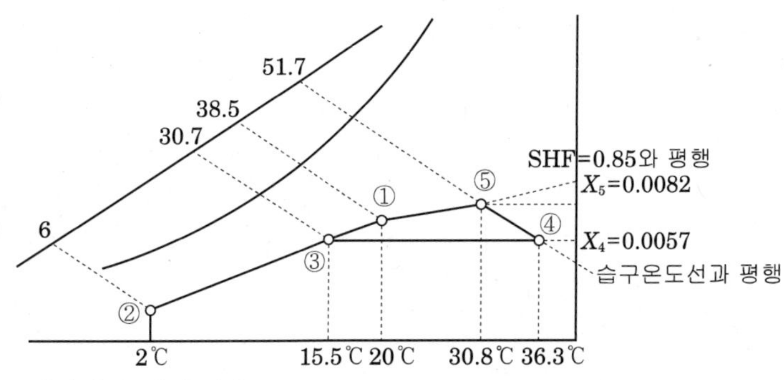

여기서 ③의 혼합온도는 $2 \times 0.25 + 20 \times 0.75 = 15.5$℃

(4) 가열기 용량 $q_H = G(h_4 - h_3) = 10000 \times (51.7 - 30.7)/3600 = 58.33$[kW]

(5) 선도에서 가열기 출구온도는 36.3℃이다.

(6) 가습량 $L = G(x_5 - x_4) = 10000 \times (0.0082 - 0.0057) = 25$[kg/h]

선도

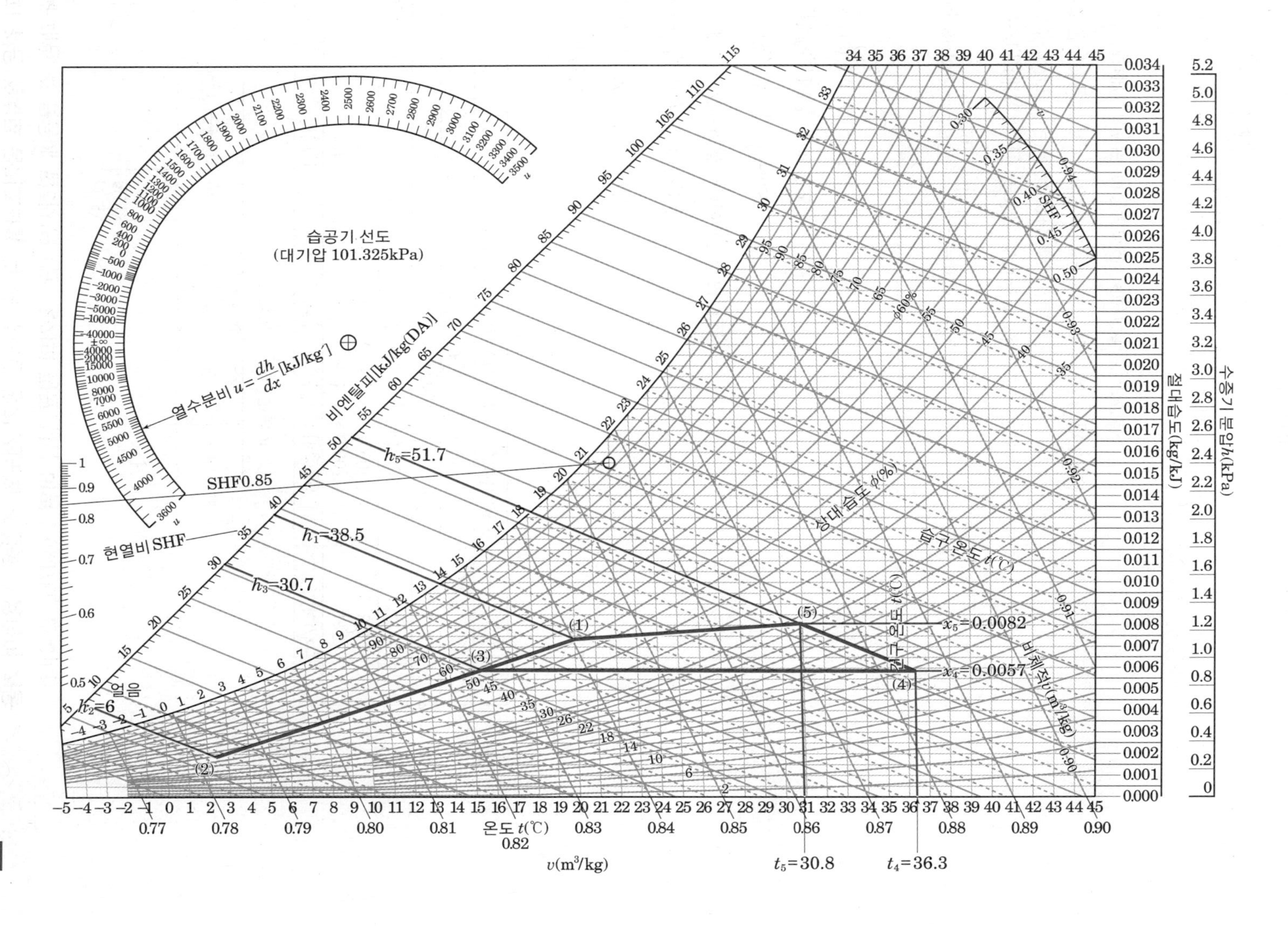
습공기 선도
(대기압 101.325kPa)
열수분비 $u=\frac{dh}{dx}$[kJ/kg']
비엔탈피[kJ/kg(DA)]
현열비 SHF
SHF0.85
h_1=38.5
h_2=6
h_3=30.7
h_5=51.7
얼음
(1)
(2)
(3)
(4)
(5)
x_5=0.0082
x_4=0.0057
상대습도 φ(%)
습구온도 t'(℃)
건구온도 t(℃)
비체적 v(m³/kg)
절대습도(kg/kJ)
수증기 분압h(kPa)
온도 t(℃)
v(m³/kg)
t_5=30.8
t_4=36.3

☐ 01년2회, 09년3회

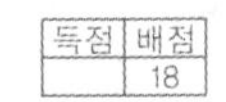

06 다음 그림과 같은 장치로 공기조화를 할 때 주어진 공기 선도와 조건을 이용하여 겨울철 공기조화에 대한 각 물음에 답하시오.(단, 공기의 평균 정압 비열 1.0kJ/kg·K 이다)

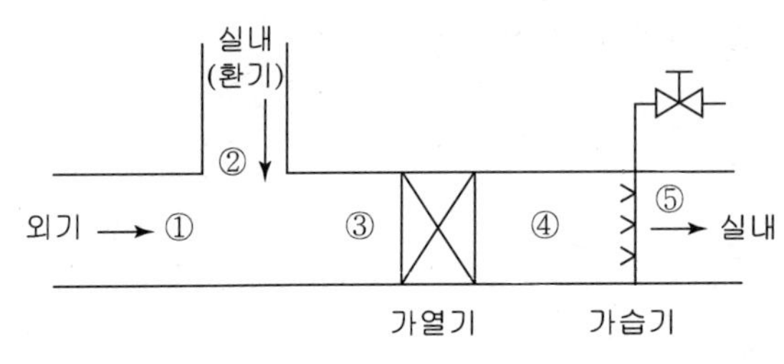

구분	t[℃]	ψ[%]	x[kg/kg′]	h[kJ/kg]
실내 외기	20 4	50 35	0.00725 0.00175	38.7 8.4
실내 손실열량	$q_s=35$kW, $q_L=15$kW			
송풍량	9000kg/h			
외기량비	$K_F=0.3$			
가습	증기분무 : 0.2MPa, $h_u=2730$kJ/kg			

(1) 현열비를 구하시오.

(2) 혼합 공기상태(t_3, h_3)를 구하시오.

(3) 취출 공기상태(t_5, h_5)를 구하시오.

(4) 공기④의 상태를 공기선도를 이용하여 구하시오.

(5) 가열기의 가열량[kW]을 구하시오.

(6) 가습기 가습량[kg/h]을 구하시오.

(7) 가습기 가습열량[kW]을 구하시오.

해답

(1) 현열비 $SHF=\dfrac{q_s}{q_s+q_L}=\dfrac{35}{35+15}=0.7$

(2) 혼합 공기상태(t_3, h_3)는 주어진 조건에서 계산으로 구한다.

① 혼합공기온도 $t_3=$ 4×0.3+20×0.7=15.2℃

② 혼합공기엔탈피 $h_3=$ 8.4×0.3+38.7×0.7=29.61[kJ/kg]

(3) 취출 공기상태(t_5, h_5)는 현열부하와 전열부하로 구한다.

① $q_s=c_p\cdot G\cdot(t_5-t_2)$에서

취출공기온도 $t_5=t_2+\dfrac{q_s}{c_p\cdot G}=20+\dfrac{35\times3600}{1.0\times9000}=34$℃

② $q_T=G(h_5-h_2)$에서

취출공기엔탈피 $h_5=h_2+\dfrac{q_T}{G}=38.7+\dfrac{(35+15)\times3600}{9000}=58.7$[kJ/kg]

(4) 공기④의 상태를 구하기위해 실내점②에서 현열비선(SHF0.7)을 긋고 이선상에서 취출온도 34℃가 취출공기점(⑤)이며 이점에서 열수분비선(u=2730)을 긋고 ③에서 수평선을 그으면 교점(④)이 가열기 출구가 된다.

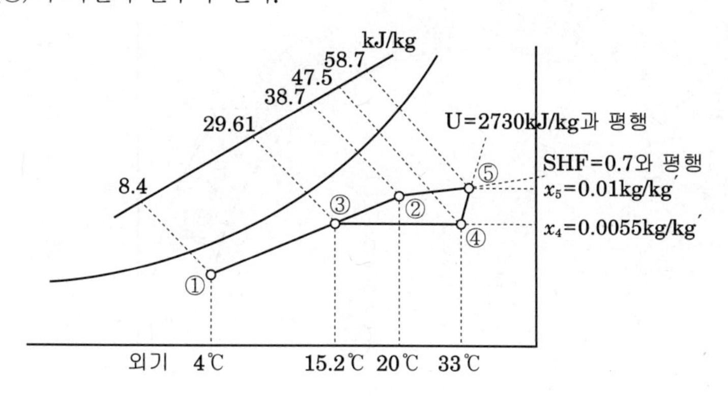

$t_4 = 33$℃, $h_4 = 47.5$kJ/kg, $x_4 = 0.0055$[kg/kg']

(5) 가열기의 가열량 q_H

$q_H = G(h_4 - h_3) = 9000 \times (47.5 - 29.61)/3600 = 44.73$[kW]

(6) 가습량은 절대습도차로 구한다

$L = G(x_5 - x_4) = 9000 \times (0.01 - 0.0055) = 40.5$[kg/h]

(7) 가습열량은 엔탈피차로 구한다

$q_L = G(h_5 - h_4) = 9000 \times (58.7 - 47.5)/3600 = 28$[kW]

선도

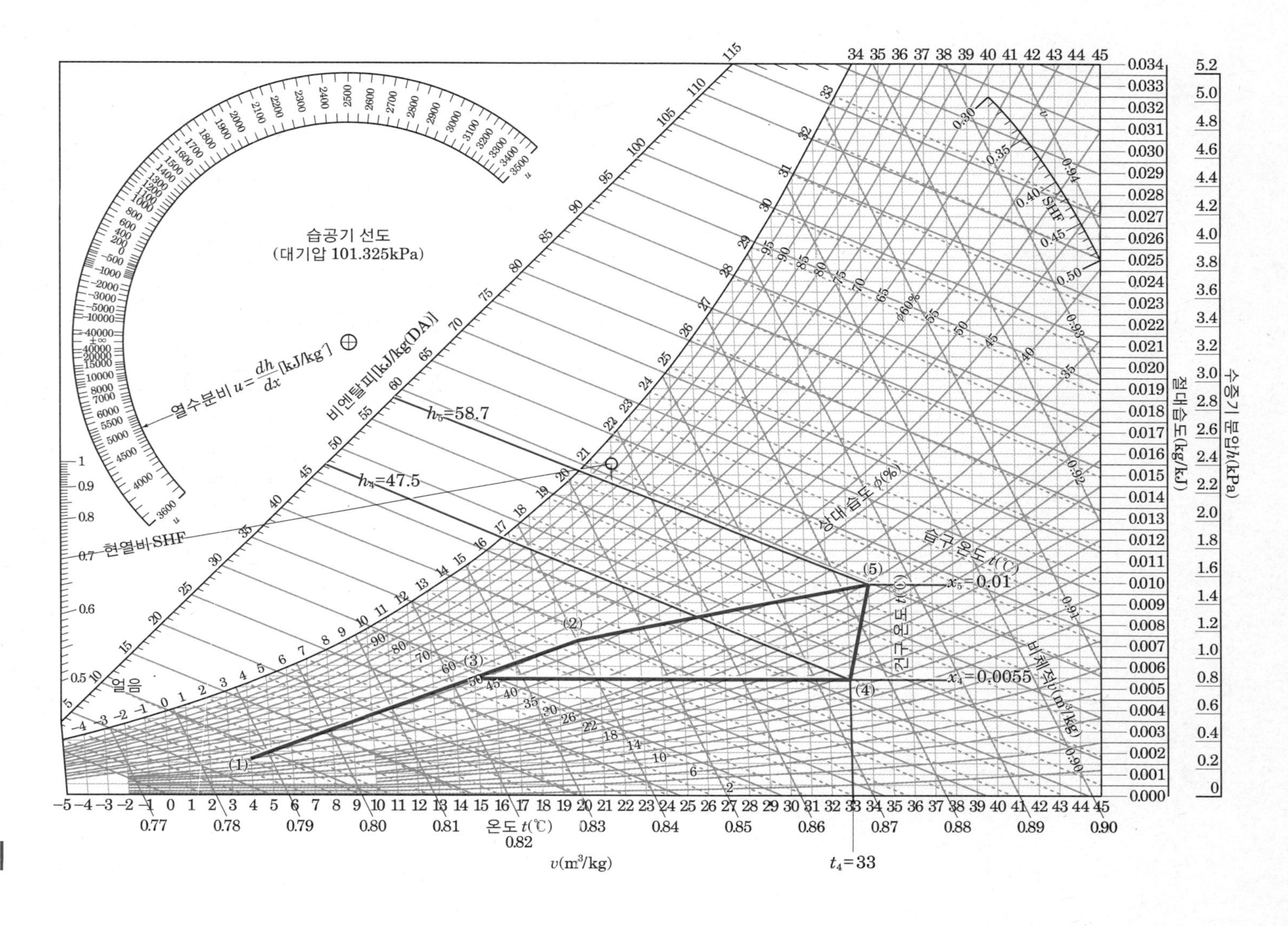
습공기 선도
(대기압 101.325kPa)
열수분비 $u = \frac{dh}{dx}$ [kJ/kg]
비엔탈피[kJ/kg(DA)]
현열비 SHF
얼음
h_5=58.7
h_4=47.5
상대 습도 φ(%)
습구 온도 t'(℃)
건구 온도 t(℃)
x_5=0.01
x_4=0.0055
비체적 v(m³/kg)
SHF
온도 t(℃)
v(m³/kg)
t_4=33
절대습도(kg/kJ)
수증기 분압 h(kPa)

☐ 11년2회, 17년2회

07 다음과 같은 공조시스템 및 계산조건을 이용하여 A실과 B실을 냉방할 경우 각 물음에 답하시오.

득점	배점
	15

【조 건】

1. 외기 : 건구온도 33°C, 상대습도 60%
2. 공기냉각기 출구 : 건구온도 16°C, 상대습도 90%
3. 송풍량
   ① A실 : 급기 5000[m³/h], 환기 4000[m³/h]
   ② B실 : 급기 3000[m³/h], 환기 2500[m³/h]
4. 신선 외기량 : 1500[m³/h]
5. 냉방부하
   ① A실 : 현열부하 17.5[kW], 잠열부하 1.75[kW]
   ② B실 : 현열부하 8.75[kW], 잠열부하 1.17[kW]
6. 송풍기 동력 : 2.7[kW]
7. 공기 정압 비열 : 1.0[kJ/kg·K]
8. 덕트 및 공조시스템에 있어 외부로부터의 열취득은 무시한다.
9. 계산과정에서 필요한 공기상태는 첨부하는 습공기선도를 사용할 것

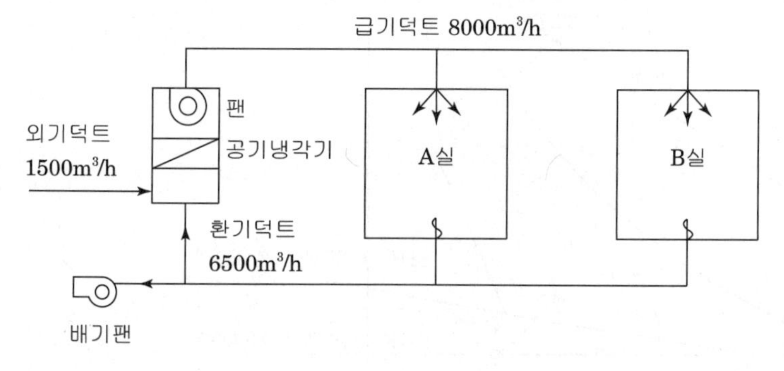

(1) 급기의 취출구 온도를 구하시오.

(2) A실의 건구온도 및 상대습도를 구하시오.

(3) B실의 건구온도 및 상대습도를 구하시오.

(4) 공기냉각기 입구의 건구온도를 구하시오.

(5) 공기냉각기의 냉각열량을 구하시오.

해답 (1) 취출구 온도는 냉각코일출구온도에서 송풍기 동력부하에 의한 온도상승을 고려하여 구한다.

취출구 온도 $t_7 = 16 + \dfrac{2.7 \times 3600}{1.0 \times 1.2 \times 8000} \fallingdotseq 17.01$℃

(2) ① $q_s = c_p \cdot \rho \cdot Q(t_2 - t_7)$에서

A실 온도 $t_2 = t_7 + \dfrac{q_s}{c_p \cdot \rho \cdot Q} = 17.01 + \dfrac{17.5 \times 3600}{1.0 \times 1.2 \times 5000} \fallingdotseq 27.51℃$

② A실 상대습도 : 공기 선도에서 SHF 0.91선과 실내온도 27.51℃와의 교점에서 상대습도47%

(3) ① $q_s = c_p \cdot \rho \cdot Q\,(t_3 - t_7)$에서

B실 온도 $t_3 = t_7 + \dfrac{q_s}{c_p \cdot \rho \cdot Q} = 17.01 + \dfrac{8.75 \times 3600}{1.0 \times 1.2 \times 3000} \fallingdotseq 25.76℃$

② B실 상대습도 : 공기 선도에서 SHF 0.88선과 실내온도 25.76℃와의 교점에서 상대습도 52%

(4) ① A실과 B실 출구 혼합온도 $t_4 = \dfrac{4000 \times 27.51 + 2500 \times 25.76}{6500} \fallingdotseq 26.84℃$

② 냉각기 입구온도$= \dfrac{6500 \times 26.84 + 1500 \times 33}{8000} \fallingdotseq 28.00℃$

(5) 냉각열량 $q_C = \rho \cdot Q\,(h_5 - h_6) = 8000 \times 1.2 \times (60.9 - 42.4)/3600 = 49.33[\text{kW}]$

장치도의 조건을 습공기 선도에 작도하면 다음과 같다.

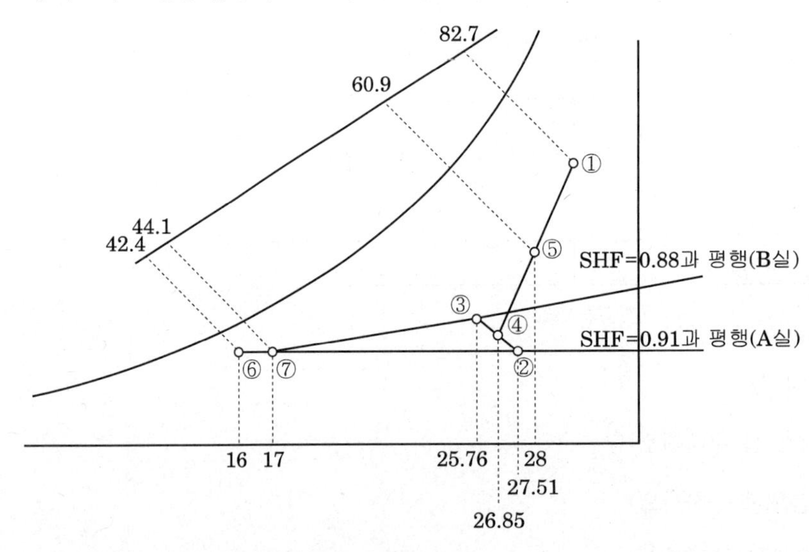

A실의 현열비 $SHF_A = \dfrac{17.5}{17.5 + 1.75} \fallingdotseq 0.91$

B실의 현열비 $SHF_B = \dfrac{8.75}{8.75 + 1.17} \fallingdotseq 0.88$

선도

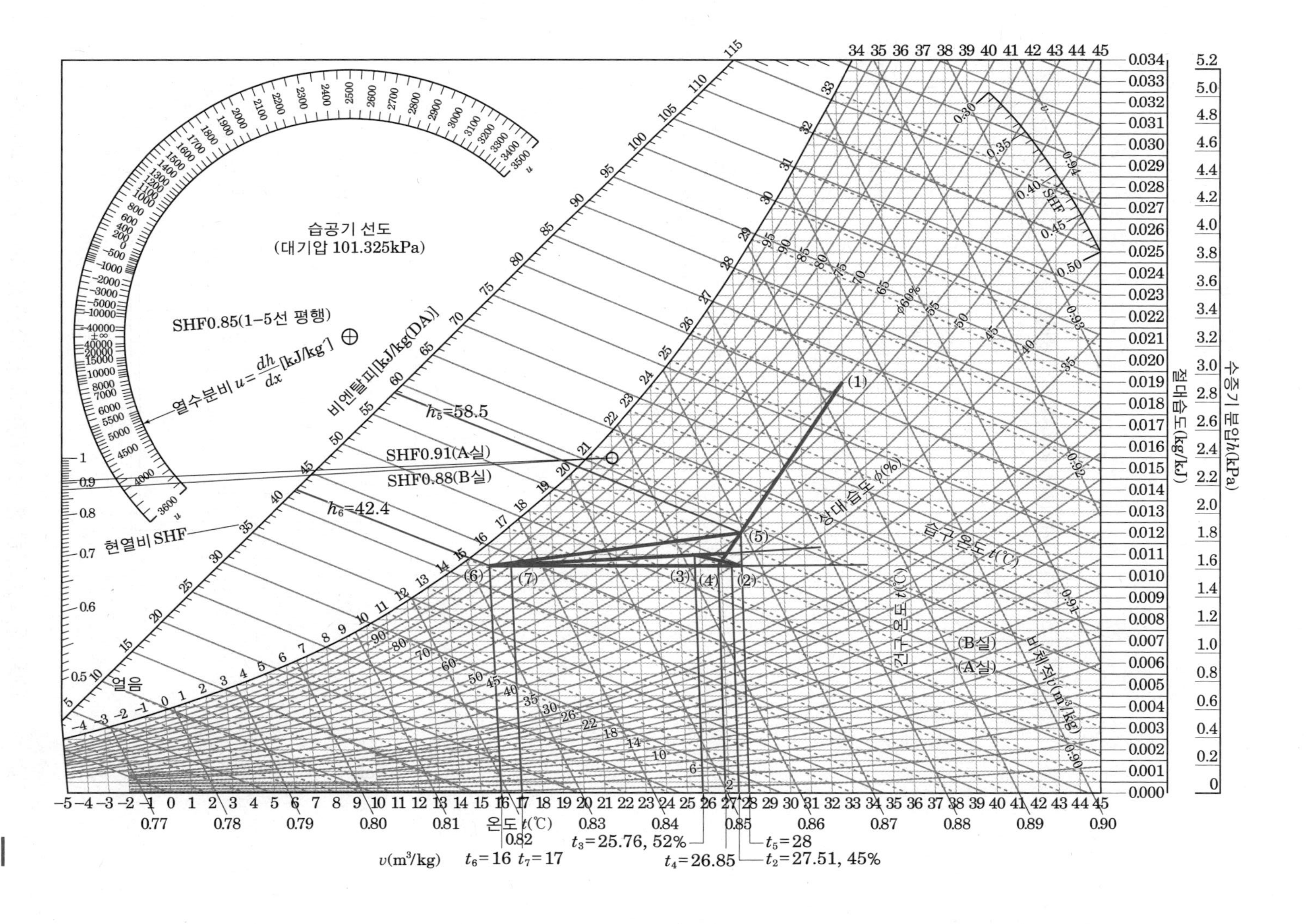
습공기 선도
(대기압 101.325kPa)
SHF0.85(1−5선 평행)
열수분비 $u=\frac{dh}{dx}$[kJ/kg]
비엔탈피[kJ/kg(DA)]
h_5=58.5
SHF0.91(A실)
SHF0.88(B실)
h_6=42.4
현열비 SHF
얼음
상대 습도 φ(%)
습구 온도 t'(℃)
건구 온도 t(℃)
(B실)
(A실)
비체적 v(m³/kg)
절대습도(kg/kJ)
수증기 분압h(kPa)
온도 t(℃)
v(m³/kg)
t_6=16 t_7=17
t_3=25.76, 52%
t_4=26.85
t_5=28
t_2=27.51, 45%

☐ 12년1회

08 다음과 같이 A, B실을 냉방할 때 각 실의 실온(℃)과 상대습도(%) 및 공조기의 냉각열량(kW)을 구하시오.

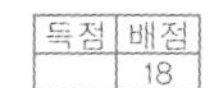

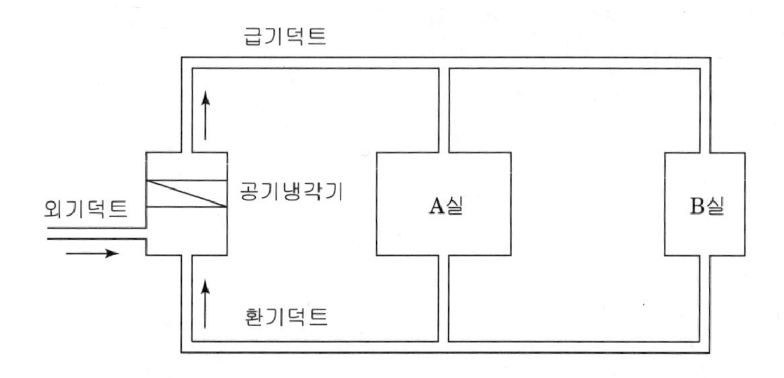

【조 건】

1. 외기조건 : 30℃ DB, 60% RH
2. 실내취출조건 : 15℃ DB, 90% RH
3. 송풍량 : A실 → 3000m³/h　　환기량 : A실 → 2500m³/h
   B실 → 2000m³/h　　B실 → 1500m³/h
4. 외기량 : 1000m³/h
5. 냉방부하 : A실 → q_s 12kW　　B실 → q_s 6kW
   q_L 1.2kW　　q_L 1.2kW
6. 덕트 및 송풍기로부터의 열 취득은 무시한다.
7. 공기의 밀도는 1.2kg/m³, 정압비열은 1.0kJ/kg · K이다.

해답 (1) A실

① $q_s = c_p \cdot \rho \cdot Q\,(t_2 - t_6)$에서

A실 온도 $t_2 = t_6 + \dfrac{q_s}{c_p \cdot \rho \cdot Q} = 15 + \dfrac{12 \times 3600}{1.0 \times 1.2 \times 3000} = 27[℃]$

A실 SHF $= \dfrac{12}{12 + 1.2} ≒ 0.91$

② 상대습도 : 공기 선도에서 SHF 0.91 실내온도 27℃와의 교점에서 상대습도 47.5%
(선도 작도법은 앞문제 7번 참조)

(2) B실

① $q_s = c_p \cdot \rho \cdot Q\,(t_3 - t_6)$에서

B실 온도 $t_3 = t_6 + \dfrac{q_s}{c_p \cdot \rho \cdot Q} = 15 + \dfrac{6 \times 3600}{1.0 \times 1.2 \times 2000} ≒ 24[℃]$

B실 SHF $= \dfrac{6}{6 + 1.2} = 0.83$

② 공기 선도에서 SHF 0.83 실내온도 24℃와의 교점에서 상대습도 57%

(3) 공조기 냉각 열량

① 실 환기 혼합온도 $t_4 = \dfrac{(2500 \times 27) + (1500 \times 24)}{2500 + 1500} = 25.88℃$

② 외기 혼합공기온도 $t_5 = \dfrac{(4000 \times 25.88) + (1000 \times 30)}{5000} = 26.70℃$

③ 냉각열량 $q_c = 5000 \times 1.2 \times (56.7 - 40)/3600 = 27.83[\text{kW}]$

④ 공기 선도

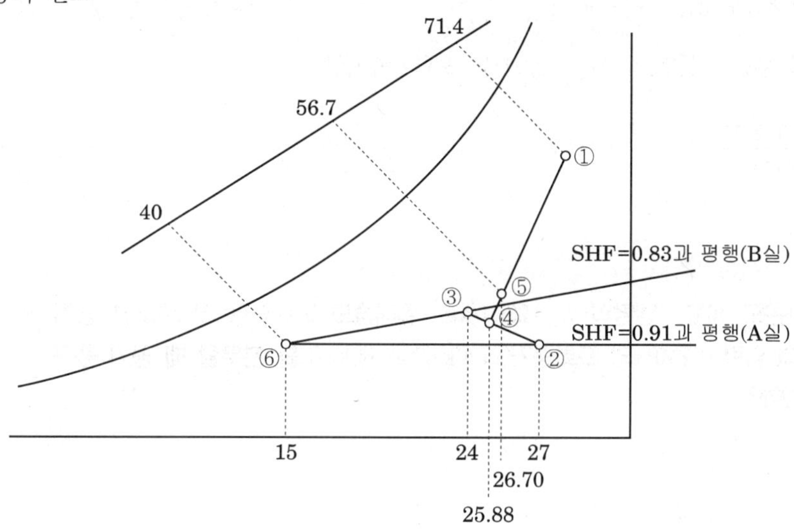

☐ 09년3회

09 온도 10℃, 상대습도 60%의 공기를 20℃까지 가열하면 상대습도는 얼마나 되는지 다음 표를 이용하여 구하시오.

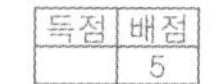

온도 [℃]	포화수증기압[kgf/cm²]
0	0.006228
10	0.012513
20	0.023830
30	0.043261
40	0.075220
50	0.12581
60	0.20316
70	0.31780
80	0.48297
90	0.71493
100	1.03323

해설 (1) 상대습도 $\phi = \dfrac{P_w}{P_s}$ 에서

P_w : 수증기 분압, P_s : 포화수증기압

10℃의 수증기 분압 P_w을 구하면 $P_w = 0.01253 \times 0.6$이고

가열에 의해 공기를 20℃로 하여도 수증기분압은 변하지 않으므로

(2) 20℃에서의 상대습도 $\phi_{20} = \dfrac{P_{w(10)}}{P_{s(20)}}$

$P_{w(10)}$: 10℃의 수증기 분압, $P_{s(20)}$: 20℃의 포화수증기압

해답 상대습도$= \dfrac{0.6 \times 0.012513}{0.02383} \times 100 = 31.51[\%]$

☐ 16년2회

10 건구온도 20℃, 습구온도 10℃, 엔탈피 $h = 29$kJ/kg, 절대습도 $x = 0.0036$kg/kg의 공기 10000kg/h를 향하여 절대 압력 0.2MPa의 포화증기(2730kJ/kg) 60kg/h를 분무할 때 공기 출구의 상태(x_2, i_2)를 계산하여라.

득점	배점
	7

해답

① 이 문제는 포화증기 분무시 엔탈피와 절대습도 변화를 계산식으로 구하며 절대습도는 증기 60kg/h를 공기 10000kg/h에 분무하므로 건조공기 1kg에 분무되는 포화증기량이 가습량(Δx)이므로

$\Delta x = \dfrac{L}{G} = \dfrac{60}{10000} = 0.006\text{kg/kg}'$

$\therefore x_2 = x_1 + \Delta x = 0.0036 + 0.006 = 0.0096\text{kg/kg}'$

② 출구 엔탈피는 증기 가열량이 엔탈피 증가량(Δi)이므로

$i_2 = i_1 + \Delta i = i_1 + (u \cdot \Delta x)$

$= 29 + (2730 \times 0.006) = 45.38\text{kJ/kg}$

③ 포화증기 분무에 의한 공기 상태변화(①→②)를 선도에 표기해보면

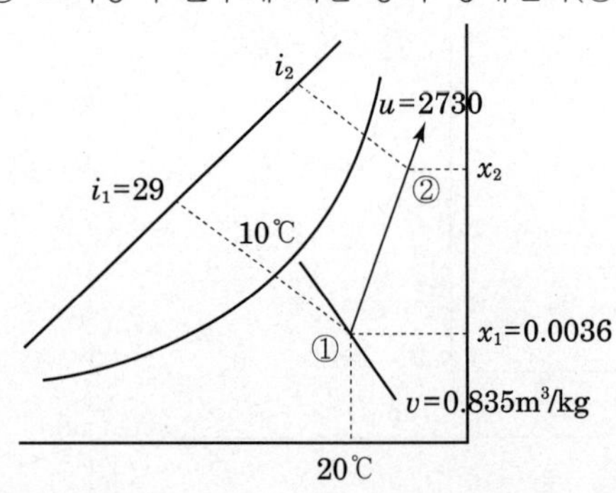

※ 열수분비 $\mu = 2730$kJ/kg이란 수분 1kg당 2730kJ열량이 공급된다는 의미이다. 그러므로 절대습도 $x = 0.006$ 증가시 엔탈피는 2730×0.006증가한다.

□ 08년1회

11 **전압력** 760mmHg, **건구온도** 20℃(**포화공기의 수증기 분압** $P_{ws} = 17.54\text{mmHg}$) **상대습도 50%인 습공기의 수증기 분압**(mmHg), **절대습도**(kg/kg′), **엔탈피**(kJ/kg)**를 구하시오. (단, 건공기 및 습공기의 비열은 각각** 1.005, 1.85kJ/kg·K)**로 하며, 물의 증발잠열은** 2501kJ/kg**으로 한다.)**

득점	배점
	9

해답 (1) 수증기 분압 P_w

$$\varphi = \frac{P_w}{P_s} \text{ 에서 } P_w = \varphi \cdot P_s = 0.5 \times 17.54 = 8.77[\text{mmHq}]$$

(2) 절대습도 x

$$x = 0.622 \cdot \frac{P_w}{P - P_w} = 0.622 \times \frac{8.77}{760 - 8.77} = 0.007[\text{kg/kg}']$$

(3) 엔탈피 i

$$i = 1.005t + (2501 + 1.85t)x$$
$$= 1.005 \times 20 + (2501 + 1.85 \times 20) \times 0.007 = 37.87[\text{kJ/kg}]$$

□ 08년1회

12 **전압력** 101.3kPa, **건구온도** 20℃(**포화공기의 수증기 분압** $P_{ws} = 2.34kPa$) **상대습도** 50%**인 습공기의 수증기 분압**(kPa), **절대습도**(kg/kg′), **엔탈피**(kJ/kg)**를 계산식으로 구하시오. (단, 건공기 및 습공기의 비열은 각각** 1.005, 1.85kJ/kg·K)**로 하며, 물의 증발잠열은** 2501kJ/kg**으로 한다.)**

득점	배점
	9

해답 (1) 수증기 분압 P_w

$$\varphi = \frac{P_w}{P_s} \text{ 에서 } P_w = \varphi \cdot P_s = 0.5 \times 2.34 = 1.155kPa$$

(2) 절대습도 x

$$x = 0.622 \cdot \frac{P_w}{P - P_w} = 0.622 \times \frac{1.155}{101.3 - 1.155} = 0.007[\text{kg/kg}']$$

(3) 엔탈피 i

$$i = 1.005t + (2501 + 1.85t)x$$
$$= 1.005 \times 20 + (2501 + 1.85 \times 20) \times 0.007 = 37.87[\text{kJ/kg}]$$

□ 00년2회

13 **에어 와셔를 이용하여 건구온도 32℃, 엔탈피 84.8kJ/kg의 공기를 건구온도 23℃, 엔탈피 66.4kJ/kg으로 냉각 감습하고자 할 때 다음 각 물음에 답하시오. (단, 분무수온도는 18℃이고, 송풍량은 600m³/min, 공기의 밀도는 1.2kg/m³ 이다.)**

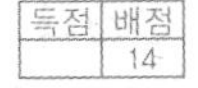

(1) 전열 교환량(kW)을 구하시오.

(2) 에어 와셔(air washer) 내 통과풍속이 2.5m/s일 때 에어 와셔의 단면적(m^2)을 구하시오.

(3) 18℃의 포화증기의 엔탈피값이 51 kJ/kg일 때 에어 와셔의 전열 효율을 구하시오.

(4) 수공기 비 $\frac{L}{G}=1.5$ 일 때 분무수량(kg/h)을 구하시오.

(5) 분무수 출구온도를 구하시오. (단, 분무수 비열은 4.2kJ/kg·K이다)

해설 에어 와셔의 분무 상태를 습공기 선도에 그리면 다음과 같다.

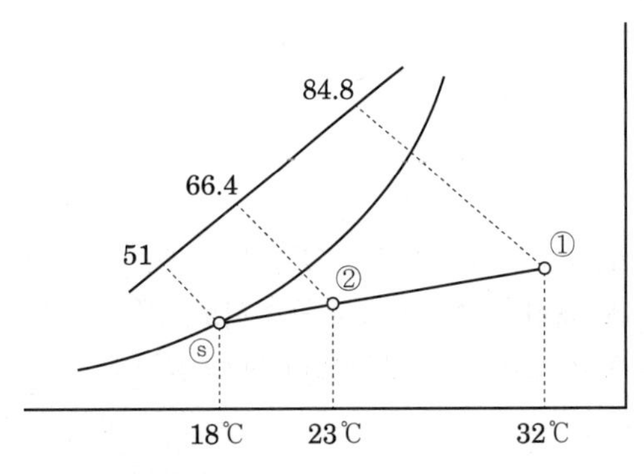

(1) 전열 교환량(kW) $q_T=G(h_1-h_2)=\rho Q(h_1-h_2)$

(2) 에어 와셔(air washer)의 단면적$A(m^2)$

$Q=Av$에서 $A=\frac{Q}{v}$

(3) 전열효율(=포화효율) $\eta_t=\frac{h_1-h_2}{h_1-h_s}\times 100$

(4) 수공기 비=$\frac{L}{G}$는 에어 와셔에서 송풍량G에 대한 분무수량L의 비를 말하는 것으로

분무수량 $L=G\times$수공기비

(5) 전열량=공기가 버린열량=분무수가 흡수한 열량

$q_T=G(h_1-h_2)=\rho Q(h_1-h_2)=\ q_T=m\cdot c\cdot(t_{w2}-t_{w1})$에서

$t_{w2}=t_{w1}+\frac{q_t}{m\cdot c}$

해답 (1) $q_T = G(h_1 - h_2) = (1.2 \times 600 \times \frac{1}{60}) \times (84.8 - 66.4) = 220.8[\mathrm{kW}]$

(2) $A = \frac{Q}{v} = \frac{600}{2.5 \times 60} = 4[\mathrm{m}^2]$

(3) 전열효율 $\eta_t = \frac{h_1 - h_2}{h_1 - h_s} \times 100 = \frac{84.8 - 66.4}{84.8 - 51} \times 100 = 54.44\%$

(4) 수공기 비$= \frac{L}{G} = 1.5$에서

$L = 1.5G = 1.5 \times (1.2 \times 600 \times 60) = 64800[\mathrm{kg/h}]$

(5) $t_{w2} = t_{w1} + \frac{q_t}{m \cdot c} = 18 + \frac{220.8 \times 3600}{64800 \times 4.2} = 20.92[℃]$

☐ 03년2회

14 건구온도 $t_1 = 30℃$, 상대습도 $\phi_1 = 50\%$, 엔탈피 $h_1 = 64.13\mathrm{kJ/kg}$, 절대습도 $x_1 = 0.0132\mathrm{kg/kg'}$의 재순환공기 7kg에 건구온도 $t_2 = 20℃$, 상대습도 $\phi_2 = 70\%$, 엔탈피 $h_2 = 45.78\mathrm{kJ/kg}$, 절대습도 $x_2 = 0.0105\mathrm{kg/kg'}$의 신선공기 3kg을 혼합할 때의 혼합공기의 다음 상태를 구하시오.

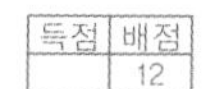

득점	배점
	12

(1) 건구온도(℃)

(2) 상대습도(%)

(3) 엔탈피(kJ/kg)

(4) 절대습도(kg/kg′)

해답 (1) 건구온도$= \frac{3 \times 20 + 7 \times 30}{3 + 7} = 27[℃]$

(2) 상대습도$= \frac{3 \times 70 + 7 \times 50}{3 + 7} = 56[\%]$

(3) 엔탈피$= \frac{3 \times 45.78 + 7 \times 64.13}{3 + 7} = 58.625[\mathrm{kJ/kg}]$

(4) 절대습도$= \frac{3 \times 0.0105 + 7 \times 0.0132}{3 + 7} = 0.0124[\mathrm{kg/kg'}]$

□ 05년1회

15 외기온도가 0℃, 습도 60%인 공기를 26℃, 50%의 상대습도로 만들려 할 때 건조공기 1kg에 대해서 얼마의 수증기를 가해야 하는가? (단, 이때 대기압은 757mmHg, 0℃일 때 수증기 분압이 2.748mmHg, 26℃일 때 12.6mmHg이다. 소수점 처리는 5째 자리까지 구한다.)

득점	배점
	6

해설 (1) 가습량 $L = G \cdot \triangle x$

(2) 절대습도 $x = 0.622 \cdot \dfrac{P_w}{P - P_w}$

해답 ① 26℃ DB, 50% RH 일 때의 절대습도

$$x_1 = 0.622 \times \frac{12.6}{757 - 12.6} = 0.01053\,\text{kg/kg}'$$

② 0℃ DB, 60% RH 일 때의 절대습도

$$x_2 = 0.622 \times \frac{2.748}{757 - 2.748} = 0.00227\,\text{kg/kg}'$$

∴ 가습량 $L = G \cdot (x_1 - x_2)$에서 건조공기 1kg에 대해서 이므로

$L = x_1 - x_2 = 10.01053 - 0.00227 = 0.00826\text{kg/kg}'$ 이다.

□ 11년3회

16 공기의 건구온도(DB) 27℃, 상대습도(RH) 65%, 절대습도(x) 0.0125kg/kg′ 일 때 습공기의 엔탈피를 구하시오.

해설 습공기 엔탈피 = 건공기 엔탈피 + 수증기 엔탈피

$$h = 1.005t + (2501 + 1.85t) \cdot x$$

해답 엔탈피 $= 1.005 \times 27 + 0.0125 \times \{2501 + (1.85 \times 27)\} = 59.02\text{kJ/kg}$

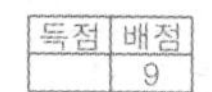

17 온도 21.5℃, 수증기 포화 압력 17.54mmHg, 상대습도 50%, 대기압력 760mmHg이다. 물음에 답하시오. (단, 공기 비열 1.01kJ/kg·K, 수증기 비열 1.85kJ/kg·K, 물의 증발잠열 2500kJ/kg이다.)

(1) 수증기분압 mmHg를 구하시오.

(2) 절대습도 kg/kg′ 를 구하시오.

(3) 습공기 엔탈피는 몇 kJ/kg인가?

해설 수증기분압P_w

(1) 상대습도$\varphi = \dfrac{P_w}{P_s}$ 에서 $P_w = \varphi \cdot P_s$

(2) 절대습도$x = 0.622 \dfrac{P_w}{P - P_w}$

(3) 습공기 엔탈피$h = 1.01t + (2500 + 1.85t)x$

해답 (1) 수증기분압$= 0.5 \times 17.54 = 8.77\text{mmHg}$

(2) 절대습도$= 0.622 \times \dfrac{8.77}{760 - 8.77} = 0.007261 \fallingdotseq 7.26 \times 10^{-3}\text{kg/kg}'$

(3) 습공기 엔탈피$= 1.01 \times 21.5 + 0.00726 \times \{2500 + (1.85 \times 21.5)\}$

$= 40.15\text{kJ/kg}$

□ 15년3회

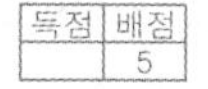

18 포화공기표를 써서 다음 공기의 엔탈피를 산출하여 그 결과를 보고 어떠한 사실을 알 수 있는가를 설명하시오.

(1) 30℃ DB, 15℃ WB, 17% RH

(2) 25℃ DB, 15℃ WB, 33% RH

(3) 20℃ DB, 15℃ WB, 59% RH

(4) 15℃ DB, 15℃ WB, 100% RH

• 포화공기표

온도	포화공기의 수증기분압		절대습도	포화공기의 엔탈피	건조공기의 엔탈피	포화공기의 비체적	건조공기의 비체적
t	p_s	h_s	x_s	i_s	i_a	v_s	v_a
℃	kg/㎠	mmHg	kg/kg'	kJ/kg'	kJ/kg	㎥/kg'	㎥/kg
11	1.3387×10^{-2}	9.840	8.159×10^{-3}	31.64	11.09	0.8155	0.8050
12	1.4294×10^{-2}	10.514	8.725×10^{-3}	34.18	12.1	0.8192	0.8078
13	1.5264×10^{-2}	11.23	9.326×10^{-3}	36.72	8.9	0.8228	0.8106
14	1.6292×10^{-2}	11.98	9.964×10^{-3}	39.37	14.1	0.8265	0.8135
15	1.7380×10^{-2}	12.78	0.01064×10^{-3}	42.13	15.12	0.8303	0.8163
16	1.3387×10^{-2}	13.61	0.01136	44.94	16.13	0.8341	0.8191
17	1.3387×10^{-2}	14.53	0.01212	47.92	17.14	0.8380	0.8220
18	1.3387×10^{-2}	15.42	0.01293	51.0	18.15	0.8420	0.8248
19	1.3387×10^{-2}	16.47	0.01378	54.22	19.15	0.8460	0.8276
20	1.3387×10^{-2}	17.53	0.01469	57.54	20.16	0.8501	0.8305
21	1.3387×10^{-2}	18.65	0.01564	61.03	21.17	0.8543	0.8333
22	1.3387×10^{-2}	19.82	0.01666	64.64	22.18	0.8585	0.8361
23	1.3387×10^{-2}	21.07	0.01773	68.42	23.19	0.8629	0.8390
24	1.3387×10^{-2}	22.38	0.01887	72.37	24.19	0.8673	0.8418
25	1.3387×10^{-2}	23.75	0.02007	76.48	25.2	0.8719	0.8446
26	1.3387×10^{-2}	25.21	0.02134	80.77	26.21	0.8766	0.8475
27	1.3387×10^{-2}	26.74	0.02268	85.26	27.22	0.8813	0.8503
28	1.3387×10^{-2}	28.35	0.02410	89.92	28.23	0.8862	0.8531
29	1.3387×10^{-2}	30.04	0.02560	94.84	29.23	0.8912	0.8560
30	1.3387×10^{-2}	31.83	0.02718	99.96	30.24	0.8963	0.8588

해답 (1) 공기 비엔탈피의 계산

습공기의 비엔탈피는 건공기 1kg의 비엔탈피(i_a)와 $x$kg인 수증기의 비엔탈피(i_w)의 합이므로 다음과 같이 나타낼 수 있다.

$$i = i_a + x \cdot i_w = i_a + (x_s \cdot \varphi) i_w = i_a + (x_s \cdot \varphi)\frac{(i_s - i_a)}{x_s} = i_a + (i_s - i_a)\varphi$$

① $i_1 = 30.24 + (99.96 - 30.24) \times 0.17 = 42.09$[kJ/kg]

② $i_2 = 25.2 + (76.48 - 25.2) \times 0.33 = 42.12$[kJ/kg]

③ $i_3 = 20.16 + (57.54 - 20.16) \times 0.59 = 42.21$[kJ/kg]

④ $i_4 = 15.12 + (42.13 - 15.12) \times 1.00 = 42.13$[kJ/kg]

(2) 알 수 있는 사실

계산 결과에서 알 수 있듯이 습공기의 건구온도와 상대습도가 달라도 습구온도가 같으면 비엔탈피의 값이 거의 일정하다는 것을 알 수 있다. 따라서 $h-x$선도의 경우 습구온도선과 비엔탈피선이 거의 나란하고, $t-x$선도의 경우는 등습구온도선과 비엔탈피선을 같이 사용하고 있다.

4 chapter

덕트(Duct)

04 덕트(Duct)

알아두기

공기조화에서 기계실의 공조기에서 각 실의 취출구까지 공기를 운반하는 데 사용하는 풍도를 덕트라고하며 단면의 형상에 따라 원형덕트, 각형덕트 등이라 하고 또한 간선이 되는 부분을 주덕트, 지선에 의한 부분을 분기덕트라 한다.

01 덕트의 재료 □□□

(1) 아연도금철판(함석) : 일반건물의 공조설비용
(2) 열간 또는 냉간 압연 강판 : 온도가 높은 곳
    (방화댐퍼, 보일러용 연도, 후드 등)
(3) 동판, 알루미늄 판, 스테인레스 강판, 플라스틱판 : 부식성 가스 또는 다습한 공기가 흐르는 덕트
(4) 글라스울 덕트(fiber glass duct) : 단열 및 흡음

02 덕트의 분류 □□□

1 풍속

(1) 저속 덕트 : 풍속 15m/s 이하, 정압 50mmAg 이하
(2) 고속 덕트 : 풍속 15m/s 초과, 정압 50mmAg 초과

2 사용목적

(1) 공조용
- 급기덕트
- 환기덕트

(2) 환기용
- 급기덕트
- 배기덕트

(3) 배연용

3 형상

(1) 장방형(각형)덕트

(2) 원형덕트
- 스파이럴 덕트(spiral duct)
- 플렉시블 덕트(flexible duct)

03 덕트의 배치

1 주덕트 배치법

(1) 간선덕트 방식(Trunk duct system)
(2) 개별덕트 방식(Individual duct system)
(3) 환상덕트 방식(Loop duct system)

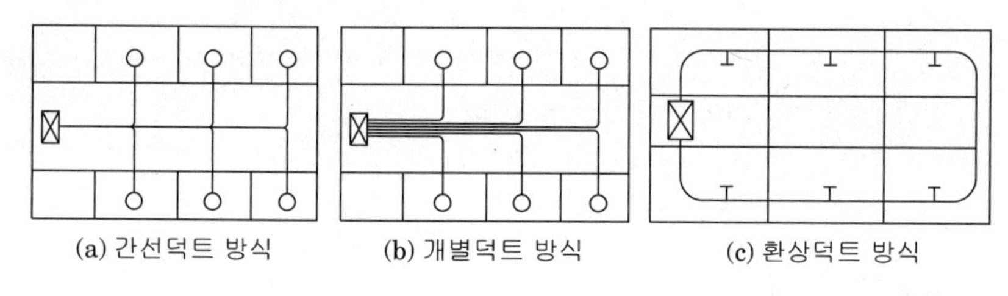

(a) 간선덕트 방식 (b) 개별덕트 방식 (c) 환상덕트 방식

덕트 배치 방식

04 덕트의 저항

1 정압과 동압

유체가 관내를 흐를 때는 다음의 베르누이법칙이 성립한다.

$$p_1+\frac{v_1^2}{2}\rho=p_2+\frac{v_2^2}{2}\rho+\Delta p_e$$

여기서,

1) 정압(static pressure) : p_1, p_2 [Pa]

2) 동압(velocity pressure) : $\frac{\rho \cdot v_1^2}{2}$, $\frac{\rho \cdot v_2^2}{2}$ [Pa]

3) 전압(total pressure) : 정압 + 동압 = $p+\frac{\rho \cdot v^2}{2}$ [Pa]

4) 덕트의 압력손실 : Δp_e [Pa]

① 직선 덕트의 압력손실

$$\Delta p_f=\lambda\frac{L}{d}\frac{\rho \cdot v^2}{2}\ \text{[Pa]}$$

여기서, λ : 마찰저항계수
L : 덕트의 길이[m]
d : 덕트의 지름[m]
ρ : 공기의 밀도 1.2[kg/m^3]
v : 풍속[m/s]

② 국부저항 손실

덕트의 도중에는 굽은 곳(elbow, vend), 분기, 확대, 축소 등이 있고 이들 부분을 공기가 흐를 때 생기는 저항을 국부저항 Δp_r은 다음 식과 같다.

$$\Delta p_r=\zeta\frac{\rho \cdot v^2}{2}\ \text{[Pa]}$$

여기서, ζ: 국부저항 계수

즉, 덕트의 압력손실 :

Δp_e = Δp_f(직선덕트의 압력손실)+Δp_r(국부저항 손실)

기억 덕트 내의 압력

베르누이법칙

$p_1+\frac{v_1^2}{2}\rho=p_2+\frac{v_2^2}{2}\rho+\Delta p_e$

p : 압력[Pa]
v : 풍속[m/s]
ρ : 공기의 밀도 : 1.2[kg/m^3]

- 압력에 사용하는 단위
  1[Pa] = 1[N/m^2]

덕트 내의 압력은 전압, 정압, 동압의 3종류가 있다. 정압은 덕트의 내벽을 법선 방향으로 누르는 힘이고, 동압은 공기의 흐름에 의해서 전방(앞으로)으로 누르는 힘이다.
또한, 전압은 정압과 동압의 합으로 구한다.

[표4-1] 덕트 국부저항의 저항계수

<table>
<tr><th>명칭</th><th>그림</th><th>계산식</th><th>저항계수</th></tr>
<tr><td>(1)
장방형엘보
(90°)</td><td></td><td>$\Delta P_t = \lambda \frac{L_e}{d} \cdot \frac{v^2}{2}\rho$</td><td><table><tr><th>$H/W$</th><th>$\gamma/W=0.5$</th><th>0.75</th><th>1.0</th><th>1.5</th></tr><tr><td>0.25</td><td>$L_e/W=25$</td><td>12</td><td>7</td><td>3.5</td></tr><tr><td>0.5</td><td>33</td><td>16</td><td>9</td><td>4</td></tr><tr><td>1.0</td><td>45</td><td>19</td><td>11</td><td>4.5</td></tr><tr><td>4.0</td><td>90</td><td>35</td><td>17</td><td>6</td></tr></table></td></tr>
<tr><td>(2)
장방형엘보
(90°)</td><td></td><td>위와 같음</td><td><table><tr><td>$H/W=0.25$</td><td>$L_e/W=25$</td></tr><tr><td>0.5</td><td>49</td></tr><tr><td>1.0</td><td>75</td></tr><tr><td>4.0</td><td>110</td></tr></table></td></tr>
<tr><td>(3)
베인이 있는
장방형엘보
(2매베인)</td><td></td><td>$\Delta P_t = \zeta \frac{v^2}{2}\rho$</td><td><table><tr><th>$R/W$</th><th>$R_1/W$</th><th>$R_2/W$</th><th>$\zeta r$</th></tr><tr><td>0.5</td><td>0.2</td><td>0.4</td><td>0.45</td></tr><tr><td>0.75</td><td>0.4</td><td>0.7</td><td>0.12</td></tr><tr><td>1.0</td><td>0.7</td><td>1.0</td><td>0.10</td></tr><tr><td>1.5</td><td>1.3</td><td>1.6</td><td>0.15</td></tr></table></td></tr>
<tr><td>(4)
베인이 있는
장방형엘보
(소형베인)</td><td></td><td>위와 같음</td><td>1매판의 베인 $\zeta r=0.35$
성형된 베인 $\zeta r=0.10$</td></tr>
<tr><td>(5)
원형덕트의
엘보(성형)</td><td></td><td>$\Delta P_t = \lambda \frac{L_e}{d} \cdot \frac{v^2}{2}\rho$</td><td><table><tr><td>$R/d=0.75$</td><td>$L_e/d=25$</td></tr><tr><td>0.5</td><td>49</td></tr><tr><td>1.0</td><td>75</td></tr><tr><td>4.0</td><td>110</td></tr></table></td></tr>
<tr><td>(6)
원형덕트의
엘보
(새우이음)</td><td></td><td>위와 같음</td><td><table><tr><th>R/d</th><th>0.5</th><th>1.0</th><th>1.5</th><th>2.0</th></tr><tr><td>2쪽</td><td>$L_e/d=65$</td><td>65</td><td>65</td><td>65</td></tr><tr><td>3쪽</td><td>49</td><td>21</td><td>17</td><td>17</td></tr><tr><td>4쪽</td><td></td><td>19</td><td>14</td><td>13</td></tr><tr><td>5쪽</td><td></td><td>17</td><td>12</td><td>9.7</td></tr></table></td></tr>
<tr><td>(7)
확대부</td><td></td><td>$\Delta P_t = \zeta \frac{\rho}{2}$
$\times (v_1 - v_2)^2$</td><td><table><tr><td>$\theta=5°$</td><td>10</td><td>20</td><td>30</td><td>40</td></tr><tr><td>$\zeta=0.17$</td><td>0.28</td><td>0.45</td><td>0.59</td><td>0.73</td></tr></table></td></tr>
<tr><td>(8)
축소부</td><td></td><td>$\Delta P_t = \zeta \frac{v^2}{2}\rho$</td><td><table><tr><td>$\theta=5°$</td><td>45°</td><td>60°</td></tr><tr><td>$\zeta=0.05$</td><td>0.04</td><td>0.07</td></tr></table></td></tr>
<tr><td>(9)
원형덕트의
분류</td><td></td><td>직통관(1 → 2)
$\Delta P_t = \zeta_1 \frac{v_1^2}{2}\rho$
분기관(1 → 3)
$\Delta P_t = \zeta_B \frac{v_1^2}{2}\rho$</td><td><table><tr><td>$v_2/v_1$</td><td>0.3</td><td>0.5</td><td>0.8</td><td>0.9</td></tr><tr><td>ζ_1</td><td>0.09</td><td>0.075</td><td>0.03</td><td>0</td></tr></table><table><tr><td>v_2/v_1</td><td>0.2</td><td>0.4</td><td>0.6</td><td>0.8</td><td>1.0</td><td>1.2</td></tr><tr><td>ζ_B</td><td>28.0</td><td>7.50</td><td>3.7</td><td>2.4</td><td>1.8</td><td>1.5</td></tr></table></td></tr>
</table>

<table>
<tr><td rowspan="2">(10)
분류(원추형 토출)</td><td rowspan="2"></td><td>직통관(1 → 2)</td><td>(9)의 직통관과 동일</td></tr>
<tr><td>분기관(1 → 3)
$\Delta P_t = \zeta_B \dfrac{v_3^2}{2} \rho$</td><td><table><tr><td>$v_2/v_1$</td><td>0.6</td><td>0.7</td><td>0.8</td><td>1.0</td><td>1.2</td></tr><tr><td>ζ_B</td><td>1.96</td><td>1.27</td><td>0.97</td><td>0.50</td><td>0.37</td></tr></table>위 값은 $A_1/A_3 = 8.2$인 때이며, $A_1/A_3 = 2$이면 위 값에서는 약 30% 증가시킨다.</td></tr>
<tr><td rowspan="2">(11)
분류(경사토출) $\theta = 45°$</td><td rowspan="2"></td><td>직통관(1 → 2)
$\Delta P_t = \zeta_1 \dfrac{v_1^2}{2} \rho$</td><td>$\zeta_1 = 0.05 \sim 0.06$
(대개 무시한다)</td></tr>
<tr><td>분기관(1 → 3)
$\Delta P_t = \zeta_B \dfrac{v_3^2}{2} \rho$</td><td><table><tr><td>$v_2/v_1$</td><td>0.4</td><td>0.6</td><td>0.8</td><td>1.0</td><td>1.2</td></tr><tr><td>A_1/A_3</td><td></td><td></td><td></td><td></td><td></td></tr><tr><td>= 1</td><td>3.2</td><td>1.02</td><td>0.52</td><td>0.47</td><td>–</td></tr><tr><td>=3.0</td><td>3.7</td><td>1.4</td><td>0.75</td><td>0.51</td><td>0.42</td></tr><tr><td>=8.2</td><td>–</td><td>–</td><td>0.79</td><td>0.57</td><td>0.47</td></tr></table></td></tr>
<tr><td rowspan="2">(12)
장방형 덕트의 분기</td><td rowspan="2"></td><td>직통관(1 → 2)</td><td>v_2/v_1 〈 1.0인 때에는 대개 무시한다.
$v_2/v_1 \geq 1.0$인 때
$\zeta_r = 0.46 - 1.24x + 0.93x^2$
$x = \left(\dfrac{v_3}{v_1}\right) \times \left(\dfrac{a}{b}\right)^{1/4}$</td></tr>
<tr><td>분기관
$\Delta P_t = \zeta_B \dfrac{v_1^2}{2} \rho$</td><td><table><tr><td>$x$</td><td>0.25</td><td>0.5</td><td>0.75</td><td>1.0</td><td>1.25</td></tr><tr><td>ζ_B</td><td>0.3</td><td>0.2</td><td>0.3</td><td>0.4</td><td>0.65</td></tr></table>단, $x = \left(\dfrac{v_3}{v_1}\right) \times \left(\dfrac{a}{b}\right)^{1/4}$</td></tr>
<tr><td rowspan="2">(13)
장방형 덕트의 합류</td><td rowspan="2"></td><td>직통관(1 → 3)
$\Delta P_t = \zeta_r \dfrac{v_3^2}{2} \rho$</td><td><table><tr><td>$v_1/v_3$</td><td>0.4</td><td>0.6</td><td>0.8</td><td>1.0</td><td>1.2</td><td>1.5</td></tr><tr><td>A_1/A_3</td><td></td><td></td><td></td><td></td><td></td><td></td></tr><tr><td>=0.75</td><td>−1.2</td><td>−0.3</td><td>0.35</td><td>0.8</td><td>1.1</td><td>–</td></tr><tr><td>=0.67</td><td>−1.7</td><td>−0.9</td><td>−0.3</td><td>0.1</td><td>0.45</td><td>0.7</td></tr><tr><td>=0.60</td><td>−2.1</td><td>−1.3</td><td>−0.8</td><td>0.4</td><td>0.1</td><td>0.2</td></tr></table></td></tr>
<tr><td>합류관(2 → 3)
$\Delta P_t = \zeta_B \dfrac{v_3^2}{2} \rho$</td><td><table><tr><td>$v_2/v_3$</td><td>0.4</td><td>0.6</td><td>0.8</td><td>1.0</td><td>1.2</td><td>1.5</td></tr><tr><td>ζ_B</td><td>−1.30</td><td>−0.90</td><td>−0.5</td><td>0.1</td><td>0.55</td><td>1.4</td></tr></table></td></tr>
</table>

05 덕트 설계시 유의사항 □□□

(1) 덕트 내의 풍속은 허용 풍속 이하로 하고 소음 및 반송동력 등으로 문제가 일어나지 않도록 한다.

(2) 장방형 덕트의 종횡비(aspect ratio)는 4:1 이하가 바람직하고 최대 8:1 이상이 되지 않도록 한다.

이유 1) 덕트재료 절약

2) 마찰저항 감소

3) 동력소비 감소

(3) 덕트의 곡률 반경 R은 가능한 크게 하며(원형 덕트 $R/d=1$ 이상 장방형 덕트 $R/W=1$ 이상) 급격한 구부림이나 속도변화가 일어나지 않도록 한다. R/d가 1.5 이하인 경우 내측에 가이드 베인을 설치한다.

여기서 d : 원형덕트 지름, W : 장방형 덕트의 폭

(4) 급격하게 단면이 변화하는 경우에는 확대부의 각도는 15° 이하 축소부의 각도는 30° 이하로 한다.

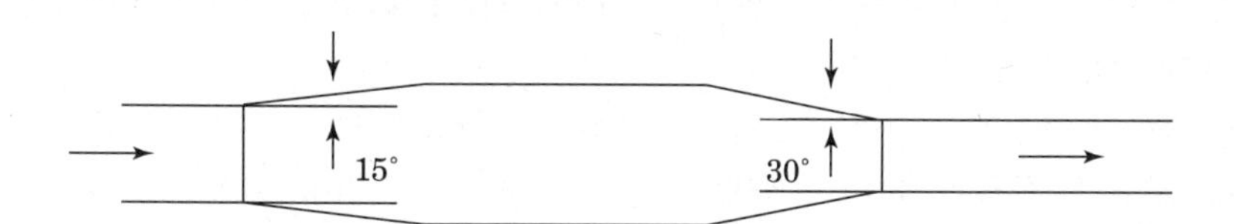

(5) 송풍기와 덕트의 접속은 송풍기의 진동을 덕트에 전하지 않도록 길이 150~300mm 정도의 이중 석면포와 같은 플랙시블 덕트(flexible duct)를 사이에 삽입하는데 이것을 캔버스이음(canvas connection)라 한다.

06 덕트의 설계

1 덕트의 치수 결정법

(1) 등마찰손실법(Equal friction method) : 등압법, 정압법

덕트의 단위길이 당 마찰손실(Pa/m)을 일정한 값으로 하여 덕트 치수를 결정하는 방법이다.

- 저속덕트 : 0.8~1.5Pa/m
- 고속덕트 1. 풍속 20m/s 이하 : 마찰손실 1.5~3.0Pa/m
- 고속덕트 2. 풍속 25m/s 이하 : 마찰손실 3.0~6.0Pa/m

[설계순서]

① 각 실의 필요 풍량을 결정한다.
② 취출구, 흡입구의 위치, 형식, 개수를 결정한다.
③ 공조기 및 송풍기의 위치와 덕트 방식을 결정한다.
④ 송풍기와 취출구, 흡입구의 연락을 가장 합리적이고 경제적이 되도록 덕트 경로를 결정한다.
⑤ 송풍기 출구에 접속하는 주덕트의 풍속을 정한다.
⑥ 주덕트의 풍량과 풍속으로 덕트 마찰손실선도 그림 4-1에서 마찰손실(Pa/m)을 구한다.
⑦ 구해진 마찰손실 값(Pa/m)의 세로축을 기준으로 하여 이하의 덕트는 가로축의 풍량과의 교점으로부터 덕트치수를 결정해 나간다.
⑧ 환산표나 계산에 의하여 원형덕트에서 장방형 덕트로 환산한다.
⑨ 가장 저항이 큰 경로의 최종 취출구까지의 지관의 압력손실을 구한다.
⑩ 그 계통의 국부저항을 계산하여 그 합계를 구한다.
⑪ 직관의 압력손실 합계와 국부저항손실 합계를 더하여 송풍기 압력을 산출한다.

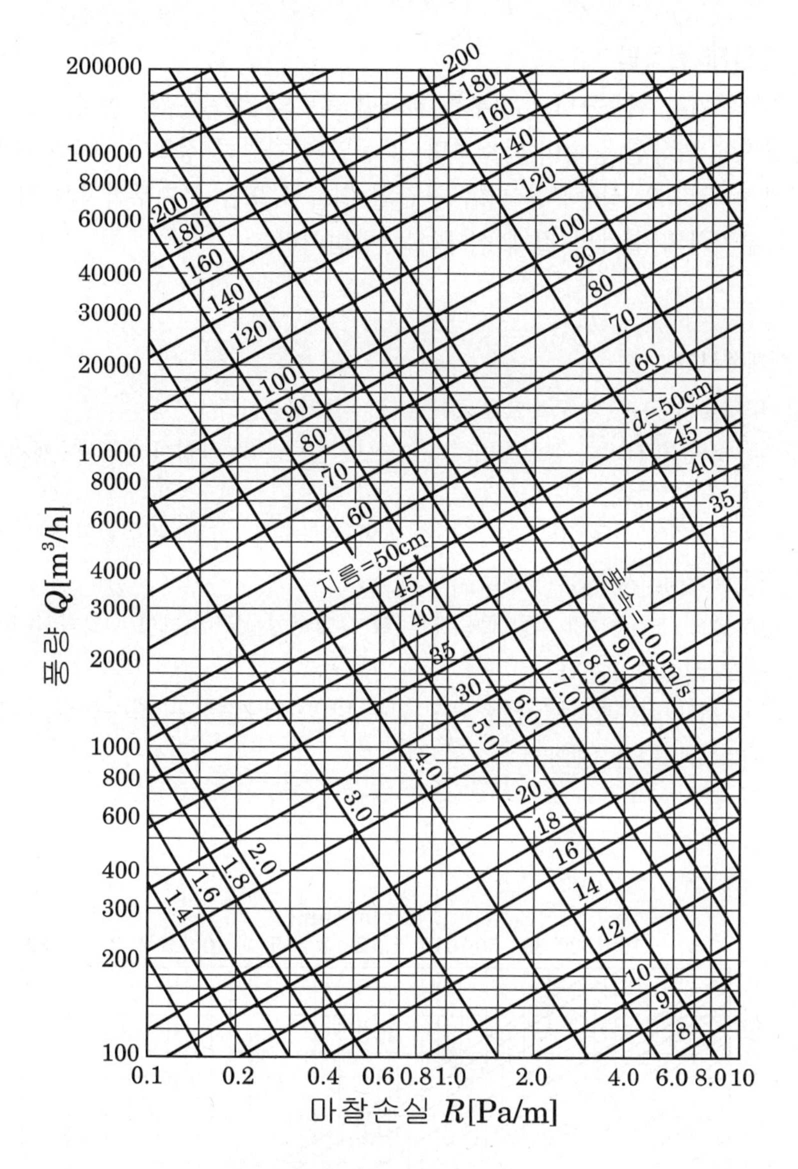

풍량 Q[m³/h]
200000
100000
80000
60000
40000
30000
20000
10000
8000
6000
4000
3000
2000
1000
800
600
400
300
200
100
0.1
0.2
0.4
0.6
0.8
1.0
2.0
4.0
6.0
8.0
10
마찰손실 R[Pa/m]
지름=50cm
d=50cm
풍속=10.0m/s
200
180
160
140
120
100
90
80
70
60
45
40
35
30
20
18
16
14
12
10
9
8
9.0
8.0
7.0
6.0
5.0
4.0
3.0
2.0
1.8
1.6
1.4

4-1 덕트의 풍량선도

(2) 정압재 취득법

취출공기가 취출구나 분기부를 지나면 덕트의 풍속은 감소한다. 베르누이 정리에 의하면 풍속이 감소하면 그 동압의 차만큼 정압이 상승하기 때문에 이 정압의 상승분을 다음 구간의 취출구 또는 분기부까지의 직관 및 국부저항의 합계와 같게 설계하는 방법이다.

[설계순서]

① 주덕트의 풍량 및 풍속으로 주덕트 치수를 결정한다.

② 각 취출구 사이의 상당길이 "L_e"와 구간풍량으로 그림 4-2에서 "K"를 구한다.

③ 그림 4-3을 이용하여 앞에서 구한 K와 구간풍속 v_1과의 곡선의 교점에서 수직선을 내려서 v_2를 구한다.

④ 이 v_2와 그 구간의 풍량에 의해 덕트 마찰손실선도(유량선도) 그림 4-1에서 덕트 치수를 구한다.

⑤ "v_2"를 다음 구간의 "v_1"로 하고 같은 방법으로 다음 구간의 풍속을 정해서 덕트치수를 결정한다.

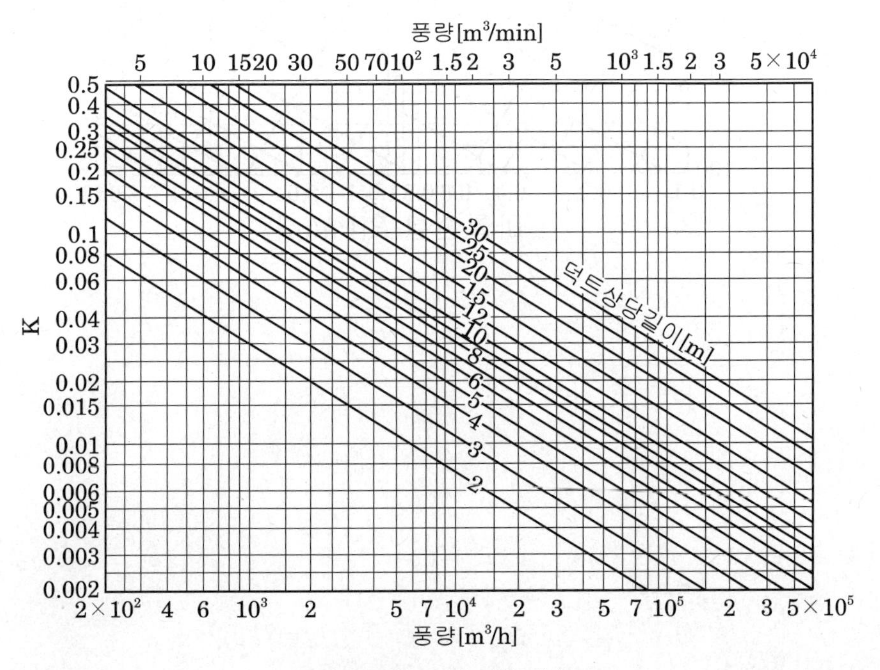

4-2 정압재취득법에 의한 계산도

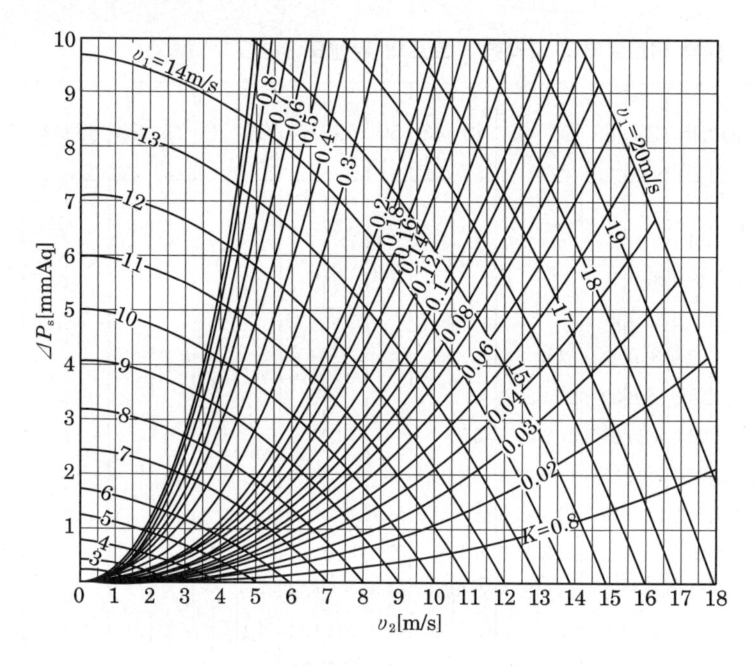

4-3 정압재취득법에 의한 계산도

3 덕트 치수의 환산

덕트치수결정법에 의해 원형 덕트지름이 결정되면 아래 식에 따라 장방형 덕트의 장변, 단변을 구하며 또한 원형 덕트와 장방형 덕트의 환산표를 이용하여 구할 수 있다.

$$de = 1.3\left\{\frac{(a \cdot b)^5}{(a+b)^2}\right\}^{\frac{1}{8}}$$

여기서, de : 원형 덕트지름
a : 장방형 덕트의 장변길이
b : 장방형 덕트의 단변길이

[표 4-2] 원형 덕트로부터 사각형 덕트로의 환산표

장변 \ 단변	10	15	20	25	30	35	40	45	50	55	60	65	70	75	80	85	90	95	100
10	10.9																		
15	13.3	16.4																	
20	15.2	18.9	21.9																
25	16.9	21.0	24.4	27.3															
30	18.3	22.9	26.6	29.9	32.8														
35	19.5	24.5	28.6	32.2	35.4	38.3													
40	20.7	26.0	30.5	34.3	37.8	40.9	43.7												
45	21.7	27.4	32.1	36.3	40.0	43.3	46.4	49.2											
50	22.7	28.7	33.7	38.1	42.0	45.6	48.8	51.8	54.7										
55	23.6	29.9	35.1	39.8	43.9	47.7	51.1	54.3	57.3	60.1									
60	24.5	31.0	36.5	41.4	45.7	50.6	53.3	56.7	59.8	62.8	65.6								
65	25.5	32.1	37.8	42.9	47.4	51.5	55.3	58.9	62.2	65.3	68.3	71.1							
70	26.1	33.1	39.1	44.3	49.0	53.3	57.3	61.0	64.4	67.7	70.8	73.7	76.5						
75	26.8	34.1	40.2	45.7	50.6	55.0	59.2	63.0	66.6	69.7	73.2	76.3	79.2	82.0					
80	27.5	35.0	41.1	47.0	52.0	56.7	60.9	64.9	68.8	72.6	76.3	79.9	83.3	84.7	87.5				
85	28.2	35.9	42.4	48.2	53.4	58.2	62.6	66.8	70.6	74.3	77.8	81.1	84.7	87.2	90.1	92.9			
90	28.9	36.7	43.5	49.4	54.8	59.7	64.2	68.6	72.6	76.3	79.9	83.3	86.6	89.7	92.7	95.6	98.4		
95	29.5	37.5	44.5	50.6	56.1	61.1	65.9	70.3	74.4	78.3	82.0	85.5	88.9	92.1	95.2	98.2	101.1	103.9	
100	30.1	38.4	45.4	51.7	57.4	62.6	67.4	71.9	76.2	80.2	84.0	87.6	91.1	94.4	97.6	100.7	103.7	106.5	109.3
105	30.7	39.1	46.4	52.8	58.6	64.0	68.9	73.5	77.8	82.0	85.9	89.7	93.2	96.7	100.0	103.1	106.2	109.1	112.0
110	31.3	39.9	47.3	53.8	59.8	65.2	70.3	75.1	79.6	83.8	87.8	91.6	94.4	98.8	102.2	105.5	108.6	111.7	114.6
115	31.8	40.6	48.1	54.8	60.9	66.5	71.7	76.6	81.2	85.5	89.6	93.1	97.3	100.9	104.4	107.8	111.0	114.1	117.2
120	32.4	41.3	49.0	55.8	62.0	67.7	73.1	78.0	82.7	87.2	91.4	95.4	99.3	103.0	106.6	110.0	113.3	116.5	119.6
125	32.9	42.0	49.9	56.8	63.1	68.9	74.4	79.5	84.3	88.8	93.1	97.3	101.2	105.0	108.6	112.2	115.6	118.8	122.0
130	33.4	42.6	50.6	57.7	64.2	70.1	75.7	80.8	85.7	90.4	94.8	99.0	103.1	106.9	110.7	114.3	117.7	121.1	124.4
135	33.9	43.3	51.4	58.6	65.2	71.3	76.9	82.2	87.2	91.9	96.4	100.7	104.9	108.8	112.6	116.3	119.9	123.3	126.7
140	34.4	43.9	52.2	59.5	66.2	72.4	78.1	83.5	88.6	93.4	98.0	102.4	106.6	110.7	114.6	118.3	122.0	125.5	128.9
145	34.9	44.5	52.9	60.4	67.2	73.5	79.3	84.8	90.0	94.9	99.6	104.1	108.4	112.5	116.5	120.3	124.0	127.6	131.1
150	35.3	45.2	53.6	61.2	68.1	74.5	80.5	86.1	91.3	96.3	101.1	105.7	111.0	114.3	118.3	112.2	126.0	129.7	133.2
155	35.8	45.7	54.4	62.1	69.1	75.6	81.6	87.3	92.6	97.4	102.6	107.2	111.7	116.0	120.1	124.1	127.9	131.7	135.3
160	36.2	46.3	55.1	62.9	70.6	76.6	82.7	88.5	93.9	99.1	104.1	108.8	113.3	117.7	121.9	125.9	129.8	133.6	137.3
165	36.7	46.9	55.7	63.7	70.9	77.6	83.8	89.7	95.2	100.5	105.5	110.3	114.9	119.3	123.6	127.7	131.7	135.6	139.3
170	37.1	47.5	56.4	64.4	71.8	78.5	84.9	90.8	96.4	101.8	106.9	111.8	116.4	120.9	125.3	129.5	133.5	137.5	141.3

07 덕트의 열손실과 보온

그림 4-5는 rock wool 25mm로 보온된 aspect ratio(종횡비) 2인 덕트 길이 1000m에 대하여 내외온도차가 1℃당 덕트 내를 흐르는 공기의 온도 강하를 표시한다.

보온재의 종류나 덕트의 aspect ratio가 다를 때에는 표 4-3 및 표 4-4의 보정계수 k_A, k_I를 곱한다.

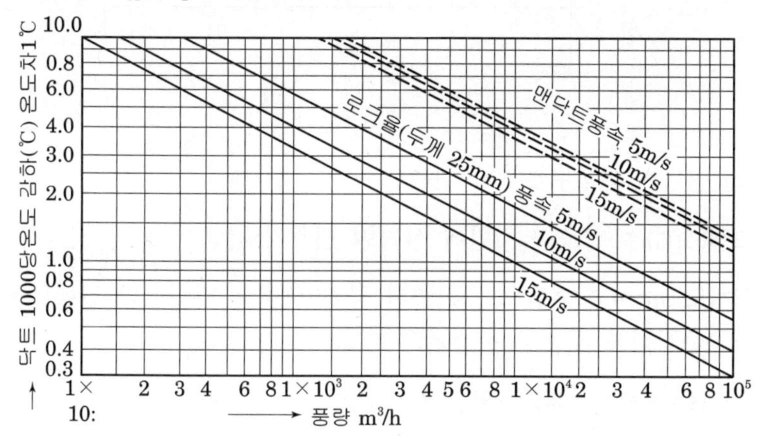

4-5 덕트 내 온도강하

[표 4-3]

아스팩트비 n	2	3	4	5	6	n	원형덕트
k_A	1.00	1.09	1.18	1.26	1.35	$\frac{n+1}{2.12\sqrt{n}}$	0.84

[표 4-4] **덕트용 보온재**

재료	글라스울				로크울		스티로폼		일반
열전도율 λ	0.035				0.050		0.030		
두께(mm)	20	25	40	50	20	25	20	25	-
열관류율 K	1.44	1.19	0.78	0.65	1.90	1.60	1.27	1.04	K
k_1	0.90	0.74	0.49	0.41	1.19	1.00	0.79	0.65	$K/1.6$

08 취출(吹出)에 관한 용어 □□□

① 종횡비(aspect ratio) : 긴 변을 짧은 변으로 나눈 값(그림 4-6에서 a/b의 값)

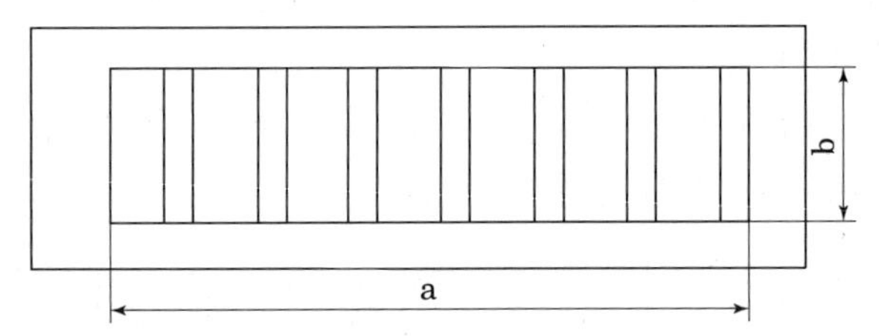

4-6 취출구

② 1차 공기 : 취출구로부터 취출된 공기

③ 그릴(Grill) : 취출구 전면에 설치한 면격자

④ 강하도(Drop) : 수평으로 취출된 공기가 어느 거리만큼 진행했을 때의 기류중심선과 취출구 중심과의 거리

⑤ 셔터(shutter) : 취출구의 후부에 설치하는 풍량조정용 또는 개폐용의 기구

⑥ 자유면적(free area) : 취출구의 취출공면적의 합계

$$\text{자유면적비} = \frac{\text{자유 면적}}{\text{전면적}}$$

⑦ 전면적(free area) : 취출구의 공(孔)에 접하는 외주에서 측정한 전면적(全面積) 즉 그림 4-6에서 (a×b)이다.

⑧ 도달거리(throw) : 취출구에서 취출한 공기가 진행해서 취출기류의 중심신상의 풍속이 0.25m/s로 된 위치까지의 수평거리

⑨ 2차 공기 : 취출공기(1차 공기)로 유인되어 운동하는 실내 공기

⑩ 취출온도차 : 취출공기와 실온과의 온도차

⑪ 취출풍속 : 취출풍량을 공면적(자유면적)으로 나눈값

⑫ $\text{유인비} = \frac{\text{1차 공기량} + \text{2차 공기량}}{\text{1차 공기량}}$

09 송풍기 □□□

1 송풍기의 종류

(1) 배출압력에 의한 분류

명칭		송풍기		압축기
		Fan	Blower	
토출압력		9.8[kPa] 미만	9.8~98[kPa] 미만	98[kPa] 이상
터보형	원심식	○	○	○
	축류식	○	○	○
용적형	회전식	-	○	○
	왕복식	-	-	○

(2) 날개(blade)의 형상에 따른 분류

① 원심형 송풍기

종류	풍량 [m^3/min]	정압 [mmAq]	효율	용도
다익형	10~10000	10~150	45~60	저속덕트 공조용, 공조 급·배기용 고속덕트
터보형	60~900	50~2000	60~80	고속덕트 공조용, 보일러 급기용
리밋로드형	20~5000	40~250	50~65	저속덕트 공조용(중규모 이상), 공장 환기용
익형	60~1500	40~250	75~85	고속덕트 공조용, 최근 공조용으로 많이 사용됨
방사형	20~1000	30~300	40~70	시멘트, 사료, 정미소, 톱밥이송, 환기용
관류형	20~50	10~50	40~50	옥상 환기용

※ 다익형 : SIROCCO FAN, 익형 : AIRFOIL FAN, 후곡형 : TURBO FAN

② 사류형 및 횡류형

종류	풍량 [m^3/min]	정압 [mmAq]	효율	용도
사류형	10~30	10~30	65~75	국소 통풍용
횡류형	3~20	0~8	40~50	팬 코일 유닛, 에어커텐용

③ 축류형 송풍기

종류	풍량 [m^3/min]	정압 [mmAq]	효율	용도
프로펠러형	10~400	0~15	10~50	환기용, 소형 냉각탑, 유닛 히터팬
튜브형	500~10000	5~15	55~65	국소 통풍용, 대형 냉각탑, 대풍량에 적합
베인형	40~1000	10~80	75~85	터널 환기용, 국소통풍용

2 송풍기의 형상 및 특징

(1) 다익형(Multiblade Fan)

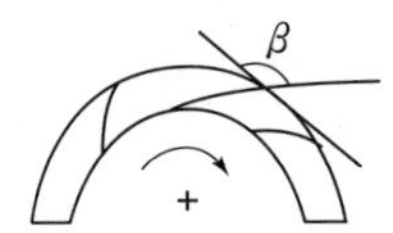

① 깃의 경사각이 90°보다 크다.(전곡형 날개)
② 다수의 전곡익(Forward Curved Blade)을 갖고 있다.
③ 풍량이 가장 크나 효율이 나쁘다.

(2) 방사형(Radial Fan)

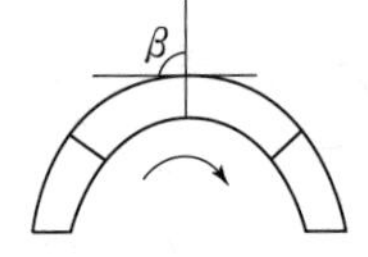

① 깃의 경사각 90°(회전축에 수직)
② 다익형에 비하여 깃의 길이가 길고 폭이 좁다.
③ 깃의 수는 가장 적다.
④ 효율은 다익형에 비하여 좋다.

(3) 터보 팬(Turbo Fan)

① 깃의 경사각이 90°보다 작다.(후곡형 날개)
② 깃의 길이와 폭은 방사형과 비슷하다.
③ 크기는 가상 크나 효율은 가장 좋다.

(4) 리밋 로드 팬(Limit loaded Fan)

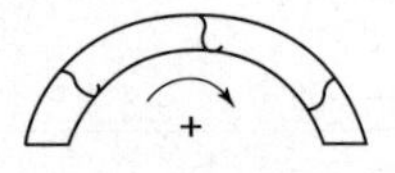

① 깃의 형상이 S자형이다.(전곡후곡형)
② 설계점 이상으로 풍량이 증가하여도 축동력이 증가하지 않는다.
(Limit load 특성)

(5) 익형(Air foil Fan)

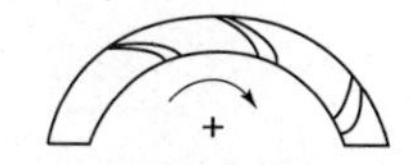

① 날개 형상의 깃을 설치
② 풍량이 설계점 이상으로 증가해도 축동력이 증가하지 않는다.
③ 값이 비싸나 효율이 좋고 소음이 적다.

3 송풍기의 크기

(1) 원심식 송풍기 번호 $No = \dfrac{\text{임펠러 외경(mm)}}{150}$

(2) 축류식 송풍기 번호 $No = \dfrac{\text{임펠러 외경(mm)}}{100}$

4 송풍기의 압력

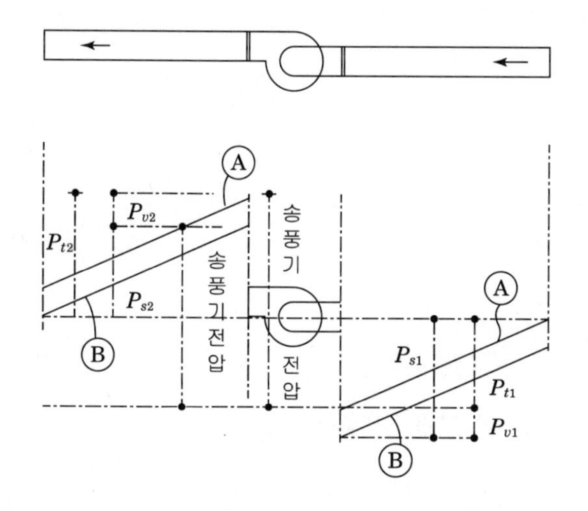

P_{v1}: 흡입구동압
P_{v2}: 토출구동압
P_{s1}: 흡입구정압
P_{s2}: 토출구정압
P_{t1}: 흡입구전압
P_{t2}: 토출구전압
P_T: 송풍기전압
P_S: 송풍기정압
Ⓐ : 전압선
Ⓑ : 정압선

송풍기 압력

(1) 흡입관과 토출관이 있는 송풍기

① 송풍기 전압 : $P_T = P_{t2} - P_{t1} = P_{s2} - P_{s1}$
② 송풍기 정압 : $P_S = P_T - P_{v2}$, $P_S = P_{s2} - P_{s1} - P_{v1}$

(2) 토출관만 있는 송풍기

① 송풍기 전압 : $P_T = P_{t2} = P_{s2} + P_{v2}$
② 송풍기 정압 : $P_S = P_{t2} - P_{v2} = P_{s2}$

흡입관만 있는 송풍기는 송풍기의 전압은 흡입구 정압이고 송풍기 정압은 흡입구 전압이 된다.

(3) 흡입관만 있는 송풍기

① 송풍기 전압

$P_T = P_{s1}$ (송풍기전압은 송풍기흡입구 정압(부압)이 된다.)

② 송풍기 정압

$P_S = P_{s1} + P_{v1} = P_{t1}$ (송풍기 정압은 흡입구 전압이 된다.)

5 송풍기 동력

(1) 송풍기 소요동력 Ls

$$Ls = QP_s/\eta_s \ , \ Ls = QP_T/\eta_T$$

Ls : 축동력[kW]

Q : 풍량[m³/s]

P_T : 송풍기 전압[kPa]

P_S : 송풍기 정압[kPa]

η_T : 전압효율

η_S : 정압효율

(2) 전동기 출력 $L_M = \dfrac{L_S \cdot (1+\alpha)}{\eta_M}$

여기서 Q : 풍량[m³/sec]

η_M : 전동효율

α : 여유율 0.1~0.2(다익형 이외 : 0.05~0.1)

기억 **송풍기 소요동력 Ls**

$$Ls = \frac{Q \cdot P_T}{1,000 \times 3,600 \cdot \eta_T}$$

Q : 풍량[m³/h]

P_T : 송풍기 전압[Pa]

η_T : 전압효율

- 송풍기 전압 P_T : 송풍기에 의해서 주어진 전압의 증가량으로 송풍기의 취출구와 흡입구와의 전압의 차
- 송풍기 정압 P_S : 송풍기 전압에서 송풍기 취출구 동압을 뺀 값

6 송풍기의 상사(비례)법칙

• **회전속도**

① $Q_2 = Q_1 \times \dfrac{N_2}{N_1}$: 풍량은 회전수에 비례한다.

② $P_{T2} = P_{T1} \times \left(\dfrac{N_2}{N_1}\right)^2$: 송풍기 전압 및 정압은 회전수의 제곱에 비례하여 변화한다.

③ $L_{S2} = L_{S1} \times \left(\dfrac{N_2}{N_1}\right)^3$: 축동력은 회전수의 3제곱에 비례하여 변화한다.

여기서, 첨자 1은 처음 상태, 첨자 2는 변경 후의 수치이다.

Q : 풍량
P_T : 송풍기 전압
N : 회전수
L_S : 축동력

7 송풍기의 특성곡선

(1) 송풍기의 단독 운전

송풍기를 단독으로 운전할 때의 특성은 횡축에 풍량, 종축에 압력, 효율, 축동력 등을 표시한 다음과 같은 특성곡선에 의해서 나타낼 수 있다.

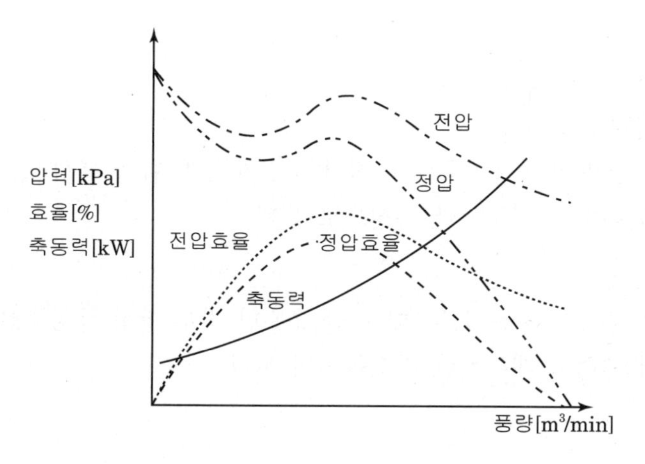

송풍기의 특성 곡선(다익형의 경우)

송풍기의 운전은 장치의 저항곡선 R과 정압곡선 P_s의 교점으로 나타낸다. 어떤 이유에 의해 장치의 저항이 증가하여 장치의 저항곡선이 정압곡선의 우상향의 영역이 되면 송풍기가 불안전한 운전상태를 반복하는 서징이란 현상을 일으켜 덕트 계통에 공기의 맥동과 진동이 발생한다. 이 상태로 운전을 계속하면 송풍기가 손상될 수 있기 때문에 이 영역에서의 운전은 피할 필요가 있다. 반대로 축동력 곡선이 우상향 상태가 되면 축동력이 증가한다. 이 상태를 오버로드(과부하)라고 하며 이 상태에서 운전을 계속하면 송풍기의 전동기가 소손 될 우려가 있기 때문에 이 상태에서의 운전을 피해야 한다.

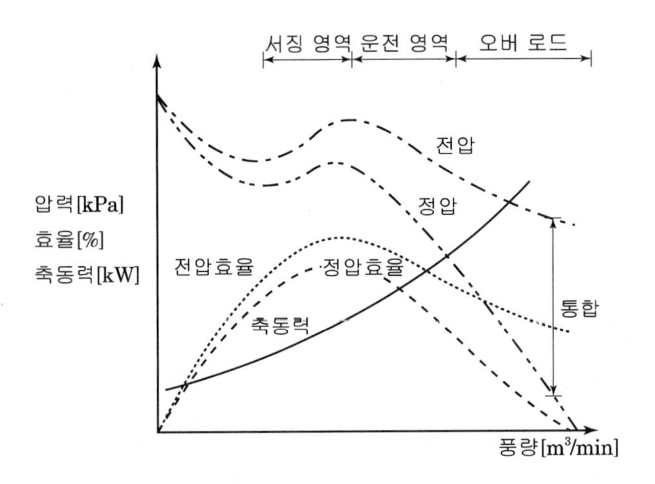

송풍기의 특성 곡선(다익형의 경우)

(2) 연합운전 특성

기억 연합운전

송풍기를 분할 설치하는 경우나 풍량 또는 압력의 증기를 목적으로 송풍기를 증설하는 경우, 연합운전을 하는 경우가 있고 그 방법에는 직렬운전과 병렬운전이 있다.

① **직렬운전**

같은 용량의 송풍기를 2대 직렬 운전한 경우 합성 특성곡선은 동일 유량에 대하여 대수배한 특성으로 된다.

② **병렬운전**

같은 용량의 송풍기를 2대 병렬 운전한 경우 합성 특성곡선은 동일 양정에 대하여 대수배한 특성곡선이 된다.

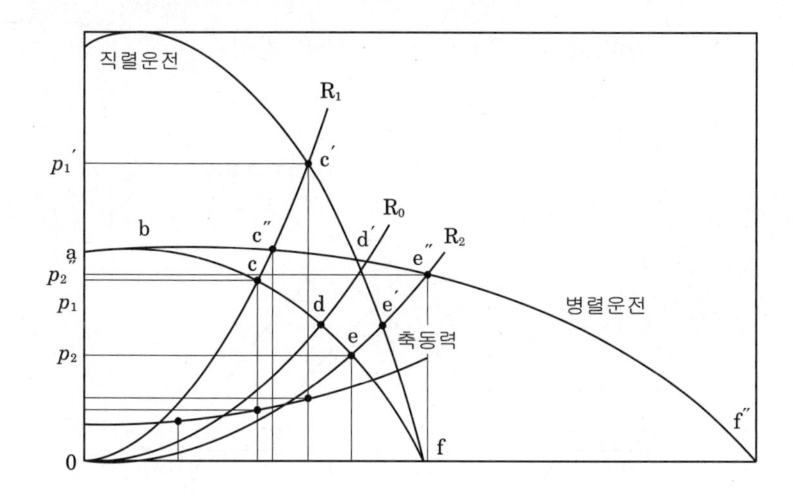

동일성능의 펌프(송풍기)의 연합운전 합성특성 곡선

8 송풍기의 풍량 제어방식

(1) 토출댐퍼 제어(Discharge Damper Control) 방식

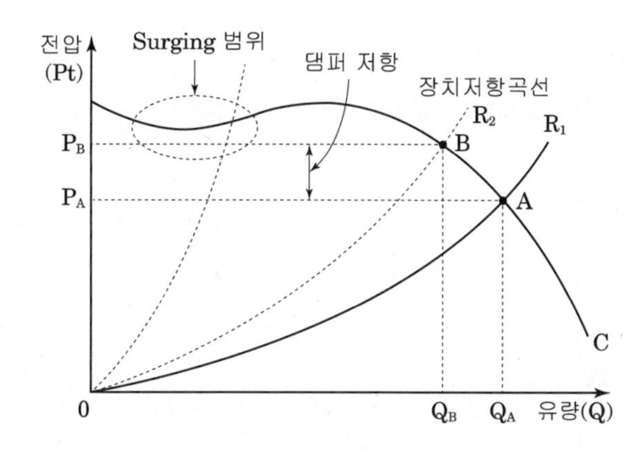

① 송풍기 출구측 댐퍼의 개도를 조절하여 풍량을 제어한다.
② 구조가 간단하여 소규모 설비에서 주로 채용한다.
③ 통풍저항이 크고 효율이 나쁘며 동력소비가 크다.
④ 풍량을 과도하게 줄이면 서징(Surging)현상이 발생한다.
⑤ 가장 효율이 낮으며 소음이 발생한다.
⑥ 댐퍼를 조이면 운전점이 압력곡선을 따라 좌측으로 이동하여 풍량이 감소한다.

(2) 흡입댐퍼 제어(Suction Damper Control) 방식

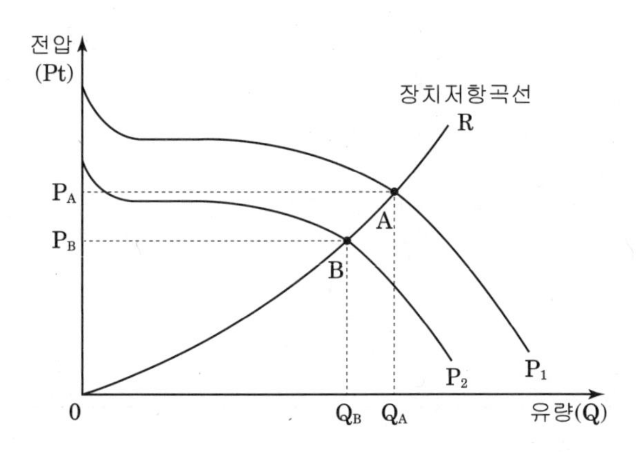

① 송풍기 입구측 덕트에 설치된 댐퍼의 개도에 조절로 풍량을 제어하는 방식이다.

② 토출댐퍼 제어방식보다 효율적이다.

③ 댐퍼를 조이면 장치저항곡선(송풍저항곡선)을 따라서 압력곡선이 $P_A \rightarrow P_B$로 변화하여 풍량은 $Q_A \rightarrow Q_B$로 감소한다.

④ 댐퍼를 조임에 따라서 곡선의 정점이 내려감으로 서징현상을 예방이 가능하다.

(3) 흡입베인 제어(Suction Vane Control) 방식

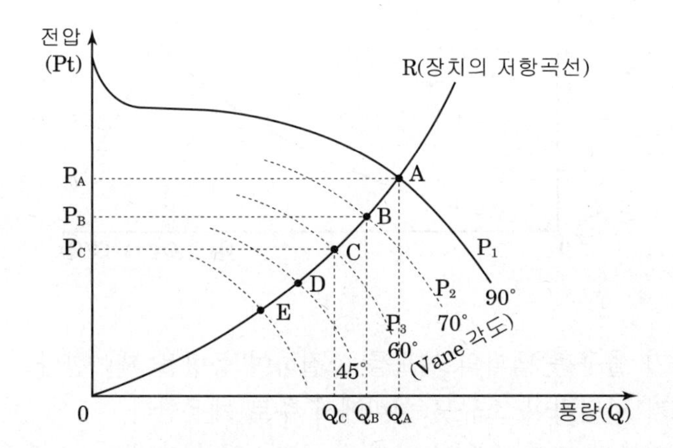

① 송풍기 흡입측에 설치된 베인의 개도을 조절하여 풍량을 제어하는 방식이다.

② 흡입댐퍼 제어방식에 비하여 동력곡선의 낙하 폭이 커서 동력소비가 적다.

③ 댐퍼를 조임에 따라서 곡선의 정점이 내려감으로 서징현상을 예방이 가능하다.

④ 흡입베인을 조이면 송풍저항곡선을 따라서 압력곡선이 $P_A \rightarrow P_B \rightarrow P_C$로 변화하여 풍량은 $Q_A \rightarrow Q_B \rightarrow Q_C$로 감소한다.

(4) 회전수 제어(Speed Control) 방식

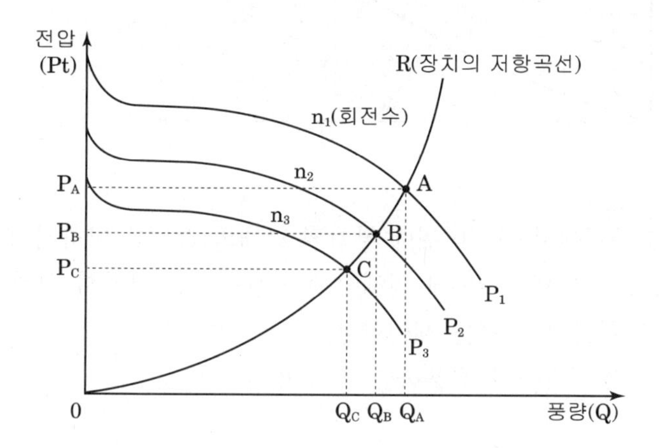

① 송풍기의 회전수를 변화시켜 풍량을 제어하는 방식이다.

② 자동화에 적합하고 에너지 절약효과가 높다.

③ 인버터(Inverter)를 설치하여 소형-대형의 일반 범용 송풍기에 적용이 가능하다.

④ 공기의 흐름을 교축시켜 풍량을 제어하는 방식은 인위적인 저항이 작용하여 동력손실이 있으나 회전수제어 방식은 가장 이상적인 방식이라 할 수 있다.

⑤ 회전수를 $n_1 \rightarrow n_2 \rightarrow n_3$로 변화시키면 송풍저항곡선을 따라서 압력곡선이 $P_A \rightarrow P_B \rightarrow P_C$로 변화하여 풍량은 $Q_A \rightarrow Q_B \rightarrow Q_C$로 감소한다.

⑥ 고가이며 전자 노이즈(Noise)발생이 일어난다.

(5) 가변피치(Variable Pitch) 방식

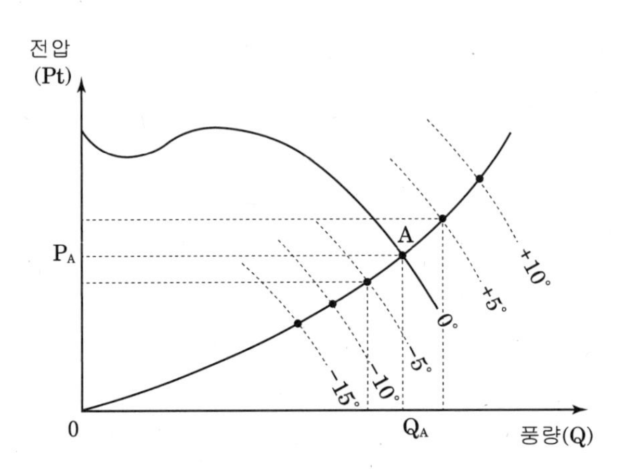

① 축류송풍기에서 날개바퀴에 부착된 날개의 각도를 변하시켜 제어하는 방식으로 피치의 각도에 의해 송풍저항곡선을 따라서 상하로 압력곡선이 변화하여 풍량을 제어한다.
② 회전수 제어방식과 겸용하면 더욱 경제적이다.

※ 풍량제어에 따른 송풍기의 동력변화

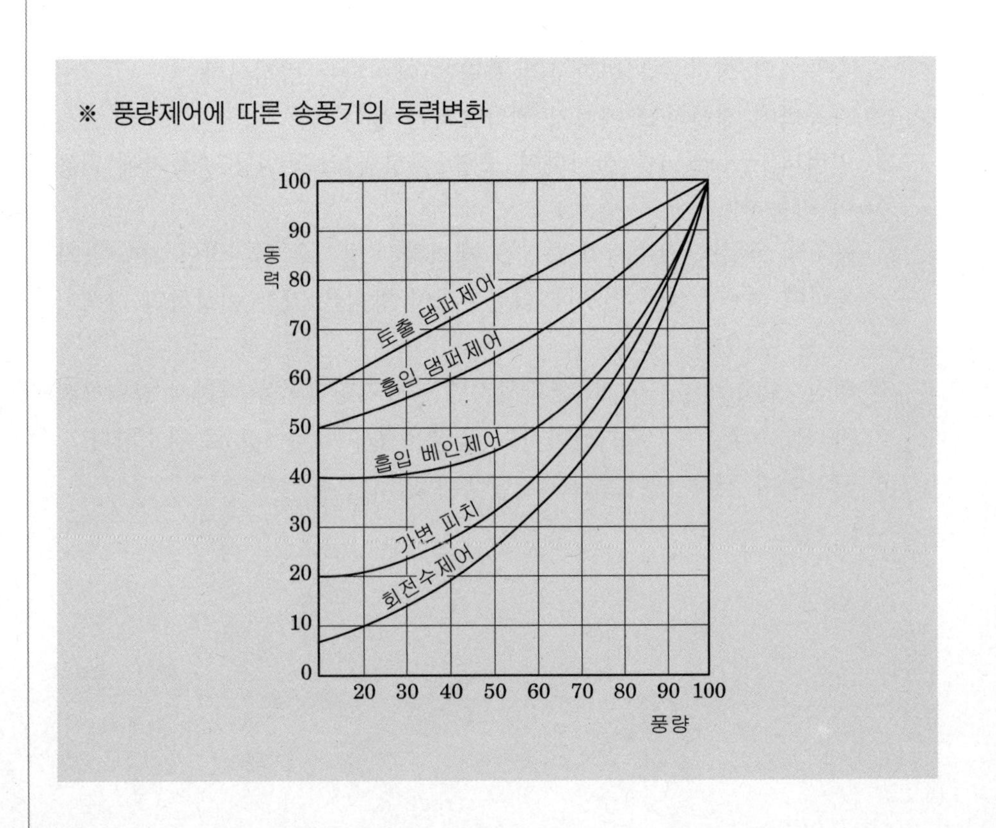

예제 1

다음과 같은 송풍기 특성곡선을 보고 답란과 같이 각종 장치를 조작할 경우 운전점(A)의 이동방향과 풍량과 정압의 변화 상태를(감소, 증가, 불변)으로 적으시오.

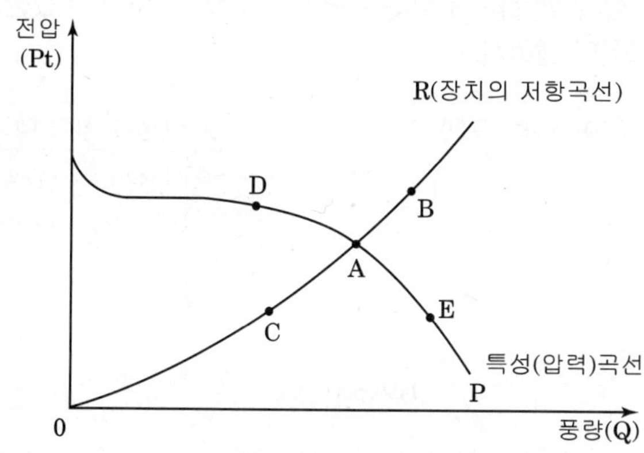

구분	(A)의 이동방향	풍량	정압
토출댐퍼 조임			
토출댐퍼 열림			
흡입댐퍼 조임			
흡입댐퍼 열림			
흡입베인 조임			
회전수 증가			
회전수 감소			
가변피치 각도 증(+)			
가변피치 각도 감(−)			

해설

구분	(A)의 이동방향	풍량	정압
토출댐퍼 조임	D	감소	증가
토출댐퍼 열림	E	증가	감소
흡입댐퍼 조임	C	감소	감소
흡입댐퍼 열림	B	증가	증가
흡입베인 조임	C	감소	감소
회전수 증가	B	증가	증가
회전수 감소	C	감소	감소
가변피치 각도 증(+)	B	증가	증가
가변피치 각도 감(−)	C	감소	감소

예제 2

아래 그림과 같은 성능을 가지는 펌프가 배관 시스템에 설치되어 있다. 유량이 $14m^3/h$이고, 회전수가 3,450RPM인 초기 운전점 ①에서 유량을 $12m^3/h$로 줄이고자 한다. 이때 펌프 모터회전수 제어를 이용할 경우 운전점을 ②, 배관 시스템 상의 밸브를 조절하여 유량을 제어할 때의 운전점을 ③이라고 할 때 다음 물음에 답하시오.

(펌프 성능 곡선)

H(mAq)
90
①
3450rpm
14
Q(m³/h)

(펌프 성능 데이터)

운전점	유량 Q $[m^3/h]$	수두 H [mAq]	효율 η [%]
①	14	90	64
②	12		
③	12	95	62

(1) 주어진 펌프의 성능 데이터를 이용하여 각 운전 점 ①, ②, ③의 펌프의 축동력(kW)을 구하시오.

(2) 펌프 성능 곡선 상에 운전 점 ②, ③을 표시하시오.

해설 (1) ① $L_{s1} = rHQ/\eta = \dfrac{9.8 \times 90 \times 14}{3600 \times 0.64} = 5.36\,[\text{kW}]$

② $L_{s2} = L_{s1} \times \left(\dfrac{N_2}{N_1}\right)^3 = L_{s1} \times \left(\dfrac{Q_2}{Q_1}\right)^3 = 5.36 \times \left(\dfrac{12}{14}\right)^3 = 3.38\,[\text{kW}]$

③ $L_{s3} = rHQ/\eta = \dfrac{9.8 \times 95 \times 12}{3600 \times 0.62} = 5.01\,[\text{kW}]$

(2)

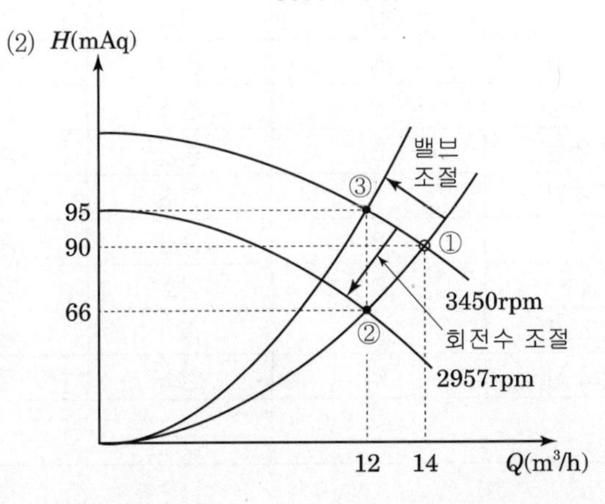

기출문제분석

☐ 09년2회, 16년1회

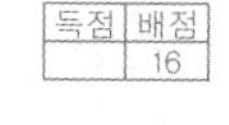

01 그림과 같이 5개의 존(zone)으로 구획된 실내를 각 존의 부하를 담당하는 계통으로 하고 각 존을 정풍량 방식 또는 변풍량 방식으로 냉방하고자 한다. 각 존의 냉방 현열부하가 표와 같을 때 각 물음에 답하시오. (단, 실내온도는 26℃, 공기의 정압 비열은 1.01[kJ/kg·K], 밀도는 1.2[kg/m^3]이다.)

N
W   I   E
S

[단위 : kJ/h]

존 \ 시각	8시	10시	12시	14시	16시
N	21400	24000	25000	(26100)	23000
E	(31000)	22000	12000	11000	10100
S	22000	29000	(39500)	30200	26000
W	8400	11000	14000	25000	(32400)
I	(40300)	37000	37000	(40300)	39000

(1) 각 존에 대해 정풍량(CAV) 공조방식을 채택할 경우 실 전체의 송풍량[m^3/h]을 구하시오. (단, 최대 부하 시의 송풍 공기온도는 15℃이다. 풍량은 소수첫자리에서 반올림하시오)

(2) 변풍량(VAV) 공조방식을 채택할 경우 실 전체의 최대 송풍량[m^3/h]을 구하시오. (단, 송풍 공기온도는 15℃이다. 풍량은 소수첫자리에서 반올림하시오)

(3) 아래와 같은 덕트 시스템에서 각 실마다(A, C, E, F 4개실) (2)항의 변풍량 방식의 송풍량을 송풍할 때 각 구간마다의 풍량[m^3/h] 및 원형 덕트 지름(cm)을 구하시오. (단, 덕트선도는 4-1을 이용하며, 급기용 덕트를 정압법(R=1Pa/m)으로 설계하고, 각 실마다의 풍량은 같다.)

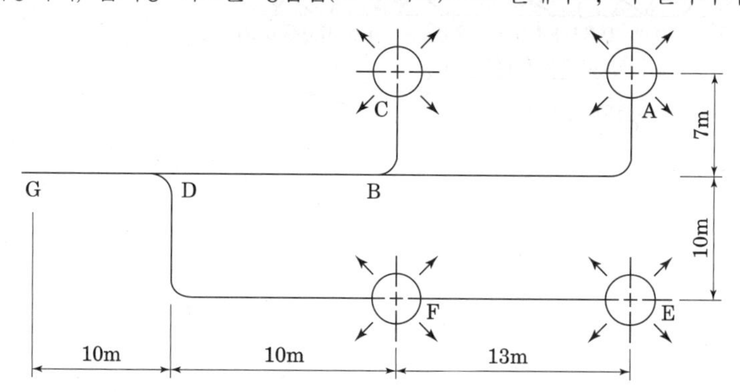

구간	풍량(m^3/h)	원형덕트지름(cm)
A-B(C-B)		
B-D		
E-F		
F-D		
D-G		

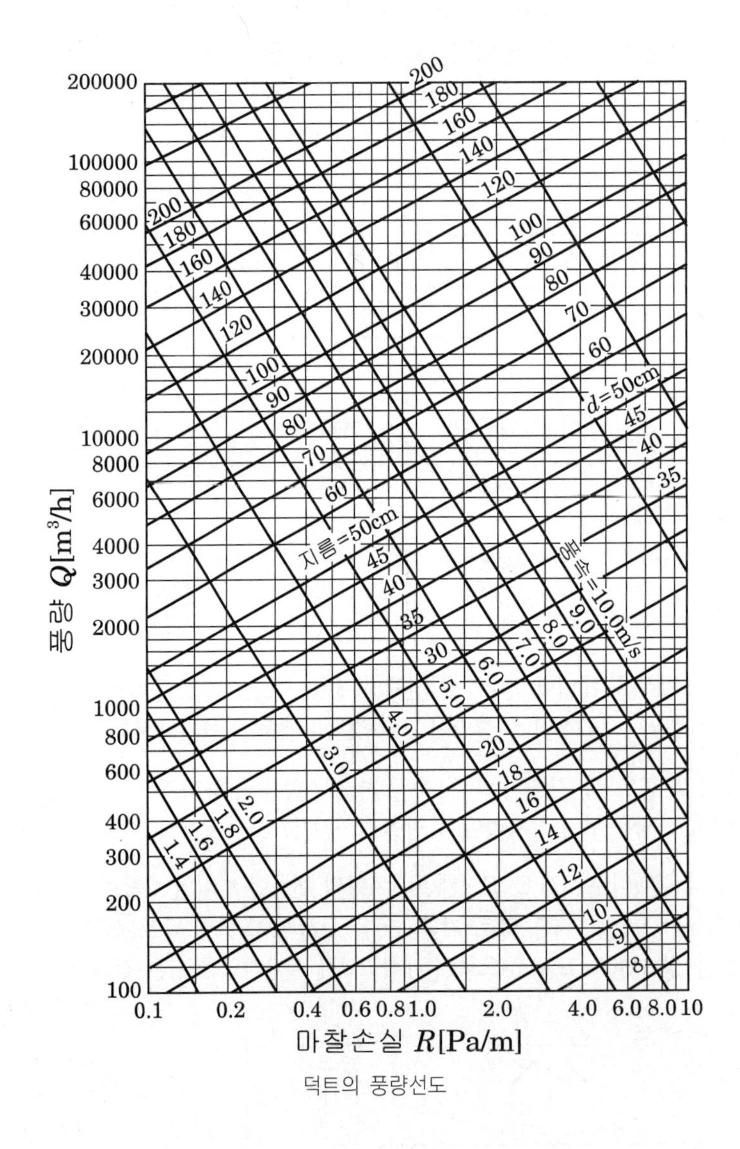

덕트의 풍량선도

해답 (1) 송풍량 Q[CAV 방식=각 존별 최대 부하를 기준으로 한다.]

$$Q=\frac{q_s}{cp\rho\Delta t}=\frac{26100+31000+39500+32400+40300}{1.01\times1.2(26-15)}=12699\,[\text{m}^3/\text{h}]$$

(2) 송풍량 Q[VAV 방식=각 시간별 최대부하를 기준으로 한다.]

여기서는 14시 부하 $Q=\frac{26100+11000+30200+25000+40300}{1.01\times1.2\times(26-15)}=9946\,[\text{m}^3/\text{h}]$

(3) VAV 방식일 경우 풍량[m^3/h] 및 원형덕트 지름[cm](해설 덕트선도 참조)

구간	풍량(m^3/h)	원형덕트지름(cm)
A-B(C-B)	2486.5	38
B-D	4973	50
E-F	2486.5	38
F-D	4973	50
D-G	9946	67

각실마다 풍량은 전체 풍량(9946)의 1/4이다.

선도

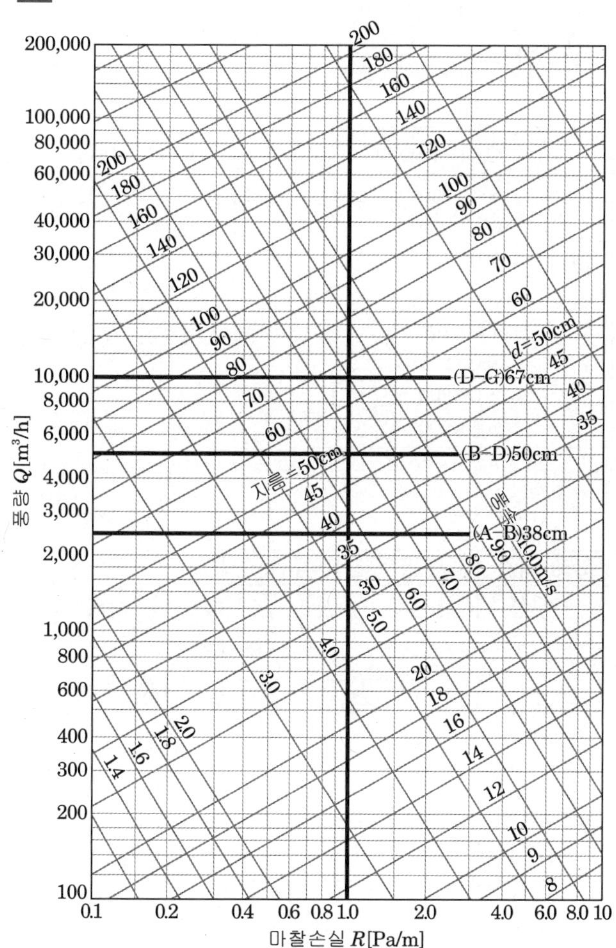

□ 06년2회, 16년1회

02 아래와 같은 덕트계에서 덕트표를 이용하여 각 부의 덕트 치수를 구하고, 송풍기 전압 및 정압을 구하시오.

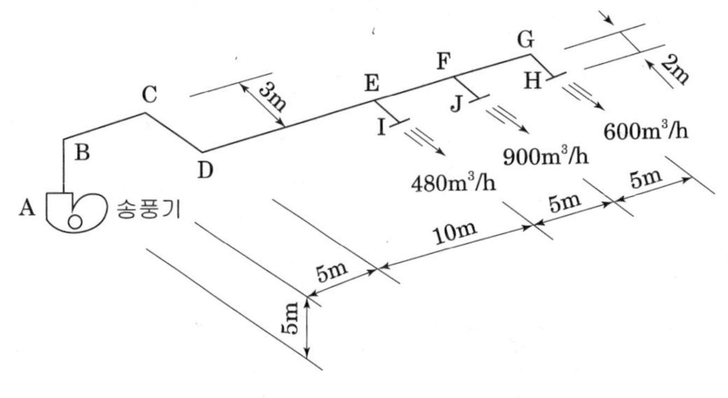

【조 건】

1. 취출구 손실은 각 20Pa이고, 송풍기 출구풍속은 8m/s 이다.
2. 직관은 마찰손실은 1Pa/m로 한다.
3. 곡관부 1개소의 상당길이는 원형 덕트(직경)의 20배로 한다. 각 기기의 마찰저항은 다음과 같다.
   - 에어필터 : 100Pa
   - 공기냉각기 : 200Pa
   - 공기가열기 : 70Pa
4. 원형 덕트에 상당하는 사각형 덕트의 1변 길이는 20cm로 한다.
5. 풍량에 따라 제작 가능한 덕트의 치수표

풍량(m^3/h)	원형 덕트 직경(mm)	사각 덕트 치수(mm)
2500	380	650×200
2200	370	600×200
1900	360	550×200
1600	330	500×200
1100	280	400×200
1000	270	350×200
750	240	250×200
560	220	200×200

(1) 각부의 덕트 치수를 구하시오.

구간	풍량(m^3/h)	원형 덕트 직경(mm)	사각 덕트 치수(mm)
A-E			
E-F			
F-H			
F-J			

(2) 송풍기 전압(Pa)를 구하시오.

(3) 송풍기 정압(Pa)를 구하시오.

해설 (1) ① 각 구간의 풍량[m^3/h]
- A-E구간 : 480+900+600 = 1980
- E-F구간 : 900+600 = 1500
- F-H구간 : 600
- F-J구간 : 900

② 장방형 덕트의 경우에는 주어진 덕트 치수표에 의해 구한다.

(2) 송풍기 전압(Pa)

송풍기 전압은 덕트계통의 전압력손실과 같다.

(3) 송풍기 정압(Pa)

송풍기 정압 = 송풍기 전압 - 송풍기 동압

여기서 송풍기 동압 $P_v = \frac{V^2}{2}\rho$[Pa]

해답 (1) 각부의 덕트 치수

구간	풍량(m^3/h)	원형 덕트 직경(mm)	사각 덕트 치수(mm)
A-E	1980	370	600×200
E-F	1500	330	500×200
F-H	600	240	250×200
F-J	900	270	350×200

(2) 송풍기 전압(P_T)

① 직선 덕트 길이=5+5+3+10+5+5+2=35m

② B.C.D 곡관부 상당길이=0.37×20×3=22.2m

③ G 곡관부 상당길이=0.24×20=4.8m

따라서, 송풍기 전압(P_T)

=(35+22.2+4.8)×1[Pa/m]+(100+200+70)+20=452[Pa]

(3) 송풍기 정압(P_S)

$$P_S = P_T - P_{v2} = 452 - \frac{8^2}{2} \times 1.2 = 413.6[\text{Pa}]$$

☐ 09년3회, 16년2회

03 **다음 그림과 같은 자동차 정비공장이 있다. 이 공장 내에서는 자동차 3대가 엔진 가동상태에서 정비되고 있으며, 자동차 배기가스 중의 일산화탄소량은 1대당 0.12CMH일 때 주어진 조건을 이용하여 각 물음에 답하시오.**

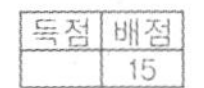

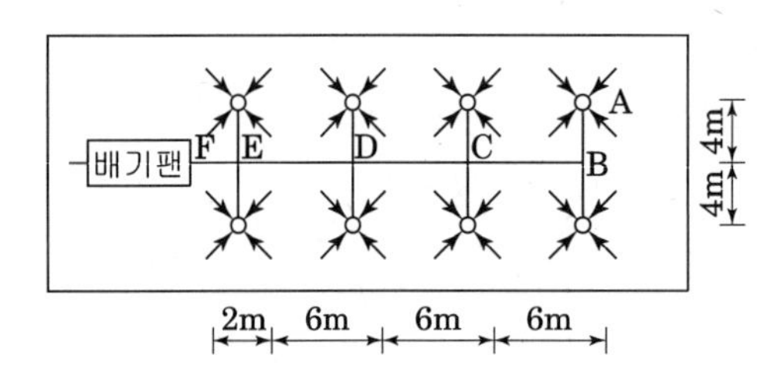

【조 건】

1. 외기 중의 일산화탄소량 0.0001%(용적비), 실내 일산화탄소의 허용농도 0.001%(용적비)
2. 바닥면적 : $300m^2$, 천장높이 : 4m
3. 배기구의 풍량은 모두 같고, 자연환기는 무시한다.
4. 덕트의 마찰손실은 1Pa/m로 하고 배기구의 각 압력손실은 30Pa로 한다. 또 덕트, 엘보 등의 국부저항은 직관 덕트저항의 50%로 한다.(덕트선도는 4-1을 이용)

(1) 필요 환기량(CMH)을 구하시오.

(2) 환기 횟수는 몇 회(회/h)가 되는가?

(3) 다음 각 구간별 원형 덕트 size(cm)를 주어진 선도를 이용하여 구하시오.

(4) A-F 사이의 압력손실(Pa)을 구하시오.

해설 (1) 환기량 $Q = \dfrac{M}{P_i - P_o}$

(2) $Q = nV$에서

환기횟수 $n = \dfrac{Q}{V}$

여기서, Q : 환기량$[m^3/h]$

M : 실내의 CO_2 발생량$[m^3/h]$

P_i : CO_2의 허용농도$[m^3/m^3]$

P_o : 외기의 CO_2농도$[m^3/m^3]$

V : 실내용적$[m^3]$

(3) 배기구 1개당 풍량을 구한다. 총환기량은 40000이므로 배기구가 8개 이므로

1개당 풍량$= \dfrac{40,000}{8} = 5000[CMH]$

해답 (1) $Q=\dfrac{3\times0.12}{0.001\times10^{-2}-0.0001\times10^{-2}}=40000[\text{CMH}]$

(2) $n=\dfrac{40000}{300\times4}=33.33[\text{회/h}]$

(3)

구간	AB	BC	CD	DE	EF
풍량(CMH)	5000	10000	20000	30000	40000
덕트 지름	50	67	85	98	112

(4) ① 직관 덕트길이$=2+6+6+6+4=24[\text{m}]$

② 덕트, 엘보 등의 상당길이$=24\times0.5=12[\text{m}]$

③ 배기구 손실$=30[\text{Pa}]$

∴ A-F 사이의 압력손실$=(24+12)\times1+30=66[\text{Pa}]$

선도

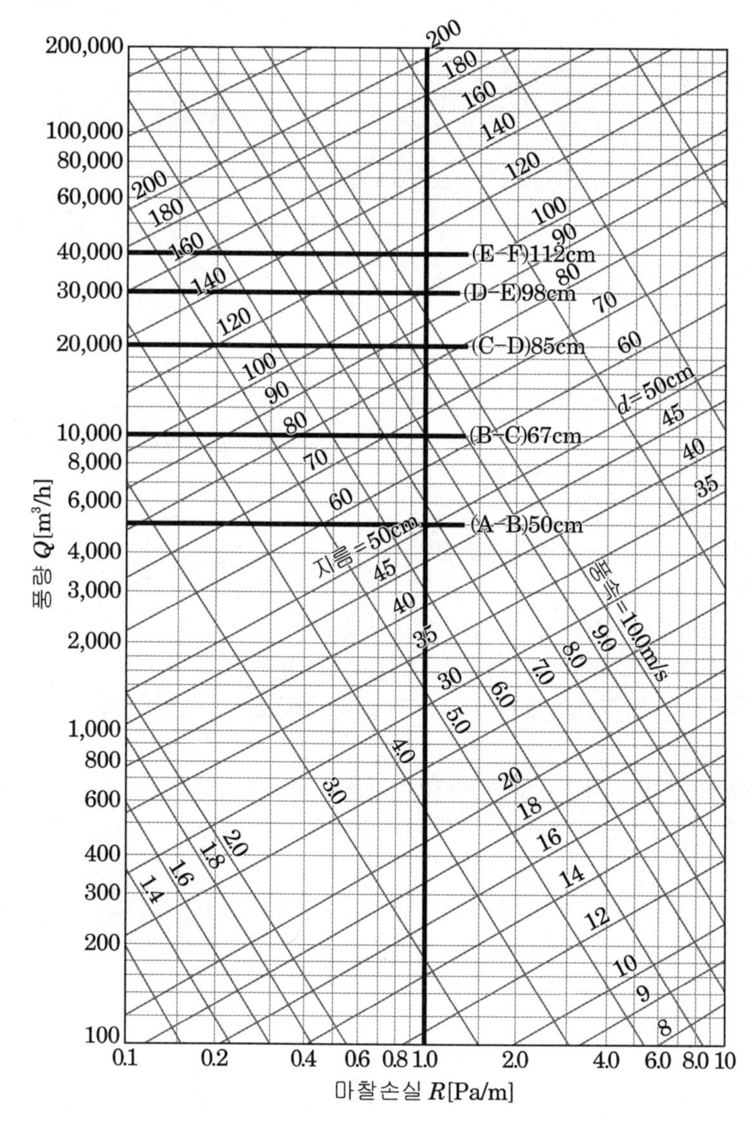

☐ 04년1회, 09년2회, 14년3회

04 **송풍기 총풍량 6000[m^3/h], 송풍기 출구 풍속을 7[m/s]로 하는 다음의 덕트 시스템에서 등마찰손실법에 의하여 Z-A-B, B-C, C-D-E 구간의 원형 덕트의 크기와 덕트 풍속을 구하시오.**

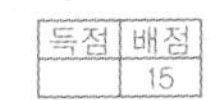

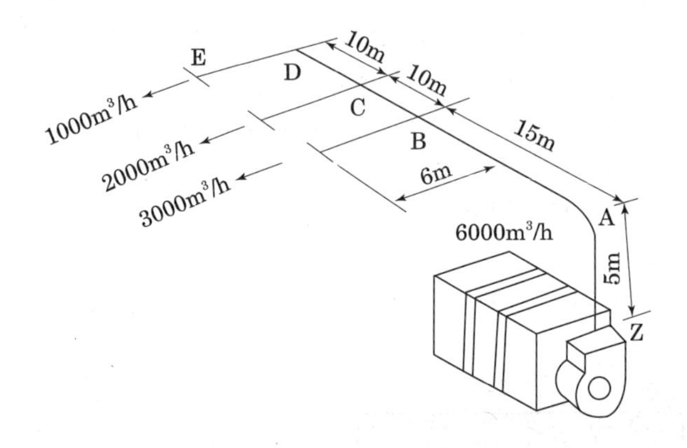

구간	풍량(CMH)	원형 덕트 크기(cm)	풍속(m/s)
Z-A-B			
B-C			
C-D-E			

해설 (1) 덕트 각 구간의 풍량

① Z-A-B구간의 풍량 = 1000 + 2000 + 3000 = 6000[m^3/h]

② B-C구간의 풍량 = 1000 + 2000 = 3000[m^3/h]

③ C-D-E구간의 풍량 = 1000[m^3/h]

(2) 원형 덕트의 크기 결정(등마찰손실법)

주덕트(Z-A-B)의 유량선도(마찰저항선도)에서 풍량 6000[m^3/h]과 주덕트의 풍속 7m/s(이 문제에서는 송풍기 출구 풍속)과 의 교점에서 아래로 수선을 그리면 약 1[Pa/m]이며 이 수선으로 마찰손실을 구하여 각 구간의 풍량에 의해 원형 덕트의 크기를 결정한다. 풍속은 유량선도에서 구한다.

※ 주의 : 등마찰손실법으로 설계 시에는 일반적으로 마찰손실을 주어지며, 이문제처럼 주덕트의 풍량과 풍속에 의해 단위길이 당 마찰저항을 주기도한다. 실제로 송풍기 출구 풍속과 주덕트의 풍속은 같지 않다.

해답

구간	풍량(CMH)	원형 덕트 크기(cm)	풍속(m/s)
Z-A-B	6000	54	7
B-C	3000	42	6
C-D-E	1000	28	4.6

선도

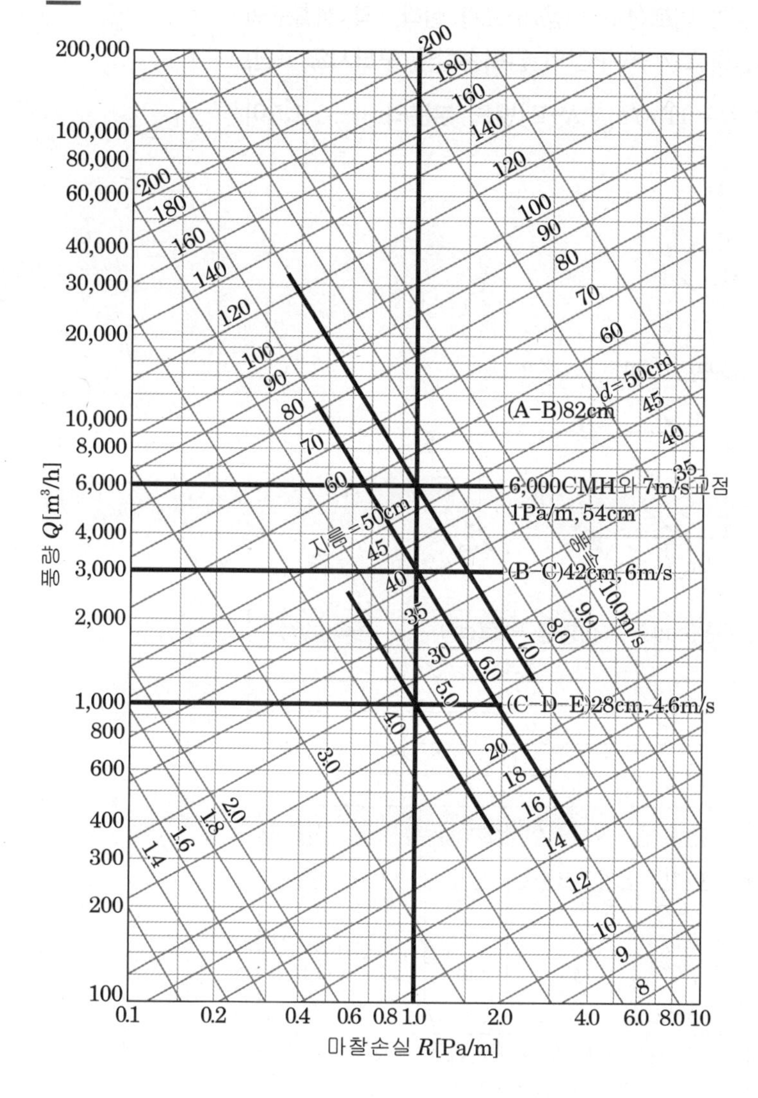

200,000
100,000
80,000
60,000
40,000
30,000
20,000
10,000
8,000
6,000
4,000
3,000
2,000
1,000
800
600
400
300
200
100
풍량 Q[m³/h]
0.1
0.2
0.4
0.6
0.8 1.0
2.0
4.0
6.0
8.0 10
마찰손실 R[Pa/m]
(A–B)82cm
d=50cm
6,000CMH와 7m/s교점
1Pa/m, 54cm
지름=50cm
(B–C)42cm, 6m/s
풍속 10.0m/s
(C–D–E)28cm, 4.6m/s

□ 08년1회, 11년3회

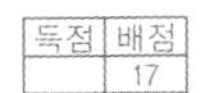

05 덕트 시스템을 다음과 같이 정압법으로 설계(덕트선도 이용)하고자 한다. 각 취출구의 풍량이 동일할 때 주어진 구간의 값들을 결정하고 Z-F 구간의 압력손실을 구하시오. (단, 공기의 밀도는 $1.2[kg/m^3]$, 덕트 마찰손실 $R=1Pa/m$, A-E 밴드 부분의 $\frac{r}{W}=1.5$이며, 송풍기 송풍량은 $2000[m^3/h]$이다.)

구간	풍량(m^3/h)	원형 덕트 지름(cm)	장방형 덕트(cm)	풍속(m/s)
Z-A			×25	
A-B			×25	
A-E			×25	
E-F			×15	

명칭	그림	계산식	저항계수
장방형 엘보 (90°)		$\Delta P_t=\lambda\frac{L'}{d}\times\frac{v^2}{2}\rho$	(아래 표 참조)
장방형 덕트의 분기		직통관(1 → 2) $\Delta P_t=\zeta_r\frac{{v_1}^2}{2}\rho$	$v_2/v_1<1.0$ 인 때에는 대개 무시한다. $v_2/v_1\geqq 1.0$ 일 때 $\zeta_r=0.46-1.24x+0.93x^2$ $x=\left(\frac{v_3}{v_1}\right)\times\left(\frac{a}{b}\right)^{1/4}$
		분기관 $\Delta P_t=\zeta_T\frac{{v_1}^2}{2}\rho$	(아래 표 참조) 다만 $x=\left(\frac{v_3}{v_1}\right)\times\left(\frac{a}{b}\right)^{1/4}$

장방형 엘보 저항계수:

H/W	$\gamma/W=0.5$	0.75	1.0	1.5
0.25	$L'/W=25$	12	7	3.5
0.5	33	16	9	4
1.0	45	19	11	4.5
4.0	90	35	17	6

분기관 저항계수:

x	0.25	0.5	0.75	1.0	1.25
ζ_T	0.3	0.2	0.2	0.4	0.65

해답 (1)

구간	풍량(m^3/h)	원형 덕트 지름(cm)	장방형 덕트(cm)	장방형덕트 풍속(m/s)
Z-A	2000	36	45×25	4.94
A-B	1200	30	35×25	3.81
A-E	800	26	25×25	3.56
E-F	400	19.5	25×15	2.96

① 덕트 지름은 덕트선도에서 구하며

② 장방형 덕트는 Z-A구간인 경우 환산표에서 단변 25항에서 36cm 직상 36.3 항에서 왼쪽으로 장변을 찾으면 45cm를 선정한다.

③ 풍속은 장방형덕트에서 구하므로 계산으로 구한다.(원형덕트에서 구할때는 선도에서 구한다)

$$v_{ZA} = \frac{2000}{0.45 \times 0.25 \times 3600} = 4.94[\mathrm{m/s}]$$

$$v_{AB} = \frac{1200}{0.35 \times 0.25 \times 3600} = 3.81[\mathrm{m/s}]$$

$$v_{AE} = \frac{800}{0.25 \times 0.25 \times 3600} = 3.56[\mathrm{m/s}]$$

$$v_{EF} = \frac{400}{0.45 \times 0.25 \times 3600} = 2.96[\mathrm{m/s}]$$

(2) Z-F 구간의 마찰 손실

① 직관덕트의 마찰손실$=(5+3+1+2)\times 1 = 11[\mathrm{Pa}]$

(덕트 1m당 저항 R=1[Pa/m]이므로)

② A 분기부의 저항 $\Delta P_t = \zeta_T \frac{{v_1}^2}{2}\rho$

$$x = \left(\frac{v_3}{v_1}\right) \times \left(\frac{a}{b}\right)^{1/4} = \left(\frac{3.56}{4.94}\right) \times \left(\frac{25}{25}\right)^{1/4} = 0.7206$$

$$v_1 = v_{ZA} = 4.94[\mathrm{m/s}], \quad v_3 = v_{AE} = 3.56[\mathrm{m/s}]$$

여기서 v_1과 v_3는 장방형 덕트의 실풍속을 기준으로 계산하며

따라서 저항계수 ζ_T는 $x = 0.75$에서 0.2를 선정하고

$$\therefore \ \Delta P_t = 0.2 \times \frac{4.94^2}{2} \times 1.2 = 2.93[\mathrm{Pa}]$$

③ 장방형 엘보의 국부저항

r/W=1.5, H/W=25/25=1에서 $L'/W = 4.5$

따라서 국부저항 상당길이 $L' = 4.5W = 4.5 \times 0.25 = 1.125[\mathrm{m}]$

A-E-F간은 전부 R=1[Pa/m]이므로

$\Delta P_t = 1 \times 1.125 = 1.125[\mathrm{Pa}]$

따라서 Z-F 구간의 전압력손실은 다음과 같다.

$P_t = 11 + 2.93 + 1.125 = 15.055[\mathrm{Pa}]$

• 환산표

장변 \ 단변	10	15	20	25	30	35	40	45	50	55	60
10	10.9										
15	13.3	16.4									
20	15.2	18.9	21.9								
25	16.9	21.0	24.4	27.3							
30	18.3	22.9	26.6	29.9	32.8						
35	19.5	24.5	28.6	32.2	35.4	38.3					
40	20.7	26.0	30.5	34.3	37.8	40.9	43.7				
45	21.7	27.4	32.1	36.3	40.0	43.3	46.4	49.2			
20	22.7	28.7	33.7	38.1	42.0	45.6	48.8	51.8	54.7		
55	23.6	29.9	35.1	39.8	43.9	47.7	51.1	54.3	57.3	60.1	
60	24.5	31.0	36.5	41.4	45.7	49.6	53.3	56.7	59.8	62.8	65.6
65	25.3	32.1	37.8	42.9	47.4	51.5	55.3	58.9	62.2	65.3	68.3
70	26.1	33.1	39.1	44.3	49.0	53.3	57.3	61.0	64.4	76.7	70.8
75	26.8	34.1	40.2	45.7	50.6	55.0	59.2	63.0	66.6	69.7	73.2
80	27.5	35.0	41.4	47.0	52.0	56.7	60.9	64.9	68.7	72.2	75.5
85	28.2	35.9	42.44	48.2	53.4	58.2	62.6	66.8	70.6	74.3	77.8
90	28.9	36.7	3.5	49.4	54.8	59.7	64.2	68.6	72.6	76.3	79.9
95	29.5	37.5	44.5	50.6	56.1	61.1	65.9	70.3	74.4	78.3	82.0
100	30.1	38.4	45.4	51.7	57.4	62.6	67.4	71.9	76.2	80.2	84.0
105	30.7	39.1	46.4	52.8	58.6	64.0	68.9	73.5	77.8	82.0	85.9
110	31.3	39.9	47.3	53.8	59.8	65.2	70.3	75.1	79.6	83.8	87.8
115	31.8	40.6	48.1	54.8	60.9	66.5	71.7	76.6	81.2	85.5	89.6
120	32.4	41.3	49.0	55.8	62.0	67.7	73.1	78.0	82.7	87.2	91.4
125	32.9	42.0	49.9	56.8	63.1	68.9	74.4	78.5	84.3	88.8	93.1

선도

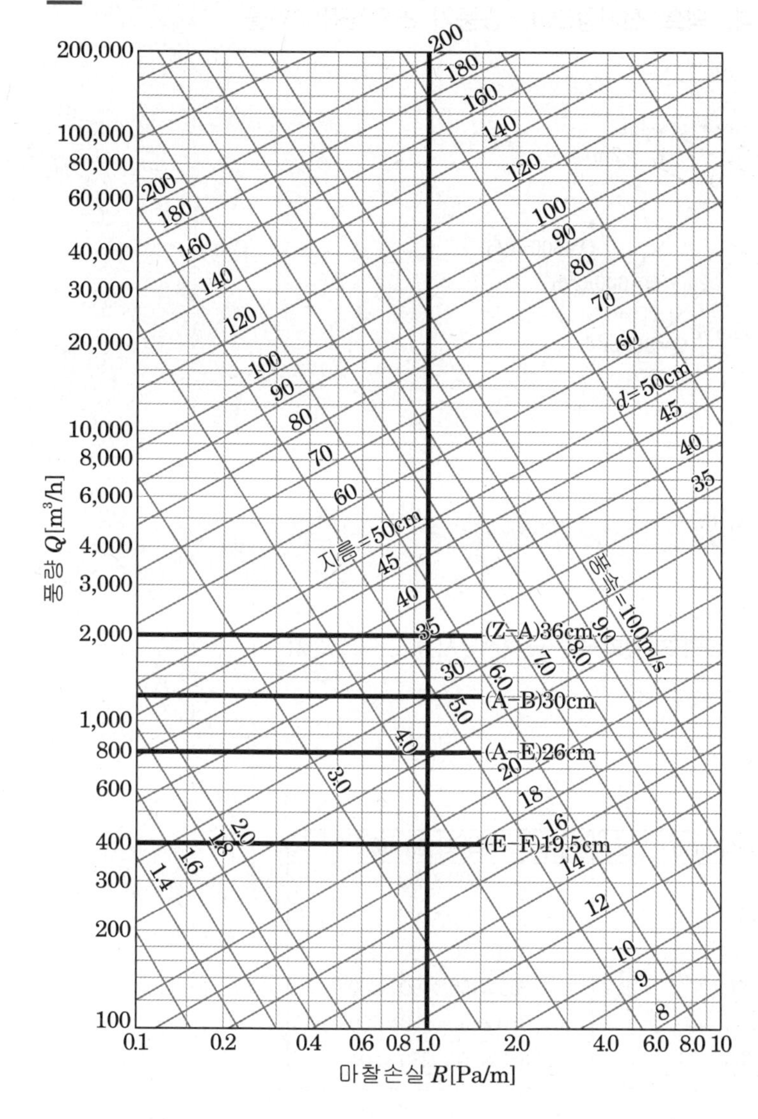
200,000
100,000
80,000
60,000
40,000
30,000
20,000
10,000
8,000
6,000
4,000
3,000
2,000
1,000
800
600
400
300
200
100
풍량 Q[m³/h]
0.1
0.2
0.4
0.6
0.8
1.0
2.0
4.0
6.0
8.0
10
마찰손실 R[Pa/m]
지름=50cm
d=50cm
풍속=10.0m/s
(Z-A)36cm
(A-B)30cm
(A-E)26cm
(E-F)19.5cm

□ 08년3회

06 다음과 같은 덕트장치에 있어서 덕트규격, 덕트 전저항(Pa), 송풍기 소요동력(kW)을 구하시오.

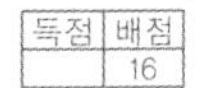

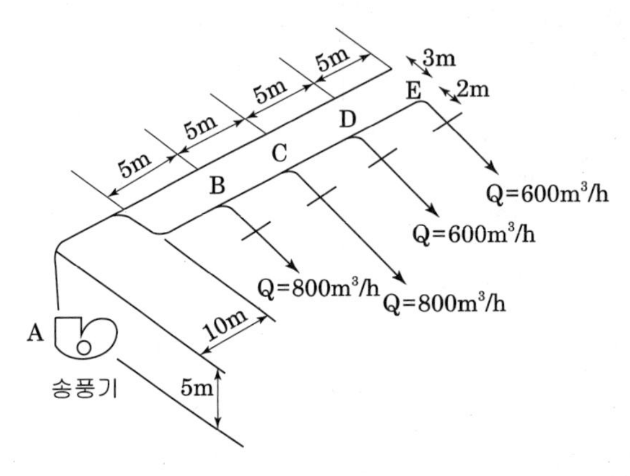

【조 건】

1. 정압법으로 설계한다. (R=1Pa/m)
2. 취출구는 각각 20Pa의 마찰손실이 있다.
3. 곡관부 1개소는 원형 덕트경의 20배의 상당길이로 하고, 분기부의 저항은 무시하고, 덕트 전저항의 계산 시 10% 여유율을 고려한다.
4. 장방형 덕트의 단변은 20cm로 한다.
5. 송풍기의 전압효율(η_T)은 60%이다.
6. 덕트 환산표

풍량(m^3/h)	원형 지름(mm)	각형 덕트(mm)
2800	410	800×200
2200	370	600×200
2000	320	650×150, 450×200
1200	300	550×150, 400×200
750	240	350×150, 250×200
600	230	350×150, 250×200

(1) 덕트 규격을 구하시오.

구분 / 구간	풍량(m^3/h)	원형 덕트(m)	장방형 덕트(cm)
A-B			
B-C			
C-D			
D-E			

(2) 덕트 전저항(Pa)을 구하시오. (단, 여유율은 10%이다.)

(3) 송풍기 소요동력(kW)을 구하시오.

해답 (1) 덕트 규격

구간 \ 구분	풍량(m^3/h)	원형 덕트(m)	장방형 덕트(cm)
A-B	2800	0.41	80×20
B-C	2000	0.32	45×20
C-D	1200	0.30	40×20
D-E	600	0.23	25×20

(2) 덕트 전저항

① 직선 덕트의 마찰저항 $=(5+10+3+5+5+5+5+2)\times 1=40$[Pa]

② A-B 곡관부(엘보 3개) 저항 $=0.41\times 20\times 3\times 1=24.6$[Pa]

③ E 곡관부 저항 $=0.23\times 20\times 1=4.6$[Pa]

따라서 덕트의 전저항= 직관 + 곡관부 + 취출구

$$=(40+24.6+4.6+20)1.1=98.12\,[\text{Pa}]$$

(3) 송풍기 소요동력 L_s

$$L_s=\frac{Q\cdot P_\tau}{\eta_\tau}=\frac{2800\times 98.12\times 10^{-3}}{3600\times 0.6}\fallingdotseq 0.127[\text{kW}]$$

□ 07년3회, 19년3회

07 **어떤 사무소 공간의 냉방부하를 산정한 결과 현열부하** $q_s=24000[\text{kJ/h}]$, **잠열부하** $q_l=6000[\text{kJ/h}]$ **이었으며, 표준 덕트 방식의 공기조화 시스템을 설계하고자 한다. 외기 취입량을** $500[\text{m}^3/\text{h}]$, **취출공기온도를** 16℃ **로 하였을 경우 다음 각 물음에 답하시오. (단, 실내 설계조건** 26℃ DB, 50% RH, **외기 설계조건** 32℃ DB, 70% RH, **공기의 비열** $C_p=1.0[\text{kJ/kg}\cdot\text{K}]$, **공기의 밀도** $\rho=1.2[\text{kg/m}^3]$ **이다. 기타손실은 무시한다)**

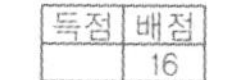

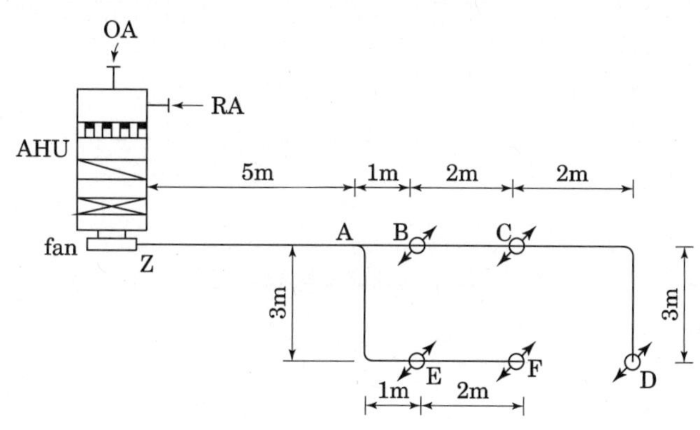

(1) 냉방시 실내송풍량[m^3/h]을 구하시오.

(2) 이때의 현열비 및 공조기 내에서 실내공기 ①과 외기 ②가 혼합되었을 때 혼합공기 ③의 온도를 구하고, 공기조화 사이클을 습공기 선도 상에 도시하고 냉각코일 용량(kW), 감습량(kg/h)을 구하시오. (단, 별첨 습공기선도와 환산표 이용)

(3) 실내에 설치한 덕트 시스템을 위의 그림과 같이 설계하고자 한다. 각 취출구의 풍량이 동일할 때 장방형 덕트의 크기를 결정하고, Z–F 구간의 마찰손실을 구하시오.(단, 덕트선도는 별첨 덕트선도 참조하고, 마찰손실 R = 1[Pa/m], 중력가속도 g = 9.8[m/s], Z–F 구간의 밴드 부분에서 $\frac{\gamma}{W}$= 1.5로 한다.)

구간	풍량(m^3/h)	원형 덕트 지름(cm)	장방형 덕트(cm)	원형덕트풍속(m/s)
Z–A			×25	
A–B			×25	
B–C			×25	
C–D			×25	
A–E			×25	
E–F			×25	

<table>
<tr><th>명칭</th><th>그림</th><th>계산식</th><th>저항계수</th></tr>
<tr><td>장방형
엘보
(90°)</td><td>r, W, H</td><td>$\Delta P_t = \lambda \frac{L'}{d} \times \frac{v^2}{2}\rho$</td><td>

H/W	γ/W= 0.5	0.75	1.0	1.5
0.25	L'/W= 25	12	7	3.5
0.5	33	16	9	4
1.0	45	19	11	4.5
4.0	90	35	17	6

</td></tr>
<tr><td rowspan="2">장방형
덕트의
분기</td><td rowspan="2">v_1, v_2, A_2, A_3, v_3, a, b, 1</td><td>직통관(1 → 2)
$\Delta P_t = \zeta_T \frac{{v_1}^2}{2}\rho$</td><td>$v_2/v_1$ < 1.0 인 때에는 대개 무시한다.
$v_2/v_1 \geq 1.0$ 일 때
$\zeta_T = 0.46 - 1.24x + 0.93x^2$
$x = \left(\frac{v_3}{v_1}\right) \times \left(\frac{a}{b}\right)^{1/4}$</td></tr>
<tr><td>분기관
$\Delta P_t = \zeta_T \frac{{v_1}^2}{2}\rho$</td><td>

x	0.25	0.5	0.75	1.0	1.25
ζ_T	0.3	0.2	0.2	0.4	0.65

다만 $x = \left(\frac{v_3}{v_1}\right) \times \left(\frac{a}{b}\right)^{1/4}$</td></tr>
</table>

해설 (1) 냉방풍량 $Q[m^3/h]$

$$Q = \frac{q_s}{c_p \cdot \rho \cdot \Delta t}$$

q_s : 실내 현열부하[kJ/h]

c_p : 공기의 평균정압비열[kJ/kg · K]

ρ : 공기의 밀도[kg/m³]

Δt : 온도차(=실내온도–취출공기온도)[℃]

(2) ① 현열비 $SHF = \dfrac{q_s}{q_s + q_L}$

q_s : 실내 현열부하[kJ/h]

q_L : 실내 잠열부하[kJ/h]

② 혼합공기온도 $t_3 = \dfrac{mt_1 + nt_2}{m+n}$

(3) 각 구간의 풍량 및 풍속, Z-F 구간의 마찰 손실

① 각 구간의 원형덕트의 지름은 유량선도(마찰저항 선도)마찰 손실 R = 1Pa과 각 구간의 풍량과의 교점에 의해서 구한다. (앞문제 선도해설 참조)

② 장방형 덕트의 경우에는 장방형 덕트와 원형 덕트 환산표에 의해 구하는데 장방형덕트의 단변의 길이가 25cm, 15cm로 주어졌으므로 환산표의 단변의 길이와 원형덕트의 지름과의 교점에 의해 장변을 구한다.

③ 풍속은 덕트유량선도의 풍속선에서 읽는다.

④ Z-F 구간의 마찰 손실은 먼저 직선 덕트의 저항을 구하고 A분기부저항, A-E사이의 장방형 엘보의 저항, 취출구저항 등을 순차적으로 구한다.

해답 (1) 냉방풍량 $Q = \dfrac{q_s}{c_p \cdot \rho \cdot \Delta t} = \dfrac{24000}{1.0 \times 1.2 \times (26-16)} = 2000[\mathrm{m^3/h}]$

(2) ① 현열비 $SHF = \dfrac{q_s}{q_s + q_L} = \dfrac{24000}{24000 + 6000} = 0.8$

② 혼합공기 온도 $t_3 = \dfrac{mt_1 + nt_2}{m+n} = \dfrac{500 \times 32 + 1500 \times 26}{2000} = 27.5[℃]$

③ 습공기선도를 그리면 다음과 같다.

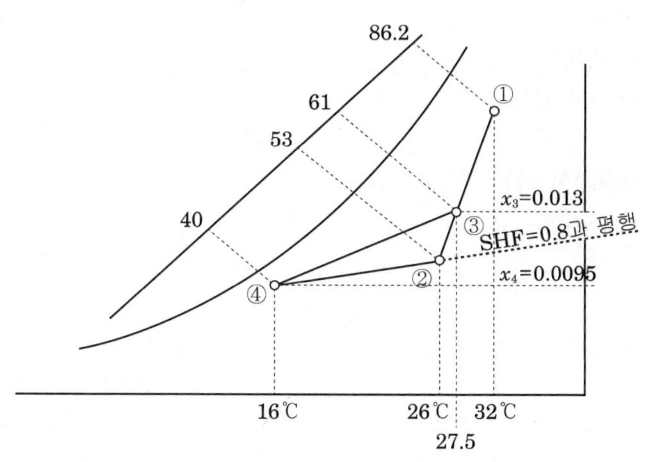

④ 냉각코일 용량(kW)= $m(h_3 - h_4) = 2000 \times 1.2(61-40) = 50400\mathrm{kJ/h} = 14\mathrm{kW}$

감습량(kg/h)=$m(x_3 - x_4) = 2000 \times 1.2(0.013 - 0.0095) = 8.4\mathrm{kg/h}$

(3) 1) 덕트 각 구간의 풍량, 원형, 장방형 덕트의 치수 및 풍속은 다음과 같다.
(덕트선도 작성법은 5번 선도 참조)

구간	풍량(m^3/h)	원형 덕트 지름(cm)	장방형 덕트(cm)	풍속(m/s)
Z-A	2000	36	45×25	5.5
A-B	1200	30	35×25	4.8
B-C	800	26	25×25	4.3
C-D	400	19.5	25×15	3.7
A-E	800	26	25×25	4.3
E-F	400	19.5	25×15	3.7

2) Z-F 구간의 마찰 손실

① 직관덕트의 마찰손실=(5+3+1+2)×1=11[Pa]

② A 분기부의 저항 $\Delta P_t = \zeta_T \frac{{v_1}^2}{2}\rho$ 에서 먼저 저항계수 ζ_T를 구한다.

- $x = \left(\frac{v_3}{v_1}\right) \times \left(\frac{a}{b}\right)^{1/4} = \left(\frac{3.56}{4.94}\right) \times \left(\frac{25}{25}\right)^{1/4} = 0.72$
- $v_1 = \frac{2000}{0.45 \times 0.25 \times 3600} = 4.94[\text{m/s}]$
- $v_3 = \frac{800}{0.25 \times 0.25 \times 3600} = 3.56[\text{m/s}]$

여기서 v_1과 v_3는 장방형 덕트의 실풍속을 기준으로 계산하여야 한다.
따라서 ζ_T는 x = 0.72 → 0.2

그러므로 A 분기부의 저항 $\Delta P_t = 0.2 \times \frac{4.94^2}{2} \times 1.2 = 2.93[\text{Pa}]$

③ A-E 구간의 엘보의 국부저항
r/W=1.5, H/W=25/25=1에서 $L'/W = 4.5$
따리서 엘보 국부저항 상당길이 $L' = 4.5W = 4.5 \times 0.25 = 1.125[\text{m}]$
A-E-F간은 전부 R=1[Pa/m]이므로
$\Delta P_t = 1 \times 1.125 = 1.125[\text{Pa}]$
따라서 Z-F 구간의 전마찰손실 P_t는 다음과 같다.
$P_t = 11 + 2.93 + 1.125 = 15.055[\text{Pa}]$

선도

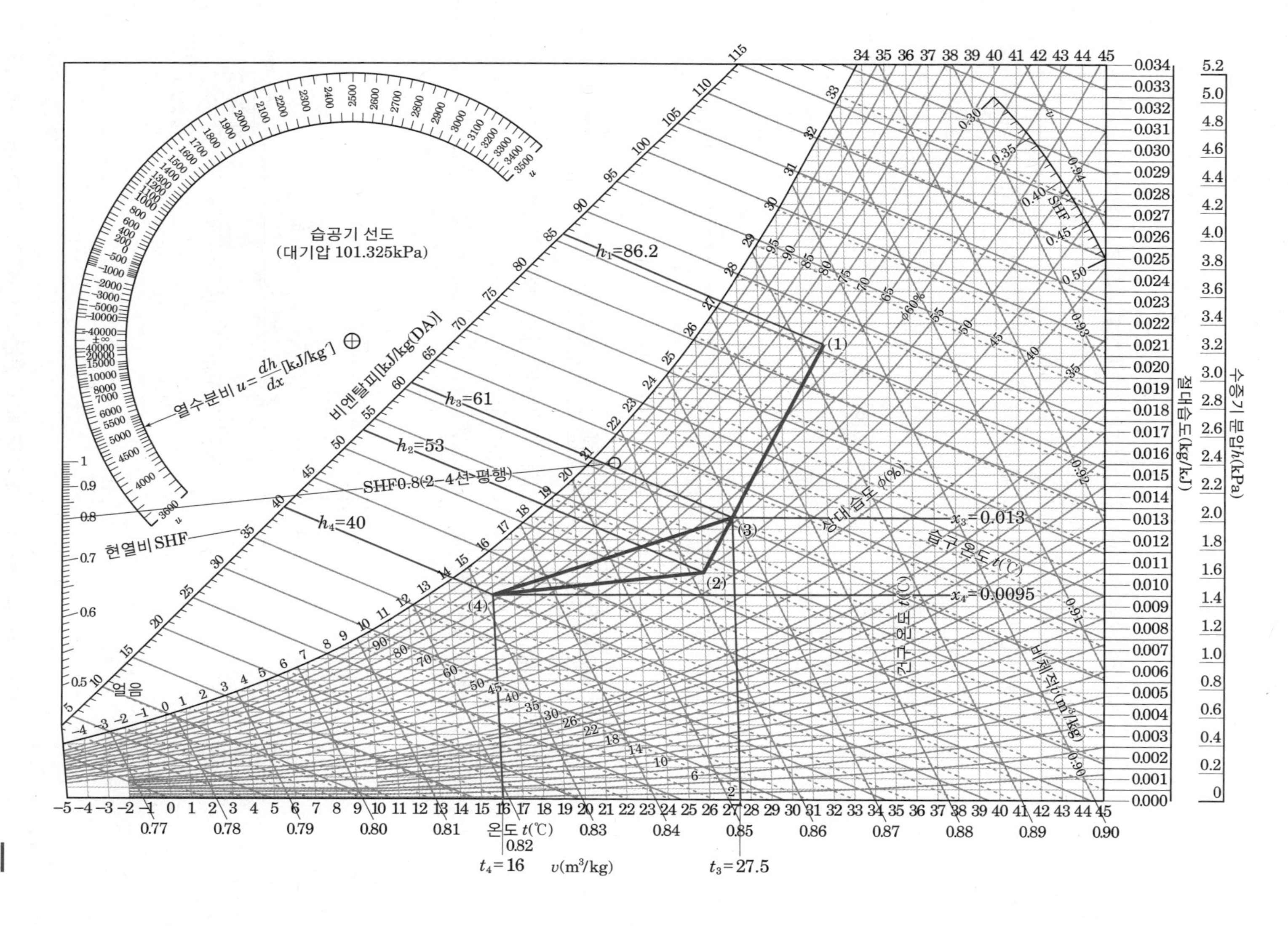

습공기 선도
(대기압 101.325kPa)
열수분비 $u=\frac{dh}{dx}$[kJ/kg]
비엔탈피[kJ/kg(DA)]
현열비 SHF
SHF0.8(2-4선 평행)
h_4=40
h_2=53
h_3=61
h_1=86.2
(1)
(2)
(3)
(4)
x_3=0.013
x_4=0.0095
상대 습도 φ(%)
습구 온도 t'(℃)
건구 온도 t(℃)
비체적(m³/kg)
얼음
온도 t(℃)
t_4=16
t_3=27.5
v(m³/kg)
절대습도(kg/kJ)
수증기 분압h(kPa)

□ 10년1회, 18년3회

08 어떤 사무소에 표준 덕트 방식의 공기조화 시스템을 아래 조건과 같이 설계하고자 한다. (별첨 덕트선도, 환산표 이용)

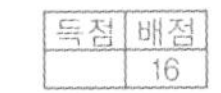

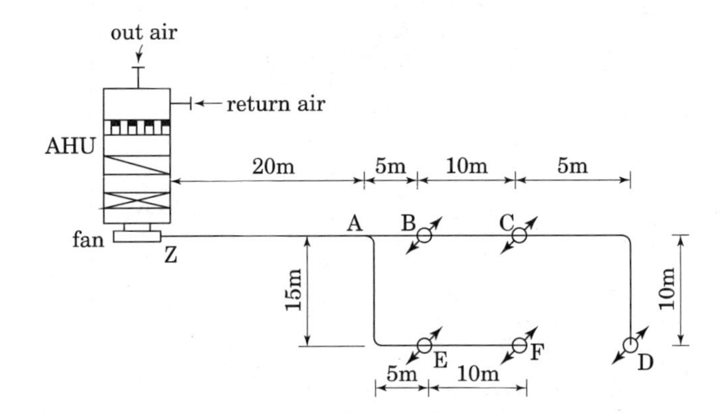

(1) 실내에 설치한 덕트 시스템을 위의 그림과 같이 설계하고자 한다. 각 취출구의 풍량이 동일할 때 장방형 덕트의 크기를 결정하고, Z-F 구간의 압력손실을 구하시오. (단, 압력손실 R=1[Pa/m], 취출구 저항 50[Pa], 댐퍼저항 50[Pa], 공기밀도 1.2[kg/m^3]이다.)

구간	풍량(m^3/h)	원형 덕트 지름(cm)	장방형 덕트(mm)	풍속(m/s)
Z-A	18000		1000×	
A-B	10800		1000×	
B-C	7200		1000×	
C-D	3600		1000×	
A-E	7200		1000×	
E-F	3600		1000×	

(2) 송풍기 토출 정압을 구하시오. (단, 국부저항은 덕트 길이의 50%이다.)

해설 (1) 마찰손실

① 각 구간의 원형덕트의 지름은 유량선도(마찰저항 선도)마찰 손실 R= 1Pa과 풍량과의 교점에 의해서 구한다.

② 장방형 덕트의 경우에는 장방형 덕트와 원형 덕트 환산표에 의해 구하는데 장방형 덕트의 장변의 길이가 1000 mm로 주어졌으므로 환산표의 장변 1000 mm와 원형덕트의 지름과의 교점에 의해 단변의 길이를 구한다.

③ 풍속은 유량선도의 읽음을 우선으로 한다.

(2) 송풍기 정압P_s(mmAq)

먼저 송풍기 전압(P_t)을 구한다. 송풍기 전압은 덕트 계통의 전압력손실과 동일하다. 덕트 계통의 전압력손실은 공기흡입구부터 가장 저항이 큰 최종취출구까지의 압력손실을 말한다.

이 문제에서는 Z-F 구간으로 주어졌다. 그리고 송풍기 정압P_s=송풍기 전압(P_t)-송풍기 동압(P_v)으로 구한다.

그리고 송풍기 동압을 구할 때 풍속은 실풍속으로 하며 $\frac{\text{풍량}(m^3/h)}{\text{장변} \times \text{단변} \times 3600}$으로 구한다.

해답 (1)

구간	풍량(m^3/h)	원형 덕트 지름(cm)	장방형 덕트(mm)	풍속(m/s)
Z-A	18000	82	1000×600	9.1
A-B	10800	68	1000×450	8.2
B-C	7200	59	1000×350	7.5
C-D	3600	44	1000×200	6.2
A-E	7200	59	1000×350	7.5
E-F	3600	44	1000×200	6.2

(2) 전압(P_T)=정압(P_S)+동압(P_v)에서 토출덕트의 전압력손실 = 송풍기 전압이므로

$P_T = (20+15+5+10) \times 1.5 \times 1 + 50 + 50 = 175[\text{Pa}]$

(3) $P_S = P_T - P_v = 175 - \frac{8.33}{2} \times 1.2 = 133.36[\text{Pa}]$

여기서 동압 $P_v = \frac{V^2}{2}\rho$, 풍속 $V = \frac{Q}{A} = \frac{18000}{1 \times 0.6 \times 3600} = 8.33[\text{m/s}]$

• 환산표

장변＼단변	10	15	20	25	30	35	40	45	50	55	60	65	70	75	80	85	90	95	100
10	10.9																		
15	13.3	16.4																	
20	15.2	18.9	21.9																
25	16.9	21.0	24.4	27.3															
30	18.3	22.9	26.6	29.9	32.8														
35	19.5	24.5	28.6	32.2	35.4	38.3													
40	20.7	26.0	30.5	34.3	37.8	40.9	43.7												
45	21.7	27.4	32.1	36.3	40.0	43.3	46.4	49.2											
20	22.7	28.7	33.7	38.1	42.0	45.6	48.8	51.8	54.7										
55	23.6	29.9	35.1	39.8	43.9	47.7	51.1	54.3	57.3	60.1									
60	24.5	31.0	36.5	41.4	45.7	49.6	53.3	56.7	59.8	62.8	65.6								
65	25.3	32.1	37.8	42.9	47.4	51.5	55.3	58.9	62.2	65.3	68.3	71.1							
70	26.1	33.1	39.1	44.3	49.0	53.3	57.3	61.0	64.4	76.7	70.8	73.7	76.5						
75	26.8	34.1	40.2	45.7	50.6	55.0	59.2	63.0	66.6	69.7	73.2	76.3	79.2	80.0					
80	27.5	35.0	41.4	47.0	52.0	56.7	60.9	64.9	68.7	72.2	75.5	78.7	81.8	84.7	87.5				
85	28.2	35.9	42.44	48.2	53.4	58.2	62.6	66.8	70.6	74.3	77.8	81.1	84.2	87.2	90.1	92.9			
90	28.9	36.7	3.5	49.4	54.8	59.7	64.2	68.6	72.6	76.3	79.9	83.3	86.6	89.7	92.7	95.6	98.4		
95	29.5	37.5	44.5	50.6	56.1	61.1	65.9	70.3	74.4	78.3	82.0	85.5	88.9	92.1	95.2	98.2	101.1	103.9	
100	30.1	38.4	45.4	51.7	57.4	62.6	67.4	71.9	76.2	80.2	84.0	87.6	91.1	94.4	97.6	100.7	103.7	106.5	109.3
105	30.7	39.1	46.4	52.8	58.6	64.0	68.9	73.5	77.8	82.0	85.9	89.7	93.2	96.7	100.0	103.1	106.2	109.1	112.0
110	31.3	39.9	47.3	53.8	59.8	65.2	70.3	75.1	79.6	83.8	87.8	91.6	95.3	98.8	102.2	105.5	108.6	111.7	114.6
115	31.8	40.6	48.1	54.8	60.9	66.5	71.7	76.6	81.2	85.5	89.6	93.6	97.3	100.9	104.4	107.8	111.0	114.1	117.2
120	32.4	41.3	49.0	55.8	62.0	67.7	73.1	78.0	82.7	87.2	91.4	95.4	99.3	103.0	106.6	110.0	113.3	116.5	119.6
125	32.9	42.0	49.9	56.8	63.1	68.9	74.4	78.5	84.3	88.8	93.1	97.3	101.2	105.0	108.6	112.2	115.6	118.8	122.0
130	33.4	42.6	50.6	57.7	64.2	70.1	75.7	80.8	85.7	90.4	94.8	99.0	103.1	106.9	110.7	114.3	117.7	121.1	124.4
135	33.9	43.3	51.4	58.6	65.2	71.3	76.9	82.2	87.3	91.9	96.4	100.7	104.9	108.8	112.6	116.3	119.9	123.3	126.7
140	34.4	43.9	52.2	59.5	66.2	72.4	78.1	83.5	88.6	93.4	98.0	102.4	106.6	110.7	114.6	118.3	122.0	125.5	128.9
145	34.9	44.5	52.9	60.4	67.2	73.5	79.3	84.8	90.0	94.9	99.6	104.1	108.4	112.5	116.5	120.3	124.0	127.6	131.1
150	35.3	45.2	53.6	61.2	68.1	74.5	80.5	86.1	91.3	96.3	101.1	105.7	110.0	114.3	118.3	122.2	126.012	129.7	133.2
155	35.8	45.7	54.4	62.1	69.1	75.6	81.6	87.3	92.6	97.4	102.6	107.2	111.7	116.0	120.1	124.4	7.9	131.7	135.3
160	36.2	46.3	55.1	62.9	70.6	76.6	82.7	88.5	93.9	99.1	104.1	108.8	113.3	117.7	121.9	125.9	129.8	133.6	137.3
165	36.7	46.9	55.7	63.7	70.9	77.6	83.8	99.7	95.2	100.5	105.5	110.3	114.9	119.3	123.6	127.7	131.7	135.6	139.3
170	37.1	47.5	56.4	64.4	71.8	78.5	84.9	90.8	96.4	101.8	106.9	111.8	116.5	120.9	125.3	129.5	133.5	137.5	141.3

선도

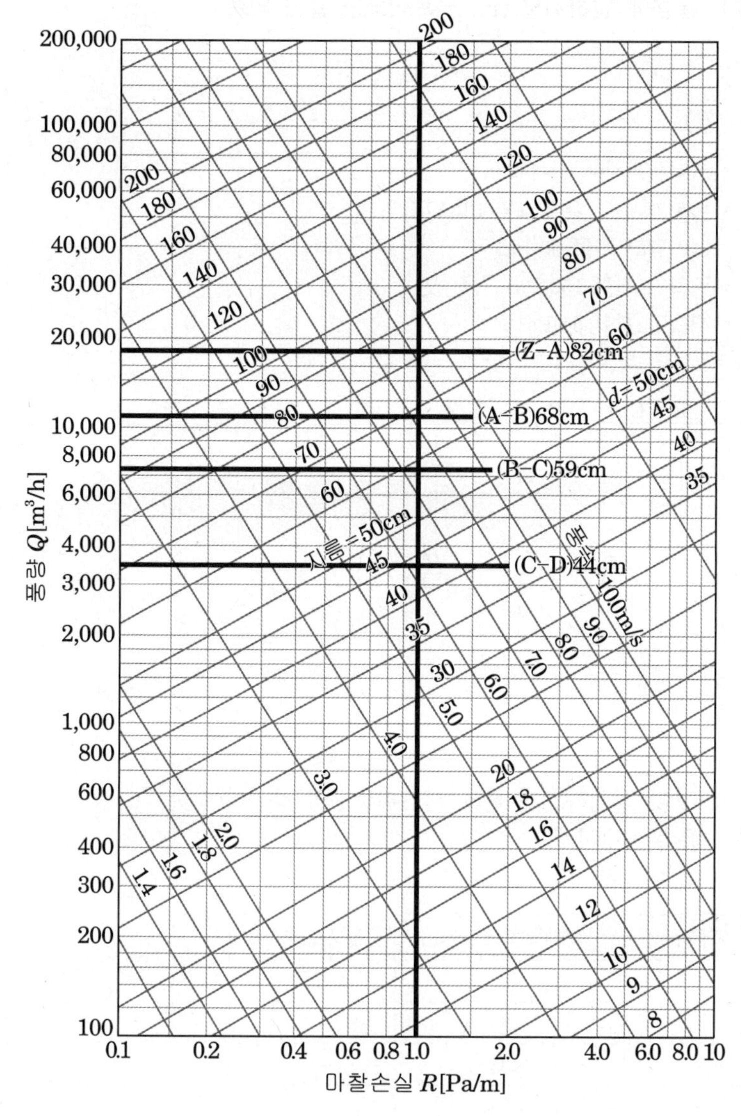

풍량 Q[m³/h]
마찰손실 R[Pa/m]
200,000
100,000
80,000
60,000
40,000
30,000
20,000
10,000
8,000
6,000
4,000
3,000
2,000
1,000
800
600
400
300
200
100
0.1
0.2
0.4
0.6
0.8
1.0
2.0
4.0
6.0
8.0
10
(Z-A)82cm
(A-B)68cm
(B-C)59cm
(C-D)44cm
지름=50cm
d=50cm
풍속=10.0m/s

□ 13년3회, 10년2회

09 어떤 사무소 공조설비 과정이 다음과 같다. 물음에 답하시오.(단, 덕트선도는 별첨 덕트 선도 참조)

득점	배점
	16

【조 건】

- 마찰손실 $R=1$[Pa/m]
- 국부저항계수 $\zeta=0.29$
- 1개당 취출구 풍량 3000[m^3/h]
- 송풍기 출구 풍속 $V=13$[m/s]
- 정압효율 50[%]
- 에어필터 저항 50[Pa]
- 가열 코일 저항 150[Pa]
- 냉각기 저항 150[Pa]
- 송풍기 저항 100[Pa]
- 취출구 저항 50[Pa]

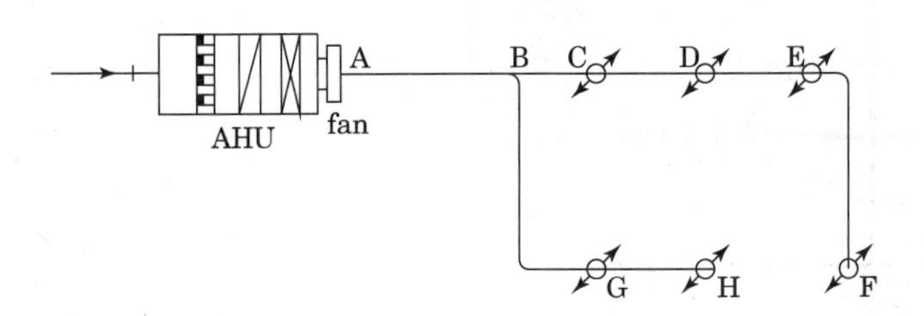

- 덕트 구간 길이
  A~B : 60m, B~C : 6m, C~D : 12m, D~E : 12m,
  E~F : 20m, B~G : 18m, G~H : 12m

(1) 실내에 설치한 덕트 시스템을 위의 그림과 같이 설계하고자 한다. 각 취출구의 풍량이 동일할 때, 장방형 덕트의 크기를 결정하고 풍속을 구하시오.
(단, 공기 밀도 1.2kg/m^3이다.)

구간	풍량(m^3/h)	원형 덕트 지름(cm)	장방형 덕트(cm)	실풍속(m/s)
A-B			×35	
B-C			×35	
C-D			×35	
D-E			×35	
E-F			×35	

(2) 송풍기 정압(Pa)을 구하시오.

(3) 송풍기 동력(kW)을 구하시오.

해설 (1) ① 각 구간의 원형덕트의 지름은 유량선도(마찰저항 선도)마찰 손실 R=1Pa과 각 구간의 풍량과의 교점에 의해서 구한다.(선도해독방법은 앞문제와 유사하므로 앞문제 참조)

② 장방형 덕트의 경우에는 장방형 덕트와 원형 덕트 환산표에 의해 구하는데 장방형덕트의 단변의 길이가 35cm로 주어졌으므로 환산표의 단변 35cm와 원형덕트의 지름과의 교점에 의해 장변을 구한다.

③ 풍속은 실풍속을 계산한다

A-B구간 $V=\dfrac{Q}{A}$에서 $V=\dfrac{18000}{1.9\times0.35\times3600}=7.518 ≒ 7.52$[m/s]

(2) 송풍기 정압P_s(Pa)

먼저 송풍기 전압(P_t)을 구한다. 송풍기 전압은 덕트 계통의 전압력손실과 동일하다. 덕트 계통의 전압력손실은 공기흡입구부터 가장 저항이 큰 최종취출구까지의 압력손실을 말한다.

이 문제의 장치도는 2개통(A-B-F구간, A-B-H구간)으로 계산하여 저항이 큰 구간을 주경로로 한다. 송풍기 정압 P_s=송풍기 전압(P_t)-송풍기 동압(P_v)

해답 (1)

구간	풍량(m^3/h)	원형 덕트 지름(cm)	장방형 덕트(cm)	풍속(m/s)
A-B	18,000	82	190×35	7.52
B-C	12,000	70	130×35	7.33
C-D	9,000	64	105×35	6.80
D-E	6,000	54	75×35	6.35
E-F	3,000	42	45×35	5.29

(2) 송풍기 정압

1) 공기 흡입구로부터 A-B-F구간구간의 전압력손실

① 직선 덕트의 압력손실 = (60+6+12+12+20)×1 = 110[Pa]

② 밴드의 국부저항$=\zeta\dfrac{v^2\rho}{2}=0.29\times\dfrac{5.29^2}{2}\times1.2=4.87$[Pa]

∵ 전압력손실 = 110+4.87+150×2+50×2+100 = 614.87[Pa]

2) 공기 흡입구로부터 A-B-H구간 구간의 전압력손실

① 직선 덕트의 압력손실 = (60+18+12)×1 = 90[Pa]

② B분기부의 국부손실$=\zeta\dfrac{v^2\rho}{2}=0.29\times\dfrac{7.52^2}{2}\times1.2=9.84$[Pa]

③ 밴드의 국부저항$=\zeta\dfrac{v^2\rho}{2}=0.29\times\dfrac{6.35^2}{2}\times1.2=7.02$[Pa]

∵ 전압력손실 = 90+9.84+7.02+50×2+150×2+100 = 606.86[Pa]

따라서 공기 흡입구로부터 A-B-F구간구간의 전압력손실이 공기 흡입구로부터 A-B-H구간의 전압력손실보다 크므로 A-B-F구간을 주경로로 하여 계산한다.

∴ 송풍기 정압 $P_S=P_T-P_v=614.87-\dfrac{13^2}{2}\times1.2=513.47$[Pa]

(3) 송풍기 동력 L_S

$$L_S=\frac{QP_S}{\eta_s\times3600}=\frac{18000\times513.47}{0.5\times3600}=5134.7[W]=5.13[kW]$$

• 장방형 덕트와 원형 덕트의 환산표

단변 장변	5	10	15	20	25	30	35	40	45	50	55	60	65	70	75	80	85	90	95	100	105	110	115	120	125	130	135	140	145	150
5	5.5																													
10	7.6	10.9																												
15	9.1	13.3	16.4																											
20	10.3	15.2	18.9	21.9																										
25	11.4	16.9	21.0	24.4	27.3																									
30	12.2	18.3	22.9	26.6	29.9	32.8																								
35	13.0	19.5	24.5	28.6	32.2	35.4	38.3																							
40	13.8	20.7	26.0	30.5	34.3	37.8	40.9	43.7																						
45	14.4	21.7	27.4	32.1	36.3	40.0	43.3	46.4	49.2																					
50	15.0	22.7	28.7	33.7	38.1	42.0	45.6	48.8	51.8	54.7																				
55	15.6	23.6	29.9	35.1	39.8	43.9	47.7	51.1	54.3	57.3	60.1																			
60	16.2	24.5	31.0	36.5	41.4	45.7	49.6	53.3	56.7	59.8	62.8	65.6																		
65	16.7	25.3	32.1	37.8	42.9	47.4	51.5	55.3	58.9	62.2	65.3	68.3	71.1																	
70	17.2	26.1	33.1	39.1	44.3	49.0	53.3	57.3	61.0	64.4	67.7	70.8	73.7	76.5																
75	17.7	26.8	34.1	40.2	45.7	50.6	55.0	59.2	63.0	66.6	69.7	73.2	76.3	79.2	82.0															
80	18.1	27.5	35.0	41.4	47.0	52.0	56.7	60.9	64.9	68.7	72.2	75.5	78.7	81.8	84.7	87.5														
85	18.5	28.2	35.9	42.4	48.2	53.4	58.2	62.6	66.8	70.6	74.3	77.8	81.1	84.2	87.2	90.1	92.9													
90	19.0	28.9	36.7	43.5	49.4	54.8	59.7	64.2	68.6	72.6	76.3	79.9	83.3	86.6	89.7	92.7	95.6	98.4												
95	19.4	29.5	37.5	44.5	50.6	56.1	61.1	65.9	70.3	74.4	78.3	82.0	85.5	88.9	92.1	95.2	98.2	101.1	103.9											
100	19.7	30.1	38.4	45.4	51.7	57.4	62.6	67.4	71.9	76.2	80.2	84.0	87.6	91.1	94.4	97.6	100.7	103.7	106.5	109.3										
105	20.1	30.7	39.1	46.4	52.8	58.6	64.0	68.9	73.5	77.8	82.0	85.9	89.7	93.2	96.7	100.0	103.1	106.2	109.1	112.0	114.8									
110	20.5	31.3	39.9	47.3	53.8	59.8	65.2	70.3	75.1	79.6	83.8	87.8	91.6	95.3	98.8	102.2	105.5	108.6	111.7	114.1	117.5	120.3								
115	20.8	31.8	40.6	48.1	54.8	60.9	66.5	71.7	76.6	81.2	85.5	89.6	93.6	97.3	100.9	1044	107.8	111.0	114.1	117.2	120.1	122.9	125.7							
120	21.2	32.4	41.3	49.0	55.8	62.0	67.7	73.1	78.0	82.7	87.2	91.4	95.4	99.3	103.0	106.6	110.0	113.3	116.5	119.6	122.6	125.6	128.4	131.2						
125	21.5	32.9	42.0	49.9	56.8	63.1	68.9	74.4	79.5	84.3	88.8	93.1	97.3	101.2	105.0	108.6	112.2	115.6	118.8	122.0	125.1	128.1	131.0	133.9	136.7					
130	21.9	33.4	42.6	50.6	57.7	64.2	70.1	75.7	80.8	85.7	90.4	94.8	99.0	103.1	106.9	110.7	114.3	117.7	121.1	124.4	127.5	130.6	133.6	136.5	139.3	142.1				
135	22.2	33.9	43.3	51.4	58.6	65.2	71.3	76.9	8202	87.2	91.9	96.4	100.7	104.9	108.8	112.6	116.3	119.9	123.3	126.7	129.9	133.0	136.1	139.1	142.0	144.8	147.6			
140	22.5	34.4	43.9	52.2	59.5	66.2	72.4	78.1	83.5	88.6	93.4	98.0	102.4	106.6	110.7	114.6	118.3	122.0	125.5	128.9	132.2	135.4	138.5	141.6	144.6	147.5	150.3	153.0		
145	22.8	34.9	44.5	52.9	60.4	67.2	73.5	79.3	84.8	90.0	94.9	99.6	104.1	108.4	112.5	116.5	120.3	124.0	127.6	131.1	134.5	137.7	140.9	144.0	147.1	150.3	152.9	155.7	158.5	
150	23.1	35.3	45.2	53.6	61.2	68.1	74.5	80.5	86.1	91.3	96.3	101.1	105.7	110.0	114.3	118.3	122.2	126.0	129.7	133.2	136.7	140.0	143.3	146.4	149.5	152.6	155.5	158.4	162.2	164.0
155	23.4	35.8	45.7	54.4	62.1	69.1	75.6	81.6	87.3	92.6	97.4	102.6	107.2	111.7	116.0	120.1	124.1	127.9	131.7	135.3	138.8	142.2	145.5	148.8	151.9	155.0	158.0	161.0	163.9	116.7
160	23.7	36.2	46.3	55.1	62.9	70.6	76.6	82.7	88.5	93.9	99.1	104.1	108.8	113.3	117.7	121.9	125.9	129.8	133.6	137.3	140.9	144.4	147.8	151.1	154.3	157.5	160.5	163.5	166.5	169.3
165	23.9	36.7	46.9	55.7	63.7	70.9	77.6	83.8	89.7	95.2	100.5	105.5	110.3	114.9	119.3	123.6	127.7	131.7	135.6	139.3	143.0	146.5	150.0	153.3	156.6	159.8	163.0	166.0	196.0	171.9
170	24.2	37.1	47.5	56.4	64.4	71.8	78.5	84.9	90.8	96.4	101.8	106.9	111.8	116.4	120.9	125.3	129.5	133.5	137.5	141.3	145.0	148.6	152.1	155.6	158.9	162.2	165.3	168.5	171.5	174.5
175	24.5	37.5	48.0	57.1	65.2	72.6	79.5	85.9	91.9	97.6	103.1	108.2	113.2	118.0	122.5	127.0	131.2	135.3	139.9	143.2	147.0	150.7	154.2	157.7	161.1	164.4	167.7	170.8	173.9	177.0
180	24.7	37.9	48.5	57.7	66.0	73.5	80.4	86.9	93.0	98.8	104.3	109.6	114.6	119.5	124.1	128.6	132.9	137.1	141.2	145.1	148.9	152.7	156.3	159.8	163.3	166.7	170.0	173.2	176.4	179.4
185	25.0	38.3	49.1	58.4	66.7	74.3	81.4	87.9	94.1	100.0	105.6	110.9	116.0	120.9	125.6	130.2	134.6	138.8	143.0	147.0	150.9	154.7	158.3	161.9	165.4	168.9	172.2	175.5	178.7	181.9
190	25.3	38.7	49.6	59.0	67.4	75.1	82.2	88.9	95.2	101.2	106.8	112.2	117.4	122.4	127.2	131.8	136.2	140.5	144.7	148.8	152.7	156.6	160.3	164.0	167.6	171.0	174.4	177.8	181.0	184.2
195	25.5	39.1	50.1	59.6	68.1	75.9	83.1	89.9	96.3	102.3	108.0	113.5	118.7	123.8	128.5	113.3	137.9	142.5	146.5	150.6	154.6	158.5	162.3	166.0	169.6	173.2	176.6	180.0	183.3	186.6
200	25.8	39.5	50.6	60.2	68.8	76.7	84.0	90.8	97.3	103.4	109.2	114.7	120.0	125.2	130.1	134.8	139.4	143.8	148.1	152.3	156.4	160.4	164.2	168.0	171.7	175.3	178.8	182.2	185.6	188.9
210	26.3	40.3	51.6	61.4	70.2	78.3	85.7	92.7	99.3	105.6	111.5	117.2	112.6	127.9	132.9	137.8	142.5	147.0	151.5	155.8	160.0	164.0	168.0	171.9	175.7	179.3	183.0	186.5	189.9	193.3
220	26.7	41.0	52.5	62.5	71.5	79.7	87.4	94.5	101.3	107.6	113.7	119.5	125.1	130.5	135.7	140.6	145.5	150.2	154.7	159.1	163.4	167.6	171.6	175.6	179.5	183.3	187.0	190.6	194.2	197.7
230	27.2	41.7	53.4	63.6	72.8	81.2	89.0	96.3	103.1	109.7	115.9	121.8	127.5	133.0	138.3	143.4	148.4	153.2	157.8	162.3	166.7	171.0	176.2	179.3	183.2	187.1	190.9	194.7	198.3	201.9
240	27.6	42.4	54.3	64.7	74.0	82.6	90.5	98.0	105.0	111.6	118.0	124.1	129.9	135.5	140.9	146.1	151.2	156.1	160.8	165.5	170.0	176.6	178.6	182.8	186.9	190.9	194.8	198.6	202.3	206.0
250	28.1	43.0	55.2	65.8	75.3	84.0	92.0	99.6	106.8	113.6	120.0	126.2	132.2	137.9	143.4	148.8	153.9	158.9	163.8	168.5	173.1	177.6	182.0	186.3	190.4	194.5	198.5	202.4	206.2	210.0
260	28.5	43.7	56.0	66.8	76.4	85.3	93.5	101.2	108.5	115.4	122.0	128.3	134.4	140.2	145.9	151.3	156.6	161.7	166.7	171.5	176.2	180.8	185.2	189.6	193.9	190.9	202.1	206.1	210.0	213.9
270	28.9	44.3	56.9	67.8	77.6	86.6	95.0	102.8	110.2	117.3	124.0	130.4	136.6	142.5	148.3	153.8	159.2	164.4	169.5	174.4	179.2	183.9	188.4	192.9	197.2	201.5	205.7	209.7	213.7	217.7
280	29.3	45.0	57.7	68.8	78.7	87.9	96.4	104.3	111.9	119.0	125.9	132.4	138.7	144.7	150.6	156.2	161.7	167.0	172.2	177.2	182.1	186.9	191.5	196.1	200.5	204.9	209.1	213.3	217.4	221.4
290	29.7	45.6	58.5	69.7	79.8	89.1	97.7	105.8	113.5	120.8	127.8	134.4	140.8	146.9	152.9	158.6	164.2	169.6	174.8	180.0	185.0	189.8	194.5	199.2	203.7	208.1	212.5	216.7	220.9	225.0
300	30.1	46.2	59.2	70.6	80.9	90.3	99.0	107.8	115.1	122.5	129.5	136.3	142.8	149.0	155.5	160.9	166.6	172.1	177.5	182.7	187.7	192.7	197.5	202.2	206.8	211.3	215.8	220.1	224.3	228.5

☐ 02년3회, 04년3회, 07년2회

10 다음과 같은 덕트계에서 주어진 구간별 풍량[m^3/h], 덕트 지름(cm)을 구하시오. (단, 덕트선도는 별첨 덕트선도를 참조하고, 등압법으로 구하고, 단위 길이당 마찰손실 수두는 0.9[Pa/m]로 하고, 각 토출구의 풍량은 500[m^3/h]이다.)

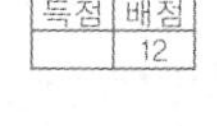

구간	풍량(m^3/h)	덕트 지름(cm)
A–B		
B–C		
B–F		
F–G		

해설 (1) 각 구간별 풍량

- A–B 구간 : 500×5 = 2500
- B–C 구간 : 500×3 = 1500
- B–F 구간 : 500×2 = 1000
- F–G 구간 : 500×1 = 500

(2) 덕트 지름

유량선도(마찰손실 선도)에서 각 구간의 풍량과 단위 길이당 마찰손실 수두 0.9[Pa/m]과의 교점에 의해 덕트 지름을 구한다.

해답

구간	풍량(m^3/h)	덕트 지름(cm)
A–B	2500	40
B–C	1500	33
B–F	1000	28.5
F–G	500	22

선도

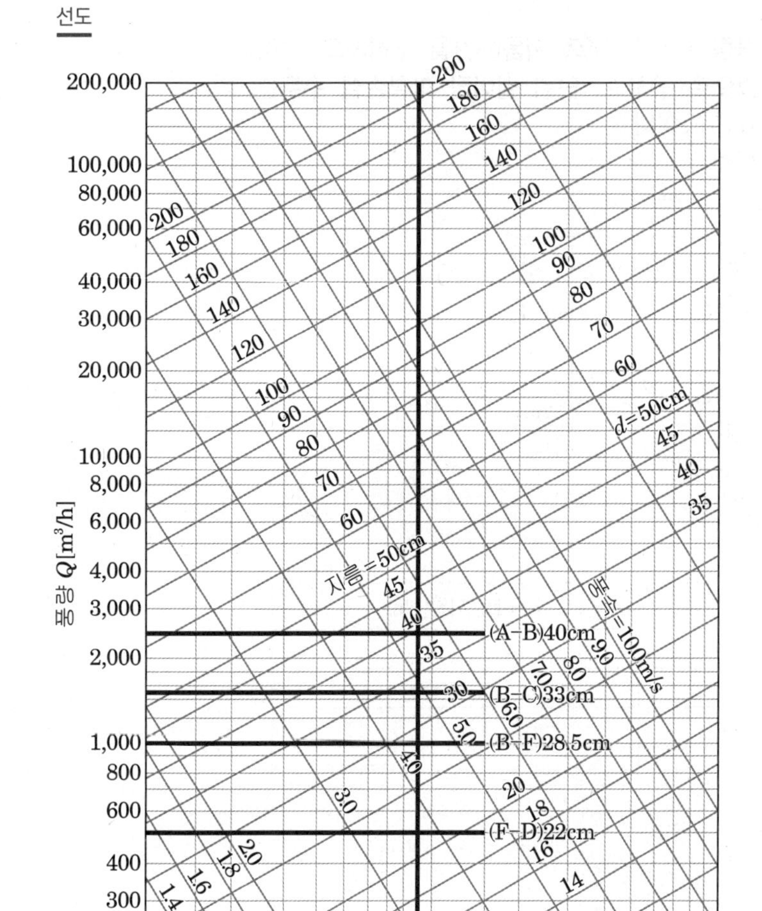

200,000
100,000
80,000
60,000
40,000
30,000
20,000
10,000
8,000
6,000
4,000
3,000
2,000
1,000
800
600
400
300
200
100
0.1
0.2
0.4
0.6
0.8
1.0
2.0
4.0
6.0
8.0
10
풍량 Q[m³/h]
마찰손실 R[Pa/m]
지름=50cm
d=50cm
풍속=10.0m/s
(A-B)40cm
(B-C)33cm
(B-F)28.5cm
(F-D)22cm

☐ 01년2회, 03년1회, 06년1회, 06년3회

11 다음과 같은 덕트 시스템에 대하여 덕트 치수를 등압법(1Pa/m)에 의하여 결정하시오. (단, 덕트선도는 별첨 덕트선도를 참조하고, 각 토출구의 풍량은 1000[m³/h] 이다.)

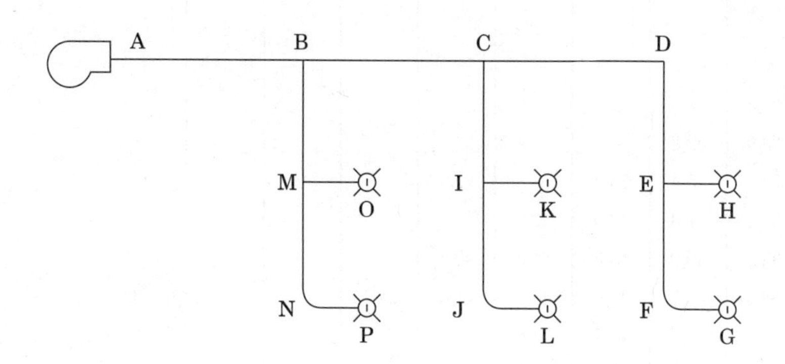

구간	풍량(m^3/h)	지름(cm)	풍속(m/s)	직사각형 덕트 a×b(mm)
A-B				( )×200
B-C				( )×200
C-E				( )×200
E-G				( )×200

해설

(1) 각 구간의 풍량[m^3/h]

A-B구간 : 1000×6=6000

B-C구간 : 1000×4=4000

C-E구간 : 1000×2=2000

E-G구간 : 1000×1=1000

(2) 덕트 지름 및 풍속

등압법이므로 선도에서 마찰손실 R=1Pa/m과 풍량과의 교점에 의해 지름 및 풍속을 구한다.

(3) 사각덕트의 치수는 단변을 200mm로 주어졌기 때문에 사각덕트 환산표에서 단변b 20cm 칸에서 원형덕트의 치수 직상(AB구간 54cm는 54.4항 155cm선정)에 의해 장변 a의 치수를 정한다. 이때 환산표 단위는 cm이고 답란 단위는 mm를 주의한다

해답

구간	풍량(m^3/h)	지름(cm)	풍속(m/s)	직사각형 덕트 a×b(mm)
A-B	6000	54	7	(1550)×200
B-C	4000	46	6.3	(1050)×200
C-E	2000	36	5.6	(600)×200
E-G	1000	27.5	4.7	(350)×200

• 환산표

장변＼단변	10	15	20	25	30	35	40	45	50	55	60	65
10	10.9											
15	13.3	16.4										
20	15.2	18.9	21.9									
25	16.9	21.0	24.4	27.3								
30	18.3	22.9	26.6	29.9	32.8							
35	19.5	24.5	28.6	32.2	35.4	38.3						
40	20.7	26.0	30.5	34.3	37.8	40.9	43.7					
45	21.7	27.4	32.1	36.3	40.0	43.3	46.4	49.2				
20	22.7	28.7	33.7	38.1	42.0	45.6	48.8	51.8	54.7			
55	23.6	29.9	35.1	39.8	43.9	47.7	51.1	54.3	57.3	60.1		
60	24.5	31.0	36.5	41.4	45.7	49.6	53.3	56.7	59.8	62.8	65.6	
65	25.3	32.1	37.8	42.9	47.4	51.5	55.3	58.9	62.2	65.3	68.3	71.1
70	26.1	33.1	39.1	44.3	49.0	53.3	57.3	61.0	64.4	76.7	70.8	73.7
75	26.8	34.1	40.2	45.7	50.6	55.0	59.2	63.0	66.6	69.7	73.2	76.3
80	27.5	35.0	41.4	47.0	52.0	56.7	60.9	64.9	68.7	72.2	75.5	78.7
85	28.2	35.9	42.44	48.2	53.4	58.2	62.6	66.8	70.6	74.3	77.8	81.1
90	28.9	36.7	3.5	49.4	54.8	59.7	64.2	68.6	72.6	76.3	79.9	83.3
95	29.5	37.5	44.5	50.6	56.1	61.1	65.9	70.3	74.4	78.3	82.0	85.5
100	30.1	38.4	45.4	51.7	57.4	62.6	67.4	71.9	76.2	80.2	84.0	87.6
105	30.7	39.1	46.4	52.8	58.6	64.0	68.9	73.5	77.8	82.0	85.9	89.7
110	31.3	39.9	47.3	53.8	59.8	65.2	70.3	75.1	79.6	83.8	87.8	91.6
115	31.8	40.6	48.1	54.8	60.9	66.5	71.7	76.6	81.2	85.5	89.6	93.6
120	32.4	41.3	49.0	55.8	62.0	67.7	73.1	78.0	82.7	87.2	91.4	95.4
125	32.9	42.0	49.9	56.8	63.1	68.9	74.4	78.5	84.3	88.8	93.1	97.3
130	33.4	42.6	50.6	57.7	64.2	70.1	75.7	80.8	85.7	90.4	94.8	99.0
135	33.9	43.3	51.4	58.6	65.2	71.3	76.9	82.2	87.3	91.9	96.4	100.7
140	34.4	43.9	52.2	59.5	66.2	72.4	78.1	83.5	88.6	93.4	98.0	102.4
145	34.9	44.5	52.9	60.4	67.2	73.5	79.3	84.8	90.0	94.9	99.6	104.1
150	35.3	45.2	53.6	61.2	68.1	74.5	80.5	86.1	91.3	96.3	101.1	105.7
155	35.8	45.7	54.4	62.1	69.1	75.6	81.6	87.3	92.6	97.4	102.6	107.2
160	36.2	46.3	55.1	62.9	70.6	76.6	82.7	88.5	93.9	99.1	104.1	108.8
165	36.7	46.9	55.7	63.7	70.9	77.6	83.8	99.7	95.2	100.5	105.5	110.3
170	37.1	47.5	56.4	64.4	71.8	78.5	84.9	90.8	96.4	101.8	106.9	111.8

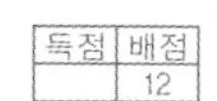

☐ 00년3회

12 다음과 같은 덕트계에서 주어진 구간별 풍량[m^3/h], 덕트 지름[mm], 저항값[Pa]을 구하시오. (단, 덕트선도는 별첨 덕트선도를 참조하고, 등압법으로 구하고, 단위길이당 마찰손실수두는 1[Pa/m]으로 하며, 각 토출구의 토출풍량은 400[m^3/h] 이다.)

득점	배점
	12

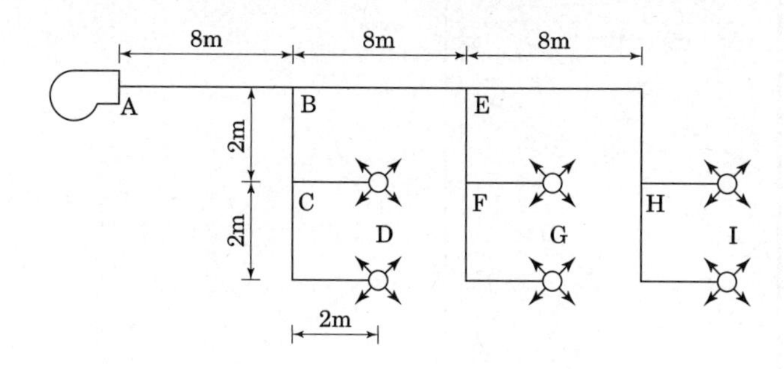

구간	풍량(m^3/h)	덕트 지름(cm)	저항값(Pa)
A–B			
B–C			
B–E			
E–H			
H–I			
E–F			

해설 (1) 각 구간의 풍량[m^3/h]

A–B구간 : 400×6=2400, B–C구간 : 400×2=800
B–E구간 : 400×4=1600, E–H구간 : 400×2=800
H–I 구간 : 400×1=400, E–F구간 : 400×2=800

(2) 덕트 지름 및 풍속
등압법이므로 마찰손실 R=1[Pa/m]과 풍량과의 교점에 의해 지름 및 풍속을 구한다.

(3) 각 구간의 저항값 : 각 구간의 길이×1[Pa/m]

해답

구간	풍량(m^3/h)	덕트 지름(mm)	덕트길이(m)	저항값(Pa)
A–B	2400	38	8	8×1=8
B–C	800	25	2	2
B–E	1600	33	8	8
E–H	800	25	10	10
H–I	400	19.2	4	4
E–F	800	25	2	2

선도

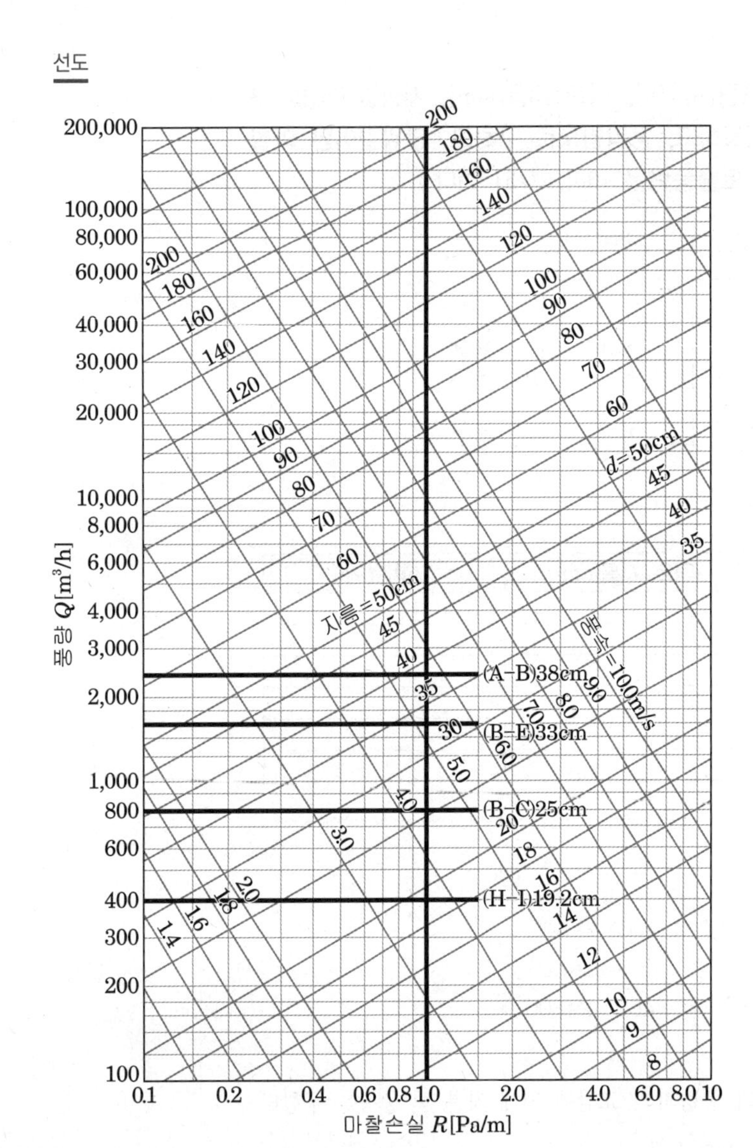

풍량 Q[m³/h]
200,000
100,000
80,000
60,000
40,000
30,000
20,000
10,000
8,000
6,000
4,000
3,000
2,000
1,000
800
600
400
300
200
100
0.1
0.2
0.4
0.6
0.8
1.0
2.0
4.0
6.0
8.0
10
마찰손실 R[Pa/m]
지름=50cm
d=50cm
풍속=10.0m/s
(A-B)38cm
(B-E)33cm
(B-C)25cm
(H-I)19.2cm

☐ 02년1회, 03년2회

13 다음과 같은 덕트 장치를 등손실법에 의해 설계하고자 한다. 각 구간의 덕트 크기를 계산하여 표를 완성하시오. (단, 송풍기 출구의 주덕트(Z~A구간)의 풍속은 9m/s로 한다. 또 각 취출구의 풍량은 2000CMH이다. 덕트선도는 별첨 덕트선도 참조)

득점	배점
	15

덕트 구간	풍량(m^3/h)	원형 덕트 지름(mm)
ZAB		
BCD, B-H		
D-E, H-I		
E-F, I-J		
F-G, J-K		

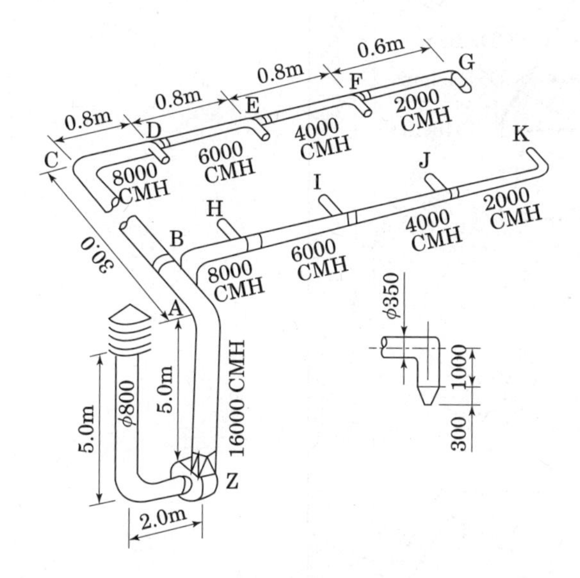

취출구 상세도

해설 등손실법(등마찰손실법, 등압법, 정압법)으로 설계하면 주덕트의 풍량(16000m^3/h)과 풍속(9m/s)의 교점에서 아래로 수선을 긋고 마찰저항(1Pa/m)을 구하여 이 저항선과 각 구간의 풍량과의 교점에 의해 덕트 지름을 구한다.

해답

덕트 구간	풍량(m^3/h)	원형 덕트 지름(mm)
ZAB	16000	78
BCD, B-H	8000	60
D-E, H-I	6000	54
E-F, I-J	4000	46
F-G, K-K	2000	36

선도

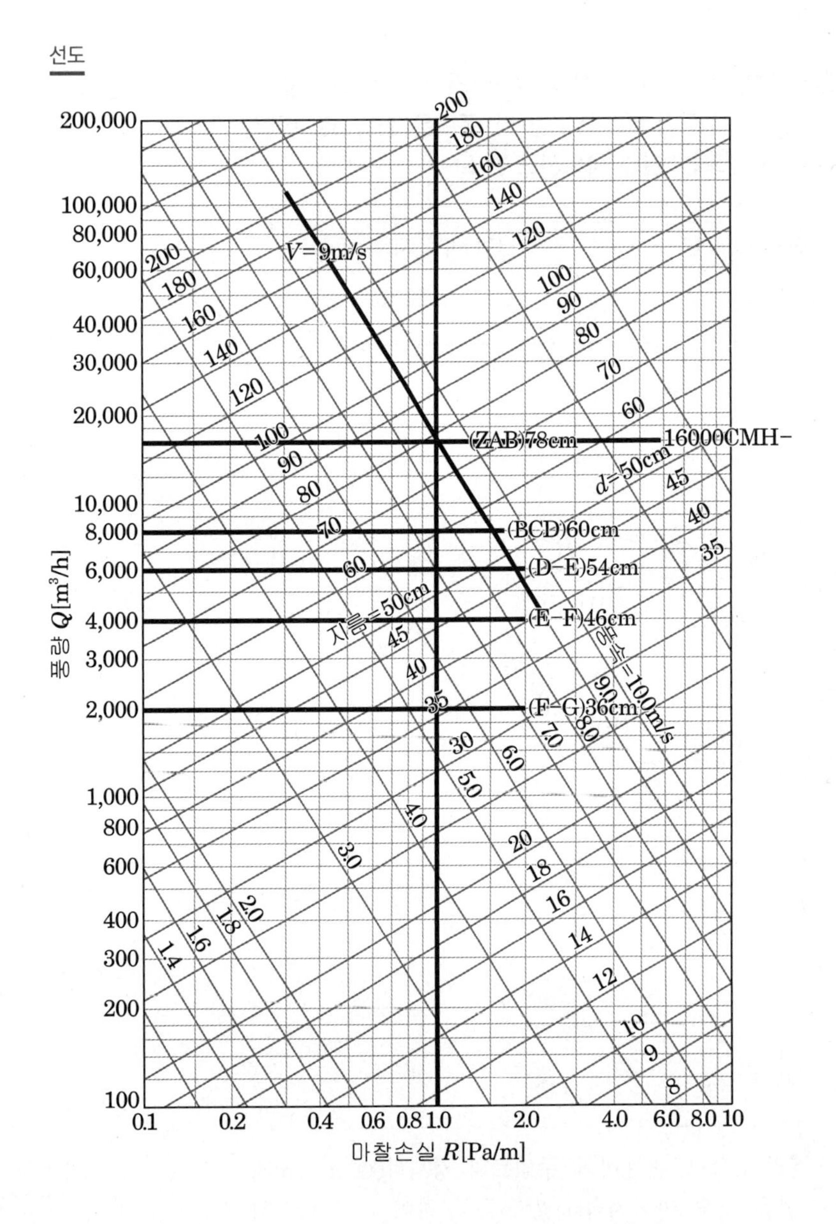
V=9m/s
(ZAB)78cm
16000CMH
d=50cm
(BCD)60cm
(D-E)54cm
(E-F)46cm
(F-G)36cm
지름=50cm
풍속=10.0m/s
풍량 Q[m³/h]
마찰손실 R[Pa/m]

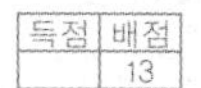

☐ 01년1회, 07년1회

14 **다음과 같은 배기덕트 시스템을 등압법(0.8Pa/m)으로 설계하여 답란을 채우시오. (단, 덕트 선도와 환산표는 별첨 덕트선도, 환산표를 참조하고, 입상 덕트의 풍속은 6[m/s] 이하이고, Ⓐ~Ⓓ 구간은 높이가 350[mm]인 각형 덕트이다. 각 흡입구의 풍량은 520CMH이다)**

득점	배점
	13

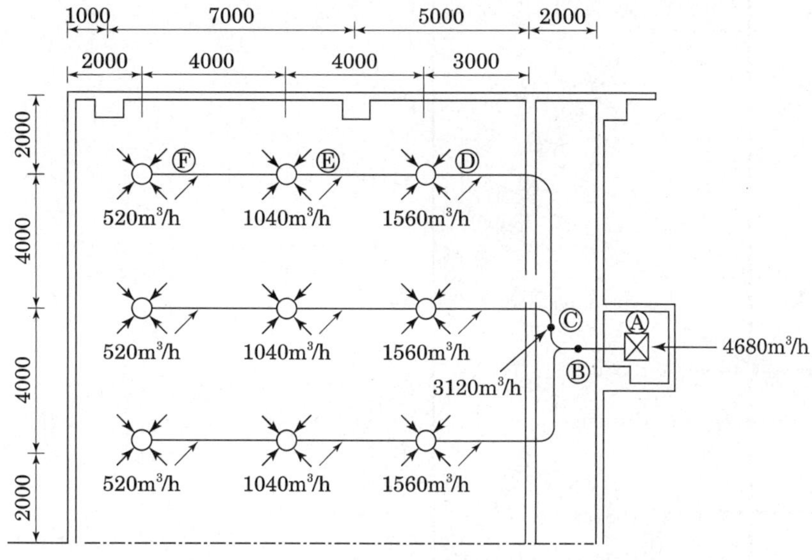

〈덕트 설계 답란〉

구간	풍량(m^3/h)	저항(Pa)	덕트 지름(cm)	각형 덕트(cm)
Ⓐ~Ⓑ		0.8		
Ⓑ~Ⓒ		0.8		
Ⓒ~Ⓓ		0.8		
Ⓓ~Ⓔ		0.8		
Ⓔ~Ⓕ		0.8		

해답

구간	풍량(m^3/h)	저항(Pa/m)	덕트 지름(cm)	각형 덕트(cm)
Ⓐ~Ⓑ	4680	0.8	53	70×35
Ⓑ~Ⓒ	3120	0.8	44	50×35
Ⓒ~Ⓓ	1560	0.8	34	30×35
Ⓓ~Ⓔ	1040	0.8	29	
Ⓔ~Ⓕ	520	0.8	23	

(※ 입상덕트(Ⓐ~Ⓑ)구간은 저항 0.8Pm/s선에서 풍속 6[m/s]를 초과하므로 풍량4680 m^3/h선과 풍속6[m/s]의 교점에서 덕트경 53cm를 선정한다. 나머지구간은 저항 0.8Pm/s선에서 덕트경을 선정한다. 각형덕트 환산은 35cm단변에서 원형덕트경 직상을 구하되 Ⓒ~Ⓓ구간은 장변35항에서 단변30cm를 구한다)

선도

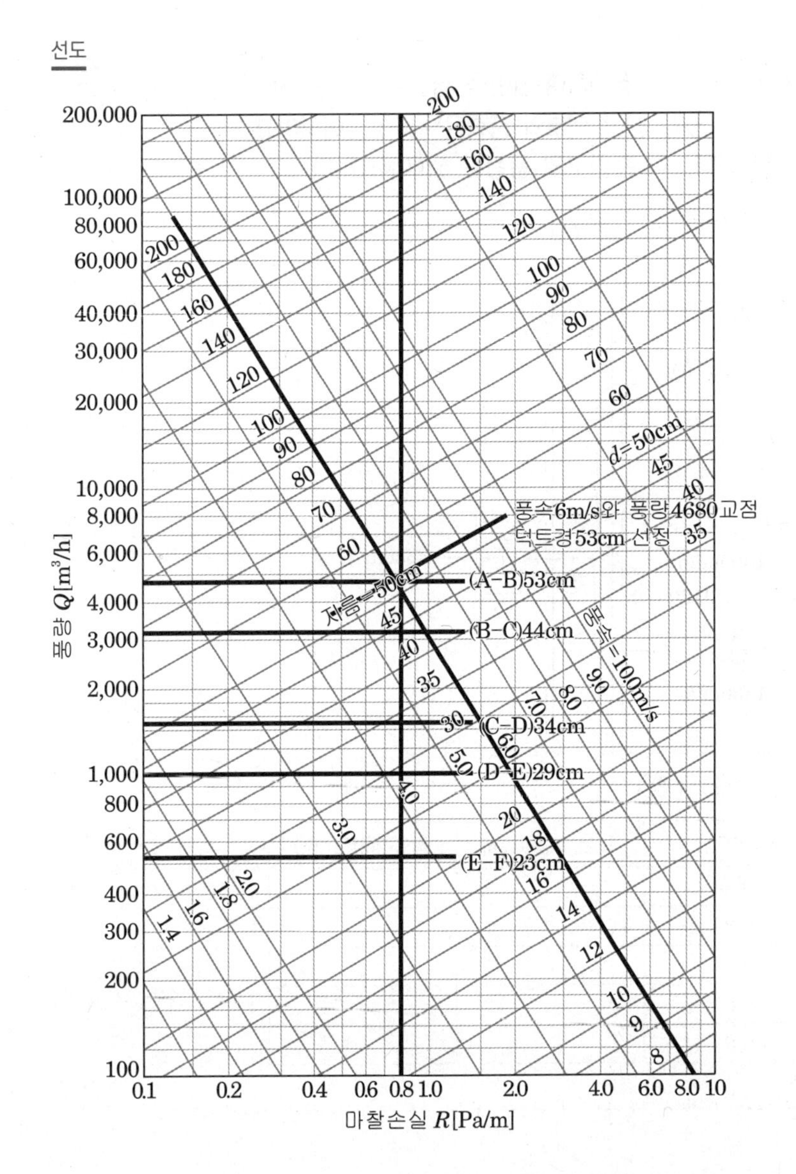

200,000
100,000
80,000
60,000
40,000
30,000
20,000
10,000
8,000
6,000
4,000
3,000
2,000
1,000
800
600
400
300
200
100
풍량 Q[m³/h]
0.1 0.2 0.4 0.6 0.8 1.0 2.0 4.0 6.0 8.0 10
마찰손실 R[Pa/m]
d=50cm
풍속6m/s와 풍량4680교점
덕트경53cm 선정
저름=50cm
(A-B)53cm
(B-C)44cm
(C-D)34cm
(D-E)29cm
(E-F)23cm
풍속=10.0m/s

□ 14년1회

15 다음과 같은 급기장치에서 덕트 선도와 주어진 조건을 이용하여 각 물음에 답하시오.

득점	배점
	18

【조 건】

1. 직관덕트 내의 마찰저항손실 : 1[Pa/m]
2. 환기횟수 : 10[회/h]
3. 공기 도입구의 저항손실 : 5[Pa]
4. 에어필터의 저항손실 : 100[Pa]
5. 공기 취출구의 저항손실 : 50[Pa]
6. 굴곡부 1개소의 상당길이 : 직경 10배
7. 송풍기의 전압효율(η_t) : 60[%]
8. 각 취출구의 풍량은 모두 같다.
9. R=1Pa/m에 대한 원형 덕트의 지름은 다음 표에 의한다.

풍량(m³/h)	200	400	600	800	1000	1200	1400	1600	1800
지름(mm)	152	195	227	252	276	295	316	331	346
풍량(m³/h)	2000	2500	3000	3500	4000	4500	5000	5500	6000
지름(mm)	360	392	418	444	465	488	510	528	545

10. $kW = \dfrac{Q' \times \Delta P}{E}$ (Q'[m³/s], ΔP[kPa])

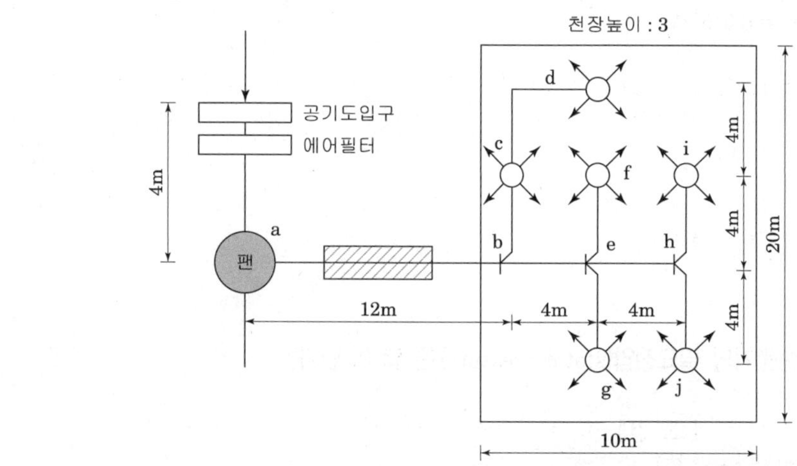

구간	풍량(m³/h)	덕트지름(mm)
a–b		
b–c		
c–d		
b–e		

(1) 각 구간의 풍량[m³/h]과 덕트지름[mm]을 구하시오.

(2) 전 덕트 저항손실[Pa]을 구하시오.

(3) 송풍기의 소요동력[kW]을 구하시오.

해답 (1) 각 구간의 풍량[m^3/h]과 덕트지름[mm]

① 필요 급기량 $= 10 \times (10 \times 20 \times 3) = 6000[m^3/h]$

② 각 취출구 풍량 $= \dfrac{6000}{6} = 1000[m^3/h]$

③ 각 구간 풍량과 덕트지름

구간	풍량(m^3/h)	덕트지름(mm)
a–b	6000	545
b–c	2000	360
c–d	1000	276
b–e	4000	465

(2) 전 덕트 저항손실[Pa]

① 직관 덕트 손실 $= (12+4+4+4) \times 1 = 24[Pa]$ (a–d 구간)

② 굴곡부 덕트 손실 $= (10 \times 0.276) \times 1 = 2.76[Pa]$
(굴곡부 1개소의 상당길이는 직경 10배 이므로 c–d구간 덕트경(276mm=0.276m)의 10배 길이에 대한 저항을 사정한다)

③ 취출구 손실 $= 50[Pa]$

④ 흡입 덕트 손실 $= (4 \times 1) + 5 + 100 = 109[Pa]$

⑤ 전 덕트 저항손실 $= 24 + 2.76 + 50 + 109 = 185.76[Pa]$

(3) 송풍기의 소요동력[kW]

$$kW = \frac{6000 \times 185.76 \times 10^{-3}}{3600 \times 0.6} = 0.516[kW]$$

□ 13년1회

16 다음 그림과 같은 공조설비에서 송풍기의 필요정압(static pressure)은 몇 Pa인가?

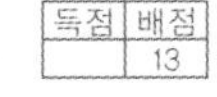

득점	배점
	13

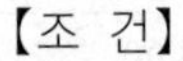

1. 덕트의 압력강하 $R=1.5[Pa/m]$이다(등압법).
2. 송풍기의 토출동압 30[Pa]
3. 취출구의 지항(전압) 50[Pa]
4. 곡부(曲部)의 상당길이(l_e)는 표에 나타낸다.
5. 곡부의 곡률반지름(r)을 W의 1.5배로 한다.
6. 공조기의 저항(전압) 300[Pa], 리턴 덕트(return duct)의 저항(전압) 80[Pa], 외기덕트의 저항(전압) 80[Pa]이다.
7. 송풍덕트 분기부(BC) 직통부(直通部)의 저항(전압)은 무시한다.

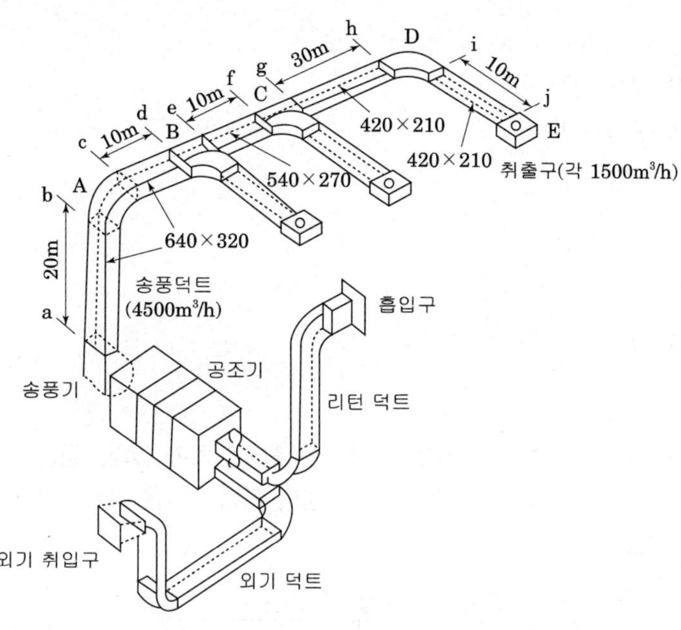

• 곡부의 상당길이

H/W	r/W			
	0.5	0.75	1.0	1.5
0.25	L_e/W=25	12	7	1.5
0.5	33	16	9	4
1.0	45	19	11	4.5
2.0	60	24	13	5
4.0	90	35	17	6

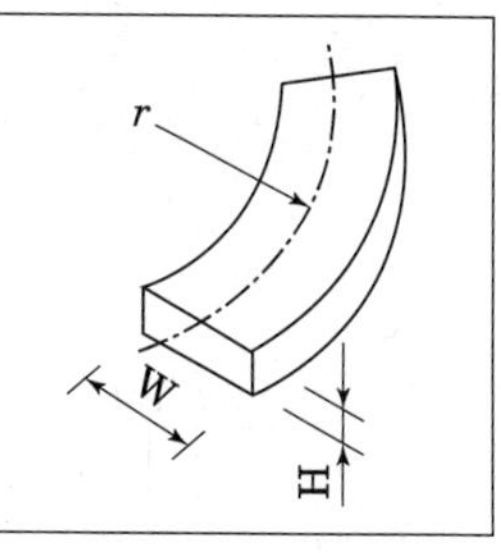

해답 ① 직선덕트 손실$=(20+10+10+30+10)\times1.5[\mathrm{Pa/m}]=120[\mathrm{Pa}]$

② A곡부 손실

$\frac{H}{W}=\frac{320}{640}=0.5,\ \frac{r}{W}=1.5,\ L_e/W=4$

$L_e=4\times W=4\times640=2560[\mathrm{mm}]=2.56[\mathrm{m}]$

$R_A=2.56\times1.5[\mathrm{Pa/m}]=3.84[\mathrm{Pa}]$

③ D곡부 손실

$\frac{H}{W}=\frac{210}{420}=0.5,\ \frac{r}{W}=1.5$

$L_e=4\times420=1680\mathrm{mm}=1.68\mathrm{m},\ \mathrm{R_D}=1.68\times1.5\mathrm{Pa/m}=2.52[\mathrm{Pa}]$

④ 토출덕트 손실=①+②+③+취출구 저항

$=120+3.84+2.52+50=176.36[\mathrm{Pa}]$

⑤ 흡입덕트 손실=80[Pa](흡입덕트손실은 외기덕트와 리턴덕트저항 중 큰 값을 택하는데 80[Pa]로 같으므로 1개 덕트만 적용한다.

⑥ 송풍기 전압=토출덕트 손실+흡입덕트손실+공조기 저항
$=176.36+80+300=556.36$[Pa]

⑦ 송풍기 정압=송풍기 전압−송풍기 토출측 동압$=556.36-30=526.36$[Pa]

☐ 05년2회

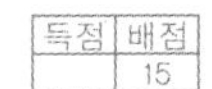

17 **다음과 같은 공장 내부에 각 취출구에서 $3000\text{m}^3/\text{h}$로 취출하는 환기장치가 있다. 정압법으로 설계하는 경우 다음 각 물음에 답하시오. (단, 주덕트 내의 풍속(V_1)은 10m/s로 하고, 곡관부 및 기기의 저항은 다음 조건과 같다.)**

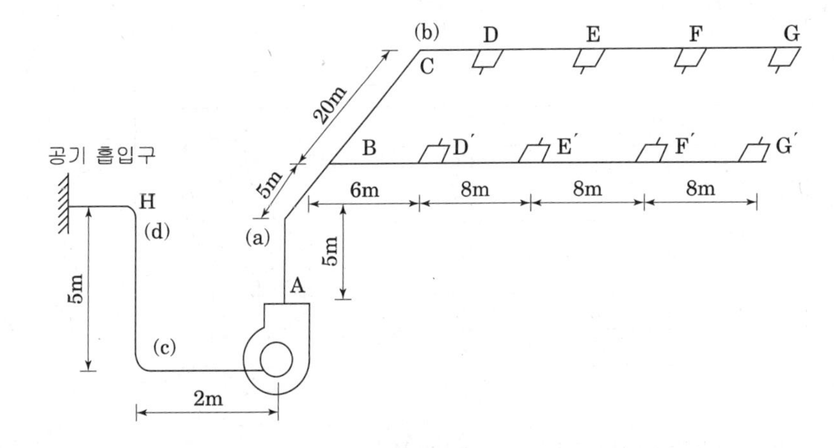

【조 건】

1. 곡관부 저항
   (a)부 : $R_1=\xi_1\dfrac{\rho\cdot V_1^{\ 2}}{2}$ ($\xi_1=\dfrac{V_3}{V_1}$, $V_1=10\text{m/s}$, $V_3=B-D$ 덕트 간의 풍속)
   (b)부 : $R_2=\xi_2\dfrac{\rho\cdot V_2^{\ 2}}{2}$ ($\xi_2=0.33$, $V_2=B-C-D$ 간의 풍속)
   (c), (d) : $R_3=\xi_3\dfrac{\rho\cdot V_1^{\ 2}}{2}$ ($\xi_3=0.33$, $V_1=10\text{m/s}$)
2. 기기의 저항
   ① 공기 흡입구 = 50[Pa]
   ② 공기 취출구 = 50[Pa]
   ③ 댐퍼 등 기타 = 30[Pa]

(1) 정압법(1Pa/m)에 의한 풍량, 풍속, 원형 덕트의 크기를 구하시오.

구간	풍량[m³/h]	저항[Pa/m]	원형 덕트[cm]	풍속[m/s]
H-A-B		1		
B-C-D(B－D′)		1		
D-E(D′－E′)		1		
E-F(E′－F′)		1		
F-G(F′－G′)		1		

(2) 송풍기의 필요정압(Pa)을 구하시오.

해설 (1) 덕트 각 구간의 풍량

① H-A-B구간의 풍량 = $3000 \times 8 = 24000[m^3/h]$

② B-C-D(B－D′)구간의 풍량 = $3000 \times 4 = 12000[m^3/h]$

③ D-E(D′－E′)구간의 풍량 = $3000 \times 3 = 9000[m^3/h]$

④ E-F(E′－F′)구간의 풍량 = $3000 \times 2 = 6000[m^3/h]$

⑤ F-G(F′－G′)구간의 풍량 = $3000[m^3/h]$

(2) 원형 덕트의 크기 결정(등마찰손실법)

각 구간의 원형덕트의 지름과 풍속은 덕트선도(마찰저항 선도)에서 마찰 손실 R=1[Pa/m]과 풍량과의 교점에 의해서 구한다.

해답 (1)

구간	풍량(m³/h)	저항(Pa/m)	원형 덕트(cm)	풍속(m/s)
H-A-B	24000	1	90	10
B-C-D(B－D′)	12000	1	71	8.4
D-E(D′－E′)	9000	1	64	7.8
E-F(E′－F′)	6000	1	54	7.1
F-G(F′－G′)	3000	1	42	6.0

(2) 송풍기의 필요정압(Pa)

1) 곡관부 저항

(a)부 $R_1 = \xi \dfrac{V_1^{\,2}}{2}\rho = 0.84 \times \dfrac{10^2}{2} \times 1.2 = 50.4[Pa]$

$\xi_1 = \dfrac{V_2}{V_1} = \dfrac{8.4}{10} = 0.84$

(b)부 $R_2 = \xi \dfrac{V_2^{\,2}}{2}\rho = 0.33 \times \dfrac{8.4^2}{2} \times 1.2 = 13.97[Pa]$

(c), (d)부 $R_3 = 0.33 \times \dfrac{10^2}{2} \times 1.2 \times 2 = 39.6[Pa]$

2) 직선 덕트의 마찰손실

$R = (5+2+5+5+20+6+8+8+8) \times 1Pa/m = 67[Pa]$

3) 송풍기 전압 P_T=덕트계통의 전압력 손실

$P_T = 50.4 + 13.97 + 39.6 + 67 + 50 + 50 + 30 = 300.97$[Pa]

4) 송풍기 정압 $P_S = P_T - Pv_2 = 300.97 - \frac{10^2}{2} \times 1.2 = 240.97$[Pa]

선도

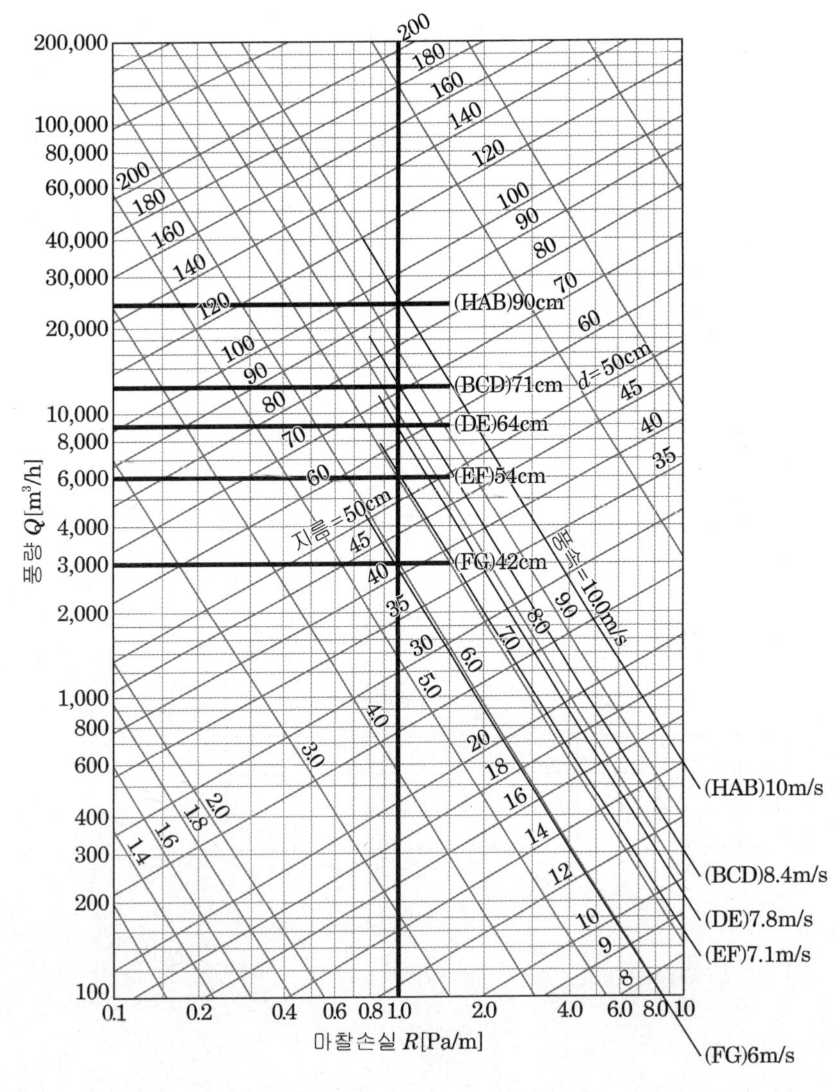

□ 09년1회

18 다음과 같은 덕트 시스템을 등손실법(정압법) 으로 급기덕트의 각 구간을 설계하여 표를 완성하시오. (단, 급기 주덕트(①-A-②)의 풍속은 8m/s이고, 환기 주덕트(④-⑤)의 풍속은 4m/s이다. 급기덕트는 각 취출의 취출량이 $1350\text{m}^3/\text{h}$ 이고, 환기덕트의 흡입량은 각 $3780\text{m}^3/\text{h}$ 이다. 직사각형 단면 덕트의 크기는 aspect ratio가 2인 구간(④-⑤)의 급기덕트에서만 구한다.)

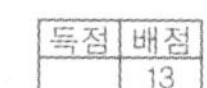

득점	배점
	13

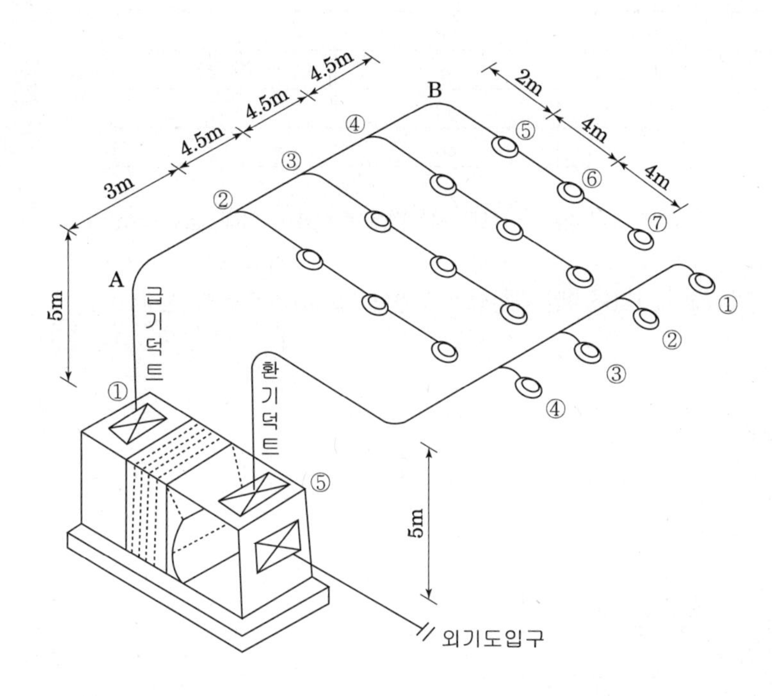

구간	풍량(m^3/h)	원형 덕트(cm)	사각덕트
①-②			–
②-③			–
③-④			–
④-⑤			
⑤-⑥			–
⑥-⑦			–

해답 (1) 급기덕트(급기 주덕트(①-A-②)의 풍속 8m/s과 풍량 16200m^3/h의 교점에서 마찰저항 0.75Pa/m를 얻고 이 선상에서 나머지 구간 덕트경을 산정한다.

구간	풍량(m^3/h)	원형 덕트(cm)	사각덕트
①-②	16200	83	(R=0.75Pa/m)
②-③	12150	76	-
③-④	8100	65	-
④-⑤	4050	49	70×35
⑤-⑥	2700	42	-
⑥-⑦	1350	33	-

(2) ④-⑤ 급기덕트 구간의 원형덕트 지름이 49cm이므로 사각덕트 환산표에 의해 aspect ratio 2인 값을 구하면 70×35를 구할 수 있다. 이때 원형덕트 지름이 49cm이고, 단변 35cm 항에서 직상은 60cm이지만 aspect ratio 2인 각형덕트 조건이므로 70×35cm를 선정한다.

선도

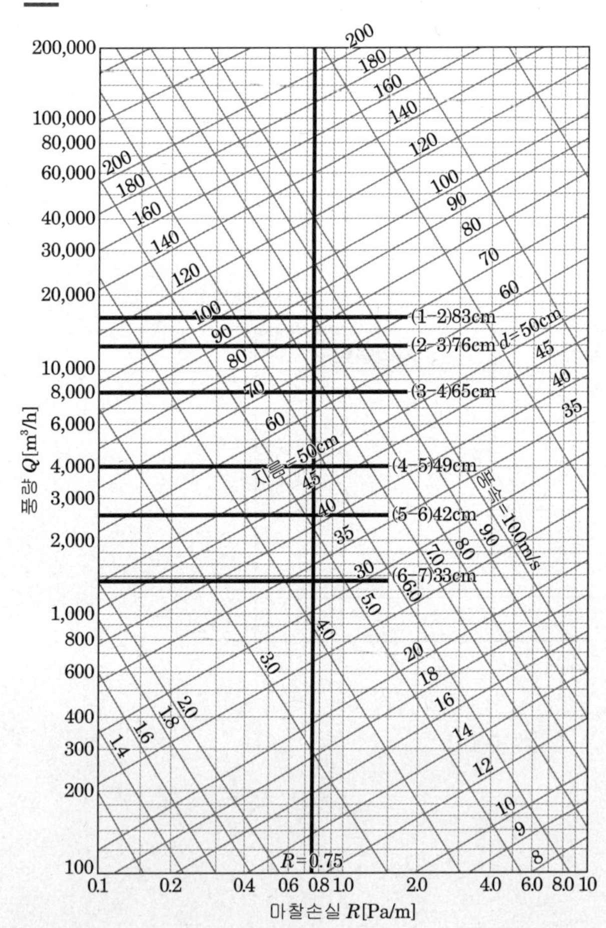

☐ 01년3회, 12년3회, 20년1회

19 다음과 같은 공장용 원형 덕트를 주어진 도표를 이용하여 정압 재취득법으로 설계하시오. (단, 토출구 1개의 풍량은 5000[m^3/h], 토출구의 간격은 5000[mm], 주덕트의 풍속은 10[m/s]로 한다.)

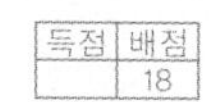
득점	배점
	18

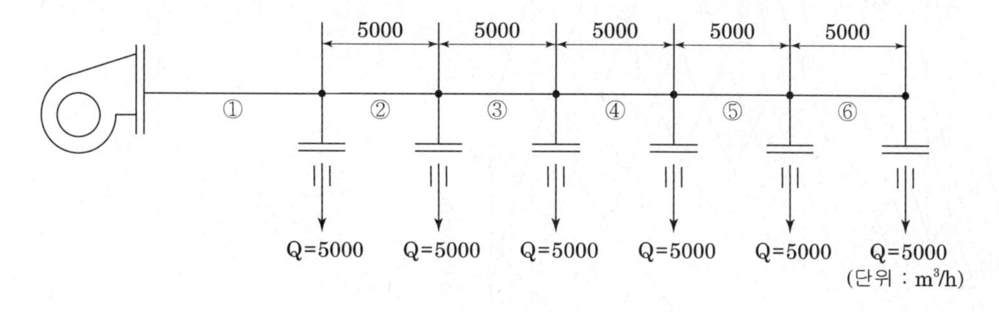

구간	풍량(m^3/h)	K값	풍속(m/s)	원형덕트경(cm)
①	30000	–	10	
②	25000			
③	20000			
④	15000			
⑤	10000			
⑥	5000			

그림 (a)

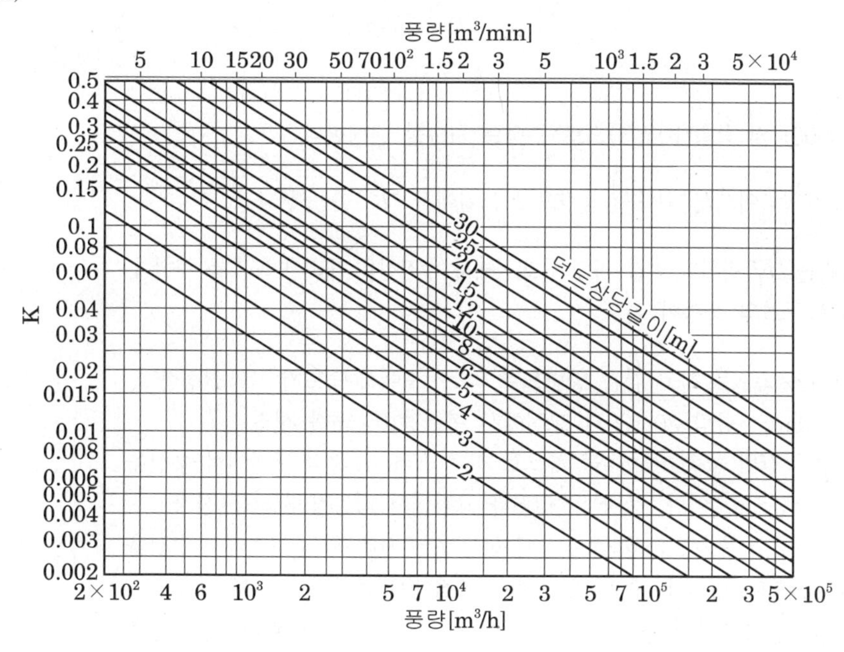

그림 (b)

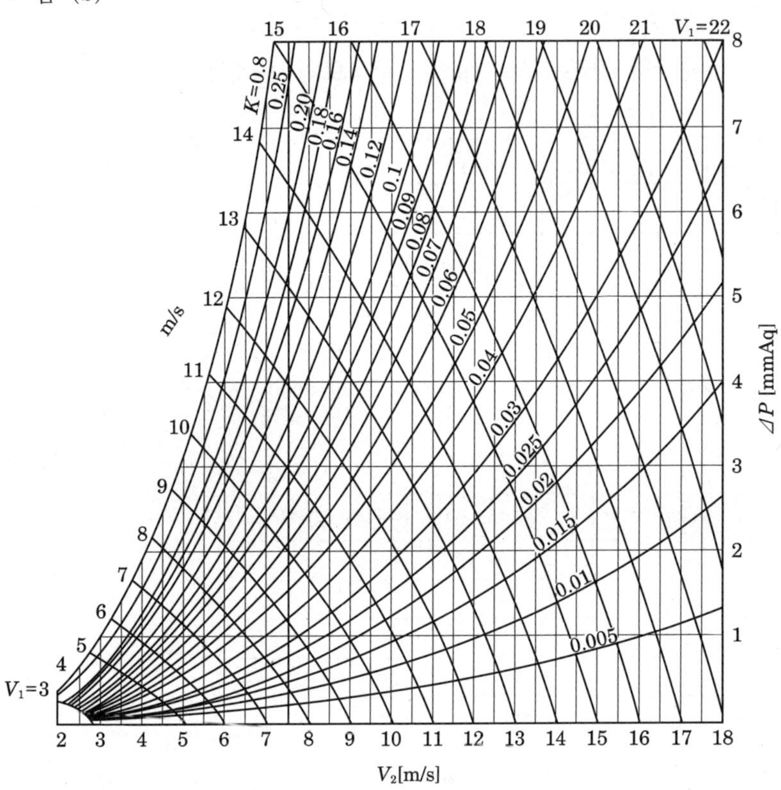

해설 정압 재취득법

[설계순서]

(1) 주덕트의 풍량(30000) 및 풍속(10m/s)으로 주덕트 치수를 결정한다.

(2) 각 취출구 사이의 상당길이 "L_e"와 구간풍량으로 그림에서 "K"를 구한다.

(3) 앞에서 결정한 풍속을 "v_1"곡선과 K값 곡선의 교점에서 수직선을 내려서 "v_2"를 구한다. 이 "v_2"가 그 다음 구간의 풍속이 된다.

(4) "v_2"를 다음 구간의 풍속으로 하고 같은 방법으로 덕트선도에서 덕트치수를 결정한다.
① 구간의 풍속은 10m/s, 풍량 30,000과 교점에서 덕트경100cm를 선정
② 구간의 풍속은 ①구간의 풍속 10m/s를 v_1으로 하고 K=0.01과의 교점에서 수선을 내려서 만나는 점 v_2=9.5m/s이다. 풍량 25,000과 교점에서 덕트경93cm를 선정
③ 구간의 풍속은 ②구간의 풍속 9.5m/s를 v_1으로 하고 K=0.0125와의 교점에서 수선을 내려서 만나는 점 v_2=8.9m/s이다. 풍량 20,000과 교점에서 덕트경87cm를 선정
④ 구간의 풍속은 ③구간의 풍속 8.9m/s를 v_1으로 하고 K=0.014과의 교점에서 수선을 내려서 만나는 점 v_2=8.4m/s이다.

⑤ 구간의 풍속은 ④구간의 풍속 8.4m/s를 v_1으로 하고 K=0.018과의 교점에서 수선을 내려서 만나는 점 v_2=7.5m/s이다.

⑥ 구간의 풍속은 ⑤구간의 풍속 7.5m/s를 v_1으로 하고 K=0.027과의 교점에서 수선을 내려서 만나는 점 v_2=6.7m/s이다.

해답

구간	풍량(m^3/h)	K값	풍속(m/s)	원형덕트경(cm)
①	30000	-	10	100
②	25000	0.01	9.5	93
③	20000	0.0125	8.9	87
④	15000	0.014	8.4	78
⑤	10000	0.018	7.5	68
⑥	5000	0.027	6.7	52

선도

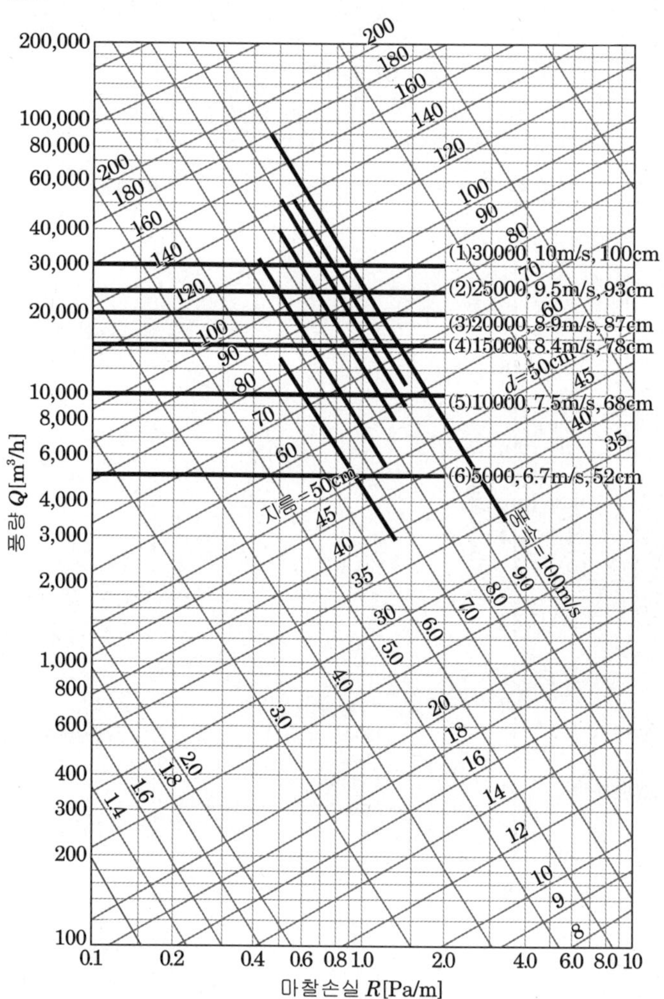

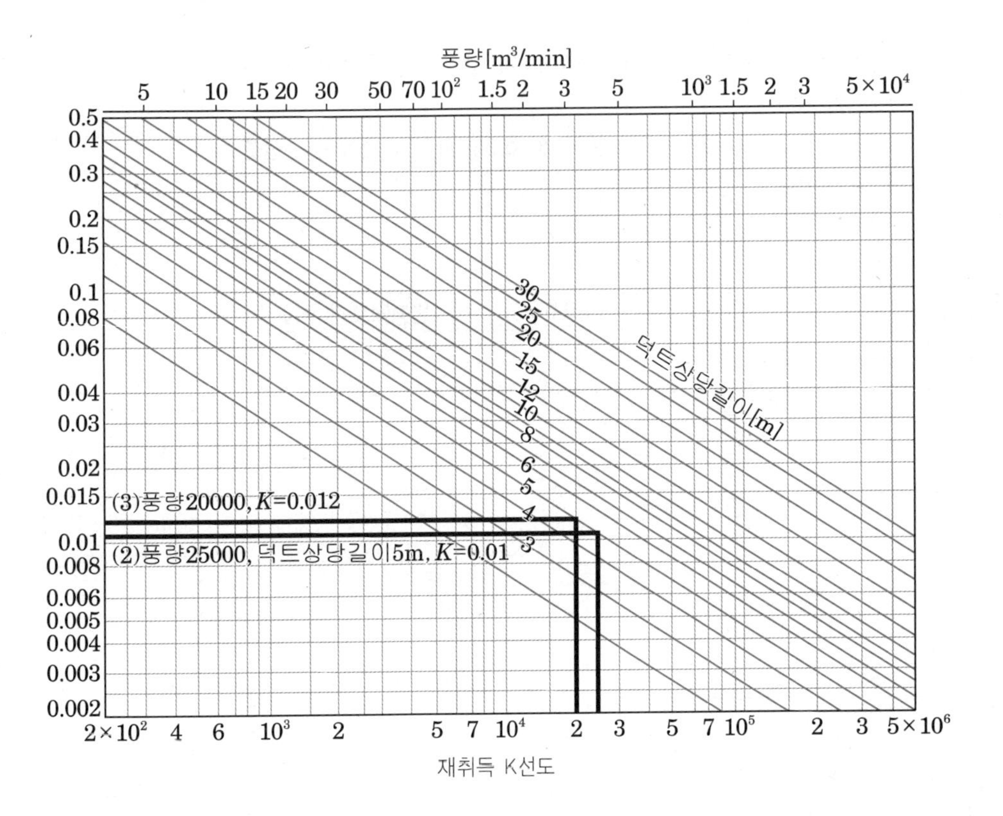

재취득 K선도

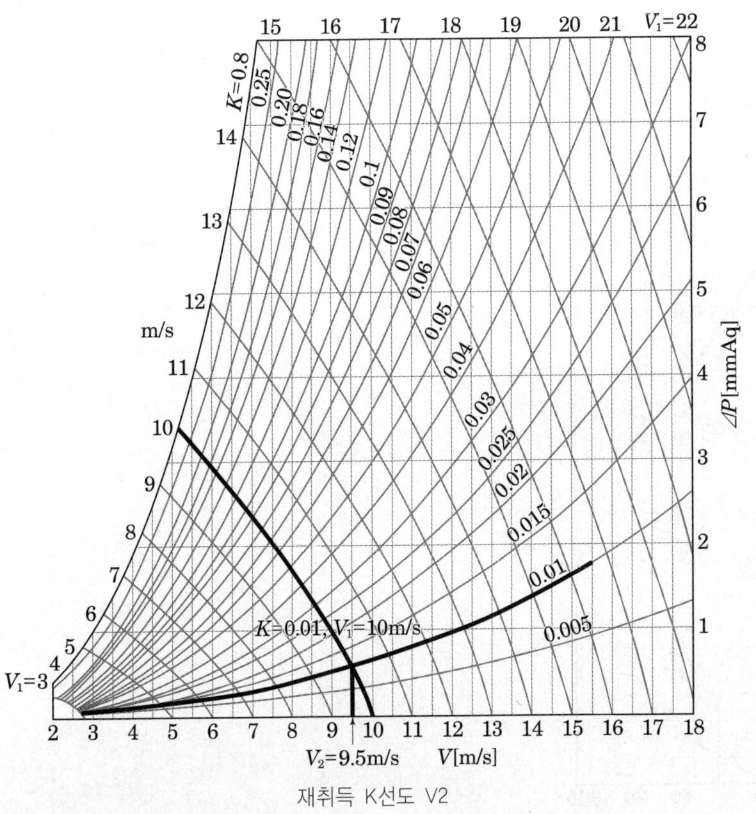

재취득 K선도 V2

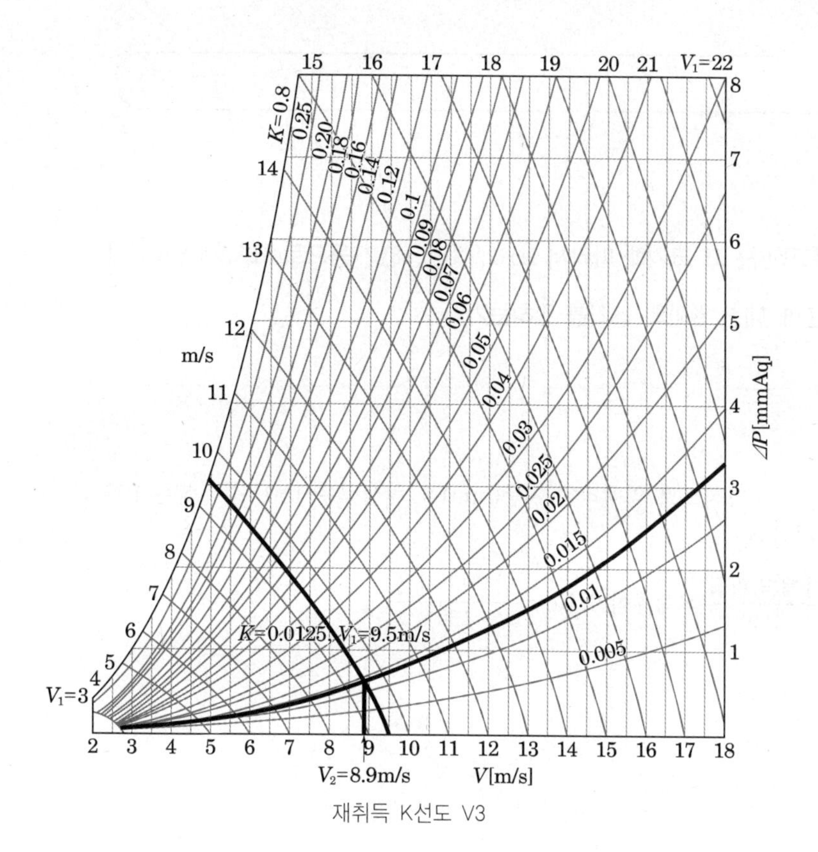
15 16 17 18 19 20 21 V_1=22
K=0.8
0.25
0.20
0.18
0.16
0.14
0.12
0.1
0.09
0.08
0.07
0.06
0.05
0.04
0.03
0.025
0.02
0.015
0.01
0.005
14
13
12
m/s
11
10
9
8
7
6
5
4
V_1=3
8 7 6 5 4 3 2 1
ΔP[mmAq]
K=0.0125, V_1=9.5m/s
2 3 4 5 6 7 8 9 10 11 12 13 14 15 16 17 18
V_2=8.9m/s
V[m/s]

재취득 K선도 V3

송풍기

☐ 05년2회, 12년3회, 16년3회

01 다익형 송풍기(일명 시로코팬)는 그 크기에 따라서 No 2, $2\frac{1}{2}$, 3... 등으로 표시한다. 이 때 이 번호의 크기는 어느 부분에 대한 얼마의 크기를 말하는가?

득점	배점
	5

해답 임펠러의 지름
송풍기의 크기를 표시하는 방식으로 임펠러의 지름(mm)을 원심식은 150, 축류식은 100으로 나눈 값으로 표시한다.

즉, 원심식 : $No = \frac{\text{임펙터 지름}}{150}$, 축류식 : $No = \frac{\text{임펙터 지름}}{100}$

☐ 06년1회

02 다음 물음의 ( ) 안에 답을 쓰시오.

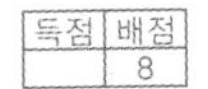

득점	배점
	8

(1) 송풍기 동력 kW를 구하는 식 $Q \cdot P_s \times \frac{1}{\eta_s}$에서 Q의 단위 (①)이고, P_s는 (②)로서 단위는 kPa이고 η_s(③)이다.

(2) R-500, R-501, R-502는 ( ) 냉매이다.

해답 (1) ① m^3/s ② 정압 ③ 송풍기 정압효율
(2) 공비혼합

□ 09년3회, 14년2회

03 원심식 송풍기의 회전수를 n에서 n'로 변화시켰을 때 각 변화에 대해 답하시오.

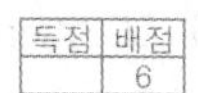

(1) 정압의 변화 :

(2) 풍량의 변화 :

(3) 축마력의 변화 :

해답 (1) 정압(P)의 변화 : $P' = P \times \left(\frac{n'}{n}\right)^2$로 정압은 회전수의 제곱에 비례한다.

(2) 풍량(Q)의 변화 : $Q' = Q \times \left(\frac{n'}{n}\right)$로 풍량은 회전수 변화량에 비례한다.

(3) 축마력(L)의 변화 : $L' = L \times \left(\frac{n'}{n}\right)^3$로 동력은 회전수의 세제곱에 비례한다.

□ 10년2회

04 송풍기 상사법칙에서 비중량이 일정하고 같은 덕트 장치의 회전수가 N_1에서 N_2로 변경될 때 풍량(Q), 전압(P), 동력(L)에 대하여 설명하시오.

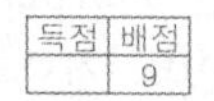

해답 (1) $Q_2 = Q_1 \times \frac{N_2}{N_1}$로 풍량은 회전수의 변화에 비례한다.

(2) $P_2 = P_1 \times \left(\frac{N_2}{N_1}\right)^2$로 전압은 회전수의 제곱에 비례한다.

(3) $L_2 = L_1 \times \left(\frac{N_2}{N_1}\right)^3$로 동력은 회전수의 세제곱에 비례한다.

□ 05년2회, 11년2회, 18년1회, 18년2회

05 500rpm으로 운전되는 송풍기가 300m^3/h, 전압 400Pa, 동력 3.5kW의 성능을 나타내고 있는 것으로 한다. 이 송풍기의 회전수를 1할 증가시키면 어떻게 되는가를 계산하시오.

득점	배점
	12

해답 송풍기의 상사법칙에 의해

(1) 풍량 $Q_2 = Q_1 \times \dfrac{N_2}{N_1} = 300 \times 1.1 = 330[\mathrm{m^3/h}]$

(2) 전압 $P_{T2} = P_{T1} \times \left(\dfrac{N_2}{N_1}\right)^2 = 400 \times 1.1^2 = 484[\mathrm{Pa}]$

(3) 동력 $L_{S2} = L_{S1} \times \left(\dfrac{N_2}{N_1}\right)^3 = 3.5 \times 1.1^3 = 4.66[\mathrm{kW}]$

□ 14년1회, 17년1회, 19년3회

06 900rpm으로 운전되는 송풍기가 8000m^3/h, 정압 4kPa, 동력 15kW의 성능을 나타내고 있는 것으로 한다. 이 송풍기의 회전수를 1080rpm으로 증가시키면 어떻게 되는가를 계산하시오.

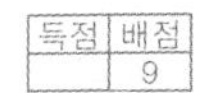

해답 (1) 풍량 $Q_2 = \left(\dfrac{N_2}{N_1}\right) \times Q_1 = \dfrac{1080}{900} \times 8000 = 9600[\mathrm{m^3/h}]$

(2) 전압 $P_2 = \left(\dfrac{N_2}{N_1}\right)^2 \times P_1 = \left(\dfrac{1080}{900}\right)^2 \times 4 = 5.76[\mathrm{kPa}]$

(3) 동력 $L_2 = \left(\dfrac{N_2}{N_1}\right)^3 \times L_1 = \left(\dfrac{1080}{900}\right)^3 \times 15 = 25.92[\mathrm{kW}]$

□ 02년1회, 04년3회, 06년2회, 15년1회, 16년3회

07 **송풍기(fan)의 전압효율이 45%, 송풍기 입구와 출구에서의 전압차가 1.2kPa로서, 10200 m^3/h 의 공기를 송풍할 때 송풍기의 축동력(kW)을 구하시오.**

득점	배점
	5

해설 축동력 $L_S = \dfrac{Q \cdot P_t}{\eta_t}$ [kW]

Q : 송풍량[m^3/s]
P_t : 송풍기 전압[kPa]
η_t : 송풍기 전압효율

해답 축동력 $L_S = \dfrac{10200 \times 1.2}{3600 \times 0.45} = 7.56$[kW]

□ 14년2회

08 **다음 그림과 같은 배기덕트 계통에 있어서 풍량은 2000m^3이고, ①, ②의 각 위치 전압 및 정압이 다음 표와 같다면 (1) 송풍기 전압(Pa), (2) 송풍기 정압(Pa)을 구하시오. (단, 송풍기와 덕트 사이의 압력 손실은 무시한다.)**

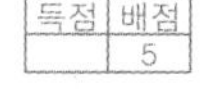

득점	배점
	5

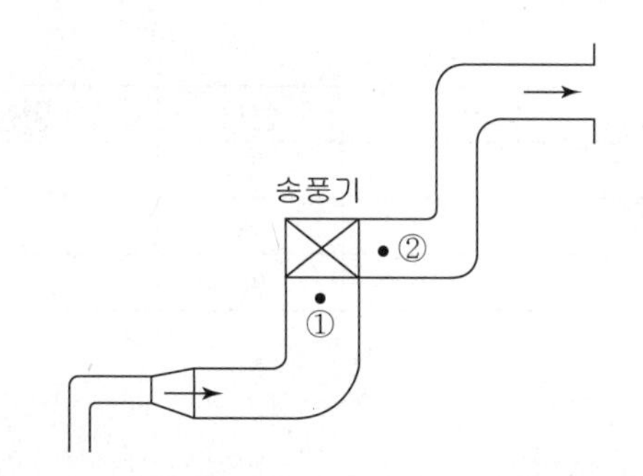

위치	전압(Pa)	정압(Pa)
①	-200	-260
②	90	60

해답 (1) 송풍기 전압 $P_t = P_{t2} - P_{t1} = 90 - (-200) = 290$[Pa]

(2) 송풍기 정압 $P_s = P_t - (P_{t2} - P_{s2}) = 290 - (90 - 60) = 260$[Pa]

취출구, 흡입구, 소음 · 방진장치 등

□ 13년3회

01 다음 그림에서 취출구 및 흡입구의 형식번호 ①~⑨를 아래 보기에서 찾아 답하시오.

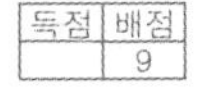

득점	배점
	9

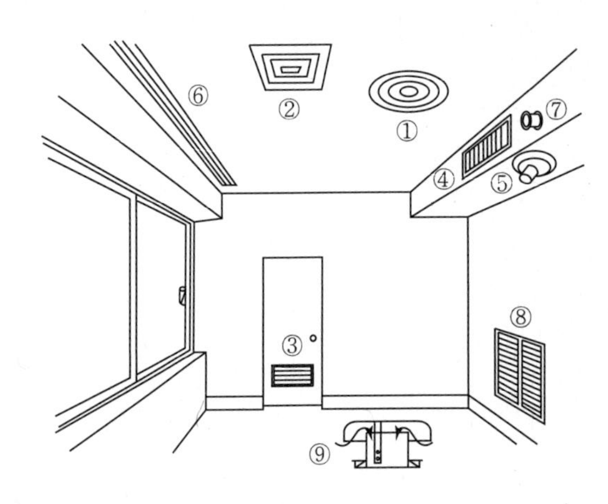

【보 기】

- 머시룸형
- 방연 댐퍼
- 펑커 루버
- 라인형
- 노즐형
- 도어 그릴
- 각형 아네모형
- 고정 루버
- 원형 아네모형
- 루버 댐퍼
- 유니버설형

번호	명칭	번호	명칭	번호	명칭
①		④		⑦	
②		⑤		⑧	
③		⑥		⑨	

해답

번호	명칭	번호	명칭	번호	명칭
①	원형 아네모형	④	유니버설 형	⑦	노즐형
②	각형 아네모형	⑤	펑커 루버	⑧	고정 루버
③	도어 그릴	⑥	라인형	⑨	머시룸형

☐ 05년3회, 14년1회

02 취출(吹出)에 관한 다음 용어를 설명하시오.

득점	배점
	8

(1) 셔터

(2) 전면적(face area)

해답 (1) 취출구의 후부에 설치하는 풍량조정용 또는 개폐용 기구

(2) 취출구의 개구부(開口部)에 접하는 외주에서 측정한 전면적(全面積), 즉 아래그림의 a×b이다.

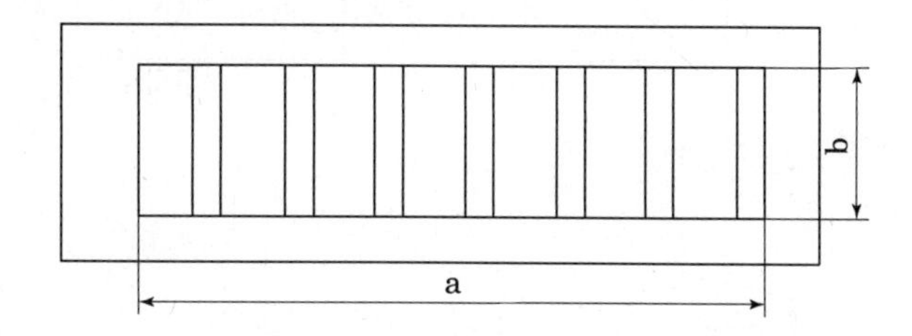

☐ 14년2회

03 다음 용어를 설명하시오.

득점	배점
	8

(1) 스머징(smudging)　　(2) 도달거리(throw)

(3) 강하거리　　(4) 등마찰손실법(등압법)

해답 (1) 스머징(smudging) : 천장 토출구 등에서 토출된 기류 또는 유인된 실내 공기 중의 먼지에 의해 토출구의 주변이 오염되는 현상

(2) 도달거리(throw) : 토출구에서 토출된 공기가 진행해서 토출기류의 중심선상의 풍속이 0.25m/s로 된 위치까지의 수평거리

(3) 강하거리(Drop) : 수평으로 취출된 공기가 어느 거리만큼 진행했을 때의 기류중심선과 취출구 중심과의 거리

(4) 등마찰손실법(Equal friction methid) : 덕트의 단위길이 당 마찰손실(Pa/m)을 일정한 값으로 하여 덕트 치수를 결정하는 방법이다.(저속덕트 0.8~1.5 Pa/m), 고속덕트 1.5~6 Pa/m

☐ 16년3회

04 사각 덕트 소음 방지 방법에서 흡음장치에 대한 종류 3가지를 쓰시오.

득점	배점
	8

해답 ① 덕트 내장형 ② 셀형, 플레이트형 ③ 엘보형
④ 웨이브형 ⑤ 머플러형

참고

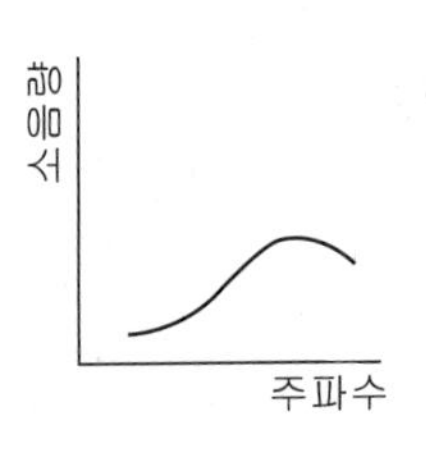

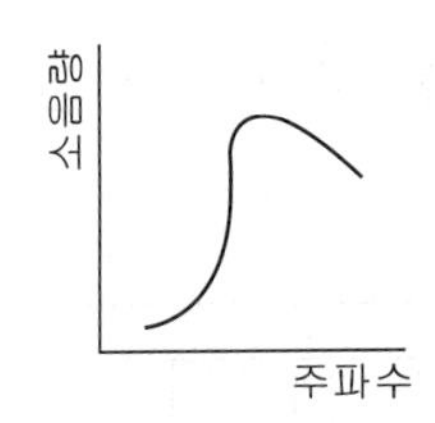

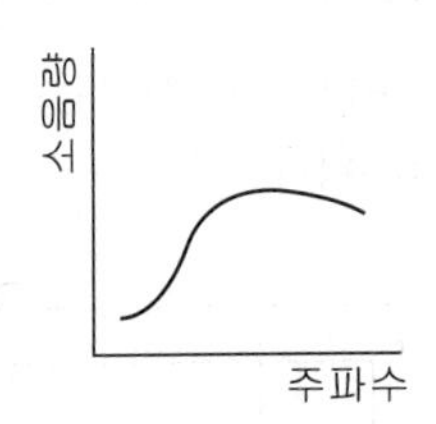

흡음재

(a) 덕트 내장형

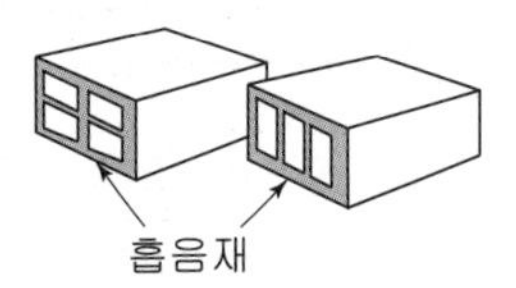

(b) 셀형, 플레이트형

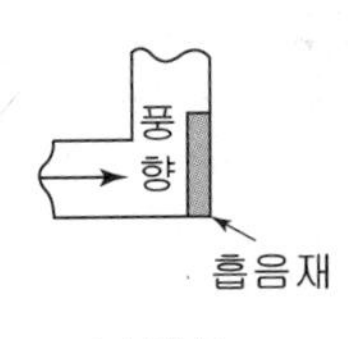

(c) 엘보

소음량
주파수

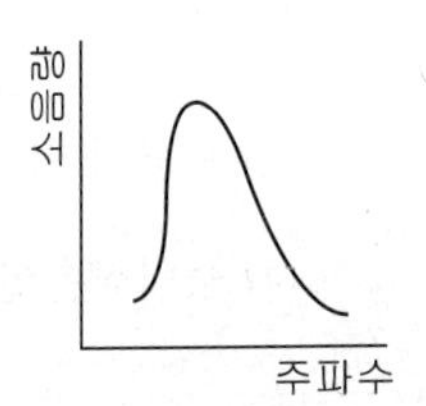

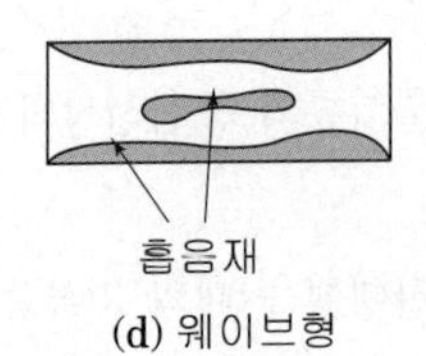

(d) 웨이브형

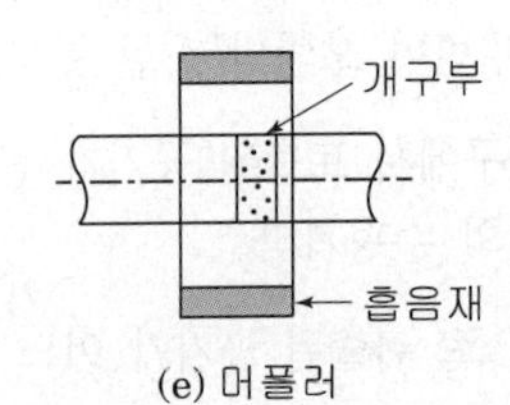

(e) 머플러

☐ 17년2회

05 다음 덕트에 대한 문장을 읽고 틀린 곳을 밑줄을 긋고 바로 고쳐 쓰시오.

득점	배점
	9

(1) 일반적으로 최대 풍속이 20m/s를 경계로 하여 저속 덕트와 고속 덕트로 구별된다.

(2) 주택에서 쓰이는 저속 덕트의 주 덕트 내 풍속은 약 3m/s 이하로 누른다.

(3) 공공건물에서 쓰이는 저속 덕트의 주 덕트 내 풍속은 15m/s 이하로 누른다.

(4) 장방형 덕트의 이스펙트비는 되도록 10 이내로 하는 것이 좋다.

(5) 장방형 덕트의 굴곡부에서의 내측 반지름비는 일반적으로 1 정도가 쓰인다.

해답

(1) 일반적으로 최대 풍속이 20m/s를 경계로 하여, 저속 덕트와 고속 덕트로 구별된다.
→ 15

(2) 주택에서 쓰이는 저속 덕트의 주 덕트 내 풍속은 약 3m/s 이하로 누른다.
→ 6

(3) 공공건물에서 쓰이는 저속 덕트의 주 덕트 내 풍속은 15m/s 이하로 누른다.
→ 8

(4) 장방형 덕트의 이스펙트비는 되도록 10 이내로 하는 것이 좋다.
→ 4

(5) 장방형 덕트의 굴곡부에서의 내측 반지름비는 일반적으로 1 정도가 쓰인다.
→ 1 이상

□ 05년1회, 12년2회

06 반원형 단면 덕트의 지름이 50cm일 때 같은 저항과 풍량을 갖는 원형 덕트의 지름을 구하시오.

득점	배점
	6

해설 등가지름(상당지름, 수력지름) D_e

단면이 원형이 아닌 경우에 등가지름을 산출하여 원형의 지름 D_e로 환산한 것을 의미한다.
단면적을 $S[m^2]$, 유체가 주위 벽과 접하고 있는 주변의 길이(접수길이)를 $L_P[m]$라 하면

등가직경 $D_e = \dfrac{4S}{L_P}[m]$ 로 구한다.

해답 ① 반원형 덕트의 단면적 $S = \dfrac{\pi D^2}{4} \times \dfrac{1}{2} = \dfrac{\pi D^2}{8}$

② 반원형 덕트의 접수길이 $L_P = \pi D \times \dfrac{1}{2} + D = D \cdot \left(\dfrac{\pi}{2} + 1\right)$

$$\therefore \text{원형 덕트 지름 } D_e = \frac{4 \times \frac{\pi D^2}{8}}{D \cdot \left(\frac{\pi}{2}+1\right)} = \frac{\pi}{\pi+2} \cdot D = \frac{\pi}{\pi+2} \times 50 = 30.55[cm]$$

□ 16년3회

07 송풍기 총 풍량 $6000m^3/h$, 송풍기 출구 풍속 8m/s로 하는 직사각형 단면 덕트시스템을 등마찰손실법으로 설치할 때 종횡비($a : b$)가 3:1일 때 단면 덕트 길이(cm)를 구하시오.

득점	배점
	8

해답 유량 $Q = A \cdot V = \dfrac{\pi d^2}{4} \cdot V$에서

원형덕트의 지름 $d = \sqrt{\dfrac{4Q}{\pi V}} = \sqrt{\dfrac{4 \times 6000/3600}{\pi \times 8}} = 0.51503[m] = 51.50[cm]$

환산식 $d = 1.3\left[\dfrac{(a \cdot b)^5}{(a+b)^2}\right]^{\frac{1}{8}}$ 에서 a=3b이므로

$$51.50 = 1.3\left[\frac{(a \cdot b)^5}{(3b+b)^2}\right]^{\frac{1}{8}} = 1.3\left[\frac{(3b^2)^5}{(4b)^2}\right]^{\frac{1}{8}} = 1.3\left(\frac{3^5 b^{10}}{4^2 b^2}\right)^{\frac{1}{8}} = 1.3\left(\frac{3^5}{4^2}\right)^{\frac{1}{8}} \cdot b$$

$\therefore$ 단변 $b = \dfrac{51.50}{1.3} \times \left(\dfrac{4^2}{3^5}\right)^{\frac{1}{8}} = 28.195 \fallingdotseq 28.20[cm]$

장변 $a = 3b = 3 \times 28.20 = 84.60[cm]$

☐ 14년1회

08 다음 그림과 같은 분기된 축소 덕트에서 전압(P_t) 21Pa, 정압재취득($\triangle P_s$) 20Pa, 유속(U_1) 10m/s, 공기 밀도 1.2kg/m^{3}일 때, 물음에 답하시오.

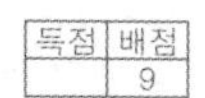

득점	배점
	9

(1) 유속 U_2[m/s]를 구하시오.

(2) 종횡비(aspect ratio)를 6:1 이하로 시공해야 하는 이유를 3가지만 쓰시오.

해답 (1) 유속 U_2

정압재취득($\triangle P_s$)$=\dfrac{U_1^2-U_2^2}{2}\cdot\rho$에서

$$U_2=\sqrt{U_1^2-\frac{2\triangle P_s}{\rho}}$$

$$=\sqrt{10^2-\frac{2\times 20}{1.2}}=8.16[\text{m/s}]$$

(2) ① 덕트 재료 절약
② 마찰저항 감소
③ 동력소비 감소

5 chapter

난방설비

05 난방설비

알아두기

01 난방방식의 종류

난방방식
- 개별식 난방법(local heating ststem)
- 중앙식 난방법
  - 직접난방(direct heating)
    - 증기난방
    - 온수난방
  - 간접난방(indirect heating)
  - 복사난방(radiant heating)

02 보일러(Boiler) 설비

1 보일러의 용량과 성능

보일러의 성능은 열출력, 보일러 효율, 최고사용압력으로 표시된다.
보일러의 용량은 연속최대열출력(정격출력)[kW]을 증기 보일러의 경우는 실제증발량 또는 환상(상당)증발량[kg/h]을 표시하고 온수 보일러의 경우는 그대로 열출력[kW]으로 표시한다.

(1) 열출력

① 증기 보일러의 열출력 q_B[kJ/h, kW]

$$q_B = G_a(h_2 - h_1)\,[\text{kJ/h}] = G_a(h_2 - h_1)/3600\,[\text{kW}] = 2257G_e$$

여기서
G_a : 실제 증발량[kg/h]
G_e : 환산(상당)증발량[kg/h]
h_2 : 발생증기 엔탈피[kJ/kg]
h_1 : 급수 엔탈피[kJ/kg]

② 온수 보일러의 열출력 q_B[kJ/h, kW]

$$q_B = G_w(h_{w2} - h_{w1})/3600 = G_w C_w(t_2 - t_1)/3600\ [\text{kW}]$$

여기서

G_w : 온수 발생량[kg/h], [kg/s]

h_{w2}, h_{w1} : 발생온수 및 급수 엔탈피[kJ/kg]

t_{w2}, t_{w1} : 발생온수 및 급수 온도[℃]

C_w : 물의 비열 : 4.19[kJ/kg · K]

(2) 환산(상당)증발량 G_e[kg/h]

표준 대기압 (101.325kpa) 하에서 100℃의 포화수를 100℃의 건조포화 증기로 한 경우의 증기량[kg/h]

$$G_e = \frac{G_a(h_2 - h_1)}{2257}[\text{kg/h}]$$

- 표준 대기압 하에서 100℃의 물의증발 잠열 : 2257[kJ/kg]

(3) 보일러 마력(BHP)

표준대기압(101.325kpa) 하에서 100℃ 포화수 15.65kg을 1시간 동안 100℃의 건조포화증기로 증발시키는 증발 능력을 1보일러 마력이라 한다.

① 상당증발량[G_e] 15.65[kg/h] : 증기 기관에서 1마력을 발생하기 위한 필요증발량

$$\text{보일러 마력} = \frac{G_e}{15.65}$$

② 9.81[kW]

15.65[kg/h] × 2257[kJ/kg]/3600 ≒ 9.81[kW]

③ 방열면적[EDR] : 13[m^2]

방열면적[EDR] : $\frac{9.81}{0.756} ≒ 13[m^2]$

④ 전열 면적 : 0.929[m^2]

(4) 상당 방열 면적(EDR)

보일러 용량을 상당방열 면적(EDR = Equivalent direct radiation)으로 표시하는 것으로 보일러의 열 발생량을 주철방열기의 방열면적당 표준 방열량[kW/m²] (증기 : 0.756, 온수 : 0.523)으로 나눈 것이다.

① 증기난방

$$EDR = \frac{\text{방열기 전방열량(발생열량)[kW]}}{0.756}$$

② 온수난방

$$EDR = \frac{\text{방열기 전방열량[kW]}}{0.523}$$

■ 표준 방열량

열매	표준방열량 q_o (kW/m^2)	표준상태의 온도[℃]		방열계수 (W/m^{2}K)	증기압력 [kPa]
		열매	실내		
증기	0.756	102	21	9.33	1.08
온수	0.523	80	18	8.3	–

(5) 보일러 효율 η[%]

① 입출열 법에 의한 보일러 효율

$$\eta = \frac{\text{유효출열}}{\text{입열합계}} \times 100\ [\%]$$

② 열손실 법에 의한 보일러 효율

$$\eta = \left(1 - \frac{\text{열손실}}{\text{입열합계}}\right) \times 100\ [\%]$$

$$\eta = \frac{G_a(h_2 - h_1)}{G_f \times H_f} \times 100\ [\%]$$

$$= \frac{G_e \times 2257}{G_f \times H_f} \times 100\ [\%]$$

여기서

G_a : 실제증발량[kg/h]

G_e : 환산 증발량[kg/h]

h_2 : 발생 증기 엔탈피[kJ/kg]

h_1 : 급수 엔탈피[kJ/kg]

G_f : 연료 소비량[kg/h]

H_f : 연료 발열량[kJ/kg]

③ 보일러의 연료소비량

$$G_f = \frac{G_a(h_2 - h_1)}{H_f \times \eta}$$

(6) 보일러 부하율= $\frac{\text{실제 증발량}}{\text{최대연속 증발량}} \times 100[\%]$

03 보일러 부하

1 보일러의 출력

출력	표시방법
정미 출력	보일러의 출력 표시 규격에 방열기용량(net rating)로 정의 되어있고 난방과 급탕부하를 합한 출력이다.
상용 출력	배관 손실을 고려하여 정미출력의 약 1.2배로 한다.
정격출력	연속운전이 될 수 있는 보일러의 최대능력을 말한다. 정미출력에 배관손실 및 예열 부하(warming up) 부하의 20~30% 더한 것으로 한다.
과부하 출력	운전 초기(30분~1시간)에는 정격출력의 10~20% 증가한 출력이 나오는데 이 것을 과부하 출력이라 한다.

2 보일러의 부하

부하	표시방법
난방부하	난방을 위한 열량으로 방열기 용량(net rating) 으로 나타낸다.
급탕부하	급탕에 필요한 열량
배관 부하	보일러에서 가열된 열매체 (증기, 온수 등)가 배관을 통하여 이송될 때 배관을 통한 손실열량
예열 부하	보일러를 가동하여 열매체(증기, 온수 등)가 운전온도가 될 때까지 공급된 열량

(1) 난방부하(H_R) ┌ 증기난방 : 0.756EDR
└ 온수난방 : 0.523EDR

(2) 급탕부하(H_W) : 급탕량 1L당 약 252kJ/hr로 계산한다.

(3) 배관부하(H_P) : 난방 및 급탕배관에서 발생하는 손실열량으로 H_R+H_W의 20% 정도로 한다.

(4) 예열부하(He) : $H_R+H_W+H_P$의 약 20~30% 정도로 한다.

※ 보일러의 용량(능력) 표시법
① 방열기 용량(정미출력)$=H_R+H_W$
② 상용출력$=H_R+H_W+H_P$
③ 정격출력$=H_R+H_W+H_P+He$

04 방열기(Radiator) □□□

1 분류

(1) 열매의 종류
- 증기용
- 온수용

(2) 형상
- 주형(Column radiator)
- 벽걸이형(Wall radiator)
- 길드형(Gilled type)
- 대류형(Convector)
- 베이스보드형(base hoard)
- 관형(Pipe type)

(3) 사용재료
- 주철재
- 강판재
- 알루미늄제

2 방열기 쪽수(section) 계산 N

① 증기 $N = \frac{H_o}{0.756 \cdot a}$

② 온수 $N = \frac{H_o}{0.523 \cdot a}$

H_o : 손실열량[KW]

a : 방열기 1쪽당의 전열면적[m^2]

3 방열기 내의 응축수량

$$G_c = \frac{q}{r}$$

G_c : 응축수량[kg/m^2h]

q : 방열기 방열량[$kJ/m^2 \cdot h$]

r : 그 증기압력에서의 증발잠열[kJ/kg]

방열기 설치 위치 : 창 아래, 벽과의 거리 50~60mm 정도

05 증기난방 □□□

1 증기난방의 분류

분류	내용
증기압력	고압식(증기압력 0.1MPa 이상) 저압식(증기압력 0.1MPa 미만)
배관방법	단관식(증기와 응축수가 동일한 배관) 복관식(증기와 응축수가 서로 다른 배관)
증기공급	상향공급식(Up feed system) 하향공급식(Down feed system)
응축수 환수방식	중력 환수식(응축수를 중력으로 환수) 기계 환수식(응축수 펌프에 의한 기계환수) 진공 환수식(진공 펌프에 의한 환수)
환수관의 배관방식	건식 환수관식(환수주관을 보일러 수면보다 높게 배관) 습식 환수관식(환수주관을 보일러 수면보다 낮게 배관)

2 증기난방의 설계 순서

① 각 실의 손실열량에 대한 필요 방열면적을 구한다.
② 배관방식(system)을 정한다.
③ 방열기, 열교환기, 보일러 등의 배치를 결정한다.
④ 각 기기의 필요 증기량을 결정한다. 또한 배관도중의 응축수량을 가산하여 전체 증기량을 정한다.
⑤ 방열기, 열교환기, 보일러 등을 연결하는 가장 경제적인 배관경로를 결정한다.
⑥ 주관 및 분기관의 유량을 계산한다.
⑦ 허용 압력강하를 결정한다.

$$R = \frac{100(P_B - P_R)}{L(1+k)} [\text{kPa/100m}]$$

여기서, P_B : 보일러의 증기압력[kPa]
P_R : 방열기의 증기압력[kPa]
L : 보일러에서 가장 먼 방열기까지의 전길이[m]
k : 증기관 도중의 연결부속 등의 직관저항에 대한 비율

$k = 0.5 \sim 1.0$

⑧ 배관의 관경을 결정한다. (마찰저항 손실이 배관의 허용 압력강하 이하가 되도록 한다. 표 5-1, 표 5-2, 표 5-3, 표 5-4에 의해 결정한다.)
⑨ 아래에 표시한 배관계통을 상세설계 한다.
- 배관의 신축대책
- 증기트랩(trap) 선정
- flash tank 선정
- 공기 배출 방법
- 기기 주변 배관

⑩ 보일러 용량을 결정한다.
⑪ 응축수 펌프 또는 진공 펌프의 용량과 설치 방법을 결정한다.

※ 응축수 펌프
㉠ 펌프 용량 $Q = A \cdot G \cdot \alpha$ (kg/min)
㉡ 펌프 양수량 $Q_P = 3Q$(L/min)
㉢ 응축수 탱크용량 $Q_t = 2Q_P(l)$

여기서 A : 방열면적(m^2)
G : 응축수량(kg/m^{2}min)
α : 여유율

[표 5-1] 저압 증기관의 용량표(상당방열면적 m^2 당)

압력강하 / 관지름(A)	순구배 횡관 및 하향급기 입관(복관식 및 단관식)						역구배 횡관 및 상향급기 입관			
	r : 압력강하(kPa/ 100m)						복관식		단관식	
	0.5	1	2	5	10	20	입관	횡관	입관	횡관
	A	B	C	D	E	F	G	H	I	J
20	2.1	3.1	4.5	7.4	10.6	26	4.5	–	3.1	–
25	3.9	5.1	8.4	14	20	29	8.4	3.7	5.7	3.0
32	7.7	11.5	17	28	41	59	17	8.2	11.5	6.8
40	12	17.5	26	42	61	88	26	12	17.5	10.4
50	22	33	48	80	115	166	48	21	33	18
65	44	64	94	155	225	325	90	51	63	34
80	70	102	150	247	350	510	130	85	96	55
90	104	150	218	360	520	740	180	134	135	85
100	145	210	300	500	720	1040	235	192	175	130
125	260	370	540	860	1250	1800	440	350		240
150	410	600	860	1400	2000	2900	770	610		
200	850	1240	1800	2900	4100	5900	1700	1340		
250	1530	2200	3200	3200	7300	10400	3000	2500		
300	2450	3500	3500	5000	11500	17000	4800	4000		

[표 5-2] 저압증기의 환수관 용량(EDR m^2)

압력강하 / 관경(A)	횡주관 K								
	0.5		1		2		5		10
	습식	건식	습식 및 진공식	건식	습식 및 진공식	건식	습식 및 진공식	건식	진공식
20	22.3		31.6		44.5		69.6		99.4
25	39	19.5	58.3	26.9	77	34.4	121	42.7	176
32	67	42	93	54.3	130	70.5	209	88	297
40	106	65	149	89	209	114	334	139	464
50	223	149	316	195	436	246	696	297	975
65	372	242	520	334	734	408	1170	492	1640
80	585	446	826	594	1190	724	1860	910	2650
90	863	640	1225	835	1760	1020	2780	1300	3900
100	1210	955	1710	1250	2410	1580	3810	1950	5380
125	2140		2970		4270		6600		9300
150	3100		4830		6780		10850		15200

[표 5-3] **환수관(입관)**

관경 \ 압력강하	입관				
	진공식(L)				건식
	R-1	2	5	10	(M)
20	58.3	77	121	176	17.6
25	93	130	209	297	41.8
32	149	209	334	464	92
40	316	436	696	975	139
50	520	734	1170	1640	278
65	826	1190	1860	2650	
80	1225	1760	2780	3900	
90	1710	2410	3810	5380	
100	2970	4270	6600	9300	
125	4830	6780	10850	15200	

[표 5-4] **방열기지관 및 밸브용량**(EDR m^3)

관경 \ 분류	증기관		환수관			
	입관 및 방열기		중력식		진공식	
	단관식	복관식	입관	트랩	입관	트랩
	N	O	P	Q	R	S
15	1.3	2.0	12.5	7.5	37	15
20	3.1	4.5	18.0	15	65	30
25	5.7	8.4	42	24	110	48
40	17.5	27				
50	33	48				

06 증기난방 배관의 시공

1 배관의 기울기

종류	기울기 방향	기울기
증기관	순구배	1/250 이상
	역구배	1/50 이상
환수관	순구배	1/250 이상

2 편심이경 이음쇠

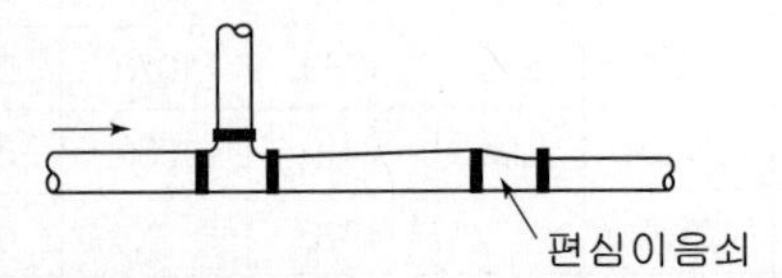

횡주관에서 관경이 가늘어 지는 경우 그림과 같이 편심이경 이음쇠를 사용하여 응축수가 체류하지 않도록 한다.

3 증기관이나 환수관이 보 또는 문과 교차

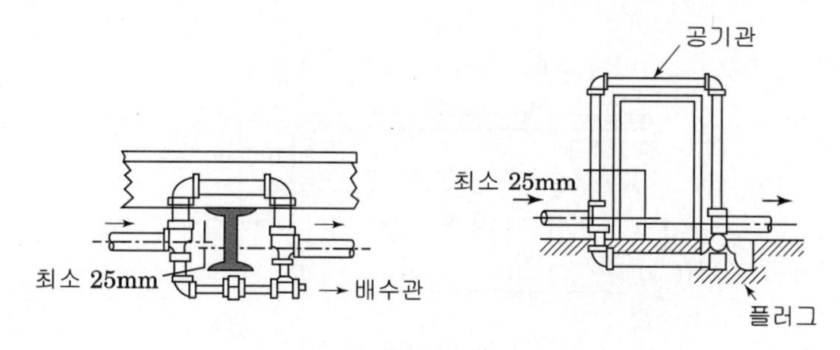

증기관과 환수관이 출입구나 보와 같은 장애물을 피하여 배관하여야 할 경우 그림과 같이 루프(Loop)형 배관을 하여 상부는 공기, 하부는 응축수가 흐르도록 한다.

4 리프트 피팅(Lift fitting) 배관법

진공환수식에서 부득이 환수주관보다 높은 위치에 진공펌프가 있거나 방열기보다 높은 곳에 환수관을 배관하지 않으면 안 될 때 적용하며 응축수의 회수를 용이하게 하기 위한 배관법이다.

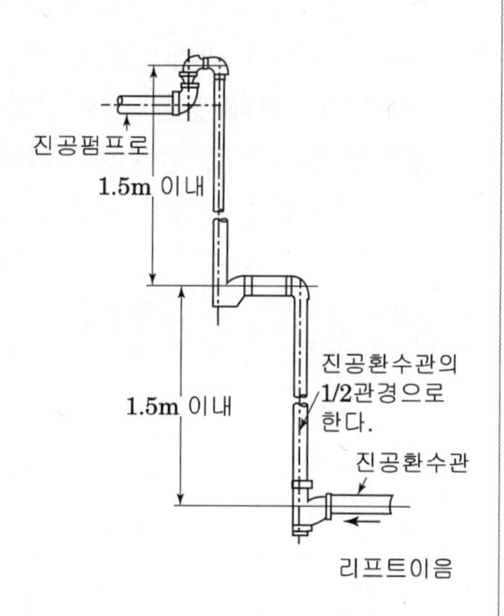

5 하드포드(hardford) 접속법

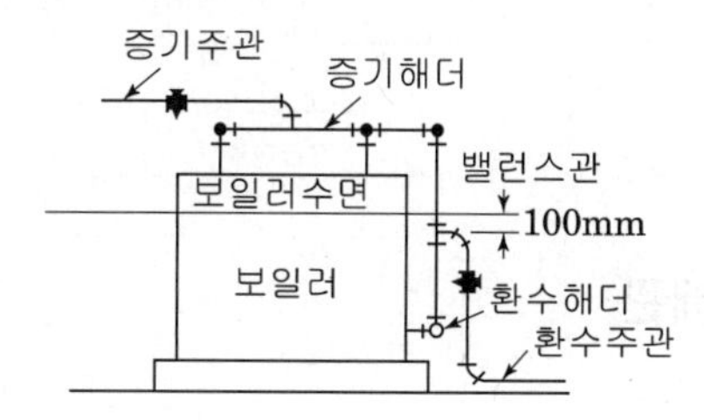

저압증기 보일러에서 환수관의 일부가 파손되었을 때 그림과 같이 밸런스관을 이용하여 환수관을 접속함으로써 보일러수의 유실을 방지하여 과열에 의한 사고를 방지하기 위한 배관법이다.

6 관말 트랩 주위 배관

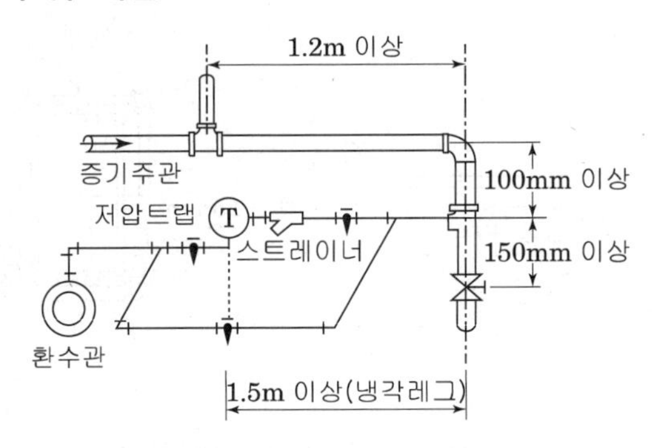

7 증발뱅크(Flash Tamk)

고압의 응축수가 트랩(Trap)을 통하여 환수관에 접속되면 압력이 저하되어 고압 응축수의 일부가 재증발하여 저압 환수관 내의 흐름을 방해할 뿐 아니라 환수관 내의 압력이 상승하여 저압계통의 증기트랩 배출능력을 떨어뜨린다. 이와 같은 경우 고압증기의 응축수를 플래쉬탱크에 넣어서 재증발을 일으키고, 발생한 증기는 저압증기로서 재이용하고 저압의 응축수는 증기트랩을 통하여 저압 환수관으로 배출시킨다.

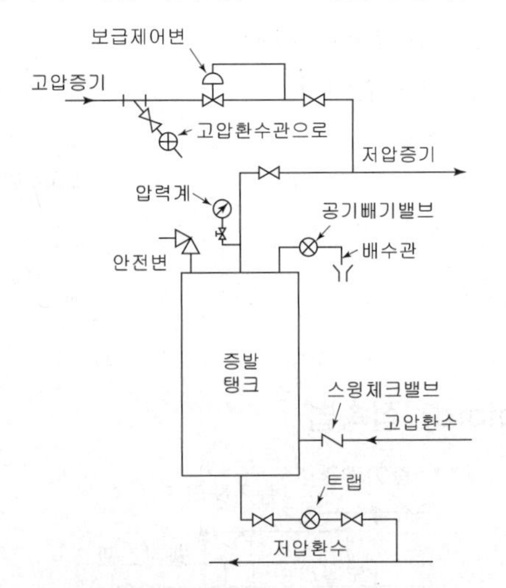

8 감압밸브 주위 배관

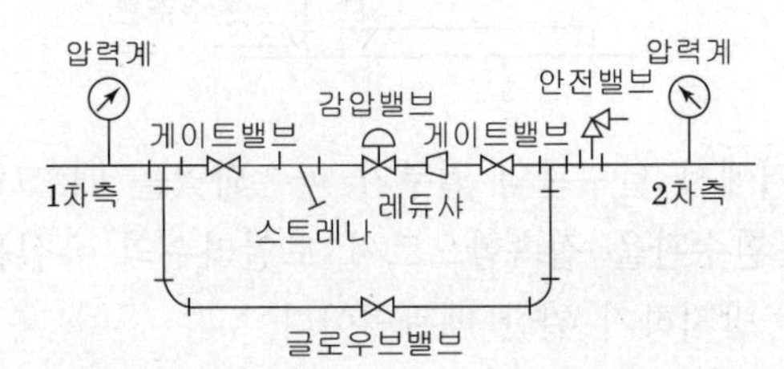

07 온수난방

1 온수난방의 분류

분류	내용
온수온도	저온수식 : 100℃ 미만
	고온수식 : 100℃ 이상
배관방법	단관식 : 온수의 공급과 환수관이 동일 배관
	복관식 : 온수의 공급과 환수관이 서로 다른 배관
공급방식	상향 공급식 : 온수의 공급방향이 상향
	하향 공급식 : 온수의 공급방향이 하향
순환방식	중력 환수식 : 중력에 의한 자연순환
	강제 환수식 : 펌프 등 기계력에 의한 강제순환

2 온수난방의 설계순서

① 각 실의 손실열량을 계산한다.
② 배관방식(system)을 결정한다.
③ 열원기기, 펌프, 방열기 등의 기기배치를 정한다.
④ 각 기기의 필요 순환수량을 구한다.
⑤ 열원기기, 펌프, 방열기 등 기기를 연결하는 배관경로를 경제성, 보존성, 방제성 등을 고려하여 가장 합리적인 배관을 계획한다.
⑥ 주관 및 분기관의 유량을 구한다.
⑦ 순환수두를 구한다.
⑧ 보일러에서 가장 먼 방열기까지의 경로에 따라 측정한 왕복 길이를 L로 하여 배관저항 R을 구한다.
⑨ 배관관경은 배관계의 초기설비비와 운전비 등의 경제성을 검토하여 유량과 배관마찰 저항선도에 의해 구한다.
⑩ 펌프의 양정을 구한다.
⑪ 다음과 같은 배관계의 상세설계를 한다.
- 배관의 신축대책
- 배관 내의 물의 팽창대책(팽창탱크 설치 등)
- 수격작용(water hammer) 방지대책
- 기기주변의 배관(방진대책 포함)

⑫ 열원기기(보일러) 용량 결정 및 굴뚝의 크기를 결정한다.

3 관경결정에 필요한 계산

(1) 온수 순환량(유량) Q[L/min]

$$Q = \frac{q \cdot 60}{c_{\omega} \cdot \rho \cdot \Delta t}$$

(2) 순환수두 h_w[Pa]

① 중력식 온수난방 : $h_w = (\rho_{w_1} - \rho_{w_2})gh$

② 강제식 온수난방 : 순환펌프의 양정

(3) 배관의 저항 R

$$R = \frac{h_w}{L + L'}$$

여기서 q : 방열기 방열량[kW]　　C_{ω} : 온수의 비열[4.19kJ/kg · K]

ρ : 물의 밀도[1kg/L]　　Δt : 방열기 입출구 온도차[℃]

ρ_{w_1} : 방열기 입구 온수밀도[kg/m³]

ρ_{w_2} : 방열기 출구 온수밀도[kg/m³]

L : 보일러에서 최원단 방열기까지의 왕복길이[m]

L' : 배관도중에 있는 국부저항 상당길이 합계[m]

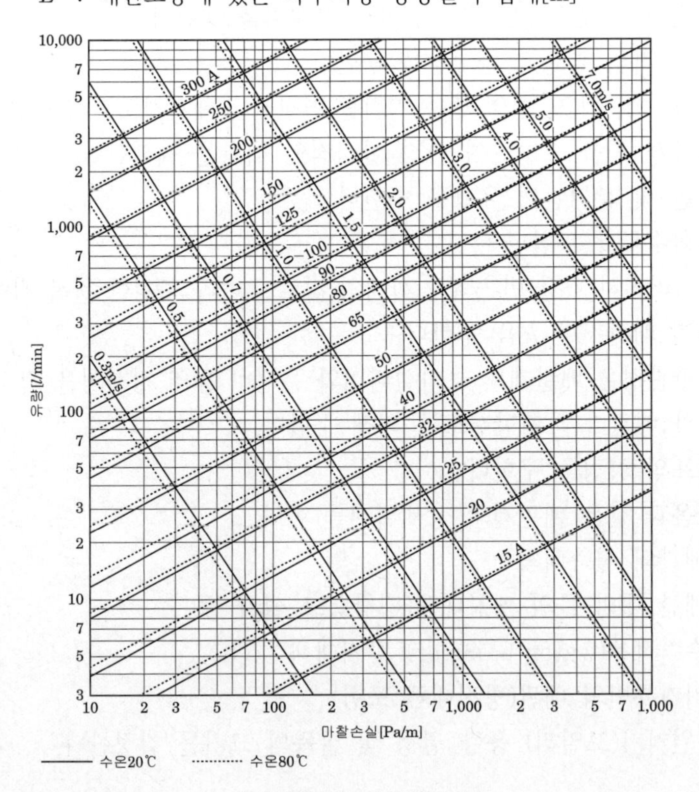

5-7 배관용 탄소강의 유량선도

4 팽창탱크(Expansion tank)

(1) 온수의 팽창량 $\Delta v = \left(\frac{\rho_1}{\rho_2} - 1\right)v$

(2) 팽창탱크 용량[m³]

① 개방식 팽창탱크 $V = (1.5 \sim 2.0)\Delta v$

② 밀폐식 팽창탱크 $V = \dfrac{\Delta v}{1 - \dfrac{p_1}{p_2}}$

여기서

Δv : 온수팽창량[m³]
ρ_1 : 가열하기 전 온수의 밀도[kg/m³]
ρ_2 : 가열한 후 온수의 밀도[kg/m³]
v : 장치 내의 전수량[m³]
V : 팽창탱크 용량[m³]
P_1 : 최저압력 시의 팽창탱크 내의 압력[kPa(abs)]
P_2 : 최고압력 시의 팽창탱크 내의 압력[kPa(abs)]

5 배관의 열손실

$$Q = KA(1-\eta)(t_w - t_r)L[\text{kW}]$$

Q : 손실열량[kW]
K : 열관류율[kW/m²k]
A : 보온상의 표면적[m²/m]
η : 보온효율
t_w : 관 내의 온수 평균온도[℃]
t_r : 관 주위의 공기온도[℃]
L : 관 길이[m]

6 환수 배관 방식

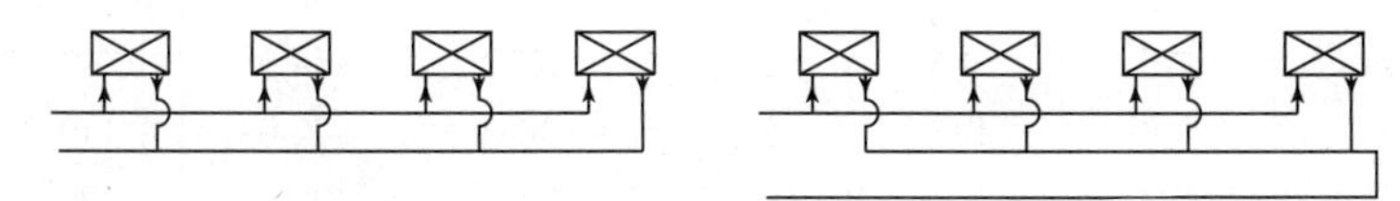

(a) 직접 환수식(Direct return system　　(b) 역환수식(Reverse return ststem)

- 역환수방식 : 그림 (b)와 같이 동일 계통의 각 부하기기를 연결하는 배관경로 길이를 거의 같게 하는 배관방식으로 각 경로에서의 배관의 압력손실을 균등하게 하여 각 기기로의 유량이 밸런스가 용이하게 된다. 그러나 배관의 길이가 길어지고 배관의 스페이스도 많이 필요하게 된다.

예제

그림과 같은 조건의 온수난방 설비에 대하여 물음에 답하시오.

【조 건】

① 방열기 출입구온도차 : 10℃
② 배관손실 : 방열기 방열용량의 20%
③ 순환펌프 양정 : 2m
④ 보일러, 방열기 및 방열기 주변의 지관을 포함한 배관국부저항의 상당길이는 직관 길이의 100%로 한다.
⑤ 배관의 관지름 선정은 표에 의한다. (표내의 값의 단위는 L/min)
⑥ 예열부하 할증률은 25%로 한다.
⑦ 온도차에 의한 자연순환 수두는 무시한다.
⑧ 배관길이가 표시되어 있지 않은 곳은 무시한다.
⑨ 물의 비열 : 4.2kJ/(kg·K)

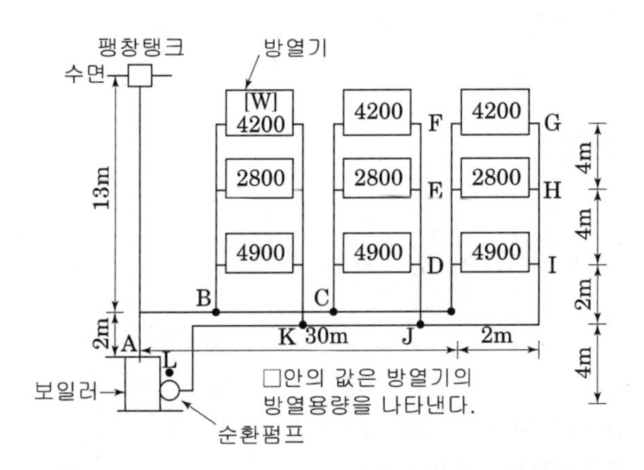

압력강하 Pa/m	관경(A)					
	10	15	25	32	40	50
50	2.3	4.5	8.3	17.0	26.0	50.0
100	3.3	6.8	12.5	25.0	39.0	75.0
200	4.5	9.5	18.0	37.0	55.0	110.0
300	5.8	12.6	23.0	46.0	70.0	140.0
500	8.0	17.0	30.0	62.0	92.0	180.0

(1) 전 순환수량(L/min)을 구하시오.

(2) B-C간의 관지름(mm)을 구하시오.

(3) 보일러 용량(W)을 구하시오.

해설 (1) 전순환 수량 $= \dfrac{(4200+2800+4900)\times 3\times 60}{4.2\times 10\times 10^3} = 51[\text{L/min}]$

(2) B-C간의 관지름

① 보일러에서 최원 방열기까지의 왕복 직관길이
= 2+30+2+4+4+4+4+2+2+30+4 = 88m

② 압력강하 $R = \dfrac{hw}{L+L'} = \dfrac{1000\times 9.8\times 2}{88+88} = 111.36[\text{Pa/m}]$이므로

③ 압력강하 100Pa/m난에서 B-C간의 유량 34[L/min]
(표에서는 39[L/min])과의 교점에 의해 관경
40A[mm]이다.

여기서, B-C간의 유량은 $\dfrac{(4200+2800+4900)\times 2\times 60}{4.2\times 10\times 10^3} = 34[\text{L/min}]$

(3) 보일러용량(정격출력)
= 난방부하+급탕부하+배관부하+예열부하
= (4200+2800+4900)×3×1.2×1.25 = 53550[W]

08 온풍로(Hot Air Furnace) 난방 □□□

온풍난방은 간접난방 방식으로 온풍기로 직접 가열하거나 가열코일을 이용하여 가열된 공기를 실내로 공급하는 방식으로, 가열된 공기를 실내에 직접 토출하거나 덕트를 이용하여 실내에 공급하는 난방방식이다.

1 설계순서

① 각 실의 손실열량을 계산한다.

② 아래 식에 의하여 온풍로의 풍량을 계산한다.

$$Q = \frac{q_H}{C_p\cdot\rho\cdot(t_d - t_r)}[\text{m}^3/\text{h}]$$

여기서,

q_H : 손실열량[kJ/h]

t_d : 취출공기온도[℃]

t_r : 실내온도[℃]

C_p : 공기의 평균 정압비열 1.01[kJ/kg · K]

ρ : 공기의 밀도 1.2[kg/m³]

③ 온풍로의 용량(필요가열량)은 다음 식에 의해 계산한다.

$q_M = q_H + q_D + q_O + q_W$

여기서,

q_M : 온풍로 용량(정격출력) [kW]

q_H : 손실열량[kW]

q_D : 덕트에서의 손실열량[kW]$= 0.05q_H$

q_O : 외기부하$= G_o(h_r - h_o)$[kW]

q_W : 예열부하$= 0.2(q_H + q_D + q_O)$[kW]

G_o : 외기량[kg/s]

h_r, h_o : 실내, 실외 공기 엔탈피[kJ/kg]

09 배관설비의 계획 · 설계 □□□

공조설비의 배관에는 물을 열매(heating medium)로 사용하는 냉 · 온수배관 및 증기 · 응축수배관, 냉매배관, 가스배관 등이 있다. 배관설비는 소요되는 열, 혹은 물질을 과부족 없이 확실, 안전하게 누설 없이 또한 저비용(low cost)으로 공급할 수 있어야 한다.

1 냉 · 온수 배관의 계획

(1) 기본사항

냉 · 온수 배관 및 냉각수배관 등의 수배관 계획의 유의점

① 각기기에 적절한 온도, 압력의 필요유량을 공급할 수 있도록 한다.

② 공조부하에 따라서 수량의 분배가 균일하도록 배관계통을 zoning한다.

③ 수온변화에 따른 물의 팽창에 의해 관내압력이 설계압력을 초과하지 않도록 한다.

④ 온도, 압력, 수질, 내식성, 경제성 등을 고려하여 관의 종류를 선정한다.

⑤ 수온변화, 외기온도에 의한 관의 신축에 의해 배관 및 기기의 손상이 발생하지 않도록 한다.

⑥ 배관내부의 공기배출이 용이하도록 설계한다. 또한 관내의 압력이 대기압이하가 되지 않도록 한다.

⑦ 기기의 진동이 배관에 전달되지 않도록 한다.

⑧ 유수음(流水音)이 생기지 않도록 적절한 배관 관경, 배관구조, 배관의 지지를 계획한다.
⑨ 지진에 대하여 배관을 보호하는 조치를 한다.
⑩ 배관외면에 적절한 도장, 보온을 행한다.

(2) 수배관의 설계순서

수배관의 설계순서는 일반적으로 다음 수순으로 행한다.

① 배관 시스템을 결정한다.
② 열원기기, 펌프, 공기조화기, FCU 등 기기배치를 행한다.
③ 각기기의 필요순환수량을 결정한다.
④ 열원기기, 펌프, 공기조화기, FCU 등의 기기를 잇는 배관 경로를 경제성, 보존성, 방재성 등을 고려하여 결정한다.
⑤ 주관 및 분기관의 유량을 구한다.
⑥ 배관의 관경을 배관계의 초기설비비(배관, 펌프 등)와 동력운전 running cost와의 경제성을 검토하여 유량과 배관마찰저항 선도에 의해 구한다.
⑦ 설계유량의 배관계의 저항을 구한다.
⑧ 펌프의 양정을 구한다.
⑨ 배관의 상세 설계를 한다.
- 배관의 신축대책
- 배관내의 물의 팽창대책(팽창탱크 설치 등)
- water hammer 방지대책
- 공기빼기, 물빼기대책
- 배관의 지지
- 기기주위의 배관(방진대책 포함)
- pipe shaft, 천장내의 수납대책

(3) 수배관 시스템의 분류

① 회로방식에 의한 분류
- 밀폐회로 방식(close system)
- 개방회로 방식(open system)

② 환수방식에 의한 분류
- 직접환수 방식(direct return system)
- 역환수 방식(reverse return system)

③ 배관 관수에 의한 분류
- 2관식(2pipe system)
- 3관식(3pipe system)
- 4관식(4pipe system)

④ 공급방식에 의한 분류
- 상향공급방식(up feed system)
- 하향공급방식(down feed system)

⑤ 유량제어 방식에 의한 분류
- 정유량 방식(CWV 방식)
- 변유량 방식(VWV 방식)

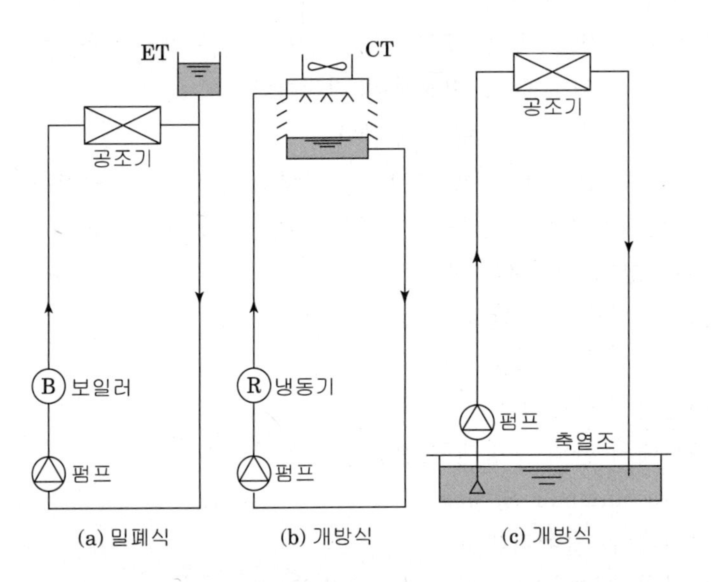

5-2 밀폐회로와 개방회로

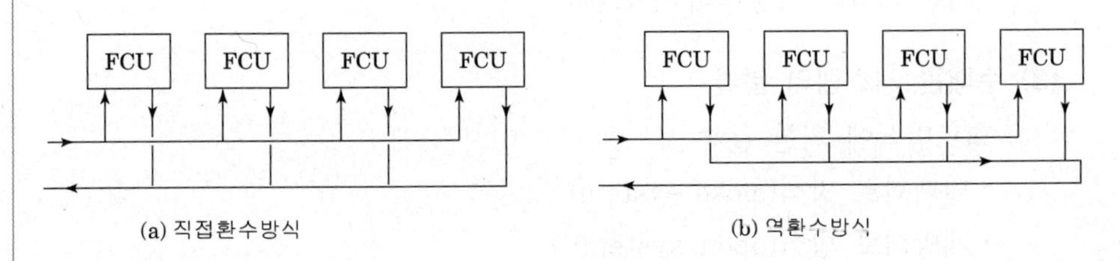

5-3 환수방식에 의한 분류

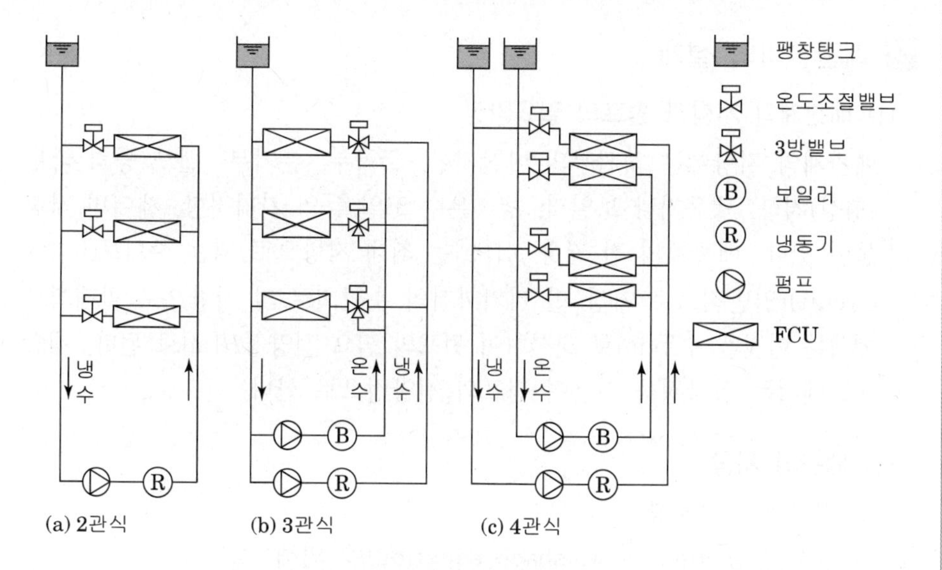

5-4 배관수에 의한 분류

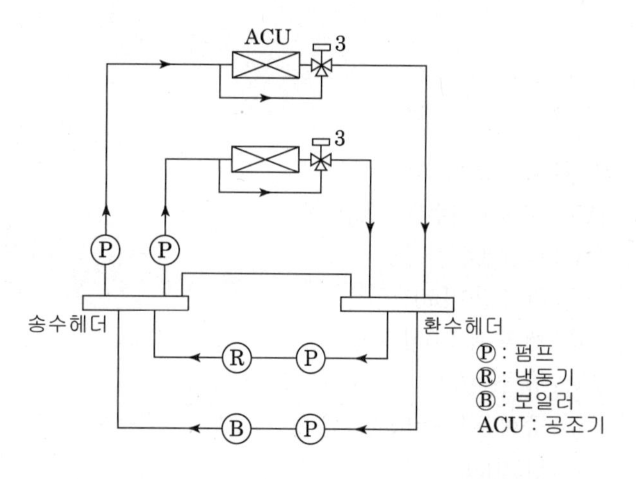

5-5 정유량 방식

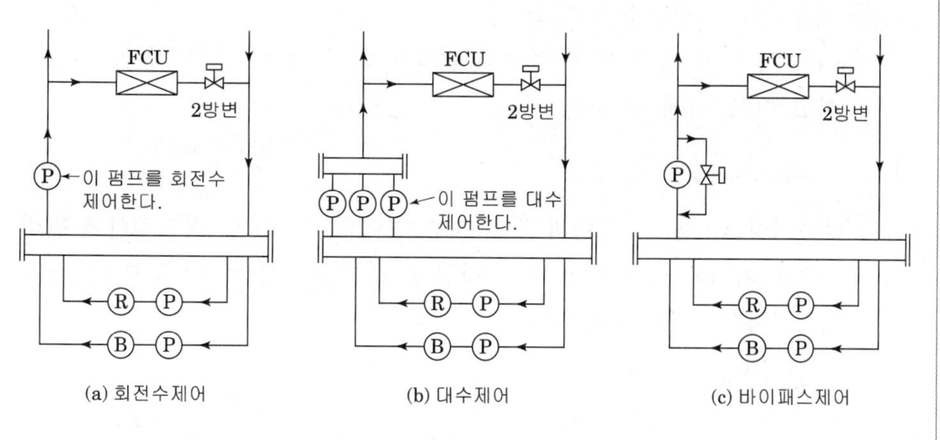

5-6 변유량제어 방식

2 배관설비의 설계

(1) 배관계의 저항과 펌프의 필요양정

배관계의 저항에는 직관부의 마찰저항, 굴곡부, 분기부, 밸브 등의 국부(형상)저항, 냉동기나 보일러, 냉·온수 코일 등의 기기저항, 제어변 저항 등이 있다. 배관계의 전 저항 p_t[Pa]는 최대 저항으로 되는 주회로(index circuit)(일반적으로 가장 먼 기기까지의 순환회로)의 저항으로 밀폐회로에서는 이것을 수두(m)로 환산하여 펌프의 필요 전양정H[m]로 된다. 개방회로에서는 실양정을 더하여 펌프의 전양정으로 한다.

(2) 배관의 저항

① 직관의 마찰저항

달시의 공식(darcy weisbach equation)에 의해

$$\Delta p_f = \lambda \cdot \frac{L}{d} \cdot \frac{v^2}{2} \cdot \rho$$

$$\Delta h = \frac{\Delta p_f}{\rho \cdot g} = \lambda \cdot \frac{L}{d} \cdot \frac{v^2}{2g}$$

여기서, Δp_f : 압력손실[Pa]
Δh : 마찰손실수두[mAq]
λ : 마찰계수
L: 관의 길이[m]
d : 관의 내경[m]
v : 유속[m/s]
g : 중력가속도[$9.8m/s^2$]
ρ: 밀도[kg/m^3]

기억 직관의 마찰저항

: 유체가 배관내를 충만하여 흐를 때는 유체의 점도와 관내벽의 조도(거칠기)에 의해서 마찰이 발생하여 흐름에 저항이 생긴다. 이것을 마찰저항이라고 하고 관내 흐름에 의한 마찰 저항은 달시의 공식으로 나타넨다.

- 층류인 경우

$$f = \frac{64}{Re}$$

- 천이구역

$$f = 0.0055\left[1 + \left(20,000\frac{\epsilon}{d} + \frac{10^6}{Re}\right)^{1/3}\right]$$

- 난류인 경우

$$f = \frac{0.3164}{Re^{1/4}}$$

② 국부저항과 상당장(相當長)

이음부, 밸브 등의 단면 형상의 변화에 의한 저항을 국부저항p_r[Pa]라 하고 다음 식에 따른다.

$$\Delta p_r = \zeta \frac{v^2}{2} \rho$$

국부저항Δp_r를 그 저항과 같은 직관 길이로 환산하면 저항계산에 편리하므로 이것을 국부저항p_r의 상당장 L'라 하고, 상당장과 국부저항계수 ζ의 관계는 다음 식에 따른다.

$$L' = \frac{\zeta}{\lambda} d$$

(3) 배관설비의 설계순서

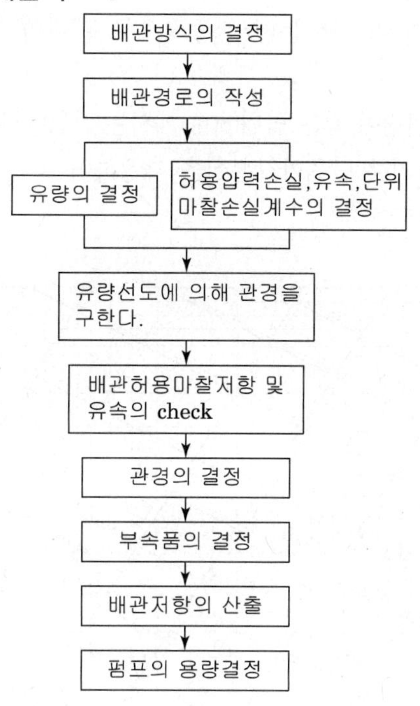

(4) 관경의 결정방법

① 유량의 결정

냉난방 부하에 대한 방열기, FCU, 공기조화기 등의 기기에 필요한 순환수량은 다음 식으로 구한다.

$$Q = \frac{q_s 60}{c_w \rho \Delta t}$$

여기서, Q : 유량[LPM]

q_s : 기기의 부하[kW]

c_w : 순환수의 평균비열 : 4.2[kJ/kg · K]

Δt : 기기출입구의 온도차[℃]

ρ : 순환수 밀도 : 1[kg/L]

② 관경의 결정

관경은 경제성을 고려하여 결정한다. 단위마찰저항을 크게 하면, 유속이 빠르게 되어 관경을 작게 할 수 있으나 펌프의 설비비, 운전비가 높게 된다. 반대로 적게 하면 배관설비비는 높게 되고 펌프설비비와 운전비는 적게 된다. 이와 같이 배관관경과 펌프설비비, 운전비는 서로 관계가 있다.

관경은 일반적으로 유량과 단위길이 당 마찰손실로부터 배관마찰손실선도를 이용하여 구하는데 최종적으로 관내의 유속이 과대하게 되지 않도록 한다.

일반적으로 배관경이 적은 범위(80A)에서는 단위마찰손실을 0.3~1.0kPa/m 사이의 적당한 기준 단위마찰손실을 가정하여 그 전후의 허용유량에 대한 관경을 선정한다.

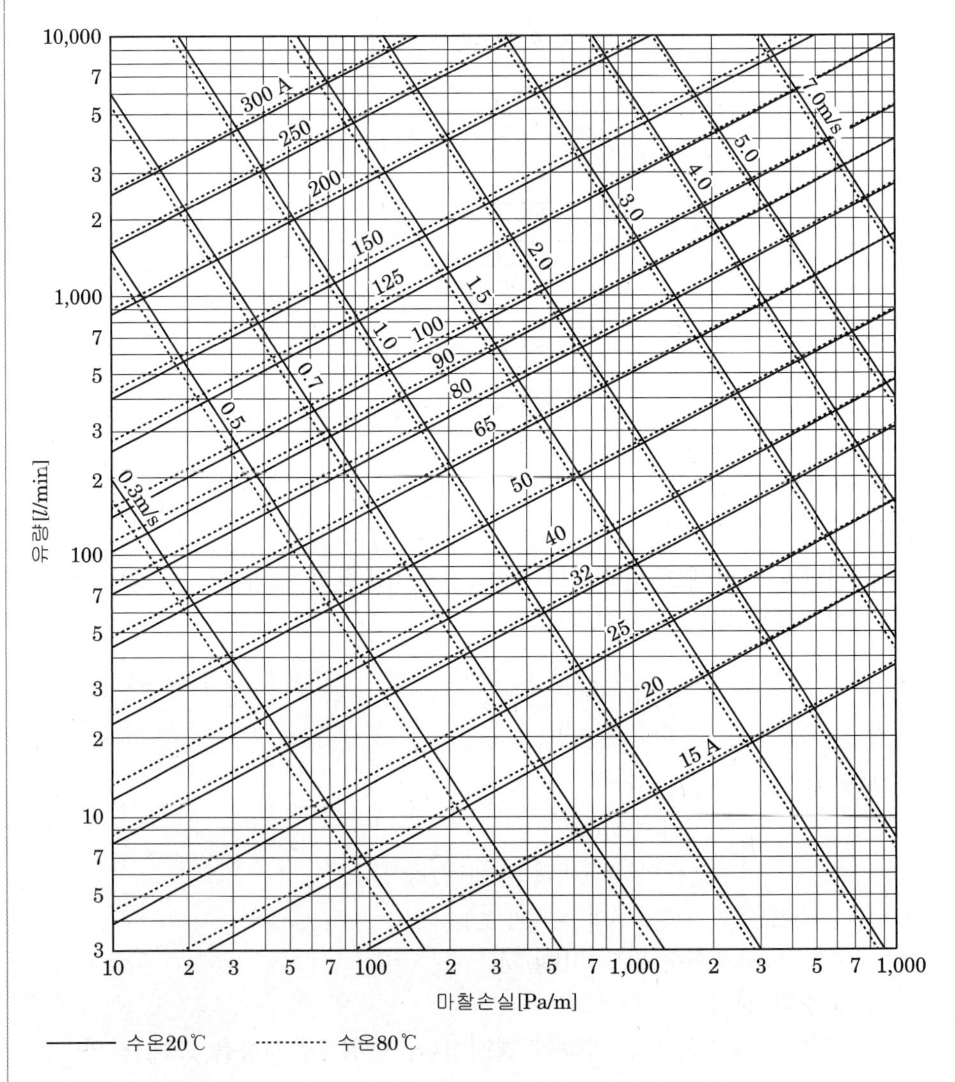

5-7 배관용 탄소강의 유량선도

(5) 펌프의 선정

① 밀폐회로방식의 경우

펌프의 전양정H = κ_1(배관저항 + 기기저항)[mAq]

κ_1 : 여유계수(1.1 정도)

② 개방회로방식의 경우

펌프의 전양정H = κ_2(실양정 + 배관저항 + 기기저항)[mAq]

κ_2 : 여유계수(1.1~1.3 정도)

③ 펌프의 축동력L_S

$$L_S = \rho g H Q/\eta = \gamma H Q/\eta$$

여기서 ρ : 물의 밀도 1000[kg/m^3]

g : 중력가속도 9.8[m/s^2]

H : 전양정[m]

Q : 유량[m^3/s]

γ : 비중량 : 9.8[kN/m^3]

기억 전양정과 실양정

: 펌프가 발생하는 송수압력을 전양정이라 하고, 전양정은 실제로 물을 길어 올리는 높이에 상당하는 압력(실양정), 배관 및 기기의 저항, 토출압력(속도수두)을 합한 것이다. 양정은 일반적으로 수두로 표시한다.

$$H = h_a + h_f + h_v$$

여기서,

H : 전양정[m]

h_a : 실양정[m]

h_f : 손실수두[m]

h_v : 속도수두[m]

$$h_v = \frac{v^2}{2g}$$

v : 유속[m/s]

g : 중력가속도(9.8m/s^2)

3 압력선도

배관내의 압력분포를 구해, 기기의 내압이나 배관의 재질을 결정하기 위해 압력선도를 이용한다. 일반적으로 횡축에 관내압력, 종축에 높이(위치수두)로 한다. DHC의 도관 등에서는 횡축에 수평거리, 종축에 압력으로 된 것도 있다.

• 예제 1)

배관요소	압력선도 상의 표현	배관요소	압력선도 상의 표현
펌프	펌프의 양정	입상관 (수직관)	고저차, 정수두선 평행, 배관압력손실
기기, 밸브, 수평배관	압력손실	입하관 (수직관)	고저차, 정수두선 평행, 배관압력손실

5-8 압력선도 상의 표현

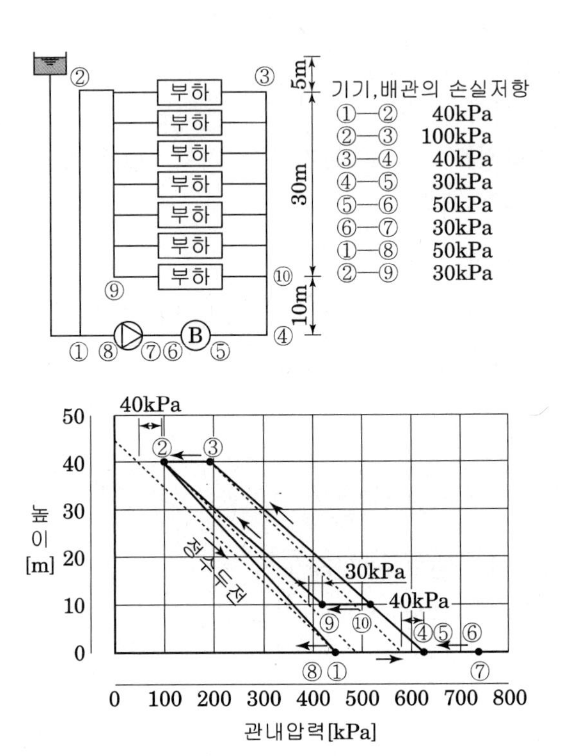

5-9 압력선도

• 예제 2)

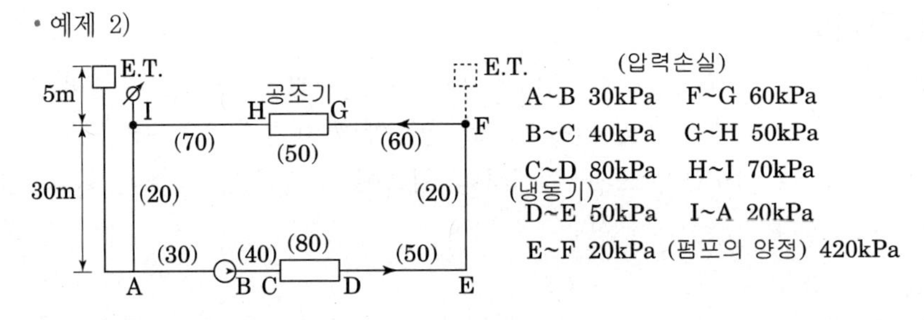

(a) A점에 팽창탱크를 섭속한 경우

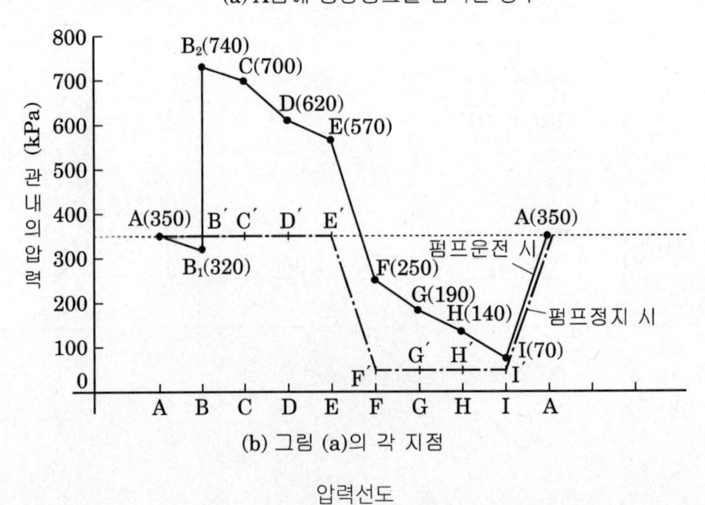

(b) 그림 (a)의 각 지점

압력선도

예제 1

그림과 같은 난방배관시스템에서 개방형 팽창탱크를 설치하였을 때 아래의 조건을 참조하여 물음에 답하시오.

【조 건】

보일러의 압력손실 : 70kPa, 배관의 단위길이 마찰손실 : 400Pa/m
물의 비중량은 $10kN/m^3$으로 한다.
배관은 수평으로 설치되어 있고 국부저항과 조건 외 저항은 무시한다.

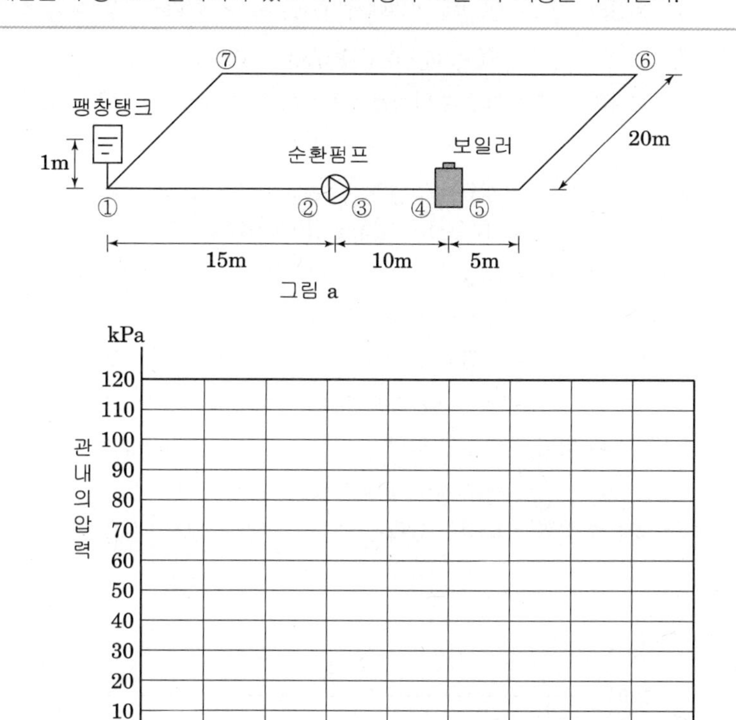

그림 a

그림 a의 각 지점

(1) 배관에 물이 순환할 수 있도록 펌프의 최소양정[mAq]을 구하시오.

(2) 시스템이 가동될 때(펌프 운전시) 압력 선도를 작성하시오.

해설 (1) 배관에 물이 순환할 수 있도록 펌프의 최소양정[mAq] = 전양정

전양정 = 실양정 + 배관저항 + 기타저항

- 실양정 : 밀폐배관이므로 0m
- 배관저항 : 배관의 전길이 = (15+10+5+20)×2 = 100m

  배관의 압력손실 : 100×400 = 40 000Pa = 40kPa

• 기타저항 : 보일러 저항=70[kPa]

따라서 펌프의 최소양정$=\frac{40}{10}+\frac{70}{10}=11$[mAq]

(2) 펌프 운전시 압력 선도를 작성

압력선도는 팽창탱크의 접속점(no pressure change point)을 기준으로 그린다.

• 접속점①의 압력(팽창탱크 수두압)=1×10=10[kPa]
• ②점의 압력 = ①점의 압력에서 ①-②구간의 압력손실을 뺀 값
  = 10 − 15×0.4[kPa/m] = 4[kPa]
• ③점의 압력 = ②점의 압력에 펌프의 양정에 상당하는 압력을 더한 값
  = 4 + 11×10 = 114[kPa]
• ④점의 압력 = ③점의 압력에서 ③-④구간의 압력손실을 뺀 값
  = 114 − 10×0.4 = 110[kPa]
• ⑤점의 압력 = ④점의 압력에서 보일러의 압력손실을 뺀 값
  = 110 − 70 = 40[kPa]
• ⑥점의 압력 = ⑤점의 압력에서 ⑤-⑥구간의 압력손실을 뺀 값
  = 40 − (5+20)×0.4 = 30[kPa]
• ⑦점의 압력 = ⑥점의 압력에서 ⑥-⑦구간의 압력손실을 뺀 값
  = 30 − (15+10+5)×0.4 = 18[kPa]
• ①점의 압력 = ⑦점의 압력에서 ⑦-①구간의 압력손실을 뺀 값
  = 18 − 20×0.4 = 10[kPa]

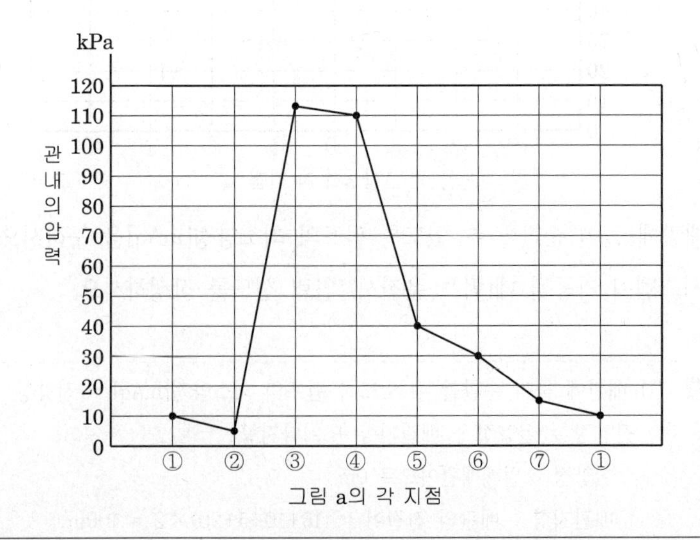

예제 2

다음 그림과 같은 냉수 배관 계통도를 보고, 주어진 조건과 배관마찰 손실선도를 이용하여 다음 물음에 답하시오.

〈냉수배관 계통도〉

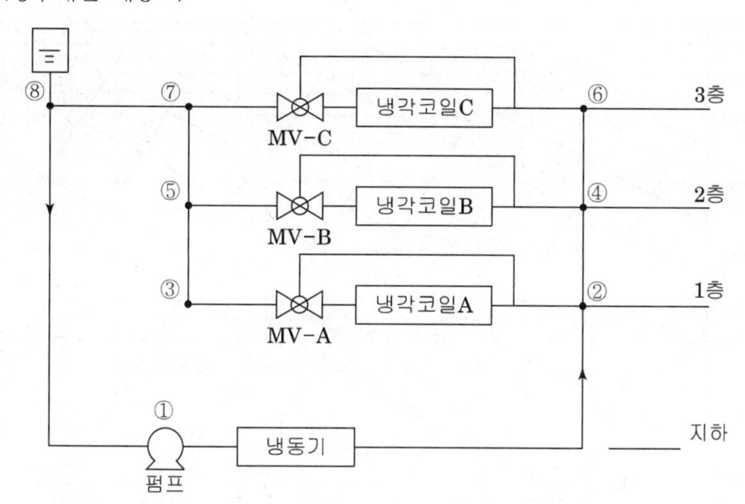

〈계산조건〉

(1) 냉각코일부하 : A=55kW, B=100kW, C=80kW (2) 냉각코일 입출구 수온 : 입구 7℃, 출구 12℃ (3) 직관길이 ①-② : 20m, ⑦-⑧ : 30m, ⑧-① : 40m ②-④, ④-⑥, ③-⑤, ⑤-⑦ : 4m ②-③, ④-⑤, ⑥-⑦ : 6m	(4) 기기저항 : 냉각코일 A=5mAq, 냉각코일 B=4mAq, 냉각코일 C=5mAq, MV-A=5mAq, MV-B=7mAq MV-C=7mAq, 냉동기=13mAq (5) 물의 비열은 4.2kJ/kg·K이며, 밀도는 1,000kg/m³ 로 한다. (6) 냉수펌프의 효율은 40%이다. (7) 배관의 열손실은 무시한다.

(1) 냉각코일 A, B, C의 순환수량 Q_A, Q_B, Q_C(L/min)을 구하시오. (3점)

(2) 냉수배관 ①-②, ②-④, ③-⑤의 각 유량(L/min) 및 관경(A)을 선도로부터 선정하시오. (단, 유속은 2.5m/s 이하로 하고, 단위 길이당 마찰저항은 500Pa/m로 할 것) (3점)

구간	유량(L/min)	관경(A)
①-②		
②-④		
③-⑤		

(3) 냉수펌프에 대한 전양정(m) 및 축동력(KW)을 구하시오. (단, 배관의 국부저항은 직관저항의 50%로 한다.) (4점)

(4) 냉수펌프를 고효율펌프(효율 60%)로 교체할 때 절감되는 축동력(kW)을 구하시오.

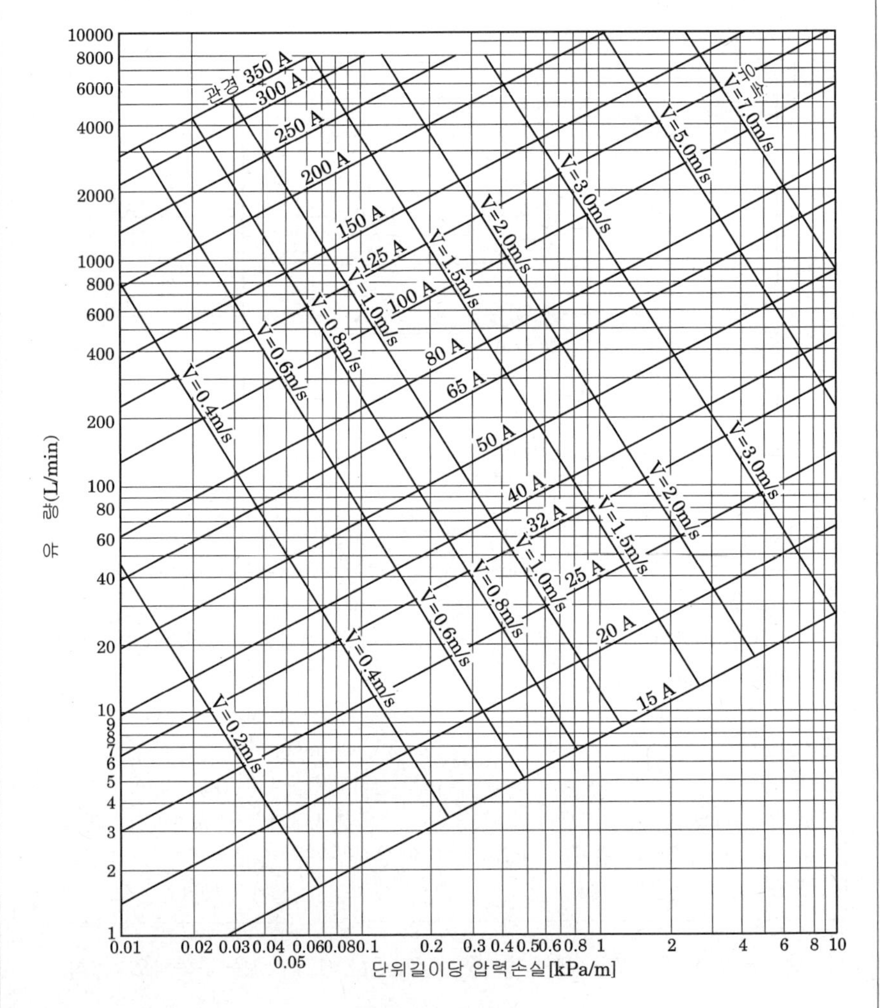

배관마찰 손실 선도

해답 (1) 냉각코일 A, B, C의 순환수량 Q_A, Q_B, Q_C

$$Q_A = \frac{55 \times 60}{4.2 \times (12-7) \times 1[\text{kg}/\ell]} = 157.14$$

$$Q_B = \frac{100 \times 60}{4.2 \times (12-7) \times 1[\text{kg}/\ell]} = 285.71$$

$$Q_C = \frac{80 \times 60}{4.2 \times (12-7) \times 1[\text{kg}/\ell]} = 228.57$$

(2) 선도에서 마찰저항은 500Pa/m=0.5kPa/m선에서 읽는다.

구간	유량 L/min	관경
①-②	671.42	100
②-④	514.28	80
③-⑤	157.14	50

(3) 직관길이 = 20+4+4+6+30+40 = 104[m]

$104 \times 1.5 \times 500[Pa/m] = 78000[Pa]$

$P = \rho g H$

$$H = \frac{P}{\rho g} = \frac{78000}{1000 \times 9.8} \doteqdot 7.96[mAq]$$

전양정 H = 7.96+13+5+7 = 32.96[mAq](직관 7.96[mAq]와 냉동기 13[mAq]에 코일 A, B, C중에서 코일+밸브 저항이 가장 큰 코일C+MV-C 1개 경로(5+7)만 계산한다)

$$소요동력 = \frac{9.8 \times 32.96 \times 671.42}{1000 \times 60 \times 0.4} = 9.04[kW]$$

(4) $9.04 \times \frac{60-40}{60} = 3.01[kW]$

선도

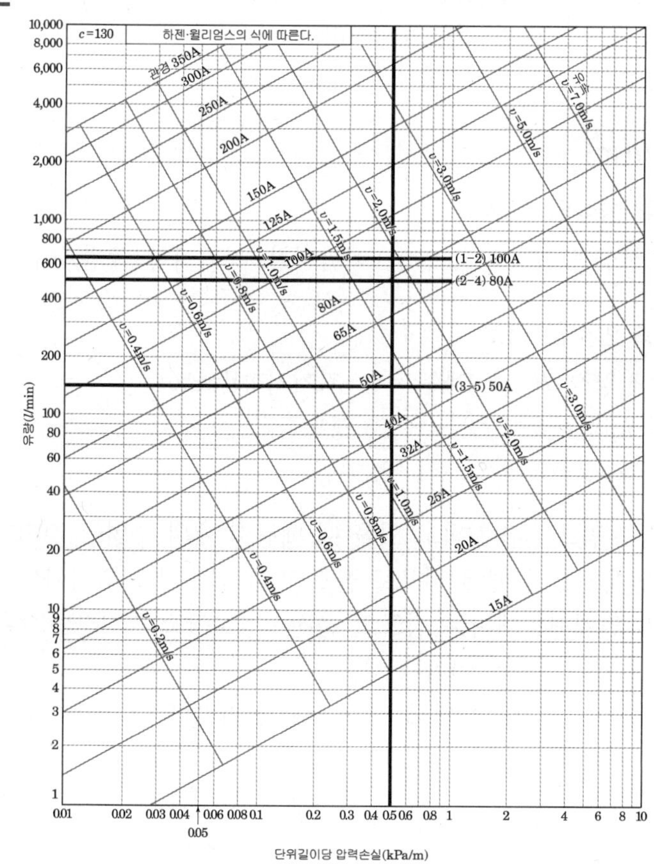

10 펌프(Pump)

1 펌프의 분류

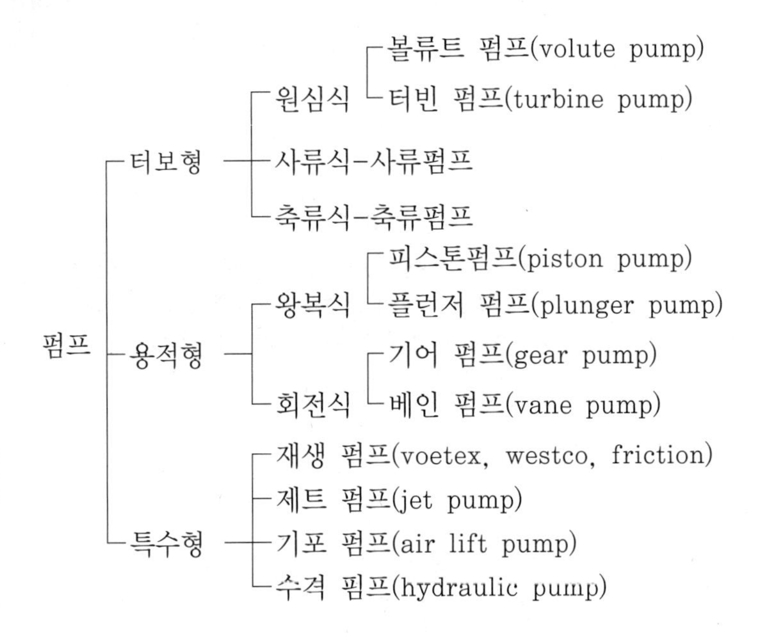

2 전양정 H[m]

(1) 개방회로 방식인 경우

펌프의 전양정 $H=k_1$(실양정+배관저항+기기저항+토출수두)[mAq]

(2) 밀폐회로 방식인 경우

펌프의 전양정 $H=k_2$(배관저항+기기저항)[mAq]

여기서 k_1 : 여유계수 : 1.1~1.3 정도

k_2 : 여유계수 : 1.1 정도

- 실양정 : 펌프가 정지하고 있을 때 배관계 내의 수면이 정지하고 있는 위치와 운전했을 때에 펌프로 물을 퍼올리는 최고 위치와의 높이차를 말하며 밀폐배관에서는 펌프의 운전 · 정지에도 계 내의 수위는 변동이 없으므로 실양정=0이 된다.
- 토출수두 : 냉각탑 등에서 노즐(nozzle)의 분무압 등

3 동력

(1) 수동력 L_w

$$L_W = rHQ[\mathrm{kW}]$$

(2) 축동력 L_S

$$L_S = rHQ/\eta[\mathrm{kW}]$$

여기서 r : $[9.8\mathrm{kN/m^3}]$
Q : 송수량$[\mathrm{m^3/s}]$
H : 전양정$[\mathrm{m}]$
η : 펌프효율

4 상사법칙

(1) 송수량

$$Q_2 = Q_1 \times \frac{N_2}{N_1}$$

(2) 전양정

$$H_2 = H_1 \times \left(\frac{N_2}{N_1}\right)^2$$

(3) 축동력

$$L_{S_2} = L_{S_1} \times \left(\frac{N_2}{N_1}\right)^3$$

여기서 Q_1, H_1, L_{S_1} : 회전수 N_1의 경우 송수량, 전양정, 축동력
Q_2, H_2, L_{S_2} : 회전수 N_2의 경우 송수량, 전양정, 축동력

5 비교 회전도(비속도 : Specific Speed) N_S

비속도는 임의의 임펠러를 상사형으로 크기를 바꾸고 단위양정[1m]에서 단위 토출량$[\mathrm{m^3/min}]$을 얻을 수 있는 임펠러의 회전수로 정의된다.

$$N_S = N\frac{Q^{1/2}}{H^{3/4}}$$

N : 회전수
Q : 토출량[m^3/min]
H : 양정[m]
(양 흡입일 경우 : $Q/2$, 다단 펌프일 경우 : H/단수)

- 비속도의 의의
  - 회전차의 형상을 나타내는 척도
  - 펌프의 성능을 나타내거나 최적의 회전수를 결정

기억 유효흡입양정(NPSH)

: 펌프의 흡입압력이 케비테이션에 대하여 안전한 가를 판단 하기 위해 유효흡입양정(NPSH)이 이용된다. NPSH는 배관계에 의해서 정해지는 유효흡입양정(NPSHa)과 펌프에 의해 결정되는 필요흡입양정(NPSHr)이 있다.

6 유효 흡입양정

① $NPSHa$(Available Net positive Suction Head) : 이용할 수 있는 유효 흡입수두

- 펌프가 설치되어 사용될 때 펌프 자체와 무관하게 흡입측 배관 또는 계통에 의하여 결정되는 값
- 펌프 흡입구 중심까지 유입되는 액체에 주어지는 압력에서 해당 액체 온도에 상당하는 포화증기압을 뺀 것

$$NPSHa = \frac{P_a}{r} - \left(\frac{P_v}{r} \pm Z_S + hsf\right)$$

P_a : 대기압[kPa]　　　P_v : 수온에 해당하는 포화증기 압력[kPa]
r : 물의 비중량 9.8[kN/m^3]
Z_S : 흡입 실양정[m]
hsf : 흡입관의 마찰손실 수두[m]

② $NPSHr$(Required Net Postive Suction Head) : 펌프가 필요로 하는 유효 흡입수두

- 펌프가 캐비테이션(Cavitation)을 일으키지 않고 운전하는데 필요한 흡입양정

$$NPSHr = \alpha \cdot H$$

α : 토오마의 캐비테이션 계수
H : 펌프의 전양정
$NPSH_a \geq 1.3NPSH_r$

11 열교환기 □□□

1 종류

① U자관식
② 유동두식
③ 고정식

2 열교환기 계산(증기-동측, 물-관내측 열교환기)

① $q = m \cdot c \cdot (t_{w2} - t_{w1}) = K \cdot A \cdot (MTD)$

② $A = \dfrac{q}{K \cdot (MTD)}$

③ $MTD = \dfrac{\Delta t_1 - \Delta t_2}{\ln \dfrac{\Delta t}{\Delta t_2}} = \dfrac{t_{w2} - t_{w1}}{\ln \dfrac{T_s - t_{w1}}{T_s - t_{w2}}}$

④ $D = \dfrac{P}{3}(\sqrt{69 + 12N} - 3) + d_o$

여기서

q : 교환열량[kW]
m : 물의 순환량[kg/s]
c : 물의 비열[kJ/kg · K]
t_{w1}, t_{w2} : 물의 입출구 온도[℃]
A : 전열면적[m^2]
MTD : 대수 평균 온도차[℃]
T_s : 가열증기 온도[℃]
D : 동측 내경 [mm]
P : 관의 피치 [mm](1.3~1.5d_o)
N : 관의 본수
d_o : 관외경 [mm]

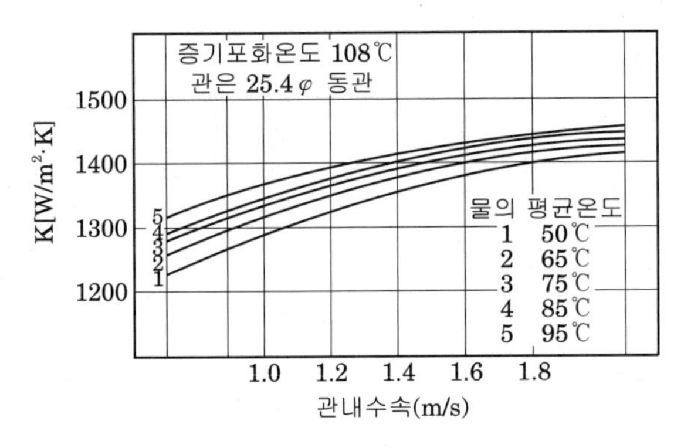

5-10 증기-온수 열교환기의 열관류율

3 열교환기의 온도효율

열교환기에 있어서 고온유체 A에서 저온유체 B로 열교환할 경우 그때에 각각의 입구 온도를 t_1, 출구온도를 t_2라 하면 $(t_{B_2}-t_{B_1})/(t_{A_1}-t_{B_1})$을 온도효율이라 한다. 열교환기의 경우 교환온도가 문제가 되므로 열효율보다도 온도효율을 사용하는 경우가 많다. 일반적으로 향류식열교환기의 경우가 병류식 열교환기보다도 대수평균온도차($LMTD$)가 크고, 또한 그 구조상 고온측 출구온도를 저온측 출구온도보다도 낮게 이용할 수 있으므로 향류식 열교환기의 경우가 온도효율이 높다.

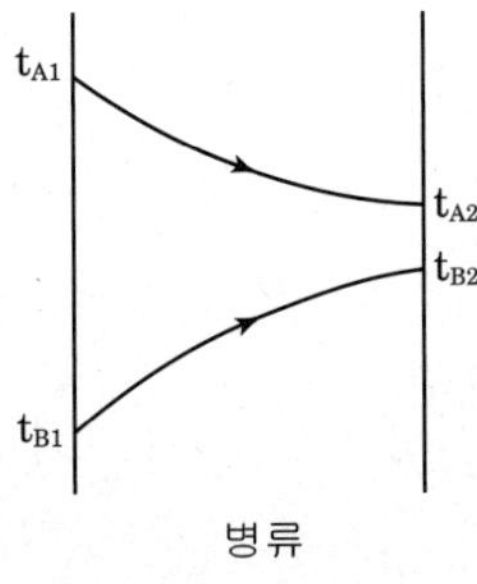

병류

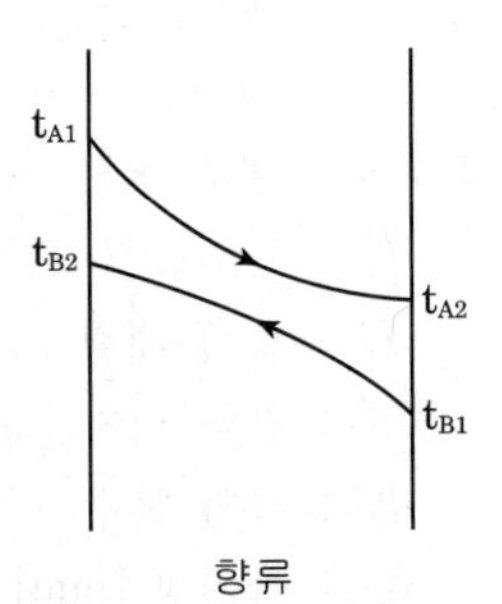

향류

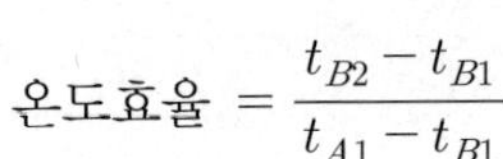

$$온도효율 = \frac{t_{B2}-t_{B1}}{t_{A1}-t_{B1}}$$

핵심예상문제

MEMO

01 다음 그림은 냉동기(응축기)에서 냉각탑까지의 냉각수배관 계통도이다. 물음에 답하시오.

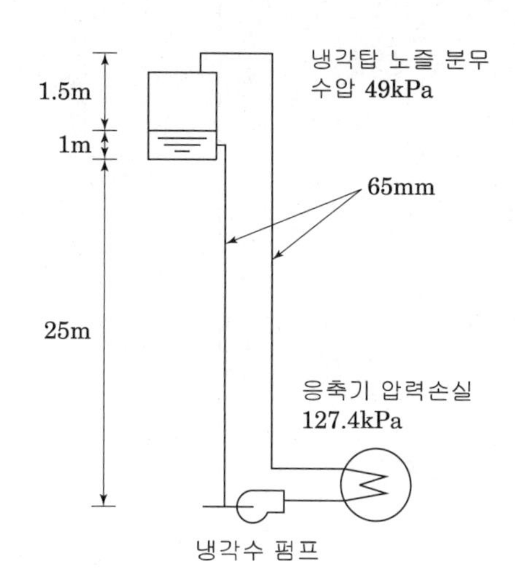

【조 건】

1. 직관부의 전길이 : 60[m]
2. 순환수량 : 500[L/min]
3. 국부저항 : 직관부 저항의 50%
4. 속도수두는 생략한다.
5. 냉각수의 비중량은 9.8[kN/m^3]

(1) 순환펌프의 전양정[m]을 구하시오.(마찰저항은 배관선도를 이용하시오)

(2) ① 순환펌프의 수동력[kW]을 구하시오.
② 순환펌프의 축동력[kW]을 구하시오. (단, 펌프효율은 65%이다.)
③ 전동기 필요동력[kW]을 구하시오. (단, 전동기 여유율은 10%로 한다.)

MEMO

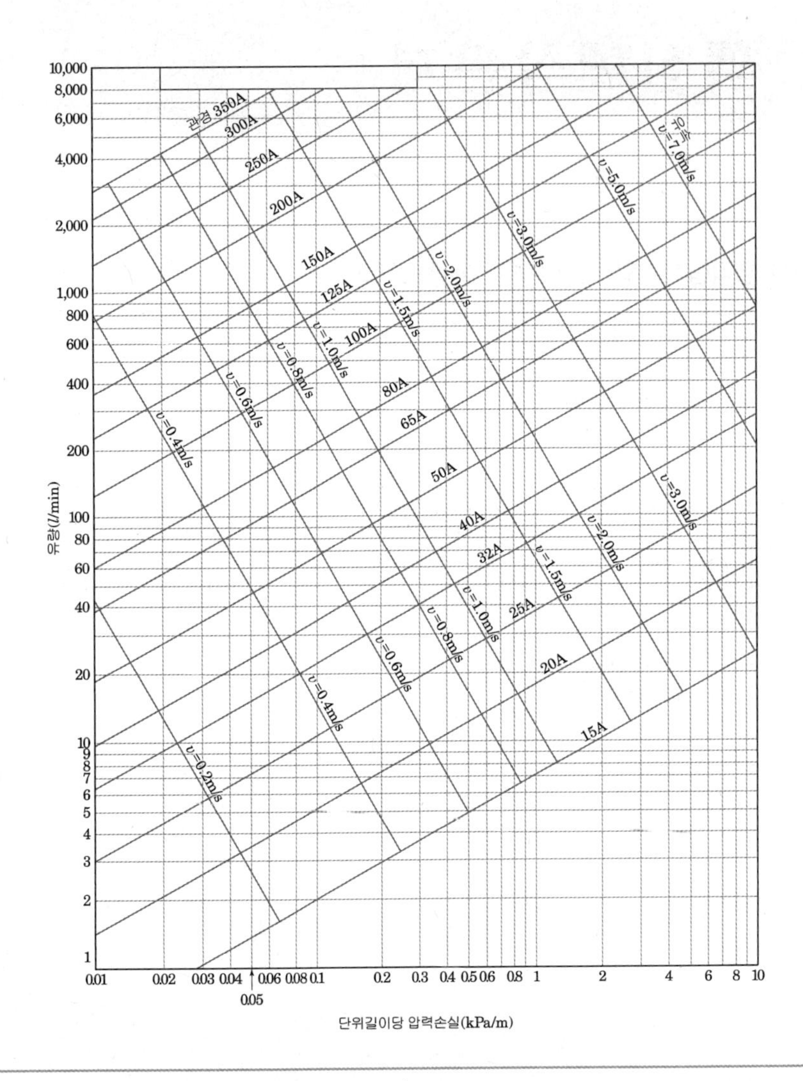

해답 (1) 전양정 H

H=실양정+배관저항+기타저항

1) 실양정 : 1.5[m]

2) 배관저항

유량선도에서 유량 500[L/min]과 관지름 65[mm]의 교점에서 단위길이당 마찰손실수두는 1000[Pa/m]이다. 따라서 배관의 마찰손실수두(배관저항)은

60×1.5×1000=90000[Pa]=90[kPa]

$P=\rho gh=\gamma h$에서 $h=\frac{P}{\gamma}=\frac{90}{9.8}=9.18[\mathrm{m}]$

3) 기타저항

① 냉각탑 노즐 분무수압 : 49kPa/9.8=5[m]

② 응축기 저항 : 127.4kPa/9.8=13[m]

∴ 전양정 H=1.5+9.18+5+13=28.68m

MEMO

(2) ① 순환펌프의 수동력 $L_w = \rho gHQ = \gamma HQ = 9.8 \times 28.68 \times 500 \times 10^{-3}/60$

$= 2.34\,[\text{kW}]$

② 순환펌프의 축동력 $L_s\,[\text{kW}]$

$$L_s = \frac{\text{수동력}}{\text{효율}} = \frac{2.34}{0.65} = 3.6\,[\text{kW}]$$

③ 전동기 필요동력 $L_I = L_s \times k = 3.6 \times 1.1 = 3.96\,[\text{kW}]$

선도

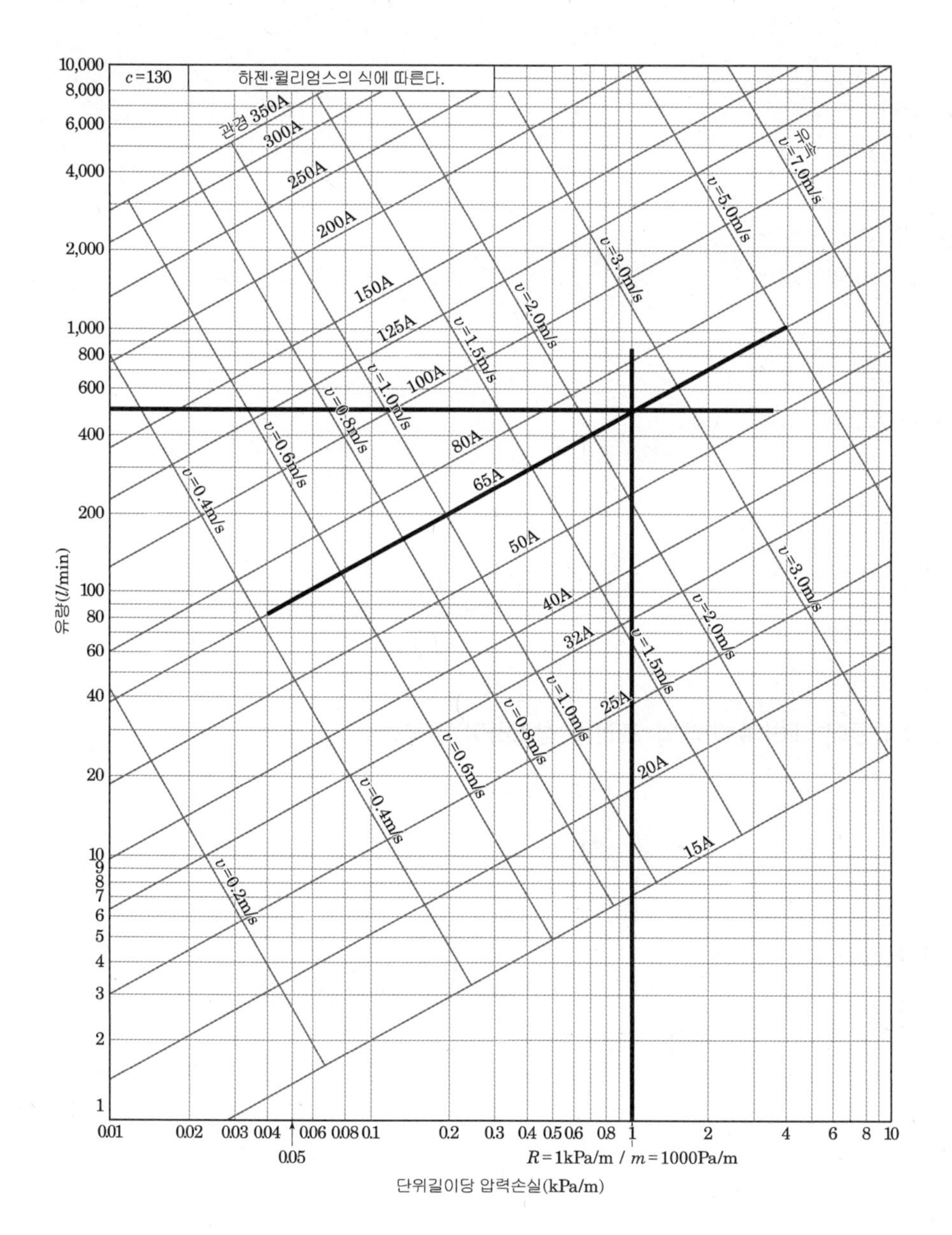

MEMO

02 **원심펌프를 모터직결로 운전하여 전양정 16[m]로 0.42[m^3/min]의 물을 퍼 올리고 있다. 이때 모터의 입력을 2.0[kW], 모터효율 η_M을 0.85로 하고 다음 물음에 답하시오. (단, 전달효율을 1.0으로 한다.)**

(1) 펌프의 이론동력 L_o[kW]를 구하시오.

(2) 펌프의 축동력 L_s[kW]를 구하시오.

(3) 펌프효율을 구하시오.

해답 (1) 펌프의 이론동력 L_o[kW]

$L_o = \gamma HQ = 9.8 \times 16 \times 0.42/60 \fallingdotseq 1.1$

(2) 펌프의 축동력 L_s[kW]

$L_s = L_M' \cdot \eta_M \cdot \eta_d = 2.0 \times 0.85 \times 1.0 = 1.70$

(3) 펌프효율 η_p

$$\eta_p = \frac{L_o}{L_s} = \frac{1.1}{1.7} = 0.6471 = 64.71\%$$

03 **다음 그림과 같은 공조기 수배관에 대하여 아래의 조건을 참조하여 물음에 답하시오.**

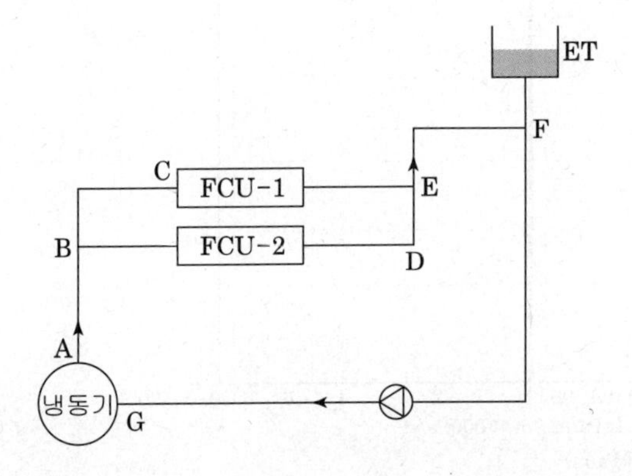

MEMO

【조 건】

1. FCU 냉방부하
   FCU-1 : 현열 80[kW], 잠열 15[kW]
   FCU-2 : 현열 50[kW], 잠열 10[kW]
2. 구간별 배관길이
   A-B : 10m, B-C-E : 30m, B-D-E : 30m, E-F : 15m, F-G : 60m
3. 배관의 마찰저항 R=800[Pa/m], 배관의 국부저항 상당길이는 직관길이와 같은 것으로 한다.
4. 기기저항 : 냉동기 : 10[mAq], FCU-1 : 7[mAq], FCU-2 : 5[mAq]
5. 냉수 입출구 온도차 : 5℃, 냉수의 비열은 4.2[kJ/kg · K]로 한다.
6. 유량 관경표

관지름에 따른 유량

R=800[Pa/m]

관지름[mm]	32	40	50	65	80
유량[L/min]	90	180	380	570	850

(1) FCU-1, FCU-2 각각의 순환수량[L/min]은 구하시오.

(2) 구간별(A-B, B-C, D-E, E-F) 관경을 구하시오.

(3) 순환펌프의 전양정[m]을 구하시오.

(4) 순환펌프의 축동력[kW]을 구하시오. (단, 펌프효율 75%이다.)

해답 (1) FCU-1, FCU-2 각각의 순환수량[L/min]

① FCU-1 각각의 순환수량[L/min] W_1

$$W_1 = \frac{q_1}{c\Delta t} = \frac{80+15}{4.2 \times 5} \times 60 = 271.43$$

② FCU-2 각각의 순환수량[L/min] W_2

$$W_2 = \frac{q_1}{c\Delta t} = \frac{50+10}{4.2 \times 5} \times 60 = 171.43$$

(2) 구간별 (A-B, B-C, D-E, E-F) 관경

구간	A-B	B-C	D-E	E-F
관지름[mm]	65	50	40	65
유량[L/min]	442.86	271.43	171.43	442.86

(3) 순환펌프의 전양정[mAq]

전양정 H

H=실양정+배관저항+기타저항에서

① 실양정 : 밀폐배관이므로 실양정=0

MEMO

② 배관저항 :

순환펌프의 양정은 저항이 가장 큰 계통을 기준으로 하여 구한다.

B-C-E : 30m, B-D-E : 30m로 동일하고 FCU-1의 저항이 FCU-2보다 크므로 순환펌프의 양정은 A-B-C-E-F-G구간으로 한다.

A-B-C-E-F-G구간의 직관길이 : 10+30+15+60=115m

그러므로 배관저항=115×2×800=184000[Pa]=184[kPa]이므로 수두로 환산하면

$P=\rho gh=\gamma h$에서 $h=\dfrac{P}{r}=\dfrac{184}{9.8}=18.78[\mathrm{m}]$

따라서 전양정 H=18.78+10+7=35.78

(4) 순환펌프의 축동력[kW]

$$L_s=\frac{\gamma HQ}{\eta}=\frac{9.8\times 35.78\times 442.86\times 10^{-3}/60}{0.75}=3.45[\mathrm{kW}]$$

04 아래 그림에 표시된 300RT 냉동기의 냉각수 순환계통에 대한 다음 물음에 답하시오.

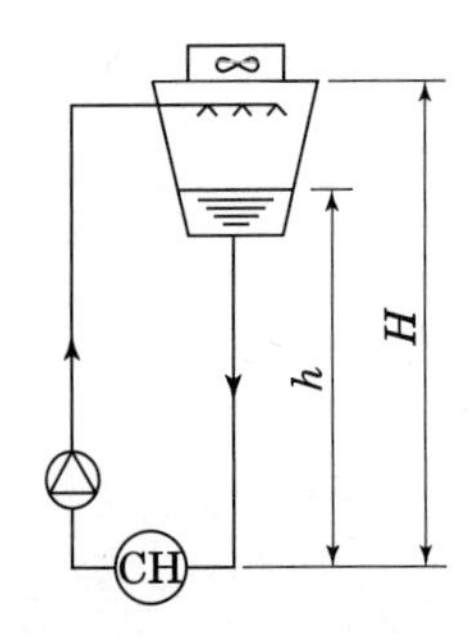

【조 건】

1. H = 60m
2. $h=58.5\mathrm{m}$
3. 배관의 총길이 $L=200\mathrm{m}$
4. 부속류의 상당길이 $L'=100\mathrm{m}$
5. 펌프효율 $\eta=65\%$
6. 1RT당 응축열량 : 4.55[kW]
7. 노즐 분무압 $P=4.9[\mathrm{kPa}]$
8. 단위길이 당 마찰손실 $r=500[\mathrm{Pa/m}]$
9. 응축기 압력손실 $R_c=98[\mathrm{kPa}]$
10. 냉각수 온도차 $\Delta t=5℃$
11. 냉각수 비열 : 4.2kJ/kg · K, 밀도 : 1000[kg/m^3]
12. 중력가속도 : 9.8[m/s^2]

MEMO

(1) 순환수량Q[m³/min]을 구하시오.

(2) 전양정H[m]을 구하시오.

(3) 축동력L_s[kW] 구하시오.

해답 (1) 순환수량 Q[m³/min]

$$Q = \frac{300 \times 4.55 \times 60}{1000 \times 4.2 \times 5} = 3.9$$

(2) 전양정H[m]

H=실양정+배관저항+기타저항에서

① 실양정 = 60 − 58.5 = 1.5m

② 배관저항 = (200 + 100) × 500 = 150000Pa = 150[kPa]

③ 기타저항 = 응축기 압력손실 + 노즐의 분무압= 98 + 4.9 = 102.9[kPa]

따라서

$$H = 1.5 + \frac{150}{9.8} + \frac{102.9}{9.8} = 27.31$$

(3) 축동력L_s[kW]

$$L_s = \frac{\gamma HQ}{\eta} = \frac{9.8 \times 27.31 \times 3.9/60}{0.65} = 26.76[\text{kW}]$$

05 아래 그림의 터보 냉동기가 150USRT의 용량일 때 다음의 조건에 의해 물음에 답하시오.

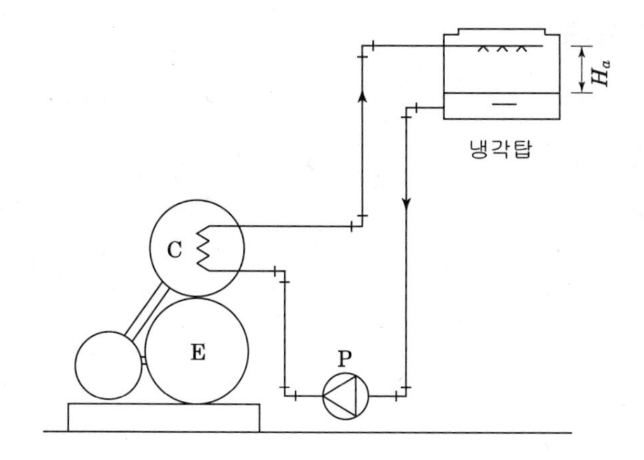

MEMO

【조 건】

- 냉각수 펌프(응축기~냉각탑)사이의 냉매배관 직관길이 : 60m
- 응축기 저항 : 70[kPa]
- 냉각탑 노즐의 분무압 : 50[kPa]
- 밸브류 등의 국부저항 상당길이 : 직관길이의 50%
- Ha(실양정) : 2m
- 배관의 단위길이당 마찰저항 : 300[Pa/m]
- 1USRT=3.52[kW]
- 냉각수 입출구 온도차 : 5℃, 냉각수 비열 : 4.2[kJ/kg · K]
- 펌프효율 : 55%
- 방열계수 : 1.3
- 10kPa=1[mAq] (g=10m/s^2 적용)

(1) 냉각수량[L/min]을 구하시오.(정수자리 까지)

(2) 전양정[m]을 구하시오.

(3) 소요동력[kW]을 구하시오.(소수 3자리에서 반올림)

해답 (1) 냉각수량[L/min]

$$= \frac{1.3 \times (150 \times 3.52) \times 60}{4.2 \times 5} = 1961$$

(2) 전양정[m] : H

H=실양정+배관손실+기기 및 기타 저항

실양정 : 2m

배관손실 : 60×(1+0.5)×300 = 27,000Pa = 27kPa = 2.7[mAq]

노즐 분무압 : 50kPa=5[mAq]

응축기저항 : 70kPa=7[mAq]

∴ H=2+2.7+5+7=16.7[mAq]=167kPa

(3) 소요동력[kW] : L_s

$L_s = \rho g H Q / \eta$에서

$$L_s = \frac{rQH}{\eta} = \frac{9.8 \times 1961 \times 10^{-3} \times 16.7}{60 \times 0.55} = 9.92\,[\text{kW}]$$

기출문제분석

증기난방 배관

□ 04년3회, 15년2회

01 다음은 저압증기 난방설비의 방열기 용량 및 증기 공급관(복관식)을 나타낸 것이다. 설계 조건과 주어진 증기관 용량표를 이용하여 물음에 답하시오.

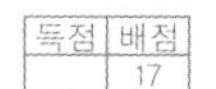

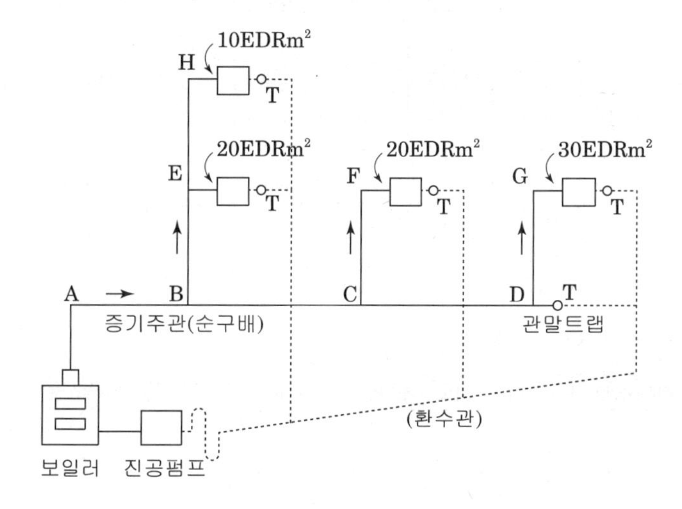

【조 건】

1. 보일러의 상용 게이지 압력 P_b는 30kPa이며, 가장 먼 방열기의 필요압력 P_r은 25[kPa], 보일러로부터 가장 먼 방열기까지의 거리는 50m이다.
2. 배관의 이음, 굴곡, 밸브 등의 직관 상당길이는 직관길이의 100%로 한다. 또한 증기 횡주관의 경우 관말 압력강하를 방지하기 위하여 관지름은 50A 이상으로 설계한다.

• 저압 증기관의 용량표(상당방열면적 m^2당)

압력강하 / 관지름 (A)	순구배 횡관 및 하향급기 수직관(복관식 및 단관식)						역구배 횡관 및 상향급기 수직관			
	R : 압력강하(kPa/100m)						복관식		단관식	
	0.5	1	2	5	10	20	수직관	횡관	수직관	횡관
	A	B	C	D	E	F	G	H	I	J
20	2.1	3.1	4.5	7.4	10.6	15.3	4.5	–	3.1	–
25	3.9	5.1	8.4	14	20	29	8.4	3.7	5.7	3.0
32	7.7	11.5	17	28	41	59	17	8.2	11.5	6.8
40	12	17.5	26	42	61	88	26	12	17.5	10.4
50	22	33	48	80	115	166	48	21	33	18
65	44	64	94	155	225	325	90	51	63	34
80	70	102	150	247	350	510	130	85	96	55
90	104	150	218	360	520	740	180	134	135	85
100	145	210	300	500	720	1040	235	192	175	130
125	260	370	540	860	1250	1800	440	360		240
150	410	600	860	1400	2000	2900	770	610		
200	850	1240	1800	2900	4100	5900	1700	1340		
250	1530	2200	3200	3200	7300	10400	3000	2500		
300	2450	3500	5000	5000	11500	17000	4800	4000		

(1) 가장 먼 방열기까지의 허용 압력손실을 구하시오.

(2) 증기 공급관의 각 구간별 관지름을 결정하고 주어진 표를 완성하시오.

	구간	$EDR(m^2)$	허용 압력손실(KPa/100m)	관지름 (A)mm
증기 횡주관	A–B			
	B–C			
	C–D			
상향 수직관	B–E			
	E–H			
	C–F			
	D–G			

해답 (1) 허용압력 손실수두(허용압력강하 R)

$$R=\frac{100(P_B-P_R)}{L(1+k)}=\frac{100\times(30-25)}{50(1+1)}=5\ (\text{kPa/100m})$$

(2) 증기 공급관의 각 구간별 관지름

	구간	$EDR(m^2)$	허용 압력손실(kPa/100m)	관지름(A)mm
증기 횡주관	A–B	80	5	50
	B–C	50	5	50
	C–D	30	5	50
상향 수직관	B–E	30	5	50
	E–H	10	5	32
	C–F	20	5	40
	D–G	30	5	50

□ 03년2회, 13년1회

02 다음 그림의 증기난방에 대한 증기공급 배관지름(①~③)을 구하시오.
(단, 증기압은 30kPa, 압력강하 r = 1kPa/100m로 한다.)

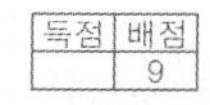

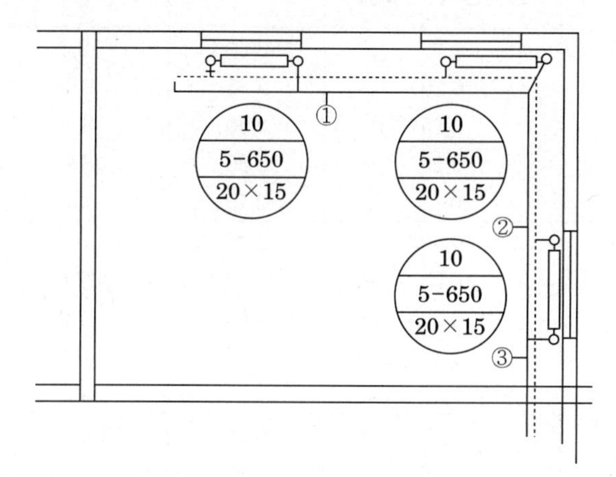

• 저압증기관의 관지름

저압증기관 용량(EDR m^2)										
압력강하 / 관지름(A)	순구배 횡관 및 하향급기 수직관(복관식 및 단관식)						역구배 횡관 및 상향급기 수직관			
	R : 압력강하(kPa/100m)						복관식		단관식	
	0.5	1	2	5	10	20	수직관	횡관	수직관	횡관
	A	B	C	D	E	F	G	H	I	J
20	2.1	3.1	4.5	7.4	10.6	15.3	4.5	–	3.1	–
25	3.9	5.1	8.4	14	20	29	8.4	3.7	5.7	3.0
32	7.7	11.5	17	28	41	59	17	8.2	11.5	6.8
40	12	17.5	26	42	61	88	26	12	17.5	10.4
50	22	33	48	80	115	166	48	21	33	18
65	44	64	94	155	225	325	90	51	63	34
80	70	102	150	247	350	510	130	85	96	55
90	104	150	218	360	520	740	180	134	135	85
100	145	210	300	500	720	1040	235	192	175	130
125	260	370	540	860	1250	1800	440	360		240
150	410	600	860	1400	2000	2900	770	610		
200	850	1240	1800	2900	4100	5900	1700	1340		
250	1530	2200	3200	3200	7300	10400	3000	2500		
300	2450	3500	5000	5000	11500	17000	4800	4000		

• 주철방열기의 치수와 방열면적

형식	치수(mm)			1매당 상당 방열면적 $F(\mathrm{m}^2)$	내용적(L)	중량(공)(kg)
	높이 H	폭 b	길이 L			
2주	950	187	65	0.35	3.60	12.3
	800	〃	〃	0.29	2.85	11.3
	700	〃	〃	0.25	2.50	8.7
	650	〃	〃	0.23	2.30	8.2
	600	〃	〃	0.12	2.10	7.7
3주	950	228	65	0.42	2.40	15.8
	800	〃	〃	0.35	2.20	12.6
	700	〃	〃	0.30	2.00	11.0
	650	〃	〃	0.27	1.80	10.3
	600	〃	〃	0.25	1.65	9.2
3세주	800	117	50	0.19	0.80	6.0
	700	〃	〃	0.16	0.73	5.5
	650	〃	〃	0.15	0.70	5.0
	600	〃	〃	0.13	0.60	4.5
	500	〃	〃	0.11	0.54	3.7
5세주	950	203	50	0.40	1.30	11.9
	800	〃	〃	0.33	1.20	10.0
	700	〃	〃	0.28	1.10	9.1
	650	〃	〃	0.25	1.00	8.3
	600	〃	〃	0.23	0.90	7.2
	500	〃	〃	0.19	0.85	6.9

해답 5세주 650mm의 1매(section)당 방열면적 $F=0.25\mathrm{m}^2$

방열기 1대당 10 section이므로 $10\times0.25=2.5\mathrm{m}^2$

① 구간 방열면적 : $2.5\mathrm{m}^2$

② 구간 방열면적 : $5\mathrm{m}^2$

③ 구간 방열면적 : $7.5\mathrm{m}^2$

따라서 표에 의해 각 구간별 배관지름은

① 구간 20[mm]

② 구간 25[mm]

③ 구간 32[mm]

☐ 01년3회, 06년1회

03 다음 그림의 중력 단관식 증기난방의 관지름을 구하시오. (단, 보일러에서 최상 방열기까지의 거리는 50m이고, 배관 중의 곡관부(연결부), 밸브류의 국부저항은 직관 저항에 대해 100%로 한다. 환수주관은 보일러의 수면보다 높은 위치에 있고 압력강하는 2kPa/100m이다.)

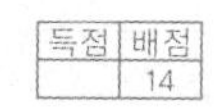

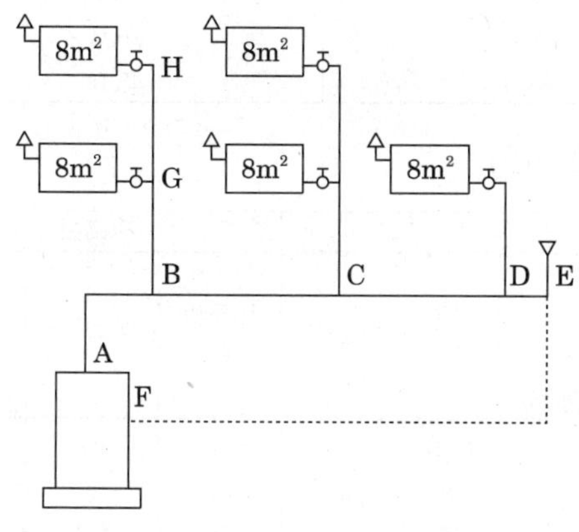

[표1] 저압증기관의 용량표(상당 방열면적, m^2)

관지름 (mm)	순구배횡관 및 하향급기입관 (복관식 및 단관식) r=압력강하(kPa/100m)					상향급기입관 및 역구배횡관(복관식)		단관식 상향급기	
	(A) 0.5 (m^2)	(B) 1 (m^2)	(C) 2 (m^2)	(D) 5 (m^2)	(E) 10 (m^2)	(F) 입관 (m^2)	(G) 횡관 (m^2)	(H) 입관 (m^2)	(I) 입관용 횡관(m^2)
20	–	2.4	3.5	5.4	7.7	3.2	–	2.6	–
25	3.6	5.0	7.1	11.2	15.9	6.1	3.2	4.9	2.2
32	7.3	10.3	14.7	23.1	32.7	11.7	5.9	9.4	4.1
40	11.3	15.9	22.6	35.6	50.3	17.9	9.9	14.3	6.9
50	22.4	31.6	44.9	70.6	99.7	35.4	19.3	28.3	13.5
65	45.1	63.5	90.3	142	201	63.6	37.1	50.9	26.0
80	72.9	103	146	230	324	63.6	37.1	50.9	26.0
90	108	153	217	341	482	105	67.4	84.0	47.2
100	151	213	303	477	673	150	110	120	77.0
125	273	384	546	860	1214	204	166	163	116
150	433	609	866	1363	1924	334	–	–	–
175	625	880	1251	1969	2779	498	–	–	–
200	887	1249	1774	2793	3943	–	–	–	–
250	1620	2280	3240	5100	7200	–	–	–	–
300	2593	3649	5185	8162	11523	–	–	–	–
350	3363	4736	6730	10593	14955	–	–	–	–
						–	–	–	–

[표2] 방열기 지관 및 밸브 용량(m^2)

관지름(mm)	단관식(T)	복관식(U)
15	1.3	2.0
20	3.1	4.5
25	5.7	8.4
32	11.5	17.0
40	17.5	26.0
50	33.0	48.0

[표3] 저압증기의 환수관 용량(상당 방열면적, m^2)

관지름(mm)	중력식						진공식		
	횡주관				입관(N)	트랩(F)	횡주관(Q)	입관(R)	트랩(S)
	건식(J)	습식 50mm 이하(K)	습식 100mm 이하(L)	습식 100mm 이상(M)					
15	–	–	–	–	12.5	7.5	–	37	15
20	–	110	70	40	18	15	87	65	30
25	31	190	120	62	42	24	65	110	48
32	62	420	270	130	92	–	110	175	–
40	98	580	385	180	140	–	175	370	–
50	220	1000	680	330	280	–	370	620	–
65	350	1900	1300	660	–	–	620	990	–
80	650	3500	2300	1150	–	–	990	–	–
90	920	4800	3100	1700	–	–	1480	–	–
100	1390	5400	3700	1900	–	–	2000	–	–
125	–	–	–	–	–	–	5100	–	–

구간	EDR[m^2]	관지름[mm]
A–B		
B–C		
C–D		
D–E–F		
B–G		
G–H		
G(밸브)		

해설 (1) 각 구간의 상당방열면적(EDR)

- A–B구간 : 8×5=40
- B–C구간 : 8×3=24
- C–D구간 : 8×1=8
- D–E–F구간 : 8×5 = 40
- B–G구간 : 8×2=16
- G–H구간 : 8×1=8
- G(밸브) : 8

(2) 관지름

① A-B, B-C, C-D구간은 순구배 횡관이므로 표1의 (C)란에서 찾는다.

② D-E-F구간은 환수배관으로 보일러 수면보다 높은 위치에 있으므로 중력식 건식환수관으로 표3의 (J)란에서 $40EDR[m^2]$은 62에 해당하므로 관경은 32[mm]이다.

③ B-G, G-H구간은 단관식 상향급기 입관으로 표1의 (H)란에서 찾는다.

④ G(밸브)는 $8EDR[m^2]$이므로 표2의 단관식(T)란에서 11.5에 해당하므로 32[mm]이다.

해답

구간	EDR[m^2]	관지름[mm]
A-B	40	50
B-C	24	50
C-D	8	32
D-E-F	40	32
B-G	16	50
G-H	8	32
G(밸브)	11.5	32

온수난방 □□□

□ 07년1회

04 다음과 같은 온수난방 계통도에서 주어진 조건을 참조하여 물음에 답하시오.

득점 | 배점 15

방열기 용량

Ⅰ : 5.6kW

Ⅱ : 4.2kW

Ⅲ : 4.9kW

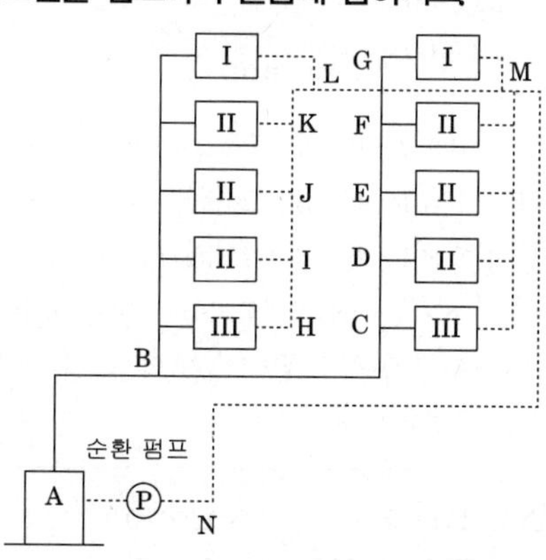

【조 건】

1. 방열기 입출구 수온차를 10℃로 한다.
2. 국부저항계수 : $k = 0.8$
3. 배관 압력손실 $(R) = 100[\text{Pa/m}]$
4. 보일러에서 최원거리에 위치한 방열기의 왕복순환 길이는 80m로 한다.
5. 물의 비열 : 4.2[kJ/kg · k]

(1) 순환 펌프의 양정(m)을 구하시오. (단, 여유율은 20%이다.)

(2) A-B, C-D, K-L, L-M의 각 구간의 유량(kg/min) 및 관지름(mm)을 별첨 배관선도를 이용하여 구하시오.

구분 \ 구간	압력강하	순환수량(kg/min)	관지름(mm)
A-B	100Pa/m		
C-D	100Pa/m		
K-L	100Pa/m		
L-M	100Pa/m		

해답 (1) 순환펌프의 양정 H

전양정 $H=k$(실양정+배관저항+기타저항)에서

- 실양정=0(밀폐배관이므로)
- 배관저항 $=80\times(1+0.8)\times 100=14400[\text{Pa}]$
- 기타저항 =0

∴ 전양정 $P=\rho g H[\text{Pa}]$에서 $\text{H}=\dfrac{\text{P}}{\rho g}=\dfrac{14400\times 1.2}{1000\times 9.8}\fallingdotseq 1.76[\text{m}]$

(2) 유량 및 관지름

Ⅰ : 방열기 순환수량$=\dfrac{5.6\times 60}{4.2\times 10}=8[\text{kg/min}]$

Ⅱ : 방열기 순환수량$=\dfrac{4.2\times 60}{4.2\times 10}=6[\text{kg/min}]$

Ⅲ : 방열기 순환수량$=\dfrac{4.9\times 60}{4.2\times 10}=7[\text{kg/min}]$

- A-B 구간의 순환수량 : $8\times 2+6\times 6+7\times 2=66[\text{kg/min}]$
- C-D 구간의 순환수량 ; $8\times 1+6\times 3=26[\text{kg/min}]$
- K-L 구간의 순환수량 ; $7\times 1+6\times 3=25[\text{kg/min}]$
- L-M 구간의 순환수량 ; $8\times 1+6\times 3+7\times 1=33[\text{kg/min}]$

(※ 배관선도에서 K-L. L-M구간은 교점이 32A에 약간 상회하거나 걸친 느낌인데 이 정도는 32A로 읽어도 무방하다.)

구분 \ 구간	압력강하(Pa/m)	순환수량(kg/min)	관지름(mm)
A-B	100	66	50
C-D	100	26	32
K-L	100	25	32
L-M	100	33	40

선도

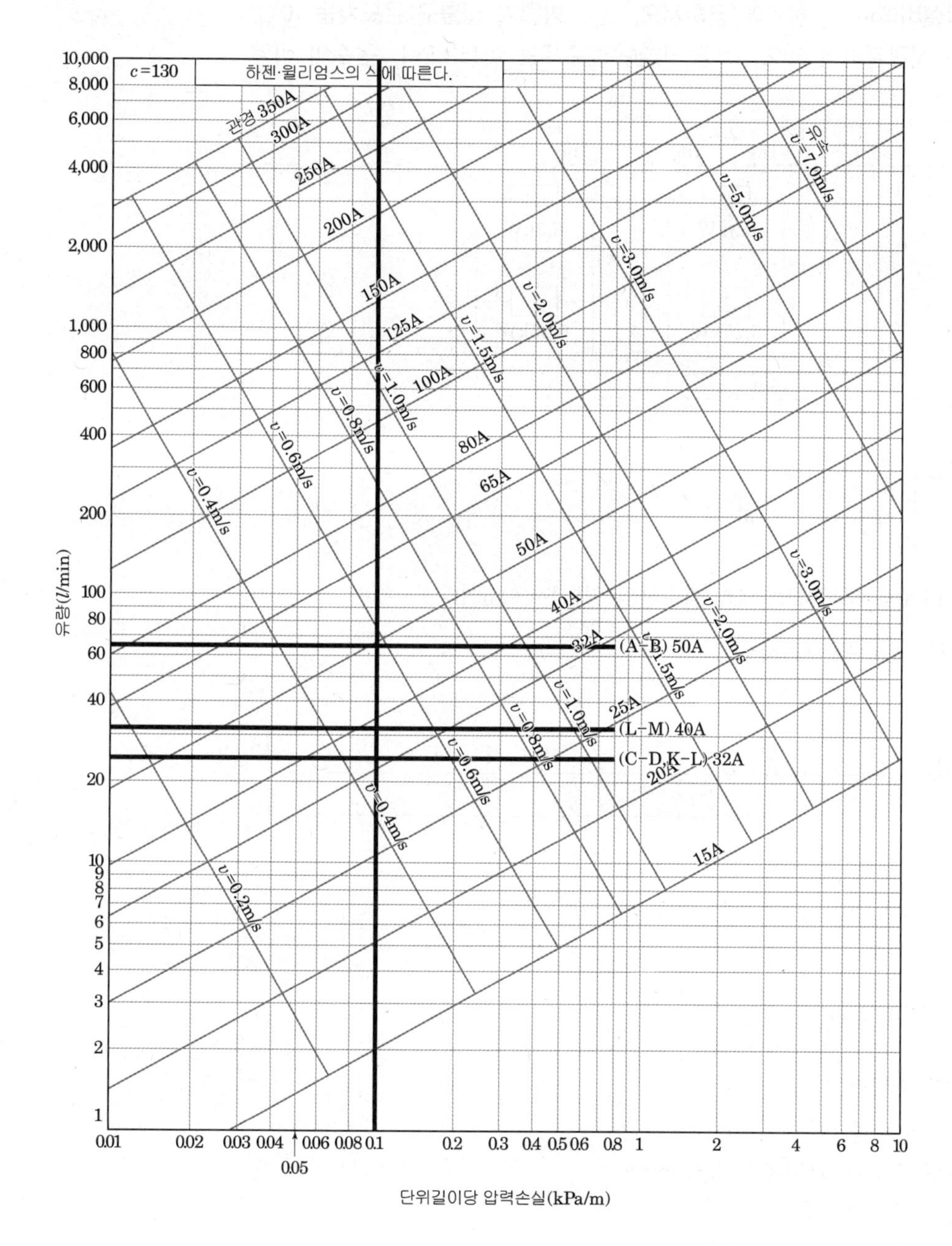

c=130
하젠·윌리엄스의 식에 따른다.
관경 350A
300A
250A
200A
150A
125A
100A
80A
65A
50A
40A
32A
25A
20A
15A
유속 υ=7.0m/s
υ=5.0m/s
υ=3.0m/s
υ=2.0m/s
υ=1.5m/s
υ=1.0m/s
υ=0.8m/s
υ=0.6m/s
υ=0.4m/s
υ=0.2m/s
(A-B) 50A
(L-M) 40A
(C-D,K-L) 32A
유량(l/min)
단위길이당 압력손실(kPa/m)

☐ 02년3회, 09년3회, 15년2회, 18년3회

05 **다음과 같은 온수난방설비에서 각 물음에 답하시오. (단, 방열기 입출구 온도차는 10℃, 국부저항 상당관 길이는 직관길이의 50%, 1m당 마찰손실수두는 0.15[kPa], 온수의 비열은 4.2[kJ/kg·K]이다.)**

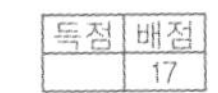

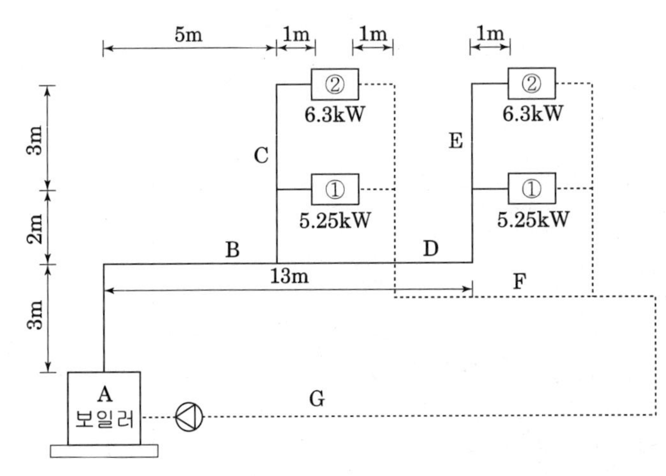

(1) 순환펌프의 압력손실[kPa]를 구하시오. (단, 환수관의 길이는 30m이다.)

(2) ①과 ②의 온수순환량(L/min)을 구하시오.

(3) 각 구간의 온수순환수량을 구하시오.

구간	B	C	D	E	F	G
순환수량(L/min)						

해답 (1) 압력손실$=(3+13+2+3+1+30)\times1.5\times0.15=11.7$[kPa]

(2) 온수순환량

① $=\dfrac{5.25\times60}{4.2\times10}=7.5$[L/min]

② $=\dfrac{6.3\times60}{4.2\times10}=9$[L/min]

(3) 각 구간의 온수순환 수량

① B구간의 순환수량 : (7.5+9)×2=33[L/min]
② C구간의 순환수량 : 9[L/min]
③ D구간의 순환수량 : 7.5+9=16.5[L/min]
④ E구간의 순환수량 : 9[L/min]
⑤ F구간의 순환수량 : 9+7.5=16.5[L/min]
⑥ G구간의 순환수량 ; (7.5+9)×2=33[L/min]

구간	B	C	D	E	F	G
순환수량(L/min)	33	9	16.5	9	16.5	33

□ 09년2회, 19년1회

06 온수난방 장치가 다음 조건과 같이 운전되고 있을 때 물음에 답하시오.

득점	배점
	6

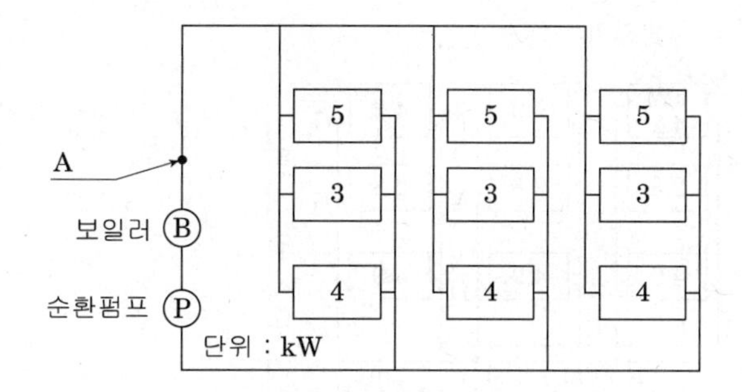

【조 건】

- 방열기 출입구의 온수온도차는 10℃로 한다.
- 방열기 이외의 배관에서 발생되는 열손실은 방열기 전체 용량의 20%로 한다.
- 보일러 용량은 예열부하의 여유율 30% 포함한 값이다.
- 물의 비열 : 4.19[kJ/kg·k]이다
- 그 외의 손실은 무시한다.

(1) A점의 온수 순환량(L/min)을 구하시오.

(2) 보일러 용량(kW)을 구하시오.

해설 (1) 온수순환량 m[L/min]은

$$q_H \times 60 = c_w \cdot m \cdot \Delta t \text{에서 } m = \frac{q_H \times 60}{c_w \cdot \Delta t}$$

(2) 보일러 용량 = 난방부하+급탕부하+배관부하+예열부하

해답 (1) A점의 온수 순환량$= \dfrac{(5+3+4) \times 3 \times 60}{4.19 \times 10} = 51.55$[L/min]

(2) 보일러 용량$= (5+3+4) \times 3 \times 1.2 \times 1.3 = 56.16$[kW]

□ 03년1회, 05년1회, 09년1회, 18년2회, 19년1회

07 그림과 같은 조건의 온수난방 설비에 대하여 물음에 답하시오.

득점	배점
	18

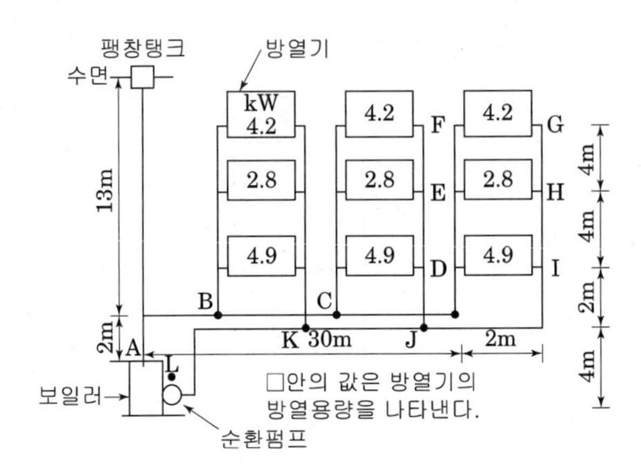

【조 건】

① 방열기 출입구온도차 : 10℃
② 배관손실 : 방열기 방열용량의 20%
③ 순환펌프 양정 : 2m
④ 보일러, 방열기 및 방열기 주변의 지관을 포함한 배관국부저항의 상당길이는 직관 길이의 100%로 한다.
⑤ 배관의 관지름 선정은 표에 의한다. (표내의 값의 단위는 L/min)
⑥ 예열부하 할증률은 25%로 한다.
⑦ 온도차에 의한 자연순환 수두는 무시한다.
⑧ 배관길이가 표시되어 있지 않은 곳은 무시한다.
⑨ 온수의 비열 4.2[kJ/kg · K]이다.

압력강하(Pa/m)	관경(A)					
	10	15	25	32	40	50
50	2.3	4.5	8.3	17.0	26.0	50.0
100	3.3	6.8	12.5	25.0	39.0	75.0
200	4.5	9.5	18.0	37.0	55.0	110.0
300	5.8	12.6	23.0	46.0	70.0	140.0
500	8.0	17.0	30.0	62.0	92.0	180.0

(1) 전 순환수량(L/min)을 구하시오.
(2) B-C간의 관지름(mm)을 구하시오.
(3) 보일러 용량(kW)을 구하시오.

해답 (1) 전순환 수량 $= \dfrac{(4.9+2.8+4.2)\times3\times60}{4.2\times10} = 51\,[\text{L/min}]$

(2) B-C간의 관지름

① 보일러에서 최원 방열기까지의 왕복 직관길이
=2+30+2+4+4+4+4+2+2+30+4=88m

② 압력강하 $R=\dfrac{H(\text{펌프양정})}{L+L'}=\dfrac{2\times 9800}{88+88}=111.36[\text{Pa/m}]$이므로($1\text{mAg}=9800\text{Pa}$)

③ 압력강하 100Pa/m난에서 B-C간의 유량 34[L/min](표에서는 39L/min)과의 교점에 의해 관경 40A[mm]이다. 이때 압력강하는 이론값 111.36보다 한단계 작은값 100을 선택한다. 그 이유는 압력강하는 작을수록 마찰손실이 적어지기 때문이다.

(3) 보일러용량(정격출력)=난방부하+급탕부하+배관부하+예열부하
=방열기용량×배관손실계수×예열부하계수
=(4.9+2.8+4.2)×3×1.2×1.25
=53.55[kW]

배관설비 계획·설계 및 펌프용량

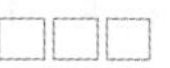

□ 06년3회

08 **중앙공급식 난방장치에 온수순환 펌프를 선정하려고 한다. 다음 조건을 참조하여 온수 순환 펌프의 유량(L/min), 양정(mAq) 및 동력(kW)을 구하시오.**

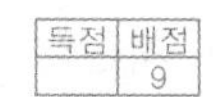

득점	배점
	9

【조 건】

1. 직관 배관길이 : 500[m]
2. 단위길이당 열손실 : 0.35[W/m·K]
3. 배관의 압력손실 : 200[Pa/m]
4. 온수온도 : 60℃
5. 주위온도 : 5℃
6. 기기류, 밸브, 배관 부속류의 등가저항 : 직관의 50%
7. 기기, 밸브류 등의 열손실량 : 배관 열손실의 20%
8. 순환온수 온도차(Δt) : 10℃, 비열 : 4.2[kJ/kg·K]
9. 펌프의 효율 : 40%

해답

(1) 유량$=\dfrac{500\times 0.35\times(60-5)\times 1.2\times 60}{4.2\times 10\times 10^3}=16.5[\text{L/min}]$

(2) 양정= ① $\dfrac{500\times 1.5\times 200}{10^3}=150[\text{kPa}]$

② P=rh에서

$\text{h}=\dfrac{\text{P}}{\text{r}}=\dfrac{150}{9.8}=15.31[\text{m}]$

(3) 동력$=\dfrac{rQH}{\eta}=\dfrac{9.8\times 16.5\times 15.31}{10^3\times 60\times 0.4}=0.103[\text{kW}]$

☐ 14년3회

09 배관지름이 25[mm]이고 수속이 2[m/s], 밀도 1000[kg/m³]일 때 다음 물음에 답하시오.

득점	배점
	10

(1) 배관단면적(m²)을 구하시오.(소수점 5째자리까지)

(2) 송수 유량(m³/s)을 구하시오.(소수점 5째자리까지)

(3) 송수 질량(kg/s)을 구하시오.(소수점 2째자리까지)

해설 (1) 배관단면적 $A[\mathrm{m}^2]$ $A = \dfrac{\pi D^2}{4}$

(2) 체적유량 $Q[\mathrm{m}^3/\mathrm{s}]$ $Q = A \cdot V$

(3) 질량 유량 $m[\mathrm{kg/s}]$ $m = \rho \cdot Q$

해답 (1) $A = \dfrac{\pi \times 0.025^2}{4} = 4.9 \times 10^{-4} = 0.00049[\mathrm{m}^2]$

(2) $Q = 0.00049 \times 2 = 9.8 \times 10^{-4} = 0.00098[\mathrm{m}^3/\mathrm{s}]$

(3) $m = 1000 \times 9.8 \times 10^{-4} = 0.98[\mathrm{kg/s}]$

☐ 05년3회, 11년1회

10 시간당 최대 급수량(양수량)이 12000 L/h일 때 고가 탱크에 급수하는 펌프의 전양정(m) 및 소요동력(kW)을 구하시오. (단, 흡입관, 토출관의 마찰손실은 실양정의 25%, 펌프 효율은 60%, 펌프 구동은 직결형으로 전동기 여유율은 10%로 한다.)

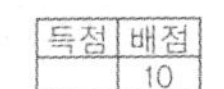

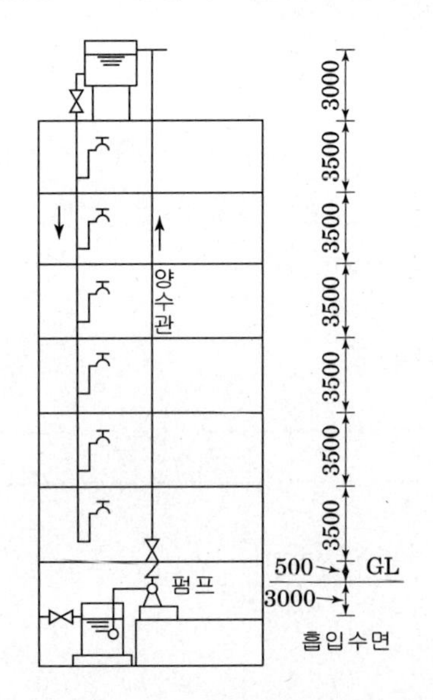

해설 (1) 펌프의 전양정 H=실양정+배관의 마찰손실+기타손실

(2) 펌프의 소요동력 $L_S = \dfrac{r \cdot Q \cdot H(1+\alpha)}{\eta}$

여기서 r : 물의비중량 : 9.8[kN/m^3]
Q : 양수량[m^3/s]
H : 전양정[m]
α : 여유율
η : 펌프효율

해답 (1) 전양정 H

① 실양정$=3000+500+3500\times6+3000=27500\text{mm}=27.5\text{m}$

② 마찰손실$=27.5\times0.25=6.875\text{m}$

$\therefore\ H=27.5+6.875=34.375[\text{mAq}]$

(2) 소요동력 L_S

$$L_S=\frac{9.8\times\left(\dfrac{12000}{10^3\times3600}\right)\times34.375\times1.1}{0.6}=2.06[\text{kW}]$$

☐ 09년1회, 18년1회, 20년1회

11 펌프에서 수직높이 25m의 고가수조와 5m 아래의 지하수까지를 관경 50mm의 파이프로 연결하여 2m/s의 속도로 양수할 때 다음 물음에 답하시오. (단, 배관의 압력손실은 3kPa/100m, 비중량은 9800N/m^{3}이다.)

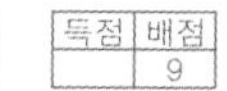

득점	배점
	9

(1) 펌프의 전양정(m)을 구하시오.

(2) 펌프의 유량(m^3/s)을 구하시오.

(3) 펌프의 축동력(kW)을 구하시오.(단, 펌프 효율은 0.7로 한다.)

해답 (1) 펌프의 전양정(H)=실양정+배관저항(마찰손실)+기기저항+토출수두

① 실양정=흡입실양정+토출실양정=5+25=30[m]

② 배관저항$=(25+5)\times\dfrac{3}{100}=0.9[\text{kPa}]$

$\therefore\ \text{H}=\dfrac{\text{P}}{\text{r}}=\dfrac{0.9}{9.8}=0.09[\text{m}]$

③ 속도수두$=\dfrac{v^2}{2g}=\dfrac{2^2}{2\times9.8}=0.20[\text{m}]$

$\therefore$ 전양정 $\text{H}=30+0.09+0.20=30.29[\text{m}]$

(2) 펌프의 유량 $Q=Av$에서

$$Q=\frac{\pi\times0.05^2}{4}\times2=3.93\times10^{-3}[\text{m}^3/\text{s}]$$

(3) 펌프의 축동력 $L_S = \frac{rQH}{\eta}$

$$L_s = \frac{9.8 \times 3.93 \times 10^{-3} \times 30.29}{0.7} = 1.67[\text{kW}]$$

☐ 08년2회, 17년1회

12 다음 그림은 냉수 시스템의 배관지름을 결정하기 위한 계통이다. 그림을 참조하여 각 물음에 답하시오.

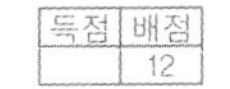

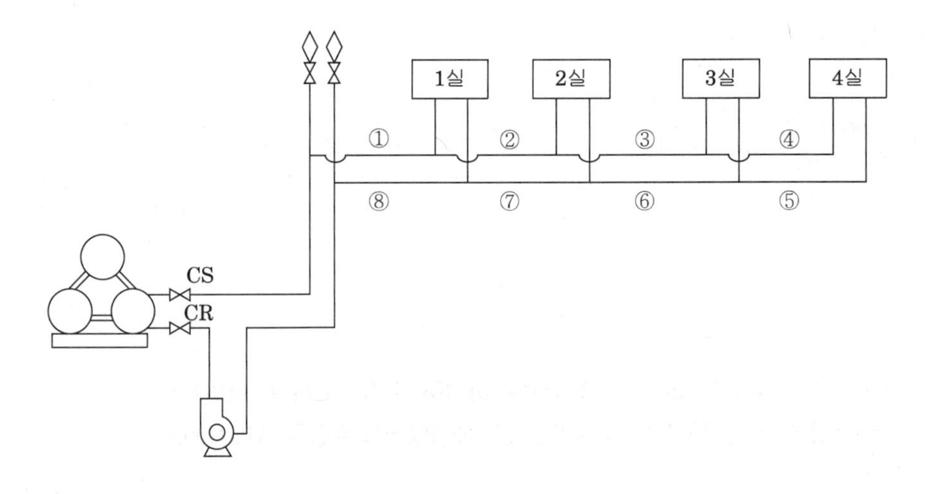

• 부하 집계표

실명	현열부하(kW)	잠열부하(kW)
1실	14	3.5
2실	30	5
3실	18	3
4실	35	7

냉수배관 ①~⑧에 흐르는 유량을 구하고, 별첨 마찰저항 선도를 이용하여 관지름을 결정하시오. (단, 냉수의 공급·환수 온도차는 5℃로 하고, 마찰저항 R은 300Pa/m이다.)

배관 번호	유량(L/min)	관지름(A)
①, ⑧		
②, ⑦		
③, ⑥		
④, ⑤		

해설 여기서 각 실의 유량은

1실 : $L_w = \frac{(14+3.5)\times 60}{4.2\times 5} = 50[\text{L/min}]$

2실 : $L_w = \frac{(30+5)\times 60}{4.2\times 5} = 100[\text{L/min}]$

3실 : $L_w = \frac{(18+3)\times 60}{4.2\times 5} = 60[\text{L/min}]$

4실 : $L_w = \frac{(35+7)\times 60}{4.2\times 5} = 120[\text{L/min}]$

- ①, ⑧배관의 유량 $= 50+100+60+120 = 330[\text{L/min}]$
- ②, ⑦배관의 유량 $= 100+60+120 = 280[\text{L/min}]$
- ③, ⑥배관의 유량 $= 60+120 = 180[\text{L/min}]$
- ④, ⑤배관의 유량 $= 120[\text{L/min}]$

해답

배관 번호	유량(L/min)	관지름(A)
①, ⑧	330	80
②, ⑦	280	80(교점이 65A를 넘어가므로 80A선정)
③, ⑥	180	65
④, ⑤	120	50

선도

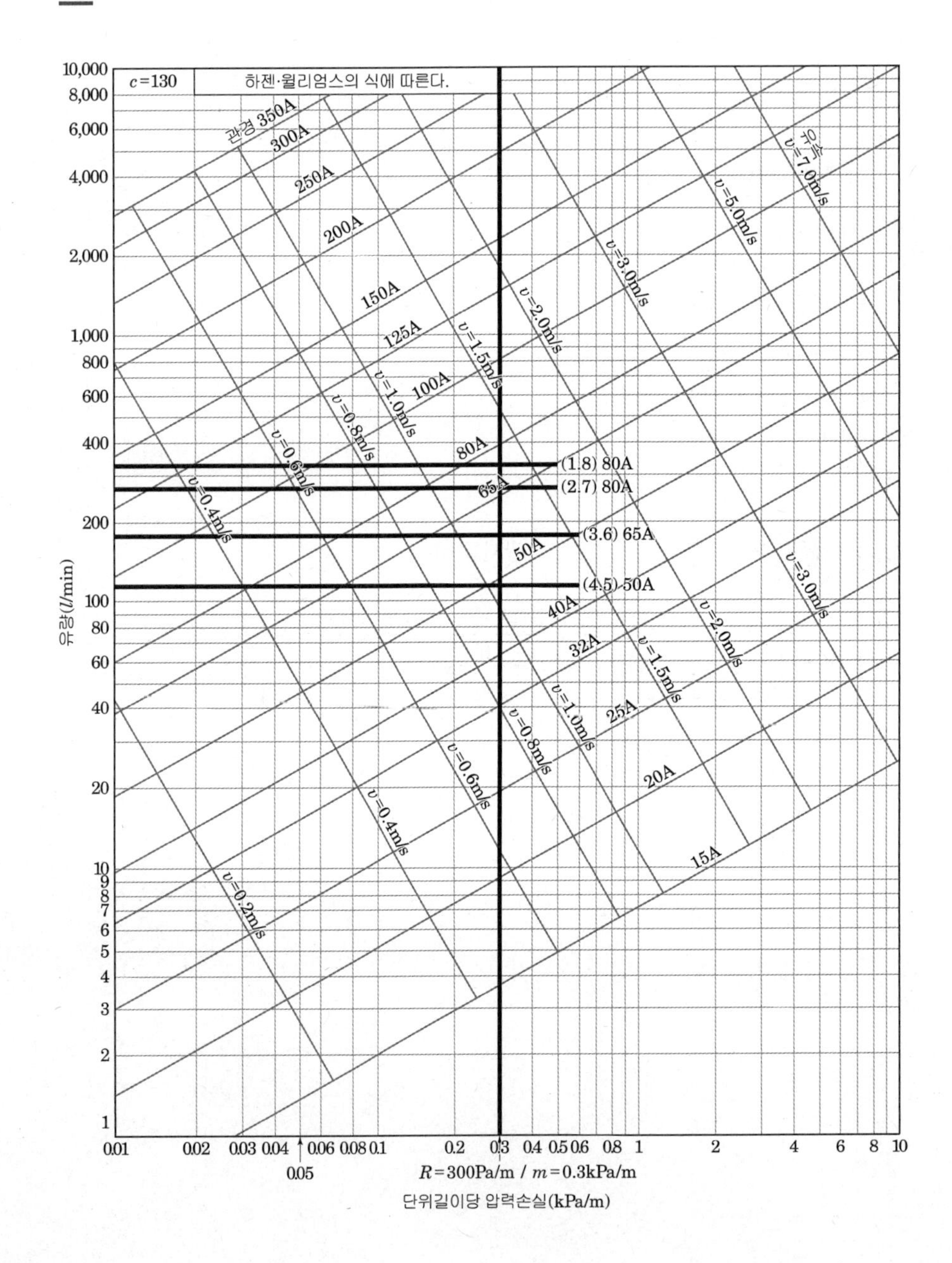
c=130
하젠·윌리엄스의 식에 따른다.
관경 350A
300A
250A
200A
150A
125A
100A
80A
65A
50A
40A
32A
25A
20A
15A
(1.8) 80A
(2.7) 80A
(3.6) 65A
(4.5) 50A
유속 υ=7.0m/s
υ=5.0m/s
υ=3.0m/s
υ=2.0m/s
υ=1.5m/s
υ=1.0m/s
υ=0.8m/s
υ=0.6m/s
υ=0.4m/s
υ=0.2m/s
유량(l/min)
R=300Pa/m / m=0.3kPa/m
단위길이당 압력손실(kPa/m)

□ 06년3회

13 다음과 같은 배관 계통도에서 E점에 에어벤트(필요수압 20kPa)를 설치하려고 한다. 각 물음에 답하시오.

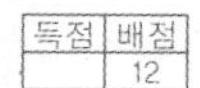

득점	배점
	12

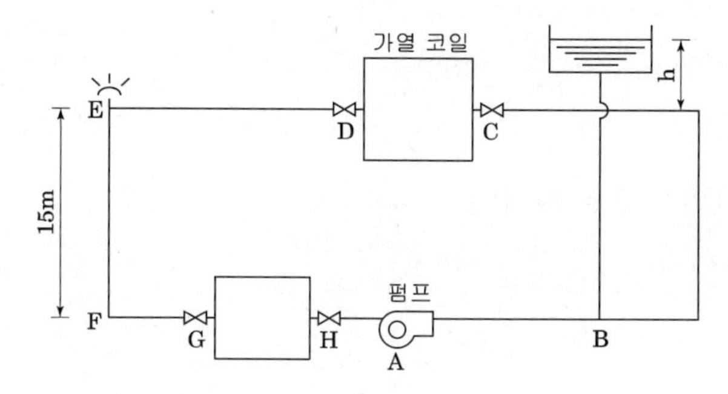

【조 건】

1. 배관길이 : A–B : 10m, B–C : 45m, D–E : 15m
   E–F : 15m, F–G : 15m, H–A : 15m
2. 마찰손실 : 열교환기 : 40[kPa], 가열 코일 : 30[kPa], 배관 : 40[kPa/100m]

(1) 팽창 탱크의 높이(h)는 몇 m로 하면 되는가?

(2) 펌프의 양정(H)은 얼마인가?

(3) 펌프 흡입 측 압력은 몇 kPa인가?

(4) 배관계를 흐르는 유량이 $3[m^3/h]$일 때 펌프를 구동하기 위한 축동력(kW)을 구하시오. (단, 펌프의 효율은 70%, 물의 비중량 $r = 9.8[kN/m^3]$이다.)

해답 (1) B점(No pressure change point)으로부터 E점까지의 전저항을 구하고 E점의 에어벤트 필요정압을 가산한 값이 배관계 최고소에서 팽창탱크까지의 높이(h)가 된다.

① B–C 구간의 압력손실$= 45 \times \dfrac{40}{100} = 18[kPa]$

② 가열코일저항$= 30[kPa]$

③ D–E 구간의 압력손실$= 15 \times \dfrac{40}{100} = 6[kPa]$

④ Air Vent 필요수압$= 20[kPa]$

B점에서 E부분까지의 압력손실=18+30+6+20=74kPa

$\therefore$ P=rh에서 $h = \dfrac{p}{r} = \dfrac{74}{9.8} = 7.55[m]$

(2) 전양정 H

① 실양정=0(밀폐배관)

② 배관의 압력손실$= (10+45+15+15+15+15) \times \dfrac{40}{100} = 46[kPa]$

③ 기기저항=가열코일저항+열교환기저항=30+40=70[kPa]

전저항=46+70=116kPa $\therefore$ 전양정 $h = \dfrac{p}{r} = \dfrac{116}{9.8} = 11.84[m]$

(3) 펌프의 흡입측 압력은 E점의 압력에 정수두를 가한 것에서 E–F–G–H–A간의 압력손실 합계를 제외한 압력이다. 따라서

① F점의 압력 : 20 + 15×9.8 = 167[kPa]

② E –A구간의 마찰손실 : $(30+15)\times\dfrac{40}{100}=18$[kPa]

③ 열교환기 저항 : 40[kPa]

∴ 펌프 흡입측 압력 $=167-(18+40)=109$[kPa]

(4) 축동력 $L_S=\dfrac{rQH}{\eta}=\dfrac{9.8\times3\times11.84}{3600\times0.7}\fallingdotseq0.14$[kW]

□ 04년1회, 18년3회

14 공조기 A, B, C에 관한 다음 물음에 대해 주어진 조건을 참고하여 답하시오.

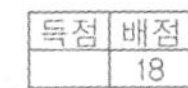

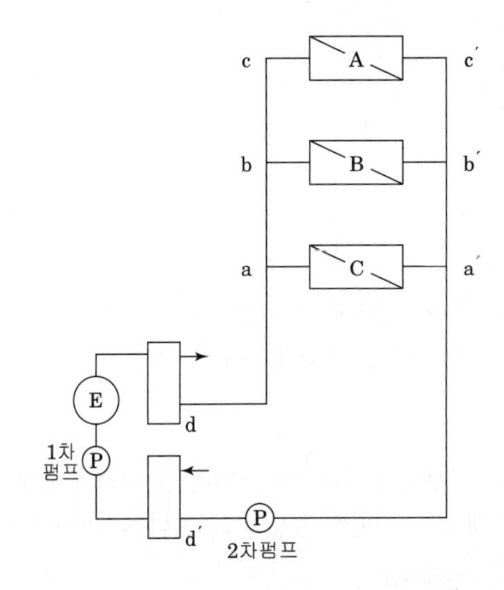

【조 건】

1. 각 공조기의 냉각코일 최대부하는 다음과 같다.

부하 \ 공조기	A	B	C
현열부하(kW)	71	74	77
잠열부하(kW)	13	13.5	14

2. 공조기를 통과하는 냉수 입구온도 5℃, 출구온도 10℃이다.
3. 관지름 결정은 단위길이당 마찰저항 $R=700$[Pa/m]이고 별첨 배관 마찰저항선도를 이용.
4. 2차측 배관의 국부저항은 직관길이 저항의 25%로 한다.
5. 공조기의 마찰저항은 냉수코일 40[kPa], 제어밸브류 50[kPa]로 한다.
6. 냉수속도는 2[m/s]로 한다. 1차 펌프는 1차측을, 2차 펌프는 2차측을 담당한다.
7. 1차측 d′ –E–d의 배관길이는 20m로 하고, 펌프양정 산정 시 여유율은 5%, 펌프효율(η_p)은 60%로 한다.
8. 순환수의 비열은 4.2[kJ/kg · k]로 한다

(1) 구간별 수량을 구하시고 선도를 이용하여 배관 지름을 구하시오.

	b–c, c′–b′	a–b, b′–a′	d–a, a′–d′	d′–E–d
수량(L/min)				1500
관지름 d(mm)				125
왕복길이(m)	30	30	100	20

(2) 2차 펌프의 양정(mAq)을 구하시오.

(3) 2차 펌프를 구동하기 위한 축동력(kW)을 구하시오.

해설 (1) 각 실의 순환수량

① A실: $\dfrac{(71+13)\times 60}{4.2\times 5}=240$ [L/min]

② B실: $\dfrac{(74+13.5)\times 60}{4.2\times 5}=250$ [L/min]

③ C실: $\dfrac{(77+14)\times 60}{4.2\times 5}=260$ [L/min]

해답 (1)

	b–c, c′–b′	a–b, b′–a′	d–a, a′–d′	d′–E–d
수량(L/min)	A=240	A+B=490	A+B+C=750	1500
관지름 d(mm)	65	80	100	125
왕복길이(m)	30	30	100	20

(2) 2차 펌프의 양정은 2차측만 고려한다.

펌프의 전양정 H=실양정+마찰손실수두+기기저항

① 실양정 = 0

② 마찰손실수두

- 2차측 배관의 상당길이=(30+30+100)×1.25=200m

∵ 배관의 압력손실=200×700=140000Pa=140[kPa]

③ 기기 압력손실=40+50=90[kPa]

④ 속도수두= $\dfrac{V^2}{2g}=\dfrac{2^2}{2\times 9.8}=0.2$ [m]

그러므로 $P=rH$에서 전양정 $H=\dfrac{P}{r}=\left(\dfrac{140+90}{9.8}+0.2\right)\times 1.05=24.85$[m]

(3) 축동력 $L_S=\dfrac{rQH}{\eta}=\dfrac{9.8\times 750\times 24.85}{60\times 0.6\times 10^3}=5.07$[kW]

여기서 r : 비중량 9.8[kN/m^3]

Q : 송수량[m^3/s]

η : 펌프효율

P : 전압력손실(KPa)

선도

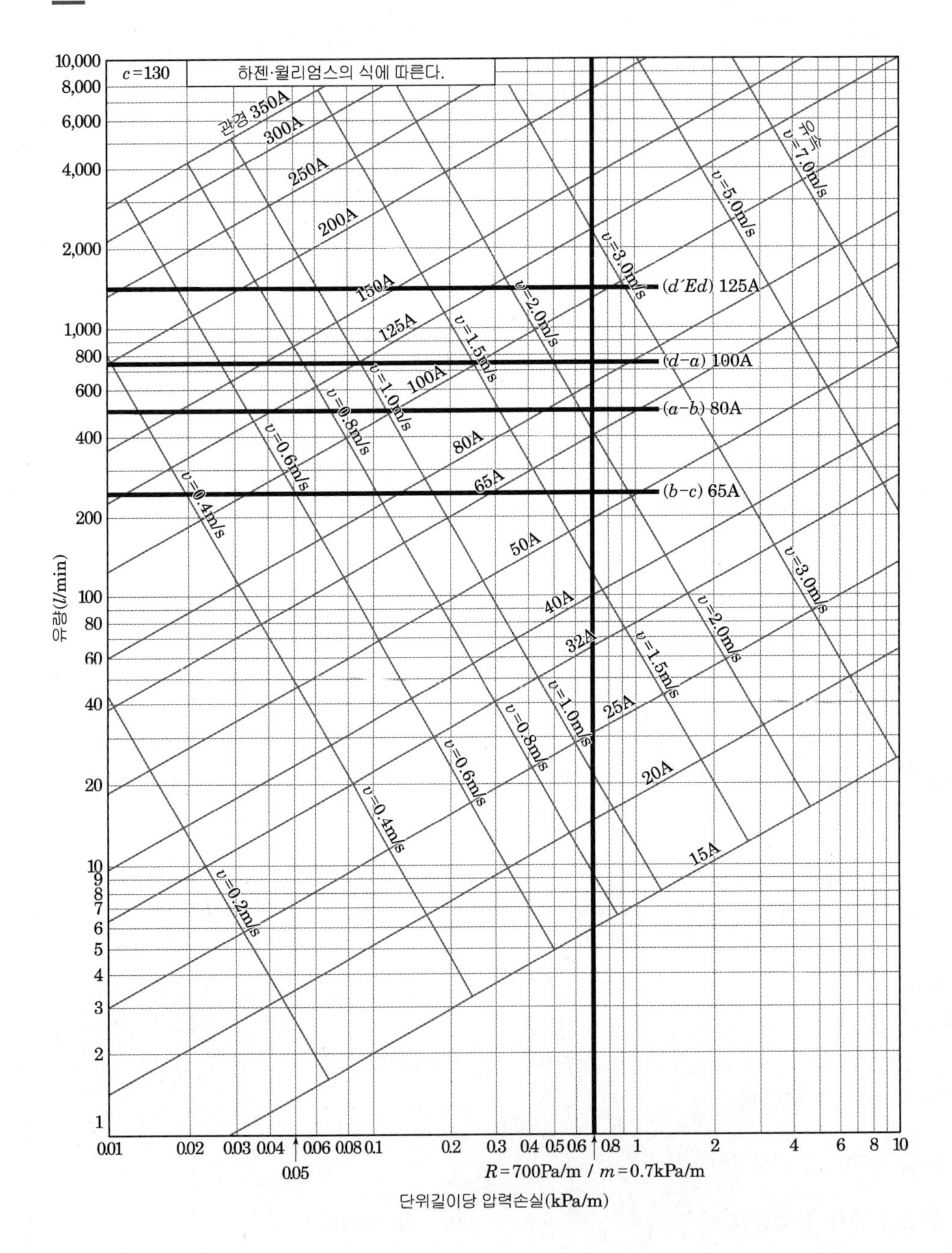
c=130
하젠·윌리엄스의 식에 따른다.
관경 350A
300A
250A
200A
150A
125A
100A
80A
65A
50A
40A
32A
25A
20A
15A
유속 υ=7.0m/s
υ=5.0m/s
υ=3.0m/s
υ=2.0m/s
υ=1.5m/s
υ=1.0m/s
υ=0.8m/s
υ=0.6m/s
υ=0.4m/s
υ=0.2m/s
(d′Ed) 125A
(d-a) 100A
(a-b) 80A
(b-c) 65A
유량(l/min)
단위길이당 압력손실(kPa/m)
R=700Pa/m / m=0.7kPa/m

□ 00년2회

15 다음 펌프(pump)의 전양정을 구하시오. (단, 국부저항을 포함한 배관 내부의 총마찰손실압력은 180kPa이다. 여유율은 10%로 한다.)

득점	배점
	14

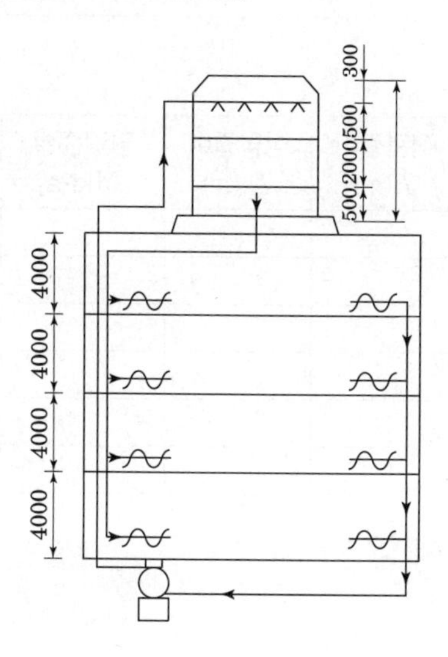

해답 펌프의 양정

펌프의 전양정 H=실양정+마찰손실수두+기기저항

① 실양정 = $2000 + 500 = 2500\text{mm} = 2.5\text{m}$

② 총 마찰손실수두 = $\dfrac{180}{9.8} \fallingdotseq 18.367[\text{m}]$

③ 여유율 : 10%

∴ 전양정(H)= $(2.5 + 18.367) \times 1.1 = 22.95[\text{mAq}]$

□ 06년2회, 15년1회

16 다음과 같은 공조기 수배관에 대하여 물음에 답하시오.(단, 허용압력 손실은 $R = 0.8[\text{kPa/m}]$이며, 국부저항 상당길이는 직관길이와 동일한 것으로 한다.)

득점	배점
	15

구간	직관길이
A-B	50m
B-C	5m
C-D	5m
D-E	5m
E′-F	10m

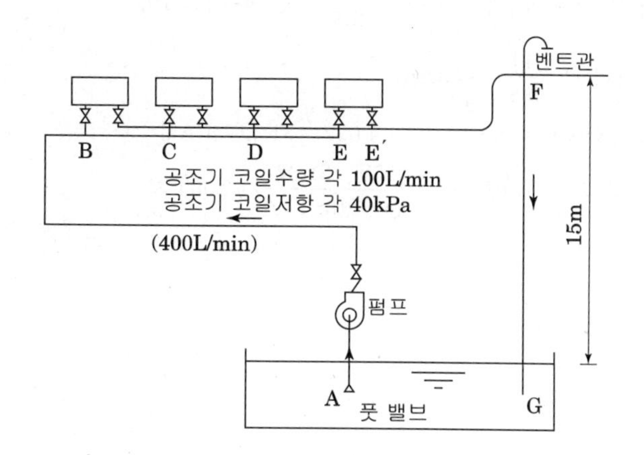

• 관지름에 따른 유량($R = 0.8$kPa/m)

관지름(mm)	32	40	50	65	80
유량(L/min)	90	180	380	570	850

(1) 각 구간의 빈곳을 완성하시오.

구간	유량 (L/min)	R(kPa/m)	관지름 (mm)	직관길이 L(m)	상당길이 L'(m)	압력손실 P[kPa]	비고
A-B		0.8					-
B-C		0.8					-
C-D		0.8					-
D-E		0.8					-
E′-F		0.8					-
F-G		0.8		15	-	-	0실 양정

(2) 펌프의 양정 H[m]과 수동력 P[kW]을 구하시오.

해답 (1)

구간	유량 (L/min)	R(kPa/m)	관지름 (mm)	직관길이 L(m)	상당길이 L'(m)	압력손실 P[kPa]	비고
A-B	400	0.8	65	50	50	80	-
B-C	300	0.8	50	5	5	8	-
C-D	200	0.8	50	5	5	8	-
D-E	100	0.8	40	5	5	8	-
E′-F	400	0.8	65	10	10	16	-
F-G	400	0.8	65	15	-	-	실양정

(2) 1) 전양정 H

① 실양정 =15m

② 배관압력손실수두 $= \dfrac{80+(8\times3)+16}{9.8} = 12.245$m

③ 기기저항$= \dfrac{40}{9.8} = 4.082$m

∴ 전양정$H = 15+12.245+4.082 = 31.327$[mAq]

2) 수동력 $L_w = rQH = \dfrac{9.8\times400\times31.327}{60\times10^3} = 2.05$[kW]

□ 01년2회

17 다음과 같은 냉수배관이 있다. 각 물음에 답하시오.

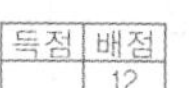

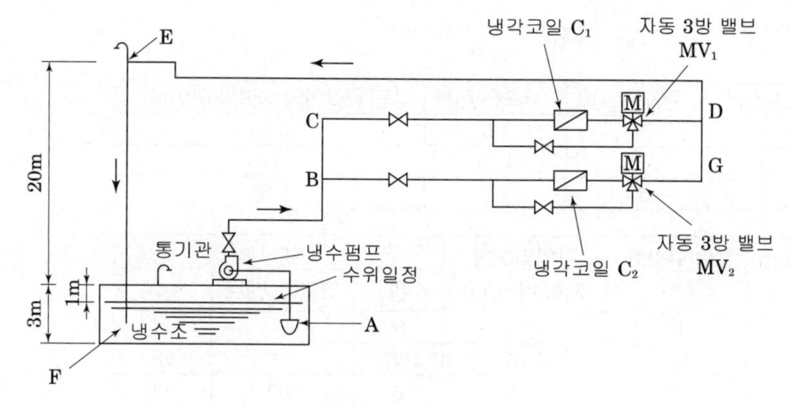

【조 건】

1. 냉각코일의 부하 : $C_1 = 105$[kW], $C_2 = 58$[kW]
2. 냉각코일의 수온 : 입구= 8℃, 출구= 13.5℃
3. 냉수비열 : 4.19[kJ/lg·K], 비중량 : 9.8[kN/m^3]
4. 직관길이 : ① A-B 사이(20m) ② B-C-D 사이(10m) ③ B-G-D 사이(10m) ④ D-E 사이(40m) ⑤ E-F 사이(22m)
5. 국부저항 : $C_1 = 40$[kPa], $C_2 = 30$[kPa], $MV_1 = 60$[kPa], $MV_2 = 45$[kPa]
6. 펌프 및 배관 등에서의 열취득은 무시한다.(배관선도는 교재 별첨 배관선도 참조)

(1) 각 코일(C_1 코일, C_2 코일)에 대한 순환수량(L/min)을 구하시오.

(2) 그림의 A-B, B-C, G-D 각 구간의 관지름(A)을구하고 선정된 관경에서 유속(m/s), 단위길이당 압력손실(kPa/m)을 구하시오. (단, 유속은 2.5m/s 이하, 단위길이당 압력손실은 300~600Pa/m의 범위로 한다.)

구간	수량(L/min)	관지름(A)	유속(m/s)	단위길이당 저항(kPa/m)
A-B				
B-C				
G-D				

(3) 냉수펌프의 양정(head)을 구하시오. (단, 게이트 밸브(gate valve), 곡선부분 등의 국부저항 상당길이는 직관길이의 100%로 하며, 양정 계산에 10%의 여유를 주는 것으로 한다.)

구간	직관길이(m)	전상당길이(m)	단위길이당 저항(kPa/m)	저항(kPa)		
				관	코일과 밸브	합계
A-B					–	
D-E					–	
B-C-D						
B-G-D						

해답 (1) ① C_1 코일의 순환수량$=\frac{105\times60}{(13.5-8)\times4.19}=273.38$[L/min]

② C_2 코일의 순환수량$=\frac{58\times60}{(13.5-8)\times4.19}=151.01$[L/min]

(2)

구간	수량(L/min)	관지름(A)	유속(m/s)	단위길이당 저항(kPa/m)
A-B	424.39	80	1.5	0.35
B-C	273.38	65	1.25	0.3
G-D	151.01	50	1.2	0.35

(3)

구간	직관길이 (m)	전상당길이 (m)	단위길이당 저항(kPa/m)	저항(kPa)		
				관	코일과 밸브	합계
A-B	20	40	0.35	14	–	14
D-E	40	80	0.35	28	–	28
B-C-D	10	20	0.3	6	100	106
B-G-D	10	20	0.35	7	75	82

전양정 = 실양정 + 배관저항 + 기타저항

① 실양정 = 20+1 = 21m

② 배관저항은 저항이 가장 큰 경로를 택하여 정한다. 따라서 A-B-C-D-E구간을 주경로로 한다.

주경로에서의 전저항$=14+28+106=148$[kPa]

$\because$ $P=rh$에서 $h=\frac{P}{r}=\frac{148}{9.8}$[m]

$\therefore$ 전양정 $H=(21+\frac{148}{9.8})\times1.1=39.71$[mAq]

선도

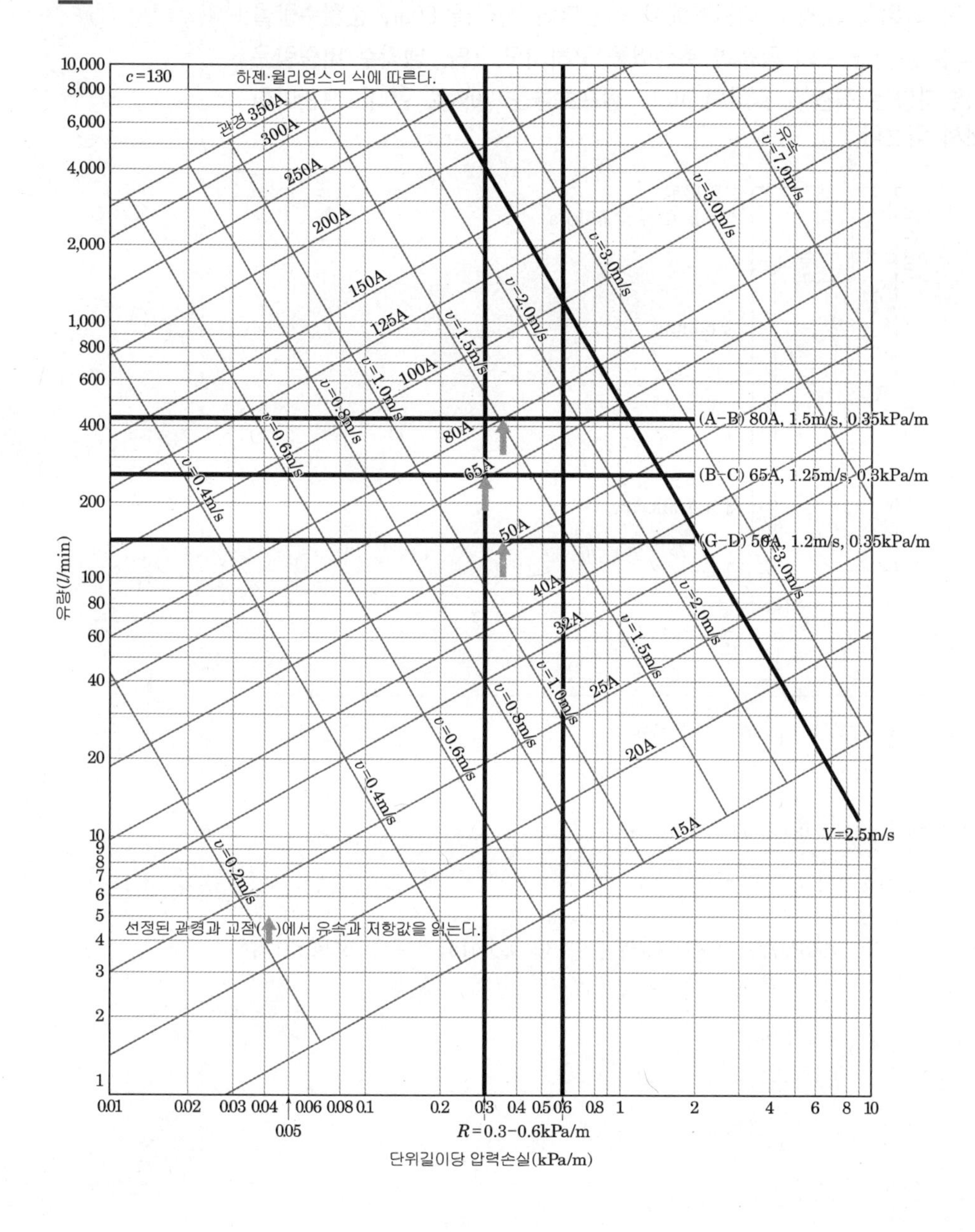
c=130
하젠·윌리엄스의 식에 따른다.
관경 350A
300A
250A
200A
150A
125A
100A
80A
65A
50A
40A
32A
25A
20A
15A
(A-B) 80A, 1.5m/s, 0.35kPa/m
(B-C) 65A, 1.25m/s, 0.3kPa/m
(G-D) 50A, 1.2m/s, 0.35kPa/m
V=2.5m/s
선정된 관경과 교점(↑)에서 유속과 저항값을 읽는다.
유량(l/min)
R=0.3-0.6kPa/m
단위길이당 압력손실(kPa/m)

☐ 07년3회, 13년2회, 19년2회

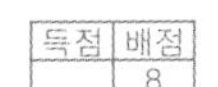

18 **다음 그림과 같은 쿨링 타워의 냉각수 배관계에서 직관부의 전장을 60m, 순환수량을 300[L/min]로 하여 냉각수 순환 펌프의 양정과 축동력을 구하시오. (단, 냉각수 비중량은 9.8[kN/m^3], 배관의 국부저항은 직관부 길이의 40%, 펌프효율은 70%로 한다. 배관마찰저항은 별첨 배관선도에서 읽는다.)**

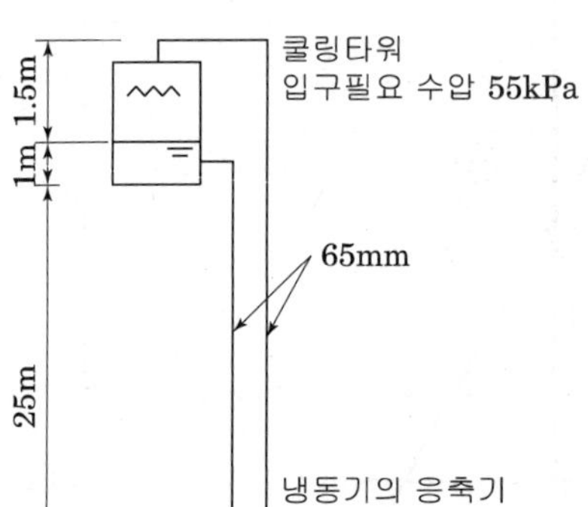

해답 (1) 전양정 H=실양정+마찰저항+기기저항+살수압력

① 실양정=1.5m

② 배관의 마찰저항 $=60\times1.4\times0.4=33.6$[kPa]

수두로 환산하면 $P=rh$에서 $h=\dfrac{P}{r}=\dfrac{33.6}{9.8}$[m]

여기서 단위길이당 마찰저항 0.4[kPa/m]는 선도에서 유량 300[L/min]과 관경 65[mm]의 교점에 의해 구한다.

③ 기기 저항=응축기 저항 : 150[kPa]

④ 살수압력=쿨링타워 입구 필요 수압 : 55[kPa]

③, ④를 수두로 환산하면 $h=\dfrac{150+55}{9.8}$[m]

∴ 전양정 $\mathrm{H}=1.5+\dfrac{33.6}{9.8}+\dfrac{150+55}{9.8}=25.847$[m]

(2) 축동력 L_s

$$L_s=\frac{rQH}{\eta}=\frac{9.8\times\left(\dfrac{300}{1000}\right)\times25.847}{60\times0.7}=1.809\,[\mathrm{kW}]$$

☐ 08년3회

19 다음 그림에 표시한 200RT 냉동기를 위한 냉각수 순환계통의 냉각수 순환펌프의 축동력(kW)을 구하시오.(단, 냉각수 비열은 4.19[kJ/kg · K] 비중량은 9.8[kN/m^3]이다)

독점	배점
	8

【조 건】

- H=50m
- h=48m
- 배관 총길이 $L=200$m
- 부속류 상당장 $L'=100$m
- 펌프효율 $\eta=65\%$
- 1RT당 응축열량 : 4.55[kW]
- 노즐압력 P=30[kPa]
- 단위저항 r=300[Pa/m]

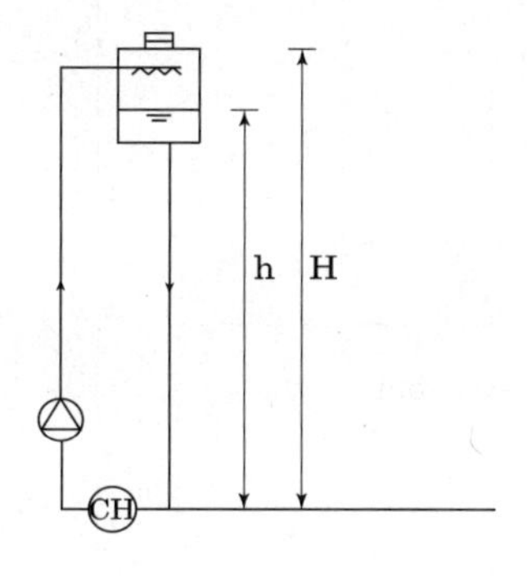

냉동기 저항 R_c=60[kPa]
여유율(안전율) : 10%
냉각수온도차 : 5℃

해답 L_s(축동력)$=\dfrac{rQH}{\eta}$ 에서

- r=9.8[kN/m^3]
- Q(순환수량)$=\dfrac{200\times4.55}{4.19\times5}=43.437$[L/s]
- H(전양정)=실양정+마찰손실+기기저항
- 실양정$=50-48=2$[m]
- 마찰손실=(200+100)×300=90000[Pa]=90[kPa]
- 수두로 환산하면 $\dfrac{90}{9.8}$[m]
- 기기저항=냉동기저항+노즐압력=60+30=90[kPa]
- 수두로 환산하면 $\dfrac{90}{9.8}$[m]

∵ 전양정 $H=2+\dfrac{90}{9.8}+\dfrac{90}{9.8}=20.367$[m]

∴ 축동력 $L_S=\dfrac{9.8\times43.437\times10^{-3}\times20.367}{0.65}\times1.1=14.672$[kW]

□ 12년2회

20 다음 배관장치도를 보고 물음에 답하시오.

득점	배점
	15

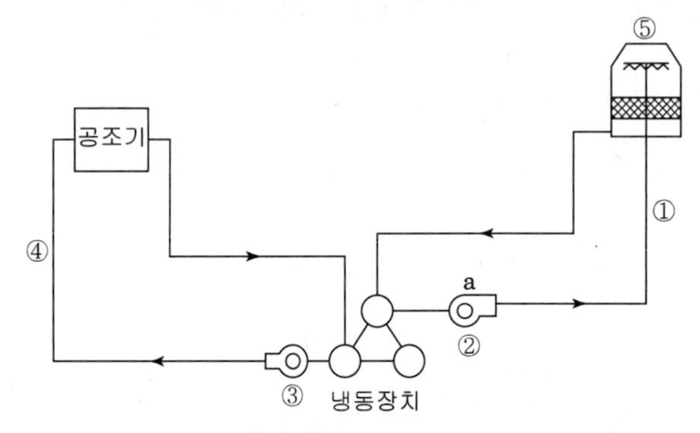

(1) 배관장치도의 ①에서 ⑤까지 명칭을 쓰시오.

(2) 다음 조건에 따라서 그림 a의 전양정을 구하시오.

【조 건】

① 배관 직선 길이 75m	② 배관 밸브 및 곡관부의 상당길이 25m
③ 노즐 수압 50kPa	④ 응축기 손실수두 40kPa
⑤ 배관 마찰 손실 압력 0.3kPa/m	⑥ 냉각탑 낙차 높이 3m

해답 (1) ① 냉각수 배관 ② 냉각수 펌프 ③ 냉수(brine) 펌프
④ 냉수(brine) 배관 ⑤ 냉각탑

(2) 전양정 = 실양정 + 마찰손실 + 기기 및 기타저항

- 실양정 냉각탑 낙차 높이 = 3m
- 마찰손실 = (75+25)×0.3[kPa/m] = 30[kPa]
- 수두로 환산 : $P=rh,\ h=\dfrac{P}{r}=\dfrac{30}{9.8}$[m]
- 기기 및 기타저항 = 응축기저항 + 노즐분무압 = 40+50=90[kPa]
- 수두로 환산 : $h=\dfrac{90}{9.8}$[m]

∴ 전양정 $H=3+\dfrac{30}{9.8}+\dfrac{90}{9.8}=15.24$[m]

☐ 09년2회, 18년2회

21 **다음과 같은 냉각수 배관 시스템에 대해 각 물음에 답하시오. (단, 냉동기 냉동능력은 150RT, 응축기 수저항은 80[kPa], 배관의 마찰손실은 40[kPa/100m]이고, 냉각수량은 1 냉동톤당 13[L/min]이다.)**

독점	배점
	12

• 관경산출표 (40[kPa/100m] 기준)

관경(mm)	32	40	50	65	80	100	125	150
유량(L/min)	90	180	320	500	720	1800	2100	3200

• 밸브, 이음쇠류의 1개당 상당길이(m)

관경(mm)	게이트밸브	체크밸브	엘보	티	리듀서(1/2)
100	1.4	12	3.1	6.4	3.1
125	1.8	15	4.0	7.6	4.0
150	2.1	18	4.9	9.1	4.9

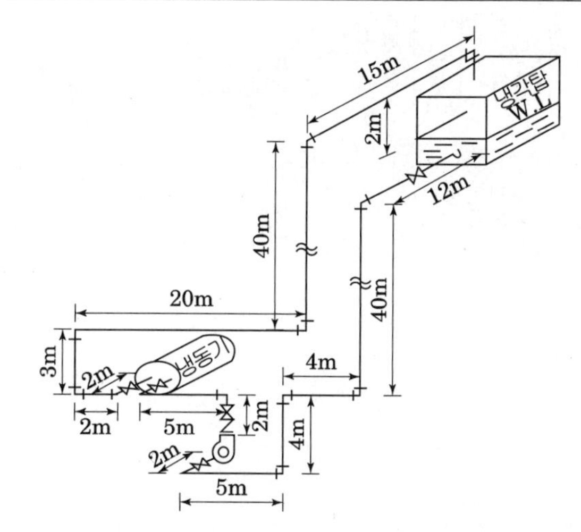

(1) 배관의 마찰손실 ΔP(kPa)를 구하시오. (단, 직관부의 길이는 158m이다.)

(2) 펌프양정 H(mAq)를 구하시오.

(3) 펌프의 수동력 P(kW)를 구하시오.

해답 (1) 배관의 마찰손실 ΔP

① 냉각수량=13×150=1950[L/min]이므로 표에서 관경 125[mm]이다.

② 배관의 전상당길이

• 직관부 길이 158m, • 게이트 밸브 5개×1.8m=9m

• 체크 밸브 1개×15m=15m, • 엘보 13개×4.0m=52m 합계 234m

∴ 배관의 마찰손실 $\Delta p = 234 \times \dfrac{40}{100} = 93.6$[kPa]

(2) 펌프 양정 H=실양정+배관저항(마찰손실)+기기저항

$$H=2+\frac{93.6}{9.8}+\frac{80}{9.8}=19.71[\text{mAq}]$$

(3) 펌프 수동력 $P=r\cdot Q\cdot H=\dfrac{9.8\times 1.95[\text{m}^3/\text{min}]\times 19.71}{60}=6.28[\text{kW}]$

□ 10년3회

득점	배점
	20

22 다음과 같은 온풍로 난방방식에 대해 물음에 답하시오. (단, 덕트 도중에서의 열손실 및 잠열부하는 무시하며, 각 취출구에서의 풍량은 같다. 공기의 정압비열은 1.005[kJ/kg · k], 밀도는 1.2[kg/m³] 이다.)

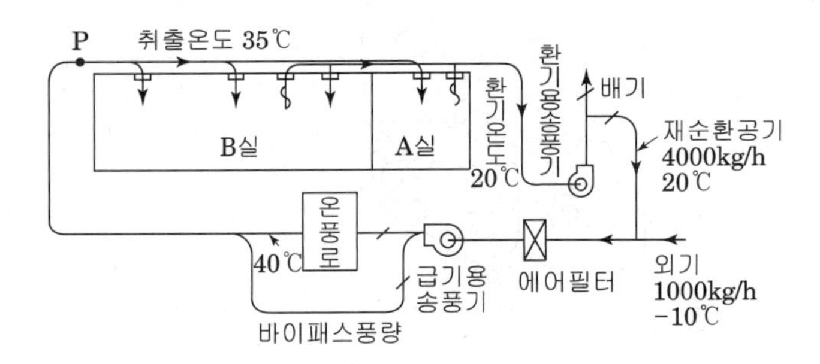

(1) A실의 실내부하(kW)를 구하시오.

(2) 외기부하(kW)를 구하시오.

(3) 바이패스 풍량(kg/h)를 구하시오.

(4) 온풍로 열량(kW)을 구하시오.

해답 (1) 송풍기에서의 전 송풍량=재순환공기+외기=4000+1000=5000[kg/h]

취출구수 4개이고, 각 취출구의 풍량은 같으므로 A실의 풍량은

$\dfrac{5000}{4}=1250[\text{kg/h}]$ 따라서 A실의 실내부하

$q_s=c_p\cdot G\cdot(t_d-t_r)=1.005\times 1250\times(35-20)/3600=5.23[\text{kW}]$

(2) 외기부하 $q_o=c_p\cdot G_o\cdot(t_r-t_o)=1.005\times 1000\times\{20-(-10)\}/3600=8.38[\text{kW}]$

(3) 외기와 환기의 혼합공기 온도 t_3

$$t_3=\frac{mt_1+mt_2}{m+n}=\frac{1000\times(-10)+4000\times 20}{1000+4000}=14[℃]$$

바이패스 풍량을 x[kg/h]라 하면

$5000\times 35=(5000-x)\times 40+14x$

따라서 $x=\dfrac{5000\times(40-35)}{26}=961.54[\text{kg/h}]$

(4) 온풍로 열량 $q_H=1.005\times(5000-961.54)\times(40-14)/3600=29.31[\text{kW}]$

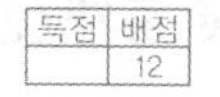

□ 03년2회, 06년3회, 08년3회, 10년3회, 13년1회

23 어느 건물의 난방부하에 의한 방열기의 용량이 350kW일 때 주철제 보일러 설비에서 보일러의 정격출력(kW), 오일 버너의 용량(L/h)과 연소에 필요한 공기량(m^3/h)을 구하시오. (단, 배관손실 및 불때기 시작 때의 부하계수 1.4, 보일러 효율 0.7, 중유의 저발열량 42MJ/kg, 밀도 0.92kg/L, 연료의 이론 공기량 12.0Nm^3/kg, 공기과잉률 1.3, 보일러실의 온도 23℃, 기압 760mmHg이다.)

득점	배점
	12

(1) 보일러의 정격출력(kW)

(2) 오일 버너의 용량(L/h)

(3) 공기량(m^3/h)

해설 (1) 보일러의 정격출력 = 방열기 용량(정미출력) + 배관부하 + 예열부하
= 방열기 용량×배관손실 및 예열부하계수
= 상용출력×예열부하계수

(2) 오일 버너의 용량(L/h) $= \dfrac{\text{정격출력}}{\text{연료의 저위발열량} \times \text{비중} \times \text{보일러 효율}}$

(3) 공기량(m^3/h) = 공기비×이론공기량×연료사용량(오일버너용량) $\times \text{비중} \times \dfrac{273+t_r}{273}$

해답 (1) 보일러의 정격 출력[kW] : 350×1.4 = 490[kW]

(2) 오일 버너의 용량[L/h] : $\dfrac{490 \times 3600}{42 \times 10^3 \times 0.92 \times 0.7} = 65.22[L/h]$

(3) 공기량[m^3/h] : $1.3 \times 12 \times 65.22 \times 0.92 \times \dfrac{273+23}{273} = 1014.90[m^3/h]$

☐ 10년2회

24 증기난방설비에서 아래와 같은 운전 조건일 때 다음 물음에 답하시오.

득점	배점
	18

【조 건】

- 외기온도 6℃
- 실내온도 20℃
- 환기온도 18℃
- 코일입구 공기 혼합온도 15℃
- 가열 코일 후 온도 35℃
- 실취출구 온도 32℃
- 배관손실은 보일러 발열량의 25%
- 수증기 증발잠열 2257[kJ/kg]
- 연료 소비량 12.5[L/h]이고, 1L당 발열량 33.6[MJ/L]
- 송풍량 10000[kg/h]이고, 공기비열 1.01[kJ/kg · K]

(1) 실내손실열량(kW)

(2) 급기덕트 손실열량(kW)

(3) 외기도입량(kg/h)

(4) 가열 코일 소비증기량(kg/h)

(5) 보일러효율(%)

해설 (1) 실내손실열량 만큼 취출된 공기가 실내에 열을 공급해야 하므로 실내 취출공기(t_d)와 실내공기의 온도(t_r)차를 이용한 현열로 다음 식으로 나타낸다.

$$q_r = C_p \cdot G \cdot (t_d - t_r)$$

(2) 급기덕트 손실열량(q_D)은 덕트를 통한 손실열량으로 가열코일 출구온도(덕트 입구온도)와 실 취출구 온도(덕트 출구온도)와의 차를 이용하여 현열식으로 구한다.

$$q_D = C_p \cdot G \cdot \Delta t$$

(3) 외기도입량(G_o)는 가열코일 입구 혼합점에서의 열평형식으로 구한다.

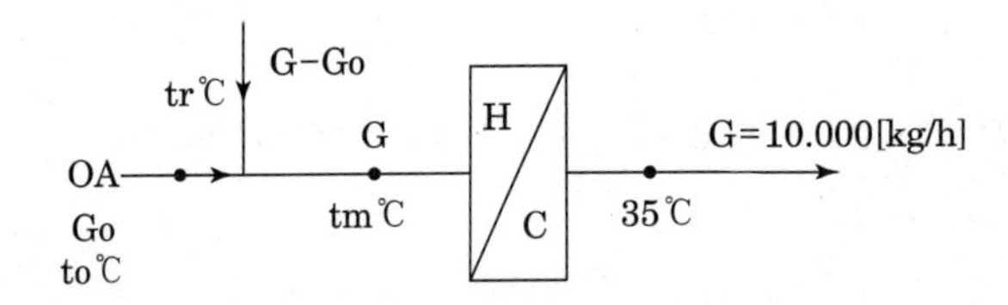

$$G_o \cdot t_o + (G - G_o) t_r = G \cdot t_m$$

여기서 G : 전풍량[kg/h], t_r : 실내온도[℃],
t_o : 외기온도[℃], t_m : 혼합공기온도[℃]

(4) 가열코일의 가열을 증기에 의해서 가열하므로 다음 식에 의한다.

$$\text{가열 코일 소비증기량(kg/h)} = \frac{\text{가열코일 부하}}{\text{증발잠열}}$$

(5) $$\text{보일러효율(\%)} = \frac{\text{보일러 열출력}}{\text{입열량}} = \frac{\text{가열코일부하} \times \text{배관손실계수}}{\text{연료소비량} \times \text{연료의 발열량}}$$

해답 (1) 실내손실열량$= 1.01 \times 10000 \times (32-20)/3600 = 33.67[kW]$

(2) 급기덕트의 손실열량$= 1.01 \times 10000 \times (35-32)/3600 = 8.42[kW]$

(3) 외기도입량G_o

$6G_o + (10000 - G_o) \times 18 = 10000 \times 15$

$\therefore G_o = \dfrac{18 \times 10000 - 15 \times 10000}{12} = 2500[kg/h]$

(4) 증기소비량$= \dfrac{1.01 \times 10000 \times (35-15)}{2257} = 89.50[kg/h]$

(5) 보일러효율$= \dfrac{1.01 \times 10000 \times (35-15) \times 1.25}{12.5 \times 33.6 \times 10^3} \times 100 = 60.12[\%]$

□ 07년1회, 18년1회

25 주철제 증기 보일러 2기가 있는 장치에서 방열기의 상당방열 면적(EDR)이 $1500[m^2]$ 이고, 급탕온수량이 5000[L/h]이다. 급수온도 10℃, 급탕온도 60℃, 보일러 효율 80%, 압력 0.06[MPa]의 증발잠열량이 2230[kJ/kg] 일 때 다음 물음에 답하시오. (단, 물의 비열은 4.2[kJ/kg K] 이다.)

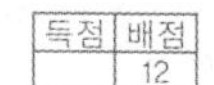

득점	배점
	12

(1) 주철제 방열기를 사용하여 난방할 경우 방열기 절수를 구하시오. (단, 방열기 절당 면적은 $0.26m^3$이다.)

(2) 배관부하를 난방부하의 10%라고 한다면 보일러의 상용출력(kW)은?

(3) 예열부하를 840000(kJ/h)라고 한다면 보일러 1대당 정격출력(kW)은 얼마인가?

(4) 시간당 응축수 회수량(kg/h)은 얼마인가?

해답 (1) 절수$= \dfrac{EDR}{a} = \dfrac{1500}{0.26} = 5769.231 \fallingdotseq 5770$ 절

EDR : 상당방열면적, a : 방열기 1쪽(절) 당의 전열면적(m^2)

(2) 상용출력=난방부하+급탕부하+배관부하

① 난방부하$= 1500 \times 0.756 = 1134[kW]$

② 급탕부하$= 5000 \times 4.2 \times (60-10)/3600 = 291.67[kW]$

③ 배관부하$= 1134 \times 0.1 = 113.4[kW]$

∴ 상용출력$= 1134 + 291.67 + 113.4 = 1539.07[kW]$

(3) 1대당 정격출력$= \dfrac{\text{상용출력} + \text{예열부하}}{2}$

$= (1539.07 + \dfrac{840000}{3600}) \times \dfrac{1}{2} = 886.20[kW]$

(4) 응축수량$= \dfrac{886.20 \times 2 \times 3600}{2230} = 2861.27[kg/h]$

□ 02년2회, 04년1회, 14년1회

득점	배점
	7

26 환산증발량이 10000kg/h인 노통연관식 증기 보일러의 사용압력(게이지 압력)이 0.5MPa 일 때 보일러의 실제 증발량을 구사히오. (단, 급수의 엔탈피 $h_1 = 335$kJ/kg, h' : 포화수의 엔탈피, h'' : 포화증기의 엔탈피, r : 증발잠열)

절대압력(MPa)	포화온도(℃)	엔탈피 h(KJ/kg)		
		h'	h''	$r = h'' - h'$
0.4	142.92	601.53	2736.22	2134.69
0.5	151.11	636.82	2746.14	2109.32
0.6	158.08	667.00	2754.09	2087.09
0.7	164.17	693.49	2760.63	2067.14

해설 환산(상당)증발량[kg/h]
환산증발량이란 보일러의 실제증발량을 표준 대기압상태(1atm)에서 증발량으로 환산한 증발량으로 다음 식으로 나타낸다.

환산증발량 $G_e = \dfrac{G_a \times (h_2 - h_1)}{2256}$

여기서 G_a : 실제 증발량[kg/h]
h_1 : 보일러 급수엔탈피[kJ/kg]
h_2 : 보일러 발생증기 엔탈피[kJ/kg]

증기 보일러의 사용압력(게이지 압력)이 0.5MPa이므로
절대압력=0.5+0.1=0.6MPa(abs), 절대압력 0.6MPa(abs)에서의 포화증기엔탈피 h_2=2754.09[kJ/kg] 이다.

해답 실제증발량 $G_a = \dfrac{G_e \times 2256}{h_2 - h_1} = \dfrac{10000 \times 2256}{2754.09 - 335} = 9325.82$[kg/h]

□ 05년2회, 11년2회

27 증기배관에서 벨로스형 감압 밸브 주위부품을 [보기]에서 찾아 ○안에 기입하시오.

득점	배점
	12

【보 기】

① 슬루스 밸브	② 벨로스형 감압 밸브
③ 스트레이너	④ 안전 밸브
⑤ 압력계	⑥ 구형 밸브

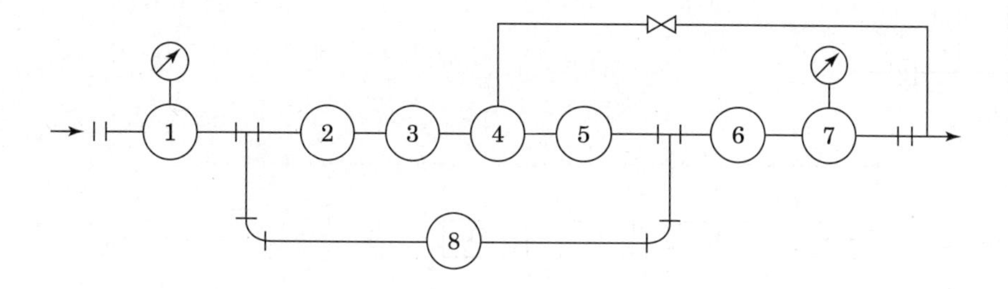

해답

① 압력계	② 슬루스 밸브	③ 스트레이너
④ 벨로스형 감압 밸브	⑤ 슬루스 밸브	⑥ 안전 밸브
⑦ 압력계	⑧ 구형 밸브	

□ 02년1회, 16년3회, 19년2회

28 증기 보일러에 부착된 인젝터의 작용을 설명하시오.

득점	배점
	8

해답 인젝터(injector)의 작용(급수원리) : 열에너지를 보유한 증기를 nozzle로 분출시켜 운동에너지로 바꾸어 고속의 물의 흐름을 만들고 이것을 다시 압력에너지로 바꾸어 보일러 압에 대항하여 급수된다.

즉 열에너지 → 운동(속도)에너지 → 압력에너지

참고 인젝터의 구성

a : 증기노즐, b : 혼합노즐, c : 토출노즐

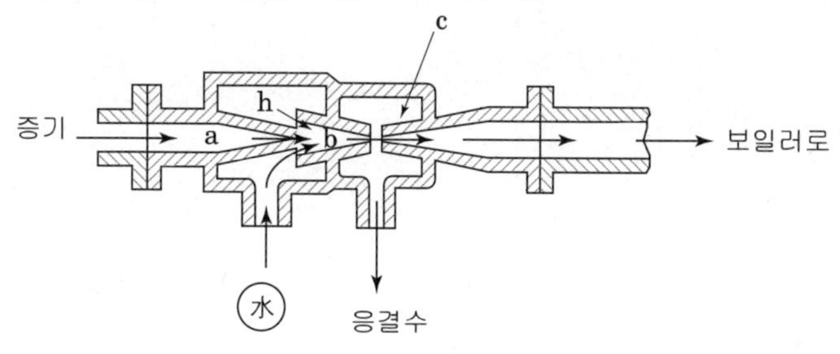

인젝터의 급수 원리

☐ 06년3회, 12년1회, 19년1회

29 다음 도면과 같은 온수난방에 있어서 리버스 리턴 방식에 의한 배관도를 완성하시오. (단, A, B, C, D는 라디에이터를 표시한 것이며, 온수공급관은 실선으로, 귀환관은 점선으로 표시하시오.)

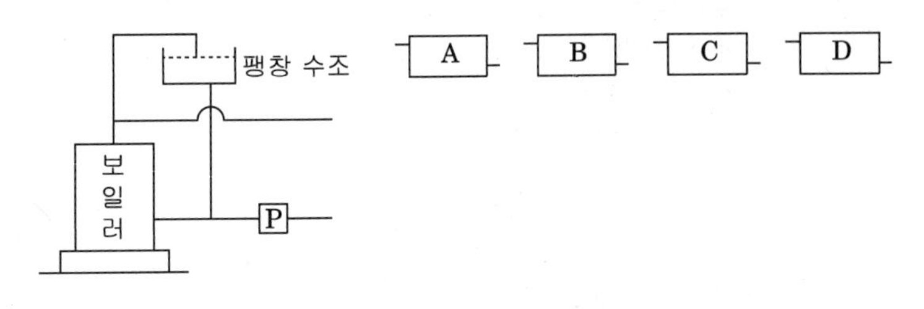

해답

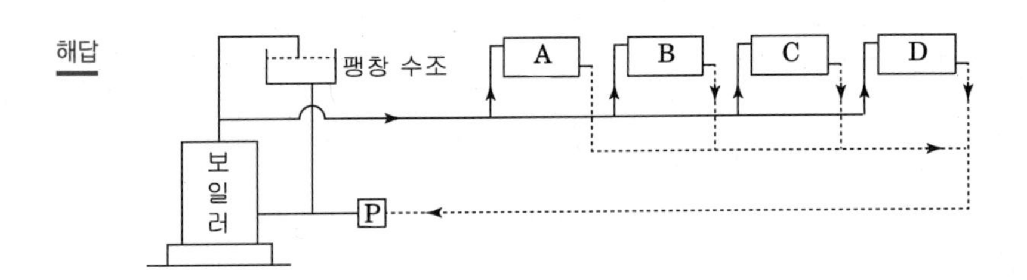

☐ 05년2회, 09년1회, 17년3회

30 다음 그림의 배관 평면도를 입체도로 그리고 필요한 엘보 수를 구하시오. (단, 굽힘부분에서는 반드시 엘보를 사용한다.)

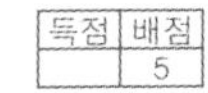

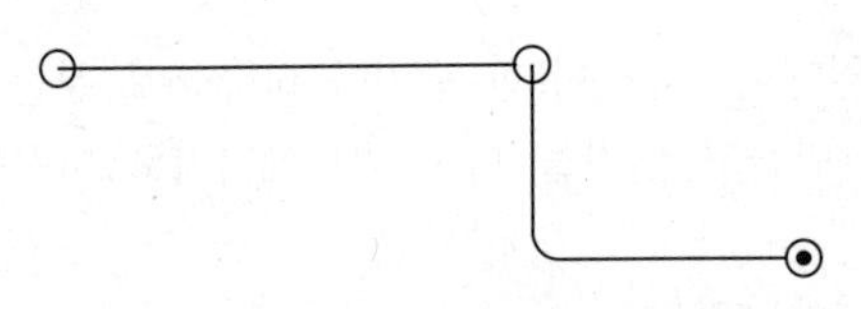

해답 엘보 수 5개

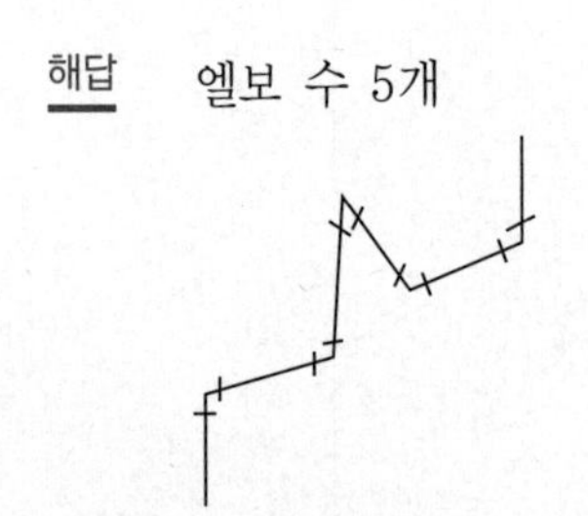

열교환기

☐ 07년3회, 10년1회

31 다음과 같은 증기 코일 순환 시스템에서 증기 코일의 입구온도, 증기 코일의 출구온도 및 코일의 정면 면적을 구하시오. (단, 외기 도입량은 20%이다.)

득점	배점
	8

【조 건】

1. 풍량 : 14400[m³/h]
2. 난방용량 : 175[kW]
3. 외기 도입온도 : −5℃
4. 순환 공기온도 : 20℃
5. 코일 통과풍속 : 3[m/s]
6. 공기 밀도 : 1.2[kg/m³]
7. 공기 비열 : 1.01[kJ/kg·k]

해설

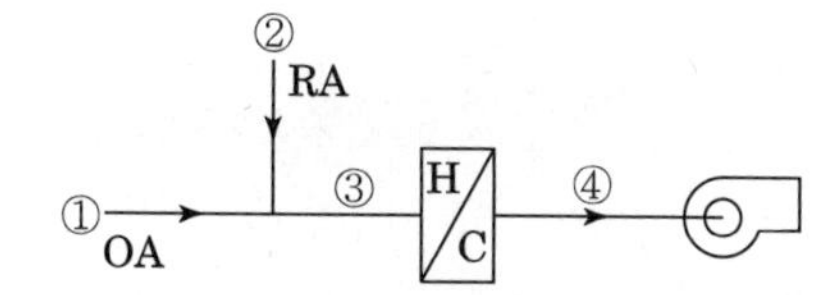

(1) 증기 코일 순환 시스템에서 증기 코일의 입구온도 t_3

$$t_3 = \frac{\mathrm{m}t_1 + \mathrm{n}t_2}{\mathrm{m}+\mathrm{n}}$$

(2) 난방용량(가열량) $q_H = c_p \cdot \rho \cdot Q \cdot (t_2 - t_1)$에서

증기코일의 출구온도$(t_2) = t_1 = + \dfrac{q_H}{c_p \cdot \rho \cdot Q}$

(3) 풍량 $Q = A \cdot v$에서 정면면적 $(A) = \dfrac{Q}{v}$

해답 (1) 증기 코일의 입구온도 t_3

$$t_3 = \frac{\mathrm{m}t_1 + \mathrm{n}t_2}{\mathrm{m}+\mathrm{n}} = 0.2 \times (-5) + 0.8 \times 20 = 15[℃]$$

(2) 증기코일의 출구온도 t_4

$$t_4 = t_3 + \frac{H_o}{c_p \cdot \rho \cdot Q} = 15 + \frac{175 \times 3600}{1.01 \times 1.2 \times 14400} = 51.10[℃]$$

(3) 정면면적 A

$$A = \frac{Q}{V \times 3600} = \frac{14400}{3 \times 3600} = 1.333[\mathrm{m}^2]$$

□ 02년2회, 07년2회, 09년1회

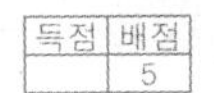

32 증기대수 원통 다관형(셸 튜브형) 열교환기에서 열교환량 2100[MJ/h], 입구 수온 60℃, 출구 수온 70℃일 때 관의 전열면적[m^2]은 얼마인가? (단, 사용 증기온도는 103℃, 관의 열관류율은 2.1[$kW/m^2 \cdot K$]이다.)

해설 $q = K \cdot A \cdot (LMTD)$ 에서

$$A = \frac{q}{K \cdot (LMED)}$$

q : 열교환량[kW], A : 전열면적[m^2], $LMTD$: 대수평균온도차[℃]

해답

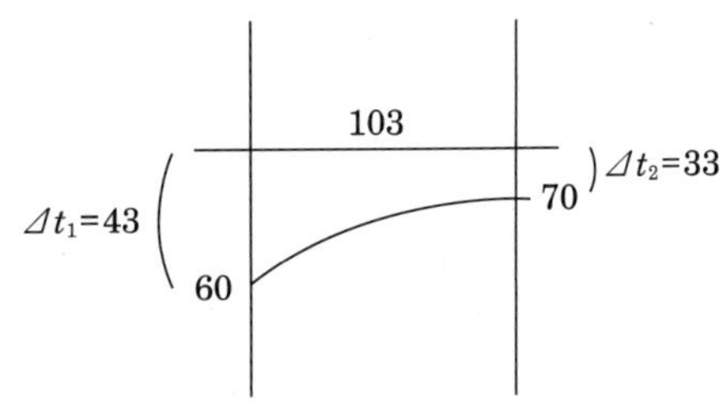

$$LMTD = \frac{43-33}{\ln\frac{43}{33}} = 37.78℃$$

$$\therefore A = \frac{q}{K \cdot (LMTD)} = \frac{2100 \times 10^3/3600}{2.1 \times 37.78} = 7.35[m^2]$$

□ 03년1회, 04년1회, 08년1회, 12년2회

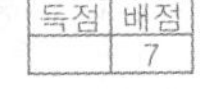

33 건구온도 32℃, 습구온도 27℃(엔탈피 84.4[kJ/kg])인 공기 21600[kg/h]를 12℃의 수돗물(20000[L/h])로서 냉각하여 건구온도 및 습구온도가 20℃ 및 18℃ (엔탈피 51.2kJ/kg)로 되었을 때 코일의 필요 열수를 구하시오. (단, 코일통과 풍속 2.5[m/s], 습윤면계수 1.45, 열통과율은 1.07[$kW/m^2 \cdot K$] 물의 비열은 4.19[$kJ/1g \cdot K$]라 하고, 대수평균 온도차를 이용하며, 공기의 통과방향과 물의 통과방향은 역으로 한다.)

해설 냉각코일의 열수 N

$$N = \frac{q_c}{K \cdot C_{ws} \cdot A \cdot (MTD)}$$ 에서

여기서, q_c : 냉각열량[kW]

K : 코일의 유효정면면적 1[m^2], 1열 당의 열통과율 [$kW/m^2 \cdot K \cdot N$]

C_{ws} : 습면보정계수

A : 코일의 유효정면 면적[m^2]

MTD : 대수평균온도차[℃]

해답
- 냉각열량 $q_c = 21600 \times (84.4 - 51.2)/3600 = 199.2[\text{kW}]$
- 열통과율 $K = 1.07$
- 습면보정계수 $C_{ws} = 1.45$
- 냉수 코일 출구수온 t_{w2}은

$q_c = m \cdot c \cdot (t_{w2} - t_{w1})$에서

$$t_{w2} = t_{w1} + \frac{q_c}{m \cdot c} = 12 + \frac{199.2 \times 3600}{20000 \times 4.19} = 20.56[℃]$$

- 대수평균 온도차 MTD

$$MTD = \frac{(32-20.56)-(20-12)}{\ln\frac{32-20.56}{20-12}} = 9.61[℃]$$

- 코일의 정면면적 A

$$G = \rho \cdot A \cdot V\text{에서 } A = \frac{G}{\rho \cdot V} = \frac{21600}{1.2 \times 2.5 \times 3600} = 2[\text{m}^2]$$

$$\therefore \text{ 코일의 열수 } N = \frac{q_c}{K \cdot C_{ws} \cdot A \cdot MTD} = \frac{199.2}{1.07 \times 1.45 \times 2 \times 9.61} = 6.68 ≒ 7[\text{열}]$$

□ 06년1회

34 공기냉각기의 입구온도 29℃, 출구온도 16℃, 냉수 코일 입구수온 7℃이며 공기와 열교환하여 5℃ 올라간다. 이 냉각기는 병류형과 향류형을 같이 사용한다. 다음 물음에 답하시오.

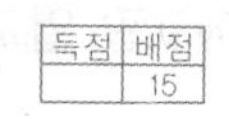

득점	배점
	15

(1) 병류형일 때 대수 평균온도차를 구하시오.

(2) 코일 1열의 열통과율이 930[W/m²·K]이고, 면적이 1[m²]일 때 냉각열량[kW]을 구하시오. (단, 코일은 4열이며 열손실은 없는 것으로 한다.)

(3) 향류형일 때 냉각기 열량[kW]을 구하시오. 조건은 상기 (2)와 동일하다.

해답 (1) 병류

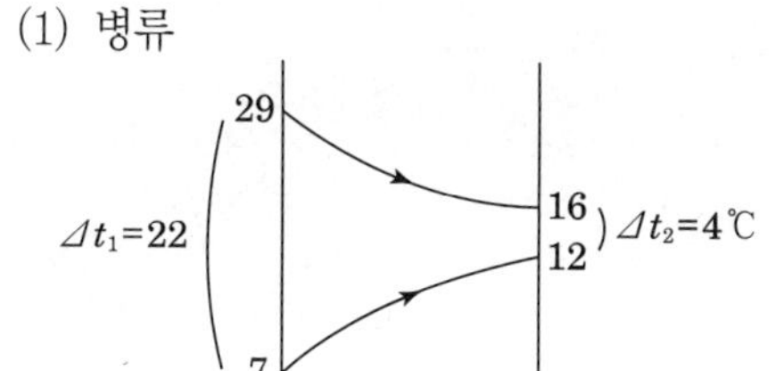

$$LMTD = \frac{22-4}{\text{Ln}\frac{22}{4}} = 10.559[℃]$$

(2) 냉각열량

$q_c = K \cdot A \cdot (LMTD) = 930 \times 4 \times 10.559 = 39279.48[\mathrm{W}] = 39.28[\mathrm{kW}]$

(3) 향류

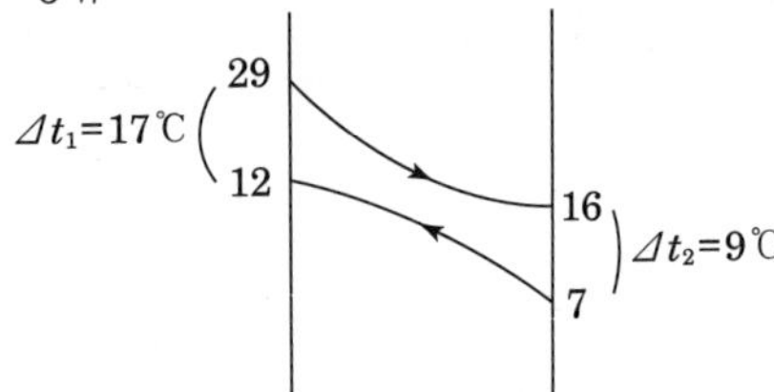

$$대수평균온도차(LMTD) = \frac{17-9}{\mathrm{Ln}\frac{17}{9}} = 12.579℃$$

$q_c = 930 \times 4 \times 12.579 = 46793.88[\mathrm{W/m^2}] = 46.79[\mathrm{kW}]$

□ 09년2회, 20년3회

35 20000kg/h의 공기를 압력 35kPa·(gage)의 증기로 0℃에서 50℃까지 가열할 수 있는 에로핀 열교환기가 있다. 주어진 설계조건을 이용하여 각 물음에 답하시오.

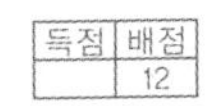

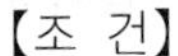

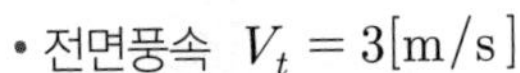

- 전면풍속 $V_t = 3[\mathrm{m/s}]$
- 증기온도 $t_s = 108.2℃$
- 출구 증기온도 보정계수 $K_t = 1.19$
- 코일 열통과율 $K_c = 784[\mathrm{W/m^2 \cdot K}]$
- 증발잠열 $q_e = 2235[\mathrm{kJ/kg}](35[\mathrm{kPa}](\mathrm{gage}))$
- 밀도 $\rho = 1.2[\mathrm{kg/m^3}]$
- 공기정압비열 $C_p = 1.01[\mathrm{kJ/kg \cdot K}]$
- 대수평균온도차 Δ_{tm}(향류)을 사용

(1) 전면 면적 $A_f(\mathrm{m^2})$을 구하시오.

(2) 가열량(kW)을 구하시오

(3) 열수 N(열)을 구하시오.

(4) 증기소비량 L_s(kg/h)을 구하시오.

해답 (1) 전면 면적 A

$G=\rho \cdot A \cdot v \cdot 3600$에서

$$A=\frac{G}{\rho \cdot v \cdot 3600}=\frac{20000}{1.2\times 3\times 3600}=1.543=1.54[\mathrm{m}^2]$$

(2) 가열량 q_H

$$q_H=c_p \cdot G \cdot \Delta t \cdot \mathrm{K_t}=1.01\times 20000\times(50-0)\times 1.19/3600=333.86[\mathrm{kW}]$$

(3) 열수 N

$$\text{대수평균온도차 } \Delta t_m=\frac{\Delta t_1-\Delta t_2}{\ln\frac{\Delta t_1}{\Delta t_2}}=\frac{(108.2-0)-(108.2-50)}{\ln\frac{108.2-0}{108.2-50}}=80.63[℃]$$

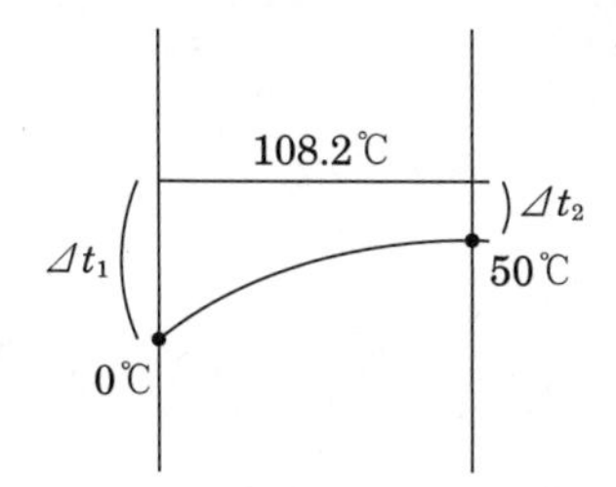

$$N=\frac{q_H}{KA\left(t_s-\frac{t_1+t_2}{2}\right)} \text{ or } \frac{q_H}{K \cdot A \cdot \Delta t_m}=\frac{333.86}{784\times 10^{-3}\times 1.54\times 80.63}=3.429[\text{열}] \fallingdotseq 4[\text{열}]$$

(4) 증기 소비량 L_S

$$L_S=\frac{q_H}{q_e}=\frac{333.86\times 3600}{2235}=537.76[\mathrm{kg/h}]$$

□ 09년3회, 15년3회

36 다음과 같은 냉수코일의 조건을 이용하여 각 물음에 답하시오.

득점	배점
	16

【냉수코일 조건】

- 코일부하(q_c) : 120[kW]
- 통과풍량(Q_c) : 15000[m^3/h]
- 단수(S) : 26단
- 풍속(V_f) : 3[m/s]
- 유효높이 $a=992$[mm], 길이 $b=1400$[mm], 관내경 $d_1=12$[mm]
- 공기입구온도 : 건구온도 $t_1=28$℃, 노점온도 $t_1''=19.3$℃
- 공기출구온도 : 건구온도 $t_2=14$℃
- 코일의 입·출구 수온차 : 5℃(입구수온 7℃)
- 코일의 열통과율 : 1.01[kW/m^2·K]
- 습면보정계수 C_{WS} : 1.4

(1) 전면 면적 A_f[m^2]를 구하시오.

(2) 냉수량 L[L/min]를 구하시오.

(3) 코일 내의 수속 V_w[m/s]를 구하시오.

(4) 대수 평균온도차(평행류) Δt_m[℃]를 구하시오.

(5) 코일 열수(N)를 구하시오.

계산된 열수(N)	2.26~3.70	3.71~5.00	5.01~6.00	6.01~7.00	7.01~8.00
실제 사용 열수(N)	4	5	6	7	8

해설 (1) 전면 면적 A_f[m^2]

$$A_f = \frac{G}{\rho \cdot v_a} = \frac{Q}{v_a}$$

v_a : 공기 속도(풍속)[m/s]　　G : 통과풍량(공기량)[kg/s]
Q : 통과풍량(공기량)[m^3/s]　　ρ : 공기 밀도1.2[kg/m^3]

(2) 냉수량 L[L/min]

$$L = \frac{q_c \times 60}{C_w(t_{w2} - t_{w1})}$$

q_c : 코일부하(처리열량)[kW]
t_{w1}, t_{w2} : 입구 및 출구 수온[℃]
C_w :냉수비열 : 4.19[kJ/kg · K]

(3) 코일 내의 수속 V_w[m/s]

$$V_w = \frac{L}{n \cdot a \cdot 60}$$

L : 수량[m^3/min], a : 관의 단면적[m^2], n : 관수

(4) 대수 평균온도차(평행류) Δt_m

평행류(병류)

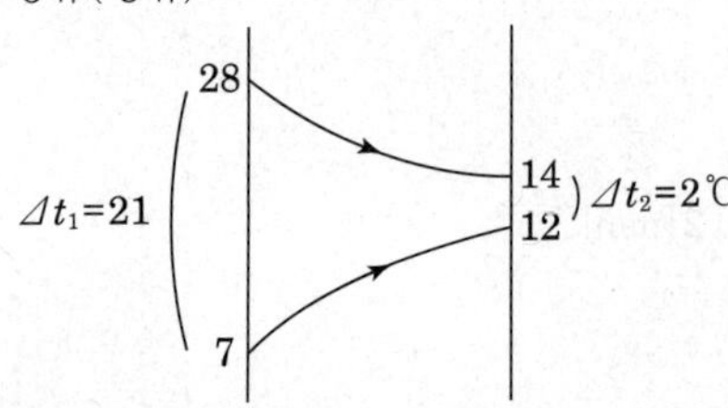

$$\Delta t_m = \frac{\Delta t_1 - \Delta t_2}{\text{Ln}\frac{\Delta t_1}{\Delta t_2}}[℃]$$

(5) 코일 열수(N)

냉각코일의 열수N

$$N=\frac{q_c}{K \cdot C_{ws} \cdot A \cdot (MTD)}$$ 에서

여기서, q_c : 코일부하(냉각열량)[kW]

K : 코일의 유효정면면적 1[m²], 1열 당의 열통과율 [kW/m² · k]

C_{ws} : 습면보정계수

A : 코일의 유효정면 면적[m²]

MTD : 대수평균온도차 [℃]

해답 (1) 전면 면적 $A_f=\frac{15000}{3\times 3600}=1.39[m^2]$

(2) 냉수량 $L=\frac{120\times 60}{4.19\times 5}=343.68[L/min]$

(3) 코일 내 수속 $V_w=\frac{343.68\times 10^{-3}\times 4}{3.14\times 0.012^2\times 26\times 60}=1.95[m/s]$

(4) 대수 평균온도차 $\triangle t_m=\frac{21-2}{\ln\frac{21}{2}}=8.08℃$

$\triangle_1=28-7=21℃$, $\triangle_2=14-12=2℃$

(5) 코일 열수 $N=\frac{120}{1.01\times 1.4\times 1.39\times 8.08}=7.56 ≒ 8$열

□ 11년2회, 16년3회, 17년3회

37 냉장실의 냉동부하 7[kW], 냉장실내 온도를 -20℃로 유지하는 나관 코일식 증발기 천장 코일의 냉각관 길이[m]를 구하시오. (단, 천장코일의 증발관내 냉매의 증발온도는 -28℃, 외표면적 $0.19[m^2/m]$, 열통과율은 24[W/m² · k]이다.)

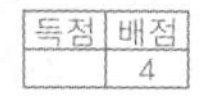

득점	배점
	4

해답 냉동부하 $Q_2=K\cdot A\cdot \Delta t$에서 외표면적 $A=\frac{Q_2}{K\cdot \Delta t}=\frac{7\times 10^3}{24\times[-20-(-28)]}=36.46[m^2]$

∴ 코일의 길이 $L=\frac{36.46}{0.19}=191.89[m]$

□ 07년2회, 10년3회

38 300인을 수용할 수 있는 강당이 있다. 현열부하 $q_s = 58[kW]$, 잠열부하 $q_L = 23[kW]$일 때 주어진 조건을 이용하여 실내 풍량(kg/h) 및 냉동부하(kW)를 구하고, 공기 감습 냉각용 냉수코일의 전면 면적(m^2), 코일길이(m)를 구하시오. (단, 공기의 정압비열 1.0[kJ/kg · K], 밀도는 1.2[kg/m^3]이다.)

득점	배점
	12

【조 건】

1. 외기 등의 온·습도 등

	건구온도(℃)	상대습도(%)	엔탈피(kJ/kg)
외기	32	68	84.6
실내	27	50	55.3
취출공기	17	-	41.0
혼합공기상태점	-	-	65.3
냉각점	14.9	-	38.9
실내노점온도	12	-	-

2. 신선 외기 도입량은 1인당 20[m^3/h]이다.
3. 냉수코일 설계 조건

	건구온도(℃)	습구온도(℃)	노점온도(℃)	절대습도(kg/kg)	엔탈피(kJ/kg)
코일입구	28.2	22.4	19.6	0.0144	65.3
코일출구	14.9	14.0	13.4	0.0097	38.9

• 코일의 열관류율 k = 830[W/m^2·K]
• 코일의 통과속도 V= 2.2[m/s]
• 앞면 코일수 : 18본이며, 1본당 1m에 대한 면적 A는 0.688[m^2]

해설 (1) 실내풍량 $G = \dfrac{q_s}{c_p \cdot \Delta t}$ [kg/s]

q_s : 실현열부하[kW]
c_p : 공기 평균 정압비열[kJ/kg · K]
Δt : 온도차(=실내온도－취출공기온도)

(2) 냉동부하 $q_C = G \cdot \Delta h$[kW]

G : 송풍량(실내풍량)[kg/s]
Δh : 엔탈피차
(=냉각코일 입구(혼합공기)엔탈피－냉각코일 출구(냉각점)엔탈피)

(3) 냉수코일의 전면 면적 $A = \dfrac{G}{3600 \times \rho \times V}$ [m^2]

ρ : 공기의 밀도[kg/m^3]
V : 풍속[m/s]

(4) 코일의 길이 L : 정면면적 1본당 1m에 대한 면적 A=0.688이므로

$$L = \frac{\text{전면적}(A)}{\text{전면1m, 1본당의 면적}} \times \text{코일의 본수[m]}$$

해답 (1) 실내풍량 $G=\frac{q_s}{c_p\cdot \Delta t}=\frac{58\times 3600}{1.0\times(27-17)}=20880$[kg/h]

(2) 냉동부하 $q_C=G\cdot \Delta h=20880\times(65.3-38.9)/3600=153.12$[kW]

(3) 냉수코일의 전면 면적 $A=\frac{G}{3600\times\rho\times V}=\frac{20880}{3600\times 1.2\times 2.2}=2.20$[m^2]

(4) 코일의 길이 L : 정면면적 1본당 1m에 대한 면적 $A=0.688$이므로

$L=\frac{2.20}{0.688}\times 18=57.56$[m]

☐ 02년3회

39 열교환량이 400[kW]인 증기 - 물 열교환기를 설계하고자 한다. 주어진 설계 조건을 이용하여 물음에 답하시오.

득점	배점
	9

【조 건】

1. 증기상태 : 0.2MPa, 119℃ 포화증기
2. 물 입구온도 : 15℃
3. 물 출구온도 : 60℃
4. 가열코일 열통과율(K) : 1.28[kW/m^2·K]
5. 가열코일 지름(D) : 24[mm]

(1) 대수평균온도차를 구하시오.

(2) 가열코일 1본의 길이를 1[m]로 하고, 4pass(패스)로 할 경우 1패스당 가열코일 본수를 구하시오.

해설 (1) 대수평균온도차

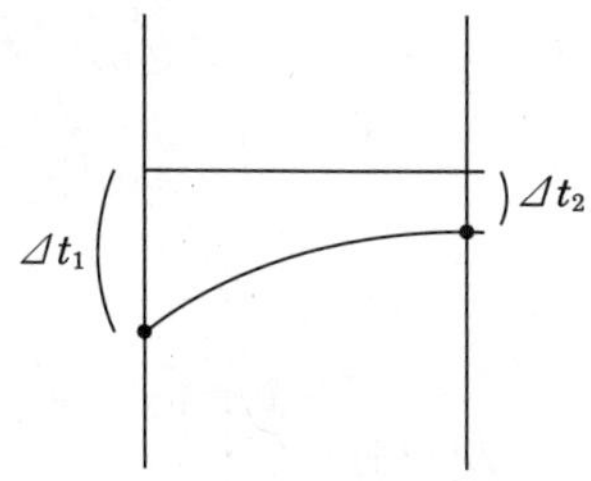

$$MTD=\frac{\Delta t_1-\Delta t_2}{\ln\frac{\Delta t_1}{\Delta t_2}}\ ℃$$

(2) 가열코일의 본수

- 전열면적 $A = \dfrac{TH}{K \cdot (MTD)}$
- $A = \pi dL$에서 $L = \dfrac{A}{\pi d}$
- 본수 $= \dfrac{L}{1\text{본당길이} \times \text{패스수}}$

해답 (1) 대수평균온도차

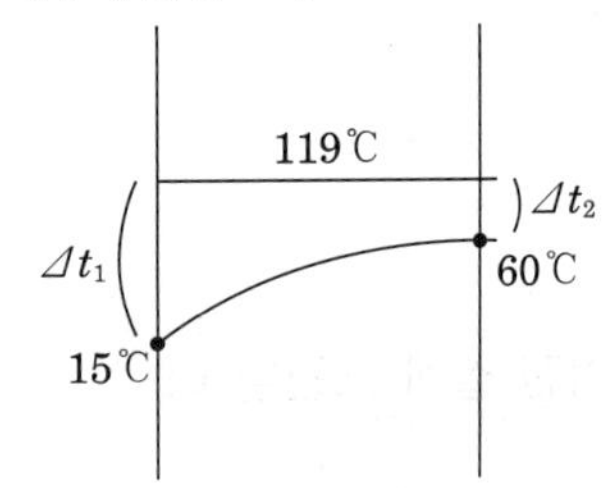

$$MTD = \frac{\Delta t_1 - \Delta t_2}{\ln \frac{\Delta t_1}{\Delta t_2}} = \frac{(119-15)-(119-60)}{\ln \frac{119-15}{119-60}} = 79.39[℃]$$

(2) 가열코일의 본수

- 전열면적 $A = \dfrac{400}{1.28 \times 79.39} = 3.936[m^2]$
- 코일의 길이 $L = \dfrac{3.936}{\pi \times 0.024} = 52.20[m]$
- 본수 $= \dfrac{52.20}{1 \times 4} = 13.05$본

□ 08년3회

40 다음과 같은 조건에 의해 온수코일을 설계할 때 각 물음에 답하시오.

득점	배점
	18

【조 건】

- 외기온도 $t_o = -10[℃]$
- 실내온도 $t_r = 21[℃]$
- 송풍량 $Q = 10800[m^3/h]$
- 난방부하 $q = 102[kW]$
- 코일입구수온 $tw_1 = 60[℃]$
- 수량 $L = 145[L/min]$
- 송풍량에 대한 외기량의 비율=20%
- 공기밀도 $\rho = 1.2[kg/m^3]$
- 공기와 물은 향류
- 공기의 정압비열 $C_p = 1.005[kJ/kg \cdot k]$
- 물의 비열 : 4.19[kJ/kg·k]

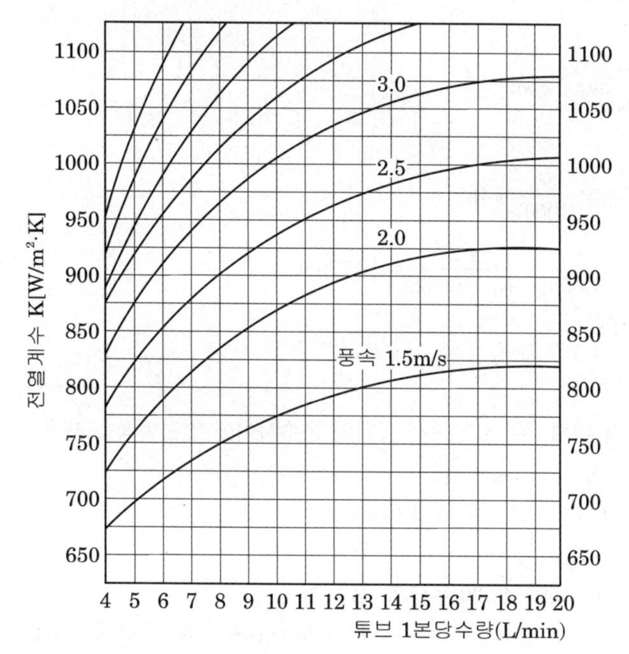

냉수·온수 COIL 전열계수

(1) 코일입구공기온도 t_3(℃)를 구하시오.

(2) 코일출구 공기온도 t_4(℃)를 구하시오.

(3) 코일 정면면적 $F_A(m^2)$를 구하시오. (단, 통과풍속 $v_a = 2.5\text{m/s}$)

(4) 코일의 관수(n)를 구하시오. (단, 코일 유효길이 $b = 1600\text{mm}$, 피치 $P = 38\text{mm}$)

(5) 코일 1개당 수량(L/min)을 구하시오.

(6) 코일 출구수온 tw_2(℃)을 구하시오.

(7) 전열계수 $K(W/m^2k)$를 구하시오.

(8) 대수평균온도차 MTD(℃)를 구하시오.

(9) 코일열수 N을 구하시오.

해답 (1) 코일 입구 공기온도 t_3

$$t_3 = \frac{mt_1 + mt_2}{m+n} = 0.2 \times (-10) + 0.8 \times 21 = 14.8[℃]$$

(2) 코일출구 공기온도 t_4는 실내난방부하와 취출온도차를 이용하여

$q_H = cp \cdot \rho \cdot Q(t_d - t_r)$ 에서 $td = t_4$

$$\therefore\ t_d = t_r + \frac{q_H}{cp \cdot \rho \cdot Q} = 21 + \frac{102 \times 3600}{1.005 \times 1.2 \times 10800} = 49.19[℃]$$

(3) 코일정면면적 F_A

$$F_A = \frac{Q}{V \cdot 3600} = \frac{10800}{2.5 \times 3600} = 1.2[\text{m}^2]$$

(4) 코일의 관수 n

F_A = 코일의 유효길이×관수×$\frac{38}{1000}$에서

$$\therefore \text{관수} = \frac{F_A}{\text{코일의 유효 길이} \times 0.038} = \frac{1.2}{1.6 \times 0.038} = 19.736 ≒ 20\text{본}$$

(5) 코일 1개의 수량 L[L/min]

$$L = \frac{145}{20} = 7.25[\text{L/min}]$$

(6) 코일 출구 수온 tw_2을 구하기 위해 온수코일에서 공기와 온수사이에 열평형식을 세우면

$Q \cdot \rho \cdot C\Delta ta = W \cdot C \cdot \Delta tw$

$10800 \times 1.2 \times 1.005(49.19 - 14.8) = 145 \times 60 \times 4.19 \times \Delta t\omega$

$\Delta tw = 12.29[℃]$

$\therefore$ 출구수온 $tw_2 = tw_1 - \Delta tw = 60 - 12.29 = 47.71[℃]$

(7) 전열계수 K는 코일 1개당 수량 7.25[L/min]과 풍속 2.5[m/s]에 의해 그림에서 880 [W/m²K]를 선정

(8) MTD

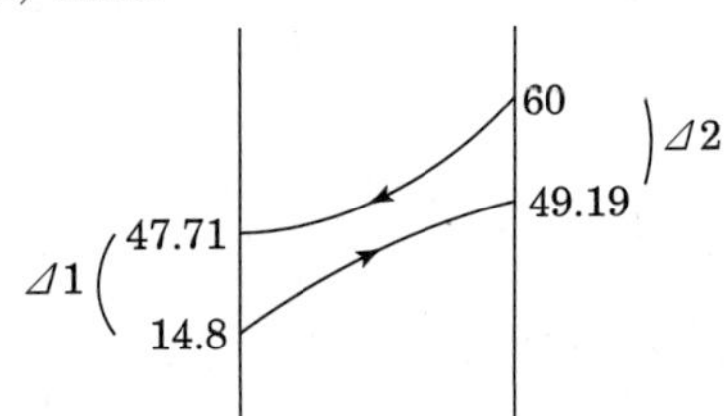

$\Delta 1 = 47.71 - 14.8 = 32.91$

$\Delta 2 = 60 - 49.19 = 10.81$

$$\therefore MTD = \frac{\Delta 1 - \Delta 2}{L_n(\Delta 1/\Delta 2)} = \frac{32.91 - 10.81}{L_n(32.91/10.81)} = 19.85$$

(9) 코일의 열수 N

$$N = \frac{q_{HC}}{K \cdot F_A \cdot MTD} = \frac{10800 \times 1.2 \times 1.005(49.19 - 14.8) \times 10^3}{3600 \times 880 \times 1.2 \times 19.85}$$

$$= 5.94\text{ 열} = 6[\text{열}]$$

☐ 07년3회, 12년1회

득점	배점
	6

41 입구 공기온도 $t_1 = 29℃$ 를 출구 공기온도 $t_2 = 16℃$ 로 냉각시키는 냉수코일에서 수량(水量)은 440[L/min], 열수는 8, 관수 20본, 풀 서킷 흐름일 때 관 내 냉수의 저항은 몇 [kPa]인가? (코일의 유효길이 1400[mm], 2대를 사용한다.
(단, 관내 수저항은 $Rw = R \cdot \{N \cdot L + 1.2(N+1)\}$ 식을 이용한다. N : 열수, L : 코일의 유효 길이[m])

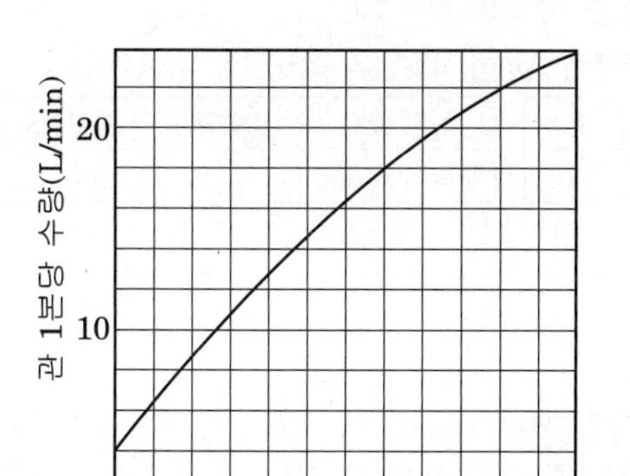

코일의 수저항

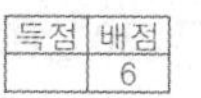

해답 ① 냉수코일 2대이므로 전체 코일 본수$= 20 \times 2 = 40$본
② 풀서킷에서 전체 본수에 전체 유량이 흐르므로
관 1본당 수량$= \dfrac{수량}{본수} = \dfrac{440}{40} = 11$[L/min]
③ 그림에서 수량 11L/min일 때 수저항을 구하면 $R = 1.5$[kPa/m]
∴ 관내 수저항 $Rw = R \cdot \{N \cdot L + 1.2(N+1)\} = 1.5 \times \{8 \times 1.4 + 1.2(8+1)\} = 33$[kPa]
여기서, N : 열수, L : 코일의 유효 길이[m]

□ 12년1회

42 30℃(DB), 22%(RH)인 입구공기 22000[kg/h]를 16℃(DB)까지 냉각시키는 데 필요한 직접 팽창코일(DX coil)의 열수를 구하시오.

득점	배점
	10

【조 건】

1. 냉매 : R-22
2. 증발온도 : 8[℃]
3. 통과공기풍속 : 2.3[m/s]
4. 전면적 : 1.07m^2×2대
5. 흐름 : 역류형
6. 전면적 1[m^2], 1열당의 외표면적 : 22.90[m^2]
7.

공기속도(m/s)	1.5	2.0	2.5	3.0
열통과율(W/m^2·K)	19.2	22.7	26.2	29.1

	입구공기	출구공기
엔탈피(kJ/kg)	45.2	31

8. 입구공기의 노점온도 : 6.2[℃]

해설 직접 팽창형 코일

관내에 직접 냉매를 통해서 증발시켜 공기를 냉각 혹은 감습시키는 코일을 직접팽창 코일(DX형)이라 한다.

(1) 코일의 열수

$$N = \frac{q_c}{K \cdot a \cdot A \cdot (MTD)}$$

N: 열수, q_c: 냉각열량[kW], A: 전(앞)면적[m^2]

a: 전(앞)면적1[m^2], 1열당의 외표면적[m^2]

K: 열관류율[kW/m^2 · K]

(2) 입구공기의 노점온도는 6.2[℃]로 증발온도 8[℃]보다 낮으므로 결로하지 않고 냉각만 한다. 따라서 코일 표면은 건조되어 있다.

(3) 코일의 열통과율은 비례적으로 구하여 산출한다.

(4) 공기온도와 증발온도의 평균온도는 대수평균온도차를 이용한다.

해답 (1) 냉각능력 $q_c = 22000 \times (45.2 - 31)/3600 = 86.78$[kW]

(2) 보정에 의한 열통과율

$$K = 22.7 + (26.2 - 22.7) \times \frac{2.3 - 2}{2.5 - 2} = 24.8[W/m^2 \cdot k]$$

(3) Δt_1: 30 → 16, 8 → 8, Δt_1 = 22, Δt_2 = 8

$$MTD = \frac{22 - 8}{L_n \frac{22}{8}} = 13.84$$

$$\therefore \text{열수}(N) = \frac{86.78 \times 10^3}{24.8 \times 22.9 \times 2.14 \times 13.84} = 5.15 = 6\text{열}$$

6 chapter

원가, 설계, 에너지관리 등

06 원가, 설계, 에너지관리 등

알아두기

I 원가산출(공사비내역서 작성)

01 적산의 목적

건축설비의 원가관리는 계획된 예산범위 내에서 설계도서의 전 과정에 대한 소요 공사비를 경제적으로 관리해야 하므로 공사비를 예측하기 위한 견적은 원가관리가 가장 기본이 되는 업무로 일반적으로 설비공사를 수행하는 데 필요한 자재, 노무, 경비 등의 수량과 금액을 산출하는 데 있다. 일반적으로 공사비 산출을 견적이라고 말하며 금액 산출전의 물량산출을 적산이라 한다.

02 공사비 작성 순서

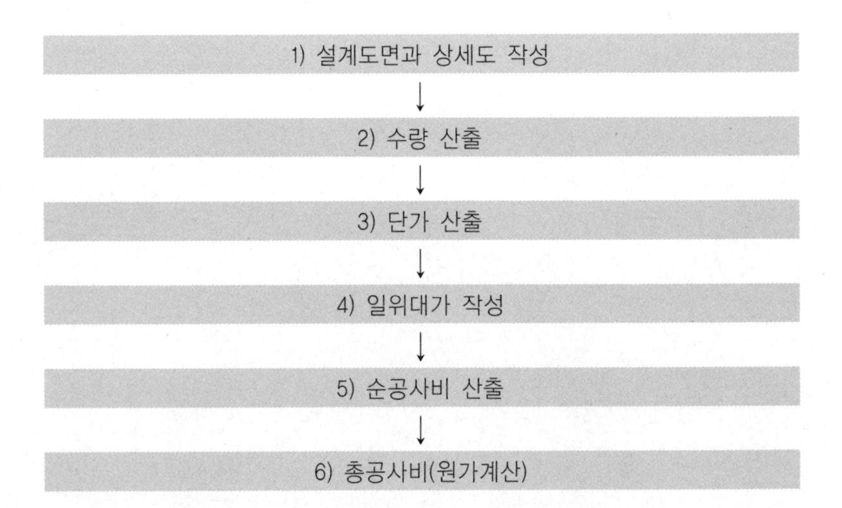

1) 설계도면과 상세도 작성

↓

2) 수량 산출

↓

3) 단가 산출

↓

4) 일위대가 작성

↓

5) 순공사비 산출

↓

6) 총공사비(원가계산)

1 설계도면과 상세도

정확한 수량산출을 위해서는 도면이 명확해야 하고 다른 사람이 이해할 수 있도록 표기하며 필요한 경우에 상세도 등을 첨부한다.

2 수량 산출

도면, 상세도, 시방서 등을 통하여 시공에 필요한 정확한 물량을 산출해야 하며 특히 건축설비의 경우 배관 부속 하나하나를 산출하는 상세견적은 힘들고 시간과 인력을 낭비하므로 근래에는 부속자재를 주자재의 비율로 산정하는 표준화 및 간소화방안을 적용하려 노력하고 있다.

3 단가 산출

자재 및 장비, 부속, 인건비 등 단가를 정리한 것으로 시중에 유통되는 물가지(거래가격, 가격정보, 물가정보, 물가자료 등) 최신판 및 시장조사가격을 이용하여 최저가로 산출한다.

4 일위대가

일위대가란 단위수량의 작업을 완성하는 데 소요되는 단가를 말하는 것으로 공사비 산출을 간편하게 하기 위한 것으로 배관(m, kg), 덕트(m^2), 용접개소, 장비설치, 조립체(밸브 바이패스 조립체 등) 보온 등 단위화가 가능한 것으로 표준품셈(공량산정 자료)을 이용하여 재료비, 소모자재, 노무비, 경비, 손료 등을 일식으로 단위화한 것이다.

5 순공사비

내역서에서 구한 재료비와 노무비를 원가계산서에 대입하면 경비(가계경비, 가설비, 보험료, 안전관리비 등)을 포함한 순공사비가 산출된다.

6 총공사비(원가계산)

순공사비에 일반 관리비와 이윤을 적용하여 총원가를 산정하고 여기에 부가세를 합하면 총공사비(예정가격)가 된다.

03 공사비의 구성 □□□

건축설비의 실현을 위해 투입되는 제 비용, 즉 재료비, 노무비, 경비의 합계를 말한다.

1 재료비

(1) 직접 재료비

공사목적물의 실체를 형성하는 물질의 가치, 즉 설치에 필요한 재료 또는 부분품의 소비가치

(2) 간접 재료비

공사목적물의 실체를 형성하지 않고 보조적으로 소비되는 물품(재료 또는 공구 등)의 가치

2 노무비

(1) 직접 노무비

공사현장에서 계약목적물을 완성하기 위해 직접 작업에 종사하는 노무자에 의해 제공되는 노동력에 대한 대가

(2) 간접 노무비

공사현장에서 직접 작업에 종사하지 않는 보조 업무에 종사하는 자에게 제공되는 노동력의 대가(현장소장, 자재, 경리, 공무, 경비 등)

3 경비

(1) 직접계상경비

소요량, 소비량 측정이 가능한 경비
(품셈 계약서, 관련 법령 등에 의해 계산이 가능한 비용)

(2) 승률계상경비

소요량, 소비량 측정이 곤란하여 유사 원가계산 자료를 활용하여 비율산정 적용이 불가피한 경비

4 일반관리비

기업유지를 위한 관리 활동 부분에서 발생하는 제비용을 말한다.

5 이윤

영업이익을 말하는 것으로 공사원가와 일반관리비를 합한 금액의 15%를 초과할 수 없도록 규정하고 있다.

예제 1

다음의 공사원가 계산서를 완성하시오.
(단, 간접재료비는 직접 재료비의 10%, 간접노무비는 직접노무비의 12%, 경비는 재료비+노무비의 10%, 일반 관리비는 순공사원가의 5.5%, 이윤은 노무비+경비+일반관리비의 15%, 부가가치세는 총원가의 10%로 한다.)

비목	구분		금 액
순공사원가	재료비	직접 재료비	3,000,000,000
		간접 재료비	
		소 계	
	노무비	직접 노무비	900,000,000
		간접 노무비	
		소 계	
	경 비		
	합 계		
일반관리비			
이 윤			
총 원 가			
부가가치세			
총공사가격			

해설

비 목	구 분		금 액
순공사원가	재료비	직접 재료비	3,000,000,000
		간접 재료비	300,000,000
		소 계	3,300,000,000
	노무비	직접 노무비	900,000,000
		간접 노무비	108,000,000
		소 계	1,008,000,000
	경 비		430,800,000
	합 계		4,738,800,000
일반관리비			260,634,000
이 윤			254,915,100
총 원 가			5,254,349,100
부가가치세			525,434,910
총공사가격			5,779,784,010

예제 2

어느 건물의 기준층 설비배관을 적산한 결과는 아래와 같다. 다음 물음에 답하시오.

【조 건】

가. 조건

(1) 부속품 및 지지물 가격, 할증

1) 강관의 부속류의 가격은 할증 전 직관가격의 50%

2) 지지철물의 가격은 할증 전 직관가격의 10%

3) 배관의 할증은 10%로 한다.

(2) 기타 조건

1) 경비 : 50000(원)

2) 일반관리 : 공사원가의 6%

3) 이윤 : 인건비, 경비, 일반관리비 합계의 15%

나. 산출근거

표 1. 강관 수량적산

품명	규격	수량(길이)	비고
강관	15mm	40m	
강관	20mm	50m	
게이트 밸브	청동10k, 20mm	4개	

다. 품셈(재료)

표 2. 강관(인/m)

규격	배관공	보통인부	비고
15mm	0.11	0.06	
20mm	0.12	0.06	

표 3. 밸브(인/개)

규격	배관공	보통인부	비고
20mm	0.07	–	

라. 단가

표 4. 재료비 단가

품명	규격	단위	단가(원)	비고
강관	15mm	m	600	
강관	20mm	m	700	
게이트 밸브	20mm	개	4500	

표 5. 노무비 단가

단가	배관공/인	보통인부/인	비고
단가	45000	25000	

(1) 아래 공사내역서의 재료비 및 인건비를 작성하시오.

① 재료비

품명	규격	단위	수량	단가	금액
강관	15mm	m			
강관	20mm	m			
게이트 밸브	20mm	개			
강관 부속품					
지지철물					
계					

② 인건비

품명	규격	단위	수량	단가	금액
인건비	배관공				
인건비	보통인부				
계					

(2) 공사원가와 총원가를 구하시오.

해설 (1) 공사내역서

① 재료비

품명	규격	단위	수량	단가	금액
강관	15mm	m	44	600	26400
강관	20mm	m	55	700	38500
게이트 밸브	20mm	개	4	4500	18000
강관 부속품	직관길이 50%		(40×600+50×700) ×0.5	(할증전수량)	29500
지지철물	직관 10%		(40×600+50×700) ×0.1	(할증전수량)	5900
계					118300

② 인건비

품명	규격	단위	수량	단가	금액
인건비	배관공	인	10.68	45000	480600
인건비	보통인부	인	5.4	25000	135000
계					615600

(2) 공사원가와 총원가

① 공사원가 = 재료비 + 인건비 + 경비
= 118300+615600+50000 = 783900

② 총원가 = 공사원가 + 일반관리비 + 이윤
= 783900+47034+106895.1 = 937829.1

여기서
일반관리비 = 783900×0.06=47034
이윤 = (615600+50000+47034)×0.15 = 106895.1

예제 3

아래의 재료량 산출표와 품셈표를 보고 공량을 산출하시오. (단, 옥내일반 배관이며 산출수량에 할증률은 적용하지 말 것)

[재료 산출량]

품 명	규 격	단 위	산 출 식	수량
백강관(KSD3507)	100Φ	m	5.5+6.5+14+4	30
	65Φ	m	6+8+3+3	20
흑강관(KSD3507)	65Φ	m	7+7+15+3+3	35
	50Φ	m	8+4+3	15
	15Φ	m	0.5×2	1
게이트밸브	65Φ	EA		2
	50Φ	EA		2
	15Φ	EA		2
스트레이너	15Φ	EA		2
자동공기밸브	15Φ	EA		2

[품셈]

(m당)

강관배관	배관공	보통인부
100Φ	0.485	0.121
65Φ	0.328	0.082
50Φ	0.248	0.062
15Φ	0.106	0.026

(개당)

밸브	배관공	보통인부
65Φ	0.25	−
50Φ	0.07	−
15Φ	0.07	−
스트레이너	0.07	−
자동공기밸브	0.07	−

[공량표]

품 명	규 격	배관공	보통인부
백강관(KSD3507)	100Φ		
	65Φ		
흑강관(KSD3507)	65Φ		
	50Φ		
	15Φ		
게이트밸브	65Φ		
	50Φ		
	15Φ		
스트레이너	15Φ		
자동공기밸브	15Φ		
합계			

해설

품 명	규 격	배관공	보통인부
백강관(KSD3507)	100Φ	30×0.485=14.55	30×0.121=3.63
	65Φ	20×0.328=6.56	20×0.082=1.64
흑강관(KSD3507)	65Φ	35×0.328=11.48	35×0.082=2.87
	50Φ	15×0.248=3.72	15×0.062=0.93
	15Φ	1×0.106=0.106	1×0.026=0.026
게이트밸브	65Φ	2×0.25=0.5	
	50Φ	2×0.07=0.14	
	15Φ	2×0.07=0.14	
스트레이너	15Φ	2×0.07=0.14	
자동공기밸브	15Φ	2×0.07=0.14	
합계		37.476	9.906

Ⅱ 설계도서작성(자동제어 설계하기)

시퀀스 제어란 "미리 정해진 순서나 약속에 의해 제어의 각 단계가 순차적으로 진행에 나가는 제어"를 말하며, 이 동작을 알기 쉽게 나타낸 것을 "시퀀스도"라고 한다.

1 전개접속도

제어계의 시퀀스를 쉽게 나타내기 위하여 전기기기나 장치 등의 접속을 상세하게 전개하여 나타낸 도면이다. 전개접속도는 시퀀스 제어회로의 전기기기 및 전기회로가 휴지의 상태이며 모든 전원이 끊기고 수동조작의 것은 손을 땐 상태에 대하여 나타낸 것이다.

2 전개접속도에 사용하는 기구, 접점의 심볼 및 그림기호와 문자기호

명 칭		약호	심벌(단선도)	기능 및 용도
스위치	단로스위치	S		일반적으로 많이 사용되고 있는 스위치
	수동조작 자동복귀	PB, PBS BS···		• 수동조작 자동복귀 a접점은 ON기능(기동용) • b접점은 OFF기능(정지용)
	검출 스위치	LS		대표적으로 리미트 스위치가 있으며 물리적, 기계적 입력에 의해서 동작
보조계전기(릴레이)		Ry	R	코일의 전자석에 의한 여자에 의해 동작하고 자력 상실 시에 소자되어 복귀
타이머		T		ON delay timer가 주로 사용되며 한시동작 순시 복귀 접점사용
전자접촉기		MC		전동기 구동 등의 대전력 제어용 릴레이
열동계전기		THR		과전류로부터 전동기를 보호하는 보호 계전기(수동복귀 접점)
전자개폐기		MS		전자접촉기와 과전류에 의해 동작하는 과부하 계전기로 구성된 개폐기 MS = MC + THR

3 시퀀스도 판독법

(1) Y-Δ기동회로

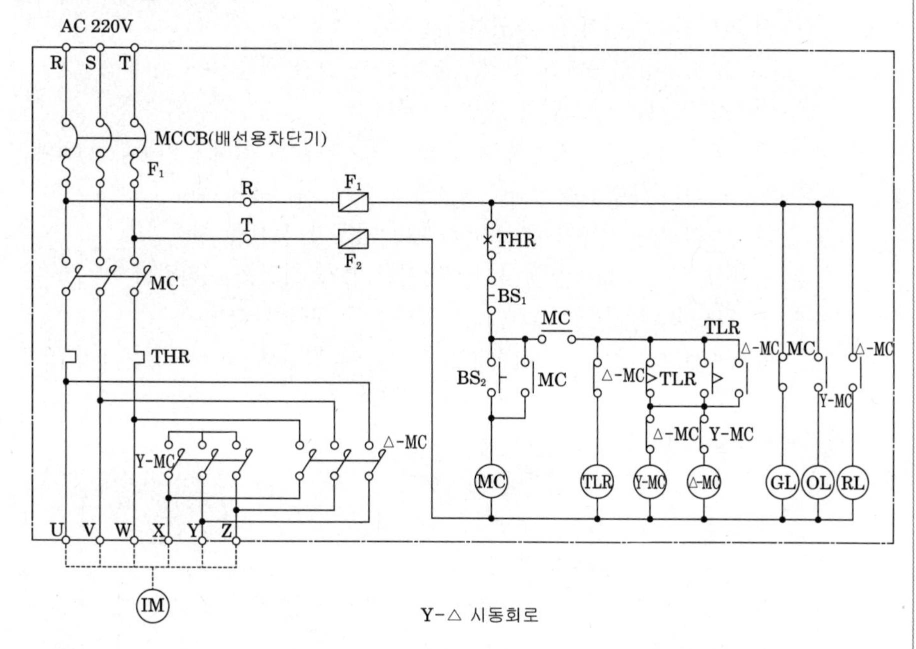

Y-△ 시동회로

[범례]

IM : 유도전동기

MCCB : 배선용차단기

MC : 주전원투입용 전자접촉기

Y-MC : Y기동용 전자접촉기

△-MC : △ 운전용 전자접촉기

THR : 열동계전기

TLR : 타이머계전기

BS_1 : 정지용푸시버튼

BS_2 : 기동용(운전용)푸시버튼

GL : 정지표시등

OL : 기동표시등

RL : 운전표시등

Y-△기동회로의 동작

[동작순서]

① 전원(배선용차단기)을 투입한다.
- 표시등 GL이 점등하고 전원 스위치가 연결된 것을 표시한다.

② 기동용 푸시버튼 스위치BS_2를 누른다.
- 푸시버튼 스위치는 자동복귀이므로 손을 때면 원 위치로 자동복귀 된다.

③ 전자접촉기 MC가 동작하고 a접점에 의해 자기유지 된다.
④ 한시계전기에 전류가 흐르며 타이머 기구가 동작을 시작한다.
⑤ 전자접촉기 Y-MC가 동작, 모터(전동기)가 회전을 시작한다.
⑥ 표시등 OL이 점등, Y접속으로 기동중인 것을 나타낸다.
⑦ 한시계전기가 작동, 전자접촉기 Y-MC에 직렬로 들어가 있는 b접점이 열린다.
- 전자접촉기Y-MC가 복귀, 표시등 OL이 소등한다.
- 전동기는 관성으로 회전을 계속한다.

⑧ 전자접촉기 △-MC가 동작, △운전에 들어간다.
⑨ 한시계전기의 동작이 정지된다.
⑩ 전자접촉기 △-MC는 자기유지되며 모터(전동기)가 운전을 계속한다.
- 기동이 완료로 전부하운전이 된다.

⑪ 정지 푸시버튼 BS_1을 누르년 각 전자접촉기의 자기유지가 해제된다.
- 처음의 상태로 복귀, 모터가 정지된다.

예제

Y－△ 기동회로

그림의 회로는 Y－△ 기동 방식의 주회로 부분이다. 도면을 보고 다음 각 물음에 답하시오.

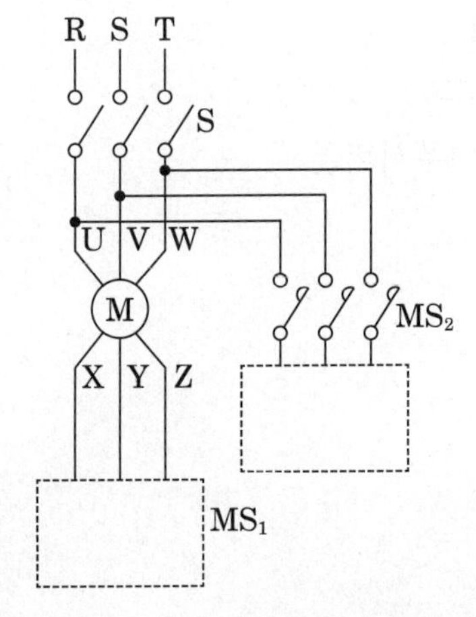

(1) 주회로 부분의 미완성 회로에 대한 결선을 완성하시오.
(2) Y－Δ 기동 시와 전전압 기동 시의 기동 전류를 비교 설명하시오.
(3) 전동기를 운전할 때 Y－Δ 기동에 대한 기동 및 운전에 대한 조작 요령을 설명하시오.

정답 (1)

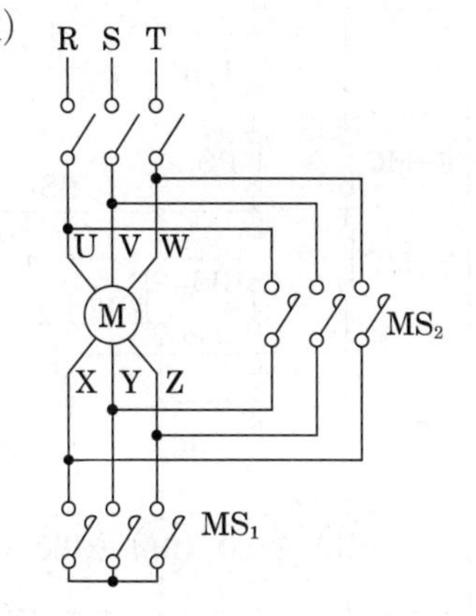

(2) 전전압 기동시보다 Y－Δ 기동시 전류는 1/3배이다.

(3) Y결선으로 기동한 후 설정 시간이 지나면 Δ 결선으로 운전한다. Y와 Δ는 동시투입이 되어서는 안된다.

해설

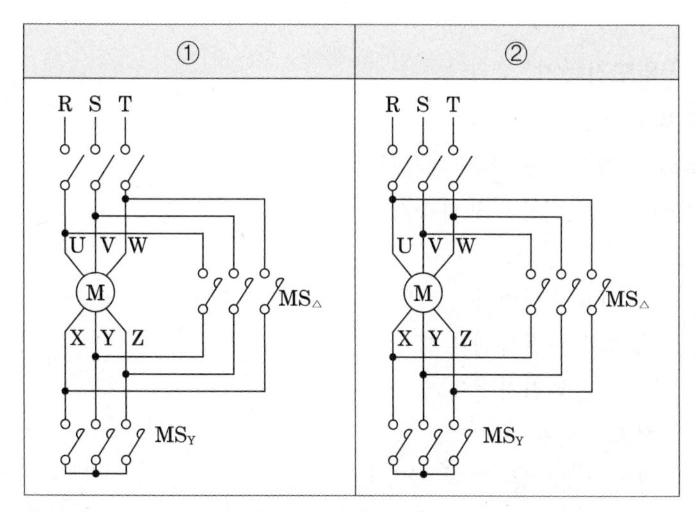

① 또는 ② 모두 사용되나 기동 순간의 과도(돌입) 전류를 감소시키기 위하여 현재 ①이 많이 사용된다.

(2) 정역전회로

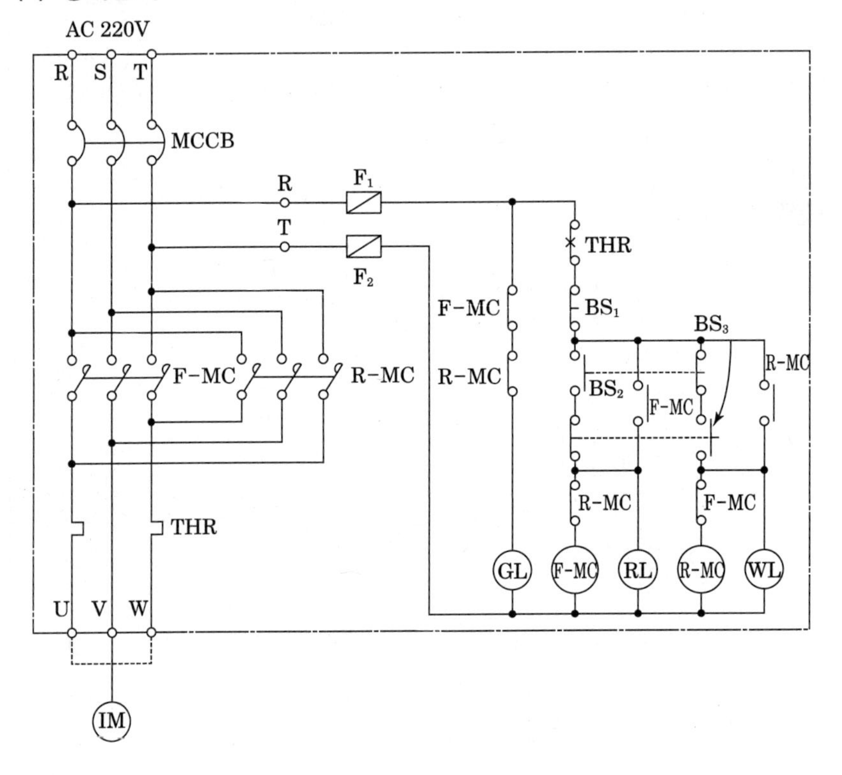

[범례]

IM : 유도전동기

MCCB : 배선용차단기

F-MC : 정회전용 전자접촉기

R-MC : 역회전용전자접촉기

THR : 열동계전기

BS_1 : 정지용푸시버튼

BS_2 : 정회전용전자접촉기

BS_3 : 역회전용전자접촉기

GL : 정지표시등

RL : 정회전표시등

WL : 역회전표시등

정역전회로의 동작

[동작순서]

① 배선용 차단기(MCCB)를 투입한다.
- 표시등 GL이 점등, 전원용 개폐기가 닫힌 것을 나타낸다.

② 정회전방향의 푸시버튼 스위치(BS_2)를 눌러 전동기를 정회전 시킨다.
- 푸시버튼 스위치는 연동하고 있고 역회전방향으로 기계적 인터록을 건다.
- 전자접촉기 F-MC가 여자되어 그 접점을 닫고 전동기가 정회전방향으로 회전을 시작한다.
- 표시등 RL이 점등, 전동기가 정방향으로 회전 중인 것을 나타낸다.

③ 푸시버튼 스위치 BS_3에 의해 전동기를 역전시킬 수는 없다.
- 인터록이 기계적 및 전기적으로 걸려 있다.

④ 푸시버튼 스위치 BS_1을 눌러 전동기를 정지시킨다.
- 이 상태에서 푸시버튼 스위치 BS_3를 누르면 전동기를 역회전시킬 수가 있다.

⑤ 푸시버튼 스위치 BS_3에 의해 전동기를 역전시킨다.
- 전자접촉기 F-MC는 기계적 및 전기적으로 인터록 되기 때문에 푸시버튼 스위치 BS_2를 누르더라도 전동기는 정회전하지 않는다.

⑥ 푸시버튼 스위치 BS_3에서 손을 때면 원위치에 복귀하지만 전자접촉기 R-MC에 의해 자기유지되기 때문에 전자접촉기 R-MC는 계속 동작한다.
- 전동기를 정회전시키려 할 때에는 일단 전동기를 정지시키고 나서가 아니면 정회전으로 변환 되지 않는다.

예제 1

그림은 유도전동기의 정·역 운전의 미완성 회로도이다. 주어진 조건을 이용하여 주회로 및 보조회로의 미완성부분을 완성하시오. (단, 전자접촉기의 보조 a, b접점에는 전자접촉기의 기호도 함께 표시하도록 한다.)

【조 건】
- Ⓕ는 정회전용, Ⓡ은 역회전용 전자접촉기이다.
- 정회전을 하다가 역회전을 하려면 전동기를 정지시킨 후, 역회전 시키도록 한다.
- 역회전을 하다가 정회전을 하려면 전동기를 정지시킨 후, 정회전 시키도록 한다.
- 정회전시의 정회전용 램프 Ⓦ가 점등되고, 역회전시 역회전용 램프 Ⓨ가 점등되며, 정지시에는 정지용 램프 Ⓖ가 점등되도록 한다.
- 과부하시에는 전동기가 정지되고 정회전용 램프와 역회전용 램프는 소등되며, 정지시의 램프만 점등되도록 한다.
- 스위치는 누름버튼 스위치 ON용 2개를 사용하고, 전자접촉기의 보고 a접점은 F-a 1개, R-a 1개, b접점은 F-b 2개, R-b 2개를 사용하도록 한다.

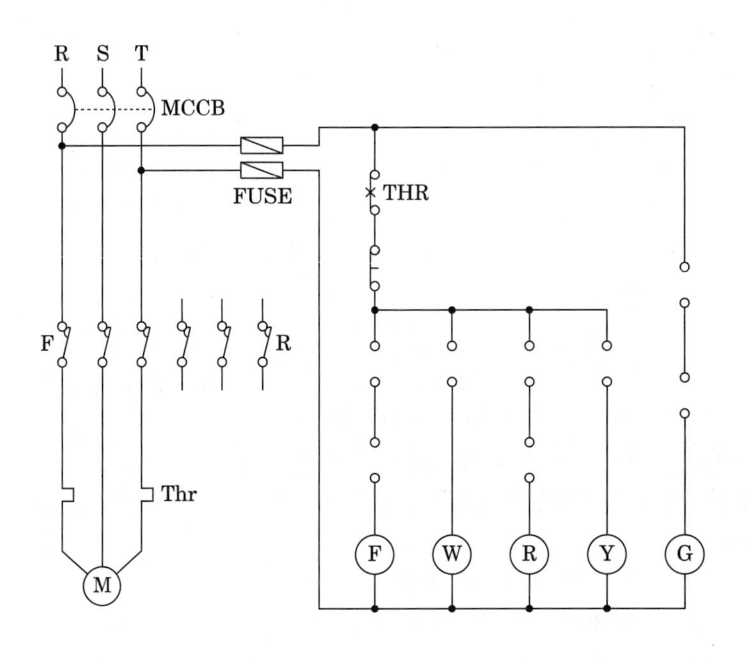
R S T
MCCB
FUSE
THR
F
R
Thr
M
F
W
R
Y
G

정답

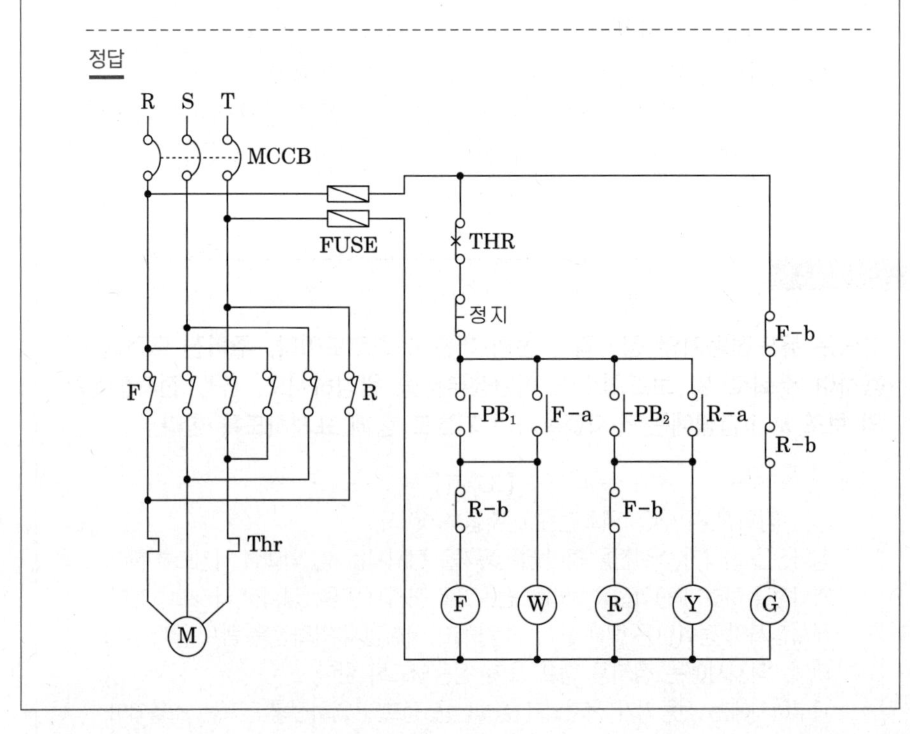
R S T
MCCB
FUSE
THR
정지
F-b
F
R
PB1
F-a
PB2
R-a
R-b
R-b
F-b
Thr
M
F
W
R
Y
G

예제 2

시퀀스 (정 · 역 변환회로)

도면은 유도 전동기 IM의 정회전 및 역회전용 운전의 단선 결선도이다. 이 도면을 이용하여 다음 각 물음에 답하시오. 단, 52F는 정회전용 전자접촉기이고, 52R은 역회전용 전자접촉기이다.

(1) 단선도를 이용하여 3선 결선도를 그리시오.
단, 점선내의 조작회로는 제외하도록 한다.

(2) 주어진 단선 결선도를 이용하여 정 · 역회전을 할 수 있도록 조작회로를 그리시오. 단, 누름 버튼 스위치 OFF 버튼 2개, ON 버튼 2개 및 정회전 표시램프 RL, 역회전 표시램프 GL도 사용하도록 한다.

3φ R S T
NFB
A
조작 회로
R
S
52F 52R
49
IM

R

GL

S

정답

(1)

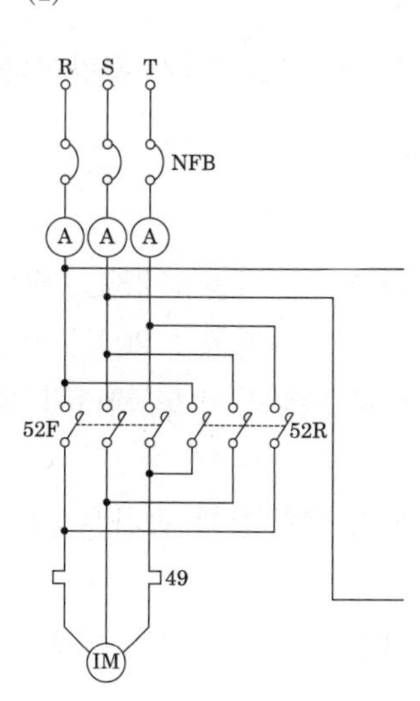

(2)

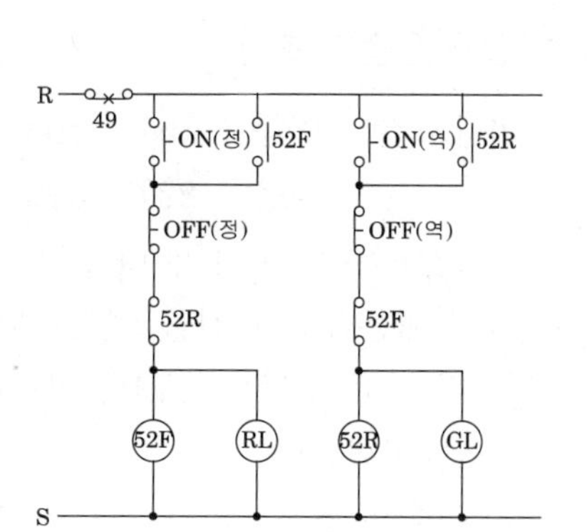

Ⅲ 에너지관리(에너지 절약 시스템)

01 에너지 절약계획의 기본

① 적절한 실내 환경조건의 설정
② 건축적 수법에 의한 부하의 억제
③ 자연 에너지의 유효 이용
④ 배열(排熱)등 미 이용 에너지의 활용
⑤ 고효율 설비기기 · 시스템 채용
⑥ 에너지 절약 관리

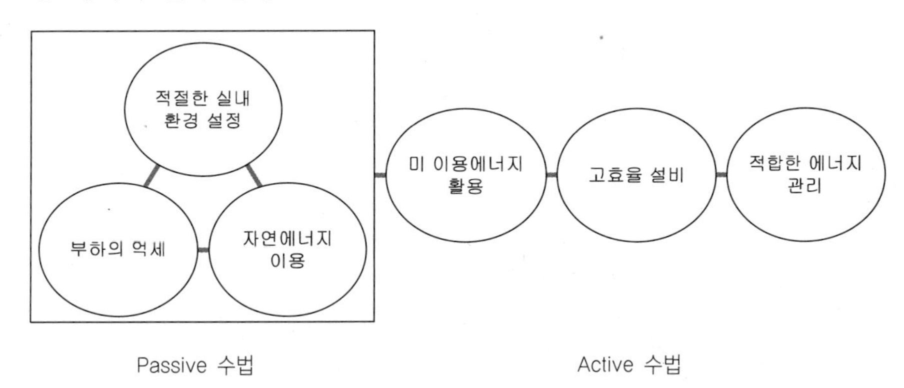

1 적절한 실내 환경조건

쾌적성의 허용범위에서 적절한 실내 환경조건은 설비기기 용량이나 에너지 소비량에 직접 큰 영향을 준다.

1) 실내 온습도 조건

일반조건 ┌ 여름 : 26℃, 50% → 완화조건 ┌ 여름 : 28℃, 60%
　　　　 └ 겨울 : 22℃, 50% 　　　　　 └ 겨울 : 20℃, 40%

① PMV 또는 SET* 등의 쾌적 지표를 참조하여 가장 에너지 절약적인 실내온습도 조건을 설정한다.
② 비 거주 공간이나 로비, 아트리움, 복도 등의 통과 공간은 온습도 조건을 완화한다.
③ 건물의 용도, 외기 조건에 따라 실내 온습도 조건을 완화하고 환경 수준이 과잉되지 않도록 한다.

2) 조도

안정성, 작업성에 지장을 주지 않는 한 과도한 조도는 피한다.

3) 급탕

사용상 지장이 없는 한 저온으로 하는 것과 여름철 세면기 급탕을 중지시키는 것을 검토한다.

2 부하의 억제

공조열원 부하
- ① 외부부하 – 일사부하, 관류부하, 극간풍부하 등
- ② 내부부하 – 인체부하, 조명부하, 기기부하 등
- ③ 외기부하 – 신선외기부하

(1) 외부 부하의 억제

외부 · 기상요인에 따른 외부부하의 억제는 건축적 수법이 가장 중요하다. 방위에 따른 건물의 배치, 단열성, 기밀성, 일사차폐성능 등 건물의 입지나 형태라고 하는 건축계획의 초기단계에서 충분한 검토가 필요하다.

(2) 내부 부하의 억제

1) 국소배열

열이나 오염물질을 그 발생원에서 포집하여 전체로 확산 · 혼합되기 전에 배출하는 방식

2) 반송부하의 억제

물, 공기, 전력 등의 반송 에너지는 설비 전체의 소비 에너지에 대하여 큰 비율을 차지하므로 이들의 반송거리가 짧게 되도록 각 설비 기계실이나 샤프트를 계획한다.

(3) 외기 부하의 억제

1) 예열, 예냉 시 외기 도입 정지 (OA cut)

2) CO_2 농도에 의한 외기량 제어 (CO_2 농도 제어)

$$Q = \frac{M}{P_i - P_o}$$

3) 전열 교환기 사용

3 자연 에너지의 이용

1) 자연환기

자연 통풍에 의한 냉방부하를 저감하여 에너지 절감을 도모할 수 있다.
개구부의 위치와 크기를 적절하게 배치하여 자연통풍 효과를 증대시킨다.

2) 외기냉방

자연 에너지를 적극적으로 이용한 외기 도입이 에너지 절감에 유효하다고 판단했을 때 냉수 사용에 앞서서 외기 냉방 · 제어를 계획한다.
외기의 보유 엔탈피(h_o)가 실내의 공기 엔탈피(h_r)보다 낮은 때에는 외기는 냉방능력을 갖고 에너지 절약 효과를 갖는다. 이 외기가 보유한 냉방효과를 이용한 냉방을 외기냉방이라 한다.

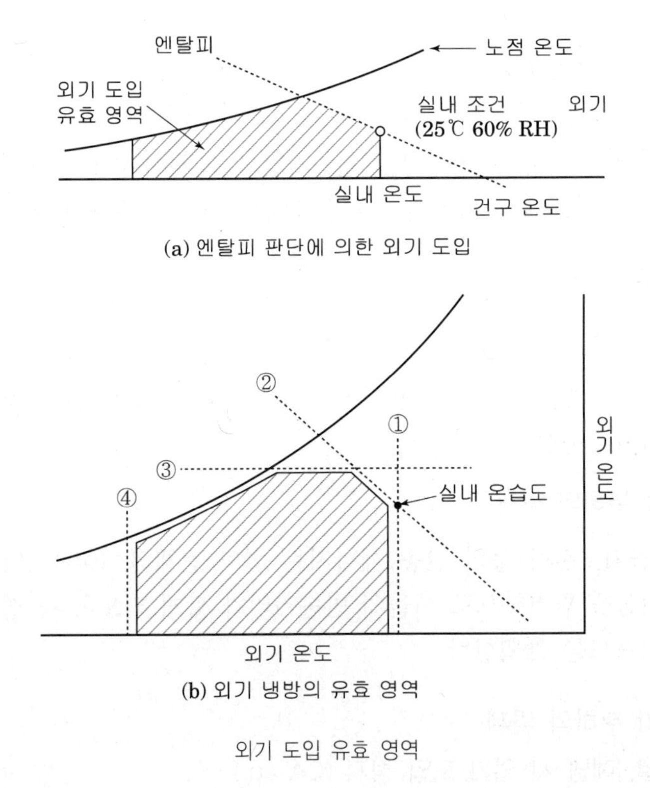

(a) 엔탈피 판단에 의한 외기 도입

(b) 외기 냉방의 유효 영역

외기 도입 유효 영역

① 외기 온도(17℃~18℃ 이하) 〈 실내 온도(25℃ 이상)
② 외기 엔탈피 〈 실내 엔탈피
③ 외기 절대 습도 〈 절대 습도 상한값
④ 실내온도 〉 외기 온도 (또는 혹한시의 전열 교환기에서 가온 후의 급기 온도)의 하한값

3) Night Purge

여름철 심야에 비교적 저온의 외기를 실내에 도입하고, 주간 · 구조체에 축열된 부하를 환기로 제거하는 방식.

4) 태양 에너지 이용

태양 에너지의 적극적인 활용도 자연 에너지 이용의 중요한 수법의 한가지 이다.

① 태양전지에 의한 동력 및 조명에 이용하는 시스템

② 태양열에 의한 냉난방, 급탕에 이용하는 시스템

- 태양열을 물로 집열하여 난방이나 급탕에 직접 이용하는 시스템
- 축열조나 히트펌프를 사용하여 난방에 이용하는 시스템
- 집열한 온수를 사용하여 흡수식 냉동기를 운전하여 냉수를 만드는 시스템

5) 기타

우물물, 바닷물, 하천물 등을 이용한 히트펌프나 지하 땅속의 온열적 안정성을 이용한 예냉열 시스템.

4 배열 에너지 및 미이용 에너지의 활용

(1) 배열 회수 시스템

1) 직접 이용 방식

건물내에서 발생하는 조명, 인체, OA기기, 전산기계, 전기실의 변압기, 반(盤) 등의 발열을 회수하여 난방이나 급탕의 열원으로 이용함으로서 열원운전의 삭감을 도모하는 방식.

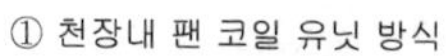
① 천장내 팬 코일 유닛 방식

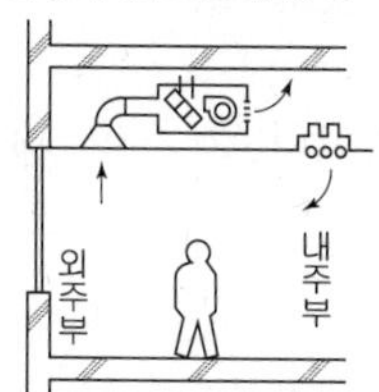

조명의 열에 의해서 외주부의 가열을 보충한다.

② 배기를 냉각탑에 이용

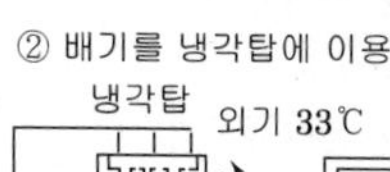

공조계의 비교적 저온의 배기를 냉각탑에 유도하고 냉각수 온도를 내린다.

③ 전열 교환기 방식

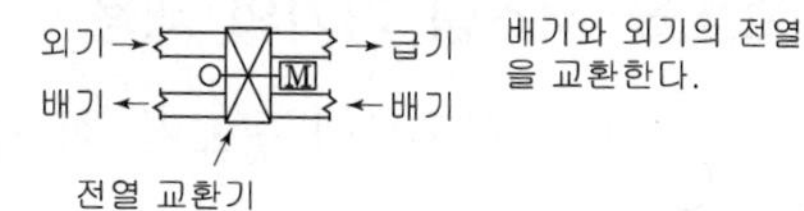

배기와 외기의 전열을 교환한다.

④ 증발 냉각 방식

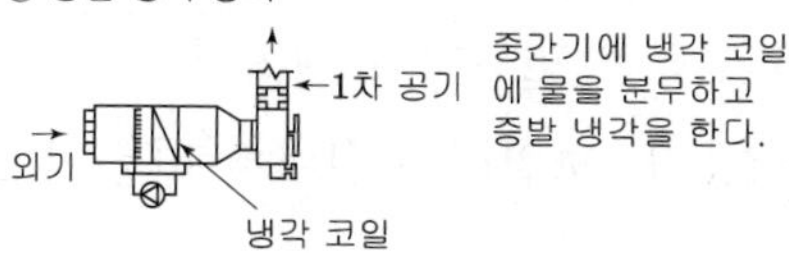

중간기에 냉각 코일에 물을 분무하고 증발 냉각을 한다.

⑤ 수냉 조명 기구 방식

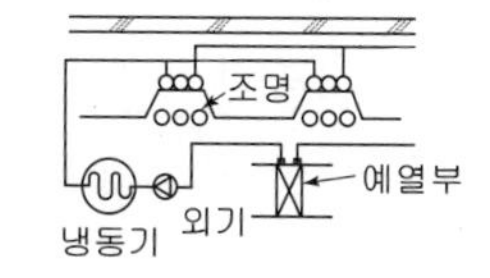

동기에 조명의 열로 외기를 예열한다.

2) 간접(승온) 이용방식

열교환기에 의해서 온수를 회수하는 방식으로 예를 들면 배열을 냉각탑에서 방열하는 대신에 온수를 회수하여 온수나 급탕의 보조열원으로 이용하는 방식이다. 회수한 온수를 히트펌프로 승온하거나 온수 축열조를 사용하여 냉방부하와 난방부하에 융통성있게 대처할 수 있다.

① 더블 번들 콘덴서·히트 펌프 방식
냉방에 의해 열을 회수하고, 히트 펌프로 승온해서 난방한다. 나머지 열은 축열한다.

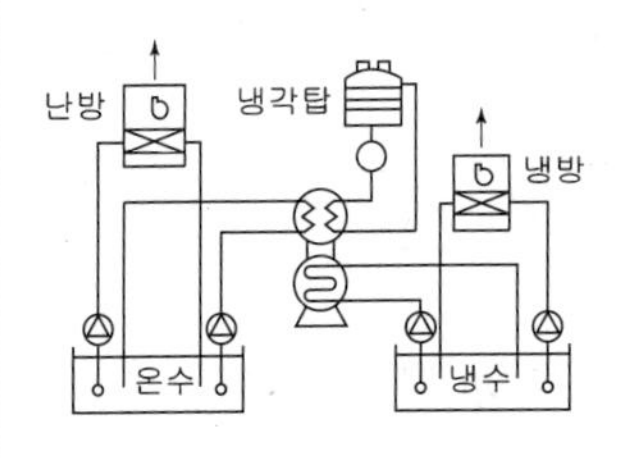

② 소형 히트 펌프 유닛 방식
유닛의 냉동 사이클을 전환해서 냉방 또는 난방을 하여 열을 회수한다. 열이 부족할 때는 보조 열원으로 보충한다.

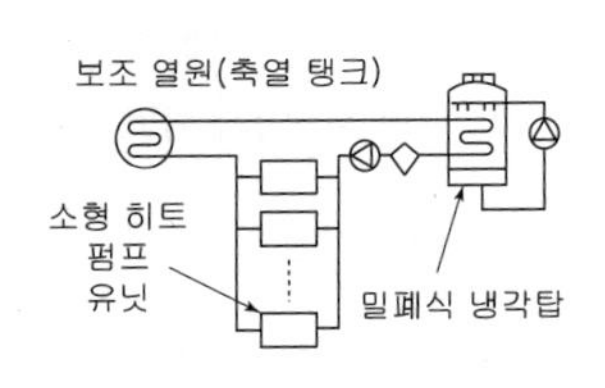

③ 콘덴서 리히트 방식
냉각기에서 회수한 열을 압축기에서 재열기로 보내 리히트용으로 사용한다.

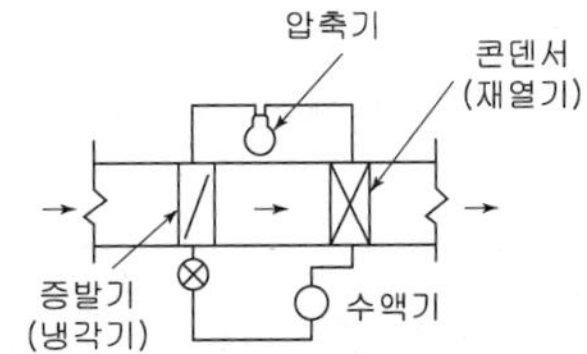

3) 코제너레이션(Co-generation) 시스템

가스터빈, 가스엔진, 연료전지 등을 이용하여 전기에너지와 열에너지를 동시에 공급하는 시스템이다. 일반 전력의 에너지 효율이 32%정도인 것에 비하여 배열의 유효 이용을 도모할 수 있으면 시스템의 종합효율은 70~80%로 된다. 일명 열병합발전설비라 한다.

$$\text{에너지 절감율} = \frac{\text{기존시스템의 에너지 소비량} - \text{CGS의 에너지 소비량}}{\text{기존시스템의 에너지 소비량}}$$

5 고효율 시스템 기기의 채용

설비시스템에 의존하여 공조를 할 때에는 고효율 시스템이나 기기의 채용이 중요하다.

(1) 고효율 열원기기 채용

냉동기, 보일러는 설비비 허용 범위 내에서 가능한 효율이 좋은 것을 선택한다.

기기 효율 기준
- 냉동기, 열펌프 : 성적계수(COP)
- 보일러 : 효율

(2) 대수 분할

공조부하는 부분부하시간이 길어 대부분 저부하로 운전된다. 따라서 열원기기를 복수대로 분할하고 부하에 맞춰 운전대수를 변화시켜 항상 1대당의 열원기기가 고부하로 운전될 수 있도록 대수 제어를 하면 시스템의 종합효율은 향상된다.

(3) 적절한 양정의 펌프, 팬의 선정 (반송동력관련 시스템)

펌프나 팬등의 반송기기의 양정은 종종 과대하게 선정된다. 과대한 용량의 펌프나 팬을 장시간 사용하면 당연히 에너지 소비량은 증대된다.

(4) 변풍량(VAV), 변수량(VWV) 시스템 채용 (반송동력관련 시스템)

송풍기나 펌프의 반송동력은 송풍량, 송수량의 3승에 비례한다. 따라서 풍량이나 수량이 줄어 들면 반송동력은 감소한다.

$$L_{s2} = L_{s1} \times \left(\frac{N_2}{N_1}\right)^3 = L_{s1} \times \left(\frac{Q_2}{Q_1}\right)^3$$

1) VAV(변풍량) 방식

VAV unit에 의해 실에 공급 풍량을 제어한다. 공조기의 송풍량은 댐퍼(Damper)나 흡입 베인(suction vane)으로 송풍량을 제어하는 방법 fan의 회전수 제어에 의한 방법이 있다.

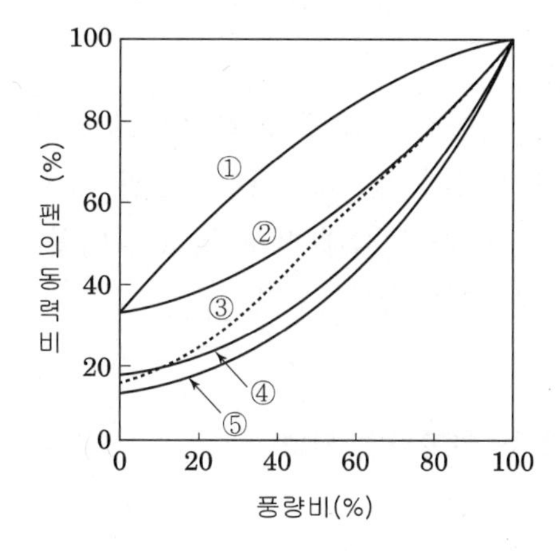

① 댐퍼 제어(fan1대)
② 흡입 베인 제어(fan1대)
③ 흡입 베인 제어(fan2대)
④ 가변피치 제어(fan1대)
⑤ 회전수 제어(fan1대)

2) VWV(변수량)방식

냉수코일이나 온수 코일에 흐르는 유량을 2방 밸브로 제어하고 계 전체의 송수량은 펌프의 대수제어 또는 펌프의 회전수 제어에 의해 제어된다.

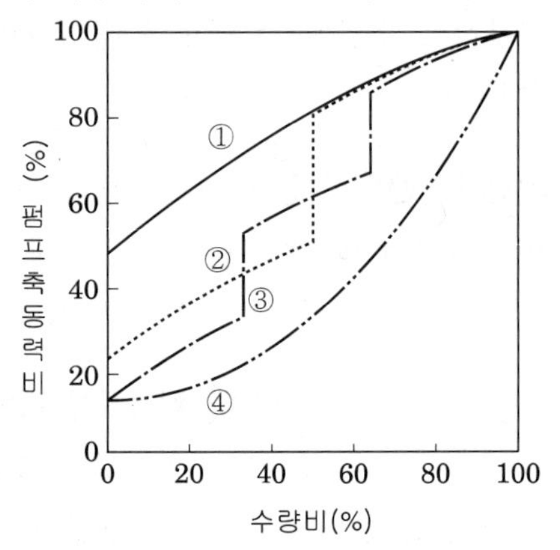

① 2방 밸브 제어(펌프1대)
② 2방 밸브 제어(펌프2대)
③ 2방 밸브 제어(펌프3대)
④ 회전수 제어

(5) 큰 온도차 시스템 채용 (반송동력 관련 시스템)

토출 공기 온도차나 냉, 온수 코일의 입·출구 온도차를 크게 함으로써 풍량이나 수량을 감소시켜 에너지 절감을 도모하는 방식이다.

■ 채용시 주의점

① 냉동기의 압축일의 증대에 따른 축동력 증가
② 냉수코일의 열수(列數)가 증가함으로써 팬 동력 증가
③ 송풍량 감소에 따른 실내 온도 분포의 악화나 방진 효과의 저하
④ 토출구에서의 결로 발생 우려

(6) 냉, 온수 입출구 온도차의 확보

확보 할 수 없는 원인

① FCU(Fan coil unit)의 열수가 적은 공조 코일을 채용한 경우
② 공조기가 3방변 제어 또는 2방변 제어시 바이패스변이 열려서 방출될 경우

(7) 제로 에너지 밴드 제어

설정값에 쾌적성에서 허용되는 폭(상한값과 하한값)을 설정하여 이 폭 안에 실온이 들어 있는 사이는 냉방 · 난방을 하지 않고(제로 에너지), 이 폭을 넘었을 때 비로소 냉방 또는 난방을 하도록 제어하는 방식으로 외기냉방과의 병용이나 중간기에는 제로 에너지 밴드의 폭을 넓힘으로써 에너지 절감이 도모된다.

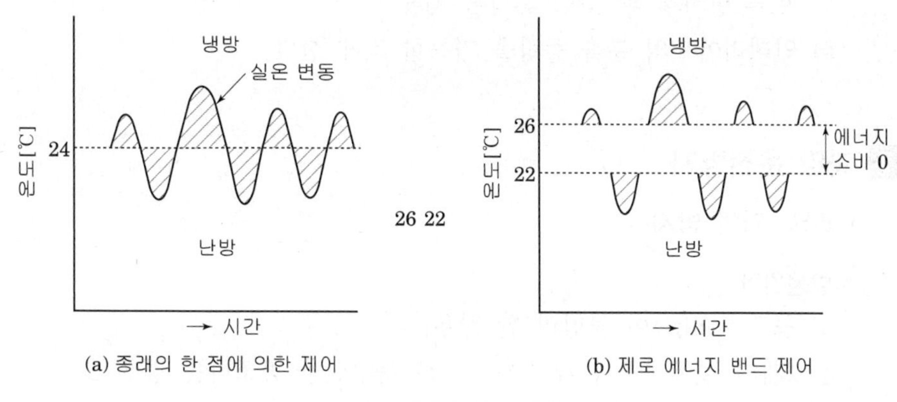

제로 에너지 밴드 제어

(8) 고효율 펌프, 송풍기 채용

펌프나 송풍기의 축동력은 효율에 반비례하기 때문에 효율이 높을수록 소비동력은 감소한다.

(9) 고효율 조명기구 채용

조명기구의 고효율화도 중요하다. 인텔리전트화에 따라 점점 높은 조도의 경향이 있고 HF(high frequency : 고주파 점등)형 기구 등 기존에 비해 20% 이상의 에너지 절약효과가 있는 기구도 등장하고 있다.

6 내주부 (interier), 외주부 (perimeter) 혼합 손실(mixing cross) 방지에 의한 에너지 절감

페리미터 계통과 인테리어 계통의 공조 시스템이 같은 실내에 병설(倂設) 되는 경우에 mixing cross라는 에너지 손실이 발생 한다.
즉, 겨울철에 페리미터 부에 온풍이 인테리어 부에 냉풍이 공급될 경우 실내에서 냉풍과 온풍이 혼합하여 에너지 낭비가 발생한다.

■ 혼합손실 방지법

1) 페리미터의 난방부하 억제

① 외벽의 단열강화

② 개구부를 이중화하여 일사차폐 성능, 단열성능 강화(Low -e 유리, air flow window, double skin 방식 채용)

2) 적절한 zoning
3) 제어 시스템의 정도(精度) 향상 및 thermostat(센서)의 설치 위치 적정화
4) 페리미터부 온열환경을 개선하기 위해서 난방용 방사 페널을 병용 또는 방사형 팬 코일 유닛을 채용
5) 인테리어부의 분출 풍량을 가능한 적게 한다.

7 과잉 운전방지

(1) 과냉, 과열 방지

■ 발생원인

① 공조 zoning이 불합리 한 경우
② 1개의 공조계로 부하특성이 다른 복수실을 공조하는 경우
③ 제어시스템이 불합리한 경우

(2) 재열, 재습 방지

■ 방지법

① 실내 습도설정을 완화 할 것
② VAV 시스템을 채용할 것
③ 외조기 시스템의 채용을 도모할 것

(3) 과잉 외기 도입방지

① OA cut : 예열 · 예냉 시 외기도입 정지
② CO_2 농도 제어 : 실내 CO_2 농도에 따라 외기 도입량 제어

8 배관 및 덕트의 단열에 의한 에너지 절감

열을 발생시키는 열원기기나 열을 반송하는 펌프나 송풍기, 그리고 열의 반송 경로가 되는 배관과 덕트 등에서는 열의 반송 매체인 물이나 공기와 주위의 실온과의 사이에 온도차가 있다. 이 때문에 관벽이나 기계의 표면 등을 통하여 열의 손실이나 침입이 발생한다. 이 결과로 필요로 하는 열량을 공급할 수 없고, 에너지 손실이 발생한다. 이것을 방지하기 위해서 관이나 덕트 등의 표면에 단열재를 시공하여 열의 출입을 방지할 필요가 있다.

• 공조설비 에너지 절약 방법

에너지 절약 방법			비 고
공조부하의 감소	건축적 방법	• 단열 • 기밀 • 일사차폐(차열유리) • 창면적 축소 • 조명발열 제거 · 감소	차양, 블라인드 주광 채광
	설비적 방법	• 최소 외기량 • 외기냉방 • 배열회수(전열교환기) • 실내조건의 설정 변경	히트펌프
공조 시스템		• 재열손실 제거 • 혼합손실 제거 • 적절한 조닝 • 적절한 열반송 매체의 선정 • 대공간 공조구역은 바닥에서 2~4m 정도의 거주역 공조 • 공장에서는 국소공조를 고려	체육관 등
열원 시스템	보일러	• 온수(증기)의 온도(압력)의 저하 • 부하율 70~80%로 운전 • 연간 부하 상황에 맞는 대수 분할 • 드레인 회수	
	냉동기	• 냉수(냉각수)온도의 상승(강하) • 부하율 70~80%로 운전 • 연간 부하 상황에 맞는 대수 분할 • 부분부하 특성이 좋은 용량제어방식	
반송 시스템		• 적절한 반송매체의 선정 • 수량 · 풍량의 감소 • 압력손실 감소 • VAV방식의 채용 • VWV방식의 챙용 • 부분부하 특성이 좋은 용량제어방식 • 냉 · 온수배관, 덕트의 단열	온도차 증대 밀폐회로 채용
컴퓨터에 의한 최적 제어			

• 냉동기 · 히트펌프 설비의 에너지 절약 방법

에너지 절약 방법			냉동기		히트펌프
			증기압축	흡수	
부하 · 반송동력 감소		• 냉동(가열)부하 감소	○	○	○
		• 반송시스템 동력감소	○	○	○
효율 상승	사이클개선	• 과냉각 · 이코노마이저의 채용	○	–	○
		• 증발온도 상승	○	○	○
		• 응축온도 강하	○	○	○
		• 최적 냉매의 선정	○	△	○
		• 용액열교환기의 전열증진	–	○	–
		• 용액 순환량의 감소	–	○	–
	기 타	• 보조기기의 동력 감소	○	○	○
		• 배(排)가스의 열회수	–	○	–
효율상승 부분부하		• 연간부하 상황에 맞는 대수 분할	○	○	○
		• 부분부하 특성이 좋은 용량제어 방식	○	○	○
		• 냉수(브라인)측 변유량	○	○	○
		• 냉수(브라인)입구의 온도제어	○	○	○
		• 최적 공기비 제어	–	○	–
응답개선 부하변동		• 마이크로컴퓨터에 의한 최적운전	○	○	○
		• 전자제어 팽창밸브	○	–	–
		• 용액순환량의 마이크로컴퓨터 제어	–	○	–
		• 사이클 온도에 의한 케스캐이드 제어	–	○	–
		• 용액보유량의 감소	–	○	–
관 리		• 오염대책	○	○	○
		• 확실한 냉난방 전환	–	○	○
		• 기밀 유지	○	○	○

핵심예상문제

MEMO

01 열원설비 중 냉열원 설비인 냉동기(heat pump)의 에너지 절약을 위한 고효율 운전에 대하여 설명하시오.

해답 1) COP(성능계수)의 개선

$$COP = \frac{Q_2}{W} = \frac{Q_2}{Q_1 - Q_2} = \frac{T_2}{T_1 - T_2}$$

COP를 크게하는 조건

① 부하율(= 능력비)을 크게한다.

② 냉각수 입구 온도(냉동기 입구)를 낮게 한다.

③ 냉수 출구 온도를 가급적 높게 한다.

2) 대수분할

냉동기(heat pump)를 여러 대 분할하고 저부하시에 운전 대수를 감소시킴으로써 냉동기의 부하율을 높여서 고효율 운전이 가능하다.

3) 축열시스템 이용

축열 시스템을 원리에 따라 구분하면 현열축열 잠열축열, 화학축열 방식이 있다.

축열 시스템은 값싼 야간 전력을 사용해서 다음 날에 필요한 냉열, 온열을 미리 저장해 놓고 주간에 부하에 맞추어서 냉열, 온열을 뽑아 이용하는 방식이다. 축열시스템을 이용하면 공조부하에 추종할 필요가 없으며 축열운전중에는 항상 정격부하(전부하) 운전이 되므로 열원기기의 효율이 높아진다.

02 냉동기(heat pump)의 에너지 절약방식 4가지를 쓰시오

해답 ① 냉방 폐열을 유효하게 이용할 것

② 큰온도차 및 변유량(VWV) 방식에 의한 반송에너지 저감을 도모할 것

③ 대수 제어방식을 행할 것

④ 축열 시스템을 도입할 것

MEMO

03 에너지 절약을 위한 자연에너지 이용에 대하여 4가지 이상 들고 간단히 설명하시오.

해답 자연 에너지의 이용

1) 자연환기

자연 통풍에 의한 냉방부하를 저감하여 에너지 절감을 도모할 수 있다. 개구부의 위치와 크기를 적절하게 배치하여 자연통풍 효과를 증대시킨다.

2) 외기냉방

자연 에너지를 적극적으로 이용한 외기 도입이 에너지 절감에 유효하다고 판단했을 때 냉수 사용에 앞서서 외기 냉방 · 제어를 계획한다.

외기의 보유 엔탈피(h_o)가 실내의 공기 엔탈피(h_r)보다 낮은 때에는 외기는 냉방능력을 갖고 에너지 절약 효과를 갖는다.

이 외기가 보유한 냉방효과를 이용한 냉방을 외기냉방이라 한다.

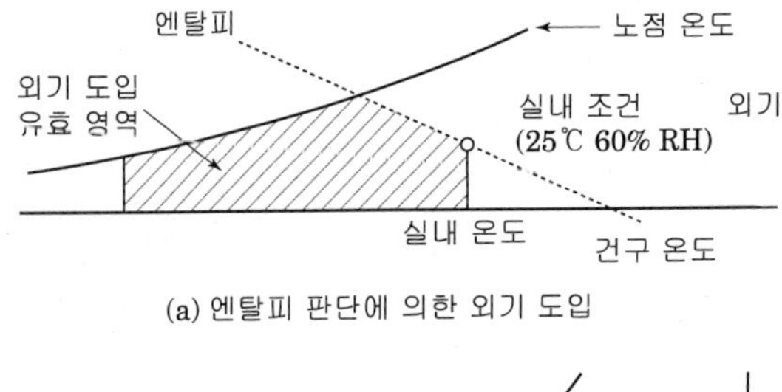

(a) 엔탈피 판단에 의한 외기 도입

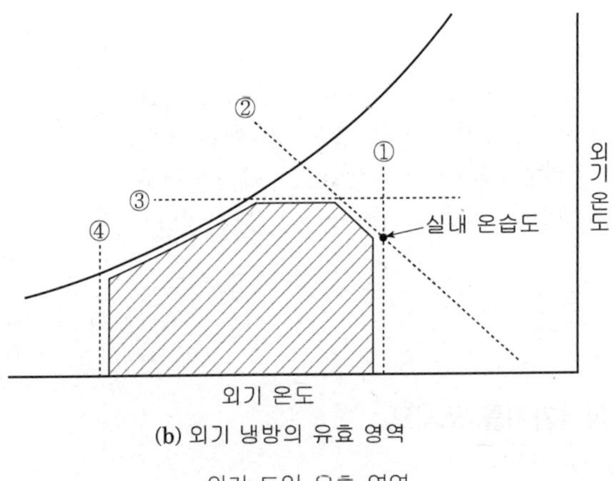

(b) 외기 냉방의 유효 영역

외기 도입 유효 영역

① 외기 온도(17℃~18℃ 이하) 〈 실내 온도(25℃ 이상)

② 외기 엔탈피 〈 실내 엔탈피

③ 외기 절대 습도 〈 절대 습도 상한값

④ 실내온도 〉 외기 온도 (또는 혹한시의 전열 교환기에서 가온 후의 급기 온도)의 하한값

MEMO

3) Night Purge
여름철 심야에 비교적 저온의 외기를 실내에 도입하고, 주간 · 구조체에 축열된 부하를 환기로 제거하는 방식.

4) 태양 에너지 이용
태양 에너지의 적극적인 활용도 자연 에너지 이용의 중요한 수법의 한가지이다.
① 태양전지에 의한 동력 및 조명에 이용하는 시스템
② 태양열에 의한 냉난방, 급탕에 이용하는 시스템
- 태양열을 물로 집열하여 난방이나 급탕에 직접 이용하는 시스템
- 축열조나 히트펌프를 사용하여 난방에 이용하는 시스템
- 집열한 온수를 사용하여 흡수식 냉동기를 운전하여 냉수를 만드는 시스템

5) 기타
우물물, 바닷물, 하천물 등을 이용한 히트펌프나 지하 땅속의 온열적 안정성을 이용한 예냉열 시스템.

04 공조 조닝은 효율적인 공조 운전제어 및 에너지절약을 용이하도록 계획하여야 한다. 공조 조닝을 계획 시 기준이 되는 요소 5가지를 쓰시오.

해답 공조 조닝(zoning) 계획시 기준 요소
① 실의 열부하 특성별 조닝
② 실의 용도 및 기능별 조닝
③ 실의 사용 시간대별 조닝
④ 실의 방위별 조닝
⑤ 층별 조닝

MEMO

05 다음은 반송계의 에너지 절약에 대한 설명이다. 문장의 ( )속에 들어갈 가장 적절한 용어를 보기에서 골라 그 기호로 답하시오.

> 공기조화설비의 반송계의 에너지절약에는 변유량방식의 채용이 효과적으로 현재에는 인버터를 이용하여 전동기에 공급하는 전기의 (①)을 제어하여 송풍기나 펌프의 회전수를 변화시키는 방식이 보급되어 있다. 예를 들면 송풍기의 에너지 소비량은 (②)와 (③)의 곱에 비례하고 송풍기의 (④)에 반비례하기 때문에 덕트계는 변풍량으로 설계하는 것이 에너지 절약적이다. 회전속도를 변화시키는 변유량제어를 행하는 경우에 실제 반송시스템에서는 계 내에 다수의 서브시스템이 있고, 그 중에는 정격값에 가까운 유량을 필요로 하는 곳도 있기 때문에 시스템 전체의 유량이 적게 되어도 압력이 저하되면 안되는 곳이 있다. 이 경우 토출압력을 일정하게 유지하는 제어방식이 채용되는 경우가 많다. 보다 에너지절약을 도모하기 위해서는 회전속도제어를 활용하여 말단의 제어밸브의 개도를 될 수 있는 한 (⑤)하는 제어방식이 좋다.

【보 기】

㉠ 전류 ㉡ 역률 ㉢ 주파수 ㉣ 적게 ㉤ 크게 ㉥ 전압 ㉦ 동압
㉧ 정압 ㉨ 효율 ㉩ 익근차 ㉪ 대수제어 ㉫ 난류 ㉬ 층류 ㉭ 풍량

해답 ① – ㉢, ② – ㉥, ③ – ㉭, ④ – ㉨, ⑤ – ㉤
비고 ②와 ③의 답은 바뀌어도 됨.

06 일반 공조에서 열원설비는 부분부하로 운전하는 경우가 많아 에너지 소비가 증대한다. 에너지 절약을 위한 방식 3가지를 간단하게 답하시오.

해답 ① 열원장치로 부분부하 특성이 좋은 기기를 선택할 것.
② 냉·온수 펌프나 냉각수 펌프의 동력도 고려한 대수제어나 변유량제어를 선정할 것.
③ 축열방식을 채용할 것.

07 공조방식에 의한 에너지 절약방법에 4가지를 간단히 기술하시오.

해답 ① 최소 외기량 제어
② 외기냉방
③ 전열교환기 채용에 의한 배열회수
④ 열회수 공조방식 채택
⑤ 변풍량 공조방식, 저속치환방식, 저온공조, 복사냉난방, 국소공조 채택

MEMO

08 부하감소를 위한 건축적 수법 4가지를 간단히 기술하시오.

해답 ① 단열
② 창면적 축소
③ 일사차폐
④ 조명발열 감소

09 다음 문장의 (　　)속에 들어갈 가장 적절한 용어를 보기에서 골라 그 기호로 답하시오.

에너지 공급에 대하여 전력 및 열을 단독 혹은 복수의 화석연료에 의해 조달하는 방식을 (①)시스템이라 하며, 특히 전력 · 열의 부하 밸런스의 제어 및 (②)에 의해 시스템 전체의 에너지효율을 높이는 것을 중점으로 한다. 이 시스템은 (③)시스템이 전(全)전력 시스템인 것이 많은 것에 대해 전(全)연료(석유 · 가스 등)시스템을 보급하는 입장에서 분산형(on site type)으로 (④)에 적용하는 방향으로 발전하여 최근에는 지역냉난방에도 적용하고 있다.
이 시스템은 코제너레이션 시스템 또는 열병합발전설비라 하며 발전기의 구동기기로서는 (⑤)나 가스엔진 등이 많이 이용된다.

【보 기】

㉠ 토탈 에너지	㉡ 고효율 모터	㉢ 보일러
㉣ 히트 펌프	㉤ 흡수 히트펌프	㉥ 가스 터빈
㉦ 연료전지	㉧ 집합주택	㉨ 업무용 단독 빌딩
㉩ 광역지역 난방	㉪ 광역 지역냉방	㉫ 부분부하 운전의 방지
㉬ 배열의 유효이용		

해답 ① – ㉠, ② – ㉬, ③ – ㉣, ④ – ㉨, ⑤ – ㉥

10 CGS(co-generation system)의 도입효과에 대하여 5가지를 간단히 기술하시오.

해답 ① 총에너지 비용의 저감(에너지 총 효율 증가)
② 에너지의 안정적 공급(상용전력과 CGS를 조합하여 공급)
③ 계약전력 저감(상용전력의 피크 컷(peak-cut))
④ 수변전 설비용량의 감소
⑤ 이산화탄소 삭감 및 환경오염물질 배출 삭감

MEMO

11 **냉동기와 히트펌프의 에너지절약을 위한 사이클 개선에 의한 에너지절약 방법 3가지를 간단히 기술하시오.**

해답 ① 과냉각 · 이코노마이저 채용
② 증발온도 상승
③ 응축온도 강하
④ 최적 냉매의 선정(혼합냉매 등)
⑤ 용액열교환기의 전열증진(흡수식 냉동기)

12 **실내에서 환기 3000[m^3/h]와 외기 1000[m^3/h]을 혼합하여 공기조화기에서 처리한 후 실내에 4000[m^3/h]의 풍량으로 송풍하는 공기조화설비가 있다. 이 장치의 냉방 시의 공기의 상태변화를 아래 그림과 같이 습공기선도상에 나타내었다. 물음에 답하시오. (단, 공기의 비열은 1.0[kJ/(kg · K)], 공기의 밀도는 1.2[kg/m^3]으로 한다.)**

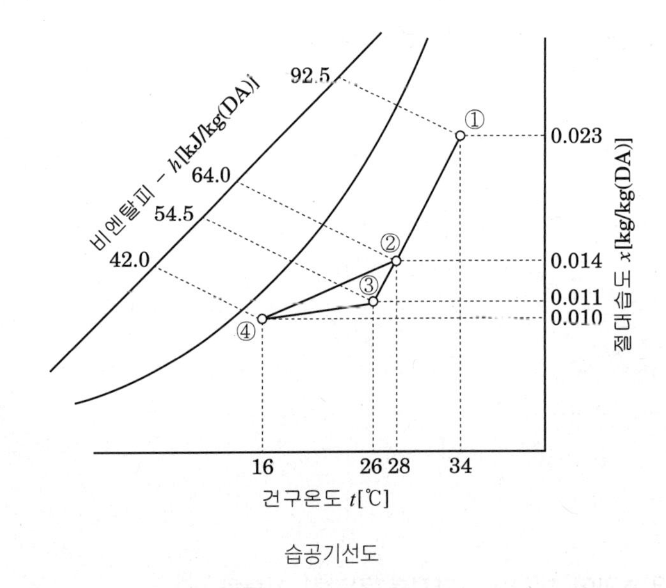

습공기선도

(1) 도입 외기부하를 구하시오.[kJ/h]

(2) 냉각코일의 냉각부하[kJ/h] 및 감습수량[kg/h]을 구하시오.

(3) 외기부하 삭감에 의한 에너지 절약 대책으로 공기조화기의 외기 도입부분에 전열교환기를 추가 설치하는 경우

MEMO

① 전열교환기와 열교환 후의 외기상태(h_1', t_1') 혼합점의 공기상태(h_2') 구하고 습공기선도상에 표시하시오. (단, 전열교환기 효율(전열, 현열)은 0.65로 한다.)

② 전열교환기에 의한 배기회수 열량을 구하시오.[kJ/h]

③ 전력절감량을 구하시오.(단, 냉동기 성능계수 4.0, 하절기 가동시간은 1560시간으로 한다.)[kWh/년]

해답 (1) 도입 외기부하 q_o

$q_o = 1.2 \times (3000 + 1000) \times (64.0 - 54.5) = 45600$[kJ/h]

또는 $q_o = 1.2 \times 1000 \times (92.5 - 54.5) = 45600$[kJ/h]

(2) 냉각코일의 냉각부하 q_c[kJ/h] 및 감습수량 L[kg/h]

$q_c = 1.2 \times 4000 \times (64.0 - 42.0) = 105600$[kJ/h]

$L = 1.2 \times 4000 \times (0.014 - 0.010) = 19.2$[kg/h]

(3) 외기부하 삭감에 의한 에너지 절약 대책으로 공기조화기의 외기 도입부분에 전열교환기를 추가 설치하는 경우

① 전열교환기와 열교환 후의 ①외기상태(h_1', t_1') 및 ②혼합점의 공기상태(h_2')구하고 습공기선도 상에 표시하시오. (단, 전열교환기 효율은 0.65로 한다.)

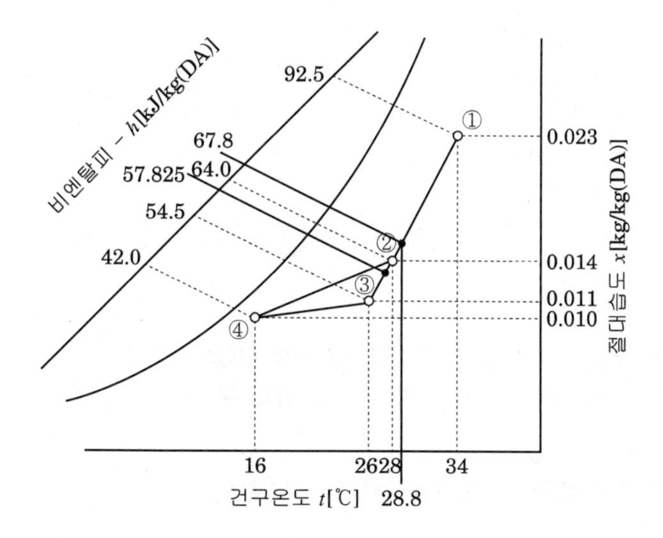

습공기선도

여기서 전열교환기 효율

$$\eta = \frac{92.5 - h_2'}{92.5 - 54.5} = 0.65,\ 0.65 = \frac{34 - t_2'}{34 - 26} \text{에서}$$

㉠ $h_2' = 92.5 - 0.65 \times (92.5 - 54.5) = 67.8$[kJ/kg]

$t_2' = 34 - 0.65 \times (34 - 26) = 28.8$[℃]

MEMO

㉡ 혼합점의 공기상태(h_2')

$$=\frac{1000\times 67.8+3000\times 54.5}{1000+3000}=57.825[\text{kJ/kg}]$$

② 전열교환기에 의한 배기회수 열량q_{ex}을 구하시오.

$q_{ex}=1.2\times 1000\times (92.5-54.5)\times 0.65=29640[\text{kJ/h}]$

또는 $q_{ex}=1.2\times 1000\times (92.5-67.8)=29640[\text{kJ/h}]$

③ 전력절감량을 구하시오.(단, 냉동기 성능계수 4.0, 하절기 가동시간은 1560시간으로 한다.)[kWh/년]

$$=\frac{29640/3600}{4.0}\times 1560=3211[\text{kWh/기간}]$$

13 주어진 조건을 이용하여 다음 각 물음에 답하시오.

【조 건】

1. 냉방설계용 온도, 엔탈피조건

	냉 방
외 기	35℃ DB, 35% RH, h = 85.1[kJ/kg(DA)]
실 내	26℃ DB, 50% RH, h = 52.9[kJ/kg(DA)]
공기의 밀도	1.2[kg/m^3]
공기의 평균 정압비열	1.005[kJ/kg · K]

2. 공조대상의 바닥면적 · 재실인원 : 480[m^2, 96인]
3. 외기 도입량 : 20[m^3/h · 인]
4. 1인당 CO_2발생량 : 0.03[m^3/h]
5. 실내의 CO_2 허용농도 : 1000[ppm]
6. 외기의 CO_2 농도 : 350[ppm]

(1) 외기부하를 구하시오.[kW]

(2) 이 시스템에 설계인원에 대한 재석비율을 40%로 할 경우 CO_2 농도에 의한 외기량[m^3/h] 및 외기부하[kW], CO_2농도 제어시 외기부하 삭감율[%]을 구하시오.

(3) 이 시스템에 열교환 효율η=65%의 전열교환기를 설치한 경우의 외기부하[kW] 및 외기부하 삭감율을 구하시오.

해답 (1) 외기부하

도입외기량 = 20×96 = 1920[m^3/h]

외기부하

$q_o=\rho Q\Delta h/3600$에서

$=1.2\times 1920\times (85.1-52.9)/3600=20.61[\text{kW}]$

MEMO

(2) CO_2농도 제어시 외기부하 삭감

① CO_2 농도에 의한 외기량[m^3/h]

$$= \frac{M}{p_i - p_o} = \frac{0.03 \times 96 \times 0.4}{(1000-350) \times 10^{-6}} = 1772.31[m^3/h]$$

② 외기부하

$q_o' = \rho Q \Delta h / 3600$에서

$$= 1.2 \times 1772.31 \times (85.1 - 52.9)/3600 = 19.02[kW]$$

③ 외기부하 삭감율$= \frac{q_o - q_o'}{q_o} = \frac{20.61 - 19.02}{20.61} \times 100 = 7.71\%$

(3) 전열교환기 도입시 외기부하 삭감

① 전열교환기를 채용한 경우의 외기 부하 q_o'는 다음 식으로 표시된다.

$$q_o' = q_o \times (1-\eta) = 20.61 \times (1-0.65) = 7.21[kW]$$

② 외기부하 삭감율

$$= \frac{q_o - q_o'}{q_o} = \frac{20.61 - 7.21}{20.61} \times 100 = 65.02[\%]$$

14 소비전력 100[kW], 전동기 효율 92%인 펌프가 양정 30m, 수량 10[m^3/min]로 양수하고 있다. 물음에 답하시오.

(1) 펌프 운전효율을 구하시오.

(2) 또한 이 펌프를 동일유량, 동일양정의 펌프효율 75%인 고효율펌프로 교체한다면 연간전력 절감량[MWh]을 구하시오.
(단, 연간 운전시간은 7200시간이고 전동기는 그대로 사용하는 것으로 한다.)

해답 (1) 펌프의 운전효율 η_p는

$L_P = \frac{9.8HQ}{\eta_p \eta_m}$에서

$$\eta_p = \frac{9.8HQ}{L_P \eta_m} = \frac{9.8 \times 30 \times 10/60}{100 \times 0.92} = 0.533$$

(2) 같은 전동기를 사용하므로 $\eta_{m1} = \eta_{m2}$

절감율(ϵ)

$$\frac{\eta_{p1}\eta_{m1} - \eta_{p2}\eta_{m2}}{\eta_{p1}\eta_{m1}} = \frac{\eta_{p1} - \eta_{p2}}{\eta_{p1}} = \frac{0.75 - 0.533}{0.75} = 0.289$$

연간연료절감량은

100×0.289×7200 = 208,080[kWh/년] = 208.08[MWh/년]

MEMO

15 그림과 같은 일반 업무용 건물의 공조시스템에 대하여 아래 조건을 활용하여 각 항목의 물음에 답하시오.

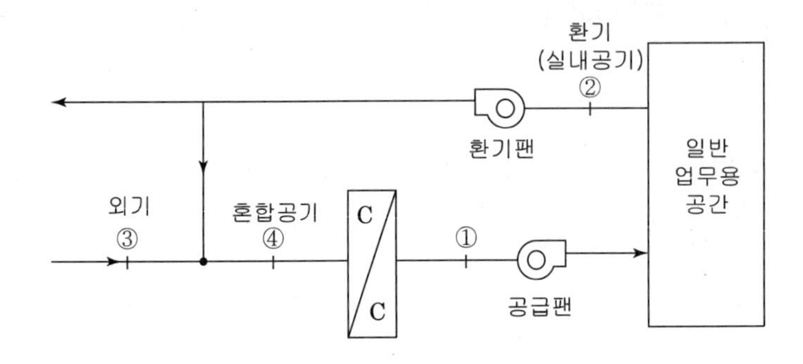

【조 건】

위치	구분	건구온도(℃)	상대습도(%)	엔탈피(kJ/kg)	비고
①	냉각코일 출구	16	95	43.4	–
②	환기(RA)	26	50	53.0	–
③	외기(OA)	13	45	23.8	중간기
		32	65	82.5	하절기

- 현열부하 : 35[kW](기기내 취득열량 포함)
- 공기의 정압비열 : 1.005[kJ/kgK]
- 도입외기량 : 송풍공기량의 25%
- 냉동기의 COP : 3.5
- 공기의 평균밀도 : 1.2[kg/m^3]
- 펌프부하 및 배관손실은 무시한다.

(1) 사무실의 공조용 풍량(m^3/h)과 냉각코일의 부하(kW)를 구하시오.

(2) 주어진 공조시스템에서 중간기 운전 시 냉동기가 기동되고 있다. 냉동기 가동을 중지하기 위해 이코노마이저시스템을 활용한 외기냉방시스템을 도입하고자 한다. 혼합공기(④)를 16℃로 유지하는 조건에서 도입외기량(m^3/h)과, 이코노마이저시스템 가동에 따른 연간 냉동기 절감동력량(kWh)을 구하시오.
(단, 문제의 주어진 조건을 이용하고, 중간기의 냉동기 가동시간은 720시간이다.)

(3) 주어진 공조시스템에서 하절기 운전 시, 그림과 같이 주어진 공조설비시스템에 전열효율이 70%인 전열교환기를 설치하여 에너지를 절감하고자 한다. 이를 위한 전열교환기의 출구 엔탈피(⑤, kJ/kg) 및 전열교환열량(kW)을 구하고, 전열교환기 설치에 따른 연간냉동기 절감동력량(kWh)을 구하시오.
(단, 문제의 주어진 조건을 이용하고, 하절기의 냉동기 가동시간은 2,160시간이다.)

MEMO

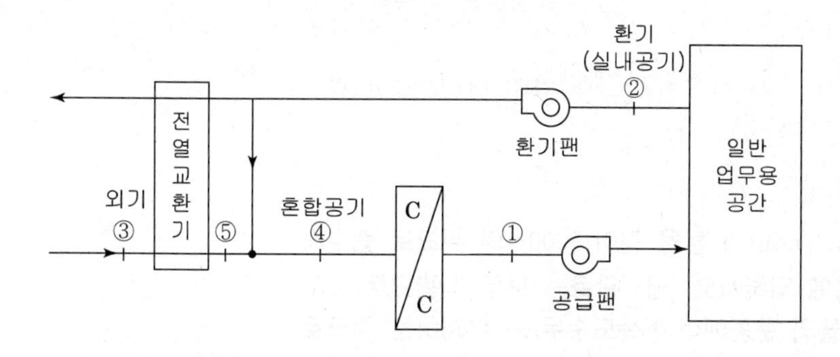

해답 (1)

① 사무실의 공조용 풍량(m^3/h)

$$Q = \frac{q_s}{C_p \rho \Delta t} = \frac{35 \times 3600}{1.005 \times 1.2 \times (26-16)} = 10447.76[m^3/h]$$

② 냉각코일부하 q_c (kW)

냉각코일부하 $q_c = G\Delta h = \rho Q \Delta h$

$= 1.2 \times 10447.76 \times (60.375 - 43.4)/3,600 = 59.12[kW]$

여기서,

혼합공기 엔탈피

$h_4 = 0.25h_3 + 0.75h_2 = 0.25 \times 82.5 + 0.75 \times 53 = 60.375[kJ/kg]$

(2)

① 도입외기량(m^3/h)

급기량을 1로 보고 외기량을 x라 하면

16 = 13x + 26(1-x)에서 x = 10/13

따라서, 외기량x = $10447.76 \times \frac{10}{13} = 8,036.74[m^3/h]$

② 냉동기 절감동력량(kWh)

외기량 도입에 따른 부하감소량

= 도입외기량×(실내공기엔탈피-실외공기엔탈피)/3600

= 1.2×8,036.74×(53.0-23.8)/3,600 = 78.22[kW]

따라서, 동력절감량

$$= \frac{부하감소량}{COP} \times 가동시간 = \frac{78.22}{3.5} \times 720 = 16090.97[kWh]$$

(3)

① 전열교환기의 출구 엔탈피(⑤, kJ/kg)

전열교환기효율 $\eta = \frac{h_3 - h_5}{h_3 - h_2}$ 에서,

$h_5 = h_3 - \eta(h_3 - h_2) = 82.5 - 0.7 \times (82.5 - 53) = 61.85$

② 전열교환열량(kW)

전열교환열량 = 밀도×외기량(m^3/h)×$(h_3 - h_5)$/3,600

= 1.2×10,447.76×0.25(82.5-61.85)/3,600 = 17.98[kW]

MEMO

③ 연간냉동기 절감동력량(kWh)

$$= \frac{회수열량(전열교환량)}{COP} \times 가동시간 = \frac{17.98}{3.5} \times 2,160 = 11,096.23[kW]$$

16 높이 20m의 헤드탱크로 $3.6[m^3/min]$의 물을 길이 1000m의 관으로 송수하고 있다. 다음 1 및 2의 각 물음에 답하시오. 단, 관로는 모두 직관으로 보고 관의 단면변화에 따른 손실 및 물의 운동에너지(속도수두)는 무시하는 것으로 한다. 또한 물의 밀도는 $1000[kg/m^3]$, 중력가속도는 $9.81[m/s^2]$, 펌프효율은 70%로 한다.

(1) 지름(내경) 150[mm]의 송수관(마찰손실계수 0.02)을 사용하는 경우

① 관로의 압력손실[kPa]을 구하시오.

② 펌프의 전양정[m]을 구하시오.

③ 펌프의 소요동력[kW]을 구하시오.

(2) 송수관을 같은 길이의 지름 200[mm]의 관으로 교체하는 경우
(단, 마찰손실계수, 송수량 및 펌프효율은 변하지 않는 것으로 한다.)

① 관로의 압력손실은 몇% 감소하는가?

② 펌프의 소요동력은 몇% 감소하는가?

해답 (1) 지름(내경) 150[mm]의 송수관(마찰손실계수 0.02)을 사용하는 경우

② 관로의 압력손실 $\triangle P_1$[kPa]

$$\triangle P_1 = \lambda \frac{L}{D_1} \frac{\rho V_1^2}{2} \text{에서}$$

$$= 0.02 \times \frac{1000}{0.15} \times \frac{1000 \times 3.40^2}{2} = 770666.67[Pa]$$

$$= 770.67[kPa]$$

여기서, 송수관내의 유속

$$V_1 = \frac{Q}{\frac{\pi D^2}{4}} = \frac{3.6/60}{\frac{\pi \times 0.15^2}{4}} = 3.40[m/s]$$

답 770.67[kPa]

② 펌프의 전양정H_1[m]

물의 속도수두는 무시하므로 펌프의 전양정H_1은

H_1 = 실양정(헤드탱크까지의 높이) + 관마찰에 의한 압력손실을 수두로 환산한 값

㉠ 실양정=20m

MEMO

㉡ 관마찰에 의한 압력손실을 수두로 환산한 값

$$= \frac{\Delta P}{\rho g} = \frac{770.67 \times 10^3}{1000 \times 9.81} = 78.56[\text{m}]$$

$\therefore H_1 = 20 + 78.56 = 98.56[\text{m}]$ 　　답 98.56[m]

③ 펌프의 소요동력 L_{s1}[kW]

$$L_{s1} = \frac{\rho g H_1 Q}{\eta} \text{에서}$$

$$= \frac{1000 \times 9.81 \times 98.56 \times \frac{3.6}{60}}{0.7} = 82874.88[\text{W}]$$

$= 82.87[\text{kW}]$ 　　답 82.87[kW]

(2) 송수관을 같은 길이의 지름 200mm의 관으로 교체하는 경우
(단, 마찰손실계수, 송수량 및 펌프효율은 변하지 않는 것으로 한다.)

① 관로의 압력손실은 몇% 감소하는가?

㉠ $\Delta P_2 = \lambda \frac{L}{D_1} \frac{\rho V_2^2}{2}$ 에서

$$= 0.02 \times \frac{1000}{0.2} \times \frac{1000 \times 1.91^2}{2} = 182405[\text{Pa}]$$

$= 182.41[\text{kPa}]$

여기서, 송수관내의 유속

$$V_1 = \frac{Q}{\frac{\pi D^2}{4}} = \frac{3.6/60}{\frac{\pi \times 0.2^2}{4}} = 1.91[\text{m/s}]$$

㉡ 관로의 압력손살 감소(%)는

$$\frac{\Delta P_1 - \Delta P_2}{\Delta P_1} = \frac{770.67 - 182.41}{770.67} \times 100 = 76.33[\%]$$

답 76.33%

② 펌프의 소요동력은 몇% 감소하는가?

㉠ 펌프의 전양정 H_2은 관마찰에 의한 저항만큼 변화하기 때문에

$$H_2 = \text{실양정} + \frac{\Delta P_2}{\rho g} = 20 + \frac{182.41 \times 10^3}{1000 \times 9.81} = 38.59[\text{m}]$$

㉡ 따라서 펌프의 소요동력 L_{s2}

$$L_{s2} = \frac{\rho g H_2 Q}{\eta} = \frac{1000 \times 9.81 \times 38.59 \times \frac{3.6}{60}}{0.7}$$

$= 32448.68[\text{W}] = 32.45[\text{kW}]$

$$\therefore \frac{L_{s1} - L_{s2}}{L_{s2}} = \frac{82.87 - 32.45}{82.87} \times 100 = 60.84[\%]$$

답 60.84[%]

7 chapter

기출문제

2013 제1회 실기 기출문제

03년2회, 06년3회, 08년3회, 09년3회

01 **어느 건물의 난방부하에 의한 방열기의 용량이** 350[kW]**일 때 주철제 보일러 설비에서 보일러의 정격출력** [kW], **오일 버너의 용량**[L/h]**과 연소에 필요한 공기량**[m^3/h]**을 구하시오. (단, 배관손실 및 불때기 시작 때의 부하계수** 1.4, **보일러 효율** 0.7, **중유의 저발열량** 42[MJ/kg], **밀도** 0.92[kg/L], **연료의 이론 공기량** 12.0 [Sm^3/kg], **공기과잉률** 1.3, **보일러실의 온도** 23℃, **기압** 760[mmHg]**이다.)(12점)**

(1) 보일러의 정격출력(kW)

(2) 오일 버너의 용량(L/h)

(3) 공기량(m^3/h)

해설 (1) 보일러의 정격출력 = 방열기 용량(정미출력) + 배관부하 + 예열부하
= 방열기 용량×배관손실 및 예열부하계수
= 상용출력×예열부하계수

(2) 오일 버너의 용량(L/h) = $\dfrac{\text{정격출력}}{\text{연료의 저위발열량} \times \text{비중} \times \text{보일러 효율}}$

(3) 공기량(m^3/h) = 공기비×이론공기량×연료사용량(오일버너용량)×비중× $\dfrac{273+t_r}{273}$

해답 (1) 보일러의 정격 출력[kW] : 350×1.4=490[kW]

(2) 오일 버너의 용량[L/h] : $\dfrac{490 \times 3600}{42 \times 10^3 \times 0.92 \times 0.7} = 65.22[L/h]$

(3) 공기량[m^3/h] : $1.3 \times 12 \times 65.22 \times 0.92 \times \dfrac{273+23}{273} = 1014.90[m^3/h]$

02 **다익형 송풍기(일명 시로코팬)는 그 크기에 따라서** 2, $2\frac{1}{2}$, 3, … **등으로 표시한다. 이때 이 번호의 크기는 어느 부분에 대한 얼마의 크기를 말하는가?(5점)**

해설 송풍기의 크기를 표시하는 방식으로 임펠러의 지름(mm)을 원심식은 150, 축류식은 100으로 나눈 값으로 표시한다.
즉, 원심식 : No= $\dfrac{\text{임펠러 지름}}{150}$, 축류식 : No= $\dfrac{\text{임펠러 지름}}{100}$

해답 임펠러의 지름

19년2회

03 다음 조건에서 이 방을 냉방하는 데에 필요한 송풍량(m^3/h) 및 냉각열량 (kW)을 구하시오.(18점)

【조 건】

1. 외기조건 : 건구온도 33℃, 노점온도 25℃
2. 실내조건 : 건구온도 26℃, 상대습도 50%
3. 실내부하 : 현열부하 60[kW], 잠열부하 12[kW]
4. 도입 외기량 : 송풍 공기량의 30%
5. 실내 취출 온도차는 11℃로 한다.
6. 송풍기 및 덕트 등에서의 열부하는 무시한다.
7. 송풍공기의 비열은 1.01[kJ/kg·K], 밀도 1.2[kg/m^3]로 하여 계산한다.
   또한, 별첨하는 공기 선도를 사용하고, 계산 과정도 기입한다.

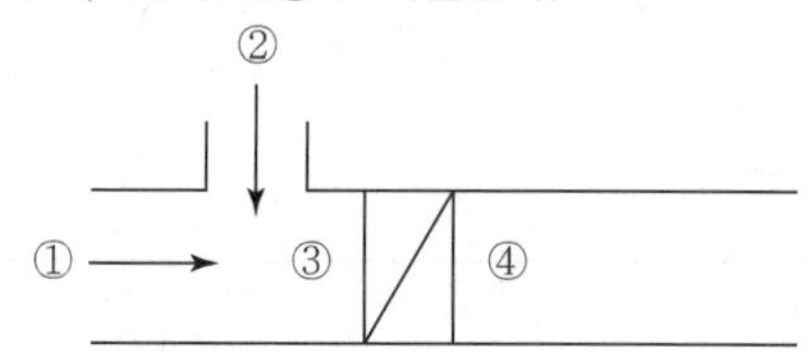

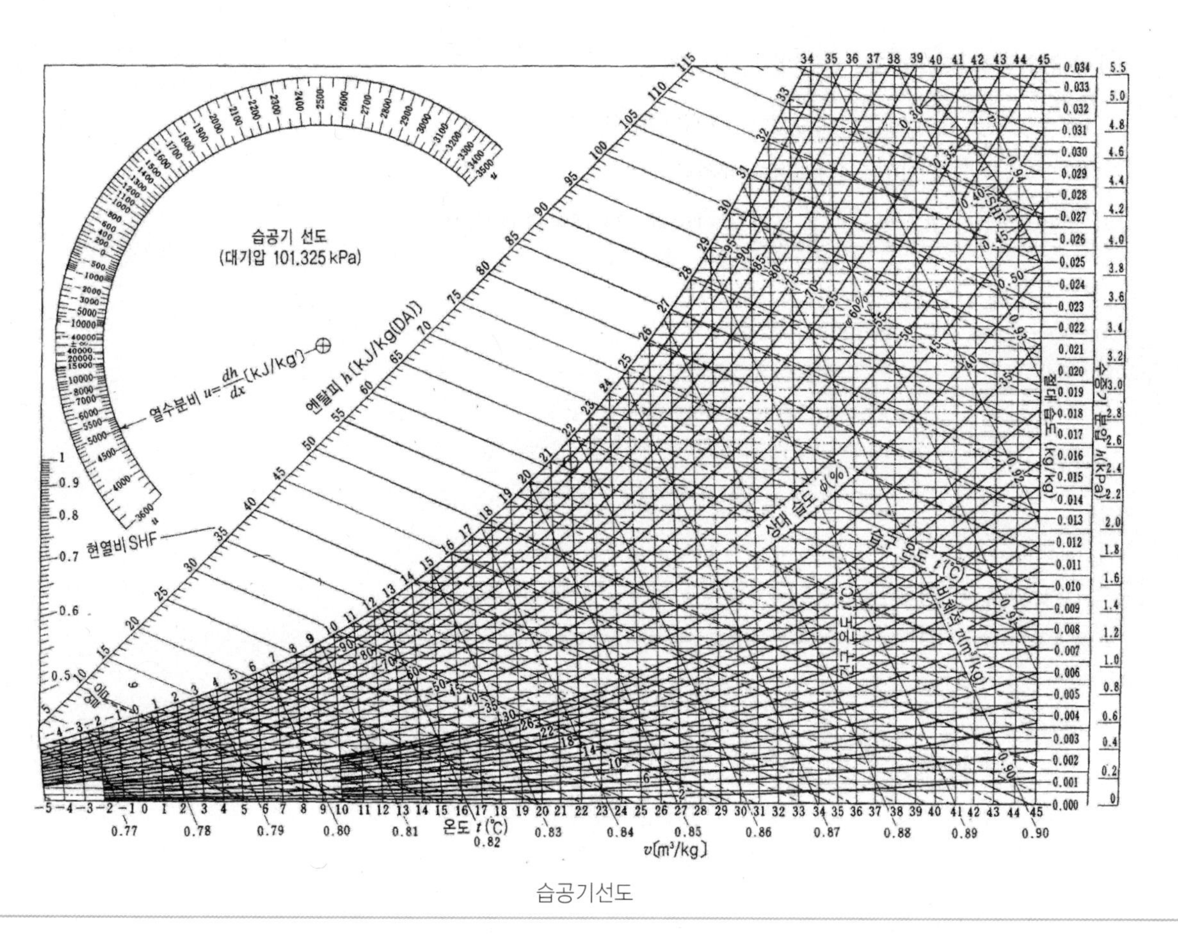

습공기선도

해답 • 현열비 $SHF = \frac{60}{60+12} = 0.833$

• 외기와 환기의 혼합공기 상태
먼저 혼합공기 온도 $t_3 = 33 \times 0.3 + 26 \times 0.7 = 28.1$℃ 따라서 습공기 선도에 의해 ③ (혼합점)의 엔탈피$h_3 = 61.5$[kJ/kg]을 읽을 수 있다.

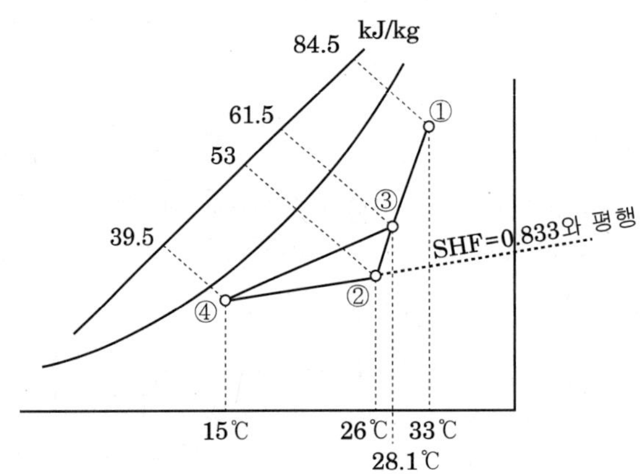

(1) 송풍량은 취출온도차 11℃와 현열부하로 구한다.

$$Q = \frac{q_s}{c_p \cdot \rho \cdot \Delta t} = \frac{60 \times 3600}{1.01 \times 1.2 \times 11} = 16201.62[\text{m}^3/\text{h}]$$

(2) 냉각열량은 코일 입출구 엔탈피차로 구한다.

$$q_c = G \cdot (h_3 - h_4) = \frac{16201.62 \times 1.2}{3600} \times (61.5 - 39.5) = 118.81[\text{kW}]$$

선도

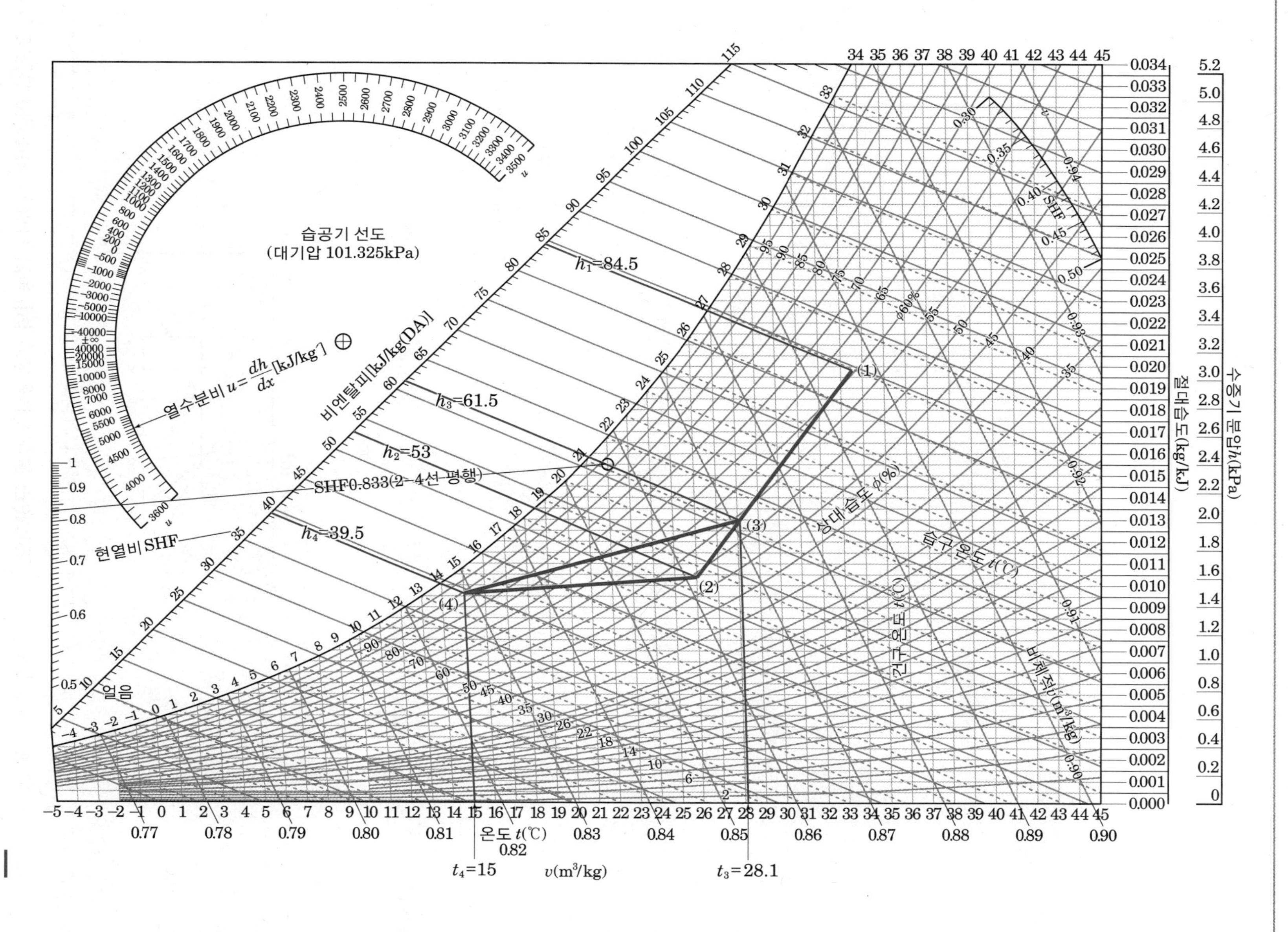
습공기 선도
(대기압 101.325kPa)
열수분비 $u = \frac{dh}{dx}$ [kJ/kg]
비엔탈피[kJ/kg(DA)]
현열비 SHF
SHF0.833(2-4선 평행)
h_1=84.5
h_2=53
h_3=61.5
h_4=39.5
(1)
(2)
(3)
(4)
얼음
온도 t(℃)
v(m³/kg)
t_4=15
t_3=28.1
건구온도 t(℃)
상대습도 φ(%)
습구온도 t'(℃)
비체적 v(m³/kg)
절대습도(kg/kJ)
수증기 분압 h(kPa)

02년1회

04 주어진 조건을 이용하여 R-134a 냉동기의 냉동능력(kW)을 구하시오.

【조 건】

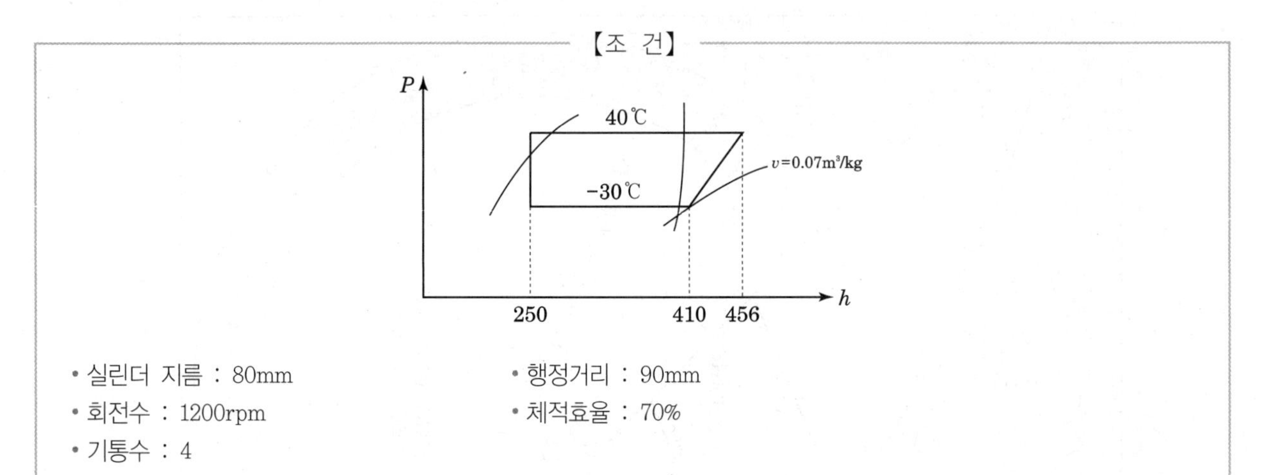

- 실린더 지름 : 80mm
- 행정거리 : 90mm
- 회전수 : 1200rpm
- 체적효율 : 70%
- 기통수 : 4

해답 ① 이론적 피스톤 압출량 $V_a[\mathrm{m^3/s}]$

$$Va = \frac{\pi D^2}{4} L \cdot N \cdot R \cdot \frac{1}{60} = \frac{\pi 0.08^2}{4} \times 0.09 \times 4 \times 1200 \times \frac{1}{60} = 0.0362[\mathrm{m^3/s}]$$

여기서, D : 실린더 지름[m]

L : 행정거리[m]

N : 기통수

R : 회전수[rpm]

② 냉동능력 $Q_2 = G \cdot q_2 = \dfrac{V_a \cdot \eta_v}{v} \cdot q_2[\mathrm{kW}]$

여기서, G : 냉매순환량[kg/s]

q_2 : 냉동효과[kJ/kg]

η_v : 체적효율

v : 흡입가스 비체적[m³/kg]

$$\therefore Q_2 = \frac{0.0362 \times 0.7}{0.07} \times (410 - 250) = 57.92[\mathrm{kW}]$$

20년1회

05 2단압축 1단팽창 $P-h$ 선도와 같은 냉동사이클로 운전되는 장치에서 다음 물음에 답하시오. (단, 냉동능력은 252MJ/h이고 압축기의 효율은 다음 표와 같다.)(18점)

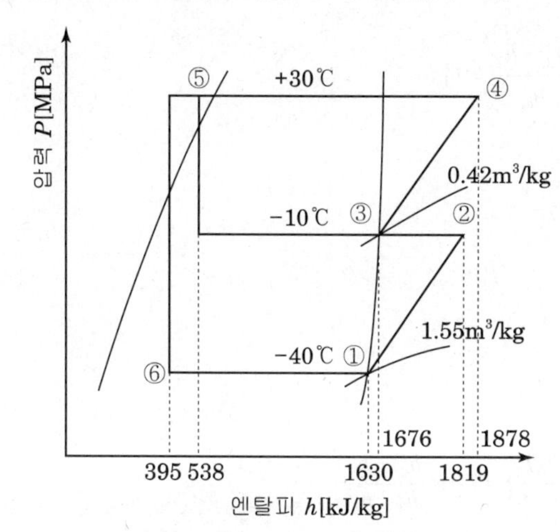

	체적효율	압축효율	기계효율
고단	0.8	0.85	0.93
저단	0.7	0.82	0.95

(1) 저단 냉매 순환량(G_L) kg/h　　(2) 저단 피스톤 토출량(V_L) m³/h

(3) 저단 소요 동력(N_L) kW　　(4) 고단 냉매 순환량(G_H) kg/h

(5) 고단 피스톤 압출량(V_H) m³/h　　(6) 고단 소요 동력(N_H) kW

해설 아래 그림은 2단압축 1단팽창 사이클이다. 여기서 실선은 단열압축을 파선은 실제의 압축을 나타낸다.

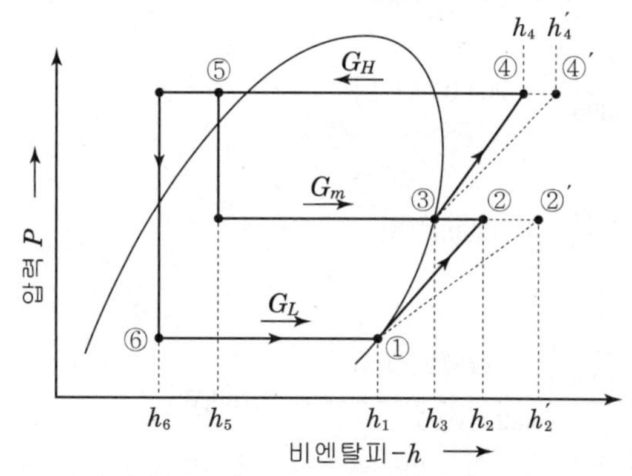

(1) 저단 냉매 순환량 $G_L = \dfrac{냉동능력}{냉동효과} = \dfrac{Q_2}{h_1 - h_6}$

(2) 저단 피스톤 토출량 $V_L = \dfrac{G_L \cdot v_1}{\eta_{v_L}}$

(3) 저단 소요 동력

$$N_L = \frac{W_L}{\eta_{c_L} \cdot \eta_{m_L}} = \frac{G_L \cdot (h_2 - h_1)}{\eta_{c_L} \cdot \eta_{m_L}}$$

(4) 고단 냉매 순환량

① 저단 압축기 토출가스 엔탈피

저단 압축기의 압축효율 $\eta_c = \dfrac{h_2 - h_1}{h_2{}' - h_1}$ 에서

저단측 압축기 토출가스 엔탈피 $h_2{}' = h_1 + \dfrac{h_2 - h_1}{\eta_{c_L}}$ 이다.

② 중간 냉각기의 냉매 순환량 G_m은

중간냉각기에서의 열평형 관계에서

$G_m(h_3 - h_5) = G_L\{(h'_2 - h_3) + (h_5 - h_6)\}$ 에서

$$G_m = G_L \cdot \frac{(h'_2 - h_3) + (h_5 - h_6)}{h_3 - h_5}$$

③ 고단 압축기 냉매 순환량

$$G_H = G_L + G_m = G_L + G_L \cdot \frac{(h'_2 - h_3) + (h_5 - h_6)}{h_3 - h_5}$$

$$= G_L\left\{1 + \frac{(h'_2 - h_3) + (h_5 - h_6)}{h_3 - h_5}\right\} = G_L \times \frac{h_2{}' - h_6}{h_3 - h_5}$$

(5) 고단 피스톤 압출량

$$V_H = \frac{G_H \cdot v_3}{\eta_{v_H}}$$

(6) 고단 소요 동력

$$N_H = \frac{W_H}{\eta_{c_H} \cdot \eta_{m_H}} = \frac{G_H \cdot (h_4 - h_3)}{\eta_{c_H} \cdot \eta_{m_H}}$$

해답 (1) 저단 냉매 순환량

$$G_L = \frac{Q_2}{h_1 - h_6} = \frac{252 \times 10^3 [\text{kJ/h}]}{1630 - 395} = 204.05[\text{kg/h}]$$

(2) 저단 피스톤 토출량

$$V_L = \frac{G_L \cdot v_1}{\eta_{v_L}} = \frac{204.05 \times 1.55}{0.7} = 451.83[\text{m}^3/\text{h}]$$

(3) 저단 소요 동력

$$N_L = \frac{G_L \times (h_2 - h_1)}{\eta_{C_L} \cdot \eta_{m_L}} = \frac{\left(\dfrac{204.05}{3600}\right) \times (1819 - 1630)}{0.82 \times 0.95} = 13.75[\text{kW}]$$

(4) 고단 냉매 순환량

① 저단 압축기 토출가스 엔탈피

$$h_2{}' = h_1 + \frac{h_2 - h_1}{\eta_{c_L}} = 1630 + \frac{1819 - 1630}{0.82} = 1860.49[\text{kJ/kg}]$$

② 고단 냉매 순환량

$$G_H = G_L \times \frac{h_2{}' - h_6}{h_3 - h_5} = 204.05 \times \frac{1860.49 - 395}{1676 - 538} = 262.77[\text{kg/h}]$$

(5) 고단 피스톤 압출량

$$V_H = \frac{G_H \cdot v_3}{\eta_{v_H}} = \frac{262.77 \times 0.42}{0.8} = 137.95[\text{m}^3/\text{h}]$$

(6) 고단 소요 동력

$$N_H = \frac{G_H \times (h_4 - h_3)}{\eta_{c_H} \cdot \eta_{m_H}} = \frac{\left(\dfrac{262.77}{3600}\right) \times (1878 - 1676)}{0.85 \times 0.93} = 18.65[\text{kW}]$$

06 다음 그림과 같은 공조설비에서 송풍기의 필요정압(static pressure)은 몇 Pa인가?(13점)

【조 건】

1. 덕트의 압력강하 R=1.5[Pa/m]이다(등압법).
2. 송풍기의 토출동압 30[Pa]
3. 취출구의 저항(전압) 50[Pa]
4. 곡부(曲部)의 상당길이(L_e)는 표에 나타낸다.
5. 곡부의 곡률반지름(r)을 W의 1.5배로 한다.
6. 공조기의 저항(전압) 300[Pa], 리턴 덕트(return duct)의 저항(전압) 80[Pa], 외기덕트의 저항(전압) 80[Pa]이다.
7. 송풍덕트 분기부(BC) 직통부(直通部)의 저항(전압)은 무시한다.

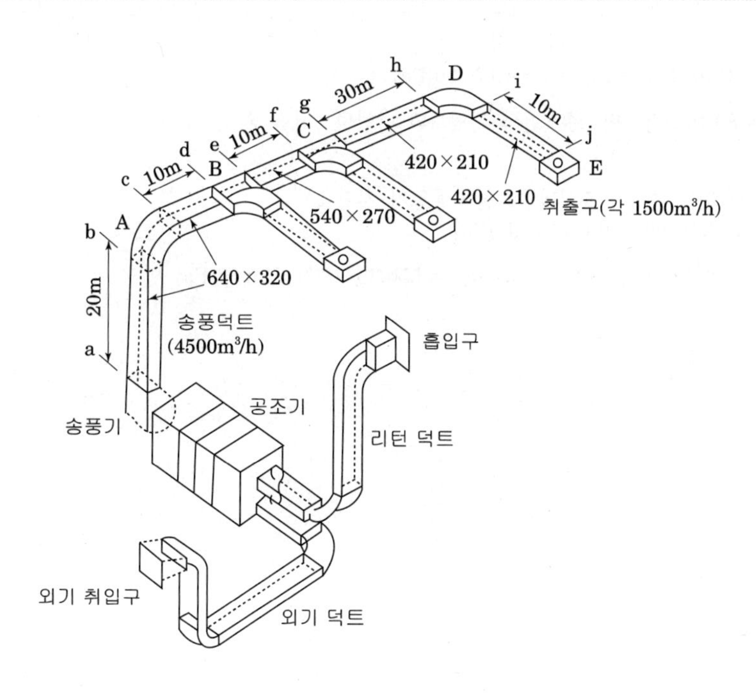

• 곡부의 상당길이

H/W	r/W			
	0.5	0.75	1.0	1.5
0.25	L_e/W=25	12	7	1.5
0.5	33	16	9	4
1.0	45	19	11	4.5
2.0	60	24	13	5
4.0	90	35	17	6

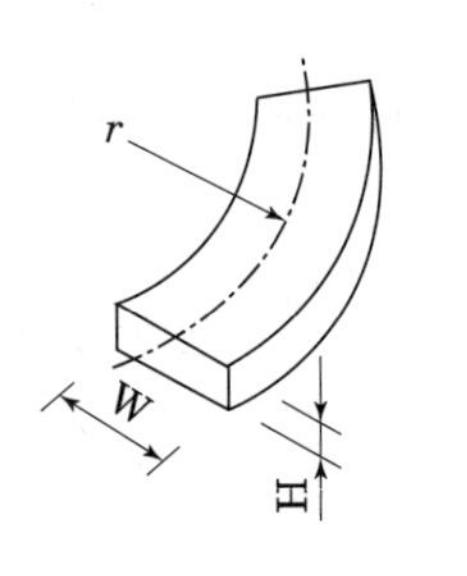

해답 ① 직선통덕트 손실= $(20+10+10+30+10)\times 1.5[\text{Pa/m}]=120[\text{Pa}]$

② A곡부 손실

$\frac{H}{W}=\frac{320}{640}=0.5,\ \frac{r}{W}=1.5,\ L_e/W=4$

$L_e=4\times W=4\times 640=2560[\text{mm}]=2.56[\text{m}]$

$R_A=2.56\times 1.5[\text{Pa/m}]=3.84[\text{Pa}]$

③ D곡부 손실

$\frac{H}{W}=\frac{210}{420}=0.5,\ \frac{r}{W}=1.5$

$L_e=4\times 420=1680\text{mm}=1.68\text{m},\ \text{R}_\text{D}=1.68\times 1.5\text{Pa/m}=2.52[\text{Pa}]$

④ 토출덕트 손실=① + ② + ③ + 취출후 저항
$=120+3.84+2.52+50=176.36[\text{Pa}]$

⑤ 흡입덕트 손실= 80[Pa](흡입덕트손실은 외기덕트와 리턴덕트저항 중 큰 값을 택하는데 80[Pa]로 같으므로 1개 덕트만 적용한다.

⑥ 송풍기 전압=토출덕트 손실 + 흡입덕트손실 + 공조기 저항
$=176.36+80+300=556.36[\text{Pa}]$

⑦ 송풍기 정압=송풍기 전압-송풍기 토출측 동압= $556.36-30=526.36[\text{Pa}]$

05년1회

07 **재실자 20명이 있는 실내에서 1인당 CO_2발생량이 $0.015m^3/h$일 때 실내 CO_2 농도를 1000ppm으로 유지하기 위하여 필요한 환기량을 구하시오. (단, 외기의 CO_2농도는 300ppm이다.)(6점)**

해설 환기량 $Q=\frac{M}{P_i-P_o}$

여기서, Q : 환기량[m^3/h]

M : 실내의 CO_2발생량[m^3/h]

P_i : CO_2의 허용농도[m^3/m^3]

P_o : 외기의 CO_2농도[m^3/m^3]

해답 $Q=\frac{0.015\times 20}{(1000-300)\times 10^{-6}}=428.571[m^3/h]$

07년1회, 17년1회

08 **혼합, 가열, 가습, 재열하는 공기조화기를 실내와 외기 공기의 혼합 비율이 2 : 1일 때 선도 상에 다음 기호를 표시하여 작도하시오.(8점)**

① 외기온도　　② 실내온도

③ 혼합 상태　　④ 1차 온수 코일 출구 상태

⑤ 가습기 출구 상태　　⑥ 재열기 출구상태

해답

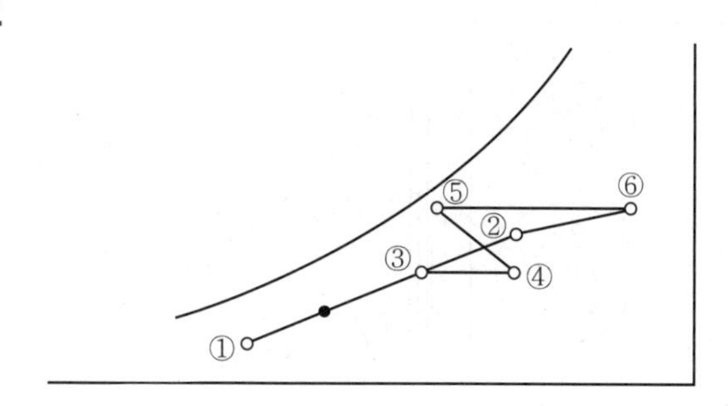

16년3회

09 다음 길이에 따른 열관류율일 때 길이 10cm의 열관류율은 몇 $W/m^2 \cdot K$인가? (단, 두께 길이에 관계없이 열저항은 일정하다.) 소수점 5째자리에서 반올림하여 4자리까지 구하시오.(5점)

길이(cm)	열관류율($W/m^2 \cdot K$)
4	0.061
7.5	0.0325

해설 열관류율 $K = \dfrac{1}{\dfrac{1}{\alpha_o} + \sum \dfrac{d}{\lambda} + \dfrac{1}{\alpha_i}}$ 에서

α_o, α_i : 외측, 내측 열전달율 및 재료의 λ(열전도율)이 동일한 조건으로 보면

$K = \dfrac{1}{\dfrac{d}{\lambda}} = \dfrac{\lambda}{d}$ 에서 $K = \dfrac{1}{d}$ 로 길이 d에 반비례 한다.

따라서 $K_1 : \dfrac{1}{d_1} = K_2 : \dfrac{1}{d_2}$ 에서 $K_1 \dfrac{1}{d_2} = K_2 \dfrac{1}{d_1}$ 이므로

$K_2 = K_1 \dfrac{d_1}{d_2}$ 가 된다.

해답 $K_2 = K_1 \dfrac{d_1}{d_2} = 0.061 \times \dfrac{4}{10} = 0.0244$ $[W/m^2 \cdot K]$

03년2회

10 다음 그림의 증기난방에 대한 증기공급 배관지름(①~③)을 구하시오.
(단, 증기압은 30kPa, 압력강하 r = 1kPa/100m로 한다.)(9점)

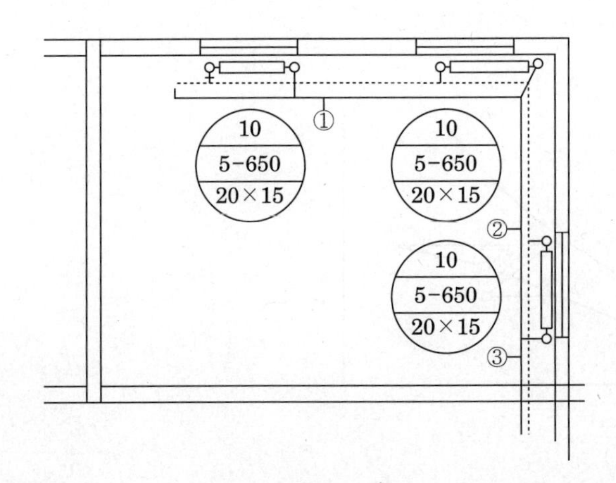

• 저압증기관의 관지름

관지름(A) \ 압력강하	저압증기관 용량(EDR m²)									
	순구배 횡관 및 하향급기 수직관(복관식 및 단관식)						역구배 횡관 및 상향급기 수직관			
	R : 압력강하(kPa/100m)						복관식		단관식	
	0.5	1	2	5	10	20	수직관	횡관	수직관	횡관
	A	B	C	D	E	F	G	H	I	J
20	2.1	3.1	4.5	7.4	10.6	15.3	4.5	–	3.1	–
25	3.9	5.1	8.4	14	20	29	8.4	3.7	5.7	3.0
32	7.7	11.5	17	28	41	59	17	8.2	11.5	6.8
40	12	17.5	26	42	61	88	26	12	17.5	10.4
50	22	33	48	80	115	166	48	21	33	18
65	44	64	94	155	225	325	90	51	63	34
80	70	102	150	247	350	510	130	85	96	55
90	104	150	218	360	520	740	180	134	135	85
100	145	210	300	500	720	1040	235	192	175	130
125	260	370	540	860	1250	1800	440	360		240
150	410	600	860	1400	2000	2900	770	610		
200	850	1240	1800	2900	4100	5900	1700	1340		
250	1530	2200	3200	3200	7300	10400	3000	2500		
300	2450	3500	5000	5000	11500	17000	4800	4000		

• 주철방열기의 치수와 방열면적

형식	치수(mm)			1매당 상당 방열면적 F(m²)	내용적(L)	중량(공)(kg)
	높이 H	폭 b	길이 L			
2주	950	187	65	0.35	3.60	12.3
	800	″	″	0.29	2.85	11.3
	700	″	″	0.25	2.50	8.7
	650	″	″	0.23	2.30	8.2
	600	″	″	0.12	2.10	7.7
3주	950	228	65	0.42	2.40	15.8
	800	″	″	0.35	2.20	12.6
	700	″	″	0.30	2.00	11.0
	650	″	″	0.27	1.80	10.3
	600	″	″	0.25	1.65	9.2
3세주	800	117	50	0.19	0.80	6.0
	700	″	″	0.16	0.73	5.5
	650	″	″	0.15	0.70	5.0
	600	″	″	0.13	0.60	4.5
	500	″	″	0.11	0.54	3.7
5세주	950	203	50	0.40	1.30	11.9
	800	″	″	0.33	1.20	10.0
	700	″	″	0.28	1.10	9.1
	650	″	″	0.25	1.00	8.3
	600	″	″	0.23	0.90	7.2
	500	″	″	0.19	0.85	6.9

해답 5세주 650mm의 1매(section)당 방열면적 $F=0.25[m^2]$

방열기 1대당 10 section이므로 $10\times0.25=2.5[m^2]$

① 구간 방열면적 : $2.5[m^2]$
② 구간 방열면적 : $5[m^2]$
③ 구간 방열면적 : $7.5[m^2]$

따라서 표에 의해 각 구간별 배관지름은

① 구간 20[mm]
② 구간 25[mm]
③ 구간 32[mm]

2013 제2회 실기 기출문제

01 다음 $p-h$ 선도와 같은 조건에서 운전되는 R-502 냉동장치가 있다. 이 장치의 축동력이 7kW, 이론 피스톤 토출량(V_a)이 0.018m³/s, $\eta_v=0.7$일 때 다음 각 물음에 답하시오.(16점)

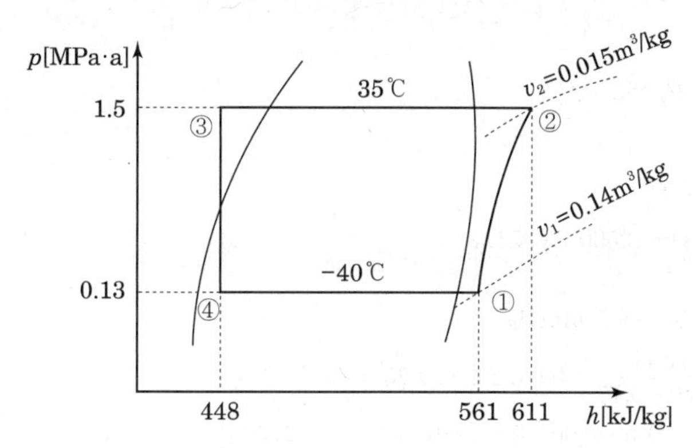

(1) 냉동장치의 냉매순환량(kg/s)을 구하시오.

(2) 냉동능력(kW)을 구하시오.

(3) 냉동장치의 실제 성적계수를 구하시오.

(4) 압축기의 압축비를 구하시오.

해설 (3) 냉동장치의 실제 성적계수는 압축기의 압축효율(단열효율) η_c, 기계효율 η_m의 손실분에 의해서 축동력이 크게 된다. 따라서 실제 성적계수는 이론 성적계수보다 적게 되어 다음 식이 된다.

실제 성적계수 $COP_R=\dfrac{Q_2}{L_s}=\dfrac{Q_2}{\dfrac{L}{\eta_c\cdot\eta_m}}=\dfrac{Q_2}{L}\eta_c\cdot\eta_m=COP\cdot\eta_c\cdot\eta_m$

여기서, Q_2 : 냉동능력[kW], L_s : 축동력[kW],
L : 이론단열압축동력[kW], η_c : 압축효율,
η_m : 기계효율, COP : 이론 성적계수

해답 (1) 냉매순환량 $G=\dfrac{V_a\cdot\eta_v}{v}=\dfrac{0.018\times0.7}{0.14}=0.09[\text{kg/s}]$

(2) 냉동능력 $Q_2=G(h_1-h_4)=0.09\times(561-448)=10.7[\text{kW}]$

(3) 실제 성적계수 $COP_R=\dfrac{\text{냉동능력}}{\text{압축기 축동력}}=\dfrac{10.17}{7}=1.45$

(4) 압축비 $m=\dfrac{\text{고압의 절대압력}}{\text{저압의 절대압력}}=\dfrac{1.5}{0.13}=11.54$

02 온도 21.5℃, 수증기 포화 압력 17.54mmHg, 상대습도 50%, 대기압력 760mmHg이다. 물음에 답하시오. (단, 공기 비열 1.01kJ/kg·K, 수증기 비열 1.85kJ/kg·K, 물의 증발잠열 2500kJ/kg이다.)(9점)

(1) 수증기분압 mmHg를 구하시오.

(2) 절대습도 kg/kg′ 를 구하시오.

(3) 습공기 엔탈피는 몇 kJ/kg인가?

해설 수증기분압 P_w

(1) 상대습도 $\varphi = \frac{P_w}{P_s}$ 에서 $P_w = \varphi \cdot P_s$

(2) 절대습도 $x = 0.622 \frac{P_w}{P - P_w}$

(3) 습공기 엔탈피 $h = 1.01t + (2500 + 1.85t)x$

해답 (1) 수증기분압 $= 0.5 \times 17.54 = 8.77\text{mmHg}$

(2) 절대습도 $= 0.622 \times \frac{8.77}{760 - 8.77} = 0.007261 ≒ 7.26 \times 10^{-3}\text{kg/kg}'$

(3) 습공기 엔탈피 $= 1.01 \times 21.5 + 0.00726 \times \{2500 + (1.85 \times 21.5)\}$
$= 40.15\text{kJ/kg}$

03 다음 조건과 같은 AHU(공기조화기)의 공기냉각용 냉수코일이 있다. 물음에 답하시오. (단, 장치에서 열손실은 없는 것으로 하고, 별첨 습공기선도를 이용하고, 공기의 밀도 1.2kg/m³, 비열 1.0 kJ/kg·K, 냉각수 비열은 4.2kJ/kg·K이다.)(20점)

【조 건】

1. 냉각기의 송풍량 : 14400m³/h
2. 냉각능력 : 120kW
3. 냉각수량 : 340L/min
4. 냉각코일 입구 수온 $t_{w1} = 7℃$
5. 냉각코일 출구 공기 건구온도 : 14.2℃
6. 외기 건구온도 32℃, 상대습도 65%
7. 재순환공기 건구온도 26℃, 상대습도 50%
8. 신선 외기량은 송풍량의 30%

(1) 냉각코일 입구의 건구온도와 습구온도는 몇 ℃인가?

(2) 습공기 선도에서 냉각코일 입구 공기 엔탈피는 몇 kJ/kg인가?

(3) 냉각코일 출구의 공기 엔탈피는 몇 kJ/kg인가?

(4) 냉각코일 출구의 냉각수 온도는 몇 ℃인가?

(5) 향류 코일일 때 대수평균온도차(MTD)는 몇 ℃인가?

해설 (1) 냉각코일 입구 상태는 외기량이 30%이므로 혼합비로 구한다.

① 건구온도 $t_3 = 32 \times 0.3 + 26 \times 0.7 = 27.8$[℃]

② 습구온도는 선도에서 구한다. t'_3 : 21.2[℃]

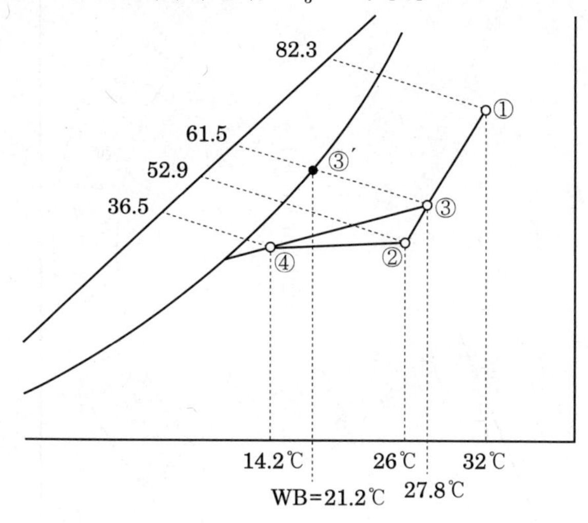

(2) 여기서 선도에서 혼합점(냉각코일 입구③) 공기 엔탈피는 61.5kJ/kg

(3) 냉각코일 출구의 공기 엔탈피는 냉각열량(120kW)으로 구한다.

$q_c = G \cdot (h_3 - h_4) = \rho Q(h_3 - h_4)$에서

$$h_4 = h_3 - \frac{q_c}{\rho Q} = 61.5 - \frac{120 \times 3600}{1.2 \times 14400} = 36.5[\text{kJ/kg}]$$

(4) 냉각코일 출구 수온도는 냉각열량(120kW)으로 구한다.

$q_c = c_w \cdot L \cdot (t_{w2} - t_{w1})$에서

출구수온 $t_{w2} = t_{w1} + \dfrac{q_c}{c_w \cdot L \cdot 60} = 7 + \dfrac{120 \times 3600}{4.2 \times 340 \times 60} \fallingdotseq 12.04$[℃]

여기서 물의 비중 : 1[kg/L]

(5) 대수평균온도차는 입출구 공기온도 27.8, 14.2℃, 냉수 입출구 온도 7, 12.04℃,

① Δ_1 = 공기입구 − 냉수출구 = 27.8 − 12.04 = 15.76[℃]

② Δ_2 = 공기출구 − 냉수입구 = 14.2 − 7 = 7.2[℃]

$$\therefore \text{대수평균온도차} = \frac{15.76 - 7.2}{\ln \frac{15.76}{7.2}} = 10.93[℃]$$

선도

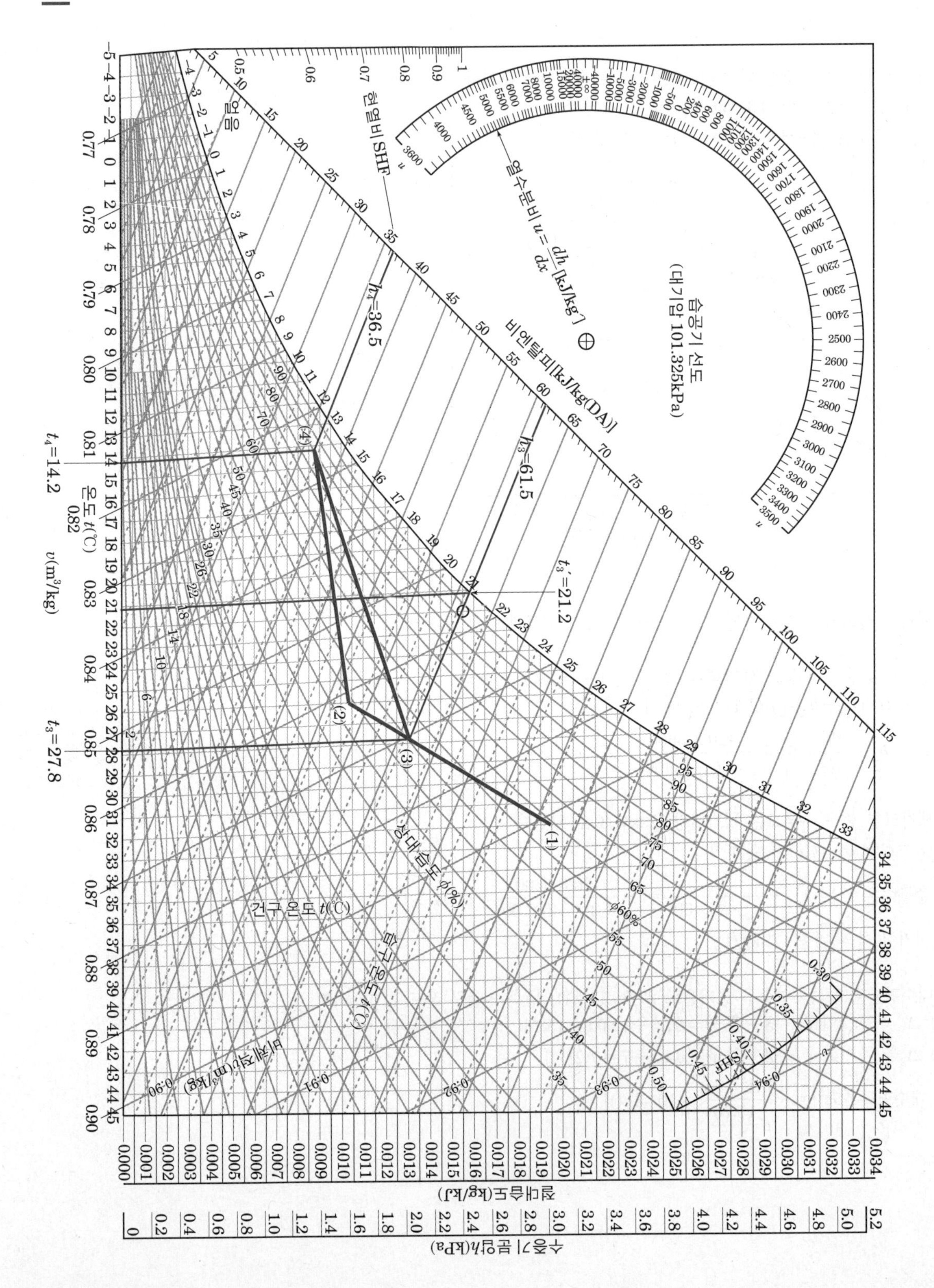
습공기 선도
(대기압 101.325kPa)
열수분비 u = dh/dx [kJ/kg]
비엔탈피[kJ/kg(DA)]
현열비 SHF
h₄=36.5
h₃=61.5
t₃'=21.2
t₄=14.2
t₃=27.8
얼음
(1)
(2)
(3)
(4)
상대 습도 φ(%)
건구 온도 t(℃)
습구 온도 t'(℃)
비체적(m³/kg)
온도 t(℃)
v(m³/kg)
절대습도(kg/kg')
수증기 분압h(kPa)
SHF

01년1회, 09년1회, 11년1회, 14년3회

04 다음과 같은 벽체의 열관류율(W/m²·K)을 계산하시오. (6점)

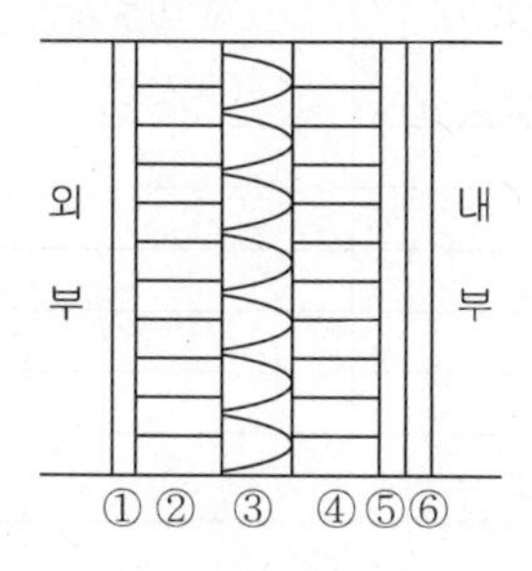

[표1] 재료표

재료 번호	재료 명칭	재료 두께(mm)	열전도율(W/m·K)
①	모르타르	20	1.3
②	시멘트 벽돌	100	0.8
③	글래스 울	50	0.04
④	시멘트 벽돌	100	0.8
⑤	모르타르	20	1.3
⑥	비닐벽지	2	0.24

[표2] 벽 표면의 열전달률(W/m²·K)

실내측	수직면	9
실외측	수직면	23

해답

$$K = \frac{1}{R} = \frac{1}{\dfrac{1}{\alpha_o} + \Sigma\dfrac{l}{\lambda} + \dfrac{1}{\alpha_i}}$$

$$= \frac{1}{\dfrac{1}{23} + \dfrac{0.02}{1.3} + \dfrac{0.1}{0.8} + \dfrac{0.05}{0.04} + \dfrac{0.1}{0.8} + \dfrac{0.02}{1.3} + \dfrac{0.002}{0.24} + \dfrac{1}{9}} = 0.59[\mathrm{W/m^2K}]$$

05 냉동장치의 동 부착(copper plating) 현상에 대하여 서술하시오. (6점)

해답 프레온계 냉매를 사용하는 냉동장치에 수분이 혼입되면 가수분해을 하여 산(염산 또는 불화수소산)이 생성되고 여기에 침입한 산소와 동이 반응하여 석출된 구리분말이 냉매와 함께 냉동장치 내를 순환하면서 온도가 높은 금속부(실린더벽, 피스톤링, 밸브판 축수 메탈 등)에 도금이 되는 현상을 말한다.

06 냉동장치 각 기기의 온도변화 시에 이론적인 값이 상승하면 ○, 감소하면 ×, 무관하면 △을 하시오.(15점)

상태변화 \ 온도변화	응축온도 상승	증발온도 상승	과열도 증가	과냉각도 증가
성적계수				
압축기 토출가스온도				
압축일량				
냉동효과				
압축기 흡입가스 비체적				

해답

상태변화 \ 온도변화	응축온도 상승	증발온도 상승	과열도 증가	과냉각도 증가
성적계수	×	○	×	○
압축기 토출가스온도	○	×	○	△
압축일량	○	×	○	△
냉동효과	×	○	○	○
압축기 흡입가스 비체적	△	×	○	△

04년1회, 06년3회

07 다음과 같이 주어진 설계조건을 이용하여 사무실 각 부분에 대하여 손실열량을 구하시오.(20점)

【조 건】

- 설계온도(℃) : 실내온도 20℃, 실외온도 0℃, 인접실온도 20℃, 복도온도 10℃, 상층온도 20℃, 하층온도 6℃
- 열통과율(W/m^2·K) : 외벽 0.28, 내벽 0.36, 바닥 0.26, 유리(2중) 2.1, 문 1.8
- 방위계수
  - 북쪽, 북서쪽, 북동쪽 : 1.15
  - 동쪽, 서쪽 : 1.10
  - 동남쪽, 남서쪽 : 1.05
  - 남쪽 : 1.0
- 환기횟수 : 0.5 회/h
- 천장 높이와 층고는 동일하게 간주한다.
- 공기의 정압비열 : 1.005 kJ/kg·K, 공기의 밀도 : 1.2 kg/m^3

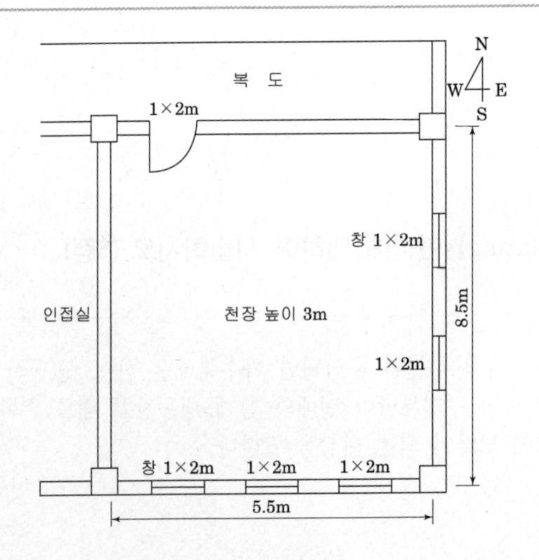

(1) 유리창으로 통한 손실열량(W)을 구하시오.

① 남쪽 ② 동쪽

(2) 외벽을 통한 손실열량(W)을 구하시오.

① 남쪽 ② 동쪽

(3) 내벽을 통한 손실열량(W)을 구하시오.

① 바닥 ② 북쪽 ③ 서쪽

(4) 환기부하(W)을 구하시오.

해설 • 외기에 접하는 외벽 및 지붕 또는 유리창의 부하

$q = K \cdot A \cdot \Delta t \cdot C$

• 외기에 직접 접하지 않는 내벽 또는 문 등의 부하

$q = K \cdot A \cdot \Delta t$

여기서 K : 각 구조체(외벽, 지붕, 유리창, 내벽, 문 등)의 열관류율
A : 각 구조체(외벽, 지붕, 유리창, 내벽, 문 등)의 면적
Δt : 온도차
C : 방위별 부가계수
※ 외기에 직접 접하지 않은 북쪽의 내벽 및 출입문에는 방위별 부가계수를 곱하지 않는다.

해답 (1) 유리창으로 통한 손실열량

① 남쪽 $= 2.1 \times (1 \times 2 \times 3) \times (20-0) \times 1 = 252\,[\text{W}]$
② 동쪽 $= 2.1 \times (1 \times 2 \times 2) \times (20-0) \times 1.1 = 184.8\,[\text{W}]$

(2) 외벽을 통한 손실열량

① 남쪽 $= 0.28 \times \{(5.5 \times 3) - (1 \times 2 \times 3)\} \times (20-0) \times 1 = 58.8\,[\text{W}]$
② 동쪽 $= 0.28 \times \{(8.5 \times 3) - (1 \times 2 \times 2)\} \times (20-0) \times 1.1 = 132.44\,[\text{W}]$

(3) 내벽을 통한 손실열량

① 바닥 $= 0.26 \times (5.5 \times 8.5) \times (20-6) = 170.17\,[\text{W}]$
② 북쪽
- 내벽 $= 0.36 \times (5.5 \times 3 - 1 \times 2) \times (20-10) = 52.2\,[\text{W}]$
- 문 $= 1.8 \times 2 \times (20-10) = 36\,[\text{W}]$

③ 서쪽 $= 0.36 \times (8.5 \times 3) \times (20-20) = 0\,[\text{W}]$

(4) 환기부하 $q_{IS} = c_p \cdot \rho \cdot Q \cdot \Delta t$에서

$= 1.005 \times 1.2 \times 70.125 \times (20-0) = 1691.415\,[\text{kJ/h}]$

$\therefore \dfrac{1691.415}{3600} \times 1000 = 469.84\,[\text{W}]$

여기서, 환기량 $Q = nV = 0.5 \times (5.5 \times 8.5 \times 3) = 70.125\,[\text{m}^3/\text{h}]$

07년3회

08 다음 그림과 같은 쿨링 타워의 냉각수 배관계에서 직관부의 전장을 60m, 순환수량을 300L/min로 하여 냉각수 순환 펌프의 양정과 축동력을 구하시오. (단, 냉각수 비중량은 $9.8kN/m^3$, 배관의 국부저항은 직관부 길이의 40%, 펌프효율은 70%로 한다.)(8점)

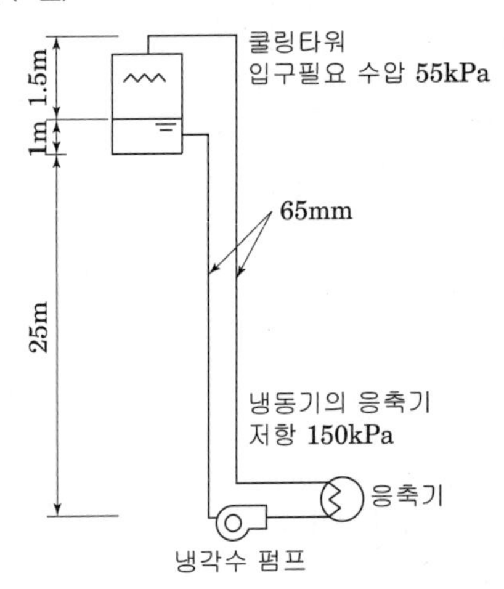

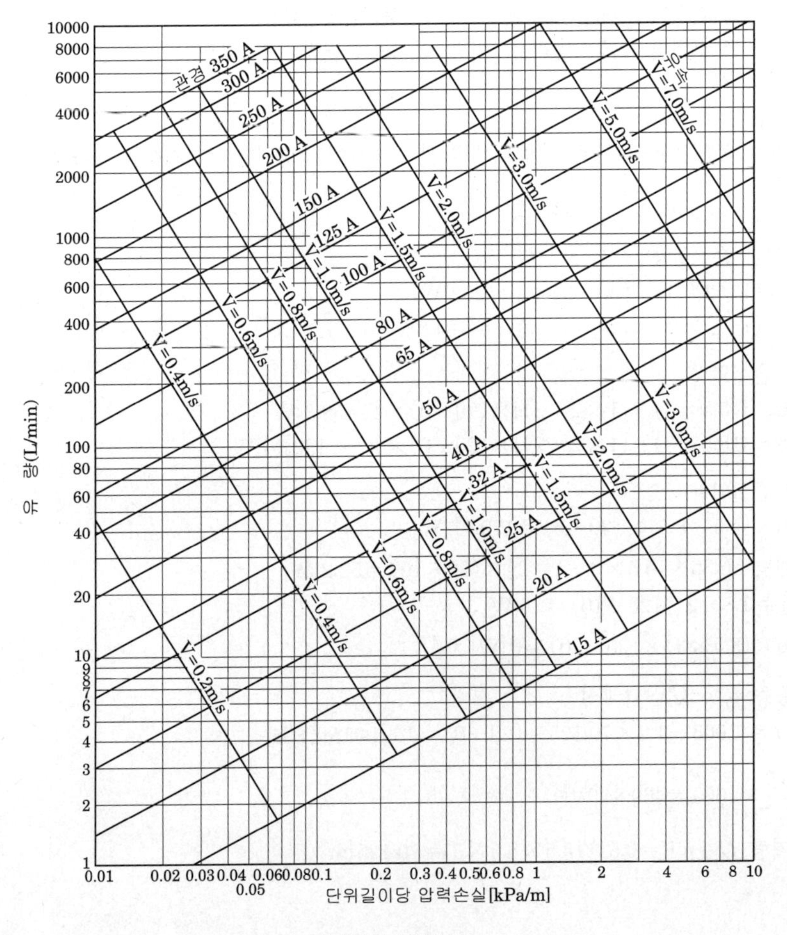

배관마찰 저항선도

해답 (1) 전양정 H=실양정+마찰저항+기기저항+산수압력

① 실양정=1.5m

② 배관의 마찰저항=$60\times1.4\times0.4=33.6$[kPa]

수두로 환산하면 $P=rh$에서 $h=\dfrac{P}{r}=\dfrac{33.6}{9.8}$[m]

여기서 단위길이당 마찰저항 0.4kPa/m는 유량 300L/min과 관경 65mm의 교점에 의해 구한다.

③ 기기 저항=응축기 저항 : 150kPa

④ 살수압력=쿨링타워 입구 필요 수압 : 55kPa

③, ④를 수두로 환산하면 $h=\dfrac{150+55}{9.8}$[m]

∴ 전양정 $\mathrm{H}=1.5+\dfrac{33.6}{9.8}+\dfrac{150+55}{9.8}=25.847$[m]

(2) 축동력 L_s

$$L_s=\frac{rQH}{\eta}=\frac{9.8\times\left(\dfrac{300}{1000}\right)\times25.847}{60\times0.7}=1.81[\mathrm{kW}]$$

선도

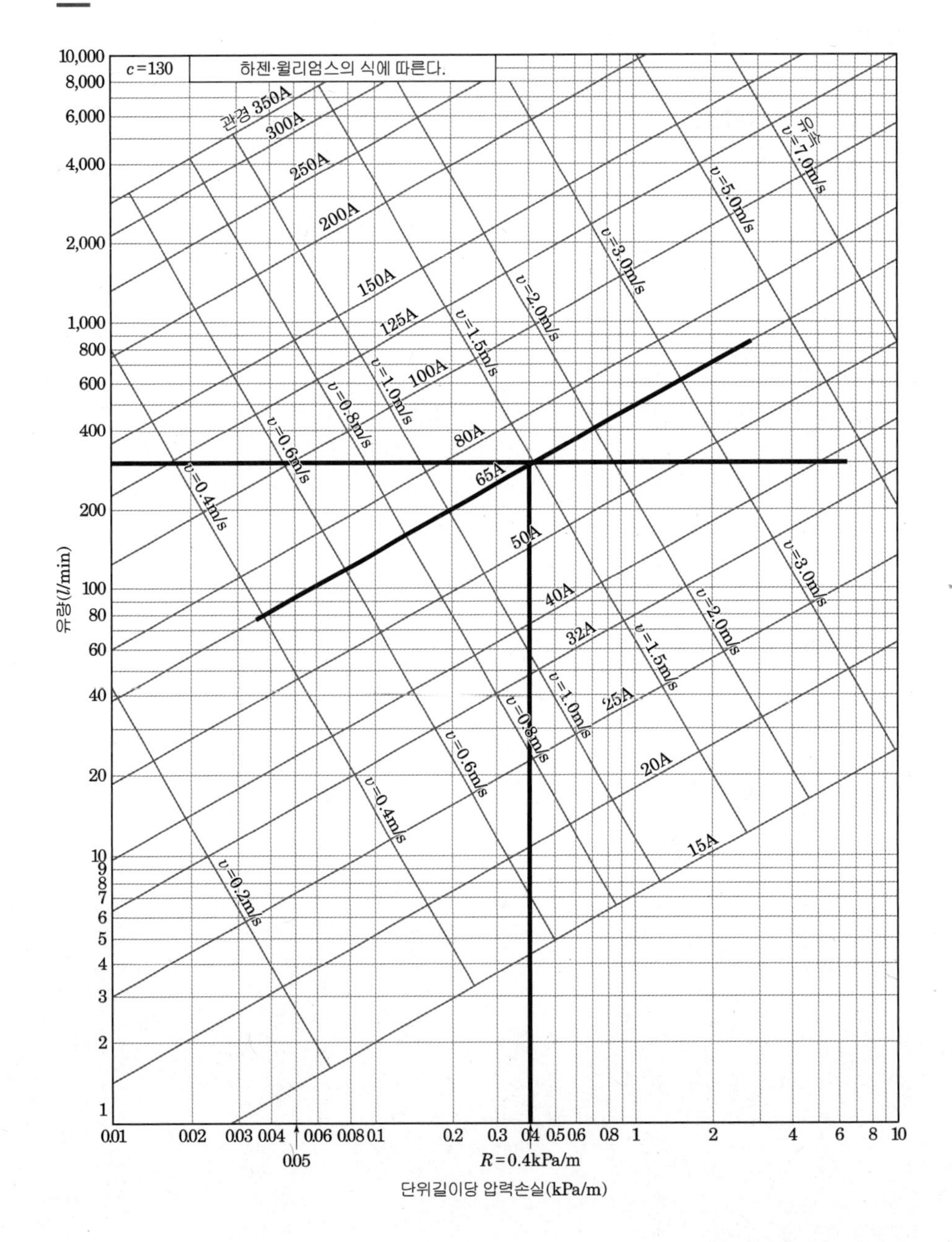

c=130
하젠·윌리엄스의 식에 따른다.
관경 350A
300A
250A
200A
150A
125A
100A
80A
65A
50A
40A
32A
25A
20A
15A
유속 v=7.0m/s
v=5.0m/s
v=3.0m/s
v=2.0m/s
v=1.5m/s
v=1.0m/s
v=0.8m/s
v=0.6m/s
v=0.4m/s
v=0.2m/s
유량(l/min)
R=0.4kPa/m
단위길이당 압력손실(kPa/m)

2013 제3회 실기 기출문제

01 겨울철에 냉동장치 운전 중에 고압측 압력이 갑자기 낮을 경우 장치 내에서 일어나는 현상을 3가지 쓰고 그 이유를 각각 설명하시오. (15점)

해답 ① 현상 : 냉각불량이 된다.
이유 : 공랭식 응축기에서 외기온도가 낮아짐으로 응축압력이 낮아져 냉매순환량이 감소하여 냉동능력이 감소하기 때문이다.
② 현상 : 냉매순환량이 감소한다.
이유 : 고압측 압력이 낮을 경우 증발압력이 일정한 상태에서 고저압의 차압이 적어서 팽창밸브 능력이 감소하기 때문이다.
③ 현상 : 단위능력당 소요동력 증가한다.
이유 : 단위질량당 소요동력은 감소하나 냉각불량으로 인한 단위능력당의 소요동력은 증가한다.

01년3회

02 다음 냉동장치의 P-h 선도(R-410A)를 그리고 각 물음에 답하시오. (단, 압축기의 체적효율 $\eta_v = 0.75$, 압축효율 $\eta_c = 0.75$, 기계효율 $\eta_m = 0.9$이고 배관에 있어서 압력손실 및 열손실은 무시한다.) (10점)

【조 건】

1. 증발기 A : 증발온도 -10℃, 과열도 10℃, 냉동부하 $2RT$(한국냉동톤)
2. 증발기 B : 증발온도 -30℃, 과열도 10℃, 냉동부하 $4RT$(한국냉동톤)
3. 팽창밸브 직전의 냉매액 온도 : 30℃
4. 응축온도 : 35℃
5. 별첨 R-410A 몰리에선도 참조

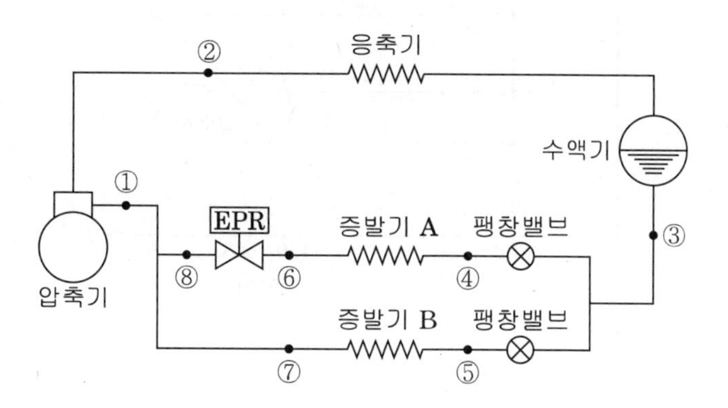

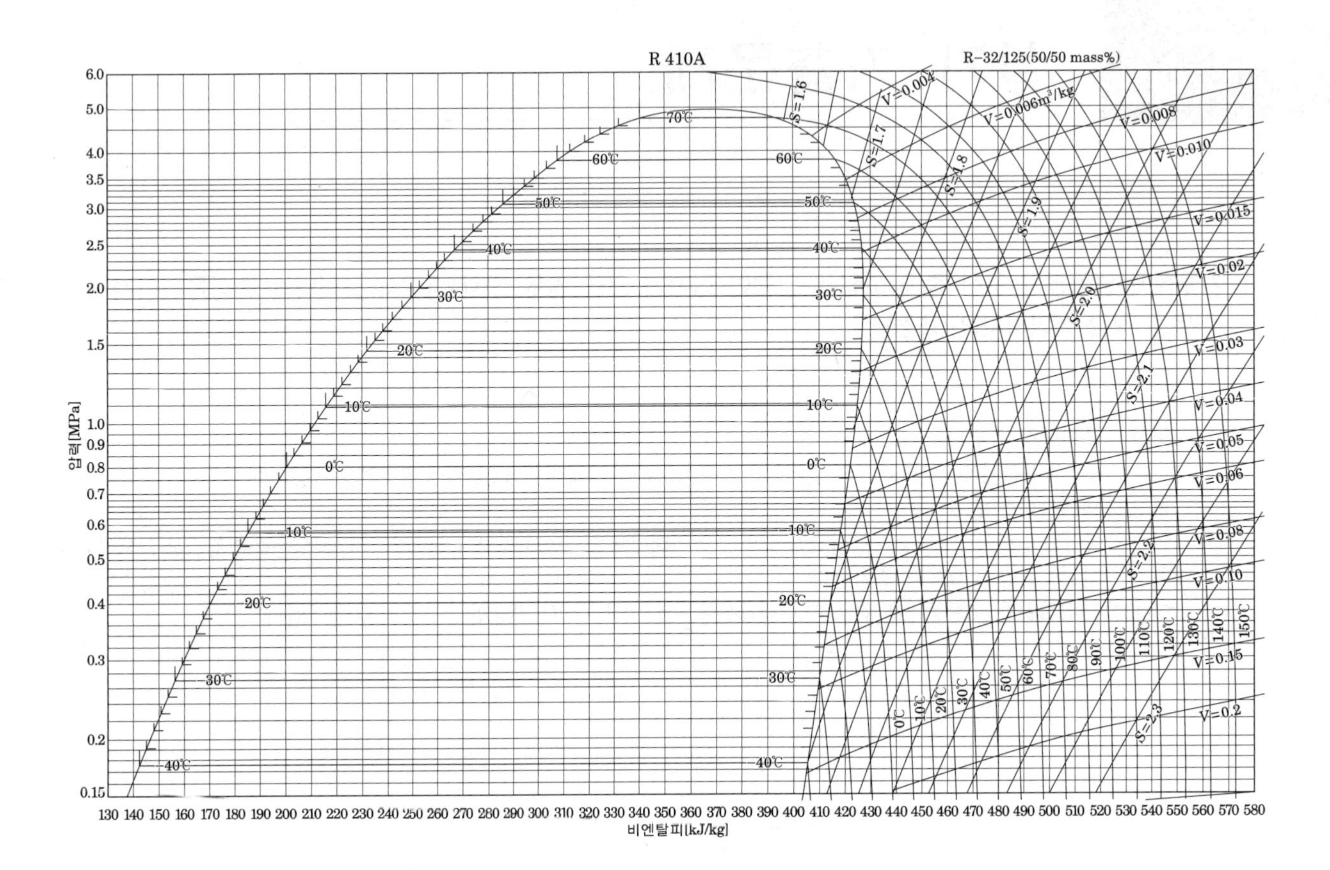

(1) 압축기의 피스톤 압출량(m^3/h)을 구하시오.

(2) 축동력(kW)을 구하시오.

해답 P-h선도를 작도하면 다음과 같다.

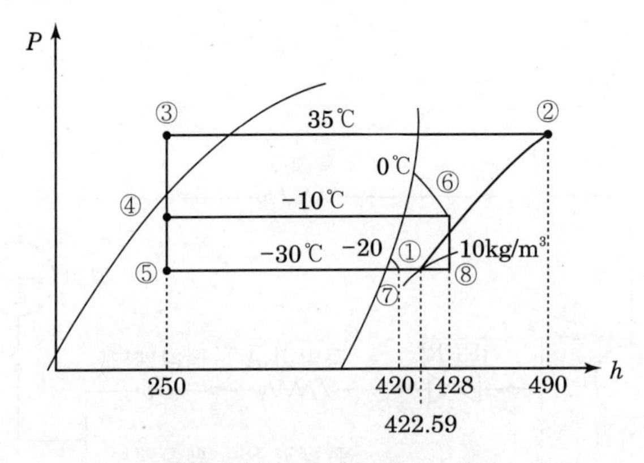

(1) 피스톤 압출량[m³/h]

1) 냉매순환량 ① A 증발기 $G_A = \dfrac{Q_2}{h_6 - h_4} = \dfrac{2 \times 3.86 \times 3600}{428 - 250} = 156.13$[kg/h]

② B 증발기 $G_B = \dfrac{Q_2}{h_7 - h_5} = \dfrac{4 \times 3.86 \times 3600}{420 - 250} = 326.96$[kg/h]

2) 압축기 흡입증기 엔탈피

$$h_1 = \frac{G_A \cdot h_8 + G_B \cdot h_7}{G_A + G_B} = \frac{156.13 \times 428 + 326.96 \times 420}{156.13 + 326.96} = 422.59[\text{kJ/kg}]$$

따라서 피스톤 압출량 $Va = \dfrac{G \cdot v}{\eta_v} = \dfrac{(156.13 + 326.96)(1/10)}{0.75} = 64.41[\text{m}^3/\text{h}]$

여기서 비체적 $v = \dfrac{1}{\rho}$, ρ : 밀도(선도에서 흡입증기 10kg/m³)

(2) 축동력

$$L_S = \frac{G \cdot (h_2 - h_1)}{\eta_c \cdot \eta_m} = \frac{(156.13 + 326.96) \times (490 - 422.59)}{3600 \times 0.75 \times 0.9} = 13.40[\text{kW}]$$

선도

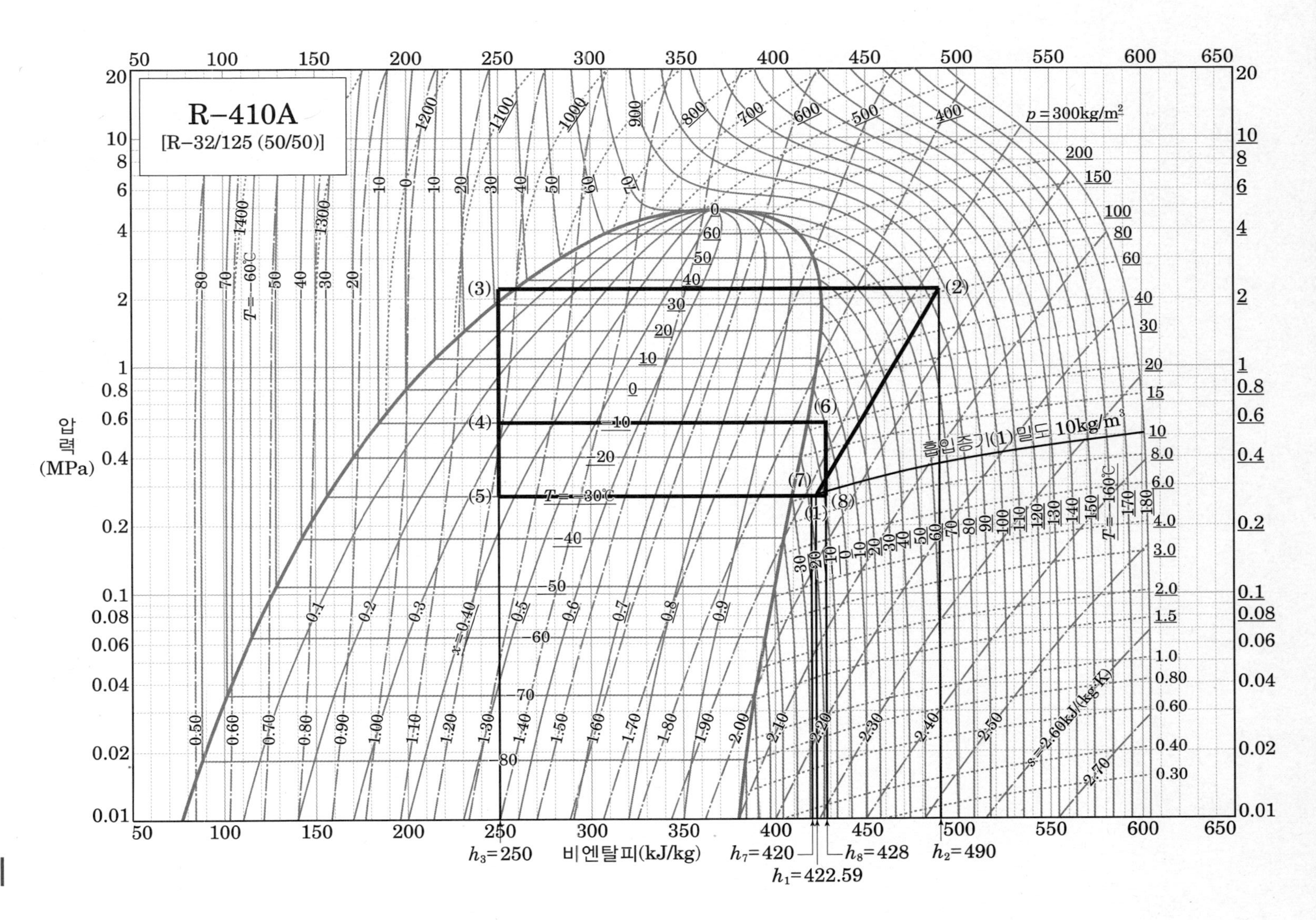
R-410A
[R-32/125 (50/50)]
압력 (MPa)
비엔탈피(kJ/kg)
T=-60℃
T=-30℃
T=-160℃
x=0.40
p=300kg/m²
s=2.60kJ/(kg·K)
흡입증기(1) 밀도 10kg/m³
(1) (2) (3) (4) (5) (6) (7) (8)
h3=250
h7=420
h1=422.59
h8=428
h2=490

01년1회, 05년2회, 11년1회

03 **바닥면적 100m², 천장높이 3m인 실내에서 재실자 60명과 가스 스토브 1대가 설치되어 있다. 다음 각 물음에 답하시오. (단, 외기 CO_2 농도 : 400ppm, 재실자 1인당 CO_2 발생량 : 20L/h, 가스 스토브 CO_2 발생량 : 600L/h)(8점)**

(1) 실내 CO_2 농도를 1000ppm으로 유지하기 위해서 필요한 환기량(m^3/h)을 구하시오.

(2) 이때 환기횟수(회/h)를 구하시오.

해답 (1) 환기량 $Q = \dfrac{M}{P_i - P_o} = \dfrac{(20 \times 60 \times 10^{-3}) + 600 \times 10^{-3}}{(1000-400) \times 10^{-6}} = 3000[m^3/h]$

(2) $Q = nV$에서 환기횟수 $n = \dfrac{Q}{V} = \dfrac{3000}{100 \times 3} = 10$[회/h]

여기서, Q : 환기량$[m^3/h]$

M : 실내의 CO_2 발생량$[m^3/h]$

P_i : CO_2의 허용농도$[m^3/m^3]$

P_o : 외기의 CO_2농도$[m^3/m^3]$

V : 실내용적$[m^3]$

08년1회, 11년2회, 16년3회, 17년3회, 20년3회

04 **냉장실의 냉동부하 7kW, 냉장실 내 온도를 −20℃로 유지하는 나관 코일식 증발기 천장 코일의 냉각관 길이(m)를 구하시오. (단, 천장 코일의 증발관 내 냉매의 증발온도는 −28℃, 외표면적 $0.19m^2/m$, 열통과율은 $8W/m^2 \cdot K$ 이다.)(6점)**

해답 냉동부하 $Q_2 = K \cdot A \cdot (t_a - t_r)$에서

증발기 외표면적 $A = \dfrac{Q_2}{K \cdot (t_a - t_r)} = \dfrac{7 \times 10^3}{8 \times \{-20-(-28)\}} = 109.375[m^2]$

∴ 냉각관 길이는 단위길이 당 외표면적 $0.19[m^2/m]$이므로

$L = \dfrac{109.375}{0.19} = 575.66[m]$

03년1회, 07년2회, 15년3회

05 **다음과 같은 공조 시스템에 대해 주어진 조건과 별첨 습공기 선도를 참조하여 계산하시오.**

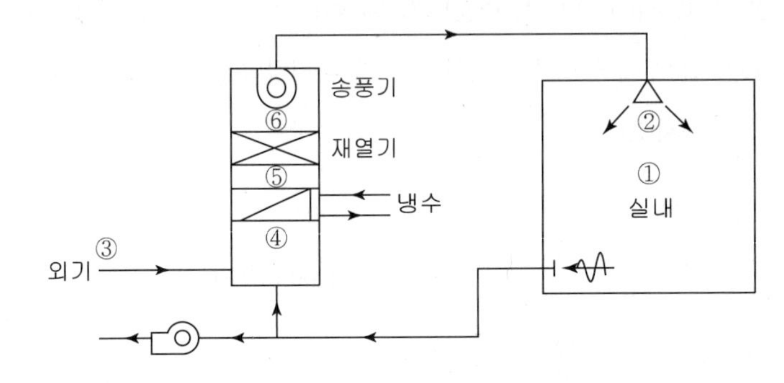

【조 건】

- 실내온도 : 25℃, 실내 상대습도 : 50%
- 외기온도 : 31℃, 외기 상대습도 : 60%
- 실내급기풍량 : 6000[m³/h], 취입외기풍량 : 1000[m³/h], 공기밀도 : 1.2[kg/m²]
- 취출공기온도 : 17℃, 공조기 송풍기 입구온도 : 16.5℃
- 공기냉각기 냉수량 : 1.4[L/s], 냉수입구온도(공기냉각기) : 6℃, 냉수출구온도(공기냉각기) : 12℃
- 재열기(전열기) 소비전력 : 5[kW]
- 공조기 입구의 환기온도는 실내온도와 같다.
- 공기의 정압비열 : 1.0 [kJ/kg·K], 냉수비열 : 4.2 [kJ/kg·K]이다. 0℃ 증발잠열 2500[kJ/kg]

(1) 실내 냉방 현열부하(kW)를 구하시오.

(2) 냉수량기준으로 냉각코일 부하(kW)를 구하시오.

(3) 습공기 선도를 작도하시오.

(4) 실내 냉방 잠열부하(kW)를 절대습도를 이용하여 구하시오.

해답 (1) 실내 냉방 현열부하는 송풍량과 취출온도차(25-17℃)로 구한다.

$$q_s = c_p \cdot \rho \cdot Q(t_r - t_d)$$
$$= 1.0 \times 1.2 \times 6000 \times (25-17)/3600 = 16[\text{kW}]$$

(2) 냉각코일 부하(전열부하)를 냉수량으로 구하면

$$q_c = m \cdot c_w \cdot \Delta t = 1.4 \times 4.2 \times (12-6) = 35.28[\text{kW}]$$

(3) 습공기선도를 작도하기 위해

① 혼합공기온도 $t_4 = \dfrac{mt_1 + nt_2}{m+n} = \dfrac{1000 \times 31 + 5000 \times 25}{6000} = 26[℃]$

② 여기서 습공기 선도에서 혼합공기 온도 $t_4 = 26℃$ 에 의해 혼합공기 엔탈피(냉각코일 입구 엔탈피) $h_4 = 54\text{kJ/kg}$을 읽을 수 있다.

따라서 냉각코일 출구 엔탈피 h_5는 $q_C = G(h_4 - h_5)$에서 냉각코일부하로 구한다.

$$h_5 = h_4 - \frac{q_C}{G} = 54 - \frac{35.28 \times 3600}{1.2 \times 6000} = 36.36\text{kJ/kg}$$

③ 냉각코일 출구온도 t_5는 재열기 가열량(5kW)로 구한다.

$q_R = c_p \cdot G(t_6 - t_5) = c_p \cdot \rho \cdot Q \cdot (t_6 - t_5)$ 에서

$$t_5 = t_6 - \frac{q_n}{c_p \cdot \rho \cdot Q} = 16.5 - \frac{5 \times 3600}{1.0 \times 1.2 \times 6000} = 14[℃]$$

④ 지금까지의 조건에 의해 습공기 선도를 작도하면 다음과 같다.

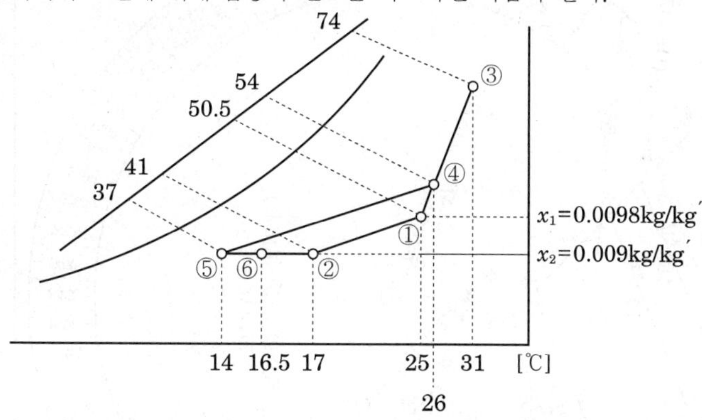

(4) 작도한 습공기선도에서 실내 (①)와 취출기 (②)를 이용하여

∴ 잠열부하 $q_L = 2500\,G(x_1 - x_2) = 2500 \times 1.2 \times 6000 \times (0.0098 - 0.009)/3600 = 4[\text{kW}]$

여기서, 현열비를 구해보면

$$\text{SHF} = \frac{16}{16+4} = 0.8$$

선도

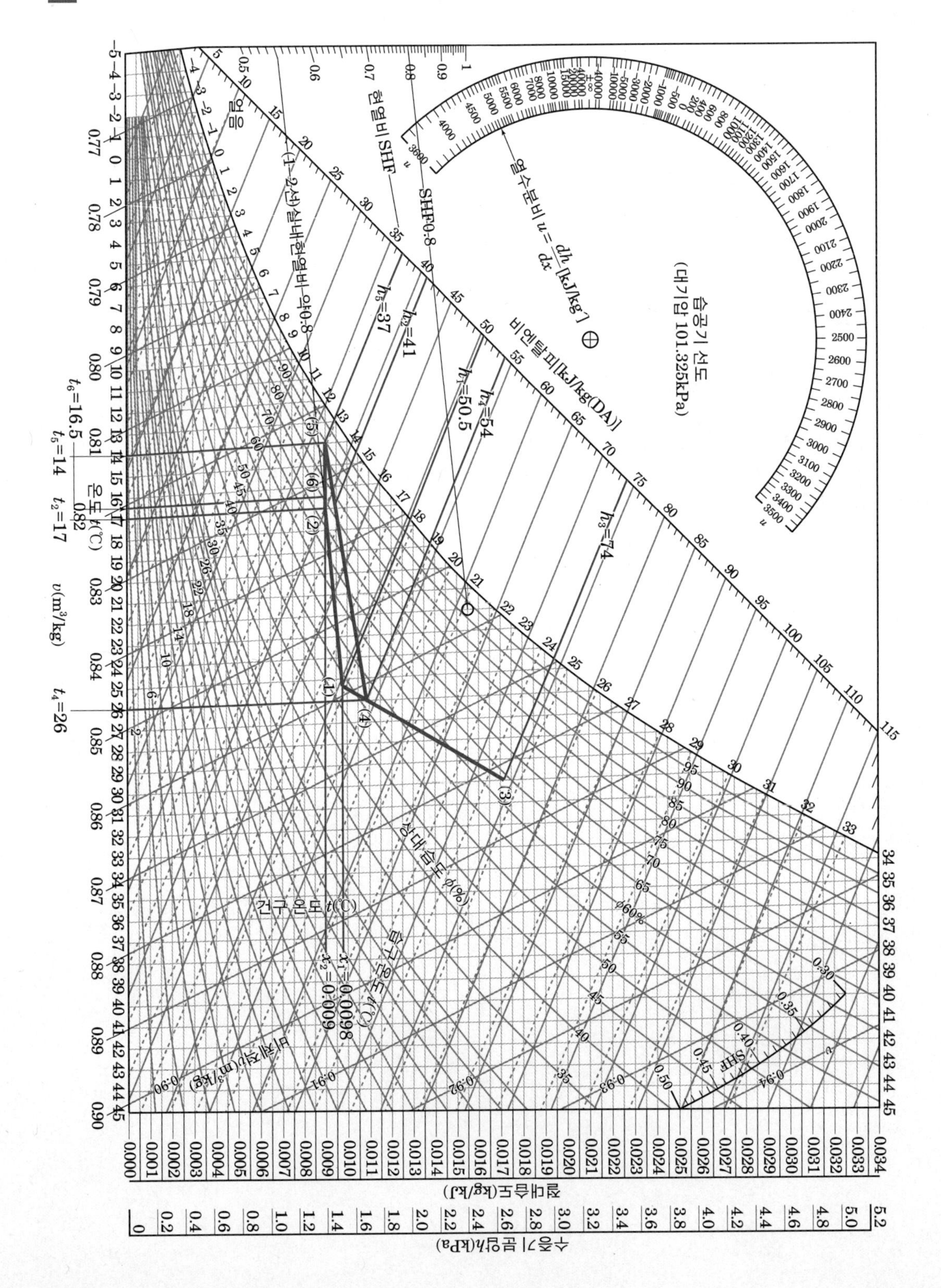

습공기 선도
(대기압 101.325kPa)
열수분비 $u = \frac{dh}{dx}$ [kJ/kg]
비엔탈피 h[kJ/kg(DA)]
현열비 SHF
SHF0.8
(1-2선)실내현열비 약0.8
h_5=37
h_2=41
h_1=50.5
h_4=54
h_3=74
얼음
상대습도 φ(%)
건구 온도 t(℃)
습구 온도 t′(℃)
x_1=0.0098
x_2=0.009
t_6=16.5
t_5=14
t_2=17
t_4=26
온도 t(℃)
v(m³/kg)

10년2회

06 어떤 사무소 공조설비 과정이 다음과 같다. 물음에 답하시오.(16점)

【보 기】

- 마찰손실 $R=1\text{Pa/m}$ (별첨 덕트선도 참조)
- 국부저항계수 $\zeta=0.29$
- 1개당 취출구 풍량 $3000\text{m}^3/\text{h}$
- 송풍기 출구 풍속 $V=13\text{m/s}$
- 정압효율 50%
- 에어필터 저항 50Pa
- 가열 코일 저항 150Pa
- 냉각기 저항 150Pa
- 송풍기 저항 100Pa
- 취출구 저항 50Pa

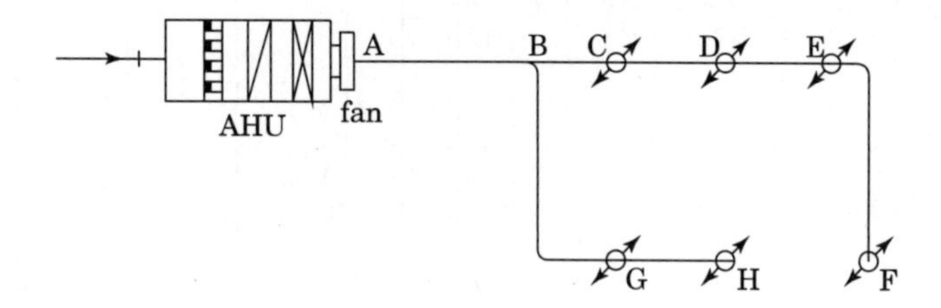

- 덕트 구간 길이
  A~B : 60m, B~C : 6m, C~D : 12m, D~E : 12m,
  E~F : 20m, B~G : 18m, G~H : 12m

(1) 실내에 설치한 덕트 시스템을 위의 그림과 같이 설계하고자 한다. 각 취출구의 풍량이 동일할 때, 장방형 덕트의 크기를 결정하고 풍속을 구하시오.(단, 공기 밀도 1.2kg/m^3 이다.)

구간	풍량(m^3/h)	원형 덕트 지름(cm)	장방형 덕트(cm)	실풍속(m/s)
A-B			×35	
B-C			×35	
C-D			×35	
D-E			×35	
E-F			×35	

(2) 송풍기 정압(Pa)을 구하시오.

(3) 송풍기 동력(kW)을 구하시오.

• 장방형 덕트와 원형 덕트의 환산표

단변/장변	5	10	15	20	25	30	35	40	45	50	55	60	65	70	75	80	85	90	95	100	105	110	115	120	125	130	135	140	145	150
5	5.5																													
10	7.6	10.9																												
15	9.1	13.3	16.4																											
20	10.3	15.2	18.9	21.9																										
25	11.4	16.9	21.0	24.4	27.3																									
30	12.2	18.3	22.9	26.6	29.9	32.8																								
35	13.0	19.5	24.5	28.6	32.2	35.4	38.3																							
40	13.8	20.7	26.0	30.5	34.3	37.8	40.9	43.7																						
45	14.4	21.7	27.4	32.1	36.3	40.0	43.3	46.4	49.2																					
50	15.0	22.7	28.7	33.7	38.1	42.0	45.6	48.8	51.8	54.7																				
55	15.6	23.6	29.9	35.1	39.8	43.9	47.7	51.1	54.3	57.3	60.1																			
60	16.2	24.5	31.0	36.5	41.4	45.7	49.6	53.3	56.7	59.8	62.8	65.6																		
65	16.7	25.3	32.1	37.8	42.9	47.4	51.5	55.3	58.9	62.2	65.3	68.3	71.1																	
70	17.2	26.1	33.1	39.1	44.3	49.0	53.3	57.3	61.0	64.4	67.7	70.8	73.7	76.5																
75	17.7	26.8	34.1	40.2	45.7	50.6	55.0	59.2	63.0	66.6	69.7	73.2	76.3	79.2	82.0															
80	18.1	27.5	35.0	41.4	47.0	52.0	56.7	60.9	64.9	68.7	72.2	75.5	78.7	81.8	84.7	87.5														
85	18.5	28.2	35.9	42.4	48.2	53.4	58.2	62.6	66.8	70.6	74.3	77.8	81.1	84.2	87.2	90.1	92.9													
90	19.0	28.9	36.7	43.5	49.4	54.8	59.7	64.2	68.6	72.6	76.3	79.9	83.3	86.6	89.7	92.7	95.6	98.4												
95	19.4	29.5	37.5	44.5	50.6	56.1	61.1	65.9	70.3	74.4	78.3	82.0	85.5	88.9	92.1	95.2	98.2	101.1	103.9											
100	19.7	30.1	38.4	45.4	51.7	57.4	62.6	67.4	71.9	76.2	80.2	84.0	87.6	91.1	94.4	97.6	100.7	103.7	106.5	109.3										
105	20.1	30.7	39.1	46.4	52.8	58.6	64.0	68.9	73.5	77.8	82.0	85.9	89.7	93.2	96.7	100.0	103.1	106.2	109.1	112.0	114.8									
110	20.5	31.3	39.9	47.3	53.8	59.8	65.2	70.3	75.1	79.6	83.8	87.8	91.6	95.3	98.8	102.2	105.5	108.6	111.7	114.1	117.5	120.3								
115	20.8	31.8	40.6	48.1	54.8	60.9	66.5	71.7	76.6	81.2	85.5	89.6	93.6	97.3	100.9	1044	107.8	111.0	114.1	117.2	120.1	122.9	125.7							
120	21.2	32.4	41.3	49.0	55.8	62.0	67.7	73.1	78.0	82.7	87.2	91.4	95.4	99.3	103.0	106.6	110.0	113.3	116.5	119.6	122.6	125.6	128.4	131.2						
125	21.5	32.9	42.0	49.9	56.8	63.1	68.9	74.4	79.5	84.3	88.8	93.1	97.3	101.2	105.0	108.6	112.2	115.6	118.8	122.0	125.1	128.1	131.0	133.9	136.7					
130	21.9	33.4	42.6	50.6	57.7	64.2	70.1	75.7	80.8	85.7	90.4	94.8	99.0	103.1	106.9	110.7	114.3	117.7	121.1	124.4	127.5	130.6	133.6	136.5	139.3	142.1				
135	22.2	33.9	43.3	51.4	58.6	65.2	71.3	76.9	8202	87.2	91.9	96.4	100.7	104.9	108.8	112.6	116.3	119.9	123.3	126.7	129.9	133.0	136.1	139.1	142.0	144.8	147.6			
140	22.5	34.4	43.9	52.2	59.5	66.2	72.4	78.1	83.5	88.6	93.4	98.0	102.4	106.6	110.7	114.6	118.3	122.0	125.5	128.9	132.2	135.4	138.5	141.6	144.6	147.5	150.3	153.0		
145	22.8	34.9	44.5	52.9	60.4	67.2	73.5	79.3	84.8	90.0	94.9	99.6	104.1	108.4	112.5	116.5	120.3	124.0	127.6	131.1	134.5	137.7	140.9	144.0	147.1	150.3	152.9	155.7	158.5	
150	23.1	35.3	45.2	53.6	61.2	68.1	74.5	80.5	86.1	91.3	96.3	101.1	105.7	110.0	114.3	118.3	122.2	126.0	129.7	133.2	136.7	140.0	143.3	146.4	149.5	152.6	155.5	158.4	162.2	164.0
155	23.4	35.8	45.7	54.4	62.1	69.1	75.6	81.6	87.3	92.6	97.4	102.6	107.2	111.7	116.0	120.1	124.1	127.9	131.7	135.3	138.8	142.2	145.5	148.8	151.9	155.0	158.0	161.0	163.9	116.7
160	23.7	36.2	46.3	55.1	62.9	70.6	76.6	82.7	88.5	93.9	99.1	104.1	108.8	113.3	117.7	121.9	125.9	129.8	133.6	137.3	140.9	144.4	147.8	151.1	154.3	157.5	160.5	163.5	166.5	169.3
165	23.9	36.7	46.9	55.7	63.7	70.9	77.6	83.8	89.7	95.2	100.5	105.5	110.3	114.9	119.3	123.6	127.7	131.7	135.6	139.3	143.0	146.5	150.0	153.3	156.6	159.8	163.0	166.0	196.0	171.9
170	24.2	37.1	47.5	56.4	64.4	71.8	78.5	84.9	90.8	96.4	101.8	106.9	111.8	116.4	120.9	125.3	129.5	133.5	137.5	141.3	145.0	148.6	152.1	155.6	158.9	162.2	165.3	168.5	171.5	174.5
175	24.5	37.5	48.0	57.1	65.2	72.6	79.5	85.9	91.9	97.6	103.1	108.2	113.2	118.0	122.5	127.0	131.2	135.3	139.9	143.2	147.0	150.7	154.2	157.7	161.1	164.4	167.7	170.8	173.9	177.0
180	24.7	37.9	48.5	57.7	66.0	73.5	80.4	86.9	93.0	98.8	104.3	109.6	114.6	119.5	124.1	128.6	132.9	137.1	141.2	145.1	148.9	152.7	156.3	159.8	163.3	166.7	170.0	173.2	176.4	179.4
185	25.0	38.3	49.1	58.4	66.7	74.3	81.4	87.9	94.1	100.0	105.6	110.9	116.0	120.9	125.6	130.2	134.6	138.8	143.0	147.0	150.9	154.7	158.3	161.9	165.4	168.9	172.2	175.5	178.7	181.9
190	25.3	38.7	49.6	59.0	67.4	75.1	82.2	88.9	95.2	101.2	106.8	112.2	117.4	122.4	127.2	131.8	136.2	140.5	144.7	148.8	152.7	156.6	160.3	164.0	167.6	171.0	174.4	177.8	181.0	184.2
195	25.5	39.1	50.1	59.6	68.1	75.9	83.1	89.9	96.3	102.3	108.0	113.5	118.7	123.8	128.5	113.3	137.9	142.5	146.5	150.6	154.6	158.5	162.3	166.0	169.6	173.2	176.6	180.0	183.3	186.6
200	25.8	39.5	50.6	60.2	68.8	76.7	84.0	90.8	97.3	103.4	109.2	114.7	120.0	125.2	130.1	134.8	139.4	143.8	148.1	152.3	156.4	160.4	164.2	168.0	171.7	175.3	178.8	182.2	185.6	188.9
210	26.3	40.3	51.6	61.4	70.2	78.3	85.7	92.7	99.3	105.6	111.5	117.2	112.6	127.9	132.9	137.8	142.5	147.0	151.5	155.8	160.0	164.0	168.0	171.9	175.7	179.3	183.0	186.5	189.9	193.3
220	26.7	41.0	52.5	62.5	71.5	79.7	87.4	94.5	101.3	107.6	113.7	119.5	125.1	130.5	135.7	140.6	145.5	150.2	154.7	159.1	163.4	167.6	171.6	175.6	179.5	183.3	187.0	190.6	194.2	197.7
230	27.2	41.7	53.4	63.6	72.8	81.2	89.0	96.3	103.1	109.7	115.9	121.8	127.5	133.0	138.3	143.4	148.4	153.2	157.8	162.3	166.7	171.0	176.2	179.3	183.2	187.1	190.9	194.7	198.3	201.9
240	27.6	42.4	54.3	64.7	74.0	82.6	90.5	98.0	105.0	111.6	118.0	124.1	129.9	135.5	140.9	146.1	151.2	156.1	160.8	165.5	170.0	176.6	178.6	182.8	186.9	190.9	194.8	198.6	202.3	206.0
250	28.1	43.0	55.2	65.8	75.3	84.0	92.0	99.6	106.8	113.6	120.0	126.2	132.2	137.9	143.4	148.8	153.9	158.9	163.8	168.5	173.1	177.6	182.0	186.3	190.4	194.5	198.5	202.4	206.2	210.0
260	28.5	43.7	56.0	66.8	76.4	85.3	93.5	101.2	108.5	115.4	122.0	128.3	134.4	140.2	145.9	151.3	156.6	161.7	166.7	171.5	176.2	180.8	185.2	189.6	193.9	190.9	202.1	206.1	210.0	213.9
270	28.9	44.3	56.9	67.8	77.6	86.6	95.0	102.8	110.2	117.3	124.0	130.4	136.6	142.5	148.3	153.8	159.2	164.4	169.5	174.4	179.2	183.9	188.4	192.9	197.2	201.5	205.7	209.7	213.7	217.7
280	29.3	45.0	57.7	68.8	78.7	87.9	96.4	104.3	111.9	119.0	125.9	132.4	138.7	144.7	150.6	156.2	161.7	167.0	172.2	177.2	182.1	186.9	191.5	196.1	200.5	204.9	209.1	213.3	217.4	221.4
290	29.7	45.6	58.5	69.7	79.8	89.1	97.7	105.8	113.5	120.8	127.8	134.4	140.8	146.9	152.9	158.6	164.2	169.6	174.8	180.0	185.0	189.8	194.5	199.2	203.7	208.1	212.5	216.7	220.9	225.0
300	30.1	46.2	59.2	70.6	80.9	90.3	99.0	107.8	115.1	122.5	129.5	136.3	142.8	149.0	155.5	160.9	166.6	172.1	177.5	182.7	187.7	192.7	197.5	202.2	206.8	211.3	215.8	220.1	224.3	228.5

해설 (1) ① 각 구간의 원형덕트의 지름은 유량선도(마찰저항 선도)마찰 손실 R=1[Pa]과 각 구간의 풍량과의 교점에 의해서 구한다,

② 장방형 덕트의 경우에는 장방형 덕트와 원형 덕트 환산표에 의해 구하는데 장방형덕트의 단변의 길이가 35cm로 주어졌으므로 환산표의 단변 35cm와 원형덕트의 지름과의 교점에 의해 장변을 구한다.

③ 풍속은 (장방형덕트)의 풍속

(2) 송풍기 정압P_s(Pa)

먼저 송풍기 전압(P_t)을 구한다. 송풍기 전압은 덕트 계통의 전압력손실과 동일하다.

덕트 계통의 전압력손실은 공기흡입구부터 가장 저항이 큰 최종취출구까지의 압력손실을 말한다.

이 문제의 장치도는 2개통(A-B-F구간, A-B-H구간)으로 계산하여 저항이 큰 구간을 주경로로 한다.

송풍기 정압 P_s=송풍기 전압(P_t)-송풍기 동압(P_v)

해답 (1)

구간	풍량(m^3/h)	원형 덕트 지름(cm)	장방형 덕트(cm)	실풍속(m/s)
A-B	18,000	82	190×35	7.52
B-C	12,000	70	130×35	7.33
C-D	9,000	64	105×35	6.8
D-E	6,000	54	75×35	6.35
E-F	3,000	42	45×35	5.29

(각형덕트 환산은 82cm인 경우 단변35cm에서 아래로 82직상 82.2항에서 왼쪽 장변 190을 선정하여 190×35cm를 선정한다)

(2) 송풍기 정압

1) 공기 흡입구로부터 A-B-F구간구간의 전압력손실

① 직선 덕트의 압력손실=(60+6+12+12+20)×1=110[Pa]

② 밴드의 국부저항 $= \zeta \dfrac{v^2 \rho}{2} = 0.29 \times \dfrac{5.29^2}{2} \times 1.2 = 4.87$[Pa]

∵ 전압력손실=110+4.87+150×2+50×2+100=614.87[Pa]

2) 공기 흡입구로부터 A-B-H구간 구간의 전압력손실

① 직선 덕트의 압력손실=(60+18+12)×1=90[Pa]

② B분기부의 국부손실$= \zeta \dfrac{v^2 \rho}{2} = 0.29 \times \dfrac{7.52^2}{2} \times 1.2 = 9.84$[Pa]

③ 밴드의 국부저항 $= \zeta \dfrac{v^2 \rho}{2} = 0.29 \times \dfrac{6.35^2}{2} \times 1.2 = 7.02$[Pa]

∵ 전압력손실=90+9.84+7.02+50×2+150×2+100=606.86[Pa]

따라서 공기 흡입구로부터 A-B-F구간구간의 전압력손실이 공기 흡입구로부터 A-B-H구간구간의 전압력손실보다 크므로 A-B-F구간을 주경로로 하여 계산한다.

∴ 송풍기 정압 $P_S = P_T - P_v = 614.87 - \dfrac{13^2}{2} \times 1.2 = 513.47$[Pa]

(3) 송풍기 동력 L_S

$$L_S = \frac{QP_S}{\eta_s \times 3600} = \frac{18000 \times 513.47}{0.5 \times 3600} = 5134.7[\mathrm{W}] = 5.13[\mathrm{kW}]$$

선도

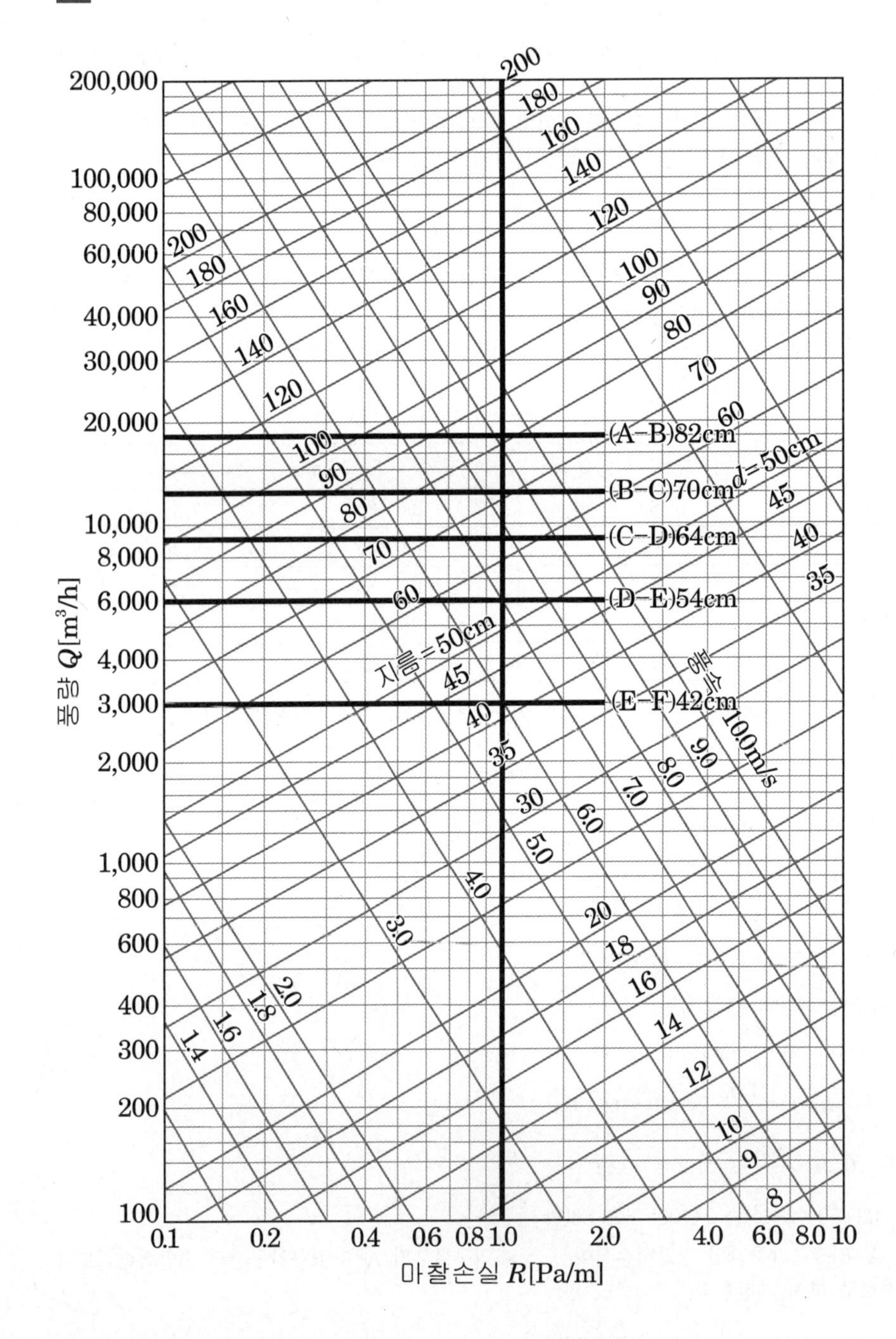

풍량 Q[m³/h]
마찰손실 R[Pa/m]
(A-B)82cm
(B-C)70cm
(C-D)64cm
(D-E)54cm
(E-F)42cm
지름=50cm
d=50cm
풍속 10.0m/s

07 다음 그림에서 취출구 및 흡입구의 형식번호 ①~⑨를 아래 보기에서 찾아 답하시오. (9점)

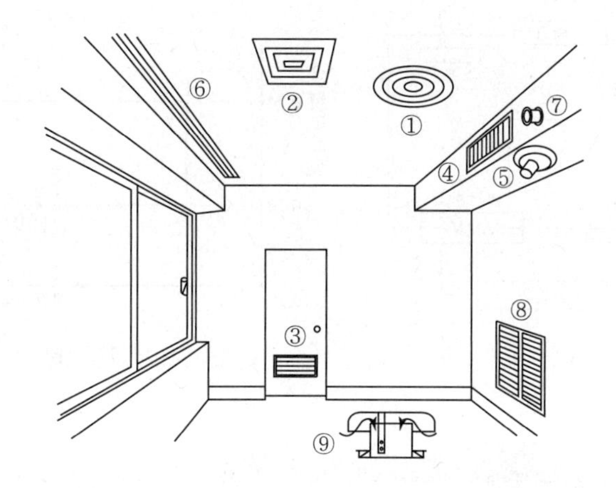

【보 기】

- 머시룸형
- 도어 그릴
- 유니버설형
- 노즐형
- 루버 댐퍼
- 라인형
- 원형 아네모형
- 펑커 루버
- 고정 루버
- 방연 댐퍼
- 각형 아네모형

번호	명칭	번호	명칭	번호	명칭
①		④		⑦	
②		⑤		⑧	
③		⑥		⑨	

해답

번호	명칭	번호	명칭	번호	명칭
①	원형 아네모형	④	유니버설 형	⑦	노즐형
②	각형 아네모형	⑤	펑커 루버	⑧	고정 루버
③	도어 그릴	⑥	라인형	⑨	머시룸형

08 **열교환기를 쓰고 그림 (a)와 같이 구성되는 냉동장치 냉동능력이 45kW이고, 이 냉동장치의 냉동 사이클은 그림 (b)와 같고 1, 2, 3,…점에서의 각 상태값은 다음 표와 같은 것으로 한다.(20점)**

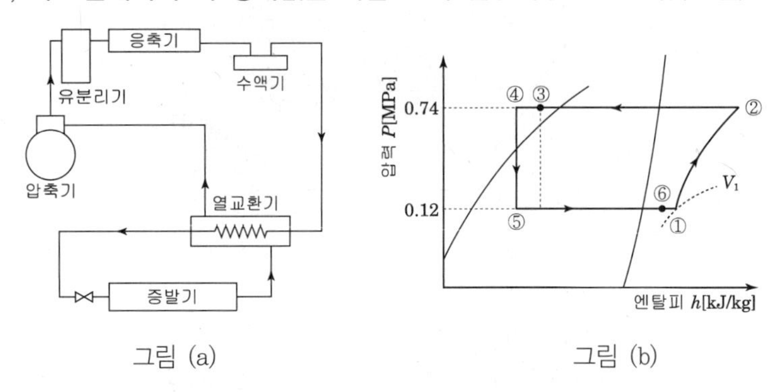

그림 (a) 그림 (b)

상태점	엔탈피 i[kJ/kg]	비체적 v[m^3/kg]
h_1	565.95	0.125
h_2	609	
h_5	438.27	
h_6	556.5	0.12

위와 같은 운전조건에서 다음 (1), (2), (3)의 값을 계산식을 표시해 산정하시오. (단, 위의 온도조건에서의 체적효율 $\eta_v = 0.64$, 압축효율 $\eta_c = 0.72$로 한다. 또한 성적계수는 소숫점 이하 2자리까지 구하고, 그 이하는 반올림한다.)

(1) 장치 3점의 엔탈피(kJ/kg)를 구하시오.(소숫점 3자리에서 반올림)

(2) 장치의 냉매순환량(kg/s)을 계산하시오.(소숫점 3자리에서 반올림)

(3) 피스톤 토출량(m^3/s)을 계산하시오.(소숫점 4자리에서 반올림)

(4) 이론적 성적계수를 구하시오.

(5) 실제적 성적계수를 구하시오.

해설 (1) 장치 3점의 엔탈피는 열교환기에서의 열평형식에 의해 다음과 같다.

$h_3 - h_4 = h_1 - h_6$ 따라서 $h_3 = h_{4(5)} + (h_1 - h_6)$

(2) 장치의 냉매순환량 $G = \dfrac{Q_2}{q_2} = \dfrac{Q_2}{h_6 - h_5}$

(3) 피스톤 토출량 V_a 냉매순환량 $G = \dfrac{V_a \cdot \eta_v}{v}$에서 $V_a = \dfrac{G \cdot v}{\eta_v}$

(4) 이론적 성적계수 $COP = \dfrac{q_2}{w} = \dfrac{h_6 - h_5}{h_2 - h_1}$

(5) 실제적 성적계수 $COP' = COP \cdot \eta_c \cdot \eta_m$

해답 (1) 3점의 엔탈피 : $h_3 = 438.27 + (565.95 - 556.5) = 447.72$ [kJ/kg]

(2) 냉매순환량 $= \dfrac{45}{556.5 - 438.27} = 0.38$ [kg/s]

(3) 피스톤 토출량 $= \dfrac{0.38 \times 0.125}{0.64} = 0.074$ [m³/s]

(4) 이론적 성적계수 $COP = \dfrac{556.5 - 438.27}{609 - 565.95} = 2.75$

(5) 실제적 성적계수 $COP' = 2.75 \times 0.72 = 1.98$

2014 제1회 실기 기출문제

18년1회

01 다음 그림과 같은 분기된 축소 덕트에서 전압(P_t) 21Pa, 정압재취득($\triangle P_s$) 20Pa, 유속(U_1) 10m/s, 공기 밀도 1.2kg/m^{3}일 때, 물음에 답하시오.(9점)

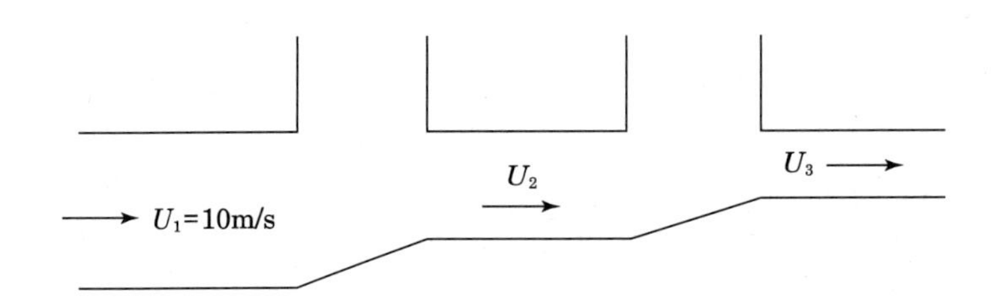

(1) 유속 U_2[m/s]를 구하시오.

(2) 종횡비(aspect ratio)를 6:1 이하로 시공해야 하는 이유를 3가지만 쓰시오.

해답 (1) 유속 U_2

정압재취득($\triangle P_s$)$=\dfrac{U_1^2-U_2^2}{2}\cdot\rho$에서

$$U_2=\sqrt{U_1^2-\frac{2\triangle P_s}{\rho}}$$

$$=\sqrt{10^2-\frac{2\times 20}{1.2}}=8.16[\text{m/s}]$$

(2) ① 덕트 재료 절약
② 마찰저항 감소
③ 동력소비 감소

01년3회, 15년3회, 20년3회

02 다음과 같은 운전조건을 갖는 브라인 쿨러가 있다. 전열면적이 $25m^2$일 때 각 물음에 답하시오. (단, 평균온도차는 산술평균 온도차를 이용한다.)(10점)

【조 건】

1. 브라인 비중 : 1.24
2. 브라인 비열 : 2.8kJ/kg·K
3. 브라인의 유량 : 200L/min
4. 쿨러로 들어가는 브라인 온도 : −18℃
5. 쿨러로 나오는 브라인 온도 : −23℃
6. 쿨러 냉매 증발온도 : −26℃

(1) 브라인 쿨러의 냉동부하(kW)를 구하시오.

(2) 브라인 쿨러의 열통과율(W/m^2K)을 구하시오.

해답 (1) 브라인 쿨러의 냉동부하 $Q_2 = \left(\frac{200}{60}\right) \times 1.24 \times 2.8 \times \{-18-(-23)\} = 57.87[kW]$

(2) 브라인 쿨러 열통과율 $K = \dfrac{57.87 \times 10^3}{25 \times \left\{\dfrac{-18+(-23)}{2} - (-26)\right\}} = 420.87[W/m^2K]$

03 2단압축 2단팽창 냉동장치의 그림을 보고 물음에 답하시오.(14점)

(1) 계통도의 상태점과 $p \sim h$ 선도상 번호를 연관지어 연결하시오.

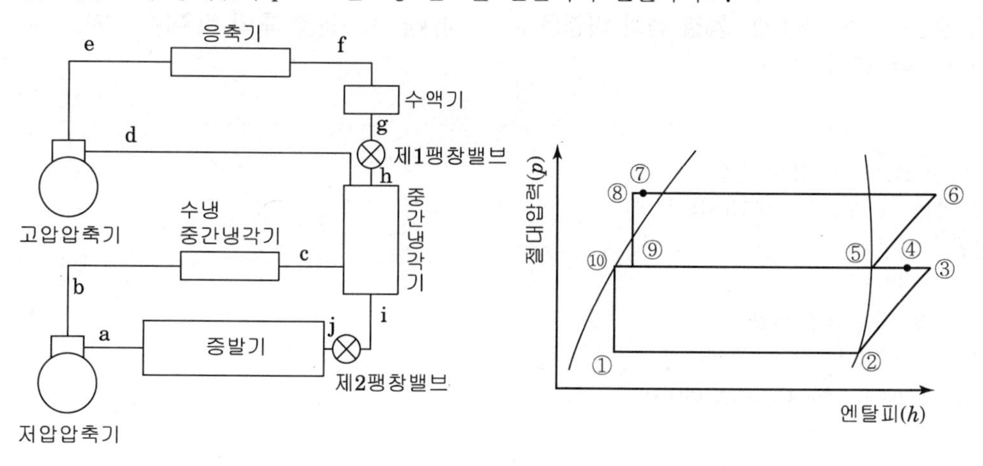

2단압축 2단팽창 계통도　　　　p~h 선도

① − ( )　② − ( )　③ − ( )　④ − ( )　⑤ −( )
⑥ − ( )　⑦ − ( )　⑧ − ( )　⑨ − ( )　⑩ − ( )

(2) 성적계수를 구하시오. (각점 엔탈피 값은 다음과 같다.)

엔탈피 값 $h_1=373\text{kJ/kg}$ $h_2=1624\text{kJ/kg}$ $h_3=1813\text{kJ/kg}$
$h_4=1758\text{kJ/kg}$ $h_5=1670\text{kJ/kg}$ $h_6=1871\text{kJ/kg}$
$h_8=536\text{kJ/kg}$

해답 (1) ① - j ② - a ③ - b ④ - c ⑤ - d
⑥ - e ⑦ - f ⑧ - g ⑨ - h ⑩ - i

(2) 2단압축 2단팽창 계통에서 중요한 것은 고저단 냉매 순환비(G_H/G_L)이다

$G_H/G_L=\dfrac{h_4-h_{10}}{h_5-h_8}$(중간냉각이 없는 일반적인 2단압축에서 h_4는 h_3이다. 이 장치는 중간냉각으로 h_4를 대입)

$$\text{성적계수 } COP=\frac{\text{냉동효과}}{\text{저단압축}+\text{고단압축}}=\frac{h_2-h_1}{(h_3-h_2)+\dfrac{h_4-h_{10}}{h_5-h_8}(h_6-h_5)}$$

$$=\frac{1624-373}{(1813-1624)+\dfrac{1758-373}{1670-536}\times(1871-1670)}=2.88$$

여기서 ③-④과정은 수냉 중간냉각기의 냉각과정이므로 제외함.

04 **300kg의 소고기를 18℃에서 4℃까지 냉각하고, 다시 -18℃까지 냉동하려 할 때 필요한 냉동능력을 산출하시오. (단, 소고기의 동결온도는 -2.2℃, 동결 전의 비열은 3.23 kJ/kg · K, 동결 후의 비열은 1.68kJ/kg · K, 동결잠열은 232kJ/kg이다.)(6점)**

해답 ① 18℃에서 동결온도-2.2℃까지의 냉각 열량

$q_1=300\times3.23\times\{18-(-2.2)\}=19573.8[\text{kJ}]$

② -2.2℃의 동결잠열

$q_2=300\times232=69600[\text{kJ}]$

③ 동결후-2.2℃에서 -18℃까지 동결 열량

$q_3=300\times1.68\times\{(-2.2)-(-18)\}=7963.2$

∴ 냉동능력$=19573.8+69600+7963.2=97137[\text{kJ}]$

05년3회

05 **취출(吹出)에 관한 다음 용어를 설명하시오.(8점)**

(1) 셔터

(2) 전면적(face area)

해답 (1) 취출구의 후부에 설치하는 풍량조정용 또는 개폐용 기구

(2) 취출구의 개구부(開口部)에 접하는 외주에서 측정한 전면적(全面積), 즉 아래 그림의 a×b이다.

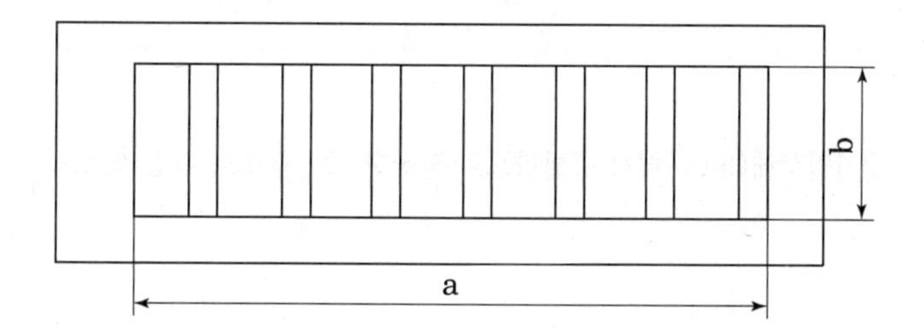

17년1회, 19년3회, 20년4회

06 **900rpm으로 운전되는 송풍기가 8000m³/h, 정압 40mmAq, 동력 15kW의 성능을 나타내고 있는 것으로 한다. 이 송풍기의 회전수를 1080rpm으로 증가시키면 어떻게 되는가를 계산하시오.**

해답 (1) 풍량 $Q_2 = Q_1 \cdot \left(\frac{N_2}{N_1}\right) = 8000 \times \frac{1080}{900} = 9600[\mathrm{m^3/h}]$

(2) 전압 $P_2 = P_1 \cdot \left(\frac{N_2}{N_1}\right)^2 = 40 \times \left(\frac{1080}{900}\right)^2 = 57.6[\mathrm{mmAq}]$

(3) 동력 $L_2 = L_1 \cdot \left(\frac{N_2}{N_1}\right)^3 = 15 \times \left(\frac{1080}{900}\right)^3 = 25.92[\mathrm{kW}]$

02년2회, 04년1회

07 환산증발량이 10000[kg/h]인 노통연관식 증기 보일러의 사용압력(게이지 압력)이 0.5[MPa]일 때 보일러의 실제 증발량을 구하시오. (단, 급수의 엔탈피 $h_1 = 335$[kJ/kg], h' : 포화수의 엔탈피, h'' : 포화증기의 엔탈피, r : 증발잠열)(7점)

절대압력(MPa)	포화온도(℃)	엔탈피 h(KJ/kg)		
		h'	h''	$r = h'' - h'$
0.4	142.92	601.53	2736.22	2134.69
0.5	151.11	636.82	2746.14	2109.32
0.6	158.08	667.00	2754.09	2087.09
0.7	164.17	693.49	2760.63	2067.14

해설 환산(상당)증발량[kg/h]

환산증발량이란 보일러의 실제증발량을 표준 대기압상태(1atm)에서 증발량으로 환산한 증발량으로 다음 식으로 나타낸다.

환산증발량 $G_e = \dfrac{G_a \times (h_2 - h_1)}{2256}$

여기서 G_a :실제 증발량[kg/h]

h_1 : 보일러 급수엔탈피[kJ/kg]

h_2 : 보일러 발생증기 엔탈피[kJ/kg]

증기 보일러의 사용압력(게이지 압력)이 0.5[MPa]이므로

절대압력=0.5+0.1=0.6[MPa](abs), 절대압력 0.6[MPa](abs)에서의 포화증기엔탈피 h_2=2754.09[kJ/kg]이다.

해답 실제증발량 $G_a = \dfrac{G_e \times 2256}{h_2 - h_1} = \dfrac{10000 \times 2256}{2754.09 - 335} = 9325.82$[kg/h]

08 어느 사무실의 취득열량 및 외기부하를 산출하였더니 다음과 같다. 각 물음에 답하시오. (단, 급기온도와 실온도의 차이는 11℃로 하고, 공기의 밀도는 1.2kg/m^3, 공기의 정압비열은 1.0kJ/kg·℃이다. 계산상 안전율은 고려하지 않는다.)(8점)

항목	부하(kJ/h)
벽체	외벽 : 1500　　내벽 : 900
유리창 부하	2200
틈새 부하	현열 : 1800　　잠열 : 500
인체 발열량	현열 : 1500　　잠열 : 300
외기 부하	현열 : 600　　잠열 : 400

(1) 현열비를 구하시오.

(2) 코일의 냉각부하[kJ/h]를 구하시오.

해답 (1) 현열비

① 현열량 = 1500 + 900 + 2200 + 1800 + 1500 = 7900[kJ/h]

② 잠열량 = 500 + 300 = 800[kJ/h]

③ 현열비 $= \dfrac{7900}{7900+800} = 0.908 \fallingdotseq 0.91$

(2) 냉각 코일 부하 = 7900 + 800 + 600 + 400 = 9700[kJ/h]

09 다음과 같은 급기장치에서 덕트 선도와 주어진 조건을 이용하여 각 물음에 답하시오. (18점)

【조 건】

1. 직관덕트 내의 마찰저항손실 : 1Pa/m
2. 환기횟수 : 10회/h
3. 공기 도입구의 정압손실 : 5Pa
4. 에어필터의 정압손실 : 100Pa
5. 공기 취출구의 정압손실 : 50Pa
6. 굴곡부 1개소의 상당길이 : 직경 10배
7. 송풍기의 전압효율(η_t) : 60%
8. 각 취출구의 풍량은 모두 같다.
9. R=1Pa/m에 대한 원형 덕트의 지름은 다음 표에 의한다.

풍량(m^3/h)	200	400	600	800	1000	1200	1400	1600	1800
지름(mm)	152	195	227	252	276	295	316	331	346
풍량(m^3/h)	2000	2500	3000	3500	4000	4500	5000	5500	6000
지름(mm)	360	392	418	444	465	488	510	528	545

10. $kW = \dfrac{Q' \times \Delta P}{E}$ (Q'[m^3/s], ΔP[kPa])

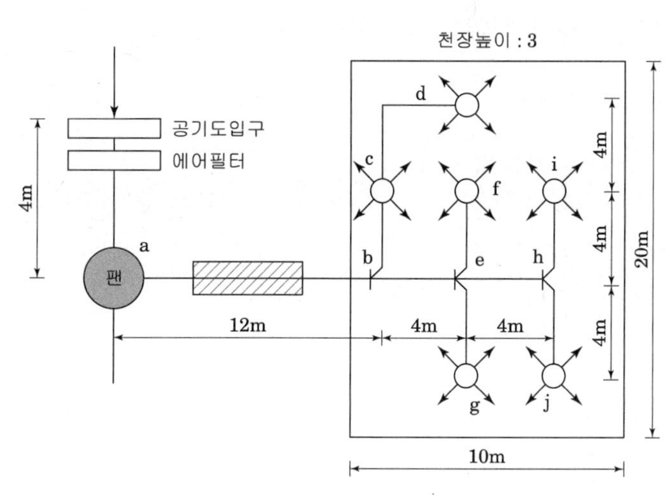

구간	풍량(m^3/h)	덕트지름(mm)
a-b		
b-c		
c-d		
b-e		

(1) 각 구간의 풍량(m^3/h)과 덕트지름(mm)을 구하시오.

(2) 전 덕트 저항손실(Pa)을 구하시오.

(3) 송풍기의 소요동력(kW)을 구하시오.

해답 (1) 각 구간의 풍량(m^3/h)과 덕트지름(mm)

① 필요 급기량 $= 10 \times (10 \times 20 \times 3) = 6000[m^3/h]$

② 각 취출구 풍량 $= \dfrac{6000}{6} = 1000[m^3/h]$

③ 각 구간 풍량과 덕트지름

구간	풍량(m^3/h)	덕트지름(mm)
a-b	6000	545
b-c	2000	360
c-d	1000	276
b-e	4000	465

(2) 전 덕트 저항손실(Pa)

① 직관 덕트 손실 $= (12+4+4+4) \times 1 = 24Pa$ (a-d 구간)

② 굴곡부 덕트 손실 $= (10 \times 0.276) \times 1 = 2.76[Pa]$

③ 취출구 손실 $= 50[Pa]$

④ 흡입 덕트 손실 $= (4 \times 1) + 5 + 100 = 109[Pa]$

⑤ 전 덕트 저항손실 $= 24 + 2.76 + 50 + 109 = 185.76[Pa]$

(3) 송풍기의 소요동력(kW)

$$kW = \frac{6000 \times 185.76 \times 10^{-3}}{3600 \times 0.6} = 0.516[kW]$$

10 프레온 냉동장치의 수랭식 응축기에 냉각탑을 설치하여 운전상태가 다음과 같을 때 응축기 냉각수의 순환수량(L/min)을 구하시오. (8점)

【운 전 조 건】

1. 응축온도 : 38℃
2. 응축기 냉각수 입구온도 : 30℃
3. 응축기 냉각수 출구온도 : 35℃
4. 증발온도 : −15℃
5. 냉동능력 : 50kW
6. 외기 습구온도 : 27℃
7. 압축동력 : 20kW
8. 냉각수 비열 : 4.2kJ/kg · K

해설 (1) $Q_1 = Q_2 + W$

(2) $Q_1 = m \cdot c \cdot (t_{w2} - t_{w1})$

여기서 Q_2 : 냉동부하(냉동능력)[kW]

W : 압축동력[kW]

m : 냉각수량[kg/s]

c : 냉각수 비열[kJ/kg · K]

t_{w1}, t_{w2} : 냉각수 입구 및 출구온도[℃]

냉각수 순환수량 $m = \dfrac{Q_2 + W}{c \cdot \Delta t}$

해답 냉각수 순환수량 $m = \dfrac{50+20}{4.2 \times (35-30)} \times 60 = 200\text{kg/min} = 200[\text{L/min}]$

2014 제2회 실기 기출문제

20년3회

01 다음 용어를 설명하시오.(8점)

(1) 스머징(smudging)
(2) 도달거리(throw)
(3) 강하거리
(4) 등마찰손실법(등압법)

해답 (1) 스머징 : 천장 취출구 등에서 취출기류 또는 유인된 실내공기 중의 먼지에 의해서 취출구의 주변이 더럽혀지는 것
(2) 도달거리 : 취출구에서 취출한 공기가 진행해서 토출기류의 중심선상의 풍속이 0.25m/s로 된 위치까지의 수평거리
(3) 강하거리 : 수평으로 취출된 공기가 어느 거리만큼 진행했을 때의 기류중심선과 취출구중심과의 거리
(4) 등마찰손실법(등압법) : 덕트 1m당 마찰(압력)손실(Pa/m)과 동일한 값을 사용하여 덕트 치수를 결정한 것으로 선도 또는 덕트 설계용으로 개발한 단순한 계산척으로 간단히 덕트의 치수를 결정할 수 있으므로 널리 사용되고 있다.

02 일반형 흡수식 냉동기(단중효용식)화 비교한 이중효용 흡수식 냉동장치의 특징(이점) 3가지를 쓰시오.(6점)

해답 (1) 단효용 흡수식냉동기에 비하여 증기소비량이 큰 폭으로 감소하여 운전비가 절감된다.
(2) 고온발생기에서 발생된 냉매증기의 잠열을 저온발생기 흡수용액의 가열에 이용하므로 단효용 흡수식 냉동기에 비하여 효율이 좋다.
(3) 기계실 면적이 축소되고 응축기에서 냉매 응축량이 감소하게 되므로 냉각탑이 단중효용에 비하여 75% 정도의 용량이 된다.

09년3회

03 원심식 송풍기의 회전수를 n에서 n'로 변화시켰을 때 각 변화에 대해 답하시오.(9점)

(1) 정압의 변화
(2) 풍량의 변화
(3) 축마력의 변화

해답 (1) 정압(P)의 변화 : $P' = P \times \left(\frac{n'}{n}\right)^2$로 정압은 회전수의 제곱에 비례한다.
(2) 풍량(Q)의 변화 : $Q' = Q \times \left(\frac{n'}{n}\right)$로 풍량은 회전수 변화량에 비례한다.
(3) 축마력(L)의 변화 : $L' = L \times \left(\frac{n'}{n}\right)^3$로 동력은 회전수의 세제곱에 비례한다.

04년3회, 20년3회

04 암모니아를 냉매로 사용한 2단압축 1단팽창의 냉동장치에서 운전조건이 다음과 같을 때 저단 및 고단의 피스톤 토출량을 계산하시오. (10점)

【조 건】

- 냉동능력 : 20 한국냉동톤(단, 1RT=3.86kW로 한다)
- 저단 압축기의 체적효율 : 75%
- 고단 압축기의 체적효율 : 80%
- $h_1 = 399\,\text{kJ/kg}$
- $h_2 = 1651\,\text{kJ/kg}$
- $h_3 = 1836\,\text{kJ/kg}$
- $h_4 = 1672\,\text{kJ/kg}$
- $h_5 = 1924\,\text{kJ/kg}$
- $h_6 = 571\,\text{kJ/kg}$
- $v_2 = 1.51\text{m}^3/\text{kg}$
- $v_4 = 0.4\text{m}^3/\text{kg}$

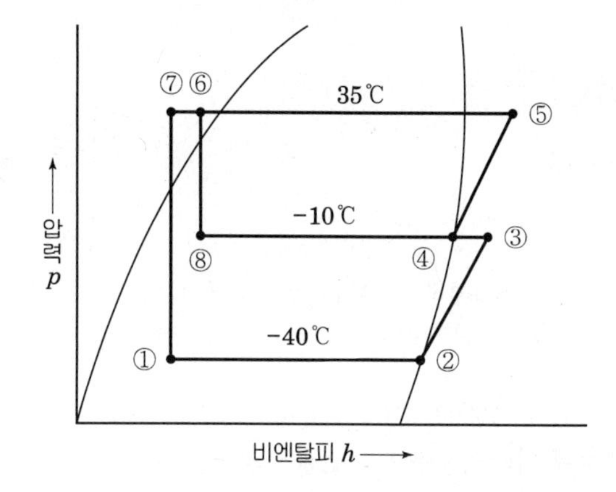

(1) 저단 피스톤 토출량[m^3/h]

(2) 고단 피스톤 토출량[m^3/h]

해답 (1) 저단측 냉매순환량 G_L

$$G_L = \frac{Q_2}{h_2 - h_1} = \frac{20 \times 3.86 \times 3600}{1651 - 399} = 221.98[\text{kg/h}]$$

또한 $G_L = \dfrac{V_{aL} \times \eta_{vL}}{v_L}$ 에서

저단측 피스톤 압출량 $Va_L = \dfrac{G_L \cdot v_L}{\eta_{vL}} = \dfrac{221.98 \times 1.51}{0.75} = 448.92[\text{m}^3/\text{h}]$

(2) 고단측 냉매 순환량 $G_H = G_L \cdot \dfrac{h_3 - h_7}{h_4 - h_8} = 221.98 \times \dfrac{1836 - 399}{1672 - 571} = 289.72[\text{kg/h}]$

또한 $G_H = \dfrac{V_{aH} \times \eta_{vH}}{v_H}$ 이므로

따라서 고단측 압축기 피스톤 배재량

$$V_{aH} = \frac{289.72 \times 0.4}{0.8} = 144.86[\text{m}^3/\text{h}]$$

02년2회, 05년2회

05 어떤 사무실의 취득열량 및 외기부하를 산출하였더니, 다음과 같았다. 이 자료에 의해 (1)~(4)을 구하시오. (단, 취출 온도차는 10℃로 하고, 공기의 밀도는 1.2kg/m³, 공기의 정압비열은 1.01kJ/kg · K로 한다.)(20점)

항목	현감열(kJ/h)	잠열(kJ/h)
벽체를 통한 열량	24000	0
유리창을 통한 열량	32000	0
바이패스 외기의 열량	560	2400
재실자의 발열량	4000	5100
형광등의 발열량	10000	0
외기부하	6000	21000

(1) 실내취득 현열량q_S(kJ/h)을 구하시오.

(2) 실내취득 잠열량q_L(kJ/h)을 구하시오.

(3) 송풍기 풍량Q(CMH)을 구하시오.

(4) 냉각 코일부하q_c(kW)을 구하시오.

해답 (1) 실내취득현열량 q_s = 벽체에서의 취득부하 + 유리창에서의 취득부하
+ 극간풍에 의한 현열부하 + 인체의 현열부하
+ 기기부하

$q_S = 24000 + 32000 + 560 + 4000 + 10000 = 70560\text{kJ/h}$

(2) 실내취득잠열량q_L = 극간풍에 의한 잠열부하 + 인체에 의한 잠열부하

$q_L = 2400 + 5100 = 7500\text{kJ/h}$

※ 외기부하는 실내부하에 포함되지 않는다.

(3) 냉방풍량 $Q = \dfrac{q_S}{c_p \rho \Delta t} = \dfrac{70560}{1.01 \times 1.2 \times 10} = 5821.78\text{m}^3/\text{h}$

(4) 냉각코일부하 $q_c = q_S + q_L + q_o = (70560 + 7500 + 6000 + 21000)/3600$
$= 29.18[\text{kW}]$

06 냉각탑(colling tower)의 성능 평가에 대한 다음 물음에 답하시오.(10점)

(1) 쿨링 레인지(cooling range)에 대하여 서술하시오.

(2) 쿨링 어프로치(cooling approach)에 대하여 서술하시오.

(3) 냉각탑의 공칭능력을 쓰고 계산하시오.

(4) 냉각탑 설치 시 주의사항 3가지만 쓰시오.

해답 (1) 쿨링 레인지(Cooling range) = 냉각수 입구온도(℃)-냉각수 출구온도(℃)

(2) 쿨링 어프로치(Cooling approach)
= 냉각수 출구온도(℃)-입구공기의 습구온도(℃)

(3) 냉각탑 공칭능력(kJ/h, kW)=냉각수 순환량(L/h)×냉각수 비열×쿨링 레인지
냉각수 순환수량 : 13[L/min]
냉각탑 냉각수 입구온도 : 37℃, 냉각탑 냉각수 출구온도 : 32℃
∴ 냉각탑 공칭능력 = 13×60×4.2×(37-32) = 16380 [kJ/h](=4.55kW)을 1냉각톤이라 한다.

(4) 설치 시 주의사항
① 설치 위치는 급수가 용이하고 공기유통이 좋을 것
② 고온의 배기가스에 의한 영향을 받지 않는 장소일 것
③ 취출공기를 재흡입하지 않도록 할 것
④ 냉각탑에서 비산되는 물방울에 의한 주의 환경 및 소음 방지를 고려할 것
⑤ 2대 이상의 냉각탑을 같은 장소에 설치할 경우에는 상호 2m 이상의 간격을 유지할 것
⑥ 냉동장치로부터의 거리가 되도록 가까운 장소일 것
⑦ 설치 및 보수 점검이 용이한 장소일 것

14년2회

07 **다음 그림과 같은 배기덕트 계통에 있어서 풍량은 2000m³이고, ①, ②의 각 위치 전압 및 정압이 다음 표와 같다면 (1) 송풍기 전압(Pa), (2) 송풍기 정압(Pa)을 구하시오. (단, 송풍기와 덕트 사이의 압력 손실은 무시한다.) (5점)**

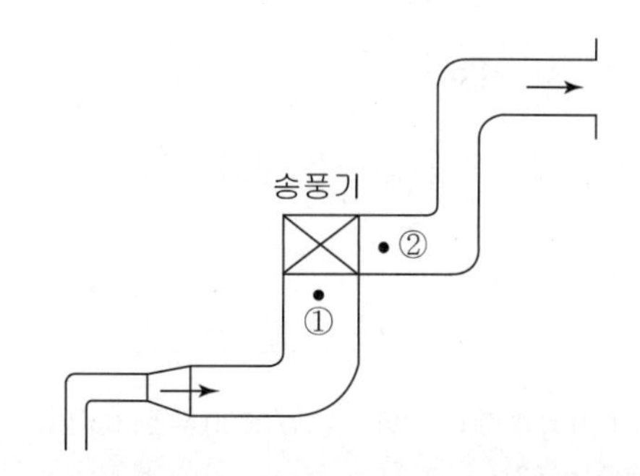

위치	전압(Pa)	정압(Pa)
①	-200	-260
②	90	60

해설 (1) 송풍기 전압 $P_t = P_{t2} - P_{t1} = 90 - (-200) = 290$[Pa]

(2) 송풍기 정압 $P_s = P_t - (P_{t2} - P_{s2}) = 290 - (90 - 60) = 260$[Pa]

01년1회, 16년3회

08 **주어진 조건을 이용하여 다음 각 물음에 답하시오. (단, 실내송풍량 $G=5000\text{kg/h}$, 실내부하의 현열비 $\text{SHF}=0.86$이고, 공기조화기의 환기 및 전열교환기의 실내측 입구공기의 상태는 실내와 동일하다.)(20점)**
(단, 공기정압비열 : 1.01kJ/kg·K 이다)

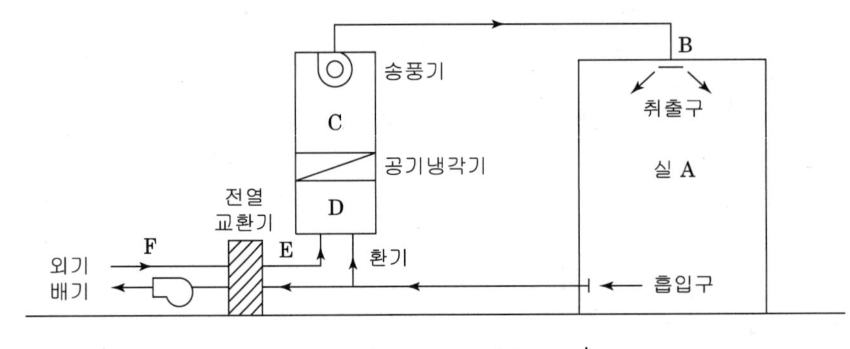

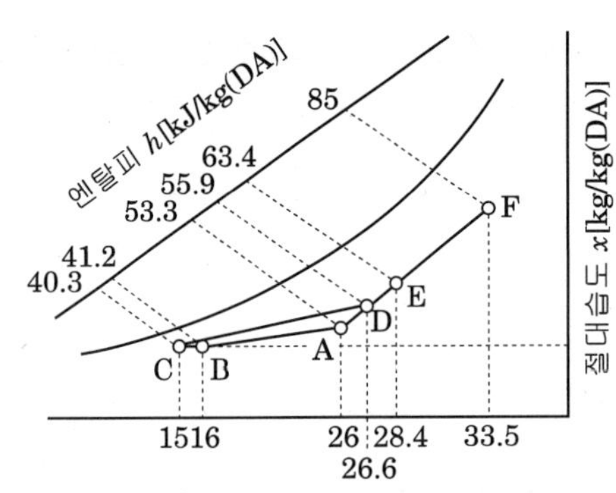

(1) 취출온도차를 이용하여 실내 현열부하 q_s[kW]을 구하시오.

(2) 취출엔탈피를 이용하여 실내 잠열부하 q_L[kW]을 구하시오.

(3) 공기 냉각기의 냉각 열량 q_c[kW]을 구하시오.

(4) 혼합공기 엔탈피를 이용하여 취입 외기량 G_o[kg/h]을 구하시오.

(5) 전열교환기의 효율 η[%]을 구하시오.

해답 (1) 실내 현열부하 $q_s = c_p \cdot G \cdot \Delta t = 1.01 \times 5000 \times (26-16)/3600 = 14.03[\text{kW}]$

(2) 실내 잠열부하 $q_L = q_T - q_s = \dfrac{5000 \times (53.3-41.2)}{3600} - 14.03 = 2.78[\text{kW}]$

(3) 냉각 코일부하 $q_c = G(h_D - h_C) = 5000 \times (55.9-40.3)/3600 = 21.67[\text{kW}]$

(4) 취입 외기량 G_o

외기부하는 G_o(외기량)와 외기-실내($h_E - h_A$) 엔탈피차로 계산하며 또는 G(급기량)과 혼합-실내($h_D - h_A$)엔탈피차로 계산한다.

$G_o(h_E - h_A) = G(h_D - h_A)$에서

$$G_o = \frac{G \cdot (h_D - h_A)}{h_E - h_A} = \frac{5000 \times (55.9-53.3)}{63.4-53.3} = 1287.13[\text{kg/h}]$$

(5)

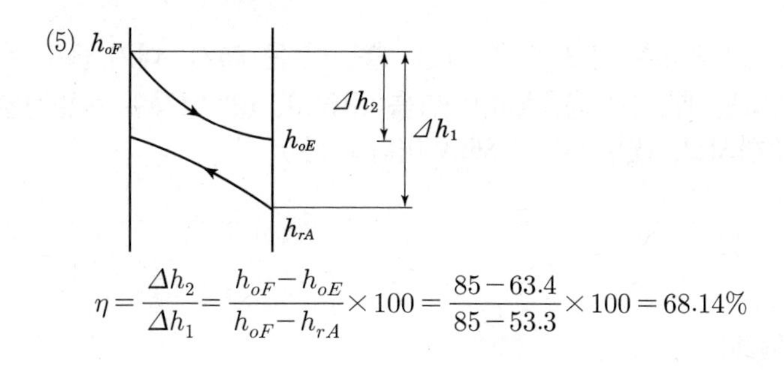

$$\eta = \frac{\Delta h_2}{\Delta h_1} = \frac{h_{oF} - h_{oE}}{h_{oF} - h_{rA}} \times 100 = \frac{85 - 63.4}{85 - 53.3} \times 100 = 68.14\%$$

09 다음 그림과 같은 두께 100mm의 콘크리트벽 내면에 목재로 마무리한 냉장실 외벽이 있다. 각 층의 열전도율 및 열전달률의 값은 다음 표와 같다.(5점)

재질	열전도율(W/m · K)	벽면	열전달률(W/m² · K)
콘크리트	0.85	외표면	20
목재	0.12	내표면	5

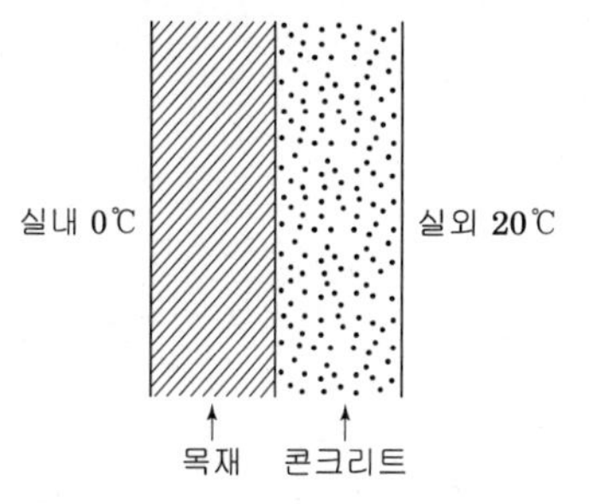

실내온도 0℃, 실외온도 20℃에서 절대습도 0.013kg/kg'일 때 외표면에 결로가 생기지 않는 목재 두께는 몇 mm인가? (단, 노점온도는 공기선도를 이용하시오.)

해답 ① 공기선도에서 절대습도 0.013kg/kg'일 때 노점온도는 18.2℃이다.

② 전열량 $q = \alpha A(t_o - t_s) = 20 \times 1 \times (20 - 18.2) = 36\,\text{W/m}^2$

③ 열통과율은 $q = KA(t_o - t_r)$에서 $36 = K(20 - 0)$, $A = 1\,\text{m}^2$

$$K = \frac{36}{20} = 1.8\ \text{W/m}^2 \cdot \text{K}$$

④ $K = \dfrac{1}{\dfrac{1}{\alpha_o} + \Sigma \dfrac{L}{\lambda} + \dfrac{1}{\alpha_i}}$에서

$$1.8 = \frac{1}{\dfrac{1}{20} + \dfrac{0.1}{0.85} + \dfrac{d}{0.12} + \dfrac{1}{5}}$$

목재두께 $d = 0.12 \times \left(\dfrac{1}{1.8} - \dfrac{1}{20} - \dfrac{0.1}{0.85} - \dfrac{1}{5}\right) = 0.022549\text{m} \fallingdotseq 22.55\text{mm}$

10 냉동능력 20RT인 냉동장치에서 응축온도 37℃, 냉각수 입구 수온 30℃, 출구 수온 35℃, 대기 습구 온도 25℃의 장치에서 냉동기 축동력이 15kW가 소비될 때, (1) 응축부하(kW)를 구하고, (2) 냉각수 증발잠열이 2256kJ/kg일 때 증발되는 냉각수량[kg/h]을 구하시오. (단, 1RT=3.86kW이다)(14점)

해답 (1) 응축부하$= 20 \times 3.86 + 15 = 92.2$[kW]

(2) 냉각수 증발량$= \dfrac{92.2}{2256} \times 3600 = 147.13$[kg/h]

2014 제3회 실기 기출문제

01 **왕복동 압축기의 실린더 지름 120mm, 피스톤 행정 65mm, 회전수 1200rpm, 체적 효율 70%, 6기통일 때 다음 물음에 답하시오.(6점)**

(1) 이론적 압축기 토출량 m^3/h를 구하시오.

(2) 실제적 압축기 토출량 m^3/h를 구하시오.

해설 이론적 압축기 토출량 $V_a = \frac{\pi d^2}{4} \cdot L \cdot N \cdot R \cdot 60$

체적 효율 = $\frac{\text{실제적 압축기 토출량}}{\text{이론적 압축기 토출량}}$

해답 (1) 이론적 토출량 $= \frac{\pi}{4} \times 0.12^2 \times 0.065 \times 1200 \times 6 \times 60 \fallingdotseq 317.58[m^3/h]$

(2) 실제적 토출량 $= 317.58 \times 0.7 = 222.31[m^3/h]$

02 **배관지름이 25mm이고 수속이 2m/s, 밀도 $1000kg/m^3$일 때 다음 물음에 답하시오.(10점)**

(1) 배관단면적(m^2)을 구하시오.(소수점 5째자리까지)

(2) 송수 유량(m^3/s)을 구하시오.(소수점 5째자리까지)

(3) 송수 질량(kg/s)을 구하시오.(소수점 2째자리까지)

해설 (1) 배관단면적 $A[m^2]$ $A = \frac{\pi D^2}{4}$

(2) 체적유량 $Q[m^3/s]$ $Q = A \cdot V$

(3) 질량 유량 $m[kg/s]$ $m = \rho \cdot Q$

해답 (1) $A = \frac{\pi \times 0.025^2}{4} = 4.9 \times 10^{-4}[m^2]$

(2) $Q = 0.00049 \times 2 = 9.8 \times 10^{-4}[m^3/s]$

(3) $m = 1000 \times 9.8 \times 10^{-4} = 0.98[kg/s]$

00년1회, 12년3회

03 다음과 같은 사무실(A)에 대해 주어진 조건에 따라 각 물음에 답하시오.(28점)

【조 건】

1. 사무실(A)
   ① 층 높이 : 3.4m　　② 천장 높이 : 2.8m
   ③ 창문 높이 : 1.5m　　④ 출입문 높이 : 2m
2. 설계조건
   ① 실외 : 33℃ DB, 68% RH, $x=0.0218\,kg/kg'$
   ② 실내 : 26℃ DB, 50% RH, $x=0.0105\,kg/kg'$
3. 계산시각 : 오후 2시
4. 유리 : 보통유리 3mm
5. 내측 베니션 블라인드(색상은 중간색) 설치
6. 틈새바람이 없는 것으로 한다.
7. 1인당 신선외기량 : $25m^3/h$
8. 조명
   ① 형광등 $30W/m^2$
   ② 전장 매입에 의한 제거율 없음
9. 중앙 공조 시스템이며, 냉동기 +AHU에 의한 전공기방식
10. 벽체 구조

11. 내벽 열통과율 : $1.8W/m^2\cdot K$
12. 위 · 아래층은 동일한 공조상태이다.
13. 복도는 28℃이고, 출입문의 열관류율은 $1.9W/m^2\cdot K$이다.
14. 공기 밀도$\rho=1.2kg/m^3$, 공기의 정압비열 $C_p=1.01\,kJ/kg\cdot K$이다.
15. 실내측$(\alpha_i)=9\,W/m^2\cdot K$, 실외측$(\alpha_o)=23\,W/m^2\cdot K$이다.
16. 실내 취출 공기 온도 16℃

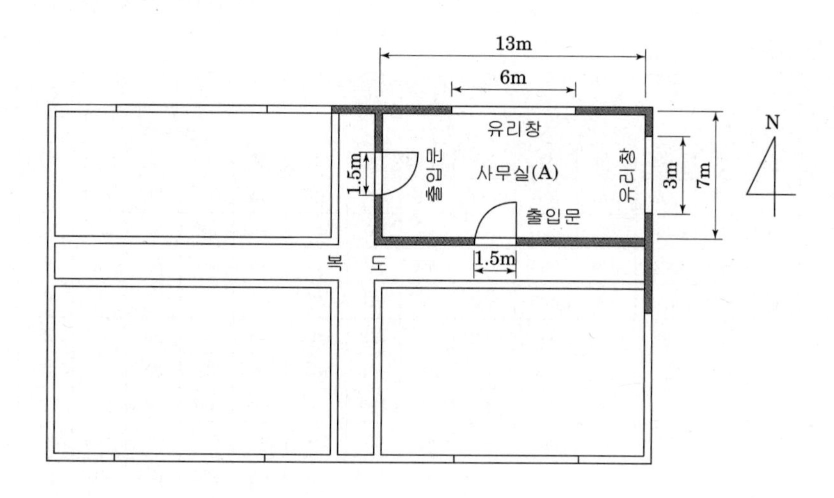

• 재실인원 1인당의 연면적 A_f[m²/인]

	사무소건축		백화점, 상점			레스토랑	극장, 영화관의 관객석	학교의 보통교실
	사무실	회의실	평균	혼잡	한산			
일반설계치	5	2	3.0	1.0	5.0	1.5	0.5	1.4

• 인체로부터의 발열설계치(W/인)

작업상태	실온		27℃		26℃		21℃	
	예	전발열량	H_S	H_L	H_S	H_L	H_S	H_L
정좌	극장	103	57	46	62	41	76	27
사무소 업무	사무소	132	58	74	63	69	84	48
착석작업	공장의 경작업	220	65	155	72	148	107	113
보행 4.8km/h	공장의 중작업	293	88	205	96	197	135	158
볼링	볼링장	425	135	288	141	284	178	247

• 외벽의 상당 외기온도차

시각	H	N	NE	E	SE	S	SW	W	NW
8	4.9	2.8	7.5	8.6	5.3	1.2	1.5	1.6	1.5
9	9.3	3.7	11.6	14.0	9.4	2.1	2.2	2.3	2.2
10	15.0	4.4	14.2	18.1	13.3	3.7	3.2	3.3	3.2
11	21.1	5.2	15.0	20.4	16.3	6.1	4.4	4.4	4.4
12	27.0	6.1	14.3	20.5	18.0	8.8	5.6	5.5	5.4
13	32.2	6.9	13.1	18.8	18.8	11.3	7.6	6.6	6.4
14	36.1	7.5	12.2	16.6	16.6	13.2	10.6	8.7	7.3
15	38.3	8.0	11.5	14.8	14.8	14.3	14.1	12.3	9.0
16	38.8	8.4	11.0	13.4	13.4	14.3	17.4	16.6	11.8
17	37.4	8.5	10.4	12.2	12.2	13.3	19.9	20.8	15.1
18	34.1	8.9	9.7	11.0	11.0	11.9	20.9	23.9	18.1

• 창유리의 표준일사열취득 I_{GR}[W/m²]

계절	방위	시각(태양시)														
		오전								오후						
		5	6	7	8	9	10	11	12	1	2	3	4	5	6	7
여름철 (7월 23일)	수평	1	58	209	379	518	732	816	844	816	732	602	441	209	58	1
	N·그늘	51	73	46	28	34	45	49	50	49	45	40	33	46	73	0
	NE	0	293	384	349	238	117	49	50	49	45	40	33	21	12	0
	E	0	322	476	493	435	363	159	50	49	45	40	33	21	12	0
	SE	0	150	278	343	354	363	255	120	49	45	40	33	21	12	0
	S	0	12	21	28	53	117	164	181	164	117	62	33	21	12	0
	SW	0	12	21	28	34	45	49	120	255	363	412	399	273	150	0
	W	0	12	21	28	34	45	49	50	159	363	506	573	476	322	0
	NW	0	12	21	28	34	45	49	50	49	117	277	406	384	293	0

• 유리창의 관류열량 I_{GC}[W/m²]

	시각	H	N	NE	E	SE	S	SW	W	NW
I_{GC}	6	2.2	2.4	4.7	4.9	3.4	0.4	0.4	0.4	0.4
	7	12.0	8.7	13.4	14.2	12.3	7.4	7.4	7.4	7.4
	8	23.2	16.7	22.6	24.0	22.5	16.6	16.6	16.6	16.6
	9	32.9	24.7	29.7	31.7	30.9	25.7	24.7	24.7	24.7
	10	40.3	31.1	33.8	36.9	36.9	33.8	31.1	31.1	31.1
	11	44.4	34.5	34.5	38.2	39.2	38.3	34.5	34.5	34.5
	12	47.0	36.8	36.8	36.8	39.5	40.8	39.5	36.8	36.8
	13	47.9	44	44	44	44	41.7	42.6	41.6	37.9
	14	47.1	44	44	44	44	40.7	43.8	43.8	40.7
	15	46.0	44	44	44	44	38.9	44.0	44.8	42.8
	16	39.8	38.6	38.6	38.6	38.6	38.6	39.1	40.6	39.1
	17	33.1	29.8	28.6	28.5	28.5	28.5	33.5	35.4	34.6
	18	23.9	24.2	22.1	22.1	22.1	22.1	25.1	26.7	26.4

• 유리의 차폐계수

종류		
보통유리		1.00
마판유리		0.94
내측 venetian blind(보통유리)	엷은색	0.56
	중간색	0.65
	진한색	0.75
외측 venetian blind(보통유리)	엷은색	0.12
	중간색	0.15
	진한색	0.22

(1) 외벽체 열통과율(K)

(2) 벽체를 통한 부하

① 동　② 서　③ 남　④ 북

(3) 출입문을 통한 부하

(4) 유리를 통한 부하

① 동　② 북

(5) 인체부하

(6) 조명부하

(7) 송풍량(m^2/h)을 구하시오.

① 현열부하의 총합계(W)　② 송풍량(m^3/h)

해답 (1) 외벽체 열통과율

열통과율 $K = \dfrac{1}{R} = \dfrac{1}{\dfrac{1}{\alpha_o} + \sum \dfrac{d}{\lambda} + \dfrac{1}{\alpha_i}}$

$= \dfrac{1}{\dfrac{1}{23} + \dfrac{0.03}{1.4} + \dfrac{0.12}{1.6} + \dfrac{0.02}{1.4} + \dfrac{0.003}{0.62} + \dfrac{0.003}{0.26} + \dfrac{1}{9}}$

$≒ 3.55[W/m^2 \cdot K]$

(2) 벽체를 통한 부하

1) 외벽체를 통한 부하 $q_w = K \cdot A \cdot \Delta t_e$에서

① 동 : $3.55 \times \{(7 \times 3.4) - (3 \times 1.5)\} \times 16.6 ≒ 1137.349[W]$

② 북 : $3.55 \times \{(13 \times 3.4) - (6 \times 1.5)\} \times 7.5 = 937.2[W]$

2) 내벽체를 통한 부하$q_w = K \cdot A \cdot \Delta t$

③ 남 : $1.8 \times \{(13 \times 2.8) - (1.5 \times 2)\} \times (28 - 26) = 120.24[W]$

④ 서 : $1.8 \times \{(7 \times 2.8) - (1.5 \times 2)\} \times (28 - 26) = 59.76[W]$

(3) 출입문을 통한 부하 $q = K \cdot A \cdot \Delta t$

$= 1.9 \times (1.5 \times 2 \times 2) \times (28 - 26) = 22.8[W]$

(4) 유리를 통한 부하

1) 동쪽

① 일사부하

$q_{GR} = I_{GR} \cdot A_g \cdot (SC) = 45 \times (3 \times 1.5) \times 0.65 = 131.625[W]$

② 관류부하

$q_{GC} = I_{GC} \cdot A_g = 44 \times (3 \times 1.5) = 198[W]$

2) 북쪽

① 일사부하

$q_{GR} = I_{GR} \cdot A_g \cdot (SC) = 45 \times (6 \times 1.5) \times 0.65 = 263.25[W]$

② 관류부하

$q_{GC} = I_{GC} \cdot A_g = 44 \times (6 \times 1.5) = 396[W]$

(5) 인체부하

① 현열$=\dfrac{13\times7}{5}\times63=1146.6[\mathrm{W}]$

② 잠열$=\dfrac{13\times7}{5}\times69=1255.8[\mathrm{W}]$

(6) 조명부하$=(13\times7\times30)\times1.2=3276[\mathrm{W}]$

(7) 송풍량

① 현열량$q_s=1137.349+937.2+120.24+59.76+22.8+131.625+198$
$+263.25+396+1146.6+3276=7688.824[\mathrm{W}]$

② 송풍량$\dfrac{q_s}{cp\cdot\rho\cdot\Delta t}=\dfrac{7688.824\times10^{-3}}{1.01\times1.2\times(26-16)}\times3600=2283.809[\mathrm{m^3/h}]$

04 냉동장치 운전중에 발생되는 현상과 운전관리에 대한 다음 물음에 답하시오.(10점)

(1) 플래시가스(flash gas)에 대하여 설명하시오.

(2) 액압축(liquid hammer)에 대하여 설명하시오.

(3) 안전두(safety head)에 대하여 설명하시오.

(4) 펌프다운(pump down)에 대하여 설명하시오.

(5) 펌프아웃(pump out)에 대하여 설명하시오.

해답 (1) 플래시가스(flash gas) : 고압 액배관에서 냉매액이 온도상승이나 압력강하로 인하여 액이 기화하는 현상으로 플래시 가스가 발생하면 팽창변의 냉매유량이 감소하여 냉동능력이 저하되는 현상을 일으킨다.

(2) 액압축(liquid hammer) : 팽창밸브 개도를 과대할 때나 증발기 코일에 적상이 생기거나 냉동부하의 감소로 인하여 증발하지 못한 액냉매가 압축기로 흡입되어 압축되는 현상으로 소음과 진동이 발생되고 압축기의 흡입변 및 토출변이 파손될 수 있다.

(3) 안전두(safety head) : 압축기 실린더 상부 밸브 플레이트(변판)에 설치한 것으로 냉매액이 압축기에 흡입되어 압축될 때 파손을 방지하기 위하여 작동되며 가스는 압축기 흡입측으로 분출된다

(4) 펌프다운(pump down) : 냉동장치 저압측을 수리하거나 장기간 휴지(정지) 시에 저압측의 냉매를 고압측의 수액기로 회수하는 것이다. 이때 저압측 압력은 $0.1\mathrm{kg/cm^2\cdot g}$ 가까이로 보존한다.

(5) 펌프아웃(pump out) : 냉동장치 고압측을 수리할 때 냉매를 저압측(증발기) 또는 외부 용기로 회수하여 보관하는 방법이다.

01년1회, 05년2회, 12년2회

05 다음 그림은 −100℃ 정도의 증발온도를 필요로 할 때 사용되는 2원 냉동 사이클의 $P-h$선도이다. $P-h$ 선도를 참고로 하여 각 지점의 엔탈피로서 2원 냉동 사이클의 성적계수(COP)를 냉매순환량과 각점 엔탈피를 이용하여 나타내시오.(단, 저온 증발기의 냉동능력 : Q_{2L}, 고온 증발기의 냉동능력 : Q_{2H}, 저온부의 냉매 순환량 : G_1, 고온부의 냉매 순환량 : G_2)(10점)

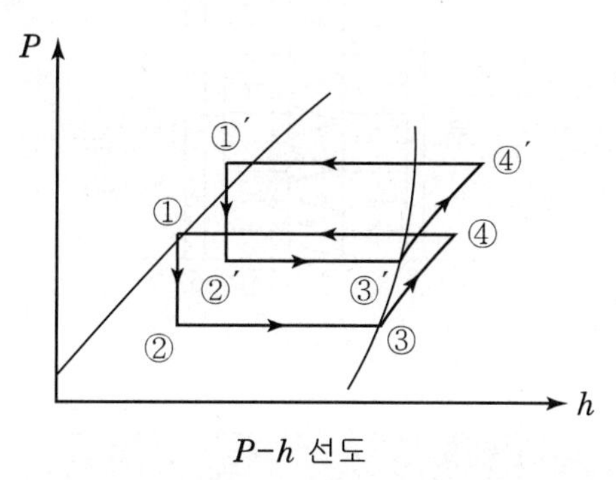

$P-h$ 선도

해설 2원 냉동 사이클의 성적계수(ϵ)

(1) 저온 냉동기의 성적계수 $\epsilon_1 = \dfrac{Q_{2L}}{W_L} = \dfrac{G_1 \cdot (h_3 - h_2)}{G_1 \cdot (h_4 - h_3)} = \dfrac{h_3 - h_2}{h_4 - h_3}$

(2) 고온 냉동기의 성적계수 $\epsilon_2 = \dfrac{Q_{2H}}{W_H} = \dfrac{G_2 \cdot (h'_3 - h'_2)}{G_2 \cdot (h'_4 - h'_3)} = \dfrac{h'_3 - h'_2}{h'_4 - h'_3}$

(3) 종합성적계수 $COP = \dfrac{Q_{2L}}{W_L + W_H} = \dfrac{\epsilon_1 \cdot \epsilon_2}{1 + \epsilon_1 + \epsilon_2}$

여기서, W_L : 저온 냉동기 소요동력

W_H : 고온 냉동기 소요동력

해답 성적계수 COP= $\dfrac{Q_{2L}}{W_L + W_H} = \dfrac{G_1 (h_3 - h_2)}{G_1 (h_4 - h_3) + G_2 (h_4' - h_3')}$

01년1회, 09년1회, 11년1회, 13년2회

06 다음과 같은 벽체의 열관류율($W/m^2 \cdot K$)을 계산하시오. (6점)

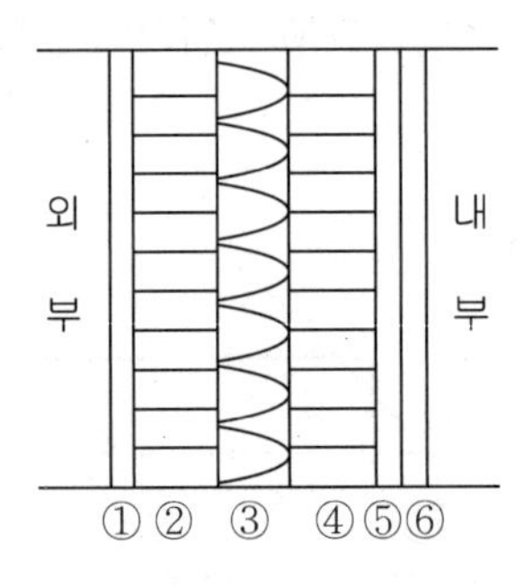

[표1] 재료표

재료 번호	재료 명칭	재료두께(mm)	열전도율(W/m·K)
①	모르타르	20	1.3
②	시멘트 벽돌	100	0.8
③	글라스 울	50	0.04
④	시멘트 벽돌	100	0.8
⑤	모르타르	20	1.3
⑥	비닐벽시	2	0.24

[표2] 벽 표면의 열전달률($W/m^2 \cdot K$)

실내측	수직면	9
실외측	수직면	23

해답 $K = \dfrac{1}{R} = \dfrac{1}{\dfrac{1}{\alpha_o} + \Sigma\dfrac{L}{\lambda} + \dfrac{1}{\alpha_i}}$

$$= \frac{1}{\frac{1}{23} + \frac{0.02}{1.3} + \frac{0.1}{0.8} + \frac{0.05}{0.04} + \frac{0.1}{0.8} + \frac{0.02}{1.3} + \frac{0.002}{0.24} + \frac{1}{9}} = 0.59[W/m^2K]$$

06년1회

07 다음 그림과 같이 ABCD로 운전되는 장치가 운전상태가 변하여 A′BCD′로 사이클이 변동하는 경우 장치의 냉동능력과 소요동력은 몇 % 변화하는가? (단, 압축기는 동일한 상태이고, ABCD 운전과정은 A 사이클 A′BCD′ 운전과정을 B 사이클로 한다.)(14점)

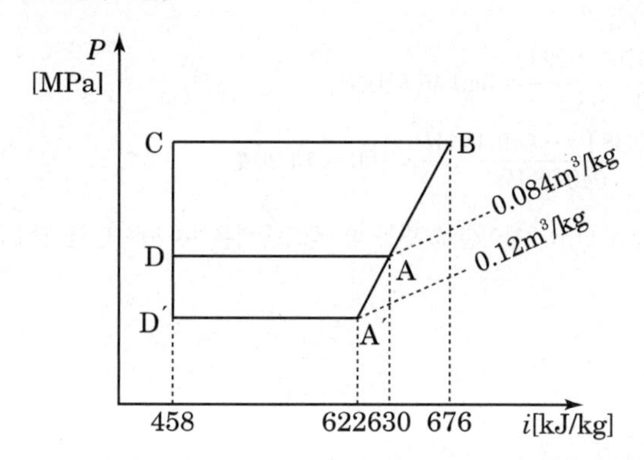

	체적효율	압축효율	기계효율
ABCD	0.70	0.73	0.82
A′BCD′	0.60	0.63	0.78

해설 (1) 압축기의 피스톤 압출량 $1m^3$당 냉동능력 $Q_R = \dfrac{q_2 \times \eta_v}{v}$[kJ/m³]

여기서 q_2 : 냉동효과[kJ/kg]

η_v : 체적효율

v : 압축기 흡입가스 비체적[m³/kg]

(2) 소요동력 W[kW]

$$W = \frac{V_a \cdot \eta_v \cdot w}{v \cdot \eta_c \cdot \eta_m}$$

여기서 V_a : 이론적 피스톤 압출량[m³/s]

η_v : 체적효율 w : 압축일량[kJ/kg]

η_c : 압축효율 η_m : 기계효율

해답 (1) 냉동능력의 변화율은 압축기 압출량이 동일하므로

① ABCD 사이클에 있어서 압출량 $1m^3$당

$$\text{냉동능력} = \frac{(630-458) \times 0.7}{0.084} = 1433.33[kJ/m^3]$$

② A′BCD′ 사이클에 있어서 $1m^3$당

$$\text{냉동능력} = \frac{(622-458) \times 0.6}{0.12} = 820[kJ/m^3]$$

$$\text{냉동능력 변화량} = \frac{1433.33 - 820}{1433.33} \times 100 = 42.79\%$$

따라서 냉동사이클 ABCD에서 A′BCD′로 변동 후 냉동능력은 42.79% 만큼 감소하였다.

(2) 소요동력의 변화율

① ABCD 사이클의 소요동력

$$AW_1 = \frac{V_a \cdot \eta_v \cdot w}{v \cdot \eta_c \cdot \eta_m} = \frac{Va \times 0.7 \times (676-630)}{0.084 \times 0.73 \times 0.82} = 640.38\,V_a[\text{kW}]$$

② A′BCD′ 사이클의 소요동력

$$AW_2 = \frac{V_a \times 0.6 \times (676-622)}{0.12 \times 0.63 \times 0.78} = 549.45\,V_a[\text{kW}]$$

$$\text{소요동력 변화량} = \frac{640.38\,Va - 549.45\,Va}{640.38\,Va} \times 100 = 14.20\%$$

따라서 ABCD 사이클에서 A′BCD′ 사이클로 변동 후 소요동력은 14.20% 만큼 감소하였다.

04년1회, 09년2회

08 송풍기 총풍량 6000m³/h, 송풍기 출구 풍속을 7m/s로 하는 다음의 덕트 시스템에서 등마찰손실법에 의하여 Z-A-B, B-C, C-D-E 구간의 원형 덕트의 크기와 덕트 풍속을 구하시오.(별첨 덕트선도 참조)(15점)

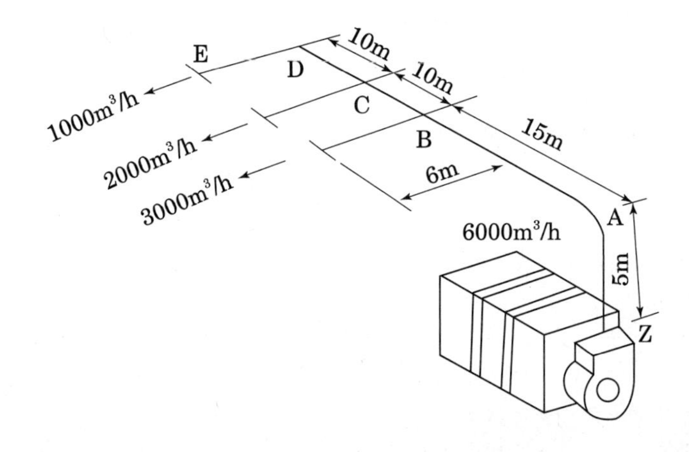

구간	원형 덕트 크기(cm)	풍속(m/s)
Z-A-B		
B-C		
C-D-E		

해설 (1) 덕트 각 구간의 풍량

① Z-A-B구간의 풍량 = 1000 + 2000 + 3000 = 6000[m³/h]

② B-C구간의 풍량 = 1000 + 2000 = 3000[m³/h]

③ C-D-E구간의 풍량 = 1000[m³/h]

(2) 원형 덕트의 크기 결정(등마찰손실법)

주덕트(Z-A-B)의 유량선도(마찰저항선도)에서 풍량 6000[m^3/h]과 주덕트의 풍속(이 문제에서는 송풍기 출구 풍속)과 의 교점에서 아래로 수직선을 그리면 약 1Pa이며, 등마찰법이므로 이 마찰저항선과 각 구간의 풍량에 의해 원형 덕트의 크기를 결정하고, 이 교점에서 풍속을 선정한다.

※ 주의 : 등마찰손실법으로 설계 시에는 일반적으로 마찰저항값을 주지만, 이문제처럼 주덕트의 풍량과 풍속에 의해 단위길이당 마찰저항을 주어지는 경우에는 주덕트 마찰저항을 구하여 덕트경을 선정한다. 실제로 송풍기 출구 풍속과 주덕트의 풍속은 같지 않다.

해답

구간	원형 덕트 크기(cm)	풍속(m/s)
Z-A-B	53	7
B-C	42	6
C-D-E	28	4.6

선도

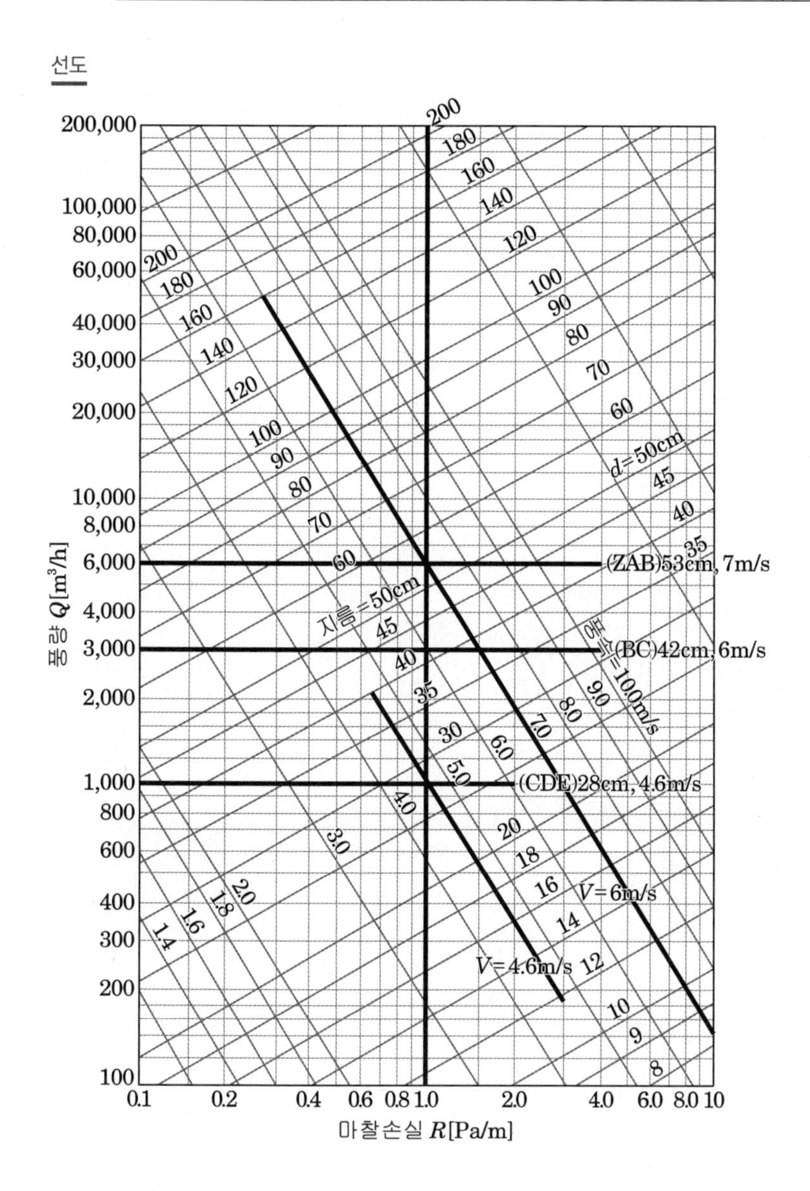

17년1회

09 **건구온도 25℃, 상대습도 50%, 5000kg/h의 공기를 15℃로 냉각(건코일)할 때와 35℃로 가열할 때의 열량을 공기선도에 작도하여 엔탈피로 계산하시오.(6점)**

해설 공기를 단순히 가열이나 냉각을 할 경우에는 절대습도의 변화 없이 건구온도만 변화한다.

해답

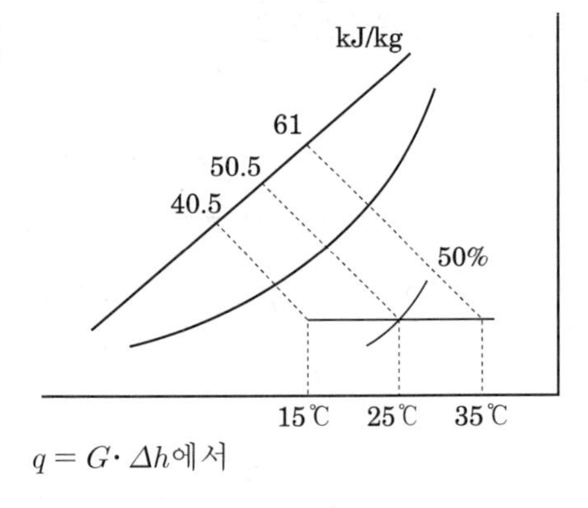

$q = G \cdot \Delta h$에서

(1) 25℃에서 15℃로 냉각할 때의 열량 $= 5000 \times (50.5 - 40.5) = 50000$[kJ/h]

(2) 25℃에서 35℃로 가열할 때의 열량 $= 5000 \times (61 - 50.5) = 52500$[kJ/h]

선도

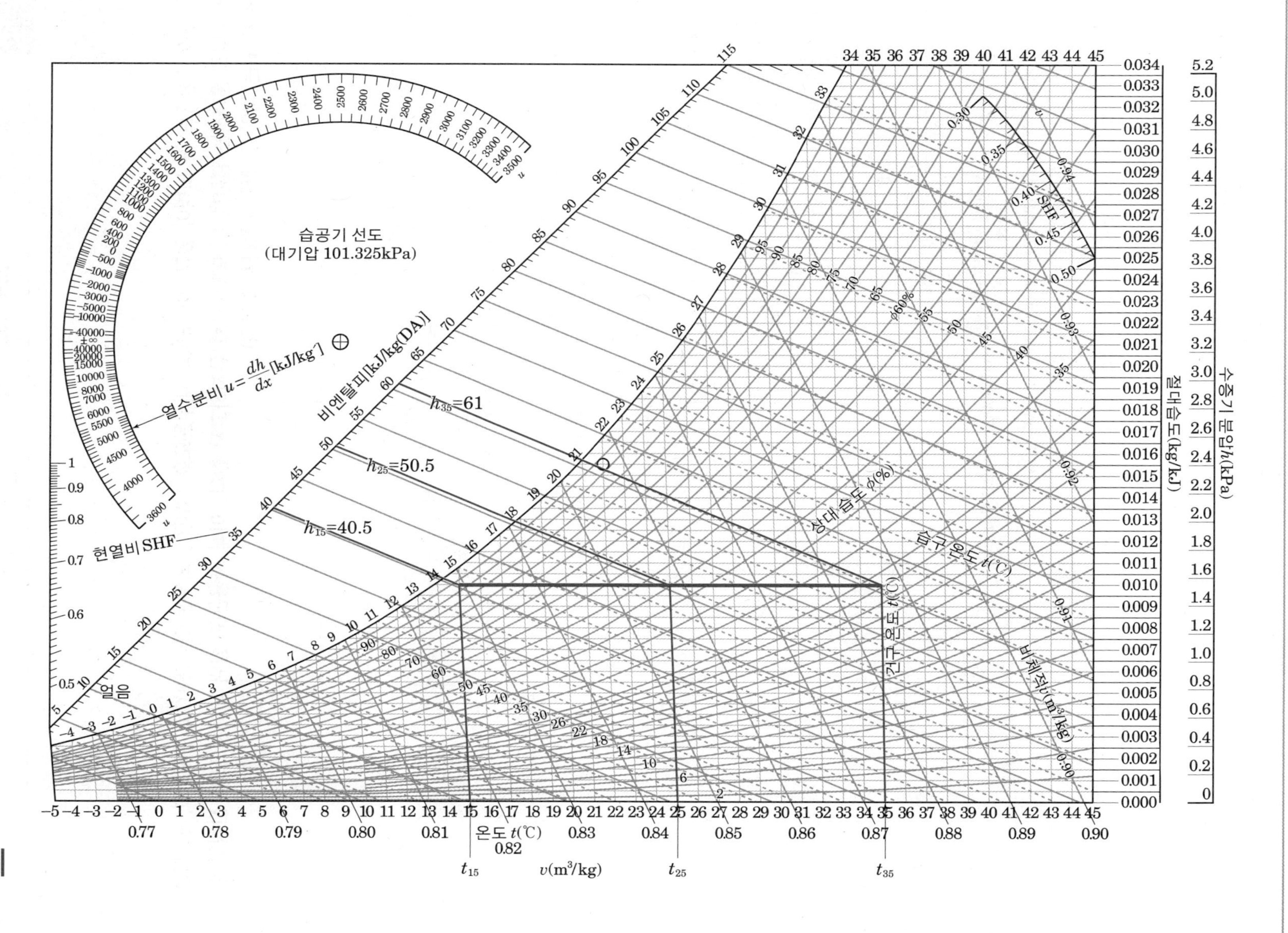

습공기 선도
(대기압 101.325kPa)
열수분비 $u=\frac{dh}{dx}$[kJ/kg]
비엔탈피[kJ/kg(DA)]
현열비 SHF
얼음
h_{35}=61
h_{25}=50.5
h_{15}=40.5
상대 습도 φ(%)
습구 온도 t'(℃)
건구 온도 t(℃)
비체적 v(m³/kg)
절대습도(kg/kJ)
수증기 분압h(kPa)
온도 t(℃)
v(m³/kg)
t_{15}
t_{25}
t_{35}

2015 제1회 실기 기출문제

06년2회

01 다음과 같이 3중으로 된 노벽이 있다. 이 노벽의 내부온도를 1370℃, 외부온도를 280℃로 유지하고, 또 정상 상태에서 노벽을 통과하는 열량을 4.08kW/m^{2}로 유지하고자 한다. 이때 사용온도 범위 내에서 노벽 전체의 두께가 최소가 되는 벽의 두께를 결정하시오.(5점)

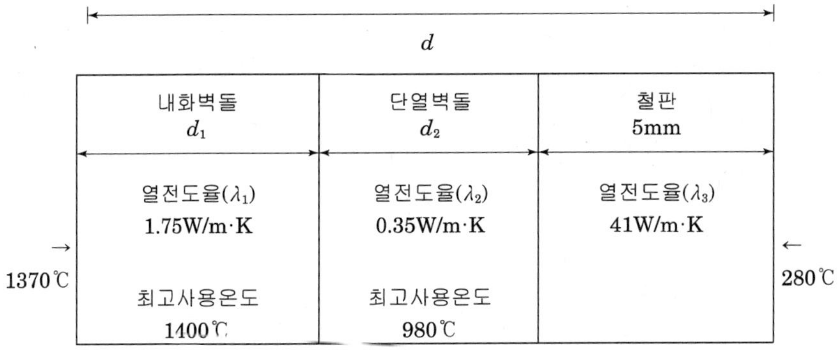

d

	내화벽돌 d_1	단열벽돌 d_2	철판 5mm	
→ 1370℃	열전도율(λ_1) 1.75W/m·K	열전도율(λ_2) 0.35W/m·K	열전도율(λ_3) 41W/m·K	← 280℃
	최고사용온도 1400℃	최고사용온도 980℃		

해답 $Q = KA\Delta t = \dfrac{\lambda_1 A\Delta t_1}{d_1} = \dfrac{\lambda_2 A\Delta t_2}{d_2}$ 에서 면적A는 동일하므로

① 내화벽돌 두께 $d_1 = \dfrac{1.75\times(1370-980)}{4.08\times10^3} = 0.1672798\text{m} = 167.279[\text{mm}]$

② 단열벽돌과 철판사이온도 $q = \dfrac{\lambda_2 A\Delta t_2}{d_2}$ 에서

$$4.08\times10^3 = \frac{41\times(t_x-280)}{0.005}$$

$$\therefore t_x = \frac{4.08\times10^3\times0.005}{41} + 280 = 280.5[℃]$$

③ 단열벽돌의 두께 $d_2 = \dfrac{0.35\times(980-280.5)}{4.08\times10^3} = 0.060006\text{m} = 60.006[\text{mm}]$

∴ 노벽 전체의 두께 $d = 167.279 + 60.006 + 5 = 232.285[\text{mm}]$

02 **다음 그림은 사무소 건물의 기준 층에 위치한 실의 일부를 나타낸 것이다. 각종 설계조건으로부터 대상실의 냉방부하를 산출하고자 한다. 주어진 조건을 이용하여 물음에 답하시오.(25점)**

【설 계 조 건】

1. 외기조건 : 32℃ DB, 70% RH
2. 실내 설정조건 : 26℃ DB, 50% RH
3. 열관류율
   ① 외벽 : 0.32[$W/m^2 \cdot K$]
   ② 유리창 : 4.0[$W/m^2 \cdot K$]
   ③ 내벽 : 0.38[$W/m^2 \cdot K$]
   ④ 유리창 차폐계수 = 0.71
4. 재실인원 : 0.2[인/m^2]
5. 인체 발생열 : 현열 57[W/인], 잠열 62[W/인]
6. 조명부하 : 25[W/m^2]
7. 틈새바람에 의한 외풍은 없는 것으로 하며, 인접실의 실내조건은 대상실과 동일하다.

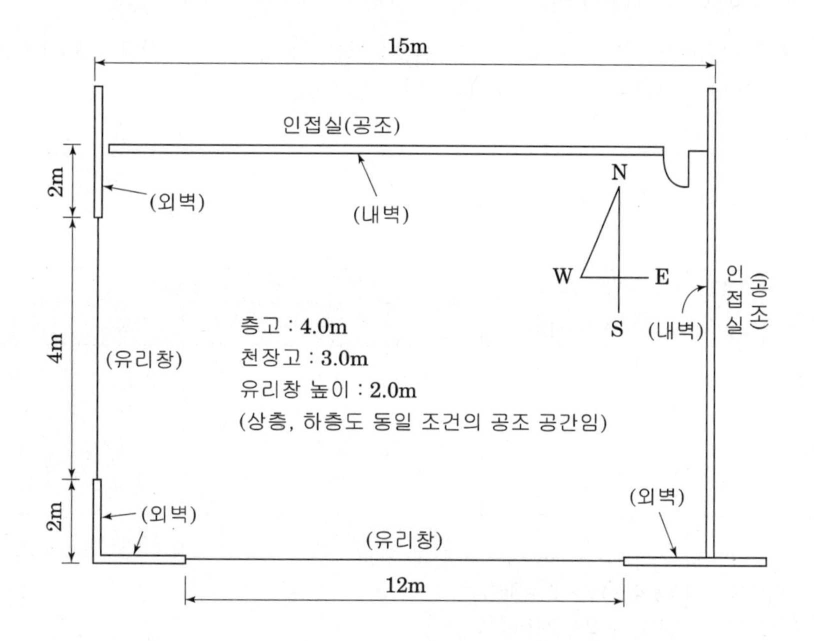

[표 1] 유리창에서의 일사열량(W/m^2)

방위 / 시간	수평	N	NE	E	SE	S	SW	W	NW
10	732	39	101	312	312	117	39	45	39
12	844	43	43	43	103	181	103	120	43
14	732	39	39	39	39	117	312	363	101
16	441	28	28	28	28	33	343	573	349

[표 2] 상당온도차(하기 냉방용(deg))

시간 \ 방위	수평	N	NE	E	SE	S	SW	W	NW
10	12.8	3.9	10.9	14.2	11.0	4.0	3.2	3.3	5.2
12	21.4	5.6	10.6	14.9	13.8	8.1	5.6	5.3	5.2
14	27.2	7.0	9.8	12.4	12.6	11.2	10.2	8.7	7.0
16	26.2	7.6	9.4	10.9	11.0	11.6	15.0	15.0	11.2

(1) 설계조건에 의해 12시, 14시, 16시의 냉방부하를 구하시오.
 1) 구조체에서의 부하
 2) 유리를 통한 일사에 의한 열부하
 3) 실내에서의 부하

(2) 실내 냉방부하의 최대 발생시각을 결정하고, 이때의 현열비를 구하시오.

(3) 최대 부하 발생시의 취출풍량(m^3/h)을 구하시오. (단, 취출온도는 15℃, 공기의 비열 1.0[kJ/kg·K], 공기의 밀도 1.2[kg/m^3]로 한다. 또한, 실내의 습도 조절은 고려하지 않는다.

해답 (1) 설계조건에 의해 12시, 14시, 16시의 냉방부하
 1) 구조체에서의 부하

벽체	방위	면적 (m^2)	열관류율 (W/m^2K)	12시		14시		16시	
				Δt	W	Δt	W	Δt	W
외벽	S	36	0.32	8.1	93.31	11.2	129.02	11.6	133.63
유리창	S	24	4.0	6	576	6	576	6	576
외벽	W	24	0.32	5.3	40.7	8.7	66.82	15	115.2
유리창	W	8	4.0	6	192	6	192	6	192
				계	902.01	계	963.84	계	1016.83

여기서, 남측의 외벽면적 $=15\times4-12\times2=36[m^2]$
 서측의 외벽면적 $8\times4-4\times2=24[m^2]$

 2) 유리를 통한 일사에 의한 취득열량

종류	방위	면적 (m^2)	차폐계수	12시		14시		16시	
				일사량	W	일사량	W	일사량	W
유리창	S	24	0.71	181	3084.24	117	1993.68	33	562.32
유리창	W	8	0.71	120	681.6	363	2061.84	573	3254.64

 3) 실내에서의 부하
 ① 인체부하 • 현열량 $q_{HS}=SH\times$ 인수 $=57\times24=1368$[W]
 • 잠열량 $q_{HL}=LH\times$ 인수 $=62\times24=1488$[W]
 ∵ 인체부하$=1368+1488=2856$[W]
 여기서, 재실인원 : $15\times8\times0.2=24$인

② 조명부하 : $25 \times (15 \times 8) = 3000[W]$

∴ 실내에서의 부하 $= 2856 + 3000 = 5856[W]$

(2) 실내 냉방부하의 최대 발생시각 및 현열비

1) 최대 부하 발생시각은 14시

2) 현열비

① 현열$= 963.84 + 1368 + (1993.68 + 2061.84) + 3000 = 9387.36[W]$

② 잠열$= 1488[W]$

$$\therefore \text{ 현열비 SHF} = \frac{q_s}{q_s + q_L} = \frac{9387.36}{9387.36 + 1488} = 0.86$$

(3) 최대 부하 발생시의 취출풍량(m^3/h)

$q_S = c_p \cdot \rho \cdot Q(t_r - t_c)$에서

$$Q = \frac{9387.36 \times 10^{-3}}{1.0 \times 1.2 \times (26 - 15)} \times 3600 = 2560.19[m^3/h]$$

02년1회, 07년3회, 09년2회, 17년2회, 19년2회

03 어떤 방열벽의 열통과율이 $0.35 W/m^2 \cdot K$ 이며, 벽 면적은 $1200 m^2$인 냉장고가 외기 온도 35℃에서 사용되고 있다. 이 냉장고의 증발기는 열통과율이 $30 W/m^2 K$이고 전열면적은 $30 m^2$이다. 이때 각 물음에 답하시오. (단, 이 식품 이외의 냉장고 내 발생열 부하는 무시하며, 증발온도는 -15℃로 한다.)(6점)

(1) 냉장고 내 온도가 0℃일 때 외기로부터 방열벽을 통해 침입하는 열량은 몇 kW인가?

(2) 냉장고 내 저장식품 표면 열전달률 $5.82 W/m^2 \cdot K$, 전열면적 $600 m^2$, 온도 10℃인 식품을 보관했을 때 이 식품의 발생열 부하에 의한 고내 온도는 몇 ℃가 되는가?

해답 (1) 방열벽을 통한 침입열량 $Q = K_w \cdot A_w \cdot \Delta t = 0.35 \times 1200 \times (35 - 0) = 14700[W] = 14.7[kW]$

(2) 고내온도 t

- Q_2 : 증발기의 냉각능력(냉동능력)[W]
- Q_a : 냉장 식품의 발생열부하[W]
- Q_w : 식품을 보관했을때의 방열벽의 침입열량[W]로 하면

① $Q_2 = KA\Delta t = 30 \times 30 \times \{t - (-15)\} = 900t + 13500$

② $Q_a = \alpha A \Delta t = 5.82 \times 600 \times (10 - t) = 34920 - 3492t$

③ $Q_w = K_w A_w \Delta t = 0.35 \times 1200 \times (35 - t) = 14700 - 420t$

$Q_2 = Q_a + Q_w$이어야 하므로(증발기 냉동능력=식품발생열량 + 방열벽 침입열량)

$900t + 13500 = (34920 - 3492t) + (14700 - 420t)$

$(900 + 3492 + 420)t = 34920 + 14700 - 13500$

$4812\, t = 36120$

$$\therefore \text{ 고내온도 } t = \frac{36120}{4812} \fallingdotseq 7.51[℃]$$

(※ 고내온도 계산시 방열벽 침입열량을 무시하라 하면 $Q_2 = Q_a$ 평형식에서 구한다)

06년2회

04 **다음과 같은 공조기 수배관에 대하여 물음에 답하시오.(단, 허용압력 손실은 $R = 0.8\text{kPa/m}$ 이며, 국부저항 상당 길이는 직관길이와 동일한 것으로 한다.)(15점)**

구간	직관길이
A-B	50m
B-C	5m
C-D	5m
D-E	5m
E-F	10m

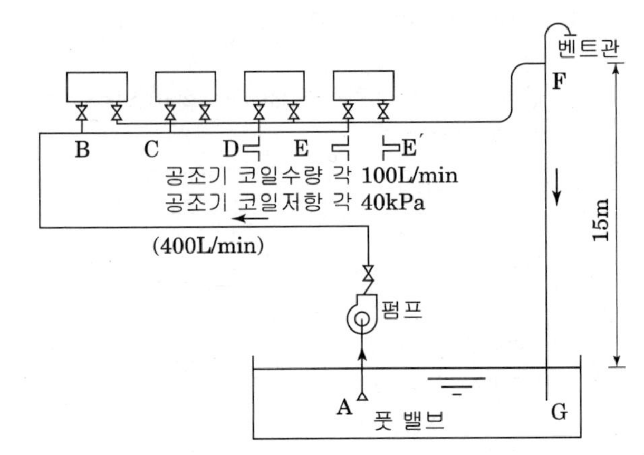

• 관지름에 따른 유량(R=0.8kPa/m)

관지름(mm)	32	40	50	65	80
유량(L/min)	90	180	380	570	850

(1) 각 구간의 빈곳을 완성하시오.

구간	유량 (L/min)	R[kPa/m]	관지름 (mm)	직관길이 L[m]	상당길이 L′[m]	마찰저항 P[kPa]	비고
A-B		0.8					-
B-C		0.8					-
C-D		0.8					-
D-E		0.8					-
E′-F		0.8					-
F-G		0.8		15	-	-	0실 양정

(2) 펌프의 양정 $H[\text{m}]$과 수동력 $P[\text{kW}]$을 구하시오.(단 $1\text{mAq} = 9.8\text{kPa}$)

해답 (1)

구간	유량 (L/min)	R[kPa/m]	관지름 (mm)	직관길이 L[m]	상당길이 L′[m]	마찰저항 P[kPa]	비고
A-B	400	0.8	65	50	50	80	-
B-C	300	0.8	50	5	5	8	-
C-D	200	0.8	50	5	5	8	-
D-E	100	0.8	40	5	5	8	-
E'-F	400	0.8	65	10	10	16	-
F-G	400	0.8	65	15	-	-	실양정

(2) 1) 전양정 H

① 실양정 =15m

② 배관마찰손실 $= \dfrac{80+(8\times3)+16}{9.8} = 12.24\,\text{mAq}$

③ 기기저항$= \dfrac{40}{9.8} = 4.08\,\text{mAq}$

∴ 전양정$H = 15+12.24+4.08 = 31.32[\text{mAq}]$

2) 수동력 $L_w = rQH = \dfrac{9.8\times400\times31.32}{60\times10^3} = 2.05[\text{kW}]$

05 냉동 장치에 사용되는 증발압력 조정밸브(EPR), 흡입압력 조정밸브(SPR), 응축압력 조절밸브(절수밸브 : WRV)에 대해서 설치위치와 작동원리를 서술하시오.(13점)

해답 (1) 증발압력 조정밸브(evaporator pressure regulator)

① 설치위치 : 증발기 출구관에 설치한다.(증발기 가까운 쪽)

② 작동원리 : 밸브 입구 압력에 의해서 작동되며 증발압력이 높으면 열리고, 낮으면 닫혀서 증발압력이 설정압력 이하가 되는 것을 방지한다.

(2) 흡입압력 조정밸브(suction pressure regulator)

① 설치위치 : 압축기의 흡입배관에서 설치한다.(압축기 흡입지변 직후)

② 작동원리 : 밸브 출구 압력에 의해서 작동되고 압축기 흡입압력이 높으면 닫히고, 낮으면 열려서 흡입압력이 설정압력 이상이 되는 것을 방지한다.

(3) 응축압력 조절밸브(절수밸브)

① 설치위치 : 수냉응축기 출구 냉각수 배관에 설치한다.

② 작동원리 : 응축압력의 고저에 의해서 냉각수를 조절하여 응축압력을 일정하게 유지한다.

06 다음 도면은 2대의 압축기를 병렬 운전하는 1단 압축 냉동장치의 일부이다. 토출가스 배관에 유분리기를 설치하여 완성하시오.(6점)

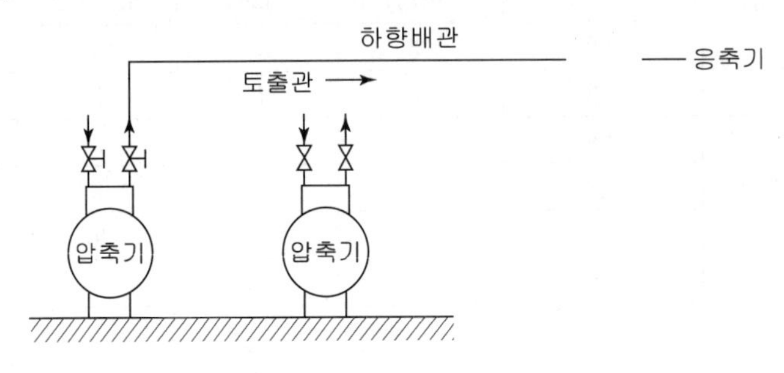

해답

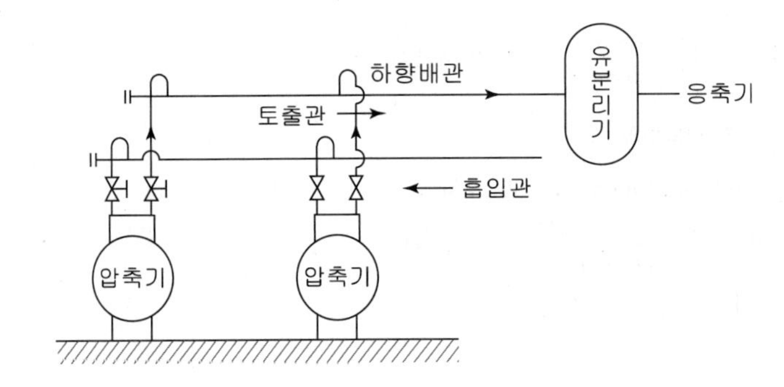

17년3회

07 공기조화 부하에서 극간풍(틈새바람)을 구하는 방법 3가지와 틈새바람을 방지하는 방법 3가지를 서술하시오. (12점)

해답 (1) 틈새바람을 구하는 방법
① 환기횟수 법($Q=nV$)
② crack법(극간 길이에 의한 방법)
③ 창면적법

(2) 극간풍(틈새바람)을 방지하는 방법
① 에어 커튼(air curtain)의 설치
② 회전문 설치
③ 충분한 간격을 두고 이중문 설치
④ 실내를 가압하는 방법

01년1회

08 다음 그림과 같은 중앙식 공기조화설비의 계통도에서 각 기기의 명칭을 [보기]에서 골라 쓰시오.(5점)

【보 기】

1. 송풍기	2. 보일러	3. 냉동기
4. 공기조화기	5. 냉수펌프	6. 냉매펌프
7. 냉각수 펌프	8. 냉각탑	9. 공기가열기
10. 에어 필터	11. 응축기	12. 증발기
13. 공기냉각기	14. 냉매건조기	15. 트랩
16. 가습기	17. 보일러 급수펌프	

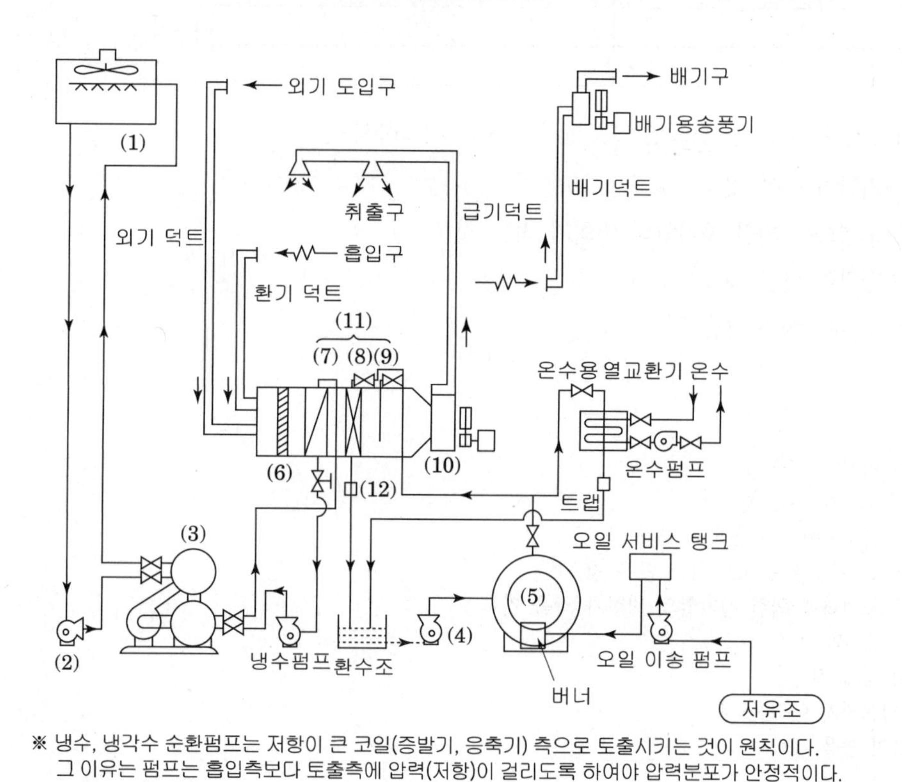

※ 냉수, 냉각수 순환펌프는 저항이 큰 코일(증발기, 응축기) 측으로 토출시키는 것이 원칙이다.
그 이유는 펌프는 흡입측보다 토출측에 압력(저항)이 걸리도록 하여야 압력분포가 안정적이다.

해답

(1) 냉각탑	(2) 냉각수 펌프	(3) 응축기
(4) 보일러 급수펌프	(5) 보일러	(6) 에어필터
(7) 공기냉각기	(8) 공기가열기	(9) 가습기
(10) 송풍기	(11) 공기조화기	(12) 트랩

2015 제2회 실기 기출문제

01 흡수식 냉동장치에서 다음 물음에 답하시오.(6점)

(1) 빈칸에 냉매와 흡수제를 쓰시오.

냉매	흡수제

(2) 다음 흡수제의 구비 조건 중 맞으면 ○, 틀리면 ×를 기입하시오.

① 용액의 증기압이 높을 것 ( )

② 용액의 농도변화에 의한 증기압의 변화가 작을 것 ( )

③ 재생하는 열량이 낮을 것 ( )

④ 점도가 높고 부식성이 높을 것 ( )

해설 흡수제의 구비조건

① 냉매와의 비점차가 클 것
② 냉매의 용해도가 높을 것
③ 발생기와 흡수기에서의 용해도 차가 클 것
④ 재생에 많은 열량을 필요로 하지 않을 것
⑤ 용액의 농도변화에 의한 증기압의 변화가 작을 것
⑥ 점도가 낮을 것
⑦ 부식성이 없을 것
⑧ 결정을 일으키기 어려울 것
⑨ 열전도율이 높을 것

해답 (1)

냉매	흡수제
NH_3	H_2O
H_2O	LiBr

(2) ① 용액의 증기압이 높을 것(×)
② 용액의 농도변화에 의한 증기압의 변화가 작을 것 (○)
③ 재생하는 열량이 낮을 것 (○)
④ 점도가 높고 부식성이 높을 것 (×)

02년1회, 04년3회, 06년2회, 16년3회

02 **송풍기(fan)의 전압효율이 45%, 송풍기 입구와 출구에서의 전압차가 1.2kPa로서, 10200m^3/h의 공기를 송풍할 때 송풍기의 축동력(kW)을 구하시오.(5점)**

해설 축동력 $L_S = \dfrac{Q \cdot P_t}{\eta_t}$[kW]

Q : 송풍량[m^3/s]
P_t : 송풍기 전압[kPa]
η_t : 송풍기 전압효율

해답 축동력 $L_S = \dfrac{10200 \times 1.2}{3600 \times 0.45} = 7.56$[kW]

02년2회, 10년2회

03 **2단 압축 1단 팽창 암모니아 냉매를 사용하는 냉동장치가 응축온도 30℃, 증발온도 -32℃, 제 1팽창밸브 직전의 냉매액 온도 25℃, 제 2팽창밸브 직전의 냉매액 온도 0℃, 저단 및 고단 압축기 흡입증기를 건조포화증기라고 할 때 다음 각 물음에 답하시오. (단, 저단 압축기 냉매 순환량은 0.01kg/s 이다.)(15점)**

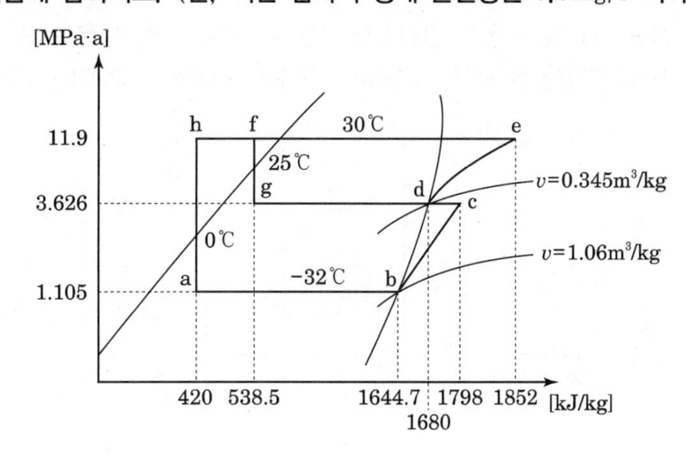

(1) 냉동장치의 장치도를 그리고 각 점(a~h)의 상태를 나타내시오.

(2) 중간 냉각기에서 증발하는 냉매량을 구하시오.

(3) 중간 냉각기의 기능 3가지를 쓰시오.

해답 (1) 장치도

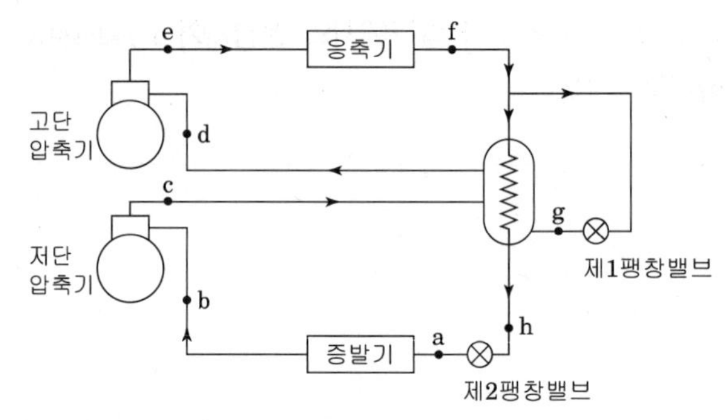

(2) 중간 냉각기 냉매 순환량(증발하는 냉매량) G_m

중간 냉각기에서의 열평형식

$G_m \cdot (h_d - h_g) = G_L \cdot \{(h_c - h_d) + (h_f - h_h)\}$ 에서

$$G_m = G_L \cdot \frac{(h_c - h_d) + (h_f - h_h)}{h_d - h_g}$$

$$= 0.01 \times \frac{(1798 - 1680) + (538.5 - 420)}{1680 - 538.5} = 2.07 \times 10^{-3} [\text{kg/s}]$$

(3) 중간 냉각기의 기능

① 저단 압축기의 토출가스 과열도를 제거하여 고단 압축기가 과열되는 것을 방지한다.

② 고압 냉매액을 과냉시켜 냉동효과를 증대시킨다.

③ 고단 압축기의 흡입가스 중의 액을 분리, Liquid back을 방지한다.

02년3회

04 다음과 같은 온수난방설비에서 각 물음에 답하시오. (단, 방열기 입출구 온도차는 10℃, 국부저항 상당관 길이는 직관길이의 50%, 1m당 마찰손실수두는 0.15kPa, 온수의 비열은 4.2kJ/kg·K이다.)

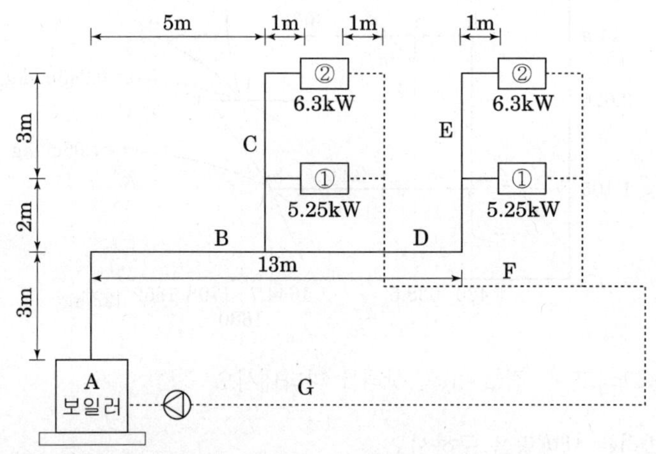

(1) 순환펌프의 압력손실[MPa]를 구하시오. (단, 환수관의 길이는 30m이다.)

(2) ①과 ②의 온수순환량(L/min)을 구하시오.

(3) 각 구간의 온수순환수량을 구하시오.

구간	B	C	D	E	F	G
순환수량[L/min]						

해답 (1) 압력손실 $= (3+13+2+3+1+30) \times 1.5 \times 0.15 = 11.7$[kPa]

(2) 온수순환량

① $= \dfrac{5.25 \times 60}{4.2 \times 10} = 7.5$[L/min]

② $= \dfrac{6.3 \times 60}{4.2 \times 10} = 9$[L/min]

(3) 각 구간의 온수순환 수량

① B구간의 순환수량 : (7.5+9)×2=33[L/min]
② C구간의 순환수량 : 9[L/min]
③ D구간의 순환수량 : 7.5+9=16.5[L/min]
④ E구간의 순환수량 : 9[L/min]
⑤ F구간의 순환수량 : 9+7.5=16.5[L/min]
⑥ G구간의 순환수량 ; (7.5+9)×2=33[L/min]

구간	B	C	D	E	F	G
순환수량[L/min]	33	9	16.5	9	16.5	33

04년3회

05 다음은 저압증기 난방설비의 방열기 용량 및 증기 공급관(복관식)을 나타낸 것이다. 설계조건과 주어진 증기관 용량표를 이용하여 물음에 답하시오.(17점)

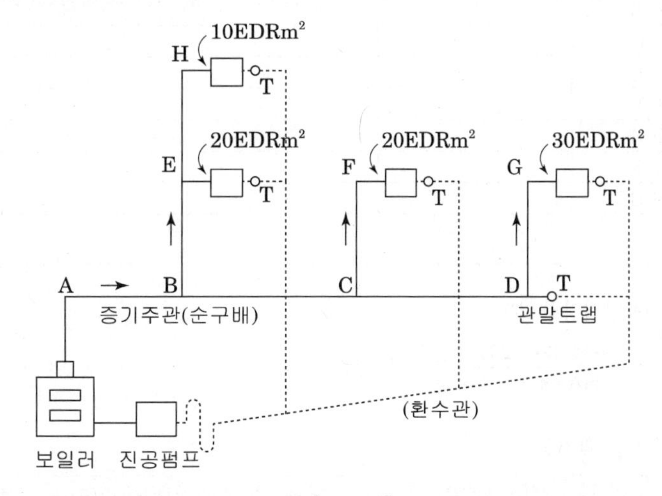

【조 건】

1. 보일러의 상용 게이지 압력 P_b는 30kPa이며, 가장 먼 방열기의 필요압력 P_r은 25kPa, 보일러로부터 가장 먼 방열기까지의 거리는 50m이다.
2. 배관의 이음, 굴곡, 밸브 등의 직관 상당길이는 직관길이의 100%로 한다. 또한 증기 횡주관의 경우 관말 압력강하를 방지하기 위하여 관지름은 50A 이상으로 설계한다.

• 저압 증기관의 용량표(상당방열면적 m^2당)

압력강하 / 관지름(A)	순구배 횡관 및 하향급기 수직관(복관식 및 단관식)						역구배 횡관 및 상향급기 수직관			
	R : 압력강하(kPa/100m)						복관식		단관식	
	0.5	1	2	5	10	20	수직관	횡관	수직관	횡관
	A	B	C	D	E	F	G	H	I	J
20	2.1	3.1	4.5	7.4	10.6	15.3	4.5	–	3.1	–
25	3.9	5.1	8.4	14	20	29	8.4	3.7	5.7	3.0
32	7.7	11.5	17	28	41	59	17	8.2	11.5	6.8
40	12	17.5	26	42	61	88	26	12	17.5	10.4
50	22	33	48	80	115	166	48	21	33	18
65	44	64	94	155	225	325	90	51	63	34
80	70	102	150	247	350	510	130	85	96	55
90	104	150	218	360	520	740	180	134	135	85
100	145	210	300	500	720	1040	235	192	175	130
125	260	370	540	860	1250	1800	440	360		240
150	410	600	860	1400	2000	2900	770	610		
200	850	1240	1800	2900	4100	5900	1700	1340		
250	1530	2200	3200	3200	7300	10400	3000	2500		
300	2450	3500	5000	5000	11500	17000	4800	4000		

(1) 가장 먼 방열기까지의 허용 압력손실을 구하시오.

(2) 증기 공급관의 각 구간별 관지름을 결정하고 주어진 표를 완성하시오.

	구간	EDR[m^2]	허용 압력손실(kPa/100m)	관지름 (A)mm
증기 횡주관	A–B			
	B–C			
	C–D			
상향 수직관	B–E			
	E–H			
	C–F			
	D–G			

해답 (1) 허용압력 손실수두(허용압력강하 R)

$$R=\frac{100(P_B-P_R)}{\ell(1+k)}=\frac{100\times(30-25)}{50(1+1)}=5\,\text{kPa/100m}$$

(2) 증기 공급관의 각 구간별 관지름

	구간	EDR[m^2]	허용 압력손실(kPa/100m)	관지름(A)mm
증기 횡주관	A–B	80	5	50
	B–C	50	5	50
	C–D	30	5	50
상향 수직관	B–E	30	5	50
	E–H	10	5	32
	C–F	20	5	40
	D–G	30	5	50

07년3회

06 **열교환기를 쓰고 그림 (a)와 같이 구성되는 냉동장치가 있다. 그 압축기 피스톤 압출량 $v_a = 200\text{m}^3/\text{h}$ 이다. 이 냉동장치의 냉동 사이클은 그림 (b)와 같고 1, 2, 3 …점에서의 각 상태값은 다음 표와 같은 것으로 한다. (9점)**

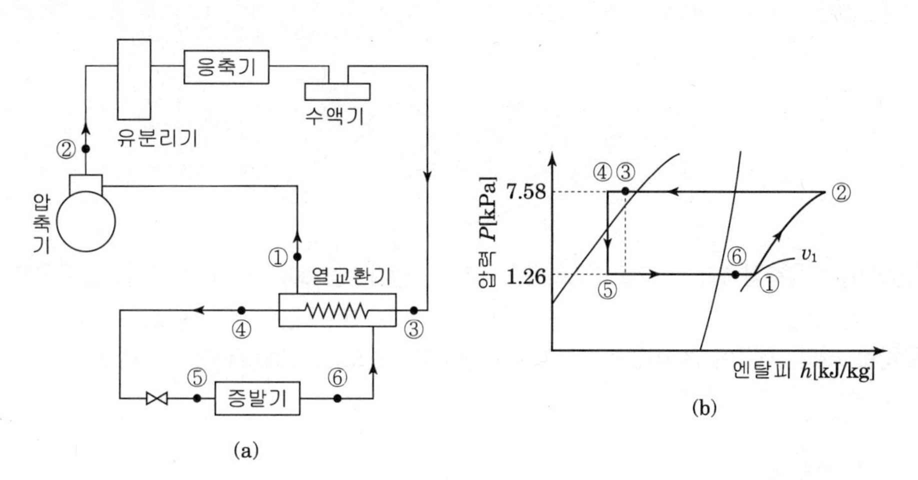

상태점	엔탈피 h[kJ/kg]	비체적 v[m^3/kg]
h_1	565.95	0.125
h_2	609	
h_5	438.27	
h_6	556.5	0.12

위와 같은 운전조건에서 다음 (1), (2), (3)의 값을 계산식을 표시해 산정하시오. (단, 위의 온도조건에서의 체적효율 $\eta_v = 0.64$, 압축효율 $\eta_c = 0.72$로 한다. 또한 성적계수는 소수점 이하 2자리까지 구하고, 그 이하는 반올림한다.)

(1) 냉동장치의 냉동능력 Q_2[kW]

(2) 이론적 성적계수 COP

(3) 실제적 성적계수 COP'

해설 (3) 냉동장치의 실제 성적계수는 압축기의 압축효율(단열효율)η_c, 기계효율 η_m의 손실분에 의해서 축동력이 크게 된다. 따라서 실제 성적계수는 이론 성적계수보다 적게 되어 다음 식이 된다.

실제 성적계수 $COP_R = \dfrac{Q_2}{L_s} = \dfrac{Q_2}{\dfrac{L}{\eta_c \cdot \eta_m}} = \dfrac{Q_2}{L}\eta_c \cdot \eta_m = COP \cdot \eta_c \cdot \eta_m$

여기서, Q_2 : 냉동능력[kW] L_s : 축동력[kW]

L : 이론단열압축동력[kW] η_c : 압축효율

η_m : 기계효율 COP : 이론 성적계수

해답 (1) $Q_2 = G \times q_2 = \dfrac{V_a \times \eta_v}{v_1} \times (h_6 - h_5) = \dfrac{\left(\dfrac{200}{3600}\right) \times 0.64}{0.125} \times (556.5 - 438.27) = 33.63[\text{kW}]$

(2) $COP = \dfrac{q_2}{w} = \dfrac{h_6 - h_5}{h_2 - h_1} = \dfrac{556.5 - 438.27}{609 - 565.95} ≒ 2.75$

(3) $COP' = COP \times \eta_c \times \eta_m = 2.75 \times 0.72 = 1.98$

02년3회, 11년2회

07 R-22 **냉동장치에서 응축압력이** 1.43MPa(**포화온도** 40℃), **냉각수량** 800L/min, **냉각수 입구온도** 32℃, **냉각수 출구온도** 36℃, **열통과율** 900W/m²K **일 때 냉각면적**(m^2)**을 구하시오. (단, 냉매와 냉각수의 평균온도차는 산술평균 온도차로 하며, 냉각수의 비열은** 4.2kJ/kg·K**이고, 밀도는** 1.0kg/L**이다.)(6점)**

해설 (1) $Q_1 = K \cdot A \cdot \Delta t_m$

(2) $Q_1 = m \cdot c \cdot (t_{w2} - t_{w1})$

여기서 K : 열통과율[kW/m²K]

A : 전열면적[m²]

Δt_m : 산술평균온도차[℃] $= t_c - \dfrac{t_{w1} + t_{w2}}{2}$

m : 냉각수량[kg/s]

c : 냉각수 비열[kJ/kg · K]

t_{w1}, t_{w2} : 냉각수 입구 및 출구온도[℃]

응축부하 $Q_1 = K \cdot A \cdot \left(t_r - \dfrac{t_{w2} + t_{w1}}{2}\right) = m \cdot c \cdot (t_{w2} - t_{w1})$ 에서

$$A = \frac{m \cdot c \cdot (t_{w2} - t_{w1})}{K \cdot \left(t_r - \dfrac{t_{w1} + tw2}{2}\right)}$$

해답 냉각면적 $A = \dfrac{(\left(\dfrac{800}{60}\right) \times 1) \times 4.2 \times (36 - 32)}{900 \times 10^{-3} \times \left(40 - \dfrac{32 + 36}{2}\right)} = 41.48[\text{m}^2]$

04년3회, 07년3회, 10년3회

08 ①의 공기상태 $t_1 = 25$℃, $x_1 = 0.022$kg/kg', $h_1 = 92$kJ/kg, ②의 공기상태 $t_2 = 22$℃, $x_2 = 0.006$ kg/kg', $h_2 = 37.8$kJ/kg일 때 공기 ①을 25%, 공기 ②를 75%로 혼합한 후의 공기 ③의 상태(t_3, x_3, h_3)를 구하고, 공기 ①과 공기 ③사이의 열수분비를 구하시오.(8점)

해설 단열혼합(외기와 환기의 혼합)

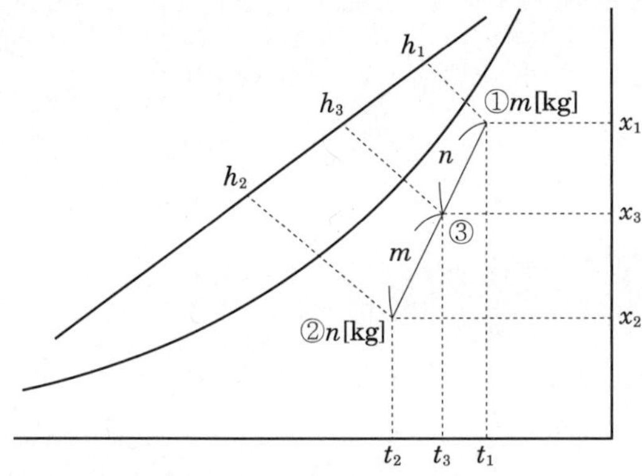

습공기 선도상에서의 혼합은 2상태 점을 직선으로 연결하고 이 직선상에 혼합공기의 상태가 혼합 공기량을 역으로 배분하는 값으로 표시된다.

$$t_3 = \frac{mt_1 + nt_2}{m+n}, \quad h_3 = \frac{mh_1 + nh_2}{m+n}, \quad x_3 = \frac{mx_1 + nx_2}{m+n}$$

해답 (1) 혼합 후 공기 ③의 상태

- $t_3 = 25 \times 0.25 + 22 \times 0.75 = 22.75$[℃]
- $x_3 = 0.022 \times 0.25 + 0.006 \times 0.75 = 0.01$[kg/kg′]
- $h_3 = 92 \times 0.25 + 37.8 \times 0.75 = 51.35$[kJ/kg]

(2) 열수분비 $u = \frac{h_1 - h_3}{x_1 - x_3} = \frac{92 - 51.35}{0.022 - 0.01} = 3387.5$[kJ/kg]

20년1회

09 액압축(liquid back or liquid hammering)의 발생원인 2가지와 액압축 방지(예방)법 4가지 및 압축기에 미치는 영향 2가지를 쓰시오.(10점)

해답 (1) 액압축의 발생원인

① 냉동부하가 급격히 변동할 때
② 증발기에 유막이나 적상이 형성되었을 때
③ 액분리기 기능 불량
④ 흡입지변이 갑자기 열렸을 때
⑤ 팽창밸브의 개도가 과대할 때
⑥ 냉매를 과충전 하였을 때

(2) 액압축 방지법

① 냉동 부하의 변동을 적게 한다.
② 제상 및 배유(적상 및 유막 제거)
③ 냉매의 과잉 공급을 피한다.(팽창밸브의 적절한 조정)
④ 극단적인 습압축을 피한다.
⑤ 액분리기 용량을 크게 하여 기능을 좋게 한다.
⑥ 열교환기를 설치하여 흡입가스를 과열시킨다.

(3) 압축기에 미치는 영향

① 압축기 축봉부에 과부하 발생, 압축기에 소음과 진동이 발생
② 압축기가 파손될 우려가 있다.
③ 압축기 헤드에 적상이 형성된다.

19년3회

10 **다음 그림과 같이 예열·혼합·순환수분무가습·가열하는 장치에서 실내현열부하가 14.8kW이고, 잠열부하가 4.2kW일 때 다음 물음에 답하시오. (단, 외기량은 전체 순환량의 25%이다.)**

【조 건】

$h_1 = 14\text{kJ/kg}$
$h_2 = 38\text{kJ/kg}$
$h_3 = 24\text{kJ/kg}$
$h_6 = 41.2\text{kJ/kg}$

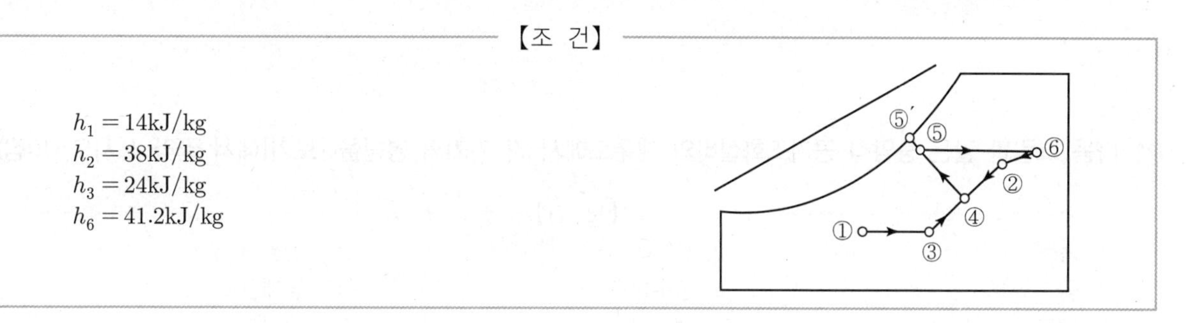

(1) 외기와 환기 혼합 엔탈피 h_4를 구하시오.

(2) 전체 순환공기량(kg/h)을 구하시오.

(3) 예열부하(kW)를 구하시오.

(4) 예열코일 무시하고 외기부하(kW)를 구하시오.

(5) 가열코일부하(kW)를 구하시오.

해답 문제의 습공기 선도를 장치도로 그리면 아래와 같다.

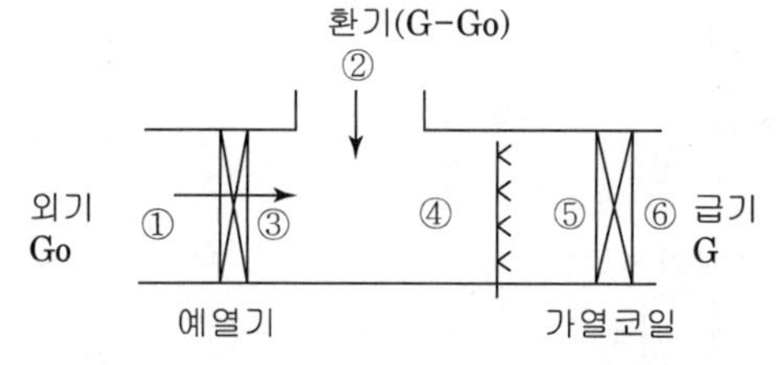

(1) 혼합엔탈피 $h_4 = 24 \times 0.25 + 38 \times 0.75 = 34.5[\text{kJ/kg}]$

(2) 전체 순환공기량 G

실내전열부하 $q_T = G(h_6 - h_2)/3600 = q_S + q_L$에서

$$G = \frac{q_S + q_L}{h_6 - h_2} \times 3600 = \frac{14.8 + 4.2}{41.2 - 38} \times 3600 = 21375[\text{kg/h}]$$

여기서 q_T : 실내전열부하[kW=kJ/s]

q_S : 실내현열부하[kW]

q_L : 실내잠열부하[kW]

(3) 예열부하 $G_o(h_3 - h_1)/3600 = 21375 \times 0.25 \times (24 - 14)/3600 ≒ 14.84[\text{kW}]$

(4) 외기부하 $G_o(h_2 - h_1)/3600 = 21375 \times 0.25 \times (38 - 14)/3600 ≒ 35.625[\text{kW}]$

또는 $G(h_2 - h_4)/3600 +$ 예열부하 $= 21375 \times (38 - 34.5)/3600 + 14.84 ≒ 35.625[\text{kW}]$

여기서 G_o : 외기량[kg/h]이며 외기부하는 예열코일과 가열코일 전체 부하를 의미한다.

(5) 난방코일부하 $G(h_6 - h_5)/3600 = 21375 \times (41.2 - 34.5)/3600 ≒ 39.78[\text{kW}]$

여기서 가열기 입구엔탈피 h_5는 순환수분무가습일 때는 단열변화로 $h_4 = h_5$ 엔탈피가 변화가 없이 일정하다.

2015 제3회 실기 기출문제

01년1회

01 다음 그림과 같은 중앙식 공기조화설비의 계통도에서 각 기기의 명칭을 [보기]에서 골라 쓰시오.(10점)

【보 기】

1. 송풍기	2. 보일러	3. 냉동기
4. 공기조화기	5. 냉수펌프	6. 냉매펌프
7. 냉각수 펌프	8. 냉각탑	9. 공기가열기
10. 에어 필터	11. 응축기	12. 증발기
13. 공기냉각기	14. 냉매건조기	15. 트랩
16. 가습기	17. 보일러 급수펌프	18. 취출구

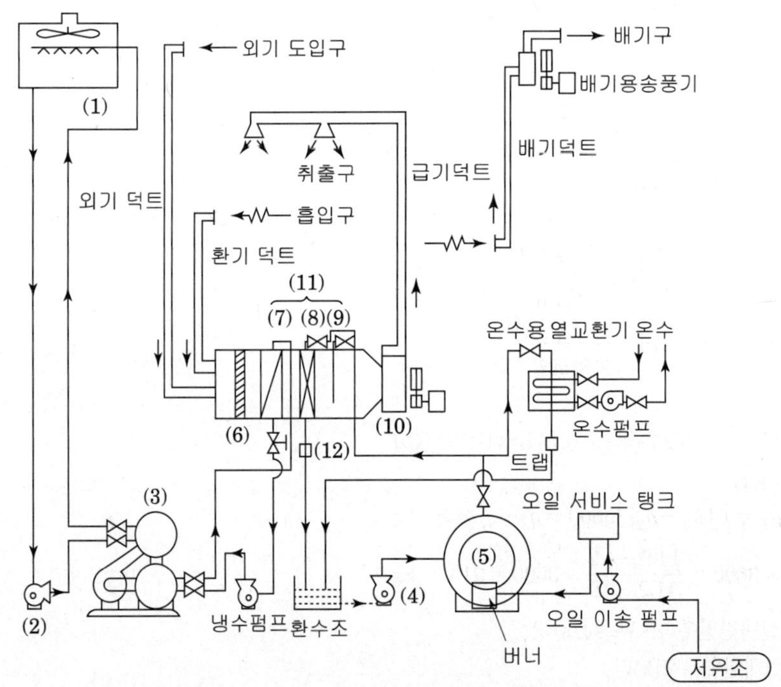

※ 냉수, 냉각수 순환펌프는 저항이 큰 코일(증발기, 응축기) 측으로 토출시키는 것이 원칙이다. 그 이유는 펌프는 흡입측보다 토출측에 압력(저항)이 걸리도록 하여야 압력분포가 안정적이다.

해답
(1) 냉각탑 (2) 냉각수 펌프 (3) 응축기
(4) 보일러 급수펌프 (5) 보일러 (6) 에어필터
(7) 공기냉각기 (8) 공기가열기 (9) 가습기
(10) 송풍기

01년3회, 14년1회, 20년3회

02 다음과 같은 운전조건을 갖는 브라인 쿨러가 있다. 전열면적이 $25m^2$일 때 각 물음에 답하시오. (단, 평균온도차는 산술평균 온도차를 이용한다.)(10점)

【조 건】

1. 브라인 비중 : 1.24	2. 브라인 비열 : 2.8kJ/kg·K
3. 브라인의 유량 : 200L/min	4. 쿨러로 들어가는 브라인 온도 : −18℃
5. 쿨러로 나오는 브라인 온도 : −23℃	6. 쿨러 냉매 증발온도 : −26℃

(1) 브라인 쿨러의 냉동부하(kW)를 구하시오.

(2) 브라인 쿨러의 열통과율(W/m^2K)을 구하시오.

해답 (1) 브라인 쿨러의 냉동부하 $Q_2 = \left(\dfrac{200}{60}\right) \times 1.24 \times 2.8 \times \{-18-(-23)\} = 57.87[\text{kW}]$

(2) 브라인 쿨러 열통과율 $K = \dfrac{57.87 \times 10^3}{25 \times \left\{\dfrac{-18+(-23)}{2} - (-26)\right\}} = 420.87[\text{W/m}^2\text{K}]$

03년1회, 06년2회

03 다음은 핫가스 제상방식의 냉동장치도이다. 제상요령을 설명하시오.(7점)

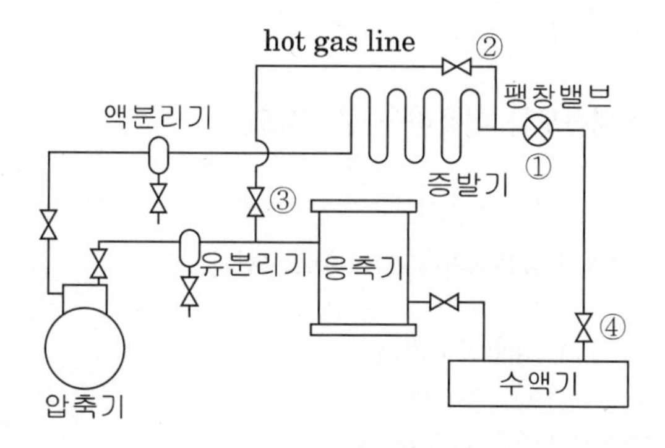

해답 ㉠ 수액기 출구 밸브 ④를 닫아 액관 중의 액을 회수한 후
㉡ 팽창밸브 ①을 닫아 증발기 내의 냉매를 압축기로 흡입시킨다.
㉢ 고압가스 제상지변 ② 및 ③을 서서히 열어 고압가스(hot gas)를 증발기에 유입시킨다.
㉣ 제상이 시작되면서 고압가스는 응축액화 된다.
㉤ 제상이 완료되면 제상지변 ③ 및 ②를 닫고
㉥ 수액이 출구지변 ④ 및 팽창밸브 ①을 열어 정상운전에 들어간다.

03년1회, 07년2회, 15년3회

04 다음과 같은 공조 시스템에 대해 주어진 조건과 별첨 습공기 선도를 참조하여 계산하시오.

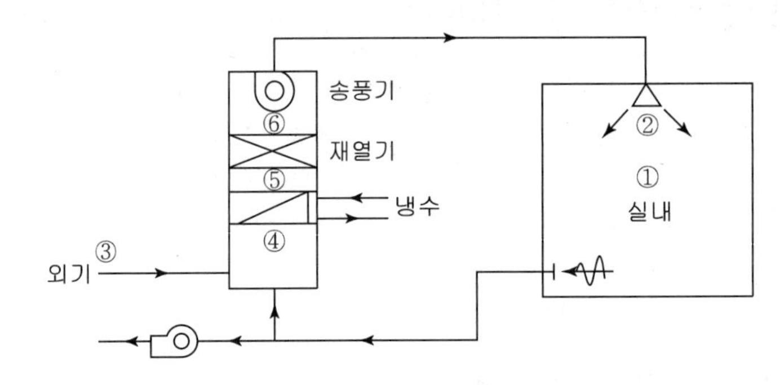

【조 건】

- 실내온도 : 25℃, 실내 상대습도 : 50%
- 외기온도 : 31℃, 외기 상대습도 : 60%
- 실내급기풍량 : 6000[m³/h], 취입외기풍량 : 1000[m³/h], 공기밀도 : 1.2[kg/m²]
- 취출공기온도 : 17℃, 공조기 송풍기 입구온도 : 16.5℃
- 공기냉각기 냉수량 : 1.4[L/s], 냉수입구온도(공기냉각기) : 6℃, 냉수출구온도(공기냉각기) : 12℃
- 재열기(전열기) 소비전력 : 5[kW]
- 공조기 입구의 환기온도는 실내온도와 같다.
- 공기의 정압비열 : 1.0 [kJ/kg·K], 냉수비열 : 4.2 [kJ/kg·K]이다. 0℃ 증발잠열 2500[kJ/kg]

(1) 실내 냉방 현열부하(kW)를 구하시오.

(2) 냉수량기준으로 냉각코일 부하(kW)를 구하시오.

(3) 습공기 선도를 작도하시오.

(4) 실내 냉방 잠열부하(kW)를 절대습도를 이용하여 구하시오.

해답 (1) 실내 냉방 현열부하는 송풍량과 취출온도차(25−17℃)로 구한다.

$q_s = c_p \cdot \rho \cdot Q(t_r - t_d)$

$= 1.0 \times 1.2 \times 6000 \times (25-17)/3600 = 16[\text{kW}]$

(2) 냉각코일 부하(전열부하)를 냉수량으로 구하면

$q_c = m \cdot c_w \cdot \Delta t = 1.4 \times 4.2 \times (12-6) = 35.28[\text{kW}]$

(3) 습공기선도를 작도하기 위해

① 혼합공기온도 $t_4 = \dfrac{mt_1 + mt_2}{m+n} = \dfrac{1000 \times 31 + 5000 \times 25}{6000} = 26[℃]$

② 여기서 습공기 선도에서 혼합공기 온도 $t_4 = 26℃$에 의해 혼합공기 엔탈피(냉각코일 입구 엔탈피) $h_4 = 54\text{kJ/kg}$을 읽을 수 있다.

따라서 냉각코일 출구 엔탈피 h_5는 $q_C = G(h_4 - h_5)$에서 냉각코일부하로 구한다.

$h_5 = h_4 - \dfrac{q_C}{G} = 54 - \dfrac{35.28 \times 3600}{1.2 \times 6000} = 36.36\text{kJ/kg}$

③ 냉각코일 출구온도 t_5는 재열기 가열량(5kW)로 구한다.

$q_R = c_p \cdot G(t_6 - t_5) = c_p \cdot \rho \cdot Q \cdot (t_6 - t_5)$ 에서

$$t_5 = t_6 - \frac{q_n}{c_p \cdot \rho \cdot Q} = 16.5 - \frac{5 \times 3600}{1.0 \times 1.2 \times 6000} = 14[℃]$$

④ 지금까지의 조건에 의해 습공기 선도를 작도하면 다음과 같다.

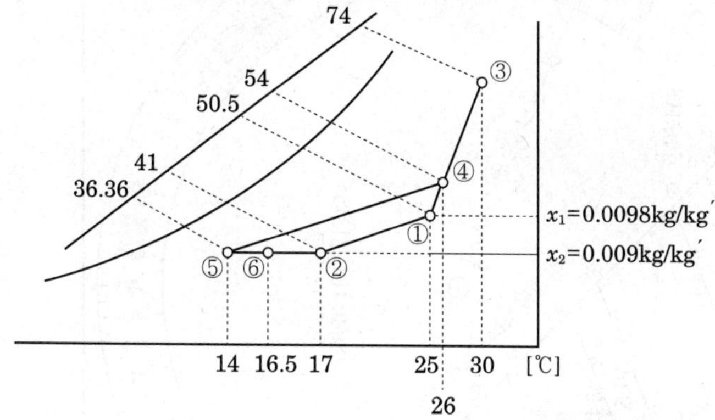

(4) 작도한 습공기선도에서 실내 (①)와 취출기 (②)를 이용하여

∴ 잠열부하 $q_L = 2500G(x_1 - x_2) = 2500 \times 1.2 \times 6000 \times (0.0098 - 0.009)/3600 = 4[\text{kW}]$

여기서, 현열비를 구해보면

$$\text{SHF} = \frac{16}{16+4} = 0.8$$

선도

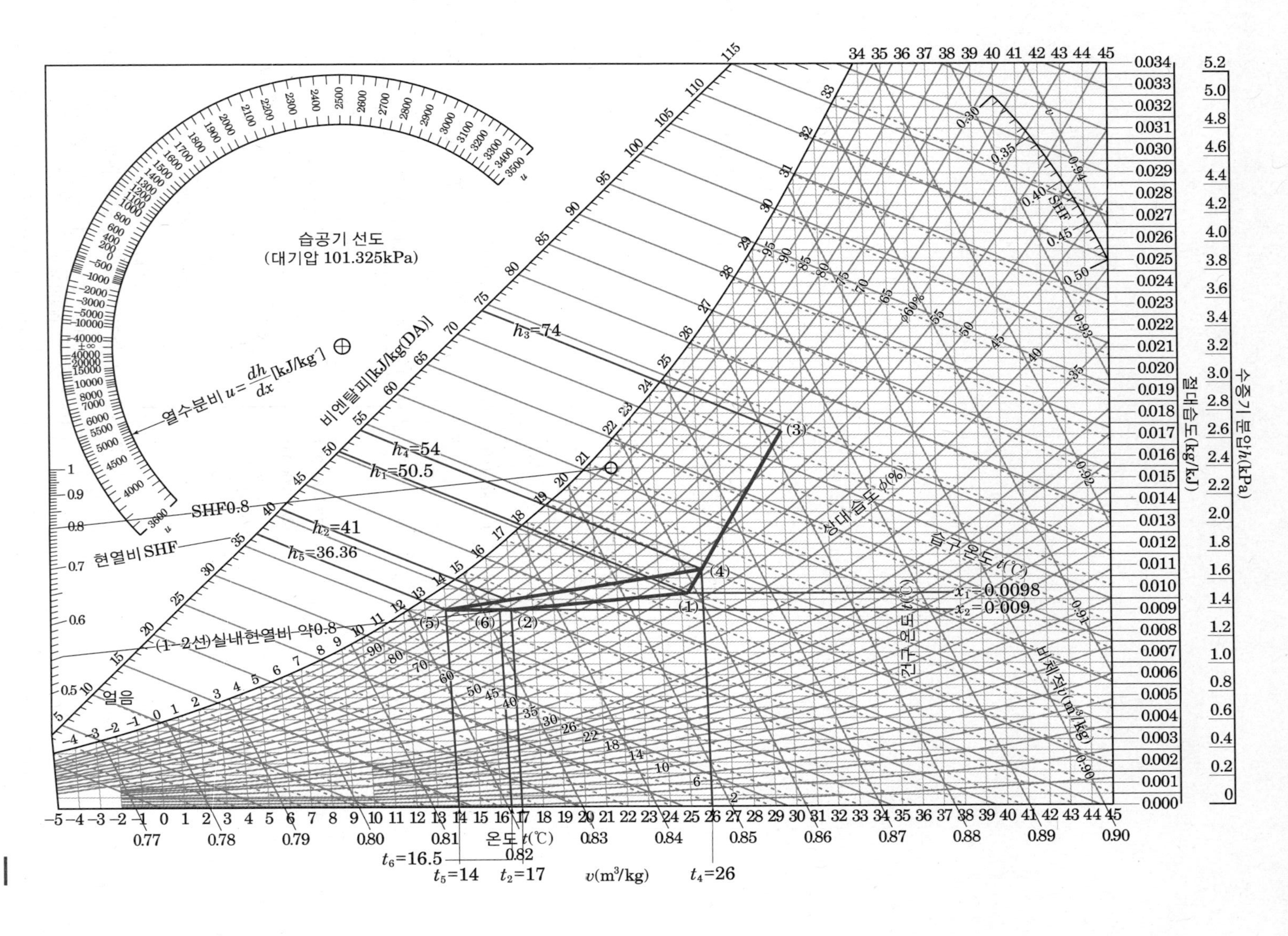
습공기 선도
(대기압 101.325kPa)
열수분비 $u=\frac{dh}{dx}$ [kJ/kg]
현열비 SHF
SHF0.8
비엔탈피[kJ/kg(DA)]
(1-2선)실내현열비 약0.8
얼음
h_3=74
h_4=54
h_1=50.5
h_2=41
h_5=36.36
상대습도 ϕ(%)
습구온도 t'(℃)
건구온도 t(℃)
비체적 v(m³/kg)
x_1=0.0098
x_2=0.009
온도 t(℃)
t_6=16.5
t_5=14
t_2=17
v(m³/kg)
t_4=26
절대습도(kg/kJ)
수증기 분압h(kPa)
ϕ60%
SHF

09년3회

05 다음과 같은 냉수코일의 조건을 이용하여 각 물음에 답하시오.(16점)

【냉수코일 조건】

- 코일부하(q_c) : 120kW
- 통과풍량(Q_c) : 15000m^3/h
- 단수(S) : 26단
- 풍속(V_f) : 3m/s
- 유효높이 $a=992$mm, 길이 $b=1400$mm, 관내경 $d_1=12$mm
- 공기입구온도 : 건구온도 $t_1=28$℃, 노점온도 $t_1''=19.3$℃
- 공기출구온도 : 건구온도 $t_2=14$℃
- 코일의 입·출구 수온차 : 5℃(입구수온 7℃)
- 코일의 열통과율 : 1.01kW/m^2 · K
- 습면보정계수 C_{WS} : 1.4

(1) 전면 면적 A_f[m^2]를 구하시오.

(2) 냉수량 L[L/min]를 구하시오.

(3) 코일 내의 수속 V_w[m/s]를 구하시오.

(4) 대수 평균온도차(평행류) Δt_m[℃]를 구하시오.

(5) 코일 열수(N)를 구하시오.

계산된 열수(N)	2.26~3.70	3.71~5.00	5.01~6.00	6.01~7.00	7.01~8.00
실제 사용 열수(N)	4	5	6	7	8

해설 (1) 전면 면적 A_f[m^2]

$$A_f=\frac{G}{\rho\cdot v_a}=\frac{Q}{v_a}$$

v_a : 공기 속도(풍속)[m/s], G : 통과풍량(공기량)[kg/s], Q : 통과풍량(공기량)[m^3/s], ρ : 공기 밀도1.2[kg/m^3]

(2) 냉수량 L[L/min]

$$L=\frac{q_c\times 60}{C_w(t_{w2}-t_{w1})}$$

q_c : 코일부하(처리열량)[kW]

t_{w1},t_{w2} : 입구 및 출구 수온[℃]

C_w :냉수비열 : 4.19[kJ/kg · K]

(3) 코일 내의 수속 V_w[m/s]

$$V_w=\frac{L}{n\cdot a\cdot 60}$$

L : 수량[m^3/min], a : 관의 단면적[m^2], n : 관수

(4) 대수 평균온도차(평행류) Δt_m

평행류(병류)

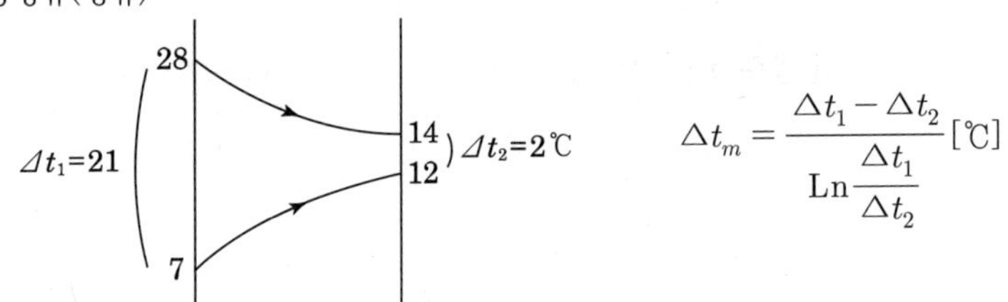

$$\Delta t_m = \frac{\Delta t_1 - \Delta t_2}{\mathrm{Ln}\frac{\Delta t_1}{\Delta t_2}} [℃]$$

(5) 코일 열수(N)

냉각코일의 열수N

$$N = \frac{q_c}{K \cdot C_{ws} \cdot A \cdot (MTD)} \text{ 에서}$$

여기서, q_c : 코일부하(냉각열량)[kW], K : 코일의 유효정면면적 1[m^2], 1열 당의 열통과율 [kW/m^2 · k]

C_{ws} : 습면보정계수, A : 코일의 유효정면 면적[m^2], MTD : 대수평균온도차 [℃]

해답 (1) 전면 면적 $A_f = \frac{15000}{3 \times 3600} = 1.39[\mathrm{m}^2]$

(2) 냉수량 $L = \frac{120 \times 60}{4.19 \times 5} = 343.68[\mathrm{L/min}]$

(3) 코일 내 수속 $V_w = \frac{343.68 \times 10^{-3} \times 4}{3.14 \times 0.012^2 \times 26 \times 60} = 1.95[\mathrm{m/s}]$

(4) 대수 평균온도차 $\Delta t_m = \frac{21 - 2}{\ln\frac{21}{2}} = 8.08℃$

$\Delta_1 = 28 - 7 = 21℃$, $\Delta_2 = 14 - 12 = 2℃$

(5) 코일 열수 $N = \frac{120}{1.01 \times 1.4 \times 1.39 \times 8.08} = 7.56 ≒ 8$열

06 다음 조건에 대하여 물음에 답하시오.(20점)

【조 건】

구분	건구온도(℃)	상대습도(%)	절대습도(kg/kg′)
실내	27	50	0.0112
실외	32	68	0.0206

1. 상·하층은 사무실과 동일한 공조상태이다.
2. 남쪽 및 서쪽벽은 외벽이 40%이고, 창면적이 60%이다.
3. 열관류율
   ① 외벽 : $0.28W/m^2 \cdot K$　② 내벽 : $0.36W/m^2 \cdot K$　③ 문 : $1.8W/m^2 \cdot K$
4. 유리는 6mm 반사유리이고, 차폐계수는 0.65이다.
5. 인체 발열량
   ① 현열 : 55W/인　② 잠열 : 65W/인
6. 침입외기에 의한 실내환기 횟수 : 0.5회/h
7. 실내 사무기기 : 200W×5개, 실내조명(형광등) : $25W/m^2$
8. 실내인원 : $0.2인/m^2$, 1인당 필요 외기량 : $25m^3/h$ ·인
9. 공기의 밀도는 $1.2kg/m^3$, 정압비열은 1.0kJ/kg·K이다.
10. 0℃ 물의 증발잠열 : 2501kJ/kg
11. 보정된 외벽의 상당외기 온도차 : 남쪽 8.4℃, 서쪽 5℃
12. 유리를 통한 열량의 침입

구분 \ 방위	동	서	남	북
직달일사 $I_{GR}[W/m^2]$	336	340	256	138
전도대류 $I_{GC}[W/m^2]$	56.5	108	76	50.2

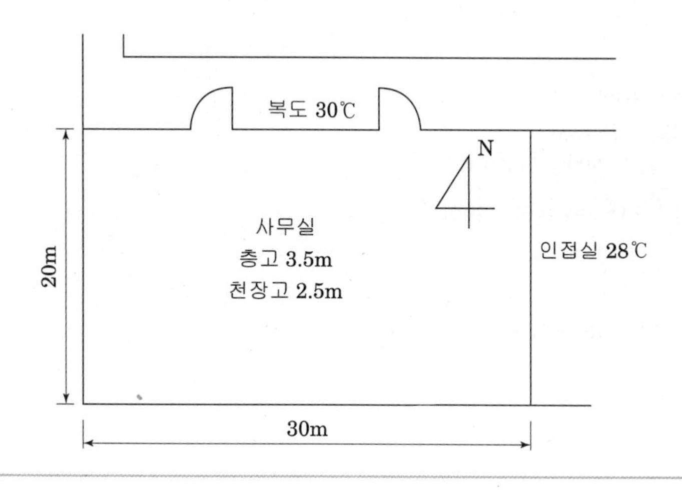

(1) 실내부하를 구하시오.

① 벽체를 통한 부하　　② 유리를 통한 부하

③ 인체부하　　④ 조명부하

⑤ 실내 사무기기 부하　　⑥ 틈새부하

(2) 실내취출 온도차가 10℃라 할 때 실내의 필요 송풍량(m^3/h)을 구하시오.

(3) 환기와 외기를 혼합하였을 때 혼합온도를 구하시오.

해답 (1) 실내부하

① 벽체를 통한 부하

㉠ 외벽(남쪽) $= 0.28 \times (30 \times 3.5 \times 0.4) \times 8.4 = 98.784$[W]

㉡ 외벽(서쪽) $= 0.28 \times (20 \times 3.5 \times 0.4) \times 5 = 39.2$[W]

㉢ 내벽(동쪽) $= 0.36 \times (2.5 \times 20) \times (28 - 27) = 18$[W]

㉣ 내벽(북쪽) $= 0.36 \times (2.5 \times 30) \times (30 - 27) = 81$[W]

∴ 벽체를 통한 부하 $= 98.784 + 39.2 + 18 + 81 = 236.984$[W]

② 유리를 통한 부하

㉠ 일사부하

- 남쪽 $= (30 \times 3.5 \times 0.6) \times 256 \times 0.65 = 10483.2$[W]
- 서쪽 $= (20 \times 3.5 \times 0.6) \times 340 \times 0.65 = 9282$[W]

㉡ 관류부하

- 남쪽 $= (30 \times 3.5 \times 0.6) \times 76 = 4788$[W]
- 서쪽 $= (20 \times 3.5 \times 0.6) \times 108 = 4536$[W]

∴ 유리를 통한 부하 $= 10483.2 + 9282 + 4788 + 4536 = 29089.2$[W]

③ 인체부하

㉠ 현열 $= 55 \times 120 = 6600$[W]

㉡ 잠열 $= 65 \times 120 = 7800$[W]

∴ 인체부하 $= 6600 + 7800 = 14400$[W]

여기서, 재실인원 : $30 \times 20 \times 0.2 = 120$인

④ 조명부하

$(25 \times 30 \times 20) \times 1.2 = 18000$[W]

⑤ 실내 사무기기 부하

$200 \times 5 = 1000$[W]

⑥ 침입외기부하

㉠ 현열 $= 1.0 \times 1.2 \times 750 \times (32-27)/3.6 = 1250$[W]

㉡ 잠열 $= 2501 \times 1.2 \times 750 \times (0.0206 - 0.0112)/3.6 = 5877.35$[W]

여기서, 침입외기량 $Q = nV = 0.5 \times (20 \times 30 \times 2.5) = 750$[m³/h]

(2) 실내취출 온도차가 10℃라 할 때 실내의 필요 송풍량[m³/h]

$q_s = 236.984 + 29089.2 + 6600 + 18000 + 1000 + 1250 = 56176.184$[W]

$$Q = \frac{q_s}{cp \cdot \rho \cdot \Delta t} = \frac{56176.184 \times 10^{-3}}{1.0 \times 1.2 \times 10} \times 3600 = 16852.86[\text{m}^3/\text{h}]$$

(3) 환기와 외기를 혼합하였을 때 혼합온도

$$t_m = \frac{mt_o + nt_r}{m+n} = \frac{3000 \times 32 + 27 \times (16852.86 - 3000)}{16852.86} \fallingdotseq 27.89℃$$

여기서, 재실인원에 의한 외기 도입량은

$25 \times 120 = 3000$[m³/h]

05년2회, 08년1회, 17년3회

07 다음과 같은 공기조화를 통과할 때 공기상태 변화를 공기 선도 상에 나타내고 번호를 쓰시오. (5점)

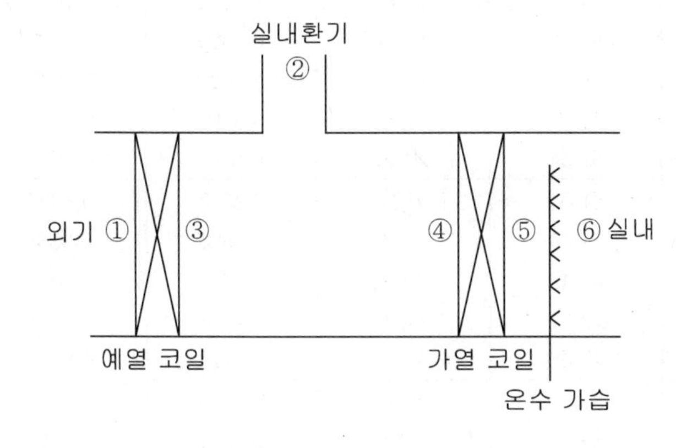

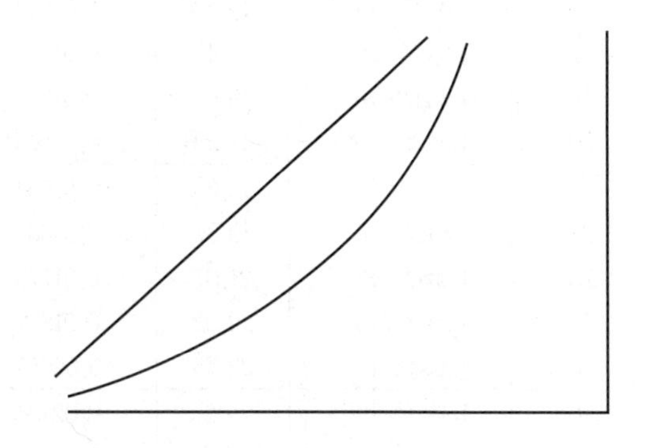

해답

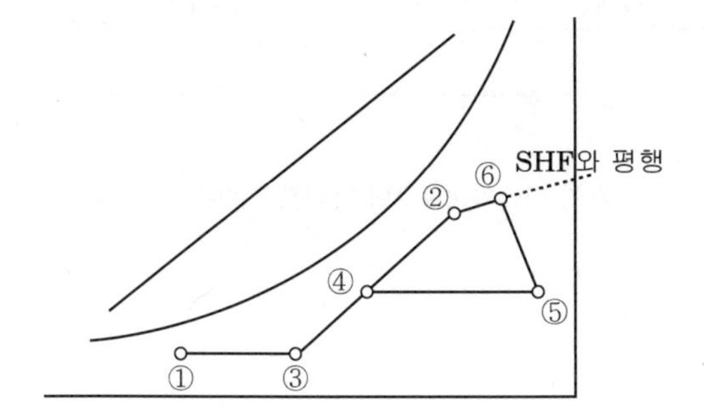

15년3회

08 포화공기표를 써서 다음 공기의 엔탈피를 산출하여 그 결과를 보고 어떠한 사실을 알 수 있는가를 설명하시오.(5점)

(1) 30℃ DB, 15℃ WB, 17% RH

(2) 25℃ DB, 15℃ WB, 33% RH

(3) 20℃ DB, 15℃ WB, 59% RH

(4) 15℃ DB, 15℃ WB, 100% RH

• 포화공기표

온도	포화공기의 수증기분압		절대습도	포화공기의 엔탈피	건조공기의 엔탈피	포화공기의 비체적	건조공기의 비체적
t	p_s	h_s	x_s	i_s	i_a	v_s	v_a
℃	kg/cm^2	mmHg	kg/kg′	kJ/kg′	kJ/kg	m^3/kg'	m^3/kg
11	1.3387×10^{-2}	9.840	8.159×10^{-3}	31.64	11.09	0.8155	0.8050
12	1.4294×10^{-2}	10.514	8.725×10^{-3}	34.18	12.1	0.8192	0.8078
13	1.5264×10^{-2}	11.23	9.326×10^{-3}	36.72	8.9	0.8228	0.8106
14	1.6292×10^{-2}	11.98	9.964×10^{-3}	39.37	14.1	0.8265	0.8135
15	1.7380×10^{-2}	12.78	0.01064×10^{-3}	42.13	15.12	0.8303	0.8163
16	1.3387×10^{-2}	13.61	0.01136	44.94	16.13	0.8341	0.8191
17	1.3387×10^{-2}	14.53	0.01212	47.92	17.14	0.8380	0.8220
18	1.3387×10^{-2}	15.42	0.01293	51.0	18.15	0.8420	0.8248
19	1.3387×10^{-2}	16.47	0.01378	54.22	19.15	0.8460	0.8276
20	1.3387×10^{-2}	17.53	0.01469	57.54	20.16	0.8501	0.8305
21	1.3387×10^{-2}	18.65	0.01564	61.03	21.17	0.8543	0.8333
22	1.3387×10^{-2}	19.82	0.01666	64.64	22.18	0.8585	0.8361
23	1.3387×10^{-2}	21.07	0.01773	68.42	23.19	0.8629	0.8390
24	1.3387×10^{-2}	22.38	0.01887	72.37	24.19	0.8673	0.8418
25	1.3387×10^{-2}	23.75	0.02007	76.48	25.2	0.8719	0.8446
26	1.3387×10^{-2}	25.21	0.02134	80.77	26.21	0.8766	0.8475
27	1.3387×10^{-2}	26.74	0.02268	85.26	27.22	0.8813	0.8503
28	1.3387×10^{-2}	28.35	0.02410	89.92	28.23	0.8862	0.8531
29	1.3387×10^{-2}	30.04	0.02560	94.84	29.23	0.8912	0.8560
30	1.3387×10^{-2}	31.83	0.02718	99.96	30.24	0.8963	0.8588

해답 (1) 공기 비엔탈피의 계산

습공기의 비엔탈피는 건공기 1kg의 비엔탈피(i_a)와 $x$kg인 수증기의 비엔탈피(i_w)의 합이므로 다음과 같이 나타낼 수 있다.

$$i = i_a + x \cdot i_w = i_a + (x_s \cdot \phi) i_w = i_a + (x_s \cdot \phi)\frac{(i_s - i_a)}{x_s} = i_a + (i_s - i_a)\phi$$

① $i_1 = 30.24 + (99.96 - 30.24) \times 0.17 = 42.09$[kJ/kg]
② $i_2 = 25.2 + (76.48 - 25.2) \times 0.33 = 42.12$[kJ/kg]
③ $i_3 = 20.16 + (57.54 - 20.16) \times 0.59 = 42.21$[kJ/kg]
④ $i_4 = 15.12 + (42.13 - 15.12) \times 1.00 = 42.13$[kJ/kg]

(2) 알 수 있는 사실
계산 결과에서 알 수 있듯이 습공기의 건구온도와 상대습도가 달라도 습구온도가 같으면 비엔탈피의 값이 거의 일정하다는 것을 알 수 있다. 따라서 $h-x$선도의 경우 습구온도선과 비엔탈피선이 거의 나란하고, $t-x$선도의 경우는 등습구온도선과 비엔탈피선을 같이 사용하고 있다.

04년3회

09 다음과 같은 조건에 대해 각 물음에 답하시오. (12점)

【조 건】

- 응축기 입구의 냉매가스의 엔탈피 : 1930kJ/kg
- 응축기 출구의 냉매액의 엔탈피 : 650kJ/kg
- 냉매순환량 : 200kg/h
- 응축온도 : 40℃
- 냉각수 평균온도 : 32.5℃
- 응축기의 전열면적 : $12m^2$

(1) 응축기에서 제거해야 할 열량(kW)을 구하시오.

(2) 응축기의 열통과율(kW/m^2K)을 구하시오.

해설 (1) $Q_1 = G \cdot q_1$
(2) $Q_1 = K \cdot A \cdot \Delta t_m$

$Q_1 = K \cdot A \cdot \Delta t_m$에서 $K = \dfrac{Q_1}{A \cdot \Delta t_m}$

여기서 G : 냉매순환량[kg/s]
q_1 : 응축기 방열량[kW]
K : 열통과율[kW/m^2K]
A : 전열면적[m^2]
Δt_m : 산술평균온도차[℃]$= t_c - \dfrac{t_{w1} + t_{w2}}{2}$

해답 (1) 응축부하 $Q_1 = G \cdot q_1 = \left(\dfrac{200}{3600}\right) \times (1930 - 650) = 71.11$[kW]

(2) 열통과율 $K = \dfrac{Q_1}{A \cdot \Delta t_m} = \dfrac{71.11}{12 \times (40 - 32.5)} = 0.79$[$kW/m^2K$]

2016 제1회 실기 기출문제

03년2회, 07년2회

01 프레온 냉동장치에서 1대의 압축기로 증발온도가 다른 2대의 증발기를 냉각운전하고자 한다. 이때 1대의 증발기에 증발압력 조정밸브를 부착하여 제어하고자 한다면, 아래의 냉동장치는 어디에 증발압력 조정밸브 및 체크 밸브를 부착하여야 하는지 흐름도를 완성하시오. 또 증발압력 조정밸브의 기능을 간단히 설명하시오. (14점)

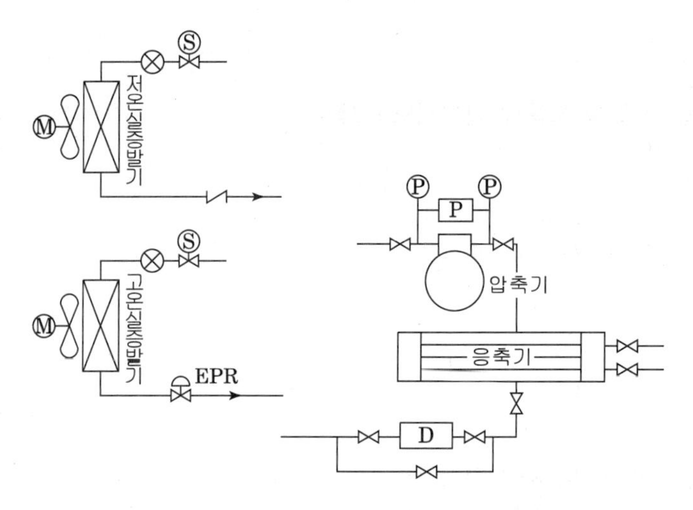

해답 (1) 장치도

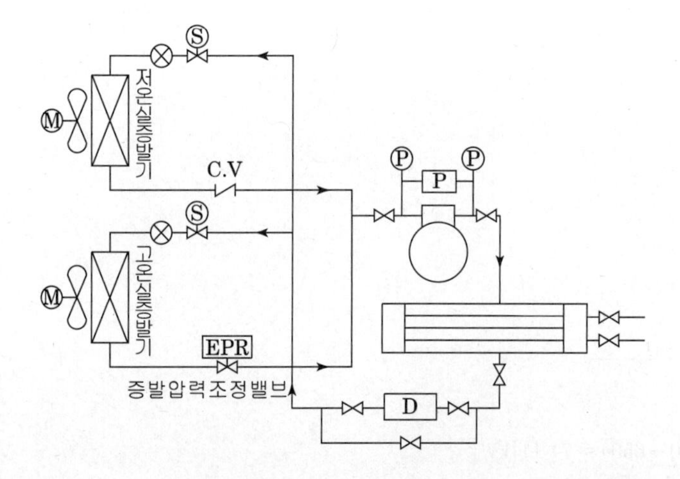

(2) 기능 : 증발압력이 설정압력 이하가 되는 것을 방지, 이 장치도에서는 고온측 증발기 출구에 부착하여 고온측 증발기의 압력(온도)가 설정압력(온도)이하로 저하되는 것을 방지한다.

09년2회

02 **그림과 같이 5개의 존(zone)으로 구획된 실내를 각 존의 부하를 담당하는 계통으로 하고 각 존을 정풍량 방식 또는 변풍량 방식으로 냉방하고자 한다. 각 존의 냉방 현열부하가 표와 같을 때 각 물음에 답하시오. (단, 실내온도는 26℃, 공기의 정압 비열은 1.01[kJ/kg·K], 밀도는 1.2[kg/m^3]이다.)**

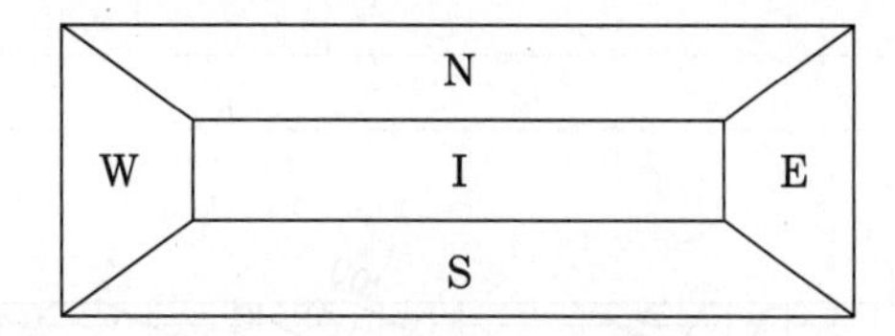

[단위 : kJ/h]

존 \ 시각	8시	10시	12시	14시	16시
N	21400	24000	25000	26100	23000
E	31000	22000	12000	11000	10100
S	22000	29000	39500	30200	26000
W	8400	11000	14000	25000	32400
I	40300	37000	37000	40300	39000

(1) 각 존에 대해 정풍량(CAV) 공조방식을 채택할 경우 실 전체의 송풍량[m^3/h]을 구하시오. (단, 최대 부하 시의 송풍 공기온도는 15℃이다. 풍량은 소수첫자리에서 반올림하시오)

(2) 변풍량(VAV) 공조방식을 채택할 경우 실 전체의 최대 송풍량[m^3/h]을 구하시오.
(단, 송풍 공기온도는 15℃이다.풍량은 소수첫자리에서 반올림하시오)

(3) 아래와 같은 덕트 시스템에서 각 실마다(A,C,E,F 4개실) (2)항의 변풍량 방식의 송풍량을 송풍할 때 각 구간마다의 풍량[m^3/h] 및 원형 덕트 지름(cm)을 구하시오. (단, 덕트선도는 4-1을 이용하며, 급기용 덕트를 정압법(R=1Pa/m)으로 설계하고, 각 실마다의 풍량은 같다.)

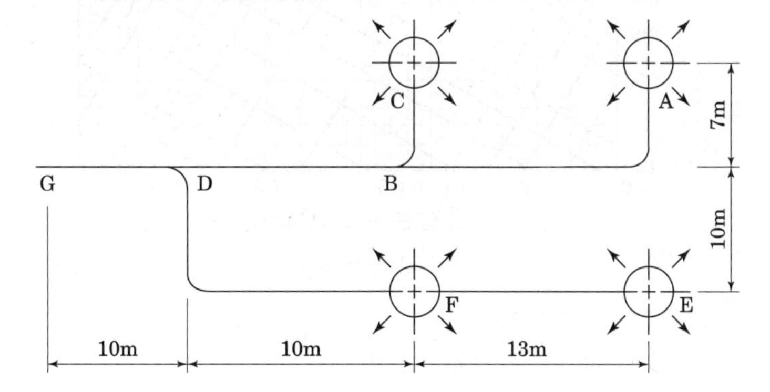

구간	풍량(m^3/h)	원형 덕트 지름(cm)
A-B(C-B)		
B-D		
E-F		
F-D		
D-G		

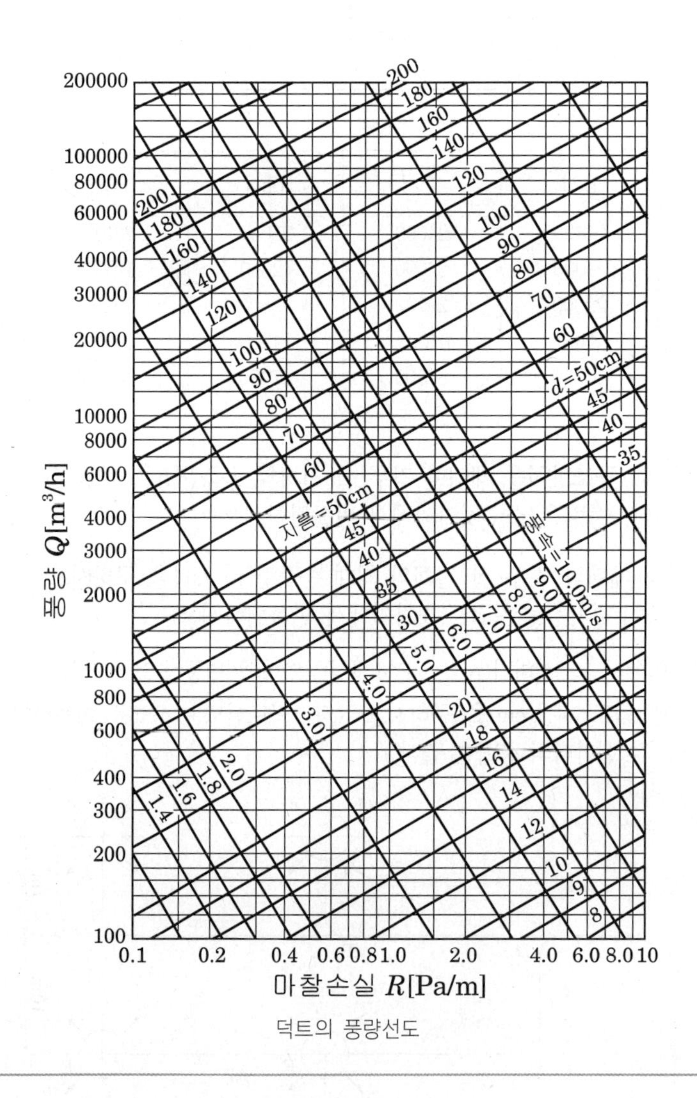

덕트의 풍량선도

해답 (1) 송풍량 Q [CAV 방식=각 존별 최대 부하를 기준으로 한다.]

$$Q=\frac{q_s}{cp\rho\Delta t}=\frac{26100+31000+39500+32400+40300}{1.01\times1.2(26-15)}=12699\,[m^3/h]$$

(2) 송풍량 Q[VAV 방식=각 시간별 최대부하를 기준으로 한다.]

여기서는 14시 부하

$$Q=\frac{26100+11000+30200+25000+40300}{1.01\times1.2\times(26-15)}=9946[m^3/h]$$

(3) VAV 방식일 경우 풍량[m^3/h] 및 원형덕트 지름[cm]

구간	풍량(m^3/h)	원형덕트지름(cm)
A-B(C-B)	2486.5	38
B-D	4973	50
E-F	2486.5	38
F-D	4973	50
D-G	9946	67

※ 각실마다 풍량은 전체 풍량(9946)의 1/4이다.

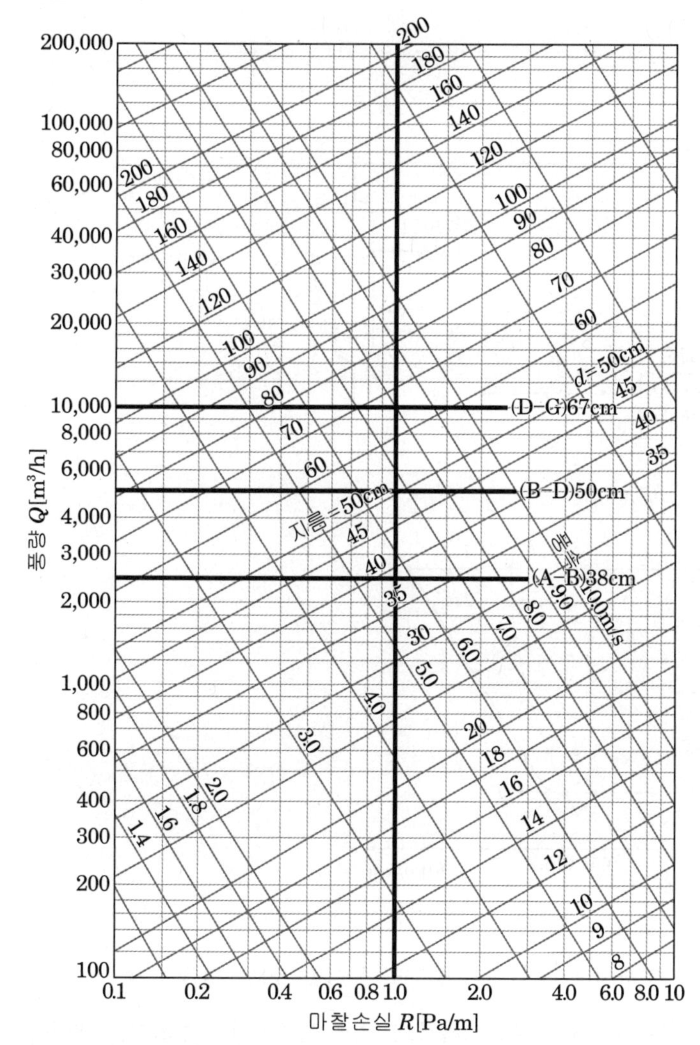

03 **어느 냉장고 내에 100W 전등 20개와 2.2kW 송풍기(전동기 효율 0.85) 2기가 설치되어 있고 전등은 1일 4시간 사용, 송풍기는 1일 18시간 사용된다고 할 때, 이들 기기(機器)의 냉동부하(kWh)를 구하시오.**

해답 기기부하 $q_E = \dfrac{100 \times 20}{1000} \times 4 + \dfrac{2.2}{0.85} \times 2 \times 18 = 101.18[\text{kWh}]$

04 **다음 물음의 답을 답안지에 써 넣으시오.**

【보 기】

그림 (a)는 어느 냉동장치의 계통도이며, 그림 (b)는 이 장치의 평형운전상태에서의 압력(p) – 엔탈피(h) 선도이다. 그림 (a)에 있어서 액분리기에서 분리된 액은 열교환기에서 증발하여 ⑨의 상태가 되며, ⑦의 증기와 혼합하여 ①의 증기로 되어 압축기에 흡입된다.

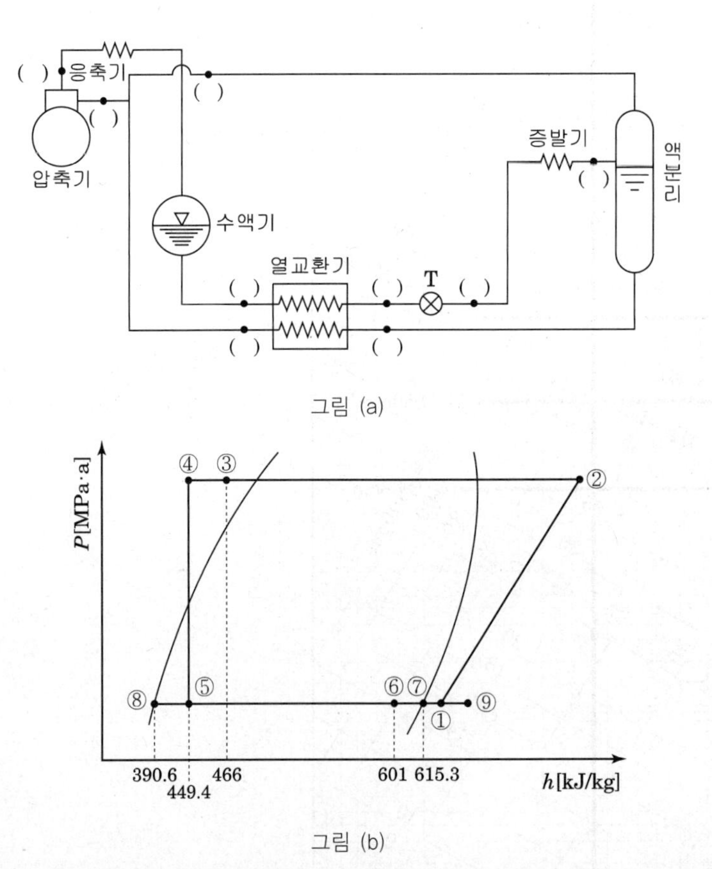

그림 (a)

그림 (b)

(1) 그림 (b)의 상태점 ①~⑨를 그림 (a)의 각각에 기입하시오. (단, 흐름방향도 표시할 것)

(2) 그림 (b)에 표시할 각 점의 엔탈피를 이용하여 ⑨점의 엔탈피 h_9를 구하시오. (단, 액분리에서 분리되는 냉매액은 0.0654kg/h이다.)

해설

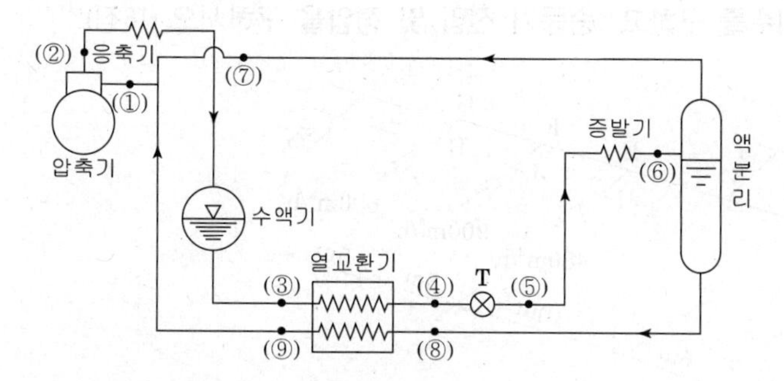

G : 증발기를 통과하는 냉매[kg/h]

G_1 : 액분리기에서 분리되어 압축기로 흡입되는 냉매가스[kg/h]

G_2 : 액분리기에서 분리된 냉매액[kg/h]

(1) 액분리기에서의 물질평형 관계

$G = G_1 + G_2$ .... ①

(2) 액분리기에서의 열평형 관계

$Gh_6 = G_1 h_7 + G_2 h_8$ .... ②

(3) 열교환기에서의 열평형 관계

$G(h_3 - h_4) = G_2(h_9 - h_8)$ ..... ③

해답 ②식에 의해

$Gh_6 = G_1 h_7 + G_2 h_8 = (G - G_2)h_7 + G_2 h_8$

$G(h_7 - h_6) = G_2(h_7 - h_8)$

$$\therefore G = G_2 \frac{h_7 - h_8}{h_7 - h_6} = 0.0654 \times \frac{615.3 - 390.6}{615.3 - 601} = 1.0276[\text{kg/h}]$$

③식에 의해

$$h_9 = h_8 + \frac{G}{G_2}(h_3 - h_4) = 390.6 + \frac{1.0276}{0.0654}(466 - 449.4) = 651.43[\text{kJ/kg}]$$

06년2회, 20년4회

05 아래와 같은 덕트계에서 각 부의 덕트 치수를 구하고, 송풍기 전압 및 정압을 구하시오.(16점)

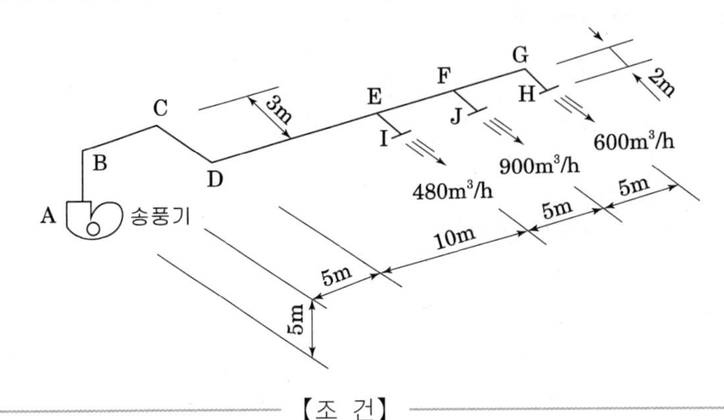

【조 건】

1. 취출구 손실은 각 20Pa이고, 송풍기 출구풍속은 8m/s 이다.
2. 직관은 마찰손실은 1Pa/m로 한다.
3. 곡관부 1개소의 상당길이는 원형 덕트(직경)의 20배로 한다. 각 기기의 마찰저항은 다음과 같다.
   - 에어필터 : 100Pa   • 공기냉각기 : 200Pa   • 공기가열기 : 70Pa
4. 원형 덕트에 상당하는 사각형 덕트의 1변 길이는 20cm로 한다.
5. 풍량에 따라 제작 가능한 덕트의 치수표

풍량(m^3/h)	원형 덕트 직경(mm)	사각 덕트 치수(mm)
2500	380	650×200
2200	370	600×200
1900	360	550×200
1600	330	500×200
1100	280	400×200
1000	270	350×200
750	240	250×200
560	220	200×200

(1) 각부의 덕트 치수를 구하시오.

구간	풍량(m^3/h)	원형 덕트 직경(mm)	사각 덕트 치수(mm)
A-E			
E-F			
F-H			
F-J			

(2) 송풍기 전압(Pa)를 구하시오.

(3) 송풍기 정압(Pa)를 구하시오.

해답 (1) 각부의 덕트 치수

① 각 구간의 풍량[m^3/h]

- A-E구간 : 480+900+600 = 1980
- E-F구간 : 900+600 = 1500
- F-H구간 : 600
- F-J구간 : 900

② 장방형 덕트의 경우에는 주어진 덕트 치수표에 의해 구한다.

구간	풍량(m^3/h)	원형 덕트 직경(mm)	사각 덕트 치수(mm)
A-E	1980	370	600×200
E-F	1500	330	500×200
F-H	600	240	250×200
F-J	900	270	350×200

(2) 송풍기 전압(P_T)

송풍기 전압은 덕트계통의 전압력손실과 같다.

① 직선 덕트 길이 = 5+5+3+10+5+5+2 = 35m

② B.C.D 곡관부 상당길이 = 0.37×20×3 = 22.2m

③ G 곡관부 상당길이 = 0.24×20 = 4.8m

따라서, 송풍기 전압(P_T) = (35+22.2+4.8)×1[Pa/m]+(100+200+70)+20 = 452[Pa]

(3) 송풍기 정압(P_S)

송풍기 정압 = 송풍기 전압 - 송풍기 동압

여기서 송풍기 동압 $P_v = \frac{V^2}{2}\rho[\text{Pa}]$

$$P_S = P_T - P_{v2} = 452 - \frac{8^2}{2} \times 1.2 = 413.6[\text{Pa}]$$

06 다음 ( ) 안에 알맞은 말을 [보기]에서 골라 넣으시오. "표준 냉동장치에서 흡입가스는 (①)을 따라서 (②)하여 과열증기가 되어 외부와 열교환을 하고 응축기 출구 (③)에서 5℃ 과냉각시켜서 (④)을 따라서 교축작용으로 단열팽창되어 증발기에서 등압선을 따라 포화 증기가 된다." (4점)

【보 기】

단열압축	등온압축	습압축
등엔탈피선	등엔트로피선	포화증기선
포화액선	습증기선	등온선

해답 ① 등엔트로피선, ② 단열압축, ③ 포화액선, ④ 등엔탈피선

07 **다음 그림과 같은 공조장치를 아래의 [조건]으로 냉방 운전할 때 공기 선도를 이용하여 공기조화 process 에 나타내고, 실내 송풍량 [m³/h]및 공기 냉각기에 공급하는 냉수량[kg/min]을 계산하시오. (단, 환기덕트에 의한 공기의 온도상승은 무시하고, 풍량은 비체적을 0.83m³/kg(DA)로 계산한다.(16점)**

【조 건】

1. 실내 온습도 : 건구온도 26℃, 상대습도 50%
2. 외기 상태 : 건구온도 33℃, 습구온도 27℃
3. 실내 냉방부하 : 현열부하 12kW, 잠열부하 1.5kW
4. 취입 외기량 : 급기풍량의 25%
5. 실내와 취출공기의 온도차 : 10℃
6. 송풍기 및 급기덕트에 의한 공기의 온도상승 : 1℃
7. 공기의 정압비열 : 1.0kJ/kg · K
8. 냉수비열 : 4.2kJ/kg · K

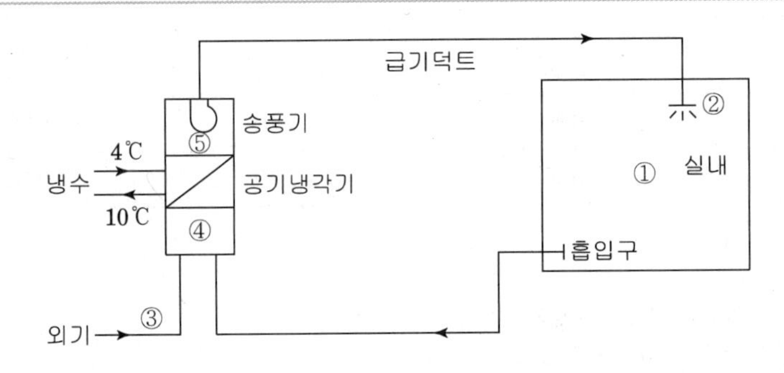

해설 • 현열비 $SHF = \dfrac{12}{12+1.5} \fallingdotseq 0.89$

• 혼합 공기온도 $t_4 = 33 \times 0.25 + 26 \times 0.75 = 27.75$℃

• 토출 공기온도 $t_2 = 26 - 10 = 16$℃

• 냉각코일 출구공기온도 $t_5 = 16 - 1 = 15$℃(덕트 1℃상승)

• 주어진 조건과 위의 계산 결과를 이용하여 습공기선도를 작도하면 다음과 같다.

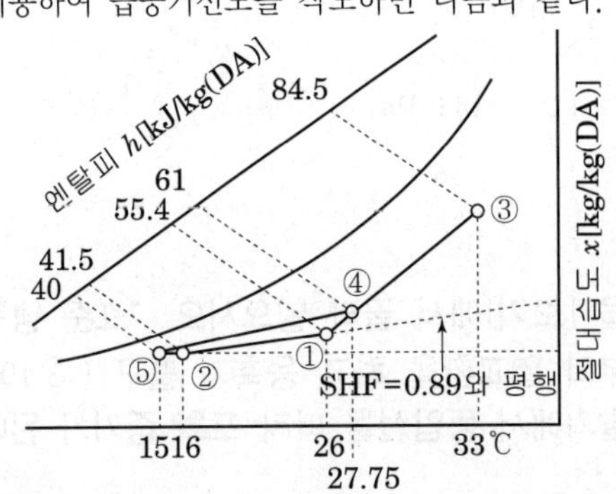

해답 (1) 송풍량 $G = \dfrac{12 \times 3600}{1.0 \times 10} = 4320$[kg/h]

주어진 조건에서 습공기의 비체적은 0.83[m³/kg(DA)] 이므로

$\therefore$ 송풍량 $Q = G \cdot v = 4320 \times 0.83 = 3585.6$[m³/h]

(2) 냉수량은 공기 냉각열량으로 구한다.

$G \cdot (h_4 - h_5) = C_w \cdot L \cdot \Delta t \cdot 60$에서

$L = \dfrac{4320 \times (61 - 40)}{4.2 \times (10 - 4) \times 60} = 60$[L/min]

선도

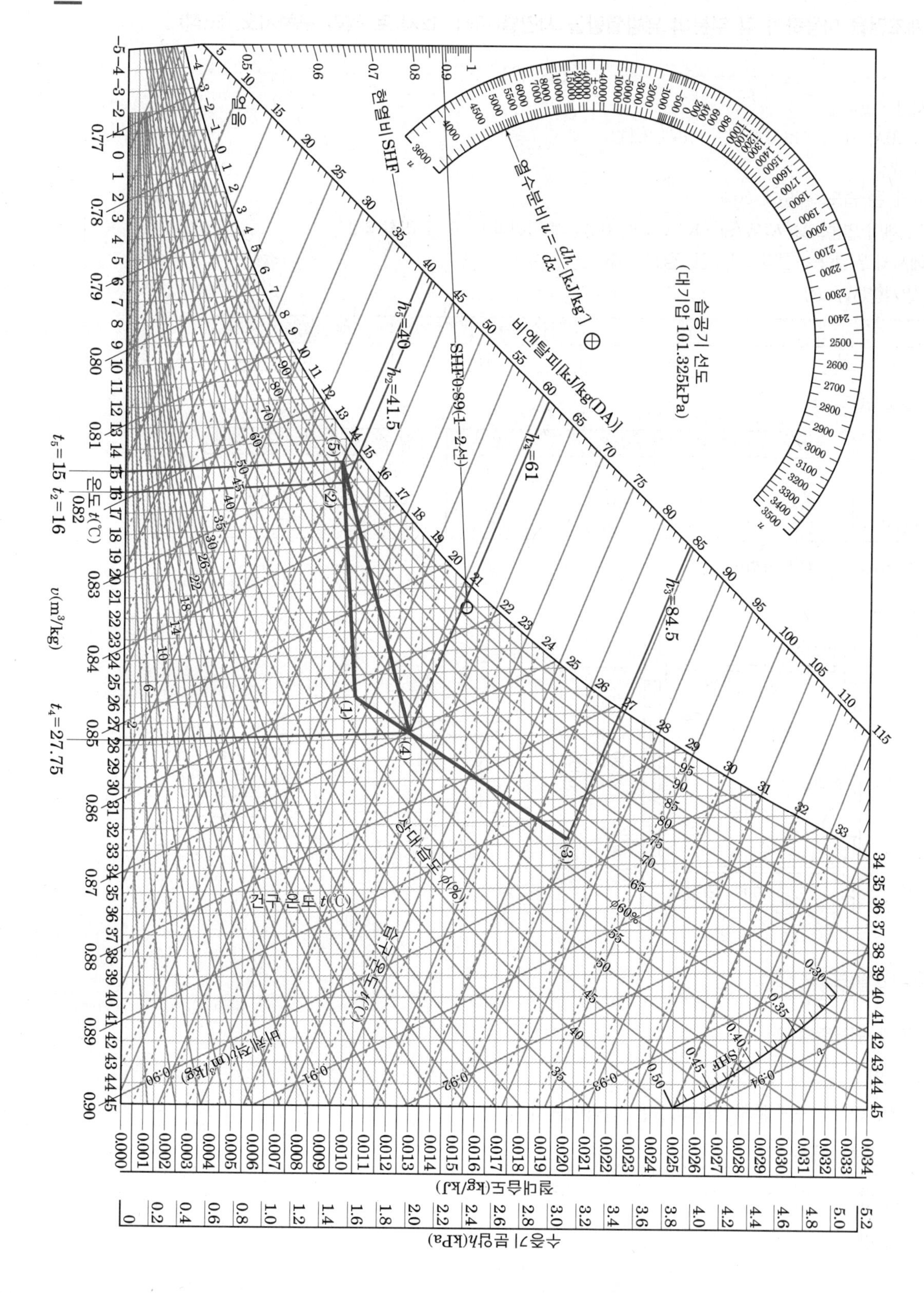

습공기 선도
(대기압 101.325kPa)
열수분비 $u=\frac{dh}{dx}$ [kJ/kg]
비엔탈피[kJ/kg(DA)]
현열비 SHF
SHF0.89(1-2선)
$h_5=40$
$h_2=41.5$
$h_4=61$
$h_3=84.5$
$t_5=15$ $t_2=16$
$t_4=27.75$
온도 t(℃)
v(m³/kg)
상대 습도 φ(%)
건구 온도 t(℃)
습구 온도 t'(℃)
비체적 v(m³/kg)
절대습도(kg/kJ)
수증기 분압 h(kPa)

02년2회, 07년2회

08 **다음 설계조건을 이용하여 각 부분의 냉방열량을 시간별(10시, 12시)로 각각 구하시오.(20점)**

【조 건】

1. 공조시간 : 10시간
2. 외기 : 10시 31[℃], 12시 33[℃], 16시 32[℃]
3. 인원 : 6인
4. 실내설계 온·습도 : 26℃, 50%
6. 각 구조체의 열통과율 K[W/m^2·K] : 외벽 0.26, 칸막이벽 0.36, 유리창 3.2
7. 인체에서의 발열량 : 현열 63W/인, 잠열 69W/인
8. 유리 일사량(W/m^2)

	10시	12시	16시
일사량	406	52	35

9. 상당 온도차(Δt_e)

	N	E	S	W	유리	내벽온도차
10시	5.5	12.5	3.5	5.0	5.5	2.5
12시	4.7	20.0	6.6	6.4	6.5	3.5
16시	7.5	9.0	13.5	9.0	5.6	3.0

10. 유리창 차폐계수 $K_s = 0.70$
11. 조명(형광등) 20W/m^2

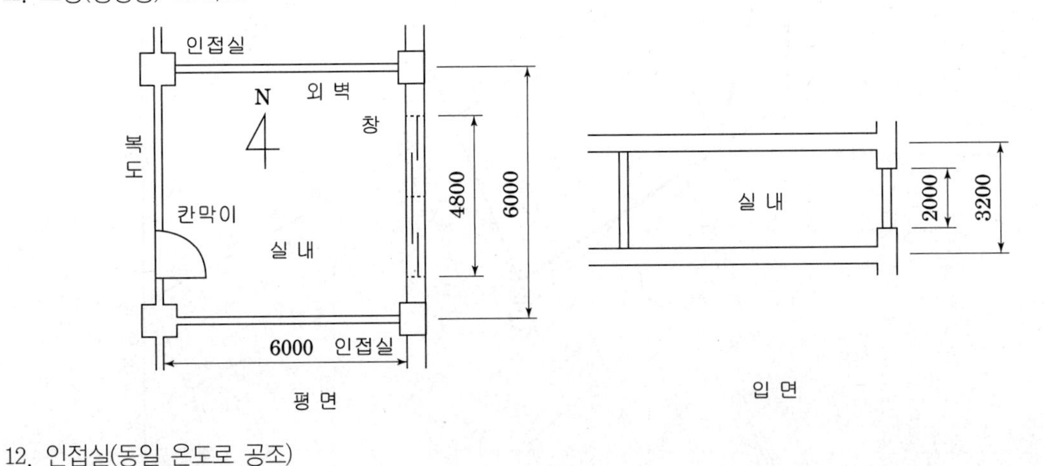

12. 인접실(동일 온도로 공조)

(1) 벽체로 통한 취득열량
  ① 동쪽 외벽
  ② 칸막이벽 및 문 (단, 문의 열통과율은 칸막이벽과 동일)

(2) 유리창으로 통한 취득열량

(3) 조명 발생열량

(4) 인체 발생열량

해답 (1) 벽체로 통한 취득열량 q_w

① 동쪽 외벽 $q_w = K_w \cdot A_w \cdot \Delta t_e$ 에서

- 10시일 때 $= 0.26 \times \{(6 \times 3.2) - (4.8 \times 2)\} \times 12.5 = 31.2$[W]
- 12시일 때 $= 0.26 \times \{(6 \times 3.2) - (4.8 \times 2)\} \times 20 = 49.92$[W]

② 칸막이벽 및 문 $q_w = K_w \cdot A_w \cdot \Delta t$에서

- 10시일 때 $= 0.36 \times (6 \times 3.2) \times 2.5 = 17.28$[W]
- 12시일 때 $= 0.36 \times (6 \times 3.2) \times 3.5 = 24.192$[W]

(2) 유리창으로 통한 취득열량 q_g

① 일사량 $q_{GR} = I_{gr} \cdot A_g \cdot (SC)$ 에서

- 10시일 때 $= 406 \times (4.8 \times 2) \times 0.70 = 2728.32$[W]
- 12시일 때 $= 52 \times (4.8 \times 2) \times 0.70 = 349.44$[W]

② 전도열량 $q_{gc} = K_g \cdot A_g \cdot \Delta t$

- 10시일 때 $= 3.2 \times (4.8 \times 2) \times 5.5 = 168.96$[W]
- 12시일 때 $= 3.2 \times (4.8 \times 2) \times 6.5 = 199.68$[W]

∴ 10시일 때 열량 $= 2728.32 + 168.96 = 2897.28$[W]
12시일 때 열량 $= 349.44 + 199.68 = 549.12$[W]

(3) 조명 발생열량 $= (6 \times 6 \times 20) \times 1.2 = 864$[W]

(4) 인체 발생열량해 q_H

① 현열 $= 63 \times 6 = 378$[W]

② 잠열 $= 69 \times 6 = 414$[W]

∴ q_H =378+414=792[W]

2016 제2회 실기 기출문제

01 다음과 같은 $P-h$ 선도를 보고 각 물음에 답하시오. (단, 중간 냉각에 냉각수를 사용하지 않는 것으로 하고, 냉동능력은 $1RT(3.86\text{kW})$로 한다.)(10점)

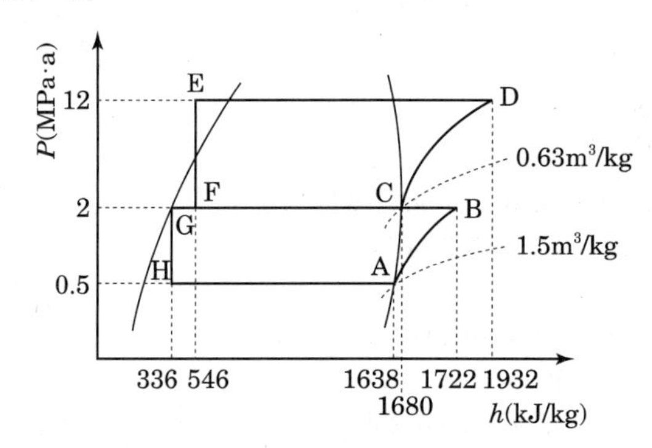

효율 \ 압축비	2	4	6	8	10	24
체적효율(η_v)	0.86	0.78	0.72	0.66	0.62	0.48
기계효율(η_m)	0.92	0.90	0.88	0.86	0.84	0.70
압축효율(η_c)	0.90	0.85	0.79	0.73	0.67	0.52

(1) 저단 측의 냉매순환량 $G_L[\text{kg/h}]$, 피스톤 토출량 $V_L[\text{m}^3/\text{h}]$, 압축기 소요동력 $N_L[\text{kW}]$을 구하시오.

(2) 고단 측의 냉매순환량 $G_H[\text{kg/h}]$, 피스톤 토출량 $V_H[\text{m}^3/\text{h}]$, 압축기 소요동력 $N_H[\text{kW}]$을 구하시오.

해답 (1) ① 저단측 냉매순환량 $G_L=\dfrac{Q_2}{q_2}=\dfrac{3.86\times3600}{1638-336}=10.67[\text{kg/h}]$

② 저단측 피스톤 토출량 $G_L=\dfrac{V_{aL}\times\eta_{v2}}{v_2}$에서

저단압축기의 압축비는 $\dfrac{2}{0.5}=4$이므로 $\eta_v=0.78$, $\eta_m=0.9$, $\eta_c=0.85$이다.

$V_{aL}=\dfrac{10.67\times1.5}{0.78}=20.52[\text{m}^3/\text{h}]$

③ 저단측 압축기 소요동력

$N_L=\dfrac{G_L\cdot A_{wL}}{\eta_{cL}\cdot\eta_{mL}}=\dfrac{10.67\times(1722-1638)}{3600\times0.9\times0.85}=0.33[\text{kW}]$

(2) ① 고단측 냉매순환량 $G_H=G_L\cdot\dfrac{h'_B-h_G}{h_C-h_F}=10.67\times\dfrac{1736.82-336}{1680-546}=13.18[\text{kg/h}]$

여기서 저단 압축기 실제 토출가스 엔탈피 h_B'는

$$h_B{}' = h_A + \frac{h_B - h_A}{\eta_{cL}} = 1638 + \frac{1722 - 1638}{0.85} = 1736.82[\text{kcal/kg}]$$

고단압축기의 압축비는 $\frac{12}{2} = 6$이므로 $\eta_v = 0.72$, $\eta_m = 0.88$, $\eta_c = 0.9$이다.

② 고단측 피스톤 토출량 $V_{aH} = \frac{13.18 \times 0.63}{0.72} = 11.53[\text{m}^3/\text{h}]$

③ 고단측 압축기 소요동력 $N_H = \frac{13.18 \times (1932 - 1680)}{3600 \times 0.88 \times 0.79} = 1.327[\text{kW}]$

05년2회, 08년2회, 11년3회

02 장치노점이 10℃인 냉수 코일이 20℃ 공기를 12℃로 냉각시킬 때 냉수 코일의 Bypass Factor(BF)를 구하시오. (5점)

해설 냉각코일에서의 By-Pass Factor와 Contact Factor 공기가 냉각코일을 통과할 때 전공기량에 대한 코일과 접촉하지 않고 통과하는 공기의 비율을 By-Pass Factor라 하고 접촉하는 공기의 비율을 Contact Factor라 한다.

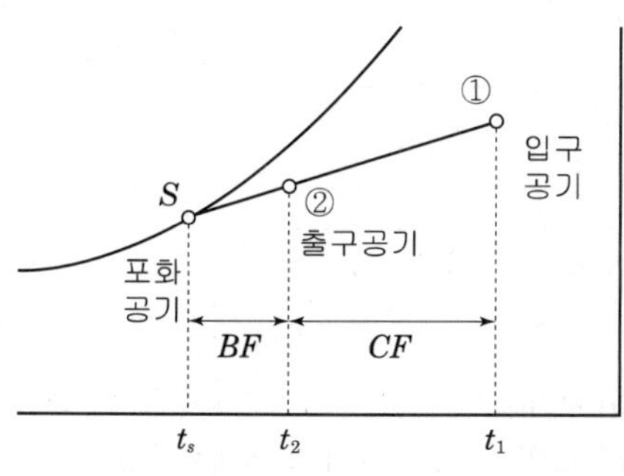

$$BF = \frac{t_2 - t_s}{t_1 - t_s} = \frac{x_2 - x_s}{x_1 - x_s} = \frac{h_2 - h_s}{h_1 - h_s}, \qquad CF = \frac{t_1 - t_2}{t_1 - t_s} = \frac{x_1 - x_2}{x_1 - x_s} = \frac{h_1 - h_2}{h_1 - h_s}$$

해답 $BF = \frac{12 - 10}{20 - 10} = 0.2$

09년3회

03 다음 그림과 같은 자동차 정비공장이 있다. 이 공장 내에서는 자동차 3대가 엔진 가동상태에서 정비되고 있으며, 자동차 배기가스 중의 일산화탄소량은 1대당 0.12CMH일 때 주어진 조건을 이용하여 각 물음에 답하시오.(15점)

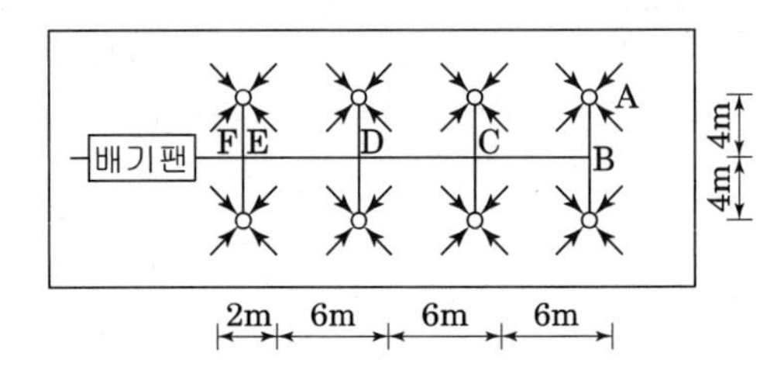

【조 건】

1. 외기 중의 일산화탄소량 0.0001%(용적비), 실내 일산화탄소의 허용농도 0.001%(용적비)
2. 바닥면적 : 300m^2, 천장높이 : 4m
3. 배기구의 풍량은 모두 같고, 자연환기는 무시한다.
4. 덕트의 마찰손실은 1Pa/m로 하고(정압법 설계) 배기구의 1개당 압력손실은 30Pa로 한다.
   또 덕트, 엘보 등의 국부저항은 직관 덕트저항의 50%로 한다.

(1) 필요 환기량(CMH)을 구하시오.

(2) 환기 횟수는 몇 회(회/h)가 되는가?

(3) 다음 각 구간별 원형 덕트 size(cm)를 구하시오.(별첨 덕트선도 이용)

(4) A−F 사이의 압력손실(Pa)을 구하시오.

해설 (1) 환기량 $Q=\dfrac{M}{P_i-P_o}$

(2) $Q=nV$에서

환기횟수 $n=\dfrac{Q}{V}$

여기서, Q : 환기량[m^3/h] M : 실내의 CO_2 발생량[m^3/h]

P_i : CO_2의 허용농도[m^3/m^3] P_o : 외기의 CO_2농도[m^3/m^3] V : 실내용적[m^3]

(3) 배기구 1개당 풍량을 구한다. 총환기량은 40000이므로 배기구가 8개 이므로

1개당 풍량$=\dfrac{40,000}{8}=5000$CMH

해답 (1) $Q=\dfrac{3\times0.12}{0.001\times10^{-2}-0.0001\times10^{-2}}=40000$CMH

(2) $n=\dfrac{40000}{300\times4}=33.33$회/h

(3)

구간	AB	BC	CD	DE	EF
풍량(CMH)	5000	10000	20000	30000	40000
덕트 지름	50	66	85	99	112

(4) ① 직관 덕트길이 $= 2+6+6+6+4 = 24\text{m}$

② 덕트, 엘보 등의 상당길이 $= 24 \times 0.5 = 12\text{m}$

③ 배기구 손실 = 30Pa, 직관24m, 국부12m (1Pa/m 정압법)

∴ A-F 사이의 압력손실 $= (24+12) \times 1 + 30 = 66\text{Pa}$

선도

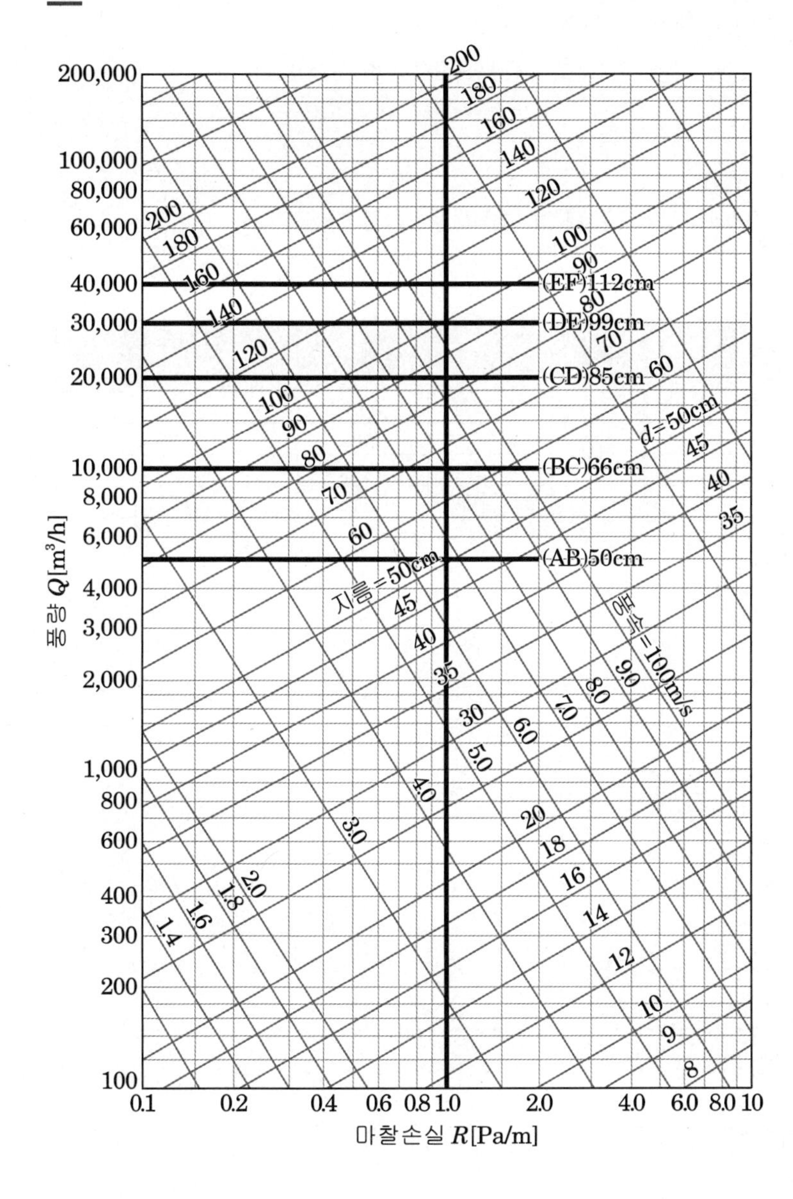

08년2회

04 20m(가로)×50m(세로)×4m(높이)의 냉동공장에서 주어진 설계조건으로 300t/day의 얼음(-15℃)을 생산하는 경우 다음 각 물음에 답하시오.(16점)

【조 건】

1. 원수온도 : 20[℃]
2. 실내온도 : -20[℃]
3. 실외온도 : 30[℃]
4. 환기 : 0.3[회/h]
5. 형광등 : 15[W/m^2]
6. 실내 작업인원 : 15명(발열량 : 370W/인)
7. 실외측 열전달계수 : 23[W/m^2 · K]
8. 실내측 열전달계수 : 9.3[W/m^2 · K]
9. 잠열부하 및 바닥면으로부터의 열손실은 무시한다.
10. 원수의 비열 : 4.2[kJ/kg], 얼음의 비열 : 2.09[kJ/kg · K], 0[℃] 얼음의 응고잠열 334[kJ/kg]

[건물구조]

구조	종류	두께(m)	열전도율 (W/m · K)	구조	종류	두께(m)	열전도율 (W/m · K)
벽	모르타르	0.01	1.5	천장	모르타르	0.01	1.5
	블록	0.2	1.1		방수층	0.012	0.28
	단열재	0.025	0.07		콘크리트	0.12	1.5
	합판	0.006	0.12		단열재	0.025	0.07

(1) 벽 및 천장의 열통과율(W/m^2 · K)을 구하시오.

① 벽 ② 천장

(2) 제빙부하(kW)를 구하시오.

(3) 벽체부하(kW)를 구하시오.

(4) 천장부하(kW)를 구하시오.

(5) 환기부하(kW)를 구하시오.

(6) 조명부하(kW)를 구하시오.

(7) 인체부하(kW)를 구하시오.

해답 (1) 벽 및 천장의 열통과율(W/m^2 · K)

구조체의 열통과율 $K = \dfrac{1}{\dfrac{1}{\alpha_o} + \sum \dfrac{d}{\lambda} + \dfrac{1}{\alpha_i}}$에서

① 벽 : $K = \dfrac{1}{\dfrac{1}{23} + \dfrac{0.01}{1.5} + \dfrac{0.2}{1.1} + \dfrac{0.025}{0.07} + \dfrac{0.006}{0.12} + \dfrac{1}{9.3}} = 1.34$[W/m^2 · K]

② 천장 : $K = \dfrac{1}{\dfrac{1}{23} + \dfrac{0.01}{1.5} + \dfrac{0.012}{0.28} + \dfrac{0.12}{1.5} + \dfrac{0.025}{0.07} + \dfrac{1}{9.3}} = 1.57$[W/m^2 · K]

(2) 제빙부하(kW)

$$300 \times 10^3 \times \{(4.2 \times 20) + 334 + (2.09 \times 15)\} \times \frac{1}{24} \times \frac{1}{3600} = 1560.24[\text{kW}]$$

(3) 벽체부하(kW)

$$q_w = K \cdot A \cdot \Delta t = 1.34 \times 10^{-3} \times \{(20+50) \times 2 \times 4\} \times \{30-(-20)\} = 37.52[\text{kW}]$$

(4) 천장부하(kW)

$$q_w = K \cdot A \cdot \Delta t = 1.57 \times 10^{-3} \times (20 \times 50) \times \{30-(-20)\} = 78.5[\text{kW}]$$

(5) 환기부하(kW)

$$q_I = c_p \cdot \rho \cdot Q \cdot \Delta t = 1.0 \times 1.2 \times (0.3 \times 20 \times 50 \times 4) \times \{30-(-20)\} \times \frac{1}{3600} = 20[\text{kW}]$$

(6) 조명부하(kW)

$$q_E = (15 \times 20 \times 50) \times 1.2 = 18000[\text{W}] = 18[\text{kW}]$$

(7) 인체부하(kW)

$$q_H = SH \times N = 370 \times 15 = 5550[\text{W}] = 5.55[\text{kW}]$$

03년1회, 09년3회

05 냉동능력 $2RT$인 R-22 냉동 시스템의 증발기에서 냉매와 공기의 평균온도 차가 8℃로 운전되고 있다. 이 증발기는 내외 표면적비 $\text{m} = 7.5$, 공기측 열전달률 $\alpha_a = 46.5\text{W/m}^2\text{K}$, 냉매측 열전달률 $\alpha_r = 582\,\text{W/m}^2 \cdot \text{K}$의 플레이트 핀코일이고, 핀코일 재료의 열전달 저항은 무시한다. 각 물음에 답하시오.(15점)

(1) 증발기의 외표면 기준 열통과율 $K_o(\text{W/m}^2 \cdot \text{K})$은?

(2) 증발기 외표면적 $F_o(\text{m}^2)$는 얼마인가?

(3) 이 증발기의 냉매 회로수 $n = 4$, 관의 안지름이 15mm이라면 1회로당 코일길이 L은 몇 m인가?

해설 건식 플레이트 핀 증발기의 전열 : 건식 플레이트 핀 증발기의 열통과율은 핀을 포함한 냉각관 외표면의 공기측 전열면을 기준으로 하여 착상에 의한 전열저항을 고려하여 다음 식으로 나타낸다.

$$K_o = \frac{1}{\frac{m}{\alpha_r} + \frac{d}{\lambda} + \frac{1}{\alpha_o}}$$

α_r : 냉매측 열전달율[kW/m²·K]

α_o : 공기측 열전달율[kW/m²·K]

d : 서리의 두께[m]

λ : 서리의 열전도율[kW/m·K]

해답 (1) $K_o = \dfrac{1}{\dfrac{m}{\alpha_r} + \dfrac{1}{\alpha_o}} = \dfrac{1}{\dfrac{7.5}{582} + \dfrac{1}{46.5}} = 29.08[\text{W/m}^2 \cdot \text{K}]$

(2) $Q_2 = K_o \cdot A_o \cdot \Delta tm$ 에서 $A_o = \dfrac{Q_2}{K_o \Delta tm} = \dfrac{2 \times 3.86 \times 10^3}{29.08 \times 8} = 33.18[\text{m}^2]$

(3) 1회로당 코일의 길이

① 내표면적 A_i

m(내외표면적비)$= \dfrac{A_o}{A_i}$ 에서 $A_i = \dfrac{A_o}{m} = \dfrac{33.18}{7.5}[\text{m}^2]$

② 코일의 길이 : $A_i = \pi D_i \text{Ln}$ 에서 $L = \dfrac{A_i}{\pi Dn} = \dfrac{\dfrac{33.18}{7.5}}{\pi \times 0.015 \times 4} = 23.47[\text{m}]$

06 **건구온도 20℃, 습구온도 10℃, 엔탈피 $h = 29$kJ/kg, 절대습도 $x = 0.0036$kg/kg의 공기 10000kg/h를 향하여 절대압력 0.2MPa의 포화증기(2730kJ/kg) 60kg/h를 분무할 때 공기 출구의 상태(x_2, i_2)를 계산하시오.**

해답

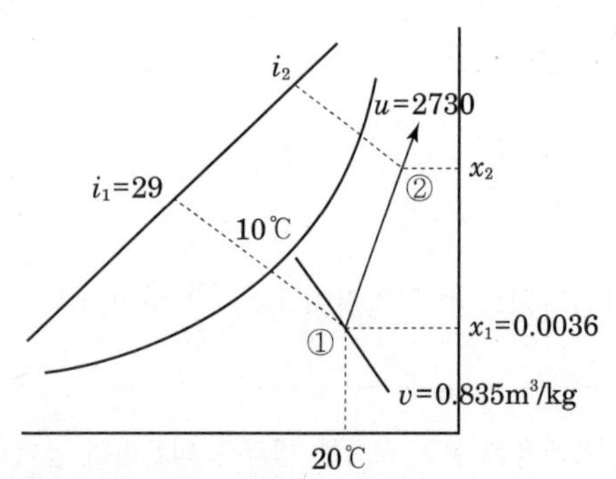

① 건조공기 1kg에 분무되는 포화증기량

$\Delta x = \dfrac{L}{G} = \dfrac{60}{10000} = 0.006\text{kg/kg}'$

$\therefore x_2 = x_1 + \Delta x = 0.0036 + 0.006 = 0.0096\text{kg/kg}'$

② 출구 엔탈피

$i_2 = i_1 + \Delta i = i_1 + (u \cdot \Delta x)$

$= 29 + (2730 \times 0.006) = 45.38\text{kJ/kg}$

※ 열수분비 $\mu = 2730$kJ/kg이란 수분 1kg당 2730kJ열량이 공급된다는 의미이다. 그러므로 절대습도 $x = 0.006$증가 시 엔탈피는 2730×0.006증가 한다.

07 **냉매번호 2자리수는 메탄(Methane)계 냉매, 냉매번호 3자리수 중 100단위는 에탄(Ethane)계 냉매, 냉매번호 500단위는 공비 혼합냉매, 냉매번호 700단위는 무기물 냉매이며, 700단위 뒤의 2자리의 결정은 분자량의 값이다. 다음 냉매의 종류에 해당하는 냉매번호를 (   ) 안에 기입하시오.(7점)**

(1) 메틸클로라이드(   )　　(2) NH_3(   )　　(3) 탄산가스(   )

(4) CCl_2F_2(   )　　(5) 아황산가스(   )　　(6) 물(   )

(7) $C_2H_4F_2$(   )　　(8) $C_2Cl_2F_4$(   )

해답 (1) R-40　　(2) R-717　　(3) R-744
(4) R-12　　(5) R-764　　(6) R-718
(7) R-152　　(8) R-114

11년3회, 17년1회, 17년3회

08 **어느 벽체의 구조가 다음과 같은 조건을 갖출 때 각 물음에 답하시오.(12점)**

【조 건】

1. 실내온도 : 25℃, 외기온도 : -5℃
2. 외벽의 연면적 : $40m^2$
3. 공기층 열 컨덕턴스 : $6.05W/m^2 \cdot K$
4. 벽체의 구조

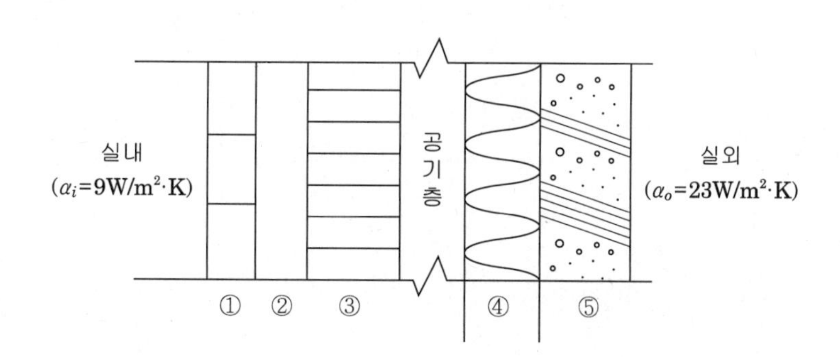

재료	두께(m)	열전도율(W/m·K)
① 타일	0.01	1.3
② 시멘트 모르타르	0.03	1.4
③ 시멘트 벽돌	0.19	0.6
④ 스티로폼	0.05	0.032
⑤ 콘크리트	0.10	1.6

(1) 벽체의 열통과율($W/m^2 \cdot K$)을 구하시오.

(2) 벽체의 손실열량(W)을 구하시오.

(3) 벽체의 내표면 온도(℃)을 구하시오.

해설 전열량 q

- 열관류량 $q_1 = KA(t_r - t_o)$
- 열전달량 $q_2 = \alpha A(t_r - t_s)$

$q = q_1 = q_2$이므로

$q = KA(t_r - t_o) = \alpha A(t_r - t_s)$

해답 (1) 열통과율

$$K = \frac{1}{\frac{1}{\alpha_o} + \Sigma\frac{L}{\lambda} + \frac{1}{\alpha_i}}$$

$$= \frac{1}{\frac{1}{9} + \frac{0.01}{1.3} + \frac{0.03}{1.4} + \frac{0.19}{0.6} + \frac{0.05}{0.032} + \frac{1}{6.05} + \frac{0.1}{1.6} + \frac{1}{23}} = 0.437[W/m^2 \cdot K]$$

(2) 손실열량 $q = KA(t_r - t_o) = 0.437 \times 40 \times \{25 - (-5)\} = 524.4$ [W]

(3) 표면온도는 $q = \alpha A(t_r - t_s)$에서

$524.4 = 9 \times 40 \times (25 - t_s)$

$\therefore t_s = 25 - \frac{524.4}{9 \times 40} = 23.54$℃

2016 제3회 실기 기출문제

01 송풍기 총 풍량 $6000m^3/h$, 송풍기 출구 풍속 8m/s로 하는 직사각형 단면 덕트시스템을 등마찰손실법으로 설치할 때 종횡비(a: b)가 3:1일 때 단면 덕트 길이(cm)를 구하시오.(8점)

해설 유량 $Q=A \cdot V=\frac{\pi d^2}{4} \cdot V$에서

원형덕트의 지름 $d=\sqrt{\frac{4Q}{\pi V}}=\sqrt{\frac{4\times 6000/3600}{\pi\times 8}}=0.51503[m]=51.50[cm]$

환산식 $d=1.3\left[\frac{(a\cdot b)^5}{(a+b)^2}\right]^{\frac{1}{8}}$에서 a=3b이므로

$51.50=1.3\left[\frac{(a\cdot b)^5}{(3b+b)^2}\right]^{\frac{1}{8}}=1.3\left[\frac{(3b^2)^5}{(4b)^2}\right]^{\frac{1}{8}}=1.3\left(\frac{3^5 b^{10}}{4^2 b^2}\right)^{\frac{1}{8}}=1.3\left(\frac{3^5}{4^2}\right)^{\frac{1}{8}}\cdot b$

$\therefore$ 단변 $b=\frac{51.50}{1.3}\times\left(\frac{4^2}{3^5}\right)^{\frac{1}{8}}=28.195 ≒ 28.20[cm]$

장변 $a=3b=3\times 28.20=84.60[cm]$

단면덕트길이=덕트둘레길이$=2a+2b=2\times 28.20+2\times 84.60=225.6[cm]$

02년1회

02 증기 보일러에 부착된 인젝터의 작용을 설명하시오.(8점)

해답 인젝터(injector)의 작용(급수원리) : 열에너지를 보유한 증기를 nozzle로 분출시켜 운동 에너지로 바꾸어 고속의 물의 흐름을 만들고 이것을 다시 압력에너지로 바꾸어 보일러 압에 대항하여 급수된다.
즉, 열에너지 → 운동(속도)에너지 → 압력에너지

참고 인젝터의 구성 : a : 증기노즐, b : 혼합노즐, c : 토출노즐

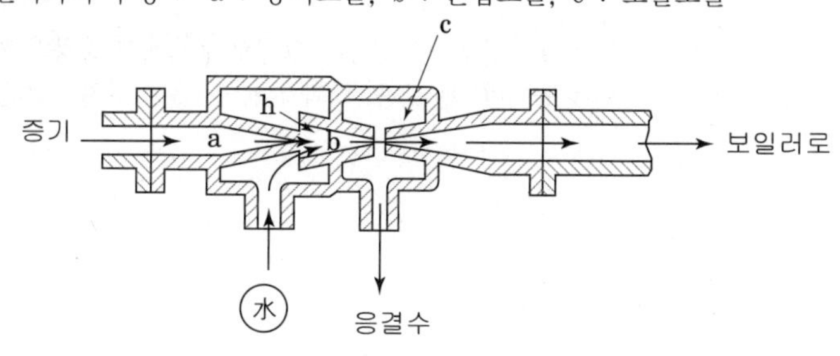

인젝터의 급수 원리

05년2회, 12년3회

03 다익형 송풍기(일명 시로코팬)는 그 크기에 따라서 2, $2\frac{1}{2}$, 3, ⋯ 등으로 표시한다. 이 때 이 번호의 크기는 어느 부분에 대한 얼마의 크기를 말하는가?(5점)

해답 임펠러의 지름
송풍기의 크기를 표시하는 방식으로 임펠러의 지름(mm)을 원심식은 150, 축류식은 100으로 나눈 값으로 표시한다.
즉, 원심식 : $No = \frac{\text{임펠러 지름}}{150}$, 축류식 : $No = \frac{\text{임펠러 지름}}{100}$

06년3회, 09년3회

04 다음 그림과 같은 여름철 냉방시 2중 덕트 장치도를 보고 공기 선도에 각 상태점(①-⑥)을 나타내어 흐름도를 완성시키시오.(8점)

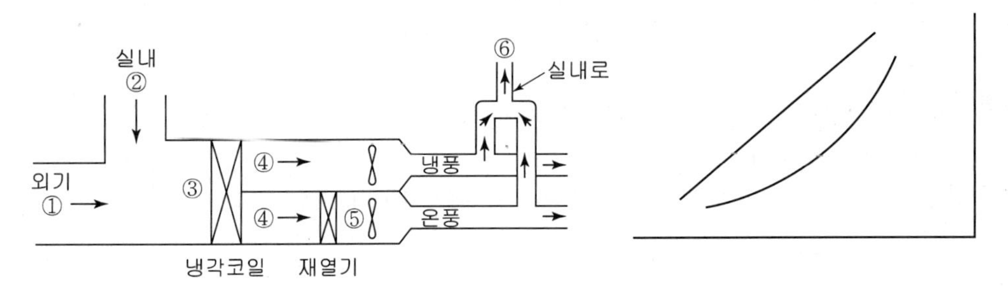

해답

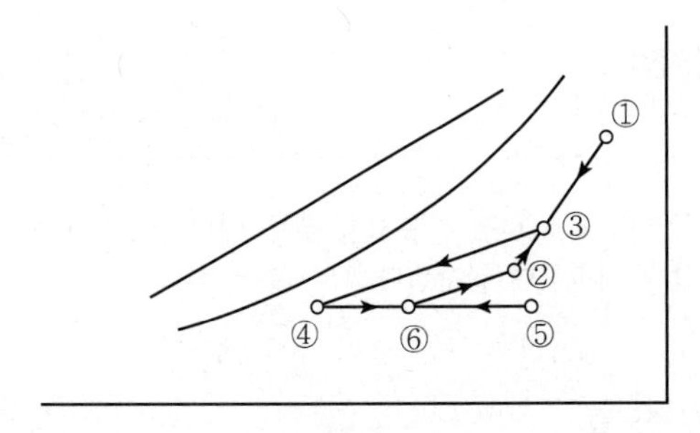

(작도법 해설) 외기(①)와 환기(②)를 혼합하여(③) 냉각코일로 냉각한후(④) 냉풍은 그대로 공급하고 온풍은 재열기로 가열하여(⑤) 온풍덕트로 공급한다. 실내로 공급되는 공기(⑥)는 냉풍(④)과 온풍(⑤)을 적당하게 혼합하여 만든다.

12년3회

05 다음 조건과 같은 제빙공장에 대하여 다음 물음에 답하시오.(12점)

【조 건】

1. 제빙 실내의 동력 부하 : 5[kW]×2[대]
2. 제빙실의 외부부터 침입열량 : 14700[kJ/h]
3. 운전조건 제빙능력 : ① 1일 5톤 생산 ② 1일 결빙 시간 : 8시간 ③ 얼음 최종온도 : −10[℃] ④ 원수온도 : 15[℃]
4. 원수비열 : 4.2[kJ/kgK]
5. 얼음의 비열 : 2.1[kJ/kg · K]
6. 얼음의 융해 잠열 : 335[kJ/kg]
7. 안전율 : 10%

(1) 제빙부하(kW)를 계산하시오.

(2) 냉동능력(RT)을 계산하시오.

해답 (1) 제빙부하$=\dfrac{5\times10^3\times(4.2\times15+335+2.1\times10)}{8\times3600}=72.74$[kW]

(2) 냉동능력=제빙부하 + 동력부하 + 침입열량

$=\left(72.74+5\times2+\dfrac{14700}{3600}\right)\times1.1\times\dfrac{1}{3.86}=24.74$[RT]

12년3회, 17년2회

06 냉매 순환량이 5000kg/h인 표준냉동장치에서 다음 선도를 참고하여 성적계수와 냉동능력[kJ/h]을 구하시오. (12점)

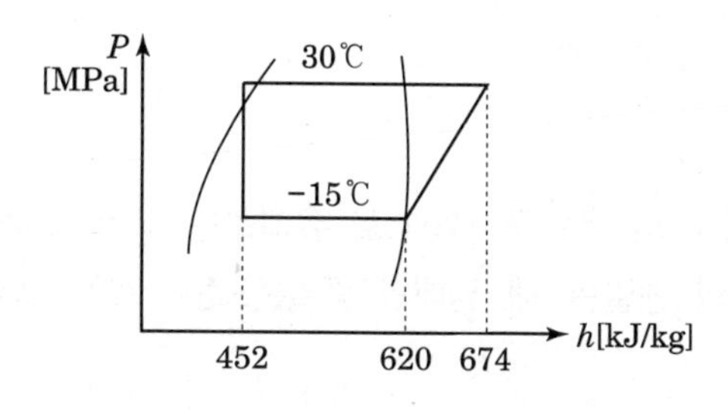

해설 (1) 성적계수$=\dfrac{\text{냉동효과}}{\text{압축일}}$

(2) 냉동능력이란 냉동장치의 증발기에서 냉매가 흡수하는 단위시간당의 열량을 말하며 다음 식으로 나타낸다.

냉동능력 $Q_2=G\cdot q_2$

여기서, G : 냉매순환량, q_2 : 냉동효과

해답 (1) 성적계수$=\dfrac{\text{냉동효과}}{\text{압축일}}=\dfrac{620-452}{674-620}=3.11$

(2) 냉동능력$=5000\times(620-452)=840000$kJ/h

13년1회

07 다음 길이에 따른 열관류율일 때 길이 10cm의 열관류율은 몇 $W/m^2 \cdot K$인가? (단, 두께 길이에 관계없이 열저항은 일정하다.) 소수점 5째자리에서 반올림하여 4자리까지 구하시오.(5점)

길이(cm)	열관류율($W/m^2 \cdot K$)
4	0.061
7.5	0.0325

해설 열관류율 $K = \dfrac{1}{\dfrac{1}{\alpha_o} + \sum \dfrac{d}{\lambda} + \dfrac{1}{\alpha_i}}$ 에서

α_o, α_i : 외측, 내측 열전달율 및 재료의 λ(열전도율)이 동일한 조건으로 보면

$K = \dfrac{1}{\dfrac{d}{\lambda}} = \dfrac{\lambda}{d}$ 에서 $K = \dfrac{1}{d}$ 로 길이 d에 반비례 한다.

따라서 $K_1 : \dfrac{1}{d_1} = K_2 : \dfrac{1}{d_2}$ 에서 $K_1 \dfrac{1}{d_2} = K_2 \dfrac{1}{d_1}$ 이므로

$K_2 = K_1 \dfrac{d_1}{d_2}$ 가 된다.

해답 $K_2 = K_1 \dfrac{d_1}{d_2} = 0.061 \times \dfrac{4}{10} = 0.0244$ $[W/m^2 \cdot K]$

08년1회, 11년2회, 13년3회, 17년3회, 20년3회

08 냉장실의 냉동부하 7kW, 냉장실 내 온도를 −20℃로 유지하는 나관 코일식 증발기 천장 코일의 냉각관 길이(m)를 구하시오. (단, 천장 코일의 증발관 내 냉매의 증발온도는 −28℃, 외표면적 $0.19m^2/m$, 열통과율은 8 $W/m^2 \cdot K$ 이다.)(6점)

해답 냉동부하 $Q_2 = K \cdot A \cdot (t_a - t_r)$ 에서

증발기 외표면적 $A = \dfrac{Q_2}{K \cdot (t_a - t_r)} = \dfrac{7 \times 10^3}{8 \times \{-20 - (-28)\}} = 109.375[m^2]$

∴ 냉각관 길이는 단위길이 당 외표면적 $0.19m^2/m$이므로

$L = \dfrac{109.375}{0.19} = 575.66[m]$

01년1회, 14년2회

09 주어진 조건(장치도와 여름철 공조프로세스)을 이용하여 다음 각 물음에 답하시오. (단, 실내송풍량 $G = 5000\text{kg/h}$, 실내부하의 현열비 $\text{SHF} = 0.86$이고, 공기조화기의 환기 및 전열교환기의 실내측 입구공기의 상태는 실내와 동일하다.)(20점) (단, 공기정압비열 : 1.01kJ/kg·K 이다)

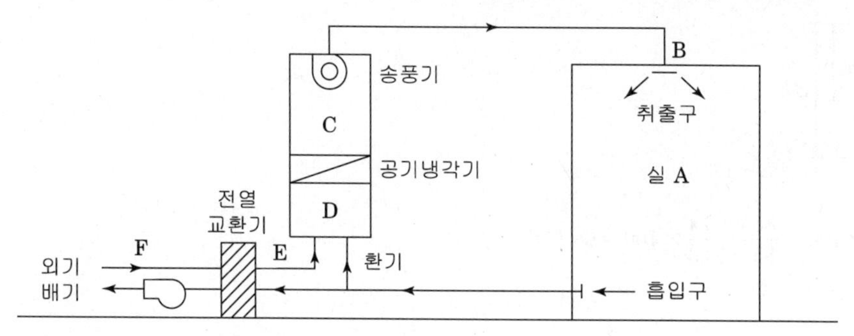

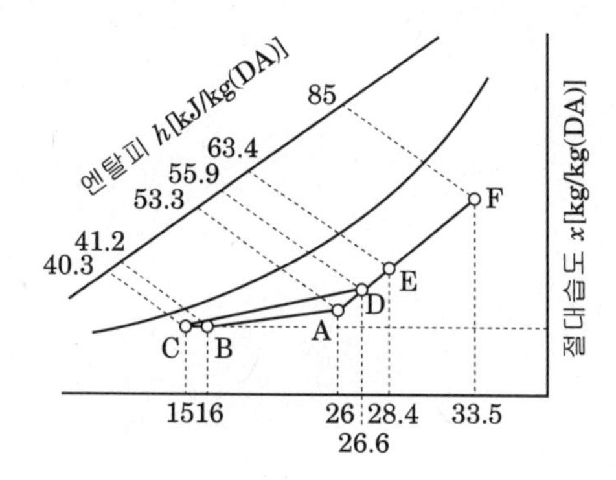

(1) 취출온도차를 이용하여 실내 현열부하 q_s[kW]을 구하시오.

(2) 취출엔탈피를 이용하여 실내 잠열부하 q_L[kW]을 구하시오.

(3) 공기 냉각기의 냉각열량 q_c[kW]을 구하시오.

(4) 혼합공기엔탈피를 이용하여 취입 외기량 G_o[kg/h]을 구하시오.

(5) 전열교환기의 효율 η[%]을 구하시오.

해답 (1) 실내 현열부하는 취출온도차(16-26℃)를 이용한다.

$$q_s = c_p \cdot G \cdot \Delta t = 1.01 \times 5000 \times (26-16)/3600 = 14.03\text{[kW]}$$

(2) 실내 잠열부하는 엔탈피로 전열부하를 구한뒤 현열부하를 뺀다.

$$q_L = q_T - q_s = \frac{5000 \times (53.3 - 41.2)}{3600} - 14.03 = 2.78\text{[kW]}$$

(3) 냉각 코일부하는 코일 입출구(D-C)엔탈피차를 이용한다.

$$q_c = G(h_D - h_C) = 5000 \times (55.9 - 40.3)/3600 = 21.67\text{[kW]}$$

(4) 취입 외기량 G_o

외기부하는 G_o(외기량)와 외기-실내($h_E - h_A$) 엔탈피차로 계산하며 또는 G(급기량)과 혼합-실내($h_D - h_A$)엔탈피차로 계산한다.

$G_o(h_E - h_A) = G(h_D - h_A)$ 에서

$$G_o = \frac{G \cdot (h_D - h_A)}{h_E - h_A} = \frac{5000 \times (55.9 - 53.3)}{63.4 - 53.3} = 1287.13[\text{kg/h}]$$

(외기와 환기를 혼합할 때 혼합비는 (전체 송풍량:외기=EA:DA)가 성립한다.

(5)
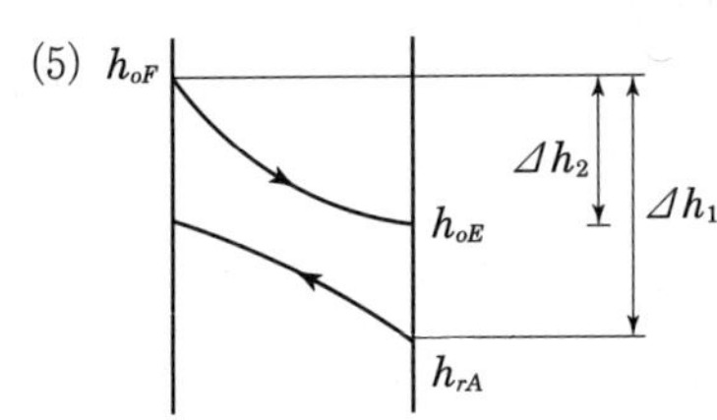

$$\eta = \frac{\Delta h_2}{\Delta h_1} = \frac{h_{oF} - h_{oE}}{h_{oF} - h_{rA}} \times 100 = \frac{85 - 63.4}{85 - 53.3} \times 100 = 68.14\%$$

02년1회, 04년3회, 06년2회, 15년1회

10 송풍기(fan)의 전압효율이 45%, 송풍기 입구와 출구에서의 전압차가 1.2kPa로서, $10200\text{m}^3/\text{h}$의 공기를 송풍할 때 송풍기의 축동력(kW)을 구하시오. (5점)

해설 축동력 $L_S = \frac{Q \cdot P_t}{\eta_t}[\text{kW}]$

Q : 송풍량$[\text{m}^3/\text{s}]$
P_t : 송풍기 전압[kPa]
η_t : 송풍기 전압효율

해답 축동력 $L_S = \frac{10200 \times 1.2}{3600 \times 0.45} = 7.56[\text{kW}]$

11 사각 덕트 소음 방지 방법에서 흡음장치에 대한 종류 3가지를 쓰시오.(8점)

해답 ① 덕트 내장형
② 셀형, 플레이트형
③ 엘보형
④ 웨이브형
⑤ 머플러형

참고

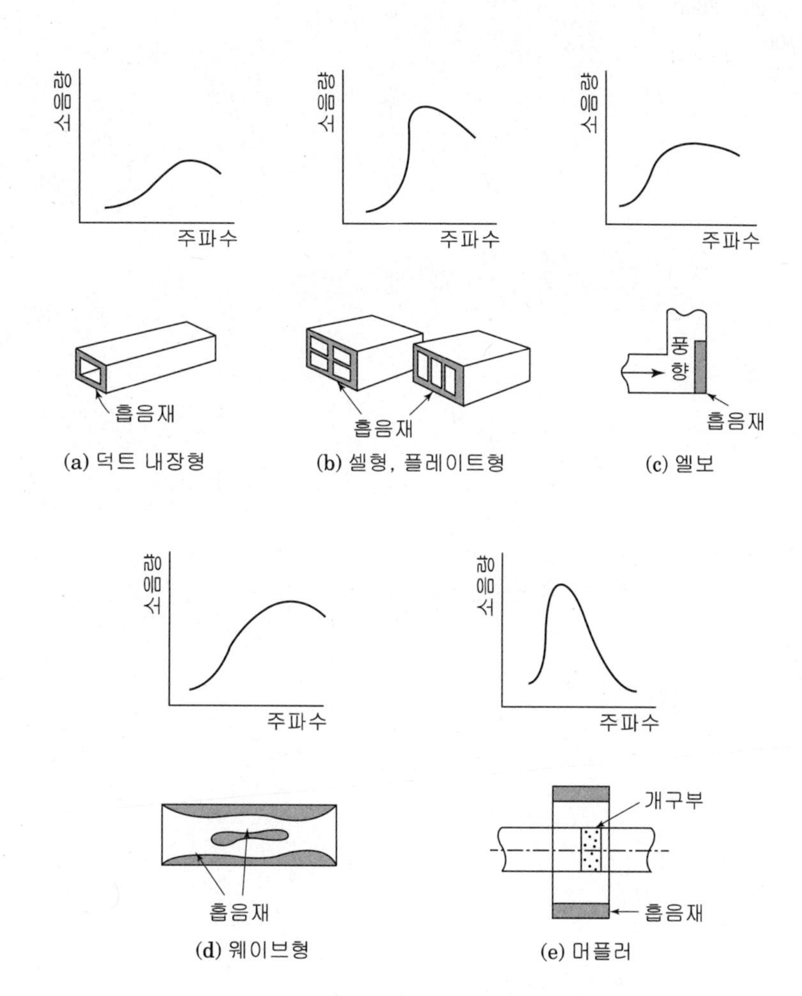

12 냉동능력 360000[kJ/h]이고 압축기 동력이 20[kW]이다. 압축효율이 0.8일 때 성능계수를 구하시오. (5점)

해설 성능계수를 구하기 위해서는 분자와 분모의 단위가 같아야 한다. 그러므로 1[kW]=1[kJ/s]이므로 압축기 동력은 20[kW]×3600[kJ/h]이다. 또는 분자의 단위를 kW로 환산하여도 된다.
즉, 360000/3600=100[kW]

해답 성능계수 $COP = \frac{360000}{20 \times 3600} \times 0.8 = 4$

또는 $COP = \frac{100}{20} \times 0.8 = 4$

2017 제1회 실기 기출문제

08년2회

01 다음 그림은 냉수 시스템의 배관지름을 결정하기 위한 계통이다. 그림을 참조하여 각 물음에 답하시오.(12점)

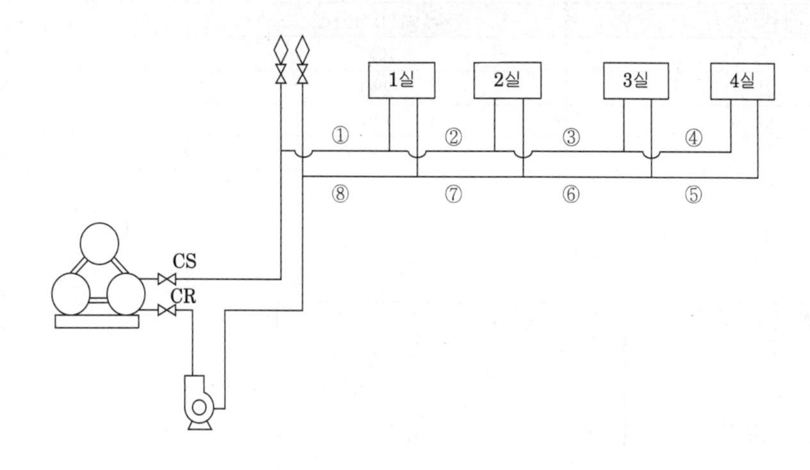

[부하 집계표]

실명	현열부하(kW)	잠열부하(kW)
1실	14	3.5
2실	30	5
3실	18	3
4실	35	7

냉수배관 ①~⑧에 흐르는 유량을 구하고, 별첨 배관 마찰저항 선도를 이용하여 관지름을 결정하시오.
(단, 냉수의 공급・환수 온도차는 5℃로 하고, 마찰저항 R은 300Pa/m이다.)

배관 번호	유량(L/min)	관지름(A)
①, ⑧		
②, ⑦		
③, ⑥		
④, ⑤		

해설 여기서 각 실의 유량은

1실 : $L_w = \dfrac{(14+3.5)\times 60}{4.2\times 5} = 50$[L/min]

2실 : $L_w = \dfrac{(30+5)\times 60}{4.2\times 5} = 100$[L/min]

3실 : $L_w = \dfrac{(18+3)\times 60}{4.2\times 5} = 60[\text{L/min}]$

4실 : $L_w = \dfrac{(35+7)\times 60}{4.2\times 5} = 120[\text{L/min}]$

- ①, ⑧배관의 유량 $=50+100+60+120=330[\text{L/min}]$
- ②, ⑦배관의 유량 $=100+60+120=280[\text{L/min}]$
- ③, ⑥배관의 유량 $=60+120=180[\text{L/min}]$
- ④, ⑤배관의 유량 $=120[\text{L/min}]$

해답

배관 번호	유량(L/min)	관지름(A)
①, ⑧	330	80
②, ⑦	280	80
③, ⑥	180	65
④, ⑤	120	50

선도

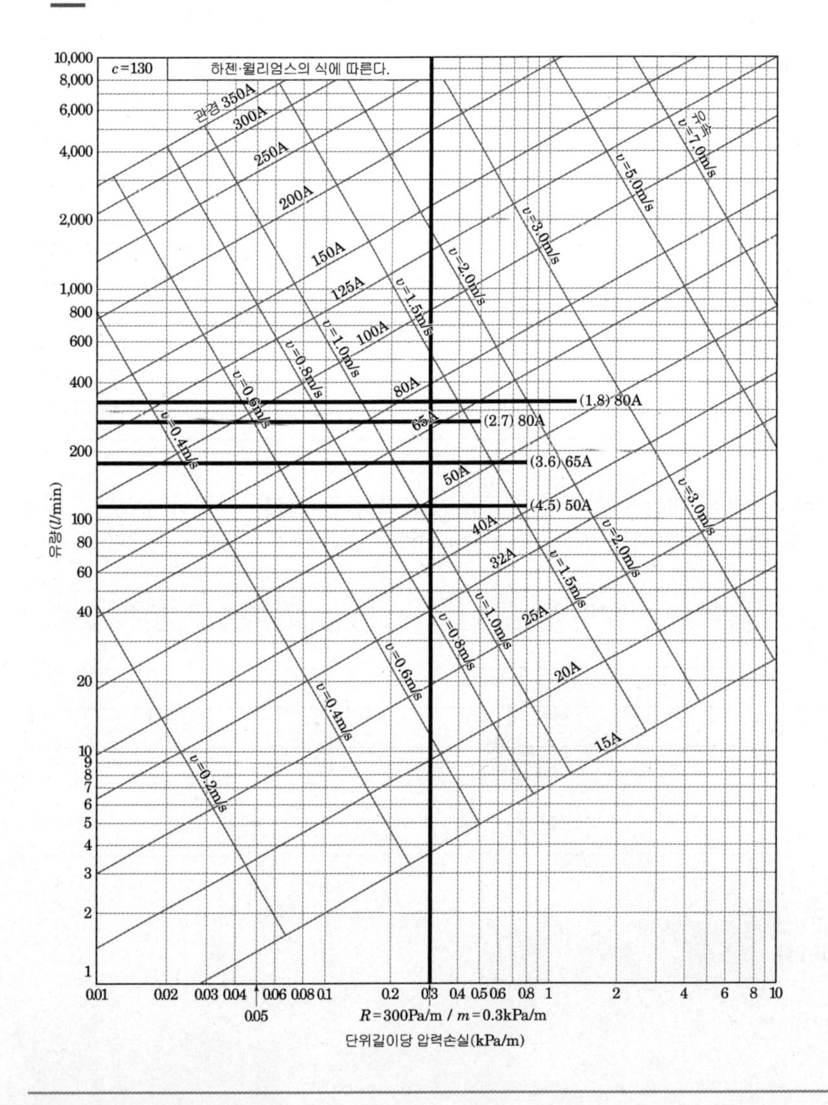

11년3회, 16년2회

02 어느 벽체의 구조가 다음과 같은 조건을 갖출 때 각 물음에 답하시오. (12점)

【조 건】

1. 실내온도 : 25℃, 외기온도 : -5℃
2. 외벽의 연면적 : $40m^2$
3. 공기층 열 컨덕턴스 : $6.05W/m^2 \cdot K$
4. 벽체의 구조

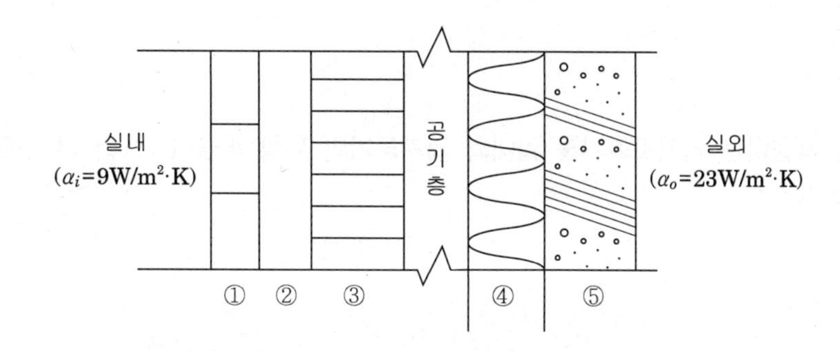

재료	두께(m)	열전도율(W/m·K)
① 타일	0.01	1.3
② 시멘트 모르타르	0.03	1.4
③ 시멘트 벽돌	0.19	0.6
④ 스티로폼	0.05	0.032
⑤ 콘크리트	0.10	1.6

(1) 벽체의 열통과율($W/m^2 \cdot K$)을 구하시오. (반올림하여 3자리까지)

(2) 벽체의 손실열량(W)을 구하시오.

(3) 벽체의 내표면 온도(℃)을 구하시오.

해설 전열량 q

- 열관류량 $q_1 = KA(t_r - t_o)$
- 열전달량 $q_2 = \alpha A(t_r - t_s)$

$q = q_1 = q_2$이므로

$q = KA(t_r - t_o) = \alpha A(t_r - t_s)$

해답 (1) 열통과율

$$K = \frac{1}{\frac{1}{\alpha_o} + \Sigma\frac{l}{\lambda} + \frac{1}{\alpha_i}}$$

$$= \frac{1}{\frac{1}{9} + \frac{0.01}{1.3} + \frac{0.03}{1.4} + \frac{0.19}{0.6} + \frac{0.05}{0.032} + \frac{1}{6.05} + \frac{0.1}{1.6} + \frac{1}{23}} = 0.437[W/m^2 \cdot K]$$

(2) 손실열량 $q = KA(t_r - t_o) = 0.437 \times 40 \times \{25 - (-5)\} = 524.4$ [W]

(3) 표면온도는 $q = \alpha A(t_r - t_s)$ 에서

$524.4 = 9 \times 40 \times (25 - t_s)$

$\therefore t_s = 25 - \dfrac{524.4}{9 \times 40} = 23.54℃$

07년1회, 12년3회

03 혼합, 가열, 가습 재열하는 공기조화기를 실내와 외기공기의 혼합 비율이 2:1일 때 선도 상에 다음 기호를 표시하여 작도하시오.(8점)

① 외기온도

② 실내온도

③ 혼합 상태

④ 1차 온수 코일 출구 상태

⑤ 가습기 출구 상태

⑥ 재열기 출구 상태

해답

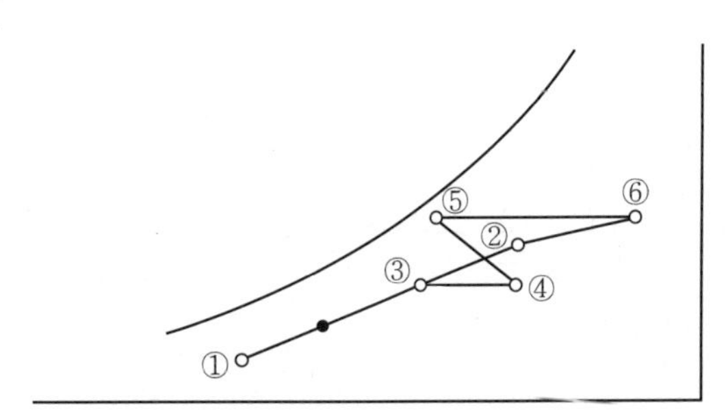

10년2회

04 냉동능력 R=4kW인 R-22 냉동 시스템의 증발기에서 냉매와 공기의 평균온도차가 8℃로 운전되고 있다. 이 증발기는 내외 표면적비 m=8.3, 공기측 열전달률 $\alpha_a = 35\text{W/m}^2\cdot\text{K}$, 냉매측 열전달률 $\alpha_r = 698\text{W/m}^2\cdot\text{K}$의 플레이트핀 코일이고, 핀 코일 재료의 열전달 저항은 무시한다. 각 물음에 답하시오.(12점)

(1) 증발기의 외표면 기준 열통과율 $K(\text{W/m}^2\cdot\text{K})$은?

(2) 증발기 내경이 23.5mm일 때, 증발기 코일 길이는 몇 m인가?

해설 (1) 건식 플레이트 핀 증발기의 전열 : 건식 플레이트 핀 증발기의 열통과율은 핀을 포함한 냉각관 외표면의 공기측 전열면을 기준으로 하여 착상에 의한 전열저항을 고려하여 다음 식으로 나타낸다.

$$K_o = \frac{1}{\frac{m}{\alpha_r} + \frac{d}{\lambda} + \frac{1}{\alpha_o}}$$

α_r : 냉매측 열전달율[kW/m^2 · K]

α_o : 공기측 열전달율[kW/m^2 · K]

d : 서리의 두께[m]

λ : 서리의 열전도율[kW/m · K]

참고 건식 셸 엔 튜브 증발기의 전열 : 건식 셸 엔 튜브 증발기는 냉각관 내면에 핀을 부착한 inner finnd tube을 사용하는 경우가 많으므로 외표면을 기준으로 하여 다음 식으로 나타낸다.

$$K_o = \frac{1}{\frac{1}{m \cdot a_r} + f + \frac{1}{\alpha_w}}$$

α_w : 피냉각물(물or브라인)측 열전달율[kW/m^2 · K]

α_r : 냉매(내면)측 열전달율[kW/m^2 · K]

f : 피냉각물의 오염계수[m^2 · K/kW]

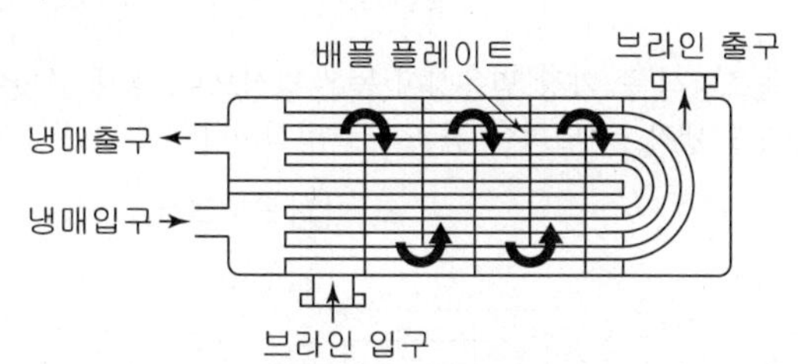

(a) 건식 **Shell & Tube**식 증발기(배관내부에 냉매)

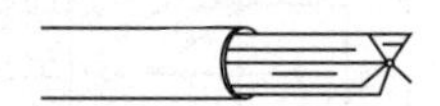

(b) **Inner Finnd Tube**(튜브 내부에 냉매)

(2) 냉동능력 $Q_2 = K_o \cdot A_o \cdot \Delta_m$에서 외표면적 $A_o = \frac{Q_2}{K_o \Delta t_m}$

내외표면적비 $m = \frac{A_o}{A_i}$에서 $A_i = \frac{A_o}{m}$

∴ 코일의 길이 : $A_i = \pi D_i L$에서 $L = \frac{A_i}{\pi D_i}$

해답 (1) $K_o = \frac{1}{\frac{m}{\alpha_r} + \frac{1}{\alpha_o}} = \frac{1}{\frac{8.3}{698} + \frac{1}{35}} = 24.71[\text{W/m}^2 \cdot \text{K}]$

(2) 외표면적 $A_o = \frac{Q_2}{K_o \Delta t_m} = \frac{4 \times 10^3}{24.71 \times 8} ≒ 20.23[\text{m}^2]$

내외표면적비 $m = \frac{A_o}{A_i}$에서 $A_i = \frac{A_o}{m} = \frac{20.23}{8.3}$

∴ 코일의 길이 : $l = \frac{A_i}{\pi D_i} = \frac{\frac{20.23}{8.3}}{\pi \times 0.0235} = 33.01[\text{m}]$

07년1회, 11년2회

05 유인 유닛 방식과 팬코일 유닛 방식의 차이점을 설명하시오.(8점)

해설 ① 유인 유닛 방식 : 수–공기식의 일종이며, 실내에 유인 유닛을 그리고 중앙 기계실에 1차 공기용 중앙장치를 설치하여, 여기서 조정한 1차 공기를 유인 유닛에 보내 유닛의 노즐에서 불어 냄으로서 2차 공기를 유인하여 유인 공기를 유닛 내의 코일에 의해 냉각, 가열하는 방식이다.

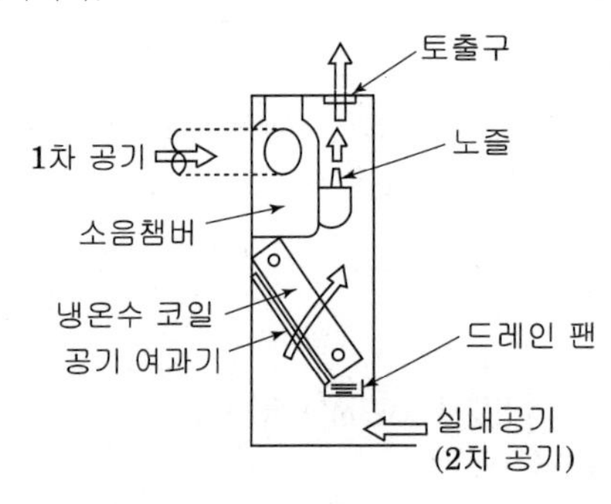

유인 유닛

② 팬코일 유닛 방식 : 수·공기 공조방식 중 가장 범용성이 높은 방식으로, 실내 유닛에 냉수 또는 온수를 보내서 내장된 fan 및 coil의 작용으로 실내 공기를 냉각, 가열하여 공조하는 방식이다.

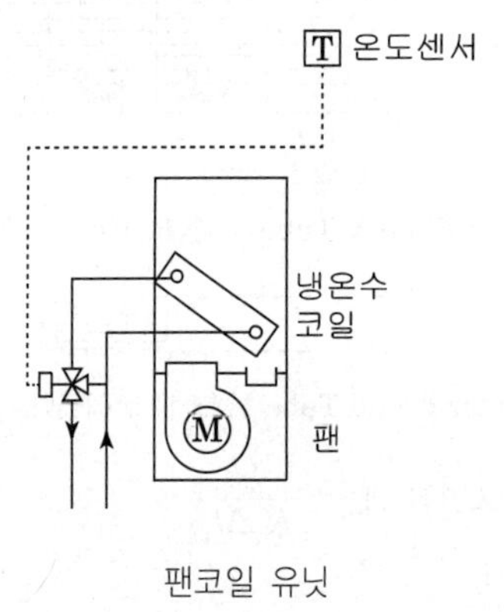

팬코일 유닛

해답 차이점

- 유인 유닛 : 덕트가 유닛에 직접 접속되어 있고 동력배선이 필요 없다.
- 팬코일 유닛 : 덕트와 유닛이 독립되어 있고 동력배선이 필요하다.

14년3회

06 건구온도 25℃, 상대습도 50%, 5000kg/h의 공기를 15℃로 냉각(건코일)할 때와 35℃로 가열할 때의 열량을 공기선도에 작도하여 엔탈피로 계산하시오. (6점)

해설 공기를 단순히 가열이나 냉각을 할 경우에는 절대습도의 변화 없이 건구온도만 변화한다.

해답

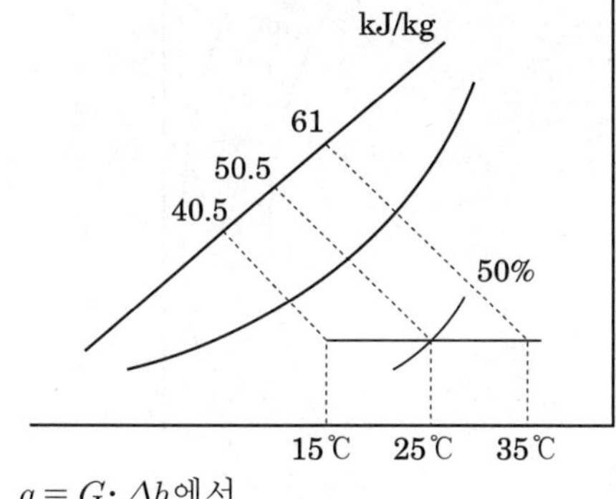

$q = G \cdot \Delta h$에서

(1) 25℃에서 15℃로 냉각할 때의 열량 $= 5000 \times (50.5 - 40.5) = 50000$[kJ/h]

(2) 25℃에서 35℃로 가열할 때의 열량 $= 5000 \times (61 - 50.5) = 52500$[kJ/h]

선도

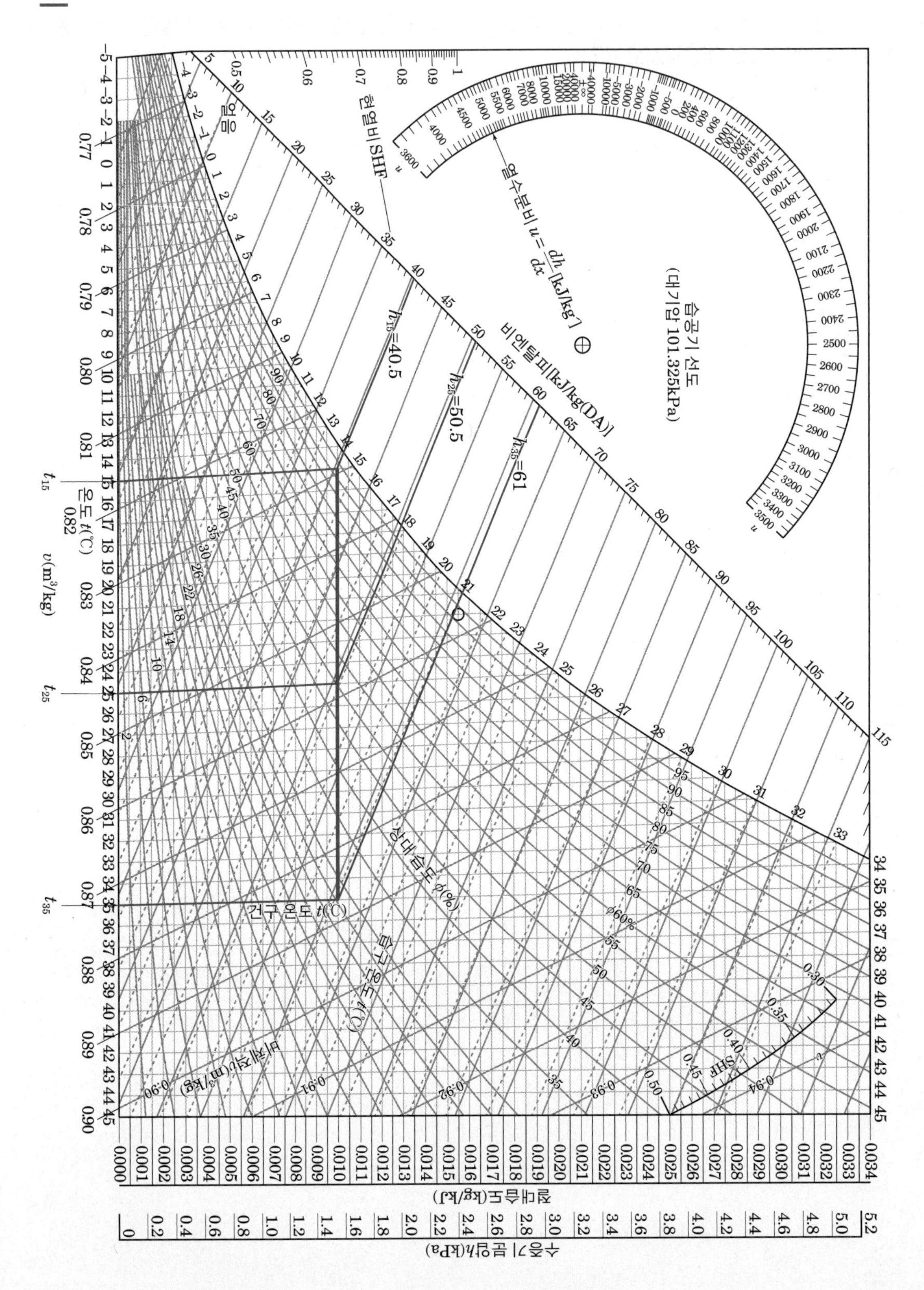
습공기 선도
(대기압 101.325kPa)
열수분비 u = dh/dx [kJ/kg]
현열비 SHF
비엔탈피[kJ/kg(DA)]
h15=40.5
h25=50.5
h35=61
얼음
온도 t(℃)
v(m³/kg)
t15
t25
t35
건구 온도 t(℃)
상대습도 φ(%)
습구온도 t′(℃)
비체적 v(m³/kg)
SHF
절대습도(kg/kJ)
수증기 분압 h(kPa)

14년1회, 19년3회, 20년4회

07 900rpm으로 운전되는 송풍기가 8000m^3/h, 정압 40mmAq, 동력 15kW의 성능을 나타내고 있는 것으로 한다. 이 송풍기의 회전수를 1080rpm으로 증가시키면 어떻게 되는가를 계산하시오.

해답 (1) 풍량 $Q_2 = Q_1 \cdot \left(\frac{N_2}{N_1}\right) = 8000 \times \frac{1080}{900} = 9600[m^3/h]$

(2) 전압 $P_2 = P_1 \cdot \left(\frac{N_2}{N_1}\right)^2 = 40 \times \left(\frac{1080}{900}\right)^2 = 57.6[mmAq]$

(3) 동력 $L_2 = L_1 \cdot \left(\frac{N_2}{N_1}\right)^3 = 15 \times \left(\frac{1080}{900}\right)^3 = 25.92[kW]$

08 피스톤 토출량이 100m^3/h 냉동장치에서 A사이클(1-2-3-4)로 운전하다 증발온도가 내려가서 B사이클(1′-2′-3-4′)로 운전될 때 B사이클의 냉동능력과 소요동력을 A사이클과 비교하여라.

【조 건】

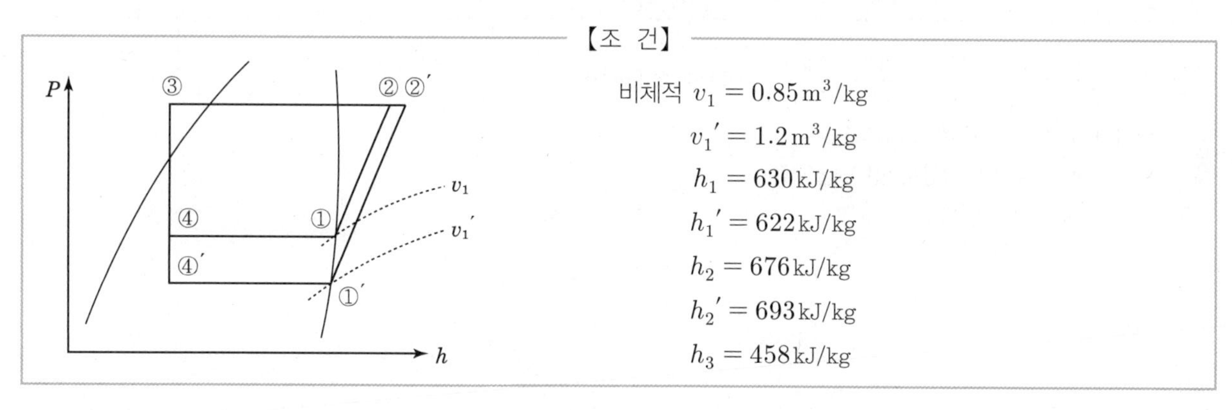

온도(℃)	포화압력(MPa·abs)	온도(℃)	포화압력(MPa·abs)
40	1.56	-5	0.35
35	1.36	-10	0.29
30	1.17	-15	0.24
25	1.00	-20	0.18

	체적효율(η_v)	압축효율(η_m)	기계효율(η_c)
A사이클	0.78	0.9	0.85
B사이클	0.72	0.88	0.79

해답 (1) 냉동능력 $Q_2 = G \cdot q_2 = \frac{Va \cdot \eta_v}{v} \cdot q_2$에서

① A사이클 $Q_{2A} = \frac{100}{0.85} \times 0.78 \times (630 - 458)/3600 = 4.38[\text{kW}]$

② B사이클 $Q_{2B} = \frac{100}{1.2} \times 0.72 \times (622 - 458)/3600 = 2.73[\text{kW}]$

∴ B사이클의 냉동능력이 A사이클보다 작다.

(2) 소요동력 $L_S = \frac{\text{G} \cdot \text{Aw}}{\eta_c \cdot \eta_m} = \frac{V_a \cdot \eta_v \cdot Aw}{v \cdot \eta_c \cdot \eta_m}$ 식에서

① A사이클 $L_{SA} = \frac{100}{0.85} \times 0.78 \times \frac{676 - 630}{0.9 \times 0.85} \times \frac{1}{3600} = 1.53[\text{kW}]$

② B사이클 $L_{\text{SB}} = \frac{100}{1.2} \times 0.72 \times \frac{693 - 622}{0.88 \times 0.79} \times \frac{1}{3600} = 1.70[\text{kW}]$

∴ B사이클의 소요동력이 A사이클보다 크다.

09 어느 사무실의 실내 취득 현열량 350kW, 잠열량 150kW 실내 급기온도와 실온 차이가 15℃일 때 송풍량 m^3/h를 계산하시오. (단, 공기의 밀도 1.2kg/m^3, 비열 1.01kJ/kg・K이다.)(3점)

해답 송풍량 $Q = \frac{q_s \times 3600}{c_p \cdot \rho \cdot \Delta t} = \frac{350 \times 3600}{1.01 \times 1.2 \times 15} \fallingdotseq 69306.93[\text{m}^3/\text{h}]$

여기서 q_s : 실내취득현열량[kW]

c_p : 공기의 정압비열[kJ/kg・K]

ρ : 공기의 밀도[kg/m^3]

Δt : 실내온도 - 급기온도

10 **공조 장치에서 증발기 부하가 100kW이고 냉각수 순환수량이 $0.3m^3/min$, 성적계수가 2.5이고 응축기 산술평균온도차 5℃에서 냉각수 입구온도 23℃일 때 (1) 응축 필요부하(kW), (2) 응축기 냉각수 출구온도(℃), (3) 냉매의 응축온도를 구하시오. (단, 냉각수 비열은 4.186kJ/kg · K, 냉매와 냉각수의 온도차는 산술평균온도차로 한다)(12점)**

해설 (1) ① 냉동기 성능계수 $COP = \frac{Q_2}{AW}$에서 압축기 소요동력 $AW = \frac{Q_2}{COP}$

② 응축 필요부하(kW) $= Q_2 + AW$

(2) 응축기 냉각수 출구온도t_{w2}(℃)은

응축부하 $Q_1 = m \cdot c \cdot (t_{w2} - t_{w1})$에서 $t_{w2} = t_{w1} + \frac{Q_1}{m \cdot c}$

(3) 냉매의 응축온도t_r은

산술평균온도차 $\Delta t_m = t_r - \frac{t_{w1} + t_{w2}}{2}$에서

$t_r = \Delta t_m + \frac{t_{w1} + t_{w2}}{2}$

해답 (1) 응축 필요 부하[kW]

압축동력$= \frac{100}{2.5} = 40$[kW]

∴ 응축 필요부하$= 100 + 40 = 140$[kW]

(2) 응축기 냉각수 출구온도$= 23 + \frac{140 \times 3600}{(0.3 \times 60 \times 1000) \times 4.186} \fallingdotseq 29.69$℃

(3) 응축온도$= 5 + \frac{23 + 29.69}{2} \fallingdotseq 31.35$℃

11 **공기조화 장치에서 주어진 [조건]을 참고하여 실내외 혼합 공기상태에 대한 물음에 답하시오.(4점)**

구분	t[℃]	φ[%]	x[kg/kg′]	h[kJ/kg]
실내	26	50	0.0105	53.13
외기	32	65	0.0197	82.83
외기량비	재순환 공기 7kg, 외기도입량 3kg			

(1) 혼합 건구온도 ℃

(2) 혼합 상대습도 %

(3) 혼합 절대습도 kg/kg′

(4) 혼합 엔탈피 kJ/kg

해설 단열혼합(외기와 환기의 혼합)

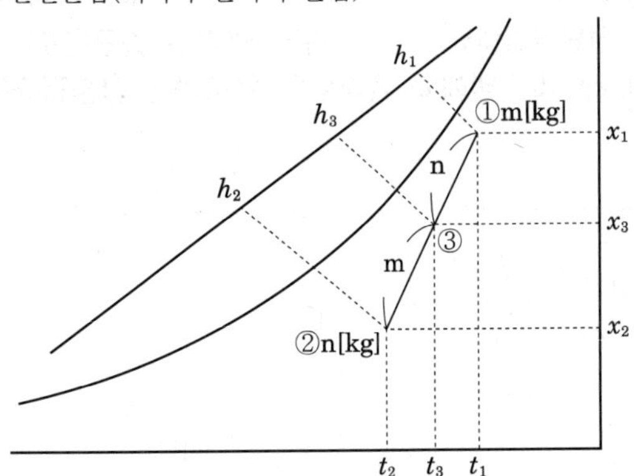

습공기 선도상에서의 혼합은 2상태 점을 직선으로 연결하고 이 직선상에 혼합공기의 상태가 혼합 공기량을 역으로 배분하는 값으로 표시된다.

$$t_3 = \frac{mt_1 + nt_2}{m+n}, \quad h_3 = \frac{mh_1 + nh_2}{m+n}, \quad x_3 = \frac{mx_1 + nx_2}{m+n}$$

해답 (1) 혼합 건구온도$= \dfrac{32 \times 3 + 26 \times 7}{3+7} = 27.8$[℃]

(2) 혼합 상대습도$= \dfrac{65 \times 3 + 50 \times 7}{3+7} = 54.5\%$

(3) 혼합 절대습도$= \dfrac{0.0197 \times 3 + 0.0105 \times 7}{3+7} = 0.01326$[kg/kg′]

(4) 혼합 엔탈피$= \dfrac{82.83 \times 3 + 53.13 \times 7}{3+7} = 62.04$[kJ/kg]

2017 제2회 실기 기출문제

11년1회

01 다음과 같은 공조시스템 및 계산조건을 이용하여 A실과 B실을 냉방할 경우 각 물음에 답하시오.

【조 건】

1. 외기 : 건구온도 33[°C], 상대습도 60%
2. 공기냉각기 출구 : 건구온도 16[°C], 상대습도 90%
3. 송풍량
   ① A실 : 급기 5000[m^3/h], 환기 4000[m^3/h]
   ② B실 : 급기 3000[m^3/h], 환기 2500[m^3/h]
4. 신선 외기량 : 1500[m^3/h]
5. 냉방부하
   ① A실 : 현열부하 17.5[kW], 잠열부하 1.75[kW]
   ② B실 : 현열부하 8.75[kW], 잠열부하 1.17[kW]
6. 송풍기 동력 : 2.7[kW]
7. 공기 정압 비열 : 1.0[kJ/kg·K]
8. 덕트 및 공조시스템에 있어 외부로부터의 열취득은 무시한다.
9. 계산과정에서 필요한 공기상태는 첨부하는 습공기선도를 사용할 것

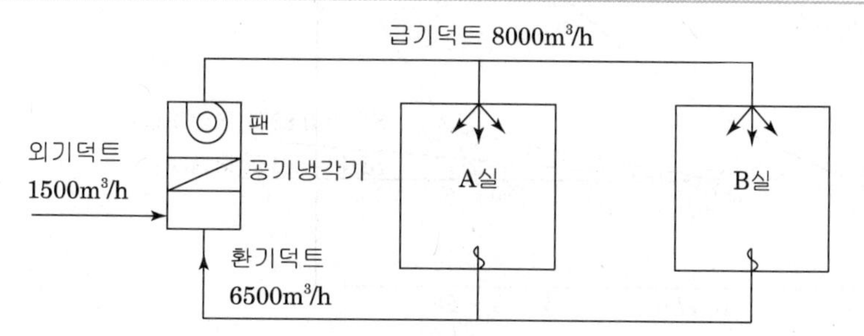

(1) 급기의 취출구 온도를 구하시오.

(2) A실의 건구온도 및 상대습도를 구하시오.

(3) B실의 건구온도 및 상대습도를 구하시오.

(4) 공기냉각기 입구의 건구온도를 구하시오.

(5) 공기냉각기의 냉각열량을 구하시오.

해답 (1) 취출구 온도는 냉각코일출구온도에서 송풍기 동력부하에 의한 온도상승을 고려하여 구한다.

취출구 온도 $t_7 = 16 + \dfrac{2.7 \times 3600}{1.0 \times 1.2 \times 8000} \fallingdotseq 17.01[℃]$

(2) ① $q_s = c_p \cdot \rho \cdot Q(t_2 - t_7)$ 에서

A실 온도 $t_2 = t_7 + \dfrac{q_s}{c_p \cdot \rho \cdot Q} = 17.01 + \dfrac{17.5 \times 3600}{1.0 \times 1.2 \times 5000} \fallingdotseq 27.51[℃]$

② A실 상대습도 : 공기 선도에서 SHF 0.91선과 실내온도 27.51[℃]와의 교점에서 상대습도45%

(3) ① $q_s = c_p \cdot \rho \cdot Q\,(t_3 - t_7)$ 에서

B실 온도 $t_3 = t_7 + \dfrac{q_s}{c_p \cdot \rho \cdot Q} = 17.01 + \dfrac{8.75 \times 3600}{1.0 \times 1.2 \times 3000} \fallingdotseq 25.76[℃]$

② B실 상대습도 : 공기 선도에서 SHF 0.88선과 실내온도 25.76[℃]와의 교점에서 상대습도 52%

(4) ① A실과 B실 출구 혼합온도 $t_4 = \dfrac{4000 \times 27.51 + 2500 \times 25.76}{6500} \fallingdotseq 26.84[℃]$

② 냉각기 입구온도$= \dfrac{6500 \times 26.84 + 1500 \times 33}{8000} \fallingdotseq 28.00[℃]$

(5) 냉각열량 $q_C = \rho \cdot Q\,(h_5 - h_6) = 8000 \times 1.2 \times (58.5 - 42.4)/3600 = 42.93[kW]$

장치도의 조건을 습공기 선도에 작도하면 다음과 같다.

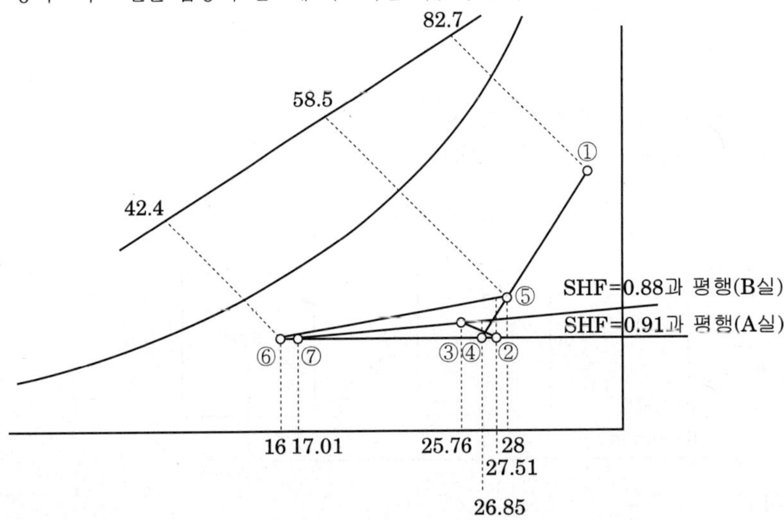

A실의 현열비 $SHF_A = \dfrac{17.5}{17.5 + 1.75} \fallingdotseq 0.91$

B실의 현열비 $SHF_B = \dfrac{8.75}{8.75 + 1.17} \fallingdotseq 0.88$

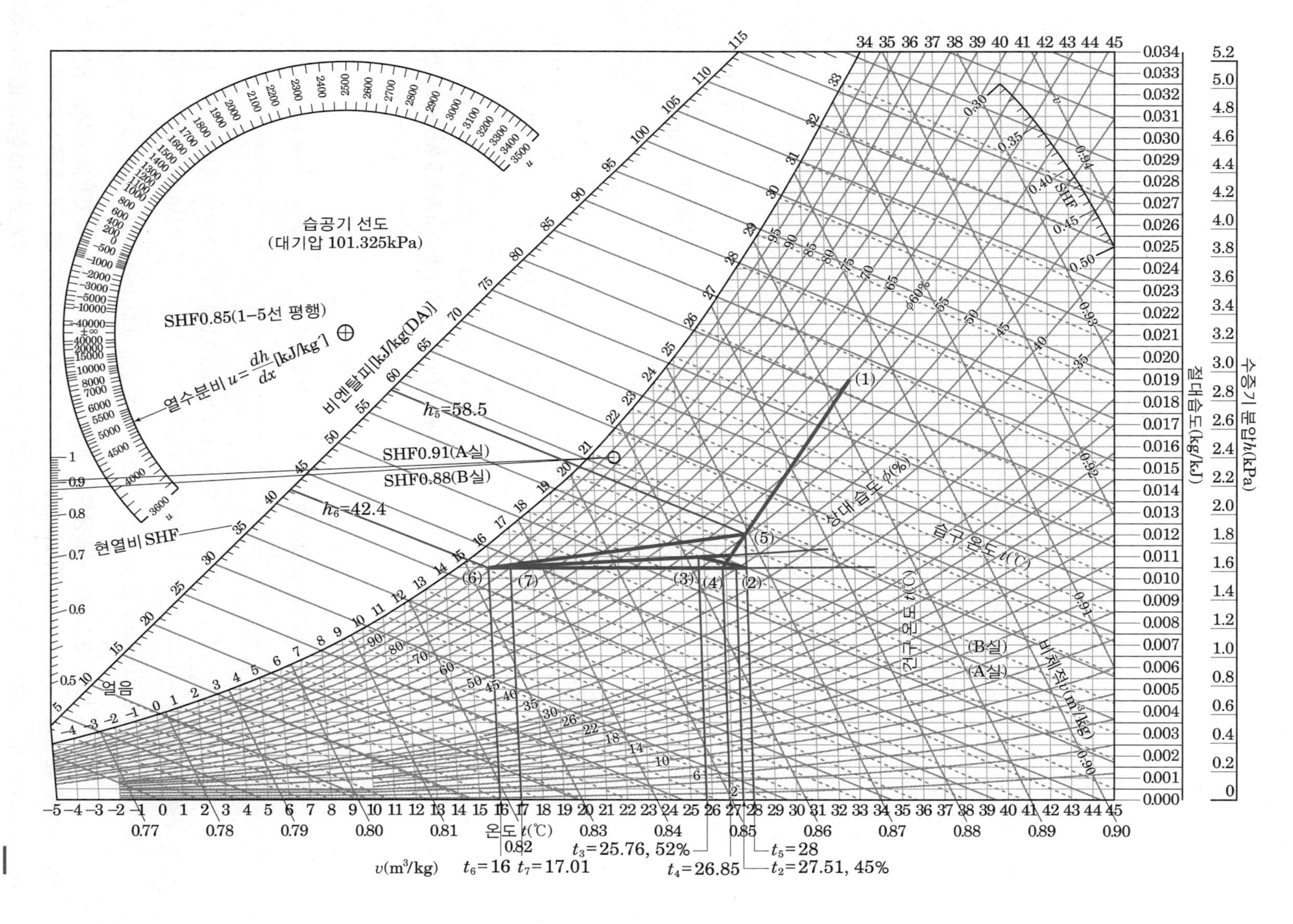

습공기 선도
(대기압 101.325kPa)
SHF0.85(1-5선 평행)
열수분비 $u = \frac{dh}{dx}$ [kJ/kg']
비엔탈피[kJ/kg(DA)]
h_5=58.5
SHF0.91(A실)
SHF0.88(B실)
h_6=42.4
현열비 SHF
얼음
상대습도 φ(%)
습구 온도 t'(℃)
건구 온도 t(℃)
(B실)
(A실)
비체적 v(m³/kg)
절대습도(kg/kJ)
수증기 분압 h(kPa)
온도 t(℃)
v(m³/kg)
t_6=16 t_7=17.01
t_3=25.76, 52%
t_4=26.85
t_5=28
t_2=27.51, 45%

선도

02년1회, 07년3회, 09년2회, 15년1회, 19년2회

02 **어떤 방열벽의 열통과율이 $0.35[W/m^2 \cdot K]$ 이며, 벽 면적은 $1200[m^2]$인 냉장고가 외기 온도 35[℃]에서 사용되고 있다. 이 냉장고의 증발기는 열통과율이 $30[W/m^2K]$이고 전열면적은 $30[m^2]$이다. 이때 각 물음에 답하시오. (단, 이 식품 이외의 냉장고 내 발생열 부하는 무시하며, 증발온도는 -15[℃]로 한다.)(6점)**

(1) 냉장고 내 온도가 0[℃]일 때 외기로부터 방열벽을 통해 침입하는 열량은 몇 kW인가?

(2) 냉장고 내 저장식품 표면 열전달률 $5.82[W/m^2 \cdot K]$, 전열면적 $600[m^2]$, 온도 10[℃]인 식품을 보관했을 때 이 식품의 발생열 부하에 의한 고내 온도는 몇 [℃]가 되는가?

해답 (1) 방열벽을 통한 침입열량 $Q = K_w \cdot A_w \cdot \Delta t = 0.35 \times 1200 \times (35-0) = 14700[W] = 14.7[kW]$

(2) 고내온도 t

- Q_2 : 증발기의 냉각능력(냉동능력)[W]
- Q_a : 냉장 식품의 발생열부하[W]
- Q_w : 식품을 보관했을때의 방열벽의 침입열량[W]로 하면

① $Q_2 = KA\Delta t = 30 \times 30 \times \{t-(-15)\} = 900t + 13500$

② $Q_a = \alpha A \Delta t = 5.82 \times 600 \times (10-t) = 34920 - 3492t$

③ $Q_w = K_w A_w \Delta t = 0.35 \times 1200 \times (35-t) = 14700 - 420t$

$Q_2 = Q_a + Q_w$이어야 하므로(증발기 냉동능력=식품발생열량 + 방열벽 침입열량)

$900t + 13500 - (34920 - 3492t) + (14700 - 420t)$

$(900 + 3492 + 420)t = 34920 + 14700 - 13500$

$4812\,t = 36120$

∴ 고내온도 $t = \dfrac{36120}{4812} \fallingdotseq 7.51$[℃]

(※ 고내온도 계산시 방열벽 침입열량을 무시하라 하면 $Q_2 = Q_a$평형식에서 구한다)

11년2회

03 다음 [조건]과 같이 혼합, 냉각을 하는 공기조화기가 있다. 이에 대해 다음 각 물음에 답하시오.(12점)

【조 건】

1. 외기 : 건구온도 33[℃], 상대습도 65%
2. 실내 : 건구온도 27[℃], 상대습도 50%
3. 부하 : 실내 전부하 52.5[kW], 실내 잠열부하 14[kW]
4. 송풍기 부하는 실내 취득 현열부하의 12% 가산할 것
5. 필요 외기량은 송풍량의 1/5로 한다.
6. 습공기의 비열은 1.005[kJ/kg·K], 비용적을 0.83[m^3/kg(DA)]으로 한다. 여기서, kg(DA)은 습공기 중의 건조 공기 중량(kg)을 표시하는 기호이다. 또한, 별첨의 습공기 선도를 사용하여 답은 계산 과정을 기입한다.

(1) 코일출구에서 상대습도 90%일 때 실내 송풍온도(취출온도)는 몇 ℃인가?

(2) 실내풍량(m^3/h)을 구하시오.

(3) 냉각코일 입구 혼합온도를 구하시오.

(4) 냉각코일 부하는 몇 kW인가?

(5) 외기부하는 몇 kW인가?

(6) 냉각코일의 제습량은 몇 kg/h인가?

해설 (1) 이 문제는 상당히 어려운 문제인데, 실내부하와 송풍기부하를 합하여 현열부하를 구하고 여기서 현열비를 구한후 선도에 상대습도 90%일 때 작도하여 코일출구상태와 실내 송풍온도(취출온도)를 구한다.

- 송풍기 부하(q_B)의 실내 취득 현열부하에 대한 비율 12%를 포함한 현열량은
$q'_s = 1.12 \times (52.5 - 14) = 43.12$[kW]
- $SHF' = \dfrac{q_s'}{q_s' + q_L} = \dfrac{43.12}{43.12 + 14} \fallingdotseq 0.75$
- 작도법 : 실내 상태점 ②부터 $SHF' = 0.75$의 선을 긋고 이것과 $\varphi = 90\%$와의 교점 ④가 냉각코일 출구상태(15[℃])가 된다. 따라서 송풍기부하를 제외한 실내취득열량에 대한 온도 상승은 실내 취출온도차 $\Delta t_d = (27 - 15)/1.12 = 10.71$℃가 된다. 그러므로 실내온도(27)−10.71=16.29[℃]가 실내 취출온도가 되고 송풍기에 의한 온도 상승은 ④④ '의 거리 $\Delta t = 1.29$[℃]는 송풍에 의한 재열로 된다. 즉 코일출구는 15℃, 송풍기출구(취출온도)는 16.29[℃]이다.

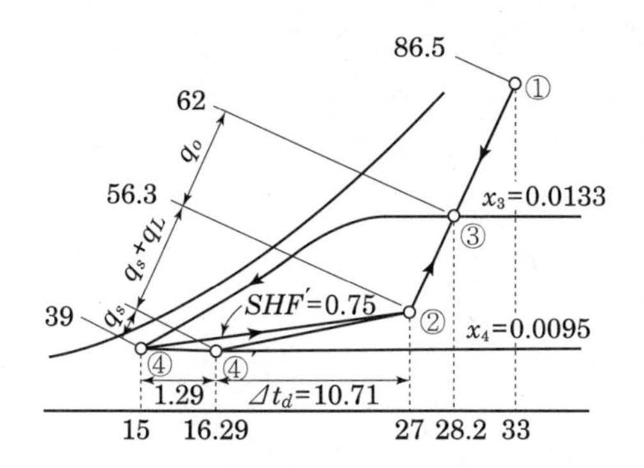

(2) 실내송풍량은 송풍기부하 포함하여 온도차는 (27-15) 이다.

$$G=\frac{q_s'}{c_p\cdot(t_r-t_d)}=\frac{43.12\times3600}{1.005\times(27-15)}=12871.64[\text{kg/h}]$$

$\therefore\ 12871.64\times0.83=10683.46[\text{m}^3/\text{h}]$

(3) 혼합공기온도 : $33\times\frac{1}{5}+27\times\frac{4}{5}=28.2[℃]$

(4) 냉각코일 부하

$q_C=G(h_3-h_4)=12871.64\times(62-39)/3600=82.24[\text{kW}]$

(5) 외기부하 $q_O=G_o(h_1-h_2)=12871.64\times\frac{1}{5}\times(87-56.3)/3600=21.95[\text{kW}]$

또는 혼합점 엔탈피를 이용하여

$q_o=G(h_3-h_2)=12871.64\times(62-56.3)/3600=20.38[\text{kW}]$

(위 2가지 풀이법 결과 답이 오차가 발생하는 것은 선도 해독 오차로 인정해 줄 수 있는 정도이다)

(6) 제습량 $L=G(x_3-x_4)=12871.64\times(0.013-0.0095)=45.05[\text{kg/h}]$

선도

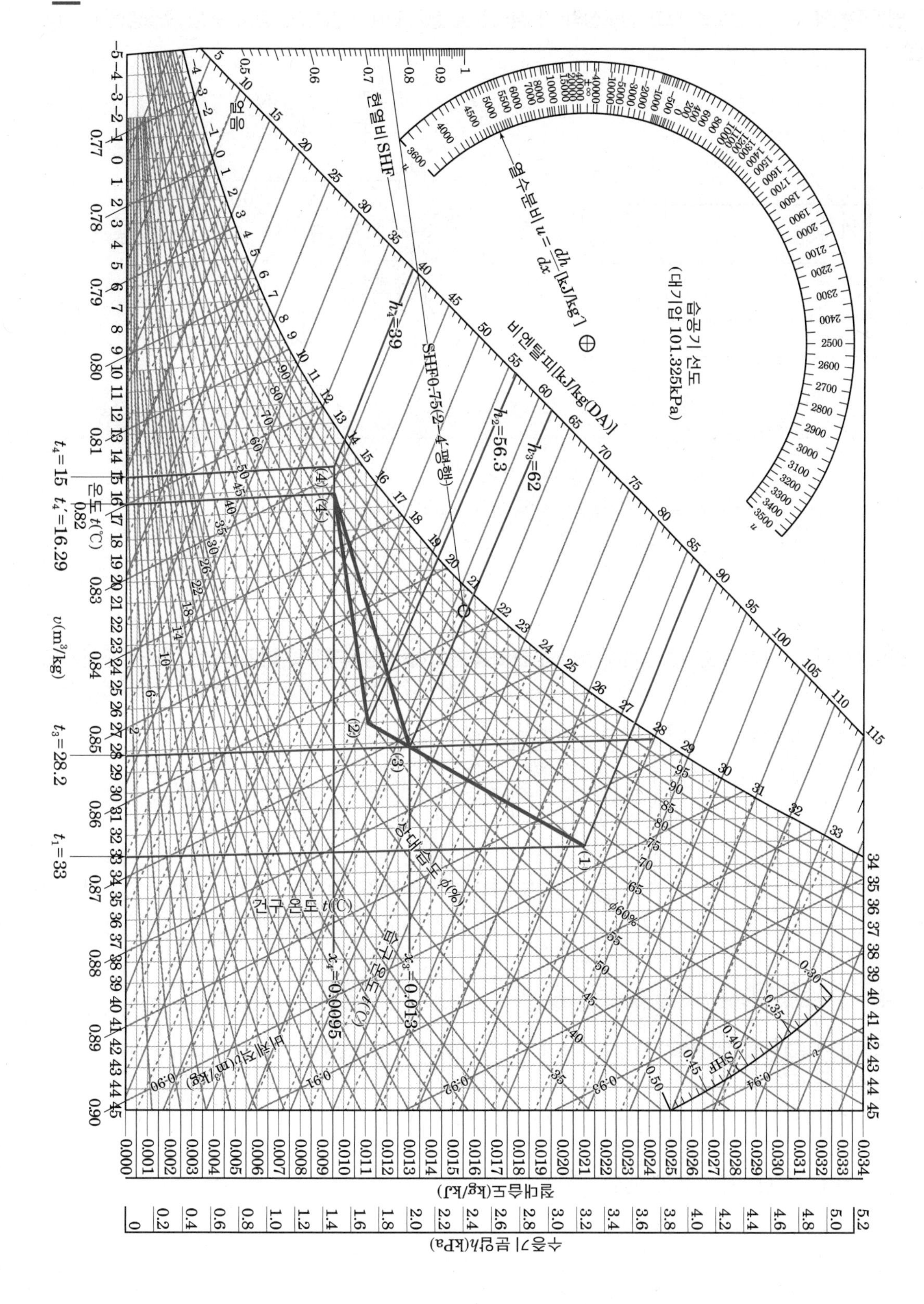
습공기 선도
(대기압 101.325kPa)
열수분비 $u=\frac{dh}{dx}$ [kJ/kg]
현열비 SHF
비엔탈피[kJ/kg(DA)]
$h_4=39$
$h_2=56.3$
$h_3=62$
SHF0.75(2-4' 평행)
(1)
(2)
(3)
(4)
(4')
상대습도 φ(%)
건구 온도 t(℃)
습구온도 t'(℃)
$x_4=0.0095$
$x_3=0.013$
$t_4=15$
$t_4'=16.29$
$t_3=28.2$
$t_1=33$
v(m³/kg)
비체적 v(m³/kg)
절대습도(kg/kJ)
수증기 분압h(kPa)

09년2회, 12년3회

04 2단 압축 냉동장치의 $p-h$ 선도를 보고 선도상의 각 상태점을 장치도에 기입하고, 장치 구성 요소명을 ( )에 쓰시오. (12점)

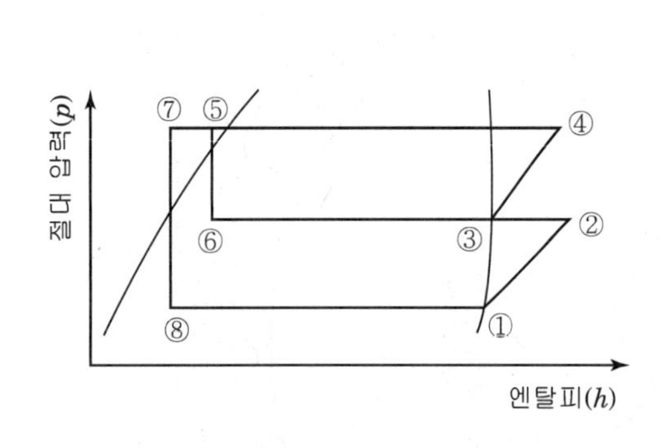

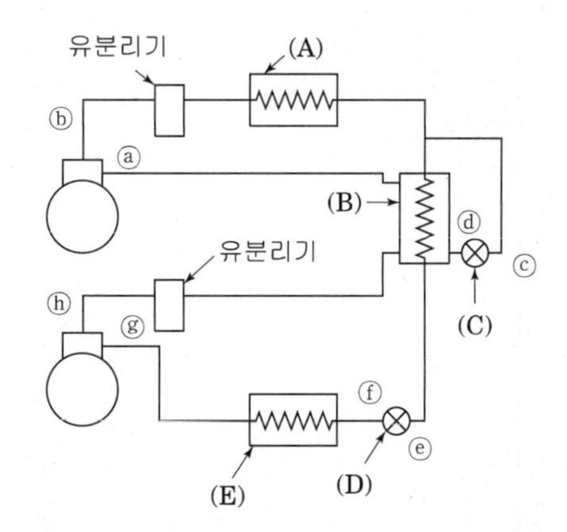

해답 (1) ⓐ-③, ⓑ-④, ⓒ-⑤, ⓓ-⑥, ⓔ-⑦, ⓕ-⑧, ⓖ-①, ⓗ-②

(2) A : 응축기, B : 액가스 중간냉각기, C : 제1팽창밸브(액가스 중간냉각기용)

D : 제2팽창밸브(주팽창밸브), E : 증발기

12년3회, 16년3회

05 냉매 순환량이 5000[kg/h]인 표준냉동장치에서 다음 선도를 참고하여 성적계수와 냉동능력[kJ/h]을 구하시오. (12점)

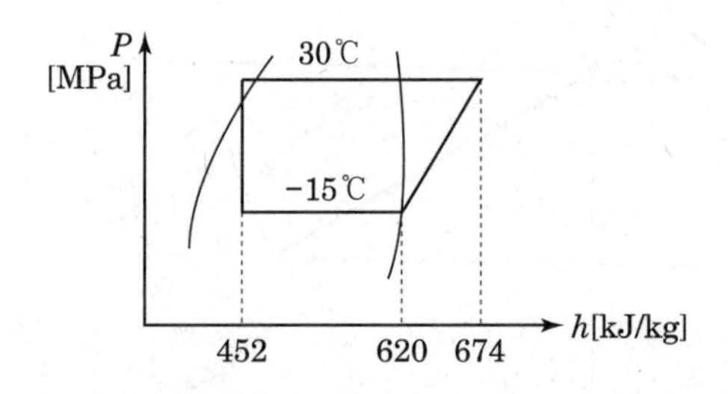

해설 (1) 성적계수 $= \dfrac{\text{냉동효과}}{\text{압축일의 열당량}}$

(2) 냉동능력이란 냉동장치의 증발기에서 냉매가 흡수하는 단위시간당의 열량을 말하며 다음 식으로 나타낸다.

냉동능력 $Q_2 = G \cdot q_2$

여기서, G : 냉매순환량, q_2 : 냉동효과

해답 (1) 성적계수 $= \dfrac{\text{냉동효과}}{\text{압축일의 열당량}} = \dfrac{620-452}{674-620} = 3.11$

(2) 냉동능력 $= 5000 \times (620-452) = 840000$[kJ/h]

01년1회, 12년2회

06 다음 주어진 조건을 이용하여 최상층에 위치한 사무실 건물의 부하를 구하시오.(13점)

【조 건】

1. 실내 : 26℃ DB, 50% RH, 절대습도 0.0106[kg/kg′]
2. 외기 : 32℃ DB, 80% RH, 절대습도 0.0248[kg/kg′]
3. 지붕(천장) : $K=0.15$[W/m²·K]
4. 문 : 목재 패널 $K=1.9$[W/m²·K]
5. 외벽 : $K=0.26$[W/m²·K]
6. 내벽 : $K=0.36$[W/m²·K]
7. 바닥 : 하층 공조로 계산(본 사무실과 동일조건)
8. 창문 : 1중 보통 유리(내측 베니션 블라인드 진한 색) : 차폐계수 : 0.9
9. 조명 : 형광등 1800[W], 전구 1000[W](주간 조명 1/2 점등)
10. 인원수 : 거주 90인
11. 계산 시각 : 오전 8시
12. 환기 횟수 : 0.5회/h
13. 8시 일사량 : 동쪽 646[W/m²], 남쪽 45[W/m²]
14. 8시 유리창 전도 열량 : 동쪽 3.2[W/m²], 남쪽 6.3[W/m²]
15. 공기의 평균 정압비열 : 1.005[kJ/kg · K], 상온 수증기 증발잠열 2501[kJ/kg]

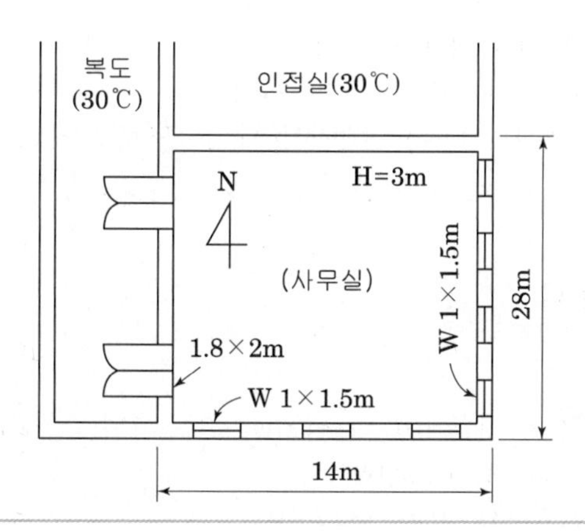

[표 1] 인체로부터의 발열 집계표(W/인)

작업상태	실온		27℃		26℃		21℃	
	예	전발열량	H_S	H_L	H_S	H_L	H_S	H_L
정좌	공장	103	57	46	62	41	76	27
사무소 업무	사무소	132	58	74	63	69	84	48
착석 작업	공장의 경작업	220	65	155	72	148	107	113
보행 4.8km/h	공장의 중작업	293	88	205	96	197	135	158
볼링	볼링장	425	135	288	141	284	178	247

[표 2] 외벽 및 지붕의 상당 외기온도차 Δt_e (t_o : 31.7℃, t_i : 26℃)

구분	시각	H	N	NE	E	SE	S	SW	W	NW	지붕
콘크리트	8	4.7	2.3	4.5	5.0	3.5	1.6	2.4	2.8	2.1	7.5
	9	6.8	3.0	7.5	8.7	5.9	1.9	2.5	2.9	2.5	7.5
	10	10.2	3.6	10.2	12.5	8.9	2.7	3.0	3.3	3.0	8.4
	11	14.5	4.2	12.0	15.5	11.7	4.1	3.7	3.9	3.7	10.2
	12	19.3	4.9	12.6	17.1	14.0	5.9	4.5	4.6	3.4	12.9
	13	24.0	5.6	12.3	17.2	15.3	8.0	5.6	5.4	5.2	16.0
	14	28.2	6.3	11.9	16.4	15.5	9.9	7.5	6.5	6.0	19.4
	15	31.4	6.8	11.4	15.2	14.8	14.4	10.0	8.6	6.9	22.7
	16	33.5	7.3	11.1	14.2	14.0	12.2	12.8	11.6	8.6	25.6
	17	34.2	7.6	10.1	13.3	13.1	12.3	15.3	15.1	11.0	27.7
	18	33.4	7.9	10.3	12.4	12.2	11.8	17.2	18.3	13.6	29.0
	19	31.1	8.3	9.7	11.4	14.3	11.0	17.9	20.4	15.7	29.3
	20	27.7	8.3	8.9	10.3	10.2	9.9	17.1	20.3	16.1	28.5

(1) 외벽체를 통한 부하　　(2) 내벽체를 통한 부하

(3) 극간풍에 의한 부하　　(4) 인체부하

해답 (1) 외벽체를 통한 부하 $q_w = K \cdot A \cdot \Delta t_e'$ 에서

1) 외벽

① 동쪽$= 0.26 \times \{(28 \times 3) - (1 \times 1.5 \times 4)\} \times 5.3 = 107.484$[W]

② 남쪽$= 0.26 \times \{(14 \times 3) - (1 \times 1.5 \times 3)\} \times 1.9 = 18.525$[W]

∴ 외벽을 통한 부하 $q_w = 107.484 + 18.525 = 126.009$[W]

보정된 외벽의 상당 외기온도 차$\Delta t_e' = \Delta t_e + (t_r' - t_o) - (t_r' - t_r)$ 에서

$t_r' = t_r$ 이므로(오전 8시 기준)

- 동쪽 $= 5 + (32 - 31.7) = 5.3$℃
- 남쪽 $= 1.6 + (32 - 31.7) = 1.9$℃

2) 유리창

① 동쪽 = 일사부하 : $646 \times (1.5 \times 4) \times 0.9 = 3488.4$[W]

관류부하 : $3.2 \times (1.5 \times 4) = 19.2$[W]

② 남쪽 = 일사부하 : $45 \times (1.5 \times 3) \times 0.9 = 182.25$[W]

관류부하 : $6.3 \times (1.5 \times 3) = 28.35$[W]

∴ 유리창 부하 $= 3488.4 + 19.2 + 182.25 + 28.35 = 3718.2$[W]

3) 지붕

지붕(천장)부하$= 0.15 \times 14 \times 28 \times 7.8 = 458.64$[W]

상당온도차$= 7.5 + (32 - 31.7) = 7.8$

∴ 외벽체를 통한 부하$= 126.009 + 3718.2 + 458.64 = 4302.85$[W]

답 외벽체부하 4302.85[W]

(2) 내벽체를 통한 부하 $q_w = K \cdot A \cdot \Delta t$

① 서쪽$= 0.36 \times \{(28 \times 3) - (1.8 \times 2 \times 2)\} \times (30 - 26) = 110.592$[W]

② 서쪽 문$= 1.9 \times (1.8 \times 2 \times 2) \times (30 - 26) = 54.72$[W]

③ 북쪽$= 0.36 \times (14 \times 3) \times (30 - 26) = 60.48$[W]

∴ 내벽체를 통한 부하 $q_w = 110.592 + 54.72 + 60.48 = 225.792$[W]

답 내벽체 부하 225.79[W]

(3) 극간풍에 의한 부하

① 현열량$q_{IS} = c_p \cdot \rho \cdot Q_I \cdot \Delta t = 1.005 \times 1.2 \times 588 \times (32 - 26)/3.6 = 1181.88$[W]

② 잠열량$q_{IL} = r \cdot \rho \cdot Q_I \cdot \Delta x$

$= 2501 \times 1.2 \times 588 \times (0.0248 - 0.0106)/3.6 = 6960.7832$[W]

∴ 극간부하$= 1181.88 + 6960.7832 = 8142.663$[W]

여기서, 극간풍량$Q_I = nV = 0.5 \times (14 \times 28 \times 3) = 588[m^3/h]$

답 극간풍 부하 8142.66[W]

(4) 인체부하

① 현열량$q_{HS} = SH \times$ 인수 $= 63 \times 90 = 5670$[W]

② 잠열량$q_{HL} = LH \times$ 인수 $= 69 \times 90 = 6210$[W]

∴ 인체부하$= 5670 + 6210 = 11880$[W]

답 인체부하 11880[W]

14년3회, 20년1회

07 왕복동 압축기의 실린더 지름 120[mm], 피스톤 행정 65[mm], 회전수 1200[rpm], 체적 효율 70% 6기통일 때 다음 물음에 답하시오.

(1) 이론적 압축기 토출량 $[m^3/h]$를 구하시오.

(2) 실제적 압축기 토출량 $[m^3/h]$를 구하시오.

해설 이론적 압축기 토출량 $V_a = \dfrac{\pi d^2}{4} \cdot L \cdot N \cdot R \cdot 60$

체적 효율 = $\dfrac{\text{실제적 압축기 토출량}}{\text{이론적 압축기 토출량}}$

해답 (1) 이론적 토출량 $= \dfrac{\pi}{4} \times 0.12^2 \times 0.065 \times 1200 \times 6 \times 60 \fallingdotseq 317.58[m^3/h]$

(2) 실제적 토출량 $= 317.58 \times 0.7 = 222.31[m^3/h]$

08 **저온 측 냉매는 R-13으로 증발 온도 -100[℃], 응축 온도 -45[℃], 액의 과냉각은 없다. 고온 측 냉매는 R22로서 증발 온도 -50[℃], 응축 온도 30[℃]이며, 액은 25[℃]까지 과냉각된다. 이 2원 냉동 사이클의 1냉동톤당의 성적 계수를 계산하시오. (단, 1[RT]=3.86[kW]이다)(10점)**

【조 건】

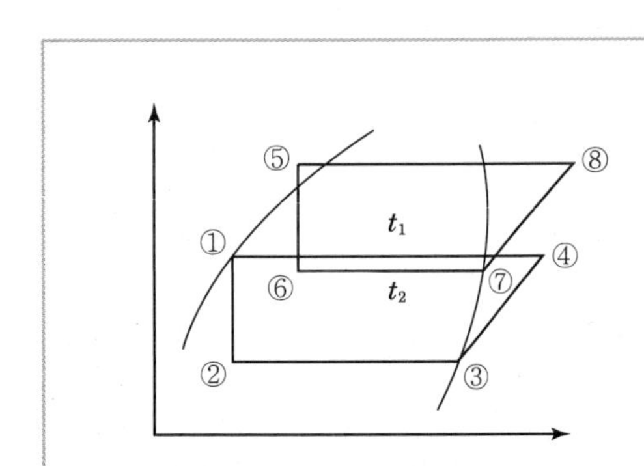

$i_1 = 370.65$[kJ/kg]
$i_3 = 478.17$[kJ/kg]
$i_4 = 522.5$[kJ/kg]
$i_5 = i_6 = 452.59$[kJ/kg]
$i_7 = 604.4$[kJ/kg]
$i_8 = 681.3$[kJ/kg]

해답 2원 냉동방식의 기본식

(1) 저온 냉동기 계산식

① 냉매순환량 G_L[kg/h]

$$G_L = \frac{Q_2}{h_3 - h_2} = \frac{3.86 \times 3600}{478.17 - 370.65} = 129.24[\text{kg/h}]$$

여기서,

Q_2 : 냉동능력[kW]

h_3 : 저온 냉동기 증발기 출구 엔탈피[kJ/kg]

h_2 : 저온 냉동기 증발기 입구 엔탈피[kJ/kg]

(2) 고온 냉동기 계산식

① 냉매순환량 G_H[kg/h]

고온냉동기 흡열량=저온냉동기 방열량이므로

$G_H \cdot (h_7 - h_6) = G_L \cdot (h_4 - h_1)$ 에서

$$G_H = G_L \cdot \frac{h_4 - h_1}{h_7 - h_6} = 129.24 \times \frac{522.5 - 370.65}{604.4 - 452.59} = 129.27$$

(3) 성적계수

종합 성적계수 COP

$$COP = \frac{Q_2}{W_L + W_H} = \frac{Q_2}{G_L \cdot w_1 + G_H \cdot w_2} = \frac{3.86 \times 3600}{129.24 \times (522.5 - 478.17) + 129.27 \times (681.3 - 604.4)} = 0.887 ≒ 0.89$$

09 다음 덕트에 대한 문장을 읽고 틀린 곳을 밑줄을 긋고 바로 고쳐 쓰시오.(5점)

(1) 일반적으로 최대 풍속이 20[m/s]를 경계로 하여 저속 덕트와 고속 덕트로 구별된다.

(2) 주택에서 쓰이는 저속 덕트의 주 덕트 내 풍속은 약 3[m/s] 이하로 누른다.

(3) 공공건물에서 쓰이는 저속 덕트의 주 덕트 내 풍속은 15[m/s] 이하로 누른다.

(4) 장방형 덕트의 에스펙트비는 되도록 10 이내로 하는 것이 좋다.

(5) 장방형 덕트의 굴곡부에서의 내측 반지름비는 일반적으로 1 정도가 쓰인다.

해답 (1) 일반적으로 최대 풍속이 20[m/s]를 경계로 하여, 저속 덕트와 고속 덕트로 구별된다.
→ 고속과 저속은 15[m/s]를 경계로 구분한다.

(2) 주택에서 쓰이는 저속 덕트의 주 덕트 내 풍속은 약 3[m/s] 이하로 누른다.
→ 주택에서 풍속 최고 6[m/s] 이하이고, 권장 풍속은 3.5~4.5[m/s]이다.

(3) 공공건물에서 쓰이는 저속 덕트의 주 덕트 내 풍속은 15[m/s] 이하로 누른다.
→ 공공건물의 주 덕트 풍속은 8[m/s] 이하로 한다.

(4) 장방형 덕트의 에스펙트비는 되도록 10 이내로 하는 것이 좋다.
→ 에스펙트비는 4 이하로 하는 것이 좋다.

(5) 장방형 덕트의 굴곡부에서의 내측 반지름비는 일반적으로 1 정도가 쓰인다.
→ 내측 반지름비란 덕트 굴곡부에서 내측의 곡률 반지름과 반지름 방향의 덕트 치수와의 비가 일반적으로 1 이상 정도이고, 0.5 이하일 때는 굴곡부에 가이드 베인을 설치한다.

10 바닥 면적 600[m²], 천장 높이 4[m]의 자동차 정비공장에서 항상 10대의 자동차가 엔진을 작동한 상태에 있는 것으로 한다. 자동차의 배기가스 중의 일산화탄소량을 1대당 1[m³/h], 외기 중의 일산화탄소 농도를 0.0001%(용적실 내의 일산화탄소 허용 농도를 0.01%) 용적이라 하면, 필요 외기량(환기량)은 어느 정도가 되는가? 또, 환기 횟수로 따지면 몇 회가 되는가? (단, 자연 환기는 무시한다.)(3점)

해답 (1) 환기량 $Q=\dfrac{M}{P_i-P_o}=\dfrac{1\times10}{(0.01-0.0001)\times10^{-2}}=101010.101[\mathrm{m^3/h}]$

환기 횟수 $n=\dfrac{Q}{V}=\dfrac{101010.101}{4\times600}=42.087 ≒ 42.09$회

여기서, Q : 환기량[m³/h]
M : 실내의 CO_2 발생량[m³/h]
P_i : CO_2의 허용농도[m³/m³]
P_o : 외기의 CO_2농도[m³/m³]
V : 실내용적[m³]

11 공기 냉동기의 온도에 있어서 압축기 입구가 -5[℃], 압축기 출구가 105[℃], 팽창기 입구에서 10[℃], 팽창기 출구에서 -70[℃]라면 공기 1[kg]당의 성적계수와 냉동 효과는 몇 [kJ/kg]인가? (단, 공기 비열은 1.005[kJ/kg·K]이다.) (6점)

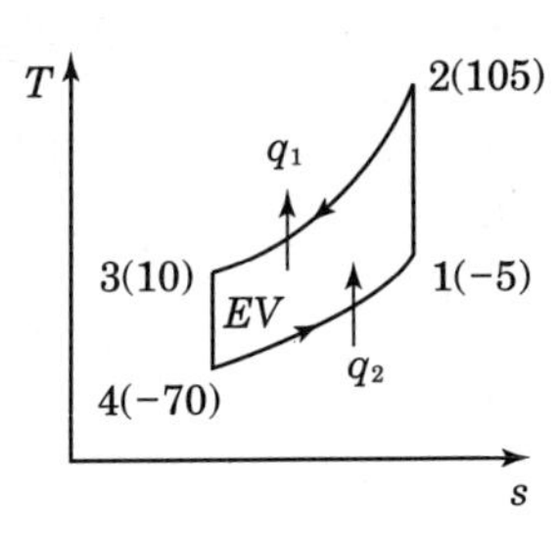

해설 공기냉동사이클의 구성은 다음과 같이 $P-v$선도, $T-s$선도로 표시하면 단열과정과 등압과정을 조합시킨 가역사이클이다.

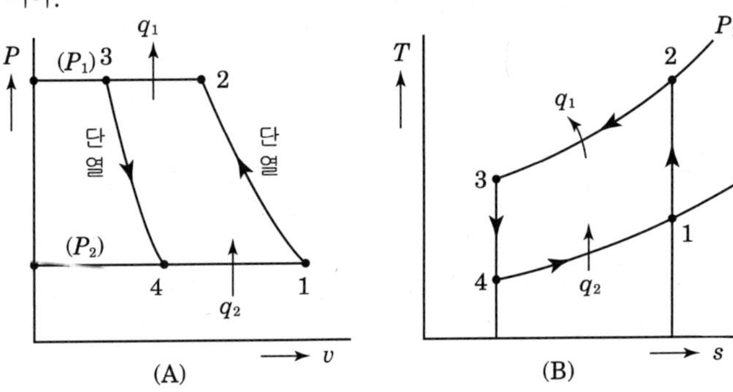

공기냉동사이클

1 → 2 : 단열압축과정
2 → 3 : 등압방열과정
3 → 4 : 단열팽창과정
4 → 1 : 등압흡열과정이다. 정압비열을 c_p[kJ/kg·K]의 공기를 작업유체로 하면

① 이론흡열열량(냉동효과) $q_2 = c_p(T_1 - T_4)$

② 이론방출열량 $q_1 = c_p(T_2 - T_3)$

③ 이론소요동력 $w = q_1 - q_2 = c_p(T_2 - T_3) - c_p(T_1 - T_4)$

④ 성적계수 $COP = \dfrac{q_2}{w} = \dfrac{q_2}{q_1 - q_2}$

해답 (1) 냉동 효과 $q_2 = c_p(T_1 - T_4) = 1.005 \times (268 - 203) = 65.325$[kJ/kg]

(2) 방출 열량 $q_1 = c_p(T_2 - T_3) = 1.005 \times (378 - 283) = 95.475$[kJ/kg]

성적계수 $COP = \dfrac{q_2}{q_1 - q_2} = \dfrac{65.325}{95.475 - 65.325} = 2.167$

12 공기 조화 장치에서 열원 설비 장치 4가지를 쓰시오.

해답 (1) 냉열원 장치

① 증기 압축식 냉동 장치
② 흡수식 냉동 장치
③ 가스 직화식 흡수식 냉온수 유닛
④ GHP(가스 히트 펌프)

(2) 온열원 장치

① 보일러 설비
② 가스 직화식 흡수식 냉온수 유닛
③ 열병합 시스템
④ GHP(가스 히트 펌프)

2017 제3회 실기 기출문제

01 암모니아 응축기에 있어서 다음과 같은 조건일 경우 필요한 냉각 면적으로 구하시오. (단, 냉각관의 열전도 저항은 무시하며 소수점 이하 한 자리까지 구하시오.)(4점)

【조 건】

- 냉매 측의 열전달률 $\alpha_r = 7000[\text{W/m}^2\text{K}]$
- 냉각수 측의 열전달률 $\alpha_w = 1400[\text{W/m}^2\text{K}]$
- 물때의 열저항 $f = 8.6\times10^{-5}[\text{m}^2\text{K/W}]$
- 냉동 능력 $Q_2 = 25[\text{RT}]$
- 압축기 소요 동력 $W = 25[\text{kW}]$
- 냉매와 냉각수의 평균 온도 차 $\Delta t_m = 6[℃]$

해설 (1) 열통과율 $K = \dfrac{1}{R} = \dfrac{1}{\dfrac{1}{\alpha_r} + f + \dfrac{1}{\alpha_w}}$

(2) 응축부하 $Q_1 = Q_2 + W$

$Q_1 = K \cdot A \cdot \Delta t_m$

따라서 냉각면적 $A = \dfrac{Q_1}{K \cdot \Delta t_m}$

여기서 Q_2 : 냉동부하(냉동능력)[kW]

W : 압축동력[kW]

K : 응축기 열통과율[$\text{kW/m}^2\cdot\text{K}$]

Δt_m : 냉매와 냉각수 평균온도차[℃]

해답 (1) 열통과율

$$K = \frac{1}{\dfrac{1}{7000} + 8.6\times10^{-5} + \dfrac{1}{1400}} = 1060.28[\text{W/m}^2\cdot\text{K}]$$

(2) 냉각 면적 $A = \dfrac{25\times3.86+25}{1060.28\times10^{-3}\times6} = 19.10[\text{m}^2]$

03년2회, 09년3회

02 다음과 같은 냉방부하를 갖는 건물에서 냉동기 부하(RT)를 구하시오.(단, 안전율은 10%이다.)(5점)

실명	냉방부하(kJ/h)		
	8:00	12:00	16:00
A실	30000	20000	20000
B실	25000	30000	40000
C실	10000	10000	10000
계	65000	60000	70000

해답 냉동기 부하는 변풍량 방식이라는 조건이 없으면 정풍량 방식을 기준으로 정한다. 따라서 정풍량 방식은 각 실의 최대 부하를 기준으로 냉동기 용량을 결정한다.

최대부하 $= 30000 + 40000 + 10000 = 80000$[kJ/h]

냉동기부하 $R_T = \dfrac{Q_2}{3.86 \times 3600} = \dfrac{80000}{3.86 \times 3600} \times 1.1 = 6.33$[RT]

05년1회, 08년1회

03 응축온도가 43[℃]인 횡형 수랭 응축기에서 냉각수 입구온도 32[℃], 출구온도 37[℃], 냉각수 순환수량 300[L/min]이고 응축기 전열 면적이 20[m^2]일 때 다음 물음에 답하시오. (단, 응축온도와 냉각수의 평균온도차는 산술 평균온도차로 하고 냉각수 비열은 4.2[kJ/kg · K]로 한다.)(9점)

(1) 응축기 냉각열량은 몇 kW인가?

(2) 응축기 열통과율은 몇 kW/m^2 · K인가?(소숫점 4자리에서 반올림 할 것)

(3) 냉각수 순환량 400L/min일 때 응축온도는 몇 ℃인가? (단, 응축열량, 냉각수 입구수온, 전열면적, 열통과율은 같은 것으로 한다.)

해설 응축부하(응축열량) Q_1

(1) $Q_1 = m \cdot c \cdot (t_{w2} - t_{w1})$

(2) $Q_1 = K \cdot A \cdot \Delta t_m = K \cdot A \cdot \left(t_c - \dfrac{t_{w1} + t_{w2}}{2}\right)$

여기서 m : 냉각수량[kg/s], c : 냉각수 비열[kJ/kg·K],
t_{w1}, t_{w2} : 냉각수 입구 및 출구온도[℃], C : 방열계수,
K : 열통과율[kW/m^2·K], A : 전열면적[m^2],
Δt_m : 산술평균온도차[℃]

해답 (1) 응축기 냉각열량 $Q_1 = \left(\dfrac{300}{60}\right) \times 4.2 \times (37 - 32) = 105$[kW]

(2) $K = \dfrac{Q_1}{A \cdot \Delta t_m} = \dfrac{105}{20 \times (43 - \dfrac{32 + 37}{2})} = 0.618$[kW/$m^2$·K]

(3) 냉각수 출구수온t_{w2}는 $Q_1 = m \cdot c \cdot (t_{w2} - t_{w1})$ 에서

$$t_{w2} = t_{w1} + \frac{Q_1}{m \cdot c} = 32 + \frac{105}{\left(\frac{400}{60}\right) \times 4.2} = 35.75℃$$

$$\therefore \text{ 응축온도 } t_c = \frac{Q_1}{K \cdot A} + \frac{t_{w1} + t_{w2}}{2} = \frac{105}{0.618 \times 20} + \frac{32 + 35.75}{2} = 42.37[℃]$$

04 다음 그림의 배관 평면도를 입체도로 그리고 필요한 엘보 수를 구하시오. (단, 굽힘 부분에서는 반드시 엘보를 사용한다.)(5점)

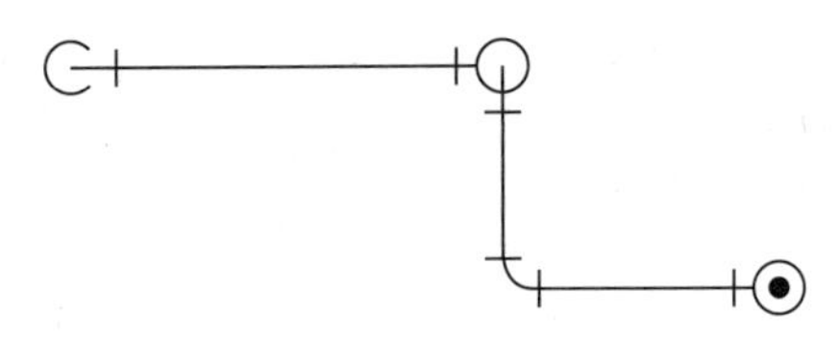

해답 엘보 수 5개

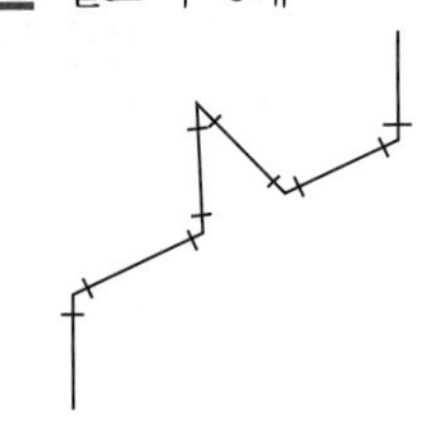

02년1회, 05년2회, 12년2회

05 다음과 같은 2단 압축 1단 팽창 냉동장치를 보고 $P-h$ 선도상에 냉동 사이클을 그리고 1~8점을 표시하시오.(5점)

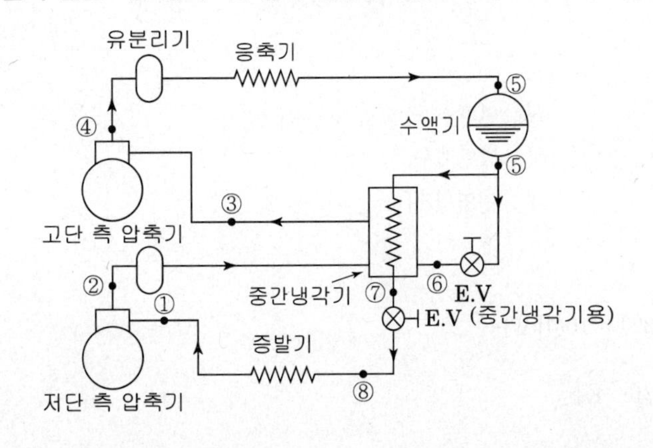

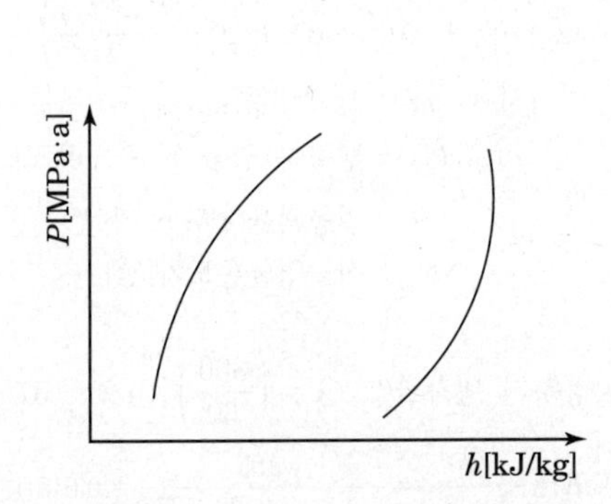

해답

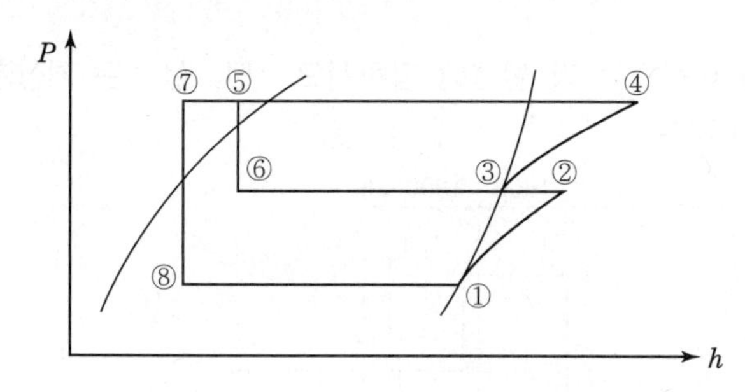

05년2회, 08년2회, 15년3회

06 다음과 같은 공기 조화기를 통과할 때 공기 상태 변화를 공기 선도상에 나타내고 번호를 쓰시오. (5점)

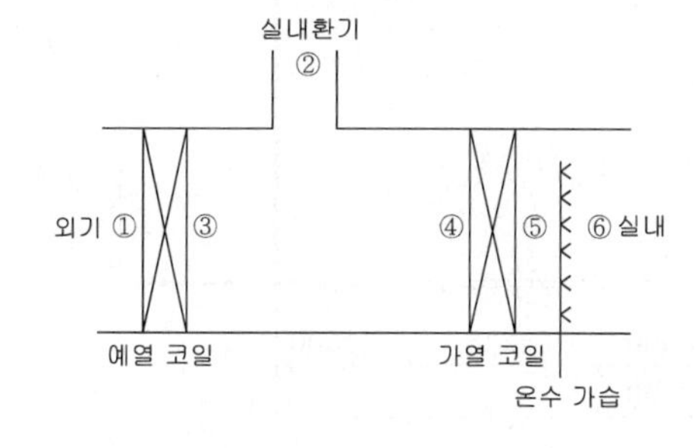

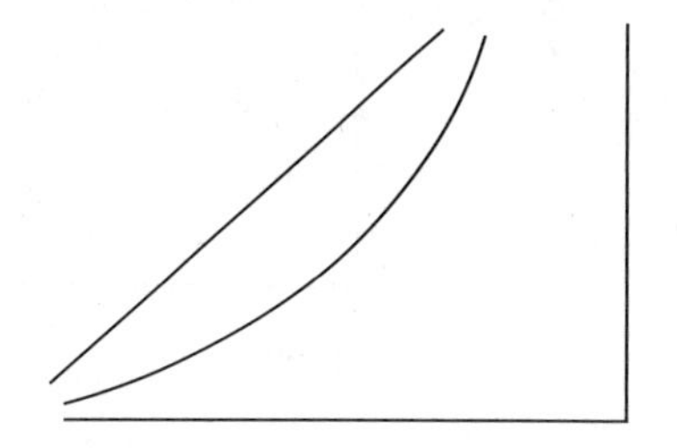

해답

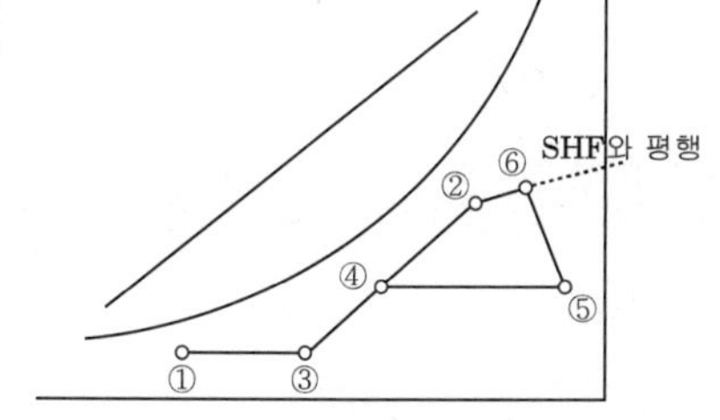

14년3회, 20년1회

07 왕복동 압축기의 실린더 지름 120[mm], 피스톤 행정 65[mm], 회전수 1200[rpm], 체적 효율 70% 6기통일 때 다음 물음에 답하시오.

(1) 이론적 압축기 토출량 m^3/h를 구하시오.

(2) 실제적 압축기 토출량 m^3/h를 구하시오.

해설 이론적 압축기 토출량 $V_a = \frac{\pi d^2}{4} \cdot L \cdot N \cdot R \cdot 60$

체적 효율 = $\frac{\text{실제적 압축기 토출량}}{\text{이론적 압축기 토출량}}$

해답 (1) 이론적 토출량 $= \frac{\pi}{4} \times 0.12^2 \times 0.065 \times 1200 \times 6 \times 60 \fallingdotseq 317.58[m^3/h]$

(2) 실제적 토출량 $= 317.58 \times 0.7 = 222.31[m^3/h]$

06년2회, 18년2회

08 다음과 같은 건물의 A실에 대하여 아래 조건을 이용하여 각 물음에 답하시오. (단, 실 A는 최상층으로 사무실 용도이며, 아래층의 난방 조건은 동일하다.)(18점)

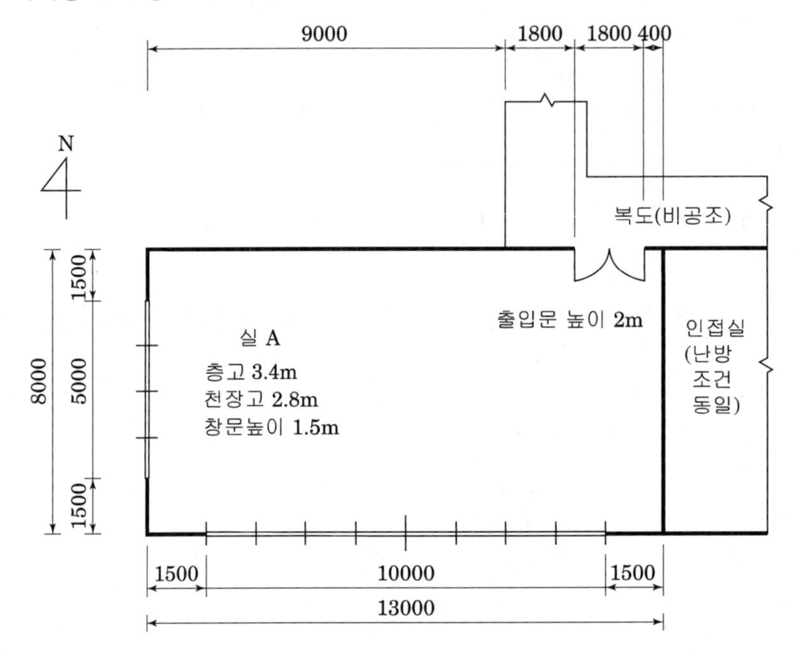

【조 건】

1. 난방 설계용 온·습도

	난방	비고
실내	20℃ DB, 50% RH, $x=0.0725$[kg/kg′]	비공조실은 실내·외의 중간 온도로 약산함
외기	-5℃ BD, 70% RH, $x=0.00175$[kg/kg′]	

2. 유리 : 복층유리(공기층 6mm), 블라인드 없음, 열관류율 $K=3.5$[W/m^2·K]
   출입문 : 목제 플래시문, 열관류율 $K=2.9$[W/m^2·K]
3. 공기의 밀도 $\gamma=1.2$[kg/m^3], 공기의 정압비열 $C_{pe}=1.005$[kJ/kg·K]
   수분의 증발잠열(상온) $E_a=2501$[kJ/kg], 100℃ 물의 증발잠열 $E_b=2256$[kJ/kg]
4. 외기 도입량은 25[m^3/h·인]이다.
5. 외벽

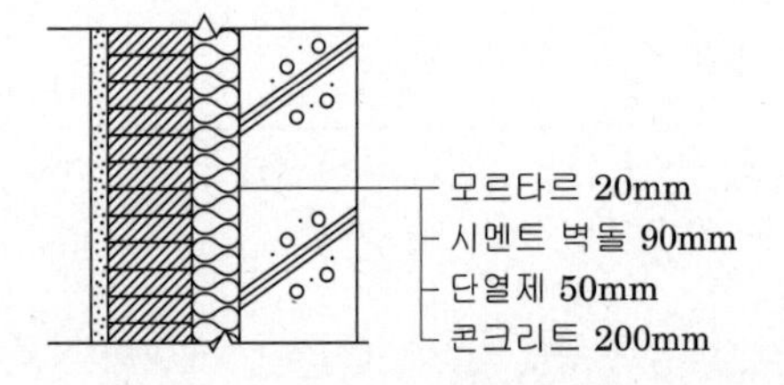

재료명	열전도율(W/m·K)
1. 모르타르	1.4
2. 시멘트 벽돌	1.4
3. 단열제	0.035
4. 콘크리트	1.6

6. 내벽 열관류율 : 2.6[W/m²·K], 지붕 열관류율 : 0.36[W/m²·K]

• 표면 열전달율 α_i, α_o[W/m²·K]

표면의 종류	난방시	냉방시
내면	9	9
외면	24	23

• 방위계수

방위	N, 수평	E	W	S
방위계수	1.2	1.1	1.1	1.0

• 재실인원 1인당 바닥면적(m²/인)

방의 종류	바닥면적(m²/인)	방의 종류		바닥면적(m²/인)
사무실(일반)	5.0	백화점	객실	18.0
은행 영업실	5.0		평균	3.0
레스토랑	1.5		혼잡	1.0
상점	3.0		한산	6.0
호텔로비	6.5		극장	0.5

• 환기횟수

실용적(m³)	500 미만	500~1000	1000~1500	1500~2000	2000~2500	2500~3000	3000 이상
환기횟수(회/h)	0.7	0.6	0.55	0.5	0.42	0.40	0.35

(1) 외벽 열관류율을 구하시오.

(2) 난방부하를 계산하시오.

① 서측 ② 남측 ③ 북측 ④ 지붕 ⑤ 내벽 ⑥ 출입문

해설 (1) 열 저항 $R=\frac{1}{\alpha_i}+\sum\frac{d}{\lambda}+\frac{1}{\alpha_o}$에서

$$=\frac{1}{9}+\frac{0.02}{1.4}+\frac{0.09}{1.4}+\frac{0.05}{0.035}+\frac{0.2}{1.6}+\frac{1}{24}=1.785[\text{m}^2\cdot\text{K/W}]$$

∴ 열관류율 $K=\frac{1}{R}=\frac{1}{1.785}=0.560$ [W/m²·K]

(2) • 외기에 접하는 외벽 및 지붕 또는 유리창의 부하

$q=K\cdot A\cdot \Delta t\cdot C$

• 외기에 직접 접하지 않는 내벽 또는 문 등의 부하

$q=K\cdot A\cdot \Delta t$

여기서 K : 각 구조체(외벽, 지붕, 유리창, 내벽, 문 등)의 열관류율

A : 각 구조체(외벽, 지붕, 유리창, 내벽, 문 등)의 면적

Δt : 온도차

C : 방위별 부가계수

※ 외기에 직접 접하지 않은 북쪽의 내벽 및 출입문에는 방위별 부가계수를 곱하지 않는다.

① 서측

- 외벽 $= 0.56 \times \{(8 \times 3.4) - (5 \times 1.5)\} \times \{20 - (-5)\} \times 1.1$
  $= 303.38[W]$
- 유리창 $= 3.5 \times (5 \times 1.5) \times \{20 - (-5)\} \times 1.1 = 721.875[W]$

② 남측

- 외벽 $= 0.56 \times \{(13 \times 3.4) - (10 \times 1.5)\} \times \{20 - (-5)\} \times 1.0$
  $= 408.8[W]$
- 유리창 $= 3.5 \times (10 \times 1.5) \times \{20 - (-5)\} \times 1.0 = 1312.5[W]$

③ 북측

- 외벽 $= 0.56 \times (9 \times 3.4) \times \{20 - (-5)\} \times 1.2 = 514.08[W]$

④ 지붕 $= 0.36 \times (8 \times 13) \times \{20 - (-5)\} \times 1.2 = 1123.2[W]$

⑤ 내벽 $= 2.6 \times \{(4 \times 2.8) - (1.8 \times 2)\} \times \left\{20 - \frac{20 + (-5)}{2}\right\}$
$= 247[W]$

⑥ 출입문 $= 2.9 \times (1.8 \times 2) \times \left\{20 - \frac{20 + (-5)}{2}\right\} = 130.5[W]$

08년1회, 11년2회, 13년3회, 16년3회, 20년3회

09 냉장실의 냉동부하 7[kW], 냉장실 내 온도를 -20[℃]로 유지하는 나관 코일식 증발기 천장 코일의 냉각관 길이[m]를 구하시오. (단, 천장 코일의 증발관 내 냉매의 증발온도는 -28[℃], 외표면적 0.19[m^2/m], 열통과율은 8[$W/m^2 \cdot K$]이다.)(6점)

해답 냉동부하 $Q_2 = K \cdot A \cdot (t_a - t_r)$에서

증발기 외표면적 $A = \frac{Q_2}{K \cdot (t_a - t_r)} = \frac{7 \times 10^3}{8 \times \{-20 - (-28)\}} = 109.375[m^2]$

∴ 냉각관 길이는 단위길이 당 외표면적 0.19[m^2/m]이므로

$L = \frac{109.375}{0.19} = 575.66[m]$

08년3회, 11년1회

10 다음과 같은 조건의 어느 실을 난방할 경우 물음에 답하시오. (단, 공기의 밀도는 1.2[kg/m^3], 공기의 정압 비열은 1.0[$kJ/kg \cdot K$] 이다.)(6점)

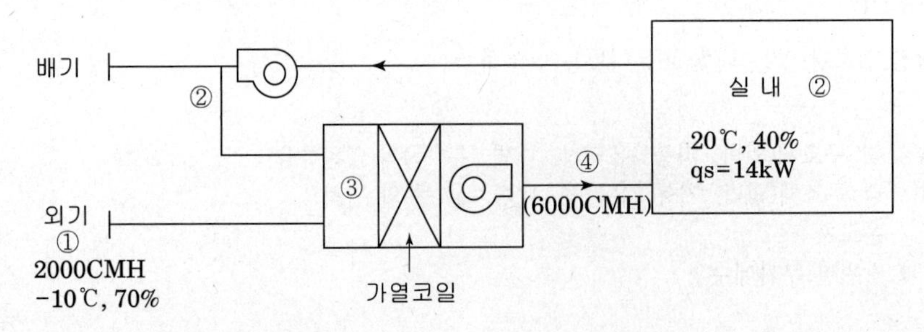

(1) 혼합공기(③점)의 온도를 구하시오.

(2) 취출공기(④점)의 온도를 구하시오.

(3) 가열코일의 용량(kW)을 구하시오.

해답 (1) 혼합공기 ③점의 온도 t_3

$$t_3 = \frac{mt_1 + nt_2}{m+n} = \frac{2000 \times (-10) + 4000 \times 20}{6000} = 10[℃]$$

(2) 취출공기 ④점의 온도 $t_4 = t_d$

$q_s = c_p \cdot \rho \cdot Q(t_d - t_r)$ 에서

$$t_d = t_r(t_2) + \frac{q_s}{c_p \cdot \rho \cdot Q} = 20 + \frac{14 \times 3600}{1.0 \times 1.2 \times 6000} = 27[℃]$$

(3) 가열코일 용량 q_H

$q_H = c_p \cdot \rho \cdot Q(t_4 - t_3) = 1.0 \times 1.2 \times 6000 \times (27-10)/3600 = 34[\text{kW}]$

15년1회

11 공기 조화 부하에서 극간풍(틈새바람)을 구하는 방법 3가지와 틈새바람을 방지하는 방법 3가지를 서술하시오. (6점)

해답 (1) 틈새바람을 구하는 방법

① 환기횟수 법($Q = nV$)

② crack법(극간 길이에 의한 방법)

③ 창면적법

(2) 극간풍(틈새바람)을 방지하는 방법

① 에어 커튼(air curtain)의 설치

② 회전문 설치

③ 충분한 간격을 두고 이중문 설치

④ 실내를 가압하는 방법

11년3회, 16년2회, 20년4회

12 어느 벽체의 구조가 다음과 같은 조건을 갖출 때 각 물음에 답하시오.(9점)

【조 건】

1. 실내 온도 : 27[℃], 외기 온도 : 32[℃]
2. 벽체의 구조
3. 공기층 열 컨덕턴스 : 6[W/m²·K]
4. 외벽의 면적 : 40[m²]

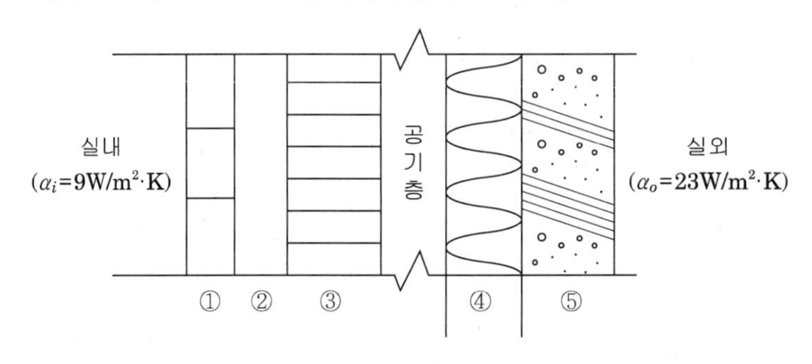

재료	두께(m)	열전도율(W/m·K)
① 타일	0.01	1.3
② 시멘트 모르타르	0.03	1.4
③ 시멘트 벽돌	0.19	0.6
④ 스티로폼	0.05	0.16
⑤ 콘크리트	0.10	1.6

(1) 벽체의 열통과율(W/m² · K)을 구하시오.

(2) 벽체의 침입 열량(W)을 구하시오.

(3) 벽체의 내표면 온도(℃)을 구하시오.

해답 (1) $K = \frac{1}{R} = \frac{1}{\frac{1}{9} + \frac{0.01}{1.3} + \frac{0.03}{1.4} + \frac{0.19}{0.6} + \frac{0.05}{0.16} + \frac{1}{6} + \frac{0.1}{1.6} + \frac{1}{23}}$

$= 0.96[\text{W/m}^2 \cdot \text{K}]$

(2) $q = KA(t_r - t_o) = 0.96 \times 40 \times (32 - 27) = 192[\text{W}]$

(3) 표면온도는 $q = \alpha A(t_s - t_r)$ 에서

$192 = 9 \times 40 \times (t_s - 27)$

$\therefore t_s = 27 + \frac{192}{9 \times 40} = 27.53[℃]$

13 **아래 표기된 제어 기기의 명칭을 쓰시오.** (5점)

① TEV	② SV	③ HPS	④ OPS	⑤ DPS

해답 ① TEV : 온도식 팽창 밸브(temperature expansion valve)
② SV : 전자 밸브(solenoid valve)
③ HPS : 고압 차단 스위치(high pressure cut out switch)
④ OPS : 유압 보호 스위치(oil protection switch)
⑤ DPS : 고저압 차단 스위치(dual pressure cut out switch)

14 **조건이 다른 2개의 냉장실에 2대의 압축기를 설치하여 필요시에 따라 교체 운전을 할 수 있도록 흡입 배관과 그에 따른 밸브를 설치하고 완성하시오.** (10점)

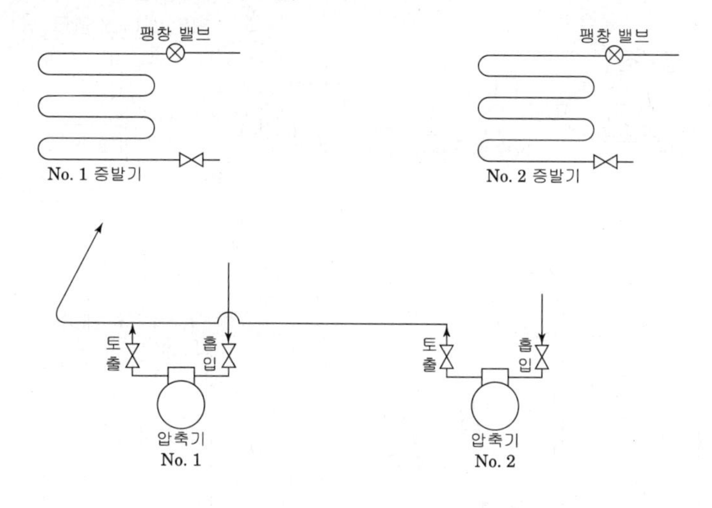

해답

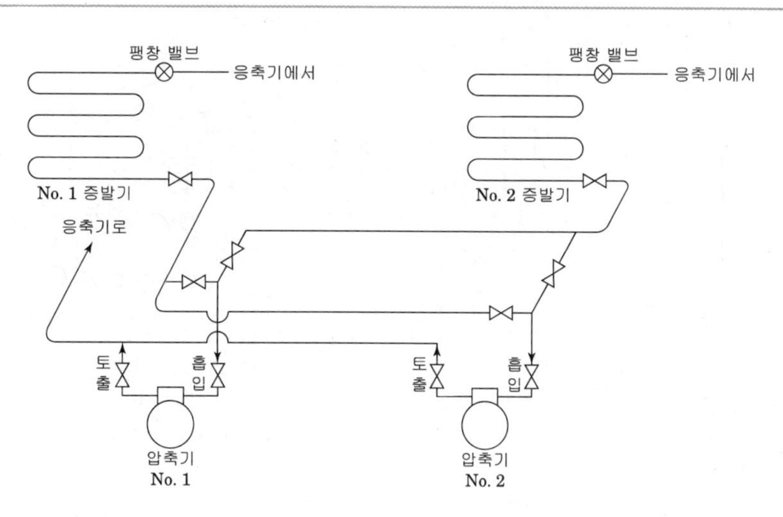

15 **다음 그림과 같은 중앙식 공기 조화 설비의 계통도에서 미완성된 배관도를 완성하고 유체의 흐르는 방향을 화살표로 표시하시오.** (10점)

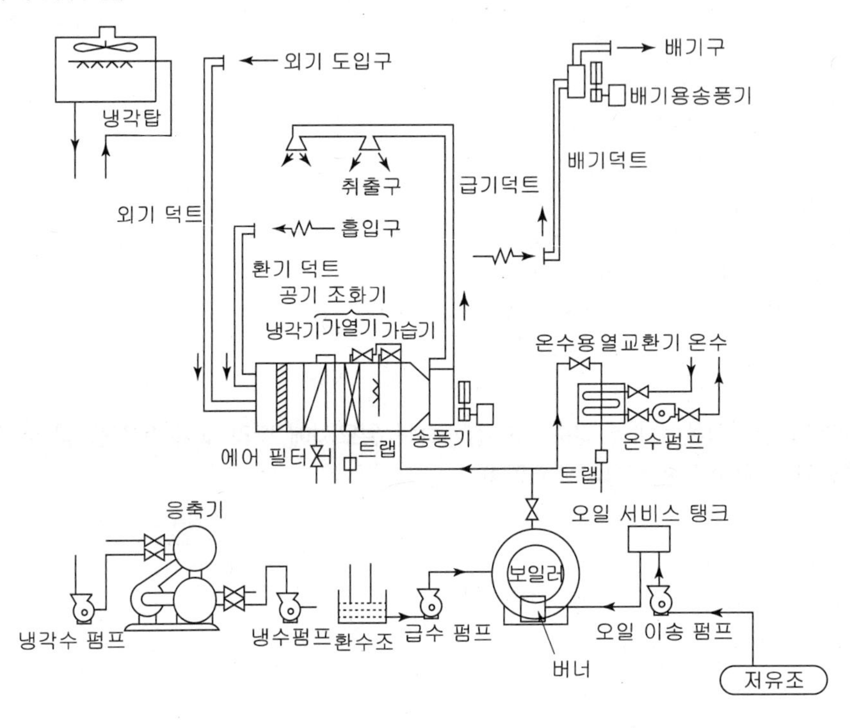

해답

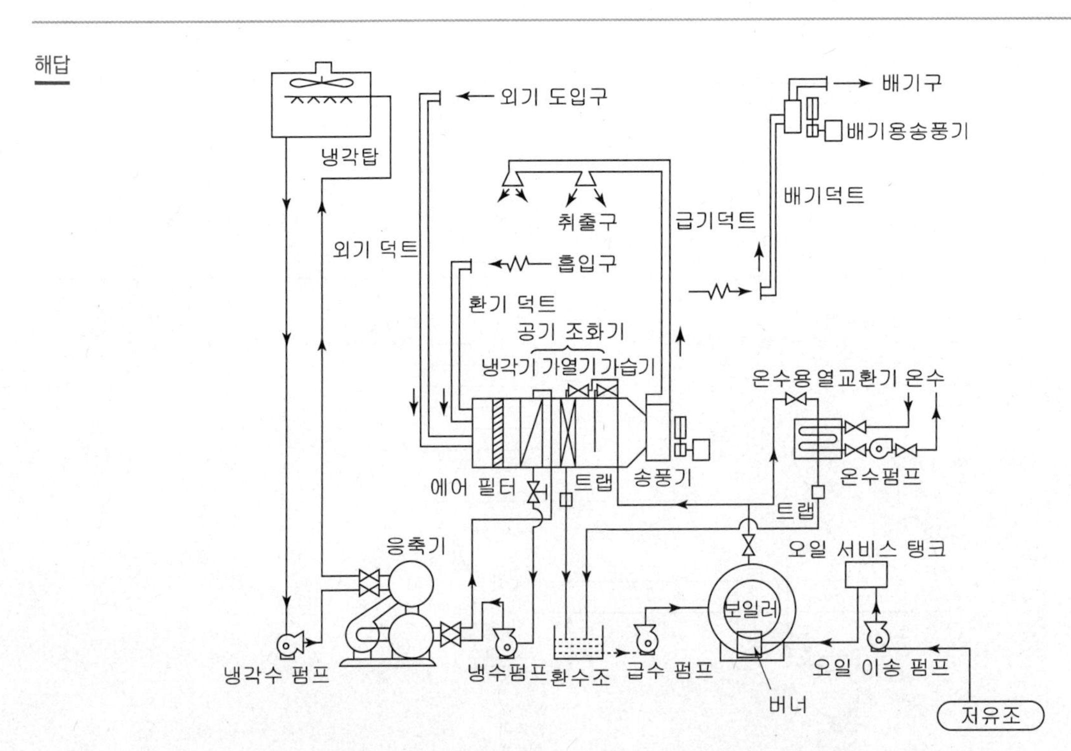

2018 제1회 실기 기출문제

01 흡입측에 300[Pa](전압)의 저항을 갖는 덕트가 접속되고, 토출측은 평균풍속 10[m/s]로 직접 대기에 방출하고 있는 송풍기가 있다. 이 송풍기의 축동력을 구하시오. (단, 풍량은 900[m³/h], 정압효율은 50%로 한다.) (2점)

해설 흡입관만 갖는 송풍기

흡입관만을 갖는 송풍기에서는 송풍기 전압은 흡입구의 정압이고, 송풍기 정압은 흡입구의 전압이다.

즉, ① 송풍기 전압 $P_T = P_{S1}$(송풍기 전압은 흡입구정압(-)이다.)

② 송풍기 정압 $P_S = P_{S1} + P_{v1} = P_{T1}$(송풍기 정압은 흡입구 전압이다.)

축동력 $L_S = \dfrac{P_T \cdot Q}{\eta_t}$, $L_S = \dfrac{P_S \cdot Q}{\eta_s}$ 에서 정압효율이 주어졌으므로

해답 $L_S = \dfrac{P_S \cdot Q}{\eta_s} = \dfrac{300 \times 10^{-3}[\text{kPa}] \times (900/3600)[\text{m}^3/\text{s}]}{0.5} = 0.15[\text{kW}]$

05년1회, 20년3회

02 다음과 같은 조건의 건물 중간층 난방부하를 구하시오. (30점)

【조 건】

1. 열관류율[W/m²·K] : 천장(0.45), 바닥(1.9), 문(2.8), 유리창(4.0)
2. 난방실의 실내온도 : 25[℃], 비난방실의 온도 : 5[℃]
   외기온도 : -10[℃], 상·하층 난방실의 실내온도 : 25[℃]
3. 벽체 표면의 열전달률

구분	표면위치	대류의 방향	열전달률(W/m²·K)
실내측	수직	수평(벽면)	9
실외측	수직	수직·수평	23

4. 방위계수

방 위	방위계수
북쪽, 외벽, 창, 문	1.1
남쪽, 외벽, 창, 문, 내벽	1.0
동쪽, 서쪽, 창, 문	1.05

5. 환기횟수 : 난방실 - 1[회/h], 비난방실 - 3[회/h]
6. 공기의 비열 : 1.01[kJ/kg·K], 공기 밀도 : 1.2[kg/m³]

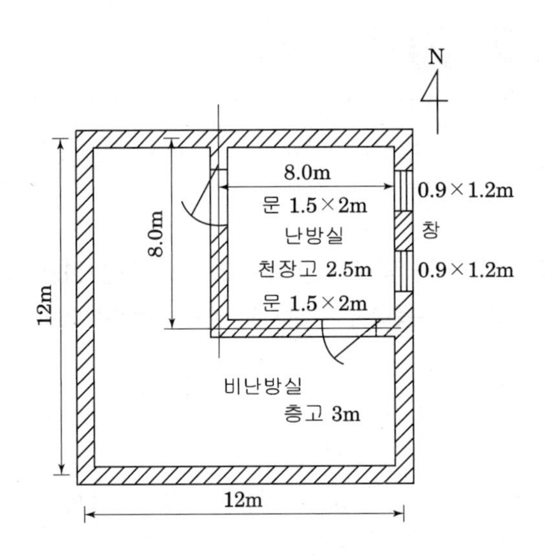

벽체의 종류	구조	재료	두께(mm)	열전도율(W/m·K)
외벽		타일 모르타르 콘크리트 모르타르 플라스터	10 15 120 15 3	1.3 1.4 1.6 1.4 0.6
내벽		콘크리트	100	1.4

(1) 외벽과 내벽의 열관류율을 구하시오.(소수 3자리까지 구하시오)

(2) 난방실에 대한 다음 부하계산을 하시오.

1) 벽체를 통한 부하

2) 유리창을 통한 부하

3) 문을 통한 부하

4) 극간풍 부하(환기횟수에 의함)

해설 (1) 열과류율

① 외벽 : $K=\dfrac{1}{\dfrac{1}{9}+\dfrac{0.01}{1.3}+\dfrac{0.015}{1.4}+\dfrac{0.12}{1.6}+\dfrac{0.015}{1.4}+\dfrac{0.003}{0.6}+\dfrac{1}{23}}$

$=3.792[\text{W/m}^2\text{K}]$

② 내벽 : $K=\dfrac{1}{\dfrac{1}{9}+\dfrac{0.1}{1.4}+\dfrac{1}{9}}=3.405[\text{W/m}^2\cdot\text{K}]$

(2) 부하계산

1) 벽체를 통한 부하

① 외벽

E : $K \cdot A \cdot \Delta t \cdot k = 3.792 \times (8 \times 3 - 0.9 \times 1.2 \times 2) \times \{25-(-10)\} \times 1.05$
$= 3043.535[W]$

N : $K \cdot F \cdot \Delta t \cdot k = 3.792 \times (8 \times 3) \times \{25-(-10)\} \times 1.1$
$= 3503.808[W]$

② 내벽

W : $K \cdot A \cdot \Delta t = 3.405 \times (8 \times 2.5 - 1.5 \times 2) \times (25-5) = 1157.7[W]$

S : $K \cdot A \cdot \Delta t = 3.405 \times (8 \times 2.5 - 1.5 \times 2) \times (25-5) = 1157.7[W]$

∴ 벽체를 통한 부하
= 3043.535+3503.808+1157.7+1157.7=8862.743[W]

2) 유리창

$q_g = K \cdot A \cdot \Delta t \cdot k = 4.0 \times (0.9 \times 1.2 \times 2) \times \{25-(-10)\} \times 1.05$
$= 317.52[W]$

3) 문 : $q_d = K \cdot A \cdot \Delta t = 2.8 \times (1.5 \times 2 \times 2) \times (25-5) = 336[W]$

4) 극간풍 부하 $q_I = c_p \cdot \rho \cdot Q \cdot \Delta t = 1.01 \times 1.2 \times 160 \times \{25-(-10)\}$
$= 6787.2[kJ/h]$

∴ $\dfrac{6787.2}{3600} \times 1000 = 1885.333[W]$

여기서 $Q = n \cdot V = 1 \times 8 \times 8 \times 2.5 = 160[m^3/h]$

02년1회, 04년3회, 12년1회

03 다음은 단일 덕트 공조방식을 나타낸 것이다. 주어진 조건과 별첨 습공기 선도를 이용하여 각 물음에 답하시오. (18점)

【조 건】

1. 실내부하
   ① 현열부하(q_S)=30[kW]
   ② 잠열부하(q_L)=5.25[kW]
2. 실내 : 온도 20[℃], 상대습도 50%
3. 외기 : 온도 2[℃], 상대습도 40%
4. 환기량과 외기량의 비는 3:1이다.
5. 공기의 밀도 : 1.2[kg/m^3]
6. 공기의 비열 : 1.0[kJ/kg·K]
7. 실내 송풍량 : 10000[kg/h]
8. 덕트 장치 내의 열취득(손실)을 무시한다.
9. 가습은 순환수 분무로 한다.

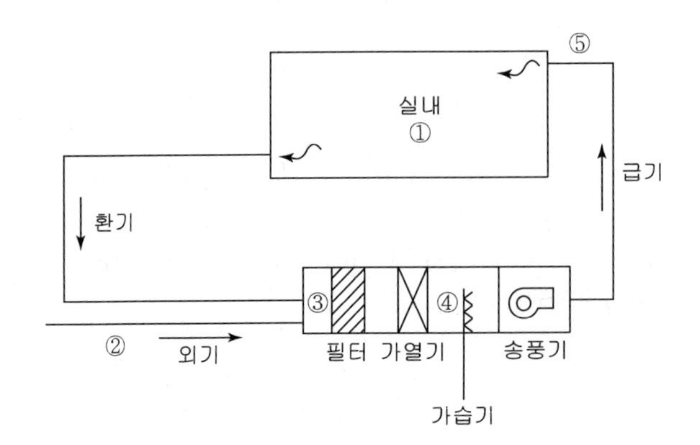

(1) 실내부하의 현열비(SHF)를 구하시오.

(2) 취출공기온도를 구하시오.

(3) 계통도를 보고 공기의 상태변화를 습공기 선도 상에 나타내고, 장치의 각 위치에 대응하는 점(①~⑤)을 표시하시오.

(4) 가열기 용량(kW)을 구하시오.

(5) 가습량(kg/h)을 구하시오.

해답 (1) $\text{SHF} = \dfrac{q_s}{q_s + q_L} = \dfrac{30}{30+5.25} = 0.85$

(2) $q_s = c_p \cdot G \cdot (t_d - t_r)$ 에서

취출공기온도 $t_d = \dfrac{q_s}{c_p \cdot G} + t_r = \dfrac{30 \times 3600}{1.0 \times 10000} + 20 = 30.8[℃]$

(3)

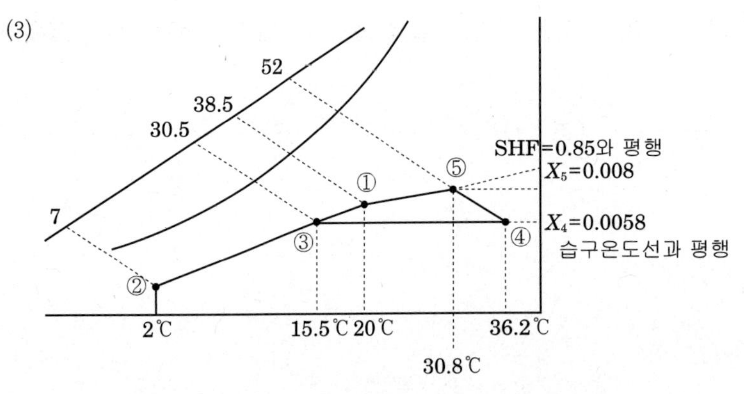

혼합점 ③온도는 환기와 외기 혼합비의 3:1로 구한다.

$t_3 = \dfrac{3 \times 20 + 1 \times 2}{3+1} = 15.5$

(4) 가열기 용량 $q_H = GC(t_4 - t_3) = 10000 \times 1(36.2 - 15.5)/3600 = 57.5[\text{kW}]$

또는 가열기 용량 $q_H = G(h_4 - h_3) = 10000 \times (52 - 30.5)/3600 = 59.72[\text{kW}]$

가열기 용량은 엔탈피와 온도로 구할수있으며 특별한 단서가 없다면 온도차로 구한다.

(5) 가습량 $L = G(x_5 - x_4) = 10000 \times (0.008 - 0.0058) = 22[\text{kg/h}]$

선도

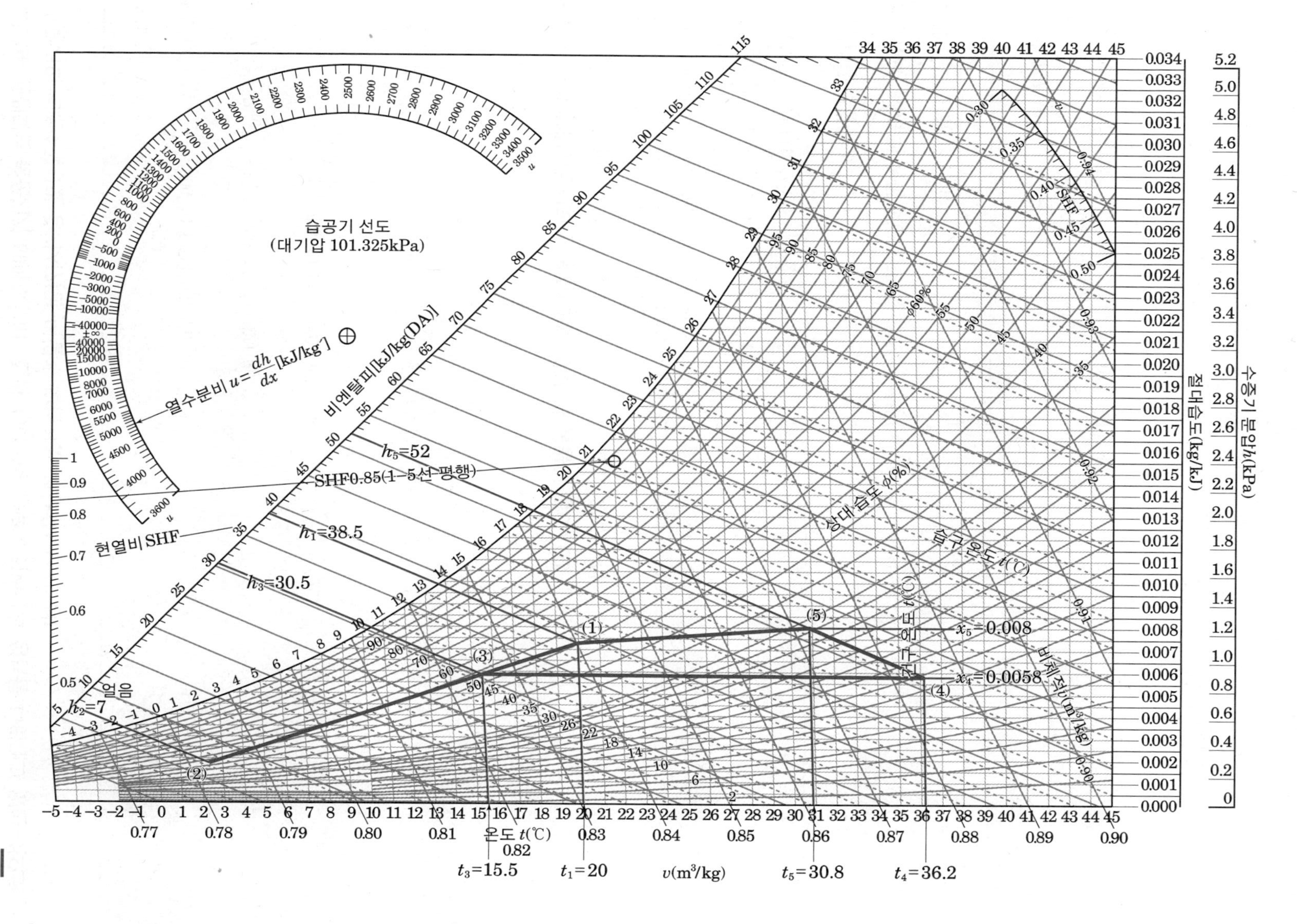
습공기 선도
(대기압 101.325kPa)
비엔탈피[kJ/kg(DA)]
열수분비 $u=\dfrac{dh}{dx}$[kJ/kg]
현열비 SHF
SHF0.85(1-5선 평행)
$h_5=52$
$h_1=38.5$
$h_3=30.5$
$h_2=7$
얼음
상대습도 φ(%)
습구 온도 t'(℃)
건구 온도 t(℃)
비체적 v(m³/kg)
$x_5=0.008$
$x_4=0.0058$
온도 t(℃)
$t_3=15.5$
$t_1=20$
$t_5=30.8$
$t_4=36.2$
절대습도(kg/kJ)
수증기 분압 h(kPa)

05년2회, 11년2회

04 500[rpm]으로 운전되는 송풍기가 300[m^3/h], 전압 400[Pa], 동력 3.5[kW]의 성능을 나타내고 있는 것으로 한다. 이 송풍기의 회전수를 1할 증가시키면 어떻게 되는가를 계산하시오. (12점)

해답 송풍기의 상사법칙에 의해

(1) 풍량 $Q_2 = Q_1 \times \frac{N_2}{N_1} = 300 \times 1.1 = 330[\text{m}^3/\text{min}]$

(2) 전압 $P_{T2} = P_{T1} \times \left(\frac{N_2}{N_1}\right)^2 = 400 \times 1.1^2 = 484[\text{Pa}]$

(3) 동력 $L_{S2} = L_{S1} \times \left(\frac{N_2}{N_1}\right)^3 = 3.5 \times 1.1^3 = 4.66[\text{kW}]$

06년3회

05 다음과 같은 조건하에서 운전되는 공기조화기에서 각 물음에 답하시오.
(단, 공기의 밀도 $\rho = 1.2[\text{kg/m}^3]$, 비열 $C_P = 1.005[\text{kJ/kg·K}]$이다. (9점)

【조 건】

1. 외기 : 32[℃] DB, 28[℃] WB
2. 실내 : 26[℃] DB, 50% RH
3. 실내 현열부하 : 40[kW], 실내 잠열부하 : 7[kW]
4. 외기 도입량 : 2000[m^3/h]

(1) 실내 현열비를 구하시오.

(2) 토출온도와 실내온도의 차를 10.5℃로 할 경우 송풍량(m^3/h)을 구하시오.

(3) 혼합점의 온도(℃)을 구하시오.

해답 (1) 현열비$(SHF)\frac{q_s}{q_s + q_L} = \frac{40}{40+7} \fallingdotseq 0.85$

(2) 송풍량 $Q = \frac{q_s}{c_p \cdot \rho \cdot \Delta t} = \frac{40 \times 3600}{1.005 \times 1.2 \times 10.5} = 11371.71[\text{m}^3/\text{h}]$

(3) 혼합점의 온도$= \frac{2000 \times 32 + (11371.71 - 2000) \times 26}{11371.71} \fallingdotseq 27.06[℃]$

07년1회

06 주철제 증기 보일러 2기가 있는 장치에서 방열기의 상당방열 면적(EDR)이 1500[m^2]이고, 급탕온수량이 5000[ℓ/h]이다. 급수온도 10[℃], 급탕온도 60[℃], 보일러 효율 80%, 압력 0.06[MPa]의 증발잠열량이 2230[kJ/kg] 일 때 다음 물음에 답하시오. (단, 물의 비열은 4.2[kJ/kg K] 이다.) (12점)

(1) 주철제 방열기를 사용하여 난방할 경우 방열기 절수를 구하시오.
(단, 방열기 절당 면적은 0.26m^2, 1EDR당 방열량은 0.756kW이다.)

(2) 배관부하를 난방부하의 10%라고 한다면 보일러의 상용출력(kW)은?

(3) 예열부하를 840000(kJ/h)라고 한다면 보일러 1대당 정격출력(kW)은 얼마인가?

(4) 시간당 응축수 회수량(kg/h)은 얼마인가?

해답 (1) 절수$=\dfrac{EDR}{a}=\dfrac{1500}{0.26}=5769.231 \fallingdotseq 5770$절

EDR : 상당방열면적, a: 방열기 1쪽(절) 당의 전열면적(m^2)

(2) 상용출력=난방부하+급탕부하+배관부하

① 난방부하$=1500\times0.756=1134$[kW]

② 급탕부하$=5000\times4.2\times(60-10)/3600=291.67$[kW]

③ 배관부하$=1134\times0.1=113.4$[kW]

∴ 상용출력$=1134+291.67+113.4=1539.07$[kW]

(3) 1대당 정격출력$=\dfrac{\text{상용출력}+\text{예열부하}}{2}=(1539.07+\dfrac{840000}{3600})\times\dfrac{1}{2}=886.20$[kW]

(4) 응축수량$=\dfrac{886.20\times2\times3600}{2230}=2861.27$[kg/h]

02년3회, 08년1회, 11년2회

07 단일 덕트 방식의 공기조화 시스템을 설계하고자 할 때 어떤 사무소의 냉방부하를 계산한 결과 현열부하 $q_s=7$[kW], 잠열부하 $q_L=1.75$[kW]였다. 주어진 조건을 이용하여 물음에 답하시오.(별첨 습공기선도 이용) (10점)

【조 건】

1. 설계조건
① 실내 : 26[℃] DB, 50% RH ② 실외 : 32[℃] DB, 70% RH ③ : 혼합점, ④ : 취출구점
2. 외기 도입량 : 500[m^3/h]
3. 공기의 비열 : $C_P=1.0$[kJ/kg·K]
4. 토출 공기온도 : 16[℃]
5. 공기의 밀도 : $\rho=1.2$[kg/m^3]

(1) 냉방 풍량(실내송풍량)을 구하시오. [m^3/h]

(2) 현열비 및 실내공기 (①)과 실외공기 (②)의 혼합온도(t_3)를 구하고, 공기조화 cycle을 습공기선도상에 도시하시오.

해답 (1) 냉방풍량 Q

$$Q=\frac{q_s}{c_p \cdot \rho \cdot \Delta t}=\frac{7\times 3600}{1.0\times 1.2\times (26-16)}=2100[\mathrm{m^3/h}]$$

(2) ① 현열비 $=\frac{q_s}{q_s+q_L}=\frac{7}{7+1.75}=0.8$

② 혼합공기온도 $t_3=\frac{mt_1+nt_2}{m+n}=\frac{500\times 32+(2100-500)\times 26}{2100}=27.43[℃]$

③ 습공기선도

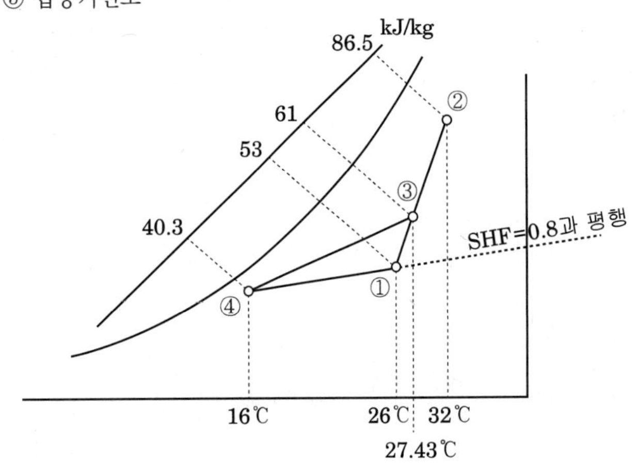

선도

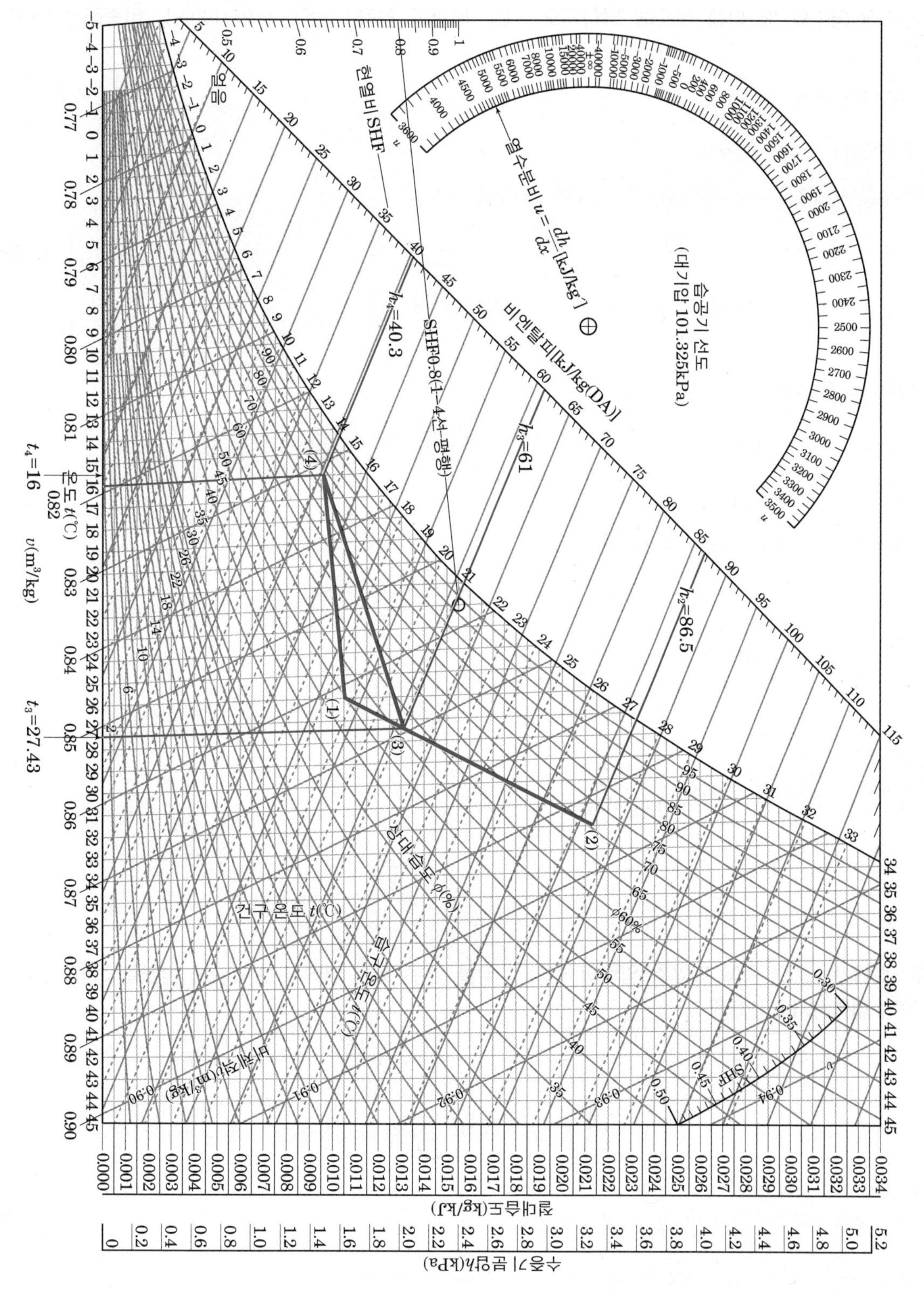

습공기 선도
(대기압 101.325kPa)
열수분비 $u=\frac{dh}{dx}$ [kJ/kg]
비엔탈피[kJ/kg(DA)]
현열비 SHF
SHF 0.8(1-4선 평행)
h_4=40.3
h_3=61
h_2=86.5
(1)
(2)
(3)
(4)
얼음
상대습도 φ(%)
건구온도 t(℃)
습구온도 t'(℃)
비체적 v(m³/kg)
t_4=16
t_3=27.43
온도 t(℃)
v(m³/kg)
절대습도(kg/kg')
수증기 분압h(kPa)
SHF

09년1회, 20년1회

08 펌프에서 수직높이 25[m]의 고가수조와 5[m] 아래의 지하수까지를 관경 50[mm]의 파이프로 연결하여 2[m/s]의 속도로 양수할 때 다음 물음에 답하시오. (단, 배관의 압력손실은 3[kPa/100m], 비중량은 9800 [N/m^3]이다.)

(1) 펌프의 전양정(m)을 구하시오.

(2) 펌프의 유량(m^3/s)을 구하시오.

(3) 펌프의 축동력(kW)을 구하시오.(단, 펌프 효율은 0.7로 한다.)

해답 (1) 펌프의 전양정(H)=실양정+배관저항(마찰손실)+기기저항+토출수두

① 실양정=흡입실양정+토출실양정=5+25=30[m]

② 배관저항$=(25+5)\times\frac{3}{100}=0.9[\text{kPa}]$

$\therefore\ H=\frac{P}{r}=\frac{0.9}{9.8}=0.09[\text{m}]$

③ 속도수두$=\frac{v^2}{2g}=\frac{2^2}{2\times9.8}=0.20[\text{m}]$

$\therefore$ 전양정 $H=30+0.09+0.20=30.29[\text{m}]$

(2) 펌프의 유량 $Q=Av$에서

$$Q=\frac{\pi\times0.05^2}{4}\times2=3.93\times10^{-3}[\text{m}^3/\text{s}]$$

(3) 펌프의 축동력 $L_S=\frac{rQH}{\eta}$

$$L_s=\frac{9.8\times3.93\times10^{-3}\times30.29}{0.7}=1.67[\text{kW}]$$

13년3회

09 겨울철에 냉동장치 운전 중에 고압측 압력이 갑자기 낮을 경우 장치 내에서 일어나는 현상을 3가지 쓰고 그 이유를 각각 설명하시오.(12점)

해답 ① 냉매 순환량 감소

- 이유 : 기온저하로 응축온도가 낮아져 충분한 응축 압력을 얻지 못하여 고압과 저압의 차압이 작아지므로 그 결과 팽창변을 통과하는 냉매유량이 감소한다.

② 냉동능력 감소에 의해 냉각작용이 저하

- 이유 : 냉매 순환량이 감소하면 냉동능력이 감소하여 주위로부터 냉각작용이 잘 이루어지지 않는다.

③ 단위능력당 소요동력 증대

- 이유 : 냉매순환량 감소로 인하여 냉동능력 감소에 따른 운전시간이 장시간 이어진다.

12년3회

10 공기조화기에서 풍량이 2000[m^3/h], 난방코일 가열량 18[kW], 입구온도 10[℃]일 때 출구온도는 몇 [℃]인가? (단, 공기 밀도 1.2[kg/m^3], 비열 1.0[kJ/kg·K]이다.)(8점)

해답 $q_H = c_p \cdot \rho \cdot Q \cdot (t_2 - t_1)$에서

출구온도 $t_2 = t_1 + \dfrac{q_H}{c_p \cdot \rho \cdot Q} = 10 + \dfrac{18 \times 3600}{1.0 \times 1.2 \times 2000} = 37[℃]$

여기서, q_H : 가열량(난방부하)[kW]

c_p : 공기의 비열[kJ/kg · K]

ρ : 공기의 밀도[kg/m^3]

t_1 : 입구온도[℃]

t_2 : 출구온도[℃]

02년1회, 04년3회, 06년2회, 15년1회, 16년3회

11 송풍기(fan)의 전압효율이 45%, 송풍기 입구와 출구에서의 전압차가 1.2[kPa]로서, 10200[m^3/h]의 공기를 송풍할 때 송풍기의 축동력(kW)을 구하시오.(5점)

해설 축동력 $L_S = \dfrac{Q \cdot P_t}{\eta_t}$[kW]

Q : 송풍량[m^3/s]

P_t : 송풍기 전압[kPa]

η_t : 송풍기 전압효율

해답 축동력 $L_S = \dfrac{10200 \times 1.2}{3600 \times 0.45} = 7.56$[kW]

08년2회, 12년1회, 20년3회

12 다음과 같은 조건하에서 냉방용 흡수식 냉동장치에서 증발기가 1RT의 능력을 갖도록 하기 위한 각 물음에 답하시오. (12점)

【조 건】

1. 냉매와 흡수제 : 물+리튬브로마이드
2. 발생기 공급열원 : 80[℃]의 폐기가스
3. 용액의 출구온도 : 74[℃]
4. 냉각수 온도 : 25[℃]
5. 응축온도 : 30[℃](압력 31.8[mmHg])
6. 증발온도 : 5[℃](압력 6.54[mmHg])
7. 흡수기 출구 용액온도 : 28[℃]
8. 흡수기 압력 : 6[mmHg]
9. 발생기 내의 증기 엔탈피 $h_3{}' = 3040.7$[kJ/kg]
10. 증발기를 나오는 증기 엔탈피 $h_1{}' = 2926.9$[kJ/kg]
11. 응축기를 나오는 응축수 엔탈피 $h_3 = 545$[kJ/kg]
12. 증발기로 들어가는 포화수 엔탈피 $h_1 = 438.3$[kJ/kg]

상태점	온도(℃)	압력(mmHg)	농도 w_t(%)	엔탈피(kJ/kg)
4	74	31.8	60.4	316.5
8	46	6.54	60.4	272.9
6	44.2	6.0	60.4	270.4
2	28.0	6.0	51.2	238.6
5	56.5	31.8	51.2	291.3

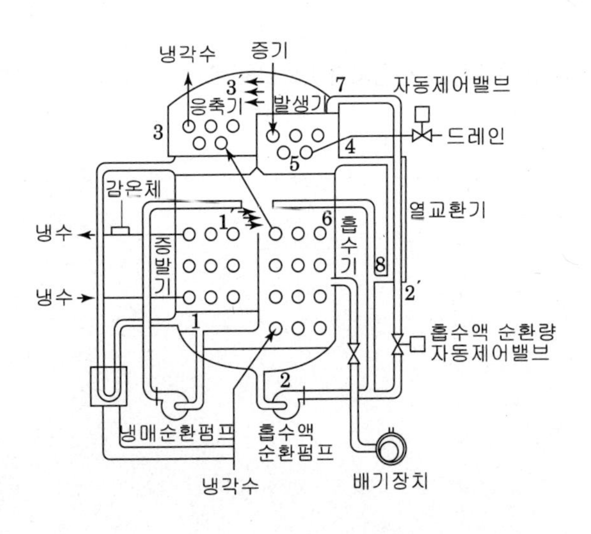

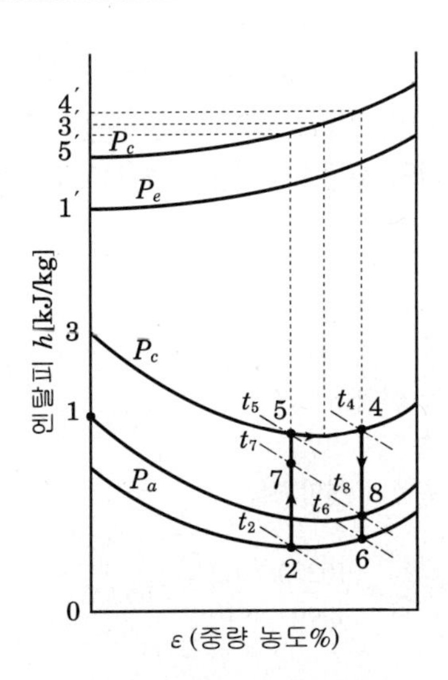

(1) 다음과 같이 나타내는 과정은 어떠한 과정인지 설명하시오.

① 4-8과정　② 6-2과정　③ 2-7과정

(2) 응축기, 흡수기 열량을 구하시오.[kJ/kg]

(3) 1 냉동톤당의 냉매 순환량을 구하시오.[kg/h]

해설 ① 용액 순환비 f

발생기에서 1kg의 증기를 발생하기 위해 흡수기에서 발생기에 공급하는 희용액의 량 $a$kg을 용액 순환비라고 한다. 희용액 $f$kg을 발생기에 보내면 발생기에서는 1kg의 증기가 발생하므로 발생기를 나오는 농용액은 $(f-1)$kg이다. 또한 발생기에 들어가는 LiBr량과 발생기에서 나오는 LiBr량은 같다. 희용액의 농도를 ϵ_1, 농용액의 농도를 ϵ_2라 하면 다음식이 성립한다.

$f\epsilon_1 = (f-1)\epsilon_2$

$$f = \frac{\epsilon_2}{\epsilon_2 - \epsilon_1}$$

② 흡수기 제거열량 $q_a = h_1' + (f-1) \cdot h_8 - fh_2$

③ 응축기 제거열량 $q_c = h_3' - h_3$

④ 증발기 냉동효과 $q_e = h_1' - h_3$

⑤ 발생기 가열량 $q_g = (f-1)h_4 + h_3' - fh_7$

해답 (1) ④~⑧ : 흡수기에서 재생기로 가는 희용액과 열교환하여 농용액의 온도강하 과정

⑥~② : 흡수기에서의 흡수작용

②~⑦ : 재생기에서 흡수기로 되돌아오는 고온 농용액과의 열교환에 의해 희용액의 온도상승

(2) ① 응축열량 $q_c = h_3' - h_3 = 3040.7 - 545 = 2495.7$[kJ/kg]

② 흡수열량

- 용액 순환비 $f = \dfrac{\epsilon_2}{\epsilon_2 - \epsilon_1} = \dfrac{60.4}{60.4 - 51.2} = 6.565$[kg/kg]
- 흡수기 열량

$q_a = (f-1) \cdot h_8 + h_1' - fh_2$

$= \{(6.565 - 1) \times 272.9\} + 2926.9 - (6.565 \times 238.6) \fallingdotseq 2879.18$[kJ/kg]

(3) ① 냉동효과 $q_2 = h_1' - h_1 = 2926.9 - 438.3 = 2488.6$[kJ/kg]

② 냉매 순환량 $G_v = \dfrac{Q_2}{q_2} = \dfrac{3.86 \times 3600}{2488.6} = 5.58$[kg/h]

13 다음 그림은 각종 송풍기의 임펠러 형상을 나타낸 것이고, [보기]는 각종 송풍기의 명칭이다. 이들 중에서 가장 관계가 깊은 것끼리 골라서 번호와 기호를 선으로 연결하시오.(6점)

[해답 예 : (8)–(a)]

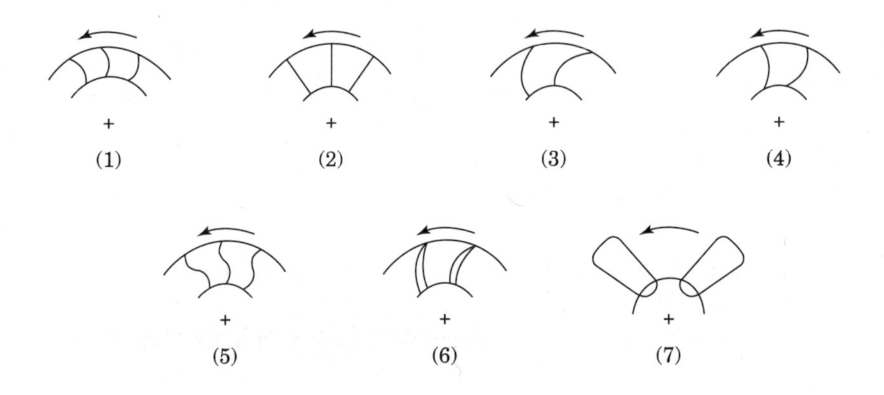

【보 기】

(a) 터보팬(사일런트형)　(b) 에어로 휠 팬　(c) 시로코 팬(다익형 송풍기)
(d) 리밋 로드 팬　(e) 플레이트 팬　(f) 프로펠러 팬　(g) 터보팬(일반형)

해답 (1)–(c),　(2)–(e),　(3)–(a),　(4)–(g),　(5)–(d),　(6)–(b),　(7)–(f)

14 R-502를 냉매로 하고 A, B 2대의 증발기를 동일 압축기에 연결해서 쓰는 냉동장치가 있다. 증발기 A에는 증발압력조정밸브가 설치되고 A와 B의 운전 조건은 다음 표와 같으며, 응축온도는 35[℃]인 것으로 한다. 이 냉동장치의 냉동 사이클을 $p-h$선도 상에 그렸을 때 다음과 같다면 전체 냉매순환량은 몇 g/s 인가? (단, 1[RT]=3.86[kw]이다.) (3점)

증발기	냉동부하[RT]	증발온도[℃]	팽창밸브 전 액온도[℃]	증발기 출구의 냉매증기 상태
A	2	-10	30	과열도10℃
B	4	-30	30	건조포화증기

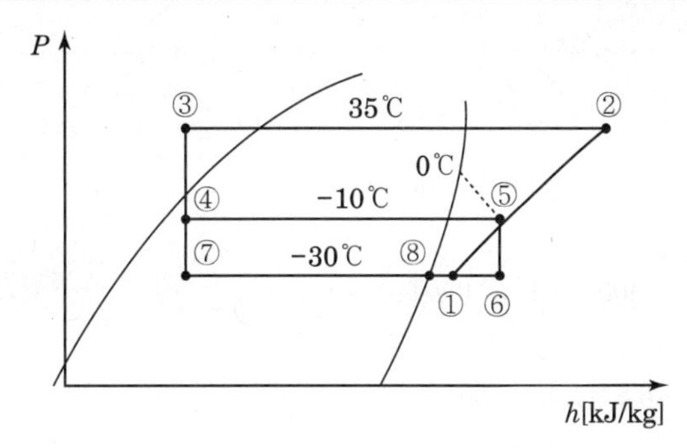

$$h_1 = 557,\ h_2 = 599,\ h_3 = h_4 = h_7 = 456\ ,\ h_5 = 571,\ h_8 = 553$$

해답 냉매순환량 G

① A 증발기 $G_A = \dfrac{Q_2}{h_5 - h_4} = \dfrac{2 \times 3.86 \times 10^3}{571 - 456} = 67.13[\text{g/s}]$

② B 증발기 $G_B = \dfrac{Q_2}{h_8 - h_5} = \dfrac{4 \times 3.86 \times 10^3}{553 - 456} = 159.18[\text{g/s}]$

$\therefore G = 67.13 + 159.16 = 226.31[\text{g/s}]$

15 실내 현열 발생량 $q_s = 31269.6$[kJ/h]이고, 실내온도 26[℃], 취출구 온도 16[℃]에서 공기의 밀도 1.2[kg/m^3], 비열 1.01[kJ/kg · K]일 때 취출송풍질량[kg/h]은 얼마인가?(2점)

해답 $q_s = c_p \cdot G \cdot \Delta t$에서

$$G = \frac{q_s}{c_p \cdot \Delta t} = \frac{31269.6}{1.01 \times (26-16)} = 3096[\text{kg/h}]$$

2018 제2회 실기 기출문제

05년2회, 11년2회

01 500[rpm]으로 운전되는 송풍기가 300[m^3/min], 전압 400[Pa], 동력 3.5[kW]의 성능을 나타내고 있는 것으로 한다. 이 송풍기의 회전수를 1할 증가시키면 어떻게 되는가를 계산하시오.(12점)

해답 송풍기의 상사법칙에 의해

(1) 풍량 $Q_2 = Q_1 \times \frac{N_2}{N_1} = 300 \times 1.1 = 330[\text{m}^3/\text{min}]$

(2) 전압 $P_{T2} = P_{T1} \times \left(\frac{N_2}{N_1}\right)^2 = 400 \times 1.1^2 = 484[\text{Pa}]$

(3) 동력 $L_{S2} = L_{S1} \times \left(\frac{N_2}{N_1}\right)^3 = 3.5 \times 1.1^3 = 4.66[\text{kW}]$

05년1회

02 다음 그림 (a), (b)는 응축온도 35[℃], 증발온도 -35[℃]로 운전되는 냉동 사이클을 나타낸 것이다. 이 두 냉동 사이클 중 어느 것이 에너지 절약 차원에서 유리한가를 계산하여 비교하시오.(12점)

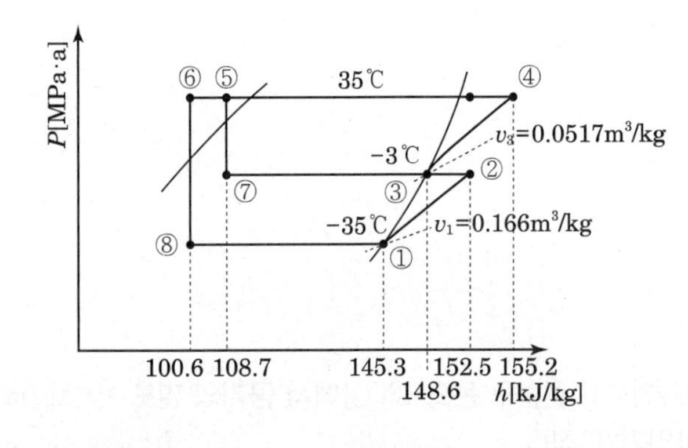

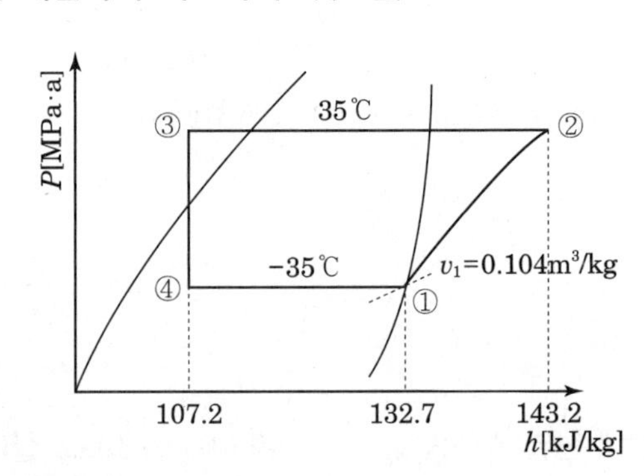

해답 ① 그림 (a)의 이론 성적계수(2단압축 1단팽창식) $COP_{(a)}$

$$COP_{(a)} = \frac{h_1 - h_8}{(h_2 - h_1) + \frac{(h_2 - h_6)}{(h_3 - h_7)}(h_4 - h_3)}$$

$$= \frac{145.3 - 100.6}{(152.5 - 145.3) + \frac{(152.5 - 100.6)}{(148.6 - 108.7)}(155.2 - 148.6)} = 2.832$$

② 그림(b)의 이론 성적계수(1단 압축식) $COP_{(b)}$

$$COP_{(b)} = \frac{h_1 - h_4}{h_2 - h_1} = \frac{132.7 - 107.2}{143.2 - 132.7} = 2.429$$

따라서 2단압축 1단 팽창식인 (a)그림의 성적계수가 1단 압축식인 (b)의 냉동 사이클에 비하여 크므로 에너지 절약 차원에서 2단압축 1단 팽창식인 (a)냉동 사이클이 유리하다.

05년2회

03 냉동장치의 운전상태 및 계산의 활용에 이용되는 몰리에르 선도($p-i$ 선도)의 구성요소의 명칭과 해당되는 단위를 번호에 맞게 기입하시오.(6점)

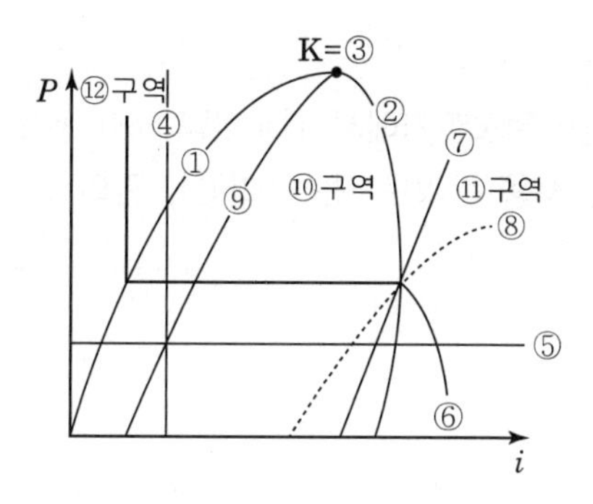

해답

번호	명칭	단위(MKS)
①	포화액선	없음
②	건조포화증기선	없음
③	임계점	℃
④	등엔탈피선	kJ/kg
⑤	등압선	MPa abs
⑥	등온선	℃
⑦	등엔트로피선	kJ/kg·K
⑧	등비체적선	m^3/kg
⑨	등건조도선	% or 없음
⑩	습포화증기구역	없음
⑪	과열증기구역	없음
⑫	과냉각구역	없음

05년2회, 11년3회

04 24시간 동안에 30[℃]의 원료수 5000[kg]을 -10[℃]의 얼음으로 만들 때 냉동기용량(냉동톤)을 구하시오. (단, 냉동기 안전율을 10%로 하고 물의 응고잠열은 334[kJ/kg], 원료수의 비열은 4.2[kJ/kg · K], 얼음의 비열은 2.1[kJ/kg · K], 1[RT]=3.86[kW]이다.) (5점)

해답 냉동톤 $RT=\dfrac{5000\times(4.2\times30+334+2.1\times10)\times1.1}{24\times3600\times3.86}=7.93[\mathrm{RT}]$

02년2회, 07년2회, 09년1회, 12년2회

05 증기 대 수 원통 다관형(셸 튜브형) 열교환기에서 열교환량 584[kW], 입구 수온 60[℃], 출구 수온 70[℃]일 때 관의 전열면적은 얼마인가? (단, 사용 증기온도는 103[℃], 관의 열관류율은 2.1[kW/m²K]이다.)(4점)

해설 $q=K\cdot A\cdot(LMTD)$ 에서

$$A=\frac{q}{K\cdot(LMED)}$$

q : 열교환량[kW]

A : 전열면적[m²]

$LMTD$: 대수평균온도차[℃]

해답

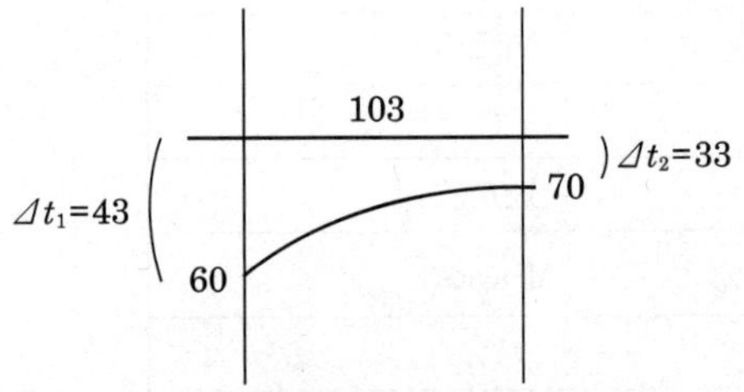

103

$\Delta t_1=43$

$\Delta t_2=33$

70

60

$$LMTD=\frac{43-33}{\ln\dfrac{43}{33}}=37.78[℃]$$

$$\therefore A=\frac{q}{K\cdot(LMTD)}=\frac{584}{2.1\times37.78}=7.36[\mathrm{m}^2]$$

06년2회, 17년3회

06 다음과 같은 건물의 A실에 대하여 아래 조건을 이용하여 각 물음에 답하시오. (단, 실 A는 최상층으로 사무실 용도이며, 아래층의 난방 조건은 동일하다.)(18점)

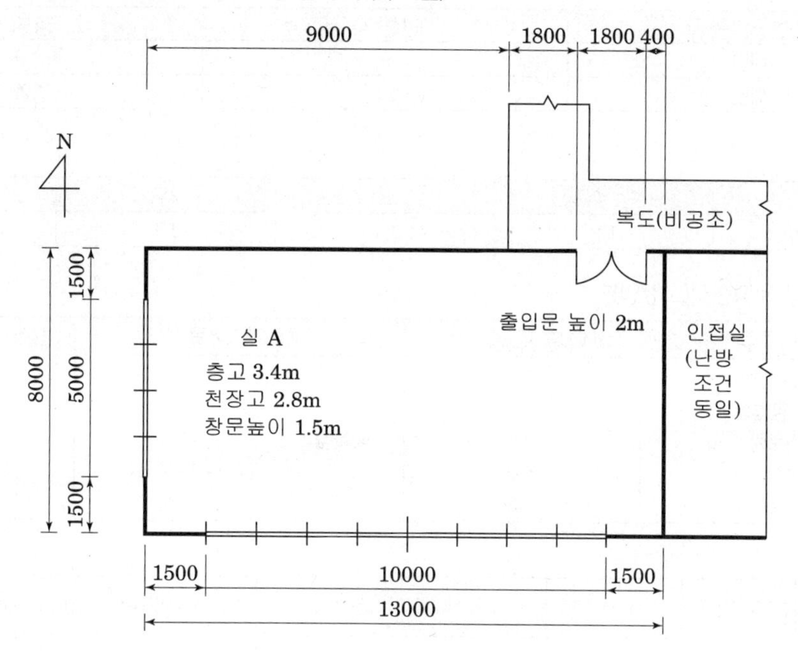

【조 건】

1. 난방 설계용 온·습도

	난방	비고
실내	20℃ DB, 50% RH, $x=0.0725$[kg/kg′]	비공조실은 실내·외의 중간 온도로 약산함
외기	−5℃ BD, 70% RH, $x=0.00175$[kg/kg′]	

2. 유리 : 복층유리(공기층 6mm), 블라인드 없음, 열관류율 $K=3.5$[W/m^2·K]
   출입문 : 목제 플래시문, 열관류율 $K=2.9$[W/m^2·K]
3. 공기의 밀도 $\gamma=1.2$[kg/m^3], 공기의 정압비열 $C_{pe}=1.005$[kJ/kg·K]
   수분의 증발잠열(상온) $E_a=2501$[kJ/kg], 100℃ 물의 증발잠열 $E_b=2256$[kJ/kg]
4. 외기 도입량은 25[m^3/h·인]이다.
5. 외벽

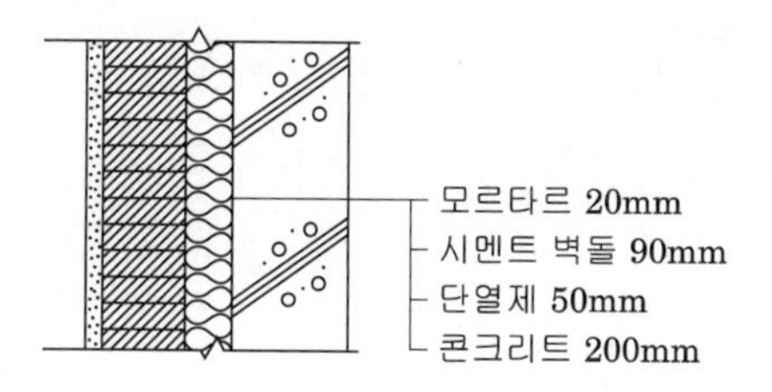

재료명	열전도율(W/m·K)
1. 모르타르	1.4
2. 시멘트 벽돌	1.4
3. 단열제	0.035
4. 콘크리트	1.6

6. 내벽 열관류율 : 2.6[W/m²·K], 지붕 열관류율 : 0.36[W/m²·K]

• 표면 열전달율 α_i, α_o[W/m²·K]

표면의 종류	난방시	냉방시
내면	9	9
외면	24	23

• 방위계수

방위	N, 수평	E	W	S
방위계수	1.2	1.1	1.1	1.0

• 재실인원 1인당 바닥면적(m²/인)

방의 종류	바닥면적(m²/인)	방의 종류		바닥면적(m²/인)
사무실(일반)	5.0	백화점	객실	18.0
은행 영업실	5.0		평균	3.0
레스토랑	1.5		혼잡	1.0
상점	3.0		한산	6.0
호텔로비	6.5		극장	0.5

• 환기횟수

실용적(m³)	500 미만	500~1000	1000~1500	1500~2000	2000~2500	2500~3000	3000 이상
환기횟수 (회/h)	0.7	0.6	0.55	0.5	0.42	0.40	0.35

(1) 외벽 열관류율(W/m² · K)을 구하시오.

(2) 난방부하(W)를 계산하시오.

① 서측　② 남측　③ 북측　④ 지붕　⑤ 내벽　⑥ 출입문

(3) 가습부하(kW)를 구하시오.

해설 (1) 열 저항 $R=\frac{1}{\alpha_i}+\sum\frac{d}{\lambda}+\frac{1}{\alpha_o}$ 에서

$$=\frac{1}{9}+\frac{0.02}{1.4}+\frac{0.09}{1.4}+\frac{0.05}{0.035}+\frac{0.2}{1.6}+\frac{1}{24}=1.785[\mathrm{m^2\cdot K/W}]$$

∴ 열관류율 $K=\frac{1}{R}=\frac{1}{1.785}=0.560\ [\mathrm{W/m^2\cdot K}]$

(2) • 외기에 접하는 외벽 및 지붕 또는 유리창의 부하

$q=K\cdot A\cdot\Delta t\cdot C$

• 외기에 직접 접하지 않는 내벽 또는 문 등의 부하

$q=K\cdot A\cdot\Delta t$

여기서 K : 각 구조체(외벽, 지붕, 유리창, 내벽, 문 등)의 열관류율

A : 각 구조체(외벽, 지붕, 유리창, 내벽, 문 등)의 면적

Δt : 온도차　　C : 방위별 부가계수

※ 외기에 직접 접하지 않은 북쪽의 내벽 및 출입문에는 방위별 부가계수를 곱하지 않는다.

① 서측

- 외벽 $= 0.56 \times \{(8 \times 3.4) - (5 \times 1.5)\} \times \{20 - (-5)\} \times 1.1$
  $= 303.38[W]$
- 유리창 $= 3.5 \times (5 \times 1.5) \times \{20 - (-5)\} \times 1.1 = 721.875[W]$

② 남측

- 외벽 $= 0.56 \times \{(13 \times 3.4) - (10 \times 1.5)\} \times \{20 - (-5)\} \times 1.0 = 408.8[W]$
- 유리창 $= 3.5 \times (10 \times 1.5) \times \{20 - (-5)\} \times 1.0 = 1312.5[W]$

③ 북측

- 외벽 $= 0.56 \times (9 \times 3.4) \times \{20 - (-5)\} \times 1.2 = 514.08[W]$

④ 지붕 $= 0.36 \times (8 \times 13) \times \{20 - (-5)\} \times 1.2 = 1123.2[W]$

⑤ 내벽 $= 2.6 \times \{(4 \times 2.8) - (1.8 \times 2)\} \times \left\{20 - \dfrac{20 + (-5)}{2}\right\} = 247[W]$

⑥ 출입문 $= 2.9 \times (1.8 \times 2) \times \left\{20 - \dfrac{20 + (-5)}{2}\right\} = 130.5[W]$

(3) 가습부하

가습부하 $= 2501 \times 1.2 \times (G_o + G_I) \times \Delta x$

외기량 $G_o = 25 \times \dfrac{13 \times 8}{5} = 520[m^3/h]$

극간풍량 $G_I = nV = 0.7 \times (13 \times 8 \times 2.8) = 203.84[m^3/h]$

∴ 가습부하 $= 2501 \times 1.2 \times (520 + 203.84) \times (0.0725 - 0.00175)/3600 = 42.69[kW]$

05년2회

07 다음과 같은 벽체의 열관류율을 구하시오. (단, 외표면 열전달률 $\alpha_o = 23[W/m^2 \cdot K]$, 내표면 열전달률 $\alpha_i = 9[W/m^2 \cdot K]$로 한다.)(7점)

재료명	두께(mm)	열전도율(W/m·K)
1. 모르타르	30	1.4
2. 콘크리트	130	1.6
3. 모르타르	20	1.4
4. 스티로폼	50	0.032
5. 석고보드	10	0.18

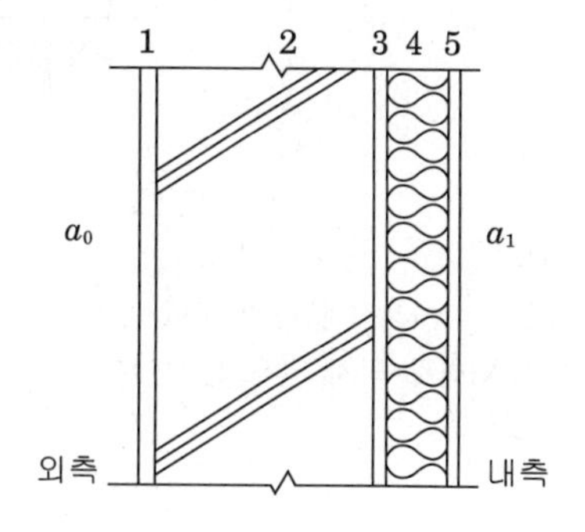

해답 $K = \dfrac{1}{\dfrac{1}{23} + \dfrac{0.03}{1.4} + \dfrac{0.13}{1.6} + \dfrac{0.02}{1.4} + \dfrac{0.05}{0.032} + \dfrac{0.01}{0.18} + \dfrac{1}{9}} = 0.529[W/m^2 \cdot K]$

03년2회, 07년2회, 16년1회

08 프레온 냉동장치에서 1대의 압축기로 증발온도가 다른 2대의 증발기를 냉각 운전하고자 한다. 이때 1대의 증발기에 증발압력 조정 밸브를 부착하여 제어하고자 한다면, 아래의 냉동장치는 어디에 증발압력 조정 밸브 및 체크 밸브를 부착하여야 하는지 흐름도를 완성하시오. 또 증발압력 조정 밸브의 기능을 간단히 설명하시오. (10점)

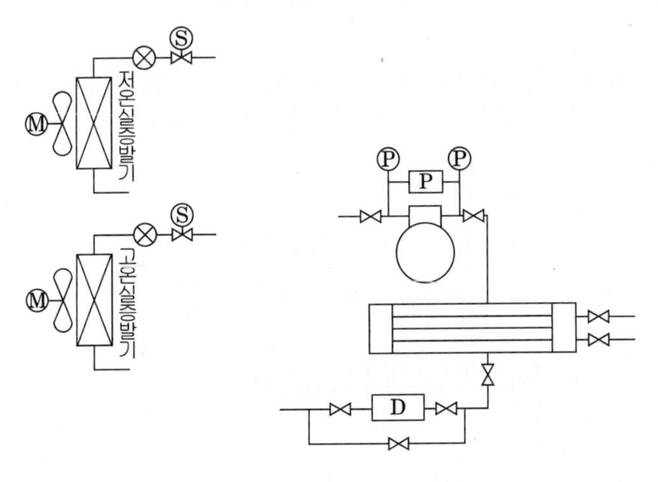

해답 (1) 장치도

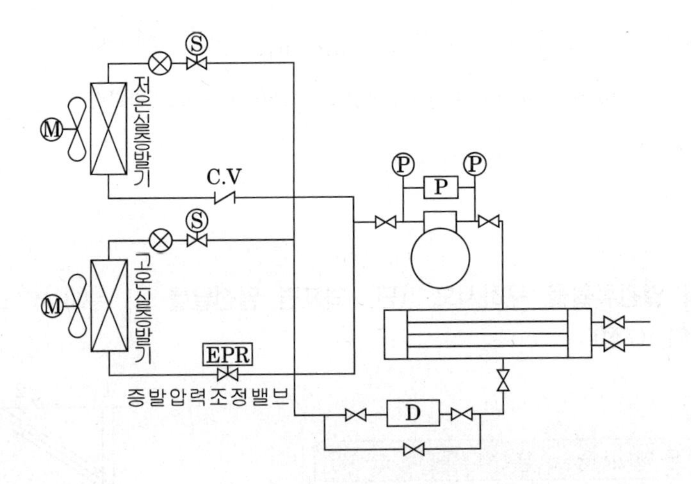

(2) 기능

압축기는 저온실 증발기 내의 압력을 기준으로 하여 운전되고 고온실 증발기 내 압력은 증발압력 조정밸브에 의하여 조정 압력 이하로 되지 않도록 제어한다.

03년1회, 05년1회, 09년1회

09 그림과 같은 조건의 온수난방 설비에 대하여 물음에 답하시오. (18점)

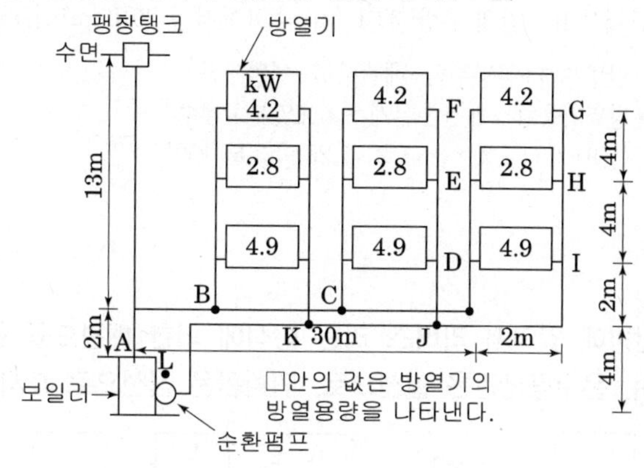

【조 건】

① 방열기 출입구온도차 : 10[℃]
② 배관손실 : 방열기 방열용량의 20%
③ 순환펌프 양정 : 2[m]
④ 보일러, 방열기 및 방열기 주변의 지관을 포함한 배관국부저항의 상당길이는 직관 길이의 100%로 한다.
⑤ 배관의 관지름 선정은 표에 의한다. (표내의 값의 단위는 [L/min])
⑥ 예열부하 할증률은 25%로 한다.
⑦ 온도차에 의한 자연순환 수두는 무시한다.
⑧ 배관길이가 표시되어 있지 않은 곳은 무시한다.
⑨ 온수의 비열 4.2[kJ/kg · K]이다.

압력강하 (Pa/m)	관경(A)					
	10	15	25	32	40	50
50	2.3	4.5	8.3	17.0	26.0	50.0
100	3.3	6.8	12.5	25.0	39.0	75.0
200	4.5	9.5	18.0	37.0	55.0	110.0
300	5.8	12.6	23.0	46.0	70.0	140.0
500	8.0	17.0	30.0	62.0	92.0	180.0

(1) 전 순환수량(L/min)을 구하시오.
(2) B-C간의 관지름(mm)을 구하시오.
(3) 보일러 용량(kW)을 구하시오.

해답 (1) 전순환 수량 $= \dfrac{(4.9+2.8+4.2)\times 3\times 60}{4.2\times 10} = 51[\text{L/min}]$

(2) B-C간의 관지름

① B-C간의 순환수량 $= \dfrac{(4.2+2.8+4.9)\times 2\times 60}{4.2\times 10} = 34[\text{L/min}]$

② 보일러에서 최원 방열기까지의 왕복 직관길이
=2+30+2+4+4+4+4+2+2+30+4=88m

③ 압력강하 $R=\frac{H(\text{펌프양정})}{L+L'}=\frac{2\times 9800}{88+88}=111.36[\text{Pa/m}]$이므로(1mAg= 9800[Pa])

④ 압력강하 100Pa/m난에서 B-C간의 유량 34[L/min](표에서는 39[L/min])과의 교점에 의해 관경 40A[mm]이다.

(3) 보일러용량(정격출력)=난방부하+급탕부하+배관부하+예열부하
=방열기용량×배관손실계수×예열부하계수
=(4.9+2.8+4.2)×3×1.2×1.25=53.55[kW]

06년3회, 12년1회

10 **다음 도면과 같은 온수난방에 있어서 리버스 리턴 방식에 의한 배관도를 완성하시오. (단, A, B, C, D는 라디에이터를 표시한 것이며, 온수공급관은 실선으로, 귀환관은 점선으로 표시하시오.)(6점)**

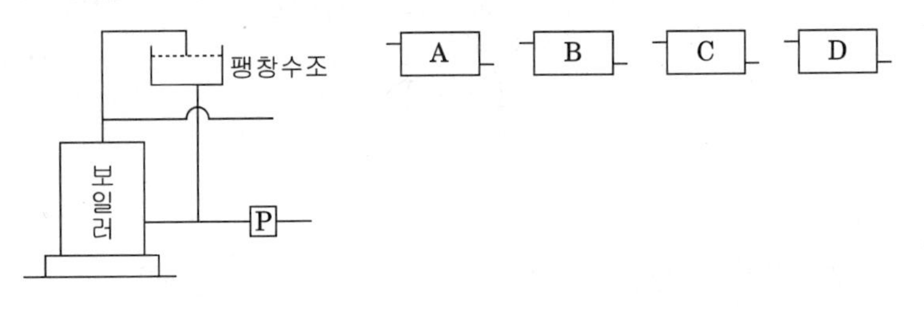

해답

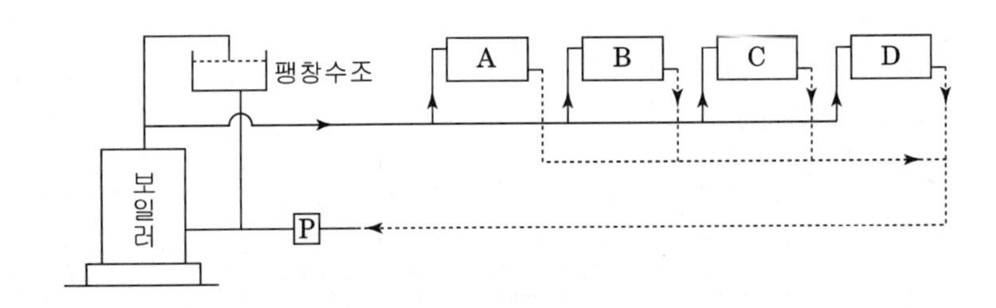

09년2회

11 **다음과 같은 냉각수 배관 시스템에 대해 각 물음에 답하시오. (단, 냉동기 냉동능력은 150[RT], 응축기 수저항은 80[kPa], 배관의 압력손실은 40[kPa/100m]이고, 냉각수량은 1냉동톤당 13[L/min]이다.)(12점)**

• (관경산출표 40kPa/100m 기준)

관경(mm)	32	40	50	65	80	100	125	150
유량(L/min)	90	180	320	500	720	1800	2100	3200

• 밸브, 이음쇠류의 1개당 상당길이(m)

관경(mm)	게이트밸브	체크밸브	엘보	티	리듀서(1/2)
100	1.4	12	3.1	6.4	3.1
125	1.8	15	4.0	7.6	4.0
150	2.1	18	4.9	9.1	4.9

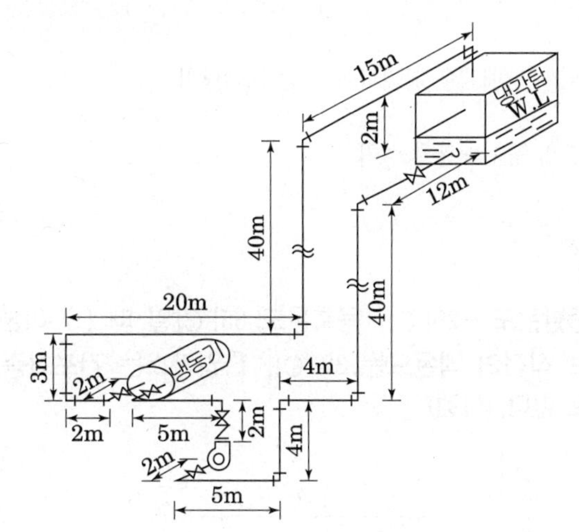

(1) 배관의 압력손실 ΔP(kPa)를 구하시오. (단, 직관부의 길이는 158m이다.)

(2) 펌프양정 H(mAq)를 구하시오.

(3) 펌프의 수동력 P(kW)를 구하시오.

해답 (1) 배관의 마찰손실 ΔP

① 냉각수량=13×150=1950[L/min]이므로 표에서 관경 125[mm]이다.

② 배관의 전상당길이

- 직관부 길이 158[m]
- 게이트 밸브 5개×1.8[m]=9[m]
- 체크 밸브 1개×15[m]=15[m]
- 엘보 13개×4.0[m]=52[m]

합계 234[m]

∴ 배관의 마찰손실 $\Delta p = 234 \times \dfrac{40}{100} = 93.6$[kPa]

(2) 펌프 양정 H=실양정+배관저항(마찰손실)+기기저항

$$H = 2 + \frac{93.6}{9.8} + \frac{80}{9.8} = 19.71\,[\text{mAq}]$$

(3) 펌프 수동력 $P = r \cdot Q \cdot H = \dfrac{9.8 \times 1.95[\text{m}^3/\text{min}] \times 19.71}{60} = 6.28[\text{kW}]$

12 냉동장치에 사용하는 액분리기에 대하여 다음 물음에 답하시오. (6점)

(1) 설치목적

(2) 설치위치

해설 액분리기는 증발기와 압축기 사이의 흡입 증기배관에 설치하여 흡입증기 중에 혼입되어 있는 냉매액을 분리하여 증기만을 압축기로 흡입시켜서 액압축을 방지하여 압축기를 보호하는 역할을 한다. 또한 고속다기통 압축기의 언-로더 작동 시 액복귀의 방지에도 유효하다.

해답 (1) 설치목적
흡입증기 중에 혼재되어 있는 냉매액을 분리하여 액압축을 방지
(2) 설치위치
증발기와 압축기 사이의 흡입 증기배관에 설치

13 역카르노 사이클 냉동기의 증발온도 -20[℃], 응축온도 35[℃]일 때 (1) 이론 성적계수와 (2) 실제 성적계수는 약 얼마인가? (단, 팽창밸브 직전의 액온도는 32[℃], 흡입가스는 건포화증기이고, 체적효율은 0.65, 압축효율은 0.80, 기계효율은 0.9로 한다.)(4점)

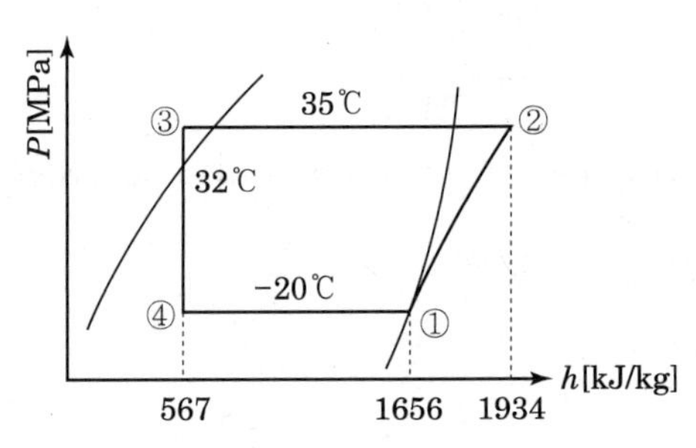

해설 (1) 이론 성적계수

$$COP=\frac{Q_2}{W}=\frac{G(h_1-h_4)}{G(h_2-h_1)}=\frac{(h_1-h_4)}{(h_2-h_1)}$$

여기서 COP : 이론 냉동사이클의 성적계수
Q_2 : 냉동능력[kW]
W : 이론 압축기의 축동력[kW]
G : 냉매순환량[kg/s]

(2) 실제 성적계수

$$COP_R=\frac{Q_2}{W_R}=\frac{Q_2}{\frac{W}{\eta_c\cdot\eta_m}}=\frac{Q_2}{W}\eta_c\cdot\eta_m=COP\cdot\eta_c\cdot\eta_m$$

여기서 COP_R : 실제 성적계수
W_R : 실제 압축기의 축동력[kW]
Q_2 : 냉동능력[kcal/h], [kW]
W : 이론 압축기의 축동력[kW]

해답 (1) 이론 성적계수

$$COP=\frac{(h_1-h_4)}{(h_2-h_1)}=\frac{1656-567}{1934-1656}=3.92$$

(2) 실제 성적계수

$$COP_R=COP\cdot\eta_c\cdot\eta_m=3.92\times0.8\times0.9=2.82$$

05년2회, 08년2회, 11년3회, 16년2회

14 **장치노점이** 10[℃]**인 냉수 코일이** 20[℃] **공기를** 12[℃]**로 냉각시킬 때 냉수 코일의** Bypass Factor(BF)**를 구하시오.**(4점)

해설 냉각코일에서의 By-Pass Factor와 Contact Factor
공기가 냉각코일을 통과할 때 전공기량에 대한 코일과 접촉하지 않고 통과하는 공기의 비율을 By-Pass Factor라 하고 접촉하는 공기의 비율을 Contact Factor라 한다.

$$BF = \frac{t_2 - t_s}{t_1 - t_s} = \frac{x_2 - x_s}{x_1 - x_s} = \frac{h_2 - h_s}{h_1 - h_s}$$

$$CF = \frac{t_1 - t_2}{t_1 - t_s} = \frac{x_1 - x_2}{x_1 - x_s} = \frac{h_1 - h_2}{h_1 - h_s}$$

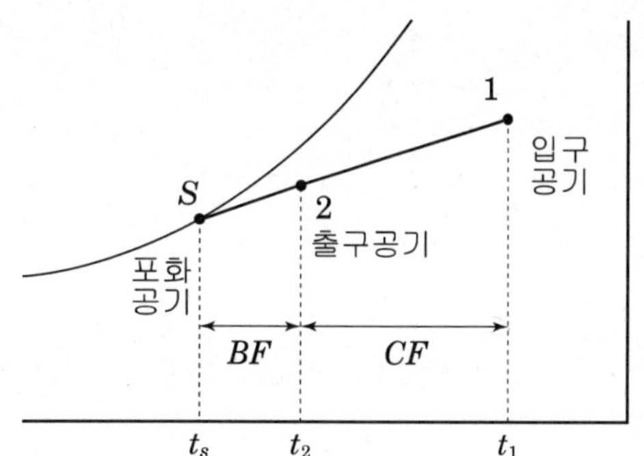

해답 $BF = \frac{12 - 10}{20 - 10} = 0.2$

04년3회, 07년3회, 10년3회, 15년2회

15 **① 의 공기상태** $t_1 = 25$[℃], $x_1 = 0.022$k[g/kg′], $h_1 = 92$[kJ/kg], **② 의 공기상태** $t_2 = 22$[℃], $x_2 = 0.006$[kg/kg′], $h_2 = 37.8$[kJ/kg]**일 때 공기 ①을 25%, 공기 ②를 75%로 혼합한 후의 공기 ③의 상태**(t_3, x_3, h_3)**를 구하고, 공기 ①과 공기 ③ 사이의 열수분비를 구하시오.**(8점)

해설 단열혼합(외기와 환기의 혼합)

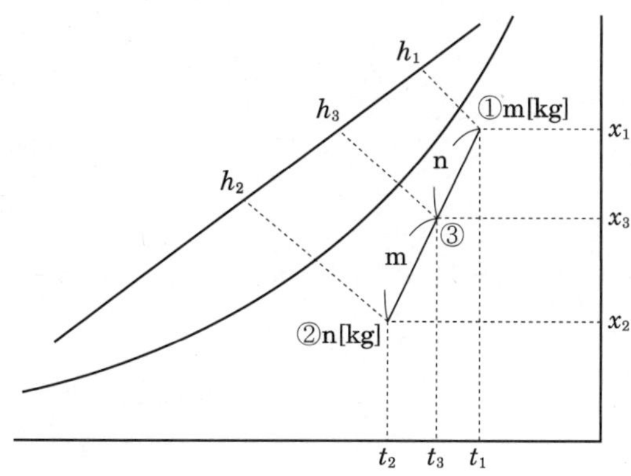

습공기 선도상에서의 혼합은 2상태 점을 직선으로 연결하고 이 직선상에 혼합공기의 상태가 혼합 공기량을 역으로 배분하는 값으로 표시된다.

$$t_3 = \frac{mt_1 + nt_2}{m+n}, \quad h_3 = \frac{mh_1 + nh_2}{m+n}, \quad x_3 = \frac{mx_1 + nx_2}{m+n}$$

해답 (1) 혼합 후 공기 ③의 상태

- $t_3 = 25 \times 0.25 + 22 \times 0.75 = 22.75[℃]$
- $x_3 = 0.022 \times 0.25 + 0.006 \times 0.75 = 0.01[kg/kg']$
- $h_3 = 92 \times 0.25 + 37.8 \times 0.75 = 51.35[kJ/kg]$

(2) 열수분비 $u = \frac{h_1 - h_3}{x_1 - x_3} = \frac{92 - 51.35}{0.022 - 0.01} = 3387.5[kJ/kg]$

2018 제3회 실기 기출문제

15년3회

01 다음 조건에 대하여 물음에 답하시오.(20점)

【조 건】

구분	건구온도(℃)	상대습도(%)	절대습도(kg/kg′)
실내	27	50	0.0112
실외	32	68	0.0206

1. 상 · 하층은 사무실과 동일한 공조상태이다.
2. 남쪽 및 서쪽벽은 외벽이 40%이고, 창면적이 60%이다.
3. 열관류율
   ① 외벽 : 0.28[W/m^2· K]
   ② 내벽 : 0.36[W/m^2· K]
   ③ 문 : 1.8[W/m^2· K]
4. 유리는 6[mm] 반사유리이고, 차폐계수는 0.65이다.
5. 인체 발열량
   ① 현열 : 55[W/인]　　② 잠열 : 65[W/인]
6. 침입외기에 의한 실내환기 횟수 : 0.5[회/h]
7. 실내 사무기기 : 200W×5개, 실내조명(형광등) : 25[W/m^2]
8. 실내인원 : 0.2[W/m^2], 1인당 필요 외기량 : 25[m^3/h · 인]
9. 공기의 밀도는 1.2[kg/m^3], 정압비열은 1.0[kJ/kg · K]이다.
10. 0[℃] 물의 증발잠열 : 2501[kJ/kg]
11. 보정된 외벽의 상당외기 온도차 : 남쪽 8.4[℃], 서쪽 5[℃]
12. 유리를 통한 열량의 침입

구분 \ 방위	동	서	남	북
직달일사 I_{GR}[W/m^2]	336	340	256	138
전도대류 I_{GC}[W/m^2]	56.5	108	76	50.2

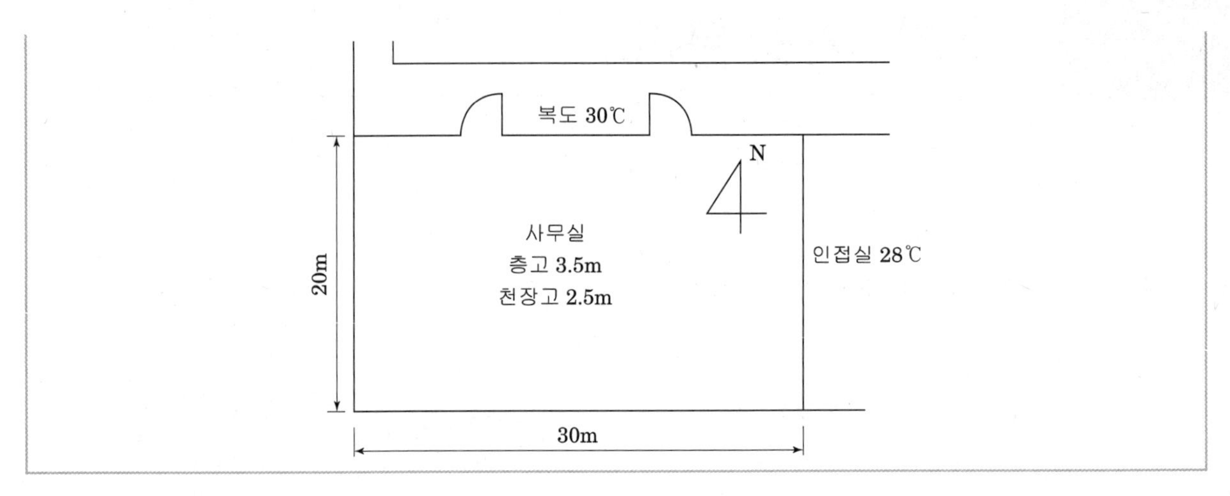

(1) 실내부하를 구하시오.

1) 벽체를 통한 부하
2) 유리를 통한 부하
3) 인체부하
4) 조명부하
5) 실내 사무기기 부하
6) 틈새부하

(2) 실내취출 온도차가 10℃라 할 때 실내의 필요 송풍량(m^3/h)을 구하시오.

(3) 환기와 외기를 혼합하였을 때 혼합온도를 구하시오.

해답 (1) 실내부하

1) 벽체를 통한 부하

① 외벽(남쪽) $= 0.28 \times (30 \times 3.5 \times 0.4) \times 8.4 = 98.784$[W]

② 외벽(서쪽) $= 0.28 \times (20 \times 3.5 \times 0.4) \times 5 = 39.2$[W]

③ 내벽(동쪽) $= 0.36 \times (2.5 \times 20) \times (28 - 27) = 18$[W]

④ 내벽(북쪽) $= 0.36 \times (2.5 \times 30) \times (30 - 27) = 81$[W]

∴ 벽체를 통한 부하

$= 98.784 + 39.2 + 18 + 81 = 236.984$[W]

2) 유리를 통한 부하

① 일사부하

• 남쪽 $= (30 \times 3.5 \times 0.6) \times 256 \times 0.65 = 10483.2$[W]

• 서쪽 $= (20 \times 3.5 \times 0.6) \times 340 \times 0.65 = 9282$[W]

② 관류부하

• 남쪽 $= (30 \times 3.5 \times 0.6) \times 76 = 4788$[W]

• 서쪽 $= (20 \times 3.5 \times 0.6) \times 108 = 4536$[W]

∴ 유리를 통한 부하

$= 10483.2 + 9282 + 4788 + 4536 = 29089.2$[W]

3) 인체부하

① 현열 $= 55 \times 120 = 6600$[W]

② 잠열 $= 65 \times 120 = 7800$[W]

∴ 인체부하 $= 6600 + 7800 = 14400$[W]

여기서, 재실인원 : $30 \times 20 \times 0.2 = 120$인

4) 조명부하

$(25\times30\times20)\times1.2=18000[W]$

5) 실내 사무기기 부하

$200\times5=1000[W]$

6) 침입외기부하

① 현열$=1.0\times1.2\times750\times(32-27)/3.6=1250[W]$

② 잠열$=2501\times1.2\times750\times(0.0206-0.0112)/3.6=5877.35[W]$

여기서, 침입외기량$Q=nV=0.5\times(20\times30\times2.5)=750[m^3/h]$

(2) 실내취출 온도차가 10℃라 할 때 실내의 필요 송풍량(m^3/h)

$q_s=236.984+29089.2+6600+18000+1000+1250=56176.184[W]$

$$Q=\frac{q_s}{cp\cdot\rho\cdot\Delta t}=\frac{56176.184\times10^{-3}}{1.0\times1.2\times10}\times3600=16852.86[m^3/h]$$

(3) 환기와 외기를 혼합하였을 때 혼합온도

$$t_m=\frac{mt_o+nt_r}{m+n}=\frac{3000\times32+27\times(16852.86-3000)}{16852.86}\fallingdotseq27.89[℃]$$

여기서, 재실인원에 의한 외기 도입량은

$25\times120=3000[m^3/h]$

04년3회, 07년3회, 10년3회, 15년2회

02 **①의 공기상태 $t_1=25$[℃], $x_1=0.022$k[g/kg′], $h_1=92$[kJ/kg], ②의 공기상태 $t_2=22$[℃], $x_2=0.006$[kg/kg′], $h_2=37.8$[kJ/kg]일 때 공기 ①을 25%, 공기 ②를 75%로 혼합한 후의 공기 ③의 상태(t_3, x_3, h_3)를 구하고, 공기 ①과 공기 ③사이의 열수분비를 구하시오.** (8점)

해설 단열혼합(외기와 환기의 혼합)

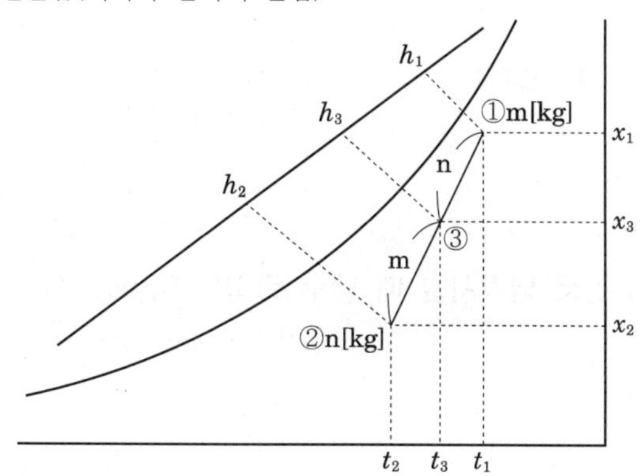

습공기 선도상에서의 혼합은 2상태 점을 직선으로 연결하고 이 직선상에 혼합공기의 상태가 혼합 공기량을 역으로 배분하는 값으로 표시된다.

$$t_3=\frac{mt_1+nt_2}{m+n},\quad h_3=\frac{mh_1+nh_2}{m+n},\quad x_3=\frac{mx_1+nx_2}{m+n}$$

해답 (1) 혼합 후 공기 ③의 상태

- $t_3 = 25 \times 0.25 + 22 \times 0.75 = 22.75$℃
- $x_3 = 0.022 \times 0.25 + 0.006 \times 0.75 = 0.01$[kg/kg′]
- $h_3 = 92 \times 0.25 + 37.8 \times 0.75 = 51.35$[kJ/kg]

(2) 열수분비 $u = \dfrac{h_1 - h_3}{x_1 - x_3} = \dfrac{92 - 51.35}{0.022 - 0.01} = 3387.5$[kJ/kg]

06년3회, 12년1회

03 어떤 냉동장치의 증발기 출구상태가 건조포화 증기인 냉매를 흡입 압축하는 냉동기가 있다. 증발기의 냉동능력이 10[RT], 그리고 압축기의 체적효율이 65%라고 한다면, 이 압축기의 분당 회전수는 얼마인가? (단, 이 압축기는 기통 지름 : 120[mm], 행정 : 100[mm], 기통수 : 6기통, 압축기 흡입증기의 비체적 : 0.15[m³/kg], 압축기 흡입증기의 엔탈피 : 626[kJ/kg], 압축기 토출증기의 엔탈피 : 689[kJ/kg], 팽창밸브 직후의 엔탈피 : 462[kJ/kg], 1[RT] : 3.86[kW]로 한다)(6점)

해설 (1) 냉동능력 $R = \dfrac{Q_2}{3.86} = \dfrac{G \cdot q_2}{3.86} = \dfrac{V_a \times \eta_c \times q_2}{v \times 3.86}$ 에서

피스톤 압출량 $V_a = \dfrac{R \times v \times 3.86}{\eta_v \times q_2}$

(2) 피스톤 압출량 $V_a = \dfrac{\pi D^2}{4} \cdot L \cdot N \cdot R \cdot 60$에서

분당회전수 $R = \dfrac{V_a \cdot 4}{\pi \cdot D^2 \cdot L \cdot N \cdot 60}$

해답 (1) $V_a = \dfrac{RT \times v \times 3.86}{\eta_v \times q_2} = \dfrac{10 \times 0.15 \times 3.86 \times 3600}{0.65 \times (626 - 462)} = 195.53$[m³/h]

(2) 분당회전수

피스톤 압출량 $V_a = \dfrac{\pi D^2}{4} \cdot L \cdot N \cdot R \cdot 60$에서

$R = \dfrac{V_a \cdot 4}{\pi \cdot D^2 \cdot L \cdot N \cdot 60} = \dfrac{195.53 \times 4}{\pi \times 0.12^2 \times 0.1 \times 6 \times 60} = 480.24$[RPM]

05년2회, 08년2회, 11년3회, 16년2회

04 장치노점이 10[℃]인 냉수 코일이 20[℃] 공기를 12[℃]로 냉각시킬 때 냉수 코일의 Bypass Factor(BF)를 구하시오.(5점)

해설 냉각코일에서의 By-Pass Factor와 Contact Factor

공기가 냉각코일을 통과할 때 전공기량에 대한 코일과 접촉하지 않고 통과하는 공기의 비율을 By-Pass Factor라 하고 접촉하는 공기의 비율을 Contact Factor라 한다.

$$BF=\frac{t_2-t_s}{t_1-t_s}=\frac{x_2-x_s}{x_1-x_s}=\frac{h_2-h_s}{h_1-h_s},\qquad CF=\frac{t_1-t_2}{t_1-t_s}=\frac{x_1-x_2}{x_1-x_s}=\frac{h_1-h_2}{h_1-h_s}$$

해답 $BF=\frac{12-10}{20-10}=0.2$

12년3회

05 다음의 그림과 같은 암모니아 수동식 가스 퍼저(불응축가스 분리기)에 대한 배관도를 완성하시오. (단, ABC선을 적정한 위치와 점선으로 연결하고, 스톱밸브(stop valve)는 생략한다.)(12점)

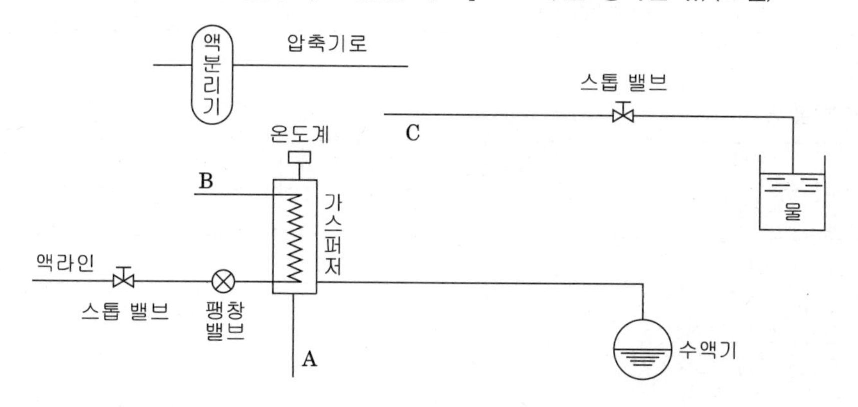

해답

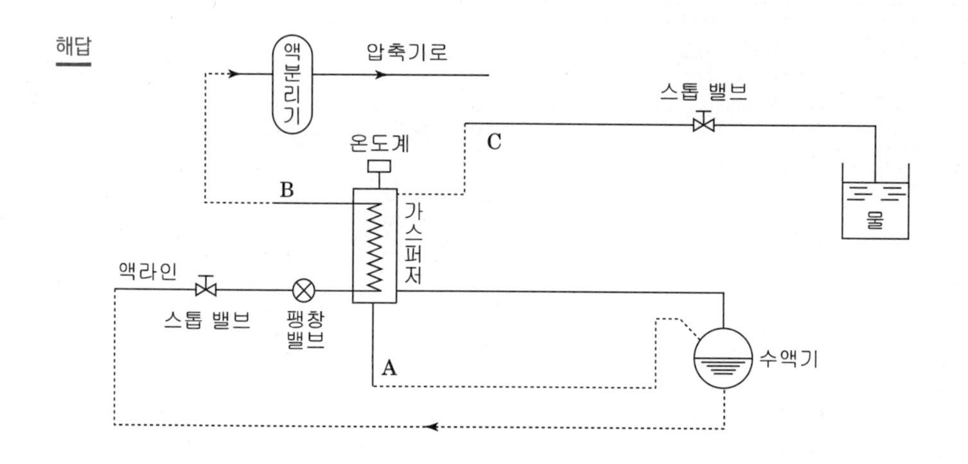

01년1회, 09년1회, 11년1회, 13년2회, 14년3회

06 다음과 같은 벽체의 열관류율(W/m²·K)을 계산하시오.(6점)

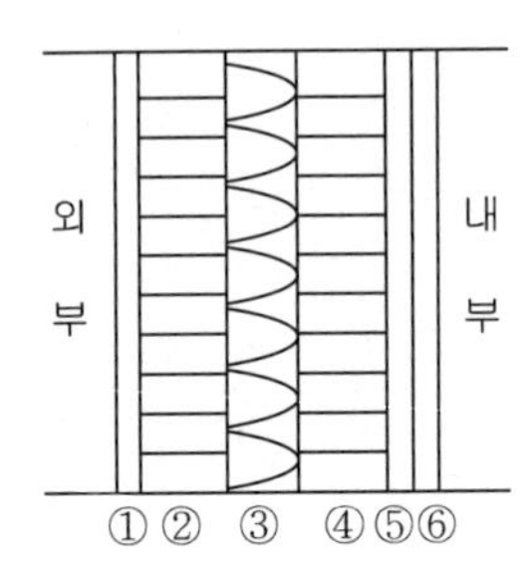

[표1] 재료표

재료 번호	재료 명칭	재료 두께(mm)	열전도율(W/m·K)
①	모르타르	20	1.3
②	시멘트 벽돌	100	0.8
③	글래스 울	50	0.04
④	시멘트 벽돌	100	0.8
⑤	모르타르	20	1.3
⑥	비닐벽지	2	0.24

[표2] 벽 표면의 열전달률(W/m²·K)

실내측	수직면	9
실외측	수직면	23

해답 $K = \frac{1}{R} = \frac{1}{\frac{1}{\alpha_o} + \Sigma \frac{l}{\lambda} + \frac{1}{\alpha_i}}$

$$= \frac{1}{\frac{1}{23} + \frac{0.02}{1.3} + \frac{0.1}{0.8} + \frac{0.05}{0.04} + \frac{0.1}{0.8} + \frac{0.02}{1.3} + \frac{0.002}{0.24} + \frac{1}{9}} = 0.59[\text{W/m}^2\text{K}]$$

08년1회, 10년3회

07 R-22 **냉동장치가 아래 냉동 사이클과 같이 수냉식 응축기로부터 교축 밸브를 통한 핫가스의 일부를 팽창 밸브 출구측에 바이패스하여 용량제어를 행하고 있다. 이 냉동 장치의 냉동능력** R(kW)**를 구하시오. (단, 팽창 밸브 출구측의 냉매와 바이패스된 후의 냉매의 혼합엔탈피는** h_5, **핫가스의 엔탈피** $h_6 = 633.3[\mathrm{kJ/kg}]$ **이고, 바이패스양은 압축기를 통과하는 냉매유량의 20%이다. 또 압축기의 피스톤 압축량** $V_a = 200[\mathrm{m^3/h}]$, **체적 효율** $\eta_v = 0.6$ **이다.)(8점)**

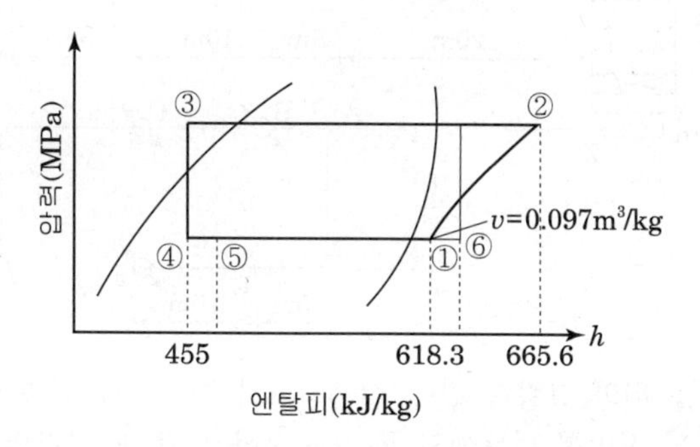

해설 장치도를 그리면 아래와 같다.

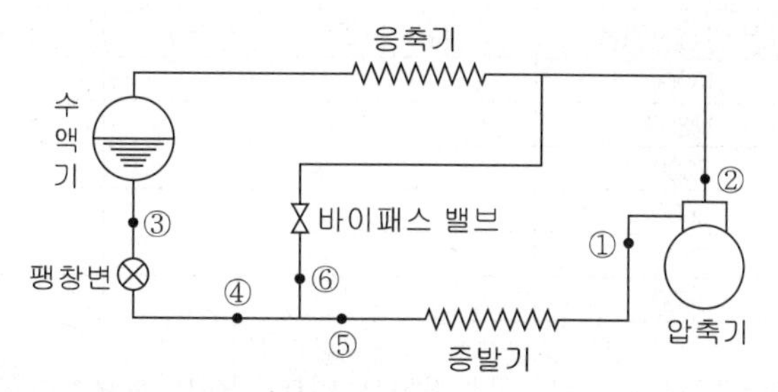

냉동장치의 부하가 감소할 때 압축기 출구 또는 (수냉식) 응축기 상부의 핫가스의 일부를 팽창밸브 출구(증발기 입구)에 바이패스 밸브를 통하여 교축팽창 시켜 용량제어를 행한다. 용량제어시의 냉동능력 Q_2을 구하기 위해서는 먼저 증발기 입구의 냉매의 비엔탈피 h_5는 상태점 4(저압 습증기)의 냉매순환량 80%와 상태점 6(저압 과열증기)의 냉매 순환량 20%가 혼합한 상태이므로 $h_5 = 0.8h_4 + 0.2h_6$이다.

해답 • 혼합 냉매의 엔탈피(증발기 입구 냉매 엔탈피) h_5

$$h_5 = 455 \times 0.8 + 633.3 \times 0.2 = 490.66[\mathrm{kJ/kg}]$$

∴ 냉동능력 $R = G \cdot q_2 = \dfrac{V_a \cdot \eta_v}{v} \cdot (h_1 - h_5)$

$$= \frac{\left(\frac{200}{3600}\right) \times 0.6}{0.097} \times (618.3 - 490.66) = 43.86[\mathrm{kW}]$$

10년1회, 18년3회

08 어떤 사무소에 표준 덕트 방식의 공기조화 시스템을 아래 조건과 같이 설계하고자 한다.(별첨덕트선도와 각형덕트환산표를 이용)(16점)

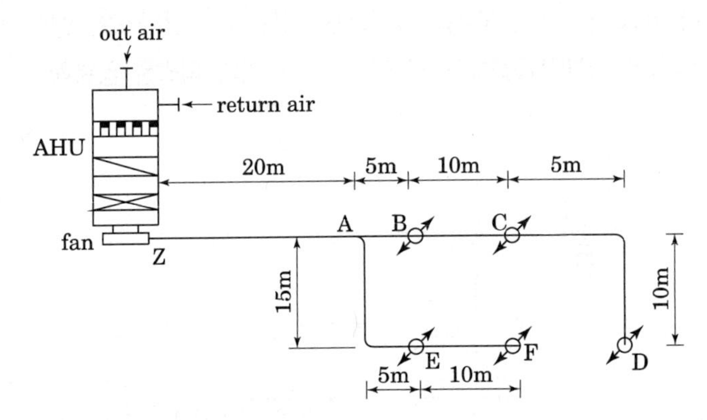

(1) 실내에 설치한 덕트 시스템을 위의 그림과 같이 설계하고자 한다. 각 취출구의 풍량이 동일할 때 장방형 덕트의 크기를 결정하고, 결정된 장방형 덕트에서 풍속을 구하고, Z-F 구간의 마찰손실을 구하시오. (단, 마찰손실 R=1Pa/m, 취출구 저항 50Pa, 댐퍼저항 50Pa, 공기밀도 $1.2kg/m^3$이다.)

구간	풍량(m^3/h)	원형 덕트 지름(cm)	장방형 덕트(mm)	풍속(m/s)
Z-A	18000		1000×	
A-B	10800		1000×	
B-C	7200		1000×	
C-D	3600		1000×	
A-E	7200		1000×	
E-F	3600		1000×	

(2) 송풍기 토출 정압(Pa)을 구하시오. (단, 국부저항은 덕트 길이의 50%이다.)

(3) 송풍기 토출 전압(Pa)을 구하시오.

해설 (1) 마찰손실

① 각 구간의 원형덕트의 지름은 유량선도(마찰저항 선도)마찰 손실 R= 1[Pa]과 풍량과의 교점에 의해서 구한다,

② 장방형 덕트의 경우에는 장방형 덕트와 원형 덕트 환산표에 의해 구하는데 장방형 덕트의 장변의 길이가 1000[mm]로 주어졌으므로 환산표의 장변 1000[mm]와 원형덕트의 지름과의 교점에 의해 단변의 길이를 구한다.

③ 풍속은 결정된 장방형덕트에서 계산으로 구한다. 조건에서 풍속을 원형덕트에서 읽으라하면 선도에서 직접 읽는다.

(2) 송풍기 정압P_s(mmAq)

송풍기 정압은 덕트 계통의 전압력손실과 동일하다. 또한 덕트 계통의 전압력손실은 공기흡입구부터 가장 저항이 큰 최종취출구까지의 압력손실을 말한다. 이 문제에서는 Z-F 구간으로 주어졌다.
그리고 송풍기 동압을 구할 때 풍속은 장방형덕트의 실풍속으로 구한다.

해답 (1) ①

구간	풍량(m^3/h)	원형 덕트 지름(cm)	장방형 덕트(mm)	풍속(m/s)
Z-A	18000	81	1000×600	8.33
A-B	10800	68	1000×450	6.67
B-C	7200	59	1000×350	5.71
C-D	3600	44	1000×200	5.00
A-E	7200	59	1000×350	5.71
E-F	3600	44	1000×200	5.00

- Z-A구간 풍속 $V=\dfrac{Q}{A}=\dfrac{18000}{1\times 0.6\times 3600}=8.33$
- A-B구간 풍속 $V=\dfrac{Q}{A}=\dfrac{10800}{1\times 0.45\times 3600}=6.67$
- B-C 구간 풍속 $V=\dfrac{Q}{A}=\dfrac{7200}{1\times 0.35\times 3600}=5.71$
- C-D 구간 풍속 $V=\dfrac{Q}{A}=\dfrac{3600}{1\times 0.2\times 3600}=5.00$

(2) 송풍기 정압(P_S)은 덕트의 전압력손실이므로

$P_S=$ 직관 + 국부 + 댐퍼 + 취출구

$=[(20+15+5+10)\times 1.5\times 1]+50+50=175[\text{Pa}]$

(3) 송풍기 전압은 정압과 동압의 합이므로 송풍기 전압(P_T)=송풍기 정압(P_s)+송풍기 동압(P_v)

$$P_T=P_S+P_v=175+(\frac{8.33^2}{2}\times 1.2)=216.63[\text{Pa}]$$

여기서 송풍기동압은 토출측(Z-A)동압 $P_v=\dfrac{V^2}{2}\rho$

06년1회

09 다음 물음의 (　) 안에 답을 쓰시오. (8점)

(1) 송풍기 동력 kW를 구하는 식 $Q\cdot P_s\times\dfrac{1}{\eta_s}$에서 Q의 단위 (①)이고, P_s는 (②)로서 단위는 kPa이고 η_s (③)이다.

(2) R-500, R-501, R-502는 (　　) 냉매이다.

해답 (1) ① m^3/s　② 정압　③ 송풍기 정압효율

(2) 공비혼합

02년3회, 09년3회, 15년2회

10 **다음과 같은 온수난방설비에서 각 물음에 답하시오. (단, 방열기 입출구 온도차는 10[℃], 국부저항 상당관 길이는 직관길이의 50%, 1[m]당 마찰손실수두는 0.15[kPa], 온수의 비열은 4.2[kJ/kg·K]이다.)**

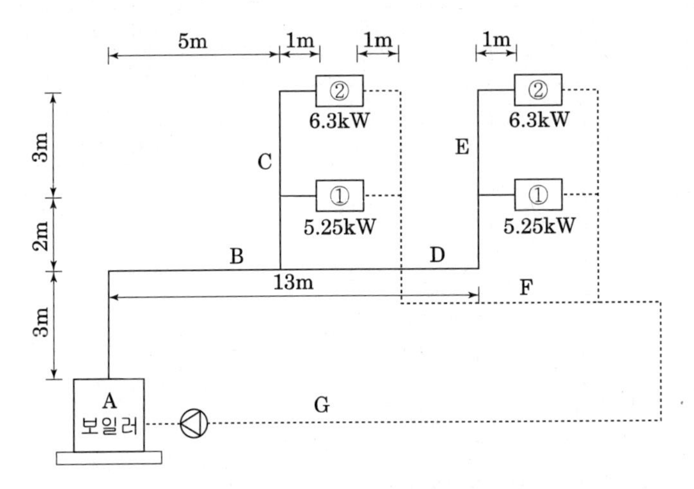

(1) 순환펌프의 압력손실[kPa]를 구하시오. (단, 환수관의 길이는 30m이다.)

(2) ①과 ②의 온수순환량(L/min)을 구하시오.

(3) 각 구간의 온수순환수량을 구하시오.

구간	B	C	D	E	F	G
순환수량[L/min]						

해답 (1) 압력손실 $=(3+13+2+3+1+30)\times 1.5\times 0.15=11.7$[MPa]

(2) 온수순환량

① $\dfrac{5.25\times 60}{4.2\times 10}=7.5$[L/min]

② $\dfrac{6.3\times 60}{4.2\times 10}=9$[L/min]

(3) 각 구간의 온수순환 수량

① B구간의 순환수량 : (7.5+9)×2=33[L/min]
② C구간의 순환수량 : 9[L/min]
③ D구간의 순환수량 : 7.5+9=16.5[L/min]
④ E구간의 순환수량 : 9[L/min]
⑤ F구간의 순환수량 : 9+7.5=16.5[L/min]
⑥ G구간의 순환수량 ; (7.5+9)×2=33[L/min]

구간	B	C	D	E	F	G
순환수량[L/min]	33	9	16.5	9	16.5	33

04년1회

11 공조기 A, B, C에 관한 다음 물음에 대해 주어진 조건을 참고하여 답하시오.(18점)

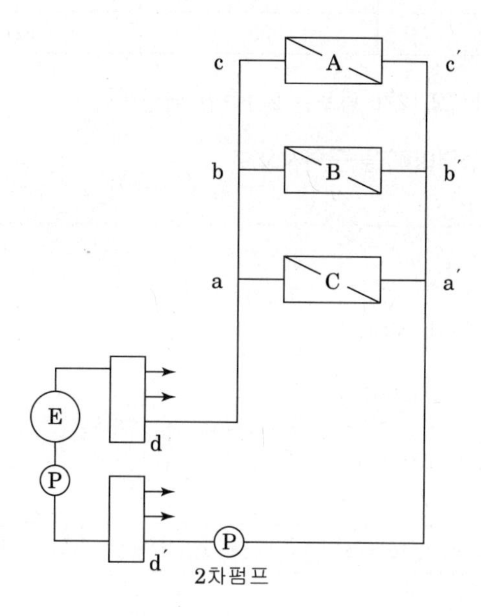

【조 건】

1. 각 공조기의 냉각코일 최대부하는 다음과 같다.

공조기 / 부하	A	B	C
현열부하(kW)	71	74	77
잠열부하(kW)	13	13.5	14

2. 공조기를 통과하는 냉수 입구온도 5[℃], 출구온도 10[℃]이다.
3. 관지름 결정은 단위길이당 마찰저항 $R=700$[Pa/m]이다.
4. 2차측 배관의 국부저항은 직관길이 저항의 25%로 한다.
5. 공조기의 마찰저항은 냉수코일 40[kPa], 제어밸브류 50[kPa]로 한다.
6. 냉수속도는 2[m/s]로 한다.
7. d′-E-d의 배관길이는 20m로 하고, 펌프양정 산정 시 여유율은 5%, 펌프효율(η_p)은 60%로 한다.
8. 순환수의 비열은 4.2[kJ/kg · k]로 한다

(1) 배관 지름 및 수량을 구하시오.(별첨 배관마찰저항선도 이용)

	b-c, c′-b′	a-b, b′-a′	d-a, a′-d′	d′-E-d
관지름 d(mm)				125
수량(L/min)				1500
왕복길이(m)	30	30	100	20

(2) 2차 펌프의 양정(mAq)을 구하시오.(2차 펌프는 2차측만 담당한다.)

(3) 2차 펌프를 구동하기 위한 축동력(kW)을 구하시오.

해설 (1) 각 실의 순환수량

① A실: $\dfrac{(71+13)\times 60}{4.2\times 5}=240\ [\mathrm{L/min}]$

② B실: $\dfrac{(74+13.5)\times 60}{4.2\times 5}=250\ [\mathrm{L/min}]$

③ C실: $\dfrac{(77+14)\times 60}{4.2\times 5}=260\ [\mathrm{L/min}]$

해답 (1)

	b-c, c′-b′	a-b, b′-a′	d-a, a′-d′	d′-E-d
관지름 d(mm)	65	80	100	125
수량(L/min)	240	490	750	1500
왕복길이(m)	30	30	100	20

(2) 펌프의 양정

펌프의 전양정 H=실양정+마찰손실수두+기기저항

① 실양정=0

② 마찰손실수두

• 2차측 배관의 상당길이=(30+30+100)×1.25=200[m]

∵ 배관의 압력손실수두=200×700=140000Pa=140[kPa]

③ 기기 손실수두=40+50=90[kPa]

④ 속도수두$=\dfrac{V^2}{28}=\dfrac{2^2}{2\times 9.8}=0.2\ [\mathrm{m}]$

그러므로 $P=rH$에서 전양정 $H=\dfrac{P}{r}=\left(\dfrac{140+90}{9.8}+0.2\right)\times 1.05=24.85[\mathrm{m}]$

(3) 축동력 $L_S=\dfrac{rQH}{\eta}=\dfrac{9.8\times 750\times 24.85}{60\times 0.6\times 10^3}=5.07[\mathrm{kW}]$

여기서 r : 비중량 9.8[kN/m^3]

Q : 송수량[m^3/s]

η : 펌프효율

P : 전압력손실[KPa]

03년1회, 19년3회

12 **실내조건이 건구온도 27[℃], 상대습도 60%인 정밀기계 공장 실내에 피복하지 않은 덕트가 노출되어 있다. 결로방지를 위한 보온이 필요한지 여부를 계산과정으로 나타내어 판정하시오. (단, 덕트 내 공기온도를 20[℃]로 하고 실내 노점온도는 $t''a = 18.5$[℃], 덕트 표면 열전달률 $\alpha_o = 9$[W/m²·K], 덕트 재료 열관류율을 $K = 0.58$[W/m²·K]로 한다.)(6점)**

해설 단층 평면벽의 열이동

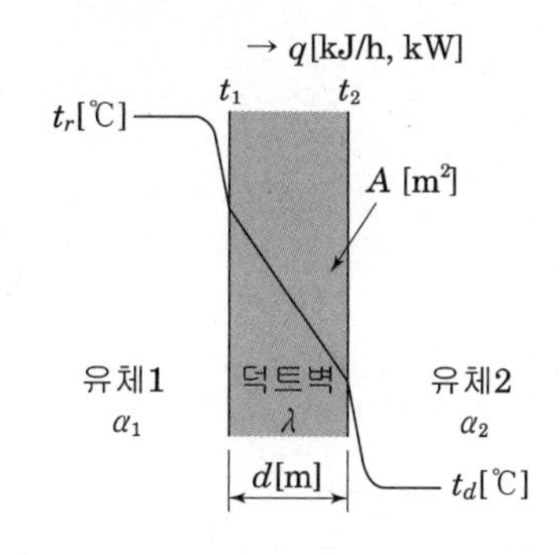

$q = K \cdot A \cdot \Delta t$ [W]

K : 열통과율 [W/m²·k]

$\left(\dfrac{1}{K} = \dfrac{1}{\alpha_1} + \dfrac{d}{\lambda} + \dfrac{1}{\alpha_2}\right)$

A : 전열면적 [m²]

Δt : 온도차 $(= t_r - t_d)$ [K]

$q_1 = \alpha \cdot A \cdot \Delta t$[W]

α : 열전달율[W/m²·K]

A : 전열면적[m²]

Δt : 온도차 $(= t_r - t_1)$[℃, K]

$q = q_1$이므로

$K \cdot A \cdot (t_r - t_d) = \alpha \cdot A \cdot (t_r - t_1)$

해답 $q = K \cdot A \cdot (t_r - t_d) = \alpha \cdot A \cdot (t_r - t_1)$에서

$= 0.58 \times (27 - 20) = 9 \times (27 - t_1)$

덕트 표면온도 $t_1 = 27 - \dfrac{0.58 \times (27 - 20)}{9} = 26.55$[℃]

덕트 표면온도(25.55℃)가 실내 노점온도(18.5℃)보다 높아서 결로가 발생하지 않는다. 따라서 보온할 필요가 없다.

02년1회, 04년3회, 12년1회

13 다음은 단일 덕트 공조방식을 나타낸 것이다. 주어진 조건과 별첨 습공기 선도를 이용하여 각 물음에 답하시오. (18점)

【조 건】

1. 실내부하
   ① 현열부하(q_S)=30[kW]
   ② 잠열부하(q_L)=5.25[kW]
2. 실내 : 온도 20[℃], 상대습도 50%
3. 외기 : 온도 2[℃], 상대습도 40%
4. 환기량과 외기량의 비는 3:1이다.
5. 공기의 밀도 : 1.2[kg/m^3]
6. 공기의 비열 : 1.0[kJ/kg·K]
7. 실내 송풍량 : 10000[kg/h]
8. 덕트 장치 내의 열취득(손실)을 무시한다.
9. 가습은 순환수 분무로 한다.

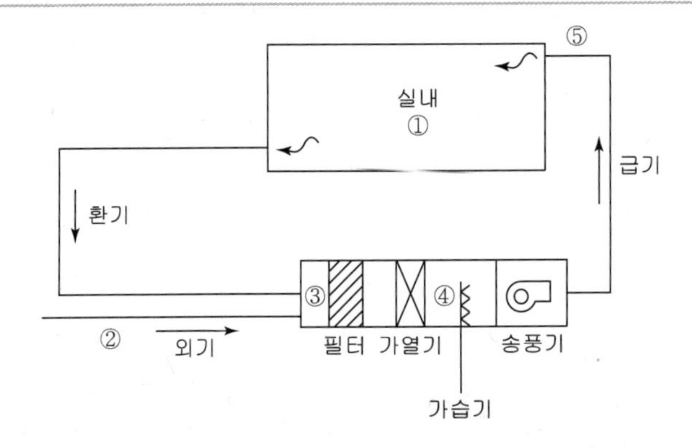

(1) 실내부하의 현열비(SHF)를 구하시오.

(2) 취출공기온도를 구하시오.

(3) 계통도를 보고 공기의 상태변화를 습공기 선도 상에 나타내고, 장치의 각 위치에 대응하는 점(①~⑤)을 표시하시오.

(4) 가열기 용량(kW)을 구하시오.

(5) 가습량(kg/h)을 구하시오.

해답 (1) $\text{SHF} = \dfrac{q_s}{q_s + q_L} = \dfrac{30}{30 + 5.25} = 0.85$

(2) $q_s = c_p \cdot G \cdot (t_d - t_r)$ 에서

취출공기온도 $t_d = \dfrac{q_s}{c_p \cdot G} + t_r = \dfrac{30 \times 3600}{1.0 \times 10000} + 20 = 30.8$[℃]

(3)

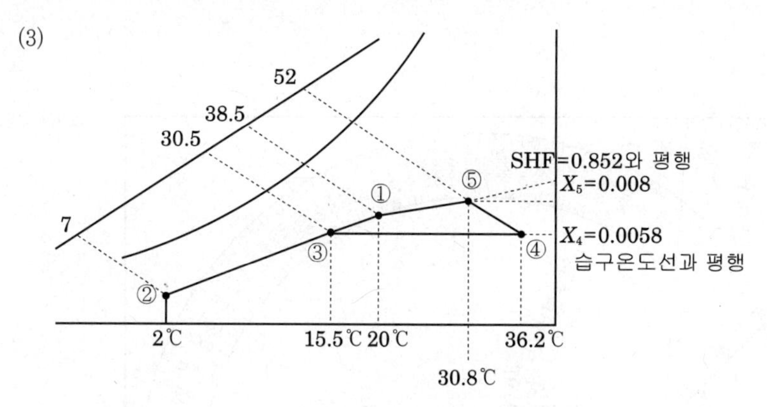

혼합점 ③온도는 환기와 외기 혼합비의 3:1로 구한다.

$$t_3 = \frac{3\times 20+1\times 2}{3+1} = 15.5$$

(4) 가열기 용량 $q_H = GC(t_4 - t_3) = 10000\times 1(36.2 - 15.5)/3600 = 57.5[\text{kW}]$

또는 가열기 용량 $q_H = G(h_4 - h_3) = 10000\times(52 - 30.5)/3600 = 59.72[\text{kW}]$

가열기 용량은 엔탈피와 온도로 구할수있으며 특별한 단서가 없다면 온도차로 구한다.

(5) 가습량 $L = G(x_5 - x_4) = 10000\times(0.008 - 0.0058) = 22[\text{kg/h}]$

선도

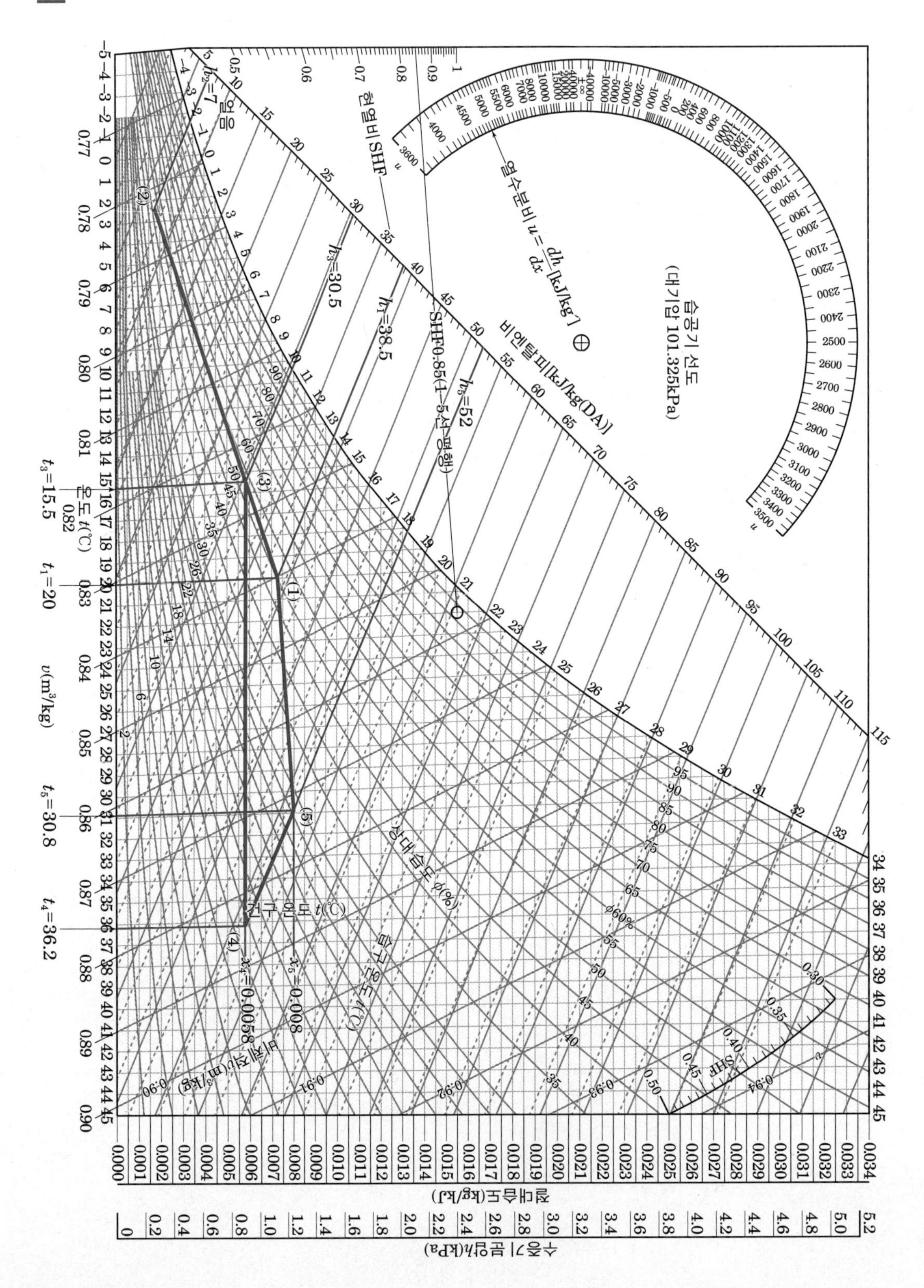
습공기 선도
(대기압 101.325kPa)
비엔탈피[kJ/kg(DA)]
열수분비 $u=\frac{dh}{dx}$[kJ/kg]
현열비 SHF
h_3=30.5
h_1=38.5
h_5=52
SHF0.85(1-5선 평행)
얼음
(1)
(2)
(3)
(4)
(5)
온도 t(℃)
t_3=15.5
t_1=20
t_5=30.8
t_4=36.2
v(m³/kg)
건구 온도 t(℃)
상대 습도 φ(%)
습구 온도 t'(℃)
비체적 v(m³/kg)
x_4=0.0058
x_5=0.008
절대습도(kg/kg')
수증기 분압 h(kPa)

2019 제1회 실기 기출문제 동영상 제공

07년1회

01 **다음은 2단 압축 1단 팽창 냉동장치의 $P-h$ 선도를 나타낸 것이다. 다음 물음에 답하시오. (15점)**

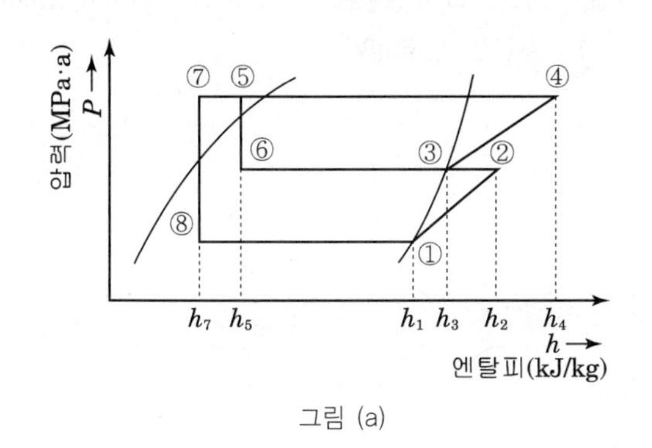

그림 (a)

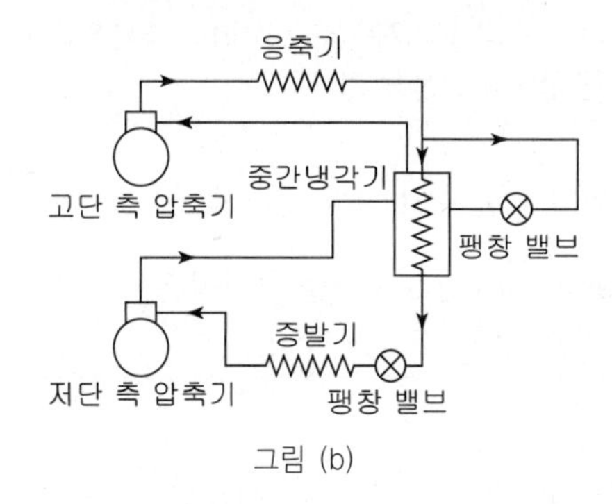

그림 (b)

(1) 그림 (a)의 $P-h$ 선도를 이용하여 각 상태점(①~⑧)을 그림 (b)의 장치도 상에 나타내시오.

(2) 고단 측 압축기의 냉매순환량 G_H(kg/h)와 저단 측 압축기의 냉매순환량 G_L(kg/h)의 비(G_H/G_L)를 그림 (a)에 표시된 엔탈피(h)에 차로서 나타내시오.

해답 (1)

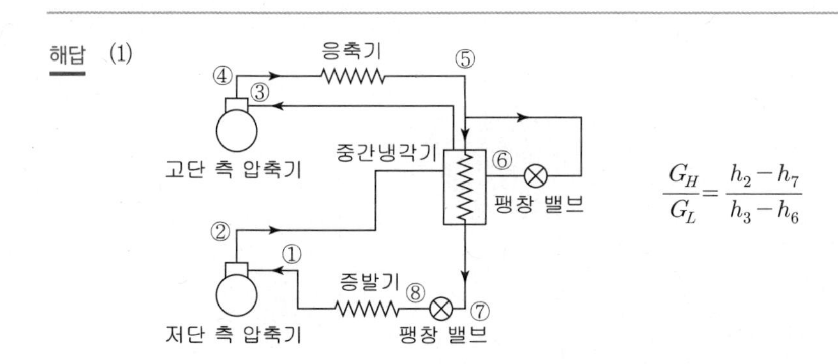

$$\frac{G_H}{G_L}=\frac{h_2-h_7}{h_3-h_6}$$

(2) 냉매순환량비 G_H/G_L

2단 압축 1단 팽창 냉동장치의 평형 운전 상태에서는 $P-h$ 선도에서 알 수 있는 바와 같이 중간냉각기 냉매순환량(바이패스 냉매량)을 G_m이라 하면

$G_m(h_3-h_6)=G_L\{(h_5-h_7)+(h_2-h_3)\}$이므로

$$G_H=G_L+G_m=G_L\left(1+\frac{(h_5-h_7)+(h_2-h_3)}{h_3-h_6}\right)=G_L\frac{(h_3-h_6)+(h_5-h_7)+(h_2-h_3)}{h_3-h_6}=G_L\frac{h_2-h_7}{h_3-h_6}$$

$$\therefore \frac{G_H}{G_L}=\frac{h_2-h_7}{h_3-h_6}$$

07년2회

02 냉각능력이 30[RT]인 셸 앤 튜브식 브라인 냉각기가 있다. 주어진 조건을 이용하여 물음에 답하시오.(8점)

【조 건】

1. 브라인 유량 : 300[L/min]
2. 브라인 비열 : 3[kJ/kg · K]
3. 브라인 밀도 : 1190[kg/m^3]
4. 브라인 출구온도 : −10[℃]
5. 냉매의 증발온도 : −15[℃]
6. 냉각관의 브라인 측 열전달률 : 2.79[kW/m^2 · K]
7. 냉각관의 냉매 측 열전달률 : 0.7[kW/m^2 · K]
8. 냉각관의 바깥지름 : 32[mm], 두께 : 2.4[mm]
9. 브라인 측의 오염계수 : 0.172[m^2 · K/kW]
10. 1[RT]=3.86[kW]
11. 평균온도차 : 산술 평균온도차

(1) 브라인의 평균온도(℃)를 구하시오.

(2) 냉각관의 외표면적(m^2)를 구하시오.

해설 증발기의 전열

증발기에서의 전열 즉 냉동능력 Q_2은 다음 식으로 나타낸다.

(1) $Q_2 = G_b \cdot C_b \cdot (t_{b1} - t_{b2})$

Q_2 : 냉동능력[kW]

G_b : 브라인순환량[kg/s]

C_b : 브라인비열[kJ/kg · K]

t_{b1}, t_{b2} : 브라인 입구 및 출구온도[℃]

(2) $Q_2 = K \cdot A \cdot \Delta t_m$

K : 열통과율[kW/m^2 · K]

A : 전열면적[m^2]

Δt_m : 냉매와 브라인의 온도차[℃]

해답 (1) $Q_2 = G_b \cdot C_b \cdot (t_{b1} - t_{b2})$에서 브라인 입구온도 t_{b1}은

$$t_{b1} = t_{b2} + \frac{Q_2}{G_b \cdot C_b} = -10 + \frac{30 \times 3.86}{\left(\frac{300}{60}\right) \times 1190 \times 10^{-3} \times 3} = -3.5126[℃]$$

$$\therefore \text{ 브라인 평균온도} = \frac{-3.5126 + (-10)}{2} = -6.76[℃]$$

(2) ① 열통과율 $K = \frac{1}{R} = \frac{1}{\frac{1}{0.7} + 0.172 + \frac{1}{2.79}} = 0.51[\text{kW/m}^2\text{K}]$

② $Q_2 = K \cdot A \cdot \Delta t_m$에서

$$\text{외표면적 } A = \frac{Q_2}{K \cdot \Delta t_m} = \frac{30 \times 3.86}{0.51 \times \{-6.76 - (-15)\}} = 27.56[\text{m}^2]$$

14년2회

03 냉각탑(colling tower)의 성능 평가에 대한 다음 물음에 답하시오.(10점)

(1) 쿨링 레인지(cooling range)에 대하여 서술하시오.

(2) 쿨링 어프로치(cooling approach)에 대하여 서술하시오.

(3) 냉각탑의 공칭능력을 쓰고 계산하시오.

(4) 냉각탑 설치 시 주의사항 3가지만 쓰시오.

해답 (1) 쿨링 레인지(Cooling range) = 냉각수 입구온도(℃)-냉각수 출구온도(℃)

(2) 쿨링 어프로치(Cooling approach)
= 냉각수 출구온도(℃)-입구공기의 습구온도(℃)

(3) 냉각탑 공칭능력(kJ/h, kW) = 냉각수 순환량(L/h)×냉각수 비열×쿨링 레인지
냉각수 순환수량 : 13[L/min]
냉각탑 냉각수 입구온도 : 37℃, 냉각탑 냉각수 출구온도 : 32℃
∴ 냉각탑 공칭능력 = 13×60×4.2×(37-32) = 16380 [kJ/h](=4.55[kW])을 1냉각톤이라 한다.

(4) 설치 시 주의사항
① 설치 위치는 급수가 용이하고 공기유통이 좋을 것
② 고온의 배기가스에 의한 영향을 받지 않는 장소일 것
③ 취출공기를 재흡입하지 않도록 할 것
④ 냉각탑에서 비산되는 물방울에 의한 주의 환경 및 소음 방지를 고려할 것
⑤ 2대 이상의 냉각탑을 같은 장소에 설치할 경우에는 상호 2m 이상의 간격을 유지할 것
⑥ 냉동장치로부터의 거리가 되도록 가까운 장소일 것
⑥ 설치 및 보수 점검이 용이한 장소일 것

04 다음 그림은 2대의 증발기에 고압가스제상을 행하는 장치도의 일부이다. 제상을 위한 배관을 완성하시오.

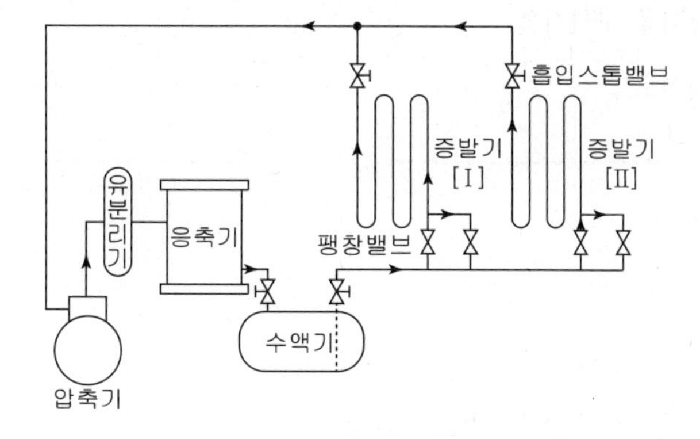

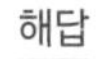

해답

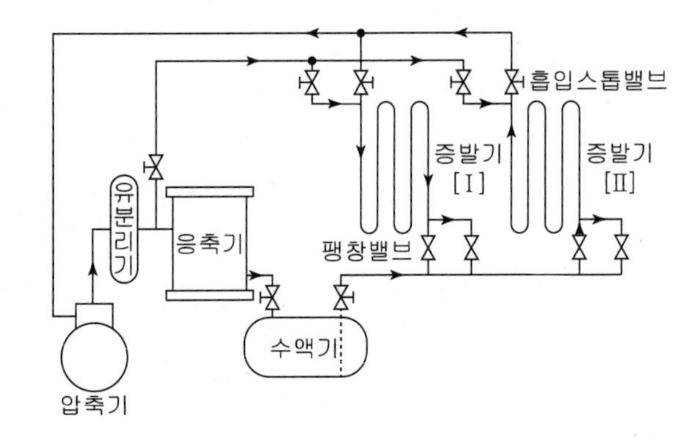

09년2회

05 온수난방 장치가 다음 조건과 같이 운전되고 있을 때 물음에 답하시오.(6점)

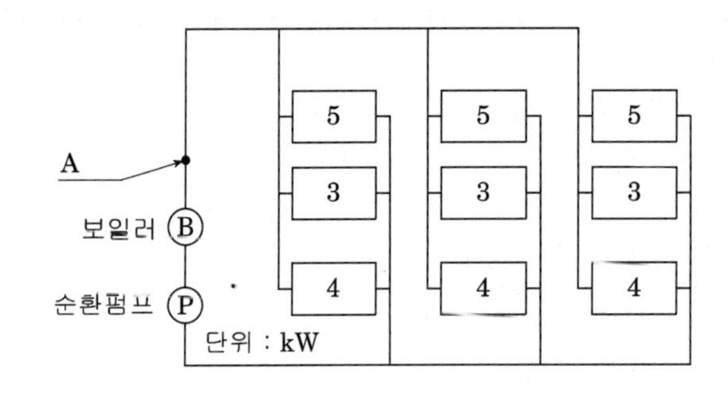

【조 건】

- 방열기 출입구의 온수온도차는 10[℃]로 한다.
- 방열기 이외의 배관에서 발생되는 열손실은 방열기 전체 용량의 20%로 한다.
- 보일러 용량은 예열부하의 여유율 30% 포함한 값이다.
- 물의 비열 : 4.19[kJ/kg·k]이다
- 그 외의 손실은 무시한다.

(1) A점의 온수 순환량(L/min)을 구하시오.

(2) 보일러 용량(kW)을 구하시오.

해설 (1) 온수순환량 m[L/min]은

$q_H \cdot 60 = c_w \cdot m \cdot \Delta t$에서 $m = \dfrac{q_H \cdot 60}{c_w \cdot \Delta t}$

(2) 보일러 용량=난방부하+급탕부하+배관부하+예열부하

해답 (1) A점의 온수 순환량$= \dfrac{(5+3+4)\times 3\times 60}{4.19\times 10} = 51.55$[L/min]

(2) 보일러 용량$= (5+3+4)\times 3\times 1.2\times 1.3 = 56.16$[kW]

06 **아래 그림 (A)는 $R-22$ 냉동장치의 계통도이고, (B)도는 이 장치의 평형운전상태의 $p-h$ 선도를 나타낸 것이다. (B)도에서 액분리기에서 분리된 액은 열교환기에서 증발하여 9의 상태로 되고, 7의 증기와 혼합하여 1의 증기 상태로 되어 압축기에 흡입되는 것으로 한다. 이 경우 다음 물음에 답하시오.**

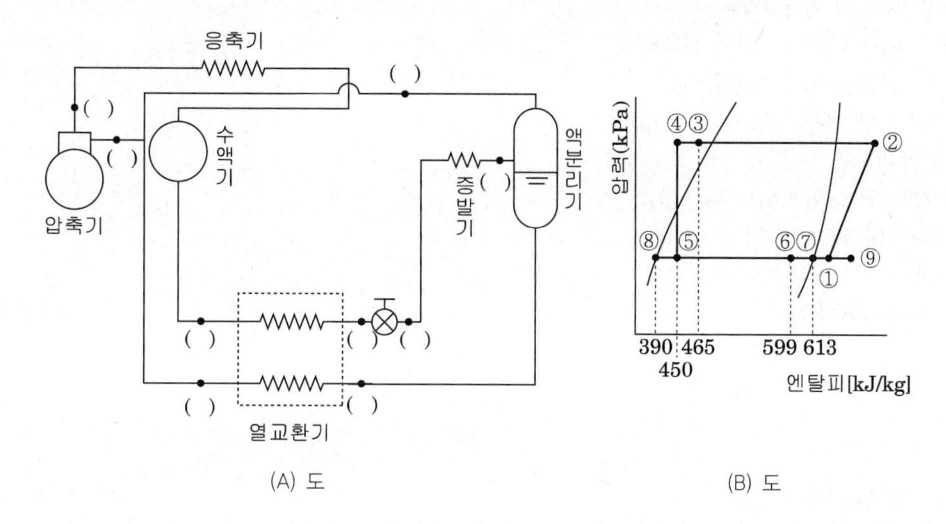

(A) 도　　　　(B) 도

(1) (B)도의 1에서 9의 상태점을 각각 (A)도의 (　　)안에 숫자로 표시하시오. 또한 흐름의 방향을 화살표로 표시하시오.

(2) (B)도에 표시된 각 점의 엔탈피를 이용하여 9점의 엔탈피를 구하시오.

해답 (1)

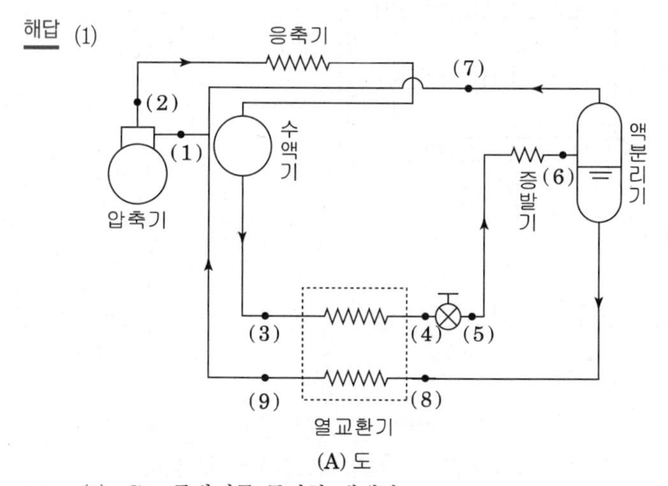

(A) 도

(2) G : 증발기를 통과한 냉매량

G_s : 액분리기에서 분리된 가스로 압축기로 흐르는 냉매량

G_L : 액분리기에서 분리된 액냉매량으로 하면 냉매량의 분포는

$G=G_s+G_l$로 되고

액분리기에서의 열평형 관계는

$G\times h_6=G_s\times h_7+G_L\times h_8$가 되고

$G=G_s+G_L$이므로

$(G_s + G_L) \times h_6 = G_s \times h_7 + G_L \times h_8$

$G_s = \dfrac{h_6 - h_8}{h_7 - h_6} G_L = \dfrac{599 - 390}{613 - 599} \times G_L = 14.929 G_L$

열교환기에서의 열교환량은

$G(h_3 - h_4) = G_L(h_9 - h_8)$이 되므로

$(G_s + G_L)(h_3 - h_4) = G_L(h_9 - h_8)$

$(14.929 + 1) \times G_L \times (h_3 - h_4) = G_L(h_9 - h_8)$

G_L를 소거하면

$(14.929 + 1) \times (h_3 - h_4) = (h_9 - h_8)$

$15.929 \times (465 - 450) = (h_9 - 390)$

따라서

$h_9 = 628.935$[kJ/kg]

답 628.935[kJ/kg]

03년1회, 05년1회, 09년1회, 18년2회

07 그림과 같은 조건의 온수난방 설비에 대하여 물음에 답하시오.(18점)

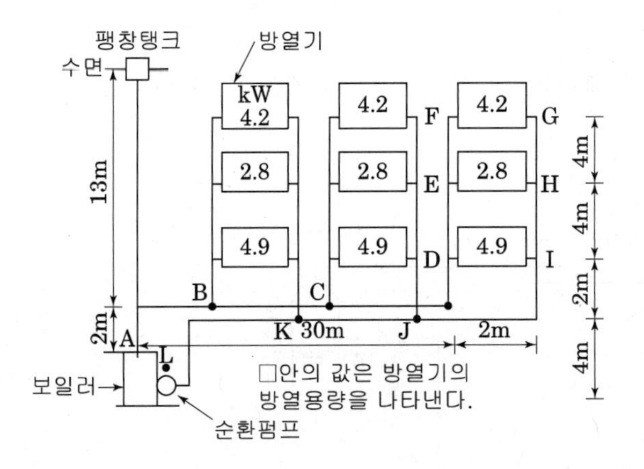

【조 건】

① 방열기 출입구온도차 : 10[℃]
② 배관손실 : 방열기 방열용량의 20%
③ 순환펌프 양정 : 2[m]
④ 보일러, 방열기 및 방열기 주변의 지관을 포함한 배관국부저항의 상당길이는 직관 길이의 100%로 한다.
⑤ 배관의 관지름 선정은 표에 의한다. (표내의 값의 단위는 [L/min])
⑥ 예열부하 할증률은 25%로 한다.
⑦ 온도차에 의한 자연순환 수두는 무시한다.
⑧ 배관길이가 표시되어 있지 않은 곳은 무시한다.
⑨ 온수의 비열 4.2[kJ/kg · K]이다.

압력강하(Pa/m)	관경(A)					
	10	15	25	32	40	50
50	2.3	4.5	8.3	17.0	26.0	50.0
100	3.3	6.8	12.5	25.0	39.0	75.0
200	4.5	9.5	18.0	37.0	55.0	110.0
300	5.8	12.6	23.0	46.0	70.0	140.0
500	8.0	17.0	30.0	62.0	92.0	180.0

(1) 전 순환수량(L/min)을 구하시오.

(2) B-C간의 관지름(mm)을 구하시오.

(3) 보일러 용량(kW)을 구하시오.

해답 (1) 전순환 수량$=\dfrac{(4.9+2.8+4.2)\times 3\times 60}{4.2\times 10}=51[\text{L/min}]$

(2) B-C간의 관지름

① B-C간의 순환수량 $=\dfrac{(4.2+2.8+4.9)\times 2\times 60}{4.2\times 10}=34[\text{L/min}]$

② 보일러에서 최원 방열기까지의 왕복 직관길이
=2+30+2+4+4+4+4+2+2+30+4=88m

③ 압력강하 $R=\dfrac{H(\text{펌프양정})}{L+L'}=\dfrac{2\times 9800}{88+88}=111.36[\text{Pa/m}]$이므로(1mAg=9800[Pa])

④ 압력강하 100Pa/m난에서 B-C간의 유량 34[L/min](표에서는 39[L/min])과의 교점에 의해 관경 40A[mm]이다.

(3) 보일러용량(정격출력)=난방부하+급탕부하+배관부하+예열부하
=방열기용량×배관손실계수×예열부하계수
=(4.9+2.8+4.2)×3×1.2×1.25=53.55[kW]

11년1회

08 어떤 사무실의 취득열량 및 외기부하를 산출하였더니, 다음과 같았다. 이 자료에 의해 (1)~(6)의 값을 구하시오. (단, 취출 온도차는 11[℃]로 하고, 공기의 밀도는 1.2[kg/m³], 공기의 정압비열은 1.0[kJ/kg·K]로 한다.)(20점)

항목	현(감)열(kJ/h)	잠열(kJ/h)
벽체를 통한 열량	25200	0
유리창을 통한 열량	33600	0
바이패스 외기의 열량	588	2520
재실자의 발열량	4032	5040
형광등의 발열량	10080	0
외기부하	5880	20160

(1) 실내취득 현열량 q_S(kJ/h)을 구하시오. (단, 여유율은 10%로 한다.)

(2) 실내취득 잠열량 q_L(kJ/h)을 구하시오. (단, 여유율은 10%로 한다.)

(3) 송풍기 풍량 Q(m³/h)을 구하시오.

(4) 냉각 코일부하 q_c(kW)을 구하시오.

(5) 냉동기 용량 q_R(kW)을 구하시오.
(단, 냉동기 용량은 냉각코일 용량의 5%를 가산한 값으로 한다.)

(6) 냉각탑 용량(냉각톤)을 구하시오.
(단, 냉각탑 용량은 냉동기 용량의 20%를 가산한 값으로 하고 1 냉각톤은 4.55kW로 한다.)

해답 (1) 실내취득 현열량 = 벽체에서의 취득부하 + 유리창에서의 취득부하 + 극간풍에 의한 현열부하 + 인체의 현열부하 + 기기부하

$q_S = (25200 + 33600 + 588 + 4032 + 10080) \times 1.1 = 80850$[kJ/h]

(2) 실내취득 잠열량 = 극간풍에 의한 잠열부하 + 인체에 의한 잠열부하

$q_L = (2520 + 5040) \times 1.1 = 8316$[kJ/h]

※ 외기부하는 실내부하에 포함되지 않는다.

(3) $Q = \dfrac{q_S}{c_p \rho \Delta t} = \dfrac{80850}{1.0 \times 1.2 \times 11} = 6125\text{m}^3/\text{h} = 102.08[\text{m}^3/\text{min}]$

(4) $q_c = q_S + q_L + q_o = (80850 + 8316 + 5880 + 20160)/3600 = 32$[kW]

(5) $q_R = 32 \times 1.05 = 33.6$[kW]

(6) 냉각톤$= \dfrac{33.6 \times 1.2}{4.55} \fallingdotseq 8.86$톤

05년2회, 08년1회, 15년3회, 17년3회

09 다음과 같은 공기조화기를 통과할 때 공기상태 변화를 공기선도상에 나타내고 번호를 쓰시오. (5점)

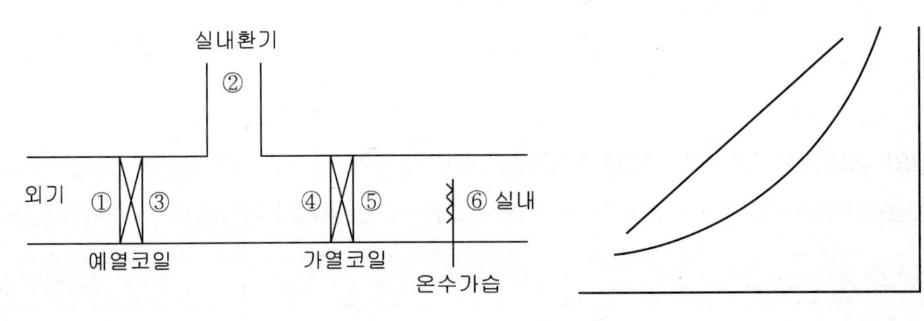

해답

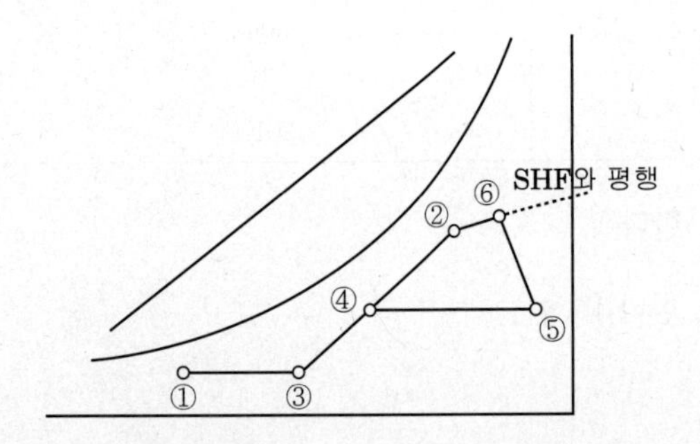

06년3회, 12년1회

10 다음 도면과 같은 온수난방에 있어서 리버스 리턴 방식에 의한 배관도를 완성하시오. (단, A, B, C, D는 라디에이터를 표시한 것이며, 온수공급관은 실선으로, 귀환관은 점선으로 표시하시오.)(8점)

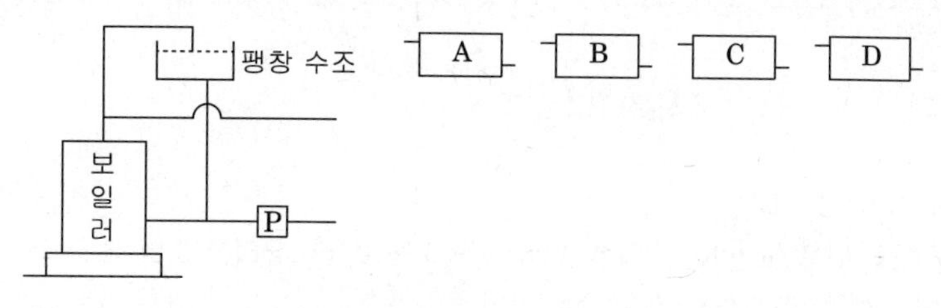

해답

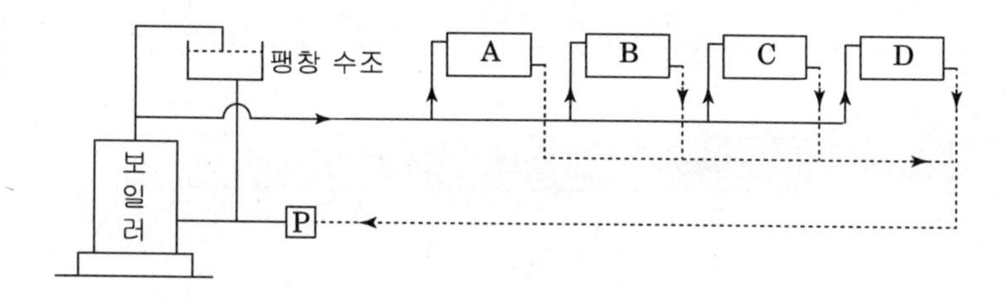

05년3회, 14년1회

11 취출(吹出)에 관한 다음 용어를 설명하시오.(8점)

(1) 셔터

(2) 전면적(face area)

해답 (1) 취출구의 후부에 설치하는 풍량조정용 또는 개폐용 기구

(2) 취출구의 개구부(開口部)에 접하는 외주에서 측정한 전면적(全面積), 즉, 아래그림의 a×b이다.

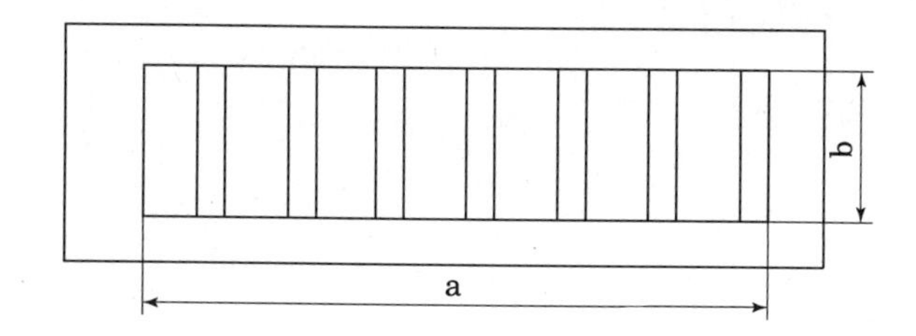

02년2회, 07년2회, 16년1회

12 다음 설계조건을 이용하여 각 부분의 냉방열량을 시간별(10시, 12시)로 각각 구하시오.(20점)

【조 건】

1. 공조시간 : 10시간
2. 외기 : 10시 31[℃], 12시 33[℃], 16시 32[℃]
3. 인원 : 6인
4. 실내설계 온·습도 : 26[℃], 50%
6. 각 구조체의 열통과율 K[W/m^2·K] : 외벽 0.26, 칸막이벽 0.36, 유리창 3.2
7. 인체에서의 발열량 : 현열 63[W/인], 잠열 69[W/인]
8. 유리 일사량(W/m^2)

	10시	12시	16시
일사량	406	52	35

9. 상당 온도차(Δt_e)

	N	E	S	W	유리	내벽온도차
10시	5.5	12.5	3.5	5.0	5.5	2.5
12시	4.7	20.0	6.6	6.4	6.5	3.5
16시	7.5	9.0	13.5	9.0	5.6	3.0

10. 유리창 차폐계수 $K_s = 0.70$
11. 조명(형광등) 20[W/m^2]

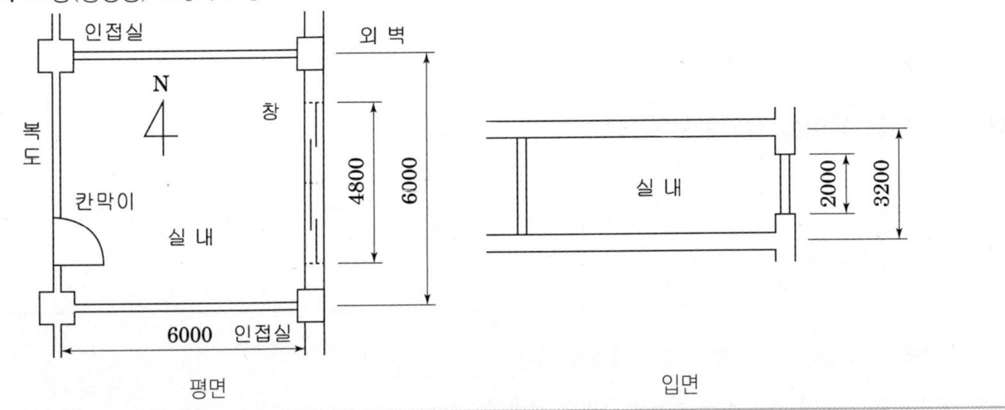

(1) 벽체로 통한 취득열량

① 동쪽 외벽

② 칸막이벽 및 문 (단, 문의 열통과율은 칸막이벽과 동일)

(2) 유리창으로 통한 취득열량

(3) 조명 발생열량

(4) 인체 발생열량

해답 (1) 벽체로 통한 취득열량 q_w

① 동쪽 외벽 $q_w = K_w \cdot A_w \cdot \Delta t_e$에서

- 10시일 때$=0.26 \times \{(6 \times 3.2)-(4.8 \times 2)\} \times 12.5 = 31.2$[W]
- 12시일 때$=0.26 \times \{(6 \times 3.2)-(4.8 \times 2)\} \times 20 = 49.92$[W]

② 칸막이벽 및 문 $q_w = K_w \cdot A_w \cdot \Delta t$에서

- 10시일 때$=0.36 \times (6 \times 3.2) \times 2.5 = 17.28$[W]
- 12시일 때$=0.36 \times (6 \times 3.2) \times 3.5 = 24.192$[W]

(2) 유리창으로 통한 취득열량 q_g

① 일사량 $q_{GR} = I_{gr} \cdot A_g \cdot (SC)$에서

- 10시일 때$=406 \times (4.8 \times 2) \times 0.70 = 2728.32$[W]
- 12시일 때$=52 \times (4.8 \times 2) \times 0.70 = 349.44$[W]

② 전도열량 $q_{gc} = K_g \cdot A_g \cdot \Delta t$

- 10시일 때$=3.2 \times (4.8 \times 2) \times 5.5 = 168.96$[W]
- 12시일 때$=3.2 \times (4.8 \times 2) \times 6.5 = 199.68$[W]

∴ 10시일 때 열량$= 2728.32 + 168.96 = 2897.28$[W]
12시일 때 열량$= 349.44 + 199.68 = 549.12$[W]

(3) 조명 발생열량$= (6 \times 6 \times 20) \times 1.2 = 864$[W]

(4) 인체 발생열량 q_H

① 현열$= 63 \times 6 = 378$[W]
② 잠열$= 69 \times 6 = 414$[W]
∴ q_H=378+414=792[W]

13 송풍기 풍량이 180[m³/min], 전압이 200[Pa]일 때 송풍기의 소요동력[kW]을 구하시오.(단, 송풍기의 전압 효율은 0.65, 구동효율은 0.9로 한다.)

해답 소요동력 $L_i = \dfrac{Q \cdot P_t}{\eta_t} = \dfrac{(180/60) \times (200 \times 10^{-3})}{0.65 \times 0.9} = 1.03$[kW]

14 손실열량이 745[kW]인 아파트가 있다. 다음의 설계조건에 의한 열교환기의 (1)코일 전열면적, (2)가열코일의 길이, (3)열교환기 동체의 안지름을 계산하시오. (단, 2Pass 열교환기로 온수의 비열은 4.2[kJ/kg · K]로 하며 소숫점 이하는 반올림 한다.

【설계조건】

1. 증기압력0.2MPa, 온도 119[℃](T_1, T_2는 같은 온도로 본다.)
2. 온수공급온도 : 70[℃]
3. 온수환수온도 : 60[℃]
4. 온수평균유속 : 1[m/s]
5. 가열코일 : 동관 바깥지름 20[mm], 안지름 16.9[mm]
6. 평균온도차 : $MTD = \dfrac{\Delta t_1 - \Delta t_2}{\ln\left(\dfrac{\Delta t_1}{\Delta t_2}\right)}$
7. 코일 피치 $p = 2d$
8. 코일 1본의 길이 : 2[m]
9. 총괄전열계수 : K(W/m^2 · K)

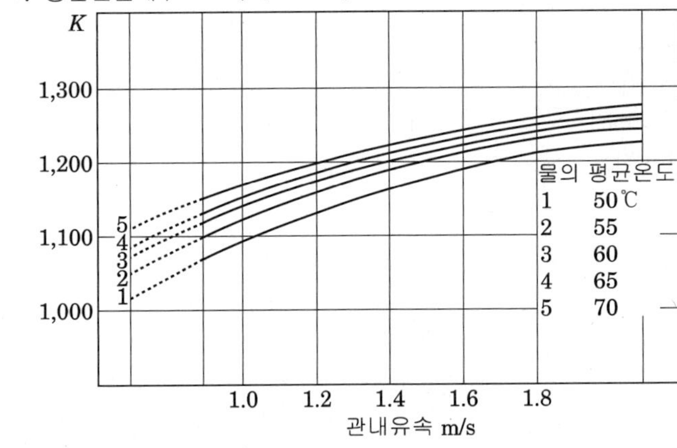

해답 (1) $Q = KA(MTD)$에서

전열면적 $A = \dfrac{Q}{K(MTD)} = \dfrac{745 \times 10^3}{1150 \times 54} = 12\text{m}^2$

여기서 총괄전열계수 K는 물의 평균온도 65℃와 관내유속 1[m/s]와의 교접에 의해 1150[W/m^{2}K]이다.

평균온도차 : $MTD = \dfrac{\Delta t_1 - \Delta t_2}{\ln\left(\dfrac{\Delta t_1}{\Delta t_2}\right)} = \dfrac{59 - 49}{\ln\left(\dfrac{59}{49}\right)} = 54℃$

여기서, $\Delta t_1 = 119 - 60 = 59$[℃]

$\Delta t_2 = 110 - 70 = 49$[℃]

(2) 코일 길이 L

전열면적$A = \pi dL$에서

$L = \dfrac{A}{\pi d} = \dfrac{12}{\pi \times 0.02} = 191$[m]

(3) 동체의 안지름D

$D = \dfrac{P}{3}(\sqrt{69 + 12N} - 3) + d = \dfrac{2 \times 20}{3}(\sqrt{69 + 12 \times 96} - 3) + 20 = 446$[mm]

여기서, 코일의 본수 $N = \dfrac{191}{2} = 95.5 = 96$

2019 제2회 실기 기출문제 동영상 제공

01 주어진 조건을 이용하여 다음 각 물음에 답하시오. (단, 실내송풍량 G=5000[kg/h], 실내부하의 현열비 SHF = 0.82, 공기의 평균정압비열=1.0[kJ/kgK]이고, 공기조화기의 환기 및 전열교환기의 실내측 입구공기의 상태는 실내와 동일하다.)(16점)

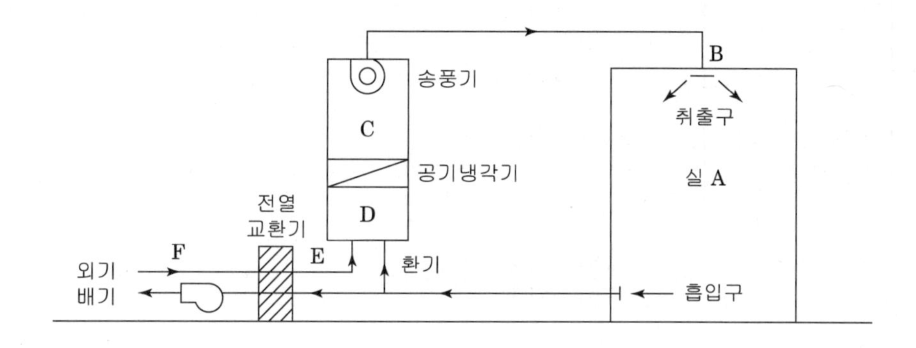

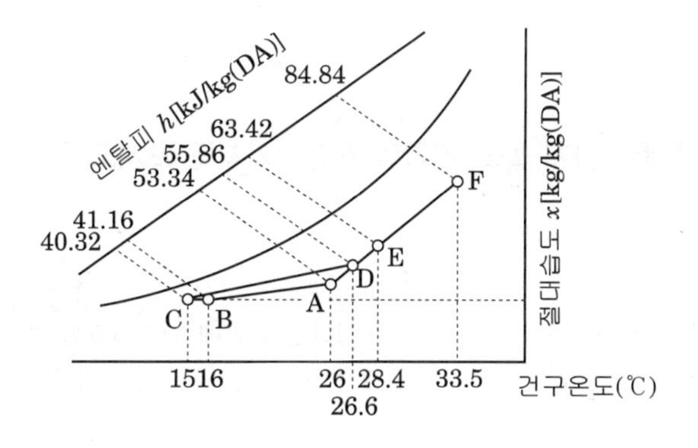

(1) 취출온도차를 이용하여 실내 현열부하 q_s[W]을 구하시오.

(2) 실내전열부하를 이용하여 실내 잠열부하 q_L[W]을 구하시오.

(3) 공기 냉각기의 냉각 열량 q_c[W]을 구하시오.

(4) 혼합공기 엔탈피를 이용하여 취입 외기량 G_o[kg/h]을 구하시오.

(5) 전열교환기의 효율 η[%]을 구하시오.

해답 (1) $q_s = C_P G \Delta t = 1.0 \times 5000 \times (26-16) = 50{,}000[\text{kJ/h}] = 13888.89[\text{W}]$

(2) $q_L = q_T - q_s$ 에서

$q_T = 5000 \times (53.34 - 41.16) = 60900\,[\text{kJ/h}] = 16916.67[\text{W}]$

$\therefore 16916.67 - 13888.89 = 3027.78[\text{W}]$

(3) $q_c = G(h_D - h_C) = 5000 \times (55.86 - 40.32) = 77700[\text{kJ/h}] = 21583.33[\text{W}]$

(4) $G_o(h_E - h_A) = G(h_D - h_A)$ 에서

$$G_o = G\frac{h_D - h_A}{h_E - h_A} = 5000 \times \frac{55.86 - 53.34}{63.42 - 53.34} = 1250[\text{kg/h}]$$

(5)

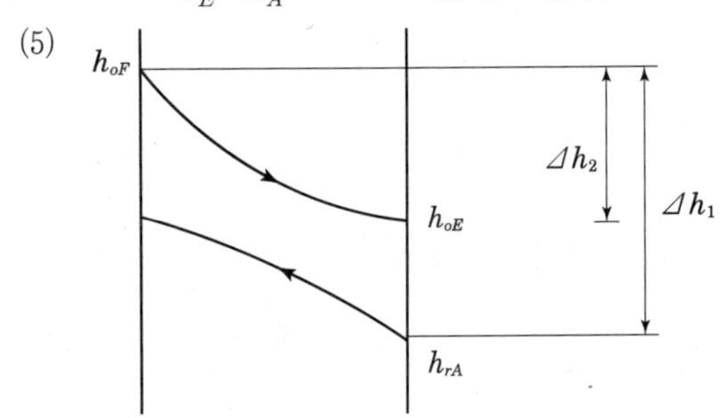

$$\eta = \frac{\Delta h_2}{\Delta h_1} = \frac{h_{oF} - h_{oE}}{h_{oF} - h_{rA}} \times 100 = \frac{84.84 - 63.42}{84.84 - 53.34} = 100 = 68\%$$

02 공기조화 방식 중에서 전공기 방식의 종류를 3가지 들고 각각의 장점 3가지를 쓰시오.

해답 1. 단일덕트 정풍량방식

(1) 송풍량이 크므로 환기량도 충분하고 특히 리턴 팬을 설치하면 동계나 중간기에 외기냉방이 가능하다.

(2) 공조기가 기계실에 있으므로 운전, 보수, 관리가 용이하고, 완전한 공기여과를 할 수 있으며 진동소음의 전달 염려가 적다.

(3) 존(zone)수가 적을 때는 설비비가 다른 방식에 비해 적게 든다.

2. 단일덕트 변풍량방식

(1) 다른 방식에 비해 에너지절약이 큰 방식이다.

(2) 각 실의 실온을 개별적으로 제어할 수 있다.

(3) 대규모 일 때 덕트와 공조기의 용량은 동시 사용률을 고려하여 정풍량방식의 80% 정도 적게 할 수 있다.

3. 2중 덕트방식

(1) 열매가 공기이므로 실온의 응답이 극히 빠르다.

(2) 냉방과 난방을 동시에 행할 수 있다.

(3) 개별제어을 할 수 있다.

(4) 실내에 유닛이 노출되지 않는다.

02년1회, 07년3회, 09년2회, 15년1회, 17년2회

03 **어떤 방열벽의 열통과율이 $0.35[W/m^2 \cdot K]$ 이며, 벽 면적은 $1200[m^2]$인 냉장고가 외기 온도 35[℃]에서 사용되고 있다. 이 냉장고의 증발기는 열통과율이 $30[W/m^2K]$이고 전열면적은 $30[m^2]$이다. 이때 각 물음에 답하시오. (단, 이 식품 이외의 냉장고 내 발생열 부하는 무시하며, 증발온도는 -15[℃]로 한다.)(6점)**

(1) 냉장고 내 온도가 0℃일 때 외기로부터 방열벽을 통해 침입하는 열량은 몇 kW인가?

(2) 냉장고 내 저장식품 표면 열전달률 $5.82W/m^2 \cdot K$, 전열면적 $600m^2$, 온도 10℃인 식품을 보관했을 때 이 식품의 발생열 부하에 의한 고내 온도는 몇 ℃가 되는가?

해답 (1) 방열벽을 통한 침입열량 $Q = K_w \cdot A_w \cdot \Delta t = 0.35 \times 1200 \times (35-0) = 14700[W] = 14.7[kW]$

(2) 고내온도 t

- Q_2 : 증발기의 냉각능력(냉동능력)[W]
- Q_a : 냉장 식품의 발생열부하[W]
- Q_w : 식품을 보관했을때의 방열벽의 침입열량[W]로 하면

① $Q_2 = KA\Delta t = 30 \times 30 \times \{t-(-15)\} = 900t + 13500$

② $Q_a = \alpha A \Delta t = 5.82 \times 600 \times (10-t) = 34920 - 3492t$

③ $Q_w = K_w A_w \Delta t = 0.35 \times 1200 \times (35-t) = 14700 - 420t$

$Q_2 = Q_a + Q_w$이어야 하므로(증발기 냉동능력=식품발생열량 + 방열벽 침입열량)

$900t + 13500 = (34920 - 3492t) + (14700 - 420t)$

$(900 + 3492 + 420)t = 34920 + 14700 - 13500$

$4812\,t = 36120$

$\therefore$ 고내온도 $t = \dfrac{36120}{4812} \fallingdotseq 7.51$[℃](※ 고내온도 계산시 방열벽 침입열량을 무시하라 하면 $Q_2 = Q_a$평형식에서 구한다)

04 **다음 그림은 일사의 영향을 받는 외벽의 정상상태의 온도분포를 나타낸 것이다. 주어진 조건에 의해서 외벽 표면의 온도를 구하시오.(중간 계산과정의 온도는 소숫점3자리에서 반올림, 열관류저항 및 외표면 열전달저항은 소숫점4자리에서 반올림, 최종 답은 소숫점 3자리에서 반올림 할 것)**

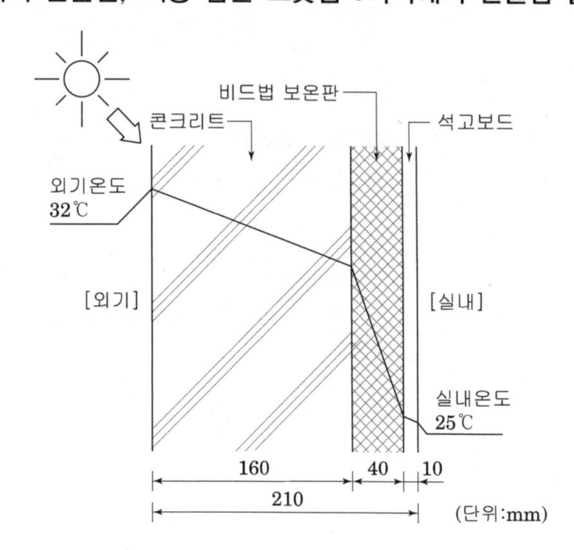

【조 건】

1. 외표면 열전달율 : 23 [W/m² · K]
2. 내표면 열전달율 : 9 [W/m² · K]
3. 콘크리트 열전도율 : 1.6 [W/m · K]
4. 비드법 보온판 열전도율 : 0.03 [W/m · K]
5. 석고보드 열전도율 :0.2 [W/m · K]
6. 외벽면 일사흡수율 : 0.8
7. 일사량 : 710 [W/m²]

해답 ① 상당외기온도차 SAT의 계산

$$SAT = t_o + \frac{\alpha}{\alpha_o} I$$

여기서, SAT : 상당외기온도[℃]

t_o : 외기온도[℃]

α : 일사흡수율

α_o : 외표면 열전달율[W/m² · K]

I : 일사량[W/m²]

$$\therefore\ SAT = 32 + \frac{0.8}{23} \times 710 = 56.7[℃]$$

② 열관류저항 R, 외측 열전달저항 r_o의 계산

$$R = \frac{1}{\alpha_o} + \sum \frac{d}{\lambda} + \frac{1}{\alpha_r} = \frac{1}{23} + \frac{0.16}{1.6} + \frac{0.04}{0.03} + \frac{0.01}{0.2} + \frac{1}{9} = 1.638$$

$$r_o = \frac{1}{\alpha_o} = \frac{1}{23} = 0.043$$

③ 외표면 온도 t_x의 계산

$\dfrac{r_o}{R} = \dfrac{(SAT - t_x)}{(SAT - t_r)}$ 에서

$$t_x = SAT - \frac{r_o}{R}(SAT - t_r) = 56.7 - \frac{0.043}{1.638} \times (56.7 - 25) = 55.87[℃]$$

답 55.87[℃]

06년2회, 15년1회

05 다음과 같이 3중으로 된 노벽이 있다. 이 노벽의 내부온도를 1370[℃], 외부온도를 280[℃]로 유지하고, 또 정상 상태에서 노벽을 통과하는 열량을 4.08[kW/m^2]로 유지하고자 한다. 이때 사용온도 범위 내에서 노벽 전체의 두께가 최소가 되는 벽의 두께를 결정하시오.(5점)

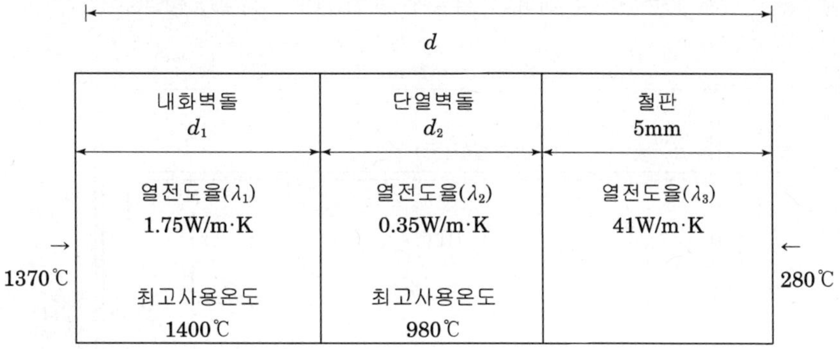

d

	내화벽돌 d_1	단열벽돌 d_2	철판 5mm	
→ 1370℃	열전도율(λ_1) 1.75W/m·K	열전도율(λ_2) 0.35W/m·K	열전도율(λ_3) 41W/m·K	← 280℃
	최고사용온도 1400℃	최고사용온도 980℃		

해답 $Q = KA\Delta t = \dfrac{\lambda_1 A\Delta t_1}{d_1} = \dfrac{\lambda_2 A\Delta t_2}{d_2} = \dfrac{\lambda_3 A\Delta t_3}{d_3}$ 에서 면적A는 동일하므로

① 내화벽돌 두께 $d_1 = \dfrac{1.75\times(1370-980)}{4.08\times10^3} = 0.1672798\text{m} = 167.279[\text{mm}]$

② 단열벽돌과 철판사이온도 $q = \dfrac{\lambda_3 A\Delta t_3}{d_3}$ 에서

$$4.08\times10^3 = \frac{41\times(t_x-280)}{0.005}$$

$$\therefore t_x = \frac{4.08\times10^3\times0.005}{41} + 280 = 280.5[℃]$$

③ 단열벽돌의 두께 $d_2 = \dfrac{0.35\times(980-280.5)}{4.08\times10^3} = 0.060006\text{m} = 60.006[\text{mm}]$

∴ 노벽 전체의 두께 $d = 167.279 + 60.006 + 5 = 232.285[\text{mm}]$

15년1회

06 다음 그림은 사무소 건물의 기준 층에 위치한 실의 일부를 나타낸 것이다. 각종 설계조건으로부터 대상실의 냉방부하를 산출하고자 한다. 주어진 조건을 이용하여 냉방부하를 계산하시오.(25점)

【조 건】

1. 외기조건 : 32[DB, 70% RH
2. 실내 설정조건 : 26℃ DB, 50% RH
3. 열관류율
   - ① 외벽 : 0.32[W/m^2·K]
   - ② 유리창 : 4.0[W/m^2·K]
   - ③ 내벽 : 0.38[W/m^2·K]
   - ④ 유리창 차폐계수= 0.71

4. 재실인원 : 0.2[인/m^2]
5. 인체 발생열 : 현열 57[W/인], 잠열 62[W/인]
6. 조명부하 : 25[W/m^2]
7. 틈새바람에 의한 외풍은 없는 것으로 하며, 인접실의 실내조건은 대상실과 동일하다.

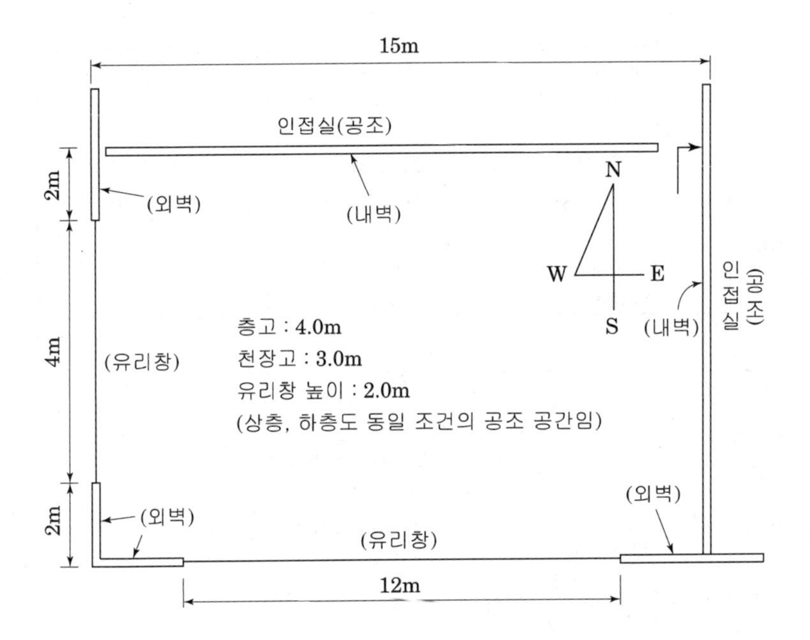

[표 1] 유리창에서의 일사열량(W/m^2)

시간 \ 방위	수평	N	NE	E	SE	S	SW	W	NW
10	732	39	101	312	312	117	39	45	39
12	844	43	43	43	103	181	103	120	43
14	732	39	39	39	39	117	312	363	101
16	441	28	28	28	28	33	343	573	349

[표 2] 상당온도차(하기 냉방용(deg)]

시간 \ 방위	수평	N	NE	E	SE	S	SW	W	NW
10	12.8	3.9	10.9	14.2	11.0	4.0	3.2	3.3	5.2
12	21.4	5.6	10.6	14.9	13.8	8.1	5.6	5.3	5.2
14	27.2	7.0	9.8	12.4	12.6	11.2	10.2	8.7	7.0
16	26.2	7.6	9.4	10.9	11.0	11.6	15.0	15.0	11.2

(1) 설계조건에 의해 12시, 14시, 16시의 냉방부하를 구하시오.

1) 구조체에서의 부하
2) 유리를 통한 일사에 의한 열부하
3) 실내에서의 부하

(2) 실내 냉방부하의 최대 발생시각을 결정하고, 이때의 현열비를 구하시오.

(3) 최대 부하 발생시의 취출풍량[m^3/h]을 구하시오. (단, 취출온도는 15℃, 공기의 비열 1.0[kJ/kg·℃], 공기의 밀도 1.2[kg/m^3]로 한다. 또한, 실내의 습도 조절은 고려하지 않는다.)

해답 (1) 설계조건에 의해 12시, 14시, 16시의 냉방부하

1) 구조체에서의 부하

종류	방위	면적 (m^2)	열관류율 (W/m^2K)	12시		14시		16시	
				Δt	W	Δt	W	Δt	W
외벽	S	36	0.32	8.1	93.31	11.2	129.02	11.6	133.63
유리창	S	24	4.0	6	576	6	576	6	576
외벽	W	24	0.32	5.3	40.7	8.7	66.82	15	115.2
유리창	W	8	4.0	6	192	6	192	6	192
				계	902.01	계	963.84	계	1016.83

여기서, 남측의 외벽면적 $=15\times4-12\times2=36[m^2]$
서측의 외벽면적 $8\times4-4\times2=24[m^2]$

2) 유리를 통한 일사에 의한 취득열량

종류	방위	면적 (m^2)	차폐계수	12시		14시		16시	
				일사량	W	일사량	W	일사량	W
유리창	S	24	0.71	181	3084.24	117	1993.68	33	562.32
유리창	W	8	0.71	120	681.6	363	2061.84	573	3254.64
				계	3765.84	계	4055.52	계	3816.96

3) 실내에서의 부하

① 인체부하 • 현열량 $q_{HS}=SH\times$ 인수 $=57\times24=1368$[W]
• 잠열량 $q_{HL}=LH\times$ 인수 $=62\times24=1488$[W]
∵ 인체부하 $=1368+1488=2856$[W]
여기서, 재실인원 : $15\times8\times0.2=24$인

② 조명부하 : $25\times(15\times8)=3000$[W]

∴ 실내에서의 부하 $=2856+3000=5856$[W]

(2) 실내 냉방부하의 최대 발생시각 및 현열비

1) 최대 부하 발생시각은 14시

2) 현열비

① 현열 $=963.84+1368+(1993.68+2061.84)+3000=9387.36$[W]

② 잠열 $=1488$[W]

$$\therefore \text{ 현열비 SHF}=\frac{q_s}{q_s+q_L}=\frac{9387.36}{9387.36+1488}=0.86$$

(3) 최대 부하 발생시의 취출풍량(m^3/h)

$q_S = c_p \cdot \rho \cdot Q(t_r - t_c)$에서

$$Q = \frac{9387.36 \times 10^{-3}}{1.0 \times 1.2 \times (26-15)} \times 3600 = 2560.19[m^3/h]$$

13년1회

07 다음 조건에서 이 방을 냉방하는 데에 필요한 송풍량(m^3/h) 및 냉각열량 (kW)을 구하시오.(18점)

【조 건】

1. 외기조건 : 건구온도 33[℃], 노점온도 25[℃]
2. 실내조건 : 건구온도 26[℃], 상대습도 50%
3. 실내부하 : 현열부하 60[kW], 잠열부하 12[kW]
4. 도입 외기량 : 송풍 공기량의 30%
5. 실내 취출 온도차는 11[℃]로 한다.
6. 송풍기 및 덕트 등에서의 열부하는 무시한다.
7. 송풍공기의 비열은 1.01[kJ/kg·K], 밀도 1.2[kg/m³]로 하여 계산한다. 또한, 별첨하는 공기 선도를 사용하고, 계산 과정도 기입한다.

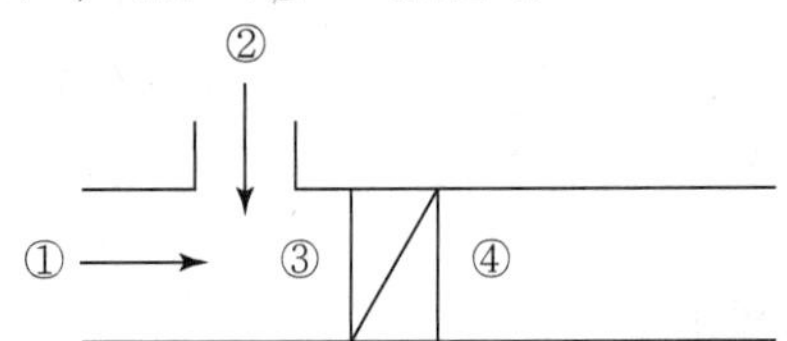

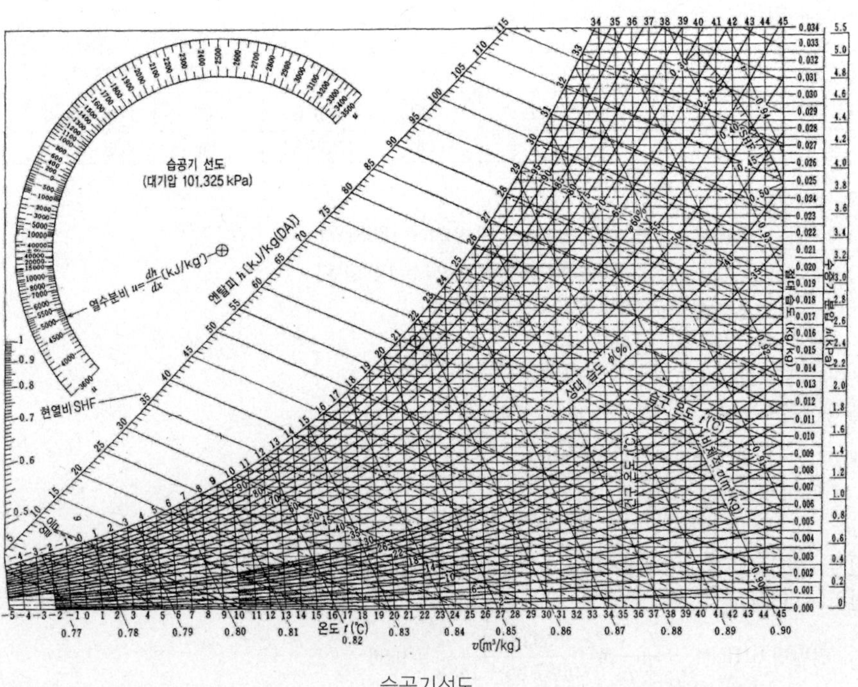

습공기선도

해답 • 현열비 $SHF = \dfrac{60}{60+12} = 0.833$

• 외기와 환기의 혼합공기 상태
먼저 혼합공기 온도$t_3 = 33 \times 0.3 + 26 \times 0.7 = 28.1$℃ 따라서 습공기 선도에 의해 ③ (혼합점)의 엔탈피$h_3 = 61.5$[kJ/kg]을 읽을 수 있다.

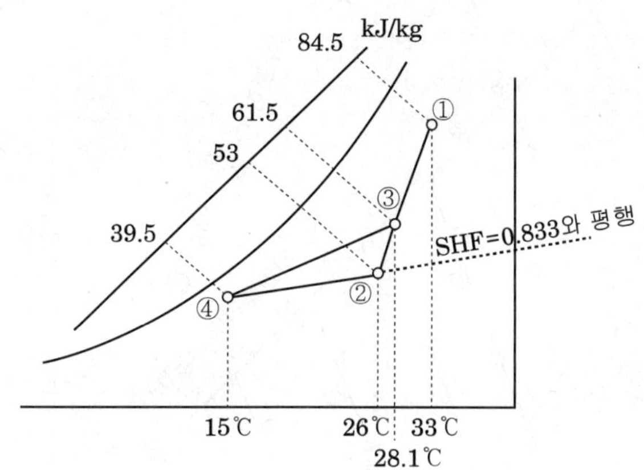

(1) 송풍량은 취출온도차 11℃와 현열부하로 구한다.

$$Q = \frac{q_s}{c_p \cdot \rho \cdot \Delta t} = \frac{60 \times 3600}{1.01 \times 1.2 \times 11} = 16201.62[\text{m}^3/\text{h}]$$

(2) 냉각열량은 코일 입출구 엔탈피차로 구한다.

$$q_c = G \cdot (h_3 - h_4) = \frac{16201.62 \times 1.2}{3600} \times (61.5 - 39.5) = 118.81[\text{kW}]$$

선도

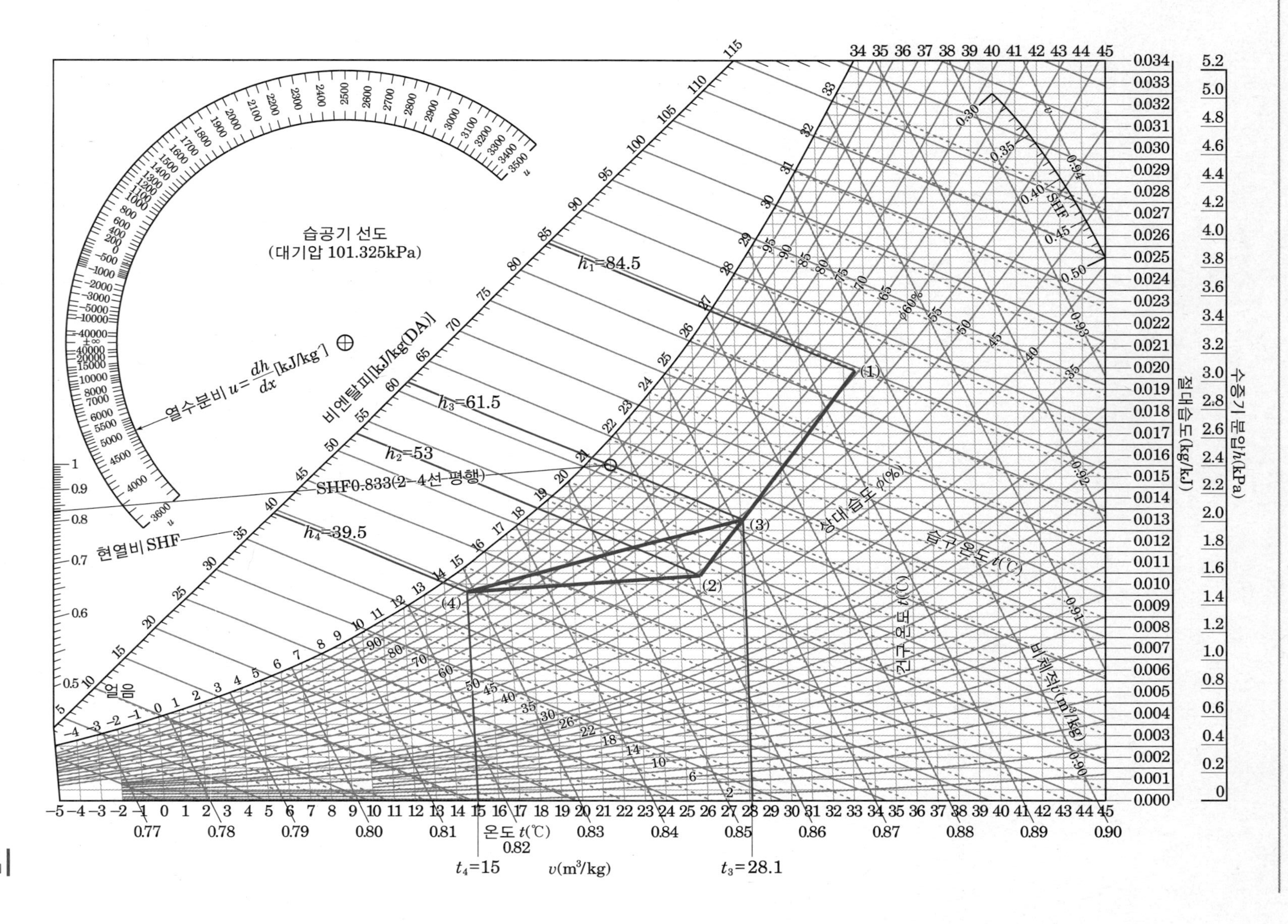
습공기 선도
(대기압 101.325kPa)
열수분비 $u=\frac{dh}{dx}$ [kJ/kg]
비엔탈피[kJ/kg(DA)]
현열비 SHF
SHF0.833(2-4선 평행)
h_1=84.5
h_3=61.5
h_2=53
h_4=39.5
(1)
(2)
(3)
(4)
얼음
상대습도 ϕ(%)
습구 온도 t'(℃)
건구 온도 t(℃)
비체적 v(m³/kg)
절대습도(kg/kJ)
수증기 분압 h(kPa)
온도 t(℃)
v(m³/kg)
t_4=15
t_3=28.1

08 **다음 그림은 냉동기(응축기)에서 냉각탑까지의 냉각수배관 계통도이다. 물음에 답하시오.**

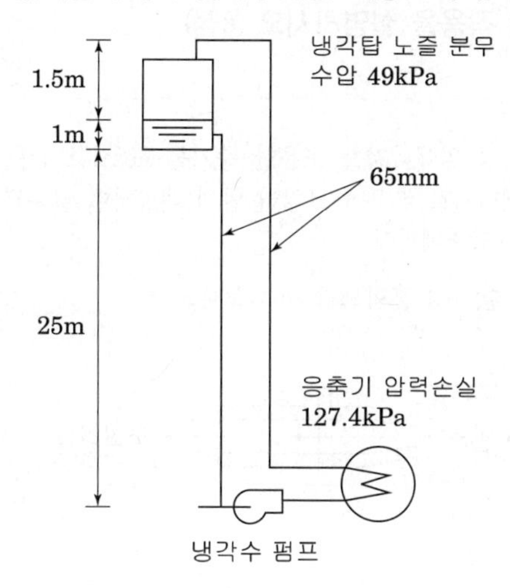

【조 건】

1. 직관부의 전길이 : 60[m]
2. 순환수량 : 500[L/min]
3. 국부저항 : 직관부 저항의 50%
4. 속도수두는 생략한다.
5. 냉각수의 비중량은 9800[N/m^3]
6. 마찰손실수두는 900[Pa/m]로 한다.

(1) 순환펌프의 전양정[m]을 구하시오.

(2) 필요동력[kW]을 구하시오.(단, 펌프효율은 65%, 전동기 여유율은 10%로 한다.)

해답 (1) 전양정 H

H=실양정+배관저항+기기저항

1) 실양정 : 1.5[m]

2) 배관저항

배관의 마찰손실수두(배관저항)은

$60 \times 1.5 \times 900 = 81000$[Pa]이고, 수두로 환산하면

$P = \gamma \cdot h$에서 $h = \frac{P}{\gamma} = \frac{81000}{9800} = 8.27$[m]이 된다.

3) 기기저항

① 냉각탑 노즐 분무수압 : $49 \times 10^3 \text{Pa}/9800 = 5[\text{m}]$

② 응축기 저항 : $127.4 \times 10^3 \text{Pa}/9800 = 13[\text{m}]$

∴ 전양정 $H = 1.5 + 8.27 + 5 + 13 = 27.77[\text{m}]$

(2) 필요동력

$$L_s = \frac{\gamma HQ}{\eta} = \frac{9800 \times 27.77 \times 500 \times 10^{-3}/60}{0.65} \times 1.1 = 3837.96[\text{W}] ≒ 3.84[\text{kW}]$$

02년1회, 16년3회

09 증기 보일러에 부착된 인젝터의 작용을 설명하시오.(8점)

해답 인젝터(injector)의 작용(급수원리) : 열에너지를 보유한 증기를 nozzle로 분출시켜 운동 에너지로 바꾸어 고속의 물의 흐름을 만들고 이것을 다시 압력에너지로 바꾸어 보일러 압에 대항하여 급수된다.
즉 열에너지 → 운동(속도)에너지 → 압력에너지

참고 인젝터의 구성 : a : 증기노즐, b : 혼합노즐, c : 토출노즐

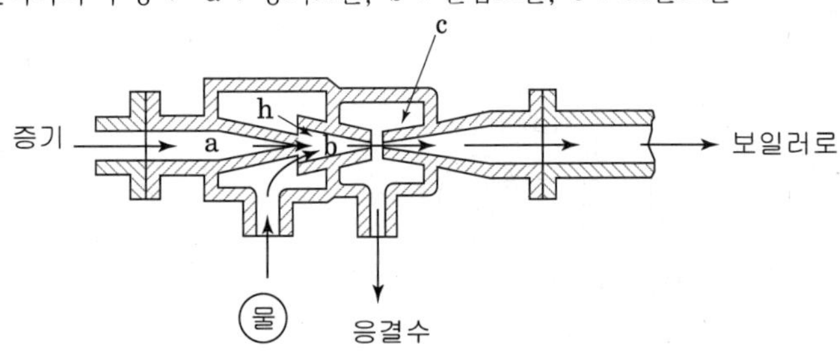

인젝터의 급수 원리

10 NH_3을 냉매로 하는 2단압축1단팽창 냉동장치를 아래 냉동사이클의 운전조건으로 운전할 때 다음 물음에 답하시오.(단, 압축기의 기계적 마찰손실은 토출가스의 열로 변환된 것으로 한다. 또한, 배관에서의 열의 출입 및 압력손실은 없는 것으로 한다.)

【운전조건】

- 냉동능력 40[RT](1[RT]=3.86[kW])
- 저단압축기 체적효율 : $\eta_v = 0.75$
- 고단압축기 체적효율 : $\eta_v = 0.8$
- 압축기의 단열효율(저단 측, 고단 측 모두) : η_c=0.70
- 압축기의 기계효율(저단 측, 고단 측 모두) : η_m=0.85
- 저단압축기의 흡입증기 비엔탈피 : h_1=1490[kJ/kg]
- 저단압축기의 단열압축후의 토출가스 비엔탈피 : h_2=1600[kJ/kg]
- 고단압축기 흡입증기 비엔탈피 : h_3=1560[kJ/kg]
- 고단압축기의 단열압축후의 토출가스 비엔탈피 : h_4=1720[kJ/kg]
- 응축기출구 액의 비엔탈피 : h_5=400[kJ/kg]
- 증발기용 팽창밸브 직전의 액의 비엔탈피 : h_7=280[kJ/kg]
- 고단측 흡입가스 비체적 : 0.4m^3/kg

(1) 저단압축기의 냉매순환량 G_L[kg/h]을 구하시오.

(2) 고단압축기의 피스톤 압출량을[m^3/h] 구하시오.

해답 아래 그림의 p-h선도는 2단압축1단팽창 사이클이다. 여기서 실선은 단열압축을 파선은 실제압축을 나타낸다. 또한 $h_5 = h_6$, $h_7 = h_8$이다.

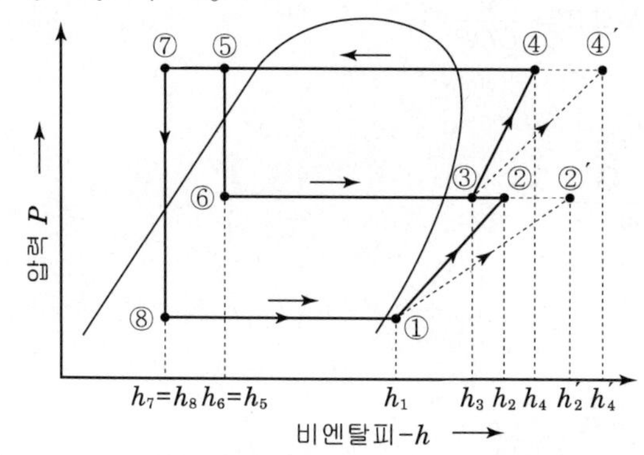

(1) 저단압축기의 냉매순환량 G_L

$$G_L = \frac{Q_2}{q_2} = \frac{40 \times 3.86}{1490 - 280} \times 3600 \fallingdotseq 459.37[\text{kg/h}]$$

(2) 고단압축기의 피스톤압출량[m^3/h]

$$G_H = G_L \times \frac{h'_2 - h_7}{h_3 - h_6}$$

여기서, 저단압축기의 실제 토출가스 비엔탈피h'_2는

$$h'_2 = h_1 + \frac{h_2 - h_1}{\eta_c \cdot \eta_m} = 1490 + \frac{1600 - 1490}{0.70 \times 0.85} \fallingdotseq 1674.874[\text{kJ/kg}]$$

그러므로 고단압축기(응축기)의 냉매순환량G_H

$$G_H = 459.37 \times \frac{1674.874 - 280}{1560 - 400} = 552.38[\text{kg/h}]$$

따라서 고단압축기의 피스톤압출량 V_H

$$V_H = \frac{G_H \cdot v_H}{\eta_{vH}} = \frac{552.38 \times 0.4}{0.8} = 276.19[\text{m}^3/\text{h}]$$

17년3회

11 **공조 장치에서 증발기 부하가 100[kW]이고 냉각수 순환수량이 0.3[m^3/min], 성적계수가 2.5이고 응축기 산술평균온도 5[℃]에서 냉각수 입구온도 23[℃]일 때 (1) 응축 필요부하(kW), (2) 응축기 냉각수 출구온도(℃), (3) 냉매의 응축온도를 구하시오.(단, 냉각수 비열은 4.19[kJ/kg·K]이다.)**

해설 (1) ① 냉동기 성능계수 $COP = \frac{Q_2}{W}$에서 압축기 소요동력 $W = \frac{Q_2}{COP}$

② 응축 필요부하(kW) $= Q_2 + W$

(2) 응축기 냉각수 출구온도 t_{w2}(℃)은

응축부하 $Q_1 = m \cdot c \cdot (t_{w2} - t_{w1})$에서 $t_{w2} = t_{w1} + \frac{Q_1}{m \cdot c}$

(3) 냉매의 응축온도 t_r은

산술평균온도차 $\Delta t_m = t_r - \frac{t_{w1} + t_{w2}}{2}$에서

$t_r = \Delta t_m + \frac{t_{w1} + t_{w2}}{2}$

해답 (1) 응축 필요 부하(kW)

① 압축동력 $= \frac{100}{2.5} = 40$[kW]

② 응축 필요부하 $= 100 + 40 = 140$[kW]

(2) 응축기 냉각수 출구온도 $= 23 + \frac{140 \times 3600}{(0.3 \times 60 \times 1000) \times 4.19} ≒ 29.68$℃

(3) 응축온도 $= 5 + \frac{23 + 29.68}{2} ≒ 31.34$℃

12 **다음 그림은 내부균압형 온도자동팽창밸브의 구조와 증발기의 배치를 나타낸 것이다. 사용냉매는 $R-22$이고, 감온통 내의 냉매 또한 같다. 이때 냉동장치는 정상운전상태이고 증발기 출구에서의 냉매증기온도는 -16[℃]인 것으로 한다. 이 경우에 있어서 다음 각 물음에 답하시오.**

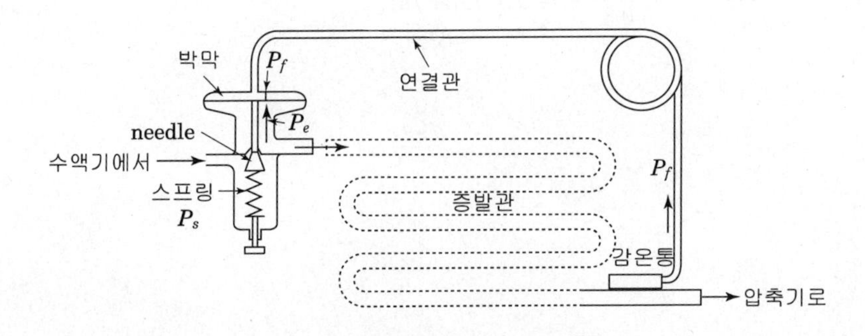

온도작동식 팽창밸브(내부균압형)

[R-22 포화증기표]

포화온도(℃)	−14	−16	−18	−20	−22	−24
압력(MPa)	0.308	0.286	0.265	0.246	0.228	0.210

(1) 온도자동팽창밸브의 박막(diaphragm)상부에 작용하는 압력P_f[MPa]을 구하시오.

(2) 스프링 압력P_s가 0.04MPa, 증발기내의 압력강하가 18kPa이라 하면 이 때 출구에서의 냉매증기 과열도는 얼마인가?

해답 (1) 박막(diaphragm)상부에 작용하는 압력P_f[MPa]는 증발기 출구의 냉매증기온도(−16[℃])에 해당하는 포화압력이므로 표에 의해 P_f = 0.286[MPa]

(2) 냉매증기 과열도

박막의 상부와 하부에 걸리는 압력의 균형은 $P_f = P_e + P_s$에서 증발기 입구압력

$P_e = P_f - P_s = 0.286 - 0.04 = 0.246$[MPa], 또한 증발기에서 증발기내의 압력강하가 18[kPa]가 있으므로 출구에 있어서의 압력은 $0.246 - 0.018 = 0.228$[MPa], 이 압력에 있어서의 포화온도는 표에 의해서 -22[℃]

따라서 출구에서의 포화증기온도-16℃인 냉매의 과열도는 $-16-(-22)=6$[℃]이다.

13 다음의 회로도는 삼상유도전동기의 정역전 운전회로도이다. 동작 설명 중 옳은 것의 번호를 고르시오.

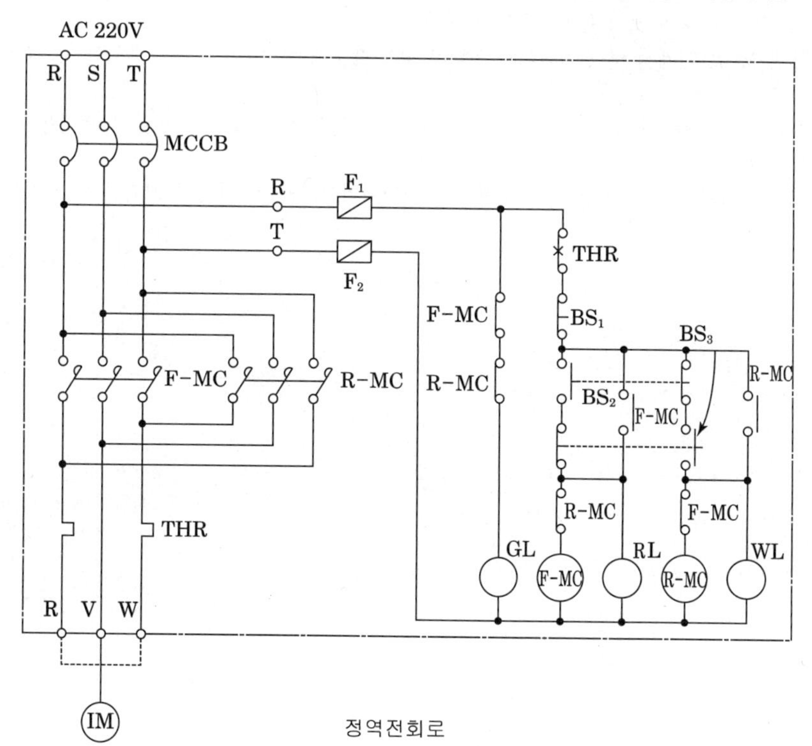

정역전회로

(1) 전원을 투입하면 표시등 RL이 점등, 전원용 개폐기가 닫힌 것을 나타낸다.

(2) 푸시버튼 스위치 BS_2를 누르면 전자접촉기 F-MC가 여자되어 전동기가 정회전방향으로 회전을 시작한다. 표시등 RL이 점등, 전동기가 정방향으로 회전 중인 것을 나타낸다.

(3) 푸시버튼 스위치 BS_3을 누르면 전동기를 역전시킬 수는 있다.

(4) 이 회로는 자기유지회로이다.

(5) BS_1을 누르면 모든 동작이 정지된다.

해설 정역전회로의 동작

[동작순서]

1) 배선용 차단기(MCCB)를 투입한다.
  • 표시등 GL이 점등, 전원용 개폐기가 닫힌 것을 나타낸다.
2) 정회전방향의 푸시버튼 스위치 BS_2를 눌러 전동기를 정회전 시킨다.
  • 푸시버튼 스위치는 연동하고 있고 역회전방향으로 기계적 인터록을 건다.
  • 전자접촉기 F-MC가 여자되어 그 접점을 닫고 전동기가 정회전방향으로 회전을 시작한다.
  • 표시등 RL이 점등, 전동기가 정방향으로 회전 중인 것을 나타낸다.
3) 푸시버튼 스위치 BS_3에 의해 전동기를 역전시킬 수는 없다.
  • 인터록이 기계적 및 전기적으로 걸려 있다.
4) 푸시버튼 스위치 BS_1을 눌러 전동기를 정지시킨다.
  • 이 상태에서 푸시버튼 스위치 BS_3를 누르면 전동기를 역회선시킬 수가 있다.
5) 푸시버튼 스위치 BS_3에 의해 전동기를 역전시킨다.
  • 전자접촉기 F-MC는 기계적 및 전기적으로 인터록 되기 때문에 푸시버튼 스위치 BS_2를 누르더라도 전동기는 정회전하지 않는다.
6) 푸시버튼 스위치 BS_3에서 손을 때면 원위치에 복귀하지만 전자접촉기 R-MC에 의해 자기유지되기 때문에 전자접촉기 R-MC는 계속 동작한다.
  • 전동기를 정회전시키려 할 때에는 일단 전동기를 정지시키고 나서가 아니면 정회전으로 변환 되지 않는다.

해답 (2), (4), (5)

14 아래의 장치도는 냉매액 순환방식을 채용한 냉동장치의 계통도이다. 필요한 배관을 완성하시오. (단, 고압부는 실선, 저압부는 점선으로 그리시오.) 또한 장점 3가지를 쓰시오.

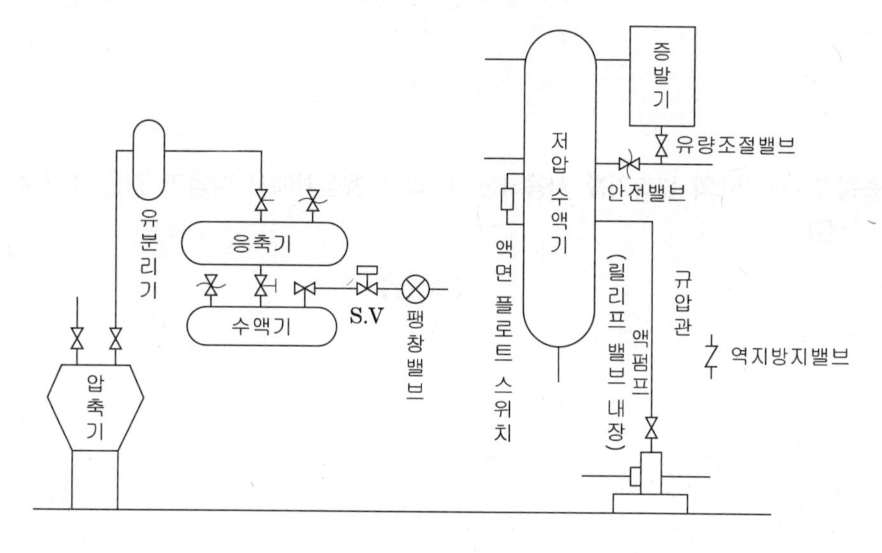

해답 (1)

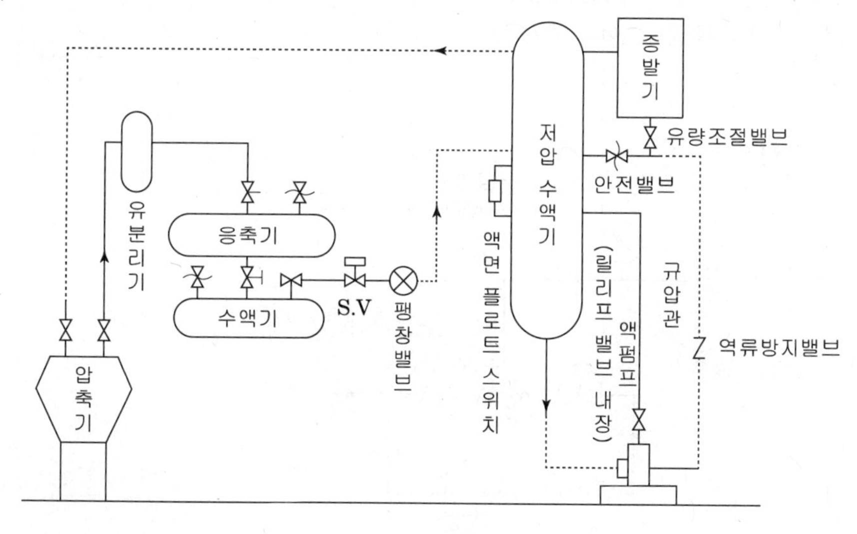

(2) 장점

① 액백(Liquid back)이 일어나지 않는다.
② 제상(defrost)의 자동화가 가능하다.
③ 전열이 우수하다.
④ 대용량으로 효율이 좋다.

2019 제3회 실기 기출문제 (동영상 제공)

08년3회, 11년2회

01 피스톤 압출량 $50[m^3/h]$의 압축기를 사용하는 R-22 냉동장치에서 다음과 같은 값으로 운전될 때 각 물음에 답하시오.(8점)

【조 건】

- $v_1 = 0.143[m^3/kg]$
- $t_3 = 25[℃]$
- $t_4 = 15[℃]$
- $h_1 = 619.5[kJ/kg]$
- $h_4 = 444.4[kJ/kg]$
- 압축기의 체적 효율 : $\eta_v = 0.68$
- 증발압력에 대한 포화액의 엔탈피 : $h' = 386[kJ/kg]$
- 증발압력에 대한 포화증기의 엔탈피 : $h'' = 613.2[kJ/kg]$
- 응축액의 온도에 의한 내부에너지 변화량 : $1.26[kJ/kg\cdot℃]$

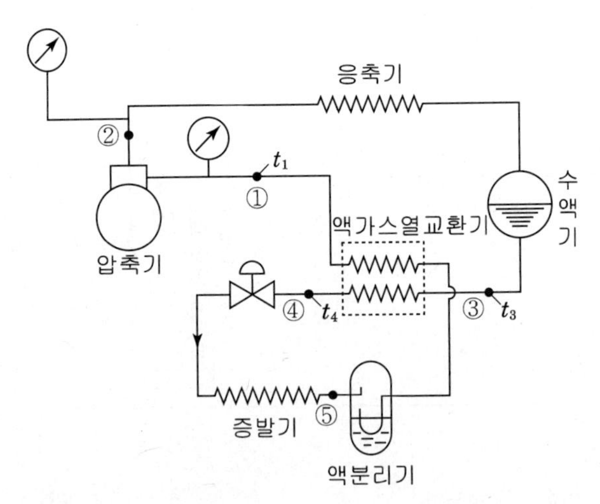

(1) 증발기의 냉동능력(kW)를 구하시오.

(2) 증발기 출구의 냉매증기 건조도(x) 값을 구하시오.

해답 (1) ① P-h 선도상에 1~5점까지의 상태점의 위치를 그리면 다음과 같다.

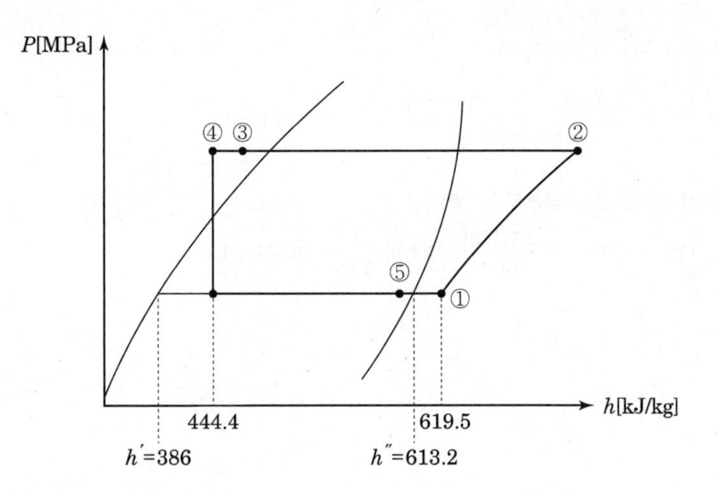

② 3점의 엔탈피 h_3는 4점의 엔탈피 h_4에 열교환기에서 방출한 열량을 더하여 구한다.

$h_3 = h_4 + C \cdot (t_3 - t_4) = 444.4 + 1.26 \times (25 - 15) = 457$[kJ/kg]

③ 열교환기에서의 열평형식에 의해 증발기 출구 5의 엔탈피 h_5는

$h_1 - h_5 = h_3 - h_4$에서

$h_5 = h_1 - (h_3 - h_4) = 619.5 - (457 - 444.4) = 606.9$[kJ/kg]

냉동능력 $Q_2 = G \times q_2 = \dfrac{V_a \times \eta_v}{v} \times q_2 = \dfrac{\left(\dfrac{50}{3600}\right) \times 0.68}{0.143} \times (606.9 - 444.4)$

$= 10.73$[kW]

(2) $h_5 = h' + (h'' - h')x$에서

건조도 $x = \dfrac{h_5 - h'}{h'' - h'} = \dfrac{606.9 - 386}{613.2 - 386} = 0.97$

10년3회, 12년2회

02 다음 조건과 같은 제빙공장에 대하여 다음 물음에 답하시오.(12점)

【조 건】

1. 제빙 실내의 동력 부하 : 5[kW]×2대
2. 제빙실의 외부부터 침입열량 : 14700[kJ/h]
3. 운전조건 제빙능력 : ① 1일 5톤 생산 ② 1일 결빙 시간 : 8시간 ③ 얼음 최종온도 : -10[℃] ④ 원수온도 : 15[℃]
4. 원수비열 : 4.2[kJ/kgK]
5. 얼음의 비열 : 2.1[kJ/kg · K]
6. 얼음의 융해 잠열 : 335[kJ/kg]
7. 안전율 : 10%

(1) 제빙부하(kW)를 계산하시오.

(2) 냉동능력(RT)을 계산하시오.

해답 (1) 제빙부하$=\dfrac{5\times10^3\times(4.2\times15+335+2.1\times10)}{8\times3600}=72.74$[kW]

(2) 냉동능력=제빙부하 + 동력부하 + 침입열량

$$=\left(72.74+5\times2+\frac{14700}{3600}\right)\times1.1\times\frac{1}{3.86}=24.74\text{[RT]}$$

13년2회

03 냉동장치 각 기기의 온도변화 시에 이론적인 값이 상승하면 ○, 감소하면 ×, 무관하면 △을 하시오.(15점)

온도변화 / 상태변화	응축온도 상승	증발온도 상승	과열도 증가	과냉각도 증가
성적계수				
압축기 토출가스온도				
압축일량				
냉동효과				
압축기 흡입가스 비체적				

해답

온도변화 / 상태변화	응축온도 상승	증발온도 상승	과열도 증가	과냉각도 증가
성적계수	×	○	×	○
압축기 토출가스온도	○	×	○	△
압축일량	○	×	○	△
냉동효과	×	○	○	○
압축기 흡입가스 비체적	△	×	○	△

04 아래의 그림은 압축기가 정지하고 있는 동안 증발기의 냉매액이 압축기로 흘러 들어오지 않도록 하기위한 방식 중 하나로 2대의 증발기가 압축기 위쪽에 위치하고 서로 다른 층에 설치되어 있는 경우의 배관의 미완성도이다. 배관 계통도를 그려 완성하시오.

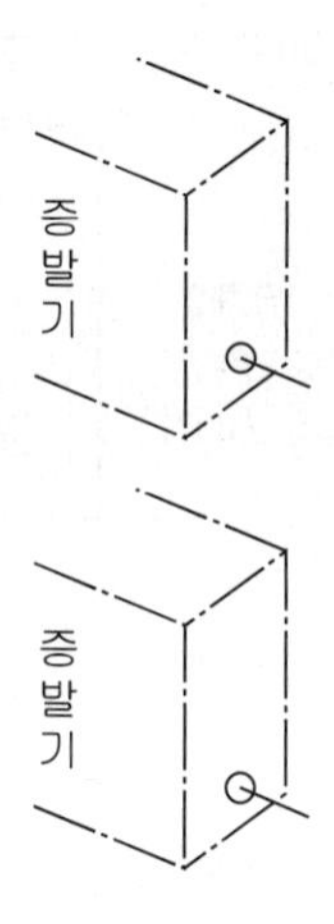

해답

03년1회, 18년3회

05 실내조건이 건구온도 27[℃], 상대습도 60%인 정밀기계 공장 실내에 피복하지 않은 덕트가 노출되어 있다. 결로방지를 위한 보온이 필요한지 여부를 계산과정으로 나타내어 판정하시오. (단, 덕트 내 공기온도를 20[℃]로 하고 실내 노점온도는 $t''a = 18.5[℃]$, 덕트 표면 열전달률 $\alpha_o = 9[W/m^2 \cdot K]$, 덕트 재료 열관류율을 $K = 0.58[W/m^2 \cdot K]$로 한다.)(6점)

해설 단층 평면벽의 열이동

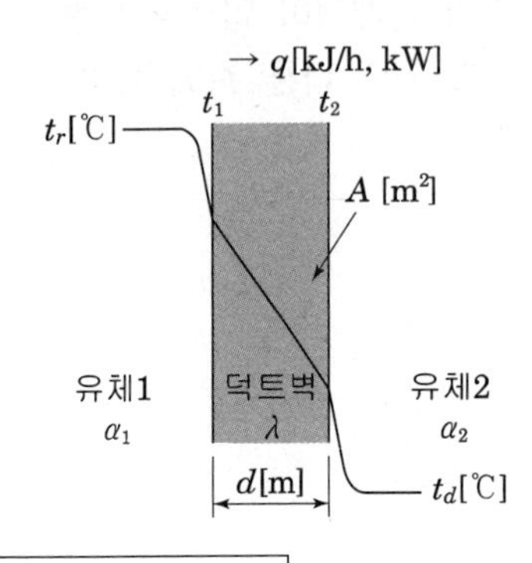

$q = K \cdot A \cdot \Delta t$ [W]

K : 열통과율 [W/m²·k]

$\left(\dfrac{1}{K} = \dfrac{1}{\alpha_1} + \dfrac{d}{\lambda} + \dfrac{1}{\alpha_2}\right)$

A : 전열면적 [m²]

Δt : 온도차 $(= t_r - t_d)$ [K]

$q_1 = \alpha \cdot A \cdot \Delta t$[W]

α : 열전달율[W/m²·K]

A : 전열면적[m²]

Δt : 온도차 $(= t_r - t_1)$[℃, K]

$q = q_1$ 이므로

$K \cdot A \cdot (t_r - t_d) = \alpha \cdot A \cdot (t_r - t_1)$

해답 $q = K \cdot A \cdot (t_r - t_i) = \alpha \cdot A \cdot (t_r - t_s)$에서 면적 A는 동일하므로

$= 0.58 \times (27 - 20) = 9 \times (27 - t_1)$

덕트 표면온도 $t_1 = 27 - \dfrac{0.58 \times (27 - 20)}{9} = 26.55$[℃]

덕트 표면온도(26.55℃)가 실내 노점온도(18.5℃)보다 높아서 결로가 발생하지 않는다. 따라서 보온할 필요가 없다.

16년1회, 06년1회

06 어느 냉장고 내에 100[W] 전등 20개와 2.2[kW] 송풍기(전동기 효율 0.85) 2기가 설치되어 있고 전등은 1일 4시간 사용, 송풍기는 1일 18시간 사용된다고 할 때, 이들 기기(機器)의 냉동부하(kWh)를 구하시오.

해답 기기부하 $q_E = \dfrac{100 \times 20}{1000} \times 4 + \dfrac{2.2}{0.85} \times 2 \times 18 = 101.18$[kWh]

07 다음과 같은 건물의 A실에 대하여 아래 조건을 이용하여 각 물음에 답하시오. (단, 실A는 최상층으로 사무실 용도이며, 아래층의 냉·난방 조건은 동일하다.)(30점)

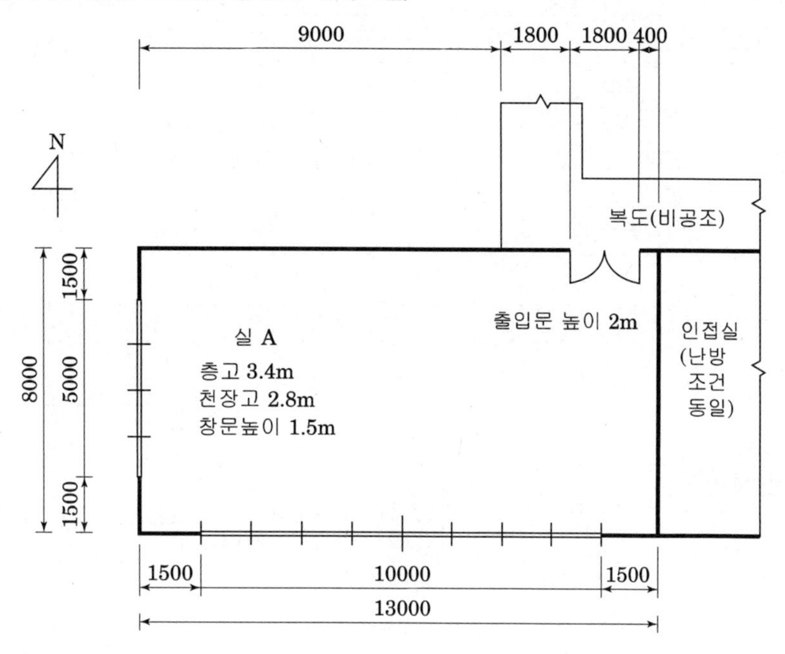

【조 건】

1. 냉·난방 설계용 온·습도

	냉방	난방	비고
실내	26℃ DB, 50%RH, x=0.0105kg/kg′	20℃ DB, 50%RH, x=0.00725kg/kg′	비공조실은 실내·외의 중간온도로 약산함
외기	32℃ DB, 70%RH, x=0.021kg/kg′ (7월 23일, 14:00)	−5℃ DB, 70%RH, x=0.00175kg/kg′	

2. 유리 : 복층유리(공기층 6mm), 블라인드 없음, 열관류율 $K = 3.5[\text{W/m}^2 \cdot \text{K}]$
   출입문 : 목제 플래시문, 열관류율 $K = 2.2[\text{W/m}^2 \cdot \text{K}]$
3. 공기의 밀도 $\rho = 1.2[\text{kg/m}^3]$, 공기의 정압비열 $C_{pa} = 1.01[\text{kJ/kg} \cdot \text{K}]$
   수분의 증발잠열(상온) $E_a = 2501[\text{kJ/kg}]$
   100℃ 물의 증발잠열 $E_b = 2257[\text{kJ/kg}]$
4. 외기 도입량은 $25[\text{m}^3/\text{h}\cdot$인$]$이다.
   - 차폐계수

유리	블라인드	차폐계수	유리	블라인드	차폐계수
보통 단층	없음	1.0	보통복층 (공기층 6mm)	없음	0.9
	밝은색	0.65		밝은색	0.6
	중등색	0.75		중등색	0.7
흡열 단층	없음	0.8	외측 흡열 내측 보통	없음	0.75
	밝은색	0.55		밝은색	0.55
	중등색	0.65		중등색	0.65
보통 이층 (중간 블라인드)	밝은색	0.4	외측 보통 내측 거울	없음	0.65

• 인체로부터의 발열설계 값(W/ 인)

작업상태	실온		27℃		26℃		21℃	
	예	전발열량	H_S	H_L	H_S	H_L	H_S	H_L
정좌	극장	103	57	46	62	41	76	27
사무소 업무	사무소	132	58	74	63	69	84	48
착석작업	공장의 경작업	220	65	155	72	148	107	113
보행 4.8km/h	공장의 중작업	293	88	205	96	197	135	158
볼링	볼링장	425	135	288	141	284	178	247

• 방위계수

방위	N, 수평	E	W	S
방위계수	1.2	1.1	1.1	1.0

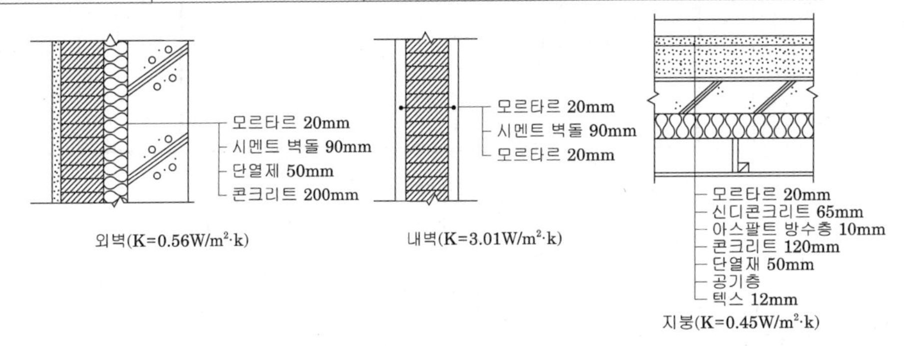

• 벽의 타입 선정

벽의 타입	Ⅱ	Ⅲ	Ⅳ
구조 예	• 목조의 벽, 지붕 • 두께합계 20~70mm의 중량벽	• Ⅱ+단열층 • 두께합계 70~110mm의 중량벽	• Ⅲ의 중량벽+단열층 • 두께합계 110~160mm의 중량벽
벽의 타입	Ⅴ	Ⅵ	Ⅶ
구조 예	• Ⅳ의 중량벽+단열층 • 두께합계 160~230mm의 중량벽	• Ⅴ의 중량벽+단열층 • 두께합계 230~300mm의 중량벽	• Ⅵ의 중량벽+단열층 • 두께합계 300~380mm의 중량벽

• 창유리의 표준일사열취득[W/m^2]

계절	방위	시각(태양시)														
		오전								오후						
		5	6	7	8	9	10	11	12	1	2	3	4	5	6	7
여름철 (7월 23일)	수평	1	58	209	379	518	732	816	844	816	732	602	441	209	58	1
	N·그늘	51	73	46	28	34	45	49	50	49	45	40	33	46	73	0
	NE	0	293	384	349	238	117	49	50	49	45	40	33	21	12	0
	E	0	322	476	493	435	363	159	50	49	45	40	33	21	12	0
	SE	0	150	278	343	354	363	255	120	49	45	40	33	21	12	0
	S	0	12	21	28	53	117	164	181	164	117	62	33	21	12	0
	SW	0	12	21	28	34	45	49	120	255	363	412	399	278	150	0
	W	0	12	21	28	34	45	49	50	159	363	506	573	476	322	0
	NW	0	12	21	28	34	45	49	50	49	117	277	406	384	293	0

- 환기횟수

실용적(m^3)	500 미만	500~1000	1000~1500	1500~2000	2000~2500	2500~3000	3000 이상
환기횟수(회/h)	0.7	0.6	0.55	0.5	0.42	0.40	0.35

- 인원의 참고치

방의 종류	인원(m^2/인)	방의 종류		인원(m^2/인)
사무실(일반)	5.0	백화점	객실	18.0
은행 영업실	5.0		평균	3.0
레스토랑	1.5		혼잡	1.0
상점	3.0		한산	6.0
호텔로비	6.5	극장		0.5

- 조명용 전력의 계산치

방의 종류	조명용 전력(W/m^2)
사무실(일반)	25
은행 영업실	65
레스토랑	25
상점	30

- Δ_{te}(상당 온도차)

구조체의 종류	방위	시각(태양시)												
		오전							오후					
		6	7	8	9	10	11	12	1	2	3	4	5	6
Ⅱ	수평	1.1	4.6	10.7	17.6	24.1	29.3	32.8	34.4	34.2	32.1	28.4	23.0	16.6
	N.그늘	1.3	3.4	4.3	4.8	5.9	7.1	7.9	8.4	8.7	8.8	8.7	8.8	9.1
	NE	3.2	9.9	14.6	16.0	15.0	12.3	9.8	9.1	9.0	9.9	8.7	8.0	6.9
	E	3.4	11.2	17.6	20.8	21.1	18.8	14.6	10.9	9.6	9.1	8.8	8.0	6.9
	SE	1.9	6.6	11.8	15.8	18.1	18.4	16.7	13.6	10.7	9.5	8.9	8.1	7.0
	S	0.3	1.0	2.3	4.7	8.1	11.4	13.7	14.8	14.8	13.6	11.4	9.0	7.3
	SW	0.3	1.0	2.3	4.0	5.7	7.0	9.2	13.0	16.8	19.7	21.0	20.2	17.1
	W	0.3	1.0	2.3	4.0	5.7	7.0	7.9	10.0	14.7	19.6	23.5	25.1	23.1
	NW	0.3	1.0	2.3	4.0	5.7	7.0	7.9	8.4	9.9	13.4	17.3	20.0	19.7
Ⅲ	수평	0.8	2.5	6.4	11.6	17.5	23.0	27.6	30.7	32	32.1	30.3	36.9	22.0
	N.그늘	0.8	2.1	3.2	3.9	4.8	5.9	6.8	7.6	8.1	8.4	8.6	8.6	8.9
	NE	1.6	5.6	10.0	12.8	13.8	13.0	11.4	10.3	9.7	9.4	9.1	8.6	7.8
	E	1.7	5.3	11.7	16.0	18.3	18.5	16.6	13.7	11.8	10.6	9.8	9.0	8.1
	SE	1.1	3.6	7.5	11.4	14.5	16.3	16.4	15.0	12.9	11.3	10.2	8.8	8.2
	S	0.5	0.7	1.5	2.9	5.4	8.2	10.8	12.7	13.6	13.6	12.5	10.8	9.2
	SW	0.5	0.7	1.5	2.7	4.1	5.4	7.1	9.8	13.1	16.2	18.5	19.2	18.2
	W	0.5	0.7	1.5	2.7	4.1	5.4	6.6	8.0	11.1	15.1	19.1	21.9	22.5
	NW	0.5	0.7	1.5	2.7	4.1	5.4	6.6	7.4	8.5	10.7	13.9	16.8	18.2

Ⅴ	수평	3.7	3.6	4.3	6.1	8.7	11.9	15.2	18.4	21.2	23.3	24.6	24.8	23.9
	N.그늘	2.0	2.1	2.4	2.8	3.2	3.8	4.5	5.1	5.7	6.3	6.7	7.1	7.4
	NE	2.2	3.1	4.7	6.5	8.1	9.0	9.4	9.4	9.4	9.3	9.2	9.1	8.8
	E	2.3	3.3	5.3	7.7	10.1	11.7	12.6	12.6	12.2	11.8	11.3	10.8	10.2
	SE	2.2	2.6	3.8	5.5	7.5	9.4	10.8	11.6	11.6	11.4	11.1	10.6	10.1
	S	2.1	1.8	1.8	2.1	2.9	4.1	5.6	7.1	8.4	9.5	10.0	10.0	9.7
	SW	2.8	2.4	2.3	2.5	2.9	3.5	4.3	5.5	7.2	9.1	11.1	12.8	13.8
	W	3.2	2.7	2.5	2.7	3.0	3.6	4.3	5.1	6.4	8.3	10.7	13.1	15.0
	NW	2.8	2.4	2.3	2.4	2.9	3.5	4.1	4.8	5.6	6.7	8.0	10.1	11.5
Ⅵ	수평	6.7	6.1	6.1	6.7	8.0	9.9	12.0	14.3	16.6	18.5	20.0	20.9	21.1
	N.그늘	3.0	2.9	2.9	3.0	3.2	3.6	4.0	4.4	4.9	5.3	5.7	6.1	6.4
	NE	3.3	3.6	4.3	5.4	6.4	7.3	7.8	8.1	8.3	8.4	8.5	8.5	8.5
	E	3.7	3.9	4.9	6.2	7.7	9.1	10.0	10.5	10.7	10.7	10.6	10.4	10.1
	SE	3.5	3.5	4.0	4.9	5.1	7.3	8.5	9.3	9.8	10.0	10.0	9.9	9.7
	S	3.3	4.0	2.8	2.8	3.1	3.7	4.6	5.6	6.6	7.4	8.1	8.4	8.6
	SW	4.5	4.0	3.7	3.5	3.6	3.8	4.2	4.9	5.9	7.2	8.6	9.9	11.0
	W	5.1	4.5	4.1	3.9	3.9	4.1	4.4	4.8	5.6	6.7	8.3	10.0	11.5
	NW	4.3	3.9	3.6	3.4	3.5	3.7	4.1	4.5	5.0	5.6	6.7	7.9	9.2
Ⅶ	수평	10.0	9.4	9.0	9.0	9.4	10.1	11.1	12.2	13.5	14.8	15.9	16.8	17.3
	N.그늘	4.0	3.8	3.7	3.7	3.7	3.8	4.0	4.2	4.4	4.7	4.9	5.2	5.5
	NE	4.7	4.7	4.9	5.3	5.8	6.3	5.5	4.9	7.2	7.3	7.5	7.6	7.7
	E	5.4	5.3	5.6	6.1	6.8	7.6	8.2	8.9	8.9	9.1	9.3	9.3	9.3
	SE	5.2	5.0	5.0	5.3	5.8	6.4	7.1	7.6	8.0	8.3	8.5	8.7	8.7
	S	4.6	4.3	4.1	3.9	3.9	4.1	4.5	4.9	5.6	6.0	6.5	6.8	7.1
	SW	6.1	5.7	5.4	5.1	5.0	4.9	5.0	5.2	5.7	6.3	7.0	7.8	8.5
	W	6.8	6.3	6.0	5.7	5.5	5.4	5.4	5.5	5.8	6.3	7.1	8.0	8.9
	NW	5.7	5.3	5.0	4.8	4.7	4.7	4.7	4.9	5.1	5.4	5.9	5.5	7.3

A실의 7월 23일 14:00 취득열량을 (1) 현열부하와 잠열부하로 구분하여 구하고, (2) 외기부하를 구하시오. (단, 덕트 등 기기로부터의 열 취득 및 여유율은 무시한다.)

(1) 실내부하

1) 현열부하

① 태양 복사열(유리창)

② 태양 복사열의 영향을 받는 전도열(지붕, 외벽)

③ 외벽, 지붕 이외의 전도열

④ 틈새바람에 의한 부하

⑤ 인체에 의한 발생열

⑥ 조명에 의한 발생열(형광등)

2) 잠열부하

① 틈새바람에 의한 부하

② 인체에 의한 발생열

(2) 외기부하
① 현열부하
② 잠열부하

해답 (1) 실내부하

1) 현열부하

① 태양 복사열(유리창)

- 남쪽 : $117 \times (10 \times 1.5) \times 0.9 = 1579.5[W]$
- 서쪽 : $363 \times (5 \times 1.5) \times 0.9 = 2450.25[W]$

∴ 태양 복사열 : $1579.5 + 2450.25 = 4029.75[W]$

② 태양복사열의 영향을 받는 전열량(지붕, 외벽)

- 지붕 : $q_w = KA(ETD)$

$= 0.45 \times (13 \times 8) \times 16.6 = 776.88[W]$

- 외벽 : 남쪽$= 0.56 \times (13 \times 3.4 - 10 \times 1.5) \times 5.6 = 91.57[W]$

서쪽$= 0.56 \times (8 \times 3.4 - 5 \times 1.5) \times 5.8 = 63.99[W]$

북쪽$= 0.56 \times (9 \times 3.4) \times 4.4 = 75.40[W]$

∴ 지붕 및 외벽의 전열량 : $776.88 + 91.57 + 63.99 + 75.40 = 1007.84$

※ 여기서 상당온도차(ETD)

지붕(277mm+공기층)=이므로 Ⅵ 타입으로 오후 2시의 수평 Δte=16.6[℃]
외벽 360mm로 Ⅶ 타입으로 오후 2시의
남쪽 Δte=5.6[℃], 서쪽 Δte=5.8[℃], 북쪽 Δte=4.4[℃]

③ 외벽 지붕 이외의 전열량

- 유리창 : 남쪽 $= 3.5 \times (10 \times 1.5) \times (32 - 26) = 315[W]$

서쪽 $= 3.5 \times (5 \times 1.5) \times (32 - 26) = 157.5[W]$

- 내벽$= 3.01 \times (4 \times 2.8 - 2 \times 1.8) \times \left(\dfrac{26+32}{2} - 26\right) = 68.63[W]$
- 문$= 2.2 \times (2 \times 1.8) \times \left(\dfrac{26+32}{2} - 26\right) = 23.76[W]$

∴ 외벽, 지붕 이외의 전열량 : $315 + 157.5 + 68.63 + 23.76 = 564.89$

④ 틈새바람에 의한 부하

환기횟수는 실용적에 따라서 0.7회 이므로
틈새바람에 의한 현열량
$= 1.01 \times 1.2 \times (0.7 \times 13 \times 8 \times 2.8) \times (32 - 26)/3.6 = 411.76[W]$

⑤ 인체에 의한 발생열

재실인원$= \dfrac{13 \times 8}{5} = 20.8$명

인체에 의한 현열발생량$= 20.8 \times 63 = 1310.4[W]$

⑥ 조명에 의한 발생열(형광등)

총 W수 $= 1.2 \times 13 \times 8 \times 25 = 3120[W]$

2) 잠열부하

① 틈새바람에 의한 부하

틈새바람에 의한 잠열부하

$=2501\times1.2\times(0.7\times13\times8\times2.8)\times(0.021-0.0105)/3.6=1784.31$[W]

② 인체에 의한 발생열

인체에 의한 잠열부하$=20.8\times69=1435.2$[W]

(2) 외기부하

① 현열부하

$q_{os}=1.01\times1.2\times(25\times20.8)\times(32-26)/3.6=1050.4$[W]

② 잠열부하

$q_{ol}=2501\times1.2\times(25\times20.8)\times(0.021-0.0105)/3.6=4551.82$[W]

11년3회, 16년2회, 17년1회

08 어느 벽체의 구조가 다음과 같은 조건을 갖출 때 각 물음에 답하시오.(12점)

【조 건】

1. 실내온도 : 25[℃], 외기온도 : −5[℃]
2. 외벽의 연면적 : 40[m²]
3. 공기층 열 컨덕턴스 : 6.05[W/m²·K]
4. 벽체의 구조

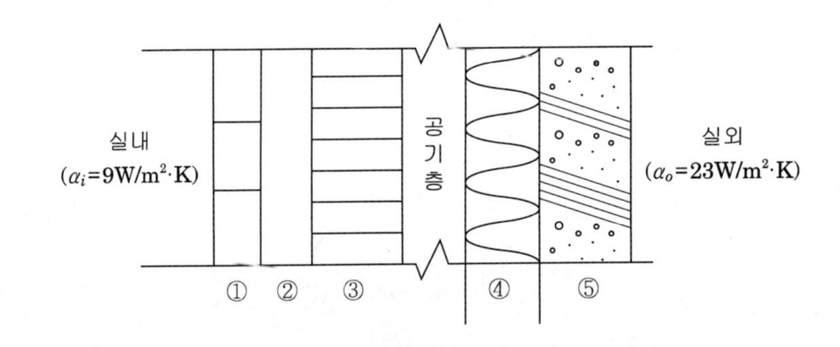

재료	두께(m)	열전도율(W/m·K)
① 타일	0.01	1.3
② 시멘트 모르타르	0.03	1.4
③ 시멘트 벽돌	0.19	0.6
④ 스티로폼	0.05	0.032
⑤ 콘크리트	0.10	1.6

(1) 벽체의 열통과율(W/m²·K)을 구하시오.(반올림하여 3자리까지)

(2) 벽체의 손실열량(W)을 구하시오.

(3) 벽체의 내표면 온도(℃)를 구하시오.

해설 전열량 q

- 열관류량 $q_1 = KA(t_r - t_o)$
- 열전달량 $q_2 = \alpha A(t_r - t_s)$

$q = q_1 = q_2$이므로

$q = KA(t_r - t_o) = \alpha A(t_r - t_s)$

해답 (1) 열통과율

$$K = \frac{1}{\frac{1}{\alpha_o} + \Sigma\frac{L}{\lambda} + \frac{1}{\alpha_i}} = \frac{1}{\frac{1}{9} + \frac{0.01}{1.3} + \frac{0.03}{1.4} + \frac{0.19}{0.6} + \frac{0.05}{0.032} + \frac{1}{6.05} + \frac{0.1}{1.6} + \frac{1}{23}} = 0.437[\mathrm{W/m^2 \cdot K}]$$

(2) 손실열량 $q = KA(t_r - t_o) = 0.437 \times 40 \times \{25 - (-5)\} = 524.4$ [W]

(3) 표면온도는 $q = \alpha A(t_r - t_s)$에서

$524.4 = 9 \times 40 \times (25 - t_s)$

$\therefore t_s = 25 - \frac{524.4}{9 \times 40} = 23.54[℃]$

15년2회

09 다음 그림과 같이 예열·혼합·순환수분무가습·가열하는 장치에서 실내현열부하가 14.8[kW]이고, 잠열부하가 4.2[kW]일 때 다음 물음에 답하시오. (단, 외기량은 전체 순환량의 25%이다.)(15점)

【조 건】

$h_1 = 14\mathrm{kJ/kg}$
$h_2 = 38\mathrm{kJ/kg}$
$h_3 = 24\mathrm{kJ/kg}$
$h_6 = 41.2\mathrm{kJ/kg}$

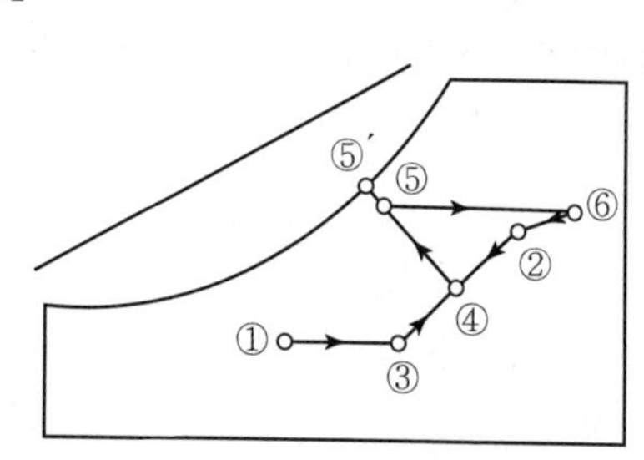

(1) 외기와 환기 혼합 엔탈피 h_4를 구하시오.

(2) 전체 순환공기량(kg/h)을 구하시오.

(3) 예열부하(kW)를 구하시오.

(4) 예열코일 무시하고 외기부하(kW)를 구하시오.

(5) 가열코일부하(kW)를 구하시오.

해답 문제의 습공기 선도를 장치도로 그리면 아래와 같다.

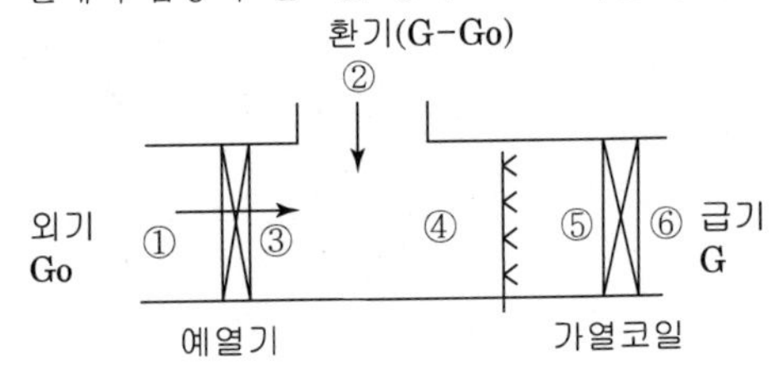

(1) 혼합엔탈피 $h_4 = 24 \times 0.25 + 38 \times 0.75 = 34.5$[kJ/kg]

(2) 전체 순환공기량 G

실내전열부하 $q_T = G(h_6 - h_2)/3600 = q_S + q_L$에서

$$G = \frac{q_S + q_L}{h_6 - h_2} \times 3600 = \frac{14.8 + 4.2}{41.2 - 38} \times 3600 = 21375 [\text{kg/h}]$$

여기서 q_T : 실내전열부하[kW=kJ/s]

q_S : 실내현열부하[kW]

q_L : 실내잠열부하[kW]

(3) 예열부하 $G_o(h_3 - h_1)/3600 = 21375 \times 0.25 \times (24 - 14)/3600 \fallingdotseq 14.84$[kW]

(4) 외기부하 $G_o(h_2 - h_1)/3600 = 21375 \times 0.25 \times (38 - 14)/3600 \fallingdotseq 35.625$[kW]

또는 $G(h_2 - h_4)/3600 +$ 예열부하 $= 21375 \times (38 - 34.5)/3600 + 14.84 \fallingdotseq 35.625$[kW]

여기서 G_o : 외기량[kg/h]이며 외기부하는 예열코일과 가열코일 전체 부하를 의미한다.

(5) 난방코일부하 $G(h_6 - h_5)/3600 = 21375 \times (41.2 - 34.5)/3600 \fallingdotseq 39.78$[kW]

여기서 가열기 입구엔탈피 h_5는 순환수분무가습일 때는 단열변화로 $h_4 = h_5$ 엔탈피가 변화가 없이 일정하다.

14년1회, 17년1회, 20년4회

10 **900[rpm]으로 운전되는 송풍기가 8000[m³/h], 정압 40[mmAq], 동력 15[kW]의 성능을 나타내고 있는 것으로 한다. 이 송풍기의 회전수를 1080[rpm]으로 증가시키면 어떻게 되는가를 계산하시오.**

해답 (1) 풍량 $Q_2 = Q_1 \cdot \left(\frac{N_2}{N_1}\right) = 8000 \times \frac{1080}{900} = 9600 [\text{m}^3/\text{h}]$

(2) 전압 $P_2 = P_1 \cdot \left(\frac{N_2}{N_1}\right)^2 = 40 \times \left(\frac{1080}{900}\right)^2 = 57.6 [\text{mmAq}]$

(3) 동력 $L_2 = L_1 \cdot \left(\frac{N_2}{N_1}\right)^3 = 15 \times \left(\frac{1080}{900}\right)^3 = 25.92 [\text{kW}]$

07년3회

11 **어떤 사무소 공간의 냉방부하를 산정한 결과 현열부하** $q_s = 24000[\text{kJ/h}]$, **잠열부하** $q_L = 6000[\text{kJ/h}]$ **이었으며, 표준 덕트 방식의 공기조화 시스템을 설계하고자 한다. 외기 취입량을** $500[\text{m}^3/\text{h}]$, **취출공기온도를** 16[℃]**로 하였을 경우 다음 각 물음에 답하시오.(단, 실내 설계조건** 26[℃] DB, 50% RH, **외기 설계조건** 32℃ DB, 70% RH, **공기의 비열** $C_p = 1.0[\text{kJ/kg·K}]$, **공기의 밀도** $\rho = 1.2[\text{kg/m}^3]$ **이다.)(16점)**

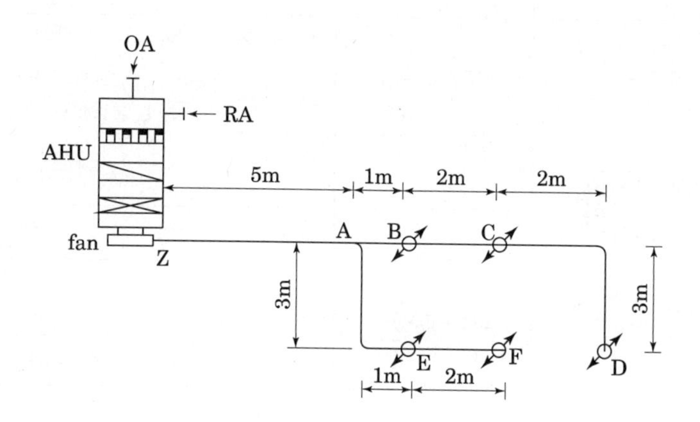

(1) 냉방풍량을 구하시오.

(2) 이때의 현열비 및 공조기 내에서 실내공기 ①과 외기 ②가 혼합되었을 때 혼합공기 ③의 온도를 구하고, 공기조화 사이클을 습공기 선도 상에 도시하시오. (별첨 공기선도를 이용)

(3) 실내에 설치한 덕트 시스템을 위의 그림과 같이 설계하고자 한다. 각 취출구의 풍량이 동일할 때 원형덕트경과 장방형 덕트의 크기를 결정하고, 풍속을 구하시오(단, 마찰손실 R = 1Pa/m, 풍속은 원형덕트에서 구한다)

구간	풍량(m^3/h)	원형 덕트 지름(cm)	장방형 덕트(cm)	풍속(m/s)
Z–A			×25	
A–B			×25	
B–C			×25	
C–D			×15	
A–E			×25	
E–F			×15	

(4) 덕트 경로 Z–F 구간의 마찰손실을 구하시오.(단, 마찰손실 R = 1Pa/m, Z–F 구간의 밴드 부분에서 $\frac{\gamma}{W} = 1.5$로 하며 아래 저항계수표를 이용한다. 풍속은 장방형 덕트에서 구한다)

<table>
<tr><th>명칭</th><th>그림</th><th>계산식</th><th>저항계수</th></tr>
<tr><td>장방형
엘보(90°)</td><td></td><td>$\Delta P_t = \lambda \dfrac{L'}{d} \times \dfrac{v^2}{2}\rho$</td><td>
<table>
<tr><th>H/W</th><th>$\gamma/W=0.5$</th><th>0.75</th><th>1.0</th><th>1.5</th></tr>
<tr><td>0.25</td><td>$L'/W=25$</td><td>12</td><td>7</td><td>3.5</td></tr>
<tr><td>0.5</td><td>33</td><td>16</td><td>9</td><td>4</td></tr>
<tr><td>1.0</td><td>45</td><td>19</td><td>11</td><td>4.5</td></tr>
<tr><td>4.0</td><td>90</td><td>35</td><td>17</td><td>6</td></tr>
</table>
</td></tr>
<tr><td rowspan="2">장방형
덕트의 분기</td><td rowspan="2"></td><td>직통관(1 → 2)
$\Delta P_t = \zeta_r \dfrac{{v_1}^2}{2}\rho$</td><td>$v_2/v_1 < 1.0$ 인 때에는 대개 무시한다.
$v_2/v_1 \geqq 1.0$ 일 때
$\zeta_r = 0.46 - 1.24x + 0.93x^2$
$x = \left(\dfrac{v_3}{v_1}\right) \times \left(\dfrac{a}{b}\right)^{1/4}$</td></tr>
<tr><td>분기관
$\Delta P_t = \zeta_B \dfrac{{v_1}^2}{2}\rho$</td><td>
<table>
<tr><th>x</th><th>0.25</th><th>0.5</th><th>0.75</th><th>1.0</th><th>1.25</th></tr>
<tr><td>ζ_B</td><td>0.3</td><td>0.2</td><td>0.2</td><td>0.4</td><td>0.65</td></tr>
</table>
다만 $x = \left(\dfrac{v_3}{v_1}\right) \times \left(\dfrac{a}{b}\right)^{1/4}$
</td></tr>
</table>

해설 (1) 냉방풍량 $Q[\mathrm{m^3/h}]$

$$Q = \frac{q_s}{c_p \cdot \rho \cdot \Delta t}$$

q_s : 실내 현열부하[kJ/h]
c_p : 공기의 평균정압비열[kJ/kg · K]
ρ : 공기의 밀도[kg/m³]
Δt : 온도차(=실내온도-취출공기온도)[℃]

(2) ① 현열비 $\mathrm{SHF} = \dfrac{q_s}{q_s + q_L}$

q_s : 실내 현열부하[kJ/h]
q_L : 실내 잠열부하[kJ/h]

② 혼합공기온도 $t_3 = \dfrac{mt_1 + nt_2}{m+n}$

(3) 각 구간의 풍량 및 풍속
① 각 구간의 원형덕트의 지름은 유량선도(마찰저항 선도)마찰 손실 R= 1[Pa]과 각 구간의 풍량과의 교점에 의해서 구한다.
② 장방형 덕트의 경우에는 장방형 덕트와 원형 덕트 환산표에 의해 구하는데 장방형덕트의 단변의 길이가 25[cm], 15[cm]로 주어졌으므로 환산표의 단변의 길이와 원형덕트의 지름과의 교점에 의해 장변을 구한다.
③ 풍속은 덕트선도의 읽음으로 한다.

(4) Z-F 구간의 마찰 손실
① Z-F 구간의 마찰 손실은 먼저 직선 덕트의 저항을 구하고 A분기부저항, A-E사이의 장방형 엘보의 저항, 취출구저항 등을 순차적으로 구한다.

해답 (1) 냉방풍량 $Q=\frac{q_s}{c_p \cdot r \cdot \Delta t}=\frac{24000}{1.0\times 1.2\times(26-16)}=2000[m^3/h]$

(2) ① 현열비 SHF$=\frac{q_s}{q_s+q_L}=\frac{24000}{24000+6000}=0.8$

② 혼합공기 온도 $t_3=\frac{mt_1+nt_2}{m+n}=\frac{500\times 32+1500\times 26}{2000}=27.5[℃]$

③ 습공기선도를 그리면 다음과 같다.

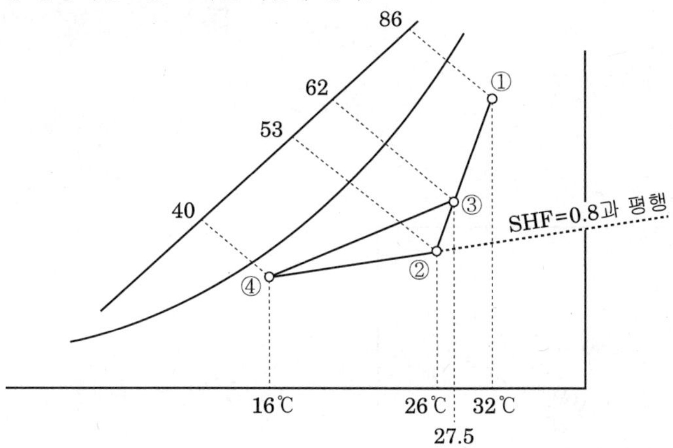

(3) 덕트 각 구간의 풍량, 원형, 장방형 덕트의 치수 및 풍속

구간	풍량(m³/h)	원형 덕트 지름(cm)	장방형 덕트(cm)	풍속(m/s)
Z-A	2000	36	45×25	5.5
A-B	1200	30	35×25	4.8
B-C	800	26	25×25	4.3
C-D	400	19.3	25×15	3.7
A-E	800	26	25×25	4.3
E-F	400	19.3	25×15	3.7

(4) Z-F 구간의 마찰(압력)손실

① 직관덕트의 마찰(압력)손실=(5+3+1+2)×1=11[Pa]

② A 덕트 분기부의 저항 $\Delta P_t=\zeta_B\frac{{v_1}^2}{2}\rho$ 에서 먼저 저항계수 ζ_B를 구한다.(저항계수 표에서 덕트 분기관 항적용)

• $x=\left(\frac{v_3}{v_1}\right)\times\left(\frac{a}{b}\right)^{1/4}=\left(\frac{3.56}{4.94}\right)\times\left(\frac{25}{25}\right)^{1/4}=0.72$

a, b는 AE덕트 규격 25×25적용

• $v_1=\frac{2000}{0.45\times 0.25\times 3600}=4.94[m/s]$

• $v_3=\frac{800}{0.25\times 0.25\times 3600}=3.56[m/s]$

여기서 v_1과 v_3는 장방형 덕트의 실풍속을 기준으로 계산하여야 한다.

따라서 ζ_B는 x = 0.72 → 0.2

그러므로 A 분기부의 저항 $\Delta P_t=0.2\times\frac{4.94^2}{2}\times 1.2=2.93[Pa]$

③ A-E 구간의 엘보의 국부저항

- r/W = 1.5, H/W = 25/25 = 1에서 $L'/\mathrm{W} = 4.5$

그러므로 엘보의 상당길이 $L' = 4.5 \times 0.25 = 1.125[\mathrm{m}]$

AEF구간은 전부 R=1[Pa/m]이므로

$\Delta P_t = 1 \times 1.125 = 1.125[\mathrm{Pa}]$

④ 따라서 Z-F 구간의 전압력손실 P_t는 직관 덕트 + A분기부 + AE엘보에서

$P_t = 11 + 2.93 + 1.125 = 15.06[\mathrm{Pa}]$

답 Z-F 구간 마찰손실 15.06[Pa]

선도

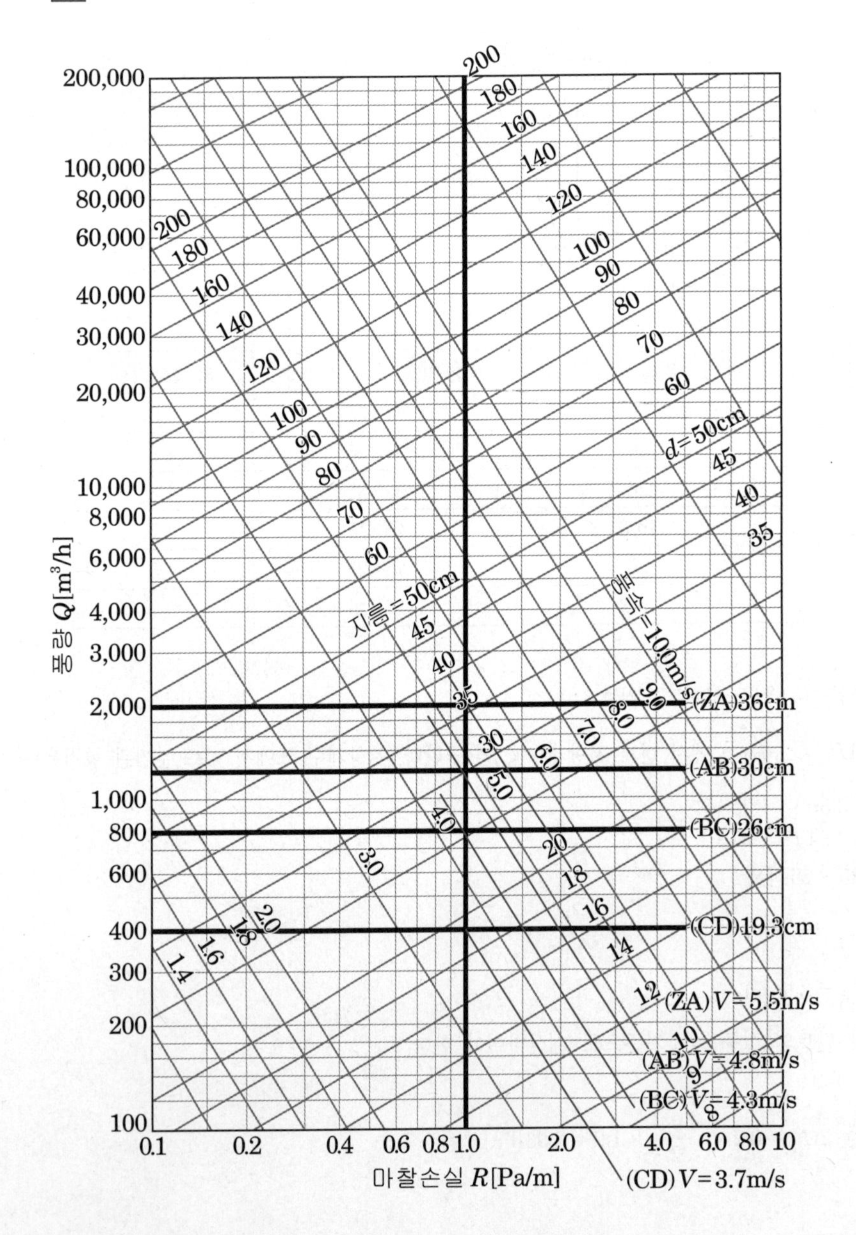

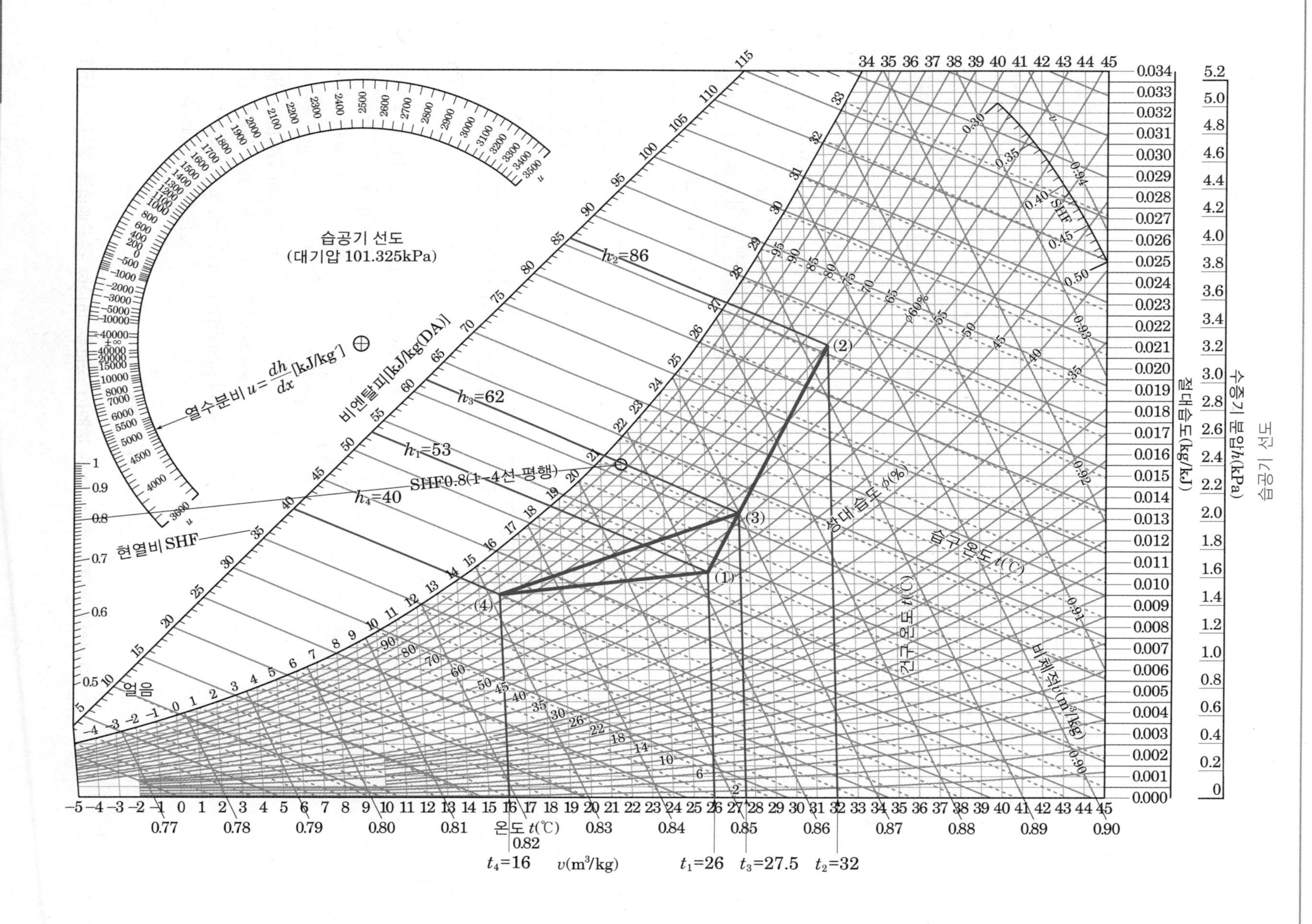
습공기 선도
(대기압 101.325kPa)
비엔탈피[kJ/kg(DA)]
열수분비 $u=\dfrac{dh}{dx}$[kJ/kg′]
현열비 SHF
얼음
h_4=40
h_1=53
h_3=62
h_2=86
SHF0.8(1-4선 평행)
(1)
(2)
(3)
(4)
온도 t(℃)
v(m³/kg)
t_4=16
t_1=26
t_3=27.5
t_2=32
건구 온도 t(℃)
상대 습도 ϕ(%)
습구 온도 t'(℃)
비체적 v(m³/kg)
절대습도(kg/kJ)
수증기 분압 h(kPa)

습공기 선도

12 어느 건물의 기준층 설비배관을 적산한 결과는 아래와 같다. 다음 물음에 답하시오.

【조 건】

가. 조건

(1) 부속품 및 지지물 가격, 할증

1) 강관의 부속류의 가격은 할증 전 직관가격의 50%

2) 지지철물의 가격은 할증 전 직관가격의 10%

3) 배관의 할증은 10%로 한다.

(2) 기타 조건

1) 경비 : 50000(원)

2) 일반관리 : 공사원가의 6%

3) 이윤 : 인건비, 경비, 일반관리비 합계의 15%

나. 산출근거

표 1. 강관 수량적산

품명	규격	수량(길이)	비고
강관	15mm	40m	
강관	20mm	50m	
게이트 밸브	청동10k, 20mm	4개	

다. 품셈(재료)

표 2. 강관(인/m)

규격	배관공	보통인부	비고
15mm	0.11	0.06	
20mm	0.12	0.06	

표 3. 밸브(인/개)

규격	배관공	보통인부	비고
20mm	0.07	–	

라. 단가

표 4. 재료비 단가

품명	규격	단위	단가(원)	비고
강관	15mm	m	600	
강관	20mm	m	700	
게이트 밸브	20mm	개	4500	

표 5. 노무비 단가

단가	배관공/인	보통인부/인	비고
단가	45000	25000	

(1) 아래 공사내역서의 재료비 및 인건비를 작성하시오.

[재료비]

품명	규격	단위	수량	단가	금액
강관	15mm	m			
강관	20mm	m			
게이트 밸브	20mm	개			
강관 부속품					
지지철물					
계					

[비]

품명	규격	단위	수량	단가	금액
인건비	배관공				
인건비	보통인부				
계					

(2) 공사원가와 총원가를 구하시오.

해설 (1) 공사내역서

① 재료비

품명	규격	단위	수량	단가	금액
강관	15mm	m	44	600	26400
강관	20mm	m	55	700	38500
게이트 밸브	20mm	개	4	4500	18000
강관 부속품	직관길이 50%		(40×600+50×700)×0.5	(할증전수량)	29500
지지철물	직관 10%		(40×600+50×700)×0.1	(할증전수량)	5900
계					118300

② 인건비

품명	규격	단위	수량	단가	금액
인건비	배관공	인	0.11×40+0.12×50+0.07×4 = 10.68	45000	480600
인건비	보통인부	인	0.06×40+0.06×50 = 5.4	25000	135000
계					615600

(2) 공사원가와 총원가

① 공사원가 = 재료비 + 인건비 + 경비

= 118300 + 615600 + 50000 = 783900

② 총원가 = 공사원가 + 일반관리비 + 이윤

= 783900 + 47034 + 106895.1 = 937829.1

여기서

일반관리비 = 783900×0.06 = 47034

이윤 = (615600+50000+47034)×0.15 = 106895.1

13 **아래의 그림은 냉각탑에서의 분무수와 공기의 온도변화를 나타낸 것이다. 다음 물음에 답하시오. (단, 향류식 냉각탑이고 입구공기 습구온도는 27[℃]이다.)**

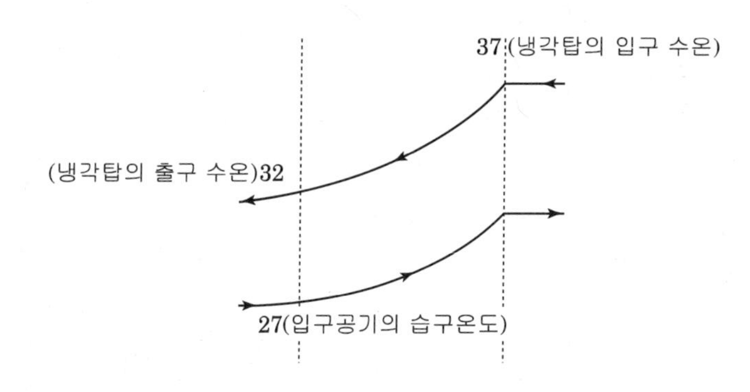

냉각탑 내의 온도 변화(수온과 습공기온도의 변화)

(1) Cooling range는 얼마인가?

(2) Cooling approach는 얼마인가?

(3) 이 냉각탑의 냉각효율은 몇%인가?

해답

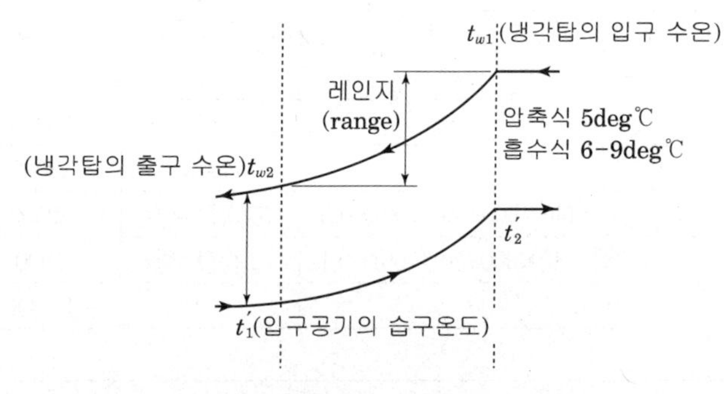

냉각탑 내의 온도 변화(수온과 습공기온도의 변화)

(1) Cooling range = 냉각탑 입구수온 - 냉각탑 출구수온 = 37 - 32 = 5[℃]

(2) Cooling approach = 냉각탑 출구수온 - 입구공기 습구온도 = 32- 27 = 5[℃]

(3) 냉각탑 냉각효율 $= \dfrac{\text{냉각탑 입구수온} - \text{냉각탑 출구수온}}{\text{냉각탑 입구수온} - \text{입구공기 습구온도}} \times 100 = \dfrac{37-32}{37-27} \times 100 = 50\%$

14 히트펌프로 실온을 21[℃]로 유지하고 있다. 외기온도가 −5[℃]일 때, 실내로부터의 손실열량은 135[MJ/h]이었다. 히트펌프의 성적계수와 구동에 필요한 최소동력[kW]을 구하시오.

해답 (1) 히트펌프 성적계수 $COP_H = \dfrac{T_1}{T_1 - T_2} = \dfrac{273+21}{(273+21)-(273-5)} ≒ 11.31$

(2) 구동에 필요한 최소동력 W

$COP_H = \dfrac{Q_1}{W} = \dfrac{T_1}{T_1 - T_2}$ 에서

$W = \dfrac{Q_1}{COP_H} = \dfrac{(135 \times 10^3/3600)}{11.31} = 3.32[\text{kW}]$

또는

$W = \dfrac{Q_1}{T_1}(t_1 - t_2) = \dfrac{(135 \times 10^3/3600)}{273+21} \times \{21-(-5)\} = 3.32[\text{kW}]$

2020 제1회 실기 기출문제 (동영상 제공)

01 서징(surging)현상에 대하여 간단히 설명하시오.

해답 원심형의 송풍기나 펌프의 흡입유량이 감소하면 어떤 일정 유량에 이르러 급격한 압력과 흐름에 격심한 맥동(脈動)과 진동이 일어나 운전이 불안정하게 되는 현상으로 서징은 배관계를 포함한 계가 자려진동(自勵振動)을 일으켜서 특정 주기로 토출압력이나 유량이 변동을 일으키는 현상을 말한다.

02 수격현상(water hammering)에 대한 다음 물음에 답하시오.

(1) 수격현상이란?

(2) 방지책 2가지를 쓰시오.

해답 (1) 배관계 내의 유체의 속도가 급격힌 변화함에 따라 유체압력이 상승하는 현상으로 비교적 긴 송수관으로 액체를 수송하고 있을 때 급격히 밸브를 닫거나 정전 등으로 펌프의 운전이 갑자기 멈춘 경우 감속되는 분량의 운동에너지가 압력에너지로 변하여 관에 심한 충격을 주는 현상을 말한다.

(2) ① 관내의 유속을 낮게 할 것(관지름을 크게 한다.)
② 급격히 밸브를 폐쇄하지 말 것
③ 조압수조를 관로에 설치할 것
④ 회전체의 관성 모멘트를 크게 할 것

15년2회

03 액압축(liquid back or liquid hammering)의 발생원인 2가지와 액압축 방지(예방)법 4가지 및 압축기에 미치는 영향 2가지를 쓰시오.

(1) 원인

(2) 방지방법 2개

(3) 액압축 발생 시 장치에 미치는 영향

해답 (1) 액압축의 발생원인
① 냉동부하가 급격히 변동할 때
② 증발기에 유막이나 적상이 형성되었을 때

③ 액분리기 기능 불량
④ 흡입지변이 갑자기 열렸을 때
⑤ 팽창밸브의 개도가 과대할 때
⑥ 냉매를 과충전 하였을 때

(2) 액압축 방지법
① 냉동 부하의 변동을 적게 한다.
② 제상 및 배유(적상 및 유막 제거)
③ 냉매의 과잉 공급을 피한다.(팽창밸브의 적절한 조정)
④ 극단적인 습압축을 피한다.
⑤ 액분리기 용량을 크게 하여 기능을 좋게 한다.
⑥ 열교환기를 설치하여 흡입가스를 과열시킨다.

(3) 압축기에 미치는 영향
① 압축기 축봉부에 과부하 발생, 압축기에 소음과 진동이 발생
② 압축기가 파손될 우려가 있다.
③ 압축기 헤드에 적상이 형성된다.

09년1회, 18년1회

04 펌프에서 수직높이 25[m]의 고가수조와 5[m] 아래의 지하수까지를 관경 50[mm]의 파이프로 연결하여 2[m/s]의 속도로 양수할 때 다음 물음에 답하시오. (단, 배관의 압력손실은 3[kPa/100m], 비중량은 9800[N/m^3]이다.)

(1) 펌프의 전양정(m)을 구하시오.

(2) 펌프의 유량(m^3/s)을 구하시오.

(3) 펌프의 축동력(kW)을 구하시오.(단, 펌프 효율은 0.7로 한다.)

해답 (1) 펌프의 전양정(H)=실양정+배관저항(마찰손실)+기기저항+토출수두

① 실양정=흡입실양정+토출실양정=5+25=30[m]

② 배관저항$=(25+5)\times\dfrac{.3}{100}=0.9[\text{kPa}]$

$\therefore\ \text{H}=\dfrac{\text{P}}{\text{r}}=\dfrac{0.9}{9.8}=0.09[\text{m}]$

③ 속도수두$=\dfrac{v^2}{2g}=\dfrac{2^2}{2\times9.8}=0.20[\text{m}]$

$\therefore$ 전양정 $\text{H}=30+0.09+0.20=30.29[\text{m}]$

(2) 펌프의 유량 $Q=Av$에서

$$Q=\frac{\pi\times0.05^2}{4}\times2=3.93\times10^{-3}[\text{m}^3/\text{s}]$$

(3) 펌프의 축동력 $L_S=\dfrac{rQH}{\eta}$

$$L_s=\frac{9.8\times3.93\times10^{-3}\times30.29}{0.7}=1.67[\text{kW}]$$

11년1회

05 다음 그림과 같은 냉동장치에서 압축기 축동력은 몇 [kW]인가?

(1) 장치도

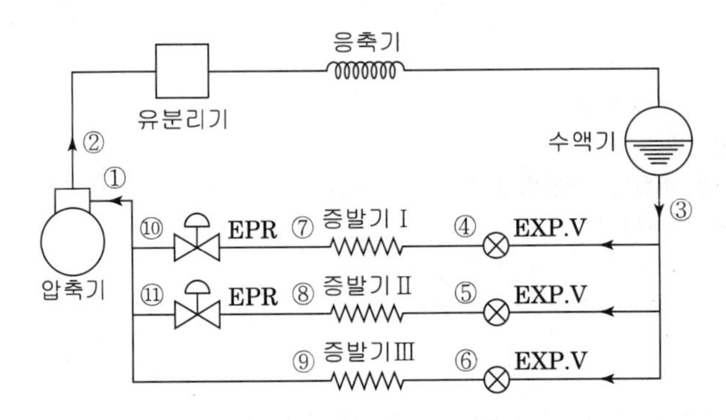

(2) 증발기의 냉동능력(RT)

증발기	Ⅰ	Ⅱ	Ⅲ
냉동톤	1	2	2

(3) 냉매의 엔탈피(kJ/kg)

구분	h_2	h_3	h_7	h_8	h_9
h	681.7	457.8	626	622	617.4

(4) 압축 효율 0.65, 기계효율 0.85

해답 (1) 그림과 같은 냉동장치도를 p-h선도 상에 그리면 다음과 같다.

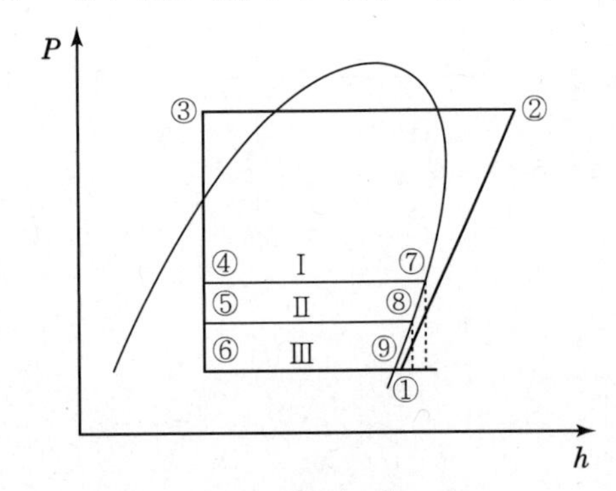

(2) 냉매순환량 $G = \dfrac{\text{냉동능력}}{\text{냉동효과}}$ 에서

① 증발기 Ⅰ $= \dfrac{3.86 \times 3600}{626 - 457.8} = 82.62[\text{kg/h}]$

② 증발기 Ⅱ $= \dfrac{2 \times 3.86 \times 3600}{622 - 457.8} = 169.26[\text{kg/h}]$

③ 증발기 Ⅲ $= \dfrac{2 \times 3.86 \times 3600}{617.4 - 457.8} = 174.14[\text{kg/h}]$

(3) 흡입가스 엔탈피

$$h_1 = \frac{82.62 \times 626 + 169.26 \times 622 + 174.14 \times 617.4}{82.62 + 169.26 + 174.14} = 620.90[\text{kJ/kg}]$$

(4) 축동력 $= \frac{(82.62 + 169.26 + 174.14) \times (681.7 - 620.90)}{3600 \times 0.65 \times 0.85} = 13.02[\text{kW}]$

14년3회, 17년3회

06 왕복동 압축기의 실린더 지름 120[mm], 피스톤 행정 65[mm], 회전수 1200[rpm], 체적 효율 70% 6기통일 때 다음 물음에 답하시오.

(1) 이론적 압축기 토출량 m³/h를 구하시오.

(2) 실제적 압축기 토출량 m³/h를 구하시오.

해설 이론적 압축기 토출량 $V_a = \frac{\pi d^2}{4} \cdot L \cdot N \cdot R \cdot 60$

체적 효율 = $\frac{\text{실제적 압축기 토출량}}{\text{이론적 압축기 토출량}}$

해답 (1) 이론적 토출량 $= \frac{\pi}{4} \times 0.12^2 \times 0.065 \times 1200 \times 6 \times 60 \fallingdotseq 317.58[\text{m}^3/\text{h}]$

(2) 실제적 토출량 $= 317.58 \times 0.7 = 222.31[\text{m}^3/\text{h}]$

07 그림의 장치도는 냉동기의 액관에서 플래쉬 가스(flash gas)의 발생을 방지하기 위해 증발기 출구의 냉매 증기와 수액기 출구의 냉매액을 액-가스 열교환기로 열교환 시킨 것이다. 또 압축기 출구 냉매가스 과열을 방지하기 위해 열교환기 출구의 냉매 증기에 수액기 출구로부터 액의 일부를 열교환기 직후의 냉매가스에 분사해서 습포화상태의 증기가 압축기에 흡입된다. 이 냉동장치에서의 각 냉매의 엔탈피 값과 운전조건이 아래와 같을 때 다음 각 항목에 답하시오.(단, 그림의 6번 증기는 과열증기상태이고 배관의 열손실은 무시하며 냉각수의 비열은 4.18[kJ/kg · K]로 한다.)

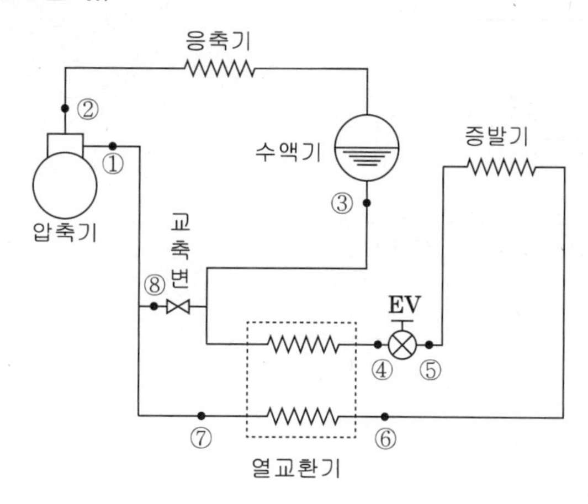

냉 매	엔탈피 (kJ/kg)
• 압축기 흡입 측 냉매엔탈피 h_1	375.7
• 단열압축 후 압축기출구 냉매엔탈피 h_2	438.5
• 수액기 출구 냉매엔탈피 h_3	243.9
• 증발기 출구의 냉매 증기와 열교환 후의 고압 측 냉매엔탈피 h_4	232.5
• 증발기 출구 과열증기 냉매엔탈피 h_6	394.6

【조 건】

1. 응축기 냉각수량 : 300[L/min]
2. 냉각수 입·출구 온도차 : 5[℃]
3. 압축기 압축효율 : $\eta_c = 0.75$

(1) 냉동장치에서의 각 점(①~⑧)을 아래의 p-h선도 상에 표시하시오.

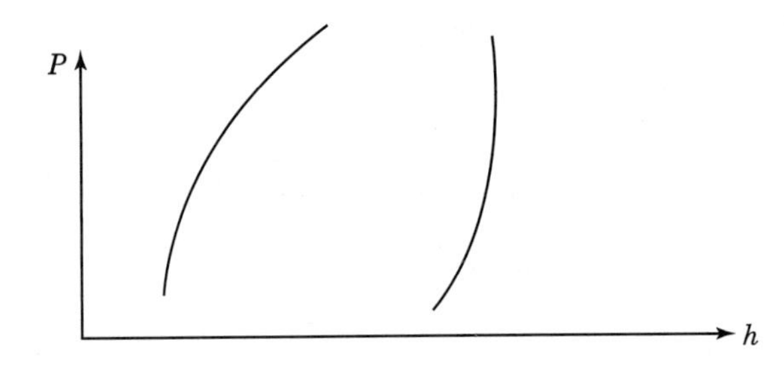

(2) 액-가스 열교환기에서의 열교환량[kW]을 구하시오.

(3) 실제 성적계수를 구하시오.

해답 (1)

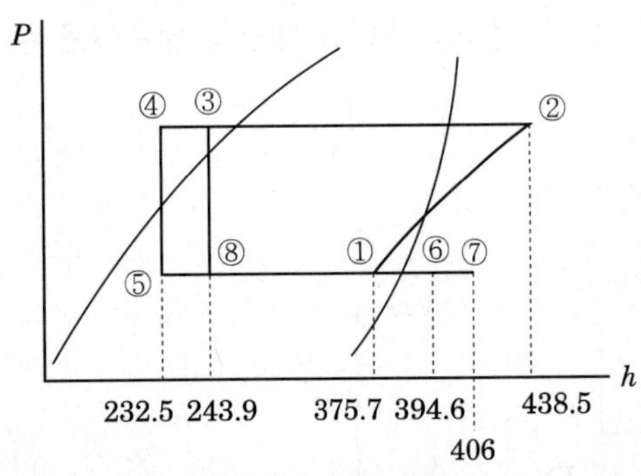

(2) 액-가스 열교환기에서의 열교환량[kW]

1) 먼저 전 순환냉매량 G를 구한다.

응축부하 $Q_1 = mc\Delta t$[kW]

응축부하 $Q_1 = G(h_2' - h_3)$에서

$$Q_1 = \left(\frac{300}{60}\right) \times 4.18 \times 5 = 104.5[\text{kW}]$$

냉매순환량 $G = \dfrac{Q_1}{h_2' - h_3} = \dfrac{104.5}{459.43 - 243.9} \fallingdotseq 0.48485[\text{kg/s}]$

여기서, 압축효율을 반영한 압축기 토출가스엔탈피h_2'를 구한다.

$$h_2' = h_1 + \frac{h_2 - h_1}{\eta_c} = 375.7 + \frac{438.5 - 375.7}{0.75} = 459.43[\text{kJ/kg}]$$

2) 다음으로 수액기 출구에서 열교환기 직후의 냉매가스에 분사하는 냉매량G'는 1점에서의 열평형식에 의해

$Gh_1 = (G - G')h_7 + G'h_8 \rightarrow G'(h_7 - h_8) = G(h_7 - h_1)$

$G' = G\dfrac{h_7 - h_1}{h_7 - h_8} = 0.48485 \times \dfrac{406 - 375.7}{406 - 243.9} = 0.0906[\text{kg/s}]$

여기서, $h_3 = h_8$이고,

열교환기를 통과하는 액냉매량$(G - G')$과 가스냉매량$(G - G')$은 동일하므로

h_7은 열교환기에서의 열평형식에 의해 구한다.

$(h_7 - h_6) = (h_3 - h_4)$에서

$h_7 = h_6 + (h_3 - h_4) = 394.6 + (243.9 - 232.5) = 406[\text{kJ/kg}]$

따라서 열교환기의 열교환량q_H

$q_H = (G - G')(h_3 - h_4)$ 또는 $q_H = (G - G')(h_7 - h_6) = (0.48485 - 0.0906) \times (243.9 - 232.5) = 4.49[\text{kW}]$

(3) 실제 성적계수는 실제 압축기 토출가스 엔탈피h_2'를 적용한다.

$$COP = \frac{Q_2}{W} = \frac{(G - G')(h_6 - h_5)}{G(h_2' - h_1)} = \frac{(0.48485 - 0.0906) \times (394.6 - 232.5)}{0.48485 \times (459.43 - 375.7)} = 1.57$$

08 다음과 같은 조건의 냉동장치 압축기의 분당 회전수를 구하시오.

【조 건】

1. 압축기 흡입증기의 비체적 : 0.15[m^3/kg], 압축기 흡입증기의 엔탈피 : 626[kJ/kg]
2. 압축기 토출증기의 엔탈피 : 689[kJ/kg], 팽창밸브 직후의 엔탈피 : 462[kJ/kg]
3. 냉동능력 : 10[RT], 압축기 체적효율 : 65%
4. 압축기 기통경 : 120[mm], 행정 : 100[mm], 기통수 : 6기통

해설 (1) 냉동능력 $R = \dfrac{Q_2}{3.86} = \dfrac{G \cdot q_2}{3.86} = \dfrac{V_a \times \eta_c \times q_2}{v \times 3.86}$에서

피스톤 압출량 $V_a = \dfrac{R \times v \times 3.86}{\eta_v \times q_2}$

(3) 피스톤 압출량 $V_a = \dfrac{\pi D^2}{4} \cdot L \cdot N \cdot R \cdot 60$에서

분당회전수 $R = \dfrac{V_a \cdot 4}{\pi \cdot D^2 \cdot L \cdot N \cdot 60}$

해답 (1) $V_a = \dfrac{RT \times v \times 3.86}{\eta_v \times q_2} = \dfrac{10 \times 0.15 \times 3.86 \times 3600}{0.65 \times (626-462)} = 195.53[\mathrm{m^3/h}]$

(2) 분당회전수

피스톤 압출량 $V_a = \dfrac{\pi D^2}{4} \cdot L \cdot N \cdot R \cdot 60$에서

$$R = \frac{V_a \cdot 4}{\pi \cdot D^2 \cdot L \cdot N \cdot 60} = \frac{195.53 \times 4}{\pi \times 0.12^2 \times 0.1 \times 6 \times 60} = 480.24[\mathrm{RPM}]$$

09 30[m](가로)×50[m](세로)×5[m](높이)의 냉동 창고에 사과 600상자(1상자 18[kg])가 들어 있을 때 3시간 동안에 0[℃]까지 냉각시키기 위해서 다음의 조건에 의해 물음에 답하시오.

【조 건】

- 외기의 평균온도 : 25[℃]
- 사과 저장 시 온도 : 15[℃]
- 사과의 비열 : 3.64[kJ/kg · K]
- 조명부하(백열등) : 20[W/m²]
- 작업자의 발열 : 1일 중 3시간 동안 작업 할 때 작업열량 1200[W]
- 환기횟수 : 0.5[회/h]
- 공기의 비열 : 1.01[kJ/kg · K]
- 공기의 밀도 : 1.2[kg/m³]
- 실내 작업인원 : 20명(발열량 370W/인)
- 벽체의 열관류율 [W/m² · K]
  벽 : 1.25, 천정 : 1.54

(1) 구조체를 통하여 침입하는 열량은 구하시오.[W]

(2) 냉장품(사과)을 냉각하기 위해 제거해야 할 열량을 구하시오.[W]

(3) 조명부하를 구하시오.[W]

(4) 작업자에 의한 발열량을 구하시오.

(5) 환기부하를 구하시오.[W]

해답 (1) 구조체를 통하여 침입하는 열량[W]

① 벽 : $1.25 \times (30+50) \times 2 \times 5 \times (25-0) = 25000[\mathrm{W}]$

② 천정 : $1.54 \times (30 \times 50) \times (25-0) = 57750[\mathrm{W}]$

(2) 냉장품(사과)을 냉각하기 위해 제거해야 할 열량[W]

$600 \times 18 \times 3.64 \times (15-0) \times 10^3 / (3 \times 3600) = 54600[\mathrm{W}]$

(3) 조명부하[W]

$20 \times (30 \times 50) = 30000[\mathrm{W}]$

(4) 작업자에 의한 발열량

$1200 + 20 \times 370 = 8600$[W]

(5) 환기부하[W]

$1.01 \times 1.2 \times (0.5 \times 30 \times 50 \times 5) \times (25 - 0) \times 10^3 / 3600 = 31562.5$[W]

10 다음 그림과 같은 중앙식 공기조화 설비의 계통도에서 미완성된 배관도는 실선으로 연결하여 유체의 흐름을 화살표로 표시하고 제어 포인트(센서)의 연결은 점선으로 하여 계통도를 완성하시오.

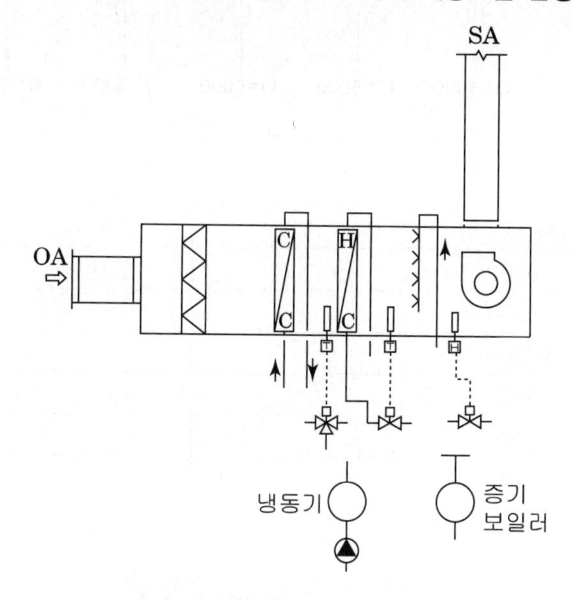

해답

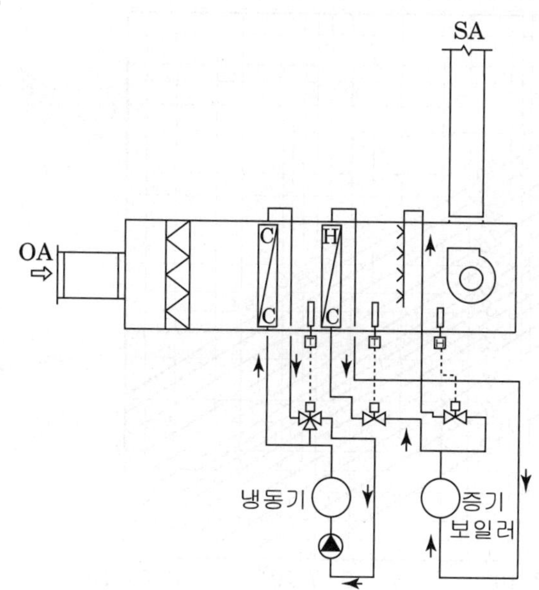

01년3회, 12년3회

11 **다음과 같은 공장용 원형 덕트를 주어진 도표를 이용하여 정압 재취득법으로 설계하시오. (단, 토출구 1개의 풍량은 5000[m³/h], 토출구의 간격은 5000[mm], 주덕트의 풍속은 10[m/s]로 한다.)**

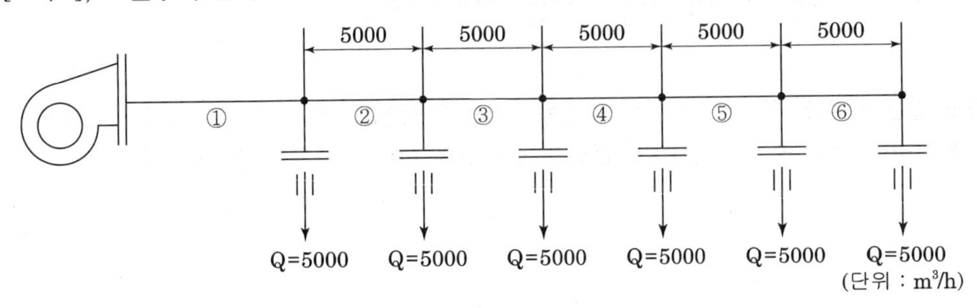

구간	풍량(m³/h)	K값	풍속(m/s)	원형 덕트경(cm)
①	30000			
②	25000			
③	20000			
④	15000			
⑤	10000			
⑥	5000			

그림(a)

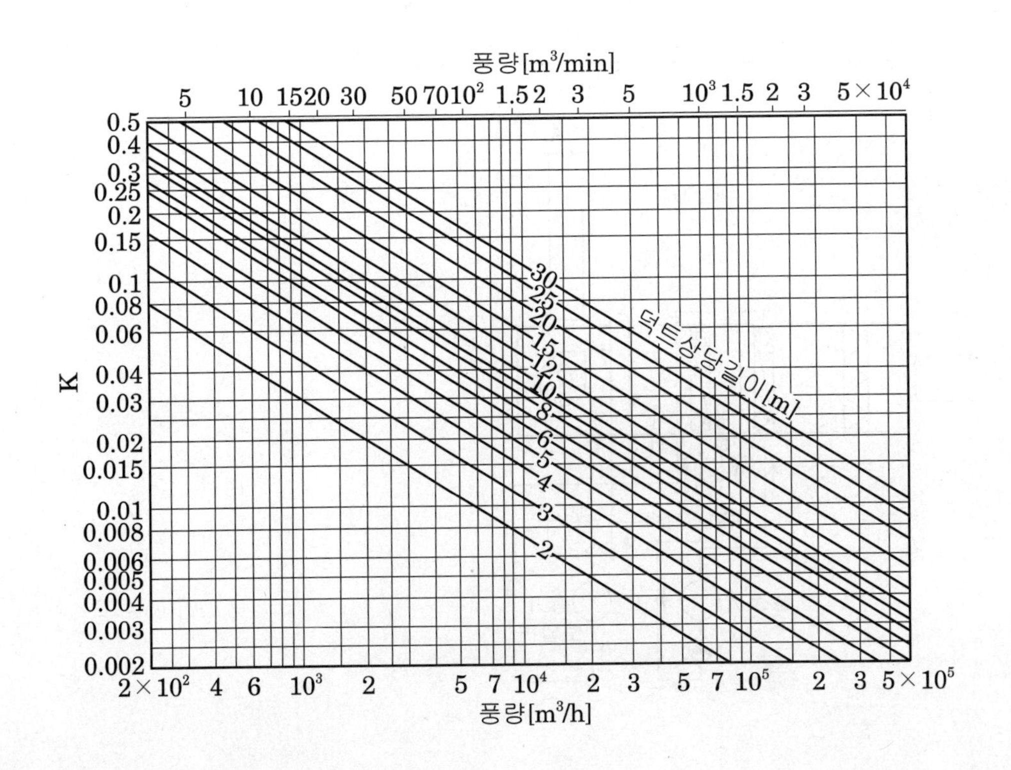

그림(b)

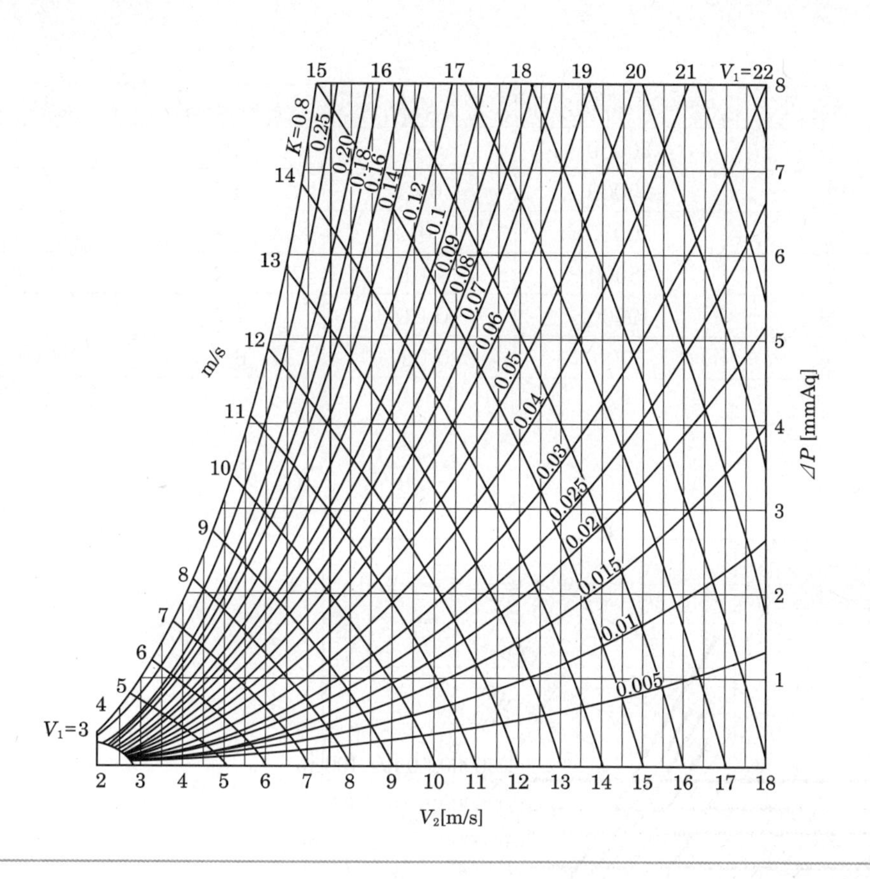

해설 정압 재취득법

[설계순서]

(1) 주덕트의 풍량(30000) 및 풍속(10m/s)으로 주덕트 치수를 결정한다.

(2) 각 취출구 사이의 상당길이 "L_e"와 구간풍량으로 그림에서 "K"를 구한다.

(3) 앞에서 결정한 풍속을 "v_1"곡선과 K값 곡선의 교점에서 수직선을 내려서 "v_2"를 구한다. 이 "v_2"가 그 다음 구간의 풍속이 된다.

(4) "v_2"를 다음 구간의 풍속으로 하고 같은 방법으로 덕트선도에서 덕트치수를 결정한다.

① 구간의 풍속은 10m/s, 풍량 30,000과 교점에서 덕트경100cm를 선정

② 구간의 풍속은 ①구간의 풍속 10m/s를 v_1으로 하고 K=0.01과의 교점에서 수선을 내려서 만나는 점 v_2=9.5m/s이다. 풍량 25,000과 교점에서 덕트경93cm를 선정

③ 구간의 풍속은 ②구간의 풍속 9.5m/s를 v_1으로 하고 K=0.0125와의 교점에서 수선을 내려서 만나는 점 v_2=8.9m/s이다. 풍량 20,000과 교점에서 덕트경87cm를 선정

④ 구간의 풍속은 ③구간의 풍속 8.9m/s를 v_1으로 하고 K=0.014과의 교점에서 수선을 내려서 만나는 점 v_2=8.4m/s이다.

⑤ 구간의 풍속은 ④구간의 풍속 8.4m/s를 v_1으로 하고 K=0.018과의 교점에서 수선을 내려서 만나는 점 v_2=7.5m/s이다.

⑥ 구간의 풍속은 ⑤구간의 풍속 7.5m/s를 v_1으로 하고 K=0.027과의 교점에서 수선을 내려서 만나는 점 v_2=6.7m/s이다.

해답

구간	풍량(m^3/h)	K값	풍속(m/s)	원형 덕트경(cm)
①	30000	–	10	100
②	25000	0.01	9.5	93
③	20000	0.0125	8.9	87
④	15000	0.014	8.4	78
⑤	10000	0.018	7.5	68
⑥	5000	0.027	6.7	52

선도

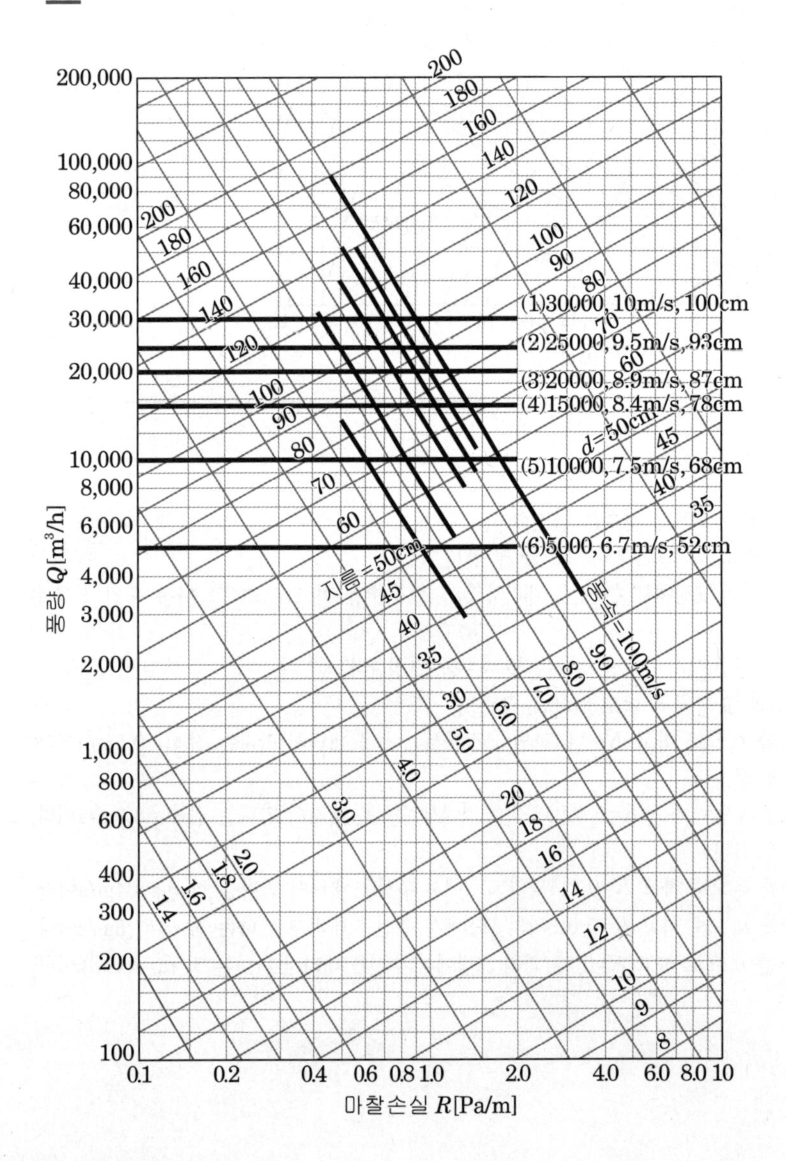

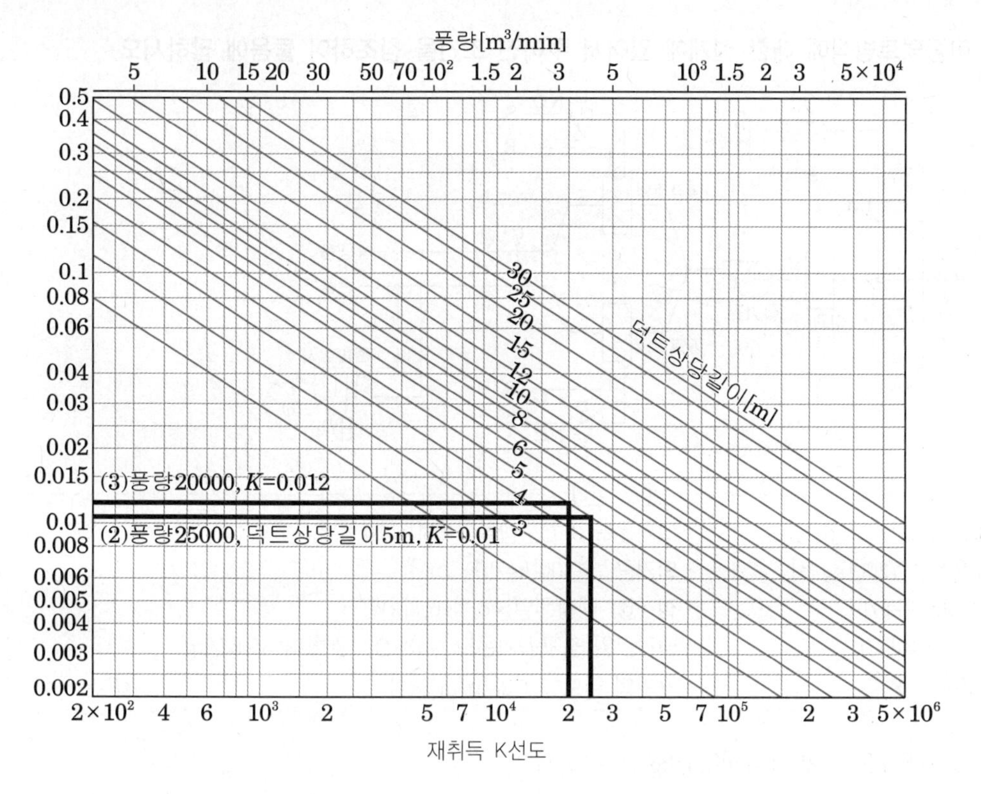

재취득 K선도

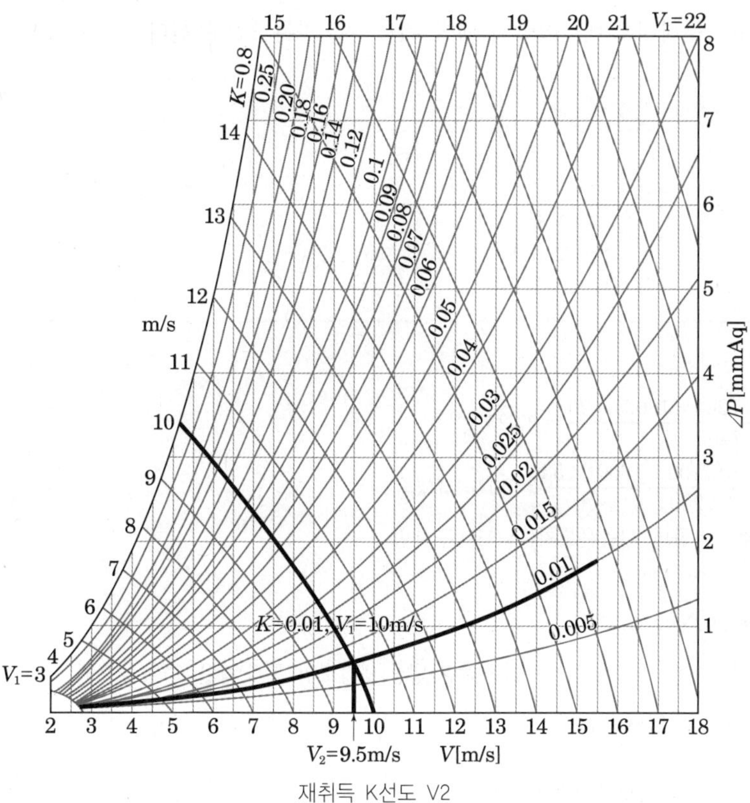

재취득 K선도 V2

12 다음과 그림과 같은 이중덕트방식에 대한 설계에 있어서 주어진 조건을 참조하여 물음에 답하시오.

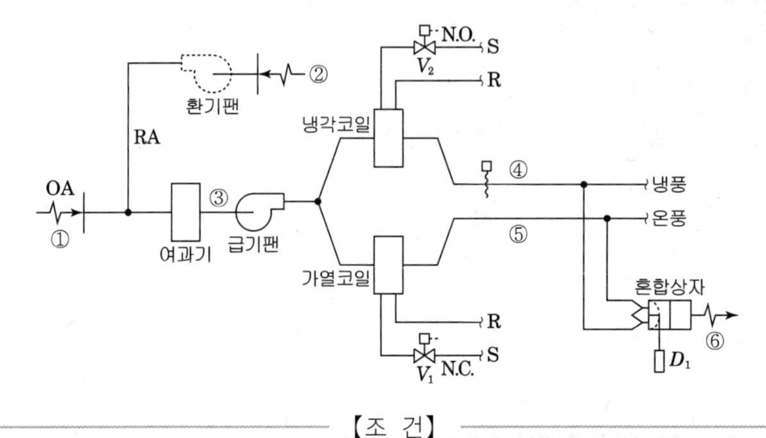

【조 건】

• 실내온도 26[℃], 엔탈피 53[kJ/kg]	• 외기온도 31℃, 엔탈피 83[kJ/kg]
• 전풍량(총 급기팬 송풍량): 7200[kg/h]	• 외기량 : 1800[kg/h]
• 가열코일 통과풍량 : 3600[kg/h]	• 실 (⑥) 냉방현열부하 : 6.5[kW]
• 가열코일 출구공기온도 : 31[℃]	• 냉각코일 출구공기온도 : 13[℃], 엔탈피 35[kJ/kg]
• 공기의 비열 : 1.0[kJ/kg · K]	• 공기의 밀도 : 1.2[kg/m^3]

(1) 외기와 환기의 혼합 공기온도[℃] 및 엔탈피[kJ/kg]를 구하시오.

(2) 실(⑥)에 대한 혼합 냉풍 공기량[m^3/h]을 구하시오.(단 이방의 냉방 취출 온도차는 8℃로 한다)

(3) 냉각코일부하[kW]를 구하시오.

(4) 가열코일부하[kW]를 구하시오.

(5) 외기현열부하[kW]를 구하시오.

(6) 외기전열부하[kW]를 구하시오.

해답 (1) 혼합 공기온도[℃] 및 엔탈피[kJ/kg]

① 혼합 공기온도 $t_3 = \dfrac{1800 \times 31 + (7200 - 1800) \times 26}{7200} = 27.25$[℃]

② 혼합 공기엔탈피 $h_3 = \dfrac{1800 \times 83 + (7200 - 1800) \times 53}{7200} = 60.5$[kJ/kg]

(2) 실⑥에 대한 취출공기량을 실내냉방현열부하와 취출온도차(Δt)로 구하면

$q_s = mC\Delta t$에서

$$m = \frac{q_s}{C \times \Delta t} = \frac{6.5[\text{kW}] \times 3600}{1 \times 8} = 2925[\text{kg/h}]$$

냉풍 13℃와 온풍 31℃를 혼합하여 취출공기 26-8=18℃를 만들려면 냉풍(냉각코일 통과)량을 x라 놓으면

$$18 = \frac{x \times 13 + (2925 - x)31}{2925} \qquad \therefore x = 2112.5[\text{kg/h}]$$

실⑥에 대한 혼합 냉풍공기량은 $Q_6 = \dfrac{2112.5}{1.2} = 1760.42$[m^3/h]

(3) 냉각코일부하는 냉풍공기량과 코일 입출구 엔탈피차로 구한다
냉각코일부하 $= m \cdot \Delta h = (7200-3600)(60.5-35) = 91{,}800\,\text{kJ/h} = 25.5\,[\text{kW}]$

(4) 가열코일부하 $= mC\Delta t = 3600 \times 1.0(31-27.25)/3600 = 3.75\,[\text{kW}]$

(5) 외기현열부하 $= mC\Delta t = 1800 \times 1(31-26)/3600 = 2.5\,[\text{kW}]$

(6) 외기전열부하[kW] $= 1800 \times (83-53)/3600 = 15\,[\text{kW}]$ (일반적인 외기부하란 전열부하를 의미한다)

13 아래의 주어진 p-h선도를 보고 미완성된 장치도를 완성하시오.

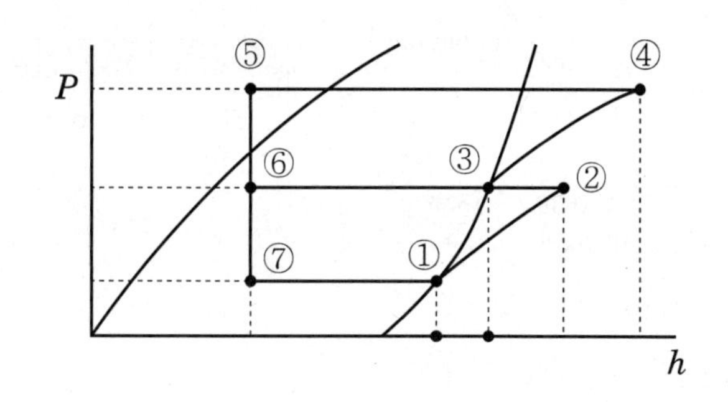

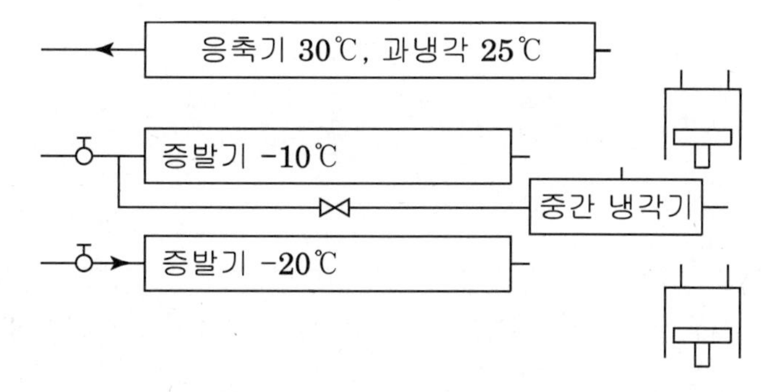

해답

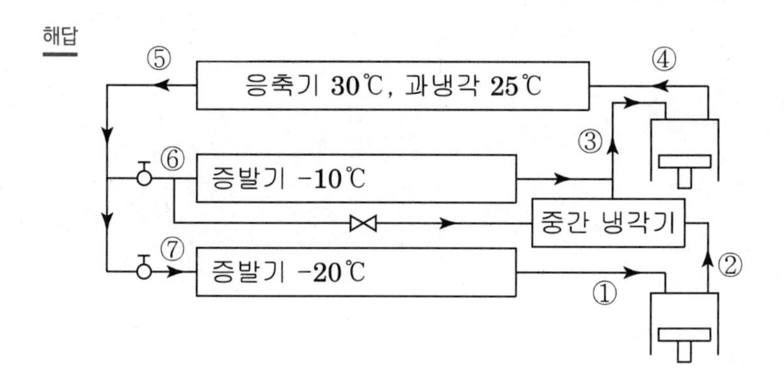

13년1회

14 2단압축 1단팽창 $P-h$ 선도와 같은 냉동사이클로 운전되는 장치에서 다음 물음에 답하시오. (단, 냉동능력은 252[MJ/h]이고 압축기의 효율은 다음 표와 같다.)

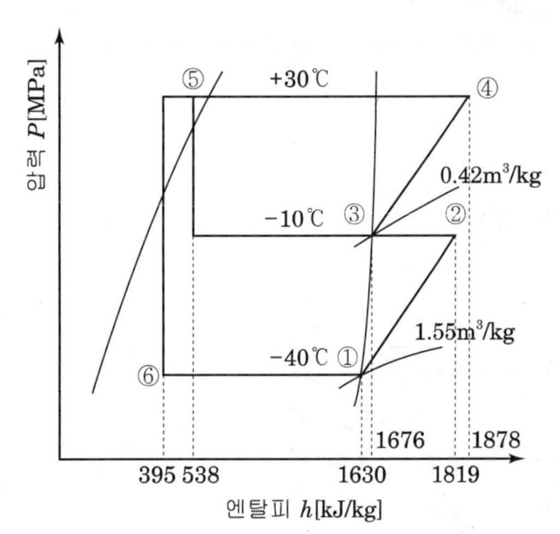

	체적효율	압축효율	기계효율
고단	0.8	0.85	0.93
저단	0.7	0.82	0.95

(1) 저단 냉매 순환량(G_L) kg/h

(2) 저단 피스톤 토출량(V_L) m^3/h

(3) 저단 소요 동력(N_L) kW

(4) 고단 냉매 순환량(G_H) kg/h

(5) 고단 피스톤 압출량(V_H) m^3/h

(6) 고단 소요 동력(N_H) kW

해설 아래 그림은 2단압축 1단팽창 사이클이다. 여기서 실선은 단열압축을 파선은 실제의 압축을 나타낸다.

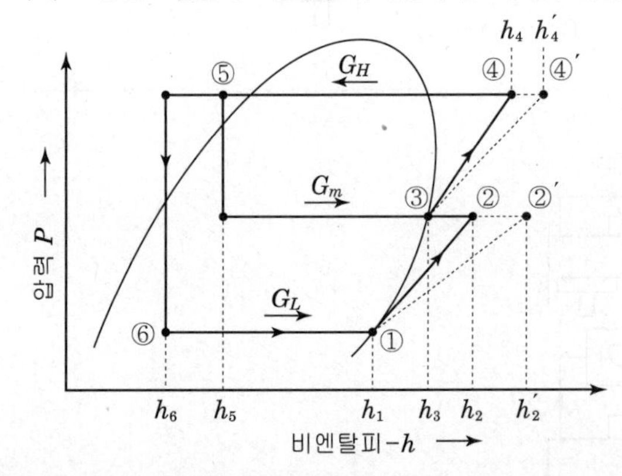

(1) 저단 냉매 순환량 $G_L = \dfrac{\text{냉동능력}}{\text{냉동효과}} = \dfrac{Q_2}{h_1 - h_6}$

(2) 저단 피스톤 토출량 $V_L = \dfrac{G_L \cdot v_1}{\eta_{v_L}}$

(3) 저단 소요 동력

$$N_L = \frac{W_L}{\eta_{c_L} \cdot \eta_{m_L}} = \frac{G_L \cdot (h_2 - h_1)}{\eta_{c_L} \cdot \eta_{m_L}}$$

(4) 고단 냉매 순환량

① 저단 압축기 토출가스 엔탈피

저단 압축기의 압축효율 $\eta_c = \dfrac{h_2 - h_1}{h_2' - h_1}$ 에서

저단측 압축기 토출가스 엔탈피 $h_2' = h_1 + \dfrac{h_2 - h_1}{\eta_{c_L}}$ 이다.

② 중간 냉각기의 냉매 순환량 G_m은

중간냉각기에서의 열평형 관계에서

$G_m(h_3 - h_5) = G_L\{(h'_2 - h_3) + (h_5 - h_6)\}$ 에서

$$G_m = G_L \cdot \frac{(h'_2 - h_3) + (h_5 - h_6)}{h_3 - h_5}$$

③ 고단 압축기 냉매 순환량

$$G_H = G_L + G_m = G_L + G_L \cdot \frac{(h'_2 - h_3) + (h_5 - h_6)}{h_3 - h_5}$$

$$= G_L\left\{1 + \frac{(h'_2 - h_3) + (h_5 - h_6)}{h_3 - h_5}\right\} = G_L \times \frac{h_2' - h_6}{h_3 - h_5}$$

(5) 고단 피스톤 압출량

$$V_H = \frac{G_H \cdot v_3}{\eta_{v_H}}$$

(6) 고단 소요 동력

$$N_H = \frac{W_H}{\eta_{c_H} \cdot \eta_{m_H}} = \frac{G_H \cdot (h_4 - h_3)}{\eta_{c_H} \cdot \eta_{m_H}}$$

해답 (1) 저단 냉매 순환량

$$G_L = \frac{Q_2}{h_1 - h_6} = \frac{252 \times 10^3 [\text{kJ/h}]}{1630 - 395} = 204.05 [\text{kg/h}]$$

(2) 저단 피스톤 토출량

$$V_L = \frac{G_L \cdot v_1}{\eta_{v_L}} = \frac{204.05 \times 1.55}{0.7} = 451.83 [\text{m}^3/\text{h}]$$

(3) 저단 소요 동력

$$N_L = \frac{G_L \times (h_2 - h_1)}{\eta_{C_L} \cdot \eta_{m_L}} = \frac{\left(\dfrac{204.05}{3600}\right) \times (1819 - 1630)}{0.82 \times 0.95} = 13.75 [\text{kW}]$$

(4) 고단 냉매 순환량

① 저단 압축기 토출가스 엔탈피

$$h_2' = h_1 + \frac{h_2 - h_1}{\eta_{c_L}} = 1630 + \frac{1819 - 1630}{0.82} = 1860.49 [\text{kJ/kg}]$$

② 고단 냉매 순환량

$$G_H = G_L \times \frac{h_2' - h_6}{h_3 - h_5} = 204.05 \times \frac{1860.49 - 395}{1676 - 538} = 262.77[\text{kg/h}]$$

(5) 고단 피스톤 압출량

$$V_H = \frac{G_H \cdot v_3}{\eta_{v_H}} = \frac{262.77 \times 0.42}{0.8} = 137.95[\text{m}^3/\text{h}]$$

(6) 고단 소요 동력

$$N_H = \frac{G_H \times (h_4 - h_3)}{\eta_{c_H} \cdot \eta_{m_H}} = \frac{\left(\frac{262.77}{3600}\right) \times (1878 - 1676)}{0.85 \times 0.93} = 18.65[\text{kW}]$$

15 다음 조건과 같은 사무실 A, B에 대해 물음에 답하시오.

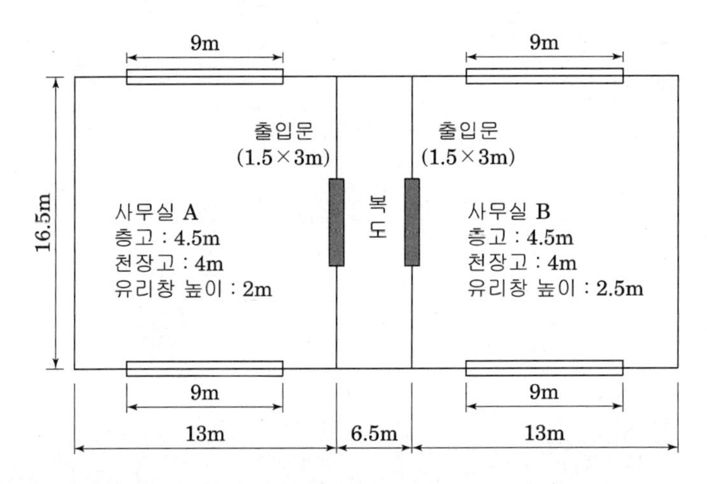

【조 건】

1.

사무실 \ 종류	실내부하(kJ/h)			기기부하 (kJ/h)	외기부하 (kJ/h)
	현열	잠열	전열		
A	60400	7200	67600	12800	28000
B	45200	4300	49500	8820	21630
계	105600	11500	117100	21620	49630

2. 상 · 하층은 동일한 공조 조건이다.
3. 덕트에서의 열취득은 없는 것으로 한다.
4. 중앙공조 시스템이며 냉동기 + AHU에 의한 전공기 방식이다.
5. 공기의 밀도는 1.2[kg/m³], 정압비열은 1.0[kJ/kg · K]이다.
6. 별첨 냉매선도(R-410A)를 이용한다.

(1) A, B 사무실의 실내 취출온도차가 10℃일 때 각 사무실의 풍량[m^3/h]을 구하시오.

(2) AHU 냉각코일의 열전달율 $K=930\,W/m^2\cdot K$, 냉수의 입구온도 5℃, 출구온도 10℃, 공기의 입구온도 26.3℃, 출구온도 16℃, 코일 통과면풍속은 2.5m/s이고 대향류 열교환기를 사용할 때 A, B 사무실 총계부하에 대한 냉각 코일의 열수(Row)를 구하시오.

(3) 다음 물음에 답하시오. (단, 펌프 및 배관부하는 냉각코일부하의 5%이고 냉동기의 응축온도는 40℃, 증발온도 0℃, 과열 및 냉각도 5℃, 압축기의 체적효율 0.8, 회전수 1800rpm, 기통수 6이다.

① A, B 사무실의 총계부하에 대한 냉동기 부하를 구하시오.

② 이론 냉매순환량[kg/h]을 구하시오.

③ 피스톤의 행정체적[m^3]을 구하시오.

해답 (1) A, B 사무실의 풍량[m^3/h]

① A 사무실의 풍량 $Q_A=\dfrac{q_s}{c_p\cdot\rho\cdot\Delta t}=\dfrac{60400}{1.0\times1.2\times10}=5033.33[m^3/h]$

② B 사무실의 풍량 $Q_B=\dfrac{q_s}{c_p\cdot\rho\cdot\Delta t}=\dfrac{45200}{1.0\times1.2\times10}=3766.67[m^3/h]$

(2) AHU 냉각코일의 열수N

$$N=\frac{q_c}{K\cdot C_{ws}\cdot A\cdot(MTD)}$$ 에서

여기서, q_c : 냉각열량[kW]

K : 코일의 유효정면면적 1[m^2], 1열 당의 열통과율 [kW/m^2K]

C_{ws} : 습면보정계수

A : 코일의 유효정면 면적[m^2]

MTD : 대수평균온도차 [℃]

- $q_c=117100+21620+49630=188350[kJ/h]$
- $K=930[W/m^2K]=0.93[kW/m^2K]$
- $C_{ws}=1$
- $A=\dfrac{Q}{V}=\dfrac{5033.33+3766.67}{2.5\times3600}=0.978[m^2]$
- $MTD=\dfrac{(26.3-10)-(16-5)}{\ln\dfrac{26.3-10}{16-5}}\fallingdotseq13.48[℃]$

$\therefore N=\dfrac{188350/3600}{0.93\times0.978\times13.48}\fallingdotseq4.267=5$열

(3) ① A, B 사무실의 총계부하에 대한 냉동기 부하

냉동기부하 = 냉각코일부하×(1+펌프 및 배관부하율) = 188350×(1+0.05) = 197767.5[kJ/h]

② 이론 냉매순환량[kg/h]

p-h선도를 작도하면 다음과 같다.(응축기출구 냉매온도 35[℃], 압축기 흡입가스온도 5[℃])

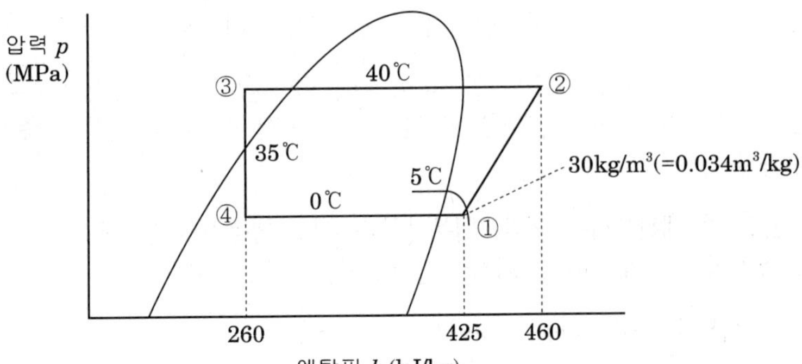

이론냉매순환량 $G=\dfrac{\text{냉각열량}}{\text{냉동효과}}=\dfrac{197767.5}{425-260}=1198.59[\text{kg/h}]$

③ 피스톤의 행정체적[m³]

$G=\dfrac{V_a \cdot \eta_v}{v}$ 에서 (흡입증기 비체적 $v=1/\rho=1/30=0.033m^3/kg$)

$V_a=\dfrac{G \cdot v}{\eta_v}=\dfrac{1198.59\times 0.033}{0.8}=49.44[\text{m}^3/\text{h}]$

또한 $V_a=\dfrac{\pi D^2}{4}\cdot L\cdot N\cdot R\cdot 60$ 에서

$\therefore$ 행정체적 $\left(\dfrac{\pi D^2}{4}\cdot L\right)=\dfrac{V_a}{N\cdot R\cdot 60}=\dfrac{49.44}{6\times 1800\times 60}=7.63\times 10^{-5}\,[\text{m}^3]$

여기서, G : 이론냉매순환량[kg/h] V_a : 이론적 피스톤 압출량[m³/h]
v : 흡입가스 비체적[m³/kg] η_v : 체적효율

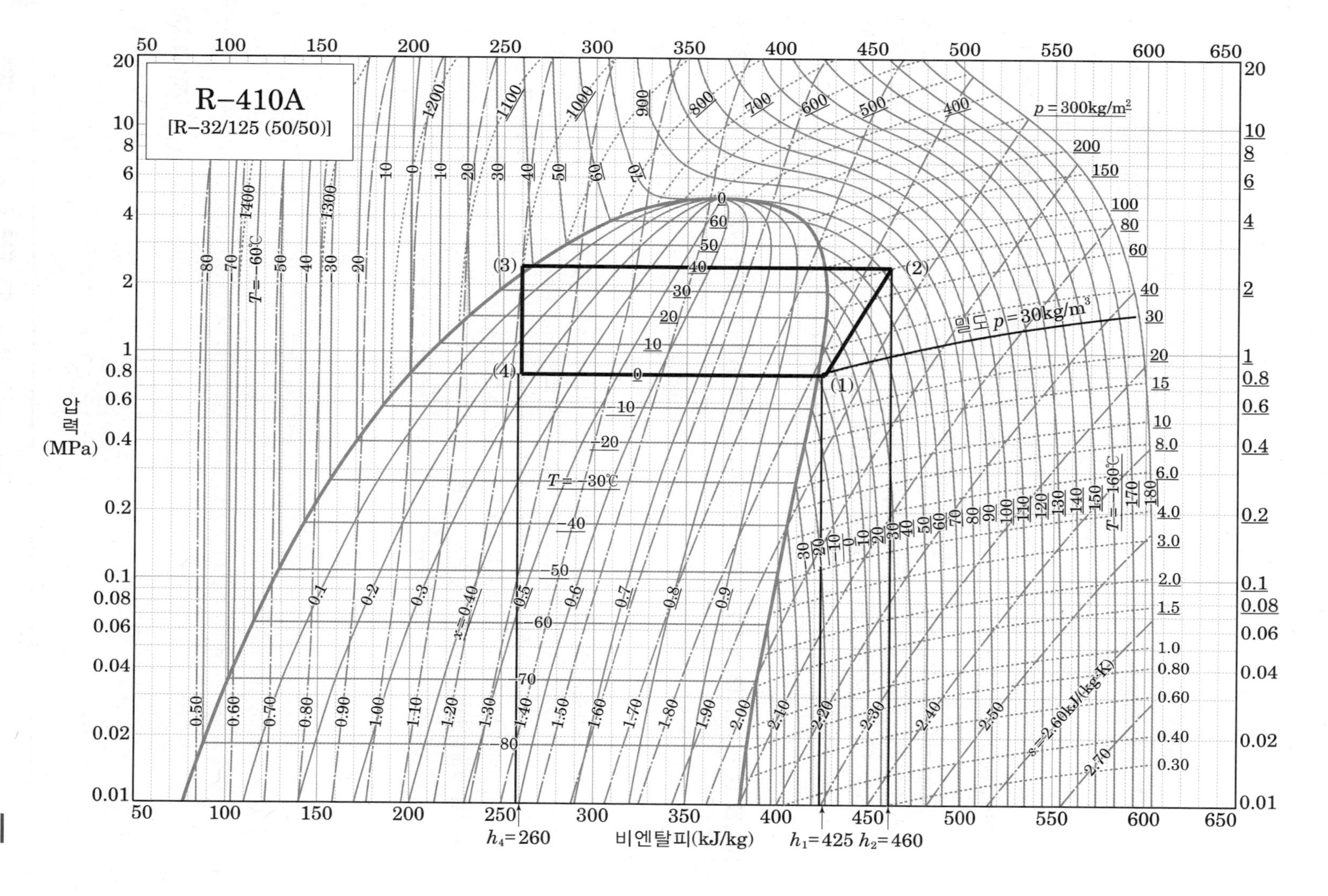

R-410A
[R-32/125 (50/50)]
압력 (MPa)
비엔탈피(kJ/kg)
h4=260
h1=425 h2=460
(1)
(2)
(3)
(4)
밀도 ρ=30kg/m3
ρ=300kg/m3
T=-30℃
T=-60℃
T=-160℃
x=0.40
s=2.60kJ/(kg·K)

선도

2020 제3회 실기 기출문제 (동영상 제공)

14년2회

01 다음 용어를 설명하시오.

(1) 스머징(smudging) :

(2) 도달거리(throw) :

(3) 강하거리 :

(4) 등마찰손실법(등압법) :

해답 (1) 스머징 : 천장 취출구 등에서 취출기류 또는 유인된 실내공기 중의 먼지에 의해서 취출구의 주변이 더럽혀지는 것
(2) 도달거리 : 취출구에서 취출한 공기가 진행해서 토출기류의 중심선상의 풍속이 0.25m/s로 된 위치까지의 수평거리
(3) 강하거리 : 수평으로 취출된 공기가 어느 거리만큼 진행했을 때의 기류중심선과 취출구중심과의 거리
(4) 등마찰손실법(등압법) : 덕트 1m당 마찰(압력)손실(Pa/m)과 동일한 값을 사용하여 덕트 치수를 결정한 것으로 선도 또는 덕트 설계용으로 개발한 단순한 계산척으로 간단히 덕트의 치수를 결정할 수 있으므로 널리 사용되고 있다.

08년2회, 12년1회, 18년1회

02 다음과 같은 조건하에서 냉방용 흡수식 냉동장치에서 증발기가 1RT의 능력을 갖도록 하기 위한 각 물음에 답하시오.

【조 건】

1. 냉매와 흡수제 : 물+리튬브로마이드
2. 발생기 공급열원 : 80[℃]의 폐기가스
3. 용액의 출구온도 : 74[℃]
4. 냉각수 온도 : 25[℃]
5. 응축온도 : 30[℃](압력 31.8[mmHg])
6. 증발온도 : 5[℃](압력 6.54[mmHg])
7. 흡수기 출구 용액온도 : 28[℃]
8. 흡수기 압력 : 6[mmHg]
9. 발생기 내의 증기 엔탈피 $h_3' = 3040.7$[kJ/kg]
10. 증발기를 나오는 증기 엔탈피 $h_1' = 2926.9$[kJ/kg]
11. 응축기를 나오는 응축수 엔탈피 $h_3 = 545$[kJ/kg]
12. 증발기로 들어가는 포화수 엔탈피 $h_1 = 438.3$[kJ/kg]

상태점	온도(℃)	압력(mmHg)	농도 w_t(%)	엔탈피(kJ/kg)
4	74	31.8	60.4	316.5
8	46	6.54	60.4	272.9
6	44.2	6.0	60.4	270.4
2	28.0	6.0	51.2	238.6
5	56.5	31.8	51.2	291.3

(1) 다음과 같이 나타내는 과정은 어떠한 과정인지 설명하시오.

① 4-8과정 :

② 6-2과정 :

③ 2-7과정 :

(2) 응축기, 흡수기 열량을 구하시오.[kJ/kg]

(3) 1 냉동톤당의 냉매 순환량을 구하시오.[kg/h]

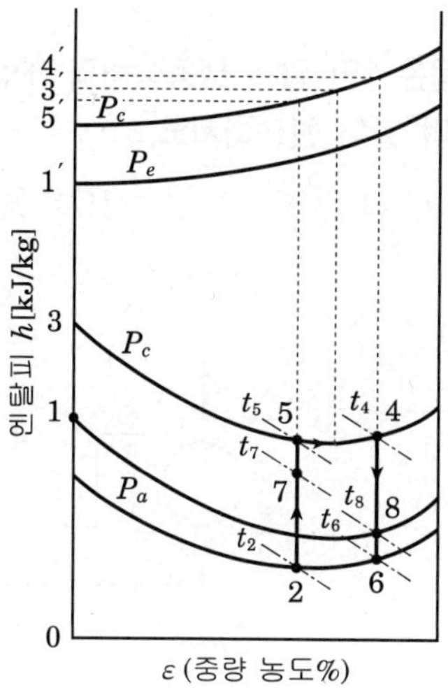

해설 ① 용액 순환비 f

발생기에서 1kg의 증기를 발생하기 위해 흡수기에서 발생기에 공급하는 희용액의 량 $a$kg을 용액 순환비라고 한다. 희용액 $f$kg을 발생기에 보내면 발생기에서는 1[kg]의 증기가 발생하므로 발생기를 나오는 농용액은 $(f-1)$[kg]이다. 또한 발생기에 들어가는 LiBr량과 발생기에서 나오는 LiBr량은 같다. 희용액의 농도를 ϵ_1, 농용액의 농도를 ϵ_2라 하면 다음식이 성립한다.

$f\epsilon_1 = (f-1)\epsilon_2$

$f = \dfrac{\epsilon_2}{\epsilon_2 - \epsilon_1}$

② 흡수기 제거열량 $q_a = h_1{'} + (f-1) \cdot h_8 - fh_2$

③ 응축기 제거열량 $q_c = h_3{'} - h_3$

④ 증발기 냉동효과 $q_e = h_1{'} - h_3$

⑤ 발생기 가열량 $q_g = (f-1)h_4 + h_3{'} - fh_7$

해답 (1) ④~⑧ : 흡수기에서 재생기로 가는 희용액과 열교환하여 농용액의 온도강하 과정

⑥~② : 흡수기에서의 흡수작용

②~⑦ : 재생기에서 흡수기로 되돌아오는 고온 농용액과의 열교환에 의해 희용액의 온도상승

(2) ① 응축열량 $q_c = h_3{'} - h_3 = 3040.7 - 545 = 2495.7$[kJ/kg]

② 흡수열량

• 용액 순환비 $f = \dfrac{\epsilon_2}{\epsilon_2 - \epsilon_1} = \dfrac{60.4}{60.4 - 51.2} = 6.565$[kg/kg]

• 흡수기 열량

$q_a = (f-1) \cdot h_8 + h_1{'} - fh_2$

$= \{(6.565-1) \times 272.9\} + 2926.9 - (6.565 \times 238.6) \fallingdotseq 2879.18$[kJ/kg]

(3) ① 냉동효과 $q_2 = h_1{'} - h_1 = 2926.9 - 438.3 = 2488.6$[kJ/kg]

② 냉매 순환량 $G_v = \dfrac{Q_2}{q_2} = \dfrac{3.86 \times 3600}{2488.6} = 5.58$[kg/h]

10년3회

03 다음은 2단 압축 냉동장치의 개략도이다. 1단 팽창장치 및 2단 팽창장치도를 중간 냉각기, 증발기, 팽창밸브를 그려 넣어 완성하시오.

1) 1단 팽창장치도　　　2) 2단 팽창장치도

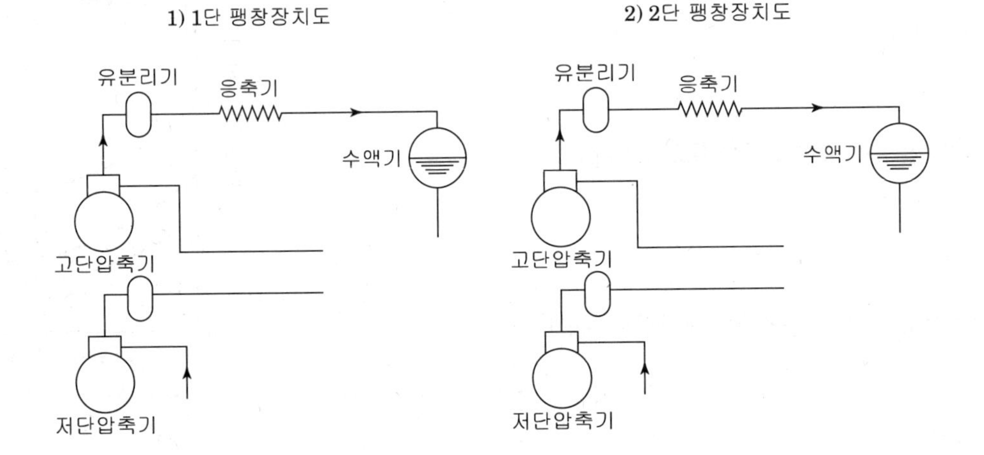

해답

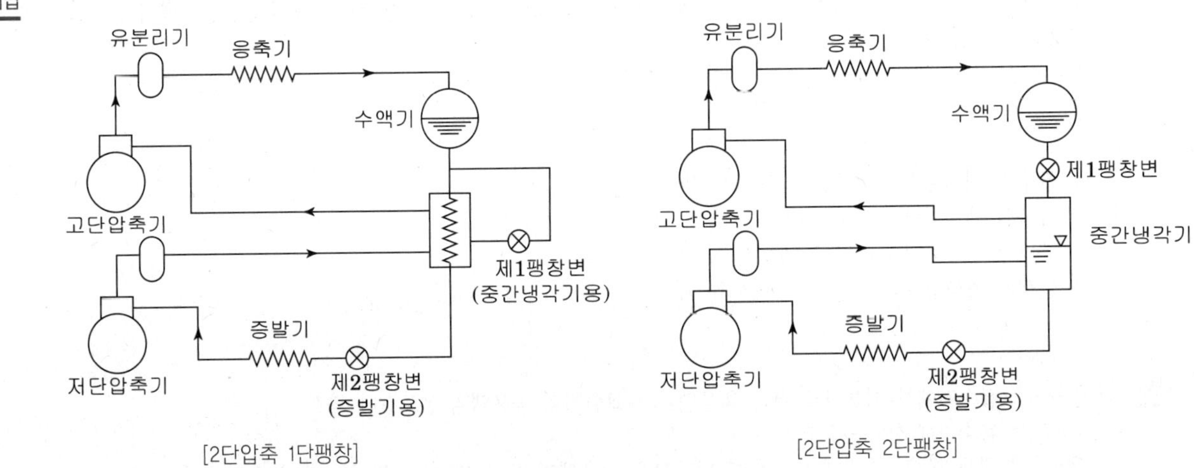

[2단압축 1단팽창]　　　[2단압축 2단팽창]

04년3회, 14년2회

04 암모니아를 냉매로 사용한 2단압축 1단팽창의 냉동장치에서 운전조건이 다음과 같을 때 저단 및 고단의 피스톤 토출량을 계산하시오.

【조 건】

- 냉동능력 : 20 한국냉동톤(단, 1[RT] = 3.86[kW])
- 저단 압축기의 체적효율 : 75%
- 고단 압축기의 체적효율 : 80%
- $h_1 = 399$[kJ/kg]
- $h_2 = 1651$[kJ/kg]
- $h_3 = 1836$[kJ/kg]
- $h_4 = 1672$[kJ/kg]
- $h_5 = 1924$[kJ/kg]
- $h_6 = 571$[kJ/kg]
- $v_2 = 1.51$[m³/kg]
- $v_4 = 0.4$[m³/kg]

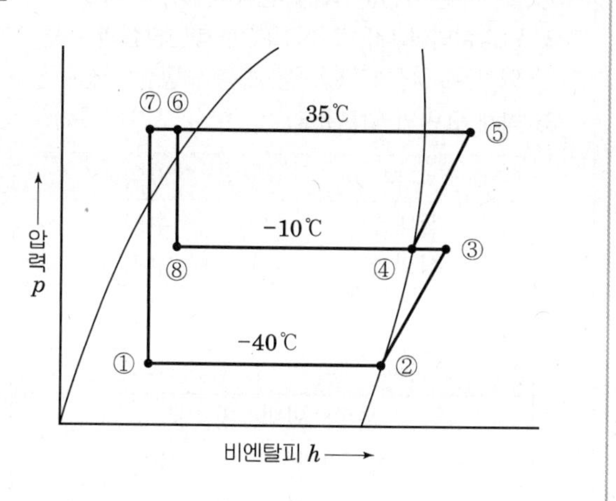

(1) 저단 피스톤 토출량[m³/h]

(2) 고단 피스톤 토출량[m³/h]

해답 (1) 저단측 냉매순환량 G_L

$$G_L = \frac{Q_2}{h_2 - h_1} = \frac{20 \times 3.86 \times 3600}{1651 - 399} = 221.98[\text{kg/h}]$$

또한 $G_L = \dfrac{V_{aL} \times \eta_{vL}}{v_L}$ 에서

저단측 피스톤 압출량 $Va_L = \dfrac{G_L \cdot v_L}{\eta_{vL}} = \dfrac{221.98 \times 1.51}{0.75} = 448.92[\text{m}^3/\text{h}]$

(2) 고단측 냉매 순환량 $G_H = G_L \cdot \dfrac{h_3 - h_7}{h_4 - h_8} = 221.98 \times \dfrac{1836 - 399}{1672 - 571} = 289.72[\text{kg/h}]$

또한 $G_H = \dfrac{V_{aH} \times \eta_{vH}}{v_H}$ 이므로

따라서 고단측 압축기 피스톤 배재량

$$V_{aH} = \frac{289.72 \times 0.4}{0.8} = 144.86[\text{m}^3/\text{h}]$$

05년1회, 18년1회

05 다음과 같은 조건의 건물 중간층 난방부하를 구하시오.

【조 건】

1. 열관류율($W/m^2 \cdot K$) : 천장(0.45), 바닥(1.9), 문(2.8), 유리창(4.0)
2. 난방실의 실내온도 : 25[℃], 비난방실의 온도 : 5[℃]
   외기온도 : −10[℃], 상·하층 난방실의 실내온도 : 25[℃]
3. 벽체 표면의 열전달률

구분	표면위치	대류의 방향	열전달률($W/m^2 \cdot K$)
실내측	수직	수평(벽면)	9
실외측	수직	수직·수평	23

4. 방위계수

방 위	방위계수
북쪽, 외벽, 창, 문	1.1
남쪽, 외벽, 창, 문, 내벽	1.0
동쪽, 서쪽, 창, 문	1.05

5. 환기횟수
   - 난방실 : 1회/h
   - 비난방실 : 3회/h
6. 공기의 비열 : 1.01[kJ/kg·K], 공기 밀도 : 1.2[kg/m^3]

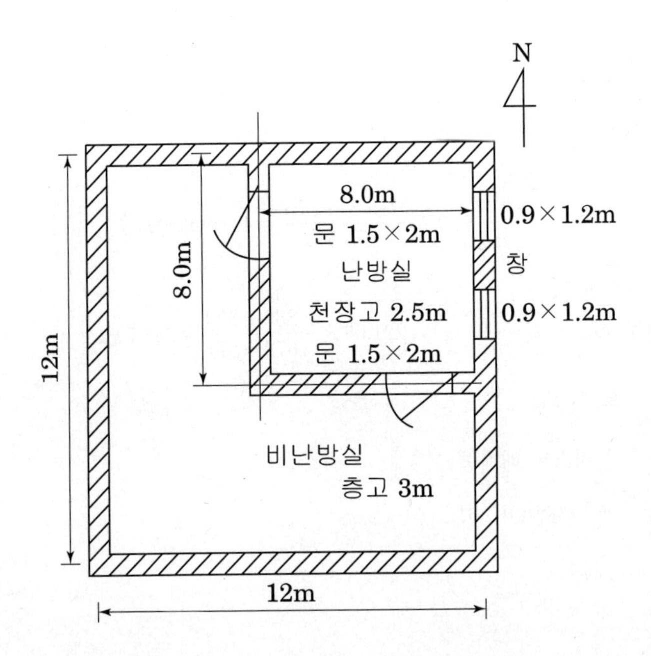

벽체의 종류	구조	재료	두께(mm)	열전도율(W/m·K)
외벽		타일 모르타르 콘크리트 모르타르 플라스터	10 15 120 15 3	1.3 1.4 1.6 1.4 0.6
내벽		콘크리트	100	1.4

(1) 외벽과 내벽의 열관류율을 구하시오.(소수 3자리까지 구하시오)

(2) 난방실에 대한 다음 부하계산을 하시오.

① 벽체를 통한 부하
② 유리창을 통한 부하
③ 문을 통한 부하
④ 극간풍 부하(환기횟수에 의함)

해답 (1) 열관류율

① 외벽 : $K=\dfrac{1}{\dfrac{1}{9}+\dfrac{0.01}{1.3}+\dfrac{0.015}{1.4}+\dfrac{0.12}{1.6}+\dfrac{0.015}{1.4}+\dfrac{0.003}{0.6}+\dfrac{1}{23}}=3.792[\text{W/m}^2\text{K}]$

② 내벽 : $K=\dfrac{1}{\dfrac{1}{9}+\dfrac{0.1}{1.4}+\dfrac{1}{9}}=3.405[\text{W/m}^2\cdot\text{K}]$

(2) 부하계산

1) 벽체를 통한 부하

① 외벽

E : $K\cdot A\cdot \Delta t\cdot k=3.792\times(8\times3-0.9\times1.2\times2)\times\{25-(-10)\}\times1.05=3043.535[\text{W}]$

N : $K\cdot F\cdot \Delta t\cdot k=3.792\times(8\times3)\times\{25-(-10)\}\times1.1=3503.808[\text{W}]$

② 내벽

W : $K\cdot A\cdot \Delta t=3.405\times(8\times2.5-1.5\times2)\times(25-5)=1157.7[\text{W}]$

S : $K\cdot A\cdot \Delta t=3.405\times(8\times2.5-1.5\times2)\times(25-5)=1157.7[\text{W}]$

∴ 벽체를 통한 부하 $=3043.535+3503.808+1157.7+1157.7=8862.743[\text{W}]$

③ 유리창

$q_g=K\cdot A\cdot \Delta t\cdot k=4.0\times(0.9\times1.2\times2)\times\{25-(-10)\}\times1.05=317.52[\text{W}]$

④ 문 : $q_d=K\cdot A\cdot \Delta t=2.8\times(1.5\times2\times2)\times(25-5)=336[\text{W}]$

⑤ 극간풍 부하 $q_I=c_p\cdot\rho\cdot Q\cdot \Delta t=1.01\times1.2\times160\times\{25-(-10)\}=6787.2[\text{kJ/h}]$

∴ $\dfrac{6787.2}{3600}\times1000=1885.333[\text{W}]$

여기서 $Q=n\cdot V=1\times8\times8\times2.5=160[\text{m}^3/\text{h}]$

09년2회

06 20000[kg/h]의 공기를 압력 35[kPa · g]의 증기로 0[℃]에서 50[℃]까지 가열할 수 있는 에로핀 열교환기가 있다. 주어진 설계조건을 이용하여 각 물음에 답하시오.

【조 건】

- 전면풍속 $V_t = 3[\text{m/s}]$
- 증기온도 $t_s = 108.2[℃]$
- 출구 공기온도 보정계수 $K_t = 1.19$
- 코일 열통과율 $K_c = 784[\text{W/m}^2 \cdot \text{K}]$
- 증발잠열 $q_e = 2235[\text{kJ/kg}](35[\text{kPa}](\text{gage}))$
- 밀도 $\rho = 1.2[\text{kg/m}^3]$
- 공기정압비열 $C_p = 1.01[\text{kJ/kg} \cdot \text{K}]$
- 대수평균온도차 Δ_{tm}(향류)을 사용

(1) 전면 면적 $A(\text{m}^2)$을 구하시오.

(2) 가열량(kW)을 구하시오.

(3) 열수 N(열)을 구하시오.

(4) 증기소비량 L_s(kg/h)을 구하시오.

해답 (1) 전면 면적 A

$G = \rho \cdot A \cdot v \cdot 3600$에서

$$A = \frac{G}{\rho \cdot v \cdot 3600} = \frac{20000}{1.2 \times 3 \times 3600} = 1.543 = 1.54[\text{m}^2]$$

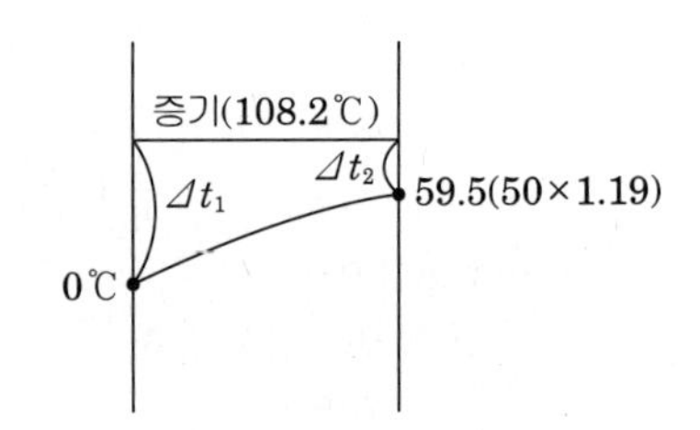

(2) 가열량 q_H

$$q_H = c_p \cdot G \cdot \Delta t \cdot \text{K}_\text{t} = 1.01 \times 20000 \times (50-0) \times 1.19/3600 = 333.86[\text{kW}]$$

(3) 열수 N

대수평균온도차 $\Delta t_m = \dfrac{\Delta t_1 - \Delta t_2}{\ln\left(\dfrac{\Delta t_1}{\Delta t_2}\right)} = \dfrac{108.2 - 48.7}{\ln\left(\dfrac{108.2}{48.7}\right)} = 74.53$

$\Delta t_1 = 108.2 - 0 = 108.2$

$\Delta t_2 = 108.2 - (50 \times 1.19) = 48.7$(공기출구온도는 보정계수 $k = 1.19$ 적용)

$$N = \frac{q_H}{K \cdot A \cdot \Delta t_m} = \frac{333.86}{784 \times 10^{-3} \times 1.54 \times 74.53} = 3.71[\text{열}] \fallingdotseq 4[\text{열}]$$

(4) 증기 소비량 L_S

$$L_S = \frac{q_H}{q_e} = \frac{333.86 \times 3600}{2235} = 537.76[\text{kg/h}]$$

08년1회, 11년2회, 13년3회, 16년3회, 17년3회

07 냉장실의 냉동부하 7[kW], 냉장실 내 온도를 -20[℃]로 유지하는 나관 코일식 증발기 천장 코일의 냉각관 길이(m)를 구하시오. (단, 천장 코일의 증발관 내 냉매의 증발온도는 -28[℃], 외표면적 0.19[m²/m], 열통과율은 8[W/m² · K] 이다.)

해답 냉동부하 $Q_2 = K \cdot A \cdot (t_a - t_r)$에서

증발기 외표면적 $A = \dfrac{Q_2}{K \cdot (t_a - t_r)} = \dfrac{7\times10^3}{8\times\{-20-(-28)\}} = 109.375[\text{m}^2]$

∴ 냉각관 길이는 단위길이 당 외표면적 0.19[m²/m]이므로

$L = \dfrac{109.375}{0.19} = 575.66[\text{m}]$

01년3회, 14년1회, 15년3회

08 다음과 같은 운전조건을 갖는 브라인 쿨러가 있다. 전열면적이 25[m²]일 때 각 물음에 답하시오. (단, 평균온도차는 산술평균 온도차를 이용한다.)

【조 건】

- 브라인 비중 : 1.24
- 브라인 비열 : 2.8[kJ/kg·K]
- 브라인의 유량 : 200[L/min]
- 쿨러로 들어가는 브라인 온도 : -18[℃]
- 쿨러로 나오는 브라인 온도 : -23[℃]
- 쿨러 냉매 증발온도 : -26[℃]

(1) 브라인 쿨러의 냉동부하(kW)를 구하시오.

(2) 브라인 쿨러의 열통과율(W/m²K)을 구하시오.

해답 (1) 브라인 쿨러의 냉동부하 $Q_2 = \left(\dfrac{200}{60}\right)\times1.24\times2.8\times\{-18-(-23)\} = 57.87[\text{kW}]$

(2) 브라인 쿨러 열통과율 $K = \dfrac{57.87\times10^3}{25\times\left\{\dfrac{-18+(-23)}{2}-(-26)\right\}} = 420.87[\text{W/m}^2\text{K}]$

09 오존층이 파괴되는 프레온계 냉매 대신 CO_2 냉매(R-744)를 사용하려 한다. CO_2 냉매의 특징 5가지를 쓰시오.

해답 ① 자연냉매로 환경파괴의 우려가 적다.(GWP=1, ODP=0)

② 비가연성물질이다.

③ 비체적이 적어 시스템의 소형화가 가능하다.

④ 히트펌프 시스템으로 사용이 가능하다.

⑤ 압력이 매우 높아 폭발/누출의 위험이 있다.(10℃에서 45bar, 30℃에서 72bar)

⑥ 누설 시 이산화탄소 중독 문제가 발생할 수 있다.(공기 중에 5% 이상) : 집중력 장애/두통

10 R-404을 냉매로 하는 냉동장치의 응축기에서 전열 조건이 다음과 같을 경우 물음에 답하시오.

【조 건】

- 전열관의 두께 : $d_1 = 1.0[\text{mm}]$
- 전열관의 열전도율 : $\lambda_1 = 0.37[\text{kW/m} \cdot \text{K}]$
- 냉매 측 열전달율 : $\alpha_r = 3.0[\text{kW/m}^2 \cdot \text{K}]$
- 냉각수 측 열전달율 : $\alpha_w = 9.0[\text{kW/m}^2 \cdot \text{K}]$
- 유막의 두께 : $d_2 = 0.1[\text{mm}]$
- 유막의 열전도율 : $\lambda_2 = 0.00011[\text{kW/m} \cdot \text{K}]$

(1) 유막이 없을 때의 열관류율(kW/m² · K)을 구하시오.

(2) 유막이 있을 때의 열관류율(kW/m² · K)을 구하시오.

(3) 유막이 있을 때는 유막이 없을 때보다 열관류율은 몇 %가 감소되는가?

해답 (1) 유막이 없을 때의 열관류율(kW/m² · K)

$$K_2 = \frac{1}{\frac{1}{\alpha_r} + \frac{d_1}{\lambda_1} + \frac{1}{\alpha_w}} = \frac{1}{\frac{1}{3} + \frac{0.001}{0.37} + \frac{1}{9}} = 2.236 \fallingdotseq 2.24$$

(2) 유막이 있을 때의 열관류율(kW/m² · K)

$$K_1 = \frac{1}{\frac{1}{\alpha_r} + \frac{d_1}{\lambda_1} + \frac{d_2}{\lambda_2} + \frac{1}{\alpha_w}} = \frac{1}{\frac{1}{3} + \frac{1 \times 10^{-3}}{0.37} + \frac{0.1 \times 10^{-3}}{0.00011} + \frac{1}{9}} = 0.737 \fallingdotseq 0.74$$

(3) 감소율% $= \frac{K_1 - K_2}{K_1} \times 100 = \frac{2.24 - 0.74}{2.24} \times 100 = 66.96\%$

11 200[RT]의 냉동능력을 갖는 냉동장치의 냉각수 배관 시스템이 아래와 같은 조건인 경우 펌프의 축동력(kW)을 구하시오.

【조 건】

- 1RT 당의 응축열량 : 4.5[kW]
- 배관길이 : 98[m]
- 냉각탑 실양정 : H_a =2[m]
- 냉동기(응축기)수 저항 : 80[kPa]
- 펌프효율 : 65%
- 냉각수 비열 : 4.2[kJ/kg · K]
- 냉각수 입구 및 출구온도 : 32[℃], 37[℃]
- 상당길이 : 배관길이의 50%
- 배관의 단위길이 당 저항 : 0.4[kPa/m]
- 여유율 : 10%
- 물의 비중량 : 9.8[kN/m³]

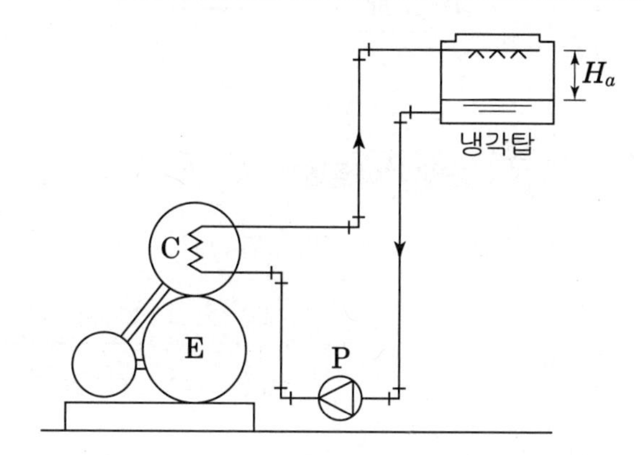

해답 축동력 $L_S = \dfrac{\gamma QH}{\eta}$ 에서

비중량 γ : 9.8[kN/m³]

순환수량 $m = \dfrac{200 \times 4.5}{4.2 \times (37-32)} = \dfrac{300}{7}$ [kg/s] $\rightarrow$ $Q = \dfrac{m}{\rho} = \dfrac{300/7}{10^3} = \dfrac{3}{70}$ [m³/s]

전양정 H= 실양정 + 배관손실수두 + 응축기저항 에서

- 실양정=2[m]
- 배관손실수두=$98 \times 1.5 \times 0.4 = 58.8$[kPa
- 응축기 저항=80[kPa]

$\because$ 전양정 $H = 2 + \dfrac{58.8}{9.8} + \dfrac{80}{9.8} = 16.16$[m]

$\therefore$ 축동력 $L_S = \dfrac{9.8 \times \left(\dfrac{3}{70}\right) \times 16.16}{0.65} \times 1.1 = 11.486$[kW]

12 **다음과 같이 증발온도가 다른 2대의 증발기를 갖는 냉동 시스템에 대해 주어진 각종 부속장치의 설치위치를 넣어 장치도를 완성하시오.**

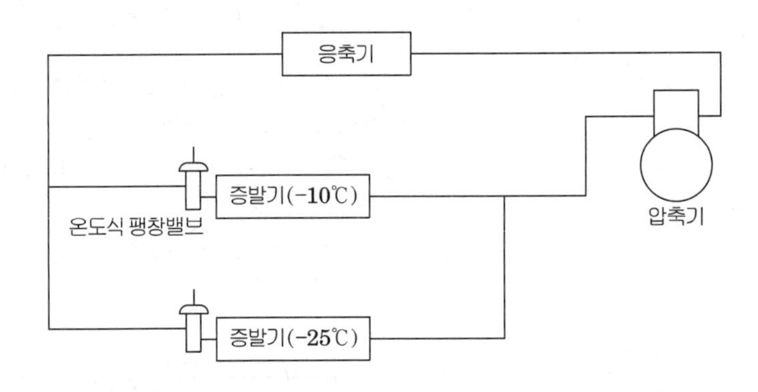

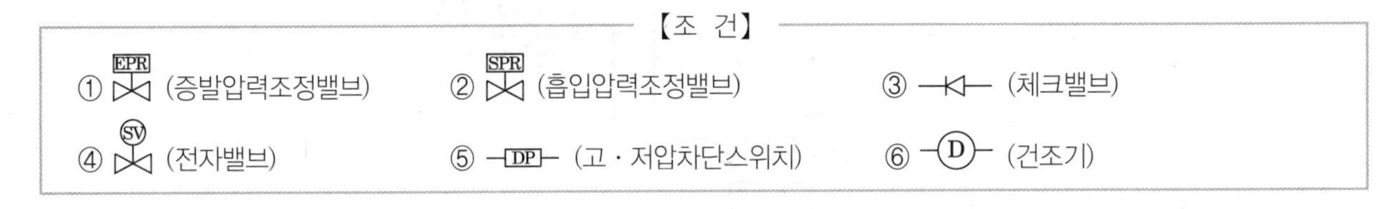

【조 건】
① EPR (증발압력조정밸브)
② SPR (흡입압력조정밸브)
③ (체크밸브)
④ SV (전자밸브)
⑤ DP (고 · 저압차단스위치)
⑥ D (건조기)

해답

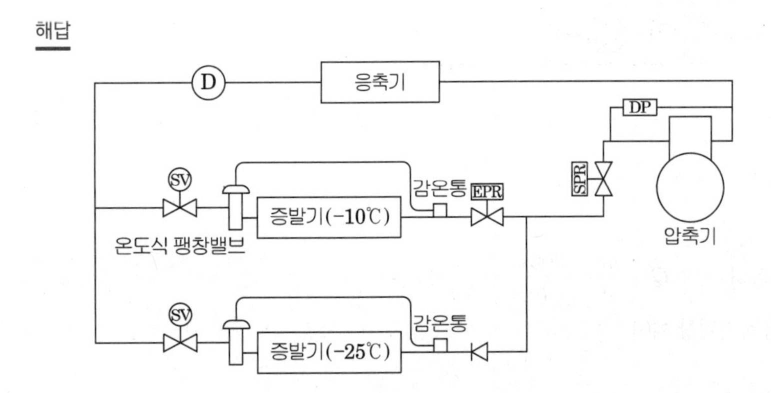

13 **주어진 조건과 별첨 습공기선도를 이용하여 다음 각 물음에 답하시오.**

【조 건】

- 외기 : 33℃ DB, 60% RH
- 실내 : 26℃ DB, 50% RH
- SHF(현열비) : 0.85
- 외기량 : 전공기량의 30%
- 취출공기와 실내공기 온도차 : 11[℃]
- 공기의 비체적 : 0.83[m^3/kg]
- 냉방시스템 환기 시 조명부하에 의해 +1[℃]상승과 송풍기 및 급기덕트에 의해 +1[℃]온도가 상승하는 것으로 한다.

(1) 습공기 선도에 공조 프로세스를 작도하고 장치도의 각점을 표시하시오.

(2) 풍량 10000m^3/h일 때 냉각코일 부하(kW)와 제습량(kg/h)을 계산하시오.

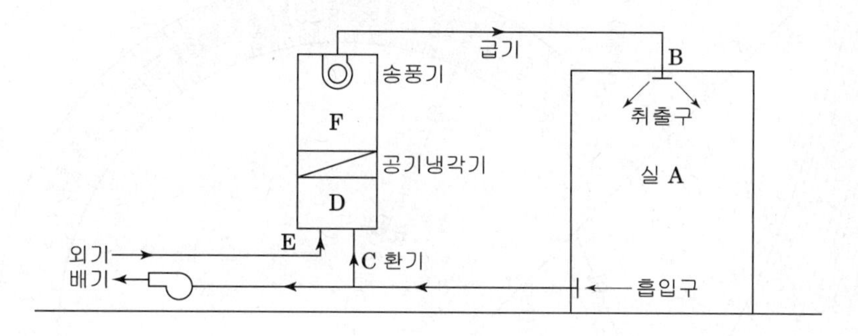

해답 (1) 습공기 선도에 공조 프로세스

(작도법 : 실내점 A에서 현열비 0.85선상에 15[℃]인점이 취출구 B이고, 이점에서 좌측 수평으로 14도가 F점, A에서 우측 수평으로 27도가 환기점 C이다. 혼합점 D온도는 외기량이 30%이므로 27+(0.3×(33-27)=28.8[℃])

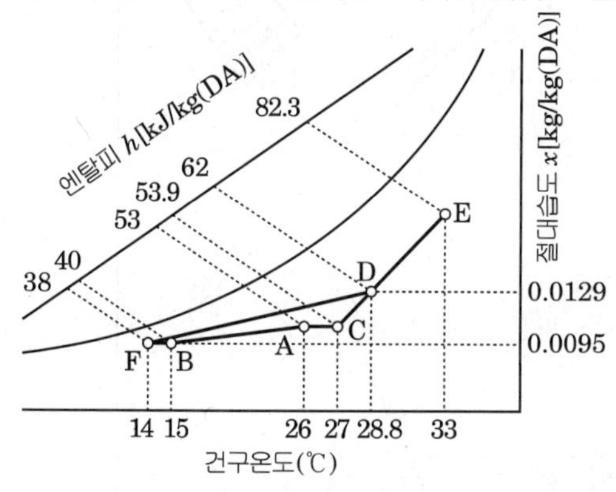

(2) ① 냉각코일 부하q_c(kW)는 코일 입출구(D-F)에서 구한다.

$$q_c = G(h_D - h_F) = \rho Q(h_D - h_F) = \frac{Q}{v}(h_D - h_F) \text{에서}$$

$$= \frac{10000}{0.83} \times (62-38) \times \frac{1}{3600} = 80.32[\text{kW}]$$

② 제습량L(kg/h)

$$L = G(x_D - x_F) = \frac{G}{v}(x_D - x_F) \text{에서}$$

$$= \frac{10000}{0.83} \times (0.0129 - 0.0095) = 40.96[\text{kg/h}]$$

선도

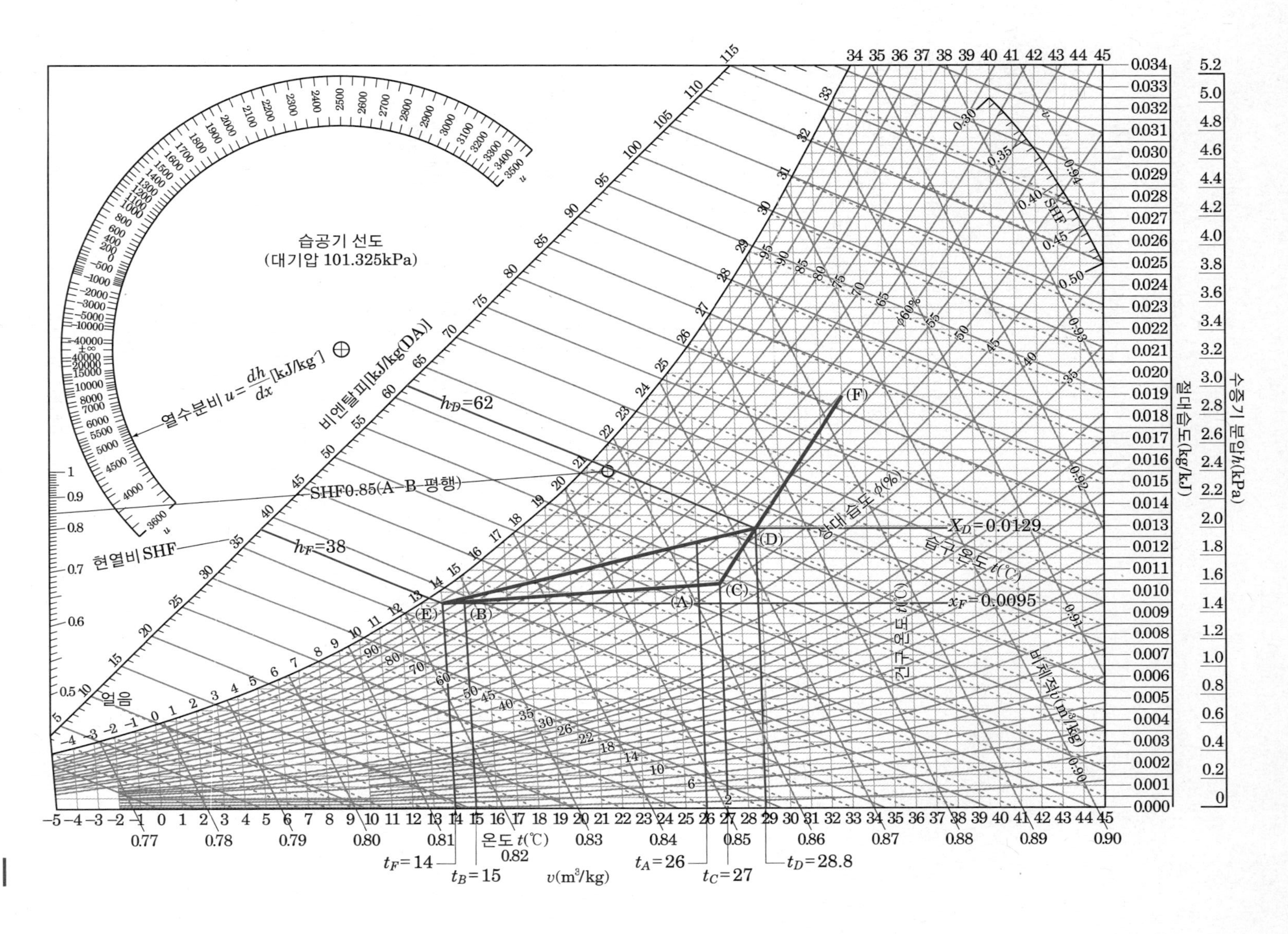

습공기 선도
(대기압 101.325kPa)
열수분비 $u=\frac{dh}{dx}$[kJ/kg′]
비엔탈피[kJ/kg(DA)]
현열비 SHF
h_F=38
h_D=62
SHF0.85(A-B 평행)
얼음
(A)
(B)
(C)
(D)
(E)
(F)
X_D=0.0129
x_F=0.0095
상대습도 φ(%)
습구온도 t'(℃)
건구온도 t(℃)
비체적 v(m³/kg)
절대습도(kg/kJ)
수증기 분압 h(kPa)
온도 t(℃)
v(m³/kg)
t_F=14
t_B=15
t_A=26
t_C=27
t_D=28.8

14 R-410을 냉매(별첨 냉매선도 참조)로 하는 1단 압축 1단 팽창 냉동기에서 다음의 조건으로 운전될 때 물음에 답하시오.

【조 건】

- 냉동능력 : 273[kW]
- 증발온도 : -15[℃]
- 팽창변 직전의 온도 : 25[℃]
- 압축기 기계효율 : η_m =0.80
- 응축온도 : 30[℃]
- 압축기 흡입가스 상태 : 과열도 5[℃]
- 압축기 압축효율 : η_c =0.75

(1) P-h선도 상에 운전상태를 그리시오.

(2) 실제 압축일[kW]을 구하시오.

(3) 실제 성적계수를 구하시오.

해답 (1) P-h선도 상에 운전상태를 그리면 다음과 같다.

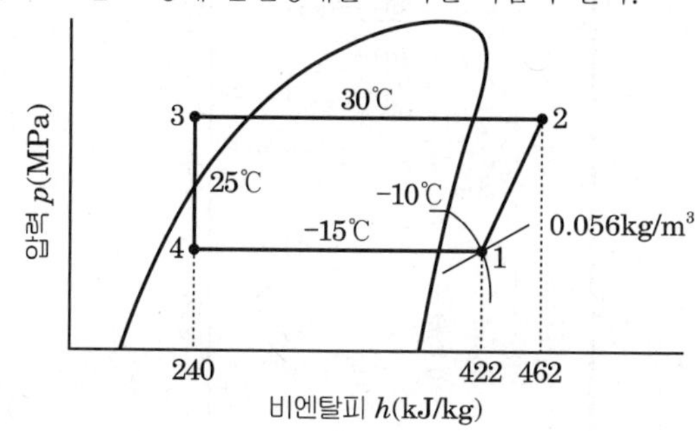

(2) 실제 압축일[kW]

- 냉매 순환량 $G=\dfrac{Q_2}{q_2}=\dfrac{273}{422-240}=1.5$

$\therefore$ 실제 압축일$=L_s=\dfrac{G\cdot(h_2-h_1)}{\eta_c\cdot\eta_m}=\dfrac{1.5\times(462-422)}{0.75\times0.8}=100$[kW]

여기서 Q_2 : 냉동능력[kW]

q_2 : 냉동효과[kJ/kg]

(3) 실제 성적계수 COP'

$COP'=COP\times\eta_c\times\eta_m$

$=\dfrac{h_1-h_4}{h_2-h_1}\times\eta_c\times\eta_m=\dfrac{422-240}{462-422}\times0.75\times0.8=2.73$

여기서 COP : 이론성적계수

또는 $COP'=\dfrac{Q_2}{W}=\dfrac{273}{100}=2.73$

해답

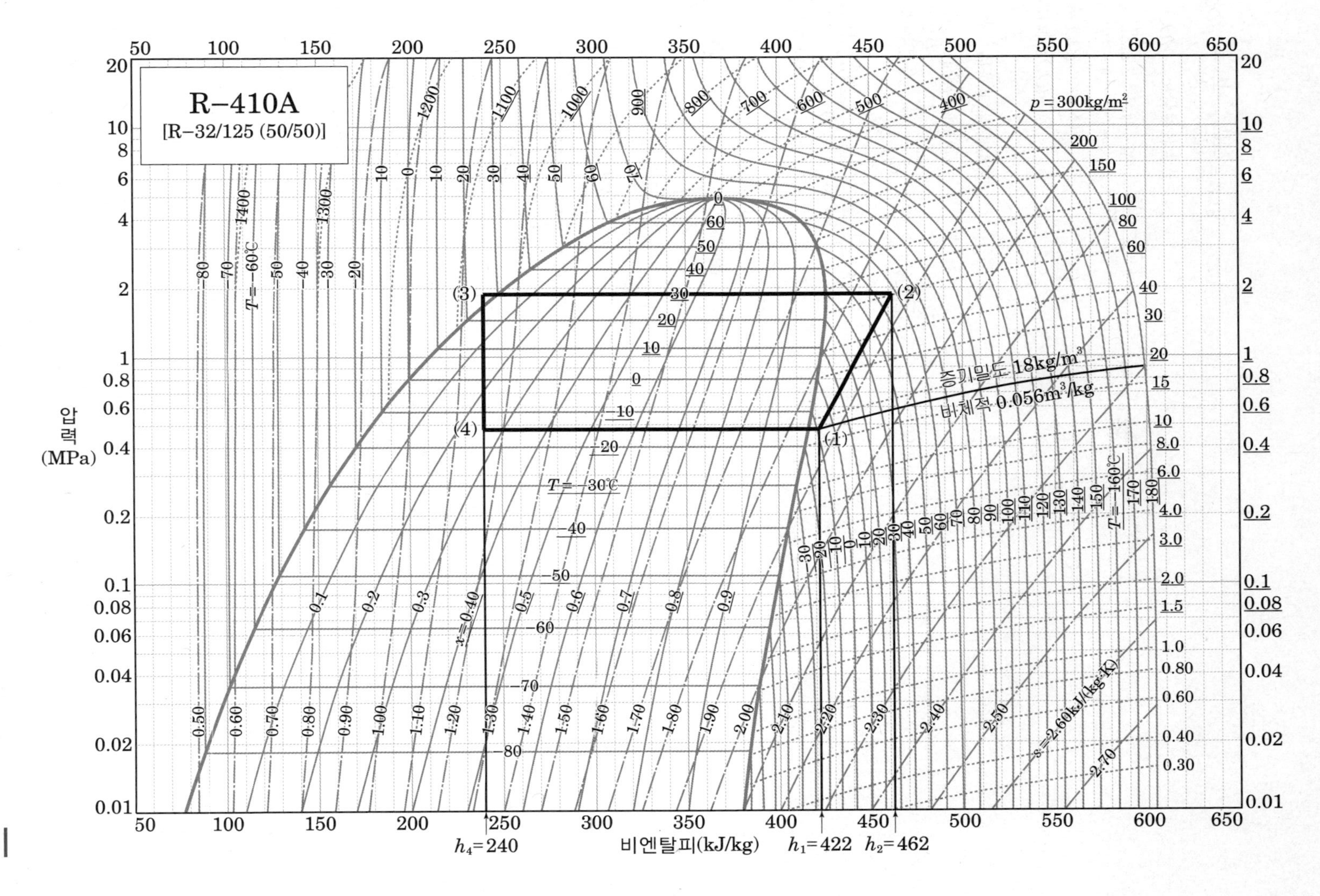

R-410A
[R-32/125 (50/50)]
압력
(MPa)
비엔탈피(kJ/kg)
h_4=240
h_1=422
h_2=462
(1)
(2)
(3)
(4)
증기밀도 18kg/m³
비체적 0.056m³/kg
s=2.60kJ/(kg·K)
p=300kg/m²
T=-30℃
T=-60℃
T=-160℃
x=0.40

2020 제4회 실기 기출문제 동영상 제공

14년1회, 17년1회, 19년3회

01 900[rpm]으로 운전되는 송풍기가 8000[m^3/h], 정압 40[mmAq], 동력 15[kW]의 성능을 나타내고 있는 것으로 한다. 이 송풍기의 회전수를 1080[rpm]으로 증가시키면 어떻게 되는가를 계산하시오.

해답 (1) 풍량 $Q_2 = Q_1 \cdot \left(\frac{N_2}{N_1}\right) = 8000 \times \frac{1080}{900} = 9600[m^3/h]$

(2) 전압 $P_2 = P_1 \cdot \left(\frac{N_2}{N_1}\right)^2 = 40 \times \left(\frac{1080}{900}\right)^2 = 57.6[mmAq]$

(3) 동력 $L_2 = L_1 \cdot \left(\frac{N_2}{N_1}\right)^3 = 15 \times \left(\frac{1080}{900}\right)^3 = 25.92[kW]$

02 냉동능력 70[kW]인 흡수식 냉동장치에 있어서 냉각수량 20[m^3/hr], 냉각수 입구온도가 25[℃], 출구온도가 31[℃]라 할 때 발생기에서의 가열량 Q_G(kJ/hr)를 구하시오. (단, 냉각수 비열은 4.2[kJ/kg·K]로 한다.)

해답 흡수식 냉동기의 열수지(열평형)식

냉동기 흡수열량 = 냉동기 방출열량

$Q_E + Q_G = Q_A + Q_C$ 에서

Q_G : 발생기 가열량[kJ/h]

Q_E : 냉동능력[kJ/h]

Q_A : 흡수기 냉각열량[kJ/h]

Q_C : 응축부하[kJ/h]

흡수식 냉동기에서 냉각수량은 흡수기 → 응축기 → 냉각탑 → 흡수기 순으로 순환하며
냉각수가 흡수하는 총열량은 ($Q_A + Q_C$)이다.

발생기 가열량 $Q_G = (Q_A + Q_C) - Q_E = 504000 - 70 \times 3600 = 252000[kJ/hr]$

여기서 $(Q_A + Q_C) = 20 \times 10^3 \times 4.2 \times (31 - 25) = 504000[kJ/h]$

06년2회, 16년1회

03 아래와 같은 덕트계에서 각 부의 덕트 치수를 구하고, 송풍기 전압 및 정압을 구하시오.

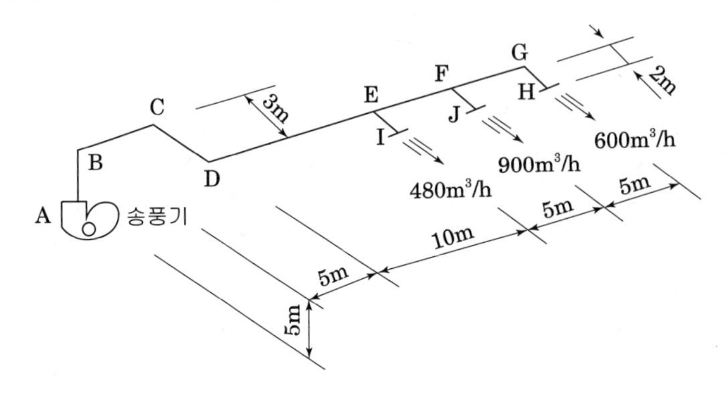

【조 건】

1. 취출구 손실은 각 20[Pa]이고, 송풍기 출구풍속은 8[m/s] 이다.
2. 직관은 마찰손실은 1[Pa/m]로 한다.
3. 곡관부 1개소의 상당길이는 원형 덕트(직경)의 20배로 한다. 각 기기의 마찰저항은 다음과 같다.
   • 에어필터 : 100[Pa] • 공기냉각기 : 200[Pa] • 공기가열기 : 70[Pa]
4. 원형 덕트에 상당하는 사각형 덕트의 1변 길이는 20[cm]로 한다.
5. 풍량에 따라 제작 가능한 덕트의 치수표

풍량(m^3/h)	원형 덕트 직경(mm)	사각 덕트 치수(mm)
2500	380	650×200
2200	370	600×200
1900	360	550×200
1600	330	500×200
1100	280	400×200
1000	270	350×200
750	240	250×200
560	220	200×200

(1) 각부의 덕트 치수를 구하시오.

구간	풍량(m^3/h)	원형 덕트 직경(mm)	사각 덕트 치수(mm)
A-E			
E-F			
F-H			
F-J			

(2) 송풍기 전압(Pa)를 구하시오.

(3) 송풍기 정압(Pa)를 구하시오.

해답 (1) 각부의 덕트 치수

① 각 구간의 풍량[m^3/h]

- A-E구간 : 480+900+600 = 1980
- E-F구간 : 900+600 = 1500
- F-H구간 : 600
- F-J구간 : 900

② 장방형 덕트의 경우에는 주어진 덕트 치수표에 의해 구한다.

구간	풍량(m^3/h)	원형 덕트 직경(mm)	사각 덕트 치수(mm)
A-E	1980	370	600×200
E-F	1500	330	500×200
F-H	600	240	250×200
F-J	900	270	350×200

(2) 송풍기 전압(P_T)

송풍기 전압은 덕트계통의 전압력손실과 같다.

① 직선 덕트 길이 = 5+5+3+10+5+5+2 = 35[m]

② B.C.D 곡관부 상당길이 = 0.37×20×3 = 22.2[m]

③ G 곡관부 상당길이 = 0.24×20 = 4.8[m]

따라서, 송풍기 전압(P_T) = (35+22.2+4.8)×1[Pa/m]+(100+200+70)+20 = 452[Pa]

(3) 송풍기 정압(P_S)

송풍기 정압 = 송풍기 전압 - 송풍기 동압

여기서 송풍기 동압 $P_v = \frac{V^2}{2}\rho$[Pa]

$$P_S = P_T - P_{v2} = 452 - \frac{8^2}{2} \times 1.2 = 413.6[\text{Pa}]$$

03년1회, 07년2회, 13년3회, 15년3회

04 **다음과 같은 공조 시스템에 대해 주어진 조건과 별첨 습공기 선도를 참조하여 계산하시오.**

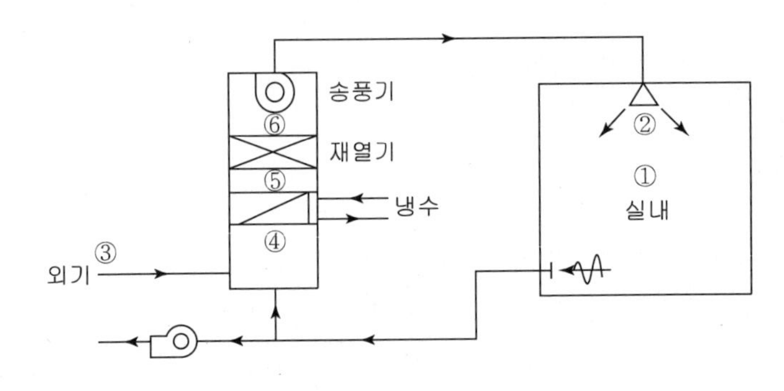

【조 건】

- 실내온도 : 25[℃], 실내 상대습도 : 50%
- 외기온도 : 31[℃], 외기 상대습도 : 60%
- 실내급기풍량 : 6000[m^3/h], 취입외기풍량 : 1000[m^3/h], 공기밀도 : 1.2[kg/m^2]
- 취출공기온도 : 17[℃], 공조기 송풍기 입구온도 : 16.5[℃]
- 공기냉각기 냉수량 : 1.4[L/s], 냉수입구온도(공기냉각기) : 6[℃], 냉수출구온도(공기냉각기) : 12[℃]
- 재열기(전열기) 소비전력 : 5[kW]
- 공조기 입구의 환기온도는 실내온도와 같다.
- 공기의 정압비열 : 1.0 [kJ/kg·K], 냉수비열 : 4.2 [kJ/kg·K]이다. 0℃ 증발잠열 2500[kJ/kg]

(1) 실내 냉방 현열부하(kW)를 구하시오.

(2) 냉수량기준으로 냉각코일 부하(kW)를 구하시오.

(3) 습공기 선도를 작도하시오.

(4) 실내 냉방 잠열부하(kW)를 절대습도를 이용하여 구하시오.

해답 (1) 실내 냉방 현열부하는 송풍량과 취출온도차(25-17℃)로 구한다

$q_s = c_p \cdot \rho \cdot Q(t_r - t_d)$

$= 1.0 \times 1.2 \times 6000 \times (25-17)/3600 = 16[\text{kW}]$

(2) 냉각코일 부하(전열부하)를 냉수량으로 구하면

$q_c = m \cdot c_w \cdot \Delta t = 1.4 \times 4.2 \times (12-6) = 35.28[\text{kW}]$

(3) 습공기선도를 작도하기 위해

① 혼합공기온도 $t_4 = \dfrac{mt_1 + nt_2}{m+n} = \dfrac{1000 \times 31 + 5000 \times 25}{6000} = 26[℃]$

② 여기서 습공기 선도에서 혼합공기 온도 $t_4 = 26℃$ 에 의해 혼합공기 엔탈피(냉각코일 입구 엔탈피) $h_4 = 54\text{kJ/kg}$을 읽을 수 있다.

따라서 냉각코일 출구 엔탈피 h_5는 $q_C = G(h_4 - h_5)$에서 냉각코일부하로 구한다

$h_5 = h_4 - \dfrac{q_C}{G} = 54 - \dfrac{35.28 \times 3600}{1.2 \times 6000} = 36.36[\text{kJ/kg}]$

③ 냉각코일 출구온도 t_5는 재열기 가열량(5kW)로 구한다

$q_R = c_p \cdot G(t_6 - t_5) = c_p \cdot \rho \cdot Q \cdot (t_6 - t_5)$ 에서

$$t_5 = t_6 - \frac{q_n}{c_p \cdot \rho \cdot Q} = 16.5 - \frac{5 \times 3600}{1.0 \times 1.2 \times 6000} = 14[℃]$$

④ 지금까지의 조건에 의해 습공기 선도를 작도하면 다음과 같다.

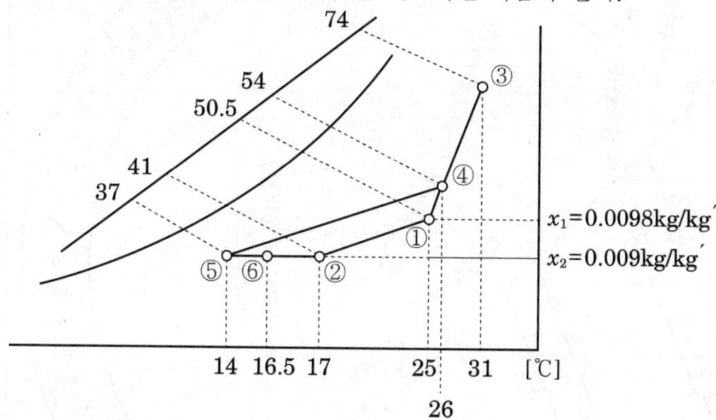

(4) 작도한 습공기선도에서 실내 (①)와 취출기 (②)를 이용하여

∴ 잠열부하 $q_L = 2500\,G(x_1 - x_2) = 2500 \times 1.2 \times 6000 \times (0.0098 - 0.009)/3600 = 4[\text{kW}]$

여기서, 현열비를 구해보면

$$\text{SHF} = \frac{16}{16+4} = 0.8$$

선도

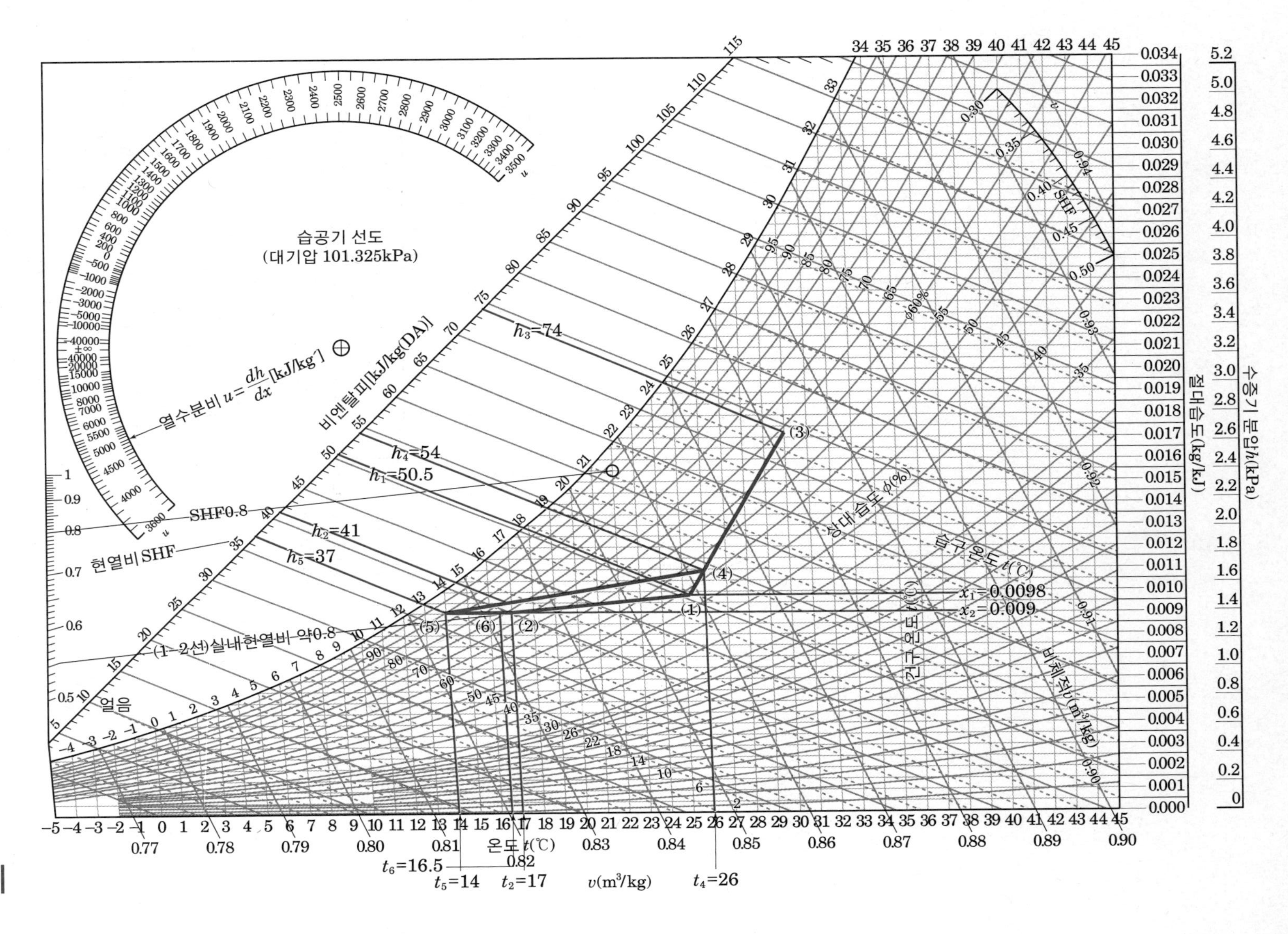
습공기 선도
(대기압 101.325kPa)
열수분비 u = dh/dx [kJ/kg]
비엔탈피[kJ/kg(DA)]
현열비 SHF
SHF0.8
(1-2선)실내현열비 약0.8
얼음
h3=74
h4=54
h1=50.5
h2=41
h5=37
(1)
(2)
(3)
(4)
(5)
(6)
x1=0.0098
x2=0.009
상대습도 φ(%)
습구 온도 t'(℃)
건구 온도 t(℃)
비체적v(m³/kg)
절대습도(kg/kJ)
수증기 분압h(kPa)
온도 t(℃)
v(m³/kg)
t6=16.5
t5=14
t2=17
t4=26

05 어느 벽체의 구조가 다음과 같은 조건을 갖출 때 각 물음에 답하시오.

【조 건】

1. 실내 온도 : 27[℃], 외기 온도 : 32[℃]
2. 벽체의 구조
3. 공기층 열 컨덕턴스 : 6[W/m²·K]
4. 외벽의 면적 : 40[m²]

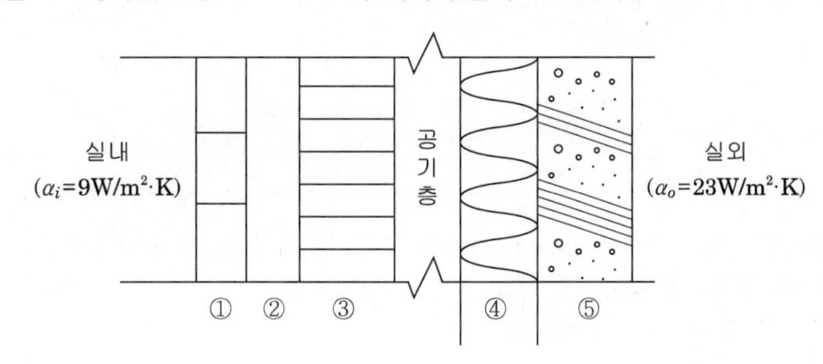

재료	두께(m)	열전도율(W/m·K)
① 타일	0.01	1.3
② 시멘트 모르타르	0.03	1.4
③ 시멘트 벽돌	0.19	0.6
④ 스티로폼	0.05	0.16
⑤ 콘크리트	0.10	1.6

(1) 벽체의 열통과율(W/m²·K)을 구하시오.

(2) 벽체의 침입 열량(W)을 구하시오.

(3) 벽체의 내표면 온도(℃)을 구하시오.

해답 (1) $K=\dfrac{1}{R}=\dfrac{1}{\dfrac{1}{9}+\dfrac{0.01}{1.3}+\dfrac{0.03}{1.4}+\dfrac{0.19}{0.6}+\dfrac{0.05}{0.16}+\dfrac{1}{6}+\dfrac{0.1}{1.6}+\dfrac{1}{23}}=0.96[\text{W/m}^2\cdot\text{K}]$

(2) $q=KA(t_r-t_o)=0.96\times40\times(32-27)=192[\text{W}]$

(3) 표면온도는 $q=\alpha A(t_s-t_r)$ 에서

$192=9\times40\times(t_s-27)$

$\therefore t_s=27+\dfrac{192}{9\times40}=27.53[℃]$

06 전산기실용 35냉동톤의 공랭식 응축기(condensing unit)가 있다. 이 냉동장치가 겨울철에 냉각이 잘 일어나지 않는 원인에 대하여 다음 물음에 답하시오.

(1) 응축압력과 냉매순환량으로 설명하시오.

(2) 방지 대책(겨울철 고압제어 운전방식)2가지를 들고 각각을 상세히 설명하시오.

①

②

해답 (1) 공랭식 응축기를 겨울철에 사용하는 경우 외기온도가 낮기 때문에 응축온도가 낮아져 응축압력도 낮게 된다. 이 결과 팽창밸브를 통과하는 고압 측과 저압 측(증발기 측)의 압력차가 적게 되어 냉매순환량이 적게 되므로 냉동능력이 감소하여 냉각이 잘 일어나지 않게 된다.

(2) 방지 대책

① 공냉응축기의 액면을 상승시킨다.
응축기 내의 액면을 상승시켜 응축기의 전열면적을 적게함으로써 응축압력을 일정 압력 이상으로 유지시킨다.

② 냉각풍량의 제어에 의한 방법
응축압력이 낮게 되면 냉각 팬을 정지시키고 다시 높게 되면 팬을 가동하는 방식으로 응축압력을 일정압력 이상으로 유지시킨다.

③ 냉각풍량의 댐퍼에 의한 제어
냉각용 팬은 연속으로 운전을 하고 응축압력이 낮게 되면 흡입 측 댐퍼를 조절하여 풍량을 감소시켜 응축압력을 일정 압력 이상으로 유지한다.

07 아래 난방배관계통도를 역순환 배관(reverse return)방식으로 완성하시오.

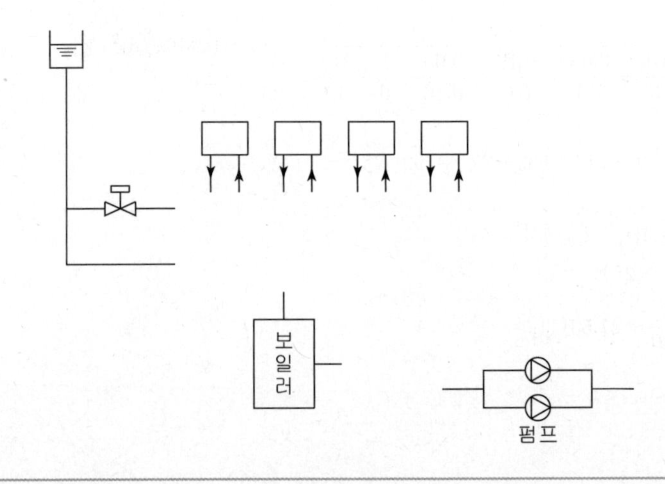

해답

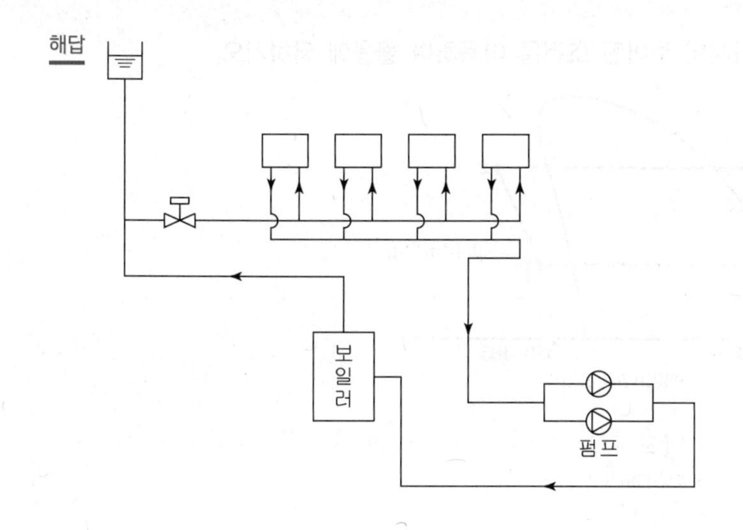

08 온도자동팽창밸브(TEV: Thermostatic Expansion Valve)의 작동원리를 간단히 서술하시오.

해답 온도자동팽창밸브는 건식 증발기에 사용하여 증발기 출구에 부착한 감온통에 의하여 증발기에서 부하변동이 있을 때 감온통의 부착위치에서 과열도가 일정하게 되도록 항상 적정(適正)한 밸브의 개도를 유지하여 일정한 냉매액의 유량을 제어하는 작용을 한다.

해설 온도자동팽창밸브는 다음 3가지 힘의 평형상태에 의해서 작동된다.

- 감온통에 봉입된 가스압력 : P_1
- 증발기 내의 냉매의 증발압력 : P_2
- 과열도 조절나사에 의한 스프링압력 : P_3

$P_1 = P_2 + P_3$

$P_1 > P_2 + P_3$: 밸브의 개도가 커지는 상태(과열도 증가)

$P_1 < P_2 + P_3$: 밸브의 개도가 작아지는 상태(과열도 감소)

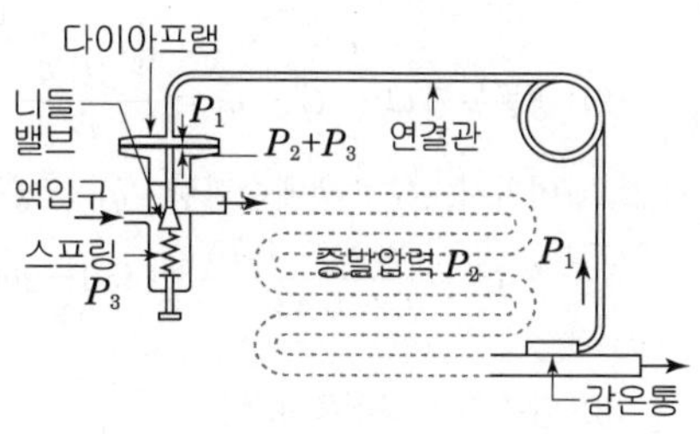

온도식 자동 팽창변의 작동원리

09 R-134a를 냉매로 하는 냉동기에 대하여 아래의 주어진 조건을 이용하여 물음에 답하시오.

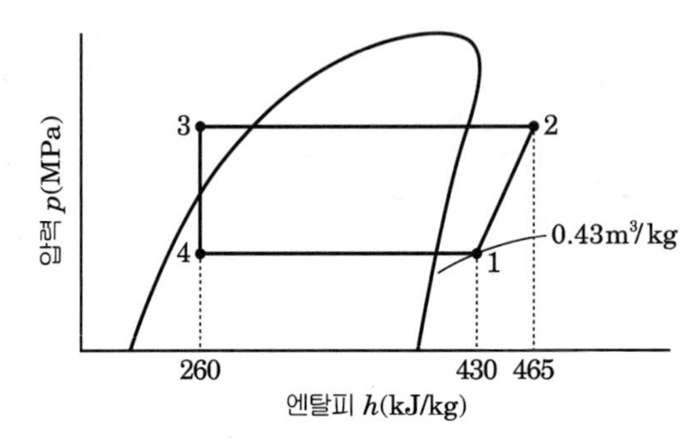

【조 건】

- 실린더 지름 : 50[mm]
- 행정거리 : 60[mm]
- 회전수 : 1500[rpm]
- 기통수 : 8
- 체적효율 : 0.75
- 압축효율 : 0.80
- 기계효율 : 0.90

(1) 이론 토출량(m^3/h)을 구하시오.

(2) 냉동능력(kW)을 구하시오.

(3) 압축기의 축동력(kW)을 구하시오.

(4) 위를 바탕으로 성적계수(COP)를 구하시오.

해답 (1) 이론적 피스톤 압출량 $V_a[m^3/h]$

$$Va = \frac{\pi D^2}{4} L \cdot N \cdot R \cdot 60 = \frac{\pi 0.05^2}{4} \times 0.06 \times 8 \times 1500 \times 60 = 84.82[m^3/h]$$

여기서, D : 실린더 지름[m], L : 행정거리[m], N : 기통수, R : 회전수[rpm]

(2) 냉동능력 $Q_2 = G \cdot q_2 = \frac{V_a \cdot \eta_v}{v} \cdot q_2[kW]$

여기서, G : 냉매순환량, q_2 : 냉동효과, η_v : 체적효율, v : 흡입가스 비체적[m^3/kg]

$$\therefore Q_2 = \frac{84.82 \times 0.75}{0.43} \times (430 - 260) \times \frac{1}{3600} ≒ 6.99[kW]$$

(3) 압축기의 축동력[kW]

$$L_s = \frac{G(h_2 - h_1)}{\eta_c \cdot \eta_m} = \frac{V_a \cdot \eta_v}{v} \times (h_2 - h_1) \times \frac{1}{\eta_c \cdot \eta_m}$$

$$= \frac{84.82 \times 0.75}{0.43} \times (465 - 430) \times \frac{1}{0.8 \times 0.9} \times \frac{1}{3600} ≒ 2[kW]$$

(4) 성적계수(COP)

$$COP = \frac{Q_2}{L_s} = \frac{6.99}{2} = 3.495 ≒ 3.5$$

10 R-410을 냉매로 하는 2단압축 1단팽창 냉동장치가 아래의 P-h선도의 냉동사이클의 상태로 운전될 때 다음의 (1)~(3)의 물음에 답하시오. (단, 냉동능력은 40[kW]로 한다.)

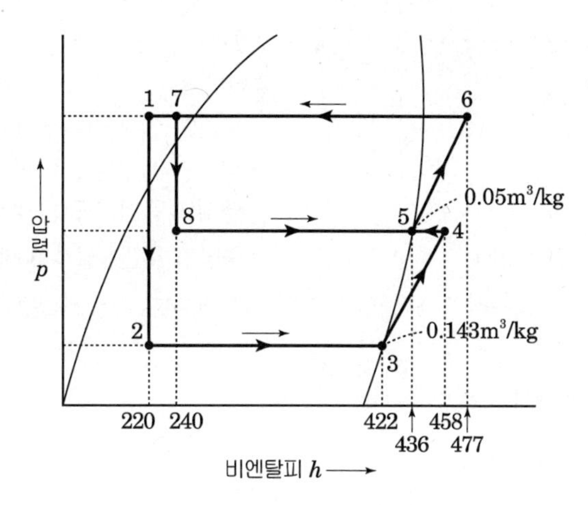

(1) 냉동효과를 구하시오.(kJ/kg)

(2) 냉매순환량을 구하시오.(kg/s)

① 저단 측

② 고단 측

(3) by-pass냉매량을 구하시오.(kg/s)

해답 (1) 냉동효과q_2

$$q_2 = h_3 - h_2 = 422 - 220 = 202[\text{kJ/kg}]$$

(2) 냉매순환량(kg/s)

① 저단 측 : $G_L = \dfrac{Q_2}{q_2} = \dfrac{40}{202} = 0.198 \fallingdotseq 0.20[\text{kg/s}]$

② 고단 측 : $G_H = G_L \dfrac{h_4 - h_1}{h_5 - h_8} = 0.20 \times \dfrac{458 - 220}{436 - 240} \fallingdotseq 0.24[\text{kg/s}]$

(3) by-pass냉매량G_m(kg/s)

$G_m = G_H - G_L = 0.24 - 0.2 = 0.04[\text{kg/s}]$ 또는

$$G_m = G_L \frac{(h_4 - h_5) + (h_8 - h_1)}{h_5 - h_8} = 0.20 \times \frac{(458 - 436) + (240 - 220)}{436 - 240}$$

$$= 0.20 \times \frac{(458 - 436) + (240 - 220)}{436 - 240} \fallingdotseq 0.04[\text{kg/s}]$$

11 냉동능력이 46.8[kW], 압축기 소요동력 9[kW]인 R-410냉동장치가 아래와 같은 운전상태일 경우 물음에 답하시오.

【조 건】

〈응축기 측〉
- 냉각수 입구온도 32[℃]
- 냉각수 출구온도 37[℃]
- 응축온도 : 42.5[℃]
- 응축기의 열관류율 : 698[W/m² · K]

〈증발기 측〉
- 브라인 입구온도 : −15[℃]
- 브라인 출구온도 : −19[℃]
- 냉매의 증발온도 : −24[℃]
- 증발기 열관류율 : 386[W/m² · K]

단, 응축기와 증발기에서 냉매와 냉각수 및 냉매와 브라인 사이의 온도차는 산술평균온도차로 한다.

(1) 응축기의 전열면적(m^2)을 구하시오.

(2) 증발기의 전열면적(m^2)을 구하시오.

해답 (1) 응축기의 전열면적(m^2)

응축부하 $Q_1 = K \cdot A \cdot \Delta t_m$에서

$$\text{전열면적 } A = \frac{Q_1}{K \cdot \Delta t_m} = \frac{Q_2 + W}{K \cdot \Delta t_m} = \frac{(46.8+9)\times 10^3}{698 \times \left(42.5 - \frac{32+37}{2}\right)} \fallingdotseq 9.99[m^2]$$

(2) 증발기의 전열면적(m^2)

냉동능력 $Q_2 = K \cdot A \cdot \Delta t_m$에서

$$\text{전열면적 } A = \frac{Q_2}{K \cdot \Delta t_m} = \frac{46.8 \times 10^3}{386 \times \left(\frac{-15+(-19)}{2} - (-24)\right)} \fallingdotseq 17.32[m^2]$$

12 A실에 대하여 아래 조건을 이용하여 각 물음에 답하시오. (단, 실 A는 최상층으로 사무실 용도이며, 아래층의 난방 조건은 동일하다.)

【조 건】

1. 난방 설계용 온 · 습도

	난방	비고
실내	22℃ DB, 50% RH	비공조실은 실내 · 외의 중간 온도로 약산함
외기	−8℃ BD, 70% RH	

2. 유리 : 복층유리(공기층 6mm), 블라인드 없음, 열관류율 $K = 3.5[W/m^2 \cdot K]$
   출입문 : 목제 플래시문, 열관류율 $K = 2.9[W/m^2 \cdot K]$
3. 공기의 밀도 $\rho = 1.2[kg/m^3]$, 공기의 정압비열 $C_{pe} = 1.005[kJ/kg \cdot K]$
4. 외기 도입량은 25[m³/h · 인]이다.

5. 외벽

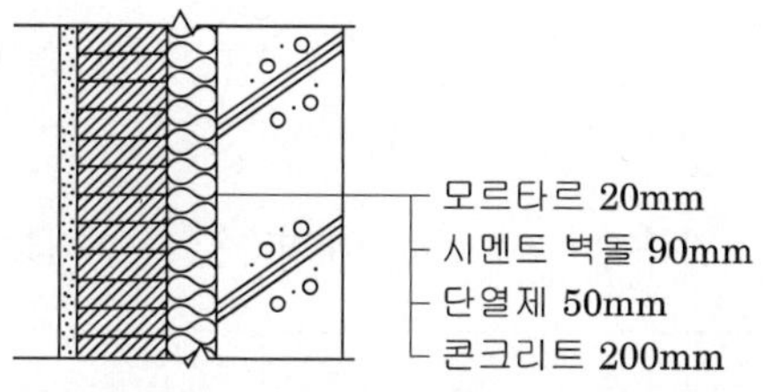

재료명	열전도율(W/m・K)
1. 모르타르	1.4
2. 시멘트 벽돌	1.4
3. 단열제	0.035
4. 콘크리트	1.6

6. 내벽 열관류율 : 2.6[$W/m^2 \cdot K$], 지붕 열관류율 : 0.36[$W/m^2 \cdot K$]

표면의 종류	난방시 열전달율(W/m^2K)
내면	9
외면	24

• 방위계수

방위	N, 수평	E	W	S
방위계수	1.2	1.1	1.1	1.0

7. 재실인원 1인당 바닥면적 : 5[m^2/인]
8. 환기횟수 : 0.5회

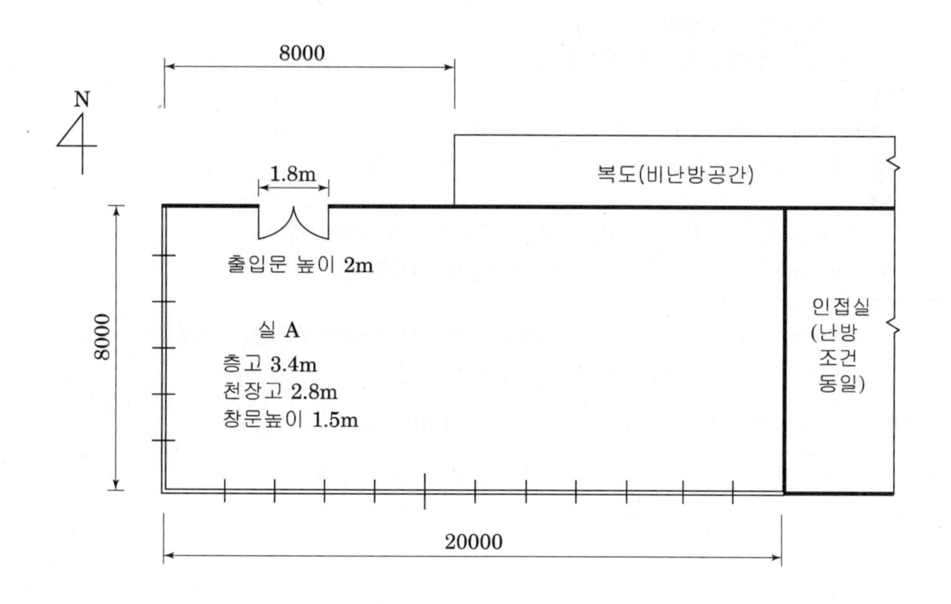

(1) 외벽 열관류율($W/m^2 \cdot K$)을 구하시오.

(2) 환기부하(W)를 구하시오.

(3) 외기부하(W)를 구하시오.

(4) 난방부하(W)를 구하시오.

① 서측　② 남측　③ 북측　④ 지붕　⑤ 내벽　⑥ 출입문

해답 (1) 열 저항 $R = \dfrac{1}{\alpha_i} + \sum \dfrac{d}{\lambda} + \dfrac{1}{\alpha_o}$ 에서

$$= \frac{1}{9} + \frac{0.02}{1.4} + \frac{0.09}{1.4} + \frac{0.05}{0.035} + \frac{0.2}{1.6} + \frac{1}{24} = 1.785[m^2 \cdot K/W]$$

열관류율 $K = \dfrac{1}{R} = \dfrac{1}{1.785} = 0.560[W/m^2 \cdot K]$

(2) 환기부하(W)

$q_I = c_p \rho Q \Delta t = 1.005 \times 1.2 \times 224 \times \{22-(-8)\} \times 10^3/3600 = 2251.2[W]$

여기서 극간풍량 $Q_I = nV = 0.5 \times (20 \times 8 \times 2.8) = 224[m^3/h]$

(3) 외기부하(W)

$q_o = c_p \rho Q \Delta t = 1.005 \times 1.2 \times 800 \times \{22-(-8)\} \times 10^3/3600 = 8040[W]$

여기서 도입 외기량 $Q_o = 25 \times \left(\dfrac{20 \times 8}{5}\right) = 800[m^3/h]$

(4) • 외기에 접하는 외벽 및 지붕 또는 유리창의 부하

$q = K \cdot A \cdot \Delta t \cdot C$

• 외기에 직접 접하지 않는 내벽 또는 문 등의 부하

$q = K \cdot A \cdot \Delta t$

여기서, K : 각 구조체(외벽, 지붕, 유리창, 내벽, 문 등)의 열관류율

A : 각 구조체(외벽, 지붕, 유리창, 내벽, 문 등)의 면적

Δt : 온도차

C : 방위별 부가계수

※ 외기에 직접 접하지 않은 북쪽의 내벽에는 방위별 부가계수를 곱하지 않는다.

① 서측

• 외벽 $= 0.56 \times \{8 \times (3.4-1.5)\} \times \{22-(-8)\} \times 1.1 = 280.90[W]$

• 유리창 $= 3.5 \times (8 \times 1.5) \times \{22-(-8)\} \times 1.1 = 1386[W]$

② 남측

• 외벽 $= 0.56 \times \{20 \times (3.4-1.5)\} \times \{22-(-8)\} \times 1.0 = 638.4[W]$

• 유리창 $= 3.5 \times (20 \times 1.5) \times \{22-(-8)\} \times 1.0 = 3150[W]$

③ 북측

• 외벽 $= 0.56 \times (8 \times 3.4 - 1.8 \times 2) \times \{22-(-8)\} \times 1.2 = 475.78[W]$

④ 지붕 $= 0.36 \times (8 \times 20) \times \{22-(-8)\} \times 1.2 = 2073.6[W]$

⑤ 내벽 $= 2.6 \times \{(12 \times 2.8\} \times \left\{22 - \dfrac{22+(-8)}{2}\right\} = 1310.4[W]$

북측 복도와 접하는 부분(12m)이며 인접실은 난방부하가 없다.

⑥ 출입문 $= 2.9 \times (1.8 \times 2) \times \{22-(-8)\} \times 1.2 = 375.84[W]$

2021 제1회 실기 기출문제 (동영상 제공)

01 중앙공급식 급탕장치에 급탕순환 펌프를 선정하려고 한다. 다음 조건을 참조하여 급탕순환 펌프의 유량(L/min), 양정(mAq) 및 동력(kW)을 구하시오.

【조 건】

1. 급탕배관길이 : 500[m]
2. 단위길이당 열손실 : 0.35[W/(m · K)]
3. 배관의 마찰손실 : 20[mmAq/m]
4. 급탕온도 : 60[℃]
5. 주위온도 : 5[℃]
6. 기기류, 밸브, 배관 부속류의 등가저항 : 직관의 50%
7. 기기, 밸브류 등의 열손실량 : 배관 열손실의 20%
8. 급탕환탕의 온도차(Δt) : 10[℃]
9. 펌프의 효율 : 40%
10. 온수의 비열 : 4.2[kJ/kg · K], 밀도 : 1000[kg/m³]으로 한다.

해답 (1) 순환유량 $= \dfrac{500[\text{m}] \times 0.35[\text{W/m℃}] \times (60-5)[℃] \times 1.2}{4.2 \times 10^3[\text{J/kg·℃}] \times 10℃ \times 1[\text{kg/L}]} \times 60[\text{s/min}] = 16.5[\text{L/min}]$

(2) 순환펌프 양정 $= 500 \times 20 \times 1.5 = 15000\text{mmAq} = 15[\text{mAq}]$

(3) 순환펌프 동력 $L_S = \dfrac{\gamma QH}{\eta_p} = \dfrac{9.8[\text{kN/m}^3] \times (16.5 \times 10^{-3}/60)[\text{m}^3/\text{s}] \times 15[\text{m}]}{0.4} \fallingdotseq 0.101[\text{kW}]$

02 냉동장치에 사용되고 있는 NH_3와 $R-22$ 냉매의 특성을 비교하여 빈칸에 아래 보기 중 적합한 말을 기입하시오.

비교사항	NH_3(암모니아)	$R-22$
대기압상태에서 응고점 고저	①	②
수분과의 용해성 대소	③	④
폭발성 및 가연성 유무	⑤	⑥
누설발견의 난이	⑦	⑧
독성의 여부	⑨	⑩
동에 대항 부식성 대소	⑪	⑫
윤활유와 분리성	⑬	⑭
1 냉동톤당 냉매순환량의 대소	⑮	⑯

【보　기】

고, 저　　대, 소　　있다, 없다　　쉽다, 어렵다

해답

비교사항	NH_3(임모니아)	$R-22$
대기압상태에서 응고점 고저	고	저
수분과의 용해성 대소	대	소
폭발성 및 가연성 유무	있다	없다
누설발견의 난이	쉽다	어렵다
독성의 여부	있다	없다
동에 대항 부식성 대소	대	소
윤활유와 분리성	쉽다	어렵다
1 냉동톤당 냉매순환량의 대소	소	대

03 그림과 같은 사무소건물 중간층(정면이 동측)에 대하여 겨울철 각 방위의 외피부하(skin load)와 내부부하(interior load)의 손실열량을 산출하여 주어진 표의 빈칸을 완성하시오. (단, 주어진 조건 이외의 열손실 및 열발생은 없는 것으로 한다.)

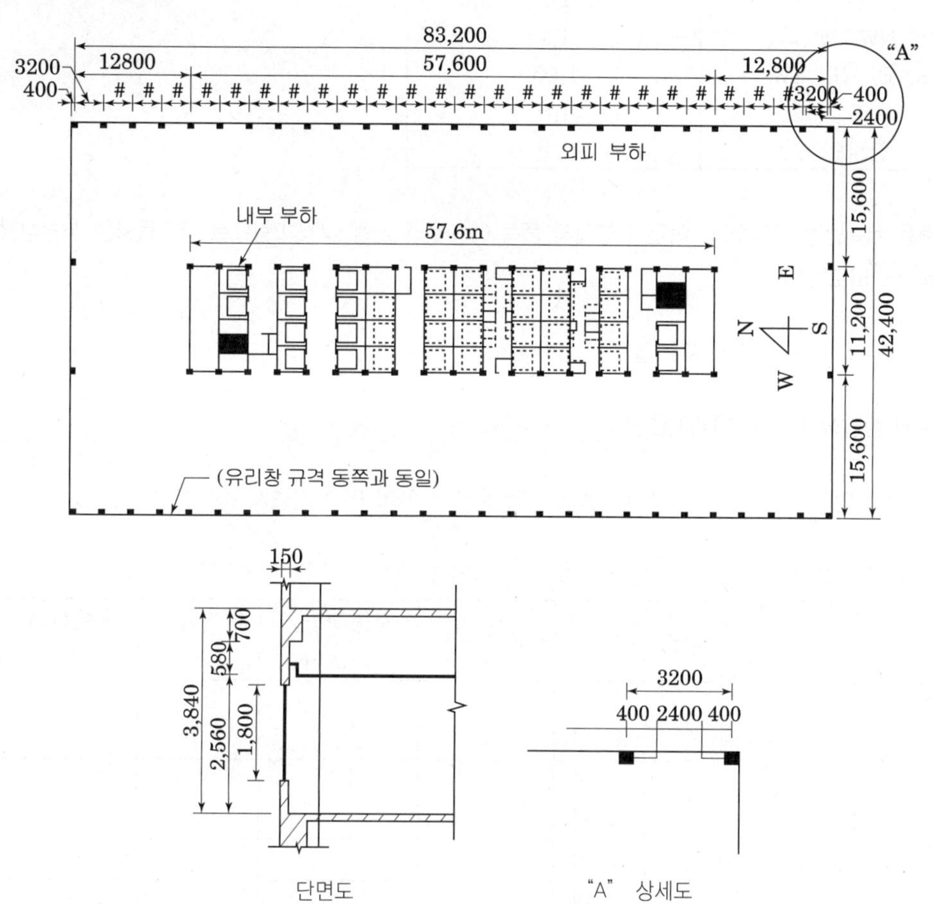

단면도　　　　　"A" 상세도

【조 건】

〈설계〉

1. 실내, 실외 공기조건

구분	t(℃)	ψ(%)	x(kg/kg')
실 내	20	50	0.00726
실 외	0	40	0.0015

2. 건물의 구조 및 열통과율(K) [$W/m^2 \cdot K$]

외 벽	$0.24W/m^2 \cdot K$
칸 막 이	$1.5W/m^2 \cdot K$
바 닥	$0.2W/m^2 \cdot K$
유 리	$3.5W/m^2 \cdot K$

3. 방위별 부가계수

방 위	(SC)
N	1.2
NW, W	1.1
SE, E, NE, SW	1.05
S	1.0
칸막이	1.0

4. 극간풍은 서측만을 고려하고, 여닫이 창에서 풍속 6[m/s]를 사용, 샤시B형으로 극간풍량은 창면적당 2.4[m^3/m^2h]로 한다.

5. 공기의 비열 : 1.01[kJ/(kg · K)], 밀도 : 1.2[kg/m^3]

6. 0℃ 물의 증발잠열 : 2501[kJ/kg]

7. 내부 칸막이 안쪽(코어)은 비난방실로 실내외 중간온도로 하며 면적 산출시 층고를 사용할 것

8. 남쪽과 북쪽은 유리창이 없는 외벽으로 되어 있는 것으로 한다.

	방위		면적A (m^2)	열통과율K ($W/m^2 \cdot K$)	부가계수 (SC)	온도차Δt (℃)	열량q(W)
외피부하 (skin load)	E	유 리					
		외 벽					
	W	유 리					
		외 벽					
	S	외 벽					
	N	외 벽					
	극간풍 부하 (서측)						
내부부하(inteior load)	칸막이						
합 계							

해설 먼저 방위별 각 부분의 면적을 구한다.

E, W : 유리면적 $2.4 \times 1.8 \times 26 = 112.32[m^2]$

외벽면적 $83.2 \times 3.84 - 112.32 = 207.168[m^2]$

S, N : 외벽면적 $42.4 \times 3.84 = 162.82[m^2]$

바닥면적 $83.2 \times 42.4 - 57.6 \times 11.2 = 2882.56[m^2]$

칸막이면적 $(57.6 + 11.2) \times 2 \times 3.84 = 528.38[m^2]$

극간풍량 $Q_i = 2.4[m^3/(m^2 \cdot h)] \times 112.32[m^2] \fallingdotseq 269.57[m^3/h]$

해답

	방위		면적A (m^2)	열통과율K ($W/m^2·K$)	부가계수 (SC)	온도차Δt (℃)	열량q(W)
외피부하 (skin load)	E	유 리	112.32	3.5	1.05	20	8255.52
		외 벽	207.168	0.24	1.05	20	1044.13
	W	유 리	112.32	3.5	1.1	20	8648.64
		외 벽	207.168	0.24	1.1	20	1093.85
	S	외 벽	162.82	0.24	1.0	20	781.54
	N	외 벽	162.82	0.24	1.2	20	937.84
	극간풍 부하 (서측)		$q_{IS}=1.01\times1.2\times269.57\times(20-0)\times1000/3600$				1815.10
			$q_{IL}=2501\times1.2\times269.57\times(0.00726-0.0015)/3.6$				1294.45
내부부하 (inteior load)	칸막이		528.38	1.5	1.0	10	7925.7
합 계							31,796.77

04 다음과 같은 냉수코일의 조건을 이용하여 각 물음에 답하시오.

【조 건】

〈냉수코일〉

- 코일부하(q_c) : 120[kW]
- 통과풍량(Q_c) : 15000[m^3/h]
- 단수(S) : 26단
- 풍속(V_f) : 3[m/s]
- 유효높이 $a=992$[mm], 길이 $b=1400$[mm], 관내경 $d_1=12$[mm]
- 공기입구온도 : 건구온도 $t_1=28$[℃], 노점온도 $t_1''=19.3$[℃]
- 공기출구온도 : 건구온도 $t_2=14$[℃]
- 코일의 입출구 수온차 5[℃](입구수온 7[℃])
- 코일의 열통과율 : 1.01[kW/m^2 · ℃ · N]
- 습면보정계수 C_{WS} : 1.4
- 냉수비열$c_w=4.19$[kJ/kg·K]

(1) 전면 면적 A_f[m^2]를 구하시오.

(2) 냉수량 L[L/min]를 구하시오.

(3) 코일 내의 수속 V_w[m/s]를 구하시오.

(4) 대수 평균온도차(평행류) Δt_m[℃]를 구하시오.

(5) 코일 열수(N)를 구하시오.

계산된 열수(N)	2.26~3.70	3.71~5.00	5.01~6.00	6.01~7.00	7.01~8.00
실제 사용 열수(N)	4	5	6	7	8

해설 (1) 전면 면적 $A_f[m^2]$

$$A_f = \frac{G}{\rho \cdot v_a} = \frac{Q}{v_a}$$

v_a : 공기 속도(풍속) [m/s], G : 통과 풍량(공기량) [kg/s]

Q : 통과 풍량(공기량) [m³/s] p : 공기밀도 [kg/m³] 1.2[kg/m³]

(2) 냉수량 L[L/min]

$$L = \frac{q_c}{c_w \cdot (t_{w2} - t_{w1}) \cdot 60}$$

q_c : 코일부하 (처리열량) [kW] t_{w1}, t_{w2} : 입구 및 출구 수온[℃]

c_w : 냉수비열 4.19[kJ/kg·K]

(3) 코일 내의 수속 V_w[m/s]

$$V_w = \frac{L}{n \cdot a \cdot 60}$$

L : 수량[m³/min], a : 관의 단면적[m²], n : 관수

(4) 대수 평균온도차(평행류) Δt_m

평행류(병류)

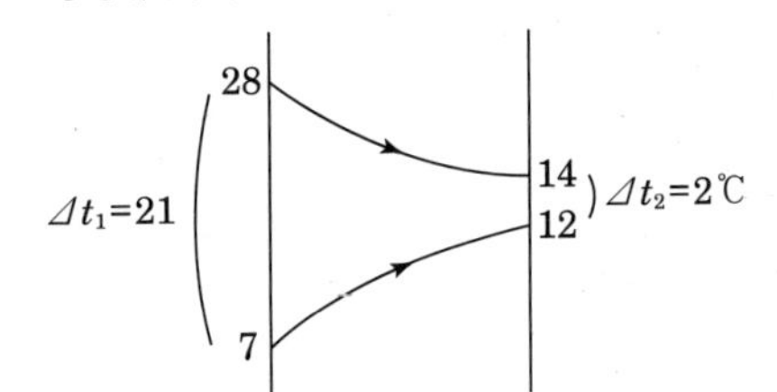

$$\Delta t_m = \frac{\Delta t_1 - \Delta t_2}{\ln \frac{\Delta t_1}{\Delta t_2}} [℃]$$

(5) 코일 열수(N)

냉각코일의 열수N

$$N = \frac{q_c}{K \cdot C_{ws} \cdot A \cdot (MTD)} \text{ 에서}$$

여기서, q_c : 코일부하(냉각열량)[kW] K : 코일의 유효정면면적 1m², 1열 당의 열통과율 [kW/m² · ℃ · N]

C_{ws} : 습면보정계수 A : 코일의 유효정면 면적[m²]

MTD : 대수평균온도차 [℃]

해답 (1) 전면 면적 $A_f = \frac{15000}{3 \times 3600} = 1.39[m^2]$

(2) 냉수량 $L = \frac{120 \times 60}{4.19 \times 5} = 343.68[L/min]$

(3) 코일 내 수속 $V_w = \frac{343.68 \times 10^{-3} \times 4}{3.14 \times 0.012^2 \times 26 \times 60} = 1.95[m/s]$(코일은 내경 12[mm], 26단 이다.)

(4) 대수 평균온도차 $\Delta t_m = \frac{21-2}{\ln \frac{21}{2}} = 8.08[℃]$

$\Delta_1 = 28 - 7 = 21℃$, $\Delta_2 = 14 - 12 = 2[℃]$

(5) 코일 열수 $N = \frac{120}{1.01 \times 1.4 \times 1.39 \times 8.08} = 7.56 ≒ 8$열

01년1회, 05년2회, 11년1회, 13년3회

05 **바닥면적** $100[m^2]$, **천장고** $3[m]$**인 실내에서 재실자** 60**명과 가스 스토브** 1**대가 설치되어 있다. 다음 각 물음에 답하시오. (단, 외기** CO_2 **농도** $400[ppm]$, **재실자 1인당** CO_2 **발생량** $20[L/h]$, **가스스토브** CO_2 **발생량** $600[L/h]$**이다.)**

(1) 실내 CO_2 농도를 1000ppm으로 유지하기 위해서 필요한 환기량(m^3/h)을 구하시오.

(2) 이 때 환기횟수(회/h)를 구하시오.

해답 (1) 환기량 $Q = \dfrac{M}{P_i - P_o} = \dfrac{(20 \times 60 \times 10^{-3}) + 600 \times 10^{-3}}{(1000 - 400) \times 10^{-6}} = 3000[m^3/h]$

(2) $Q = nV$에서

환기횟수 $n = \dfrac{Q}{V} = \dfrac{3000}{100 \times 3} = 10[회/h]$

여기서, Q : 환기량$[m^3/h]$

M : 실내의 CO_2 발생량$[m^3/h]$

P_i : CO_2의 허용농도$[m^3/m^3]$

P_o : 외기의 CO_2농도$[m^3/m^3]$

V : 실내용적$[m^3]$

05년7회, 08년4회

06 **다음과 같은 공기조화기를 통화할 때 공기상태 변화를 공기선도상에 나타내고 번호를 쓰시오.**

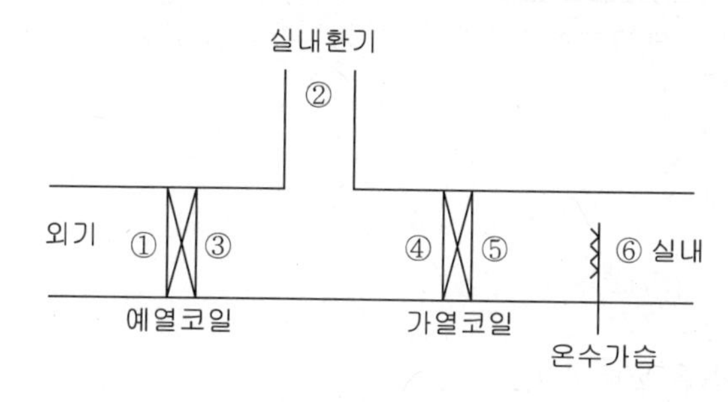

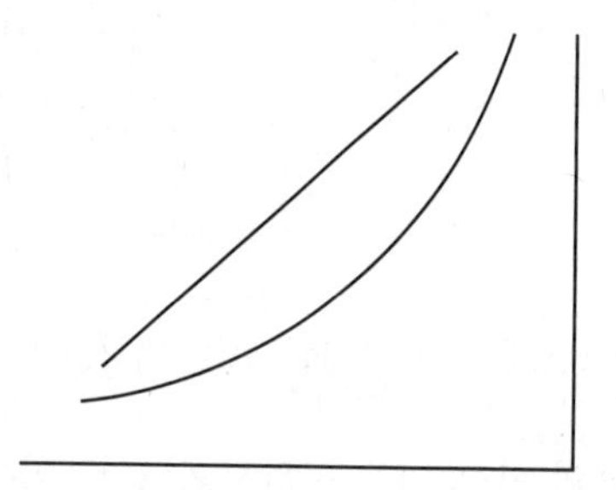

해답

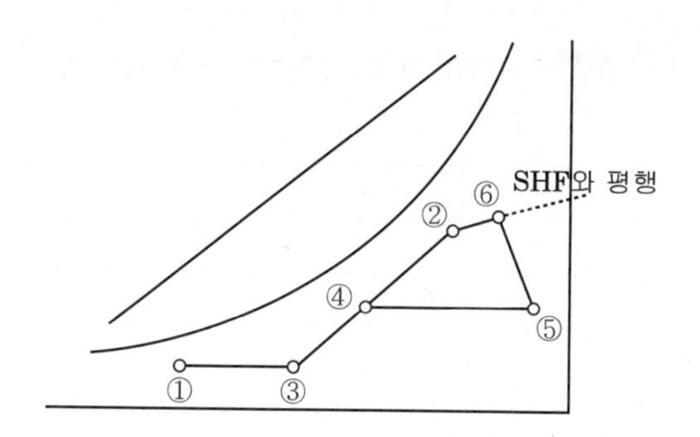

07년4회

07 **다음과 같은 온수난방 계통도에서 주어진 조건과 배관선도를 참조하여 물음에 답하시오.**

방열기 용량

Ⅰ : 5.6kW

Ⅱ : 4.2kW

Ⅲ : 4.9kW

【조 건】

1. 방열기 입출구 수온차를 10[℃]로 한다.
2. 국부저항계수 : $k=0.8$
3. 배관 마찰손실수두 $(R)=100$[Pa/m]
4. 보일러에서 최원거리에 위치한 방열기의 왕복순환 길이는 80[m]로 한다.

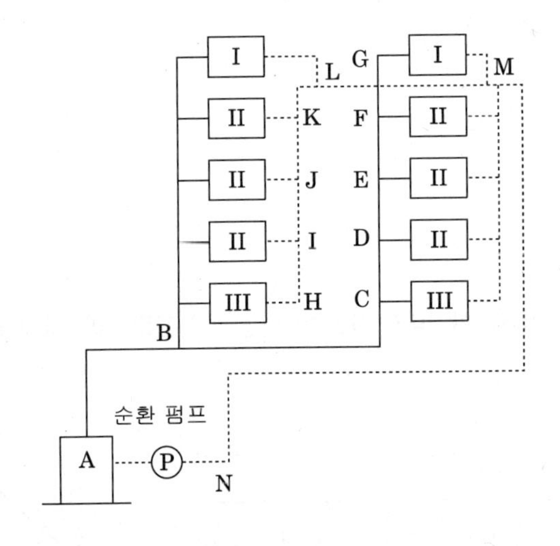

5. 온수의 비열은 4.2[kJ/(kg · K)], 비중량은 9800[N/m^3]으로 한다.

(1) 순환 펌프의 양정(m)을 구하시오. (단, 여유율은 20%이다.)

(2) A–B, C–D, K–L, L–M의 각 구간의 유량(kg/min) 및 관지름(mm)을 구하시오.

구분 / 구간	압력강하 $R=100$[Pa/m]	순환수량[kg/min]	관지름[mm]
A–B	100		
C–D	100		
K–L	100		
L–M	100		

해답 (1) 순환펌프의 양정 H

전양정 $H=k$(실양정+배관저항+기타저항)에서

- 실양정 = 0, (밀폐배관이므로)
- 배관저항 $= 80\times(1+0.8)\times 100 = 14400$[Pa]
- 기타저항 = 0

∴ 전양정

$$P=\rho gH=\gamma H \text{에서 } H=\frac{14400\times 1.2}{9800} \fallingdotseq 1.76[\text{m}]$$

(2) 유량 및 관지름

Ⅰ : 방열기 순환수량 $=\frac{5.6\times 60}{4.2\times 10}=8$[kg/min] $=8$[L/min]

Ⅱ : 방열기 순환수량 $=\frac{4.2\times 60}{4.2\times 10}=6$[kg/min] $=6$[L/min]

Ⅲ : 방열기 순환수량 $=\frac{4.9\times 60}{4.2\times 10}=7$[kg/min] $=7$[L/min]

- A-B 구간의 순환수량 : $8\times 2+6\times 6+7\times 2=66$[kg/min] $=66$[L/min]
- C-D 구간의 순환수량 : $8\times 1+6\times 3=26$[kg/min] $=26$[L/min]
- K-L 구간의 순환수량 : $7\times 1+6\times 3=25$[kg/min] $=25$[L/min]
- L-M 구간의 순환수량 : $8\times 1+6\times 3+7\times 1=33$[kg/min] $=33$[L/min]

구분 / 구간	압력강하[Pa/m]	순환수량[kg/min]	관지름[mm]
A-B	100	66	50
C-D	100	26	32
K-L	100	25	32
L-M	100	33	40

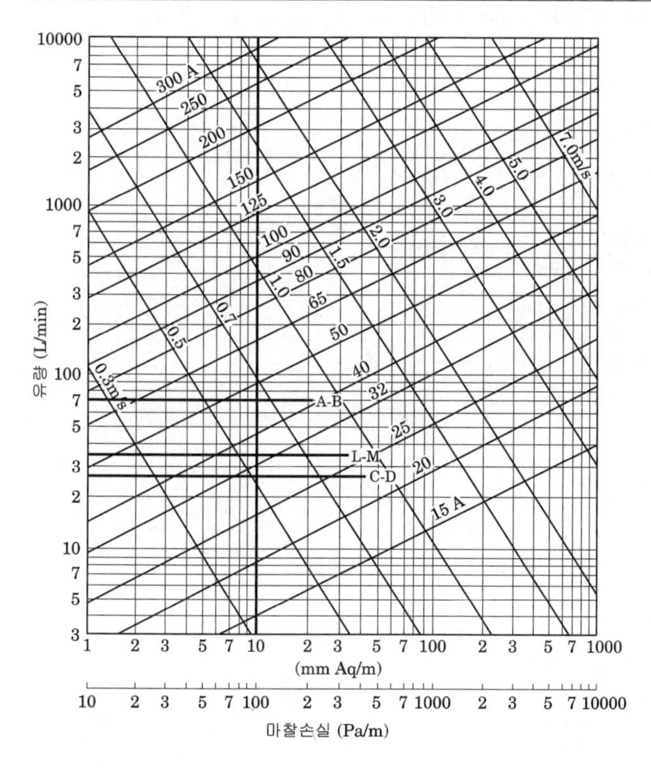

17년4회

08 **피스톤 토출량이 100[m³/h] 냉동장치에서 A사이클(1-2-3-4)로 운전하다 증발온도가 내려가서 B사이클(1'-2'-3'-4')로 운전될 때 B사이클의 냉동능력과 소요동력을 A사이클과 비교하여라.**

비체적 $v_1 = 0.85\,\text{m}^3/\text{kg}$

$v_1{}' = 1.2\,\text{m}^3/\text{kg}$

$h_1 = 630\,\text{kJ/kg}$

$h_1{}' = 622\,\text{kJ/kg}$

$h_2 = 676\,\text{kJ/kg}$

$h_2{}' = 693\,\text{kJ/kg}$

$h_3 = 458\,\text{kJ/kg}$

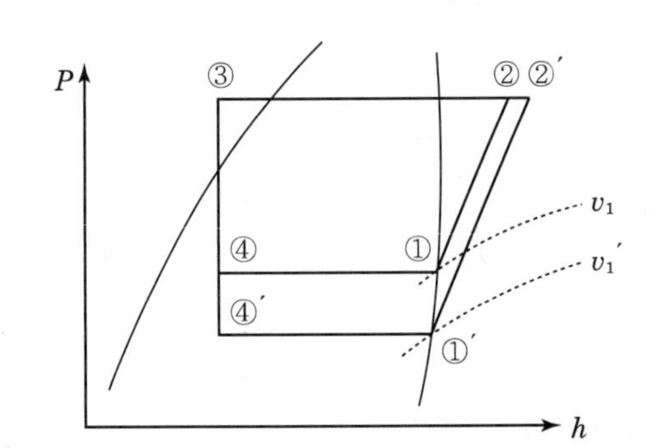

	체적효율(η_v)	압축효율(η_m)	기계효율(η_c)
A사이클	0.78	0.9	0.85
B사이클	0.72	0.88	0.79

해답 (1) 냉동능력 $Q_2 = G \cdot q_2 = \dfrac{V}{v}\eta_v \cdot q_2$에서

① A사이클 $R_A = \dfrac{100}{0.85} \times 0.78 \times (630-458)/3600 \fallingdotseq 4.38[\text{kW}]$

② B사이클 $R_B = \dfrac{100}{1.2} \times 0.72 \times (622-458)/3600 = 2.73[\text{kW}]$

③ B사이클의 냉동능력이 A사이클보다 작다.

(2) 소요동력 $L_S = \dfrac{G \cdot A_W}{\eta_m \cdot \eta_C} = \dfrac{V_a \cdot \eta_v}{v} \cdot \dfrac{A_W}{\eta_m \cdot \eta_C}$ 식에서

① A사이클 $L_{SA} = \dfrac{100 \times 0.78}{0.85} \times \dfrac{676-630}{0.9 \times 0.85} \times \dfrac{1}{3600} \fallingdotseq 1.53[\text{kW}]$

② B사이클 $N_B = \dfrac{100 \times 0.72}{1.2} \times \dfrac{693-622}{0.88 \times 0.79} \fallingdotseq 1.70[\text{kW}]$

③ B사이클의 소요동력이 A사이클보다 크다.

09 다음에 주어진 기기의 부착위치 및 역할에 대하여 간단히 기술하시오.

1. 수액기

2. 유분리기

해답 1. 수액기(특별한 단서가 없을때는 수액기란 고압측 수액기를 말한다)

(1) 부착위치

• 고압수액기 : 응축기 하부(응축기와 팽창밸브사이)

• 저압수액기 : 냉매액 강제순환식증발기에 연결하여 사용

(2) 역할

1) 고압수액기 : 고압수액기(단순히 수액기라고 부른다)는 횡형 또는 입형원통형의 압력용기로 다음의 역할을 갖는다.

① 운전상태가 변화하여도 냉매액이 응축기에 체류하지 않도록 수액기내에서 흡수한다.

② 냉동설비를 수리할 경우 대기에 개방하는 장치 부분의 냉매를 회수한다.

2) 저압수액기 : 저압수액기는 냉매액 강제순환식 냉동장치에서 사용되어 증발기에 액을 보내거나 증발기로부터 되돌아오는 냉매액과 증기의 분리 및 액의 저장 역할을 갖고, 액펌프가 증기를 흡입하지 않도록 액면 레벨을 확보하고 부하에 따라서 액면 위치의 제어를 행한다.

2. 유분리기

(1) 부착위치 : 압축기와 응축기 사이 (압축기의 토출관)

(2) 역할 : 압축기에서 토출된 냉매가스에는 약간의 냉동기유가 혼입되어 있다. 이 양이 많으면 압축기의 유량이 부족하여 윤활불량을 일으킨다. 또한 냉동기유가 응축기나 증발기에 들어가면 열교환을 저해한다. 이 때문에 압축기의 토출관에 유분리기를 설치하여 토출가스 중의 윤활유를 분리한다.

10 액분리기는 압축기의 흡입배관(증발기와 압축기 사이)에 설치하여 증발기를 나온 미증발 냉매액과 냉매증기를 분리하여 압축기의 액압축을 방지하는 역할을 한다. 이 때 액분리기에서 분리된 냉매액을 처리하는 방법을 암모니아 냉매와 플루오르 카본냉매(프레온냉매)로 나누어 설명하시오.

해답 1. 암모니아 냉매

① 증발기로 회수한다.(암모니아 냉매의 액분리기는 기내의 증기 유속을 1m/s이하로 하여, 액적(液滴)을 낙하시켜 분리하여 증발기로 되돌린다.)

② 고압수액기로 회수한다. (자동 액회수장치가 있는 것은 분리된 암모니아냉매를 역지밸브를 통하여 액류기를 거쳐 고압수액기로 회수한다.)

2. 플루오르카본 냉매(프레온 냉매)

압축기로 회수하는 방법(소형 플루오르카본 장치에서는 분리된 액을 압축기로 조금씩 회수한다.)

05년9회, 12년4회

11 다음 주어진 공기-공기, 냉매회로 절환방식 히트펌프의 구성요소를 연결하여 냉방 시와 난방 시 각각의 배관 흐름도(flow diagram)을 완성하시오. (단, 냉방 및 난방에 따라 배관의 흐름 방향을 정확히 표기하여야 한다.)

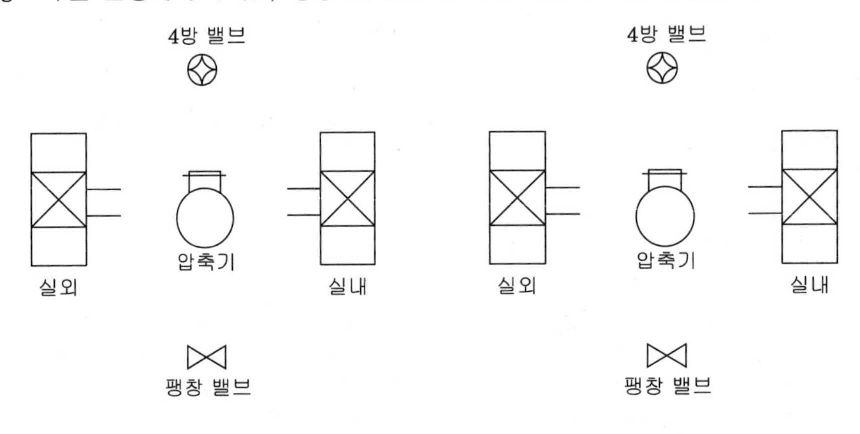

해답

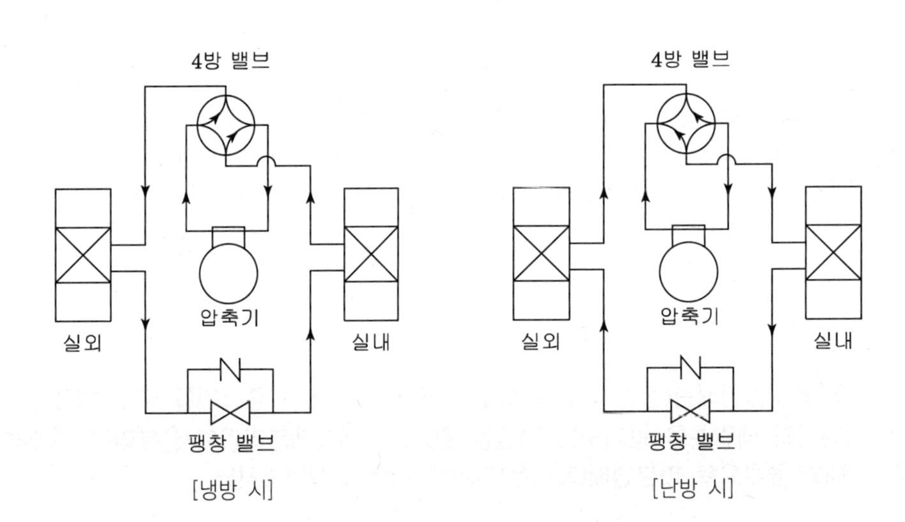

06년2회, 15년1회, 19년2회

12 **다음과 같이 3중으로 된 노벽이 있다. 이 노벽의 내부온도를 1370[℃], 외부온도를 280[℃]로 유지하고, 또 정상상태에서 노벽을 통과하는 열량을 4.08[kW/m^2]로 유지하고자 한다. 이때 사용온도 범위 내에서 노벽 전체의 두께가 최소가 되는 벽의 두께를 결정하시오.**

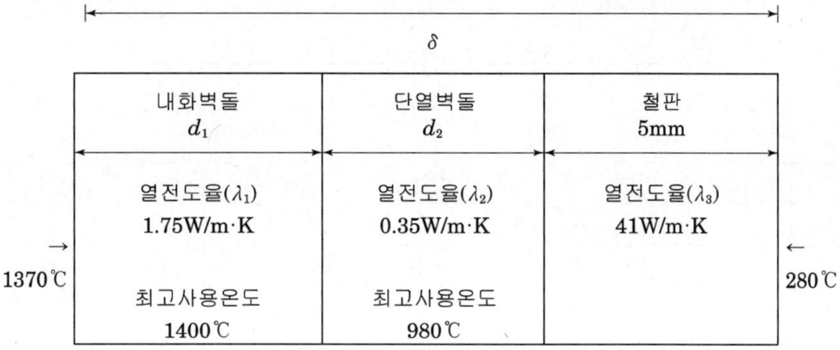

δ (노벽 전체 두께)

내부온도	내화벽돌 d_1	단열벽돌 d_2	철판 5mm	외부온도
→ 1370℃	열전도율(λ_1) 1.75W/m·K	열전도율(λ_2) 0.35W/m·K	열전도율(λ_3) 41W/m·K	← 280℃
	최고사용온도 1400℃	최고사용온도 980℃		

해답 $Q = KA\Delta t = \dfrac{\lambda_1 A \Delta t_1}{d_1} = \dfrac{\lambda_2 A \Delta t_2}{d_2} = \dfrac{\lambda_3 A \Delta t_3}{d_3}$ 에서 면적A는 동일하므로

① 내화벽돌 두께 $d_1 = \dfrac{1.75 \times (1370 - 980)}{4.08 \times 10^3} = 0.1672798\text{m} = 167.279[\text{mm}]$

② 단열벽돌과 철판사이온도 $q = \dfrac{\lambda_3 A \Delta t_3}{d_3}$ 에서

$$4.08 \times 10^3 = \frac{41 \times (t_x - 280)}{0.005}$$

$$\therefore t_x = \frac{4.08 \times 10^3 \times 0.005}{41} + 280 = 280.5[℃]$$

③ 단열벽돌의 두께 $d_2 = \dfrac{0.35 \times (980 - 280.5)}{4.08 \times 10^3} = 0.060006\text{m} = 60.006[\text{mm}]$

∴ 노벽 전체의 두께 $d = 167.279 + 60.006 + 5 = 232.285[\text{mm}]$

13 아래 그림과 같은 25×20×25 2방변 조립도에 대하여 아래 수량산출서를 채우시오.

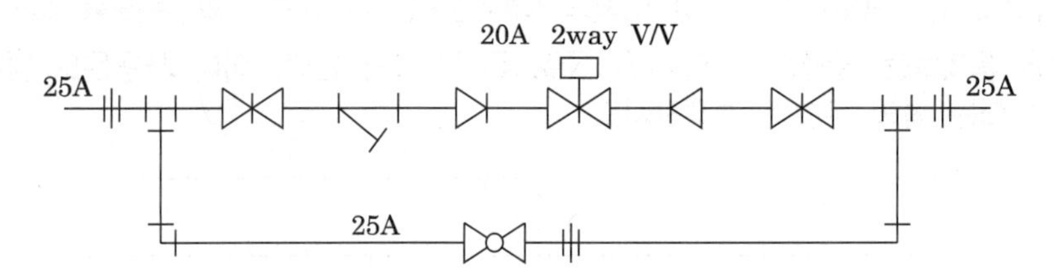

품명	규격	단위	수량	품명	규격	단위	수량
게이트밸브	(　　)	개	(　　)	2방변	(　　)	개	(　　)
글로브밸브	(　　)	개	(　　)	레듀서	(　　)	개	(　　)
스트레이너	(　　)	개	(　　)	티이	(　　)	개	(　　)
유니언	(　　)	개	(　　)	엘보	(　　)	개	(　　)

해답

품명	규격	단위	수량	품명	규격	단위	수량
게이트밸브	25A	개	2	2방변	20A	개	1
글로브밸브	25A	개	1	레듀서	25×20A	개	2
스트레이너	25A	개	1	티이	25A	개	2
유니언	25A	개	3	엘보	25A	개	2

14 다음 조건과 같이 운전되는 공기 냉각용 패키지 에어컨에 대하여 물음에 답하시오.

【조　건】

1. 증발기 입구 공기 온도 25[℃]
   증발기 출구(급기) 공기 온도 15[℃]
2. 증발기 냉매 온도 −10[℃]
3. 증발기 공기 측 전열면적 15[m^2]
4. 증발기 냉매 측 내경 30[mm]
5. 증발기 코일 내외 면적비 m=3
6. 증발기 외표면 기준 열관류율 $k=0.38$[W/m^2K]
7. 평균온도차는 대수평균 적용

(1) 공기 냉각기 냉각능력[W]은 얼마인가?

(2) 증발기 코일 길이[m]는 얼마인가?

(3) 냉각코일 풍량[m^3/h]은 얼마인가?(공기비열 1.01kJ/kgK, 밀도 1.2kg/m^3)

해설 (1) 냉각능력 $q = K \cdot A \cdot \Delta t_m$

$\Delta t_1 = 25 - (-10) = 35$, $\Delta t_2 = 15 - (-10) = 25$

$$\Delta t_m = \frac{\Delta t_1 - \Delta t_2}{\ln(\Delta t_1 / \Delta t_2)} = \frac{35 - 25}{\ln(35/25)} = 29.72$$

$\therefore q = 0.38 \times 15 \times 29.72 = 169.40[\mathrm{W}]$

(2) 내외 면적비 $m = 3$에서 내표면적$= 15/3 = 5[\mathrm{m}^2]$

$A = \pi DL$에서 $L = \frac{A}{\pi \cdot D} = \frac{5}{\pi \times 0.03} = 53.08[\mathrm{m}]$

(3) 냉각공기 기준 냉각열량

$q = m \cdot C \cdot \Delta t$에서 풍량을 구하면

$$m = \frac{q}{C \cdot \Delta t} = \frac{169.40}{1.01 \times 1000 \times (25 - 15)} = 1.68 \times 10^{-2}[\mathrm{kg/S}]$$

풍량 $Q = 1.68 \times 10^{-2} \times 3600 \div 1.2 = 50.4[\mathrm{m^3/h}]$

2021 제2회 실기 기출문제 (동영상 제공)

01 펌프의 양정을 구할 때 손실수두를 구하는 이유를 쓰고 손실수두의 종류 3가지를 적으시오.

(1) 손실수두를 구하는 이유

(2) 손실수두의 종류

해답 (1) 펌프의 양정을 구할 때 손실수두를 구하는 이유
펌프 양정이란 펌프가 물에 주는 에너지인데, 양수펌프나 순환 펌프에서 배관내에서 물이 일정한 속도로 흐르면 마찰에 의한 압력손실이 발생하는데 이를 수두로 환산하여 손실수두라 한다. 펌프양정에는 이러한 손실수두가 포함되어야 한다.

(2) 손실수두의 종류 3가지
① 직관마찰손실수두
② 국부저항(엘보 티이등 배관 부속에 위한 손실수두)
③ 기기저항(밸브나 코일등 기기에 의한 마찰손실수두)

참고 유체가 가지는 에너지(수두)는 3가지가 있으며 압력수두, 속도수두, 위치수두, 마찰손실수두이고 그 특징은 다음과 같다.

- 압력수두 : 흡입관 흡입수면과 송출수면 사이에 작용하는 압력수두 차
- 속도수두 : 흡입관 끝과 송출관 끝에서의 평균유속에 대한 속도수두 차
- 위치수두 : 물이 일정 높이에 있을때의 정수두를 말하며 실양정을 구할때 적용된다.
- 마찰손실수두 : 직관 및 밸브, 관이음류 등의 마찰에 의한 손실수두(기기 등에 의한 손실수두 포함)

01년4회, 15년4회, 15년1회

02 다음 그림과 같은 중앙식 공기조화설비의 계통도에 각 기기의 명칭을 보기에서 골라 쓰시오.

【보 기】

1. 송풍기	2. 보일러	3. 냉동기
4. 공기조화기	5. 냉수펌프	6. 냉매펌프
7. 냉각수 펌프	8. 냉각탑	9. 공기가열기
10. 에어 필터	11. 응축기	12. 증발기
13. 공기냉각기	14. 냉매건조기	15. 트랩
16. 가습기	17. 보일러 급수펌프	

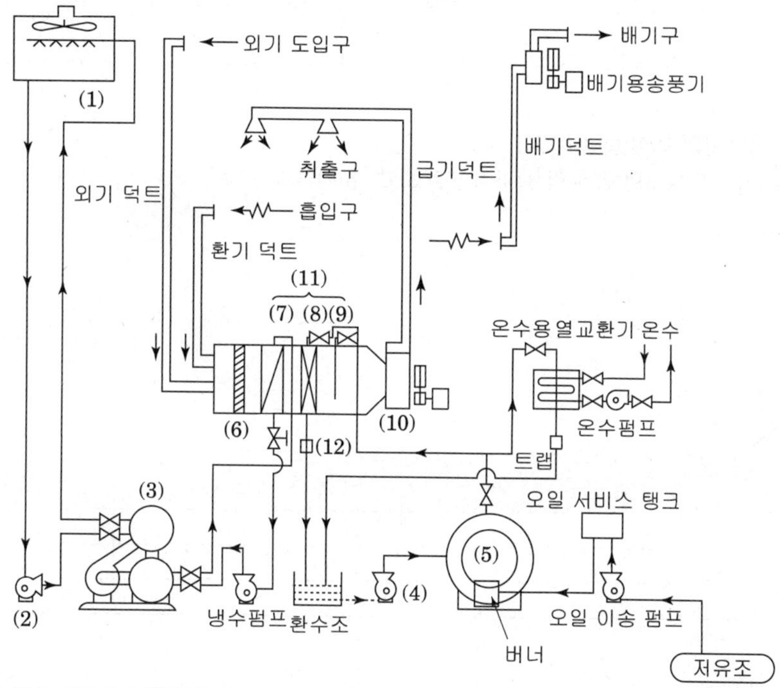

※ 냉수, 냉각수 순환펌프는 저항이 큰 코일(증발기, 응축기) 측으로 토출시키는 것이 원칙이다.
그 이유는 펌프는 흡입측보다 토출측에 압력(저항)이 걸리도록 하여야 압력분포가 안정적이다.

해답

(1) 냉각탑	(2) 냉각수 펌프	(3) 응축기
(4) 보일러 급수펌프	(5) 보일러	(6) 에어 필터
(7) 공기냉각기	(8) 공기가열기	(9) 가습기
(10) 송풍기	(11) 공기조화기	(12) 트랩

03 **다음과 같은 덕트 시스템에 대하여 정압법($R=1\text{Pa/m}$)에 의해 설계하려고 한다. 덕트선도와 환산표를 참조하여 물음에 답하시오.**

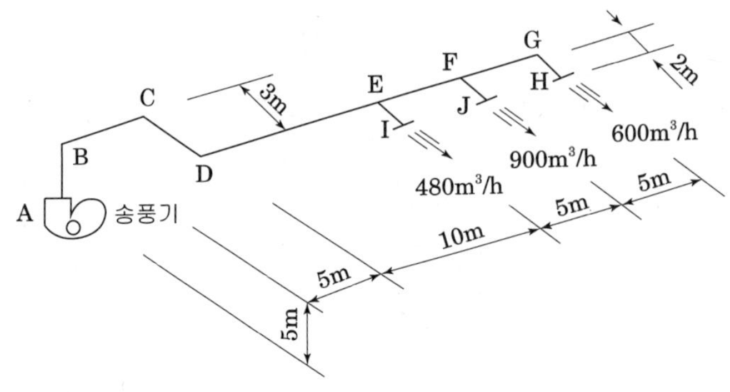

【조 건】

1. 별첨 덕트선도, 환산표 참조
2. 취출구는 각각 20[Pa]의 마찰손실이 있다.
3. 곡관부 1개소는 원형 덕트경의 20배의 상당길이로 하고, 분기부의 저항은 무시하고, 덕트 전저항의 계산 시 10% 여유율을 고려한다.
4. 장방형 덕트의 단변은 20[cm]로 한다.
5. 송풍기의 전압효율(η_T)은 60%이다.

(1) 덕트 규격을 구하시오.

구간 \ 구분	풍량(m^3/h)	원형 덕트(cm)	장방형 덕트(cm)
A-E			
E-F			
F-G			

(2) 덕트 전저항(Pa)을 구하시오. (단, 여유율은 10%이다.)

(3) 송풍기 소요동력(kW)을 구하시오.

해답 (1) 덕트 규격

구간 \ 구분	풍량(m^3/h)	원형 덕트(cm)	장방형 덕트(cm)
A-E	1980	36	60×20
E-F	1500	32	45×20
F-G	600	23	25×20

(2) 덕트 전저항

① 직선 덕트의 마찰저항$=(5+5+3+10+5+5+2)\times 1=35$[Pa]

② A-E 곡관부(엘보 3개) 저항$=(0.36\times 20\times 3)\text{m}\times 1\text{Pa/m}=21.6$[Pa]

③ G 곡관부 저항=(0.23×20)[m]×1[Pa/m]=4.6[Pa]$=(0.23\times 20)[\text{m}]\times 1[\text{Pa/m}]=4.6$[Pa]

따라서 덕트의 전저항=직관 + 곡관부 + 취출구$=(35+21.6+4.6+20)1.1=89.32$[Pa]

(3) 송풍기 소요동력 L_s

$$L_s=\frac{Q\cdot P_\tau}{\eta_\tau}=\frac{1980\times 89.32\times 10^{-3}}{3600\times 0.6}\fallingdotseq 0.082[\text{kW}]$$

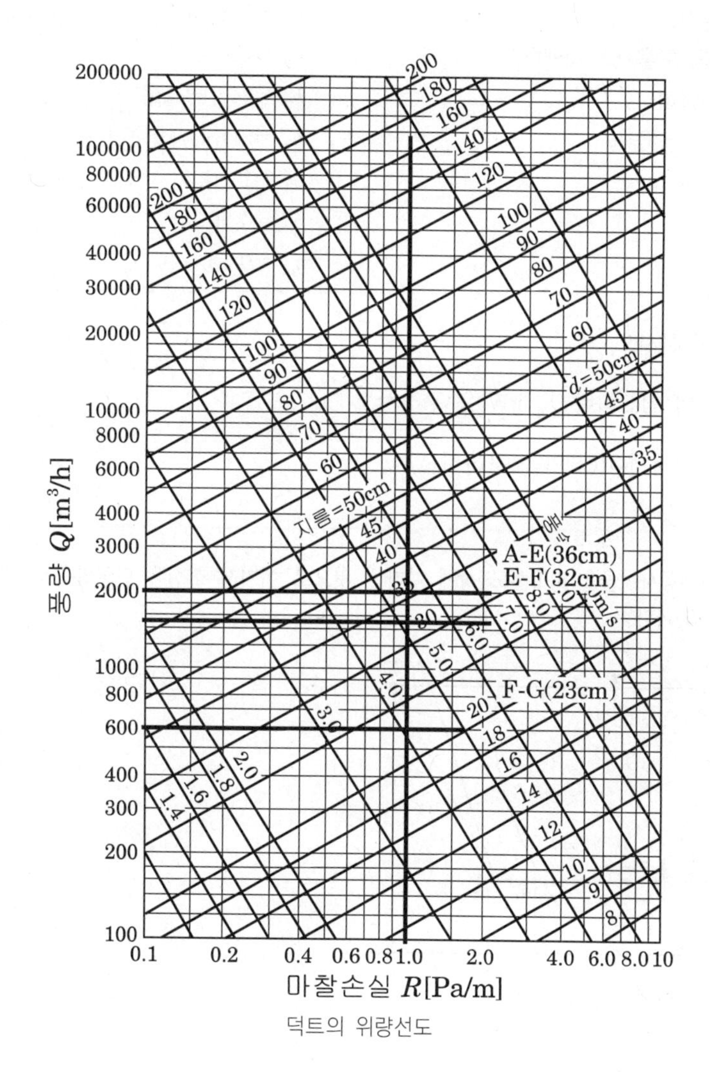

덕트의 위량선도

04 다음의 장치도는 액가스 열교환기를 설치한 R404A가 보기의 조건으로 운전되고 있다. 다음 물음에 답하시오. 단, 압축기의 기계적 마찰손실은 토출가스의 열로 변환된 것으로 한다. 또한, 배관에서의 열의 출입 및 압력 손실은 없는 것으로 한다.

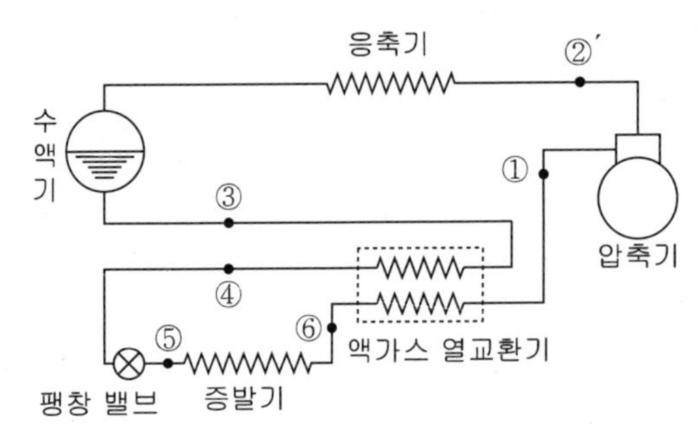

【조 건】

압축기의 흡입증기 비엔탈피	h_1 =376[kJ/kg]
압축기의 단열압축후의 토출가스 비엔탈피	h_2 =420[kJ/kg]
수액기출구 액의 비엔탈피	h_3 =240[kJ/kg]
팽창밸브 직전의 액의 비엔탈피	h_4 =217[kJ/kg]
실제 응축기의 응축부하	Q_1 =180[kW]
압축기의 압축효율	η_c =0.70
압축기의 기계효율	η_m =0.85

(1) 냉동능력 Q_2[kW]을 구하시오.

(2) 액가스 열교환기에서의 열교환량 Q_m[kW]을 구하시오.

(3) 이 냉동장치의 실제 성적계수(COP)을 구하시오.

해답 아래 그림은 문제의 냉동사이클을 p-h선도 상에 나타낸 것으로 여기서 실선은 단열압축을 파선은 실제압축을 나타낸다. 또한 $h_5 = h_6$, $h_7 = h_8$이다.

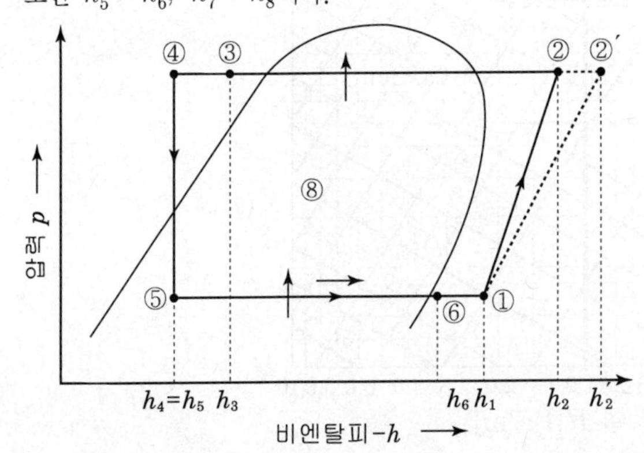

(1) 냉동능력 Q_2(kW)과 응축부하 Q_1(kW)는 다음 식으로 구한다.

$Q_2 = G_s(h_6 - h_5)$ ·································· ①

$Q_1 = G_s(h'_2 - h_3)$ ································ ②

여기서, 압축효율과 기계효율(기계적 마찰손실)이 토출가스 엔탈피를 상승시키므로

$$h'_2 = h_1 + \frac{h_2 - h_1}{\eta_c \cdot \eta_m} = 376 + \frac{420-376}{0.70 \times 0.85} = 449.95[\text{kJ/kg}]$$

②식에서 냉매순환량 G_s

$$G_s = \frac{Q_1}{h'_2 - h_3} = \frac{180}{449.95 - 240} = 0.857[\text{kg/s}]$$

또한, 액가스 열교환기의 열수지에 의해

$h_1 - h_6 = h_3 - h_4$

$h_6 = h_1 - (h_3 - h_4) = 376 - (240 - 217) = 353[\text{kJ/kg}]$

그리고 $h_4 = h_5$이므로

∴ ①식에 의해 냉동능력 Q_2

$Q_2 = G_s(h_6 - h_5) = 0.857 \times (353 - 217) = 116.552[\text{kW}]$

(2) 액가스 열교환기에서의 열교환량 Q_m[kW]

$Q_m = G_s(h_3 - h_4) = 0.857 \times (240 - 217) = 19.711[\text{kW}]$

(3) 이 냉동장치의 실제 성적계수(COP)

$\text{COP} = \frac{Q_2}{W}$ 에서

$$W = \frac{G_s(h_2 - h_1)}{\eta_c \cdot \eta_m} = \frac{0.857 \times (420 - 376)}{0.70 \times 0.85} = 63.375[\text{kW}]$$

$$\therefore \text{COP} = \frac{116.552}{63.375} = 1.839$$

01년11회

05 다음 그림과 같은 실의 난방부하(손실열량)[W]을 구하시오.

【조 건】

1. 온도조건
   ① 외기온도 : −10[℃]　② 실내온도 : 20[℃]　③ 복도온도 : 16[℃]
2. 열관류율
   ① 외벽 : 0.5[W/m²·K]　② 내벽 : 2.5[W/m²·K]
   ③ 문 : 2.0[W/m²·K]　④ 천장 : 2.0[W/m²·K]
   ⑤ 바닥 : 2.0[W/m²·K]　⑥ 유리 : 3.2[W/m²·K]
3. 환기횟수 : 0.5회/h
4. 공기의 비열은 1.01[kJ/kg·K], 공기의 밀도는 1.2[kg/m³]으로 한다.
5. 기타 : 실내 열취득과 방위계수는 무시한다. 인접실 및 상층과 하층도 20[℃]로 난방되는 것으로 본다. 천장 및 층고는 3[m]로 한다.

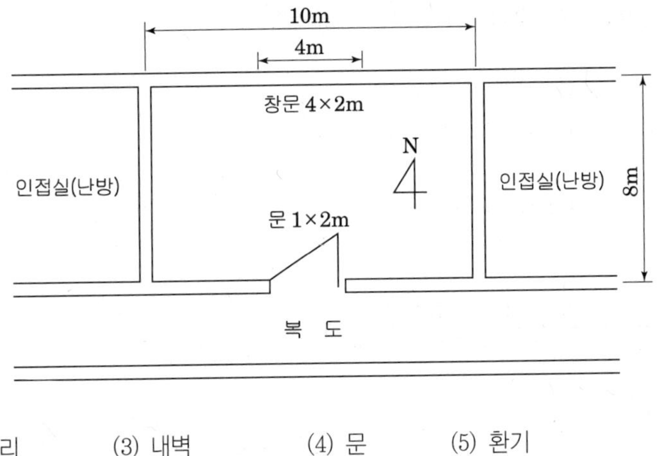

(1) 외벽　(2) 유리　(3) 내벽　(4) 문　(5) 환기

해답
(1) 외벽 $q_w = K \cdot A \cdot \Delta t = 0.5 \times (10 \times 3 - 4 \times 2) \times \{20 - (-10)\} = 330[W]$
(2) 유리 $q_g = K \cdot A \cdot \Delta t = 3.2 \times (4 \times 2) \times \{20 - (-10)\} = 768[W]$
(3) 내벽 $q_w = K \cdot A \cdot \Delta t = 2.5 \times (10 \times 3 - 1 \times 2) \times (20 - 16) = 280[W]$
(4) 문 $q_w = K \cdot A \cdot \Delta t = 2.0 \times 2 \times (20 - 16) = 16[W]$
(5) 환기

$$q_I = c_p \cdot \rho \cdot Q_I \cdot \Delta t = 1.01 \times 1.2 \times 120 \times \{20 - (-10)\} \times \frac{1000}{3600} = 1212[W]$$

여기서, 극간풍량 $Q_I = nV = 0.5 \times (10 \times 8 \times 3) = 120[m^3/h]$

06 **어느 사무실의 실내 취득 현열량 350[kW], 잠열량 150[kW] 실내 급기온도와 실온 차이가 15[℃]일 때 송풍량 [m³/h]를 계산하시오. (단, 공기의 비중량 1.2[kg/m³], 비열 1.01[kJ/kg · K]이다.)**

해답 송풍량 $Q = \dfrac{q_s \times 3600}{c_p \cdot \rho \cdot \Delta t} = \dfrac{350 \times 3600}{1.01 \times 1.2 \times 15} \fallingdotseq 69306.93[\mathrm{m^3/h}]$

여기서 q_s : 실내취득현열량[kW]

c_p : 공기의 정압비열[kJ/kg · K]

ρ : 공기의 밀도 [kg/m³]

Δt : 실내온도 - 급기온도

07 **다음과 같은 냉방부하를 갖는 건물을 변풍량 방식으로 설계할 경우 냉동기 부하(RT)를 구하시오. (단, 1[RT]=3.86[kW], 여유율은 10%로 한다.)**

실명	냉방부하(W)		
	8:00	12:00	16:00
A실	35000	23200	23200
B실	29000	35000	46500
C실	11630	11630	11630
계	75630	69830	81330

해답 냉동기 부하는 변풍량 방식이라는 조건이 있으므로 시간별 최대부하를 기준으로 정한다. 따라서 시간별 각 실의 최대부하는 16:00이므로 냉동기 용량은 다음과 같다.

냉동기부하 $R_T = \dfrac{\text{냉방부하}}{3.86} = \dfrac{81330 \times 1.1}{3.86 \times 10^3} \fallingdotseq 23.18RT$

08 공기량 55000[kg/h], **입구공기의** DB 30[℃], WB25[℃] **탑높이** 2000[mm] **분무압력** 0.17[MPa], **2뱅크 대향류형의 에어 · 와셔로 냉각감습을 할 경우 다음을 구하시오.**

【조 건】

1. 에어 · 와셔의 냉방 시 입 · 출구 조건

	와셔 입구			와셔 출구	
	t_1[℃]	$t_1{}'$[℃]	h_1[kJ/kg]	$t_2{}'$[℃]	h_2[kJ/kg]
냉방 시	29.5	23.5	69.7	15	41.9
	물 분사량은 공기량의 2배로 하고, 분무수는 5℃의 물을 스프레이 한다. (5℃의 포화공기의 엔탈피 h_{w1} ≒ 18.6kJ/kg)				

2. 통과 공기속도 : 2.5[m/s]
3. 공기의 밀도 : 1.2[kg/m³]

(1) 작용효율을 구하시오.

(2) 전면면적을 구하시오.

(3) 노즐 1개당 분무수량이 1100 L/h일 경우 노즐의 개수를 구하시오.

해답 (1) 작용(엔탈피)효율 $\eta = \dfrac{h_1 - h_2}{h_1 - h_{w1}} = \dfrac{69.7 - 41.9}{69.7 - 18.6} ≒ 0.544 ≒ 54.4\%$

여기서 h_{w1} : 입구수온에 해당하는 포화공기엔탈피[kJ/kg]

h_1, h_2 : 입구 및 출구공기 엔탈피[kJ/kg]

(2) 전면면적 $A = \dfrac{55000}{1.2 \times 2.5 \times 3600} ≒ 5.09[\mathrm{m}^2]$

(3) 노즐의 개수

$L/G = 2$이므로 $L = 2 \times 55000 = 110000[\mathrm{L/h}] = 110000[\mathrm{kg/h}]$

여기서 L/G : 수공기비

∴ 노즐의 개수 $= \dfrac{110000}{1100} = 100$개

09 프레온 압축기 흡입관(suction riser)에 있어서 이중 입상관(double suction riser)을 사용하는 경우가 있다. 이중 입상관의 배관도를 그리고, 그 역할을 설명하시오.

해설 1) 배관 방식

그림과 같이 ①는 가는 관으로 압축기 흡입주관의 상부에 접속한다. ②는 굵은 관으로 증발기 출구에 나란히 작은 트랩을 설치한 후 수직으로 압축기 흡입주관의 상부에 접속한다.

2) 프레온계 냉매는 사용하는 냉동장치에서 용량제어장치가 설치된 경우 전부하일 때와 최소부하일 때는 흡입가스의 속도에 큰 차이가 있다. 따라서 전부하일 때는 그림①, ②의 양배관에 흐르고 용량제어 시에는 가는 관에 흘러서 최소증기속도의 확보와 적절한 압력강하가 된다.

해답 (1) 이중 입상관 배관도

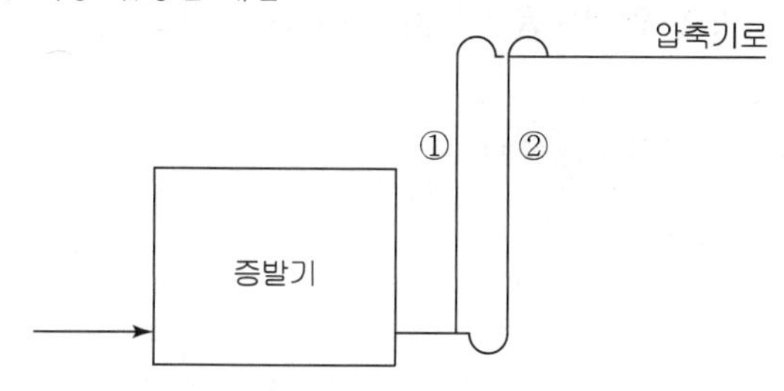

(2) 역할 : 이중입상관은 프레온 냉동장치에서 용량제어장치를 설치한 압축기 흡입관에 사용하여 배관내의 가스 속도를 적절하게 유지하여 오일(oil)의 회수를 용이하게 한다.

10 냉동기 운전 중 응축기에서 어떤 원인으로 응축압력이 낮아졌을 때

(1) 원인 및 장치에 미치는 영향에 대하여 간단히 기술하시오.

(2) 대책 3가지를 쓰시오.

해답 (1) 원인 및 장치에 미치는 영향

1) 원인

① 수냉식 응축기에서 수온이 저하될 경우 또는 공랭식 응축기는 겨울철에 외기온도가 하강하면 응축능력이 증가하여 응축압력이 낮아진다.

② 냉매 충전량이 현저하게 부족하거나 증발기에서 풍량감소 및 적상(積霜)이 형성된 경우 응축압력이 저하한다.

2) 장치에 미치는 영향

응축온도가 하강하므로, 팽창밸브의 능력이 감소하거나 증발기로의 냉매공급량이 감소하므로 냉동능력이 감소한다.

(2) 대책

① 응축기 출구배관에 응축압력조정밸브를 설치하여 응축압력을 조절하는 방법

② 응축기에 붙어있는 송풍기를 스텝 컨트롤(step control)하는 방법(송풍량을 제어한다)

③ 응축압력이 설정치 이하로 되면 고압스위치를 이용하여 송풍기를 정지하는 방법

참고 송풍량제어는 인버터에 의한 회전수제어나 송풍기의 대수제어, 댐퍼에 의한 풍량을 제어하는 방법이 있다.

11 다음 그림과 같은 구조(두께 10[cm]의 콘크리트 바닥의 아래에 두께 12[cm]의 활율석)의 바닥 열통과율 [W/m²K]을 구하시오. 또한 바닥 면적이 420[m²], 실내온도는 22[℃], 토양의 온도가 5[℃]일 경우 손실열량 [W]을 구하시오. 단, 실내 측 열전달율 6[W/m²K], 모르타르의 열전도율 : 1.75[W/mK], 콘크리트의 열전도율 : 1.86[W/mK], 활윤석의 열전도율 : 1.84[W/mK], 토양의 열전도율 : 1.81[W/mK]로 한다.

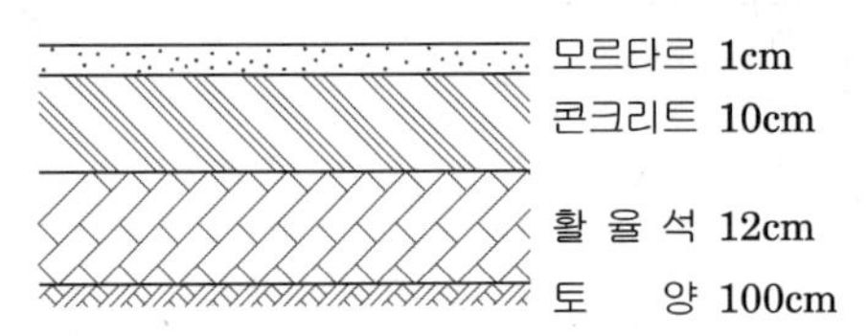

해설 지하벽체 및 바닥의 열통과율 계산

$$K=\frac{1}{\frac{1}{\alpha_i}+\sum\frac{d}{\lambda}+\frac{1}{c}+\frac{1}{\alpha_o}}$$

여기서, α_i : 실내측 열전달율 [W/m²K]

c : 공기층의 열전달율[W/m²K]

$$\sum\frac{d}{\lambda}=\frac{d_1}{\lambda_1}+\frac{d_2}{\lambda_2}+\cdots\cdots+\frac{d_n}{\lambda_n}$$

d_n : 토양의 두께 = 1[m]

대지의 열통과율은 지중 1[m]까지 전열을 고려한다.

λ_n 토양의 열전도율 = 1.28~2.3[W/mK]

$\frac{1}{\alpha_o}=0$으로 한다.

$$\therefore K=\frac{1}{\frac{1}{\alpha_i}+\sum\frac{d}{\lambda}+\frac{1}{c}}$$

해답 1) 바닥의 열통과율 K[W/m²K]

$$\therefore K=\frac{1}{\frac{1}{\alpha_i}+\sum\frac{d}{\lambda}+\frac{1}{c}}=\frac{1}{\frac{1}{6}+\frac{0.01}{1.75}+\frac{0.1}{1.86}+\frac{0.12}{1.84}+\frac{1}{1.81}}\fallingdotseq 1.19$$

2) $q=KA\Delta t=1.19\times420\times(22-5)=8496.6$[W]

12 2단압축의 냉동사이클을 실현시키기 위해 저단 및 고단의 2대의 압축기을 필요로 하는데 아래 장치도는 1대의 압축기로 저단 측과 고단 측의 기통을 배치하여 구동용 전동기를 1대로 하여 운전하는 컴파운드 압축기(compound compressor)이다. 배관도면을 완성하시오.

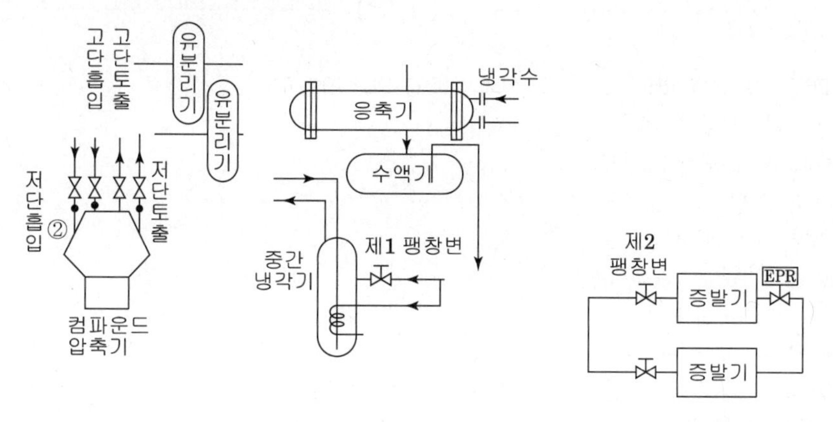

해답

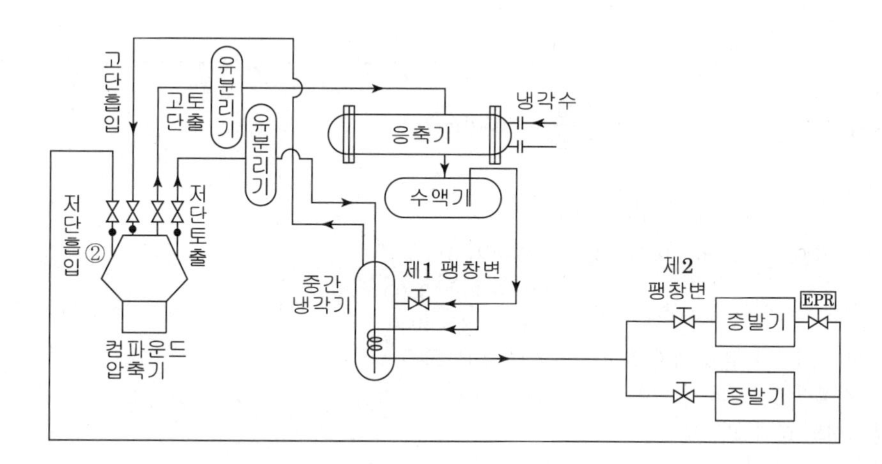

13 **단일 덕트 방식의 공기조화 시스템을 설계하고자 할 때 어떤 사무소의 냉방부하를 계산한 결과 현열부하 $q_s = 13.5\text{kW}$, 잠열부하$q_L = 3.4\text{kW}$ 였다. 주어진 조건을 이용하여 물음에 답하시오.**

【조 건】

1. 설계조건
   ① 실내 : 26℃ DB, 50% RH　　② 실외 : 32℃ DB, 70% RH
2. 도입 외기량 : 급기풍량의 25%
3. 실내와 취출공기의 온도차 : 10[℃]
4. 송풍기 부하 : 1[kW]
5. 덕트 취득 열량 : 0.35[kW]
6. 공기의 평균 정압비열 : 1.0[kJ/kg · K]
7. 공기의 밀도 : 1.2[kg/m³]

(1) 냉방 풍량을 구하시오.[m³/h]
(2) ① 현열비 ② 실내공기와 실외공기의 혼합온도 및 ③ 냉각코일 출구 온도를 구하고, ④ 공기조화 cycle을 습공기 선도상에 도시하시오.
(3) 냉각코일용량[kW]을 구하시오.

해답 (1) 냉방 풍량 $Q = \dfrac{q_s}{c_p \cdot \rho \cdot \Delta t} = \dfrac{13.5 \times 3600}{1.0 \times 1.2 \times 10} = 4050[\text{m}^3/\text{h}]$

(2) ① 현열비$(SHF) = \dfrac{q_s}{q_s + q_L} = \dfrac{13.5}{13.5 + 3.4} \fallingdotseq 0.8$

② 혼합 공기온도 $t_3 = 26 \times 0.75 + 32 \times 0.25 = 27.5[℃]$

③ 송풍기와 덕트에서 온도상승은 $\Delta t = \dfrac{(1+0.35) \times 3600}{1.0 \times 1.2 \times 4050} = 1[℃]$(냉각코일 출구는 팬과 덕트 취득열량이 없으면 16도이나 이 취득열에 의한 온도상승이 1도 이므로)

∴ 냉각코일 출구온도 $t_5 = 16 - 1 = 15[℃]$

④ 습공기선도 상의 프로세스

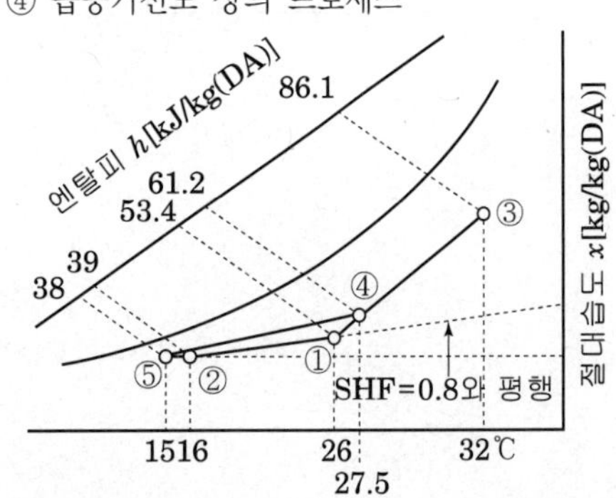

(3) 냉각코일 용량

$q_c = 1.2 \times 4050 \times (61.2 - 38)/3600 = 31.32[\text{kW}]$

선도

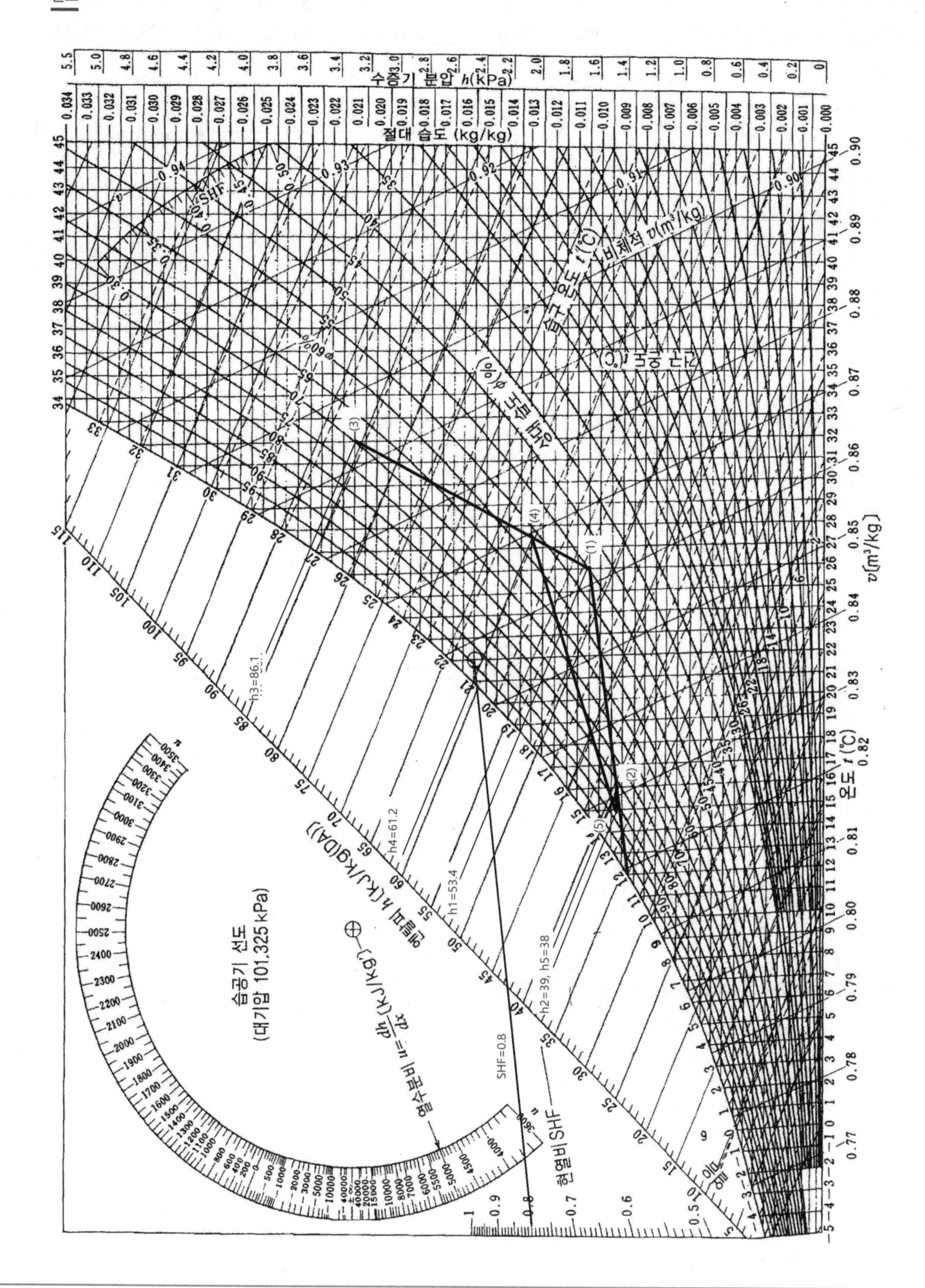
수증기 분압 h(kPa)
절대 습도 (kg/kg)
비체적 v(m³/kg)
습구 온도 t'(℃)
상대 습도 φ(%)
노점 온도(℃)
온도 t(℃)
v(m³/kg)
습공기 선도
(대기압 101.325 kPa)
엔탈피 h(kJ/kg(DA))
현열비 SHF
열수분비 u = dh/dx (kJ/kg)
h3=86.1
h4=61.2
h1=53.4
h2=39, h5=38
SHF=0.8
(1)
(2)
(3)
(4)
(5)

14 **다음은 동일한 증발온도와 응축온도의 조건에서 운전되는 암모니아를 냉매로 하는 2단 압축 1단 팽창방식의 냉동사이클과 2단 압축 2단 팽창방식의 냉동사이클을 p-h선도에 나타낸 것이다. 주어진 조건을 이용하여 물음에 답하시오.**

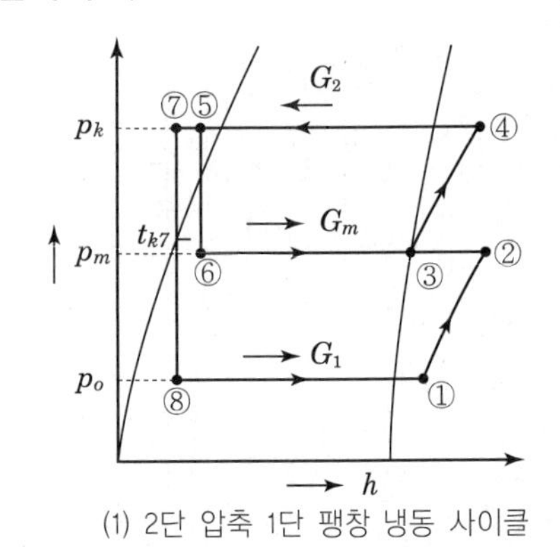

(1) 2단 압축 1단 팽창 냉동 사이클

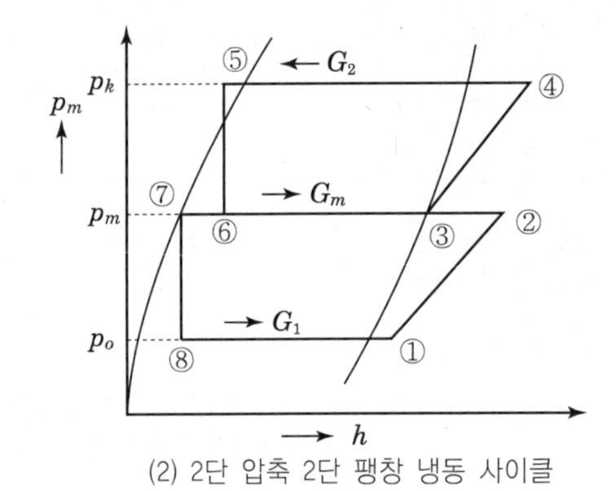

(2) 2단 압축 2단 팽창 냉동 사이클

【조 건】

2단 압축 1단 팽창식, 2단 압축 2단 팽창식 공통	
1. 저단 압축기의 흡입증기 비엔탈피	$h_1 = 1490$[kJ/kg]
2. 저단 압축기의 단열압축 후의 토출가스 비엔탈피	$h_2 = 1600$[kJ/kg]
3. 고단 압축기의 흡입증기 비엔탈피	$h_3 = 1560$[kJ/kg]
4. 고단 압축기의 단열압축 후의 토출가스 비엔탈피	$h_4 = 1720$[kJ/kg]
5. 응축기출구 액의 비엔탈피	$h_5 = 400$[kJ/kg]
6. 증발기용 팽창밸브 직전의 액의 비엔탈피 (2단 압축 1단 팽창식)	$h_7 = 280$[kJ/kg]
증발기용 팽창밸브 직전의 액의 비엔탈피 (2단 압축 2단 팽창식)	$h_7 = 260$[kJ/kg]
7. 압축기의 압축(단열)효율(전단 측, 고단 측 모두)	$\eta_c = 0.70$
8. 압축기의 기계효율(저단 측, 고단 측 모두)	$\eta_m = 0.85$
9. 증발기 냉매순환량(1단 팽창식, 2단 팽창식 모두)	$G_L = 0.125$[kg/s]

(1) 각 냉동사이클의 성적계수(COP)를 구하시오.

(2) 2단 압축 1단 팽창식에 대한 2단 압축 2단 팽창식의 성적계수의 증가율을 구하시오.

해답 이 문제는 2단 압축 1단 팽창식과 2단 압축 2단 팽창식을 조합한 문제로서 2 사이클의 공통점은 증발기 냉매순환량이 0.125[kg/s]이며 이것를 기준으로 해석한다. 각 점의 비엔탈피가 모두 동일하며 팽창밸브 직전 액의 비엔탈피 1개소만 서로 다르다.

(1) 각 냉동사이클의 성적계수(COP)

1) 2단 압축 1단 팽창식

아래의 2단 압축 1단 팽창 냉동사이클에서 실선은 단열압축을 파선은 실제 압축을 나타낸다.

또한 $h_5 = h_6$, $h_7 = h_8$이다.

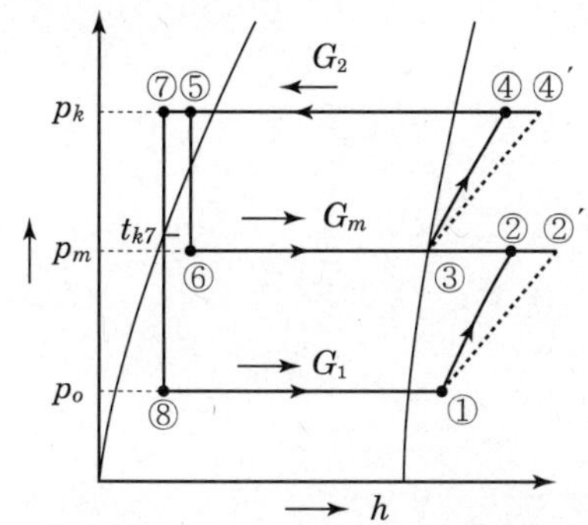

(1) 2단 압축 1단 팽창 냉동 사이클

① 응축기 냉매순환량 G_H, 증발기 냉매순환량을 G_L 중간냉각기의 바이패스 냉매순환량을 G_m 이라 하면 $G_H = G_L + G_m$ 이 된다.
중간냉각기의 냉매순환량 G_m은 열수지에 의해

$$G_L\{(h'_2 - h_3) + (h_5 - h_7)\} = G_m(h_3 - h_6)$$

$$G_m = G_L \frac{(h'_2 - h_1) + (h_5 - h_7)}{h_3 - h_6}$$

$G_H = G_L + G_m$ 이므로 $G_H = G_L + G_L \dfrac{(h'_2 - h_1) + (h_5 - h_7)}{h_3 - h_6} = G_L \dfrac{h'_2 - h_7}{h_3 - h_6}$

여기서 저단 측 압축기의 실제 토출가스 비엔탈피 h'_2

$$h'_2 = h_1 + \frac{h_2 - h_1}{\eta_{cL}} = 1490 + \frac{1600 - 1490}{0.7} \fallingdotseq 1647.14$$

따라서 응축기 냉매순환량 G_H는 증발기 냉매순환량은 0.125[kg/s]이므로

$$G_H = G_L \frac{h'_2 - h_7}{h_3 - h_6} = 0.125 \times \frac{1647.14 - 280}{1560 - 400} = 0.147$$

② • 저단 압축기의 실제 축동력 $L_{S1} = \dfrac{G_L \times (h_2 - h_1)}{\eta_{cL} \cdot \eta_{mL}} = \dfrac{0.125 \times (1600 - 1490)}{0.7 \times 0.85} = 23.11$[kW]

• 고단 압축기의 실제 축동력 $L_{S1} = \dfrac{G_H \times (h_4 - h_3)}{\eta_{cH} \cdot \eta_{mH}} = \dfrac{0.147 \times (1720 - 1560)}{0.7 \times 0.85} = 39.53$[kW]

실제 압축기의 구동 축동력 $L_s = L_{s1} + L_{s2} = 23.11 + 39.53 = 62.64$[kW]

③ 냉동능력 Q_2는

$$Q_2 = G_L(h_1 - h_8) = 0.125 \times (1490 - 280) = 151.25 \text{[kW]}$$

따라서 2단 압축 1단 팽창 냉동 사이클의 실제 성적계수(COP)는 다음과 같다.

$$COP = \frac{Q_2}{L_s} = \frac{151.25}{62.64} = 2.415$$

또는 $COP = \dfrac{Q_2}{Ls_1 + Ls_2} = \dfrac{G_L \cdot (h_1 - h_8)}{\dfrac{G_L \times (h_2 - h_1)}{\eta_{cL} \cdot \eta_{mL}} + G_L \cdot \dfrac{(h'_2 - h_7)}{(h_3 - h_6)} \cdot \dfrac{(h_4 - h_3)}{\eta_{cH} \cdot \eta_{mH}}}$

여기서 전항에서 G_L은 소거가 되고 $\eta_{cL} = \eta_{cH}$, $\eta_{mL} = \eta_{mH}$이므로

$$= \frac{(h_1 - h_8)}{(h_2 - h_1) + \dfrac{(h'_2 - h_7)}{(h_3 - h_6)}(h_4 - h_3)} \times \eta_c \times \eta_m$$

$$= \left(\frac{1490 - 280}{(1600 - 1490) + \dfrac{(1647.14 - 280)}{(1560 - 400)} \times (1720 - 1560)} \right) \times 0.7 \times 0.85 = 2.41$$

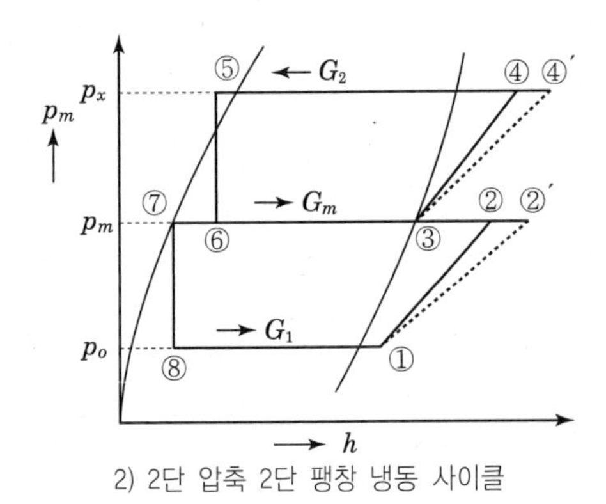

2) 2단 압축 2단 팽창 냉동 사이클

2) 2단 압축 2단 팽창식

① 2단 압축 1단 팽창식과 2단 압축 2단 팽창식의 증발기 냉매순환량 조건이 모두 같기 때문에 2단압축 1단 팽창식과 같은 원리로 성적계수(COP)를 구한다.

② 여기서 저단 측 압축기의 실제 토출가스 비엔탈피h'_2는 1단팽창식과 동일하다.

$$h'_2 = h_1 + \frac{h_2 - h_1}{\eta_{cL}} = 1490 + \frac{1600 - 1490}{0.7} = 1647.14$$

응축기 냉매순환량G_H는 증발기 냉매순환량은 0.125[kg/s]이므로($h_7 = 260$ 대입)

$$G_H = G_L \frac{h'_2 - h_7}{h_3 - h_6} = 0.125 \times \frac{1647.14 - 260}{1560 - 400} = 0.149$$

• 저단 압축기의 실제 축동력$L_{S1} = \dfrac{G_L \times (h_2 - h_1)}{\eta_{cL} \cdot \eta_{mL}} = \dfrac{0.125 \times (1600 - 1490)}{0.7 \times 0.85} = 23.11$[kW]

• 고단 압축기의 실제 축동력$L_{S1} = \dfrac{G_H \times (h_4 - h_3)}{\eta_{cH} \cdot \eta_{mH}} = \dfrac{0.149 \times (1720 - 1560)}{0.7 \times 0.85} = 40.07$[kW]

실제 압축기의 구동 축동력$L_s = L_{s1} + L_{s2} = 23.11 + 40.07 = 63.18$[kW]

③ 2단 팽창 냉동능력 Q_2는 1단 팽창과 냉매량은 동일하며

$Q_2 = G_L(h_1 - h_8) = 0.125 \times (1490 - 260) = 153.75$[kW]

따라서 2단 압축 1단 팽창 냉동 사이클의 실제 성적계수(COP)는 다음과 같다.

$$COP = \frac{Q_2}{L_s} = \frac{153.75}{63.18} = 2.434$$

또는 $COP = \dfrac{Q_2}{Ls_1 + Ls_2} = \dfrac{G_L \cdot (h_1 - h_8)}{\dfrac{G_L \times (h_2 - h_1)}{\eta_{cL} \cdot \eta_{mL}} + G_L \cdot \dfrac{(h'_2 - h_7)}{(h_3 - h_6)} \cdot \dfrac{(h_4 - h_3)}{\eta_{cH} \cdot \eta_{mH}}}$

여기서 전항에서 G_L은 소거가 되고 $\eta_{cL} = \eta_{cH}$, $\eta_{mL} = \eta_{mH}$이므로

$$= \frac{(h_1 - h_8)}{(h_2 - h_1) + \dfrac{(h'_2 - h_7)}{(h_3 - h_6)}(h_4 - h_3)} \times \eta_c \times \eta_m = \left(\frac{1490 - 260}{(1600 - 1490) + \dfrac{(1647.14 - 260)}{(1560 - 400)} \times (1720 - 1560)} \right) \times 0.7 \times 0.85 = 2.43$$

(2) 2단 압축 1단 팽창식(2.45)에 대하여 2단 압축 2단 팽창식(2,43) 성적계수는 거의 차이가 없으나 약간 증가하며 그 증가율은

$$증가율 = \frac{2.43 - 2.41}{2.41} \times 100 = 0.83\%$$

(※ 위 2 가지 사이클의 증발기 냉매순환량(0.125[kg/s]) 운전조건을 동일하게 하였을 경우 2단 압축 2단 팽창식은 2단 압축 1단 팽창식보다 성적계수의 증가율은 약 0.83% 이다. 만약 팽창밸브 직전 액의 비엔탈피가 같다고 조건을 주면 2사이클의 성적계수는 같다.)

2021 제3회 실기 기출문제 동영상 제공

01 **다음 냉동장치의 P-h 선도(R-410A)를 그리고 각 물음에 답하시오. (단, 압축기의 체적효율 $\eta_v = 0.75$, 압축효율 $\eta_c = 0.75$, 기계효율 $\eta_m = 0.9$이고 배관에 있어서 압력손실 및 열손실은 무시한다.)**

【조 건】

1. 증발기 A : 증발온도 -10℃, 과열도 10℃, 냉동부하 $2RT$(한국냉동톤)
2. 증발기 B : 증발온도 -30℃, 과열도 10℃, 냉동부하 $4RT$(한국냉동톤)
3. 팽창밸브 직전의 냉매액 온도 : 30[℃]
4. 응축온도 : 35[℃]

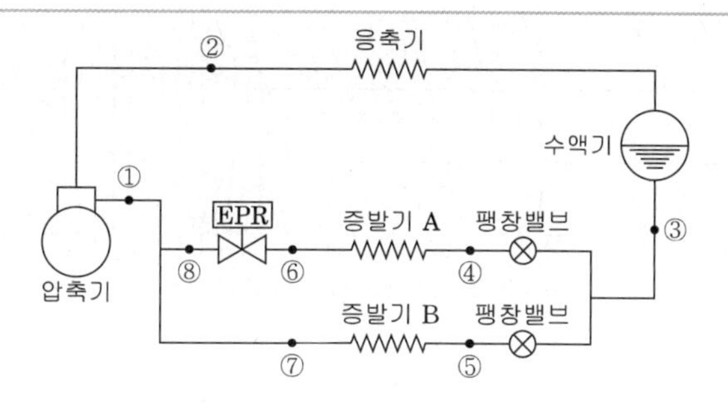

(1) 압축기의 피스톤 압출량(m^3/h)을 구하시오.

(2) 축동력(kW)을 구하시오.

해설 P-h선도를 작도하면 다음과 같다.

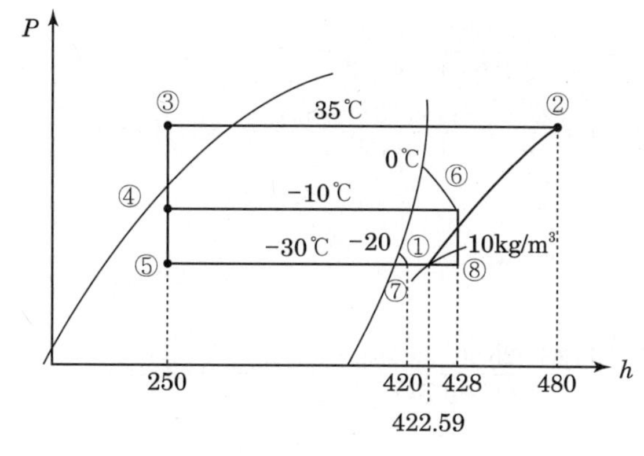

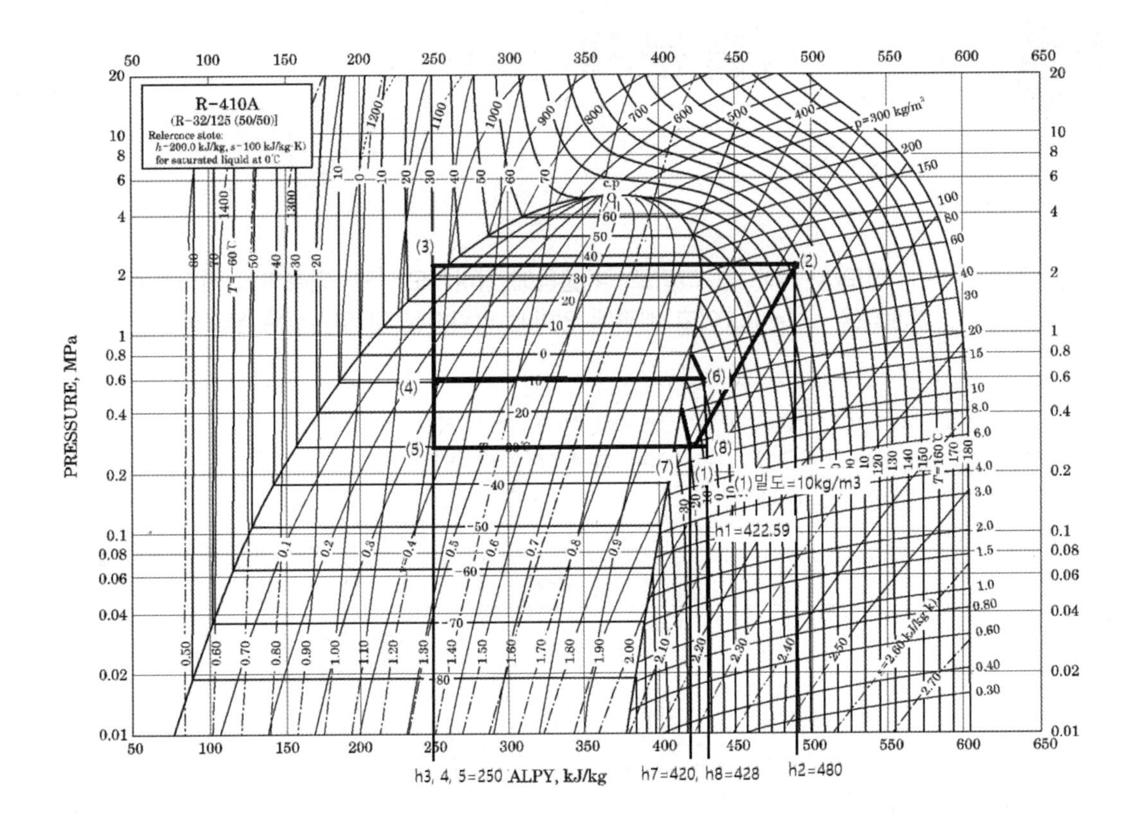

(1) 피스톤 압출량[m³/h]

1) 냉매순환량 - ① A 증발기 $G_A = \dfrac{Q_2}{h_6 - h_4} = \dfrac{2 \times 3.86 \times 3600}{428 - 250} = 156.13[\text{kg/h}]$

- ② B 증발기 $G_B = \dfrac{Q_2}{h_7 - h_5} = \dfrac{4 \times 3.86 \times 3600}{420 - 250} = 326.96[\text{kg/h}]$

2) 압축기 흡입증기 엔탈피

$$h_1 = \frac{G_A \cdot h_8 + G_B \cdot h_7}{G_A + G_B} = \frac{156.13 \times 428 + 326.96 \times 420}{156.13 + 326.96} = 422.59[\text{kJ/kg}]$$

따라서 피스톤 압출량 $Va = \dfrac{G \cdot v}{\eta_v} = \dfrac{(156.13 + 326.96)}{0.75 \times 10} = 64.41[\text{m}^3/\text{h}]$

여기서 비체적 $v = \dfrac{1}{\rho}$ ρ : 밀도

(2) 축동력

$$L_S = \frac{G \cdot (h_2 - h_1)}{\eta_c \cdot \eta_m} = \frac{(156.13 + 326.96) \times (480 - 422.59)}{3600 \times 0.75 \times 0.9} = 11.41[\text{kW}]$$

02 **다음과 같은 2단 압축 1단 팽창 냉동장치를 보고 P-h 선도 상에 냉동 사이클을 약식으로 그리고 ①~⑧점을 표시하시오.**

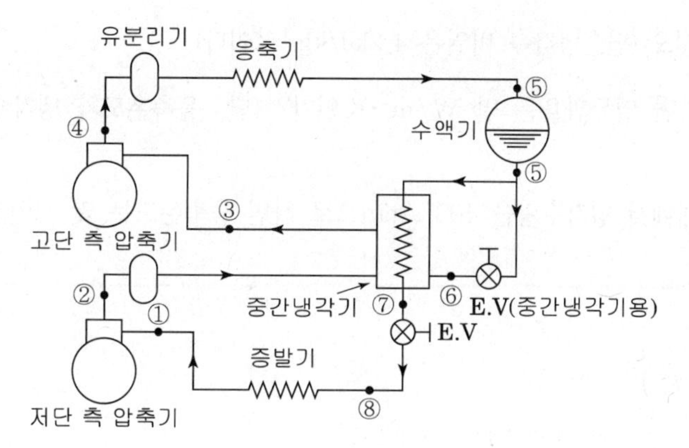

해답

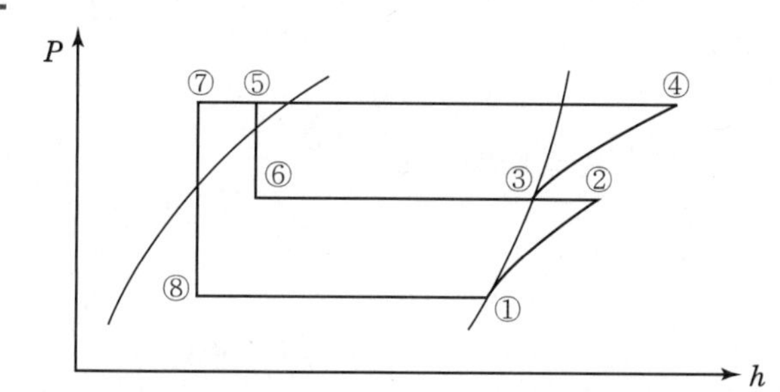

03 수냉 응축기의 응축온도 43[℃], **냉각수 입구온도** 32[℃], **출구온도** 37[℃]**에서 냉각수 순환량이** 320[L/min] **이다.**

(1) 응축열량(kW)을 구하시오.(단, 냉각수 비열은 4.2kJ/kg · K이다)

(2) 전열면적이 $20m^2$이라면 열통과율은 몇 $W/m^2 \cdot K$인가? (단, 응축온도와 냉각수 평균 온도는 산술평균온도 차로 한다.)

(3) 응축 조건이 같은 상태에서 냉각수량을 400L/min으로 하면 응축온도는 몇 ℃인가?

해설 응축부하(응축열량) Q_1

(1) $Q_1 = m \cdot c \cdot (t_{w2} - t_{w1})$

응축열량 $Q_1 = \left(\dfrac{320}{60}\right) \times 4.2 \times (37-32) = 112[kW]$

(2) $Q_1 = K \cdot A \cdot \Delta t_m = K \cdot A \cdot \left(t_c - \dfrac{t_{w1}+t_{w2}}{2}\right)$에서 K는

$$K = \frac{Q_1}{A \cdot \Delta t_m} = \frac{112 \times 10^3}{20 \times (43 - \dfrac{32+37}{2})} = 658.82[W/m^2 \cdot K]$$

여기서 m : 냉각수량[kg/s], c : 냉각수비열[kJ/kg · K],
t_{w1}, t_{w2} : 냉각수 입구 및 출구온도[℃], C : 방열계수,
K : 열통과율[$kW/m^2 \cdot K$], A : 전열면적[m^2],
Δt_m : 산술평균온도차[℃]

(3) 냉각수량 400L/min 일 때 응축온도(t_c)는

$Q_1 = K \cdot A \cdot (t_c - \dfrac{t_{w1}+t_{w2}}{2})$ 에서 먼저 냉각수 출구온도를 구하면

$Q_1 = m \cdot C \cdot \Delta t_w$에서 냉각수 온도차

$$\Delta t_w = \frac{Q_1}{m \cdot C} = \frac{112}{\left(\dfrac{400}{60}\right) \times 4.2} = 4[℃]$$

$\therefore\ t_{w2} = t_{w1} + \Delta t_w = 32 + 4 = 36[℃]$

또한 $Q_1 = K \cdot A \cdot (t_c - \dfrac{t_{w1}+t_{w2}}{2})$ 에서

$$\therefore\ t_c = \frac{Q_1}{K \cdot A} + \frac{t_{w1}+t_{w2}}{2} = \frac{112}{658.82 \times 10^{-3} \times 20} + \frac{32+36}{2} = 42.50[℃]$$

응축온도(t_c)는 42.50[℃]

04 냉동 장치에 사용되는 (1) 증발압력 조정밸브(EPR), (2) 흡입압력 조정밸브(SPR), (3) 응축압력 조절밸브 (절수밸브 : WRV)에 대해서 설치위치와 작동원리를 서술하시오.

해답 (1) 증발압력 조정밸브(evaporator pressure regulator)

① 설치위치 : 증발기 출구배관에 설치

② 작동원리 : 증발기 출구측에 설치하여 밸브 입구측(증발기) 압력에 의해서 작동되고 압력이 높으면 열리고, 낮으면 닫혀서 증발압력이 일정압력 이하가 되는 것을 방지한다.

(2) 흡입압력 조정밸브(suction pressure regulator)

① 설치위치 : 압축기 흡입배관에 설치

② 작동원리 : 밸브 출구측(압축기 측) 압력에 의해서 작동되고 압력이 높으면 닫히고, 낮으면 열려서 압축기로의 흡입압력이 일정압력 이상이 되는 것을 방지한다.

(3) 응축압력 조절밸브(절수밸브)

① 설치위치 : 수냉 응축기 냉각수 출구배관에 설치

② 작동원리 : 압축기 토출압력에 의해서 응축기에 공급되는 냉각 수량을 증감시켜서 응축압력을 안정시키고, 응축압력에 대응한 냉각수량 조절로 소비수량을 절감한다. 또한 냉동기 정지 시 냉각수 공급도 정지시킨다.

적용 사례

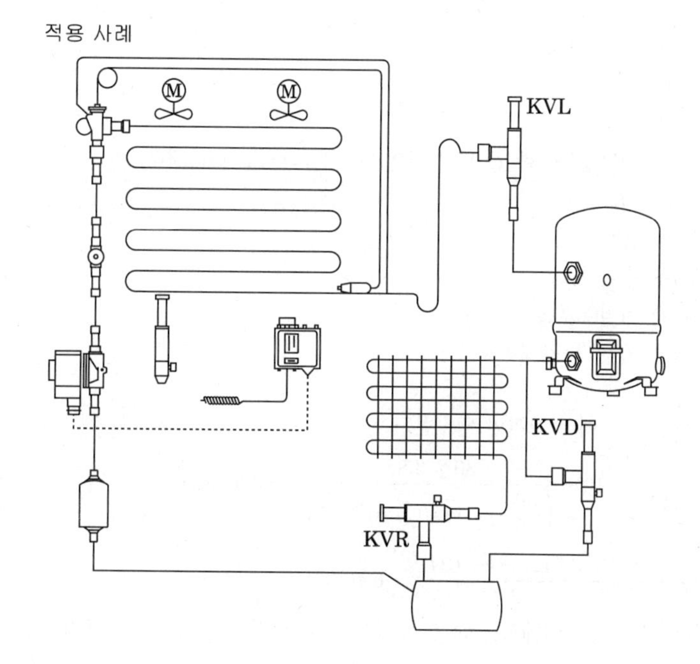

05 냉각능력이 30 RT인 셀 앤 튜브식 브라인 냉각기가 있다. 주어진 조건을 이용하여 물음에 답하시오.

【조 건】

1. 브라인 유량 : 300[L/min]
2. 브라인 비열 : 3[kJ/kg · K]
3. 브라인 밀도 : 1190[kg/m^3]
4. 브라인 출구온도 : −10[℃]
5. 냉매의 증발온도 : −15[℃]
6. 냉각관의 브라인 측 열전달률 : 2.79[kW/m^2 · K]
7. 냉각관의 냉매 측 열전달률 : 0.7[kW/m^2 · K]
8. 냉각관의 바깥지름 : 32mm, 두께 : [2.4mm]
9. 브라인 측의 오염계수 : 0.172[m^2 · K/kW]
10. 1[RT]=3.86[kW]
11. 평균온도차 : 산술 평균온도차

(1) 브라인의 평균온도(℃)를 구하시오.

(2) 냉각관 열통과율[kW/m^2 · K](외표면적 기준)을 구하시오.(면적비는 무시한다)

(3) 냉각관의 외표면적(m^2)를 구하시오.

해설 (1) 증발기에서의 전열 즉 냉동능력 Q_r은 브라인과 다음 식으로 나타낸다.

$$Q_r = G_b \cdot C_b \cdot (t_{b1} - t_{b2})$$

Q_r : 냉동능력[kW]

G_b : 브라운 순환량[kg/s]

C_b : 브라운 비열[kJ/kg · K]

t_{b1}, t_{b2} : 브라운 입구 및 출구온도[℃]

$Q_r = G_b \cdot C_b \cdot (t_{b1} - t_{b2})$에서 브라인 입구온도 t_{b1}은

$$t_{b1} = t_{b2} + \frac{Q_2}{G_b \cdot C_b} = -10 + \frac{30 \times 3.86}{\left(\frac{300}{60}\right) \times 1190 \times 10^{-3} \times 3} = -3.5126[℃]$$

$$\therefore \text{브라인 평균온도} = \frac{-3.5126 + (-10)}{2} = -6.76[℃]$$

(2) 셀 앤 튜브식 브라인 냉각기에서는 보통 냉매가 냉각관 외부에 흐른다. 외표면 기준 열통과율은

$$\text{열통과율 } K = \frac{1}{R} = \frac{1}{\frac{1}{0.7} + 0.172 + \frac{1}{2.79}} = 0.51[kW/m^2K]$$

(3) $Q_r = K \cdot A \cdot \Delta t_m$

K : 열통과율[kW/m^2 · K](외표면적 기준)

A : 전열면적(외표면적)[m^2]

Δt_m : 냉매와 브라인의 온도차[℃]

$Q_r = K \cdot A \cdot \Delta t_m$ 에서

외표면적 $A = \dfrac{Q_r}{K \cdot \Delta t_m} = \dfrac{30 \times 3.86}{0.51 \times \{-6.76-(-15)\}} = 27.56[\text{m}^2]$

※ 〈별해〉 열통과율을 면적비를 적용하여 해석한다면

면적비 $m = \dfrac{\text{외면적}}{\text{내면적}} = \dfrac{32}{32-(2\times 2.4)} = 1.176$

외면적을 기준할 때 내면적은 작아지므로 관내부 브라인측 열전달은 면적비 만큼 감소한다.

열통과율 $K = \dfrac{1}{R} = \dfrac{1}{\dfrac{1}{0.7} + 1.176(0.172 + \dfrac{1}{2.79})} = 0.49[\text{kW/m}^2\text{K}]$

$Q_r = K \cdot A \cdot \Delta t_m$ 에서

외표면적 $A = \dfrac{Q_r}{K \cdot \Delta t_m} = \dfrac{30 \times 3.86}{0.49 \times \{-6.76-(-15)\}} = 28.68[\text{m}^2]$

(* 외면적을 기준할 때 관내부 브라인측 열전달은 면적비 만큼 감소하므로 전열면적이 약간 증가함을 알 수 있다.)

06 공기조화 부하에서 극간풍(틈새바람)을 구하는 방법 3가지와 극간풍(틈새바람)을 방지하는 방법 3가지를 서술하시오.

해답 (1) 틈새바람을 구하는 방법

① 환기횟수 법($Q = nV$)

② crack 길이법(극간 길이에 의한 방법)

③ 창면적법

(2) 극간풍(틈새바람)을 방지하는 방법

① 출입문에 에어 커튼(air curtain)의 설치

② 회전문 설치

③ 충분한 간격을 두고 이중문 설치

④ 기밀창을 설치하는 방법

⑤ 실내외 온도차를 작게한다.

07 단일 덕트 방식의 공기조화 시스템을 설계하고자 할 때 어떤 사무소의 냉방부하를 계산한 결과 현열부하 $q_s = 7\text{kW}$, 잠열부하 $q_L = 1.75\text{kW}$였다. 주어진 조건과 습공기 선도를 이용하여 물음에 답하시오.

【조 건】

1. 설계조건
   ① 실외 : 32℃ DB, 70% RH　　② 실내 : 26℃ DB, 50% RH
2. 외기 도입량 : $500[\text{m}^3/\text{h}]$
3. 공기의 비열 : $C_P = 1.0[\text{kJ/kg}\cdot\text{K}]$
4. 실내 취출 공기온도 : 16[℃]
5. 공기의 밀도 : $\rho = 1.2[\text{kg/m}^3]$

(1) 냉방 급기 풍량을 구하시오.$[\text{m}^3/\text{h}]$

(2) 현열비(SHF)를 구하시오

(3) 실외공기 (①)와 실내공기 (②)의 혼합온도(③)를 구하시오.

(4) 공기조화 cycle을 습공기 선도상에 도시하시오.(취출공기 상태 ④)

(5) 냉각코일 냉각용량(kW)을 구하시오

해답 (1) 냉방풍량 Q 은 현열과 취출온도차로 구한다.

$$Q = \frac{q_s}{c_p \cdot \rho \cdot \Delta t} = \frac{7\times 3600}{1.0\times 1.2\times(26-16)} = 2100[\text{m}^3/\text{h}]$$

(2) 현열비$= \dfrac{q_s}{q_s + q_L} = \dfrac{7}{7+1.75} = 0.8$

(3) 혼합공기온도 $t_3 = \dfrac{mt_1 + nt_2}{m+n} = \dfrac{500\times 32 + (2100-500)\times 26}{2100} = 27.43$[℃]

(4) 습공기선도에 실내공기 (②)과 실외공기(①), 혼합공기(③)를 잡고 실내점(②)에서 현열비선(SHF=0.8)을 그리고 이선상에서 16도 점(④)이 취출공기 상태점이 된다.

(5) 냉각 코일 입구(③)와 출구(④)상태 엔탈피를 선도 작도상에서 구하면
$h_3 = 60.6[\text{kJ/kg}]$, $h_4 = 39.5[\text{kJ/kg}]$
냉각코일 용량$= m\Delta h = 2100\times 1.2(60.6-39.5) = 53,172[\text{kJ/h}] = 14.77[\text{kW}]$

선도

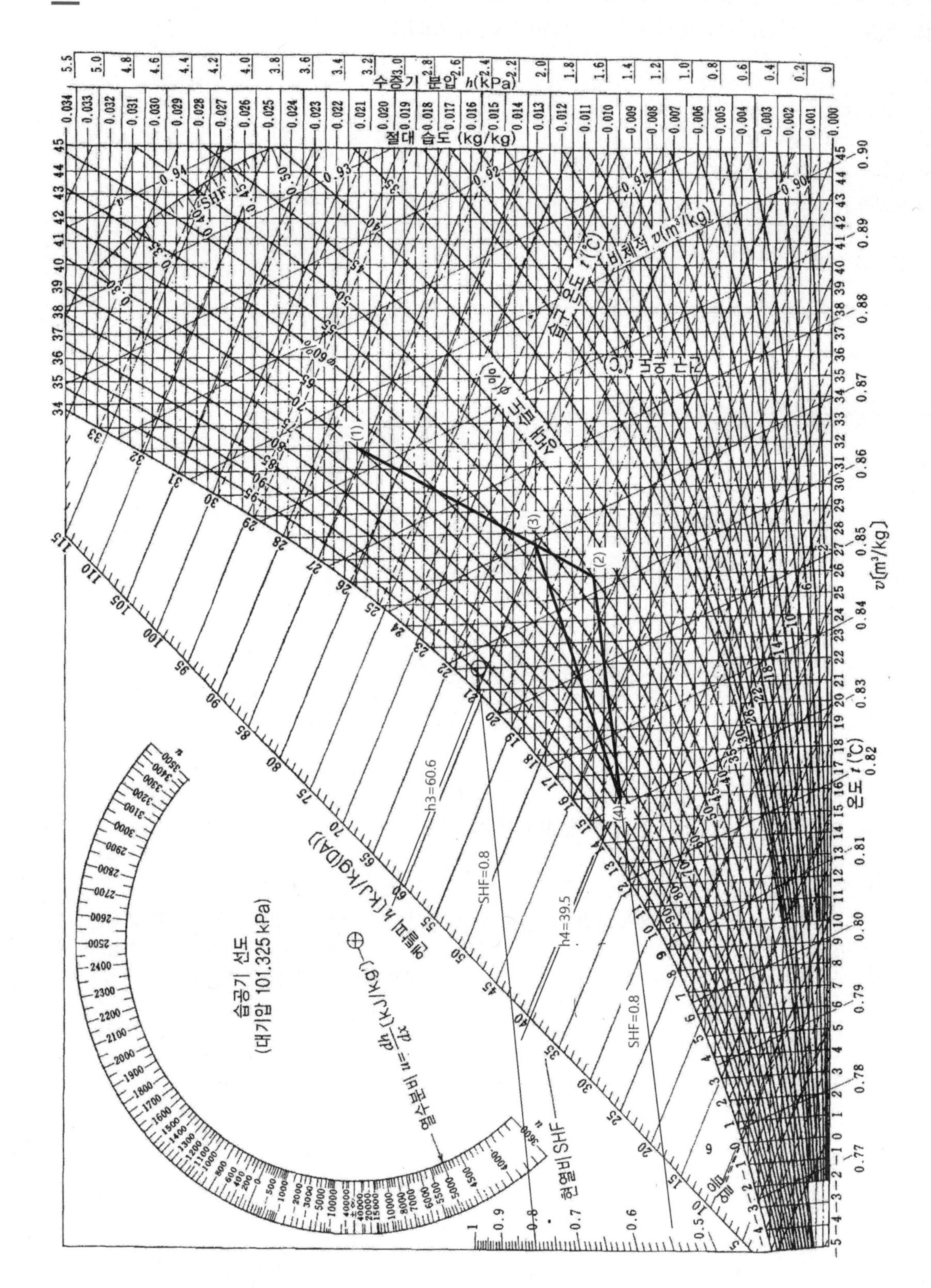

08 **다음과 같은 조건하에서 운전되는 공기조화기에서 각 물음에 답하시오.**
(단, 공기의 밀도 $\rho = 1.2[\text{kg/m}^3]$, 비열 $C_P = 1.005[\text{kJ/kg·K}]$ 이다.)

【조 건】

1. 외기 : 32℃ DB, 28℃ WB
2. 실내 : 26℃ DB, 50% RH
3. 실내 현열부하 : 40kW, 실내 잠열부하 : 7[kW]
4. 외기 도입량 : 2000[m^3/h]

(1) 실내 현열비를 구하시오.

(2) 취출온도와 실내온도의 차(취출온도차)를 10.5℃로 할 경우 송풍량(m^3/h)을 구하시오.

(3) 외기와 환기 혼합점의 온도(℃)를 구하시오.

해답 (1) 현열비(SHF) $\dfrac{q_s}{q_s + q_L} = \dfrac{40}{40+7} \fallingdotseq 0.85$

(2) 송풍량 $Q = \dfrac{q_s}{c_p \cdot \rho \cdot \Delta t} = \dfrac{40 \times 3600}{1.005 \times 1.2 \times 10.5} = 11371.71[\text{m}^3/\text{h}]$

(3) 혼합점의 온도$= \dfrac{2000 \times 32 + (11371.71 - 2000) \times 26}{11371.71} \fallingdotseq 27.06[℃]$

09 **냉동장치의 동 부착(copper plating) 현상에 대하여 서술하시오.**

해답 동부착 현상(Copper plating)이란 프레온계 냉매를 사용하는 냉동장치에서 수분이 침입할 경우 수분과 프레온이 반응하여 산이 생성되고 여기에 침입한 산소와 동이 반응하여 석출된 동가루가 냉매와 함께 냉동장치 내를 순환하면서 온도가 높고 잘 연마된 금속부(압축기의 실린더벽, 피스톤, 밸브 등 활동부)에 동이 도금되는 현상을 말한다.

10 프레온 냉동장치에서 1대의 압축기로 증발온도가 다른 2대의 증발기를 냉각 운전하고자 한다. 이때 1대의 증발기에 증발압력 조정 밸브를 부착하여 제어하고자 한다면, 1) 아래의 냉동장치는 어디에 증발압력 조정 밸브 및 체크 밸브를 부착하여야 하는지 흐름도를 완성하시오. 2) 증발압력 조정 밸브의 기능을 간단히 설명하시오.

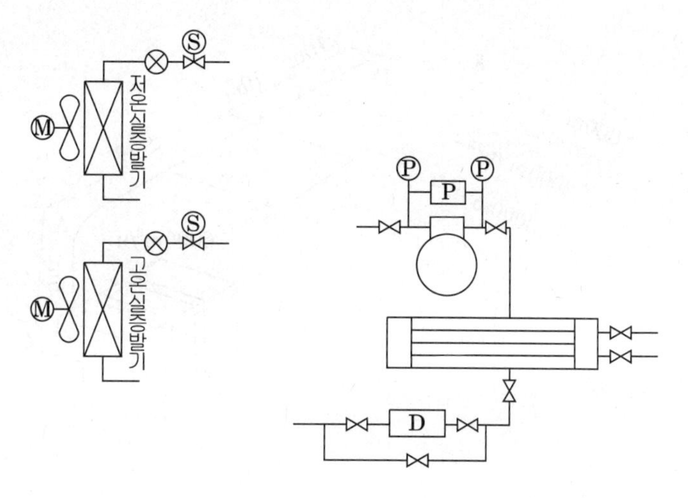

해답 (1) 장치도

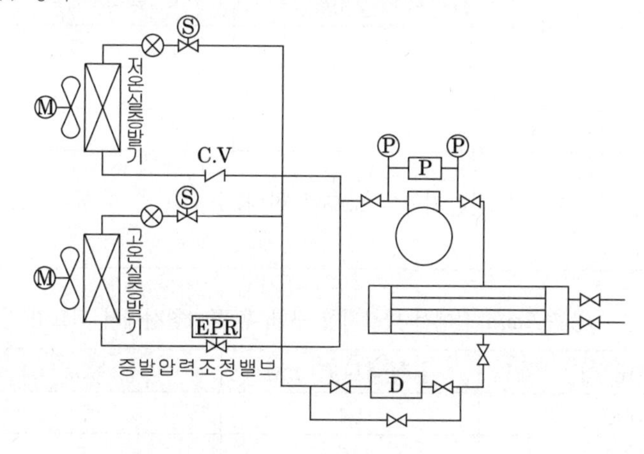

(2) 증발압력조정밸브(EPR)의 기능

증발기 증발압력이 설정압력 이하로 되는 것을 방지하기 위해 증발기 출구 배관에 증발압력조정밸브를 설치한다.

04년1회, 09년2회

11 **송풍기 총풍량** 6000[m^3/h], **송풍기 출구 풍속을** 7[m/s]**로 하는 다음의 덕트 시스템에서 등마찰손실법에 의하여** Z-A-B, B-C, C-D-E **구간의 원형 덕트의 크기와 덕트 풍속을 구하시오.(덕트선도 환산표 부록 참조)**

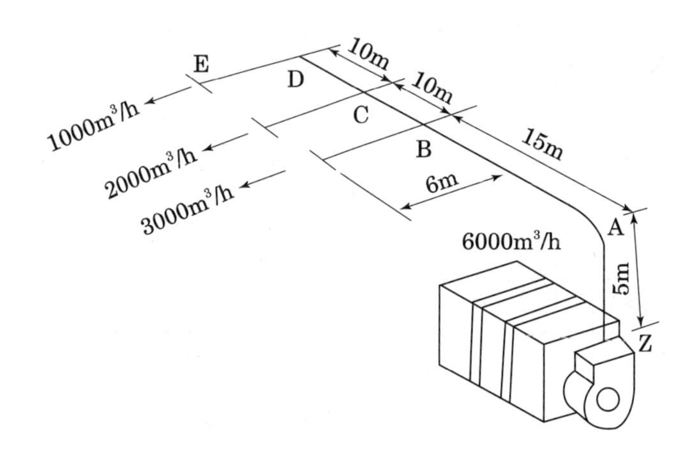

(1) 아래 표를 채우시오.(출구 풍속 7m/s)

구간	풍량(m^3/h)	원형덕트경(cm)	풍속(m/s)
Z-A-B			
B-C			
c-D-E			

(2) Z-E구간의 덕트 저항(Pa)을 구하시오.(단, 국부저항은 직관저항의 60%로 한다)

해설 (1) 덕트선도에 작도하여 아래 표를 채운다.(출구 풍속 7m/s 선에서 마찰저항 구한 후 등마찰선에서 덕트경 산정)

구간	풍량(m^3/h)	원형덕트경(cm)	풍속(m/s)
Z-A-B	6000	54	7
B-C	3000	42	6
c-D-E	1000	28	4.6

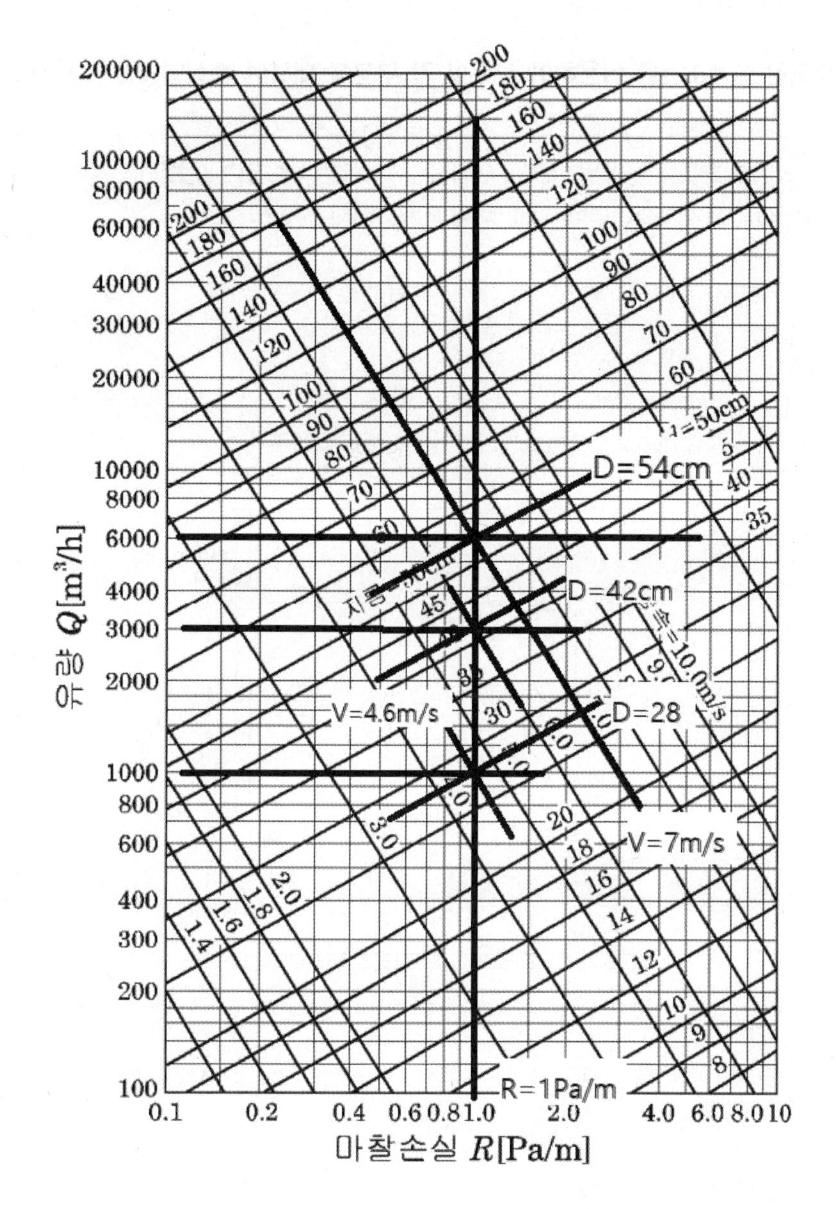

(2) 덕트선도에서 송풍기 출구 풍속을 7[m/s]로 할 때 마찰저항은 약 1.0[Pa/m]가 된다. 그러므로 Z-E구간(46m)의 덕트 저항(Pa)은 직관길이를 구하여 1.0[Pa/m]로 구한다.(국부저항 60% 적용)

덕트저항 $= 46 \times 1.0 \times 1.6 = 73.6$[Pa]

(※ 선도 작도 요령 : ZAB구간은 풍량 6000과 풍속 7[m/s]선 교점에서 덕트경 54[cm]와 마찰저항 1[Pa/m]를 구하고 BC와 CDE는 1[Pa/m]선과 풍량 교점에서 덕트경 42[cm]와 28[cm] 그리고 풍속 6[m/s]와 4.6[m/s]를 구한다. 위 덕트선도나 습공기 선도 작도는 선도마다 약간의 차이가 있으며 작도하는 사람마다 오차가 발생하므로 약간의 오차는 감안하여 준다)

04년1회, 06년3회, 13년2회

12 **다음과 같이 주어진 설계조건을 이용하여 사무실 각 부분에 대하여 손실열량을 구하시오.**

【조 건】

- 설계온도(℃) : 실내온도 20[℃], 실외온도 0[℃], 인접실온도 20[℃], 복도온도 10[℃], 상층온도 20[℃], 하층온도 6[℃]
- 열통과율($W/m^2 \cdot K$) : 외벽 0.28, 내벽 0.36, 바닥 0.26, 유리(2중) 2.1, 문 1.8
- 방위계수
  - 북쪽, 북서쪽, 북동쪽 : 1.15
  - 동남쪽, 남서쪽 : 1.05
  - 동쪽, 서쪽 : 1.10
  - 남쪽 : 1.0
- 환기횟수 : 0.5회/h
- 천장 높이와 층고는 동일하게 간주한다.
- 공기의 정압비열 : 1.005[kJ/kg·K], 공기의 밀도 : 1.2[kg/m^3]

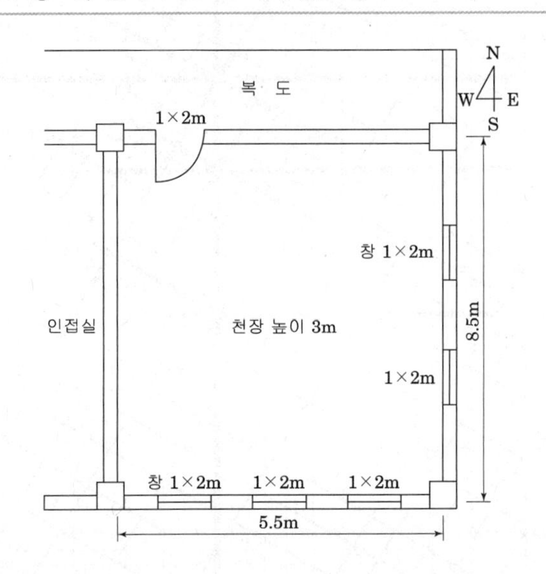

(1) 유리창으로 통한 손실열량(W)을 구하시오.

① 남쪽 ② 동쪽

(2) 외벽을 통한 손실열량(W)을 구하시오.

① 남쪽 ② 동쪽

(3) 내벽을 통한 손실열량(W)을 구하시오.

① 바닥 ② 북쪽 ③ 서쪽

(4) 환기부하(W)을 구하시오.

해설 • 외기에 접하는 외벽 및 지붕 또는 유리창의 부하

$q = K \cdot A \cdot \Delta t \cdot C$

• 외기에 직접 접하지 않는 내벽 또는 문 등의 부하

$q = K \cdot A \cdot \Delta t$

여기서 K : 각 구조체(외벽, 지붕, 유리창, 내벽, 문 등)의 열관류율

A : 각 구조체(외벽, 지붕, 유리창, 내벽, 문 등)의 면적

Δt : 온도차

C : 방위별 부가계수

※ 외기에 직접 접하지 않은 북쪽의 내벽 및 출입문에는 방위별 부가계수를 곱하지 않는다.

해답 (1) 유리창으로 통한 손실열량

① 남쪽 $= 2.1 \times (1 \times 2 \times 3) \times (20-0) \times 1 = 252\,[\text{W}]$

② 동쪽 $= 2.1 \times (1 \times 2 \times 2) \times (20-0) \times 1.1 = 184.8\,[\text{W}]$

(2) 외벽을 통한 손실열량

① 남쪽 $= 0.28 \times \{(5.5 \times 3) - (1 \times 2 \times 3)\} \times (20-0) \times 1 = 58.8\,[\text{W}]$

② 동쪽 $= 0.28 \times \{(8.5 \times 3) - (1 \times 2 \times 2)\} \times (20-0) \times 1.1 = 132.44\,[\text{W}]$

(3) 내벽을 통한 손실열량

① 바닥 $= 0.26 \times (5.5 \times 8.5) \times (20-6) = 170.17\,[\text{W}]$

② 북쪽
- 내벽 $= 0.36 \times (5.5 \times 3 - 1 \times 2) \times (20-10) = 52.2\,[\text{W}]$
- 문 $= 1.8 \times 2 \times (20-10) = 36\,[\text{W}]$

③ 서쪽 $= 0.36 \times (8.5 \times 3) \times (20-20) = 0\,[\text{W}]$

(4) 환기부하 $q_{IS} = c_p \cdot \rho \cdot Q \cdot \Delta t$ 에서

$= 1.005 \times 1.2 \times 70.125 \times (20-0) = 1691.415\,[\text{kJ/h}]$

$\therefore \dfrac{1691.415}{3600} \times 1000 = 469.84\,[\text{W}]$

여기서, 환기량 $Q = nV = 0.5 \times (5.5 \times 8.5 \times 3) = 70.125\,[\text{m}^3/\text{h}]$

13 다음과 같은 조건의 공장 경작업에 대하여 여름철 인체부하와 틈새(극간)부하에 대한 총 냉방부하(kW)는 얼마인가?

【조 건】

1. 실내 조건 26℃ 50%, x=0.0106[kg/kg]
2. 외기 조건 32℃ 65%, x=0.0248[kg/kg]
3. 실용적 15m×18m×4m(천정고)
4. 거주 인원 0.2인/m^2(바닥면적)
5. 실내 용적에 따른 환기횟수(실기 226쪽 [표 1])

실내용적 V[m^3]	500 이하	500~1000	1000~2000	2000 이상
환기횟수(회/h)	0.7	0.6	0.5	0.42

6. 인체 발열 부하

작업상태	실온		27℃		26℃		21℃	
	예	전발열량	H_s	H_L	H_s	H_L	H_s	H_L
정좌	극장	103	57	46	62	41	76	27
사무소 업무	사무소	132	58	74	63	69	84	48
착석작업	공장 경작업	220	65	155	72	148	107	113
보행 4.8km/h	공장 중작업	293	88	205	96	197	135	158
볼링	볼링장	425	135	288	141	284	178	247

7. 공기 비열 : 1.01[kJ/kgK], 공기밀도 1.2[kg/m^3], 0℃ 증발잠열 2501[kJ/kg]

해설 1) 거주인원 $= 15 \times 18 \times 0.2 = 54$인

인체 냉방 부하 $= 54 \times 220 = 11,880$[W]

(이 문제는 총부하를 구하므로 현열과 잠열로 나누어 구해도 결국 총합은 220[W]가 된다)

2) 극간풍량 환기횟수를 구하기위해 실용적은 $15[m] \times 18[m] \times 4[m] = 1080[m^3]$

→ 환기횟수는 표에서 0.5회/h

극간풍량 $= 1080[m^3] \times 0.5 = 540[m^3/h]$

– 현열부하 $= mC\Delta t = 540 \times 1.2 \times 1.01(32-26) = 3926.88$[kJ/h]$=1090.8$[W]

– 잠열부하 $= \gamma m \Delta x = 2501 \times 540 \times 1.2(0.0248 - 0.0106) = 23013.2$[kJ/h]$= 6392.56$[W]

3) 총부하 $= 11,880 + 1090.8 + 6392.56 = 19,363.36$[W]$= 19.36$[kW]

14 **어떤 건물의 화장실에서 도어그릴을 통하여 환기량을 확보하고자한다. 다음과 같은 경우에 도어그릴 면적 (m^2)을 구하시오.**

【조 건】

필요 환기량 $3000[m^3/h]$, 그릴 면풍속 $3[m/s]$, 자유면적비 65%

해설 $A = \frac{Q}{v \times E} = \frac{3000}{3600 \times 3 \times 0.65} = 0.43[m^2]$

2022 제1회 실기 기출문제 (동영상 제공)

01 500[rpm]으로 운전되는 송풍기가 풍량 300[m³/h], 전압 400[Pa], 동력 3.5[kW]의 성능을 나타내고 있다. 이 송풍기의 회전수를 600[rpm]으로 증가시킬 때 다음 물음에 답하시오.

(1) 회전수 변화 후 전압(Pa)을 구하시오.

(2) 변화 후 축동력(kW)을 구하시오.

해답 (1) 상사법칙에 따라 $\frac{P_2}{P_1}=\left(\frac{N_2}{N_1}\right)^2$에서

$$\frac{P_2}{400}=\left(\frac{600}{500}\right)^2, \quad \therefore P_2=576[\text{Pa}]$$

(2) 상사법칙에 따라 $\frac{L_2}{L_1}=\left(\frac{N_2}{N_1}\right)^3$에서

$$\frac{L_2}{3.5}=\left(\frac{600}{500}\right)^3, \quad \therefore L_2=6.05[\text{kW}]$$

02 공조방식에서 유인유닛방식과 팬코일유닛방식의 차이점을 기술하시오. (단, 송풍기 관련 설명은 제외함.)

(1) 유인 유닛 방식

(2) 팬코일 유닛 방식

(3) 차이점

해답 (1) 유인 유닛 방식 : 수-공기식의 일종이며, 실내에 유인 유닛을 설치하고 중앙 기계실 공조기에서 생산한 1차 공기를 고속덕트를 통하여 각실에 설치한 유인 유닛에 보내 고속으로 취출할 때 유닛의 노즐에서 1차 공기의 동압으로 주변 공기가 유인(인덕션)되고 1차공기와 유인된 2차 공기가 혼합되어 불어냄으로서 공조가 이루어지며 이때 유인 공기가 유닛 내의 코일을 통과 할 때 냉각, 가열하는 방식이다.

(2) 팬코일 유닛 방식 : FCU방식은 2가지가 있으며 전수식과 수공기방식이다. 덕트를 이용하여 실내에 공기를 취출하면 수공기 방식이고, 덕트 없이 물 배관만을 이용하여 실내 유닛에서 코일을 이용하여 공조하면 전수식이다. 공조방식 중 가장 범용성이 높은 방식으로, 실내 유닛에 냉수 또는 온수를 보내서 내장된 fan 및 coil의 작용으로 실내 공기를 냉각, 가열하여 공조하기 때문에 FCU(Fan Coil Unit)방식이라 한다.

(3) 차이점 : 유인유닛방식은 중앙기계실에 공조기가 필요하며 1차공기에 의한 기류 형성을 이용하므로 실내에 팬을 설치할 필요가 없고 전원공급이 필요없다. 고속의 1차공기를 이용하므로 소음이 큰 편이다. 유인유닛식은 1차 공기가 실내 청정도 유지와 코일주변 기류 형성의 복합 기능을 가진다. 유인되는 기류가 약하여 프리필터를 사용하므로 실내 청정도가 FCU식보다 나쁜 편이다.

참고 문제에서 유인유닛방식과 팬코일유닛방식의 계통도(모식도)를 그리라는 조건이 없으면 그림은 생략되어도 좋고 그려도 좋다.

03 다음과 같은 급기장치에서 주어진 조건을 이용하여 각 물음에 답하시오.

【조 건】

- 직관덕트 내의 마찰저항손실 : 1[Pa/m]
- 환기횟수 : 10회/h
- 공기 도입구의 저항손실 : 5[Pa]
- 에어필터의 저항손실 : 100[Pa]
- 공기 취출구의 저항손실 : 50[Pa]
- 굴곡부(엘보) 1개소의 상당길이 : 직경 10배(분기부 저항은 무시한다.)
- 송풍기의 전압효율(η_t) : 60%
- 각 취출구의 풍량은 모두 같다.
- $R = 1$ Pa/m에 대한 원형 덕트의 지름은 다음 표에 의한다.

풍량(m^3/h)	200	400	600	800	1000	1200	1400	1600	1800
지름(mm)	152	195	227	252	276	295	316	331	346
풍량(m^3/h)	2000	2500	3000	3500	4000	4500	5000	5500	6000
지름(mm)	360	392	418	444	465	488	510	528	545

- $kW = \dfrac{Q' \times \Delta P}{E}$ ($Q'm^3/s$, $\Delta P kPa$)

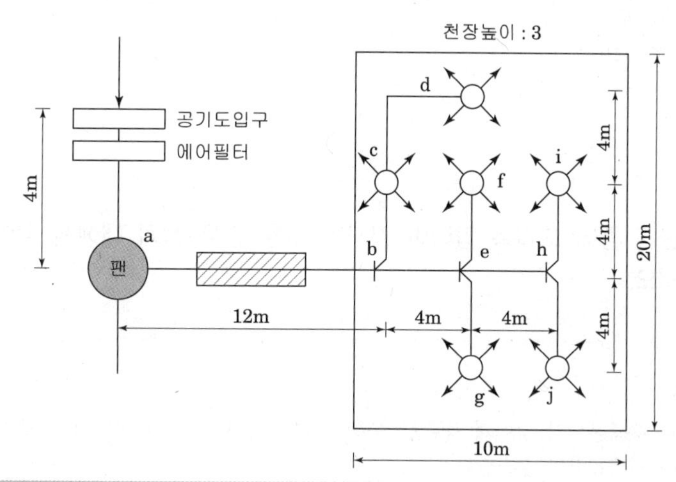

(1) 각 구간의 풍량(m^3/h)과 덕트지름(mm)을 구하시오.

구간	풍량(m^3/h)	덕트지름(mm)
a–b		
b–c		
c–d		
b–e		

(2) 전 덕트 저항손실(mmAq)을 구하시오.

(3) 송풍기의 소요동력(kW)을 구하시오.

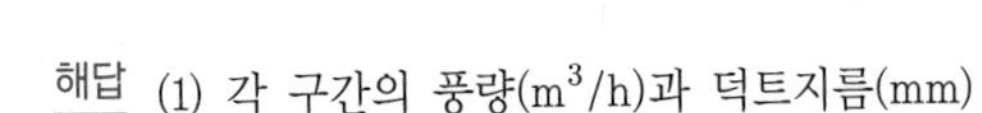

해답 (1) 각 구간의 풍량(m^3/h)과 덕트지름(mm)

① 필요 급기량$=10\times(10\times20\times3)=6000[m^3/h]$

② 각 취출구 풍량$=\dfrac{6000}{6}=1000[m^3/h]$

③ 각 구간 풍량과 덕트지름

구간	풍량(m^3/h)	덕트지름(mm)
a-b	6000	545
b-c	2000	360
c-d	1000	276
b-e	4000	465

(2) 전 덕트 저항손실(mmAq)

① 직관 덕트 손실$=(12+4+4+4)\times1=24[Pa]$ (a-d 구간)

② 굴곡부 덕트 손실$=(10\times0.276)\times1=2.76[Pa]$

③ 취출구 저항 손실 $=50[Pa]$

④ 흡입 덕트 손실$=(4\times1)+5+100=109[Pa]$

∴ 전 덕트 저항손실$=24+2.76+50+109=185.76[Pa]$

(3) 송풍기의 소요동력(kW)

$$kW=\frac{6000\times185.76\times10^{-3}}{3600\times0.6}=0.516[kW]$$

04 겨울철에 냉동장치 운전 중에 고압측 압력이 갑자기 낮을 경우 장치 내에서 일어나는 현상을 3가지 쓰고 그 이유를 각각 설명하시오.

해답 ① 냉매 순환량 감소

이유 : 기온저하로 응축온도가 낮아져 충분한 응축 압력을 얻지 못하여 고압과 저압의 차압이 작아지므로 그 결과 팽창변을 통과하는 냉매유량이 감소한다.

② 냉동능력 감소에 의해 냉각작용이 저하

이유 : 냉매 순환량이 감소하면 냉동능력이 감소하여 주위로부터 냉각작용이 잘 이루어지지 않는다.

③ 단위능력당 소요동력 증대

이유 : 냉매순환량 감소로 인하여 냉동능력 감소에 따른 운전시간이 장시간 이어진다.

05 **다음 그림과 같이 2대의 증발기를 가진 냉동시스템에서 핫가스 제상을 위한 배관을 완성하시오. 그리고 [Ⅰ] 증발기에서 서리가 발생하여 핫가스 제상할 경우 [Ⅱ] 증발기로 냉매를 회수하는 방법을 밸브 조작을 이용하여 설명하시오.**

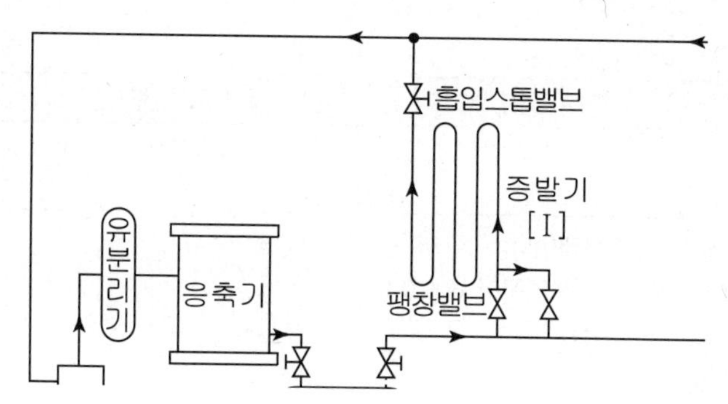

(1) 배관

(2) 제상 시 냉매회수 방법

해답 (1)

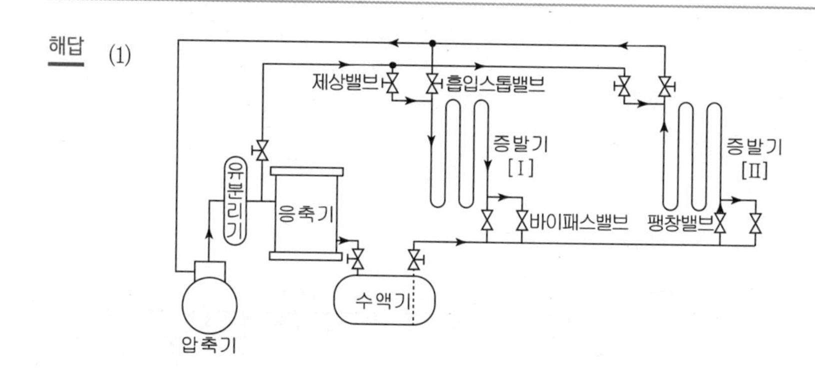

(2) 제상시 냉매회수 방법 : [Ⅰ] 증발기를 제상하기위해 팽창밸브와 증발기 출구 흡입밸브를 닫고 팽창밸브 옆 바이패스밸브와 증발기 출구 제상밸브를 열면 압축기 토출가스가 [Ⅰ] 증발기를 제상하면서 핫가스가 응축하여 냉매가 발생하는데 이 냉매가 팽창밸브 옆 바이패스 밸브를 통하여 [Ⅱ] 증발기로 냉매를 회수하게 되고 [Ⅱ] 증발기에서 증발하면서 경제적인 운전이 가능하게 된다.

06 다음 조건과 같은 냉방공조설비에 대하여 물음에 답하시오.

【조 건】

구분	건구온도(℃)	상대습도(%)	절대습도(kg/kg')
실내	27	50	0.0112
실외	32	68	0.0206

- 상 · 하층은 사무실과 동일한 공조상태이다.
- 남쪽 및 서쪽벽은 외벽이 40%이고, 창면적이 60%이다.
- 열관류율
  ① 외벽 : 0.28[W/m^2· K]
  ② 내벽, 문 : 0.36[W/m^2· K]
- 유리는 6[mm] 반사유리이고, 차폐계수는 0.65이다.
- 인체 발열량
  ① 현열 : 55[W/인]
  ② 잠열 : 65[W/인]
- 침입외기에 의한 실내환기 횟수 : 0.5회/h
- 실내 사무기기 : 200W×5개, 실내조명(형광등) : 25[W/m^2]
- 실내인원 : 0.2[인/m^2], 1인당 필요 외기량 : 25[m^3/h · 인]
- 공기의 밀도는 1.2[kg/m^3], 정압비열은 1.0[kJ/kg · K]이다.
- 0℃ 물의 증발잠열 : 2501[kJ/kg]
- 보정된 외벽의 상당외기 온도차 : 남쪽 8.4[℃], 서쪽 5[℃]
- 유리를 통한 열량의 침입

구분 \ 방위	동	서	남	북
직달일사 I_{GR}(W/m^2)	336	340	256	138
전도대류 I_{GC}(W/m^2)	56.5	108	76	50.2

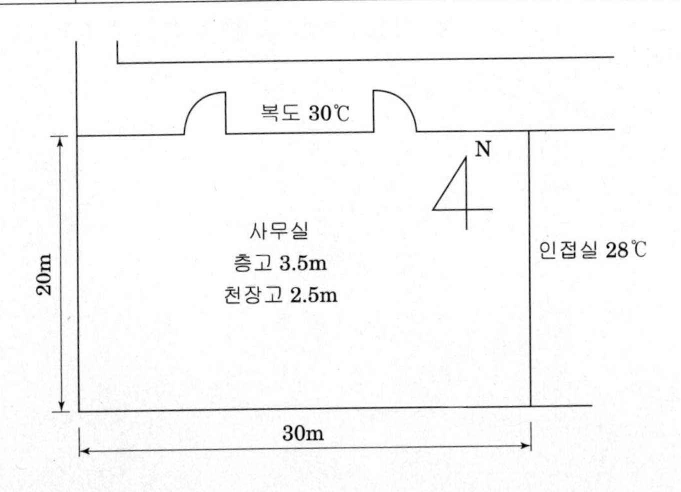

(1) 실내부하를 구하시오.

① 벽체를 통한 부하　　② 유리를 통한 부하
③ 인체부하　　④ 조명부하
⑤ 실내 사무기기 부하　　⑥ 틈새부하

(2) 실내취출 온도차가 10℃라 할 때 실내의 필요 송풍량(m³/h)을 구하시오.

(3) 환기와 외기를 혼합하였을 때 혼합온도를 구하시오.

해답 (1) 실내부하

① 벽체를 통한 부하

㉠ 외벽(남쪽) $= 0.28 \times (30 \times 3.5 \times 0.4) \times 8.4 = 98.784$[W]

㉡ 외벽(서쪽) $= 0.28 \times (20 \times 3.5 \times 0.4) \times 5 = 39.2$[W]

㉢ 내벽(동쪽) $= 0.36 \times (2.5 \times 20) \times (28 - 27) = 18$[W]

㉣ 내벽(북쪽) $= 0.36 \times (2.5 \times 30) \times (30 - 27) = 81$[W]

∴ 벽체를 통한 부하

$= 98.784 + 39.2 + 18 + 81 = 236.984$[W]

② 유리를 통한 부하

㉠ 일사부하

- 남쪽 $= (30 \times 3.5 \times 0.6) \times 256 \times 0.65 = 10483.2$[W]
- 서쪽 $= (20 \times 3.5 \times 0.6) \times 340 \times 0.65 = 9282$[W]

㉡ 관류부하

- 남쪽 $= (30 \times 3.5 \times 0.6) \times 76 = 4788$[W]
- 서쪽 $= (20 \times 3.5 \times 0.6) \times 108 = 4536$[W]

∴ 유리를 통한 부하

$= 10483.2 + 9282 + 4788 + 4536 = 29089.2$[W]

③ 인체부하

㉠ 현열 $= 55 \times 120 = 6600$[W]

㉡ 잠열 $= 65 \times 120 = 7800$[W]

∴ 인체부하 $= 6600 + 7800 = 14400$[W]

여기서, 재실인원 : $30 \times 20 \times 0.2 = 120$인

④ 조명부하

$(25 \times 30 \times 20) \times 1.2 = 18000$[W]

⑤ 실내 사무기기 부하

$200 \times 5 = 1000$[W]

⑥ 침입외기부하

㉠ 현열 $= 1.0 \times 1.2 \times 750 \times (32 - 27)/3.6 = 1250$[W]

㉡ 잠열 $= 2501 \times 1.2 \times 750 \times (0.0206 - 0.0112)/3.6 = 5877.35$[W]

여기서, 침입외기량 $Q = nV = 0.5 \times (20 \times 30 \times 2.5) = 750$[m³/h]

(2) 실내취출 온도차가 10℃라 할 때 실내의 필요 송풍량(m³/h)

$q_s = 236.984 + 29089.2 + 6600 + 18000 + 1000 + 1250 = 56176.184$[W]

$$Q = \frac{q_s}{cp \cdot \rho \cdot \Delta t} = \frac{56176.184 \times 10^{-3}}{1.0 \times 1.2 \times 10} \times 3600 = 16852.86[\text{m}^3/\text{h}]$$

(3) 환기와 외기를 혼합하였을 때 혼합온도

$$t_m = \frac{mt_o + nt_r}{m+n} = \frac{3000 \times 32 + 27 \times (16852.86 - 3000)}{16852.86} ≒ 27.89[℃]$$

여기서, 재실인원에 의한 외기 도입량은

$25 \times 120 = 3000[m^3/h]$

07 그림과 같은 2중효용 흡수식 냉동기 계통도를 보고 각점(①-⑩)에 대응하는 상태점을 듀링선도 (　) 안에 기입하시오.

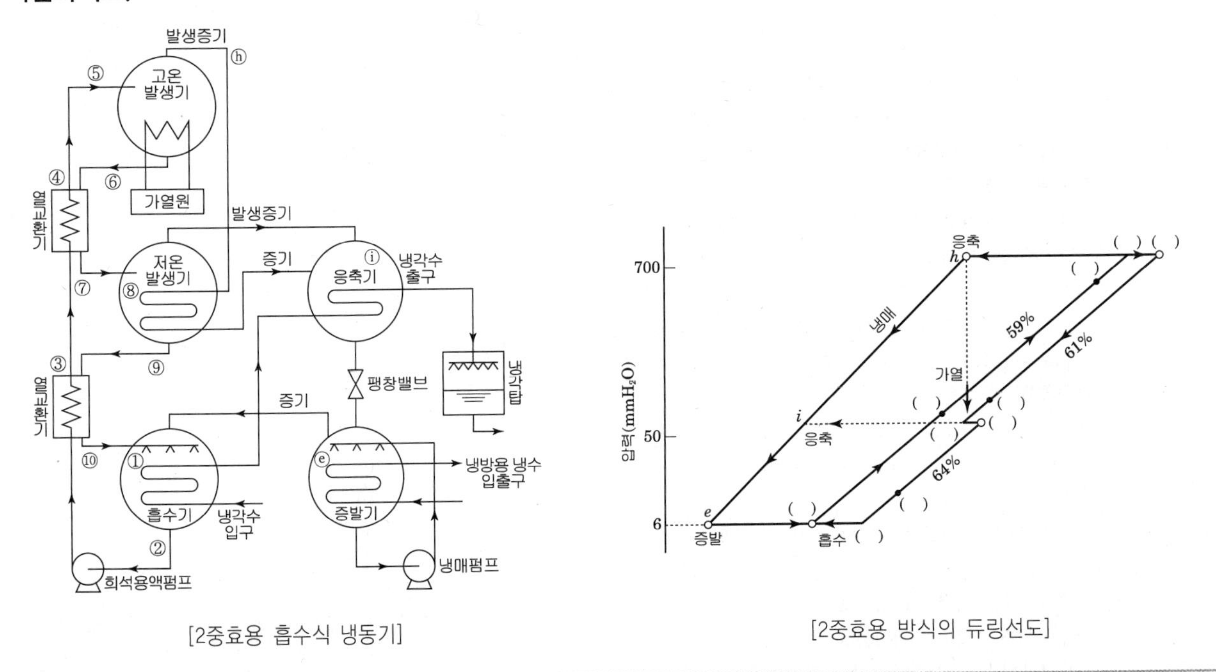

[2중효용 흡수식 냉동기]　　　　[2중효용 방식의 듀링선도]

해답

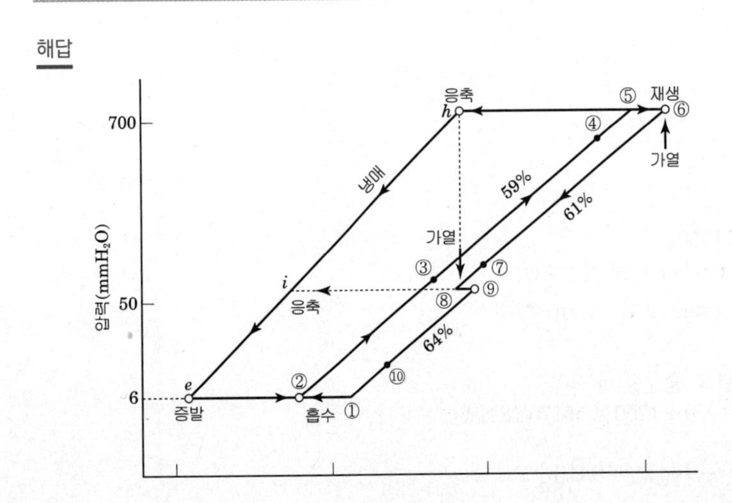

참고 2중효용 흡수식 냉동기 작동원리

1) ①→② : 흡수기 안에서 분사된 진한흡수액(① - 약 64%)은 증발기에서 증발하여 넘어오는 증기(냉매)를 흡수하여 희석용액(묽은용액② - 약 59%)이 된다.
2) ②→③→④ : 묽은 용액은 재생기로 가면서 열교환기에서 재생기에서 흡수기로 가는 고온의 진한 용액과 열교환하여 온도를 높여서 재생기에서 가열이 용이하게 한다.
3) ⑤→⑥ : 고온발생기에서 묽은 용액은 냉매(수증기) 비점까지 가열되어 발생된 수증기(ⓗ)는 저온재생기를 거쳐 응축기에서 응축되어 냉매액이 된다. 수증기를 발생시킨 용액은 농도가 증가하여 진한용액(약 61%)이 된다.
4) ⑥→⑦ : 고온발생기에서 냉매를 증발시킨 고온의 중간용액은 흡수기에서 올라오는 용액과 열교환하여 냉각된다. 이때 열교환기의 기능은 재생기로 가는 용액은 가열되어 이득이고, 응축기로 가는 용액은 냉각되어 이득이다.
5) ⑦→⑧→⑨ : 저온발생기에서는 열교환기를 거쳐온 중간용액과 고온발생기의 고온냉매가 열교환 하면서 증기를 발생시키며 진한용액(약 64%)이 된다.
6) ⑨→⑩→① : 저온발생기를 나온 진한 용액(흡수액)은 열교환기를 거쳐 흡수기에 살포되면서 증기를 흡수하여 묽은 용액(약 59%)이 된다.
7) ⓗ→ⓘ : 발생증기는 응축기에서 냉각 응축된다.
8) ⓘ→ⓔ : 응축기에서 응축된 냉매액(물)은 팽창밸브를 거쳐 증발기(약 5-7[mmHg] 진공압)에서 증발하며 증발잠열로 냉수(7℃정도)를 만든다. 증발된 증기는 다시 흡수기에서 흡수되어 묽은 용액으로 된다.

08 **아래 그림과 같은 팬코일 유닛 연결배관(냉수공급, 환수, 응축수라인)에 대하여 역환수식 배관 도면을 완성하시오.(단 밸브류는 생략하고 배관연결과 흐름 방향을 기입하시오. FCS(팬코일냉수공급), FCR(팬코일냉수환수), FCD(팬코일드레인))**

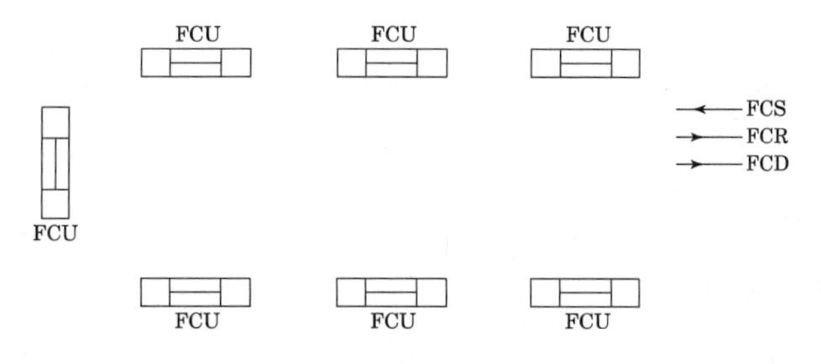

해답

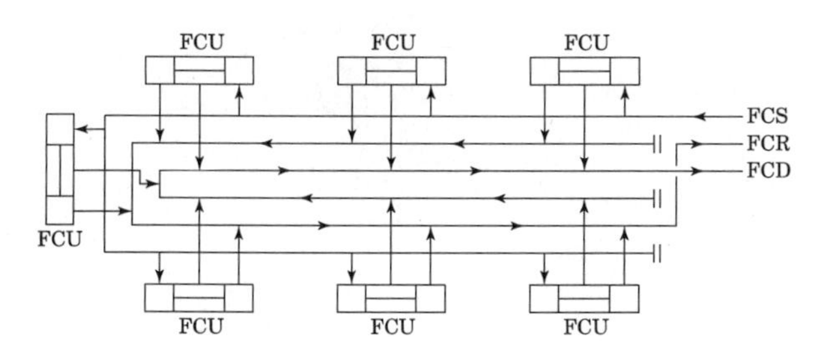

참고 역환수 방식 배관도는 다양하게 그릴 수 있으며 각 FCU마다 배관 순환길이가 동일하게 배관을 구성한다.

09 **어느 벽체의 구조가 다음과 같은 조건을 갖출 때 각 물음에 답하시오.**

【조 건】

- 실내 온도 : 27[℃], 외기 온도 : 32[℃]
- 벽체의 구조
- 공기층 열 컨덕턴스 : 6[W/m²·K]
- 외벽의 면적 : 40[m²]

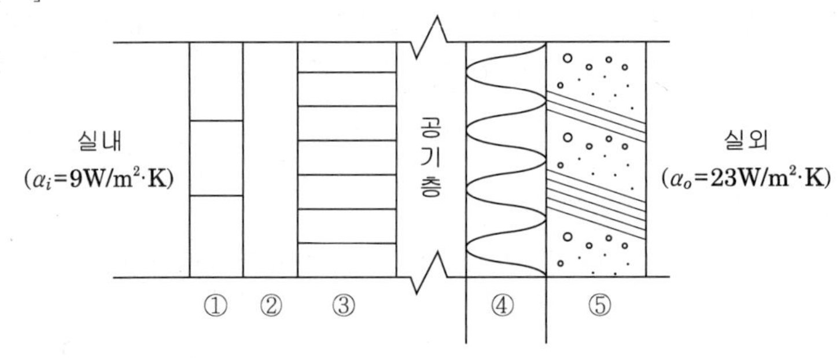

재료	두께(m)	열전도율(W/m²·K)
① 타일	0.01	1.3
② 시멘트 모르타르	0.03	1.4
③ 시멘트 벽돌	0.19	0.6
④ 스티로폼	0.05	0.16
⑤ 콘크리트	0.10	1.6

(1) 벽체의 열통과율(W/m² ·K)을 구하시오.

(2) 벽체의 침입 열량(W)을 구하시오.

(3) 벽체의 내표면 온도(℃)을 구하시오.

(4) 외기온도가 37℃로 증가할 경우 벽체 침입열량(W)은 32℃에 비하여 몇 % 증가하는가?

해답 (1) $K=\dfrac{1}{R}=\dfrac{1}{\dfrac{1}{9}+\dfrac{0.01}{1.3}+\dfrac{0.03}{1.4}+\dfrac{0.19}{0.6}+\dfrac{0.05}{0.16}+\dfrac{1}{6}+\dfrac{0.1}{1.6}+\dfrac{1}{23}}$

$=0.96[\text{W/m}^2\cdot\text{K}]$

(2) $q=KA(t_r-t_o)=0.96\times 40\times(32-27)=192[\text{W}]$

(3) 표면온도는 $q=\alpha A(t_s-t_r)$ 에서

$192=9\times 40\times(t_s-27)$

$\therefore t_s=27+\dfrac{192}{9\times 40}=27.53[℃]$

(4) 37℃일 때 침입열량 $q = KA\Delta t = 0.96 \times 40(37-27) = 384[W]$

침입열량 증가량$= 384 - 192 = 192[W]$

증가율$= \dfrac{192}{192} = 1 = 100\%$

침입열량은 100% 증가하여, 처음보다 2배가 된다.

10 R-22를 사용하는 2단 압축 1단 팽창 냉동 사이클의 각점 상태값이 아래와 같다. 저단 압축기의 압축효율이 0.79일 때 실제로 필요한 고단 압축기의 피스톤 압출량(V_g)은 냉동 사이클에서 구한 이론적인(저단 압축효율 1.0) 압출량(V_a)보다 몇 % 증가하는지 구하시오.

【상태값】

- 저단측 압축기의 흡입 냉매 엔탈피 $h_1 = 617.4[kJ/kg]$
- 고단측 압축기의 흡입냉매 엔탈피 $h_2 = 630[kJ/kg]$
- 저단측 압축기의 토출측 엔탈피 $h_3 = 638.4[kJ/kg]$
- 중간 냉각기의 팽창 밸브 직전 냉매액의 엔탈피 $h_4 = 462[kJ/kg]$
- 증발기용 팽창 밸브 직전의 냉매액의 엔탈피 $h_5 = 415.8[kJ/kg]$
- 증발기 냉동능력, 고단압축기 체적효율과 비체적은 일정하다.

해답 ① 고단 압축기의 피스톤 압출량(V_g)은 고단압축기 체적효율(η_v)과 비체적(v)이 일정하므로 냉매순환량(G)에 비례한다. $\left(G = \dfrac{V \times \eta_v}{v}\right)$

② 냉동능력이 일정하므로 증발기 냉매순환량(G_L)은 일정하다. 그러므로 이론적인 고단측 냉매순환량(G_H)은 아래식에서 구한다.

$$\frac{G_L}{G_H} = \frac{h_2 - h_4}{h_3 - h_5}$$

$$G_H = G_L\left(\frac{h_3 - h_5}{h_2 - h_4}\right) = G_L\left(\frac{638.4 - 415.8}{630 - 462}\right) = 1.325\,G_L$$

③ 압축효율을 고려한 저단측 압축기 토출가스 엔탈피 $h_3{}'$는

$$h_3{}' = h_1 + \left(\frac{h_3 - h_1}{\eta_c}\right) = 617.4 + \left(\frac{638.4 - 617.4}{0.79}\right) = 643.98[kJ/kg]$$

④ 실제 고단측 냉매 순환량($G_H{}'$)은

$$G_H{}' = G_L\left(\frac{h_3{}' - h_5}{h_2 - h_4}\right) = G_L\left(\frac{643.98 - 415.8}{630 - 462}\right) = 1.358\,G_L$$

⑤ $\dfrac{V_g}{V_a} = \dfrac{G_H{}'}{G_H} = \dfrac{1.358\,G_L}{1.325\,G_L} = 1.025$

또는 증가율 $= \dfrac{V_g - V_a}{V_a} = \dfrac{1.358 - 1.325}{1.325} \times 100 = 2.49\%$

즉 피스톤 압출량은 2.49% 증가한다.

11 **내경 25[mm] 배관에 유속 2[m/s]로 물이 정상류로 흐르고 있다. 물의 밀도 1000[kg/m³]일 때 다음을 구하시오.**

(1) 유체 흐름 단면적 $A(m^2)$

(2) 체적 유량 $Q(m^3/min)$

(3) 질량 유량 m(kg/h)

해답 (1) 유체 흐름 단면적(m^2) $A = \frac{\pi d^2}{4} = \frac{\pi \times 0.025^2}{4} = 4.91 \times 10^{-4}[m^2]$

(2) 체적 유량(m^3/min) $Q = Av = 4.91 \times 10^{-4} \times 2 \times 60 = 5.89 \times 10^{-2}[m^3/min]$

(3) 질량 유량(kg/h)$m = \rho Q = 1000 \times 5.89 \times 10^{-2} \times 60 = 3534[kg/h]$

12 **다음 그림과 같은 두께 100[mm]의 콘크리트 벽 내측을 두께 50[mm]의 방열층으로 시공하고, 그 내면에 두께 15[mm]의 목재로 마무리한 냉장실 외벽이 있다. 각 층의 열전도율 및 열전달률의 값은 다음 표와 같다. 외기온도 30℃, 상대습도 85%, 냉장실 온도 -30℃인 경우 다음 물음에 답하시오.**

재질	열전도율(W/m·K)	벽면	열전달율$(W/m^2 \cdot K)$
콘크리트	1.6	외표면	23
방열재	0.18	내표면	9
목재	0.17		

공기온도(℃)	상대습도(%)	노점온도(℃)
30	80	26.2
30	90	28.2

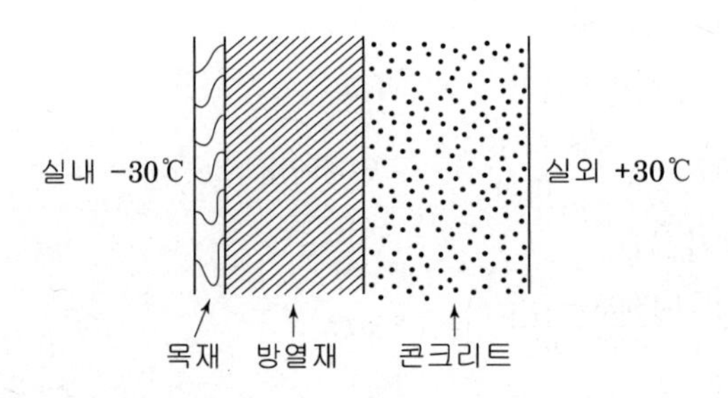

(1) 열통과량(W)를 구하시오.

(2) 외벽 표면온도를 구하고 응축결 여부를 판결하시오.

해답 (1) 열통과율 $K = \dfrac{1}{\dfrac{1}{23} + \dfrac{0.1}{1.6} + \dfrac{0.05}{0.18} + \dfrac{0.015}{0.17} + \dfrac{1}{9}} = 1.715[\text{W/m}^2 \cdot \text{K}]$

(2) 열통과량 $q = KA\Delta t = 1.715 \times 1 \times \{30 - (-30)\} = 102.9[\text{W}]$

① 표면온도는 $q = \alpha A(t_r - t_s)$ 에서

$102.9 = 23 \times 1 \times (30 - t_s)$

$\therefore t_s = 30 - \dfrac{102.9}{23 \times 1} = 25.53[℃]$

② 외기온도 30℃, 상대습도 85%의 노점온도 t_{DP}는 보정에 의해

$t_{DP} = 26.2 + (28.2 - 26.2)\dfrac{85 - 80}{90 - 80} = 27.2[℃]$

따라서 외벽 표면온도(25.53℃)가 실내 노점온도(27.2℃)보다 낮아서 결로가 발생한다.

13 **전열면적 $A = 60[\text{m}^2]$의 수냉식 응축기가 응축온도 $t = 32[℃]$, 냉각수량 $W = 500[\text{L/min}]$, 입구 수온 $t_{w1} = 26[℃]$, 출구수온 $t_{w2} = 31[℃]$로서 운전되고 있다. 이 응축기를 장기간 운전하였을 때 냉각관의 오염이 원인이 되어 냉각수량을 600[L/min]로 증가하지 않으면 원래의 응축온도를 유지할 수 없게 되었다. 다음 물음에 답하시오 (단, 냉각수 비열은 4.2[kJ/kg · K], 냉매와 냉각수 사이의 온도차는 산술평균 온도차를 사용하고 열통과율과 냉각수량 외의 응축기의 열적상태(응축부하, 응축온도, 냉각수 입구온도)는 변하지 않는 것으로 한다.)**

(1) 응축부하(kW)는 얼마인가?

(2) 오염 전 냉각수량 $W = 500L/\text{min}$일 때 전열면 열통과율(K_1)은 약 몇 $\text{W/m}^2\text{K}$ 인가?

(3) 오염된 후의 냉각수 출구온도를 구하시오.

(4) 오염 후 냉각수량 $W = 600L/\text{min}$일 때 전열면 열통과율(K_2)은 약 몇 $\text{W/m}^2\text{K}$ 인가?

(5) 오염으로 인하여 냉각수 순환펌프 동력은 얼마나(%) 증가하는가? (펌프 양정은 동일하다.)

해답 (1) 응축부하(kW)는 냉각수 조건에서 구한다.

$q = WC\Delta t_w = 500 \times 60 \times 4.2(31 - 26)$

$= 630{,}000\text{kJ/h} = 175[\text{kW}]$

(2) 오염 전 냉각수량 $W = 500[\text{L/min}]$일 때 전열면 열통과율(K_2)은 응축부하와 열교환식에서 구한다.

$q = KA\Delta t_e$에서 (Δt_e : 산술평균온도차)

$K = \dfrac{q}{A\Delta t_e} = \dfrac{175000\,W}{60\left(32 - \dfrac{31 + 26}{2}\right)} = 833.33[\text{W/m}^2\text{K}]$

(3) 오염된 후의 냉각수 출구온도는 응축부하는 일정하므로 냉각수조건에서 구한다.

$q = WC\Delta t_w$에서

Δt_w(냉각수 입출구 온도차)$= \dfrac{q}{WC} = \dfrac{630000}{600 \times 60 \times 4.2} = 4.17[℃]$

그러므로 냉각수 출구수온=입구수온$+ 4.17 = 26 + 4.17 = 30.17[℃]$

(4) 오염 후 냉각수량 $W=600[\text{L/min}]$일 때 전열면 열통과율(K_1)은 위 (1)과 같이 계산한다.

$q = KA\Delta t_e$에서

$$K = \frac{q}{A\Delta t_e} = \frac{175000[W]}{60\left(32 - \frac{30.17+26}{2}\right)} = 745.00[\text{W/m}^2\text{K}]$$

(5) 냉각수 순환펌프 동력은 펌프 양정이 일정할 때 유량에 비례한다.

$$\text{동력증가율} = \frac{600-500}{500} = 0.2 = 20\%$$

2022 제2회 실기 기출문제 (동영상 제공)

01 다음과 같은 저압수액기와 펌프, 압축기, 유분리기, 응축기, 팽창밸브, 증발기, 액분리기로 구성된 암모니아 냉동 계통도에서 물음에 답하시오.

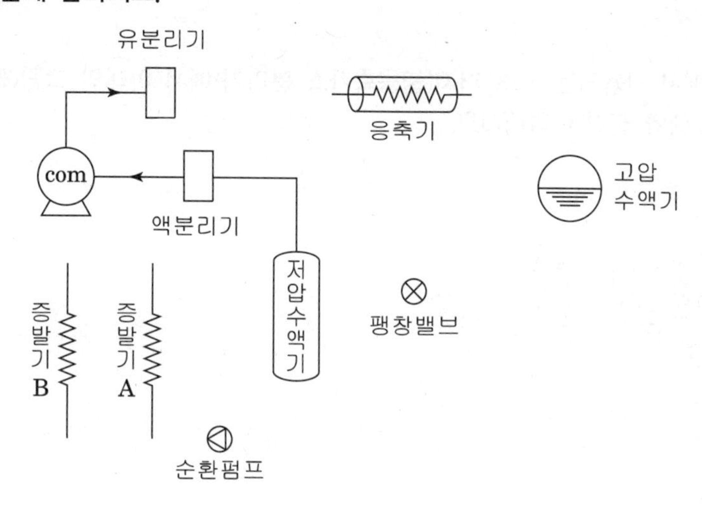

(1) 저압수액기로부터 냉매 강제 순환이 가능하도록 계통을 완성하시오.(단, 저압은 실선, 고압은 점선으로 연결)

(2) 냉매 강제 순환 방식의 장점 2가지를 쓰시오.

해답 (1)

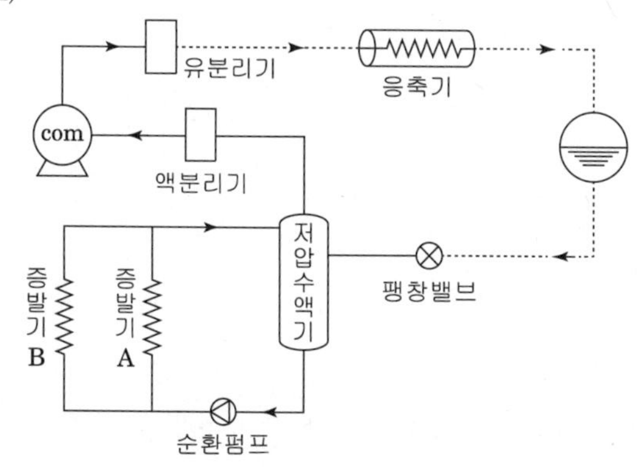

(2) ① 냉매액 순환으로 전열이 양호하여 냉각능력이 우수하다.
② 1대 액펌프로 여러대의 증발기에 냉매 공급이 가능하고 제상의 자동화가 용이하다.
③ 대용량에서 효율이 좋다.
④ 액백이 일어나지 않는다.

02 **회전수 800[rpm], 풍량 400[m^3/min]인 송풍기에서 회전수를 1000[rpm]으로 변경 시 풍량은 이론적으로 얼마(m^3/min)인가?**

해답 $\frac{Q_2}{Q_1}=\frac{N_2}{N_1}$ 에서 $Q_2 = Q_1\left(\frac{N_2}{N_1}\right)=400\left(\frac{1000}{800}\right)=500[\text{m}^3/\text{min}]$

03 **암모니아 냉동장치에서 사용되는 가스 퍼지(불응축가스 분리기)에서 아래의 그림에 있는 접속구 A-E는 각각 어디에 연결되는지 예와 같이 나타내시오.**

[해답 예 : F-압축기 토출관]

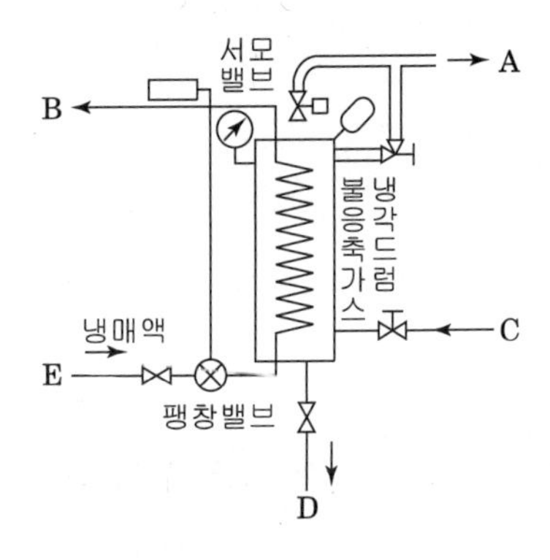

해답 가스퍼저(불응축가스 분리기)주위 배관도

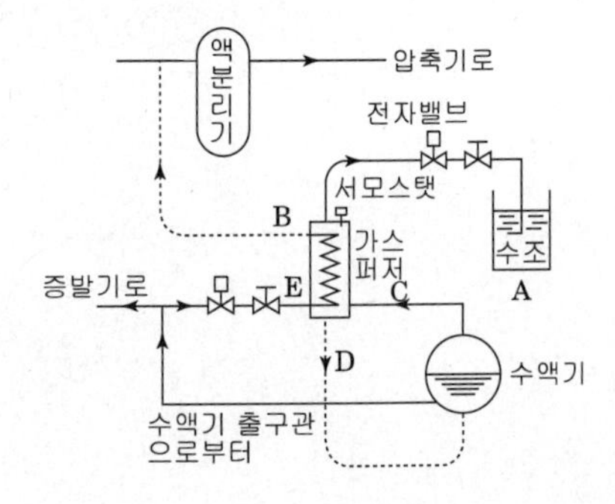

A-수조, B-압축기 흡입관, C-응축기 및 수액기 상부 불응축가스 도입관, D-수액기, E-수액기 (출구 액관)

04 증기분사식 냉동기에 이용하는 인젝터 원리를 설명하시오.

해답 인젝터는 베르누이 정리를 이용하는 기기로 증기분사식 냉동기에서 고압의 증기를 노즐에서 분무할 때 동압이 증가하고 그 만큼 정압이 감소하여 진공상태를 만들며 이 포화증기압 이하의 진공압으로 물을 기화(증발)시켜 증발잠열로 저온의 냉수를 얻는데 이용한다. 증기보일러에서는 인젝터의 진공압을 이용하여 급수장치로 사용되어 비상급수장치를 가동하기도 한다.

05 주어진 설계조건을 이용하여 사무실 각 부분에 대하여 손실열량을 구하시오.

【조 건】

1. 설계온도(℃) : 실내온도 19[℃], 실외온도 -1[℃], 복도온도 10[℃]
2. 열통과율(W/m^2·K) : 외벽 0.36, 내벽 1.8, 바닥 0.45, 유리(2중) 2.2, 문 2.1
3. 방위계수
   - 북쪽, 북서쪽, 북동쪽 : 1.2
   - 동남쪽, 남서쪽 : 1.05
   - 동쪽, 서쪽 : 1.10
   - 남쪽, 실내쪽 : 1.0
4. 환기횟수 : 0.5회/h
5. 천장 높이와 층고는 동일하게 간주한다.
6. 공기의 정압비열 : 1.01[kJ/kg·K], 공기의 밀도 : 1.2[kg/m^3]

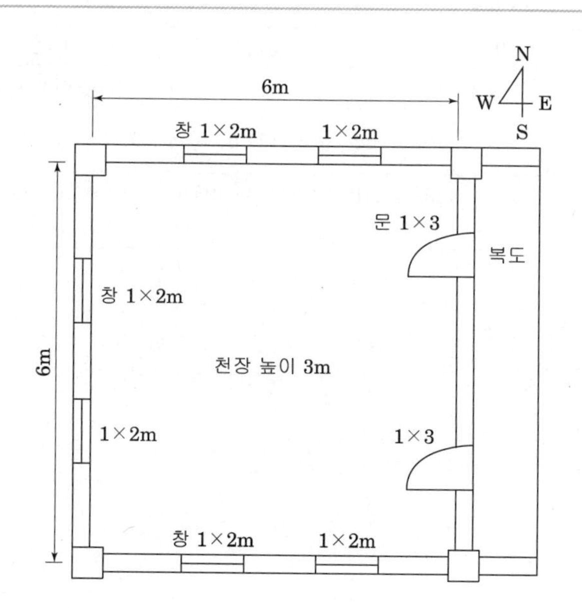

구분	열관류율(W/m²·K)	면적(m²)	온도차(℃)	방위계수	부하(W)
동쪽 내벽					
동쪽 문					
서쪽 외벽					
서쪽 창					
남쪽 외벽					
남쪽 창					
북쪽 외벽					
북쪽 창					
환기부하					
난방부하					

해답

구분	열관류율(W/m²·K)	면적(m²)	온도차(℃)	방위계수	부하(W)
동쪽 내벽	1.8	18-6=12	19-10=9	1	194.4
동쪽 문	2.1	6	19-10=9	1	113.4
서쪽 외벽	0.36	18-4=14	19-(-1)=20	1.1	110.88
서쪽 창	2.2	4	19-(-1)=20	1.1	193.6
남쪽 외벽	0.36	18-4=14	19-(-1)=20	1	100.8
남쪽 창	2.2	4	19-(-1)=20	1	176
북쪽 외벽	0.36	18-4=14	19-(-1)=20	1.2	120.96
북쪽 창	2.2	4	19-(-1)=20	1.2	211.2
환기부하	$1.01\times1.2\times\{0.5\times(6\times6\times3)\}\times\{19-(-1)\}\times10^3\times\frac{1}{3600}=363.6[W]$				
난방부하	194.4 + 113.4 + 110.88 + 193.6 + 100.8 + 176 + 120.96 + 211.2 + 363.6 =1584.84[W]				

06 다음 보기의 기호를 사용하여 공조배관 계통도를 작성하시오.

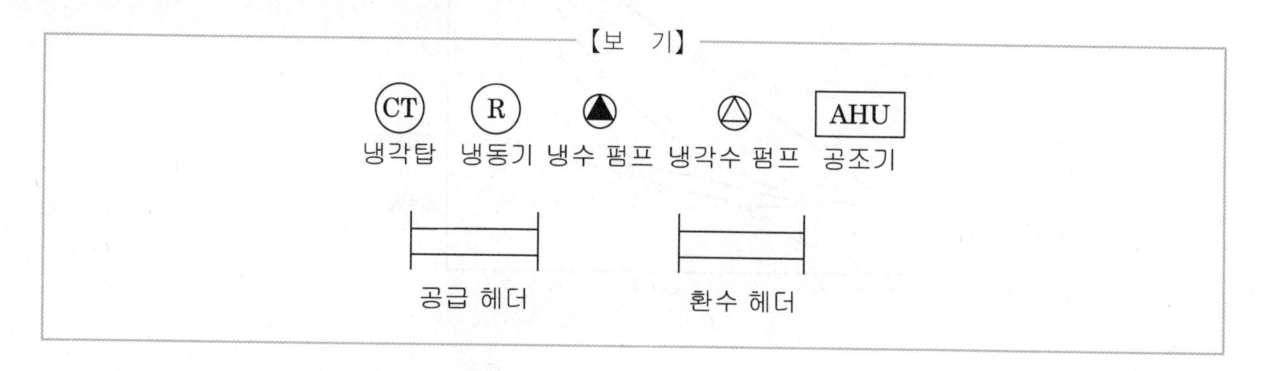

해답

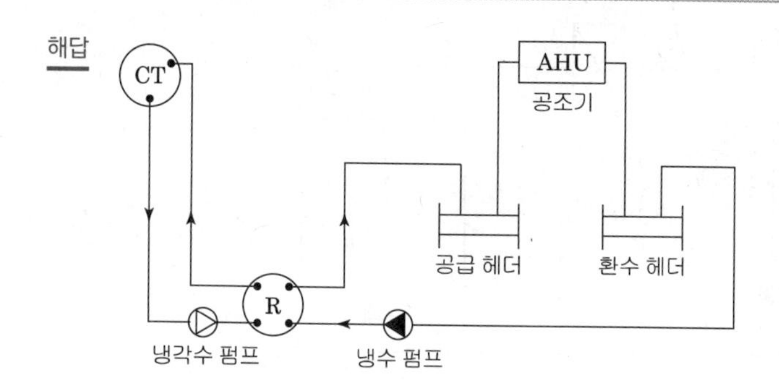

07 다음과 같이 급기 덕트에 재열기를 설치한 공조장치가 냉방운전되고 있을 때 각 부분의 상태값을 공기선도 상에 나타내었다. 이 공조장치에서 취입외기량(G_2)=2000[kg/h], 실내냉방부하의 현열부하(q_s)=42[kW], 잠열부하(q_L)=10.5[kW]일 때 각 물음에 답하시오.(단, 공기냉각기의 냉수 출입구 온도차(Δt_C)는 5℃, 재열기 온수출구 입출구 온도차(Δt_H)는 5℃이고, 외기량과 배기량은 같다. 덕트와 송풍기에 의한 열취득(손실)은 무시한다.) (단, 공기정압비열: 1.0[kJ/kg·K], 물의 비열 : 4.2[kJ/kg·K]이다)

【조 건】

- $t_1 = t_6 = 26$[℃], $t_2 = 20$[℃], $t_3 = 16$[℃], $t_5 = 33$[℃], $x_2 = x_3$
- $h_1 = h_6 = 53$[kJ/kg], $h_2 = 44.5$[kJ/kg], $h_3 = 41.2$[kJ/kg,]
- $h_4 = 55.27$[kJ/kg], $h_5 = 82.3$[kJ/kg]

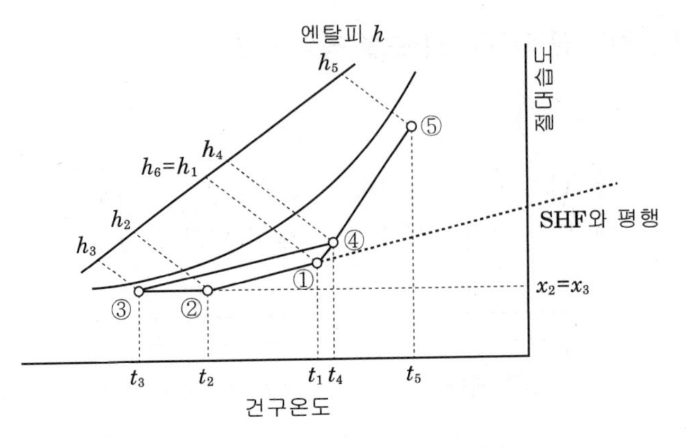

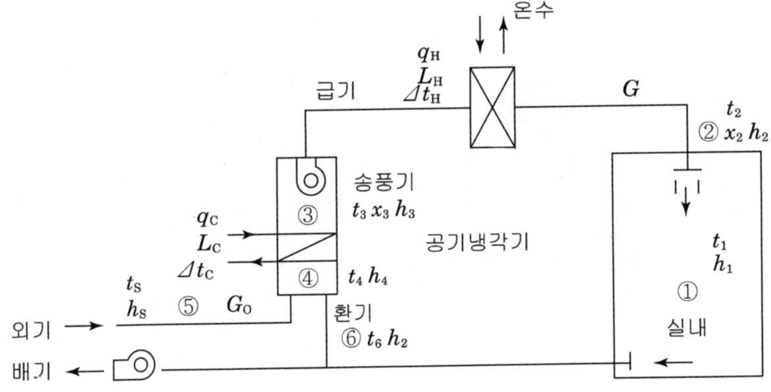

(1) 실내 냉방부하의 현열비(SHF)를 구하시오.

(2) 실내 급기풍량 G(kg/h)를 구하시오.

(3) 공기냉각기의 열량 q_c(kW)를 구하시오.

(4) 공기냉각기의 냉수량 L_c(kg/min)를 구하시오.

(5) 공기재열기의 온수량 L_H(kg/min)를 구하시오.

해답 (1) 현열비 $SHF=\dfrac{q_s}{q_s+q_L}=\dfrac{42}{42+10.5}=0.8$

(2) 급기풍량 $G=\dfrac{q_s}{c_p \cdot (t_1-t_2)}=\dfrac{42\times 3600}{1.0\times(26-20)}=25200[\text{kg/h}]$

(3) 냉각열량 $q_C=G_1(h_4-h_3)=25200\times(55.27-41.2)/3600=98.49[\text{kW}]$

(4) 냉각수량 $L_C=\dfrac{q_c}{c\cdot\Delta t_c}=\dfrac{98.49\times 60}{4.2\times 5}=281.4[\text{kg/min}]$

(5) 공기재열기의 온수량 L_H

재열기 가열량 $q_H=c_w \cdot L_w \cdot \Delta t$에서

$$L_H=\frac{q_H}{c_w \cdot \ \Delta t}=\frac{25200\times(44.5-41.2)}{4.2\times 5\times 60}=66[\text{kg/min}]$$

08 다음 그림의 중력 단관식 증기난방의 관지름을 구하시오. (단, 보일러에서 최상 방열기(8[m^2]는 EDR)까지의 거리는 50[m]이고, 배관 중의 곡관부(연결부), 밸브류의 국부저항은 직관 저항에 대해 100%로 한다. 환수주관은 보일러의 수면보다 높은 위치에 있고 압력강하는 [2kPa/ 100m]이다.)

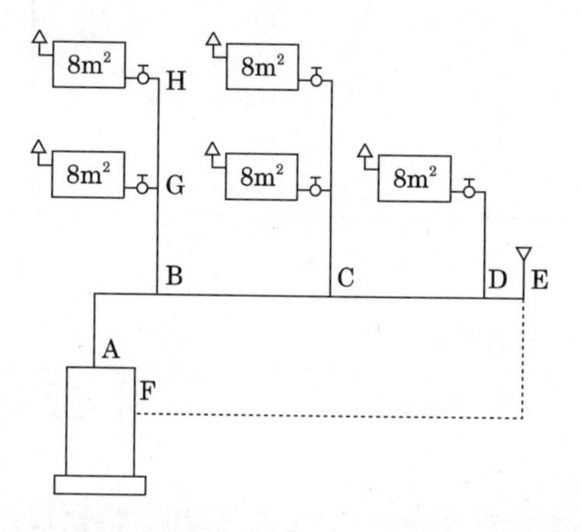

[표1] 저압증기관의 용량표(상당 방열면적, m^2)

관지름 (mm)	순구배횡관 및 하향급기입관 (복관식 및 단관식)					상향급기입관 및 역구배횡관 (복관식)		단관식 상향급기	
	r=압력강하(kPa/ 100m)								
	(A) 0.5 (m^2)	(B) 1 (m^2)	(C) 2 (m^2)	(D) 5 (m^2)	(E) 10 (m^2)	(F) 입관 (m^2)	(G) 횡관 (m^2)	(H) 입관 (m^2)	(I) 입관용 횡관(m^2)
20	–	2.4	3.5	5.4	7.7	3.2	–	2.6	–
25	3.6	5.0	7.1	11.2	15.9	6.1	3.2	4.9	2.2
32	7.3	10.3	14.7	23.1	32.7	11.7	5.9	9.4	4.1
40	11.3	15.9	22.6	35.6	50.3	17.9	9.9	14.3	6.9
50	22.4	31.6	44.9	70.6	99.7	35.4	19.3	28.3	13.5
65	45.1	63.5	90.3	142	201	63.6	37.1	50.9	26.0
80	72.9	103	146	230	324	63.6	37.1	50.9	26.0
90	108	153	217	341	482	105	67.4	84.0	47.2
100	151	213	303	477	673	150	110	120	77.0
125	273	384	546	860	1214	204	166	163	116
150	433	609	866	1363	1924	334	–	–	–
175	625	880	1251	1969	2779	498	–	–	–
200	887	1249	1774	2793	3943	–	–	–	–
250	1620	2280	3240	5100	7200	–	–	–	–
300	2593	3649	5185	8162	11523	–	–	–	–
350	3363	4736	6730	10593	14955	–	–	–	–
						–	–	–	–

[표2] 방열기 지관 및 밸브 용량(m^2)

관지름(mm)	단관식(T)	복관식(U)
15	1.3	2.0
20	3.1	4.5
25	5.7	8.4
32	11.5	17.0
40	17.5	26.0
50	33.0	48.0

[표3] 저압증기의 환수관 용량(상당 방열면적, m^2)

관지름(mm)	중력식						진공식		
	횡주관				입관(N)	트랩(F)	횡주관(Q)	입관(R)	트랩(S)
	건식(J)	습식							
		50mm 이하(K)	100mm 이하(L)	100mm 이상(M)					
15	–	–	–	–	12.5	7.5	–	37	15
20	–	110	70	40	18	15	87	65	30
25	31	190	120	62	42	24	65	110	48
32	62	420	270	130	92	–	110	175	–
40	98	580	385	180	140	–	175	370	–
50	220	1000	680	330	280	–	370	620	–
65	350	1900	1300	660	–	–	620	990	–
80	650	3500	2300	1150	–	–	990	–	–
90	920	4800	3100	1700	–	–	1480	–	–
100	1390	5400	3700	1900	–	–	2000	–	–
125	–	–	–	–	–	–	5100	–	–

구간	EDR[m^2]	관지름[mm]
A–B		
B–C		
C–D		
D–E–F		
B–G		
G–H		
G(밸브)		

해답

구간	EDR[m^2]	관지름[mm]	비고
A-B	40	50	표1 C항
B-C	24	50	표1 C항
C-D	8	32	표1 C항
D-E-F	40	32	표3 J항
B-G	16	50	표1 H항
G-H	8	32	표1 H항
G(밸브)	8	32	표2 T항

09 **다음과 같은 덕트 시스템에 대하여 덕트 치수를 등압법(1[Pa/m])에 의하여 결정하시오. (단, 각 토출구의 토출풍량은 1000[m^3/h] 이다. 덕트선도, 환산표는 별첨 참조)**

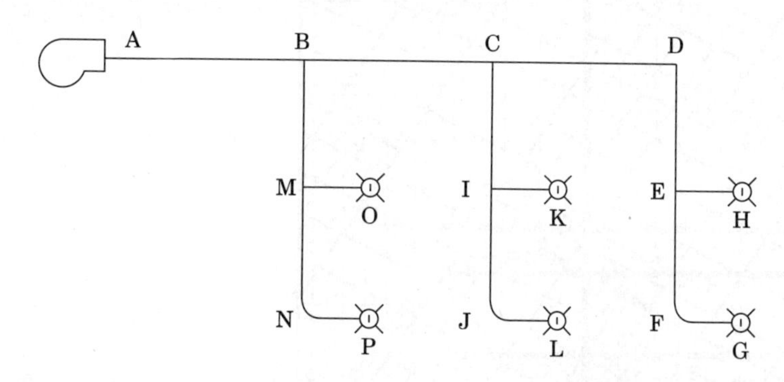

구간	풍량(m^3/h)	지름(cm)	풍속(m/s)	직사각형 덕트 a×b(mm)
A-B				(　　)×200
B-C				(　　)×200
C-E				(　　)×200
E-G				(　　)×200

해답

구간	풍량(m^3/h)	지름(cm)	풍속(m/s)	직사각형 덕트 a×b(mm)
A-B	6000	54	7	(1550)×200
B-C	4000	46	6.3	(1050)×200
C-E	2000	35	5.6	(600)×200
E-G	1000	27.5	4.7	(350)×200

선도

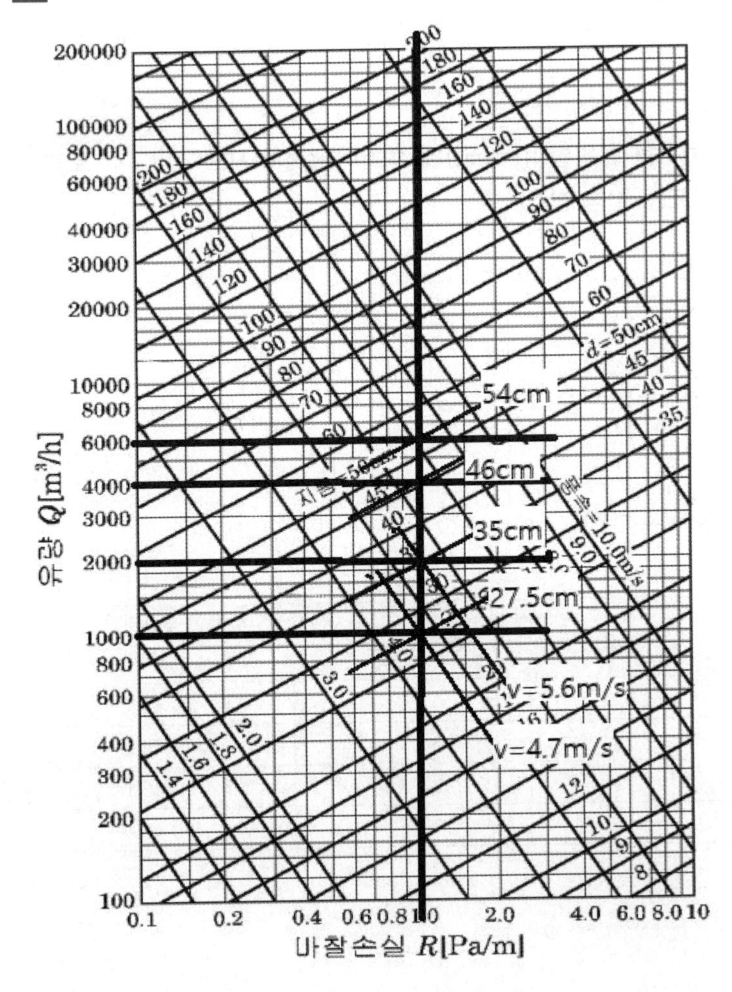

10 2단 압축 냉동장치의 p-h 선도를 보고 선도 상의 각 상태점을 장치도에 기입하고, 장치구성 요소명을 (　　) 에 쓰시오.

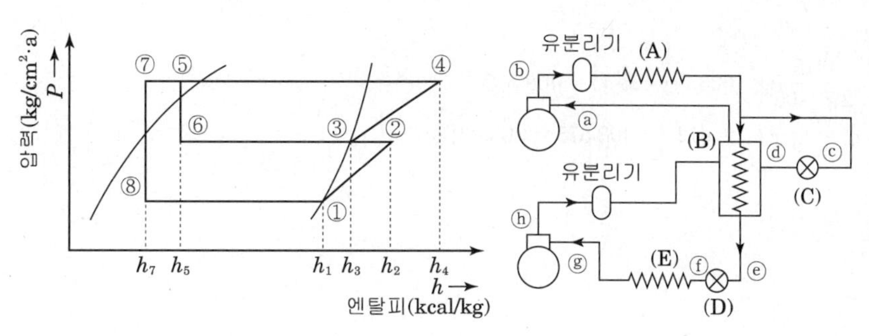

해답 (1) ⓐ-③, ⓑ-④, ⓒ-⑤, ⓓ-⑥, ⓔ-⑦, ⓕ-⑧, ⓖ-①, ⓗ-

(2) A : 응축기

B : 액가스 중간냉각기

C : 제1팽창밸브(액가스 중간냉각기용)

D : 제2팽창밸브(주팽창밸브)

E : 증발기

11 기통비 2인 컴파운드 R-22 고속 다기통 압축기가 다음 그림에서와 같이 중간냉각이 불완전한 2단 압축 1단 팽창식으로 운전되고 있다. 이때 중간냉각기 팽창밸브 직전의 냉매액 온도가 33[℃], 저단측 흡입냉매의 비체적이 0.15[m^3/kg], 고단측 흡입냉매의 비체적이 0.06[m^3/kg] 이라고 할 때 저단측의 냉동효과(kJ/kg)는 얼마인가? (단, 고단측과 저단측의 체적효율은 같다.)

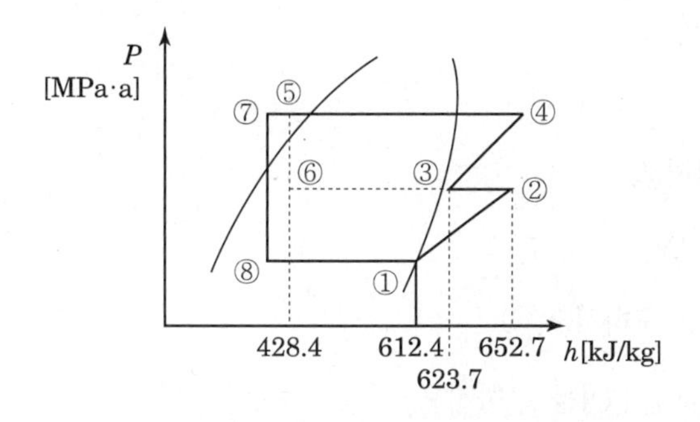

해답 이 문제는 고단 저단 냉매순환량비를 이용하여 h_8을 구하고 h_1과 비교하여 냉동효과를 구한다.

기통비2란 저단압출량이 고단압출량의 2배이다.

고단측 냉매순환량 $G_H = G_L \cdot \dfrac{h_2 - h_7}{h_3 - h_6}$ 에서

$$h_7 = h_8 = h_2 - \frac{G_H}{G_L}(h_3 - h_6) = h_2 - \frac{\frac{V}{0.06}\eta_v}{\frac{2V}{0.15}\eta_v}(h_3 - h_6)$$

$$= 652.7 - \frac{0.15}{2 \times 0.06} \times (623.7 - 428.4) = 408.575$$

∴ 냉동효과 $q_2 = h_1 - h_8 = 612.4 - 408.575 = 203.83$[kJ/kg]

12 다음과 같은 냉수코일의 조건을 이용하여 각 물음에 답하시오.

【조 건】

- 코일부하(q_c) : 120[kW]
- 통과풍량(Q_c) : 15000[m^3/h]
- 단수(S) : 26단
- 풍속(V_f) : 3[m/s]
- 유효높이 $a = 992$[mm], 길이 $b = 1400$[mm], 관내경 $d_1 = 12$[mm]
- 공기입구온도 : 건구온도 $t_1 = 28$[℃], 노점온도 $t_1'' = 19.3$[℃]
- 공기출구온도 : 건구온도 $t_2 = 14$[℃]
- 코일의 입·출구 수온차 : 5[℃](입구수온 7[℃])
- 코일의 열통과율 : 1.01[kW/m^2·K]
- 습면보정계수 C_{WS} : 1.4

(1) 전면 면적 A_f[m^2]를 구하시오.

(2) 냉수량 L[L/min]를 구하시오.

(3) 코일 내의 수속 V_w[m/s]를 구하시오.

(4) 대수 평균온도차(평행류) Δt_m[℃]를 구하시오.

(5) 코일 열수(N)를 구하시오.

계산된 열수(N)	2.26~3.70	3.71~5.00	5.01~6.00	6.01~7.00	7.01~8.00
실제 사용 열수(N)	4	5	6	7	8

해답 (1) 전면 면적 $A_f = \frac{15000}{3 \times 3600} = 1.39[\text{m}^2]$

(2) 냉수량 $L = \frac{120 \times 60}{4.19 \times 5} = 343.68[\text{L/min}]$

(3) 코일 내 수속 $V_w = \frac{343.68 \times 10^{-3} \times 4}{3.14 \times 0.012^2 \times 26 \times 60} = 1.95[\text{m/s}]$

(4) 대수 평균온도차 $\Delta t_m = \frac{21-2}{\ln \frac{21}{2}} = 8.08[℃]$

$\Delta_1 = 28 - 7 = 21℃$, $\Delta_2 = 14 - 12 = 2[℃]$

(5) 코일 열수 $N = \frac{120}{1.01 \times 1.4 \times 1.39 \times 8.08} = 7.56 ≒ 8$열

13 주어진 조건을 이용하여 R-134a 냉동기의 냉동능력(kW)을 구하시오.

【조 건】

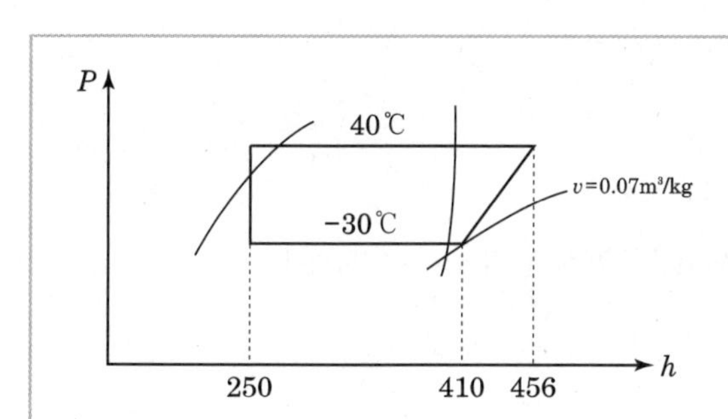

- 실린더 지름 : 80[mm]
- 행정거리 : 90[mm]
- 회전수 : 1200[rpm]
- 체적효율 : 70%
- 기통수 : 4

해답 ① 이론적 피스톤 압출량 $V_a[\text{m}^3/\text{s}]$

$$Va = \frac{\pi D^2}{4} L \cdot N \cdot R \cdot \frac{1}{60} = \frac{\pi 0.08^2}{4} \times 0.09 \times 4 \times 1200 \times \frac{1}{60} = 0.0362[\text{m}^3/\text{s}]$$

여기서, D : 실린더 지름[m]　L : 행정거리[m]

N : 기통수　R : 회전수[rpm]

② 냉동능력 $Q_2 = G \cdot q_2 = \frac{V_a \cdot \eta_v}{v} \cdot q_2[\text{kW}]$

여기서, G : 냉매순환량[kg/s]　q_2 : 냉동효과[kJ/kg]

η_v : 체적효율　v : 흡입가스 비체적[m^3/kg]

$$\therefore Q_2 = \frac{0.0362 \times 0.7}{0.07} \times (410 - 250) = 57.92[\text{kW}]$$

14 주어진 습공기 선도를 참조하여 물음에 답하시오

【조 건】

- 실내 현열 부하 15[KW], 잠열부하 2.3[KW]
- 외기 33도, 습구 27도
- 실내 27도, 상대습도 50%
- 외기 도입량은 송풍량의 25%
- 취출구 온도 16도, 공기비열 1.0[kJ/kg K], 밀도 1.2[kg/m^3]
- 송풍기 취득 열량 1[KW], 급기덕트 취득열량 0.43[KW]

(1) 송풍기 풍량(m^3/h)을 구하시오.

(2) 습공기 선도에 조건의 냉방프로세스를 작도하시오.

(3) 냉각코일 공급 냉수량(L/min)을 구하시오.(냉수 입출구 온도차 5℃, 물비열 4.2kJ/kg K)

해답 (1) $Q = \frac{q_s}{\rho C \Delta t} = \frac{15 \times 3600}{1.2 \times 1.0(27-16)} = 4090.91[\text{m}^3/\text{h}]$

(2) 습공기 선도에 조건의 냉방프로세스를 작도하는 방법은

① 외기점(1) 실내점(2)을 잡고 2점을 연결한 선에서 혼합점(3)은 혼합공기 온도($t_3 = 33 \times 0.25 + 27 \times 0.75 = 28.5$[℃])에서 선정한다.

② 실내점(2)에서 현열비선($SHF = \frac{15}{15+2.3} = 0.87$)을 긋고 이선상의 16도가 취출공기점(5)이다.

③ 송풍기와 덕트 열취득으로인한 온도상승(Δt_F)은

$$\Delta t_F = \frac{q}{mC} = \frac{(1+0.43) \times 3600}{1.2 \times 4090.91 \times 1} = 1.05[℃]$$

④ (5)에서 수평으로 1.05℃ 이동한 (4)점(16−1.05=14.95℃)이 냉각코일 출구점이다. 혼합점(3)에서 (4)에 연결선이 냉각코일 입출구 상태이다.

(3) 냉각코일 공급 냉수량(L/min)을 구하기 위해 2)에서 작도한 습공기 선도에서 냉각코일 입출구 엔탈피를 구하면($h_3 = 64.5$, $h_4 = 42.8$)로 읽는다.
냉각코일 부하는 송풍량과 입출구 엔탈피차로 구한다.
$q = m\Delta h = 1.2 \times 4090.91(64.5 - 42.8) = 106{,}527.30\text{kJ/h} = 29.59[\text{kW}]$
공급냉수량은 냉각코일 부하와 냉수 입출수 온도차로 구한다.
$q_c = w \cdot c \cdot \Delta t$에서

$$w = \frac{qc}{c \cdot \Delta t} = \frac{29.59 \times 60}{4.2 \times 5} = 84.54[\text{L/min}]$$

선도

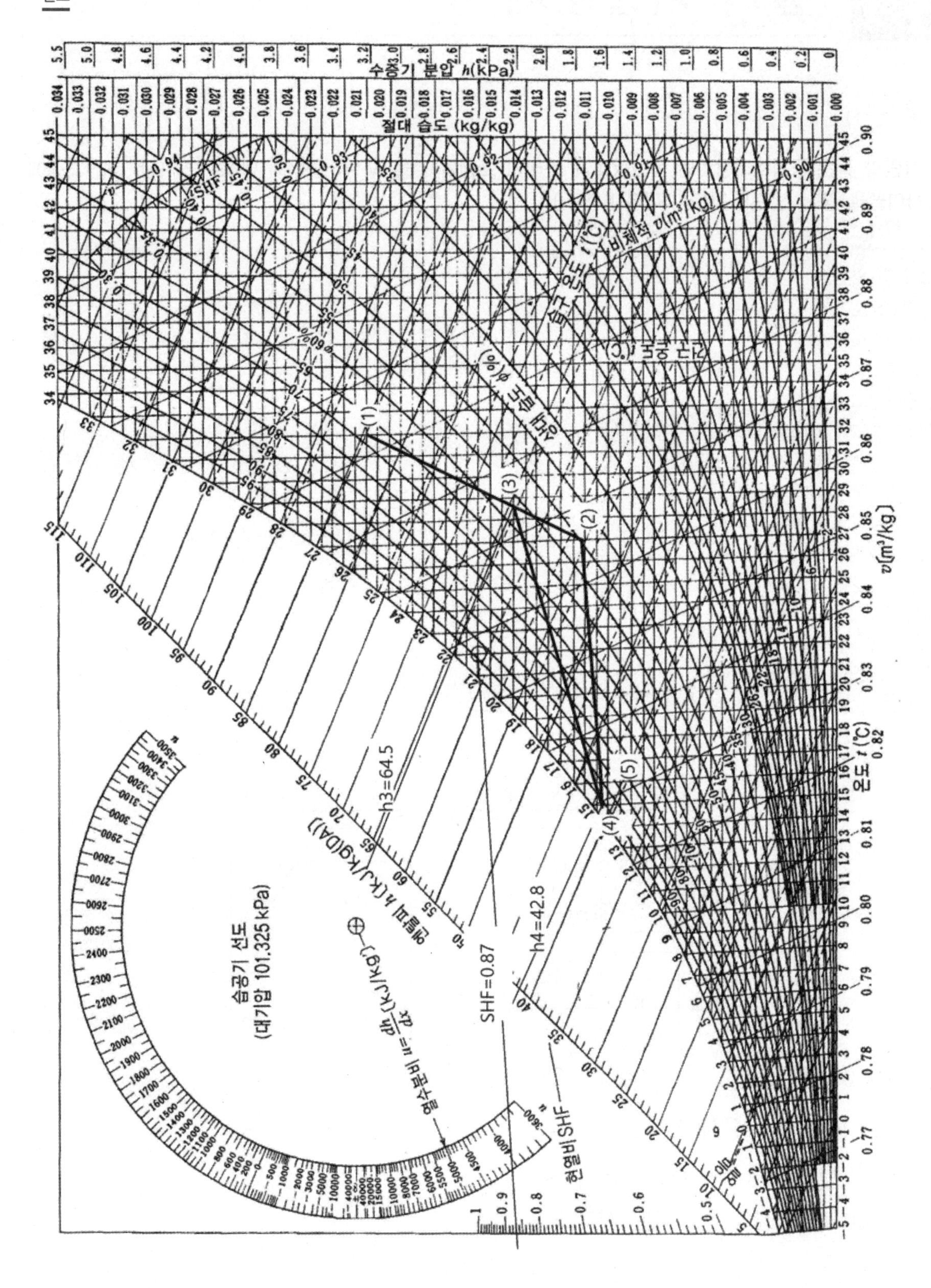
습공기 선도
(대기압 101.325 kPa)
수증기 분압 h(kPa)
절대 습도 (kg/kg)
비체적 v(m³/kg)
습구 온도 t'(℃)
상대 습도 φ(%)
온도 t(℃)
엔탈피 h (kJ/kg(DA))
열수분비 u = dh/dx (kJ/kg)
현열비 SHF
h3=64.5
h4=42.8
SHF=0.87
(1)
(2)
(3)
(4)
(5)

2022 제3회 실기 기출문제 (동영상 제공)

01 **다음 그림과 같은 공기조화장치의 운전상태가 아래의 조건과 같을 때 각 물음에 답하시오. (단, 계산과정에 필요한 사이클을 공기 선도에 반드시 나타내시오.)**

【조 건】

1. 실내 온·습도
   ① 건구온도 : 26[℃]
   ② 상대습도 : 50%
2. 외기 온·습도
   ① 건구온도 : 32[℃]
   ② 절대습도 : 0.022[kg/kg′]
3. 실내 냉방부하
   ① 현열부하 : 94500[kJ/h]
   ② 잠열부하 : 31500[kJ/h]
4. 취입 외기량은 급기량의 1/3
5. 취출구 공기온도 : 19[℃]
6. 재열기 출구온도 : 18[℃]
7. 냉각 코일 출구온도 : 14[℃]
8. 공기의 비열 : 1.0[kJ/kg·K]
9. 공기의 밀도 : 1.2[kg/m^3]
10. 별첨 습공기선도 참조

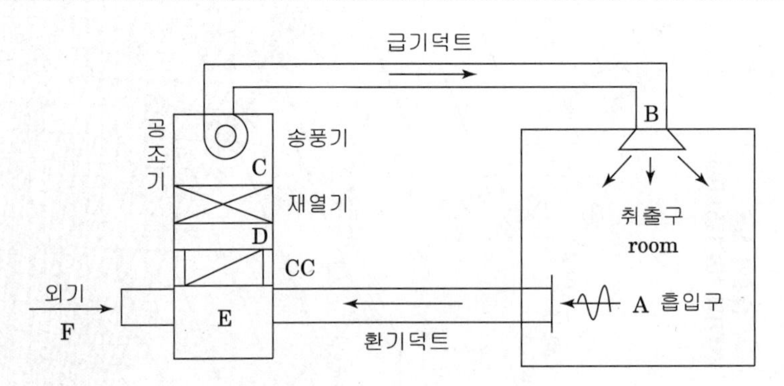

(1) 습공기 선도를 작성하시오.

(2) 실내 송풍량 m(kg/h)을 구하시오

(3) 냉각 코일 부하 q_c[kW]를 구하시오.

(4) 재열부하 q_r[kW]를 엔탈피를 이용하여 구하시오.

(5) 외기부하 q_o[kW]를 구하시오.

해답 (1) 습공기 선도 작도는 주어진 선도에 작성한 후 약도에 간단히 옮긴다.

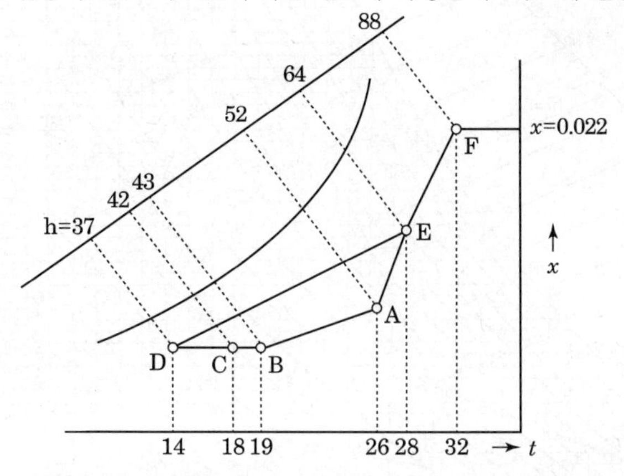

※ 습공기 작도 순서

① A점(26℃, 50%)과 F점(32℃, x=0.022)을 잡고 그 선상에서 E점(28℃)을 잡는다.

E점의 혼합공기 온도 $t_E = 26 \times \dfrac{2}{3} + 32 \times \dfrac{1}{3} = 28$℃

② 실내공기 상태점 A에서 $SHF = 0.75$ 선을 긋고 취출공기 상태점 B점(19℃)을 잡는다.

여기서 $SHF = \dfrac{q_s}{q_s + q_L} = \dfrac{94500}{94500 + 31500} = 0.75$

③ C점(재열기출구 18℃)과 D점(냉각코일출구 14℃)은 B점에서 절대습도와 평행한 선상(수평선)에 있도록 잡는다. ($\overline{DC}$은 재열과정 $\overline{CB}$는 덕트 및 fan 부하 $\overline{BCD}$과정은 절대습도의 변화가 없다.)

(2) 실내송풍량은 실내현열부하와 취출온도차(실내온도-취출공기)로 구한다.

$m = \dfrac{q_s}{C_p \Delta t} = \dfrac{94500}{1.0 \times (26-19)} = 13500$[kg/h]

(3) 냉각코일부하는 송풍량과 코일입출구 엔탈피차($h_E - h_D$)로 구한다.

$q_c = m(h_E - h_D) = 13500 \times (64-37)/3600 = 101.25$[kW]

(4) 재열코일부하는 송풍량과 코일입출구 엔탈피차($h_C - h_D$)로 구한다.

$q_r = m(h_C - h_D) = 13500 \times (42-37)/3600 = 18.75$[kW]

(5) 외기부하는 송풍량과 혼합점과 실내점 엔탈피차($h_E - h_A$)로 구한다.

$q_o = m(h_E - h_A) = 13500 \times (64-52)/3600 = 45$[kW]

※ 외기부하는 외기량을 이용하여 외기점과 실내점 엔탈피차($h_F - h_A$)로 구할 수도 있다.

$q_o = m(h_E - h_A) = 13500 \times (1/3)(88-52)/3600 = 45$[kW]

여기서 혼합점을 이용한 외기부하와 외기점을 이용한 외기부하는 이론상 같지만 선도에서 상태값을 읽는 개인차에 따라 약간의 오차는 발생할 수 있는데 여기서는 우연히도 서로 같다.

선도

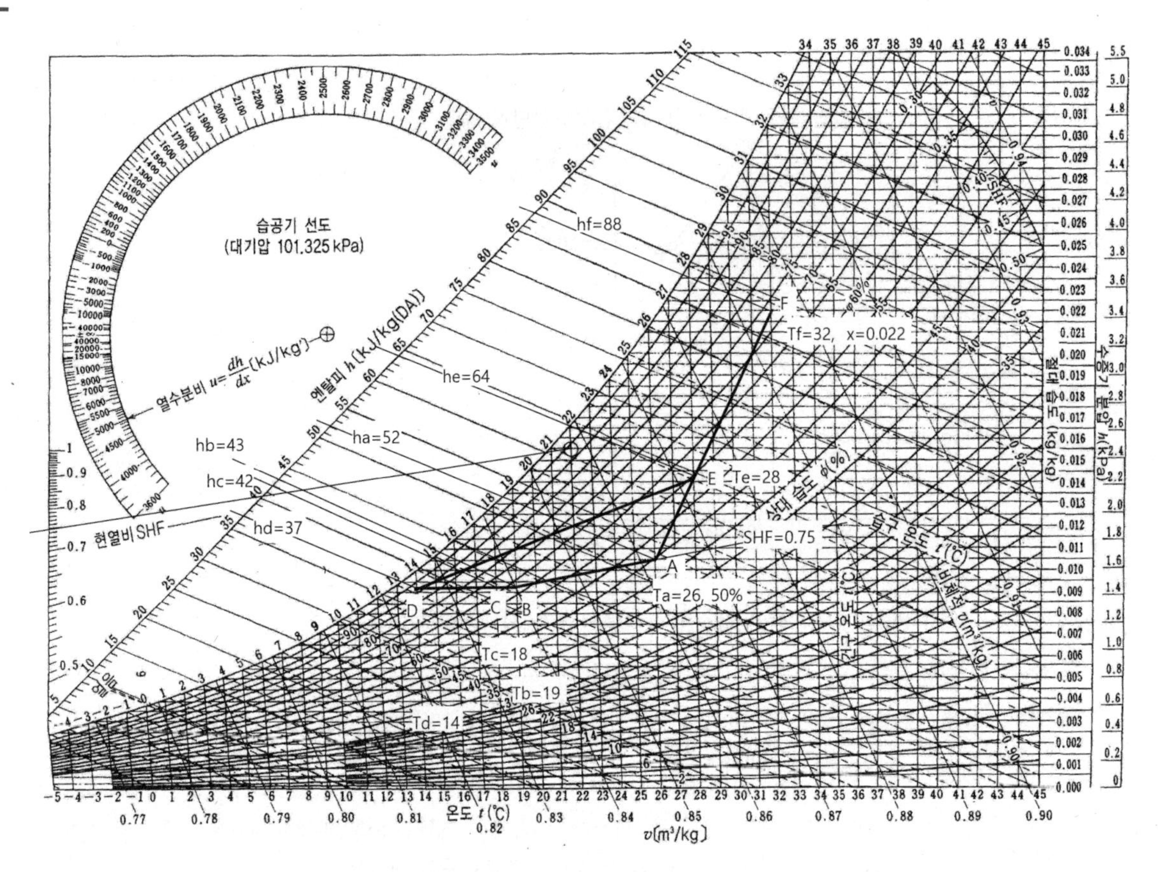

02 다음은 R-22용 콤파운드 압축기를 이용한 2단 압축 1단 팽창 냉동장치의 이론 냉동사이클을 나타낸 것이다. 이 냉동장치의 냉동능력이 15[RT]일 때 각 물음에 답하시오. (단, 배관에서의 열손실은 무시한다. 압축기의 체적효율(저단 및 고단) : 0.75, 압축기의 압축효율(저단 및 고단) : 0.73, 압축기의 기계효율(저단 및 고단) : 0.90, 1[RT]=3.86[kW])

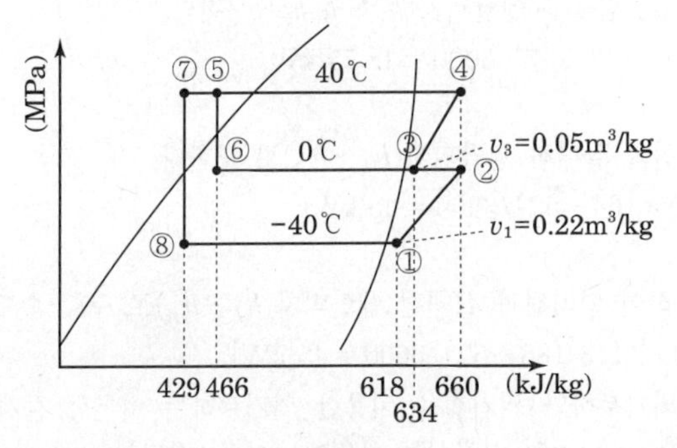

(1) 저단 압축기와 고단 압축기의 기통수비가 얼마인 압축기를 선정해야 하는가?(소수첫째자리에서 반올림하시오)

(2) 압축기의 실제 소요동력(kW)은 얼마인가?

해답 (1) 기통비란 고단측 압출량에 대한 저단측 압출량비를 말한다.

① 저단측 냉매순환량 G_L은

$$G_L = \frac{Q_2}{h_1 - h_8} = \frac{15 \times 3.86 \times 3600}{618 - 429} = 1102.86[\text{kg/h}]$$

또한 $G_L = \dfrac{V_{aL} \times \eta_{vL}}{v_L}$ 에서

저단측 피스톤 압출량 $Va_L = \dfrac{G_L \cdot v_L}{\eta_{vL}} = \dfrac{1102.86 \times 0.22}{0.75} = 323.51[\text{m}^3/\text{h}]$

② 고단측 냉매순환량 G_H은

$$G_H = G_L \cdot \frac{h_2' - h_7}{h_3 - h_6} = 1102.86 \times \frac{675.53 - 429}{634 - 466} = 1618.38[\text{kg/h}]$$

여기서 실제 저단측 압축기의 토출가스 엔탈피를 h_2'라 하면

$$h_2' = h_1 + \frac{h_2 - h_1}{\eta_{cL}} = 618 + \frac{660 - 618}{0.73} = 675.53[\text{kJ/kg}]$$

고단측 피스톤 압출량 $Va_H = \dfrac{G_H \cdot v_H}{\eta_{vH}} = \dfrac{1618.38 \times 0.05}{0.75} = 107.89[\text{m}^3/\text{h}]$

따라서 기통비 $= \dfrac{Va_L}{Va_H} = \dfrac{323.51}{107.89} = 2.999 = 3$

(2) 압축기 실제 소요동력 $L_S = L_{SL} + L_{SH}$

① 저단압축기 소요동력 L_{SL}은

$$L_{SL} = \frac{G_L \cdot (h_2 - h_1)}{\eta_c \times \eta_m} = \frac{1102.86 \times (660 - 618)}{3600 \times 0.73 \times 0.9} = 19.58[\text{kW}]$$

② 고단압축기 소요동력 L_{SH}은

$$L_{SH} = \frac{G_H \cdot (h_4 - h_3)}{\eta_c \times \eta_m} = \frac{1618.38 \times (660 - 634)}{3600 \times 0.73 \times 0.9} = 17.79[\text{kW}]$$

따라서 압축기기의 실제 소요동력

$L_S = 19.58 + 17.79 = 37.37[\text{kW}]$

03 다음과 같은 사무실에 대하여 온수방열기로 난방하는 경우 주어진 조건을 이용하여 물음에 답하시오.

【조 건】

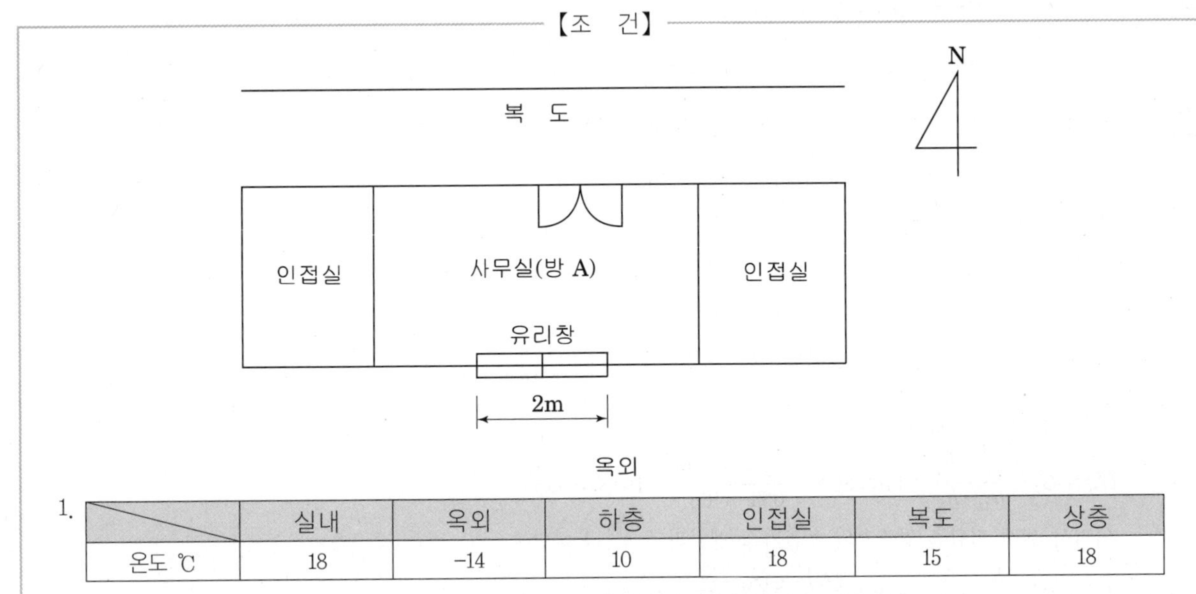

1.

	실내	옥외	하층	인접실	복도	상층
온도 ℃	18	−14	10	18	15	18

2.

방(A)의 구조		면적(m^2)	열통과율($W/m^2 \cdot K$)
외벽(남향)	콘크리트벽	30	0.32
	유리창	3.2	3.8
내벽(복도측)	콘크리트벽	30	0.48
	문	4	1.8
바닥	콘크리트	35	1.2
천정	콘크리트	35	0.26

3. 방위계수 : 동북, 북서, 북측 : 1.15, 동, 농남, 서, 서남, 남측 : 1.0
4. 재실 인원수 : 6명
5. 유리창 : 높이 1.6[m](난간없음), 폭 2[m]의 두짝 미서기 풍향측장 1개(단, 기밀구조 보통)
6. 창에서의 극간풍은 7.5[m^3/m·h]이다.(크랙길이 법)
7. 공기의 평균 정압비열 : 1.0[kJ/kg·K], 공기의 밀도 1.2[kg/m^3]으로 한다.
8. 부하 안전율은 고려하지 않는다.
9. 온수난방 표준방열량 523[W/m^2], 방열기 1쪽 면적 0.24[m^2]

(1) 벽체를 통한 부하[W]

(2) 유리창 및 문을 통한 부하[W]

(3) 바닥 및 천장을 통한 부하[W]

(4) 극간풍에 의한 부하(극간 길이에 의함)[W]

(5) 총 난방부하를 구하시오. [W]

(6) 온수난방에서 상당방열면적(m^2)을 구하시오.

(7) 온수난방에서 방열기 쪽수를 구하시오.

해답 (1) 벽체를 통한 부하

① 외벽(남쪽)$=K\cdot A\cdot \Delta t\cdot k=0.32\times 30\times \{18-(-14)\}\times 1.0=307.2$[W]

② 내벽(북측)$=K\cdot A\cdot \Delta t=0.48\times 30\times (18-15)=43.2$[W]

$\therefore 307.2+43.2=350.4$[W]

(2) 유리창 및 문을 통한 부하

① 유리창$=K\cdot A\cdot \Delta t\cdot k=3.8\times 3.2\times \{18-(-14)\}\times 1.0=389.12$[W]

② 문$=K\cdot A\cdot \Delta t=1.8\times 4\times (18-15)=21.6$[W]

$\therefore 389.12+21.6=410.72$[W]

(3) 바닥 및 천장을 통한 부하

① 바닥$=K\cdot A\cdot \Delta t=1.2\times 35\times (18-10)=336$[W]

② 천정$=K\cdot A\cdot \Delta t=0.26\times 35\times (18-18)=0$[W]

$\therefore 336+0=336$[W]

(4) 극간풍에 의한 부하

$q_I=c_p\cdot \rho\cdot Q_I\cdot \Delta t=1.0\times 1.2\times 66\times \{18-(-14)\}=2534.4$ [kJ/h]

$\therefore \dfrac{2534.4}{3600}\times 1000=704$ [W]

여기서 극간풍량$Q_I=7.5\times (2\times 2+1.6\times 3)=66[\mathrm{m^3/h}]$

(크랙길이는 가로 2×2개, 세로 1.6×3개 이다.)

(5) 총 난방부하=350.4+410.72+336+704=1,801.12 [W]

(6) 온수난방에서 상당방열면적(EDR)$=\dfrac{\text{난방부하}}{\text{표준방열량}}=\dfrac{1801.12}{523}=3.44[\mathrm{m^2}]$

(7) 방열기 쪽수$=\dfrac{EDR}{\text{한쪽면적}}=\dfrac{3.44}{0.24}=14.3=15$쪽

04 취출(吹出)에 관한 다음 용어를 설명하시오.

(1) 셔터 :

(2) 전면적(face area) :

해답 (1) 셔터 : 취출구의 후부에 설치하는 풍량조정용 또는 개폐용 기구

(2) 전면적 : 취출구의 개구부(開口部)에 접하는 외주에서 측정한 전면적(全面積), 즉, 아래그림의 a×b이다.

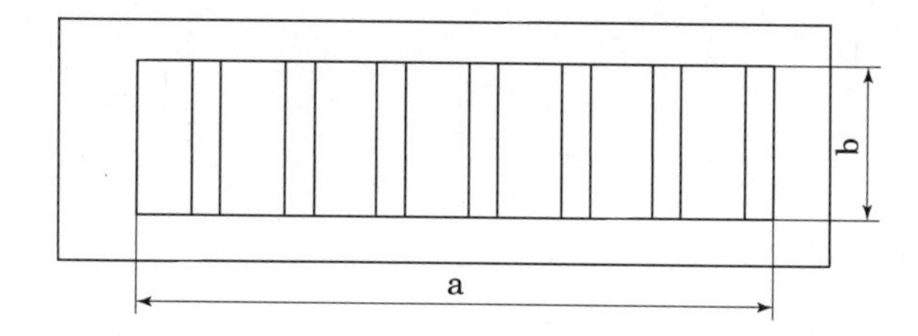

05 **두께 100[mm]의 콘크리트벽 내면에 200[mm] 단열재 방열시공을 하고 그 위에 10[mm] 판재로 마감된 냉장고가 있다. 냉장고 내부 온도 -20[℃], 외부온도 30[℃]이며 내부 전체 면적이 100[m²]일 때 다음 물음에 답하시오.**

재료명	열전도율[W/m·K]	벽면	표면열전달률[W/m²·K]
콘크리트 단열재 내부판재	0.95 0.04 0.15	외벽면 내벽면	23 7

(1) 냉장고 벽체의 열통과율 K(W/m²·K)를 구하시오.

(2) 벽체의 전열량(W)을 구하시오.

해답 (1) $K = \dfrac{1}{R} = \dfrac{1}{\dfrac{1}{23} + \dfrac{0.1}{0.95} + \dfrac{0.2}{0.04} + \dfrac{0.01}{0.15} + \dfrac{1}{7}} = 0.187[\mathrm{W/m^2 \cdot K}]$

(2) $Q = K \cdot A \cdot \Delta t = 0.187 \times 100 \times \{30 - (-20)\} = 935[\mathrm{W}]$

06 **다음 그림과 같은 냉각수 배관계통에 대하여 조건을 참조하여 물음에 답하시오.**

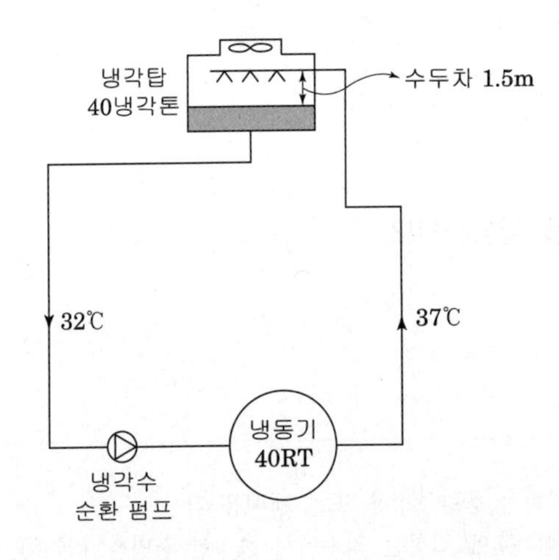

【조 건】

- 냉동기 냉동능력 40[RT]
- 냉각탑 냉각능력 40냉각톤(1냉각톤=4.53[kW])
- 배관직선길이 60[m]
- 배관 부속기구 수량

부속명	엘보	스윙체크밸브	게이트밸브	볼밸브	스트레이너
수량	10개	1개	3개	1개	1개

- 부속기수 상당장(m)

부속명	엘보	스윙체크밸브	게이트밸브	볼밸브	스트레이너
상당장	3.6	11.6	0.8	4.8	13

- 응축기 마찰손실수두 6[mAq]
- 노즐 살수압력 3[mAq]
- 배관허용마찰손실수두는 100[mmAq/m] 이하로 한다.
- 냉각수 입출구 온도 32[℃], 37[℃] (물비열 4.2[kJ/kgK])
- 첨부 〈배관저항선도〉 이용

(1) 냉각수 배관 냉각수량(L/min)을 구하시오.

(2) ① 배관선도를 이용하여 적합한 관경을 구하시오.

② ①에서 구한 관경으로 실제 마찰손실수두(mmAq/m)를 구하시오(정수).

③ ①에서 유속을 구하시오(소수 첫째자리까지 구하시오).

(3) 부속류에 대한 국부저항 상당길이(m)를 산출하시오.

(4) 배관(직선배관+부속류)에서 총 마찰손실수두(mAq)를 구하시오.

(5) 냉각수펌프 양정(m)을 구하시오(여유율 10%, 소수첫째자리에서 반올림하시오).

(6) 위에서 구한 유속을 이용하여 배관상(직선배관+부속류)의 마찰손실수두(mAq)를 구하시오(배관 마찰손실계수 f=0.03).

해답 (1) 냉각수 배관 냉각수량(L/min)은 냉각능력과 입출구 온도차로 구한다.

$q = WC\Delta t$에서

$$W = \frac{q}{C\Delta t} = \frac{40 \times 4.53}{4.2(37-32)} = 8.6286[\text{L/s}] = 517.71[\text{L/min}]$$

(2) ① 배관선도에서 유량 517.71[L/min]과 마찰손실 100[mmAq/m]에서 관경80A를 찾는다.

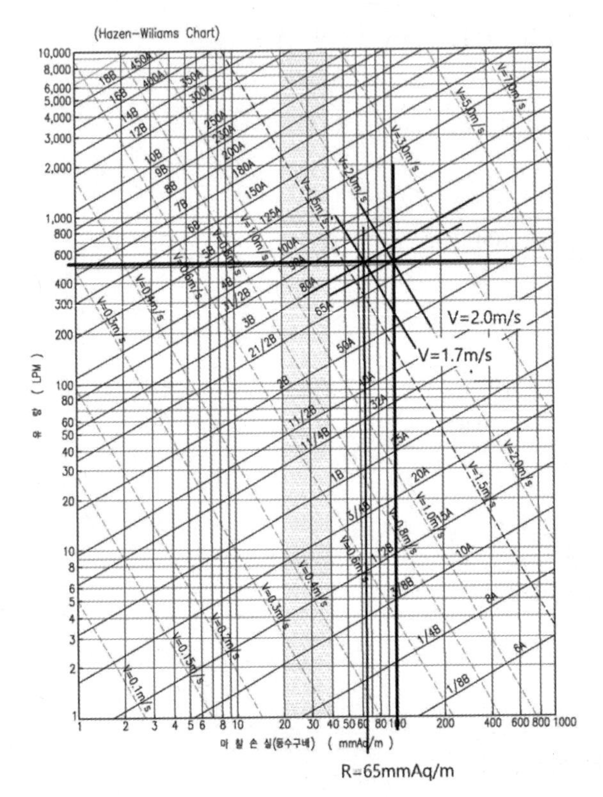

② ①에서 구한 관경 80A와 유량 517.71 교점에서 실제 마찰손실수두(65[mmAq/m])를 찾는다.

③ 유량 517.71(L/min)과 마찰손실수두 100[mmAq/m]의 교점에서는 유속이 2.0[m/s]지만 ①에서 구한 관경 80A와 유량 517.71(L/min) 교점에서 유속 1.7[m/s]를 구한다.

(3) 부속류에 대한 국부저항 상당길이(m)는 67.8[m]이다.

부속명	엘보	스윙체크밸브	게이트밸브	볼밸브	스트레이너
수량	10개	1개	3개	1개	1개
상당장	3.6	11.6	0.8	4.8	13
소계	36m	11.6m	2.4m	4.8m	13m
합계	67.8m				

(4) 총 마찰손실수두(mAq)는 배관길이와 마찰손실수두 65[mmAq/m]로 구한다.

$$H=(L+L')R=(60+67.8)65=8307[\text{mmAq}]=8.31[\text{mAq}]$$

(5) 냉각수펌프 양정(mAq)은 (전체 저항=배관저항+기기저항+실양정+살수압)으로 구한다.

전체 저항=8.31+6+1.5+3=18.81[mAq]

여유율 10% 적용 H=18.81×1.1=21[mAq]

(6) 위에서 구한 유속(1.7[m/s])과 직선배관+부속으로 달시공식을 이용하여 마찰손실수두(mAq)를 구한다.

$$H=\frac{f\times(L+L')v^2}{d\times 2g}=\frac{0.03\times(60+67.8)\times 1.7^2}{0.08\times 2g}=7.1[\text{mAq}]$$

참고 위 선도에서 구한 배관 마찰손실계수 8.31[mAq]과 계산식으로 구한 7.1[mAq]은 배관 마찰계수(f=0.03)에 따라 달라질 수 있다.

07 다음과 같은 $P-h$ 선도를 보고 각 물음에 답하시오. (단, 중간 냉각에 냉각수를 사용하지 않는 것으로 하고, 냉동능력은 1[RT](3.86[kW])로 한다.)

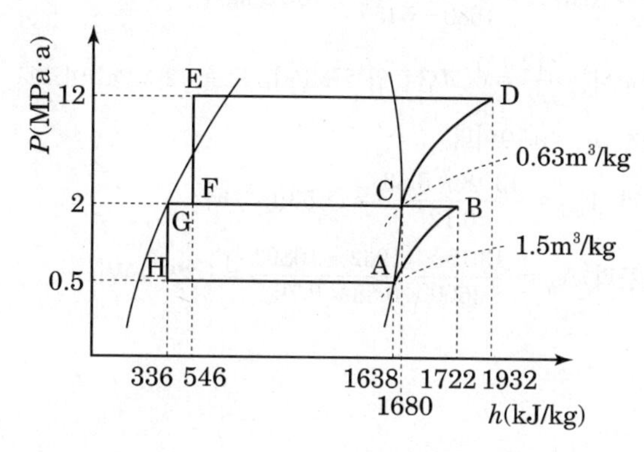

효율 \ 압축비	2	4	6	8	10	24
체적효율(η_v)	0.86	0.78	0.72	0.66	0.62	0.48
기계효율(η_m)	0.92	0.90	0.88	0.86	0.84	0.70
압축효율(η_c)	0.90	0.85	0.79	0.73	0.67	0.52

(1) 저단 측의 냉매순환량 G_L[kg/h], 피스톤 토출량 V_L[m³/h], 압축기 소요동력 N_L[kW]을 구하시오.

(2) 저단 압축기 실제 토출가스 엔탈피 $h_B{}'$를 구하시오.

(3) 고단 측의 냉매순환량 G_H[kg/h], 피스톤 토출량 V_H[m³/h], 압축기 소요동력 N_H[kW]을 구하시오.

해답 (1) ① 저단측 냉매순환량 $G_L = \dfrac{Q_2}{q_2} = \dfrac{3.86\times 3600}{1638-336} = 10.67$[kg/h]

② 저단측 피스톤 토출량 $G_L = \dfrac{V_{aL}\times \eta_{v2}}{v_2}$ 에서 $V_{aL} = \dfrac{G_L \times v_2}{\eta_{v2}}$ 이고

저단 압축기의 압축비는 $\dfrac{2}{0.5} = 4$ 이므로(저단흡입 0.[5MPa], 토출 2[MPa])

표에서 각 효율은 $\eta_v = 0.78$, $\eta_m = 0.9$, $\eta_c = 0.85$ 이다.

$$V_{aL} = \frac{10.67\times 1.5}{0.78} = 20.52[\text{m}^3/\text{h}]$$

③ 저단측 압축기 소요동력

$$N_L = \frac{G_L \cdot W_L}{\eta_{cL}\cdot \eta_{mL}} = \frac{10.67\times(1722-1638)}{3600\times 0.9\times 0.85} = 0.33[\text{kW}]$$

(2) 저단 압축기 실제 토출가스 엔탈피 $h_B{}'$는 압축효율 η_{cL}=0.85를 이용하여

$$h_B{}' = h_A + \frac{h_B - h_A}{\eta_{cL}} = 1638 + \frac{1722-1638}{0.85} = 1736.82[\text{kJ/kg}]$$

(3) ① 고단측 냉매순환량(G_H)을 구할 때 저단측 실제 토출가스 엔탈피(h_B')를 이용한다.

$$G_H = G_L \cdot \frac{h'_B - h_G}{h_C - h_F} = 10.67 \times \frac{1736.82 - 336}{1680 - 546} = 13.18[\text{kg/h}]$$

∴ 고단 압축기의 압축비는 $\frac{12}{2} = 6$(고단흡입 2[MPa], 토출 12[MPa])이므로

$\eta_v = 0.72$, $\eta_m = 0.88$, $\eta_c = 0.79$이다.

② 고단측 피스톤 토출량 $V_{aH} = \frac{13.18 \times 0.63}{0.72} = 11.53[\text{m}^3/\text{h}]$

③ 고단측 압축기 소요동력 $N_H = \frac{13.18 \times (1932 - 1680)}{3600 \times 0.88 \times 0.79} = 1.327[\text{kW}]$

08 다음 도면과 같은 온수난방에 있어서 리버스 리턴 방식에 의한 배관도를 완성하시오. (단, A, B, C, D는 라디에이터를 표시한 것이며, 온수공급관은 실선으로, 귀환관은 점선으로 표시하시오.)

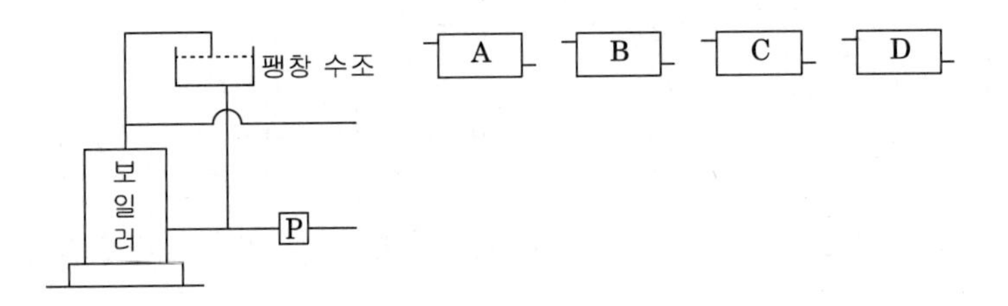

해답

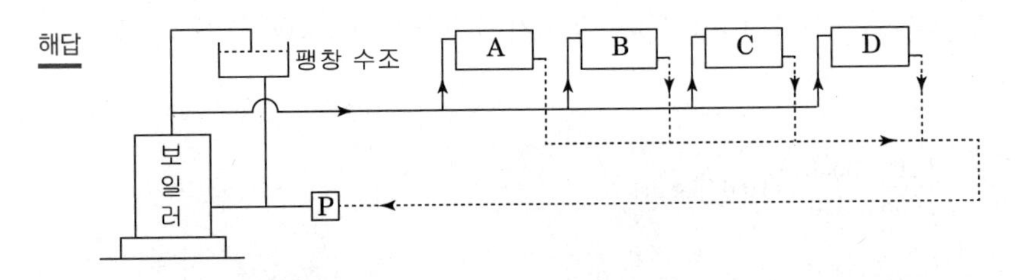

(이 문제는 문제 조건에서 팽창탱크 팽창관 접속점을 펌프 토출측으로 주었으나 일반적으로는 펌프 흡입측에 연결하여 시스템의 압력분포를 안정되게 한다.)

09 **아래의 그림은 압축기가 정지하고 있는 동안 증발기의 냉매액이 압축기로 흘러 들어오지 않도록 하기위한 방식 중 하나로 2대의 증발기가 압축기 위쪽에 위치하고 서로 다른 층에 설치되어 있는 경우의 배관의 미완성도이다. 배관 계통도를 그려 완성하시오.**

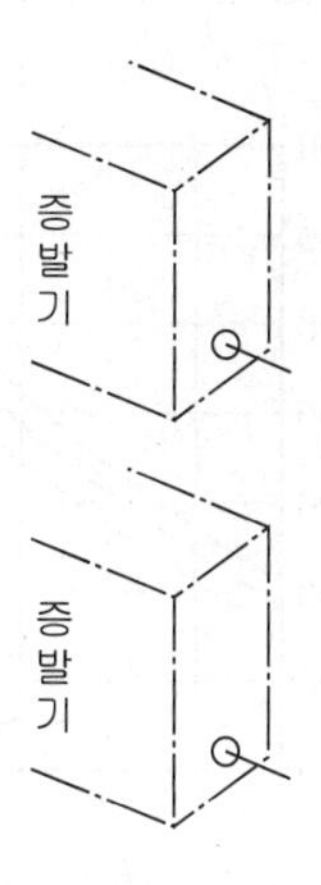

해답

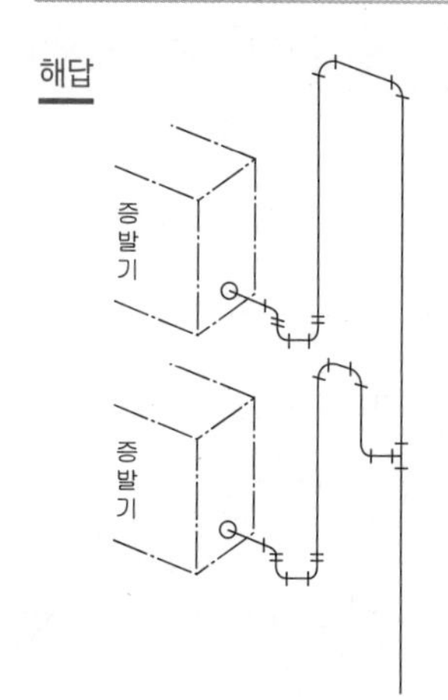

(증발기의 냉매액이 압축기로 흘러 들어오지 않도록 각 증발기출구에 트랩을 설치하고 증발기 상부까지 입상하여 수직관에 연결한다.)

10 **500[rpm]으로 운전되는 송풍기가 300[m^3/h], 전압 400[Pa], 동력 3.5[kW]의 성능을 나타내고 있는 것으로 한다. 이 송풍기의 회전수를 20% 증가시키면 풍량, 전압, 동력은 어떻게 변화하는가?**

해답 송풍기의 상사법칙에 의해

(1) 풍량 $Q_2 = Q_1 \times \dfrac{N_2}{N_1} = 300 \times 1.2 = 360[\mathrm{m^3/min}]$

(2) 전압 $P_{T2} = P_{T1} \times \left(\dfrac{N_2}{N_1}\right)^2 = 400 \times 1.2^2 = 576[\mathrm{Pa}]$

(3) 동력 $L_{S2} = L_{S1} \times \left(\dfrac{N_2}{N_1}\right)^3 = 3.5 \times 1.2^3 = 6.05[\mathrm{kW}]$

11 **암모니아용 압축기에 대하여 피스톤 압출량 1[m^3]당의 냉동능력 R_1, 증발온도 t_1 및 응축온도 t_2와의 관계는 아래 그림과 같다. 피스톤 압출량 100[m^3/h]인 압축기가 운전되고 있을 때 저압측 압력계에 0.26[MPa], 고압측 압력계에 1.1[MPa]으로 각각 나타내고 있다. 이 압축기에 대한 냉동부하(RT)는 얼마인가? (단, 1[RT]는 3.86[kW], 대기압은 0.[1MPa]로 한다.)**

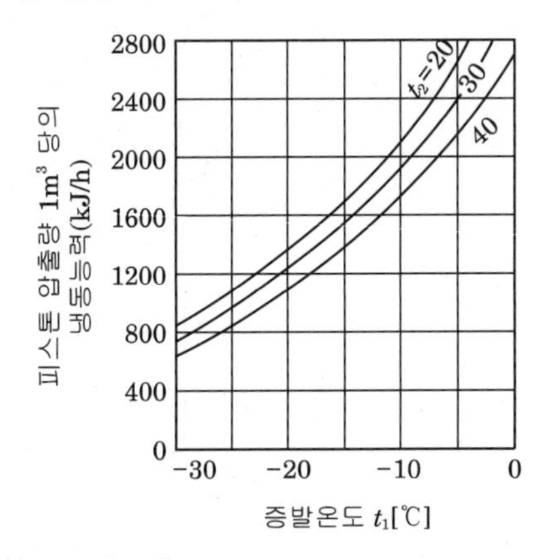

온도(℃)	포화압력(MPa·abs)	온도(℃)	포화압력(MPa ·abs)
40	1.6	-5	0.36
35	1.4	-10	0.3
30	1.2	-15	0.24
25	1.0	-20	0.19

해답 ① 저압측 절대압력 $P_1 = 0.26 + 0.1 = 0.36$[MPa.abs]=증발온도 -5[℃]

② 고압측 절대압력 $P_2 = 1.1 + 0.1 = 1.2$[MPa.abs]=응축온도 30[℃]

그러므로 증발온도 -5[℃]와 응축온도 30[℃]의 교점에 의해 피스톤 압출량 1[m^3]당 냉동능력은 2400[kJ/m^3]이다.

따라서 피스톤 압출량 100[m^3/h]일 때 냉동능력 $R = \frac{100 \times 2400}{3600 \times 3.86} = 17.27$[RT]

12 **암모니아 냉매를 사용하는 증기압축식 냉동기에서 흡입밸브를 개방하고 기동할 때 문제점과 대책을 기술하시오.**

(1) 문제점 :

(2) 대책 :

해답 (1) 암모니아 냉매를 사용하는 압축기는 운전정지시 윤활유와 냉매가 증발기에 액냉매 상태로 고여 있는데 흡입밸브를 열고 기동할 때 증발기 압력이 급격히 감소하여 냉매가 비등하면서 오일포밍현상이 발생하며 냉매액과 오일이 압축기로 유입 압축되어 액압축 현상으로 압축기가 손상될 수 있다.

(2) 시동시에 흡입밸브를 잠근 상태에서 시동한 후 서서히 개도를 증가시켜 급격한 증발기내 압력 감소를 피한다. 또 자동운전에서는 팽창변 앞에 전자변을 설치하여, 압축기 정지전에 미리 전자변을 폐쇄하여 저압부의 냉매를 회수한다.

13 **송풍기 총 풍량 6000[m^3/h], 송풍기 출구 풍속 8[m/s]로 하는 직사각형 단면 덕트시스템을 등마찰손실법으로 설치하고 종횡비(a: b)가 3:1일 때 단면 덕트 길이(cm)를 구하시오.**

해답 유량 $Q=A\cdot V=\frac{\pi d^2}{4}\cdot V$에서 풍속으로 원형덕트 직경을 구하면

원형덕트의 지름 $d=\sqrt{\frac{4Q}{\pi V}}=\sqrt{\frac{4\times 6000/3600}{\pi\times 8}}=0.51503[\text{m}]=51.50[\text{cm}]$

환산식 $d=1.3\left[\frac{(a\cdot b)^5}{(a+b)^2}\right]^{\frac{1}{8}}$에서 a=3b이므로 대입하여 사각덕트 장단변을 구하면

$$51.50=1.3\left[\frac{(a\cdot b)^5}{(3b+b)^2}\right]^{\frac{1}{8}}=1.3\left[\frac{(3b^2)^5}{(4b)^2}\right]^{\frac{1}{8}}=1.3\left(\frac{3^5b^{10}}{4^2b^2}\right)^{\frac{1}{8}}=1.3\left(\frac{3^5}{4^2}\right)^{\frac{1}{8}}\cdot b=1.3\times 1.405b$$

∴ 단변 $b=\frac{51.50}{1.3\times 1.405}=28.196\fallingdotseq 28.20[\text{cm}]$, 장변 $a=3b=3\times 28.20=84.60[\text{cm}]$

단면덕트길이=덕트둘레길이$=2a+2b=2\times 28.20+2\times 84.60=225.6[\text{cm}]$

14 **냉동장치 각 기기의 온도변화 시에 이론적인 값이 상승하면 ○, 감소하면 ×, 무관하면 △을 표기하시오.**

상태변화 \ 온도변화	응축온도 상승	증발온도 상승	과열도 증가	과냉각도 증가
성적계수				
압축기 토출가스온도				
압축일량				
냉동효과				
압축기 흡입가스 비체적				

해답

상태변화 \ 온도변화	응축온도 상승	증발온도 상승	과열도 증가	과냉각도 증가
성적계수	×	○	×	○
압축기 토출가스온도	○	×	○	△
압축일량	○	×	○	△
냉동효과	×	○	○	○
압축기 흡입가스 비체적	△	×	○	△

(※ 각장치의 온도변화시 상태변화는 기본 개념을 정리하는게 좋다. 즉 응축온도가 내려가거나 증발온도가 올라갈 때(고온과 저온이 좁혀질 때)는 모든게 양호해진다. 반대로 고온과 저온의 온도차가 커질때는 모든게 불량해진다. 예를 들면 응축온도가 상승하는 것은 온도차가 벌어지는 것으로 모든게 불량해진다. 냉동효과 감소하고, 압축일량 커지고, 성적계수 나빠지고, 토출가스온도 올라간다.)

2023 제1회 실기 기출문제 (동영상 제공)

01 다음과 같은 사무실(A)에 대해 냉방하고자 할 때 주어진 조건에 따라 각 물음에 답하시오.

【조 건】

1. 사무실(A)
   ① 층 높이 : 3.4[m]　　② 천장 높이 : 2.8[m]
   ③ 창문 높이 : 1.5[m]　　④ 출입문 높이 : 2[m]
2. 설계조건
   ① 실외 : 33℃ DB, 68% RH, $x=0.0218$[kg/kg′]
   ② 실내 : 26℃ DB, 50% RH, $x=0.0105$[kg/kg′]
3. 부하계산시각 : 7월 오후 2시
4. 유리 : 보통유리 3[mm]
5. 내측 베니션 블라인드(색상은 중간색) 설치(차폐계수 0.65)
6. 틈새바람이 없는 것으로 한다.
7. 1인당 신선외기량 : 25[m^3/h]
8. 조명부하
   ① 형광등 30[W/m^2], 안정기부하 6[W/m^2]
   ② 천장 매입에 의한 제거율 없음
9. 중앙 공조 시스템이며, 냉동기 +AHU에 의한 전공기방식
10. 벽체 구조

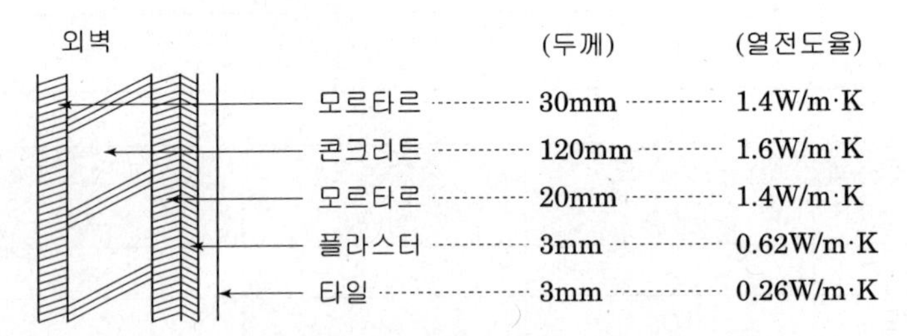

11. 외벽체 실내측열전달률 (α_i)=9[$W/m^2 \cdot K$], 실외측열전달률(α_o)=23[$W/m^2 \cdot K$]이다.
12. 내벽 열통과율 : 1.8[$W/m^2 \cdot K$]
13. 사무실 A의 위 · 아래층은 동일한 공조조건이다.
14. 복도는 28℃이고, 출입문의 열관류율은 1.9[$W/m^2 \cdot K$]이다.
15. 공기 밀도$\rho=1.2$[kg/m^3], 공기의 정압비열 $C_p=1.01$[kJ/kg · K]이다.
16. 실내 취출 공기 온도 16[℃]

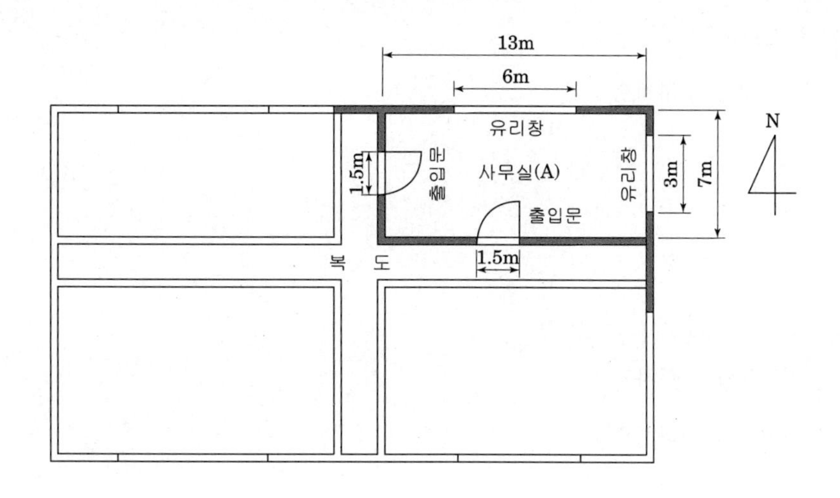

• 재실인원 1인당의 연면적 A_f[m²/인]

	사무소건축		백화점, 상점			레스토랑	극장, 영화관의 관객석	학교의 보통교실
	사무실	회의실	평균	혼잡	한산			
일반설계치	5	2	3.0	1.0	5.0	1.5	0.5	1.4

• 인체로부터의 발열량 설계치(W/인)

작업상태	실온		27℃		26℃		21℃	
	예	전발열량	H_S	H_L	H_S	H_L	H_S	H_L
정좌	극장	103	57	46	62	41	76	27
사무소 업무	사무소	132	58	74	63	69	84	48
착석작업	공장의 경작업	220	65	155	72	148	107	113
보행 4.8km/h	공장의 중작업	293	88	205	96	197	135	158
볼링	볼링장	425	135	288	141	284	178	247

• 외벽의 상당 외기온도차

시각	H	N	NE	E	SE	S	SW	W	NW
13	32.2	6.9	13.1	18.8	18.8	11.3	7.6	6.6	6.4
14	36.1	7.5	12.2	16.6	16.6	13.2	10.6	8.7	7.3
15	38.3	8.0	11.5	14.8	14.8	14.3	14.1	12.3	9.0

• 창유리의 표준일사열 취득 I_{GR}[W/m²]

북쪽, 오후 2시 : 45[W/m²], 동쪽, 오후 2시 : 45[W/m²]

• 유리창의 관류열량 I_{GC}[W/m²]

북쪽, 오후 2시 : 44[W/m²], 동쪽, 오후 2시 : 44[W/m²]

(1) 외벽체 열통과율(K)을 구하시오.

(2) 벽체를 통한 취득열량을 구하시오.

① 동

② 서

③ 남

④ 북

(3) 출입문을 통한 취득열량을 구하시오.

(4) 유리를 통한 취득열량을 구하시오.

① 동

② 북

(5) 인체 취득열량을 구하시오

(6) 조명부하(형광등+안정기)를 구하시오.

(7) 실내 송풍량(m^2/h)을 구하시오.

① 실내현열부하의 총합계(W)

② 송풍량(m^3/h)

해답 (1) 외벽체 열통과율

열통과율 K는

$$\frac{1}{K}=\frac{1}{23}+\frac{0.03}{1.4}+\frac{0.12}{1.6}+\frac{0.02}{1.4}+\frac{0.003}{0.62}+\frac{0.003}{0.26}+\frac{1}{9}$$

$K=3.55[W/m^2\cdot K]$

(2) 벽체를 통한 부하

1) 외벽체를 통한 부하 $q_w=K\cdot A\cdot \Delta t_e$에서(상당온도차 동 : 16.6℃, 북 : 7.5℃)

① 동 : $3.55\times\{(7\times3.4)-(3\times1.5)\}\times16.6=1137.35[W]$

② 북 : $3.55\times\{(13\times3.4)-(6\times1.5)\}\times7.5=937.2[W]$

2) 내벽체를 통한 부하$q_w=K\cdot A\cdot \Delta t$(복도-사무실)

③ 남 : $1.8\times\{(13\times2.8)-(1.5\times2)\}\times(28-26)=120.24[W]$

④ 서 : $1.8\times\{(7\times2.8)-(1.5\times2)\}\times(28-26)=59.76[W]$

(3) 출입문을 통한 부하 $q=K\cdot A\cdot\Delta t$

$=1.9\times(1.5\times2\times2)\times(28-26)=22.8[W]$

(4) 유리를 통한 부하

1) 동쪽

① 일사부하

$q_{GR}=I_{GR}\cdot A_g\cdot(SC)=45\times(3\times1.5)\times0.65=131.63[W]$

② 관류부하

$q_{GC} = I_{GC} \cdot A_g = 44 \times (3 \times 1.5) = 198[\text{W}]$

2) 북쪽

① 일사부하

$q_{GR} = I_{GR} \cdot A_g \cdot (SC) = 45 \times (6 \times 1.5) \times 0.65 = 263.25[\text{W}]$

② 관류부하

$q_{GC} = I_{GC} \cdot A_g = 44 \times (6 \times 1.5) = 396[\text{W}]$

(5) 인체부하

① 현열$= \dfrac{13 \times 7}{5} \times 63 = 1146.6[\text{W}]$

② 잠열$= \dfrac{13 \times 7}{5} \times 69 = 1255.8[\text{W}]$

(6) 조명부하$= (13 \times 7 \times (30 + 6)) = 3276[\text{W}]$

(7) 송풍량

① 현열량$q_s = 1137.35 + 937.2 + 120.24 + 59.76 + 22.8 + 131.63 + 198 + 263.25 + 396 + 1146.6 + 3276 = 7688.83[\text{W}]$

② 송풍량$\dfrac{q_s}{cp \cdot \rho \cdot \Delta t} = \dfrac{7688.83 \times 10^{-3}}{1.01 \times 1.2 \times (26 - 16)} \times 3600 = 2283.81[\text{m}^3/\text{h}]$

02 다음 그림과 같은 2중 덕트 장치도를 보고 공기 선도에 각 상태점을 나타내어 흐름도를 완성하시오.

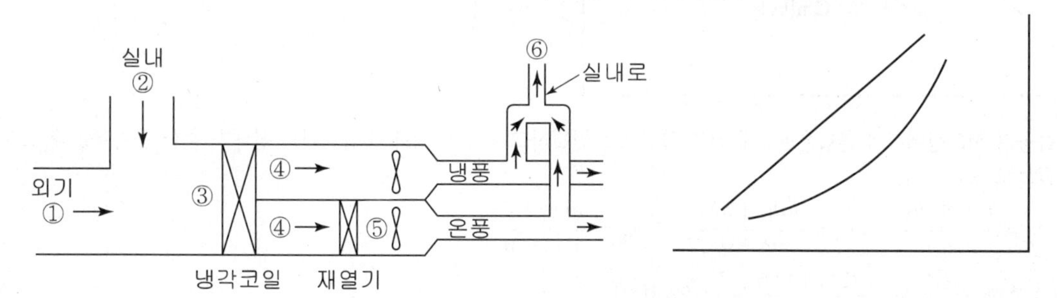

해답

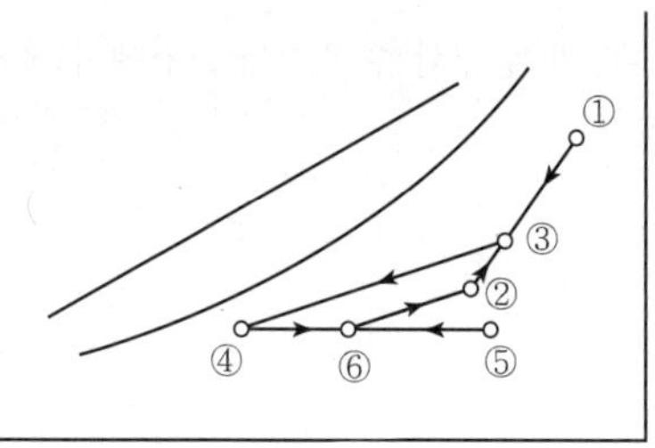

외기(①)와 실내환기(②)를 혼합(③)한후 냉각하여 냉풍(④)을 만들고 일부는 그대로 공급하고, 일부는 온풍(⑤)을 만들어 각실에 공급한후 혼합상자에서 혼합(④+⑤)하여 취출공기(⑥)를 만들고 이를 실내에 취출하여 실내 부하를 제거하면서 실내 공기(②)가 되어 공조기로 순환된다.

03 공기조화 장치에서 주어진 [조건]을 참고하여 재순환공기와 외기의 혼합 공기상태에 대한 물음에 답하시오.

구분	t[℃]	φ[%]	x[kg/kg′]	h[kJ/kg]
실내	26	50	0.0105	53.13
외기	32	65	0.0197	82.83
외기량비	재순환 공기 7kg/s, 외기도입량 3kg/s			

(1) 혼합 건구온도 (℃)를 구하시오.

(2) 혼합 상대습도 (%)를 구하시오(단 상대습도가 직선적으로 변화하는 것으로 가정).

(3) 혼합 절대습도 (kg/kg′)를 구하시오.

(4) 혼합 엔탈피 (kJ/kg)를 구하시오.

해답 단열혼합(외기와 환기의 혼합)

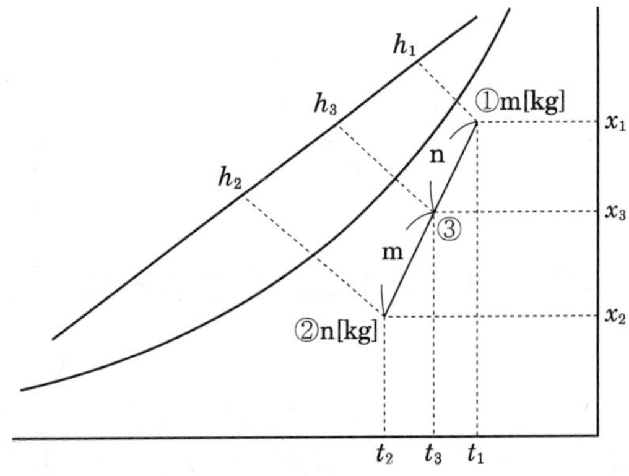

습공기 선도상에서의 혼합은 2상태 점을 직선으로 연결하고 이 직선상에 혼합공기의 상태가 혼합 공기량을 역으로 배분하는 값으로 표시된다.

$$t_3 = \frac{mt_1 + nt_2}{m+n}, \quad h_3 = \frac{mh_1 + nh_2}{m+n}, \quad x_3 = \frac{mx_1 + nx_2}{m+n}$$

(1) 혼합 건구온도$= \dfrac{32 \times 3 + 26 \times 7}{3+7} = 27.8$[℃]

(2) 혼합 상대습도$= \dfrac{65 \times 3 + 50 \times 7}{3+7} = 54.5\%$

(※ 실제 상대습도는 곡선상에서 변화 하므로 수식으로 혼합공기 상대습도를 구할 수 없으나 조건에서 직선적으로 변화하는 경우 혼합식으로 구할 수 있으며 이 계산값은 개략적인 값이다)

(3) 혼합 절대습도$= \dfrac{0.0197 \times 3 + 0.0105 \times 7}{3+7} = 0.01326$ [kg/kg′]

(4) 혼합 엔탈피$= \dfrac{82.83 \times 3 + 53.13 \times 7}{3+7} = 62.04$ [kJ/kg]

04 어떤 냉동장치의 증발기 출구상태가 건조포화 증기인 냉매를 흡입 압축하는 냉동기가 있다. 증발기의 냉동능력이 10[RT], 그리고 압축기의 체적효율이 65%라고 한다면, 이 압축기의 분당 회전수(rpm)는 얼마인가? (단, 이 압축기는 기통 지름 : 120[mm], 행정 : 100[mm], 기통수 : 6기통, 압축기 흡입증기의 비체적 : 0.15[m³/kg], 압축기 흡입증기의 엔탈피 : 626[kJ/kg], 압축기 토출증기의 엔탈피 : 689[kJ/kg], 팽창밸브 직후의 엔탈피 : 462[kJ/kg], 1[RT] : 3.86[kW]로 한다. 회전수는 소수첫자리에서 자리올림하시오)

해답 ① 냉동능력에서 피스톤 압출량을 구하면

$$RT = \frac{G \times q_r}{3.86} = \frac{V_a \times \eta_v \times q_r}{v \times 3.86} \text{에서}$$

$$V_a = \frac{RT \times v \times 3.86}{\eta_v \times q_r}$$

$$= \frac{10 \times 0.15 \times 3.86 \times 3600}{0.65 \times (626 - 462)} = 195.53[\text{m}^3/\text{h}]$$

② 분당회전수(R)는 아래 피스톤 압출량(V_a) 식에서 구한다

피스톤 압출량 $V_a = \frac{\pi D^2}{4} \cdot L \cdot N \cdot R \cdot 60$에서

$$R = \frac{V_a \cdot 4}{\pi \cdot D^2 \cdot L \cdot N \cdot 60} = \frac{195.53 \times 4}{\pi \times 0.12^2 \times 0.1 \times 6 \times 60} = 480.24 = 481[\text{rpm}]$$

05 다음과 같은 냉동기의 냉각수 배관 시스템에 대해 국부저항 상당장표와 관경산출표를 이용하여 각 물음에 답하시오. (단, 냉동기 냉동능력은 150[RT], 응축기 코일저항은 80[kPa], 배관의 압력손실은 40[kPa/100m]이고, 냉각탑노즐과 수면의 수위차는 2[m], 노즐분무압은 30[kPa], 냉각수량은 1냉동톤당 13[L/min]이다. 수두상당 압력은 10[kPa]=1[mAq]이다)

- 관경산출표(마찰손실 40kPa/100m 기준)

관경(mm)	32	40	50	65	80	100	125	150
유량(L/min)	90	180	320	500	720	1800	2100	3200

- 국부저항 상당장 (밸브, 이음쇠의 1개당 상당길이 m)

관경(mm)	게이트밸브	체크밸브	엘보	티	리듀서(1/2)
100	1.4	12	3.1	6.4	3.1
125	1.8	15	4.0	7.6	4.0
150	2.1	18	4.9	9.1	4.9

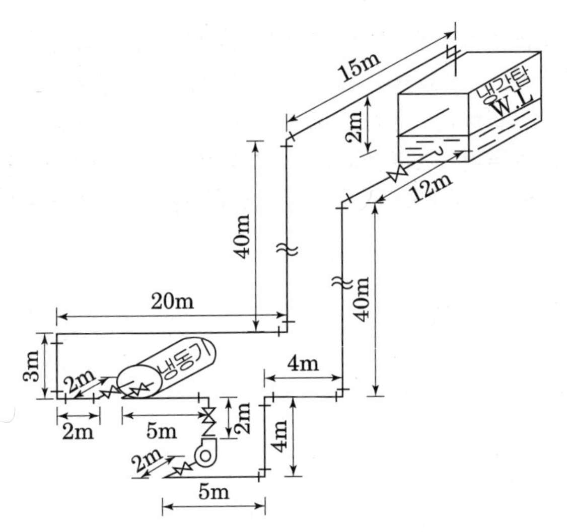

(1) 냉각수량에 적합한 냉각수 배관경을 구하시오.

(2) 부속류를 포함한 배관의 압력손실 ΔP(kPa)를 구하시오. (단, 직관부의 순환길이는 158m이다. 계통도에 표기된 부속류 이외 저항은 무시한다)

(3) 펌프양정 H(mAq)를 구하시오.

(4) 펌프의 수동력 P(kW)를 구하시오.

해답 (1) 냉각수량=13×150[RT]=1950[L/min]이므로
냉각수 배관경은 표에서 1950 직상 관경 125[mm]를 선정한다.

(2) 배관의 마찰손실 ΔP 은 직관부+부속류(국부)저항으로 구한다.
① 배관의 직관부 길이 158
② 부속류(게이트밸브 5개, 체크밸브 1개, 엘보13개)
③ 표에서 125[mm] 상당장은 (게이트밸브 1.8[m], 체크밸브 15[m], 엘보 4[m])
④ 배관의 전상당길이=직관+국부저항상당장
= 158[m]+(게이트 밸브 5개×1.8[m]+ 체크 밸브 1개×15[m]+ 엘보 13개×4.0[m])=234[m]

∴ 배관의 마찰손실 $\Delta p = 234 \times \dfrac{40}{100} = 93.6$[kPa] (∵ 마찰손실 40[kPa/100m])

(3) 펌프 양정 H=실양정+배관저항(마찰손실)+기기저항(응축기+노즐)

$$H = 2 + \frac{93.6}{10} + \frac{80}{10} + \frac{30}{10} = 22.36[\text{mAq}]$$

(4) 펌프의 수동력(kW)= $\dfrac{223.6\text{kPa} \times 1950\text{L/min} \times 10^{-3}}{60} = 7.27[\text{kW}]$

여기서, 1mAq=10kPa
따라서 22.36mAq× 10kPa/mAq= 223.6kPa

06 다음의 회로도는 삼상유도전동기의 정역전 운전회로도이다. 동작 설명 중 옳은 것의 번호를 고르시오.

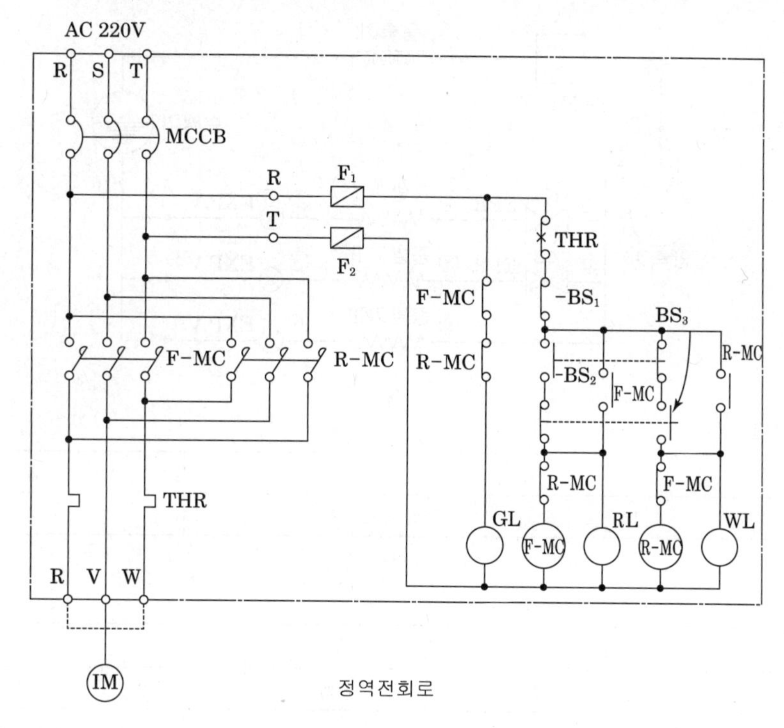

정역전회로

① 전원을 투입하면 표시등 RL이 점등, 전원용 개폐기가 닫힌 것을 나타낸다.

② 푸시버튼 스위치 BS_2를 누르면 전자접촉기 F-MC가 여자되어 전동기가 정회전방향으로 회전을 시작한다. 표시등 RL이 점등, 전동기가 정방향으로 회전 중인 것을 나타낸다.

③ 푸시버튼 스위치 BS_3을 누르면 전동기를 역전시킬 수는 있다.

④ 이 회로는 자기유지회로이다.

⑤ BS_1을 누르면 모든 동작이 정지된다.

해답 ②, ④, ⑤

07 다음 그림과 같은 냉동장치에서 압축기 축동력은 몇 kW인가?

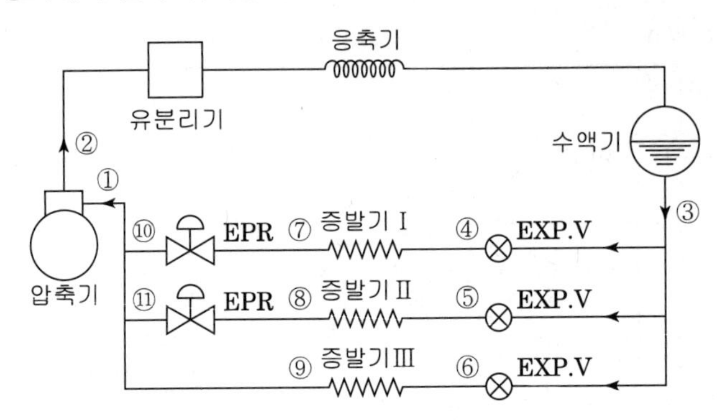

• 증발기의 냉동능력(RT)

증발기	I	II	III
냉동톤	1	2	2

• 냉매의 엔탈피(kJ/kg)

구분	h_2	h_3	h_7	h_8	h_9
h	681.7	457.8	626	622	617.4

• 압축기 압축 효율 0.65, 기계효율 0.85

해답 (1) 압축기 축동력은 냉매순환량과 압축일(압축효율, 기계효율)로 구한다. 냉매순환량을 구하기 위해 그림과 같은 냉동장치도를 p-h선도 상에 그리면 다음과 같다.

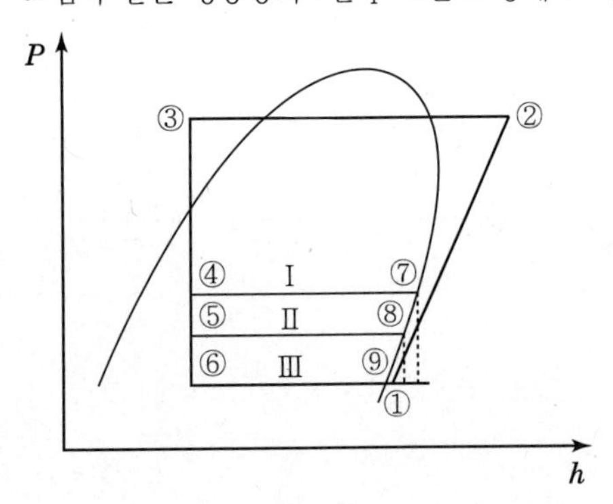

(2) 냉매순환량 $G = \dfrac{\text{냉동능력}}{\text{냉동효과}}$ 에서 ($h_3 = h_4 = h_5 = h_6$이므로)

① 증발기 $G_{\text{I}} = \dfrac{1 \times 3.86 \times 3600}{626 - 457.8} = 82.62[\text{kg/h}]$

② 증발기 $G_{\text{II}} = \dfrac{2 \times 3.86 \times 3600}{622 - 457.8} = 169.26[\text{kg/h}]$

③ 증발기 $G_{\text{III}} = \dfrac{2 \times 3.86 \times 3600}{617.4 - 457.8} = 174.14[\text{kg/h}]$

(3) 압축기 흡입가스(①) 엔탈피를 혼합증기 엔탈피로 구해보면

$$h_1 = \frac{82.62 \times 626 + 169.26 \times 622 + 174.14 \times 617.4}{82.62 + 169.26 + 174.14} = 620.90[\text{kJ/kg}]$$

(4) 축동력 $= \dfrac{(G_{\text{I}} + G_{\text{II}} + G_{\text{III}})(h_2 - h_1)}{\eta_c \times \eta_m}$

$$= \frac{(82.62 + 169.26 + 174.14) \times (681.7 - 620.90)}{3600 \times 0.65 \times 0.85} = 13.02[\text{kW}]$$

08 **다음과 그림과 같은 이중덕트방식에 대한 설계에 있어서 주어진 조건을 참조하여 물음에 답하시오.**

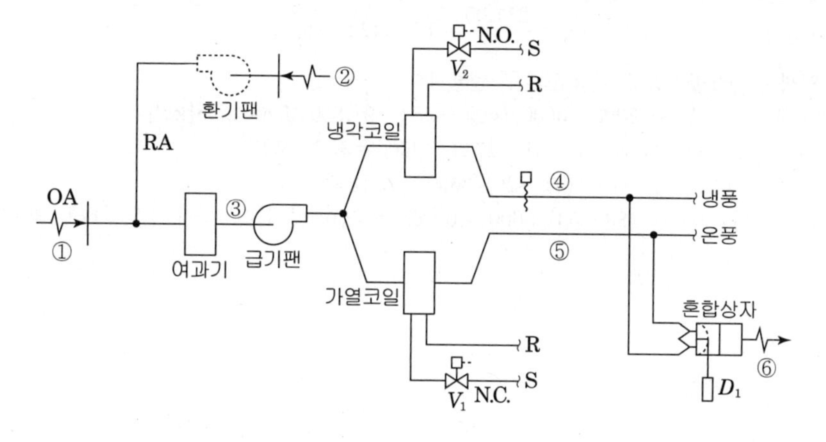

【조 건】

- 실내온도 26[℃], 엔탈피 53[kJ/kg]
- 전풍량(총 급기팬 송풍량): 7200[kg/h]
- 가열코일 통과풍량 : 3600[kg/h]
- 가열코일 출구공기온도 : 31[℃]
- 공기의 비열 : 1.0[kJ/kg · K]
- 외기온도 31℃, 엔탈피 83[kJ/kg]
- 외기량 : 1800[kg/h]
- 실 (⑥) 냉방현열부하 : 6.5[kW]
- 냉각코일 출구공기온도 : 13[℃], 엔탈피 35[kJ/kg]
- 공기의 밀도 : 1.2[kg/m^3]

(1) 외기와 환기의 혼합 공기온도[℃] 및 엔탈피[kJ/kg]를 구하시오.

(2) 실(⑥)에 대한 혼합 냉풍 공기량[m^3/h]을 구하시오.(단 이방의 냉방 취출 온도차는 8℃로 한다)

(3) 냉각코일부하[kW]를 구하시오.

(4) 가열코일부하[kW]를 구하시오.

(5) 외기현열부하[kW]를 구하시오.

(6) 외기전열부하[kW]를 구하시오.

해답 (1) 혼합 공기온도[℃] 및 엔탈피[kJ/kg]

① 혼합 공기온도 $t_3 = \dfrac{1800 \times 31 + (7200 - 1800) \times 26}{7200} = 27.25$[℃]

② 혼합 공기엔탈피 $h_3 = \dfrac{1800 \times 83 + (7200 - 1800) \times 53}{7200} = 60.5$[kJ/kg]

(2) 실⑥에 대한 취출공기량을 실내냉방현열부하와 취출온도차(Δt)로 구하면

$q_s = mC\Delta t$에서

$m = \dfrac{q_s}{C \times \Delta t} = \dfrac{6.5[\mathrm{kW}] \times 3600}{1 \times 8} = 2925[\mathrm{kg/h}]$

냉풍 13℃와 온풍 31℃를 혼합하여 취출공기 26−8=18℃를 만들려면 냉풍(냉각코일 통과)량을 x라 놓으면

$18 = \dfrac{x \times 13 + (2925 - x)31}{2925}$ $\quad \therefore x = 2112.5$[kg/h]

실⑥에 대한 혼합 냉풍공기량은 $Q_6 = \dfrac{2112.5}{1.2} = 1760.42[\mathrm{m^3/h}]$

(3) 냉각코일부하는 냉풍공기량과 코일 입출구 엔탈피차로 구한다

냉각코일부하$= m \cdot \Delta h = (7200 - 3600)(60.5 - 35) = 91{,}800kJ/h= 25.5$[kW]

(4) 가열코일부하$= mC\Delta t = 3600 \times 1.0(31 - 27.25)/3600 = 3.75$[kW]

(5) 외기현열부하$= mC\Delta t = 1800 \times 1(31 - 26)/3600 = 2.5$[kW]

(6) 외기전열부하[kW]$= 1800 \times (83 - 53)/3600 = 15$[kW] (일반적인 외기부하란 전열부하를 의미한다)

09 다음 그림은 2대의 증발기에 고압가스제상을 행하는 장치도의 일부이다. 제상을 위한 배관을 완성하시오.

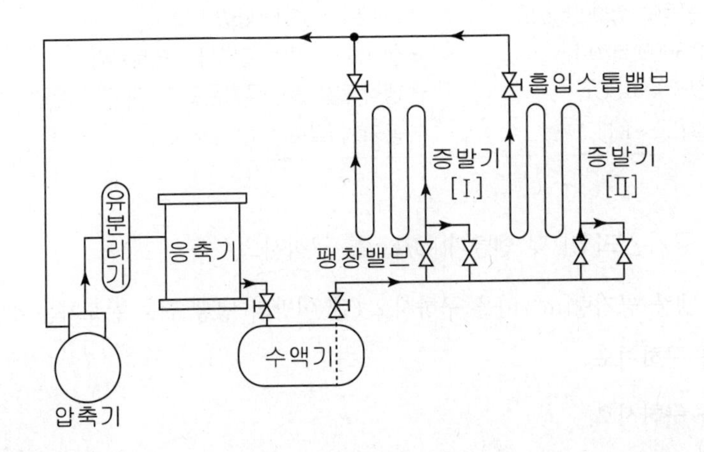

해답

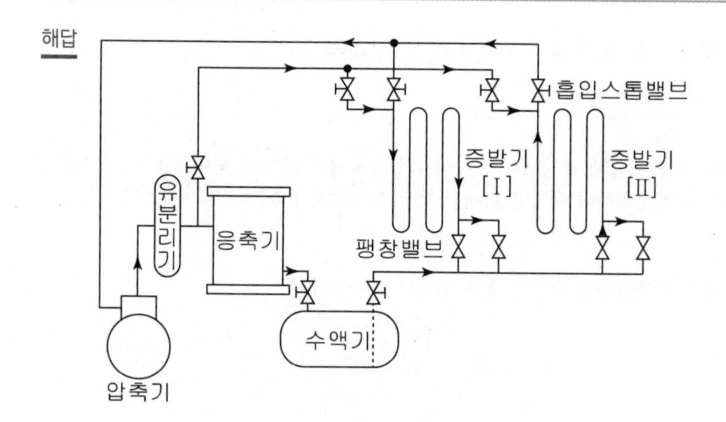

10 다음은 동일한 증발온도와 응축온도의 조건에서 운전되는 암모니아를 냉매로 하는 2단 압축 1단 팽창방식의 냉동사이클과 2단 압축 2단 팽창방식의 냉동사이클을 p-h선도에 나타낸 것이다. 주어진 조건을 이용하여 물음에 답하시오.

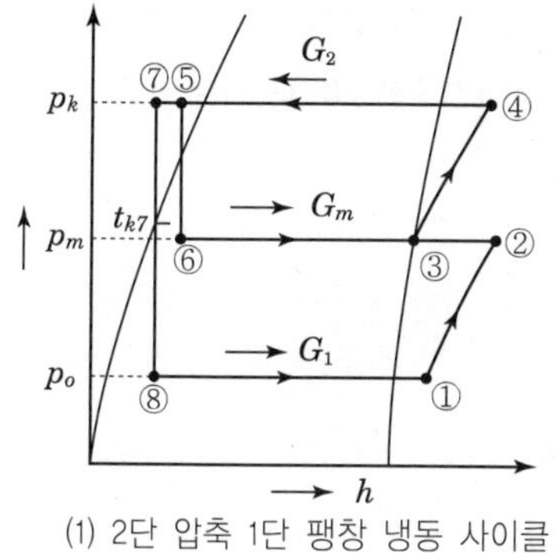

(1) 2단 압축 1단 팽창 냉동 사이클

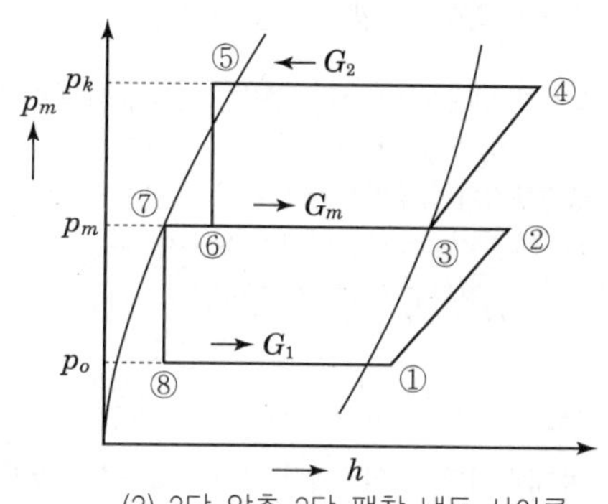

(2) 2단 압축 2단 팽창 냉동 사이클

【조건】

2단 압축 1단 팽창식, 2단 압축 2단 팽창식 공통

1. 저단 압축기의 흡입증기 비엔탈피	$h_1 = 1490$[kJ/kg]
2. 저단 압축기의 단열압축 후의 토출가스 비엔탈피	$h_2 = 1600$[kJ/kg]
3. 고단 압축기의 흡입증기 비엔탈피	$h_3 = 1560$[kJ/kg]
4. 고단 압축기의 단열압축 후의 토출가스 비엔탈피	$h_4 = 1720$[kJ/kg]
5. 응축기출구 액의 비엔탈피	$h_5 = 400$[kJ/kg]
6. 증발기용 팽창밸브 직전의 액의 비엔탈피(2단 압축 1단 팽창식)	$h_7 = 280$[kJ/kg]
증발기용 팽창밸브 직전의 액의 비엔탈피(2단 압축 2단 팽창식)	$h_7 = 260$[kJ/kg]
7. 압축기의 압축(단열)효율(전단 측, 고단 측 모두)	$\eta_c = 0.70$
8. 압축기의 기계효율(저단 측, 고단 측 모두)	$\eta_m = 0.85$
9. 증발기 냉매순환량(1단 팽창식, 2단 팽창식 모두)	$G_L = 0.125$[kg/s]

(1) 각 냉동사이클의 성적계수(COP)를 구하시오.

(2) 2단 압축 1단 팽창식에 대한 2단 압축 2단 팽창식의 성적계수의 증가율을 구하시오.

해답 이 문제는 2단 압축 1단 팽창식과 2단 압축 2단 팽창식을 조합한 문제로서 2 사이클의 공통점은 증발기 냉매순환량이 0.125kg/s 이며 이것를 기준으로 해석한다. 각 점의 비엔탈피가 모두 동일하며 팽창밸브 직전 액의 비엔탈피 1개소만 서로 다르다.

(1) 각 냉동사이클의 성적계수(COP)

1) 2단 압축 1단 팽창식

아래의 2단 압축 1단 팽창 냉동사이클에서 실선은 단열압축을 파선은 실제 압축을 나타낸다.
또한 $h_5 = h_6$, $h_7 = h_8$이다.

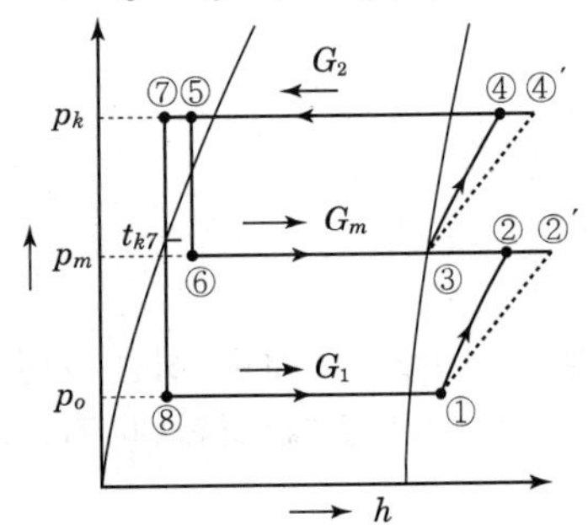

(1) 2단 압축 1단 팽창 냉동 사이클

① 응축기 냉매순환량 G_H, 증발기 냉매순환량을 G_L 중간냉각기의 바이패스 냉매순환량을 G_m이라 하면
$G_H = G_L + G_m$이 된다.
중간냉각기의 냉매순환량 G_m은 열수지에 의해

$$G_L\{(h'_2 - h_3) + (h_5 - h_7)\} = G_m(h_3 - h_6)$$

$$G_m = G_L \frac{(h'_2 - h_1) + (h_5 - h_7)}{h_3 - h_6}$$

$G_H = G_L + G_m$이므로 $G_H = G_L + G_L \dfrac{(h'_2 - h_1) + (h_5 - h_7)}{h_3 - h_6} = G_L \dfrac{h'_2 - h_7}{h_3 - h_6}$

여기서 저단 측 압축기의 실제 토출가스 비엔탈피 h'_2

$$h'_2 = h_1 + \frac{h_2 - h_1}{\eta_{cL}} = 1490 + \frac{1600 - 1490}{0.7} ≒ 1647.14$$

따라서 응축기 냉매순환량 G_H는 증발기 냉매순환량은 0.125[kg/s]이므로

$$G_H = G_L \frac{h'_2 - h_7}{h_3 - h_6} = 0.125 \times \frac{1647.14 - 280}{1560 - 400} = 0.147$$

② • 저단 압축기의 실제 축동력 $L_{S1} = \dfrac{G_L \times (h_2 - h_1)}{\eta_{cL} \cdot \eta_{mL}} = \dfrac{0.125 \times (1600 - 1490)}{0.7 \times 0.85} = 23.11[\text{kW}]$

• 고단 압축기의 실제 축동력 $L_{S1} = \dfrac{G_H \times (h_4 - h_3)}{\eta_{cH} \cdot \eta_{mH}} = \dfrac{0.147 \times (1720 - 1560)}{0.7 \times 0.85} = 39.53[\text{kW}]$

실제 압축기의 구동 축동력 $L_s = L_{s1} + L_{s2} = 23.11 + 39.53 = 62.64[\text{kW}]$

③ 냉동능력 Q_2는

$$Q_2 = G_L(h_1 - h_8) = 0.125 \times (1490 - 280) = 151.25[\text{kW}]$$

따라서 2단 압축 1단 팽창 냉동 사이클의 실제 성적계수(COP)는 다음과 같다.

$$COP = \frac{Q_2}{L_s} = \frac{151.25}{62.64} = 2.415$$

또는 $COP = \dfrac{Q_2}{Ls_1 + Ls_2} = \dfrac{G_L \cdot (h_1 - h_8)}{\dfrac{G_L \times (h_2 - h_1)}{\eta_{cL} \cdot \eta_{mL}} + G_L \cdot \dfrac{(h'_2 - h_7)}{(h_3 - h_6)} \cdot \dfrac{(h_4 - h_3)}{\eta_{cH} \cdot \eta_{mH}}}$

여기서 전항에서 G_L은 소거가 되고 $\eta_{cL} = \eta_{cH}$, $\eta_{mL} = \eta_{mH}$이므로

$$= \frac{(h_1 - h_8)}{(h_2 - h_1) + \dfrac{(h'_2 - h_7)}{(h_3 - h_6)}(h_4 - h_3)} \times \eta_c \times \eta_m = \left(\frac{1490 - 280}{(1600 - 1490) + \dfrac{(1647.14 - 280)}{(1560 - 400)} \times (1720 - 1560)} \right) \times 0.7 \times 0.85 = 2.41$$

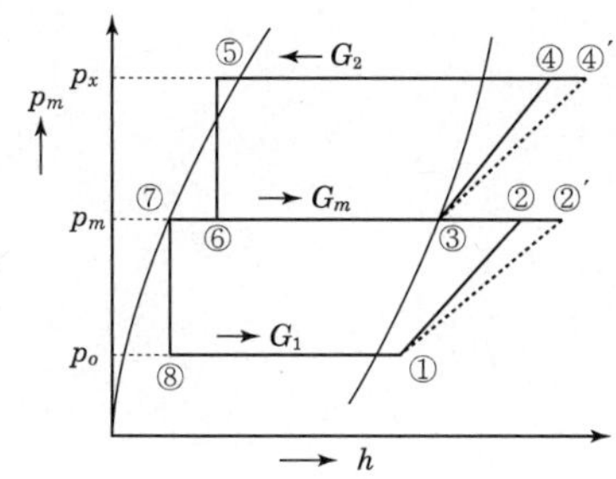

2) 2단 압축 2단 팽창 냉동 사이클

2) 2단 압축 2단 팽창식

① 2단 압축 1단 팽창식과 2단 압축 2단 팽창식의 증발기 냉매순환량 조건이 모두 같기 때문에 2단압축 1단 팽창식과 같은 원리로 성적계수(COP)를 구한다.

② 여기서 저단 측 압축기의 실제 토출가스 비엔탈피h'_2는 1단팽창식과 동일하다.

$$h'_2 = h_1 + \frac{h_2 - h_1}{\eta_{cL}} = 1490 + \frac{1600 - 1490}{0.7} = 1647.14$$

응축기 냉매순환량G_H는 증발기 냉매순환량은 0.125kg/s이므로($h_7 = 260$ 대입)

$$G_H = G_L \frac{h'_2 - h_7}{h_3 - h_6} = 0.125 \times \frac{1647.14 - 260}{1560 - 400} = 0.149$$

- 저단 압축기의 실제 축동력$L_{S1} = \dfrac{G_L \times (h_2 - h_1)}{\eta_{cL} \cdot \eta_{mL}} = \dfrac{0.125 \times (1600 - 1490)}{0.7 \times 0.85} = 23.11[\text{kW}]$
- 고단 압축기의 실제 축동력$L_{S1} = \dfrac{G_H \times (h_4 - h_3)}{\eta_{cH} \cdot \eta_{mH}} = \dfrac{0.149 \times (1720 - 1560)}{0.7 \times 0.85} = 40.07[\text{kW}]$

실제 압축기의 구동 축동력$L_s = L_{s1} + L_{s2} = 23.11 + 40.07 = 63.18[\text{kW}]$

③ 2단 팽창 냉동능력 Q_2는 1단 팽창과 냉매량은 동일하며

$Q_2 = G_L(h_1 - h_8) = 0.125 \times (1490 - 260) = 153.75[\text{kW}]$

따라서 2단 압축 1단 팽창 냉동 사이클의 실제 성적계수(COP)는 다음과 같다.

$$COP = \frac{Q_2}{L_s} = \frac{153.75}{63.18} = 2.434$$

또는 $COP = \dfrac{Q_2}{Ls_1 + Ls_2} = \dfrac{G_L \cdot (h_1 - h_8)}{\dfrac{G_L \times (h_2 - h_1)}{\eta_{cL} \cdot \eta_{mL}} + G_L \cdot \dfrac{(h'_2 - h_7)}{(h_3 - h_6)} \cdot \dfrac{(h_4 - h_3)}{\eta_{cH} \cdot \eta_{mH}}}$

여기서 전항에서 G_L은 소거가 되고 $\eta_{cL} = \eta_{cH}$, $\eta_{mL} = \eta_{mH}$이므로

$$= \frac{(h_1 - h_8)}{(h_2 - h_1) + \dfrac{(h'_2 - h_7)}{(h_3 - h_6)}(h_4 - h_3)} \times \eta_c \times \eta_m = \left(\frac{1490 - 260}{(1600 - 1490) + \dfrac{(1647.14 - 260)}{(1560 - 400)} \times (1720 - 1560)} \right) \times 0.7 \times 0.85 = 2.43$$

(2) 2단 압축 1단 팽창식(2.415)에 대하여 2단 압축 2단 팽창식(2,434) 성적계수는 거의 차이가 없으나 약간 증가하며 그 증가율은

성적계수 증가율$= \dfrac{2.434 - 2.415}{2.434} \times 100 = 0.08\%$

위 2 가지 사이클의 증발기 냉매순환량(0.125[kg/s]) 운전조건을 동일하게 하였을 경우 2단 압축 2단 팽창식은 2단 압축 1단 팽창식보다 성적계수의 증가율은 약 0.08% 이다. 만약 팽창밸브 직전 액의 비엔탈피가 같다고 조건을 주면 2사이클의 성적계수는 같다.

11 다음은 겨울철 단일 덕트 공조방식을 나타낸 것이다. 주어진 습공기 선도(부록참조)를 이용하여 각 물음에 답하시오.

【조 건】

1. 실내부하
   ① 현열부하(q_S)=30[kW]
   ② 잠열부하(q_L)=5.25[kW]
2. 실내 : 온도 20℃, 상대습도 50%
3. 외기 : 온도 2℃, 상대습도 40%
4. 환기량과 외기량의 비는 3:1이다.
5. 공기의 밀도 : 1.2[kg/m^3]
6. 공기의 비열 : 1.0[kJ/kg·K]
7. 실내 송풍량 : 10000[kg/h]
8. 덕트 장치 내의 열취득(손실)을 무시한다.
9. 가습은 순환수 분무(단열분무)로 한다.

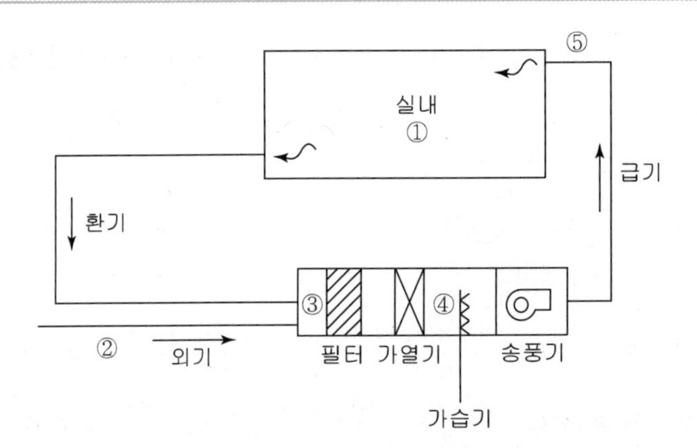

(1) 실내부하의 현열비(SHF)를 구하시오.

(2) 취출공기온도를 구하시오.

(3) 계통도를 보고 공기의 상태변화를 습공기 선도 상에 나타내고, 장치의 각 위치에 대응하는 점(①~⑤)을 표시하시오.

(4) 가열기 용량(kW)을 구하시오.

(5) 가습량(kg/h)을 구하시오.

해답 (1) $\text{SHF} = \dfrac{q_s}{q_s + q_L} = \dfrac{30}{30 + 5.25} = 0.85$

(2) $q_s = m \cdot C_p(t_5 - t_1)$ 에서

취출공기온도 $t_5 = \dfrac{q_s}{C_p \cdot m} + t_1 = \dfrac{30 \times 3600}{1.0 \times 10000} + 20 = 30.8$[℃]

(3) 혼합점 ③온도는 환기와 외기 혼합비 3:1로 구한다.

$$t_3 = \frac{3 \times 20 + 1 \times 2}{3+1} = 15.5$$

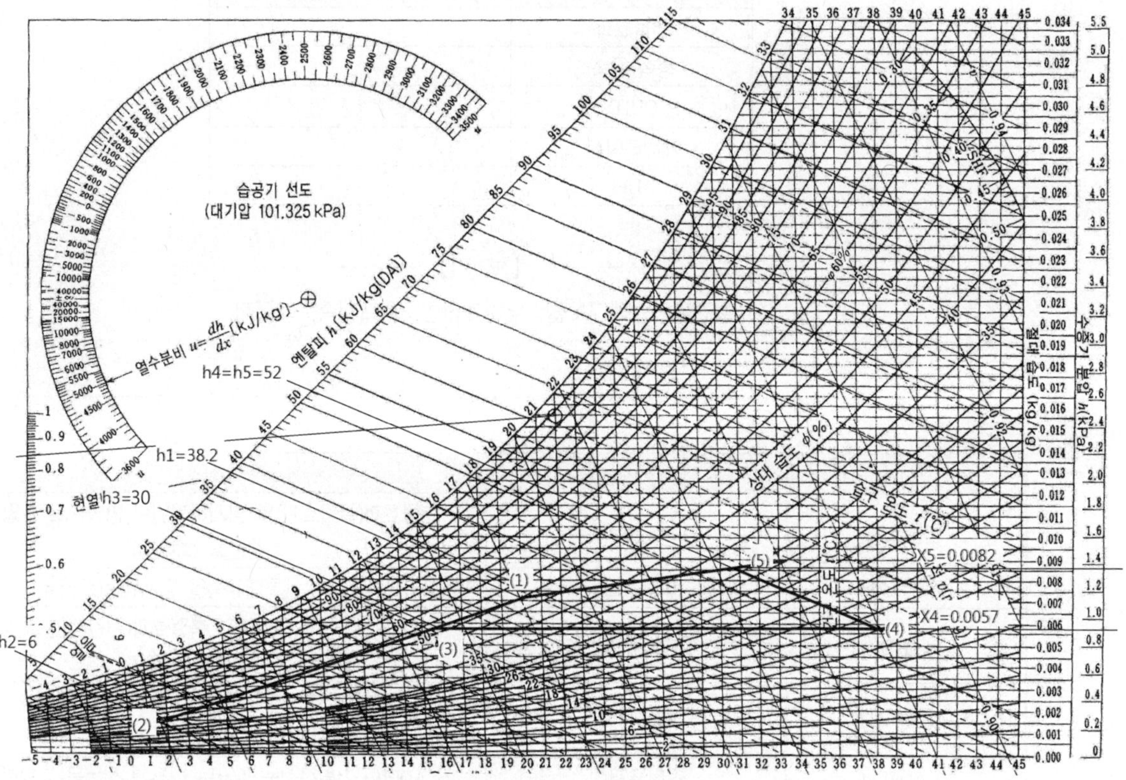

(4) 가열기 용량 $q_H = m(h_4 - h_3) = 10000 \times (52 - 30.7)/3600 = 59.17$[kW]

또는 $q_H = mC\Delta t = 10000 \times 1.0 \times (38.2 - 15.5) = 63.06$[kW]

(5) 가습량 $L = m(x_5 - x_4) = 10000 \times (0.0082 - 0.0057) = 25$[kg/h]

12 **2톤의 물을 3시간 동안에 30[℃]에서 20[℃] 까지 냉각하는데 필요한 냉각 열량(kW)은 얼마인가? (단, 물의 비열은 4.2[kJ/kg K])**

해답 전체 냉각열량은

$q = mC\Delta t$

$= 2000 \times 4.2(30 - 20) = 84000$[kJ]

3시간동안에 냉각하므로 kW=kJ/s로 환산하면

$$\text{kW} = \frac{84000}{3 \times 3600} = 7.78[\text{kW}]$$

13 **공조설비에 대한 용어와 가장 관계가 깊은 내용을 보기에서 고르시오.**

용어	연관 내용
연돌효과	
종속 유속	
CLTD	
캐비테이션	
ADPI	

【보 기】

회전문, 인젝터노즐, 부하계산법, 펌프실속, 디퓨저

해답

용어	연관 내용	해설
연돌효과	회전문	연돌효과(굴뚝효과)를 방지하기위한 방법으로 출입구에 회전문을 설치한다)
종속 유속	인젝터노즐	인젝터에서 얻어지는 최대유속을 임계유속(종국유속)이라한다.
CLTD	부하계산법	CLTD는 벽체 구조에 따라 축열효과(시간지연)를 고려한 냉방부하계산법이다.
캐비테이션	펌프실속	펌프 흡입측에서 케비테이션이 발생하면는 펌프에 양력이 발생하지 않는 실속상태(stall)가 된다.
ADPI	디퓨저	ADPI(공기확산성능계수)는 디퓨져 성능을 표기한다.

14 공조설비에서 다음 그림과 같은 배관 평면도를 입체도로 그리시오.

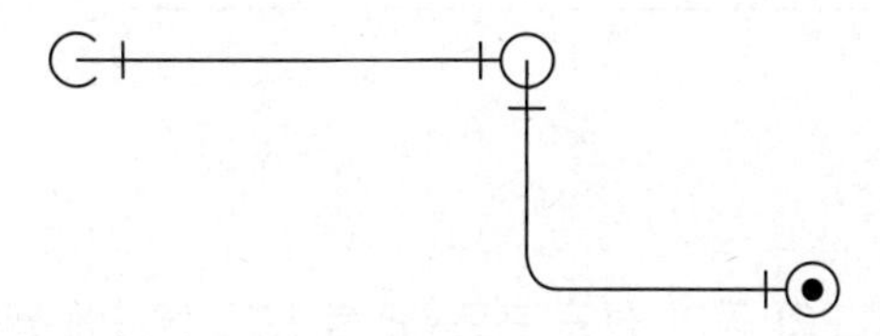

해답

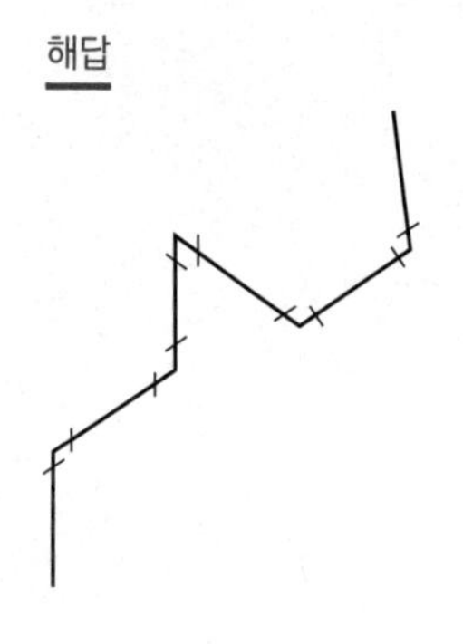

2023 제2회 실기 기출문제 동영상 제공

01 **다음 그림과 같은 2중 덕트 장치도와 공기 선도 프로세스를 보고 물음에 답하시오.**

【보 기】

실내온도 26[℃], 50%, h=53[kJ/k]g
외기 31[℃], 65%, h=83[kJ/kg]
실내 총급기량 7200[kg/h], 도입외기량은 1800[kg/h]
실 현열부하 20[kW], 냉각코일출구 온도 14℃, 가열코일출구 온도 33[℃]
취출공기온도 16[℃], 공기비열 1.0[kJ/kg K], 공기밀도 1.2[kg/m^3]

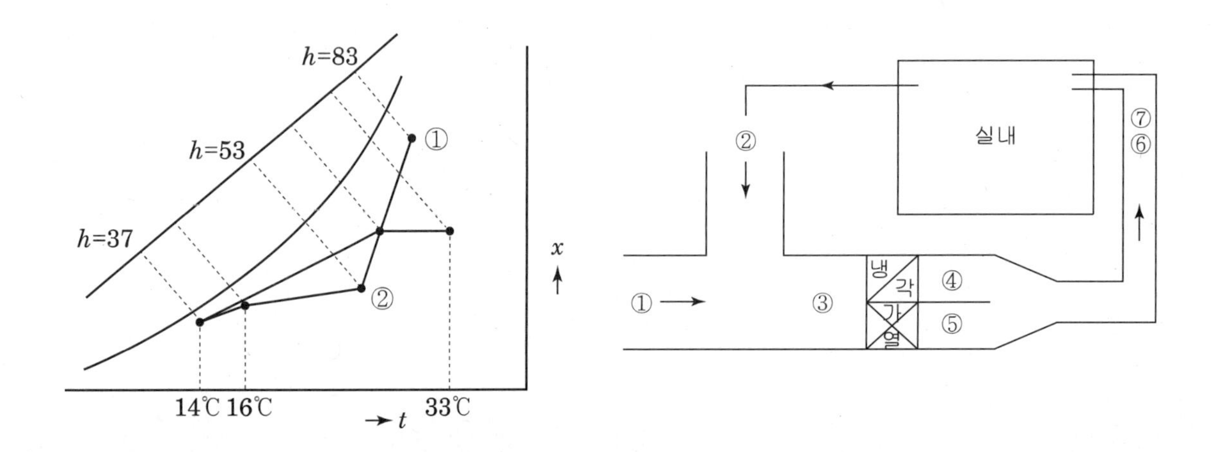

(1) 계통도에서 공기상태에 적합한 번호를 기입하시오

외기	실내공기	혼합공기	냉각코일 출구	가열코일출구	취출공기

(2) 혼합공기 온도와 엔탈피를 구하시오

(3) 냉각코일 통과 공기량(m^3/h)을 구하시오

(4) 냉각코일 용량(kW)을 구하시오

(5) 가열코일 용량(kW)을 구하시오

(6) 외기부하(kW)을 구하시오

해답 (1)

외기	실내공기	혼합공기	냉각코일 출구	가열코일출구	취출공기
①	②	③	④	⑤	⑥

(2) 혼합공기 온도 $t_3 = \dfrac{1800 \times 31 + (7200 - 1800)26}{7200} = 27.25[℃]$

엔탈피 $h_3 = \dfrac{1800 \times 83 + (7200 - 1800)53}{7200} = 60.5[kJ/kg]$

(3) 냉각코일 통과 공기량(m^3/h)은 전체 급기량은 냉각공기(14℃)와 가열공기(33℃)를 혼합하여 취출공기(16℃)를 얻으므로 혼합비를 구하면

$16 = \dfrac{x \times 14 + (7200 - x)33}{7200}$

$x =$ 냉각코일 공기량 $= 6442.11[kg/h] = 5368.43[m^3/h]$

(4) 냉각코일 용량(kW)=$m\Delta h = 6442.11(60.5 - 37) = 151,389.59[kJ/h] = 42.05[kW]$

(5) 가열코일 용량(kW)=$mC\Delta t = (7200 - 6442.11) \times 1(33 - 27.25) = 4357.87[kJ/h] = 1.21[kW]$

(6) 외기부하(kW)=$m_o\Delta h = 1800(83 - 53) = 54,000[kJ/h] = 15[kW]$

02 다음의 장치도는 액가스 열교환기를 설치한 R404A가 보기의 조건으로 운전되고 있다. 다음 물음에 답하시오. 단, 압축기의 기계적 마찰손실은 토출가스의 열로 변환된 것으로 한다. 또한, 배관에서의 열의 출입 및 압력손실은 없는 것으로 한다.

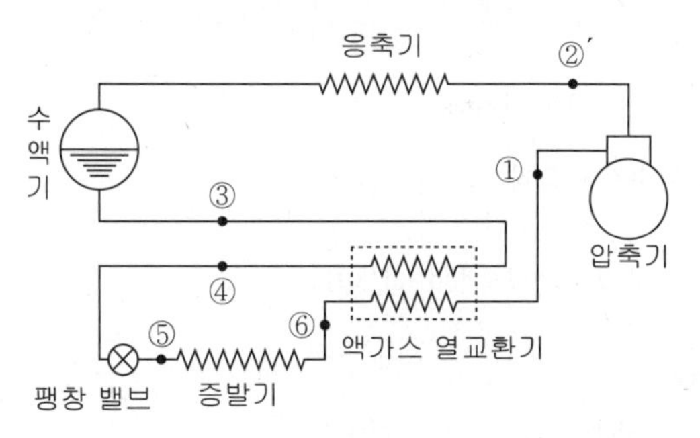

【조 건】

압축기의 흡입증기 비엔탈피	$h_1 = 376[kJ/kg]$
압축기의 단열압축후의 토출가스 비엔탈피	$h_2 = 420[kJ/kg]$
수액기출구 액의 비엔탈피	$h_3 = 240[kJ/kg]$
팽창밸브 직전의 액의 비엔탈피	$h_4 = 217[kJ/kg]$
실제 응축기의 응축부하	$Q_1 = 180[kW]$
압축기의 압축효율	$\eta_c = 0.70$
압축기의 기계효율	$\eta_m = 0.85$

(1) 냉동능력 Q_2[kW]을 구하시오.

(2) 액가스 열교환기에서의 열교환량 Q_m[kW]을 구하시오.

(3) 이 냉동장치의 실제 성적계수(COP)을 구하시오

해답 아래 그림은 문제의 냉동사이클을 p-h선도 상에 나타낸 것으로 여기서 실선은 단열압축을 파선은 실제압축을 나타낸다. 또한 $h_5 = h_6$, $h_7 = h_8$이다.

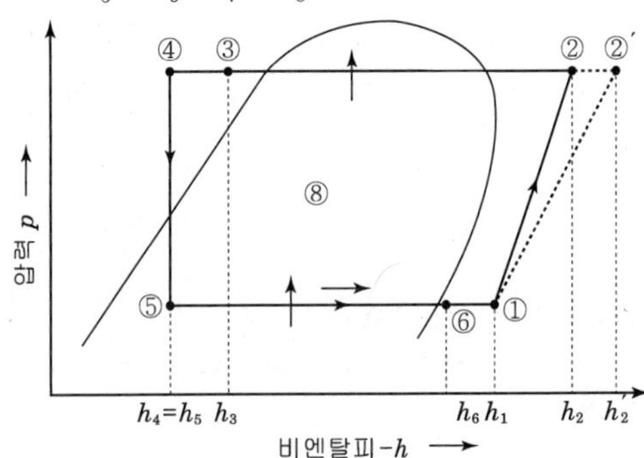

(1) 냉동능력 Q_2(kW)과 응축부하 Q_1(kW)는 다음 식으로 구한다.

$Q_2 = G_s(h_6 - h_5)$ .... ①

$Q_1 = G_s(h'_2 - h_3)$ .... ②

여기서, 압축효율과 기계효율(기계적 마찰손실)이 토출가스 엔탈피를 상승시키므로

$$h'_2 = h_1 + \frac{h_2 - h_1}{\eta_c \cdot \eta_m} = 376 + \frac{420 - 376}{0.70 \times 0.85} = 449.95[\text{kJ/kg}]$$

②식에서 냉매순환량 G_s

$$G_s = \frac{Q_1}{h'_2 - h_3} = \frac{180}{449.95 - 240} = 0.857[\text{kg/s}]$$

또한, 액가스 열교환기의 열수지에 의해

$h_1 - h_6 = h_3 - h_4$

$h_6 = h_1 - (h_3 - h_4) = 376 - (240 - 217) = 353[\text{kJ/kg}]$

그리고 $h_4 = h_5$이므로

∴ ①식에 의해 냉동능력 Q_2

$Q_2 = G_s(h_6 - h_5) = 0.857 \times (353 - 217) = 116.552[\text{kW}]$

(2) 액가스 열교환기에서의 열교환량 Q_m[kW]

$Q_m = G_s(h_3 - h_4) = 0.857 \times (240 - 217) = 19.711[\text{kW}]$

(3) 이 냉동장치의 실제 성적계수(COP)

$\text{COP} = \dfrac{Q_2}{W}$에서

$$W = \frac{G_s(h_2 - h_1)}{\eta_c \cdot \eta_m} = \frac{0.857 \times (420 - 376)}{0.70 \times 0.85} = 63.375[\text{kW}]$$

$$\therefore \text{COP} = \frac{116.552}{63.375} = 1.839$$

03 **다음 $p-h$ 선도와 같은 조건에서 운전되는 R-502 냉동장치가 있다. 이 장치의 축동력이 7[kW], 이론 피스톤 토출량(V_a)이 0.018[m^3/s], $\eta_v=0.7$일 때 다음 각 물음에 답하시오.**

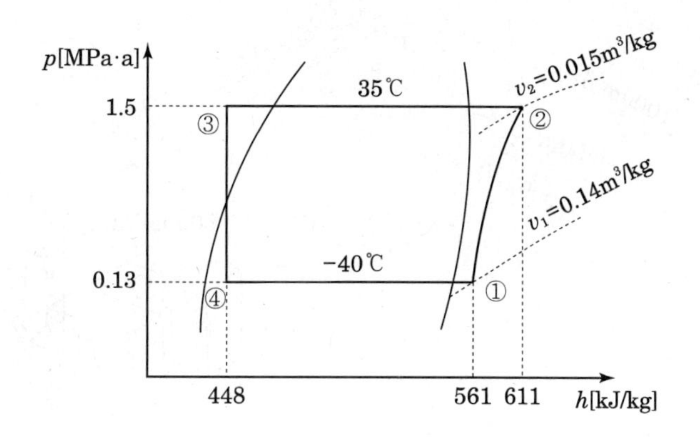

(1) 냉동장치의 냉매순환량(kg/s)을 구하시오.

(2) 냉동능력(kW)을 구하시오.

(3) 냉동장치의 실제 성적계수를 구하시오.

(4) 압축기의 압축비를 구하시오.

해설 (3) 냉동장치의 실제 성적계수는 압축기의 압축효율(단열효율) η_c, 기계효율 η_m의 손실분에 의해서 축동력이 크게 된다. 따라서 실제 성적계수는 이론 성적계수보다 적게 되어 다음 식이 된다.

실제 성적계수 $COP_R=\dfrac{Q_2}{L_s}=\dfrac{Q_2}{\dfrac{L}{\eta_c\cdot\eta_m}}=\dfrac{Q_2}{L}\eta_c\cdot\eta_m=COP\cdot\eta_c\cdot\eta_m$

여기서, Q_2 : 냉동능력[kW], L_s : 축동력[kW],
L : 이론단열압축동력[kW], η_c : 압축효율,
η_m : 기계효율, COP : 이론 성적계수

해답 (1) 냉매순환량 $G=\dfrac{V_a\cdot\eta_v}{v}=\dfrac{0.018\times0.7}{0.14}=0.09\,[\text{kg/s}]$

(2) 냉동능력 $Q_2=G(h_1-h_4)=0.09\times(561-448)=10.7\,[\text{kW}]$

(3) 실제 성적계수 $COP_R=\dfrac{\text{냉동능력}}{\text{압축기 축동력}}=\dfrac{10.17}{7}=1.45$

(4) 압축비 $m=\dfrac{P_2}{P_1}=\dfrac{1.5}{0.13}=11.54$

04 송풍기 총풍량 $6000[m^3/h]$, 송풍기 출구 풍속을 $7[m/s]$로 하는 다음의 덕트 시스템에서 등마찰손실법에 의하여 Z-A-B, B-C, C-D-E 구간의 원형 덕트의 크기와 덕트 풍속을 구하시오.

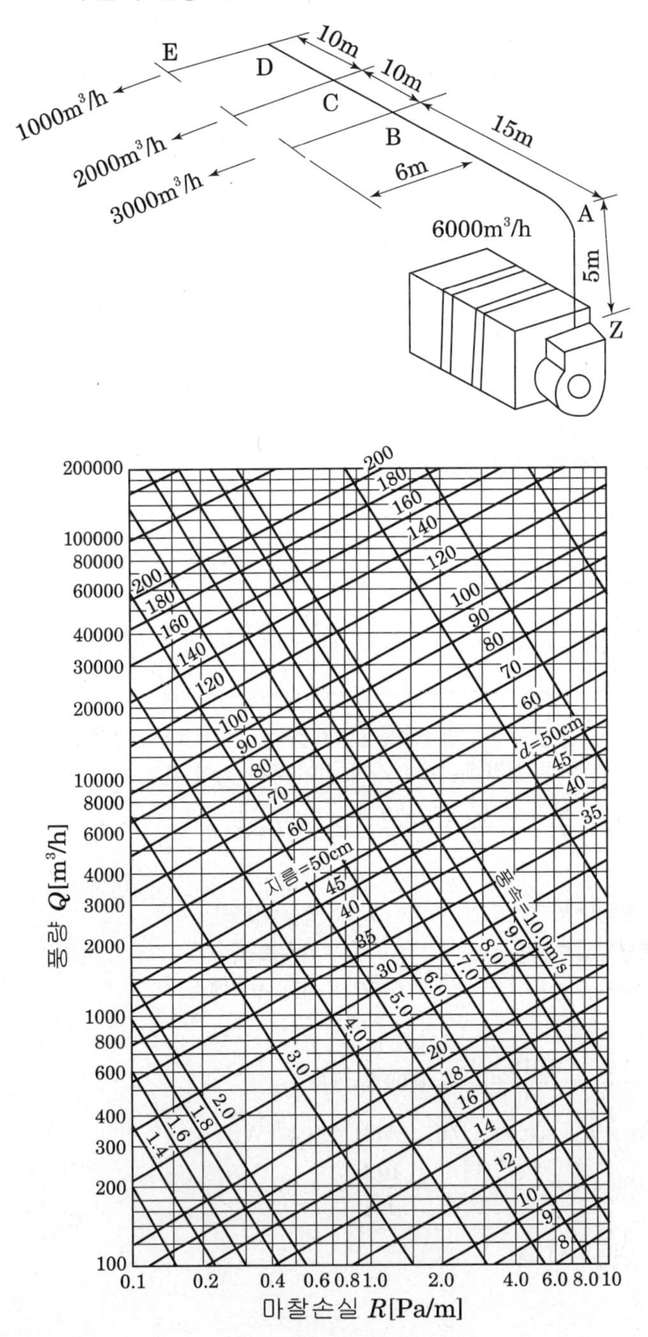

구간	원형 덕트 크기(cm)	풍속(m/s)
Z-A-B		
B-C		
C-D-E		

해설 (1) 덕트 각 구간의 풍량

① Z-A-B구간의 풍량 = 1000 + 2000 + 3000 = 6000[m^3/h]

② B-C구간의 풍량 = 1000 + 2000 = 3000[m^3/h]

③ C-D-E구간의 풍량 = 1000[m^3/h]

(2) 원형 덕트의 크기 결정(등마찰손실법)

주덕트(Z-A-B)의 유량선도(마찰저항선도)에서 풍량 6000[m^3/h]과 주덕트의 풍속(이 문제에서는 송풍기 출구 풍속)과의 교점에서 아래로 수선을 그리면 약 1[Pa]이며 이 수선과 각 구간의 풍량에 의해 원형 덕트의 크기를 결정한다. 풍속은 유량선도의 읽음으로 구한다.

※ 주의 : 등마찰손실법으로 설계 시에는 주덕트의 풍량과 풍속에 의해 단위길이 당 마찰저항을 구한다. 실제로 송풍기 출구 풍속과 주덕트의 풍속은 같지 않다.

해답

구간	원형 덕트 크기(cm)	풍속(m/s)
Z-A-B	53	7
B-C	42	6
C-D-E	28	4.5

05 건구온도 25[℃], 상대습도 50% 5000[kg/h]의 공기를 15[℃]로 냉각할 때와 35[℃]로 가열할 때의 열량을 공기선도에 작도하여 엔탈피로 계산하시오.

해설 공기를 단순히 가열이나 냉각을 할 경우에는 절대습도의 변화 없이 건구온도만 변화한다.

해답

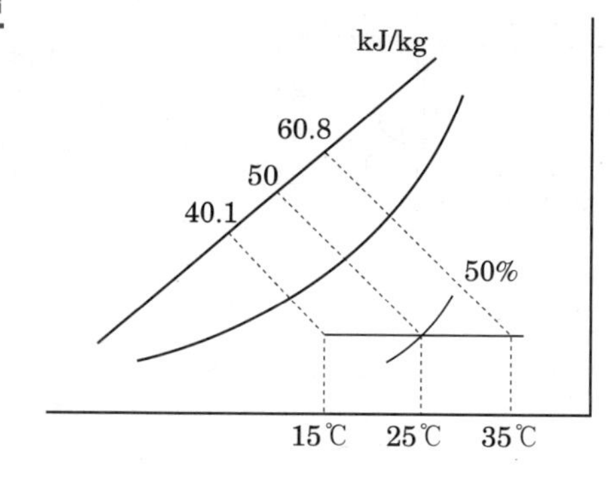

$q = G \cdot \Delta h$에서

(1) 25℃에서 15℃로 냉각할 때의 열량 $= 5000 \times (50 - 40.1) = 49500$[kJ/h]

(2) 25℃에서 35℃로 가열할 때의 열량 $= 5000 \times (60.8 - 50) = 54000$[kJ/h]

06 다음 설계조건을 이용하여 각 부분의 냉방열량을 시간별(10시, 12시)로 각각 구하시오.

【조 건】

1. 공조시간 : 10시간
2. 외기 : 10시 31[℃], 12시 33[℃], 16시 32[℃]
3. 인원 : 6인
4. 실내설계 온·습도 : 26[℃], 50%
6. 각 구조체의 열통과율 K[W/m²·K] : 외벽 0.26, 칸막이벽 0.36, 유리창 3.2
7. 인체에서의 발열량 : 현열 63[W/인], 잠열 69[W/인]
8. 유리 일사량(W/m²)

	10시	12시	16시
일사량	406	52	35

9. 상당 온도차(Δt_e)

	N	E	S	W	유리	내벽온도차
10시	5.5	12.5	3.5	5.0	5.5	2.5
12시	4.7	20.0	6.6	6.4	6.5	3.5
16시	7.5	9.0	13.5	9.0	5.6	3.0

10. 유리창 차폐계수 $K_s = 0.70$
11. 조명(형광등) 20[W/m²]

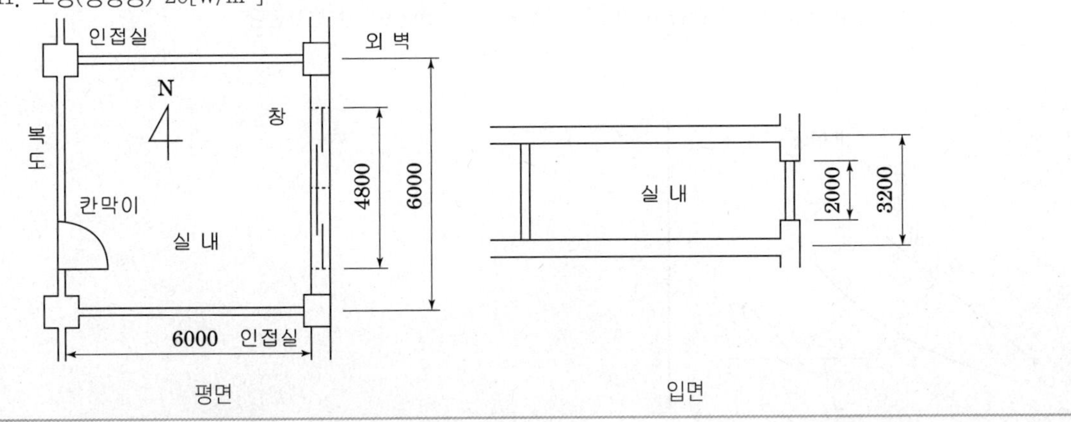

(1) 벽체로 통한 취득열량

① 동쪽 외벽

② 칸막이벽 및 문 (단, 문의 열통과율은 칸막이벽과 동일)

(2) 유리창으로 통한 취득열량

(3) 조명 발생열량

(4) 인체 발생열량

해답 (1) 벽체로 통한 취득열량 q_w

① 동쪽 외벽 $q_w = K_w \cdot A_w \cdot \Delta t_e$ 에서

- 10시일 때$= 0.26 \times \{(6 \times 3.2) - (4.8 \times 2)\} \times 12.5 = 31.2$[W]
- 12시일 때$= 0.26 \times \{(6 \times 3.2) - (4.8 \times 2)\} \times 20 = 49.92$[W]

② 칸막이벽 및 문 $q_w = K_w \cdot A_w \cdot \Delta t$에서

- 10시일 때$= 0.36 \times (6 \times 3.2) \times 2.5 = 17.28$[W]
- 12시일 때$= 0.36 \times (6 \times 3.2) \times 3.5 = 24.192$[W]

(2) 유리창으로 통한 취득열량 q_g

① 일사량 $q_{GR} = I_{gr} \cdot A_g \cdot (SC)$ 에서

- 10시일 때$= 406 \times (4.8 \times 2) \times 0.70 = 2728.32$[W]
- 12시일 때$= 52 \times (4.8 \times 2) \times 0.70 = 349.44$[W]

② 전도열량 $q_{gc} = K_g \cdot A_g \cdot \Delta t$

- 10시일 때$= 3.2 \times (4.8 \times 2) \times 5.5 = 168.96$[W]
- 12시일 때$= 3.2 \times (4.8 \times 2) \times 6.5 = 199.68$[W]

∴ 10시일 때 열량$= 2728.32 + 168.96 = 2897.28$[W]
12시일 때 열량$= 349.44 + 199.68 = 549.12$[W]

(3) 조명 발생열량$= (6 \times 6 \times 20) \times 1.2 = 864$[W]

(4) 인체 발생열량해 q_H

① 현열$= 63 \times 6 = 378$[W]

② 잠열$= 69 \times 6 = 414$[W]

∴ q_H=378+414=792[W]

07 조건이 다른 2개의 냉장실에 2대의 압축기를 설치하여 필요시에 따라 교체 운전을 할 수 있도록 흡입 배관과 그에 따른 밸브를 설치하고 완성하시오.

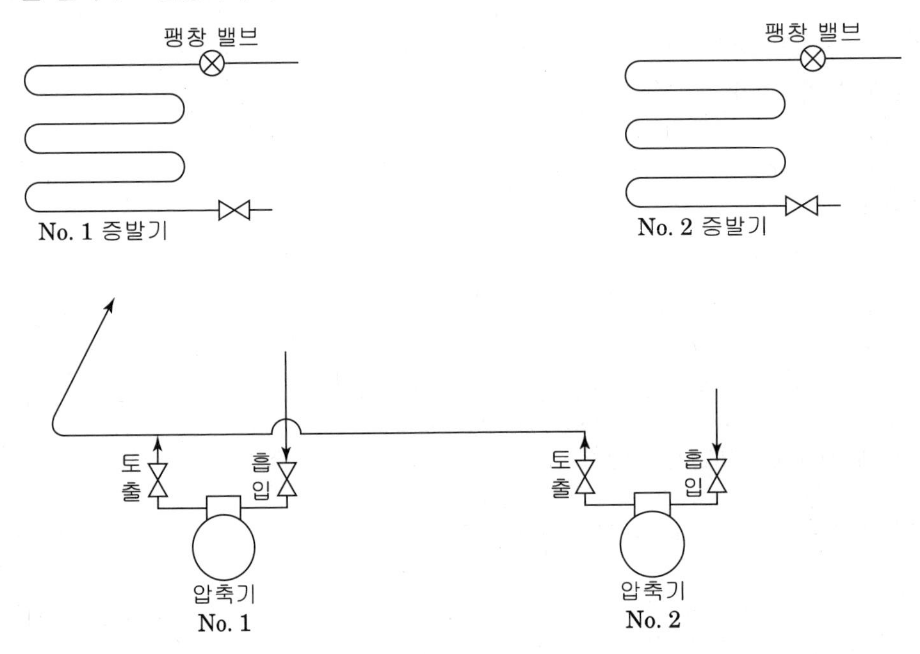

해답

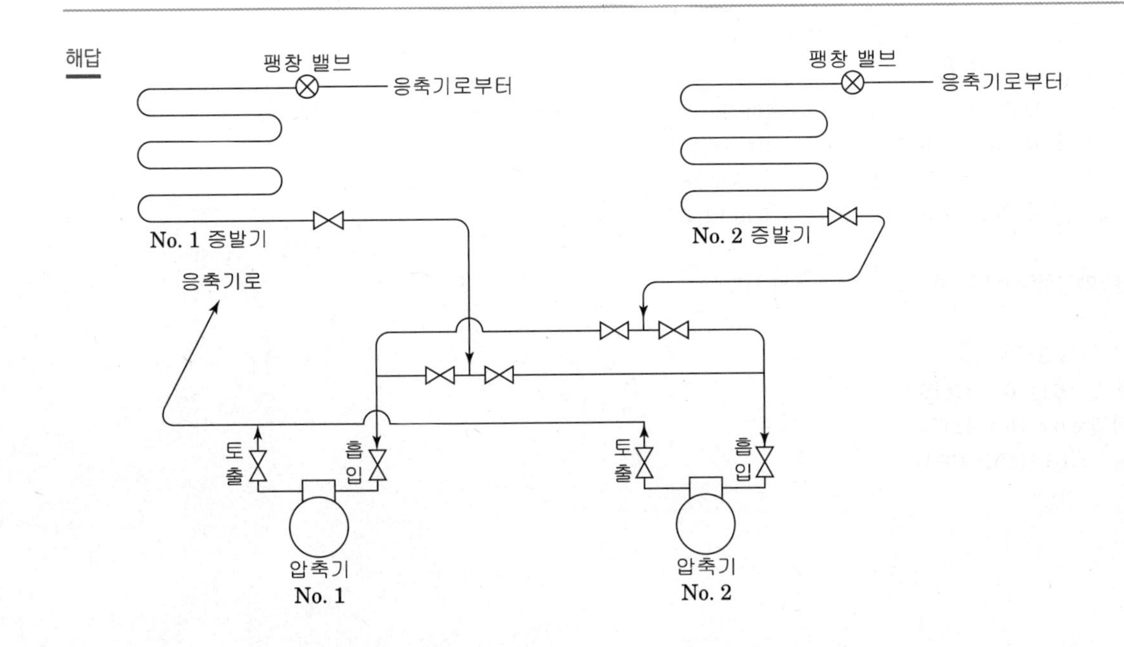

08 2단 압축 냉동장치의 p-h 선도를 보고 선도 상의 각 상태점을 장치도에 기입하고, 장치구성 요소명을 (　　) 에 쓰시오.

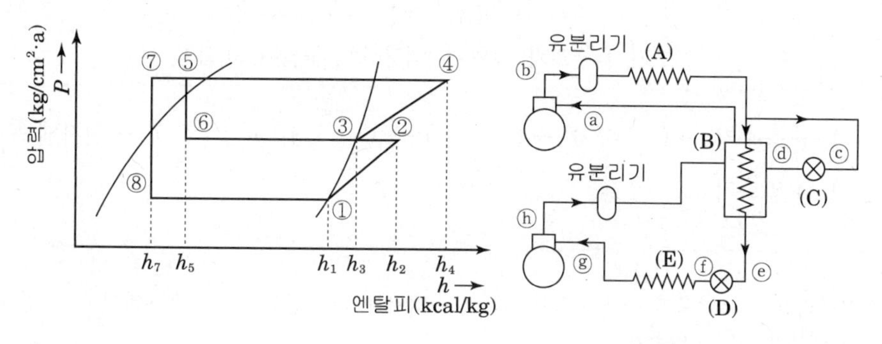

해답 (1) ⓐ-③, ⓑ-④, ⓒ-⑤, ⓓ-⑥, ⓔ-⑦, ⓕ-⑧, ⓖ-①, ⓗ-②

(2) A : 응축기
B : 액가스 중간냉각기
C : 제1팽창밸브(액가스 중간냉각기용)
D : 제2팽창밸브(주팽창밸브)
E : 증발기

09 냉동장치 운전중에 발생되는 현상과 운전관리에 대한 다음 물음에 답하시오.

(1) 플래시가스(flash gas)에 대하여 설명하시오.

(2) 액압축(liquid hammer)에 대하여 설명하시오.

(3) 안전두(safety head)에 대하여 설명하시오.

(4) 펌프다운(pump down)에 대하여 설명하시오.

(5) 펌프아웃(pump out)에 대하여 설명하시오.

해답 (1) 플래시가스 : 고압 액 배관에서 냉매액이 온도상승이나 압력강하에 의해 액이 기화하는 것으로 팽창밸브의 냉매유량이 감소하여 냉동능력이 감소하는 등의 문제가 발생한다. 이 때문에 열교환기를 설치하여 냉매를 과냉각 상태로 하여 플래시가스의 발생을 방지한다.

(2) 액압축 : 증발기에서 냉매가스에 냉매액이 혼입하여 압축기가 습운전을 하게 되면 냉매액이 압축기 실린더에 흡입되어 액압축이 일어난다. 액체는 비압축성이므로 극히 큰 압력이 발생하여 소음, 진동에 따른 liquid hammer의 현상으로부터 압축기의 밸브나 실린더헤드의 파손 우려가 있다.

(3) 안전두 : 압축기 실린더 상부 밸브플레이트를 스프링으로 지지시켜 놓은 것으로 이물질 또는 액 냉매가 혼입 시 이상고압에 의한 압축기 두부가 파괴되는 것을 방지하기 위해 설치한 안전장치를 말한다. (작동압력 = 정상고압 + 0.3 MPa)

(4) 펌프다운 : 냉동장치의 저압측(증발기, 흡입 등)을 수리하거나 장기간 휴지 시 냉매를 응축기나 수액기로 회수하는 것을 펌프 다운이라 한다.

(5) 펌프아웃 : 냉동장치 고압측에 냉매 누설이나 이상 발생 시 고압측을 수리하기 위해 고압측 냉매를 저압측(증발기) 또는 외부 용기로 회수하는 작업을 펌프 아웃이라 한다.

10 일반적인 냉동장치에서 구성 순서에 알맞게 설비를 보기에서 선택하여 기입하시오.

【보 기】

건조기, 유분리기, 수액기, 액분리기, 균압관, 여과기

압축기 → (   ) → 응축기 → (   ) → (   ) → (   ) → (   ) → 전자밸브 → 팽창밸브 → 증발기 → (   ) → 압축기

해답 압축기 → (유분리기) → 응축기 → (균압관) → (수액기) → (건조기) → (여과기) → 전자밸브 → 팽창밸브 → 증발기 → (액분리기) → 압축기

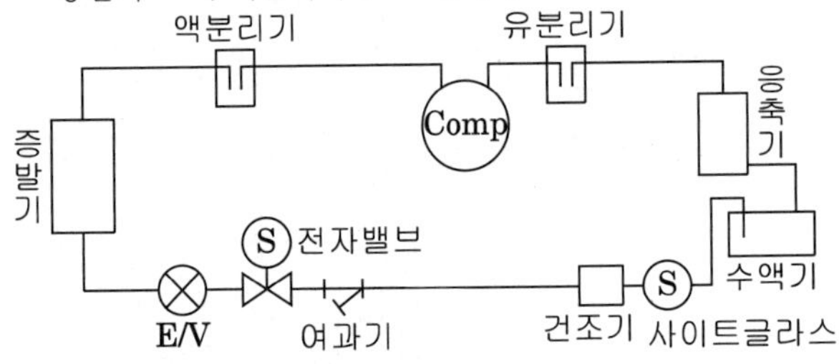

11 덕트설비에서 소음 방지법 3가지를 쓰시오.

해답 ① 저소음 송풍기를 적용한다.
② 소음기(플리넘챔버, 흡음엘보)를 적용한다.
③ 캔버스를 설치한다.

12 **냉동장치 각 기기의 온도변화 시에 이론적인 값이 상승하면 ○, 감소하면 ×, 무관하면 △을 하시오.**

상태변화 \ 온도변화	응축온도 상승	증발온도 상승	과열도 증가	과냉각도 증가
성적계수				
압축기 토출가스온도				
압축일량				
냉동효과				
압축기 흡입가스 비체적				

해답

상태변화 \ 온도변화	응축온도 상승	증발온도 상승	과열도 증가	과냉각도 증가
성적계수	×	○	×	○
압축기 토출가스온도	○	×	○	△
압축일량	○	×	○	△
냉동효과	×	○	○	○
압축기 흡입가스 비체적	△	×	○	△

13 다음과 같은 급기장치에서 덕트 선도와 주어진 조건을 이용하여 각 물음에 답하시오.

【조 건】

1. 직관덕트 내의 마찰저항손실 : 1[Pa/m]
2. 환기횟수 : 10[회/h]
3. 공기 도입구의 저항손실 : 5[Pa]
4. 에어필터의 저항손실 : 100[Pa]
5. 공기 취출구의 저항손실 : 50[Pa]
6. 굴곡부 1개소의 상당길이 : 직경 10배
7. 송풍기의 전압효율(η_t) : 60[%]
8. 각 취출구의 풍량은 모두 같다.
9. R=1Pa/m에 대한 원형 덕트의 지름은 다음 표에 의한다.

풍량(m^3/h)	200	400	600	800	1000	1200	1400	1600	1800
지름(mm)	152	195	227	252	276	295	316	331	346
풍량(m^3/h)	2000	2500	3000	3500	4000	4500	5000	5500	6000
지름(mm)	360	392	418	444	465	488	510	528	545

10. $kW = \dfrac{Q' \times \Delta P}{E}$ (Q' [m^3/s], ΔP[kPa])

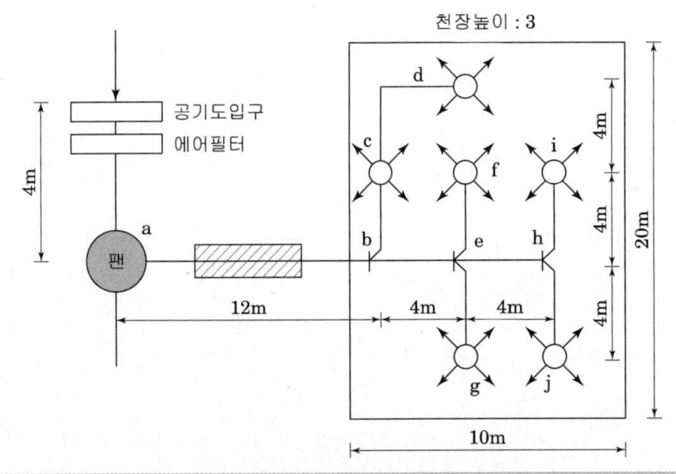

구간	풍량(m^3/h)	덕트지름(mm)
a-b		
b-c		
c-d		
b-e		

(1) 각 구간의 풍량[m^3/h]과 덕트지름[mm]을 구하시오.

(2) 전 덕트 저항손실[mmAq]을 구하시오.

(3) 송풍기의 소요동력[kW]을 구하시오.

해답 (1) 각 구간의 풍량[m^3/h]과 덕트지름[mm]

① 필요 급기량 $= 10 \times (10 \times 20 \times 3) = 6000[m^3/h]$

② 각 취출구 풍량 $= \dfrac{6000}{6} = 1000[m^3/h]$

③ 각 구간 풍량과 덕트지름

구간	풍량(m^3/h)	덕트지름(mm)
a-b	6000	545
b-c	2000	360
c-d	1000	276
b-e	4000	465

(2) 전 덕트 저항손실[mmAq]

① 직관 덕트 손실 $= (12+4+4+4) \times 1 = 24[Pa]$ (a-d 구간)

② 굴곡부 덕트 손실 $= (10 \times 0.276) \times 1 = 2.76[Pa]$

③ 취출구 손실 $= 50[Pa]$

④ 흡입 덕트 손실 $= (4 \times 1) + 5 + 100 = 109[Pa]$

⑤ 전 덕트 저항손실 $= 24 + 2.76 + 50 + 109 = 185.76[Pa]$

(3) 송풍기의 소요동력[kW]

$$kW = \frac{6000 \times 185.76 \times 10^{-3}}{3600 \times 0.6} = 0.516[kW]$$

2023 제3회 실기 기출문제 동영상 제공

01 어느 습공기의 건구온도가 22[℃]이고 상대습도가 60%이다. 건구온도가 22[℃]일때 포화수증기압이 2.6[kPa], 대기압 101.3[kPa] 이다. 물음에 답하시오. (단, 공기 비열 1.01[kJ/kg·K], 수증기 비열 1.85[kJ/kg·K], 0℃ 물의 증발잠열 2500[kJ/kg]이다.)

(1) 이 습공기의 수증기분압(kPa)을 구하시오.

(2) 이 습공기의 절대습도(kg/kg′)를 구하시오.

(3) 이 습공기의 엔탈피(kJ/kg)는 얼마인가?

해답 (1) 수증기분압 P_w은 상대습도 $\phi = \dfrac{P_w}{P_s}$ 에서 (22[℃], 포화 수증기압 2.6[kPa]이므로)

$P_w = \phi \cdot P_s = 0.6 \times 2.6 = 1.56[\text{kPa}]$

(2) 절대습도 $x = 0.622\dfrac{P_w}{P - P_w} = 0.622 \times \dfrac{1.56}{101.3 - 1.56} = 0.00973 = 9.73 \times 10^{-3}[\text{kg/kg}']$

또는 절대습도 $x = 0.622\dfrac{\phi P_s}{P - \phi P_s} = 0.622 \times \dfrac{0.6 \times 2.6}{101.3 - 0.6 \times 2.6} = 0.00973 = 9.73 \times 10^{-3}[\text{kg/kg}']$

(3) 습공기 엔탈피 $h = 1.01t + (2500 + 1.85t)x$

$= 1.01 \times 22 + 0.00973 \times \{2500 + (1.85 \times 22)\} = 46.94\,[\text{kJ/kg}]$

02 다음 그림은 각종 송풍기의 임펠러 형상을 나타낸 것이고, [보기]는 각종 송풍기의 명칭이다. 이들 중에서 가장 관계가 깊은 것끼리 골라서 번호와 기호를 선으로 연결하시오.

[해답 예 : (8)–(a)]

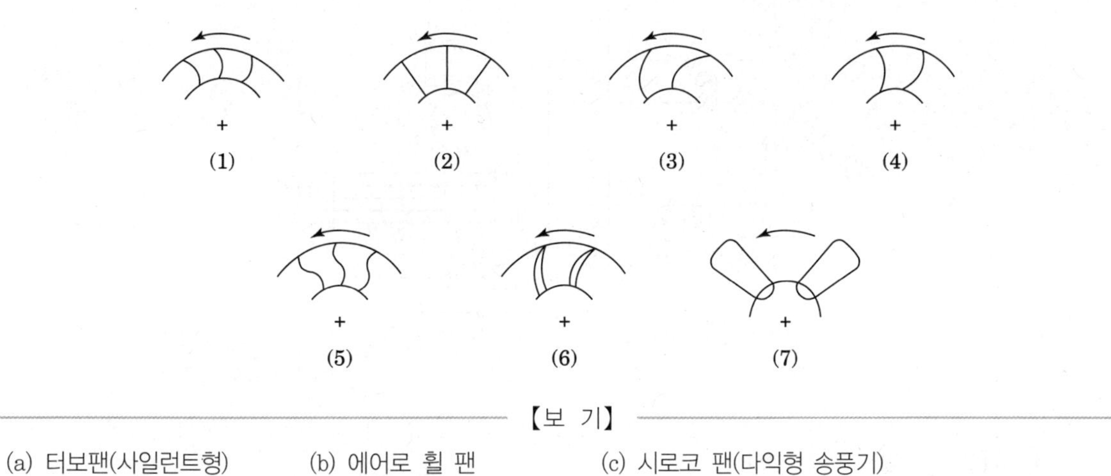

【보 기】

(a) 터보팬(사일런트형)　　(b) 에어로 휠 팬　　(c) 시로코 팬(다익형 송풍기)
(d) 리밋 로드 팬　　(e) 플레이트 팬　　(f) 프로펠러 팬　　(g) 터보팬(일반형)

해답 (1)–(c),　(2)–(e),　(3)–(a),　(4)–(g),　(5)–(d),　(6)–(b),　(7)–(f)

03 프레온 냉동장치에서 1대의 압축기로 증발온도가 다른 2대의 증발기를 냉각 운전하고자 한다. 이때 1대의 증발기에 증발압력 조정 밸브를 부착하여 제어하고자 한다면, 아래의 냉동장치는 어디에 증발압력 조정 밸브 및 체크 밸브를 부착하여야 하는지 흐름도를 완성하시오. 또 증발압력 조정 밸브의 기능을 간단히 설명하시오.

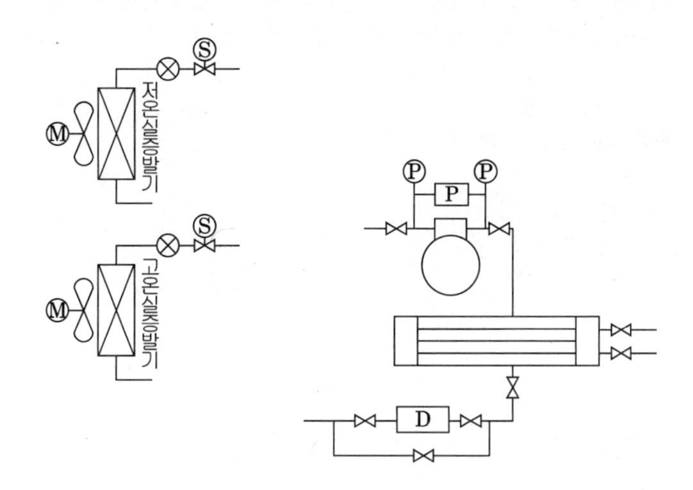

해답 (1) 장치도

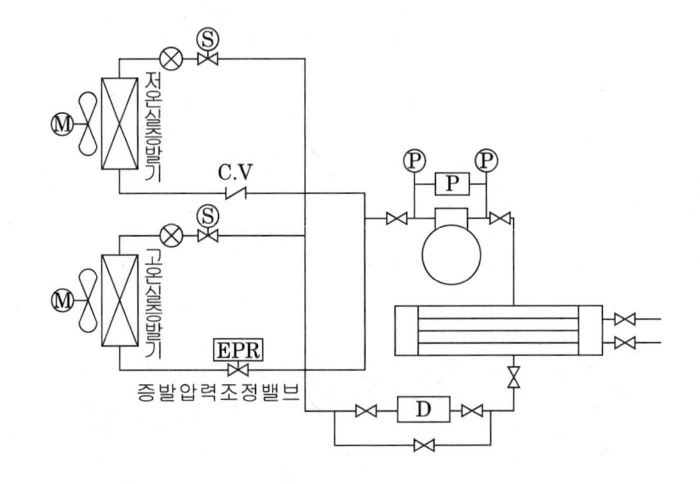

(2) 기능

압축기는 저온실 증발기 내의 압력을 기준으로 하여 운전되고 고온실 증발기 내 압력은 증발압력 조정밸브에 의하여 조정압력 이하로 되지 않도록 제어한다.

04 공기조화 부하계산에서 다음 물음에 대하여 서술하시오.

(1) 극간풍량(틈새바람)을 구하는 방법 2가지

(2) 극간풍량(틈새바람)을 방지하는 방법 2가지

해답 (1) 극간풍량(틈새바람)을 구하는 방법

① 환기횟수 법($Q=nV$) : 실용적(V)과 건물 특성에 따른 환기횟수(n)를 곱하여 극간풍량을 구한다.

② crack 길이법(크랙 길이법) : 건물 벽체에 나타난 크랙길이(창문틈새 문틈새 등의 길이)를 구하여 건물 특성에 따른 크랙길이당 극간풍량(m^3/mh)을 곱하여 구한다.

(2) 극간풍(틈새바람)을 방지하는 방법

① 출입문에 에어 커튼(air curtain)의 설치

② 회전문 설치

〈기타〉 ③ 충분한 간격을 두고 이중문 설치

④ 기밀창을 설치하는 방법

⑤ 실내외 온도차를 작게한다.

05 냉매의 물음에 대해 답하시오.

(1) 냉매의 표준비점이란 무엇인가? 간단히 답하시오.

(2) 표준비점이 낮은 냉매(예를 들면 R-22)를 사용할 경우, 비점이 높은 냉매를 사용할 경우와 비교한 장점과 단점을 설명하시오.

해답 (1) 표준대기압에서의 포화온도를 말한다.

(2) 장점

① 비점이 높은 냉매를 사용하는 경우보다 압축기가 소형이 된다. (피스톤 압출량이 적게 되므로)

② 비점이 높은 냉매를 사용하는 경우보다 진공운전이 되기 어렵다. 따라서 저온용에 적합하다.

(3) 단점

비점이 높은 냉매보다 응축압력이 높게 된다.

06 냉매 배관에서 플래시 가스(flash gas)의 발생 원인 2가지와 방지책 2가지를 쓰시오.

(1) 발생 원인 2가지 :

(2) 방지 대책 2가지 :

해답 (1) 발생 원인

① 액관이 현저하게 입상된 경우

② 액관 지름이 작고 길이가 긴 경우

〈기타〉

③ 배관 부속품(밸브 등)의 규격이 작은 경우

④ 여과기가 막힌 경우

⑤ 주위 온도(열원 등)에 의해 가열되는 경우

⑥ 수액기에 직사 일광이 비쳤을 때

(2) 방지 대책

① 열교환기 등을 설치하여 액냉매를 과냉각시킨다.

② 액관 지름을 규격에 맞추어 시공하여 압력 손실을 적게 한다.

〈기타〉

③ 규격에 맞는 배관 부속품으로 시공한다.

④ 여과기를 청소 및 교체하여 마찰손실을 줄인다.

⑤ 수액기에 차양을 설치하여 직사광선을 피한다.

07 다음과 같은 건물의 A실에 대하여 아래 조건을 이용하여 각 물음에 답하시오. (단, 실 A는 최상층으로 사무실 용도이며, 아래층의 난방 조건은 동일하다.)

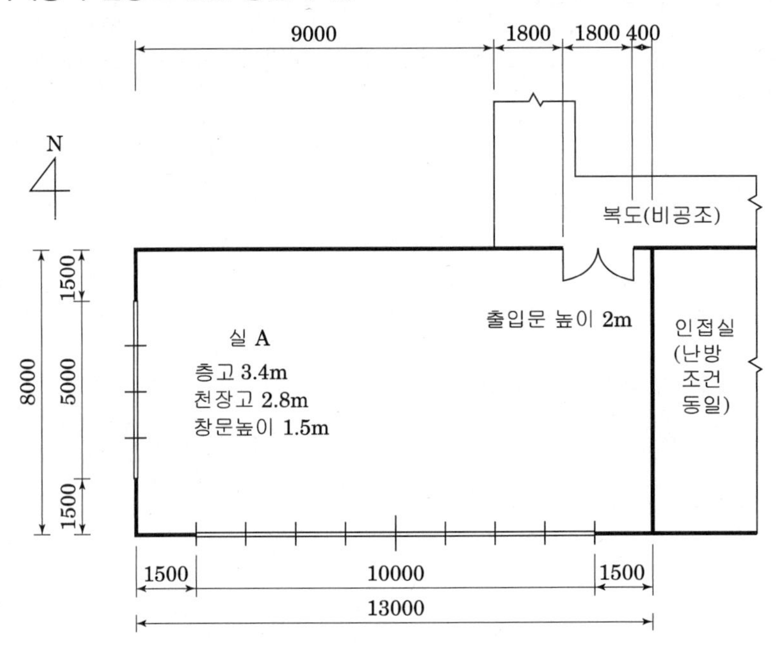

【조 건】

1. 난방 설계용 온·습도

	난방	비고
실내	20℃ DB, 50% RH, $x=0.0725$[kg/kg′]	비공조실은 실내·외의 중간 온도로 약산함
외기	−5℃ BD, 70% RH, $x=0.00175$[kg/kg′]	

2. 유리 : 복층유리(공기층 6[mm]), 블라인드 없음, 열관류율 $K=3.5$[W/m^2·K]
   출입문 : 목제 플래시문, 열관류율 $K=2.9$[W/m^2·K]
3. 공기의 밀도 $\gamma=1.2$[kg/m^3], 공기의 정압비열 $C_{pe}=1.005$[kJ/kg·K]
   수분의 증발잠열(상온) $E_a=2501$[kJ/kg], 100℃ 물의 증발잠열 $E_b=2256$[kJ/kg]
4. 외기 도입량은 25[m^3/h·인]이다.
5. 외벽

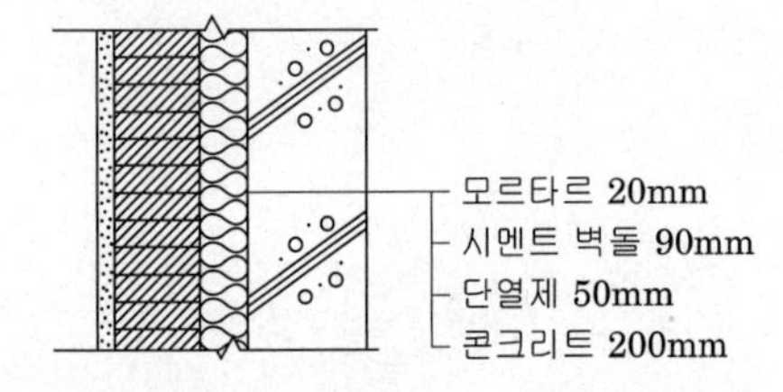

재료명	열전도율(W/m·K)
1. 모르타르	1.4
2. 시멘트 벽돌	1.4
3. 단열제	0.035
4. 콘크리트	1.6

6. 내벽 열관류율 : 2.6[W/m²·K], 지붕 열관류율 : 0.36[W/m²·K]

- 표면 열전달율 α_i, α_o[W/m²·K]

표면의 종류	난방시	냉방시
내면	9	9
외면	24	23

- 방위계수

방위	N, 수평	E	W	S
방위계수	1.2	1.1	1.1	1.0

- 재실인원 1인당 바닥면적(m²/인)

방의 종류	바닥면적(m²/인)	방의 종류		바닥면적(m²/인)
사무실(일반)	5.0	백화점	객실	18.0
은행 영업실	5.0		평균	3.0
레스토랑	1.5		혼잡	1.0
상점	3.0		한산	6.0
호텔로비	6.5		극장	0.5

- 환기횟수

실용적(m³)	500 미만	500~1000	1000~1500	1500~2000	2000~2500	2500~3000	3000 이상
환기횟수(회/h)	0.7	0.6	0.55	0.5	0.42	0.40	0.35

(1) 외벽 열관류율을 구하시오.

(2) 난방부하를 계산하시오.
① 서측 ② 남측 ③ 북측 ④ 지붕 ⑤ 내벽 ⑥ 출입문

해답 (1) 열 저항 $R = \frac{1}{\alpha_i} + \sum \frac{d}{\lambda} + \frac{1}{\alpha_o}$ 에서

$$= \frac{1}{9} + \frac{0.02}{1.4} + \frac{0.09}{1.4} + \frac{0.05}{0.035} + \frac{0.2}{1.6} + \frac{1}{24} = 1.785[\text{m}^2 \cdot \text{K/W}]$$

∴ 열관류율 $K = \frac{1}{R} = \frac{1}{1.785} = 0.560\ [\text{W/m}^2 \cdot \text{K}]$

(2) • 외기에 접하는 외벽 및 지붕 또는 유리창의 부하
$q = K \cdot A \cdot \Delta t \cdot C$

• 외기에 직접 접하지 않는 내벽 또는 문 등의 부하
$q = K \cdot A \cdot \Delta t$

여기서 K : 각 구조체(외벽, 지붕, 유리창, 내벽, 문 등)의 열관류율
A : 각 구조체(외벽, 지붕, 유리창, 내벽, 문 등)의 면적
Δt : 온도차
C : 방위별 부가계수

※ 외기에 직접 접하지 않은 북쪽의 내벽 및 출입문에는 방위별 부가계수를 곱하지 않는다.

① 서측

- 외벽 $= 0.56 \times \{(8 \times 3.4) - (5 \times 1.5)\} \times \{20 - (-5)\} \times 1.1$
  $= 303.38[\text{W}]$
- 유리창 $= 3.5 \times (5 \times 1.5) \times \{20 - (-5)\} \times 1.1 = 721.875[\text{W}]$

② 남측

- 외벽 $= 0.56 \times \{(13 \times 3.4) - (10 \times 1.5)\} \times \{20 - (-5)\} \times 1.0$
  $= 408.8[\text{W}]$
- 유리창 $= 3.5 \times (10 \times 1.5) \times \{20 - (-5)\} \times 1.0 = 1312.5[\text{W}]$

③ 북측

- 외벽 $= 0.56 \times (9 \times 3.4) \times \{20 - (-5)\} \times 1.2 = 514.08[\text{W}]$

④ 지붕 $= 0.36 \times (8 \times 13) \times \{20 - (-5)\} \times 1.2 = 1123.2[\text{W}]$

⑤ 내벽 $= 2.6 \times \{(4 \times 2.8) - (1.8 \times 2)\} \times \left\{20 - \dfrac{20 + (-5)}{2}\right\}$
$= 247[\text{W}]$

⑥ 출입문 $= 2.9 \times (1.8 \times 2) \times \left\{20 - \dfrac{20 + (-5)}{2}\right\} = 130.5[\text{W}]$

08 다음 $p-h$ 선도와 같은 조건에서 운전되는 R-502 냉동장치가 있다. 압축기 이론 피스톤 압출량(V_a)이 $0.018[\text{m}^3/\text{s}]$이고, 체적효율 $\eta_v = 0.7$, 압축효율 $\eta_v = 0.8$, 기계효율 $\eta_v - 0.9$일 때 다음 각 물음에 답하시오.

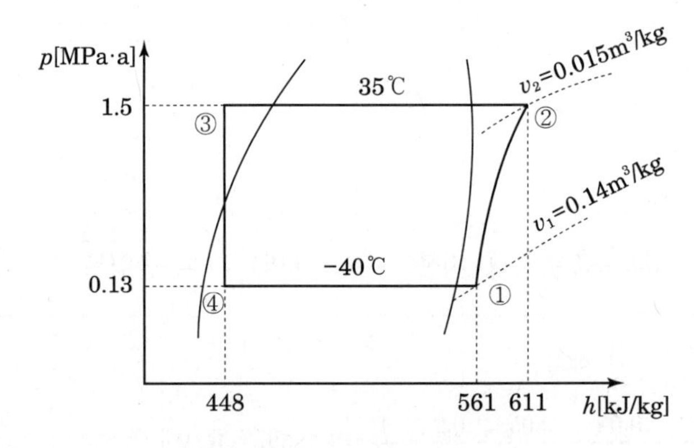

(1) 냉동장치의 냉매순환량(kg/s)을 구하시오.

(2) 냉동능력(kW)을 구하시오.

(3) 압축기의 축동력(kW)을 구하시오.

(4) 냉동장치의 실제 성적계수를 구하시오.

(5) 압축기에서 압축비를 구하시오.

해답 (1) 냉매순환량(G)은 압축기 압출량(V_a)과 체적효율, 흡입증기(①) 비체적으로 구한다.

$$G = \frac{V_a \cdot \eta_v}{v} = \frac{0.018 \times 0.7}{0.14} = 0.09[\text{kg/s}]$$

(2) 냉동능력은 냉매순환량과 냉동효과($h_1 - h_4$)로 구한다

$$Q_2 = G(h_1 - h_4) = 0.09 \times (561 - 448) = 10.17[\text{kJ/s}] = 10.17[\text{kW}]$$

(3) 압축기 축동력은 이론 압축일과 압축효율 기계효율로 구한다.

$$kW = \frac{G \cdot AW}{\eta_c \eta_m} = \frac{0.09(611 - 561)}{0.8 \times 0.9} = 6.25[\text{kW}]$$

(4) 실제 성적계수 $COP_R = \dfrac{\text{냉동능력}}{\text{압축기 축동력}} = \dfrac{10.17}{6.25} = 1.63$

(5) 압축비(m)는 절대 압력으로 구하며 선도에 주어진 압력은 절대압력이다

$$m = \frac{P_2}{P_1} = \frac{1.5}{0.13} = 11.54$$

09 다음과 같은 덕트 시스템에 대하여 정압법($R = 1\text{Pa/m}$)에 의해 설계하려고 한다. 부록 덕트선도와 환산표를 참조하여 물음에 답하시오.

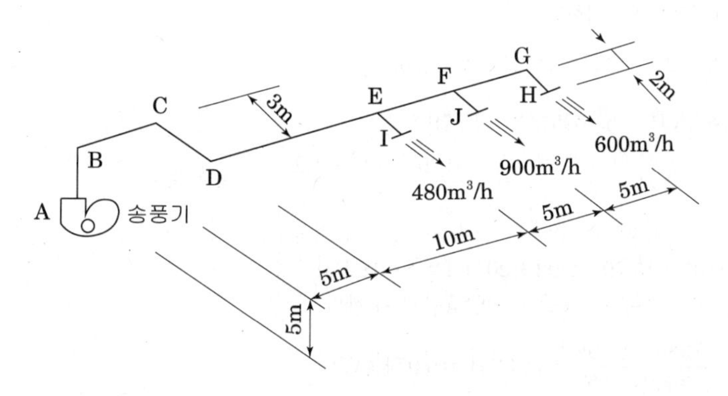

【조 건】

1. 덕트선도, 덕트환산표 (부록 참조)
2. 취출구는 각각 20[Pa]의 마찰손실이 있다.
3. 곡관부 국부저항계수 $\zeta = 0.29$, 분기부의 저항은 무시한다.
4. 덕트 전저항의 계산 시 10% 여유율을 고려한다.
5. 장방형 덕트의 단변은 20[cm]로 한다. (덕트 풍속은 선도에서 읽는다)
6. 송풍기의 정압효율(η_s)은 60%이다.

(1) 덕트 규격을 구하시오.

구간 \ 구분	풍량(m^3/h)	원형 덕트(cm)	장방형 덕트(cm)	풍속(m/s)
A–E				
E–F				
F–G				

(2) 송풍기 정압(덕트 전저항)(Pa)을 구하시오. (단, 송풍기 정압 여유율은 10%이다.)

(3) 송풍기 축동력(kW)을 구하시오.

해답 (1) 덕트 규격

구간 \ 구분	풍량(m^3/h)	원형 덕트(cm)	장방형 덕트(cm)	풍속(m/s)
A–E	1980	36	60×20	5.5
E–F	1500	32	45×20	5.2
F–G	600	23	25×20	4.1

(2) 송풍기 정압은 덕트의 흡입구부터 취출구 까지 전저항(직관덕트+곡관부 4개소+취출구)

① 직선 덕트의 마찰저항 $\Delta P_1 = (5+5+3+10+5+5+2)\times 1 = 35[\text{Pa}]$

② A E 곡관부(엘보 3개) 저항

$$\Delta P = \frac{f\times v^2\times\rho}{2} = \frac{0.29\times 5.5^2\times 1.2}{2} = 5.2635[\text{Pa}]$$

곡관부 3개소 $\Delta P_2 = 5.2635\times 3 = 15.79$

③ G 곡관부 저항 $\Delta P_3 = \dfrac{f\times v^2\times\rho}{2} = \dfrac{0.29\times 4.1^2\times 1.2}{2} = 2.92[\text{Pa}]$

따라서 덕트의 전저항(10% 여유)=직관 + 곡관부 + 취출구

$= (35+15.79+2.92+20)1.1 = 81.08[\text{Pa}]$

(3) 송풍기 축동력(L_s)은 송풍기 정압과 정압효율로 구한다

$$L_s = \frac{Q\cdot P_s}{\eta_s} = \frac{1980\times 81.08}{3600\times 0.6} = 74.32\,W = 0.074[\text{kW}]$$

10 어느 벽체의 구조가 다음과 같은 조건을 갖출 때 각 물음에 답하시오.

【조 건】

1. 실내온도 : 25℃, 외기온도 : −5[℃]
2. 외벽의 연면적 : 40[m^2]
3. 공기층 열 컨덕턴스 : 6.05[W/m^2·K]
4. 벽체의 구조

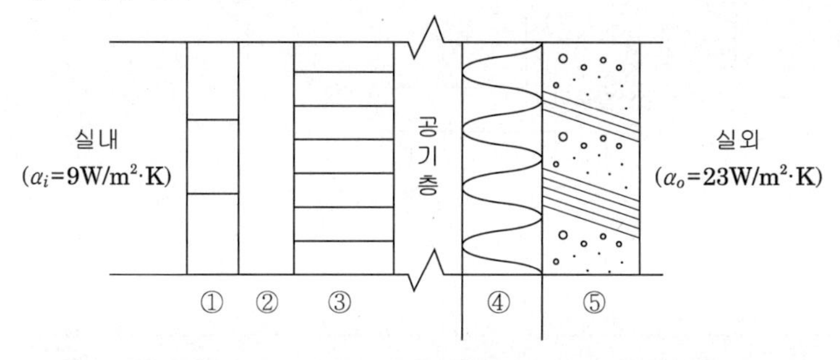

재료	두께(m)	열전도율(W/m·K)
① 타일	0.01	1.3
② 시멘트 모르타르	0.03	1.4
③ 시멘트 벽돌	0.19	0.6
④ 스티로폼	0.05	0.032
⑤ 콘크리트	0.10	1.6

(1) 벽체의 열통과율(W/m^2·K)을 구하시오.(반올림하여 3자리까지)

(2) 벽체의 손실열량(W)을 구하시오.

(3) 벽체의 내표면 온도(℃)을 구하시오.

해설 전열량 q

- 열관류량 $q_1 = KA(t_r - t_o)$
- 열전달량 $q_2 = \alpha A(t_r - t_s)$

$q = q_1 = q_2$이므로 $q = KA(t_r - t_o) = \alpha A(t_r - t_s)$

해답 (1) 열통과율

$$K = \frac{1}{\frac{1}{\alpha_o} + \Sigma\frac{L}{\lambda} + \frac{1}{\alpha_i}} = \frac{1}{\frac{1}{9} + \frac{0.01}{1.3} + \frac{0.03}{1.4} + \frac{0.19}{0.6} + \frac{0.05}{0.032} + \frac{1}{6.05} + \frac{0.1}{1.6} + \frac{1}{23}} = 0.437[\text{W/m}^2 \cdot \text{K}]$$

(2) 손실열량 $q = KA(t_r - t_o) = 0.437 \times 40 \times \{25 - (-5)\} = 524.4$ [W]

(3) 표면온도는 $q = \alpha A(t_r - t_s)$에서

$524.4 = 9 \times 40 \times (25 - t_s)$

$\therefore t_s = 25 - \frac{524.4}{9 \times 40} = 23.54$[℃]

11 **다음은 2단 압축 냉동장치의 개략도이다. 1단 팽창장치 및 2단 팽창장치도를 중간 냉각기, 증발기, 팽창밸브를 그려 넣어 완성하시오.**

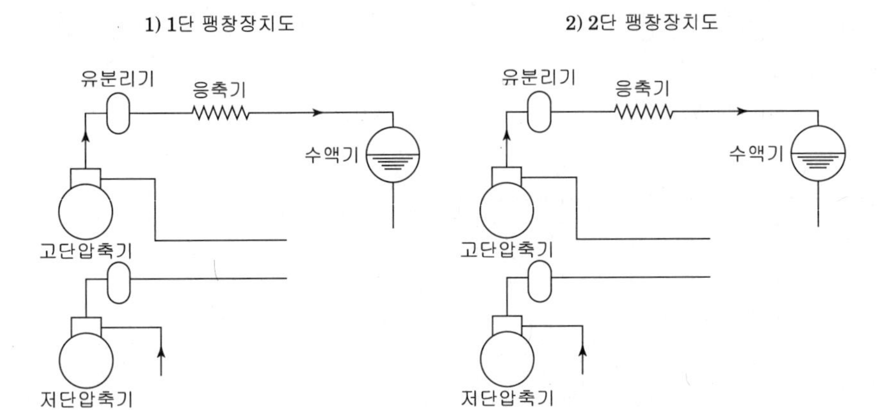

해답

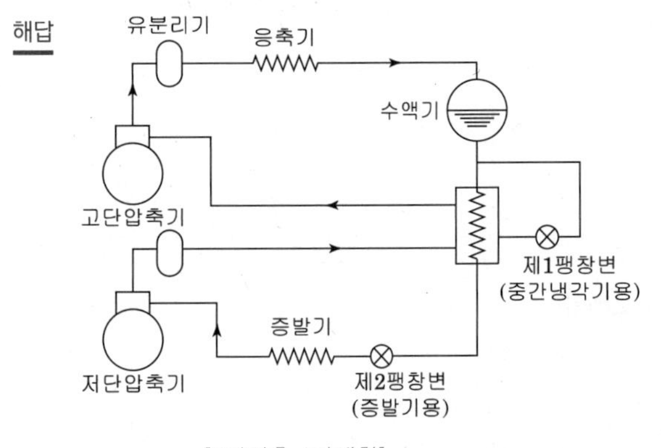

[2단압축 1단팽창]

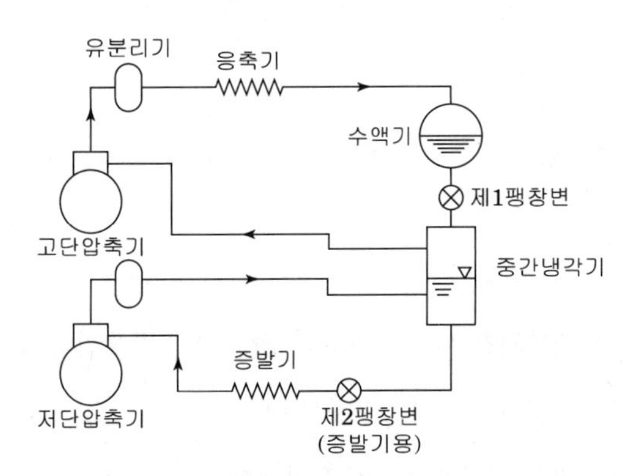

[2단압축 2단팽창]

12 **다음은 단일 덕트 공조방식(환합-가열-가습-취출)을 나타낸 것이다. 주어진 조건과 습공기 선도를 이용하여 각 물음에 답하시오.**

【조 건】

1. 실내부하
   ① 현열부하(q_S)=30[kW]
   ② 잠열부하(q_L)=5.25[kW]
2. 실내 : 온도 20℃, 상대습도 50%
3. 외기 : 온도 2℃, 상대습도 40%
4. 환기량과 외기량의 비는 3:1이다.
5. 공기의 밀도 : 1.2[kg/m^3]
6. 공기의 비열 : 1.0[kJ/kg·K]
7. 실내 송풍량 : 10,000[kg/h]
8. 가열은 온수 가열기(공급수온70℃, 환수온도60℃)로 한다.
9. 덕트 장치 내의 열취득(손실)을 무시한다.
10. 가습은 60[℃] 온수분무 한다.
11. 덕트선도와 환산표는 교재 부록 참조(시험지에는 선도와 환산표가 주어짐)

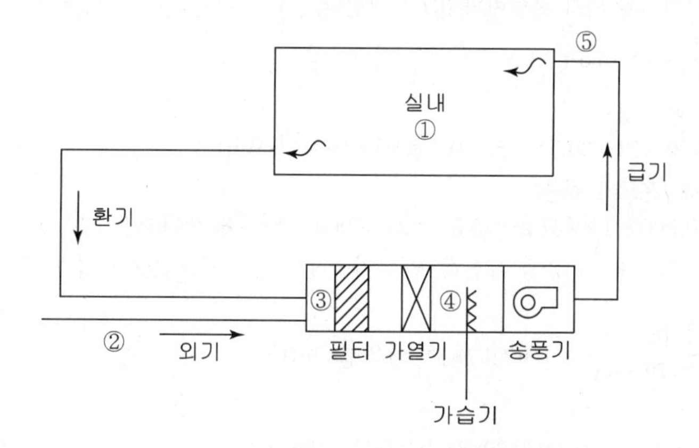

(1) 실내부하의 현열비(SHF)를 구하시오.

(2) 취출공기온도를 구하시오.

(3) 계통도를 보고 공기의 상태변화를 습공기 선도 상에 나타내고, 장치의 각 위치에 대응하는 점(①~⑤)을 표시하시오.

(4) 가열기 온수 순환량(L/min)을 구하시오.

(5) 온수 분무 가습기 가습량(kg/h)을 구하시오(가습효율은 100%)

해답 (1) $SHF = \dfrac{q_s}{q_s + q_L} = \dfrac{30}{30 + 5.25} = 0.85$

(2) 실내 현열부하와 취출온도차(취출온도 t_d, 실내온도 t_r)에서

$q_s = mC(t_d - t_r)$ 에서

취출공기온도 $t_d = \dfrac{q_s}{m \cdot C} + t_r = \dfrac{30 \times 3600}{1.0 \times 10000} + 20 = 30.8[℃]$

(3) 작도방법 : 실내점(①)과 외기점(②)을 잡고 선분연결→실내점에서 현열비선을 긋는다.→현열비선상에서 30.8[℃]점(취출구점 ⑤)에서 열수분비선(u=252[kJ/kg])을 아래쪽으로 긋는다.→혼합점(③, 15.5℃)에서 가열선(수평선)을 그어 열수분비선과 교점을 가열기 출구점(④)으로 잡는다.

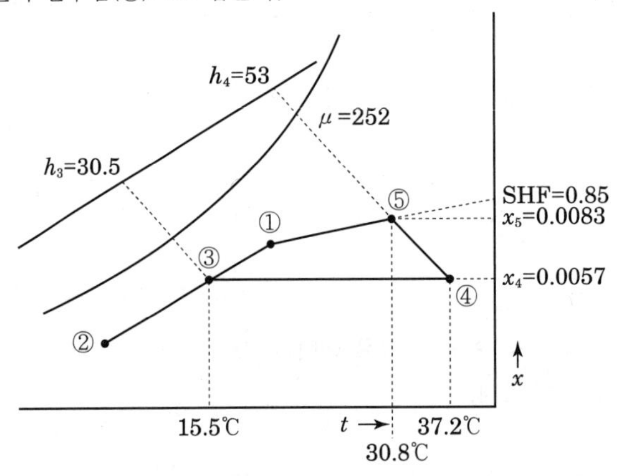

혼합점 ③온도는 환기와 외기 혼합비의 3:1로 구한다.

$t_3 = \dfrac{3 \times 20 + 1 \times 2}{3+1} = 15.5$

(4) 가열기 용량 (엔탈피 적용)

$q_H = m\Delta h = 10{,}000(53 - 30.5) = 225{,}000[\text{kJ/h}] = 62.5[\text{kW}][\text{kW}]$

〈별해〉 가열기 용량 (온도차 적용)

$q_H = mC\Delta t = 10{,}000 \times 1 \times (37.2 - 15.5) = 217{,}000[\text{kJ/h}] = 60.28[\text{kW}]$

온수 순환량(W)은 위 2가지 가열량 계산값 모두 가능하나 여기서는 엔탈피 결과값을 적용한다.

$q = WC\Delta t_w$에서

$W = \dfrac{q}{C\Delta t_w} = \dfrac{62.5}{4.2(70-60)} = 1.488[\text{L/s}] = 89.28[\text{L/min}]$

(5) 가습량 $L = m(x_5 - x_4) = 10000(0.0083 - 0.0057) = 26[\text{kg/h}]$

선도

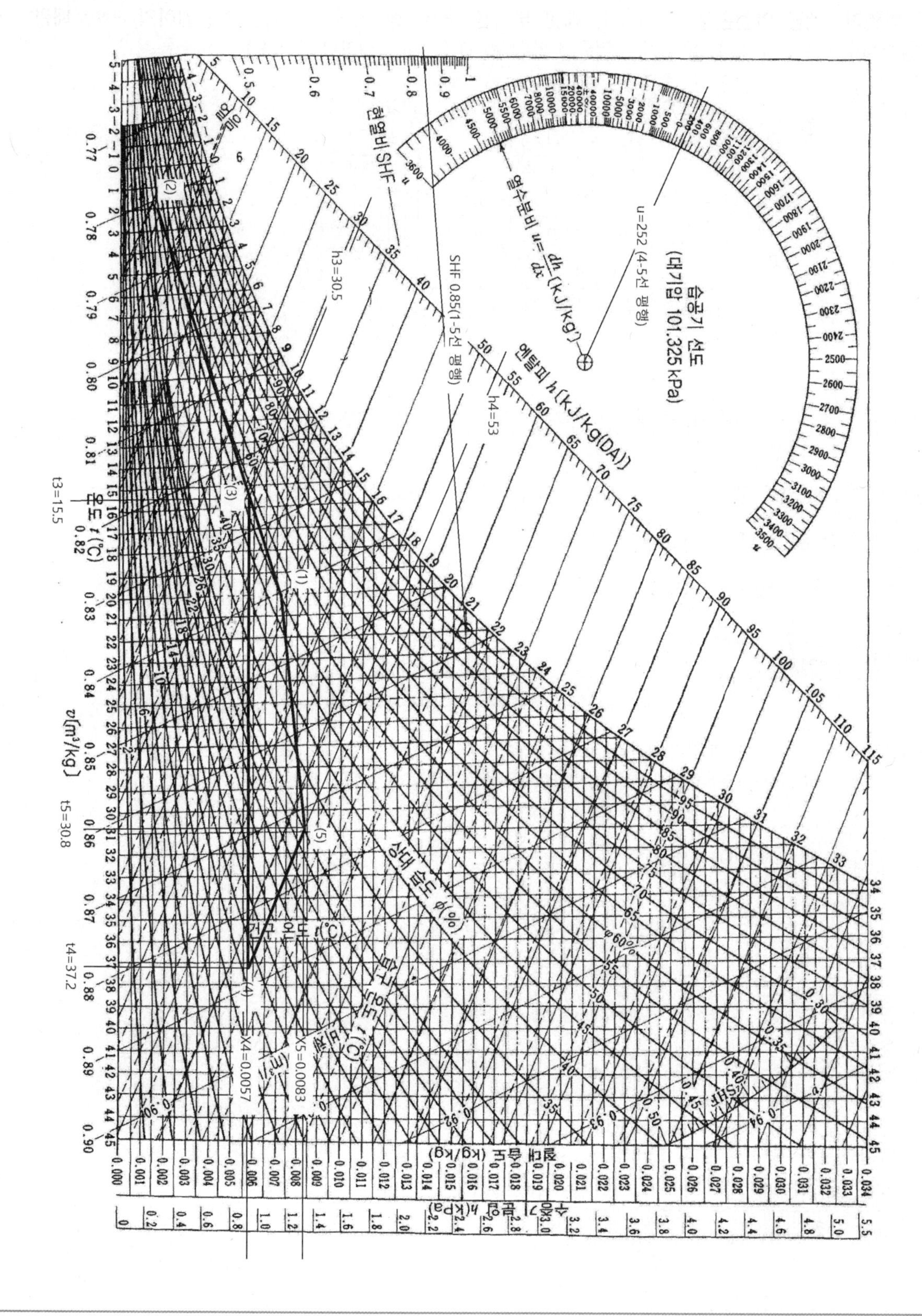

습공기 선도
(대기압 101.325 kPa)
u=252 (4-5선 평행)
SHF 0.85(1-5선 평행)
h3=30.5
h4=53
t3=15.5
t5=30.8
t4=37.2
X4=0.0057
X5=0.0083
현열비 SHF
엔탈피 h [kJ/kg(DA)]
상대 습도 φ(%)
(1)
(2)
(3)
(4)
(5)

13 **다음과 같은 온수난방설비에서 각 물음에 답하시오. (단, 보일러 마찰손실 5[mAq], 방열기 입출구 온도차는 10[℃], 방열기 1개당 마찰손실 0.3[mAq], 배관 부속류 국부저항 상당관 길이는 직관길이의 50%, 배관 1[m]당 마찰손실수두는 0.5[kPa], 온수의 비열은 4.2[kJ/kg·K], 1mAq=10[kPa]이다.)**

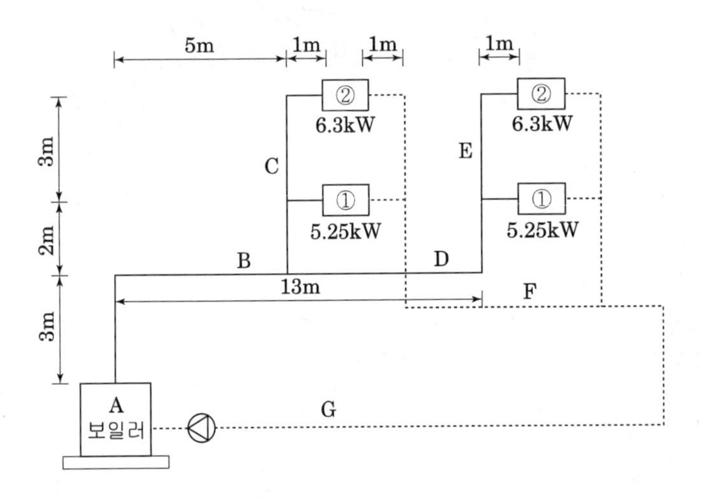

(1) 순환펌프의 양정(mAq)를 구하시오. (단, 배관 최원 순환 길이는 50m이다.)

(2) 방열기 ①과 ②의 온수순환량(L/min)을 구하시오.

(3) 각 구간의 온수순환수량을 구하시오.

구간	B	C	D	E	F	G
순환수량[L/min]						

해답 (1) 순환펌프 양정=보일러저항+배관저항(직관+국부)+방열기저항

$=5\times10+50\times1.5\times0.5+0.3\times10=90.5[\text{kPa}]=9.05[\text{mAq}]$

(2) 온수순환량

방열기 ① $W=\dfrac{5.25\times60}{4.2\times10}=7.5[\text{L/min}]$

방열기 ② $W=\dfrac{6.3\times60}{4.2\times10}=9[\text{L/min}]$

(3) 각 구간의 온수순환 수량

① B구간의 순환수량 : (7.5+9)×2=33[L/min]

② C구간의 순환수량 : 9[L/min]

③ D구간의 순환수량 : 7.5+9=16.5[L/min]

④ E구간의 순환수량 : 9[L/min]

⑤ F구간의 순환수량 : 9+7.5=16.5[L/min]

⑥ G구간의 순환수량 : (7.5+9)×2=33[L/min]

구간	B	C	D	E	F	G
순환수량[L/min]	33	9	16.5	9	16.5	33

14 **다음 그림과 같은 두께 100[mm]의 콘크리트 벽 내측을 두께 50[mm]의 방열층으로 시공하고, 그 내면에 두께 15[mm]의 목재로 마무리한 냉장실 외벽이 있다. 각 층의 열전도율 및 열전달률의 값은 다음 표와 같다.**

재질	열전도율(W/m·K)	벽면	열전달율(W/m²·K)
콘크리트 방열재 목재	1.6 0.18 0.17	외표면 내표면	23 9

공기온도(℃)	상대습도(%)	노점온도(℃)
30	80	26.2
30	90	28.2

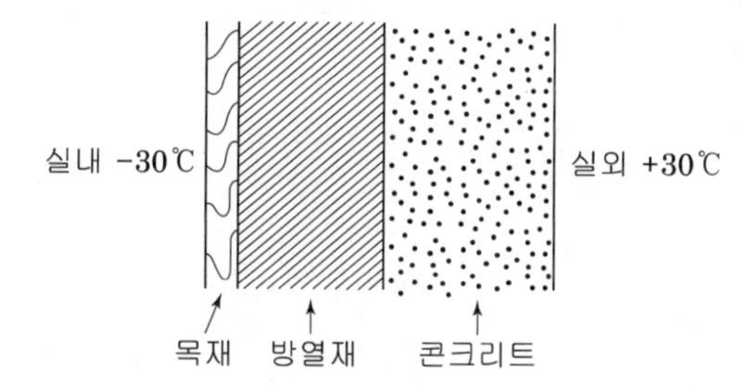

외기온도 30℃, 상대습도 85%, 냉장실 온도 -30℃인 경우 다음 물음에 답하시오.

(1) 열통과율(W/m² · K)을 구하시오.

(2) 외벽 표면온도를 구하고 응축결 여부를 판결하시오.

해답 (1) ① 열통과율 $K = \dfrac{1}{\dfrac{1}{23}+\dfrac{0.1}{1.6}+\dfrac{0.05}{0.18}+\dfrac{0.015}{0.17}+\dfrac{1}{9}} = 1.715[\text{W/m}^2\cdot\text{K}]$

(2) 열통과량 $q = KA\Delta t = 1.715\times 1\times\{30-(-30)\} = 102.9[\text{W}]$

① 표면온도는 $q = \alpha A(t_r - t_s)$에서

$102.9 = 23\times 1\times(30-t_s)$

$\therefore t_s = 30 - \dfrac{102.9}{23\times 1} = 25.53[℃]$

② 외기온도 30℃, 상대습도 85%의 노점온도 t_{DP}는 보정에 의해

$t_{DP} = 26.2 + (28.2-26.2)\dfrac{85-80}{90-80} = 27.2[℃]$

따라서 외벽 표면온도(25.53℃)가 실내 노점온도(27.2℃)보다 낮아서 결로가 발생한다.

2024 제1회 실기 기출문제 (동영상 제공)

01 다음과 같은 사무실(A)에 대해 냉방하고자 할 때 주어진 조건에 따라 물음에 답하시오.

【조 건】

구분	건구온도(℃)	상대습도(%)	절대습도(kg/kg')
실내	27	50	0.0112
실외	32	68	0.0206

- 상 · 하층은 사무실과 동일한 공조상태이다.
- 남쪽 및 서쪽벽은 외벽이 40%이고, 창면적이 60%이다.
- 열관류율
  ① 외벽 : 0.28[W/m²· K]　　② 내벽, 문 : 0.36[W/m²· K]
- 유리는 6[mm] 반사유리이고, 차폐계수는 0.65이다.
- 인체 발열량
  ① 현열 : 55[W/인]　　② 잠열 : 65[W/인]
- 침입외기에 의한 실내환기 횟수 : 0.5회/h
- 실내 사무기기 : 200W×5개, 실내조명(형광등, 조명계수 무시) : 25[W/m²]
- 실내인원 : 0.2[인/m²], 1인당 필요 외기량 : 25[m³/h · 인]
- 공기의 밀도는 1.2[kg/m³], 정압비열은 1.0[kJ/kg · K]이다.
- 0℃ 물의 증발잠열 : 2501[kJ/kg]
- 보정된 외벽의 상당외기 온도차 : 남쪽 8.4[℃], 서쪽 5[℃]
- 유리를 통한 열량의 침입

구분 \ 방위	동	서	남	북
직달일사 I_{GR}(W/m²)	336	340	256	138
전도대류 I_{GC}(W/m²)	56.5	108	76	50.2

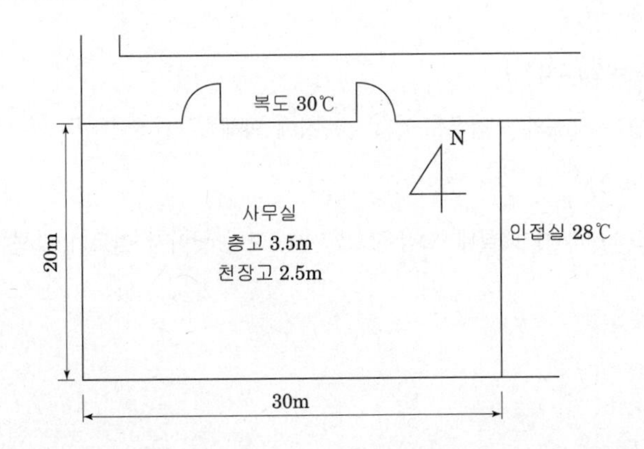

실내부하를 구하시오.

① 벽체를 통한 부하

② 유리를 통한 부하

③ 인체부하

④ 조명부하

⑤ 틈새부하

해답 실내부하

① 벽체를 통한 부하

1) 외벽(남쪽) $= 0.28 \times (30 \times 3.5 \times 0.4) \times 8.4 = 98.784$[W]

2) 외벽(서쪽) $= 0.28 \times (20 \times 3.5 \times 0.4) \times 5 = 39.2$[W]

3) 내벽(동쪽) $= 0.36 \times (2.5 \times 20) \times (28 - 27) = 18$[W]

4) 내벽(북쪽) $= 0.36 \times (2.5 \times 30) \times (30 - 27) = 81$[W]

∴ 벽체를 통한 부하 $= 98.784 + 39.2 + 18 + 81 = 236.984$[W]

② 유리를 통한 부하

1) 일사부하

- 남쪽 $= (30 \times 3.5 \times 0.6) \times 256 \times 0.65 = 10483.2$[W]
- 서쪽 $= (20 \times 3.5 \times 0.6) \times 340 \times 0.65 = 9282$[W]

2) 관류부하

- 남쪽 $= (30 \times 3.5 \times 0.6) \times 76 = 4788$[W]
- 서쪽 $= (20 \times 3.5 \times 0.6) \times 108 = 4536$[W]

∴ 유리를 통한 부하 $= 10483.2 + 9282 + 4788 + 4536 = 29089.2$[W]

③ 인체부하

1) 현열 $= 55 \times 120 = 6600$[W]

2) 잠열 $= 65 \times 120 = 7800$[W]

∴ 인체부하 $= 6600 + 7800 = 14400$[W]

여기서, 재실인원 : $30 \times 20 \times 0.2 = 120$인

④ 조명부하

$25 \times 30 \times 20 = 15000$[W]

⑤ 침입외기부하

1) 현열 $= 1.0 \times 1.2 \times 750 \times (32 - 27)/3.6 = 1250$[W]

2) 잠열 $= 2501 \times 1.2 \times 750 \times (0.0206 - 0.0112)/3.6 = 5877.35$[W]

여기서, 침입외기량 $Q = nV = 0.5 \times (20 \times 30 \times 2.5) = 750$[m^3/h]

02 다음 온도자동팽창밸브 그림을 보고 각 물음에 답하시오.

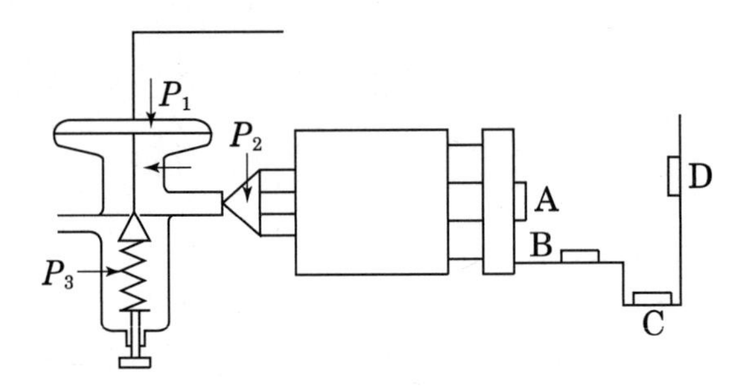

(1) 감온통의 위치를 맞게 그리시오.

(2) P1, P2, P3 압력 이름을 쓰시오.

(3) 작동원리를 설명하시오.

해답 (1)

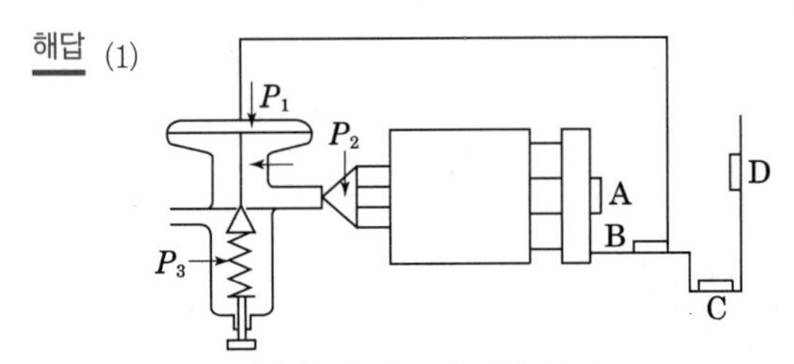

(2) P_1 : 감온통에 봉입된 가스압력

P_2 : 증발기 내의 냉매의 증발압력

P_3 : 과열도 조절나사에 의한 스프링압력

(3) $P_1 = P_2 + P_3$: 밸브 개도가 평형인 상태

$P_1 > P_2 + P_3$: 과열도 증가로 밸브의 개도가 커지는 상태

$P_1 < P_2 + P_3$: 과열도 감소로 밸브의 개도가 작아지는 상태

03 다음과 같은 냉방 공조 시스템에 대해 공기의 상태 변화를 습공기선도상에 나타내고 번호를 쓰시오.

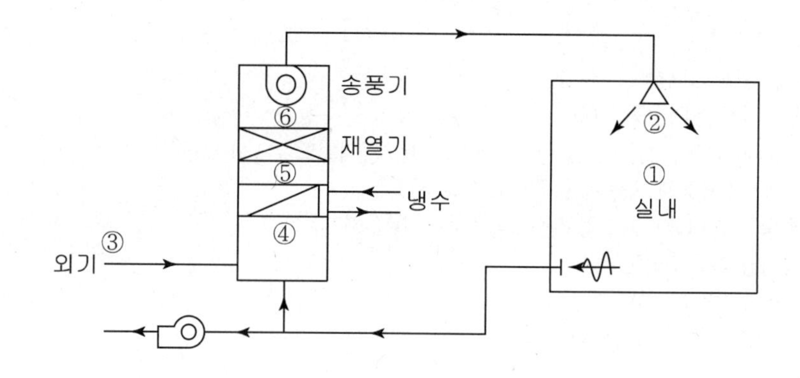

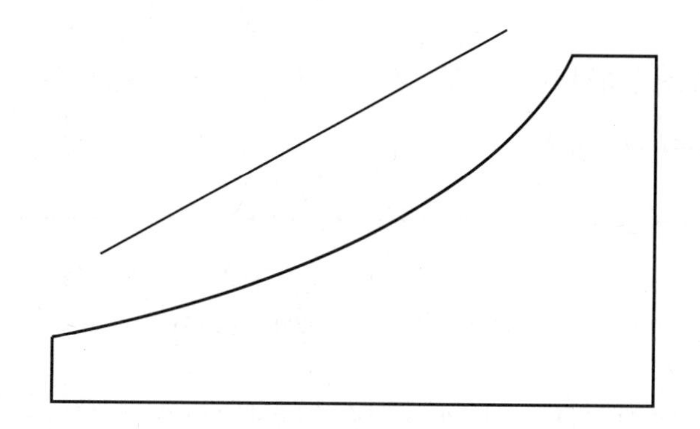

해답

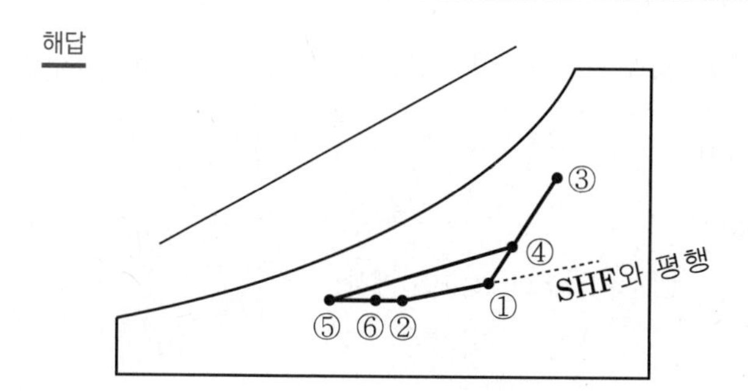

04 다음과 같은 공조 시스템에 대해 계산하시오.

【조 건】

- 실내온도 : 25℃, 실내 상대습도 : 50%
- 외기온도 : 31℃, 외기 상대습도 : 60%
- 실내급기풍량 : $6000m^3/h$, 취입외기풍량 : $1000m^3/h$, 공기밀도 : $1.2kg/m^2$
- 취출공기온도 : 17℃, 공조기 송풍기 입구온도 : 16.5℃
- 공기냉각기 냉수량 : 1.4 L/s, 냉수입구온도(공기냉각기) : 6℃, 냉수출구온도(공기냉각기) : 12℃
- 재열기(전열기) 소비전력 : 5kW
- 공조기 입구의 환기온도는 실내온도와 같다.
- 공기의 정압비열 : 1.0 kJ/kg·K, 냉수비열 : 4.2 kJ/kg·K, 0℃의 물의 증발잠열 2500kJ/kg이다.

(1) 실내 냉방 현열부하(kW)를 구하시오.

(2) 실내 냉방 잠열부하(kW)를 구하시오.

해답 (1) 실내 냉방 현열부하

$q_s = c_p \cdot \rho \cdot Q(t_r - t_d) = 1.0 \times 1.2 \times 6000 \times (25-17)/3600 = 16[kW]$

(2) 실내 냉방 잠열부하

① 냉각코일 부하 $q_c = m \cdot c_w \cdot \Delta t = 1.4 \times 4.2 \times (12-6) = 35.28[kW]$

② 혼합공기온도 $t_4 = \dfrac{mt_1 + nt_2}{m+n} = \dfrac{1000 \times 31 + 5000 \times 25}{6000} = 26[℃]$

③ 여기서 습공기 선도에서 혼합공기 온도 $t_4 = 26℃$에 의해 혼합공기 엔탈피(냉각코일 입구 엔탈피) $h_4 = 54.6[kJ/kg]$을 읽을 수 있다.

따라서 냉각코일 출구 엔탈피 h_5는 $q_C = G(h_4 - h_5)$에서

$h_5 = h_4 - \dfrac{q_C}{G} = 54.6 - \dfrac{35.28 \times 3600}{1.2 \times 6000} = 36.96[kJ/kg]$

④ 냉각코일 출구온도 t_5는 재열기 가열량 $q_R = c_p \cdot G(t_6 - t_5) = c_p \cdot \rho \cdot Q \cdot (t_6 - t_5)$에서

$t_5 = t_6 - \dfrac{q_n}{c_p \cdot \rho \cdot Q} = 16.5 - \dfrac{5 \times 3600}{1.0 \times 1.2 \times 6000} = 14[℃]$

⑤ 지금까지의 조건에 의해 습공기 선도를 작도하면 다음과 같다.

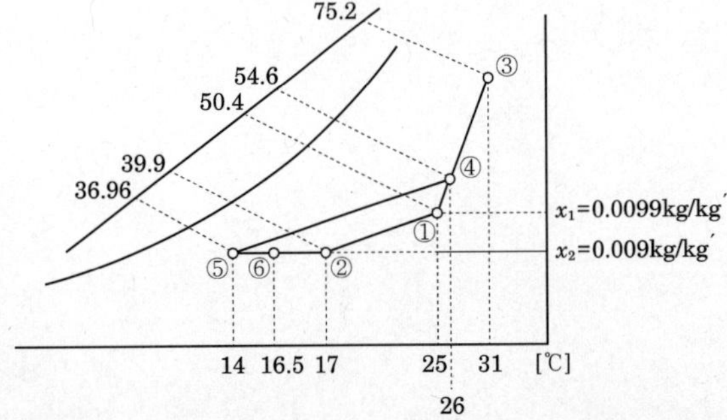

잠열부하 $q_L = 2500G(x_1 - x_2) = 2500 \times 1.2 \times 6000 \times (0.0099 - 0.009)/3600 = 4.5[kW]$

05 다음 2방밸브(25A× 20A)바이패스 배관도를 보고 배관공사에 대한 내역서를 작성하시오.

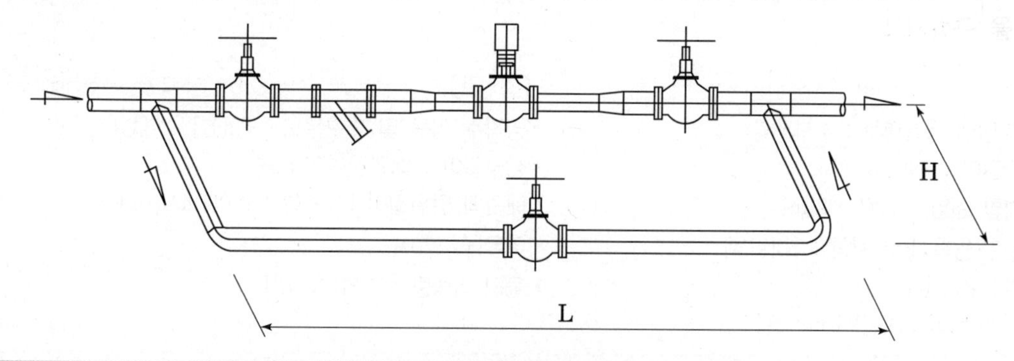

품명	규격	단위	단가(원)	수량	금액
백강관	25A	m	2,800	1.5	4,200
게이트밸브	25A	개	38,200	( )	( )
글로브밸브	25A	개	27,500	( )	( )
스트레이너	25A	개	25,400	( )	( )
티	25A	개	3,980	( )	( )
엘보우	25A	개	3,870	( )	( )
레듀샤	25A×20A	개	2,750	( )	( )
잡자재	–	–	강관의 3%		( )
계					( )

해답

품명	규격	단위	단가(원)	수량	금액
백강관	25A	m	2,800	1.5	4,200
게이트밸브	25A	개	38,200	2	76,400
글로브밸브	25A	개	27,500	1	27,500
스트레이너	25A	개	25,400	1	25,400
티	25A	개	3,980	2	7,960
엘보우	25A	개	3,870	2	7,740
레듀샤	25A×20A	개	2,750	2	5,500
잡자재	–	–	강관의 3%		126
계					154,826

06 **200[RT]의 냉동능력을 갖는 냉동장치의 냉각수 배관 시스템이 아래와 같은 조건인 경우 펌프의 축동력(kW)을 구하시오.**

【조 건】

- 1RT 당의 응축열량 : 4.5[kW]
- 배관길이 : 98[m]
- 냉각탑 실양정 : H_a =2[m]
- 냉동기(응축기)수 저항 : 80[kPa]
- 펌프효율 : 65%
- 냉각수 비열 : 4.2[kJ/kg · K]
- 냉각수 입구 및 출구온도 : 32[℃], 37[℃]
- 상당길이 : 배관길이의 50%
- 배관의 단위길이 당 저항 : 0.03[mAq/m]
- 여유율 : 10%
- 물의 비중량 : 9.8[kN/m³]

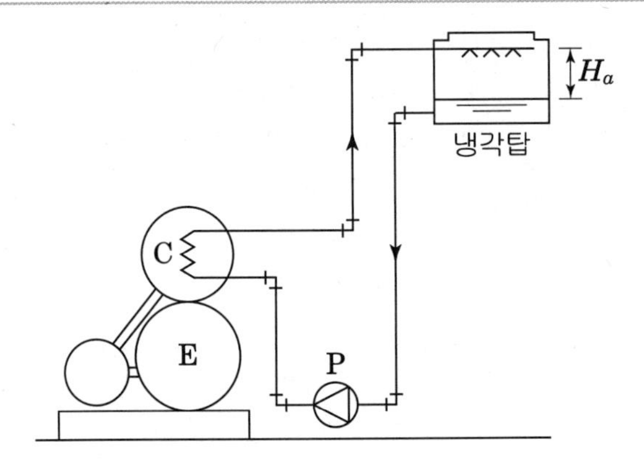

해답 축동력 $L_S = \dfrac{\gamma Q H}{\eta}$ 에서

비중량 γ : 9.8[kN/m³]

순환수량 $m = \dfrac{200 \times 4.5}{4.2 \times (37-32)} = \dfrac{300}{7}$ [kg/s] $\rightarrow$ $Q = \dfrac{m}{\rho} = \dfrac{300/7}{10^3} = \dfrac{3}{70}$ [m³/s]

전양정 H= 실양정 + 배관손실수두 + 응축기저항 에서

- 실양정=2[m]
- 배관손실수두=98×1.5×0.03=4.41[m]
- 응축기 저항=80[kPa]

$\because$ 전양정 $H = 2 + 4.41 + \dfrac{80}{9.8} = 14.573$[m]

$$\therefore \text{축동력 } L_S = \frac{9.8 \times \left(\frac{3}{70}\right) \times 14.57}{0.65} \times 1.1 = 11.297[\text{kW}]$$

답 : 11.3 [kW]

07 성적계수가 3이고 응축기열량 100kW 일 때 증발기 면적(m^2)을 구하시오. (단, 냉매와 공기의 평균온도차는 10℃, 이고 열통과율은 600W/m^2·K 이다.)

해답 냉동부하 $Q_2 = K \cdot A \cdot (t_a - t_r)$ 에서

증발기 외표면적 $A = \dfrac{Q_2}{K \cdot (t_a - t_r)} = \dfrac{75 \times 10^3}{600 \times 10} = 12.5[m^2]$

여기서, $COP = \dfrac{Q_2}{W} = \dfrac{Q_2}{Q_1 - Q_2}$ 에서 $Q_2 = \dfrac{COP \times Q_1}{(1 + COP)} = \dfrac{3 \times 100}{(1+3)} = 75\,[kW]$

08 프레온 압축기 흡입관(suction riser)에 있어서 이중 입상관(double suction riser)을 사용하는 목적을 설명하시오.

해설 프레온계 냉매는 사용하는 냉동장치에서 용량제어장치가 설치된 경우 전부하일 때와 최소부하일 때는 흡입가스의 속도에 큰 차이가 있다. 따라서 전부하일 때는 그림①, ②의 양배관에 흐르고 용량제어 시에는 가는 관에 흘러서 최소증기 속도의 확보와 적절한 압력강하가 된다.

- 이중 입상관 배관도

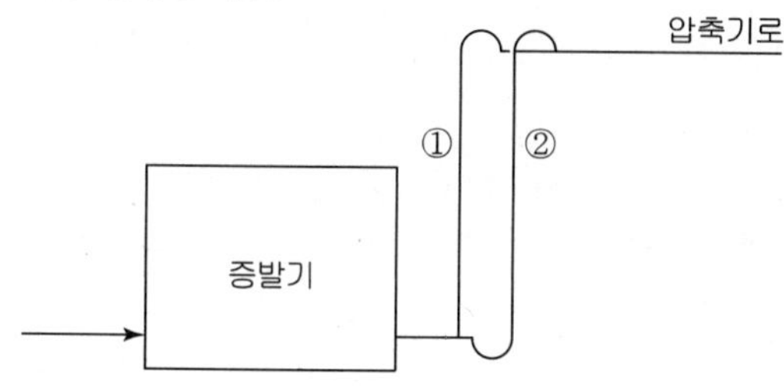

해답 이중입상관은 프레온 냉동장치에서 용량제어장치를 설치한 압축기 흡입관에 사용하여 배관내의 가스 속도를 적절하게 유지하여 오일(oil)의 회수를 용이하게 한다.

09 송풍기 및 펌프의 맥동현상을 설명하시오.

해답 원심형의 송풍기나 펌프의 흡입유량이 감소하면 어떤 일정 유량에 이르러 급격한 압력과 흐름에 격심한 맥동(脈動)과 진동이 일어나 운전이 불안정하게 되는 현상으로 서징이라고 한다.
〈별해〉 배관계를 포함한 계가 자려진동(自勵振動)을 일으켜서 특정주기로 토출압력이나 유량이 변동을 일으키는 현상을 말한다.

10 폴리우레탄패널이 설치된 냉동창고 건물이 있다. 조건이 다음과 같을 때 각 물음에 답하시오.

【조 건】

- 실내온도 −25℃
- 실외온도 35℃
- 실외 노점온도 31℃
- 폴리우레탄 패널 열전도율 0.022W/mK
- 실내 표면열전달률 9W/m²K
- 실외 표면열전달률 9W/m²K

(1) 패널 외부에 결로가 발생하지 않는 조건의 열통과율을 구하시오.

(2) 이때 패널의 최소 두께(mm)를 계산하시오.

해답 (1) $q = KA\Delta t_1 = aA\Delta t_2 = KA(t_o - t_i) = aA(t_o - t_s)$

$$K = \frac{aA(t_o - t_s)}{A(t_o - t_i)} = \frac{9 \times 1 \times (35 - 31)}{1 \times (35 - (-25))} = 0.6[\text{W/m}^2\text{K}]$$

(2) $\therefore K = \dfrac{1}{\dfrac{1}{\alpha_i} + \sum \dfrac{d}{\lambda} + \dfrac{1}{c}}$ 에서 $R = \dfrac{1}{K} = \dfrac{1}{\alpha_i} + \dfrac{d}{\lambda} + \dfrac{1}{\alpha_o}$

$$\frac{d}{\lambda} = \frac{1}{K} - \frac{1}{\alpha_i} - \frac{1}{\alpha_o}$$

$$\therefore d = \lambda\left(\frac{1}{K} - \frac{1}{\alpha_i} - \frac{1}{\alpha_o}\right) = 0.022 \times \left(\frac{1}{0.6} - \frac{1}{9} - \frac{1}{9}\right) = 0.031777[\text{m}]$$

답 : 31.78mm

11 다음 그림은 -100℃ 정도의 증발온도를 필요로 할 때 사용되는 2원 냉동 사이클의 P-h선도이다. P-h선도를 참고로 하여 각 지점의 엔탈피로서 2원 냉동 사이클의 성적계수(ϵ)를 엔탈피로 나타내시오. (단, 저온 증발기의 냉동능력 : Q_{2L}, 고온 증발기의 냉동능력 Q_{2H}, 저온부의 냉매 순환량 : G_1, 고온부의 냉매 순환량 : G_2)

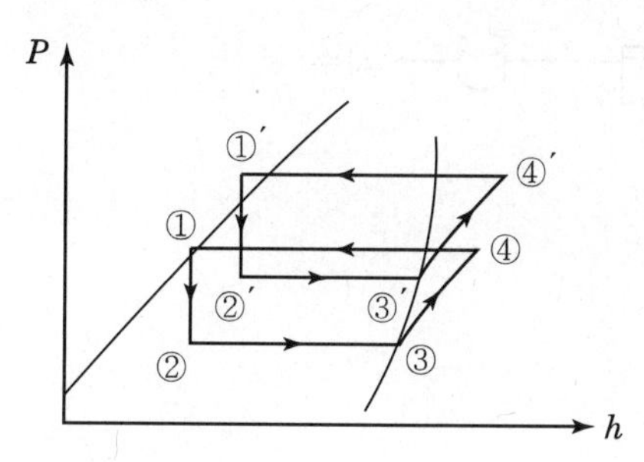

해설 2원 냉동 사이클의 성적계수(ϵ)

① 저온 냉동기의 성적계수 $\epsilon_1 = \dfrac{Q_{2L}}{W_L} = \dfrac{G_1 \cdot (h_3 - h_2)}{G_1 \cdot (h_4 - h_3)} = \dfrac{h_3 - h_2}{h_4 - h_3}$

② 고온 냉동기의 성적계수 $\epsilon_2 = \dfrac{Q_{2H}}{W_H} = \dfrac{G_2 \cdot (h'_3 - h'_2)}{G_2 \cdot (h'_4 - h'_3)} = \dfrac{h'_3 - h'_2}{h'_4 - h'_3}$

③ 종합성적계수 $\epsilon = \dfrac{Q_{2L}}{W_L + W_H} = \dfrac{Q_{2L}}{G_1(h_4 - h_3) + G_2(h_{4'} - h_{3'})} = \dfrac{\epsilon_1 \cdot \epsilon_2}{1 + \epsilon_1 + \epsilon_2}$

여기서 W_L : 저온 냉동기 소요동력

W_H : 고온 냉동기 소요동력

해답 성적계수 $\epsilon = \dfrac{Q_{2L}}{G_1(h_4 - h_3) + G_2(h_4' - h_3')} = \dfrac{G_1 \cdot (h_3 - h_2)}{G_1(h_4 - h_3) + G_2(h_4' - h_3')}$

12 다음 보기의 기호를 사용하여 난방설비 계통도를 완성하시오.

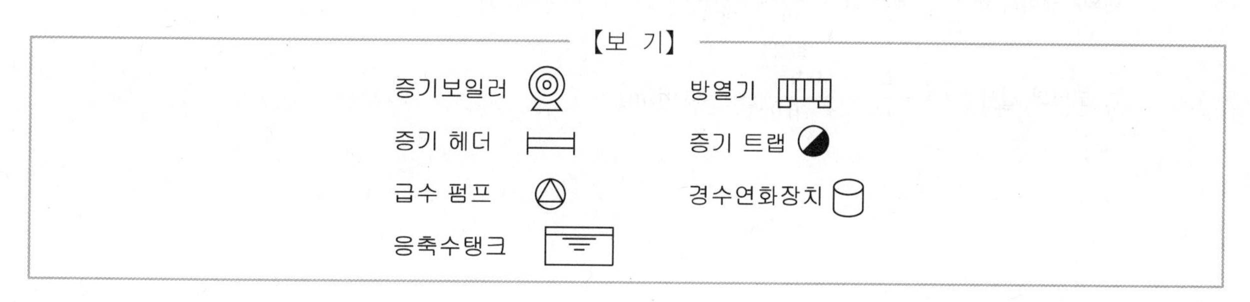

해답

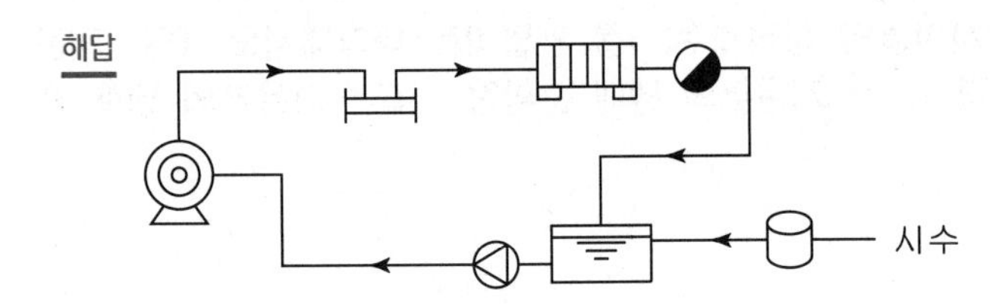

13 **냉동능력** R=4kW**인** R-22 **냉동 시스템의 증발기에서 냉매와 공기의 평균온도차가** 8℃**로 운전되고 있다. 이 증발기는 내외 표면적비** m=8.3, **공기측 열전달률** $\alpha_a = 35\text{W/m}^2 \cdot \text{K}$, **냉매측 열전달률** $\alpha_r = 698\text{W/m}^2 \cdot \text{K}$**의 플레이트핀 코일이고, 핀 코일 재료의 열전달 저항은 무시한다. 각 물음에 답하시오.**

(1) 증발기의 외표면 기준 열통과율 $K(\text{W/m}^2 \cdot \text{K})$은?

(2) 증발기 내경이 23.5mm일 때, 증발기 코일 길이는 몇 m인가?

해답 (1) $K_o = \dfrac{1}{\dfrac{m}{\alpha_r} + \dfrac{1}{\alpha_o}} = \dfrac{1}{\dfrac{8.3}{698} + \dfrac{1}{35}} = 24.71[\text{W/m}^2 \cdot \text{K}]$

(2) 외표면적 $A_o = \dfrac{Q_2}{K_o \Delta t_m} = \dfrac{4 \times 10^3}{24.71 \times 8} \fallingdotseq 20.23[\text{m}^2]$

내외표면적비 $m = \dfrac{A_o}{A_i}$ 에서 $A_i = \dfrac{A_o}{m} = \dfrac{20.23}{8.3}$

∴ 코일의 길이 : $l = \dfrac{A_i}{\pi D_i} = \dfrac{\dfrac{20.23}{8.3}}{\pi \times 0.0235} = 33.01[\text{m}]$

14 침입외기량을 구하는 방법 2가지를 쓰고 계산식을 설명하시오.

해답 침입외기량 (극간풍량, 틈새바람)을 구하는 방법

① 환기횟수 법($Q=nV$) : 실용적(V)과 건물 특성에 따른 환기횟수(n)를 곱하여 극간풍량을 구한다.
② crack 길이법(크랙 길이법) : 건물 벽체에 나타난 크랙길이(창문틈새 문틈새 등의 길이)를 구하여 건물 특성에 따른 크랙길이당 극간풍량(m^3/mh)을 곱하여 구한다.
③ 창면적법 : 창면적당 극간풍량(m^3/m^2h)곱하여 구한다.

15 어떤 건물의 화장실에서 도어그릴을 통하여 환기량을 확보하고자한다. 다음과 같은 경우에 도어그릴 면적(m^2)을 구하시오.

【조 건】

필요 환기량 1000[m^3/h], 그릴 면풍속 2[m/s], 자유면적비 50%

해답 $A=\frac{Q}{v\times E}=\frac{1000}{3600\times 2\times 0.5}=0.277[m^2]$

답 : 0.28[m^2]

핵심이론 및 복원문제 무료 동영상

공조냉동기계기사 실기

定價 36,000원

저　자　강희중 · 조성안
한영동

발행인　이　종　권

2020年　4月　27日　초 판 발 행
2021年　3月　4日　2차개정발행
2022年　3月　25日　3차개정발행
2023年　4月　19日　4차개정발행
2024年　3月　6日　5차개정1쇄발행
2024年　6月　26日　5차개정2쇄발행

發行處　(주) 한솔아카데미

(우)06775 서울시 서초구 마방로10길 25 트윈타워 A동 2002호
TEL : (02)575-6144/5　FAX : (02)529-1130
〈1998. 2. 19 登錄 第16-1608號〉

※ 본 교재의 내용 중에서 오타, 오류 등은 발견되는 대로 한솔아카데미 인터넷 홈페이지를 통해 공지하여 드리며 보다 완벽한 교재를 위해 끊임없이 최선의 노력을 다하겠습니다.

※ 파본은 구입하신 서점에서 교환해 드립니다.

www.inup.co.kr / www.bestbook.co.kr

ISBN 979-11-6654-498-9 13550